1001 RESTAURANTS

죽기 전에 꼭 가봐야 할 세계 레스토랑 1001

1001 RESTAURANTS
죽기 전에 꼭 가봐야 할 세계 레스토랑 1001

제니 린포드 책임편집
제이 레이너 서문편집
김소영, 박성연, 신중원, 이영인 옮김

마로니에북스
maroniebooks.com

original: YOU MUST EXPERIENCE BEFORE YOU DIE 1001 RESTAURANTS

A Quintessence Book

Copyright © 2014 Quintessence Editions Ltd.

죽기 전에 꼭 가봐야 할 세계 레스토랑 1001

책임편집   제니 린포드
서문편집   제이 레이너
옮긴이   김소영, 박성연, 신중원, 이영인

초판 1쇄   2015년 10월 20일

발행인   이상만
발행처   마로니에북스
등록   2003년 4월 14일 제 2003-71호
주소   (413-756) 경기도 파주시 문발로 165
대표   02-741-9191
팩스   02-3673-0260
편집부   02-744-9191
홈페이지   www.maroniebooks.com

ISBN 978-89-6053-375-2
ISBN 978-89-91449-83-1(set)

* 책 값은 뒤표지에 있습니다.

Printed in China
Korean Translation Copyright 2015 by Maroniebooks
All rights reserved.
The Korean language edition published by arrangement with Quintessence Editions
Ltd., part of The Quarto Group through Agency-One, Seoul.

Contents

서문 | 제이 레이너

점심식사에 관심이 지대한 이들은 인생의 많은 시간을 멋진 레스토랑에서의 식사에 할애하기도 한다. 나에게는 손때가 가득한 뉴욕의 캐츠스 델리(Katz's deli)에서 굵은 팔뚝의 종업원들이 만들어 주던 머리통만한 크기의 파스트라미 샌드위치가 기억에 남는다. 1869년부터 줄곧 피렌체에서 그 자리를 지켜 오고 있는 하얀 타일의 고풍스런 외관의 트라토리아 소스탄자(Sostanza)에서 맛 본 오믈렛도 그러하다. 그것은 석탄 불 위에 버터를 듬뿍 녹이고 아티초크와 닭가슴살을 넣어 만든 기적과도 같은 맛이었다. 미슐랭 별 세계에 빛나지만 놀랄 만큼 수수한 파리의 라스트랑(L'Astrance)에서는 소소한 미식의 기적들이 연이어 펼쳐진다. 랑고스틴 부용! 그 맛은 큰 야망을 품은 요리에 대한 나의 믿음을 되찾게 했다.

이 모든 식사들과 그 밖의 많은 식사들이 지닌 비법은 모두 다르지 않다. 즉, 단순히 식욕만을 채워주는 것이 아닌, 그 장소만이 지닌 특별함과 보고 듣는 것 이상의 추억을 선사하기 위해 노력하는 것이다. 이는 맛과 식감 그리고 문화에 대한 것이며, 한 공간에서 식사를 하는 사람들에 대한 것이다. 관광객이 몰리는 레스토랑을 그저 묵묵히 지켜보는 것이 아니라, 그곳에서 일어나는 모든 행동의 중심에 서게 해주는 것이다. 이 모든 식사들로 인해 나의 일생에 걸친 레스토랑에 대한 애정은 더욱 공고해 졌다.

이 책은 내가 겪었던 것과 유사한 경험을 선사할 만한 1001곳의 레스토랑에 대한 이야기를 담고 있다. 이집트에서 남아공까지, 로스앤젤레스에서 피닉스, 아리조나, 옥스포드, 미시시피를 거쳐 필라델피아까지, 그리고 교토에서 싱가포르에 이르기까지, 이 책에는 매 장마다 아름답고 멋진 식사를 즐길 수 있는 기회들로 가득 차 있다. 그러나 모든 사람들이 이 책에 실린 레스토랑 하나하나를 마음에 들어 하는 것은 아닐 것이다. 여기 언급되는 장소들은 사실 '죽기 전에 반드시 먹어봐야 할' 혹은 '놓치면 바보라는 소리를 듣게 될' 1001가지 레스토랑이 아니다. 레스토랑이 그 진가를 발휘할 때는 단순히 본연의 모습을 드러내려 할 때이지, 전부를 만족시키기 위해 모든 것을 섭렵하려 노력할 때가 아니기 때문이다. 다수의 고객을 만족시키기 위해 노력한다면 모두가 좋아할 만한 메뉴 몇 가지만 남게 되거나, 뻣뻣이 말라버린 고기 덩어리들이 즐비한 뷔페가 되어 버리고 말 것이다.

또한 이 책은 접시에 담긴 음식뿐 아니라, 두툼한 테이블 보와 화려한 크리스탈 유리식기에도 값을 치러야 하는 부류의 미식 레스토랑들을 모아 놓은 것이 아니다. 물론 일부 비싼 곳들도 있다. 캘리포니아에 자리한 토마스 켈러(Thomas Keller)의 프렌치 론드리(French Laundry)는 당연히 이 책에 실려 있다. 켈러는 미국이 낳은 가장 위대한 셰프 중 한 사람으로 그의 음식은 모양으로 보나 맛으로 보나 마스터 클라스 급이다. 바르셀로나 북부에 자리한 엘 셀레르 드 칸 로카(El Celler de Can Roca) 역시 마찬가지다. 이 곳은 세계 최고의 하이-엔드(high-end) 레스토랑이라는 평을 듣는다. 그러나 이런 평가는 엘 셀레르 드 칸 로카가 식상한 "미 투(me too)"식 럭셔리 메뉴를 제공하는 이상의 많은 노력을 보여주기 때문이다. 대부분의 하이-엔드 레스토랑에서는 돈만 내면, 쏟아지는 트뤼플과 랍스터의 세례를 받을 수 있다. 하지만 위대한 레스토랑에서의 식사는 흥청망청 돈을 쓰는 지루한 쇼핑 이상의 경험이어야 한다.

이 책에서 더욱 중요하게 눈 여겨 볼 점은 바르셀로나 타파스 레스토랑의 조상 격인 칼펩(Cal Pep)과 같은 곳을 찾아 볼 수 있다는 사실이다. 헤스톤 블루멘탈(Heston Blumenthal)의 달팽이 죽을 맛볼 수 있는, 버크셔(Berkshire)의 전형적인 영국풍 마을 브레이(Bray)에 자리한 모더니스트의 성지 팻덕(Fat Duck) 역시 이 책에 실릴 만하다는 사실에 공감할 것이다. 하지만 더욱 심플한 즐거움을 느낄 수 있는 헤스톤 블루멘탈의 펍은 힌즈 헤드(Hind's Head)다. 이 곳에서는 커다란 주막만한 크기의 스테이크와 콩팥 푸딩이 동일한 가격에 팔린다. 심지어 컴패니 셰드(Company Shed)도 이 책에 실려 있다. 이 곳은 최고의 해산물 요리를 맛볼 수 있는 에섹스(Essex) 해변가의 오두막집으로 와인뿐만 아니라 빵도 챙겨 가야 할 만큼 소박한 곳이다.

맛을 아는 사람들은 음식의 품질이 테이블 보의 두께와 늘 비례하는 것은 아니며, 대부분의 경우 테이블 보라고는 찾아볼 수 없는 꾸밈없고 소박한 곳이 진정한 맛집이라는 사실을 잘 알고 있다. 하지만 문제는 그 맛집을 어떻게 발견하느냐에 있다. 나에게 있어 이런 발견의 과정은 레스토랑에서 느끼는 기쁨 중 하나이다. 의지할 만한 것이라고는 글씨가 몇 자 적힌 종이 한 장밖에 없는 텅 빈 테이블에 앉아 식사를 기다리며 떠올리는 "과연 순간 세상을 멈출만한 식사일까?" 하는 기대감이다.

물론 대부분 남의 돈으로 식사를 하는 나로서는 과연 그 레스토랑이 훌륭할지에 관해 운에 맞긴 채 점심을 고르는 즐거움을 얘기하는 것이 어렵지 않다. 이 경우, 먼저 그 레스토랑을 가본 적이 있는 누군가에게 조언을 얻는 것이 늘 도움이 되는데, 바로 이 책이 그 역할을 대신해 줄 것이다. 이 책은 불확실성을 낮추고, 다음에 있을 멋진 식사를 꿈꾸게 하는 소소한 읽을 거리가 되어 줄 것이다. 책에 소개된 레스토랑 한곳 한곳을 모두 가 봐야 할까? 아마도 아닐 것이다. 하지만 상상해 보는 것만으로도 즐거움을 느낄 수 있을 것이다.

머리말 | 제니 린포드

레스토랑에서는 특별한 애정을 느낄 수 있다. 생일부터 기념일까지 우리는 생애에서 중요한 순간을 기념하기 위해 레스토랑을 찾는다. 이는 사랑하는 이에게 구애를 하거나 사람 구경 그리고 과시적인 소비에 흠뻑 빠지기 위한 목적도 있으며 위로나 위안을 얻기 위해서이기도 하다. 훌륭한 레스토랑에서 경험한 유쾌한 식사에 대한 기억은 수년 동안 가슴 속에 아련히 남을 것이다. 이렇듯 레스토랑은 진한 감정을 불러 일으키며 모든 이들은 적어도 자신이 좋아하며 누군가에게 선뜻 추천할 만한 레스토랑 한 곳 정도는 갖게 된다. 하지만 레스토랑에 대한 평가는 매우 주관적이기 때문에 누군가의 마음에 가장 와 닿는 곳이 다른 누군가에게는 비호감이 되기도 한다. 따라서 이 책은 다양한 논쟁의 불씨를 제공할 수도 있다.

'죽기 전에 꼭 가봐야 할 1001 레스토랑'을 선정하기 위해 전 세계 레스토랑의 비평가, 음식작가, 여행작가, 언론인, 외식의 고수, 블로거들에게 소박하지만 많은 사랑을 받는 숨겨진 보석 같은 곳에서부터 호화로운 파인 다이닝에 이르기까지 그들이 생각하는 '상징적인(iconic)' 레스토랑을 추천해 줄 것을 의뢰하였다. 실제 경험을 바탕으로 한 이들의 지식과 의견은 레스토랑 선정에 있어 든든한 기반이 되어 주었고, 그 결과로 다양한 레스토랑의 선정 작업을 멋지게 마무리할 수 있었다. '상징적인' 이라는 단어의 의미를 다양하게 정의할 수 있는 까닭에, 선정된 레스토랑들도 그 형태 면에서 매력적인 다양성을 선보인다.

이 책에는 당연히 파리의 르 뫼리스(Le Meurice), 뉴욕의 일레븐 매디슨 파크(Eleven Madison Park), 로마의 라 페르골라(La Pergola), 혹은 모나코의 루이 15세(Louis XV) 등 세계에서 가장 호화롭고 웅장하다는 레스토랑들이 일부 실려 있다. 또한 미식에 대한 염원을 담은 전 세계의 레스토랑들, 즉 특별히 드림 리스트를 장식할만한 스페인 지로나의 엘 셀레르 드 칸 로카(El Celler de Can Roca), 캘리포니아 라파 밸리의 프렌치 론드리(French Laundry), 뉴욕의 오트 퀴진 일레븐 메디슨 파크(Eleven Madison Park), 영국의 작은 마을 카트멀의 랑클룸(L'Enclume), 뉴욕의 트렌드 세터 모모후쿠 코(Momofuko Ko) 등의 이름도 찾아 볼 수 있다.

위대한 셰프들은 레스토랑에서 자신들의 요리 솜씨를 선보여 왔고, 오늘날 우리는 '셀러브리티 셰프(celebrity chef)'라는 개념에 친숙해지게 되었다. 이들은 흥미를 자아내는 요리 스타일로 자신들이 일하는 레스토랑마다 추종자들을 몰고 다니는 유명 셰프들이다. 따라

Key to Symbols	두 가지 코스 요리의 1인당 근사치 가격 표시(와인 제외)
⑤	20 USD or less
⑤⑤	20–55 USD
⑤⑤⑤	55–80 USD
⑤⑤⑤⑤	80–150 USD
⑤⑤⑤⑤⑤	over 150 USD

서 이 책에서는 유명 셰프의 비전을 감상할 수 있는 기회를 위해 가이세키 요리로 유명한 일본 교토 킷쵸의 토쿠오카 쿠니오(Kunio Tokuoka), 프랑스의 위대한 요리를 클래식하지만 개성 있게 표현하는 프랑스 리옹의 폴 보쿠스(Paul Bocuse) 등 셀러브리트 셰프들의 레스토랑도 소개하고 있다.

또한 레스토랑의 세계에서 새로운 영역을 개척하고 있는 셰프들을 특별히 다루기도 했다. 손수 재배한 제철의 식재료를 강조하는 덴마크 코펜하겐 노마의 르네 레드제피(René Redzepi), 분자요리를 홍보하기 위해 많은 노력을 기울였던 영국 팻덕의 헤스톤 블루멘탈(Heston Blumenthal), 재기 넘치는 독창성을 선보이는 이탈리아 모데나의 오스테리아 프란체스카나에 있는 마시모 보투라(Massimo Bottura), 8가지 요리 철학을 담은 '옥타-필라소피(Octa-philosophy)'를 주창한 싱가포르 앙드레의 앙드레 창(Andre Chang), 창의적인 재미를 선보이는 것으로 유명한 스페인 산 세바스티안 무가리츠의 안도니 루이스 아두리스(Andoni Luis Aduriz), 아마존 지역의 진하고 흥미로운 토속 식재료들을 존중하는 브라질 상 파울로 D.O.M.의 알렉스 아탈라(Alex Atala) 등이 그 예이다.

멋진 레스토랑의 세계는 이 책에 잘 표현되어 있다. 수세기에 걸친 역사를 자랑하는 일본의 레스토랑부터 파리의 레스토랑 그리고 오스만 제국시대의 터키 레스토랑, 가장 오래된 런던의 레스토랑 룰스(Rules)에 이르기까지 유서 깊은 레스토랑들의 이야기도 실려 있다. 하지만 '상징적인'이라는 단어의 정의상, 보다 진솔한 레스토랑에 더 많은 스포트라이트가 쏠리게 된다. 이는 고급 요리는 아니지만 많은 사랑을 받아 현지의 단골들을 확보하고 꾸밈 없이 멋진 요리를 제공하는 그런 레스토랑들이다. 이 중 대부분은 아는 사람들만이 즐겨 찾는 숨겨진 보석 같은 곳으로 진정 즐겁고 매력적인 경험을 선사한다. 온통 미국인들로 북적이는 로스앤젤레스의 닉스 카페(Nick's Café), 마늘을 흠뻑 바른 바삭한 식감과 잊을 수 없는 맛의 가이 토드(gai tod) 혹은 기름에 튀긴 치킨을 맛볼 수 있는 방콕의 소이 뽈로 치킨(Soi Polo Chicken), 프레고(prego, 스테이크 샌드위치)로 유명한 리스본의 세르베자리아 라미로(Cervejaria Ramiro), 전통적인 공동체 레스토랑을 표방하는 페루 아레키파의 라 누에바 팔로미노(La Nueva Palomino), 진흙냄비에 지은 밥이 전문인 홍콩의 콴키(Kwan Kee)의 이야기가 실린 장을 찾아 읽어 보도록 하자.

레스토랑이라는 단어의 뜻을 확대하여 가장 기본적인 밥집을 포함하는 것이 적절할 때도 있다. 동남아의 길거리 노점상들이 진정 매력적이고 멋진 요리를 구현해 내는 대표적인 예이다. 음식은 즐거움을 선사할 목적으로 화려하거나 복잡할 필요는 없다. 뭄바이의 벨푸리(bhelpuri), 19세기에 문을 연 터키 레스토랑의 케밥, 리치한 식감이 느껴지는 일본의 장어구이 등은 훌륭한 음식이 주는 만족감을 생생하게 대변해 준다.

전 세계의 레스토랑을 집대성하는 이런 방대한 규모의 작업에서 얻을 수 있는 즐거움 중 하나는 고유한 장소성(the sense of place)을 느낄 수 있다는 것이다. 음식이란 한 나라의 정체성을 표현하는데 있어 아주 중요한 역할을 하기 마련이다. 프랑스, 인도, 일본 혹은 스페인 요리를 떠올리려만 봐도 레스토랑이 선보이는 다양성에 대한 감을 잡을 수 있다. 한 나라를 대표하는 요리들은 현지의 지형, 기후, 농업에서 기인한 테루아(terroir)를 표현하는 것이다. 놀랍게도 대다수의 레스토랑들이 이구동성으로 강조하는 테마는 가장 신선한 식재료에서부터 최상급 품질의 생선, 해산물, 육류와 가금류에 이르기까지 현지의 제철 식재료를 사용한다는 것이다. 이러한 접근법은 이탈리아 풀리아의 자그마한 시골 식당에서부터 미슐랭 별 3개를 받은 프랑스의 레스토랑에 이르기까지 공통적으로 찾아 볼 수 있다.

집을 떠난 낯선 곳에서의 식사는 이른바 그 나라의 맛을 볼 수 있는 기회이기도 하다. 역사적인 도시 로마의 황홀경을 즐긴 후 트라토리아에서 렐리시와 먹는 카르보나라 파스타, 뉴욕의 분위기에 흠뻑 젖은 채 전설적인 델리 케이츠에서 호밀 빵 위에 얹어 먹는 파스트라미, 혹은 시드니의 빌즈(Bills)에서 아침으로 먹는 스크램블드에그 이국에서의 휴가 이후 남는 가장 생생한 추억으로 현지에서 맛본 식사가 손꼽힌다는 사실은 전혀 놀랍지 않다.

이 책에는 안락한 파리의 비스트로, 유서 깊은 비엔나의 카페, 영국의 피시 앤 칩스 가게, 육식가를 위한 아르헨티나의 스테이크 하우스, 이탈리아의 트라토리아, 중국의 누들 바, 생동감 넘치는 스페인의 타파스 바, 그리고 한국의 갈비집 등 각 나라별 대표 요리를 선보이는 전통 레스토랑들도 실려 있다. 1001가지에 속하는 대다수의 레스토랑들이 페루의 세비체, 일본의 스시, 미국의 바비큐, 베트남의 포, 독일의 브라트브루스트, 이스라엘의 후무스, 덴마크의 스뫼레브뢰드(오픈 샌드위치) 등 특별한 한 가지 요리를 전문으로 하는 곳들이다.

또한 각 나라의 지역 요리들을 강조해 깊이를 더하기도 한다. 예를 들어 이탈리아 편에서는 최고의 볼로냐 라구, 나폴리 피자, 트레비소 라디치오를 맛보기 위해 어디를 찾아 가야 할지를 안내해 준다. 찰스톤의 새우와 그리츠(grits), 뉴올리언스의 포 보이스(po 'boys), 샌프란시스코의 굴, 보스턴의 바닷가재, 시카고의 피자 등을 특별히 다루는 장에서는 미국 지역 요리의 풍부함이 잘 드러난다. 빠르게 동질화 되어가는 오늘날의 세계에서 레스토랑이 선사하는 다양한 먹거리 덕분에 여행과 음식이 주는 흥분과 모험 정신을 반갑게 떠올리게 된다.

물론 레스토랑에서 음식이 전부는 아니다. 훌륭한 레스토랑 사업가들이 이미 인지하고 있는 바와 같이 탁월한 분위기는 고객의 만족을 이끄는 열쇠이기도 하다. 호스피텔리티(hospitality) 또한 최고의 레스토랑을 상징하는 인증마크와도 같다. 서비스의 중요성은 이 책의 다양한 장에서 일관성 있게 표현되고 있다. 체르보의 레스토랑 산 조르지오에서 카텔리나란테리가 보여주는 서비스, 오트 퀴진 레스토랑의 유연한 격식을 갖춘 서비스뿐만 아니라, 남아공 스탠퍼드에 자리한 마리아나와 피터 에스터휘젠 부부의 마리아나스에서 건네주는 따뜻한 환영, 런던의 이스트 엔드에 자리한 이 펠리치의 빈티지 카페에서 느껴지는 한결같은 호스피텔리티가 그 예이다. 흥미로운 것은 유명한 제이슨 아더튼의 런던 레스토랑 폴른 스트리트 소셜(Pollen Street Social)에서도 확인할 수 있듯이, 많은 고급 레스토랑들이 서비스 측면에서 보다 편안함을 추구하려는 움직임을 보이고 있다는 사실이다.

기억에 남을 만한 입지 조건 역시 레스토랑이 지니는 매력의 일부이다. 이 책을 통해 범상치 않은 환경을 지닌 레스토랑들을 만나 볼 수 있을 것이다. 남아공의 크루거 국립공원 내 레스토랑에서는 숲속이 바라보이고 코끼리, 사자, 치타를 목격할 수도 있다. 또한 프랑스의 상징 에펠타워 2층에 자리한 레스토랑, 유기농 채소 농장의 채소밭으로 둘러싸인 영국 드본의 필드-투-포크(field-to-fork) 다이닝, 대운하 옆 아름다운 광장 내 자리한 이탈리아 베니스의 우아한 다이닝, 전원적인 공원 분위기로 많은 사랑을 받는 캐나다 캘거리의 레스토랑, 인도 자이푸르의 유서 깊은 요새에서 펼쳐지는 웅장한 스케일의 요리 향연 등도 있다. 뉴질랜드의 오클랜드 항구 위 높은 곳에 자리한 더 슈가 클럽에서부터 철썩이는 태평양의 파도가 바라다 보이는 호주 시드니의 아이스버그에 이르기까지 레스토랑에서 바라다 보이는 아름다운 전경 역시 무시할 수 없는 요소다.

이 책을 편집하면서 느낀 것은 전 세계 레스토랑들의 생동감이다. 뉴욕이나 런던과 같은 대도시 편을 읽으면 레스토랑들이 뿜어내는 에너지에 놀라게 될 것이다. 이 위대한 두 도시 모두에는 전통성을 음미해야 하는 멋진 전통 레스토랑들이 있다. 하지만 고정관념에서 벗어나 보다 혁신적인 접근법을 추구하는 레스토랑들도 나란히 성업 중이다.

레스토랑 세계의 내부 경계들은 매우 다양한 방법으로 변화하고 있다. 도심에 위치한 레스토랑과는 달리, 빅토리아 시대의 곡물저장고와 창고로 쓰이던 건물들이 레스토랑으로 변신을 도모하면서 새로운 생명력을 얻고 있다. 재치 있는 육식 메뉴로 즐거움을 선사하는 캐나다 몬트리올의 조 비프에서부터 타파스를 새롭게 창조해 내고 있는 스페인 바르셀로나의 알베르트 아드리아가 운영하는 티켓에 이르기까지 전 세계적으로 요리는 즐거운 놀이의 대상이 되고 있다. 음식은 그 자체로 창의적인 것이라는 사실을 이 책에 실린 레스토랑들이 잘 증명해 준다. '죽기 전에 꼭 가봐야 할 1001 레스토랑'은 추억을 선사해 줄 레스토랑의 이야기들로 가득 차 있다. 마음껏 즐겨보길 바란다.

나라별 레스토랑

북아메리카와 남아메리카의 외식 장소 들은 매우 다양한 양상을 보인다. 당신은 로스앤젤레스의 빈티지한 식당에서 아 침 식사를 할 수 있고, 아르헨티나의 스 테이크하우스에서 만찬을 즐기거나 뉴 욕의 힙한 레스토랑에서 기발한 음식을 맛볼 수도 있고, 심지어 아마존 분지에서 먹거리의 풍요로움을 발견할 수도 있다. 즐길 만한 메뉴가 무궁무진하게 펼쳐지 는 곳이다.

The Americas 아메리카

 커맨더스 팰리스, 뉴올리언스, 미국.

소보 Sobo | 편안한 분위기에서 맛보는 세련된 보헤미안 요리

위치 토피노 **대표음식** 매운 생선과 제철 과일 살사를 곁들인 바삭한 블루콘 토르티아 타코Crispy blue-corn tortilla taco with spicy wild fish and seasonal fruit salsa | ⓢ

"사람들이 내가 만든 음식을 먹고
카약에 뛰어들어 모험을 즐길 정도로 기분이
좋아지길 바란다."

Lisa Ahier, chef and co-owner of Sobo

⬆ 소보의 타코에는 독특하게 생선과 과일이 들어간다.

캐나다 동부 뉴브런즈윅 출신인 아티 아히어(Artie Ahier)는 텍사스 출신인 부인 리사(Lisa)를 1993년에 만났는데, 둘 다 플로리다의 요트 위에서 일할 때였다. 두 사람은 여행, 자연, 야생 그리고 훌륭한 음식에 대해 통했기에 가까워졌다. 그 후 아히어 부부는 밴쿠버 섬의 서쪽 해안에 있는 토피노로 이사했다. 이곳은 원시 상태의 열대우림과 서핑으로 유명한 곳이다. 2003년 이들은 자줏빛 케이터링 트럭에서 사업을 시작했다. 독특한 환경에서 신선하고, 건강하며 풍미 넘치는 음식을 서비스한다는 소식은 곧 방문객들과 미디어에 퍼져 나갔고 같은 해 캐나다 최고의 새로운 레스토랑 중 하나로 지명되었다.

'세련된 보헤미안(sophisticate bohemian)'의 약자인 소보는 2007년 낚시와 친환경 관광 커뮤니티가 있는 토피노의 고급스러운 장소로 이전했다. 아히어 부부는 자신들의 바다사람 기질과 캐나다 남서부에 대한 열정을 레스토랑에 담았다. 다양한 지역 공급자들에게서 생산되는 제철의 지속가능한 재료만을 사용하는 레스토랑을 만든 것이다.

새로운 장소는 이들이 비즈니스를 시작했던 좁은 트럭과는 대조적인 곳이다. 넓고 현대적인 실내에는 기둥과 대들보가 드러나 있고, 벽 전체가 유리로 된 창 밖으로는 토피노의 아름다운 빌딩과 이를 둘러싸고 있는 무성한 숲을 볼 수 있다. 이곳은 격식을 차려야하는 레스토랑은 아니지만 고급 다이너(diner)에 가깝다. 칠판에 쓰인 메뉴는 어부들의 수확물과 농장의 제철 농산물에 따라 변한다.

소보의 차우더(chowder)는 마음이 편안해지는 음식이다. 훈연한 생선을 끓여서 딜(dill) 향을 첨가한 크리미한 수프로, 생선은 그날그날의 수확물에 따라 바뀐다. 퀴노아와 지역산 헤이즐넛을 넣은 건강한 케일 샐러드에는 새콤한 레몬 드레싱과 구운 할루미(halloumi) 치즈가 곁들여진다. 청정 한류 바다에서 수확한 생굴은 샴페인 미뇨네트(Champagne Mignonette) 소스를 얹거나, 가볍게 구운 연어베이컨과 섬세한 미소 마요네즈가 곁들여져 나온다. **NF**

더 포인트 The Pointe | 태평양의 경관을 보며 즐기는 뛰어난 지역산 해산물

위치 토피노 **대표음식** 갑각류와 감자 수프 Shellfish and potato nage (stock) | ⑧⑧⑧

토피노의 위카니니시 인(Wikaninnish Inn)에 있는 더 포인트는 밴쿠버 섬에서 가장 자연스러운 웅장함을 갖춘 곳에 위치한 이점을 충분히 활용하고 있다. 더 포인트는 전설적인 체스터맨(Chesterman) 해변이 바라보이는 쾌적한 공간이다. 모래사장 너머로 숨막히는 태평양의 경관이 끝없이 펼쳐진다. 덕분에 손님들은 여름부터 태풍이 오는 시즌까지 변화하는 경치를 레스토랑의 배경으로 즐길 수 있다.

토피노는 여유로운 여행자들의 도시로 히피들의 안식처였다. 이곳은 공예품 가게들이 많고, 친근한 태도를 가진 타운으로 알려져 있다. 더 포인트는 이런 느긋한 분위기가 가진 장점들을 유지하면서, 파인 다이닝(fine dining)에서 기대되는 서비스와 우아함을 어떻게 제공할 수 있을지 고민했고 성공적으로 이루어냈다. 토피노-우크루렛 요리 조합(Tofino-Ucluelet Culinary Guild)과 관계를 맺은 덕분에 섬에서 생산되는 신선한 유기농 재료를 확보할 수 있었다. 더 포인트는 좋은 재료에 세련된 조리법을 보태 이들만의 메뉴를 만들어 냈다.

더 포인트의 독특한 메뉴에는 배고픔을 만족시켜줄 수많은 해결책이 담겨있다. 주로 현지에서 채취한 해물 위주로 만든 요리들로 구성되어 있는데, 직접 가볼 수 있는 굴 양식장에서 온 생굴부터 날개다랑어 회(albacore tuna crudo)와 클레이컷 사운드산 새우 파스타 같은 토종 재료로 만든 별미요리까지 갖추고 있다. 로맨틱한 분위기를 원한다면, 두 사람을 위한 연어 말이 튀김도 구미가 당길 것이다.

매주 일요일에는 샴페인 브런치도 있는데, 전통에 반전을 가한 음식이 즐거움을 준다. 이탈리안 자두, 볶은 아몬드, 마스카르포네 크림을 넣어 만든 버터밀크 팬케이크나, 바삭한 삼겹살이 들어간 '블랙퍼스트 푸틴(Breakfast Poutine)'을 권한다. 호텔 페이스트리 팀은 매일 아침 빵을 구우며, 와인 리스트는 브리티시컬럼비아산(産) 와인 위주로 구성되어 현지 체험을 할 수 있도록 도와준다. **BJM**

"싱싱한 해산물 중 다수는 더 포인트에서 바로 보이는 바다에서 잡은 것이다."

tofinoadventuremap.com

⬆ 파노라마 같은 바다 경관을 갖춘 파인 다이닝 레스토랑.

수키 하버 하우스 Sooke Harbour House | 밴쿠버 섬의 영감을 맛보다

위치 수키 **대표음식** 독특한 테이스팅 메뉴Eclectic tasting menus | **$**
$$

친근한 느낌의 이 레스토랑과 인(inn)은 1979년 세워졌다. 이곳은 밴쿠버 섬의 빅토리아에서 1시간이 채 안 걸리며 숲으로 둘러싸인 그림 같은 어촌에 자리하고 있다. 주인인 싱클레어(Sinclair)와 프레데릭 필립(Frédérique Philip)은 멋진 정원을 가꾼 것으로 유명하다. 이들은 정원에서 기른 식용꽃, 허브, 채소로 놀랄 만큼 훌륭한 요리를 만들어 내는데, 지역 원주민의 음식에서 영감을 받은 것이다.

수키 항구의 입구가 바라보이는 다이닝룸에서는 전원적인 소박함과 편안함이 느껴진다. 천연 목재로 만든 서까래와 커다란 바닷가 돌로 만든 벽난로가 분위기를 더한다. 뻣뻣한 식탁보가 덮인 테이블은 나뭇가지 모양의 촛대로 장식하여 섬세한 크리스털 그릇과 기발하고 상상력 넘치는 주방에서 만든 훌륭한 음식을 빛내주고 있다.

> "이 매혹적인 안식처는 회칠한 판자로 만든 소박한 농가주택으로, 1929년 지어졌다."
>
> ila-chateau.com

이 인에서는 밴쿠버 섬 남서쪽에서 나는 재료들만 사용하려고 노력한다. 때론 이 정책을 고수하기 힘들 때도 있지만, 보상 또한 많다. 야생의 엽채류와 열대 우림의 소나무버섯, 그물로 잡은 희귀한 해물, 숲길에서 딴 황금색 새먼베리나 허클베리 같은 식재료들을 사용할 수 있기 때문이다.

와인 셀러에는 다국적 와인들이 있지만, 이곳의 음식과 어우러지는 지역산 와인이 좋다. 특히 리슬링과 토종 당근으로 만든 주스로 찐 조개와 꿀 사과주에 절인 적양배추를 함께 내는 요리나, 허숍에 재운 뒤 앨더우드(alderwood)로 구운 송아지 고기에 그래니스미스(Granny Smith) 사과와 캐러웨이 소스를 곁들인 요리를 지역산 와인과 함께 하길 권한다. **NF**

울라 Ulla | 힙스터에게 인기 있는 최신 캐나다 요리

위치 빅토리아 **대표음식** 시메지 버섯을 곁들인 가리비 부댕 블랑Scallop boudin blanc with Shimiji mushrooms | **$$$**

캐나다에서 가장 오래된 차이나타운은 밴쿠버 섬의 빅토리아 시내에 있는데, 울라 레스토랑은 그곳에 자리하고 있다. 이곳의 셰프인 브래드 홈즈(Brad Holmes)와 파트너 사하라 타마린(Sahara Tamarin)은 지극히 지역적인 섬 요리를 세련된 최신 요리로 바꾸었다. 홈즈는 구성이 훌륭하고 기술적으로 완벽한 요리로 고객들을 즐겁게 한다. 이들은 유기농 제철 재료들과 '윤리적으로 키운 단백질(ethically raised proteins)'이 돋보이는 요리를 한다.

2010년 개점한 울라는 캐나다 요리에 대한 고객들의 생각을 바꾼 동시에, 이 동네의 정체성도 바꾸어 놓았다. 홈즈와 타마린은 더할 나위 없이 모던하고 도회적인 공간을 만들었고, 이곳은 도시의 젊은 힙스터와 미식가들이 드나드는 장소가 되었다. 서부 해안의 분위기에 뉴욕 소호의 느낌을 살짝 믹스한 것 같은 이곳에는 손으로 다듬은 전나무 테이블과 요리책이 가득 찬 선반이 보인다. 또한 기발한 모양의 조명등 같은 현대적인 미술품과 나무를 구부려 만든 의자도 분위기를 더한다.

바삭한 폴렌타 조각을 천일염과 트러플 마요네즈로 가볍게 양념한 요리로 식사를 시작하자. 혹은 에다마메(edamame, 풋콩)를 부드러운 껍질째로 튀긴 요리도 좋겠다. 생기 가득한 콩 수프에는 베이컨 대신 훈제 크림 프레슈가 들어 있다. 허브를 두른 넙치는 의외로 바삭한 브랑다드(brandade)를 보태 맛이 한결 살아난다. 이것은 피시 앤 프라이의 맛있는 고급 버전이라 할 수 있다.

제철 재료를 기반으로 요리들이 바뀌지만, 문어 요리와 가리비 요리는 자주 맛볼 수 있다. 이 문어요리에는 푸른 병아리콩, 검정 병아리콩 후무스(hummus), 로메스코(Romesco) 소스, 올리브 가루를 곁들인다. 가리비 부댕 블랑은 시메지 버섯, 호박 퓌레, 호박 피클, 호박씨, 감자 퓌레가 곁들여진다. **NF**

➡ 울라의 대표 메뉴인 가리비 부댕 블랑.

르 크로커다일 Le Crocodile | 합리적인 가격의 우아한 프렌치 요리

위치 밴쿠버 **대표음식** 마늘로 볶은 개구리 다리Garlic-sautéed frog's legs | 💲💲

밴쿠버에 있는 르 크로커다일은 전통을 훈장처럼 달고 있다. 이들은 30년이 넘는 시간 동안, 친근한 공간에서 주민들에게 최고의 프랑스 요리를 저렴하게 제공해왔기 때문이다. 이곳에서는 40달러 미만의 가격에 앙트레를 먹을 수 있는데, 비평가들이 환호할만한 뛰어난 요리이므로 높은 가격이 아니다. 저갯 서베이는 이곳의 주인이자 셰프인 미셸 제이콥(Michel Jacob)이 완벽에 가까운 요리와 뛰어난 서비스를 제공하므로 작위를 수여할 만하다고 했다.

제이콥은 최신 트렌드를 신경 쓰지 않는다. 대신 레스토랑의 직원들에게 최고의 수준을 지키도록 요구한다. 테이블은 하얀 리넨으로 세팅되어 있고, 은식기는 눈부시게 반짝거린다. 웨이터들은 악어 로고가 새겨진 조끼와 넥타이를 갖춰 입고 있다. 남은 음식을 싸가는 봉투조

> "나는 집게를 사용하지 않는다. 그것은 우아한 도구가 아니며, 고기를 세게 누르게 된다. 그건 별로 고상하지 않다."
>
> Michel Jacob, chef and owner of Le Crocodile

차 에르메스에서 방금 쇼핑하고 받아온 것처럼 보인다. 르 크로커다일은 아직도 남성 고객들이 고급양복을 입고 식사를 하는 곳이다. 고급스러운 메뉴에는 알자스식 양파 파이, 마늘과 볶은 개구리 다리, 오븐에 구운 골수 같은 고전적인 요리들이 있다. 이런 메뉴들이 전통이 되어 고객들이 특별한 날 이곳에 오고 싶게 만든다.

이 레스토랑은 프렌치 와인을 많이 갖춘 곳으로도 명성이 높지만 혀와 눈을 즐겁게 하는 디테일이 살아 있는 요리를 오래 기억하게 될 것이다. 이곳의 음식들은 진한 맛이 특징이지만 이곳을 상징하는 악어 모양 초콜릿으로 식사를 마무리할 여유는 남겨두길 바란다. **BJM**

비스 Vij's | 기다릴 가치가 있는 창의적이고 현대적인 인도 음식

위치 밴쿠버 **대표음식** 비스 양고기 막대 아이스크림Vij's lamb popsicles | 💲💲

밴쿠버에서 가장 인기 있는 인도 레스토랑을 어떻게 알아볼 수 있을까? 비스에서는 사람들이 빗속에서도 한 블록 아래까지 줄을 서서 기다린다. 주인인 비크람 비(Vikram Vij)는 예약을 받지 않는다. 고객 중에는 소설가 줄리언 반스, 전 캐나다 수상인 피에르 트뤼도 등이 있었지만, 그는 '음식 민주주의'를 신봉하는 사람이다. 그는 록스타부터 유명한 토크쇼 호스트까지 돌려보낸 경험이 있고, 심지어 가족들까지 줄 서게 만든다고 한다.

사실, 지역 주민들에게 이곳에서 줄 서서 기다리는 것은 의례 중 하나일 뿐이다. 모직 모자와 뿔테 안경을 쓴 멋쟁이들이 유모차를 밀고 온 젊은 부부들과 이야기를 나누는 것도 심심치 않게 볼 수 있다. 처음 온 사람들은 밴쿠버의 폭우 속에서 줄 서서 기다리는 것이 이해되지 않을 수 있다. 그러나 식당에 들어서면, 그 이상의 가치가 있는 훌륭한 음식과 친절한 서비스가 기다리고 있다.

생기 넘치는 실내에 들어선 뒤에도 기다려야 한다면, 와인을 마시거나 정성스런 스낵으로 기분을 달랠 수 있다. 서비스는 서구식이지만, 주인이 직접 나서서 손님을 맞이하기 때문에 옛날 인도식 환대를 받는 느낌도 든다. 비(Vij)는 '당신이 원하는 대로(At your service)'라는 표현을 자주 사용한다. 뉴욕타임스 리뷰에서는 이곳을 '전 세계에서 가장 훌륭한 인도 레스토랑에 속한다고 말할 수 있는 곳'이라고 했다.

이곳의 음식은 전통적인 인도식 요리이지만, 여기에 현대적인 반전을 더해 기발한 경지에 이른 것이라고 표현하는 게 맞을 것이다. 여러 가지 훌륭한 에피타이저 중 한 가지를 선택하는 것은 어렵지만, 회향, 정향, 옻나무 가루를 볶은 것을 양고기와 소고기에 넣어 만든 사모사(samosa)는 잊지 못할 맛이다. 기발한 앙트레 중에는 라자스탄식 매운 염소요리와 구운 오크라, 호두, 젤리빈을 곁들인 소갈비찜이 훌륭하다. **BJM**

블루 워터 카페 Blue Water Cafe | 스타일리시한 창고 건물에서 맛보는 동서양 해산물 요리의 만남

위치 밴쿠버 **대표음식** 해산물 타워 Seafood tower | 💲💲💲

블루 워터 카페는 밴쿠버의 활기 넘치는 예일타운 구역에 있다. 이곳은 창고로 쓰였던 장소로, 벽돌과 대들보가 드러난 오래된 건물에 자리하고 있다. 수상경력이 화려하며 요리 천재라고 불리는 프랭크 팝스트(Frank Pabst)가 이그제큐티브 셰프로 이곳을 이끌고 있다. 그는 자연산이며 지속가능한(sustainable) 해산물을 사용하는 원칙을 고수한다. 다이닝룸은 오픈 키친과 일본스타일 로 바(Raw Bar, 익히지 않은 해산물을 판매하는 바)를 볼 수 있게 되어 있다.

팝스트는 밴쿠버에서 나는 지역 해산물 중에서도 가장 신선한 것과 지속적인 생육이 가능한 야생종들을 제공해서 좋은 평판을 얻었다. 블루 워터 카페는 최고의 생굴 셀렉션과 지속가능한 캐비아를 갖춘 곳이다. 이곳은 알려지지 않은 바다 생물을 잘 활용하는 것으로도 알려져 있다. 특히 잊지 못할 '해산물 타워'는 여러 층의 스탠드에 싱싱한 바다 먹거리들을 풍성하게 담은 메뉴다.

이곳은 디테일에 집중하여 운영된다. 레스토랑의 광범위한 와인 리스트는 게 요리나 가리비 요리 같은 훌륭한 애피타이저와 완벽하게 어울린다. 예를 들어, 대짜은행게(Dungeness crab)와 화이트 아스파라거스로 만든 판나코타에 셀러리, 땅콩, 건포도, 그린애플 폼으로 장식한 요리나 걸프 섬(Gulf island)산 가리비 요리에 프로방스풍 토마토 케이퍼 양념과 타임을 넣은 레몬 버터로 마무리한 메뉴가 있다. 이어지는 요리로는 버터맛이 나는 은대구에 미소 사케 글레이즈를 살짝 발라서 굽고, 에다마메 퀴노아와 표고버섯을 곁들인 요리가 좋겠다. 이 요리에는 유자를 넣은 가다랑어 다시를 끼얹어 낸다. 이곳에는 고베 스타일의 소갈비요리도 있다. 고추, 커피, 안초비가 들어간 소스에 갈비를 고아서, 셀러리악 퓌레와 신선한 고추냉이 그레몰라타와 같이 내는 요리다.

페이스트리 셰프인 장-피에르 산체스(Jean-Pierre Sanchez)의 기발한 디저트 작품 중 하나도 꼭 맛보아야 한다. **NF**

"우리는 '이름 없는 영웅들(unsung heroes)'을 제공한다. 고등어, 정어리, 해파리, 문어, 성게가 그 예다."

Frank Pabst, chef at Blue Water Cafe

⬆ 해산물 타워—얼음 위에 올려진 놀랍도록 싱싱한 해산물.

비숍스Bishop's | 따뜻한 환대로 유명한 명소

위치 밴쿠버 　**대표음식** 대짜은행게와 셀러리 샐러드Dungeness crab and celery salad | 💲💲💲

1984년 이래로 밴쿠버 요식업계의 랜드마크가 된 비숍스는 수수한 우아함을 가지고 있으면서, 서부해안 토종 요리에 대한 열정을 간직한 곳이다. 여러 세대의 단골고객들이 레스토랑의 사인이 걸린 친숙한 장식물을 지나쳐 들어오면, 주인인 존 비숍(John Bishop)이 따뜻한 인사를 건네며 손님을 맞는다. 그는 오래된 구식 서비스에 대한 믿음이 있는 사람이다. 요리를 추천하기도 하지만 손님들의 코트를 기꺼이 받아 걸기도 한다. 비숍스는 주인의 따뜻한 환영을 듬뿍 받으며 특별한 날을 축하하고 즐기기 위해 오는 곳이다.

분위기는 스타일리시하면서 소박하다. 티없이 깔끔한 식탁보가 깔려있고, 하얀 벽에는 생동감 넘치는 지역 미술품들이 장식되어 있다. 서비스는 친절하지만 조급하지 않고, 조명은 적당히 낮추어져 있다. 이곳은 사람들이 신경을 곤두세우지 않고 대화를 나누고 경청할 수 있는 곳이다. 또한 상징적인 명소임에도 불구하고 격식을 따지지 않아서 기분 좋은 곳이다. 예를 들어, 노련한 베테랑 웨이터 중에 한 사람은 거의 모든 손가락에 해골반지를 끼고 있다. 스페셜 요리 이외에도, 제대로 만들어진 신식 메뉴들을 기대해도 좋다.

이곳에는 늘 인기 있는 메뉴가 몇 개 있다. 염소 치즈, 딜, 바뉼(Banyuls) 비네그레트 드레싱을 곁들인 비트 샐러드는 신선하기로 유명하다. 비숍스의 셰프인 론 쇼(Ron Shaw)는 피트매도즈(Pitt Meadows)산 토종 토마토 같은 최고의 지역산 재료를 사용하고, 이 재료들의 풍미가 제대로 빛을 발할 수 있도록 노력하는 사람이다.

고기 요리 중에도 인기 있는 메뉴가 두어 가지 있다. 엘크 사슴의 채끝살에 버섯 크로켓을 곁들인 요리는 멋있게 서빙된다. 하지만 이보다 주민들을 기쁘게 해주고, 해마다 레스토랑에 오게 만드는 것은 뛰어난 생선 요리이다. 광어와 야생 연어부터 기억에 남을 만큼 훌륭한 대짜은행게와 셀러리 샐러드까지 고루 갖춘 다양한 생선요리들이 있다. **BJM**

⬆ 비숍스 레스토랑은 밴쿠버의 명소이다.

고 피시 Go Fish | 인기 있는 해산물 가게에서 먹는 맛있는 피시 앤 프라이

위치 밴쿠버　**대표음식** 피시 앤 프라이|Fish and fries | ⑤

2004년 밴쿠버의 셰프 고드 마틴(Gord Martin)이 오픈한 고 피시는 매력적이고 독특한 해산물 가게이다. 그랜빌 섬의 퍼블릭 마켓이 내려다보이는 곳에 자리한 이곳은 재활용한 컨테이너 박스이다. 이곳에서 마틴은 지속가능한 (sustainable) 해산물에 창의적인 풍미를 잘 섞어서 상상력 넘치는 메뉴를 제공한다.

고 피시는 인근의 폴스 크리크(False Creek)에 있는 어항과의 협력으로 탄생한 곳이다. 셰프와 어부들은 모두 칭찬할 만한 목표를 가지고 있다. 이들은 뛰어난 품질의 해물 요리를 제공하되, 지역산이면서 제철에 나는 지속가능한 해산물을 소비하는 것의 중요성을 널리 알리고자 하는 목표를 공유하고 있다.

이곳에서의 식사는 지극히 소박하고 단순하다. 고객들은 가게 앞에 있는 야외 갑판에 자리를 잡는다. 밝고 쾌청한 날에는 야외 식사가 재미있겠지만, 날씨가 차가워지면 단단히 준비해와야 한다. 그렇지만 날씨가 이곳에서의 식사에 방해요소가 되지 않는 것 같다. 고 피시 앞에는 언제나 질 좋은 음식을 다시 맛보기 위해서 기다리는 사람들이 줄지어 있다. 이곳의 자랑거리인 피시 앤 프라이는 지역산 대구, 야생 연어, 광어를 황금빛으로 바삭하게 튀겨낸 것으로, 그랜빌 섬의 양조장에서 나온 지역 맥주도 함께 넣어서 만든다.

다른 별미로 마틴의 시그니처 샌드위치가 있다. '포보이(Po' Boy)'라는 샌드위치는 구운 굴과 채 썬 양상추, 치포틀레 크림, 달콤한 양파, 직접 만든 타르타르 소스를 넣은 것이다. 서해안산 날개다랑어에 달콤한 칠리 폰주 글레이즈를 발라 숯불에 구워서 넣고 매운 토마토 살사, 와사비 마요네즈를 곁들인 샌드위치도 다양하다. 아니면, 마틴이 변형한 피시 타코인 연어구이 타콘(tacone)도 있다. 이것은 생선에 살사와 치포틀레 크림, 직접 만든 슬로(slaw)를 얹고 밀가루 토르티야 콘에 말아서 내는 음식이다. **NF**

⬆ 이곳의 피시 앤 프라이는 훌륭한 먹거리이다.

도조스 Tojo's | 일본 요리 명장이 만드는 스시

위치 밴쿠버 **대표음식** 도조스 참치 Tojo's tuna | $$$

많은 사람들에게 단지 '도조'라고 알려진 밴쿠버의 레스토랑 사업가 히데카즈 도조(Hidekazu Tojo)는 일본 음식을 만드는 노련한 솜씨로 세계 곳곳에서 칭송받아 왔다. 오사카에서 훈련을 받은 그는 안소니 부르댕 쇼의 호스트가 됐었고, 마사 스튜어트의 TV쇼에서 스시 만드는 법을 가르치기도 했다.

요즘에는 밴쿠버에 많은 스시 레스토랑이 있지만, 1988년에 문을 연 도조스는 다른 스시 레스토랑을 평가할 때 기준이 되는 곳이다. 「워싱턴포스트」는 고객의 눈앞에서 맞춤 요리를 만들어내는 도조의 전설적인 솜씨를 칭송한 바 있는데, 그의 요리가 '게이샤들의 춤보다 더 화려하고 매혹적'이라고 표현했다. 주민에게는 도조스에 가는 것이 경지에 도달한 요리 장인을 직접 볼 수 있는 기

> "일본요리는 스시에 관한 긴 역사를 가지고 있다. 많은 실수가 있었고 학습도 했다."
>
> Hidekazu Tojo, chef and owner of Tojo's

회가 된다. 식사 공간은 넓고 모던하며 매력적이다. 그렇지만 더 매력이 있는 것은 스시 바에 앉아 도조가 요리하는 것을 바로 앞에서 보는 것이다. 스시를 만드는 과정은 놀랄 만한 의식으로, 그의 칼 솜씨는 단지 한 부분일 뿐이다.

도조스에서는 예술적으로 만든 최고의 일본 요리로 구성된 메뉴 세트를 선택할 수 있다. 도조스의 메뉴가 특별한 이유는 몇몇 요리에 최신식의 웨스트코스트풍 반전을 가했다는 점이다. 야생 태평양 연어 요리는 밴쿠버 음식문화의 뿌리에 가까이 다가간 것이다. 다른 뛰어난 요리로는 캐나다산 은대구를 도조의 '비밀 양념'에 재워 조리한 것과 크리미한 마늘 데리야키 소스로 볶은 닙치 볼살 요리가 있다. **BJM**

더 페어 트리 The Pear Tree | 퍼스널 터치를 가미한 파인 다이닝

위치 버나비 **대표음식** 지역산 새우 '카푸치노'Local prawn "cappuccino" | $$$

캐나다 태생의 셰프 스콧 예거(Scott Jaeger)는 1998년 더 페어 트리를 오픈했다. 이곳은 분주하고 경쟁적인 밴쿠버 시내에서 몇 분 떨어진 곳에 있는 편안한 안식처로, 고전적인 웨스트코스트식 우아함을 갖춘 고급요리를 제공하는 곳이다.

더 페어 트리는 수많은 상을 받았고, 예거는 리옹에서 열리는 보퀴즈 도르(Bocuse d'Or) 세계 요리대회에 캐나다 대표로 출전하기도 했다.

철마다 바뀌는 메뉴의 핵심은 최고급 재료를 세심하게 조달하는 것이다. 그는 지역의 생산자들로부터 고기와 가금류, 신선한 채소, 생선과 해물, 과일과 허브를 공급받는다. 프렌치 기법을 훈련 받은 예거는 고급 재료를 사용한 고전요리를 단순하고 우아하게 재해석한다. 때론 도시의 다인종 문화를 반영하여 요리에 반전을 가하기도 한다. 이렇게 탄생한 것이 지역산 새우 '카푸치노'인데, 일본의 계란찜인 '자완무시'를 재발명한 것에 가깝다. 부드럽고 달콤한 새우를 섬세한 다시(dashi) 커스터드와 향미 좋은 새우 수프 폼으로 감싸는 요리이다. 통통하고 촉촉한 밴쿠버산 가리비도 솜씨 좋게 지져서 오렌지를 넣어 캐러멜라이즈한 뒤, 2번 훈제한 풍미가 진한 베이컨 리소토 위에 올려서 낸다.

가을과 겨울에는 제대로 된 컴포트 푸드를 먹을 수 있다. 소갈비를 36시간 동안 고아서 감자 뢰스터, 버섯 퓌레와 펨버턴산 우엉을 곁들인 갈비찜이 그 예이다. 예거는 정통 프랑스 요리에 속하는 디저트도 훌륭하게 만들어 낸다. 제대로 만든 레몬 타르트나 크렘 브륄레도 맛볼 수 있다.

매력적이고 친절한 예거의 아내 스테파니가 숙련된 고객 담당 직원들을 관리한다. **NF**

⮕ 점박이 새우 카술레가 곁들여진 두 번 조리한 돼지 삼겹살.

아락시 Araxi | 유명한 스키 리조트의 눈 덮인 슬로프 가운데서 맛보는 최상급의 다이닝

위치 휘슬러 **대표음식** 트러플 감자튀김 Truffle fries | 🅢🅢🅢

아락시는 브리티시컬럼비아에 있는 세계적인 스키 리조트 휘슬러(Whistler)의 메인 광장에 있는 명소이다. 이곳에서는 천연의 눈밭에서도 우아함을 놓치고 싶지 않은 사람들을 위한 파인 다이닝을 제공한다. 주인인 잭 에브렌셀(Jack Evrensel)은 부인인 아락시에 대한 경의의 표시로 이곳의 이름을 지었다.

아락시는 스키 슬로프에서 하루를 보낸 뒤 편하게 쉴 수 있는 생동감 넘치는 바(bar)이다. 그렇지만 스키를 탄 뒤 흔히 먹는 술집의 먹거리는 잊어버려도 된다. 이곳의 세련된 요리는 충분히 뛰어난 수준의 음식이다. 중독성 있는 트러플 감자튀김을 거부할 자신이 있다면, 다른 종류의 맛있는 작은 요리들을 선택해도 좋다.

획기적인 로 바(Raw Bar)에서는 몇 가지 종류의 굴을 맛볼 수 있고 태평양에서 잡은 점박이 새우부터 싱싱한 그날의 사시미에 이르기까지 모든 것을 매력적으로 제공한다.

이그제큐티브 셰프인 제임스 월트(James Walt)는 지역 농산물에 의존하는 메뉴를 구성했다. 노스암 농장(North Arm Farm)에서 나오는 싱싱한 채소나 펨버턴산 유기농 소고기가 그 예이다. 월트는 로마에 있는 캐나다 대사관에서 이그제큐티브 셰프로 일한 적이 있고, 뉴욕의 제임스 비어드 하우스에서 요리를 시연한 일도 있다. 아락시에서 그는 신선한 토종 재료를 강조하는데, 재료 수확에서 테이블에 오기까지 최대한 짧은 거리를 유지하기 위해 노력한다.

다양한 앙트레를 갖추고 있지만 하이라이트는 유기농 흰새우 리소토에 아스파라거스와 차이브를 곁들인 요리, 최상급의 토끼 등심 구이, 그리고 최고일 가능성이 큰 소고기 안심 스테이크이다. 수상 경력이 화려한 소믈리에 사만다 란(Samantha Rahn)이 관리하는 와인 리스트 역시 대단하다. **BJM**

⬆ 눈 속에 둘러싸여 싱싱한 생선을 맛볼 수 있다.

베어풋 비스트로 Bearfoot Bistro | 추위에서 벗어나 즐거운 인생 맛보기

위치 휘슬러 **대표음식** 밴쿠버 섬의 검은 대구에 샴페인 크림을 곁들인 요리 Vancouver Island black cod with Champagne cream | 🍎🍎🍎🍎

밴쿠버 북쪽으로 2시간 떨어진 휘슬러 스키 리조트에는 베어풋 비스트로가 있다. 그곳에서는 호탕하고 인생을 즐기는 주인인 앙드레 생-자크(André Saint-Jacques)와 재능 있는 이그제큐티브 셰프인 멜리사 크레이그(Melissa Craig)를 만날 수 있다. 생-자크는 1995년부터 휘슬러에서 중요한 인물이 되었다. 그는 새로운 체험, 뛰어난 음식, 친절한 서비스, 그리고 스펙타클한 와인 리스트에 열정적인 사람이다.

크레이그의 요리 철학은 단순함과 세련됨을 결합하되, 놀라움이라는 요소를 중심으로 하는 것이다. 그녀는 캐나다 요식업계의 최고의 자리에 자신을 올려놓은 뒤, 커다란 주방에서 존재감을 빛내고 있다. 크레이그는 나라 안팎에서 최고의 제철 재료를 조달하는 일에 사명감을 가지고 있고, 펨버턴 밸리에 있는 유기농 농장에서 재료를 주로 공급받는다.

매력적인 샬레(chalet) 스타일의 다이닝룸은 넓은 오픈 키친을 갖추고 있다. 지하에는 2만 병을 보관하고 있는 인상적인 와인 셀러가 있는데, 그 안에 프라이빗 다이닝룸이 있다. 고객들을 이곳에서 샴페인 병을 터뜨리는 스릴을 맛보거나, 따뜻한 파카를 입고 이 나라에서 유일한 아이스 룸에서 영하의 보드카를 취하도록 마시기도 한다.

크레이그는 알라카르트 메뉴도 제공하지만, 진짜 빛나는 것은 테이스팅 메뉴이다. 지역산 무지개 연어를 가볍게 훈제하고 콜리플라워 그레비시(grébiche)와 물냉이의 식감을 보탠 요리나 카타이피(kataifi)로 감싼 새우에 코코넛, 콜라비, 카피어 라임, 고수를 곁들인 요리로 식사를 시작해보자. 돼지고기 안심 요리에는 볼살 크로켓, 순무, 애플 커스터드와 지역산 비트가 곁들여져 나온다. 즉석에서 준비되는 타히티산 바닐라가 들어간 질소 아이스크림으로 식사를 마무리 하자. **NF**

⬆ 베어풋 비스트로에서는 품위 있으면서 창의적인 요리를 제공한다.

랭던 홀 Langdon Hall | 화려하고 위엄 있는 저택에서 먹는 훌륭한 농산물

위치 케임브리지 **대표음식** 주니퍼 소스를 곁들인 들소 채끝살 요리|Bison striploin with juniper jus | ⑤⑤⑤

"나는 완벽하게 익어서 향기가 좋고,
즙이 풍부한 토마토 같은 지극히 단순한 것이
나를 흥분시킨다는 사실이 너무 좋다."

Jason Bangerter, chef at Langdon Hall

↑ 셰프 제이슨 뱅거터는 토론토 다운타운의 레스토랑 2군데를 운영한
  경험이 있고, 2013년에 랭던 홀에 합류했다.

→ 홀의 부지에서 풍성한 먹거리를 기른다.

역사, 아름다움, 평온함. 이 같은 단어들은 온타리오 케임브리지에 있는 랭던 홀의 특징이다. 이곳은 점심, 저녁 혹은 주말의 휴식이든 회복의 장소로 여기기에 적절한 곳이다. 1898년 이곳은 전원의 안식처로 지어졌다. 1989년에 메리(Mary)와 빌 베넷(Bill Bennett)이 이 위엄 있는 빌딩을 구입하여 매력적인 호텔로 개조했다. 경험 많은 여행객들은 랭던 홀을 북미에서 좋아하는 곳 명단에 올렸고, 이 아름다운 장소는 캐나다에서 가장 매력 있는 곳 중의 하나로 자주 거론된다.

랭던 홀에서는 '현장의 느낌이 살아있는(with a sense of place)' 음식이 제공된다. 셰프 제이슨 뱅거터(Jason Bangerter)는 커다란 레스토랑의 정원에서 채소, 과일, 허브 그리고 식용 꽃을 비롯한 고급 제철 재료를 수확하여 훌륭한 요리를 만들어 낸다. 메이플 시럽조차도 레스토랑의 땅에 있는 나무에서 채취한다. 지역 먹거리 채취자들의 네트워크를 활용하여 치밀하게 조달하는 재료와 정통의 고급 조리 기술은 이곳의 메뉴를 결정짓는 핵심적인 요소가 된다.

이곳의 명성으로 미루어 예상한 바대로, 다이닝룸은 평온한 우아함을 지닌 곳이다. 이곳에서는 날씨가 허락하는 한 야외식사를 할 수 있는 옵션이 있다. 매끄럽게 운영되는 친절한 서비스는 웰빙의 느낌을 한껏 보태준다.

풍미 가득한 고기, 가금류, 생선과 해물이 토종 비트나 야생에서 채취한 버섯 같은 재료와 결합하여 훌륭한 요리가 만들어진다. 아름답게 프레젠테이션 되는 요리 중에는 들소 채끝살에 주니퍼 소스를 곁들인 요리, 딕비(Digby)산 가리비에 예루살렘 아티초크 퐁뒤, 토스트한 헤이즐넛과 검은 케일을 곁들인 요리가 있다.

디저트 역시 조화로운데, 서로 보완이 되는 재료들로 만드는 경향이 있다. 자두와 헤이즐넛, 초콜릿과 땅콩의 결합이 그 예이다. **BJM**

조소스 Joso's | 해산물 요리와 음란한 미술작품 갤러리

위치 토론토 **대표음식** 오징어 먹물 리소토 Risotto cooked in cuttlefish ink | 🍴🍴🍴🍴

"셜리는 자신이 조소스에 있는 일부 작품의
뮤즈라는 것을 밝혀서 나를 놀라게 했다."

Mirella Radman, scribd.com

조소스는 조소 스프랄자(Joso Spralja)가 1960년대에 창업한 곳으로, 그의 아들인 레오(Leo)와 아내 셜리(Shirley)는 이 인기 있는 고급 해산물 레스토랑을 토론토의 요식업계의 랜드마크로 만들어 놓았다. 이렇게 되기까지는 달마티아와 에게 해안에서 기원한 품위 있는 요리와 특이한 인테리어가 영향을 미쳤다.

조소스는 가족들이 운영하는 레스토랑이지만, 어린 자녀들한테 누드라는 방종을 소개할 준비가 되지 않은 가족에게는 적당한 레스토랑이 아니다. 돈 주앙조차도 이 공간의 데코가 도를 넘어섰다고 생각할 것이다. 이곳은 '성인용' 수채화와 유화가 가득하며 달리와 피카소의 1970년대 진품 음란화와 난잡한 콜라주 그리고 조각 같은 금발 여인들이 망사 스타킹을 신고 있는 흑백사진 등이 가득하다. 게다가 해부학적으로 불가능한 포즈의 청동상들, 도자기와 석조로 된 흉상들은 말할 것도 없다. 여기는 카리브 해의 해적들과 플레이보이 맨션이 합쳐져 관능적인 천박함의 소용돌이에 빠진 분위기이다.

나체 사이에 앉아 있는 것이 괜찮다면, 토론토에서 가장 훌륭한 지중해 요리를 즐길 곳은 분명 이 조조스이다. 착석하면 싱싱한 생선 모둠이 나오고, 그날 나온 여러 국적의 생선들에 대한 시적인 설명을 듣게 된다. 이 대단한 레스토랑의 요리들을 잘 즐기려면 여럿이 나누어 먹는 것이 좋은 방법이다. 문어와 새우구이부터 가볍게 튀긴 오징어(calamari)까지 다양한 요리가 있다. 오징어 먹물로 만든 훌륭한 요리들도 꼭 맛보아야 한다. 스파게티니 알라 시칠리아나(spaghettini alla Siciliana)는 어두운 먹색의 소스로 덮은 마늘 맛의 파스타이고, 다른 대표요리인 블랙 리소토는 쌀로 만든 은흑색의 진주를 한 그릇 담았다.

이곳은 시각부터 미각까지 모든 종류의 감각을 즐겁게 해주는 축제 같은 곳이다. 충직한 단골들이 있다는 것은 이 방식이 대단히 성공적이라는 것을 증명한다. **NF**

⬆ 조소스는 신선한 생선을 단순하게 구워서 낸다.

스카라무슈 Scaramouche | 스타일리시한 레스토랑에서 즐기는 우아한 식사

위치 토론토 **대표음식** 파리식 트러플 뇨키 | Truffled gnocchi Parisienne | ⑤⑤⑤⑤

30년 넘게 세련됨의 상징이었던 이곳은 노련하고 친절한 서비스로 명소가 되었다. 메뉴 역시 고급스러운데 공동 주인이자 셰프인 키스 프로겟(Keith Froggett)이 탁월한 테크닉을 보여주고 있는 곳이다. 좋은 평판을 유지하기 때문에, 이곳은 늘 만족스러운 고객들로 가득하다.

스카라무슈는 커다란 다이닝룸을 개조해서 2개의 독립된 공간을 가진 이중인격의 레스토랑이다. 우아한 스카라무슈와 캐주얼한 공간인 파스타 바 앤 그릴(Pasta Bar and Grill)로 나뉜다. 커다란 아치형의 천장이 있는 다이닝룸은 데이트, 모임, 비즈니스 런치를 위한 공간으로 예전의 분위기를 유지하고 있다. 한편, 격식 없이 즐기는 나머지 공간은 주중의 저녁식사에 적합한 멋진 장소가 되었다. 어느 공간에서도 화려한 토론토 시내의 전경을 볼 수 있으며, 이 경관은 흠잡을 데 없는 서비스와 품격 있는 요리의 배경이 되어 잊지 못할 추억을 만들어 준다.

파스타 바 앤 그릴의 고객들도 훌륭한 요리를 즐길 수 있다. 홈메이드 카바텔리를 유기농 새우, 진한 훈제 향의 베이컨, 토마토, 애호박과 버무린 요리가 있고, 진한 통후추 페투치네에 소고기 안심을 고은 것과 느타리 버섯, 마데이라(Madeira) 와인으로 만든 화려한 소스를 휘감은 요리가 있다.

스카라무슈 다이닝룸에서는 새끼비둘기 요리를 맛볼 수 있다. 비둘기 가슴살에 푸아그라와 야생버섯을 채운 뒤 베이컨을 두른 촉촉한 요리나, 콩피(confit)한 비둘기 다리에 완두콩, 리크, 토스트한 파로(faro)가 곁들여 나오는 요리가 있다. 2개의 공간에서 제공되는 디저트는 모두 정성스러우며 창의적이다. 발로나 초콜릿 무스에 얼그레이 아이스크림과 레몬 커드를 곁들인 디저트를 보면 알 수 있다. 이곳 최고의 디저트는 코코넛 크림 파이로, 누구라도 한번 먹어보면 빠져들 것이다. **NF**

"석양이 지는 도시의 스카이라인을 배경으로 귀족 같은 대접을 받아보면, 즐거움이 무엇인지 알게 된다."

postcity.com

⬆ 스카라무슈에서는 프레젠테이션이 핵심이다.

보스크Bosk | 평범함과는 거리가 먼 호텔 레스토랑

위치 토론토 **대표음식** 바닷가재 유액을 곁들인 노바스코샤바닷가재 뇨키Nova Scotia lobster gnocchi with lobster emulsion | ❸❸❸

"요리를 하면 내 안에서 무언가 채워지는 느낌이 든다. 다른 사람을 행복하게 해주는 느낌. 그래서 나는 요리를 한다."

Damon Campbell, chef at Bosk

⬆ 와인 벽이 이 공간의 레이아웃을 결정한다.

대부분의 호텔 레스토랑들은 칭송의 대상이 되지 않는다. 물론 피에르 가니에르나 알랭 뒤카스와 같은 유명인을 동반한 경우를 제외하고는 말이다. 그러나 토론토 샹그릴라(Shangri-La) 호텔의 아름다운 레스토랑인 보스크는 예외이다. 이그제큐티브 셰프인 데이먼 캠벨(Damon Campbell)과 셰프 제프 강(Jeff Kang)은 밴쿠버의 명소 디바 엣 더 메트(Diva at The Met)의 주방 출신이다. 이들은 최고급 레스토랑에서의 경험을 살려 보스크에서 탁월한 요리를 만들어 내고 있다.

우아한 나무 빛깔의 데코와 부드럽고 섬세한 조명을 갖추고 있는 보스크는 토론토의 분주한 금융가 한가운데서 평온한 오아시스가 되어 준다. 다이닝룸에는 현대적 감각의 테이블들이 여유 있게 배치되어 있고, 빳빳한 식탁보가 드리워져 있다. 이 공간의 디자인 중심은 놀랄 만큼 멋진 와인 벽으로 소믈리에 마크 모팻(Mark Moffatt)의 리스트에 있는 대부분의 와인이 들어갈 만한 공간이다.

철마다 바뀌는 메뉴는 셰프들이 서부해안에서 나는 고품질 재료에 집중한다는 것이 잘 드러난다. 많은 것이 이 지역에서 조달되고 ('온타리오에서 채집한 잎들' 같이), 우아하고 고급스런 요리로 만들어져 나온다. 예를 들어, 버터를 넣어 삶은 바닷가재를 부드러운 뇨키 위에 올리고 향기 좋은 바닷가재 소스를 거품으로 만들어 뿌려 내는 요리 혹은 지역산 오리 가슴살에 포트와인을 넣어 완벽하게 지지고, 구운 복숭아, 양파, 파스닙을 곁들여 내는 요리이다.

점심을 잘 먹고 싶으면, 보스크의 촉촉한 포르게타 샌드위치를 즐기면 된다. 하바티 치즈, 머스터드 페스토, 샬롯 피클을 넣은 샌드위치이다. 저녁에는 단품으로 주문하거나 세심하게 구성된 테이스팅 메뉴를 시식해도 된다. 테이스팅 메뉴에는 캐비아 도넛부터 비둘기 가슴살 구이에 우엉, 헤이즐넛, 방울양배추 잎, 체리 퓌레를 곁들인 요리까지 들어 있다. 여기에 정중한 서비스는 실크처럼 매끄러운 다이닝 체험을 만들어 준다. **NF**

위치 토론토 대표음식 바삭한 잡곡 쌀과자와 매운 토마토 잼을 곁들인 그린 치킨 커리 | Green chicken curry with crispy multigrain rice cakes and spicy tomato jam | **$$**

국제적인 스타 셰프인 수서 리(Susur Lee)는 식감과 풍미를 블렌딩하여 먹음직스런 요리를 만들어 내는 것으로 유명하다. 1987년 자신의 첫 레스토랑인 로투스(Lotus)를 오픈했고, 이후 싱가포르, 뉴욕, 워싱턴 D.C.의 여러 레스토랑에서 자신만의 요리 스타일을 선보였다. 한편, 〈탑 셰프 마스터스〉라는 인기 TV 시리즈에 출연하기도 했다.

그는 아시아 최고 레스토랑 그룹 중 한 곳에서 10년간 컨설팅을 했고, 이후 2000년 토론토로 돌아와 우아한 미식공간 수서(Susur)를 오픈했다. 그리고 4년 뒤에 리(Lee)를 열었다. 외관은 분명 시크하지만, 리는 파인 다이닝의 트렌드에 맞추어 이곳을 격식 없는 공간으로 만들었다.

리는 비교적 젊고 트렌디한 고객들이 드나드는 곳이다. 실내 장식은 나이트클럽 같은 분위기이며 조명은 낮은 편이다. 요리는 아시아풍으로, 작은 접시에 서브되어 나누어 먹을 수 있게 만들었다.

리 라운지(Lee Lounge)는 바로 옆에 있는 바 구역이다. 세련된 도회풍의 이 공간은 자연스럽게 리 레스토랑의 연장선인 느낌이다.

수서 리의 코스모폴리탄식 조리법과 멋진 프레젠테이션은 세련된 주위 환경과 잘 어울린다. 크랩 케이크는 향미가 좋은 타마린드 글레이즈와 훈제 칠리 마요네즈를 보태서 맛이 한껏 살아난다. 동부 해안에서 손으로 캐낸 가리비는 향신료를 묻혀 구운 뒤, 중국식 더우반장과 바삭한 베이컨을 곁들여서 낸다. 여기서는 채식주의자들도 제대로 만들어진 요리를 다양하게 고를 수 있다. 예를 들어 멕시코산 염소 치즈 타르트, 토종 토마토와 비트 샐러드, 퀴노아 채소 초우 판(chow fan)과 싱가포르식 슬로 같은 요리들이다. 리는 동남아시아의 풍부하고 다양한 요리에서 늘 영감을 얻는다. 이런 영향은 아삼 타이 사테(Assam Thai satay)와 그에게 수상의 영광을 안겨준 그린 커리 치킨 같은 요리에서 드러난다. 그린 커리 치킨에는 바삭한 잡곡이 든 쌀과자와 매운 토마토 잼이 곁들여 지는데, 기억에 남을 만한 훌륭한 조합이다. **NF**

"서로 다른 문화권의 사람들이 내가 만든 음식을 통해 연결되는 것을 보면 매우 기분이 좋다."

Susur Lee, chef and owner of Lee

↑ 타이식 사테는 이곳의 수많은 별미 중 하나다.

리버 카페 River Café | 주변의 초원만큼 아름다운 음식을 제공하는 곳

위치 캘거리 **대표음식** 올슨즈 하이 컨트리 들소 채끝살 Olsen's High Country bison striploin | 🌑🌑🌑

"우리는 동료들에게 배운다. 끝없이 밀려오는 싱싱하고 젊은 열정파들도 있다."

Sal Howell, owner of River Café

⬆ 리버 카페 주위에는 엄청나게 많은 꽃피는 식물들이 있어 평안한 분위기를 만들어 준다.

➡ 리버 카페가 지역산 와인을 알리기 위해 진행한 이벤트인 'Roots and Shoots 2013'을 홍보하는 사진.

캘거리의 프린스 아일랜드 공원(Prince's Island Park)에 자리한 리버 카페는 마술 같은 곳으로 불린다. 장대한 보 강(Bow River)이 내려다보이는 아름다운 지점에 위치해 있는데, 주민들은 이곳이 동네에서 경치가 제일 좋은 곳이라고 말한다. 창업자이자 주인인 샐 하웰(Sal Howell)은 이 장소를 발견하고 사계절 천연의 환경에서 식사를 즐길 수 있는 레스토랑을 만들기로 작정했다. 그리고 여름에만 여는 작은 노천 카페였던 이곳을 1년 내내 문을 여는 레스토랑으로 변신시켰다. 하웰은 원래의 공간이 가진 편안하고 널찍한 느낌을 유지하는데 성공했다. 오두막 같은 실내 장식은 투박함이 매력인데, 돌로 만든 벽난로와 오픈 키친이 보이고, 뱃머리로 만든 음료 캐비닛도 있다. 카페에서 가장 인기 있는 특징 중 하나는 넓은 테라스이다. 테라스에 멋지게 늘어선 토종 식물들과 더불어 식사를 즐길 수 있기 때문이다.

이곳에서는 주변 경관에서 나오는 영감과 식재료를 기반으로 실험적인 요리를 만들어 내고, 이런 요리는 카페의 스펙타클한 환경과 어우러진다. 독특한 메뉴는 철 따라 변하는데, 인근의 농산물 생산자 네트워크의 공급물에 의존하여 구성되며, 이 네트워크는 점점 확장되고 있다. 레스토랑의 슬로건은 '탐험하고, 개혁하고 진화하라(explore, innovate, and evolve)'이다.

앨버타는 소고기로 유명하지만, 바이트 랜치(Bite Ranch)산 소고기 채끝살에 살구버섯 프리카세와 안초비로 구운 콜리플라워를 곁들인 이곳의 소고기 요리는 이 지역의 그 어떤 스테이크도 이길 수 있을 것이다. 올슨즈 하이 컨트리(Olsen's High Country) 들소 채끝살이나 야생 멧돼지 안심 같은 야생동물 고기 역시 주방의 솜씨를 잘 보여주는 요리이다. 창의적인 채소 요리 또한 뛰어난데 고품질의 지역 재료를 정성스레 조달해서 조리해내는 이곳의 주방은 자신감이 넘치고, 결과적으로 식사를 커다란 즐거움으로 만들어준다. 탁월한 와인 리스트까지, 더 리버 카페는 분명 마음에 쏙 드는 발견이 될 것이다. **BJM**

오 피에 드 코숑 Au Pied de Cochon | 육식애호가를 위한 든든한 프랑스풍 요리

위치 몬트리올　**대표음식** 푸아그라로 속을 채운 돼지 족발 Stuffed pied de cochon (pig's foot) with foie gras　| **$**

사람들은 오 피에 드 코숑에 대해 '힘있고 원기 왕성하다. 투박하고 에너지가 넘친다'고 한다. 심지어, 육질이 좋고, 크고, 탱탱하다'고 했다. 이 표현은 레스토랑과 스타 셰프인 마르탱 피카르(Martin Picard)을 칭송한 표현 중 일부에 지나지 않는다.

먼저, 채식주의자와 비건(vegan)들은 이곳에서 힘든 시간을 보낼 것이다. 메뉴에는 튀긴 푸아그라, 뼈를 발라내고 빵가루를 묻혀서 튀겨낸 돼지 족발, 크리미한 뿔닭 간 무스 같은 요리들이 가득 차 있다. 그러나 이것은 단지 애피타이저일 뿐이다.

메인 메뉴로 가면, 더욱 엄청난 요리들이 등장한다. '멜팅 팟(melting pot)'이라 불리는, 외설스런 버터 매시드 포테이토 덩어리 위에 돼지 삼겹살, 소시지, 블랙 푸딩을 올린, 녹아 내리는 듯한 진한 스튜는 어떨까? 아니면, 이 레스토랑의 인기요리인 '캔에 든 오리(duck in a can)'를 맛볼 수도 있다. 오리 가슴살과 푸아그라를 캔에 넣어서 익힌 요리로, 살짝 익힌 육즙 많은 고기가 푸아그라와 대조를 이룬다. 다른 옵션으로는 매운 들소 타르타르와 푸아그라 푸틴이 있는데, 녹아 내리는 치즈를 얹은 감자튀김의 고급 버전으로 해석할 수 있다. 디저트 역시 전혀 타협이 없다. 메이플 시럽이 들어간 슈가 파이의 크기가 얼마 만한 지 한번 보시길.

이런 막대한 칼로리에도 불구하고 오 피에 드 코숑은 몬드리올의 요식업계에서 두각을 나타내는 곳 중 하나다. 음식 맛을 좀 아는 식욕 좋은 사람들을 위한 곳으로 인기가 높다. 분명 이곳은 마음 약하고 식성이 까다로운 사람들을 위한 곳은 아니다. 입맛을 쩍쩍 다시며, 배가 엄청 부를 때까지 냅킨을 더럽혀가며 열정적으로 먹는 분위기를 가진 곳이다. 몬트리올에 이런 곳이 있다는 것은 행운이다. **ATJ**

⬆ 프렌치 브라스리 같은 분위기가 나는 인테리어.

조 비프 Joe Beef | 고기를 강조하는 정통 프랑스 요리의 재미있는 변주

위치 몬트리올　**대표음식** 푸아그라 '더블 다운' Foie gras "Double Down" | 💲💲

조 비프의 문을 열고 들어서면, 특별한 곳에 와 있다고 느끼게 된다. 테이블들은 바짝 붙어 있고, 벽에는 기발한 오브제, 포스터, 진기한 미술품들로 넘쳐난다. 메뉴는 칠판에 대충 써 있고, 화장실에는 들소 머리가 걸려있다.

이 허름한 공간은 매우 진지한 요리의 현장이다. 물론 어떤 것들은 농담처럼 보인다. 유명한 푸아그라 더블 다운은 KFC의 메뉴에서 따온 것으로 닭가슴살 대신 두툼한 간 조각을 넣은 것이다. 이것은 아마도 당신이 먹어볼 음식 중 가장 리치할지도 모른다. 이곳에서는 '맥주 치즈(beer cheese)'와 콘플레이크 장어 너겟도 맛볼 수 있으며 심지어 빈티지 라디오 위에 굴을 얹어 서브하기도 한다.

그러나 이런 농담조의 접근방식 속에는 프레데릭 모랭(Frédéric Morin)과 데이빗 맥밀런(David McMillan)이 가진 정통 프렌치 기법에 대한 애정이 숨어 있다. 이들은 이곳의 음식을 보쿠시안–리오네즈(Bocusian-Lyonnaise)라고 표현한다. 이 표현은 몬트리올이 2가지 언어를 사용하는 곳이고, 프랑스와 북아메리카가 만나 잘 살고 있는 도시라는 점에서 지극히 적절하다. 이곳에서 와인과 어울리는 전통 요리인 리에브르 알 라 로얄(lièvre à la royale, 로얄 토끼)이나 피에 에 파켓(pieds et paquets, 양의 발과 내장을 고은 스튜) 또는 투르보 오 베르무트(turbot au vermouth)를 맛볼 수 있다. 도전정신이 필요한 버건디색 말고기 타르타르를 선택하는 것도 좋다. 조 비프에서는 고기를 직접 염장하고 훈제한다. 게다가 마약의 소굴이었던 자리에 텃밭을 만들고 채소도 직접 기른다.

모랭과 맥밀런의 주방, 수제 맥주, 독특한 칵테일이 많은 화제가 되는 만큼 이곳의 와인 역시 유명하다. 맥밀런은 최고급 프랑스 와인을 정밀하게 감별하는 능력을 가지고 있다. 조 비프는 지극히 개성이 강한 곳이어서, 어떤 이들은 이곳이 '이해가 안 된다(don't get it)'고 말한다. 그러니, 마음을 단단히 먹고 소시지 마티니부터 한번 주문해보자. **MOL**

⬆ 조 비프는 훌륭한 음식과 나른한 분위기를 제공한다.

슈왈츠 Schwartz's | 인파를 끌어 모으는 고색창연한 델리

위치 몬트리올 **대표음식** 호밀빵으로 만든 훈제 소고기 샌드위치 Smoked beef sandwich served on rye | 💲

"슈왈츠의 진가는 이곳이 전혀 바뀌지 않는다는 데 있다. 이런 종류의 가게 중 유일하게 남은 곳이다."

David Sax, theglobeandmail.com

슈왈츠는 인기가 워낙 많아서 들어가려면 보통 줄을 서야 한다. 인테리어는 특별할 것이 없기 때문에 이곳이 단지 델리카트슨이라고 생각할지도 모른다. 벽에는 이곳을 그린 그림과 다양한 장식품, 레스토랑에 왔던 유명 인사들의 사진들이 가득 걸려 있다. 분위기는 편안하며, 단골 주민들이나 흥분한 여행객들과 테이블을 같이 쓰게 될 가능성이 높다.

슈왈츠에서는 사람들이 참을성 있게 줄 서서 기다린다. 오직 이곳에서 최고의 훈제 소고기 샌드위치를 만들기 때문이다. 여기에는 육즙이 많고 잘 양념된 코셔 스타일의 고기를 썰어서 넣는데, 소고기 양지머리를 10일 동안 염장한 뒤 훈연한 것이다. 2장의 갓 구운 호밀빵 사이에 고기를 넣고 달콤한 머스터드를 듬뿍 발라서 낸다. 여기에 감자튀김과 달콤새콤한 피클, 그리고 홈메이드 슬로가 곁들여진다. 마실 것은? 고급 와인이나 크래프트 비어는 잊어라. 여기선 블랙 체리 소다 캔이 인기가 많다. 믿거나 말거나, 이게 정말 잘 어울린다.

카운터 뒤에서는 하얀 케이터링 차림의 남자들이 맛있게 생긴 훈제 고기를 계속 잘라내고 있다. 고기는 4가지 종류로 서빙되는데, 기름기 없는(lean), 중간(medium), 중간보다 지방이 많게(medium fat), 기름기가 많게(fat) 먹을 수 있다. 마니아들은 단연 '미디엄 팻'을 선호하지만, 어떤 이들은 '팻' 속에 모든 풍미가 다 들어있다고 하기도 한다.

갈비, 스테이크, 치킨도 있지만 오랜 세월 동안 사람들이 가장 많이 찾았던 건 훈제 소고기였다. 루벤 슈왈츠(Reuben Schwartz)는 1928년 생 로랑 대로에 처음으로 개업하면서 상호를 몬트리올 히브리 델리카트슨(Montreal Hebrew Delicatessen)이라고 지었다. 그 이래로 몇 명의 주인을 거쳤지만, 이곳은 명소로 남아있다. 음식의 유행은 계속 변하지만, 바쁘게 변화하는 세상 속에서도 슈왈츠는 변치 않는 곳이다. **ATJ**

⬆ 슈왈츠는 몬트리올에서 사랑받는 명소이다.

토크! Toqué! | 우아하고 세련된 다이닝

위치 몬트리올　**대표음식** 오리 가슴살 요리|Duck magret　| $$$$

몬트리올에서는 잘 먹을 수 있다. 스낵으로 치즈를 넣은 감자튀김인 푸틴을 먹든, 더 비싸고 좋은 것을 먹든 간에 말이다. 토크!('미친'이라는 뜻이다)는 후자에 속하는 업계의 경쟁 속으로 뛰어든 곳이다. 1993년 노르망 라프리즈(Normand Laprise)와 크리스틴 라마르셰(Christine Lamarche) 부부가 창업한 이곳은 생동감 넘치는 몬트리올의 인터내셔널 디스트릭트(International District) 중심에서 걸출한 명소가 되었다.

이곳은 밝고 우아하게 디자인된 공간으로, 빳빳한 흰색의 식탁보와 버건디 톤의 벽과 카펫으로 되어 있어 1970년대 스타일이 연상된다. 지역의 제철 재료를 활용하여 매일 바뀌는 메뉴는 먹기 좋고 보기 좋은 요리로 채워진다. 알라카르트 메뉴를 여정으로 보자면, 퀘벡의 시골마을을 방문하는 것이 그 시작이 될 것이다. 퀘벡산 푸아그라는 세계 최고의 수준을 자랑한다. 돼지고기가 당긴다면, 입맛 도는 훈제 돼지 볼살을 권한다. 수프가 메뉴에 있다면 아마도 예루살렘 아티초크로 만든 진하고 크림 같은 식감의 수프일 것이다. 또는 신선한 바닷가재에 톡 쏘는 소스를 곁들여 달콤짭잘한 맛이 나는 샐러드가 나올 수도 있다.

메인 요리로는 보르드레즈 소스를 곁들인 촉촉한 사슴고기 안심이나, 통통하고 부드러운 오리 가슴살 요리가 나올 수 있다. 디저트는 모과 무스나 바닐라 염소 치즈를 곁들인 포치한 배가 들어 있을 법하다. 와인 셀러는 대단히 방대하며 당신이 선택하는 코스에 맞는 와인을 추천해주기 위해 소믈리에가 대기하고 있다.

토크!에서는 이곳의 요리 솜씨를 제대로 보여주는 구성의 테이스팅 메뉴도 제공한다. 많은 이들이 몬트리올 최고의 레스토랑이라고 여기는 토크!는 2010년에 좀 더 캐주얼한 분위기를 선호하는 사람들을 위해 자매 레스토랑 티!(T!)를 열었고, 『Toqué! Les artisans d'une gastronomie québécoise(2012)』라는 요리책을 출간했다. **ATJ**

"나는 이곳에서 처음 먹었던 맛을 기억한다. 토크!는 독재세력과 싸우는 게릴라 투사 같았다."

Alan Richman, U.S. journalist and food writer

⤒　다이닝룸에 놓인 두 사람을 위한 편안한 테이블.

렉스프레스 L'Express | 프렌치 캐나다 중심부의 파리식 비스트로

위치 몬트리올 **대표음식** 스테이크와 감자튀김 Steak and fries | 💲💲

"이런 메뉴를 쭉 읽어 보는 것이 얼마나 즐거운지 모른다. 이들은 모든 것을 제대로 만든다."

Anthony Bourdain, chef and author

반짝이는 조명이 벽에 줄지어 있는 거울에 반사된다. 바닥에는 흑백의 체크보드 타일이 깔려있고, 검은 조끼, 하얀 셔츠와 에이프런을 두른 웨이터들이 미끄러지듯 움직인다. 친구와 가족들이 이야기하는 높고 낮은 목소리가 들려 온다. 이들은 골수, 스테이크와 감자튀김, 돼지고기 리예트, 오리 콩피, 송아지 간, 머스터드 소스에 넣은 송아지 염통 같은 원기 왕성한 요리들이 허리띠를 풀어야 할 정도로 푸짐하게 나오는 것을 즐기고 있다. 모든 테이블에는 톡 쏘는 달콤새콤한 코니숑(cornichon) 단지가 놓여 있다. 이 피클은 굉장히 중독성 있는데, 테이블에 앉으면 가져다 주는 빵과 아주 잘 어울린다.

모든 디테일과 분위기는 이곳이 전통적인 파리식 비스트로라는 것을 말해준다. 마치 파리의 활기 넘치는 구역, 사크레쾨르 대성당 같은 랜드마크에서 바라다보이는 곳의 비스트로에 와 있는 것 같다. 프랑스어가 여기저기서 들려와서 파리에 있는 듯한 느낌이 더 강해진다. 그러나 우리는 캐나다 퀘벡에 있고, 몬트리올 다운타운의 시끌벅적한 지역에 있다.

렉스프레스는 1980년 이곳에 처음 문을 열었다. 그 이후 시간이 지나면서 몬트리올의 명소가 되었고, 프랑스 요리를 중심으로 좋은 먹거리를 만드는데 전념했다.

여기서는 풍성한 비스트로 음식을 유쾌한 분위기 속에서 제공한다. 크리미하고 부드러운 닭간 파테로 시작해서, 촉촉한 스테이크에 바삭하면서 폭신한 감자튀김을 곁들여보자. 웨이터는 어떤 와인(또는 맥주)을 곁들이면 좋을지 기꺼이 조언한다. 마무리로는 일 플로탕트 아벡 캐러멜(Ile flottante avec caramel)이 좋겠다. 이것은 캐러멜로 코팅한 바삭한 머랭 덩어리를 바닐라 크림소스에 띄워서 내는 전통 디저트를 변형한 것이다. 또는 다른 캐나다 비스트로의 고정 메뉴인 메이플 시럽 파이, 오렌지 크림 캐러멜이나, 레몬 타르트도 맛볼 수 있다. 마지막으로 한마디 하자면, 배고플 때 이곳에 가는 것이 좋을 것이다. **ATJ**

⬆ 렉스프레스는 파리식 비스트로의 분위기이다.

셰 불레이 Chez Boulay | 프렌치 비스트로 스타일과 북유럽 요리의 만남

위치 퀘벡 **대표음식** 콩피한 들소 볼살Confit bison cheeks | **$$$**

셰 불레이의 부제는 '비스트로 보레알(bistro boréal)'이다. 이곳은 2개의 전통이 섞여 있는 곳이다. 제대로 만든 요리에 캐주얼하게 접근하는 프렌치 비스트로의 전통과 북유럽적 영감을 가진 보레알(북방)의 전통이 그것이다. 여기서는 이 컨셉을 토대로 다양한 신선한 제철 채소와 베리, 엘크, 오리, 들소 같은 지속가능한 야생동물 고기, 그리고 양질의 생선 요리를 만들어 낸다. 이 주방에서는 야생 생강, 래브라도(Labrador) 차 향신료, 우엉 같이 흥미 있는 재료도 쓰인다.

북방의 영향력은 모던한 데코에서도 찾을 수 있는데, 화이트 톤의 벽과 깔끔하고 단순한 레이아웃이다. 셰 불레이는 재미있는 프렌치-노르딕 퓨전요리로 퀘벡에서 가장 핫한 레스토랑 중 한 곳이 되었다.

이곳은 두 명의 셰프, 장-뤽 불레이(Jean-Luc Boulay)와 아르노 마르샹(Arnaud Marchand)이 만들었다. 2012년 오픈 당시, 불레이는 수십 년의 커리어가 있었고, 마르샹은 이에 비해 미약한 10년의 경험밖에 없었지만, 둘 다 훌륭한 평판은 가지고 있었다. 이들은 2010년 캐나다 TV쇼 〈레 셰프!(Les Chefs!)〉에서 만났는데, 마르샹은 경연자였고 불레이는 심판이었다. 둘은 북유럽 요리에 관심이 있다는 것을 발견했고 동업하기로 한 것이다.

대표 메뉴인 '미식가 모둠(gourmet platters)'을 시식해보자. 육류로는 말린 소시송(saucisson), 돼지고기 리예트와 말린 거위 가슴살이 포함된다. 해물로는 훈제 연어, 대구 리예트, 홍합과 새우가 들어있다. 메인 디너 메뉴는 엘더베리 식초에 재운 북극 곤들매기 카르파초나 들소 타르타르로 시작해서 콩피한 거위와 파스닙 파르망티에(parmentier)에 넣은 오리다리, 또는 콩피한 들소 볼살에 셀러리 트리오(퓌레, 콩피, 갈은 것의 3가지 버전)를 곁들인 요리가 나올 수 있다. 그리고 얼린 누가(nougat)와 야생 베리, 혹은 메이플 에클레르(eclair)를 먹으며 마무리하자. 셰 불레이는 북유럽산 발명품이 퀘벡식 프렌치의 개방성과 만나는 곳이고, 그 결과는 멀티가스트로노믹(multigastronomic)이다. **ATJ**

"배 타르트는 북구에 사는 것이 지옥 같은 것만은 아니라고 알려주었다. 때론 그곳이 천국이다!"

Stephanie Wood-Houde, lapresse.ca

⬆ 셰 불레이의 다이닝룸에 놓인 조화로운 나무 테이블들.

3660 온 더 라이즈 3660 on the Rise | 화려한 색채의 하와이식 고급 요리

위치 호놀룰루 **대표음식** 아히 가츠Ahi katsu | 💲💲

이그제큐티브 셰프인 러셀 시우(Russell Siu)의 지휘 아래 명성을 쌓고 있는 이 레스토랑은 하와이 스타일에 품격을 더한 요리로 호평 받는다. 이곳은 섬에서 나는 신선한 재료에 아시아, 유럽 및 현지의 풍미를 더한 음식으로 잘 알려져 있다.

시우는 우수한 품질의 식재료들이 가진 폭넓은 풍미를 결합해 다채롭고 창의적인 효과를 만들어 낸다. 애피타이저에는 아히 가츠와 듀오 오브 푸아그라(duo of foie gras)가 있다. 아히 가츠는 상등급의 황다랑어나 눈다랑어를 김과 시금치로 감싼 후 살짝 튀겨내 슬라이스하고, 고추냉이–생강 버터 소스를 뿌린 접시에 담아낸다. 듀오 오브 푸아그라는 우선 푸아그라 2조각을 팬에 살짝 구운 후, 기름진 맛과 대조적인 새콤달콤한 맛을 느낄 수 있도록 한 조각은 귤 마멀레이드, 다른 한 조각은 패션프루트 젤리(Lilikoi gelée)를 곁들인다.

섬에 있는 레스토랑답게 해산물을 이용한 요리가 유명한데, 가볍고 우아한 중국식 도미찜을 추천한다. 도미는 찌기 전에 기름을 두른 팬에 겉을 살짝 익혀 깊이 있는 맛이 더해졌으며, 검정콩을 이용한 소스는 은은한 맛이 난다.

생선 요리 중에는 하와이의 인기 요리인 라우라우(lau lau)를 창의적이고 고급스럽게 변형시킨 새우와 가리비 라우 라우, 폰즈 소스를 곁들인 메기 튀김, 참깨를 입혀 팬에 구운 참치에 실파, 생강, 뜨거운 기름, 표고버섯 육수를 얹고 미소–그릴드 무수비(miso-grilled musubi)를 곁들인 요리가 있다.

디저트는 언제나 만족스럽다. 마일 하이 와이알라에 파이(Mile High Waialae Pie)는 대표적인 디저트로, 바닐라 아이스크림과 커피 아이스크림을 2층으로 쌓은 다음 마카다미아 브리틀, 캐러멜, 초콜릿 소스를 뿌려준다. 서비스는 친절하다. 특별한 음식을 대접하고 싶다면, 이 레스토랑으로 찾아오면 된다. **MG**

⬆ 이곳은 해산물 요리가 전문이다.

셰프 마브로 Chef Mavro | 프로방스 요리와 태평양 요리의 환상적인 만남

위치 호놀룰루　**대표음식** 인도차이나식으로 포칭한 바닷가재 Indochine-style poached lobster | 🍷🍷🍷🍷

최고급 요리를 제공하는 셰프 마브로는 다소 눈에 띄지 않는 곳에 자리잡고 있다. 자신의 이름을 딴 이 레스토랑의 주인은 프랑스 셰프인 조지 마브로살라시티스(George Mavrothalassitis)로, 요리에 대한 그의 통찰력은 놀라울 정도다.

계절에 따라 큰 변동이 있는 메뉴는 그의 고유한 스타일과 하와이 최상급의 재료가 만든 조합이다. 재래종 토마토(heirloom tomato)는 직접 재배한 농부가 배달해주며, 산새우 또한 매일 어부가 전해준다.

고객은 '프롬 랜드 앤 시(From Land and Sea)'나 '프로방스 앤 디 아일랜즈(Provençe and the Islands)' 등의 코스 요리는 물론 각 요리와 잘 어울리는 와인도 선택할 수 있다. 환상적인 첫 번째 요리인 '환경을 보존하며 즐기는 캐비아(Sustainable caviar)'는 당연히 샴페인을 곁들여 맛봐야 한다.

메인 요리의 하이라이트는 인도차이나식으로 포칭한 키홀 바닷가재(키홀은 하와이 빅아일랜드의 서쪽 끝에 있다)를 접시에 근사하게 담아 낸 것이다. 이 요리는 카피르 라임, 레몬그라스, 타마린드, 그린파파야, 처빌로 향을 낸다. 또 다른 훌륭한 메인 요리로 피노 누아르(Pinot noir)를 에센스로 한 와규 비프 스테이크는 치미추리 소스와 파스닙 퓌레를 곁들인 갈비찜, 절인 베이비 비트 샐러드와 함께 나온다. 그 뒤로는 프랑스-폴리네시아를 테마로 초콜릿, 망고, 구아바 같은 재료들이 어우러진 디저트가 나온다.

셰프 마브로에서 내놓는 모든 것들은 완성되어 있으며, 재료의 맛과 향이 창의적인 조합을 이루고 있다.

수시로 바뀌는 복잡한 메뉴들을 쉽게 설명해주는 전문적인 서비스는 식사를 더 기분 좋게 해준다. 셰프 마브로는 하와이의 최고급 요리를 제공하는 곳이므로, 특별한 이벤트가 있을 때 들르기 적절하다. **MG**

⬆ 셰프 마브로는 편안하면서도 우아한 분위기를 가지고 있다.

앨런 웡스 Alan Wong's | 하와이 요리의 대부가 만드는 섬 요리

위치 호놀룰루 **대표음식** 다백Da Bag | ❻❻❻

현대적인 하와이 음식을 맛보길 원한다면, 이 작은 식당이 비록 내키지 않는 사무실 빌딩에 위치해 있더라고 가봐야 한다.

셰프 앨런 웡은 하와이 레스토랑의 활기를 되찾기 위해 인근의 셰프들이 벌인 '하와이 요리 만들기' 운동의 창립 회원이다. 하와이 요리의 대표주자라고 할 수 있는 그는 하와이의 다양한 전통에서 영감을 얻어 지역의 풍토를 살리고, 인근에서 자란 농산물을 이용하여 새로운 음식을 만들어낸다. 인근 농부와 식품업자들과 긴밀한 관계를 유지한 덕에 늘 고품질의 신선한 재료들을 공급받을 수 있다.

웡의 요리는 아시아의 영향을 많이 받았으나, 세련된 프랑스식 방법으로 만들어진다. 처음 맛보는 요리로는 리 힝(li hing, 매실액) 비네그레트를 뿌린 토마토 샐러드를 먹어보기 바란다. 대표 메뉴인 '다 백'은 프랑스의 앙 파피요트(en papillote, 종이에 싸서 요리하는 조리법)를 이용하여 조개, 훈제 칼루아 돼지고기, 표고버섯을 함께 쪄낸 것으로 각 재료가 향긋하게 어우러진다. 웨이터가 손님의 테이블 곁으로 봉투 하나를 가지고 온다. 그곳에 구멍을 내면 칼루아 향의 증기가 뿜어져 나와 손님들의 식욕을 자극한다.

가장 근사한 메인 요리 중에 하나는 생강을 입힌 오나가(onaga, 긴꼬리 붉은 도미)가 있다. 2번 익힌 갈비(twice-cooked short rib)는 향과 씹는 질감이 훌륭하게 어우러지는데, 버락 오바마 대통령이 이 레스토랑에서 가장 좋아하는 메뉴라고 한다.

릴리코이 브륄레(lilikoi brulée)와 같은 디저트도 역시 타피오카와 하와이의 유명한 열대 과일 같은 재료를 고전적인 요리 기법으로 요리한 것으로, 프랑스와 아시아가 조화롭게 어우러져 있다.

바쁘게 돌아가는 중에도 서비스는 효율적이며 전문적이다. 특별한 날을 위해 예약한다면, 레스토랑에 미리 알려서 직원들이 사인한 메뉴를 기념 삼아 받을 수도 있다. **MG**

⬆ 앨런 웡스는 하와이 요리의 부활을 이끌었다.

타운 레스토랑Town Restaurant | 한가한 휴일을 보내는 마음으로 섬 요리를 맛볼 수 있는 곳

위치 호놀룰루 **대표음식** 수제 파스타, 염장한 어란, 여름 호박, 스트링 빈스 Hand-cut pasta, cured ono roe, summer squash, and string beans | ❸❸

타운 레스토랑은 인근 지역에서 가져온 특산물을 매우 중요하게 생각하며, 가급적 유기농 재료를 이용해서 요리한다. 요리된 음식은 하와이안 스타일의 정중함과 친근함('알로하Aloha'와 같은)을 갖추고 있다.

이 현대적이고 캐주얼한 비스트로는 셰프가 농장에서 기르고 시장에서 사 온 가장 신선한 재료로 요리할 수 있도록 매일 메뉴를 바꾼다.

이곳의 음식은 지중해의 고전적인 레시피에서 영감을 받았다. 재료의 맛을 살리면서 낭비하지 않는 이탈리아인의 감각을 가진 현대 아메리칸 요리라고 설명하면 적절할 것이다. 타운은 수제 파스타와 뇨키, 슬로우 브레이징한 고기, 갓 잡은 인근 지역 해산물을 제공한다.

물론 소규모의 와이너리에서 생산된 적당한 가격의 와인과 레스토랑에서 직접 만든 칵테일을 함께 마실 수도 있다. 주방은 계속 바뀌는 메뉴를 통해 맛좋은 음식들을 선보이며, 음식에 대한 높은 이해와 안목을 보여준다.

대표 요리 외에도 비트, 오렌지, 회향, 민트, 병아리콩, 리코타 치즈를 넣은 베이비 루꼴라 샐러드, 친자노(Cinzano) 브로스에 회향 파스티나와 토마토를 함께 넣고 요리한 검은 홍합, 구안치알레(guanciale)가 들어간 뇨키, 인근에서 재배된 하마쿠아(hamakua) 버섯 볶음 등도 인기가 있다. 식사의 마무리로 적당한 디저트인 '솔티드 초콜릿 프레첼 타트'와 '허니 버터밀크 판나코타'는 부드럽고 황홀하다.

와이키키에서 몇 분 걸으면 나오는 타운은 바가 있으며, 개를 데리고 올 수도 있는 야외 테라스도 갖추고 있다. 예약하지 않은 손님을 위해 비워둔 자리도 있다. 이곳은 특별한 날 외에도 격식을 갖춘 캐주얼 요리나 즉흥적인 요리를 선호하는 이들에게 인기 있고 단골들도 있다. 편안한 분위기에 음식의 양이 넉넉하고 가격까지 상당히 합리적이다. **MG**

⬆ 브렉퍼스트 브리토(breakfast burrito)로 하루를 든든하게 시작할 수 있다.

솔트 바 앤 키친 Salt Bar & Kitchen | 하와이 느낌이 가미된 현대적인 타파스

위치 호놀룰루 **대표음식** 셰프가 엄선한 샤퀴트리 모둠 Charcuterie board, chef's selection | 💲💲

"살아있는 것을 포함해 뭔가를 축하하려면, 이곳이야말로 가장 적당한 장소일 것이다."

John Heckathorn, Honolulu Magazine

⬆ 솔트 바 앤 키친은 인기 있는 샤퀴트리와 더불어 여러 종류의 간단한 식사 거리를 제공한다.

이 인기 있는 레스토랑은 독특하고 현대적인 스타일로 하와이에 타파스 바의 개념을 도입했다. 도회적인 분위기와 인근 지역의 재료를 이용한 요리, 특히 요즘 유행인 샤퀴트리(프랑스식으로 숙성한 육가공품)를 선보인다. 샤퀴트리는 가까운 곳에서 옥수수를 먹여 키운 신사토(Shinsato) 농장 돼지를 레스토랑에서 직접 염장해서 만든다.

고기를 좋아하는 사람에게는 헤드 치즈(head cheese)가 먹을 만 하다. 헤드 치즈는 이름과는 달리, 닭 간 파테와 돼지 리예트(rillette)를 의미한다.

1층에는 긴 바(bar)가 있고, 벽을 마주보고 앉는 자리도 있다. 위층은 로프트(loft) 형태로 몇 개의 테이블이 놓여있다. 사람들이 먹고 마시는 소리로, 친밀감 있고 활기찬 분위기가 느껴진다.

메뉴는 가로 줄무늬의 나무 벽장식만큼 간단하다. 대조적인 맛이 잘 어우러진 토마토와 건포도 처트니를 곁들인 소꼬리 엠파나다(empanada)와 같은 간단한 먹거리가 있고, 한 접시 만으로 한끼 식사에 충분한 '빅 플레이츠(big plates)'도 있는데 선택의 폭은 좁은 편이다. 이 바는 로컬 푸드 정책에 따라 하와이산 농산물을 주로 사용한다. 오늘의 생선은 인접한 태평양에서 잡아오고 모든 고기는 근처의 농장에서 가져온다.

재료는 단순하지만 그것으로 만든 요리는 인상적이며 기억 속에 오래 남는다. 금방 튀겨낸 굴과 상큼한 레몬 잼, 빅 아일랜드 호박과 살사 베르데(salsa verde)를 곁들인 닭 요리는 특히 인기가 있다.

음료 또한 엄선하였는데, 제한적이지만 음식의 부족한 부분을 채워줄 수 있는 와인과 맥주로 신중하게 구성하였다. 칵테일은 용설란을 듬뿍 넣은 '플라이트 투 멕시코(Flight to Mexico)'와 위스키를 넣은 '스모킹 고우트(Smoking Goat)'와 같이 독창적인 것이 포함되어 있다.

솔트 바 앤 키친은 호놀룰루에서 점심과 저녁에 가장 인기 있는 장소로 패셔너블하고 대도시다운 분위기를 가지고 있다. **MG**

르 피전 Le Pigeon | 프랑스의 영향을 받은 컴포트 푸드

위치 포틀랜드 **대표음식** 비프 부르기뇽Beef bourguignon | 🪙🪙

포틀랜드 사람들은 2006년 문을 열자마자 세계 요리 지도에 자리를 굳힌 르 피전(2번째 단어는 영어로 발음된다)을 자랑스러워한다. 셰프 가브리엘 러커(Gabriel Rucker)는 미국의 고전 요리, 프랑스 비스트로 음식과 자신만의 혁신적인 방법으로 접근한 음식들을 잘 배합하여 매혹적이고 독창적인 메뉴를 만들었다. 「푸드 앤 와인 매거진」은 러커의 재능을 인정하여, 베스트 뉴 셰프(나중에는 올스타)라고 불렀고, 제임스 비어드 재단도 올해의 떠오르는 스타 셰프와 북서부 최고의 셰프라는 타이틀을 수여했다.

르 피전의 실내 장식은 격식을 차리지 않은 매력이 있다. 벽돌로 장식한 벽은 구리로 악센트를 준 오픈 키친을 마주하고 있고, 레스토랑의 뒤쪽에는 와인 병, 요리책, 피클을 담은 유리병들로 채워진 높은 선반이 있다. 빈티지 샹들리에가 높은 천장에 달려 있고 빵접시는 각기 다른 복고풍의 꽃무늬 도자기다. 고객들은 3개의 공용 테이블에 앉거나, 셰프 맞은 편에 있는 10개의 탐나는 자리 중 하나에 앉아 러커와 수 셰프(sous chef)가 일하는 모습을 볼 수 있다.

메뉴는 계절과 러커의 변덕에 따라 수시로 변한다. 코 끝에서 꼬리 끝까지 먹을 것을 주장한 러커는 내장과 고기를 모두 선호하는 것으로도 유명하므로 손님들은 혀, 염통, 간, 삼겹살 등을 이용한 요리를 기대한다. 하지만 채식주의자를 위한 요리뿐 아니라 오늘의 생선 요리도 항상 메뉴에 있다. 주요 메뉴는 비프 부르기뇽(프랑스식 그대로가 아닌 고전적인 프랑스 요리에 대한 경의)으로 소의 볼살을 살살 녹을 정도로 부드러워질 때까지 밤새 와인에 재워두었다가 기름진 포테이토 그라탕 위에 얹어 낸다.

모험심 강한 고객들은 디저트로 푸아그라 아이스크림이 들어간 슈를 꼭 먹어봐야 한다. 서비스는 세심하고 전문적이며, 프랑스 와인 위주의 와인 리스트는 감동적이다. 왜 이 매력 있는 레스토랑이 포틀랜드에서 인기가 많은지 쉽게 이해가 간다. **SW**

"다양한 메뉴를 웬만큼 잘하는 것보다 하나를 정말 잘하는 것이 더 중요하다."

Gabriel Rucker, chef at Le Pigeon

⬆ 비프 부르기뇽은 그뤼에르 치즈를 얹어 낸다.

네드 러드 Ned Ludd | 장작을 이용해서 만드는 제철 요리

위치 포틀랜드 **대표음식** 통째로 구운 송어Whole roasted trout | 💲💲

"러다이트(Luddite, 산업혁명의 반대자)의 창시자 이름을 딴 이 수제 키친은 기계를 적게 사용한 음식을 만든다."

fodors.com

네드 러드는 빠르게 성장하는 오리건의 요리 문화에서 선봉에 서있는 셰프. 제이슨 헬름스(Jason Helms)가 운영하고 있다. 그는 주문이 들어오면 장작을 쓰는 오븐으로 요리하는데, 주방에는 다른 가열기구가 없다. 그렇게 만들어진 음식들은 따뜻하고 복합적이며, 구할 수 있는 가장 가까운 지역의 농산물을 이용하여 진한 맛을 기본으로 하고 있다.

한시적인 계절에만 먹는 것들을 더 높은 수준으로 끌어올린 메뉴의 구성은 매주 바뀐다. 더 자주 바뀌지 않는다면, 그 시기에만 먹을 수 있는 음식들을 경험한다. 어디서나 볼 수 있는 흔한 잎채소 샐러드도 이곳에서는 상상할 수 없던 맛의 경지로 끌어올린다. 계절에 맞추어 속사포처럼 변화를 주지만, 돼지고기를 넣은 요리는 모두 일년 내내 늘 환상적이다. 생선 요리—통째로 구운 송어는 미리 만들어두지만 환상적이다—와 미트 파이는 다른 모든 메뉴들과도 잘 어울리며, 장작을 이용했을 때만 얻을 수 있는 다양한 식감으로 오감을 만족시킨다.

포틀랜드 사람들은 유독 브런치를 좋아하는데, 서부에는 그들의 마음을 사로잡는 곳이 없었다. 이에 네드 러드는 계란을 넣은 베지터블 해시, 훈제 송어와 토스트로 구원 등판에 나섰고, 그 결과는 매우 만족스럽다. 메뉴로 양념한 올리브, 몇 가지 종류의 훈제 생선, 구운 잎채소가 자주 등장하며, 짠맛이 나는 경향을 보인다.

네드 러드는 솜씨가 좋고 매우 포틀랜드스러운(다른 말로 몹시 진보적인) 음식을 추구하지만, 레스토랑의 품질—재료부터 준비 과정까지—에 대한 확고한 집념은 만족스럽고 오래 기억에 남을 경험을 만들어낸다. 장작으로 요리한 요리의 맛있는 냄새는 따뜻하고 편안한 분위기로 인해 더 살아난다. 네드 러드는 제철에 맞게 인근에서 구한 식재료로 보기 좋게 만든, 푸른 태평양 연안 미국 북서부의 음식과 긴 대화를 즐기기에 완벽한 곳이다. **CR**

⬆ 안락한 내부는 친구들과 식사하기에 최적이다.

노스트라나 Nostrana | 오리건 주의 제대로 된 이탈리아 음식

위치 포틀랜드 **대표음식** 뇨키|Gnocchi | **$$**

노스트라나는 미국 최고의 이탈리안 레스토랑 중 하나로, 셰프 캐시 윔즈(Cathy Whims) 덕분에 이 영예를 얻었다고 할 수 있다. 그녀는 분별력 있는 미각과 절제된 손맛을 가지고 있으며 적은 가짓수의 재료를 이용할수록 요리 과정이 더 어렵다는 것을 본능적으로 이해하고 있다. 이런 전통적인 이탈리아식 통찰력은 호평 받는 생파스타에 잘 나타난다. 기초적인 재료로 음식을 만드는 그녀의 조리법은 오리건 주변에 널려있는 근사한 재료들 덕분에 높은 수준으로 끌어올려 졌다.

레스토랑의 이름은 신중하게 선정되었다. 이탈리아어로 노스트라나는 '인근 지역으로부터'라는 뜻으로 장소와 유산이라는 의미를 지니고 있다. 거의 모든 재료는 인근 지역에서 오며 조리는 이탈리아식으로 한다.

윔스는 주기적으로 이탈리아에 방문하여 음식 문화 속에 자신을 맡겼다. 그리고 셰프와 가정 요리사들로부터 비법을 전수받아 자신만의 요리로 녹여냈다. 예를 들어 로마에서는 전통적으로 목요일에 뇨키를 판매하므로 이를 노스트라다에 가져다 실현하는 것이다. 윔스가 만든 세몰리나(semolina)는 로마에서도 이제는 찾아보기 힘든 고전 레시피로, 모차렐라 치즈, 토마토, 포르치니 버섯, 로즈메리, 생크림으로 만든 훌륭한 조합으로 제공한다.

인근 지역에서 잡은 송어, 양고기, 소고기와 돼지고기는 모두 이탈리아식 방법으로 조리한다. 밤가루를 섞은 폴렌타(Polenta)는 리구리아와 토스카나에서 만드는 방식 그대로 만들어진다. 렌즈콩은 움브리아(Umbria) 산이다. 디저트는 대부분 이탈리아 스타일로 과일이 주재료다. 이탈리아와 오리건 주의 와인들로 구성한 탁월한 와인 리스트가 있다. 글라스 와인에는 화이트 리볼라 지알라(Ribolla Gialla), 부드러운 레드 로소 델라 발텔리나(red Rosso della Valtellina)와 피콜리트(Picolit) 같은 환상적인 디저트 와인이 있다. 이탈리아를 벗어나서는 찾아보기 어려운 아주 각별한 와인들이다. **FP**

"나폴리 스타일의 피자는 탁월하며, 안티파스타와 부르스케타도 마찬가지로 훌륭하다."

Insiders' Guide: Portland, Oregon

⬆ 브루스케타는 가장 인기 있는 안티파스타다.

파인 스테이트 비스킷츠Pine State Biscuits | 포틀랜드의 맛있는 컴포트 음식

위치 포틀랜드 **대표음식** 레지 샌드위치The Reggie sandwich | **⑤**

파인 스테이트 비스킷츠는 따뜻한 비스킷 샌드위치와 열량과 상관없이 넉넉한 미국 남부의 컴포트 푸드를 제공한다. 이곳은 노스캐롤라이나에서 이주한 월트 알렉산더(Walt Alexander), 케빈 애클리(Kevin Atchley)와 브라이언 스나이더(Brian Snyder)가 만들었다. 그들은 포틀랜드 주립 대학교 파머스 마켓(Farmers' Market)에서 처음 문을 열었다.

파인 스테이트 비스킷츠가 들어선 11번가와 SE 디비전 스트리트 교차로에 자리 잡은 건물의 분위기는 격식 없어 보인다. 레스토랑에 들어서면 우선 점원에게 주문하고, 포크와 나이프, 커피 한 잔을 챙긴 다음 조리사들을 볼 수 있는 긴 카운터에 앉아라. 혹은 주문 제작한 문양이 찍힌 복고풍의 램프가 비추는 다이닝 테이블에 앉

> "레지 디럭스는 샌드위치들 중의 빅 카후나(Big Kahuna)이자 맥 대디(Mac Daddy)이고, 오지만디아스(Ozymandias)이다."
>
> Portland Food and Drink

을 수도 있다. 외부에는 피크닉 테이블도 있으며, 겨울에는 히터를 켜준다.

모든 음식이 훌륭하지만, 그리츠(grits)와 콘밀(cornmeal) 블루베리 팬케이크는 기억에 남을 정도이다. 대표 요리는 레지(Reggie)로, 얇게 벗겨지는 2장의 폭신폭신한 비스킷 사이에 튀긴 닭, 베이컨, 녹인 치즈, 기름진 소시지 그레이비(Gravy)를 넣은 샌드위치다. 레지에 계란을 넣은 레지 디럭스(Reggie Deluxe)를 맛볼 수도 있다. 채식주의자를 위한 메뉴인 레지나(Reggina, 겉만 익힌 계란, 브레이즈드 콜라드 그린, 텍사스 피트Pete 크기)도 있지만, 가장 인기 있는 것은 촉촉하면서 파삭한 튀긴 닭고기다. **SW**

올림픽 프로비전스Olympic Provisions | 고기 요리에 중점을 둔 포틀랜드 스타일 음식

위치 포틀랜드 **대표음식** 직접 염장한 살라미—모두 먹어보라In-house cured salami—try them all | **⑤⑤**

윌래밋(Willamette)강 동쪽 방죽 근처 고전적으로 복원한 산업용 빌딩에 자리잡은 올림픽 프로비전스는 포틀랜드 최초의 살라미 전문점(salumeria)이다. 스페인과 지중해 시골 요리의 전통에 뿌리를 두고, 미국 북서부 태평양 연안의 계절적인 풍요로움으로 한층 향상된 기름진 음식들을 내놓는다.

손님들은 믿기 어려울 정도로 맛있는 샌드위치를 사기 위해 잠깐 들릴 수도 있고, 느긋하게 앉아 전통적인 유럽식 저녁을 느긋하게 앉아 즐길 수도 있다. 촛불과 자연스런 나무색으로 따뜻해진 건물의 매끈한 디자인은 음식과 잘 어울린다. 델리 카운터, 테이블, 오픈 키친, 소규모 상점이 섞인 공간은 짜임새 있으면서, 최소한으로 꾸며 손님들이 음식에 더 집중할 수 있도록 만들었다.

오리건 출신 셰프 알렉스 요더(Alex Yoder)는 열정적으로 재료를 탐구하여 메뉴를 만들었고, 상은 덤으로 쫓아왔다. 레스토랑에 델리카트슨이 있어서 군침 도는 고기를 절이고, 피클링 하거나, 숙성시키고, 훈제할 수 있다. 재료들은 대부분의 요리에 등장한다. 셰프가 추천하는 샤퀴테리 플레이트(The Chef's Choice Charcuterie Plate)는 가격대비 훌륭하며, 다양한 종류의 제품들을 조금씩 맛볼 수 있게 나온다.

직접 만든 샤퀴트리나 홍합, 닭고기, 프라임 립과 같이 주육식을 하는 사람들을 위한 메뉴가 중심이다. 채식주의자를 위한 메뉴도 일부 있으며, 인근에서 난 재료를 이용해 계절에 맞게 조리한 음식들도 있다.

레스토랑을 나서기 전 반드시 살라미나 초리조를 구입해라. 단맛을 좋아하는 당신을 만족시킬 디저트도 준비되어 있다. 견과류, 설탕을 입힌 생강, 레드 와인을 넣어 만든 프랑스식 다크 초콜릿 가나슈인 소시송 오 쇼콜라(saucisson au chocolat)도 먹어보라. **CR**

페일리즈 플레이스 Paley's Place | 고품질의 로컬, 유기농, 제철 재료를 이용한 독특한 레스토랑

위치 포틀랜드 **대표음식** 컬럼비아 강에서 낚시로 잡은 야생 연어(계절 메뉴)Line-caught Columbia River wild salmon(seasonal) | ❺❺

이 50석이 있는 레스토랑은 당신이 만날 수 있는 가장 편안한 분위기에서 독창적이고 맛있는 요리를 시종일관 내놓는다. 주방장이자 주인인 비탈리 페일리(Vitaly Paley)는 우크라이나 키예프에서 태어나 1970년대에 미국으로 이민 온후, 뉴욕과 프랑스에서 실력을 닦았다. 그는 지역 내에서 고품질의 재료들을 모두 구할 수 있는 오리건을 근거지로 선택했다.

그와 그의 아내 킴벌리(Kimberly)는 1995년 자신들의 레스토랑을 열었다. 20년을 운영하는 동안 페일리즈 플레이스는 수많은 상을 수상했으며, 페일리는 2005년 미북서부 최고의 셰프에게 주는 제임스 비어드 상을 받았다. 안락한 공간, 특히 따뜻한 계절에 식사하기 좋은 베란다석은 예약이 필수다.

페일리즈 플레이스는 현재 널리 인정받고 있는 미북서부 스타일의 요리가 만들어지는 것에 큰 영향을 미쳤다. 메뉴는 유기농으로 인근 지역의 지속가능한 시설에서 생산된 고기와 농산물을 이용한다. 세심하게 만들어진 치즈 리스트는 실망시키는 법이 없으며 직접 만든 '프루트 앤 너트 바'—자신의 세계적인 수준의 치즈 리스트에 어울릴 만한 것을 찾지 못한 페일리가 직접 만든—는 뛰어나며, 현재 제품으로도 판매된다.

계절에 따라 변하는 메뉴는 어느 한 가지를 고르기 어려울 정도로 고루 맛있다. 특히 페일리와 이그제큐티브 셰프인 패트릭 맥키(Patrick McKee)가 다양한 스타일로 요리한 연어는 기가 막힌다.

이 레스토랑은 초원으로 뒤덮인 미국 북서부 자연이 가진 풍요로움이 한결같이 훌륭한 서비스와 만나 따뜻하고 기억에 남는 추억을 만들어 내는 곳이다. 레스토랑에 직접 갈 수 없는 사람들을 위해 비탈리와 킴벌리는 '페일리즈 플레이스 요리책'을 펴냈다. **CR**

"레스토랑이 한 편의 예술작품이라면, 페일리즈 플레이스로 걸어 들어가는 것은 마티스로 걸어 들어가는 것과 같다."

Portland Food and Drink

⬆ 페일리즈 플레이스의 연어—비탈리의 모든 작품이 그렇듯 공들여 준비해 심플하게 담겨 나온다.

폭폭 Pok Pok | 오리건에서 맛보는 태국 길거리 음식

위치 포틀랜드 **대표음식** 아이크의 베트남 피시 소스 치킨 윙 Ike's Vietnamese fish sauce chicken wings | $

"이곳은 근사한 레스토랑으로,
난 한 번도 여기서 흠잡을 만한 요리를
먹어 본 적이 없다."

Portland Food and Drink

⬆ 마늘, 고수 뿌리, 후추를 곁들이고 간장으로 윤을 낸 맛있는 멧돼지
요리.

태국 북부에서 맛본 음식에 사로잡혔던 셰프 앤디 릭커
(Andy Ricker)는 미국에서 가장 흥미진진한 태국 레스토랑
을 만들었다.

폭폭의 신화는 음식만큼이나 대단하다. 태국에서 1년
간 푹 빠져 지낸 릭커는 2005년에 자신의 집 뒷마당에서
태국 스타일의 바비큐를 요리하여 판매하기 시작했다.
그다음 레스토랑을 자신의 지하실로 확장하였고 합판으
로 벽을 세우고 한쪽 벽에 바를 만들었다. 2011년 제임스
비어드 상을 수상했으며, 2012년에는 뉴욕의 로어이스
트사이드와 브루클린에 전초기지를 만들었다.

아직도 릭커의 집에 있는 오리지널 폭폭은 태국에서
찾아볼 수 있는 레스토랑 같은 느낌을 준다. 고객들은 함
석 지붕 아래 반쯤 뚫린 외부 테라스에 앉을 수도 있고, 낮
은 천장의 어두침침한 지하실에서 식사할 수도 있다. 릭
커는 고객들이 태국에서와 같이 금속 접시에 담아 손으
로, 아니면 포크와 스푼으로 먹기를 권장한다.

폭폭의 음식은 미국의 다른 태국 음식점에서 판매하
는 것들과 전혀 다르다. 까다로운 서부 입맛에 동화되지
않아, 그 맛이 대담하고 이국적이다. 석탄을 때우는 그릴
에서 나는 연기는 대부분의 요리를 준비하는 과정에서
주요한 역할을 담당한다. 그린파파야 샐러드는 자극적인
맛을 내는 발효시킨 검은 게와 지독하게 매운 고추를 넣
어 톡 쏘는 맛을 내고, 식수에는 판단(pandan)을 넣어 향을
내어 바닐라와 태운 건초의 미묘한 맛을 부여한다. 캐러
멜처럼 끈적하고 톡 쏘는 맛의 중독성 있는 폭폭의 대표
메뉴인 '아이크의 베트남 피시 소스 치킨 윙'은 다른 닭날
개 요리를 평가하는 기준을 세워줄 수 있다.

낮은 가격에 음식을 제공하는 창의적이고 수수한 이
레스토랑은 경험 많은 손님의 관점에서 볼 때 북미에서
가장 유쾌한 식사를 경험할 수 있는 곳 중 하나이다. 릭
커를 스타로 만들어준 이 레스토랑에 꼭 가보기를 권한
다. **SW**

윌로우스 인 Willows Inn | 잊을 수 없는 식사

위치 루미 섬 **대표음식** 차가운 훈제 연어(Cold smoked reef-net-caught salmon) | 💲💲💲💲

워싱턴주 퓨젓사운드의 루미 섬은 미국 북서부 태평양 연안의 뛰어난 자연 혜택이 넘쳐나는 곳이다. 섬을 둘러싸고 있는 물에는 연어, 홍합, 굴, 조개 등이 많다. 해안가의 바위 사이로는 식용 해조류와 풀들이 자라고, 언덕 비탈에는 자연산 딸기류가 무성하며, 숲 속과 들판에는 야생 버섯과 허브, 체리, 사과, 자두, 모과, 서양고추냉이와 해바라기 등이 있다. 윌로우스 인은 100년된 작은 레스토랑으로 루미 페리 선착장에서 5,6km 떨어져 있으며, 물 너머 서쪽을 바라보며 만(bay)의 완만한 곡선 부분에 자리 잡고 있다.

헤드 셰프인 블래인 웨츨(Blaine Wetzel)은 정교한 테이스팅 메뉴를 만드는데 필요한 모든 재료들을 루미 섬에서 가지고 온다. 이를 위해 인근의 농부, 어부와 협업하며, 매일 재료들을 찾아서 섬을 돌아다닌다. 세계에서 최고의 레스토랑으로 거명되는 코펜하겐의 레스토랑 노마(Noma)의 르네 레드제피의 제자인 웨츨은 오래된 이 식당의 셰프를 구한다는 구인 광고를 우연히 보았다. 주인은 웨츨의 확실한 비전을 보고 그에게 주방의 전권을 넘겼다. 웨츨은 결국 이 레스토랑의 동업자가 되었다.

웨츨의 음식은 스칸디나비아식의 정확성과 신중한 미니멀리즘이 바탕이다. 각각의 요리들은 재료가 지닌 가장 중요한 특징을 확장시키고 강화되어 담아낸다. 이는 마치 그 음식을 처음 먹어보는 것 같은 느낌이다. 고객이 원하면, 음식에 어울리는 독특하며 향기로운 주스를 매칭해준다.

따뜻하고 수수한 다이닝룸에 있는 창문들은 만을 향하고 있다. 창문 반대 쪽에는 주방이 자리한다. 열린 문들을 통해 웨츨과 그의 주방 팀이 반짝이는 스테인레스 강 아일랜드에서 일하는 모습을 엿볼 수 있다. 그들은 정확하고 친절한 웨이터들을 통해 음식을 낸다. 이곳에서의 식사는 즐거우며, 평생에 한 번밖에 없는 황홀한 경험이다. **SW**

"윌로우스 인의 음식은 매우 만족스럽다. 만족스럽지 않다면 그건 그 이상으로 아주 완벽할 때이다."

Bethany Jean Clement, The Stranger

⬆ 서양쐐기풀(Stinging Nettles): 새먼배리 꽃을 얹은 쐐기풀 스튜, 우드러프 잎, 염소 치즈를 담아낸 요리.

미도우드 Meadowood | 캘리포니아 와인 컨트리의 현대적인 고급 요리

위치 세인트 헬레나　**대표음식** 요거트 검은깨 시소 Yogurt black sesame shiso | ⑤⑤⑤⑤⑤

> "주방을 지휘하는 코스토우는 당신이 어느
> 곳에서도 보지 못한 요리를 창조해낸다."

Michael Bauer, The San Francisco Chronicle

⬆ 세계에서 가장 잘 다듬어진 레스토랑 중의 하나로 들어가는 잘
　다듬어진 나무 문.

➡ 고둥 모양의 그릇에 야생화와 함께 담아낸 조개.

미도우드는 캘리포니아 와인 컨트리에 위치한 약 250
에이커 크기의 리조트다. 레스토랑의 다이닝룸에선 골
프 코스가 내려다보인다. 셰프 크리스토퍼 코스토우
(Christopher Kostow)는 프랑스 몽펠리에의 자르댕 데 상스
(Jardins des Sens)에서 배우고, 샌프란시스코에 있는 캠프
턴 플레이스의 다니얼 험 아래서 수 셰프로 일했다. 이후
캘리포니아 마운틴 뷰의 셰 티제이에서 헤드 셰프를 거치
고, 2008년에 미도우드로 자리를 옮겼다.

미도우드의 음식 스타일은 고전적인 프랑스식이라기
보다 현대적이며 호텔의 뜰에서 키운 여러 채소를 음식에
이용한다. 2011년 미도우드는 가장 높은 등급인 미슐랭
스타 3개를 받았다.

미도우드의 전형적인 식사는 상추와 레몬을 곁들인
조개 튀김으로, 조개는 부드럽고 상큼한 신맛은 적당하
다. 맛조개는 훈제하여 포도나무 위에 굽는데, 오세트라
캐비아, 거품 낸 아보카도, 꽉 누른 포도를 곁들이고 덜 익
은 아몬드를 갈아서 뿌려 낸다. 미도우드에서 이용하는
재료의 품질은 팬에 지진 메인(Maine)산 가리비와 아스파
라거스, 졸인 닭 커넬과 무슬린 소스, 타라곤을 곁들인 한
쌍의 가재와 같은 요리에서 잘 드러난다.

주방은 전형적인 프랑스식 조합에 한정되지 않고, 어
떤 상황에선 과감한 시도를 하기도 한다. 가장 주목할 만
한 시도는 셰물라(chermoula, 북아프리카의 혼합 향신료)를
바른 오리 고기를 익히지 않은 루바브, 겨자, 셀러리 잎
과 담은 것이다. 겨자의 톡 쏘는 맛이 오리고기의 맛을 살
려주는 반면, 루바브는 고기의 기름진 맛을 잡아주며 신
맛을 낸다.

미도우드의 직원들은 여유 있으면서도 능숙하며, 음
식의 맛을 보완해 줄 50쪽이 넘는 와인 리스트도 갖추고
있다. 지역 농산물을 완벽하게 사용한 레스토랑의 정교
하면서도 기교 넘치는 요리는 초록으로 덮인 레스토랑의
자연 환경에 걸맞는 환상적인 미식 여행을 안겨준다. **AH**

아퀘렐로 Acquerello | 샌프란시스코의 심장에 위치한 전통적인 이탈리안 다이닝

위치 샌프란시스코 **대표음식** 블랙 트러플, 푸아그라와 마르살라를 넣은 주름진 파스타Ridged pasta with black truffle, foie gras, and Marsala | 💲💲 💲💲

아퀘렐로는 캐주얼 컴포트 푸드로 유명한 도시에 자리잡은, 최고급 다이닝 레스토랑이다. 둥근 아치형의 나무 기둥이 있는 천장이 구리와 공들여 만든 철제로 장식되어 있는 다이닝룸의 원래 용도는 예배당이었다. 이곳은 여성들이 가방을 올려놓을 등받이 없는 의자를 제공하고, 유리 덮개를 씌운 카트에 실린 치즈를 테이블 옆에서 직접 잘라주는 서비스 같은 고전적인 요소를 과시한다. 대부분의 손님들은 약혼, 생일, 기념일과 같이 축하할만한 일이 있는 특별한 경우에 이곳에 온다.

메뉴는 고전적인 것부터 현대적인 것까지 전반적인 이탈리아 음식으로 구성되어 있다. 독창적인 요리로는 크랜베리, 브라운 버터, 헤이즐넛을 곁들인 루고사 스쿼시 부디노(rugosa squash budino)와 바삭한 스위트브레드(sweetbreads), 잎새버섯, 판체타 크림을 얹은 훈제 감자 뇨끼가 있다.

아퀘렐로는 공동 소유주인 수제트 그레셤토그네티(Suzette Gresham-Tognetti)와 지안카를로 파텔리니(Giancarlo Paterlini)가 만들었다. 전자는 셰프 중의 셰프이며, 후자는 베이 지역에서 가장 뛰어난 이탈리아 와인 전문가로 인정받는 사람으로 1,900병에 달하는 와인 리스트를 개발했다.

2012년 캘리포니아 주가 통통한 간을 얻기 위해 오리를 강제로 먹인다는 이유로 푸아그라의 판매를 금지하는 법안을 통과시켰을 때, 아퀘렐로의 유명한 블랙 트러플 요리가 막을 내릴 것으로 보였다. 그러나 주방장 마크 펜사(Mark Pensa)는 오리의 간을 밤새 우유에 담가두었다가 마르살라, 크림, 버터와 함께 갈면 가장 사치스러운 파스타 소스의 베이스인 푸아그라의 진한 맛을 완벽하게 모방할 수 있는 사실을 발견했다. **MD**

⊟ 이 요리는 캘리포니아 법의 요구조건을 충족시킨다.

알앤지 라운지 R&G Lounge | 활기 넘치는 광둥식 패밀리 스타일 다이닝

위치 샌프란시스코 **대표음식** 솔트 앤 페퍼 던저니스 크랩Salt and pepper Dungeness crab | 💲💲

샌프란시스코 차이나타운에서 알앤지 라운지의 인기는 다섯 단어로 설명할 수 있다. '솔트 앤 페퍼 던저니스 크랩.' 250개가 넘는 좌석으로 채워진 다이닝룸을 가진 이 광둥식 레스토랑에서 이 대표적인 요리를 주문하지 않는 고객은 찾아보기 어렵다.

정문을 통해 걸어 들어가면 살아있는 게가 담긴 수조가 눈에 띈다. 주문이 들어오면, 수조에서 게를 통째로 꺼내어 부수고 소금과 후추를 섞은 비밀 레시피의 반죽에 담갔다가 튀겨낸다. 뜨겁고 파삭한 게가 상에 오르면 겸손이나 예절을 차릴 틈이 없다. 이것은 손으로 먹는 전형적인 음식으로, 손가락에 묻은 것도 핥아 먹을 정도로 맛있다.

그러나 이 메뉴는 150가지가 넘는 메뉴 중 하나에 불

> "출장 와서 경비로 식사하는 중국 회사원들이 가장 들르고 싶어 하는 곳으로 항상 전통적인 맛이 난다."
>
> Fodor's Travel

과하다. 경험이 있는 고객들은 무슈 포크(mu shu pork)나 몽골리안 비프와 같이 흔한 중국 요리는 피하고, 대신 윤이 나는 검은 대구, 계란을 넣은 찐 조개, 달콤한 호두를 넣은 새우, 머스터드 그린을 넣은 전복과 가리비를 넣은 볶음밥과 같이 신선한 해산물로 만든 별미를 선택한다.

실내장식은 베이직하며, 항상 문 밖에 늘어선 고객들 때문에 서비스가 무뚝뚝하고 부산하게 보일 수 있다. 보통 하나의 테이블에 4, 5명의 다른 웨이터들이 접대하는데, 이를 알아채는 손님은 거의 없다. 이곳은 여러 명이 군침 도는 요리를 골라 회전 테이블에 얹고 돌려가며 나누어 먹기에 적당한 레스토랑이다. **MD**

그린스 레스토랑^{Greens Restaurant} | 샌프란시스코의 상징적인 채식 레스토랑

위치 샌프란시스코 **대표음식** 따뜻한 시금치 샐러드Warm spinach salad | 💲💲

1979년 그린스가 개업했을 때, 샌프란시스코의 젠 센터는 파인 다이닝의 세계로 첫발을 내딛고 있었다. 채식만을 취급하는 레스토랑은 갈수록 건강과 환경을 염려하지만, 꼭 건강에 좋거나 최소한의 것만을 고집할 필요가 없는 식사를 선호하는 베이 지역 주민들에게 보여진 획기적인 움직임이었다. 이그제큐티브 셰프인 애니 서머빌(Annie Somerville)는 다양하고 독창적인 요리를 창조해냈다. 베스트 셀러가 된 요리책까지 발간한 이 채식 레스토랑은 육류 요리를 훨씬 능가하는 메뉴를 지속적으로 선보였다.

1985년, 창립 멤버인 셰프 데보라 메디슨(Deborah Madison)에게 주방을 물려받은 서머빌은 마린 마운티의 그린걸치 농장(Green Gulch Farms)의 유기농 원예사와 긴밀하게 작업했다. 그린걸치는 젠 센터 네트워크의 일부분으로 방금 수확한 근대, 리크, 겨울 호박, 꽃 핀 허브와 다른 재료들을 공급해준다. 그녀는 인근 다른 지역의 농부와 치즈 만드는 사람들로부터 재료를 구입한다. 극찬받는 그린스의 와인 셀러는 지속가능한 포도원 재배 기법을 사용하는, 미국 서부해안과 유럽에 위치한 소규모, 고품질 와인 생산자들로부터 엄격하게 구입하여 채워진다.

과거 군부대의 일부로 사용되던 동굴 같은 기계 상점에 자리 잡은 그린스는 계절메뉴만큼이나 건물도 파격적이다. 공예 명장이자 불교 승려인 폴 디스코에 의해 12종의 나무를 사용해 일본식 가구제조 방식으로 못을 전혀 사용하지 않고 지어졌다.

그린스에서는 샌프란시스코 항구와 금문교, 마린 곶까지 보인다. 음식부터 창밖의 태평양 해안선까지, 그린스에서 보이는 것들은 놀랄 만큼 아름답다.

그린스 레스토랑은 베이 지역에서 나는 가장 신선한 채소를 이용한 음식과 상을 받은 와인 리스트, 깜짝 놀랄 만한 전경 등 하나부터 열까지 환상적인 경험을 안겨준다. **CR**

⬆ 육식을 즐기는 사람들조차도 그린스를 사랑한다.

바 타르틴 Bar Tartine | 세계 최고의 베이커리이자 팜투테이블을 추구하는 캐주얼 다이닝

위치 샌프란시스코　**대표음식** 랑고시(헝가리 스타일의 튀긴 감자빵)Lángos (Hungarian-style deep-fried potato bread)　| 💲💲

채드 로버트슨(Chad Robertson)과 엘리자베스 프루잇(Elisabeth Prueitt)은 미국 최고의 베이커리로 손꼽히는 타르틴 베이커리의 공동 주인이다. 이들은 샌프란시스코 미션 디스트릭트에 유럽의 영향을 받은 팜투테이블 다이닝에 중점을 둔 바 타르틴을 열었다. 초기에 셰프가 몇 번 바뀐 후, 로버트슨과 프루잇은 닉 밸라(Nick Balla)에게 지휘를 맡아 줄 것을 요청했다. 그들은 레스토랑에 6,800Kg짜리 오븐을 설치해 중부 유럽 스타일의 통곡물 빵을 구울 수 있도록 했고, 헝가리 출신에 요리 경험이 있는 밸라가 제일 잘 해낼 거라고 생각했다.

그들의 선택은 옳았다. 밸라의 지휘 아래 바 타르틴은 유명한 레스토랑이 가득한 이 도시에서 가장 맛있는 요리들을 만들어내고 있다. 밸라는 로버트슨의 훌륭한 빵으로부터 영감받아, 누룩을 넣어 만든 토스트(koji toast)와 어란(bottarga)에 얹은 소고기 타르타르, 싹튼 호밀로 만든 빵에 얹은 으깬 정어리와 같이 빵을 이용해 음식에 큰 효과를 준다. 소박한 다이닝룸의 나무 벽에는 음식에 쓸 직접 절인 과일과 채소가 줄지어 놓여 있다.

바 타르틴은 점심 시간에 절묘하게 구성된 샌드위치를 내놓는다. 가장 인기 있는 메뉴는 해바라기씨 타히니를 곁들인 케일과 요거트 스뫼레브뢰드(smørrebrød, 덴마크식 샌드위치)나 훈제한 철갑상어, 크박(quark) 치즈, 튀긴 양파가 들어간 빵이다. 저녁 메뉴를 위해 밸라는 북부 캘리포니아의 풍성한 식료품을 이용하면서 동유럽의 전통을 끌어낸 요리들을 개발했다. 보통 전형적인 굴라시(goulash)에 넣는 감자와 당근 대신에 블랙퍼스트 래디시(breakfast radish)와 자주색 베이비 순무를 이용한 바 타르틴만의 굴라시는 골수 크루통(bone marrow crouton)으로 장식한다. 밸라는 인근 와이너리로부터 빌린 땅에 빨간 재래종 고추를 길러 말린 다음 훈제하고 가루로 내어 파프리카를 만든다. **MD**

⬆ 바 타르틴에서는 피클조차도 신경 써서 낸다.

아틀리에 크렌Atelier Crenn | 창의적 재능으로 독특하게 표현해낸 음식

위치 샌프란시스코　**대표음식** 어 워크 인 더 포레스트A Walk in the Forest　●●●●

프랑스 태생의 셰프 도미니크 크렌(Dominique Crenn)은 매우 경쟁적인 샌프란시스코의 외식 분야에서 멋지게 치고 나갔다. 그녀는 미국에서 미슐랭 스타 2개를 받았던 첫 번째 여성 셰프다. 퍼시픽 하이츠 바로 아래쪽의 카우 할로우(Cow Hollow)의 주거 지역에 위치한 '워크숍' 레스토랑에서 그녀의 요리 능력을 확인할 수 있다.

셰프는 문학적인 재능도 가지고 있다. 계절별로 바뀌는 테이스팅 메뉴에 대해 적어놓은 설명은 마치 한 편의 시와 같다. 그녀는 불가사의하고 서정적인 문장으로 각각의 코스들을 설명한다.

크렌은 재료만큼이나 요리의 디자인에 대해 깊이 생각한다. 그 예로 표면이 탈 정도로 구운 양파로 만든 수프를 콩테(comte) 덤플링 주위에 붓고 사이다 젤리, 페리고르산 블랙 트러플, 가루 낸 하몬을 얹어 작은 브리오슈를 옆에 곁들여 낸다.

고전적인 프렌치 어니언 수프에 행해진 이런 사치는 약간의 햄과 트러플이 치즈와 만나 보잘것없던 요리를 사치스럽게 즐길만한 무언가로 격상시키는, 인상적인 깊이의 맛을 선사한다.

크렌의 독창성에 대한 다른 보기로 당밀, 꿀, 스파이스를 발라 뜨거운 숯 위에서 익힌 가지를 가지런히 쌓은 것이 있다. 이 요리는 파삭하게 건조시킨 토마토, 감자, 약간의 양치즈—미국식 바비큐에 특별하고 성공적으로 행해진 것—와 같이 내는데 훈제한 가지의 맛이 다른 요소들과 잘 어울린다.

그녀의 엇비슷한 대표 요리 가운데 '어 워크 인 더 포레스트(숲속의 산책)'는 계절별 상황에 따라 변형이 있기는 하지만, 인근 지역의 버섯과 송화가루를 뿌린 머랭을 포함하고 있다.

크렌은 고전적인 테크닉에 바탕을 둔 현대적인 요리 스타일을 가지고 있어서, 어떤 요리 규칙이 변칙적으로 잘 적용될 수 있는지 꿰고 있다. **AH**

⬆ 아틀리에 크렌의 정교한 오이스터 리프 요리.

슬랜티드 도어 Slanted Door | 베이의 부둣가에서 즐기는 식사

위치 샌프란시스코 **대표음식** 쉐이킹 비프 Shaking beef | **$$**

찰스 팬(Charles Phan)은 아마도 샌프란시스코의 사정을 잘 아는 미식가들이 들어가기 위해 계속 문을 쾅 닫아서 문짝이 기울어졌을 작은 베트남 레스토랑을 가지고 있었다. 그리고 기회가 찾아왔다. 근처에 버려진 페리 건물이 2가지 목적을 위해 보수된 것이다. 한 가지 목적은 소노마, 나파, 다른 인근 지역으로 오고 가는 페리가 정박하는 전통적인 기능을 하는 것이다.

다른 목적은 매주 토요일에 서는 시장을 위한 장소를 만드는 것이다. 농부들은 나파와 소노마로부터 도시의 식품 애호가들에게 단시간에 팔리는 유기농 과일, 채소, 쌀, 견과류, 우유, 치즈와 고기를 가져왔다. 마침내 페리 빌딩은 미국에서 신선한 농산물을 구입할 수 있는 최적의 장소 중 하나로 알려지게 되었다.

방대하게 늘어선 잠재적인 재료들은 팬과 다른 셰프들로 하여금 소매점으로 지정된 페리 빌딩의 다른 부분에 레스토랑을 열고 싶게 만들었다. 팬이 소유한 레스토랑의 문짝은 더 이상 기울어지지 않았지만 사람들은 여전히 들어가기 위해 아우성친다.

신선한 해산물과 주변 계곡에서 얻는 풍요로움은 팬으로 하여금 요리의 질을 상승시키도록 격려했다.

이곳에선 새우와 게 스프링롤은 빼놓지 말아야 한다. 쉐이킹 비프(정육면체로 자른 소고기에 물냉이, 붉은 양파와 라임을 곁들인 요리)는 처음 방문한 고객과 단골 모두가 가장 좋아하는 요리다. 대짜은행게, 실파, 깨를 넣은 고서머 (Gossamer) 셀로파네 국수는 접시에 담긴 쾌락이다.

다른 인기 있는 요리는 타이 바질, 바삭한 삼겹살, 생고추를 곁들여 나무 화덕에 구운 바지락이다. 같은 오븐은 커리, 당근, 버터넛 호박, 순무와 함께 구운 뼈 없는 소갈비를 만드는데도 쓰인다. 이런 요리들은 샌프란시스코가 베트남 요리에 미친 영향을 보여준다. 통째로 바나나 잎에 싸서 고수, 라임, 풋마늘, 실파를 넣고 익힌 생선은 보기도 좋고 먹기도 좋다. **FP**

⬆ 이 레스토랑은 진정 획기적인 베트남 음식을 선보인다.

베누 Benu | 아시아적인 아름다운 세팅과 세계 정상급 현대 파인 다이닝

위치 샌프란시스코 **대표음식** 대짜은행게, 진화 햄, 블랙 트러플 커스터드를 얹은 샥스핀 수프 Shark's fin soup with Dungeness crab, Jinhua ham, and black truffle custard | ❸❸❸

"리는 현대적인 기법들을 제대로 된 방법으로 사용한다. 그 방법들은 놀라우며 절대 산만하지 않다."

Michael Bauer, SF Gate

⬆ 먹을 수 있는 용기에 담긴 베누의 삼겹살 김치.

베누는 개업하고 몇 년 만에 다른 레스토랑들이 오랜 세월에 걸쳐 받을 상보다도 많은 상을 받았다. 주인이자 셰프인 코리 리(Corey Lee, 이동민)는 샌프란시스코에 자신의 레스토랑을 개업한 2010년까지 영국, 프랑스, 미국의 미슐랭 스타 3개짜리 레스토랑에서 일했다. 베누는 현재 북아메리카 최고의 아시아풍 레스토랑으로 널리 인정받고 있다.

베누는 아름답고 역사적으로 유명한 건물에 자리 잡고 있지만, 확연히 현대적인 다이닝룸은 무채색 톤으로 유명하다. 디자인으로 인한 결핍의 의도는 고객들이 앞에 놓인 접시의 내용에만 온 신경을 집중하도록 만드는 것이다. 유리로 둘러싸인 베누의 주방은 계절감을 살리고, 진화하며, 아시아의 유산에 경의를 표하는 기교 넘치는 요리들을 잇달아 내놓는다.

베누는 매일 밤 17가지 코스로 구성된 단일 테이스팅 메뉴만을 제공한다. 베스트 메뉴 중의 하나는 김치 국물을 건조해서 만든 얇은 바구니 안에 브레이징한 삼겹살, 크렘 프레슈, 차가운 굴과 김치 거품을 층층이 쌓아 넣은 것이다. 한입에 먹을 수 있도록 의도된 요리들은 뜨거운 것과 차가운 것, 바삭한 것과 부드러운 것, 짠 맛과 톡 쏘는 맛이 혼재되어 있다. 초반에 나오는 색다른 만두는 고객들에게 이 레스토랑의 성향을 넌지시 알려준다. 전통적인 만두의 수준 높은 버전인 랍스터 코랄 샤오룽바오(xiao long bao)와 고전적인 프랑스 송아지 스튜의 변형인 전복 블랑케드(blanquette)도 이 레스토랑의 성향을 알려준다.

각각의 코스는 적당한 음료와 짝지어져 한결 맛이 살아난다. 음료 페어링은 와인 디렉터인 윤하가 신중하게 선택한다. 윤하는 맥주, 사케, 셰리, 포트, 와인을 능숙하게 사용하여 음식을 맛있게 만드는 어려운 임무를 해낸다. **MD**

불러바드 Boulevard | 전 세계에 팬을 가진 샌프란시스코의 랜드마크

위치 샌프란시스코 **대표음식** 현지산 야생 왕연어 구이(계절 메뉴)Grilled local Wild King salmon (seasonal) | ❸❸❸

불러바드 레스토랑은 1993년 문을 연 이래, 미식가와 음식 비평가들의 연인이 되었다. 주인이자 미국에서 가장 인정받는 스타 셰프 중 하나인 낸시 오크스(Nancy Oakes)가 맡고 있으며, 매년 수많은 영예로운 상의 후보로 오르거나 수상하며, 호평을 받고 있다.

메뉴는 처음부터 끝까지 미국의 맛을 프랑스식으로 만들어낸 독창적인 것들이다. 시각적으로 눈을 뗄 수 없이 아름다워 각 요리는 마치 하나의 조각작품 같으며 넉넉하고 맛있다. 특히 오크스의 해산물 요리는 절대 놓쳐서는 안 된다. 손님이 많으며 그로 인해 가끔 시끄럽지만, 서비스는 항상 따뜻하고 친근하며 흠잡을 곳이 없다.

1906년 샌프란시스코 도시 전체를 초토화시킨 지진과 이어지는 화재에 살아남은 건물로, 건물 자체에 역사가 깃들어 있다. 건물은 불이 번져나가는 것을 막으려는 소방관들에 의해 붕괴될 예정이었으나 머리 회전이 빠른 술집 주인이 소방관들을 설득해 이 건물을 지키고 감사의 대가로 넉넉한 양의 와인과 위스키를 제공했다고 한다. 아치 형의 건물 천장, 꽃무늬 긴 의자, 온화한 나무 톤은 오크스가 세심하게 관리하는 메뉴와 모든 맛에 짝지을 수 있을만한 500병의 강력한 와인 리스트를 위한 배경이 되어준다.

언제나 인기 있는 불러바드는 곧 널리 유명세를 떨치게 되었고, 2012년 뛰어난 레스토랑 부문에서 제임스 비어드 상을 받은 후에는 전 세계의 관광객을 끌어들였다. 그 직후, 불러바드는 샌프란시스코를 방문하는 사람들이 맛있는 음식을 위해 '꼭 가봐야만 하는 곳' 중에 상위에 꼽혔다. **CR**

프랜시스 Frances | 전통적이고 소박한 요리를 하는 동네 음식점

위치 샌프란시스코 **대표음식** 메이플 차이브 크렘 프레슈를 곁들인 훈제 베이컨 비네Smoked bacon beignets with maple chive crème fraiche | ❸❸❸

멜리사 페렐로는 25살에 찰스 노브 힐(Charles Nob Hill)의 이그제큐티브 셰프가 되었다. 그녀는 그 후 피프스 플로어(the Fifth Floor)에서 주방 일을 마친, 2006년 12월 31일까지 같은 역할을 담당했다. 주방장 모자를 벗는 마지막 순간, 그녀는 별 생각이 없었다. 그러나 요리를 다시 시작한 그녀는 샌프란시스코 카스트로에 위치한 작은 동네 레스토랑을 인수해 미국 서해안 최고의 비스트로로 탈바꿈시켰다.

안락한 다이닝룸은 짙은색 나무로 만든 긴 의자 위 흰색 벽에 심플한 흑백사진으로 장식되어 있다. 서비스는 꾸밈이 없고 메뉴에는 16개의 항목만이 있으며, 대부분 28달러 이하의 가격이어서 프랜시스는 문을 연 이래로 늘 손님으로 가득 찼다.

가장 인기 있는 요리는 메이플 차이브 크렘 프레슈

> "모두 좋다. 아니, 모두 아주 훌륭하다. 그리고 집에서 먹는 저녁처럼,
> 항상 다르다."
>
> John Mariani, Esquire

를 곁들인 훈제 베이컨 비네, 레몬 향이 나는 리소토, 구운 나르델로 고추, 살구버섯, 회향 페스토를 곁들인 완벽하게 구운 안창살 스테이크(bavette steak), 그릴에 구운 컨트리 브레드를 곁들인 진한 향의 부드러운 닭 간 무스 등이 있다. 프랑스 컨트리 다이닝의 맛 좋으면서 저렴한 테이블 와인(vins de table)을 추구하는 프랜시스의 와인 책임자 폴 아인번드(Paul Einbund)는 자신만의 하우스 레드 와인과 화이트 와인에 캘리포니아 미라플로레스 와이너리에서 생산된 마르코 카펠리를 섞는다. 조합은 계절에 따라 달라지며 고객들은 자신이 마신 만큼만 지불한다. **MD**

미션 비치 카페 Mission Beach Café | 제철에 난 현지산 재료를 이용한 메뉴

위치 샌프란시스코　**대표음식** 토끼 포트파이 | Rabbit pot pie　| 💲💲💲

미션비치카페에는 매일 전혀 다른 두 가지 모습이 펼쳐진다. 아침과 점심 시간에는 브런치를 먹기 위한 줄이 늘어선다. 캐러멜라이즈한 양파와 트러플 모네 소스를 얹은 자연산 버섯 베네딕트는 안개 낀 샌프란시스코의 하루를 활기차게 해줄 음식으로, 크리미한 맛과 기분 좋은 흙 냄새가 적절한 조화를 이룬다. 사이드 메뉴로 감자 튀김이 함께 나온다. 베네딕트가 내키지 않는다면 살사 로호(salsa rojo), 토마티요 피코 데 가요(tomatillo pico de gallo), 풀드 포크(pulled pork)를 곁들인 솔티-스위트 우에보스(salty-sweet huevos, 계란)를 권한다. 아직도 뭔가 아쉽다면 이 카페의 유명한 패스트리 셰프인 앨런 카터(Alan Carter)가 만든 환상적인 디저트인 브루클린 블랙아웃 케이크를 한 조각 맛보기 바란다.

> **"집 근처에서 독특한 식당을 찾는 현대 도시인들이 환영할만한 장소."**
> Menu Freak

저녁이 되면 분위기가 완전히 달라진다. 조명은 부드러워지고 촛불이 켜지며, 메뉴도 보다 고전적인 것들로 바뀐다. 모두 신선한 제철 재료를 이용해 만든 전형적인 캘리포니아 음식으로 퓨전스타일이다. 토끼 포트파이는 가장 인기 있는 메뉴 중에 하나다. 나긋나긋한 버터향의 페이스트리, 육즙이 풍부한 큼직한 고기에 졸인 육수의 진한 맛이 요동친다. 아스파라거스, 곰보버섯, 오븐에 구운 토마토가 곁들여 나오는 크림 소스 수제 파파르델레도 추천할만 하다.

이 카페 주방에서 만든 음식은 언제나 인근지역에서 재배한 제철 식재료로 만들어서 그림처럼 예쁘며 향이 살아있다. 이 이상 바랄게 뭐가 있겠나? **ATJ**

세븐 힐스 Seven Hills | 작은 동네 비스트로를 넘어서는 이탈리아 식당

위치 샌프란시스코　**대표음식** 라비올리 우오보 Ravioli uovo　| 💲💲

알리오토 가문은 4대째 샌프란시스코에 살고 있다. 정치와 요식업계에서 리더인 알리오토 가문은 1925년 부두의 생선가판대로 출발했다.

이런 배경만으로도 알렉산더 알리오토(Alexander Alioto)는 가문의 이름을 딴 해산물 식당의 매니저 자리를 꿰찰 만 했다. 그러나, 그는 캘리포니아 컬리너리 아카데미를 수료한 후, 프렌치 론드리와 이탈리아의 여러 레스토랑에서 견습생을 거치고 리츠 칼튼의 론 시겔(Ron Siegel) 밑에서 실력을 다졌다. 이후에 40석 규모인 동네 작은 이탈리아 비스트로를 열었다.

세븐 힐스는 작은 샹들리에와 나무 탁자들로 간결하게 꾸며져 있다. 4명이 앉을 수 있는 바의 끝 쪽에 큼직한 꽃 장식을 바꿔주는 정도가 유일한 장식이다. 주방은 전통적인 요리와 최신식의 요리를 고루 갖춘 알라카르트 메뉴로 공통점이 별로 없는 고객들을 모두 만족 시킨다. 메뉴는 애피타이저, 샐러드, 파스타, 그리고 메인 요리로 구분되어 있다.

오소 부코(osso buco)와 소시지를 넣은 토마토 소스 스파게티와 같은 고전적인 이탈리아식 미국 요리는 흠잡을 데가 없다. 수란과 양고기, 할라피뇨, 마늘 크림을 곁들여 팬에 지진 폴렌타도 훌륭하고, 라비오로 우오보(계란 노른자와 브라운 버터로 속을 채운 라비올리 1개)와 같은 독창적인 메뉴 또한 완벽하다.

2010년 세븐 힐스가 샌프란시스코 최고의 이탈리안 레스토랑이라는 영광을 안았을 때, 알렉산더는 세븐 힐스가 심플한 동네 비스트로로 남아있기를 바라기 때문에 가격을 올리거나 와인리스트에 비싼 와인을 첨가하는 일이 없도록 노력하겠다고 밝혔다.

이곳의 대표 디저트인 신선한 오렌지 조각, 설탕을 버무린 피스타치오, 필로 칩, 꿀을 곁들인 수제 리코타 치즈도 빼놓지 않고 맛보길 권한다. **MD**

게리 단코 _{Gary Danko} | 클래식한 캘리포니아식 음식

위치 샌프란시스코 **대표음식** 오세트라 캐비아, 샐서피, 상추 크림을 얹은 글레이즈한 굴 Glazed oysters with Ossetra caviar, salsify, and lettuce cream | ❸❸❸

피셔맨즈 워프 인근에 자리잡은 게리 단코는 오너 셰프의 이름을 딴 레스토랑으로 1999년 문을 연 이래로 단골들이 줄을 잇고 있다. 게리 단코는 뉴욕 하이드파크에 있는 CIA를 졸업하고 소노마 카운티의 샤토 수버랭(Chateau Souverain)에서 근무한 후, 샌프란시스코 리츠 칼튼 호텔에서 셰프로 있었다. 그는 프랑스, 지중해, 미국 각 지역의 요리로부터 영감받은 다양한 음식을 만들며, 인근에서 나는 제철 재료를 사용한다.

아보카도, 김, 팽이버섯과 레몬 간장 드레싱을 얹어 아름답게 담아낸 시어드 아히 투나(seared ahi tuna)는 재료를 다루는 단코의 우아하고 세련된 방식을 잘 보여준다. 매우 완벽한 시트러스 소스에 잠긴 생선은 딱 적당한 정도의 신맛을 띠고 있어 음식의 밸런스를 잡아준다. 레몬 페퍼 오리 가슴살과 짝지은 카다멈 포치드 페어나 서양고추냉이를 입힌 연어에 곁들이는 톡 쏘는 맛의 딜을 넣은 오이와 겨자 소스에서 과일과 향신료는 고전적인 재료들에 한 수를 보태어 준다. 메인산 바닷가재, 가리비, 오리, 소고기, 사슴고기든 간에 정확한 조리는 주목할 만한 특징으로, 인상적인 해산물부터 그의 대표메뉴인 굴에 곁들여진 오세트라 캐비아와 같은 사치스런 재료까지 고품질의 재료도 눈에 띈다. 디저트 역시 멋진데, 사랑 받는 수플레는 아주 먹어볼 만 하다.

나무 패널로 만든 방을 연상시키는 환경은 정교하거나 지나치게 형식적이지 않고 효과적이다. 탁월하게 훌륭한 서비스—고객들이 선택하기 전에 기꺼이 메뉴를 전체적으로 세심하게 설명해준다—는 먹는 것 이상의 즐거움을 가져다 준다. 게리 단코는 제임스 비어드 상을 비롯해 수많은 상을 수상했으며, 자신의 레스토랑을 샌프란시스코에서 꼭 먹어봐야 할 곳 중의 하나로 자리잡게 했다. **AH**

"와인 리스트와 분위기는 음식이나 완벽한 서비스만큼이나 인상적이다."

Fodor's Travel

⬆ 게리 단코의 먹음직스럽게 늘어 놓은 치즈는 식사를 마무리하는 훌륭한 방법이다.

콰^{Coi} | 순간에 집중한 편안한 다이닝을 경험하는 곳

위치 샌프란시스코 **대표음식** 얼스/시Earth/Sea | 💲💲💲💲💲

콰(Coi)로 들어서는 것은 전 세계에서 가장 창의적인 셰프 중 한 사람의 머리 속으로 들어가는 것과 같다. 다니얼 패터슨(Daniel Patterson)은 제임스 비어드 상 후보에 5번이나 올랐고, 미슐랭 스타를 2개나 받았으며 캘리포니아 요리의 선구자로 세계적인 명성을 얻고 있다.

그의 요리 스타일은 '지역의 맛'에 대한 강한 신념을 보여주는 것으로 알려져 있으며, 이 철학을 바탕으로 그는 인근 지역에서 나는 재료를 이용하여 음식을 만든다.

콰는 프랑스 고어로, '고요한'이라는 의미로 해석할 수 있다. 이는 쌀로 만든 종이와 모시 벽지 같은 자연 소재로 꾸며진 단색의 갈색 식당 내부를 잘 나타낸다. 실내 장식은 손님들이 음식에 집중할 수 있는 분위기를 만들기 위해 일부러 간소하게 했다. 창이 적은 것 또한 적막함을 더해주어, 레스토랑이 위치한 브로드웨이와 몽고메리 교차로의 번잡함과 현저한 대조를 이루게 한다.

내부에 28석만을 갖추고 있어서 편안하게 대접받을 수 있다. 콰는 한 명의 직원이 손님 두 사람을 담당한다.

채소 위주의 11가지 요리가 있는 코스 메뉴 한가지를 매일 저녁마다 제공한다. 맨 처음으로는 '핑크 자몽'이라는 요리가 나온다. 이름은 간단해 보이지만 실제는 그렇지 않다.

접시 한 켠에는 핑크 자몽과 타라곤 위에 자몽 셔벗과 후추와 생강을 가미한 자몽 무스를 얹어 놓았다. 다른 한 켠에는 같은 조합인 자몽, 타라곤, 생강, 후추의 향을 담은 오일 한 방울이 뿌려져 있는데 손님에게 식사 전에 이 오일을 손목에 살짝 바르라고 한다.

대표적인 요리는 '얼스/씨'라고 이름 붙여진 것으로 두유를 심해수로 응고시켜 부드럽고 입맛 당기게 만든 두부로 방울 토마토, 올리브 오일, 해초와 함께 나온다. **MD**

⬆ 콰의 실내 장식은 군더더기 없이 간결하다.

주니 Zuni | 심플한 분위기와 소박하고 겸손한 프랑스와 이탈리아 음식

위치 샌프란시스코　**대표음식** 따뜻한 브레드 샐러드와 벽돌 오븐에 구운 닭 Chicken roasted in a brick oven with warm bread salad | ❺❺❺

1979년 문을 연 주니는 셰프 주디 로저스(Judy Rodgers)가 1987년부터 2013년 사망할 때까지 멕시코, 북아프리카, 중동의 영향을 받은 프랑스와 이탈리아 위주의 소박한 요리를 지향하는 레스토랑으로 탈바꿈시키면서 유명세를 타게 되었다.

로저스는 프랑스에 교환학생으로 가서 레 프레르 트루아그로(Les Frères Troisgros)의 오너 셰프 장 트르와그로의 가족과 머물면서 요리를 시작했다. 그는 그녀에게 재료들에 대한 이해와 흔한 음식들과 그렇지 않은 것들 사이의 결정적인 차이를 아는 것이 얼마나 중요한지 가르쳤다.

로저스는 훗날 '캘리포니아 퀴진'으로 알려진 요리의 발달에 지대한 영향을 미친 레스토랑인 캘리포니아 버클리의 셰 파니스에서 셰프로 출발했다. 주니로 자리를 옮기기 전까지 뉴욕뿐 아니라 프랑스와 이탈리아에서 일했다. 주니는 그녀의 사망 후 비즈니스 파트너였던 길버트 필그램(Gilbert Pilgram)에 의해 운영되고 있다.

주니는 번지르르한 것과는 정반대다. 실내장식은 서비스 차원에서 실용적인 정도이고 요리는 심플하다 못해 소박하다. 그러나 이런 소박함은 주니를 더 멋지게 하는데 4~5가지 이상의 주요 재료를 이용한 요리가 거의 없다. 재료들만의 가치를 위해 화려한 조리과정이나 독창성도 배제한다. 메뉴는 매일 바뀌지만, 몇 가지 요리—직접 염장한 안초비와 셀러리, 파르메산 치즈, 올리브—는 항상 메뉴에 있다.

주니는 캘리포니아 농산물의 탁월함에 대한 찬사의 의미로 많은 식재료 공급업자들의 이름을 메뉴에 적어놓는다. 비록 재료는 미국산이지만 요리의 본질은 유럽식이다. 미국산 보다는 프랑스와 이탈리아산 와인으로 채워진 와인 리스트도 훌륭하다. 가장 미국적인 색채를 띤 것은 굴과 조개를 이용한 메뉴로 뛰어난 자연산 해산물을 이용해 만든다. **RE**

⬆ 주니의 대표요리인 로스트 치킨과 샐러드.

호그 아일랜드 오이스터 바Hog Island Oyster Bar | 샌프란시스코만을 바라보며 굴 한 접시, 아니 그 이상을 주문하라

위치 샌프란시스코　**대표음식** 스위트워터(태평양) 굴Sweetwater (Pacific) oysters　| 💲💲

"햇살 좋은 날, 이곳에서 와인을 마시며
굴을 먹는 것보다 더 좋은 일이 있을까?"

fodors.com

호그 아일랜드 바의 굴은 최고다. 조개, 게, 해산물 스튜, 차우더 등 식욕을 자극하는 다른 메뉴들도 많이 있지만, 사람들이 이곳을 찾는 이유는 스위트워터, 대서양, 구마모토 같은 종의 굴 맛을 제대로 보기 위해서다. 종류마다 어떤 맛의 차이가 있는지(예를 들어, 어떤 종류의 굴은 다른 것들에 비해 달착지근하다) 궁금하다면 그 호기심을 풀기에 이만한 곳은 없을 것이다.

손님들은 일반적으로 굴이 여섯 개 들어있는 한 접시를 주문하는 것으로 시작하지만, 곧 한 접시, 또는 두 접시를 더 주문하게 되리라는 것을 잘 알고 있다. 이는 샌프란시스코에서 북쪽으로 40마일(64km) 떨어진 마셜(Marshall)이라는 마을에 있는, 호그 아일랜드 양식장에서 온 진한 풍미에 부드러우면서 짭짤하고 싱싱한 굴의 매력 때문이다.

호그 아일랜드 회사는 1983년 해양 생물학자인 존 핑거(John Finger)와 양식업자 테리 소여(Terry Sawyer)가 설립했다. 호그 아일랜드 바의 주 메뉴는 자연 그대로의 석화이다. 이 외에도 바냐 카우다(Bagna Cauda, 버터, 마늘, 케이퍼, 안초비를 넣고 구운 굴 요리)와 카지노(Casino, 파프리카, 베이컨, 샬롯, 타임을 섞어 넣고 구운 굴 요리)와 같은 다양한 굴 구이도 있다.

실내 분위기는 음식 맛을 한층 살려준다. 페리 빌딩 시장을 개조한 건물은 밝고 현대적이며, 천장이 높기 때문에 통풍이 잘된다. 실외와 실내 모두 샌프란시스코만의 기막힌 전망이 잘 보인다. 바(bar)의 높은 의자에 앉으면 맥주와 와인을 마시는 동안 엄청난 속도로 굴 껍질을 까는 광경을 잘 볼 수 있다. 2012년 호그 아일랜드는 인근 지역의 21세기 어멘드먼트(21st Amendment)라는 맥주회사와 손잡고 고가의 오이스터 스타우트(oyster stout)라는 맥주를 생산했다. 이 모험은 성공을 거두어 호그 아일랜드 오이스터 바는 2배로 늘어났다. **ATJ**

⬆ 자리를 잡고 앉기 전에 바에서 굴 까는 광경을 구경하라.

밀레니엄 Millennium | 고급스러운 샌프란시스코 채식 요리

위치 샌프란시스코 **대표음식** 크레올 스타일의 훈제 템페 Creole smoked tempeh | 💲💲

샌프란시스코 시내, 클래식한 외관의 호텔 캘리포니아는 제1차 세계대전 이전에 세워진 건물이다. 그곳은 늦은 저녁을 느긋하게 즐기기에 알맞은 곳이며 제대로 된 음식을 먹고자 하는 사람들이 가야 하는 곳이다. 이곳에 밀레니엄 레스토랑이 자리잡고 있기 때문이다.

근사한 로비로 들어서면 쾌적하고 우아한 식사 공간이 나온다. 이곳은 모든 채식주의자를 위한 최상의 음식을 제공한다. 콩만 잔뜩 주거나, 익히지 않은 당근이 나올 거라는 고리타분한 편견은 버려라. 헤드 셰프인 에릭 터커(Eric Tucker)는 자신만의 노하우로 고기가 필요하지 않으며 제철 재료를 이용한, 창의적인 음식들을 만들어낸다.

터커가 인근 농부들이 재배한 제철 재료를 선호하기 때문에 메뉴는 수시로 바뀐다. 애피타이저는 파스닙-커민 후무스(hummus)를 곁들인 파스닙과 버터넛 호박 튀김이나 달착지근한 미린 글레이즈를 바른 검정쌀과 검정깨 초밥이 나올 것이다. 메인으로는 겨자 잎과 동부콩을 곁들인 감자 티키(tikki) 케이크가 있고, 훈제한 리크(leek), 셀러리 뿌리 크림, 방울다다기양배추(Brussels sprouts) 볶음, 베이비 순무를 곁들인 감자와 근대로 만든 룰라드(roulade) 또한 맛볼 수 있다.

밀레니엄의 사려 깊고 세심한 접근은 음식에 국한된 것이 아니다. 지역의 소규모 양조장에서 만들어진 맥주들로 엄선된 리스트와 미국 전역에서 손꼽히는 유기농 와인 리스트를 갖춘 것으로도 정평이 나 있다. 하얀 식탁보, 빨간 인조가죽의 등받이 의자, 아연으로 덮은 바(bar), 재활용한 장식들이 매달린 실내도 완벽하다. 고객들은 바쁘게 주문을 받고 음식을 가지고 홀을 질주하며 밀레니엄을 완벽한 미식 경험으로 만드는 젊고 친절한 스태프들을 좋아한다. **ATJ**

미션 차이니즈 푸드 Mission Chinese Food | 거침없는 중국식 미국 요리

위치 샌프란시스코 **대표음식** 궁바오 파스트라미 Kung pao pastrami | 💲

이 레스토랑은 렁 샨(Lung Shan)이라는 음침한 테이크아웃 식당 내부 한 켠의 팝업 레스토랑으로 시작했지만 지금은 북아메리카에서 가장 트렌디한 중국 식당이다.

한국계 미국 셰프 대니 보윈(Danny Bowien)이 만든 메뉴에는 향신료, 기름, 소금, 불 같이 매운 맛이 잔뜩 들어가 있다. 익숙한 이름의 음식들은 독창적이며 잘 볶아진 맛이 어우러져있다. 궁바오 파스트라미는 큼직한 덩어리의 염장한 파스트라미를 땅콩, 고추, 셀러리, 감자를 넣고 달콤하게 중국 남동부의 사천식으로 볶아낸 것이다. 서양의 영향은 두 가지의 볶음밥을 만드는 과정에도 나타난다. 고등어 콩피를 넣은 염장 대구 볶음밥과 슈말츠(schmaltz)와 닭 간을 넣은 닭 볶음밥이다.

음식값이 저렴하다고 보윈이 질 좋은 재료나 만드는

> **"보윈은 레드 제플린이 블루스에 한 일을 중국 음식에 했다."**
>
> Pete Wells, The New York Times

방법에 인색한 사람이라고 생각하지 마라. 좌 장군의 송아지 요리(General Tso's veal dish)는 송아지 갈비 한짝을 꼬치에 꿰어 입에서 살살 녹을 정도로 부드러워질 때까지 굽는다. 갈비는 다시 튀김옷 없이 파삭하게 튀겨 고추, 리크, 파를 넣은 소스로 잔뜩 뿌린다. 마파 두부는 전통적인 농부의 음식으로 얼리지 않은 쿠로부터 돼지 어깨살 간 것을 잔뜩 넣고 입이 마비되는 소스와 함께 기름지게 만든다.

미션 차이니즈 푸드는 미국에서 핫한 레스토랑이다. 여러 인종의 고객이 섞여 있고, 여럿이 어울려 먹으며, 저렴하고 독창적이다. 이곳은 미국적 요소과 중국적 요소가 반반씩 섞여있다. **MD**

스완 오이스터 디포 Swan Oyster Depot | 전통적인 샌프란시스코 오이스터 바

위치 샌프란시스코 **대표음식** 석화Oysters on the half shell | **$$**

"100년이 넘은 이 명물 식당은 당신이 상상할 수 있는 가장 신선한 해산물을 부두에서처럼 격식 없이 내놓는다."

Zagat

밖에서 보는 스완 오이스터 디포는 그다지 매력적이지 않다. 식당은 폭이 4.5미터에 불과하고 번잡한 상업구역에 위치하고 있다. 안쪽에는 굴, 크래커, 레몬 조각, 서양고추냉이가 담긴 그릇들이 잔뜩 놓인 긴 대리석 카운터에 등받이 없는 의자가 고작 18개 놓여 있을 뿐이다. 가게 앞쪽은 해산물로 채워진 진열선반이 놓여있고, 뒤쪽에는 대짜은행게(Dungeness crab)를 찌고 클램 차우더(clam chowder)를 만드는 작은 주방이 있다. 그 사이에는 맥주 탭(tap), 굴을 까는 곳, 접시, 대접, 유리잔들이나 케이퍼, 핫소스, 서양고추냉이, 케첩, 간장 등의 양념을 쌓아놓은 선반이 차지하고 있다.

비록 잘 가꾸어진 외양을 갖추지는 못했어도 스완 오이스터 디포는 단순하고 간단한 샌프란시스코식 해산물의 명물이다.

제한된 메뉴 중에서도 으뜸은 물론 석화다. 이 굴들은 미야기현, 블루 포인트, 구마모토현, 올림피아 등의 다양한 산지에서 왔다. 크랩 루이(crab Louie) 샐러드, 새우 칵테일, 훈제 연어, 밀가루를 넣지 않은 획기적인 보스턴 클램 차우더와 같은 다른 메뉴들도 있다.

스완은 1912년 마차로 신선한 해산물을 배달하던 네 명의 덴마크 형제들이 처음 개업했다. 지금은 산시미노(Sancimino) 집안에서 2대째 운영하고 있다. 마차를 끌던 말은 사라지고 대신 대짜은행게, 가자미와 그 외의 지역 특산물을 샌프란시스코 식당들로 실어 나르는 이 회사의 트럭을 길에서 볼 수 있다.

캘리포니아의 뛰어난 포도원에서 생산되는 훌륭한 와인을 몇 가지 갖고 있으나, 대부분의 손님들—인근지역 주민이나 관광객으로 구성된 다양한 사람들—은 지렴한 가격의 음식들과 어울리는 이 지역의 맥주, 앵커 스팀(Anchor Steam)을 선호한다. **MD**

⬆ 굴은 한쪽 껍질 위에 레몬을 곁들여 나온다.

스테이트 버드 프로비젼스 State Bird Provisions | 캘리포니아 요리와 딤섬 카트가 만나다.

위치 샌프란시스코 **대표음식** 튀긴 메추라기 Deep-fried quail | 💲💲

인터넷 예약 사이트인 레즈북(Rezbook)을 통해 스테이트 버드 프로비젼스를 한번에 60일 연달아 예약할 수 있도록 하자, 90분만에 모든 테이블의 예약이 완료되었다. 더 빠른 시간에 끝났을 수도 있었지만, 몰려드는 예약이 서버와 충돌하는 바람에 그러지 못했다. 이것이 셰프이자 공동 운영자인 스튜어트 브리오자(Stuart Brioza)와 니콜 크라신스키(Nicole Krasinski)의 삶이다.

이렇게 인기가 있는 이유는 레스토랑의 확장을 위해 한 달간 문을 닫았던 탓에 있다. 와일리 프라이스(Wylie Price)가 완전히 새로 디자인한 레스토랑에는 오픈주방 앞에 앉는 바(raw bar)와 재활용한 크롬 손잡이가 달린 아르데코 양식의 출입문이 더해졌다.

그러나 이 장식들은 훌륭하지만, 유행에 민감하고 패셔너블한 고객들을 끌어들일 정도의 외관은 아니다. 정작 이들을 끌어 들이는 것은 작은 접시에 한입 크기의 음식을 담아 딤섬 카트에 밀고 다니며 서빙하는 것이다.

향긋한 육수를 곁들인 맛있는 뿔닭 만두(guinea hen dumpling), 토끼고기와 폰티나 치즈로 만든 크로켓(rabbit and fontina croquettes), 훈제 어란(smoked egg bottarga)을 곁들인 매운 김치 유부, 토마토−병아리콩 살사를 곁들인 불에 구운 문어, 삼겹살 자두 샐러드가 백미로 꼽는다. 퓨전 스타일의 요리가 아니라, 여러 인종의 문화가 다양하게 혼재하는 미국이라는 용광로에 영감을 받은 요리로 중국, 멕시코, 일본, 프랑스, 스페인, 한국, 중동의 영향을 받았다.

계절이나 구할 수 있는 재료에 따라 딤섬 스타일로 만든 음식을 제공하지만, 메뉴(이것도 훌륭하다)에서 주문할 수도 있다. 이 집의 스페셜 메뉴인 '캘리포니아 스테이트 버드 위드 프로비젼스(CA state bird with provisions)'는 버터밀크에 재워둔 메추라기에 호박씨와 빵가루를 입혀 튀긴 다음 새콤달콤한 양파잼과 얇은 파르메산 치즈 조각, 굵은 후추가루를 얹어 나오는데 꼭 먹어봐야 한다. **MD**

"모든 음식이 꼭 먹어봐야 할 것 같아 보여 결국은 셰프의 손에 당신을 맡기게 된다."

Michael Bauer, SF Gate

⬆ 캘리포니아주의 새가 메추라기라는 걸 아는 사람은 별로 없다.

SPQR | 캐주얼한 분위기에 세련되고 열정적인 현대 이탈리안 다이닝

위치 샌프란시스코   **대표음식** 훈제 베이컨, 성게와 메추리알을 넣은 훈제 페투치네(Smoked fettuccine with smoked bacon, sea urchin, and quail egg) | ⓢⓢ

"다양한 연령대의 단골들이 찾는
세련되고 친근한 장소."

Fodor's Travel

⬆ SPQR은 샌프란시스코 필모어 지역 중심에 이탈리아의 한구석을
옮겨왔다.

SPQR은 '로마제국의 원로원과 시민(the Senate and the people of Rome)'이라는 라틴어에서 이니셜을 본뜬 이름이다. 이곳의 주인이자 지배인이며 소믈리에인 셸리 린드그렌(Shelley Lindgren)은 로마뿐만 아니라 이탈리아 전체로부터 영감을 받았다. 문을 열었을 땐 네이트 애플맨(Nate Appleman)이 셰프였지만, 지금은 매트 아카리노(Matt Accarrino)가 셰프로 있는 그녀의 레스토랑은 다양하고 신선하게 만들어낸 이탈리아 요리와 와인으로 인해 이탈리아 본연의 모습을 담고 있다고 인정받고 있다.

좁은 건물 내부에는 연회석처럼 두 줄로 늘어선 테이블과 굽은 흰색 대리석 바(bar)가 뒤에 있는 것이 대부분의 이탈리아 작은 식당과 비슷하다. 실내가 떠들썩하지만, 이는 편안한 매력을 더해준다.

빈 산토 와인을 넣은 젤라틴(vin santo gelatina)을 곁들인 씨암탉 테린(terrine), 간 무스(liver mousse)와 브리오슈 아그로돌체(agrodolce, 전통적인 새콤달콤한 소스)와 같이 몇 가지 창의적인 안티파스티 요리도 있지만, 대표적인 요리는 홈 메이드 파스타다. 가장 특징적인 요리인 페투치니는 반죽하기 전에 훈제한 밀가루로 만든다. 그 결과 부드럽고 호화로운 클래식 카르보나라가 만들어진다. 그 소스의 풍부한 맛은 메추리알이나 베이컨, 크림에서 오는 것이 아니라 곱게 간 성게로부터 온 것이다.

SPQR에서 식도락을 제대로 즐기려면 와인을 곁들이면 된다. 대부분의 와인들이 이탈리아 와인의 성격을 강하게 띠고 있다. 와인 셀러는 매년 린드그렌이 새로 발견한 와인들로 계속 보강되며, 그녀는 2년마다 이탈리아의 작고 덜 알려진 와이너리를 직접 방문한다.

SPQR의 와인 목록은 각 와인의 생산지에 가까운 고대 로마의 길 이름으로 분류했다. 대부분의 와인들을 양에 따라 1잔, 반 병(half carafe), 1병으로 판매하며, 기호에 따라 섞어 마실 수도 있다. 그러나 린드그렌이 직접 음식에 맞게 골라 주는 와인을 마시기를 권한다. **MD**

퀸스 Quince | 이탈리아와 프랑스의 영향을 받아 캘리포니아산 재료로 만든 테이스팅 메뉴

위치 샌프란시스코 **대표음식** 바닷가재와 닭벼슬을 넣은 트로피에 파스타 Trofie pasta with lobster and cockscomb | 🍶🍶🍶🍶🍶

세월이 흐를수록 나아지는 고급 레스토랑 드물지만, 퀸스는 이 규칙에서 벗어나는 예외적인 경우다.

퀸스는 2003년, 1907년 샌프란시스코 잭슨 광장 주변에 벽돌과 나무로 지은 역사적인 건물에 문을 열었다. 건축가 올레 런드버그(Olle Lundberg)에 의해 새롭게 디자인된 실내는 많은 사람들이 샌프란시스코에서 가장 우아한 폐쇄 공간으로 꼽는다. 레스토랑의 주방은 큰 유리창을 통해 건물 앞을 지나는 사람들이 구경할 수 있도록 되어있어, 손님들은 자신이 곧 맛볼 음식이 준비되는 광경을 볼 수 있다.

바(bar)에서 몇 가지의 알라카르트를 주문할 수 있지만, 메인 다이닝룸에서는 테이스팅 메뉴를 선택할 수 있다. 퀸스의 셰프이자 공동 소유주인 마이클 터스크(Michael Tusk)는 이 테이스팅 메뉴로 미슐랭 스타를 받았다. 손님은 3가지 중에 1가지 메뉴를 선택할 수 있다. 9가지 코스의 '가든 메뉴'는 주로 퀸스의 옥상 정원에서 재배한 제철 채소로 맛을 낸 채소 위주의 요리로 구성되어 있고, 보다 고정적인 9가지 코스의 '퀸스 메뉴'와 앞의 두 테이스팅 메뉴의 일부로 구성된 5가지 코스 메뉴가 있다. 각 메뉴는 프랑스와 이탈리아의 영향을 받아 북캘리포니아의 제철 농산물로 만든 음식으로 이루어져 있다.

최근 메뉴에서 가장 인기 있는 요리로는 야생 쐐기, 올리브, 꾀꼬리버섯으로 만든 카술레(cassoulet)와 송이버섯, 야자의 새순, 풍수(hosui) 배를 곁들인 카펜테리아(Carpenteria) 전복, 적양배추, 고구마, 후지 사과를 곁들인 생–카뉴(Saint-Canut) 농장산 새끼 돼지가 있다.

그러나 퀸스에서 가장 인기있는 메뉴는 파스타 요리다. 터스크는 밀가루, 계란, 물을 반죽해 그 조합 이상의 것을 만들어 명성을 얻었다. 무엇보다도 바닷가재와 닭벼슬을 넣은 트로피 파스타는 꼭 먹어봐야 한다. **MD**

"샌프란시스코에서 손꼽히는 셀렉션 중 하나인 치즈 코스를 절대 놓치지 마라."
Fodor's Travel

⬆ 퀸스의 요리는 맛있으며 교묘하게 어우러져 있다.

타디치 그릴 Tadich Grill | 클래식한 골드러시 시대의 해산물 요리 전문점

위치 샌프란시스코 **대표음식** 치오피노 Cioppino | 💲💲

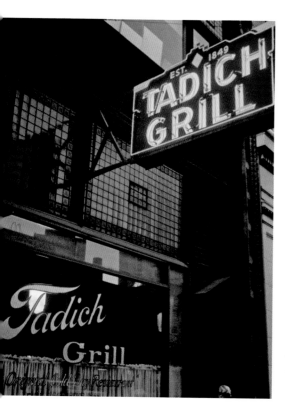

"최신 유행은 없지만 매일 600명에서 800명의 사람들이 찾는다."

Amanda Berne, SF Gate

⤒ 타디치 그릴은 8개의 지점을 가지고 있다.

전해지는 이야기에 따르면 샌프란시스코의 상징적인 해산물 스튜인 치오피노는 피셔맨스 워프(Fisherman's Wharf)에서 일하는 이탈리아 억양의 요리사들이 그날 잡은 생선들을 '칩인(chip in, 조금씩 제공하다)'해서 공용 수프 냄비를 만들던 시절에 이름 붙여졌다고 한다. 음식사학자들은 이탈리아 리구리아어(리구리아주의 고대어)로 '다지다'라는 뜻은 '치핀'이었으며, 치오피노가 해산물과 마늘, 토마토를 섞어 만든 스튜를 의미할 수도 있다고 주장한다. 진짜 어원이 무엇이든 간에, 대다수의 사람들은 타디치 그릴의 치오피노처럼 맛있으면 된다는 것에 동의한다. 그렇지 않았다면 주방에서 연간 2만명분의 치오피노를 만들지 못했을 것이다.

현재 8개의 지점이 있는 타디치 그릴은 1849년에 처음 문을 열었으며 미국에서 3번째로 오래된 레스토랑이다. 내부는 룸을 가로질러 길게 놓인 나무 테이블의 바와 짙은 색의 나무 관자와 대형 거울로 덮인 벽으로 이루어져 있다. 오리지널 아르데코 풍의 놋쇠 장식과 불투명한 전등갓이 천장에 매달려 있다. 풀먹인 흰 식탁보는 테이블에 덮여 있고 레몬 조각들이 담긴 볼이 하나씩 놓여 있다. 웨이터들은 주름 선 검정바지와 빳빳한 흰색 재킷을 입고 진한 색 넥타이를 매고 있다.

처음에 손님들은 역사를 쫓아 이곳을 오지만, 해산물의 품질에 반해서 다시 찾아온다. 내놓는 모든 메뉴가 '신선하지 않으면 메뉴에 올리지 않는다'는 주인의 말처럼 신선한 재료로 만들어졌다.

치오피노 외에도 팬에 지진 넙치(pan-fried sand dabs), 숯불에 구운 페트레일 가자미(charcoal broiled Petrale sole), 대짜은행게 알 라 몬차(Dungeness crab à la Monza)를 잘한다. 크랩 루이 샐러드나 오이스터 록펠러도 아주 유명하다. 요리와 조리 기법이 새롭게 정의되는 걸로 유명한 도시에서, 이 레스토랑은 구시대의 지표로 남아 든든한 점심을 먹으려는 군중과 가벼운 저녁을 원하는 사람들 모두에게 인기 있는 장소가 되었다. **MD**

톤 키앙 Ton Kiang | 딤섬과 그 밖의 몇 가지

위치 샌프란시스코 **대표음식** 토기에 든 캐서롤Clay pot casseroles | ⑤

인구의 삼분의 일 이상이 아시아 사람이며 선택할 수 있는 식자재가 무궁무진한 도시인 샌프란시스코에선 최상급의 중국 요리를 찾아낼 가능성이 높다. 톤 키앙은 항상 그 기대를 저버리지 않는다. 하지만 관광객들이 많이 찾는 곳에서 멀리 떨어진 주택가에 자리잡고 있어 관광객보다는 샌프란시스코 토박이들에게 더 잘 알려져 있었다. 그러나 오늘날에는 몰려드는 손님 수는 계속 늘어나고 있다.

톤 키앙의 성공은 그 기원에서 비롯되었다고 할 수 있다. 중국 북부 하카(Hakka)족들은 토기에 요리하는 방법을 개발했으며, 수천 년에 걸쳐 중국 여러 지역으로 이주하면서 다른 지역의 중국 특산물과 요리법을 접목시켜 나갔다. 대다수는 홍콩에서 멀지 않은 남부 해안 광둥 지방에 있는 톤 키앙(동강)에 정착했다. 이는 북부 내륙 지방의 풍미에 해산물이 더해졌다는 의미를 갖는다.

톤 키앙의 메뉴는 다양한 전통을 잘 보여주고 있다. 메뉴에는 가오 초이 갓(gao choy got, 새우 부추 만두), 옝 취 쩌(yeung qu dze, 새우로 속을 채운 어린 가지)와 게살을 넣은 웨스트 레이크 다진 고기 수프가 포함되어 있다.

다른 인기 있는 메뉴로는 말린 겨자 잎과 함께 찐 삼겹살과 찐빵을 곁들인 북경오리가 있다. 북경 오리는 테이블로 가져와 손님의 앞에서 능숙하게 썰어 해선장과 같이 주며, 원하면 오이와 파도 준다. 또한 호박과 오리, 당근과 셀러리를 넣은 소 꼬리, 시즐링 양파 치킨도 인기가 있다.

전통적인 토기에 든 캐서롤은 향을 어느 정도 농축시켜준다. 그 중에서 가장 기운을 북돋워주는 것에는 태평양산 굴, 생강, 실과가 들어있다. 톤 키앙은 조금 덜 알려진 곳에 있지만, 임대료가 낮은 지역 탓에 저렴한 가격—특히 6인 이상이 모였을 때—을 유지할 수 있는데, 미각의 향연이 끝날 때 부담 없는 계산서만큼 소화를 돕는 것도 없을 것이다. **FP**

"톤 키앙은 아마도 샌프란시스코에서 딤섬을 먹을 수 있는 최적의 장소일 것이다."
frommers.com

⬆ 새우 부추 만두를 꼭 먹어보라.

머스터즈 그릴Mustards Grill | 솔직하고 세련된 미국의 요리

위치 나파 밸리 **대표음식** 인근 지역에서 자란 양을 다양한 방법으로 요리한 오늘의 양 요리Daily lamb, locally raised, done many different ways | ❸❸❸

머스터즈 그릴은 1983년 이후로 허기진 와인 시음자들의 식욕을 만족시켜왔다. 다양한 고객들—인근 주민들, 와인 양조가들, 일을 마치고 밤에 이곳에서 식사하는 밸리 주변의 주방장들—을 대접하며 확신을 가지고 고급 다이닝과 대중적인 음식 사이의 미묘한 선을 잘 지켜온 것이다.

주인이자 이그제큐티브 셰프인 신디 폴신(Cindy Pawlcyn)은 팜투테이블 요리의 개척자로, 제철 인근 지역에서 구할 수 있는 음식을 준비하며, 이 과정에서 고객과 정원이 주는 자연 혜택의 관계를 밀접하게 만들기 위해 끊임없이 노력하고 있다.

'레스토랑 전용 정원(in-house garden)'이 최상급 다이닝 시설이 갖추는 요소가 되기 훨씬 이전부터 폴신은 소규

> "넉넉하게 넘쳐나는 향과 이국적인 요소를 갖춘 익숙한 음식들."
>
> frommers.com

모로 시작해 늘려나가자는 자신만의 계획을 잘 꾸려와 이제는 8,000㎡로 늘어난 정원에서 엄청난 양의 농산물을 생산하고 있다. 음식 위에 얹어지는 밝은 색상의 비트와 당근, 자주색 감자, 멜론, 양배추 등은 매년 이 손님 많은 레스토랑에서 사용하는 신선한 농산물의 1/5 이상을 차지한다.

접시에 오르기 몇 시간 때로는 몇 분 전에 수확한 채소로 만든 음식을 즐기는 것보다 훌륭한 식도락이 있을까. 이런 신선한 재료들과 본연의 향은 머스터즈 그릴이 나파 밸리 최고의 일관성 있고 바람직한 외식 장소 중 하나라는 명성을 굳건하게 유지시켜 왔다. **CR**

라 토크La Toque | 영감을 주는 음식과 와인을 페어링해 즐길 수 있는 곳

위치 나파 밸리 **대표음식** 커민을 넣은 당근 퓌레와 병아리콩 튀김을 곁들인 양 안심구이Lamb loin with cumin-scented carrot puree and chickpea fries | ❹❹❹❹

우리는 지금 '와인 컨트리(wine country)'의 중심부에 와 있다. 나파 밸리의 포도밭이 펼쳐져 있는 이 지역에는 매년 포도를 사랑하는 수천 명의 관광객들이 몰려 온다. 이들 중 다수가 나파 밸리에 8개 있는 미슐랭 스타 레스토랑 중의 하나인 라 토크로 향한다. 음식과 와인을 매칭하려는 열정을 가지고 있는 이들은 미각을 가다듬고 치장하며 보상받기 위해서 라 토크를 찾는다.

라 토크는 1990년대 말에 문을 열자마자 셰프 켄 프랑크(Ken Frank)의 뛰어난 요리로 인해 명성을 얻었다. 그는 신선한 제철 재료를 이용하는 현대 캘리포니아의 트렌드를 현대 유럽의 접근 방식으로 해석한 퓨전 요리를 한다.

2008년, 루더포드(Rutherford)에 위치했던 레스토랑을 웨스틴 베라사 나파 호텔(the Westin Verasa Napa Hotel)로 이전했지만, 인근 지역의 농부와 공급처에서 구한 재료들을 이용한 요리에 전혀 영향을 미치지 않았다.

새롭게 바뀐 라 토크의 다이닝룸은 세련된 연갈색 톤으로 칠해진 벽과 많은 조명으로 꾸며져 있다. 오늘의 메뉴는 셰프의 테이블 메뉴를 포함하여 다양한 종류가 있다. 고객들은 와인과 페어링한 3가지 또는 4가지 코스로 구성된 식사를 선택할 수 있다. 훈제 향의 아이올리(aioli)와 구운 새송이 버섯을 곁들인 앵거스 소고기 안심 카르파초와 나파 밸리 템프라니요 로제를 페어링한다면 어떨까? 셀러리악, 베이컨, 홀그레인 머스터드를 곁들인 팬에 지진 관자요리에는 하이드 빈야드의 2010 샤르도네를 짝지어 권한다.

아는 사람들은 USA 투데이가 선정한 미국의 10대 베스트 요리 중 하나로 꼽혔던 커민을 넣은 당근 퓌레와 병아리콩 튀김을 곁들인 양 안심구이를 리오하산 2006년 핀카스 데 가누사 레세르바(Fincas de Ganuza Reserva) 한 잔과 함께 주문한다. **ATJ**

도멘 샹동의 에투알 Etoile at Domaine Chandon | 오리지널 나파 밸리 파인 다이닝을 경험할 수 있는 곳

위치 나파 밸리　**대표음식** 회향과 꾀꼬리버섯을 곁들인 오리고기|Duck with fennel and chanterelles | 🄢🄢🄢

오늘날 나파 밸리는 최고급 요리로 세계적인 명성을 누리고 있는데 열정적인 미식가들이 단 한 번의 방문으로는 모두 경험할 수 없는, 수많은 기념비적인 레스토랑들이 있다. 각 레스토랑은 수상경력이 화려한 셰프들은 물론 세계적인 수준의 와인들을 갖추고 있다. 이처럼 나파 밸리의 발전이 시작된 것은 도멘 샹동에 있는 레스토랑 에투알이 1997년 처음 문을 열면서부터이다.

캘리포니아 최초의 스파클링 와인 하우스인 도멘 샹동은 환상적인 주변 환경을 가지고 있다. 에투알은 와인 테이스팅을 하는 곳과 매우 가까이에 있어서 그 매력이 더해진다. 에투알은 와인 컨트리의 상징적인 셰프였던 필립 진티(Philippe Jeanty)에 의해 알려지기 시작했으며, 그 뒤를 페리 호프먼(Perry Hoffman)이 이어가고 있다.

수많은 상을 받아온 호프먼은 미국에서 최연소로 미슐랭 스타를 받았다. 주방 바로 바깥에 자리잡은 뜰을 그대로 끌어들여 그만의 계절에 걸맞게 만든 캘리포니아 요리는 도멘 샹동은 물론, 인근 와이너리에서 만든 최상급 와인들과 멋지게 짝지어진다. 호프먼은 오리 테린, 소꼬리 아스픽(aspic)을 곁들인 아티초크, 단맛이 나는 흰 옥수수와 같은 다양한 재료의 질감을 살려 조화롭게 구현한 애피타이저로 주목을 받는다. 그러나 그의 가장 대표적인 요리는 메인 코스인 회향, 꾀꼬리버섯, 당근, 오렌지와 훈제 향의 꿀을 곁들인 오리다.

에투왈이 만든 디너 테이스팅 메뉴는 와인 컨트리 어디에서나 찾아볼 수 있는 고전적인 요리를 창의적으로 해석한 것으로 지역 와인과의 페어링 또한 훌륭하다. 어디에서도 볼 수 없는 자연 환경과 상 받은 메뉴, 폭넓은 와인 리스트는 다른 곳에서는 느낄 수 없는 나파 밸리를 경험하게 해주며, 이제까지의 역사보다 앞으로의 행보가 더 기대된다는 사실을 여실히 보여준다. **CR**

"테이블마다 섬세한 난이 놓여 있고
나무가 심겨진 전경이 내다보이도록 로맨틱하게 지어졌다."

Fodor's Travel

⬆ 도멘 샹동은 목가적인 풍경 속에 자리잡고 있다.

트라 비녜 Tra Vigne | 토스카나와 나파 밸리가 만난 곳

위치 나파 밸리 **대표음식** 토끼고기를 넣은 세이지 향의 파파르델레 Sage-infused pappardelle with rabbit | $$$

"이곳은 친숙하면서도 만족스러운 메뉴를 만날 수 있는 곳이다."

Michael Bauer, Inside Scoop SF

이탈리아어로 '포도밭 사이'를 의미하는 트라 비녜는 1989년 문을 열었다. 나파 밸리의 중심에 자리잡고 있는 레스토랑은 포도 덩굴이 뒤덮인 벽돌 건물과 이웃하고 있으며, 그림 같은 전원 풍경을 가지고 있다. 트라 비녜는 계절과 재료의 맛을 접시마다 살리면서 전혀 다르지만 상호 보완적인 두 지역의 음식을 섬세하게 잘 짜맞췄다.

메뉴는 가벼운 채소 위주의 새로운 나파 스타일과 넉넉하고 기름지며 향이 살아있는 고전적인 토스카나 음식이 균형을 이루었다. 유럽의 다른 지역에서 유래된 전통 요리에 신선함을 더해 방문객들은 매우 흡족해하면서도 코스 요리를 먹은 후에도 배가 너무 부르지 않아한다.

레스토랑이 미국 태평양 연안에 자리했지만 배경은 시에나(Siena, 코스카나의 도시)처럼 이탈리아 분위기를 가지고 있어 두 가지의 다른 장점을 모두 누릴 수 있다.

셰프 앤서니 내쉬 코네티(Anthony "Nash" Cognetti)는 트라 비녜를 인근 주민과 관광객 모두가 일 년 내내 찾는 가장 인기 있는 와인 컨트리 레스토랑 중 하나로 탈바꿈시켰다. 농산물 납품업체 집안에서 태어난 코네티는 어린 나이부터 셰프가 계절의 변화를 잘 이해하고 이를 메뉴에 적절히 반영할 줄 아는 것이 훌륭한 주방의 필수 요소라는 사실을 배웠다. 음식이 가진 본능적이고 촉각적인 쾌락에 대한 그의 이해는 토끼고기를 넣은 세이지 향의 파파르델레를 메뉴에 자랑스럽게 올려놓았다. 신선하게 만든 모차렐라 치즈도 강력히 추천한다. 피자와 다른 장작불에 요리한 요리들도 실망시키는 법이 없다.

트라 비녜에서 하는 식사는 친근하고 박식한 직원들이 있어 더 즐겁다. 이들은 언제나 기분 좋게 투스카나와 나파 밸리 최고의 상을 받은 와인 리스트에서 음식과 어울리는 와인을 추천해준다. 일요일의 브런치와 런치에는 고객들이 코네티의 신메뉴를 맛볼 수 있는 기회가 있다. **CR**

⬆ 짭짤한 양배추와 파르메산 치즈를 얹은 토끼 고기 파파르델레.

레드 Redd | 유럽의 영향을 받고 캘리포니아에 뿌리를 둔 곳

위치 욘트빌 **대표음식** 메인 산 바닷가재, 레몬 콩피, 화이트 트러플 오일을 넣은 카르나롤리 리소토 Carnaroli risotto with Maine lobster, lemon confit, and white truffle oil | ❸❸❸

세계적으로 유명한 최상급 레스토랑이 즐비해 있는 북캘리포니아에서 조리 기술을 연마한 셰프인 리처드 레딩턴 (Richard Reddington)은 2005년 레드의 문을 열었다. 그는 다양한 곳에서 연마한 자신만의 메뉴를 제시하는데, 그것들은 확연히 계절의 색을 띤다.

욘트빌의 북쪽 끝 '레스토랑 길'로 잘 알려져 있는데, 레드는 그 사이에서도 단연 돋보인다. 2008년과 2013년 사이에 미슐랭 스타를 받은 레드는 인근 주민, 관광객, 비평가 모두에게 사랑받는 곳이다. 음식은 말할 것 없이 모범적이고 서비스도 일관되게 따뜻하며 세심하다.

매끈하고 다듬어진 외부에서부터 현대적이고 세련된 내부 좌석까지의 공간과 물이 콸콸 쏟아지는 분수를 갖춘 야외 정원은 레드를 미국 서부 해안에서 맛볼 수 있는 최상급 다이닝 경험을 할 수 있는 곳으로 확실히 만들어준다.

레딩턴은 진정한 캘리포니아 스타일로, 주변의 농부, 숙련된 일꾼들, 식품 공급업자들과 끈끈한 관계를 이어왔고 유럽과 지중해 지역에서 갈고 닦은 요리 감성을 끌어들여 진한 풍미의 다양한 메뉴를 만들었다.

선택 메뉴들은 추상적이지 않고, 신선하면서도 든든한 음식이면서 일정하고 깊이 있는 풍미를 가진 다소 현대적인 컴포트 푸드를 표방한다. 5가지 코스의 테이스팅 메뉴는 여러 가지 맛과 에스틱 스타일을 갖춘 다양한 음식들을 멋지게 소개한다. 와인 페어링은 이 레스토랑의 와인 책임자와 2명의 소믈리에가 가진 역량을 잘 보여준다. 마지막으로 일요일의 브런치는 와인 테이스팅으로 보내는 긴 하루의 배를 채우는 최상의 방법이다. 와인 테이스팅은 멀리 갈 것 없이 여기서 시작하면 된다. **CR**

"레드는 단순하고 현대적인 건물에서 세련되고 편안한 음식을 선사한다. 와인은 최고의 것들로 구성되어 있다."

Wine Spectator

⬆ 하마치(Hamachi, 방어류) 회, 밥, 에다마메(edamame, 일본식풋콩), 라임 생강 소스는 최고다.

더 프렌치 론드리 The French Laundry | 미국 최상급 요리의 정의

위치 욘트빌 **대표요리** 오이스터스 앤 펄스 Oysters and pearls | 💲💲💲💲💲

"이곳은 요리 학교이기도 하다. 북아메리카의 최고 셰프 몇몇이 이곳에서 교육 받았다."

theworlds50best.com

⬆ 세련된 인테리어는 원래 있던 돌과 목재를 살린 구조와 대치된다.

➡ 잿방어 회와 연어알, 래디시를 아름답게 담아낸 요리.

프렌치 론드리가 받은 상을 일일이 열거하기에는 지면이 부족하다. 프렌치 론드리와 셰프인 토마스 켈러(Thomas Keller)는 미슐랭 스타를 비롯하여 요리 부문에서 탁월함을 보인 '베스트 레스토랑'이 받을 수 있는 제임스 비어드 상 등 수많은 상을 휩쓸었다. 소박한 돌과 목재로 지어진 2층의 레스토랑 건물은 1900년에 지어졌다. 레스토랑이 되기 전까지는 주거용, 프렌치 스팀을 사용하는 세탁소, 바, 심지어 매춘굴로 이용되기도 했다. 프랑스 교외의 파인 다이닝 레스토랑에서 영감받은 켈러는 고급스러움과 편안함이 적절하게 균형을 이루는 분위기를 형성하기 위해 16개의 테이블만 놓을 수 있는 150㎡의 이 공간을 선택했다.

켈러는 요리를 완벽하게 만들기 위해 몸부림치기도 하지만, 사람들을 행복하게 만들기 위해 애쓴다고 말해왔다. 그의 요리를 가장 잘 묘사한 단어를 고르자면 '기교'가 떠오른다. 이 단어는 사실 주방 벽에 걸린 '정교하고 섬세한 수행, 작품, 또는 장인의 솜씨'라는 글귀로 표현할 수 있다.

9가지 코스로 구성된 셰프의 테이스팅 메뉴(비슷한 아홉가지 채식 메뉴도 있다.)를 선택하면, 첫 번째 코스로 켈러의 대표 요리인 '오이스터스 앤 펄스'가 나온다. 펄 타피오카를 넣은 '사바이옹(sabayon)'에 아일랜드 크릭산 굴과 화이트 철갑상어 캐비아가 들어간 메뉴다. 이어지는 8가지 코스는 계절에 따라 정해지지만, 그 조합은 항상 흥미롭다.

버터에 졸인 바닷가재를 곁들인 맥 앤 치즈(mac and cheese)와 마스카르포네(mascarpone)를 넣은 오르초 파스타 또는 브레이징한 소 볼살과 송아지의 혀를 어린 리크(leek)와 호스래디시 크림과 곁들여 낸 '텅 인 칙(tongue in cheek)'과 같은 요리들은 편하게 먹는 컴포트 푸드를 파인 다이닝의 경지로 격상시킨다. 저녁에 나오는 코스에 2가지 재료가 반복되는 경우는 없으며, 각 요리는 한 입 더 먹었으면 싶은 느낌이 들 만큼 양이 적은 편이다. 그 다음 요리가 나와도 그 기분은 지속된다. **MD**

캔리스 Canlis | 숨막히는 전경과 우아한 다이닝을 즐길 수 있는 역사적인 레스토랑

위치 시애틀　**대표음식** 피터 캔리스 새우 Peter Canlis prawns | $ $ $ $

미국에서 가장 아름다운 레스토랑 중 하나로 인정받아 마땅한 캔리스는 1950년 이래 시애틀 요리계의 1인자였다. 미국 북서부 최고의 건축가 로랜드 테리(Roland Terry)가 지은 이 레스토랑의 건물은 1950년대 현대 건축의 놀라운 예 중의 하나다. 캔리스에서는 삐딱한 창문을 통해 캐스케이드 산맥의 환상적인 전경이 내려다보인다.

그리스인 아버지와 레바논인 어머니 사이에서 태어난 레스토랑의 설립자 피터 캔리스(Peter Canlis)는 지중해의 화려함과 우아함을 현대화된 미국 고전 요리에 담아냈다. 그의 대표 요리인 캔리스 샐러드는 시저 샐러드보다 가벼우며, 허브, 바삭한 베이컨, 레몬 내음이 나는 드레싱으로 활력이 넘친다. 가장 많이 주문하는 메뉴는 피터 캔리스 새우로, 뜨거운 팬에 새우를 지진 다음 그 팬에 베르무트(vermouth), 라임즙, 말리지 않은 고추를 조금 넣고 끓이다가 새우 껍질을 넣어 만든 새우 버터를 넣고 마무리한 음식이다.

2005년 캔리스의 자녀인 마크와 브라이언이 사업을 물려받았고, 2008년에는 매드슨 파크(Madison Park)의 이그제큐티브 수 셰프였던 제이슨 프래니(Jason Franey)를 캔리스의 5대 이그제큐티브 셰프로 영입했다. 프래니의 최신식 테이스팅 메뉴 덕에 캔리스는 시애틀의 만만찮은 외식업계에서 경쟁자로 남아있을 수 있었다. 알라카르트는 미 북서부 식재료를 보여주는 절제되고 우아한 요리를 지속적으로 보여준다. 안락한 바에서 캐주얼한 차림의 고객들은 부담스럽지 않은 가격의 음식을 즐기며 멋진 칵테일과 각종 스카치 몰트 위스키를 곁들일 수 있다.

당혹스러운 드레스 코드―'신사들은 가능하면 정장이나 자켓을 입어주시기 바랍니다. 창가 테이블에 앉고자 하는 경우 이를 꼭 지켜주셔야 합니다'―가 있지만, 캔리스는 친절한 직원들, 이름을 묻지 않고 소지품을 보관해주는 방식, 기품있는 테이블사이드 서비스 등을 통해 손님을 따뜻하게 맞이한다. **SW**

⬆ 캔리스는 시애틀의 반드시 가봐야 하는 레스토랑 중 한곳이다.

그린 리프 Green Leaf | 마음을 휘어잡는 정통 베트남 음식

위치 시애틀　**대표음식** 분 작 비앳(스페셜 쌀국수 샐러드)Bún dac biet (combination vermicelli noodle salad)　| 💲

깔끔하진 않은 가게의 뒤편에 자리하고 있는 시애틀 국제 지구(International District)에 그린 리프가 있다. 이곳은 구멍가게보다 조금 더 큰 정도의 규모지만 2006년부터 신선하고 훌륭한 베트남 음식으로 고객들에게 기쁨을 주고 있다. 실내는 복잡하지만 대나무 그림 벽지로 인해 쾌적한 느낌을 주고, 친절한 종업원들은 기분 좋게 메뉴 선택을 도와준다. 광대한 메뉴는 베트남의 길거리 음식과 원조를 중시하는 지역별 특별 요리들로 이루어져 있다.

걸출한 메뉴인 '바인 쎄오(banh xeo)'는 강황 향이 나는 쌀가루와 코코넛으로 만든 크레페에 돼지 고기, 작은 새우, 숙주를 넣고 오믈렛처럼 접은 것으로, 상추에 싸서 허브와 새콤한 누옥 짬(nuoc cham) 디핑 소스에 찍어 먹는다. 퍼(pho)도 훌륭하며, 선명한 그린 파파야, 그린 망고, 연근 샐러드도 맛있다. 많은 고객들이 이곳의 대표 요리인 '분 작 비앳(사탕수수에 꿴 새우, 구운 돼지고기, 채소 피클, 튀긴 아시안 샬롯을 얹은 쌀국수 샐러드)'을 맛보려고 온다.

또한 베트남 내륙 지역과 메콩강 삼각주(Mekong Delta)의 맛있고 흔히 찾아볼 수 없는 요리들도 판매한다. '분 보 후애(bun bo hue)'는 매콤한 소고기 국수 수프로 소의 정강이, 돼지 관절, 주사위 모양으로 자른 응고시킨 돼지 피 등을 넣은 전통적인 방식으로 만든다. '분 맘(bun mam)'은 진하고 자극적으로 매운 멸치젓 수프다.

시애틀의 벨타운 지역(Belltown Neighborhood)에 있는 그린 리프 분점은 생강과 파를 넣어 요리해서 통째로 나오는 환상적인 대짜은행게(Dungeness Crab)을 포함한 해산물 요리와 베트남 디저트 등 더욱 다양한 메뉴를 선보인다.

오리지널 그린 리프는 고객으로 가득 찬다. 처음 온 손님뿐만 아니라 단골들, 레스토랑의 소문에 끌려 찾아온 맛집 여행객, 상당수의 베트남 사람들은 물론 인상적이게도 다른 레스토랑의 셰프들까지 다양한 고객들이 있다. **SW**

⬆ 엄청나게 맛있는 베르미첼리 샐러드를 즐겨보자.

포피 Poppy | 캐피털 힐 지역 최고의 레스토랑에서 경험하는 획기적인 다이닝

위치 시애틀 **대표음식** 석류와 적양배추를 곁들인 라벤더 오리 다리 Lavender duck leg with pomegranate red cabbage | ❸❸

"적은 양의 음식들이 묘하게도 바로 전에 맛 본 음식보다 더 맛있어 보인다."

Fodor's Travel

포피의 주인이자 셰프인 제리 트라운펠드(Jerry Traunfeld)는 시애틀의 어느 레스토랑에서도 볼 수 없는 음식을 만들어낸다. 메뉴는 탈리(thali) 중심으로 전개된다. 탈리는 음식을 담아내는 둥근 접시를 의미하며, 인도와 네팔 일부 지역의 전통인 여러 음식으로 구성된 식사를 말한다. 많은 요리들이 소량으로 하나의 접시에 담기며, 니젤라(nigella), 양귀비 씨를 뿌리고 탄두르 화덕에서 구운 난(naan)과 함께 서빙된다.

대표적인 요리 중 하나는 라벤더와 레몬 제스트에 재운 오리 다리로, 석류와 회향을 넣고 브레이징한 양배추 위에 얹어 나온다. 바(bar) 메뉴에 있는 중독성 있는 가지 튀김은 가볍게 튀김옷을 입혀 튀긴 다음 천일염과 꿀을 뿌려서 낸다. 훈련된 페이스트리 셰프인 트라운펠드(Traunfeld)는 달콤하며 아름답고 사치스러운 디저트들을 모아놓은 탈리에도 독창적인 방법으로 향신료를 사용한다.

주요 콘셉트는 제임스 비어드 상을 받은 트라운펠드가 인도를 여행했을 때 영감받은 것이다. 그는 탈리가 맛과 질감의 균형을 이루는 것에 매혹되었다. 포피의 요리는 섬세하게 판단된 균형을 재현해냈다. 배열은 제철 농산물에 의해 영향받지만 집착하지는 않는다. 이보다는 향신료와 허브를 여러 층으로 구성하는 것이 더 중요하다. 봄과 여름 포피의 허브들은 모두 레스토랑의 우거진 뒷마당에서 온다.

널찍한 레스토랑은 편안하고 우아하며 유혹적이다. 높은 천장과 판유리로 된 높은 창문은 밝은 톤의 최신식 나무 가구와 짙은 주홍색 벽을 돋보이게 한다. 주방은 레스토랑 안쪽으로 튀어나와 있는 매끈한 입방체로 길쭉한 창문이 있어 안쪽에서 일어나는 일들이 부분적으로 보인다.

시골의 방법을 이용해 대도시의 음식을 만드는 포피에 대해 프로비던스 시체로(Providence Cicero)는 「시애틀 타임스」에 '포피는 소박함을 최고의 경지로 바꾸어 놓는다.'라고 했다. **SW**

⬆ 포피에서의 디저트는 호화로운 이벤트다.

바 세이요 Bar Sajor | 완벽한 분위기에서 최상의 로컬 푸드를 즐길 수 있는 곳

위치 시애틀 **대표음식** 장작 로티쇠르로 구운 닭과 계절별 곁들이 음식 Wood-fired rotisserie chicken with seasonal accompaniments | ❺❺

매튜 딜런(Matthew Dillon)만큼 시애틀 레스토랑의 음식을 먹고, 준비하고, 무엇보다도 재료를 마련하는 방식에 영향력을 발휘한 셰프도 드물다. 「푸드 앤 와인 매거진」이 선정한 베스트 뉴 셰프, 제임스 비어드 상을 수상한 딜런은 원래 전문적으로 식자재를 구입하던 사람으로, 변하는 계절과 북서부 태평양 연안의 온화한 날씨, 소나무 숲에서의 수확을 반영한 메뉴를 즐기는 헌신적인 로컬푸드 애호가이다.

이곳은 딜런의 3번째 레스토랑으로 역사적인 파이어니어 광장 부근에 있다. 딜런은 북아프리카, 스페인, 포르투갈에서 받은 영향을 끌어내어 제철 재료를 이용한 신중하면서도 예상치 못한 요리를 만들어 낸다.

레스토랑은 우아하고 환기가 잘 되며, 높은 천장을 가진 공간으로, 커다란 오픈 키친 반대편에 다듬은 헴록(hemlock) 재목과 아연으로 덮인 바(bar)가 있다. 벽에는 로코코 스타일의 오브제 트루베(objet trouvé, 자연 그대로의 예술품), 액자로 만든 거울, 로컬 아티스트 타마라 코도르(Tamara Codor)의 작품이 걸려있다. 장작을 때는 큰 오븐과 로티쇠르, 그릴이 자리잡고(스토브나 레인지는 없다), 거의 모든 식품—대부분 배션(Vashon)섬의 딜런의 농장에서 가져온다—은 여기서 조리하거나 완성된다.

어떤 요리의 구성요소들은 계절에 따라 신선도에 맞춰 다른 형태로 반복한다. 대표적인 메뉴인 로티쇠르에 구운 닭은 구운 감을 견과류와 식초로 만든 드레싱에 버무려 곁들이거나 비트와 캐러멜라이즈한 버터를 곁들여 나온다. 하우스메이드 훈제 요거트는 애피타이저의 중심으로, 바삭한 호밀 비스킷, 채소 피클, 또는 우연히 잡은 문어를 재웠다가 구운 것과 곁들여 나올 수 있다. 로컬 허브와 야생 베리류는 식초에 담가 두었다가 칵테일의 색을 낸다. 장작 오븐은 소박한 사워도우 브레드를 맛있게 굽는데도 이용된다.

딜런은 한창 전성기로, 자신이 사랑하는 음식을 요리하고 있으며 그걸 잘 보여주고 있다. **SW**

"오랫동안 진행됐던 대형 외식 업체 패러다임의 변화를 구체화했다."

Allison Austin Scheff, Seattle Magazine

⬆ 비트의 뿌리와 잎으로 아름답게 장식한 요리.

시로스 Shiro's | 훌륭한 전통 초밥을 파는 시애틀의 보물

위치 시애틀 **대표음식** 석쇠에 구운 은대구 가스즈케 Kasuzuke broiled black cod | 🟢🟢

시로 가시바(Shiro Kashiba)가 이민 온 1966년 당시, 미국에는 초밥이 알려져 있지 않았다. 그는 이듬해 시애틀에 풀서비스 스시 바(sushi bar)를 열었다. 다른 레스토랑들을 오픈하고 세계적인 스시 셰프들 중의 하나로 명성을 얻은 1994년, 자신의 이름을 딴 시로스를 벨타운 동네에 열었다.

교토에서 태어난 시로는 미슐랭 스타 세개를 받은 스키야바시 지로(Sukiyabashi Jiro)의 주인 지로 오노(Jiro Ono)의 지도 하에 토쿄에서 스시 셰프로 훈련받았다. 미 북서부 태평양 연안에 도착한 시로는 믿기지 않을 정도로 풍부한 해산물에 사로잡혔다. 오늘날에도 그는 주로 인근 지역에서 잡은 해산물을 이용하며, 가장 신선한 생선을

"시로스는 시애틀 최고의 상징적인 스시 레스토랑이다. 셰프 시로 카시바는 전설이다."

FearlessCritic.com

고르기 위해 매일 시장에 간다.

레스토랑의 실내장식은 목재 패널과 일본식 서예로 꾸며 심플하다. 다이닝룸의 중앙에는 스시 바가 있다. 고객들은 11개 밖에 없는 자리를 맡으려고 1시간 이상 줄을 서기도 한다.

스시는 긍지를 가지고 전통으로 만든다. 시로는 간장에 푹 찍어 먹는 것을 못하게 한다. 그렇게 하면 생선의 신선한 맛을 느낄 수 없기 때문이다. 그는 쌀을 양념하고 생선은 생선의 맛을 완벽하게 살려줄 니기리(nikiri, 간장, 다시, 미림, 정종을 섞어 직접 만든 것)를 발라 준다. 가장 잘 먹는 방법은 오마카세—문자 그대로 해석하면 '네 마음대로 하세요'—를 주문하는 것으로 셰프가 모든 것을 알아서 골라준다. **SW**

더 월러스 앤 더 카펜터 The Walrus and the Carpenter | 굴을 맘껏 먹을 수 있는 곳

위치 시애틀 **대표음식** 고수 잎 아이올리와 굴튀김 Oysters fried in a cilantro aioli | 🟢🟢

시애틀의 유행을 잘 아는 발라드(Ballard) 인근에 있는 작고 예약도 되지 않는 이 식당에는 일찍부터 줄이 늘어서지만 기다릴만한 가치가 있다. 개조한 창고에 자리잡은 레스토랑은 오후에 천장부터 바닥까지 내려오는 창문들을 통해 빛이 쏟아진다. 벽은 펜과 잉크 드로잉으로 장식되어 있다. 그 중에는 굴을 좋아하는 짠 내 나는 어부 월러스(walus, 바다코끼리)를 주인공으로 한 작품도 있다. 고객들은 높고 매끈하고 긴 회색 의자나 오픈 주방을 둘러싼 아름다운 곡선의 바에 앉는다.

더 월러스 앤 더 카펜터는 최초이자 최고의 오이스터 바이지만, 수상경력이 화려한 주인이자 셰프인 르네 에릭슨(Renée Erickson)이 선보이는 프랑스 풍의 제철 요리가 고객들을 다시 몰려오도록 만든다. 음식은 신선하고 복잡하지 않으며, 양도 넉넉하다. 대표적인 요리는 향신료를 뿌리고 옥수수 가루를 입혀 튀긴 뜨끈뜨끈한 굴과 고수 아이올리, 직접 만든 양파 피클, 렌즈콩 샐러드, 크렘 프레슈, 호두로 장식한 훈제 연어가 있다.

에릭슨의 해산물 다루는 솜씨는 탁월하며 메뉴는 인근 지역에서 잡은 조개, 홍합, 굴과 생선에 주로 중점을 두고 있다. 고기를 선호한다면 클래식 스테이크 타르타르를 먹으면 되고, 채식을 좋아하는 사람들은 튀긴 방울다다기양배추나 훌륭한 샐러드를 놓치지 말기 바란다. 로컬 치즈와 어른의 입맛에 맞춘 심플한 디저트도 있다. 정제한 버터에 구워 소금을 뿌린 메쥴 대추(Medjool dates)와 제철 재료와 술을 잔뜩 넣어 만든 소박한 케이크와 타르트 등이다. 출중한 와인 리스트, 수제 칵테일과 로컬 맥주도 갖추고 있다.

분위기는 친근하고 우호적이며, 서비스는 세심하다. 더 월러스 앤 더 카펜터는 누구나 다시 가고픈 장소로, 금세 노상 드나드는 단골이 된 듯한 느낌이 들게 한다. **SW**

맷츠 인 더 마켓 Matt's in the Market | 시애틀 파이크 플레이스 마켓 중심부의 캐주얼 파인 다이닝

위치 시애틀 **대표음식** 옥수수가루를 입힌 메기 튀김 샌드위치 Cornmeal-crusted fried catfish sandwich | $$

구름이 낀 날조차 맷츠 인 더 마켓의 전망은 각별하다. 레스토랑은 미국에서 가장 오래되고 여전히 운영 중인 공공 파머스 마켓 하나 중 중심에 있는 코너 마켓 빌딩 꼭대기에 위치해 있다. 커다란 아치형의 창문을 통해, 고객들은 엘리엇 베이와 올림픽 산맥, 마켓의 주 출입구 위에 서있는 커다란 시계를 내다볼 수 있다.

주인인 댄 부기(Dan Bugge)는 식재료의 대부분을 인근 지역의 생산업자들, 특히 파이크 플레이스 마켓 안에서 구한 재료로 맞고, 신선하고 계절에 맞는 음식을 만든다. 런치는 격식이 없고 저렴하다. 맛있는 샌드위치와 검보(gumbo)를 포함해 든든한 수프, 보다 정제된 요리를 원하는 이들을 위해 구성한 요리들이 있다. 샌드위치류를 먹으려고 한다면, 1996년 개업할 때부터 메뉴에 있는 메기 튀김 샌드위치를 놓치지 않길 바란다. 낮에는 귀퉁이 창문으로 들어오는 빛이 공간을 채워주고 오래된 나무 서까래들이 반사된 온기와 함께 빛나서 레스토랑이 주위에 활기와 에너지를 준다.

맷츠 인 더 마켓은 밤에 전체적으로 로맨틱하게 변한다. 문닫은 시장의 꼭대기에 숨겨진 레스토랑은 친근하고 비밀스럽게 느껴진다. 고객들은 아름다운 나무 바 주변이나 사랑스러운 아치 모양 창문 주위의 테이블에 걸터앉는다. 양이 작고 계절에 맞는 요리들—일부는 2인분이다—과 우아하고 독창적인 앙트레가 있다. 로컬 해산물 요리가 주를 이루며, 마켓에서 파는 훌륭한 농산물을 이용한 요리도 많이 보인다. 이 요리들은 모두 미 북서부 태평양 연안 특유의 능숙한 솜씨와 스타일을 가미해 만들어진 것들로, 그 덕에 매츠 인 더 파크가 유명해졌다.

상을 받은 와인 리스트도 매우 뛰어나며 서비스는 항상 따뜻하고 전문적이다. 맷츠 인 더 마켓은 여러 방면에서 시애틀 레스토랑계의 좋은 본보기가 된다. **SW**

"맷츠 인 더 마켓에서의 첫번째 저녁은 끝나지 않기를 바라는 첫 데이트와 같다."

Fodor's Travel

↑ 최고층에 위치한 최고급 요리.

셰 파니스 Chez Panisse | 전설적인 레스토랑에서 맛보는 캘리포니아와 지중해식 팜투테이블 요리

위치 버클리 **대표음식** 정원에서 딴 상추를 곁들인 구운 염소 치즈 Baked goat cheese with garden lettuce | ❸❸❸

"명성에 걸맞는 값어치의 다이닝 경험을
전해준다."

Fodor's Travel

⬆ 태평양 해안의 셰 파니스의 식탁에 프랑스를 옮겨 놓았다.

앨리스 워터스(Alice Waters)의 상징적인 레스토랑은 캘리포니아 보헤미안의 대학 도시 버클리에 1971년 문을 열어 미국 요리 역사 속 전설의 한 부분이 되었다. 장인이 지은 2층 집에 위치한 이 레스토랑에 들어서면 프랑스 가정의 디너 파티에 합류하는 것 같다. 워터스는 로컬 푸드 운동의 챔피언으로, 모든 음식에 그 경향이 잘 드러나 있다. 초기부터 지금까지 셰 파니스는 인근에서 기른 싱싱한 유기농 식품만을 재료로 이용해왔다.

위층은 편안한 카페로 셰프 베스 웰스(Beth Wells)와 네이선 앨더슨(Nathan Alderson)이 만들어낸 계절별 메뉴를 선보인다. 요리들은 매일 바뀌며, 다이닝룸의 한쪽에 길게 위치한 오픈 키친에서 준비된다. 수제 파스타, 장작화덕 오븐에서 구운 미니 피자, 구운 닭, 오리, 신선한 해산물 수프와 스튜, 훌륭한 맛의 염소 치즈를 곁들인 그린 샐러드가 있다. 디저트는 신선한 과일을 무궁무진한 방법으로 즐긴다. 거대한 버냐버냐 나무 그림자 아래 새롭게 정비한 포치(porch)에 자리 잡자.

아래층에서는 매일 변화하는 3~4가지 코스의 픽스드 디너 메뉴(fixed dinner menu)를 제공한다. 셰프 제롬 왜그(Jérôme Waag)와 칼 피터넬(Cal Peternell)은 지역 파머스 마켓에서 영감받은 황홀한 식사를 만들어낸다. 나무벽으로 둘러싸인 우아한 다이닝룸에서 아니스히숍(anise hyssop)를 얹은 연어 카르파초, 야생 월귤나무 열매를 곁들인 오리 구이, 레드 와인에 졸인 배가 들어간 작은 타르트(tartlet)를 맛보게 된다.

레스토랑의 이름은 마르셀 파뇰의 1930년대 3부작 영화, 〈마리우스〉 〈파니〉, 〈세자르〉의 등장인물인 오노레 파니스(Honoré Panisse)에서 따온 것이다. 파뇰은 그의 영화에서 연회를 찬양했고, 셰 파니스는 지성이 있고 그 맛을 음미할 줄 아는 고객들을 위한 민족적이며, 단순하게 장식하고, 신선한 캘리포니아 스타일의 음식의 본보기다. **PB**

보메 Baumé | 재해석된 프랑스 요리와 범아시아적인 분자 요리의 만남

위치 팰로앨토 **대표음식** 서서히 익힌 수란을 얹은 라타투이 Ratatouille with slow-poached egg | 💰💰💰💰💰

보메에서는 작은 것이 미덕이다. 다이닝 공간은 최소한의 장식으로 디자인했고 고작 22석밖에 없다. 커다란 착색유리와 주 출입문 위에 적힌 이름을 보면 무심하다고 할 정도의 외양을 하고 있다.

내부는 오렌지와 브라운색의 장식과 우아한 배경 음악으로 고요함이 묻어난다. 전반적인 외양과 분위기는 이곳이 베이 지역에서 가장 완벽하고 참신한 요리를 만드는 곳이며, 셰프 브루노 슈멜(Bruno Chemel)이 미슐랭 스타 2개를 받았다고 믿기 어렵다.

슈멜의 요리는 한마디로 그의 고향인 프랑스의 고전적인 요리에 아시아의 영향과 약간의 분자 요리—여기저기 거품을 얹어 모양을 낸다—를 재해석 했다고 할 수 있다. 보메에서의 식사는 그가 일본에서 공부했던 매크로바이오틱(macrobiotic) 요리에 대한 관심을 반영한 개념적인 요리에 도전해보는 것이다. 모든 요리가 맛뿐만 아니라 소화까지 고려하는 친절함으로 선택되고 만들어진다.

자리에 앉으면 그날 저녁 12가지 코스의 테이스팅 메뉴에 사용되는 재료들—계절에 따라 이용할 수 있는 것이 달라진다—의 리스트와 각각 페어링된 와인 메뉴가 적힌 것을 건네 받는다. 음식들은 아시아 배, 홍고추, 마치 하나의 예술 작품같이 보이는 프로슈토(prosciutto)의 조합이 포함되었을 수도 있다. 가스파초(gazpacho)는 칵테일처럼 나오고 라타투이는 16℃에서 30분 동안 서서히 익힌 수란을 얹어 낸다. 디저트들은 제철 과일의 진한 맛을 살린 전위적인 것으로, 가끔은 드라이 아이스를 깔아 아삭하게 씹는 맛을 지닌 아이스크림을 낸다.

그 어떤 것도 쉽고 빠르게 만들어지지 않는다. 보메는 세계에서 가장 비싼 레스토랑 중에 하나로, 저녁 식사만 해도 3시간 안에 끝나지 않는다. **ATJ**

셰 티제이 Chez TJ | 캘리포니아에서 맛보는 고급 프랑스 현대 요리

위치 마운틴뷰 **대표음식** 바닷가재 콩소메(계절요리)Lobster consommé (seasonal) | 💰💰💰

1982년 조지 아비에트(George Aviet)와 토머스 J. 맥콤비(Thomas J. McCombie)는 아주 적은 예산으로 샌프란시스코 바로 남쪽의 마운틴뷰에 셰 티제이를 열었다. 그들은 즉각적인 성공을 거뒀고, 곧 베이 지역 인근뿐 아니라 먼 거리의 미식가들 사이에 식도락을 즐길 수 있는 곳으로 알려졌다.

셰 티제이가 행운의 고객들을 맞고 있을 때, 최고급 다이닝의 세계는 빠르게 활성화되고 있었다. 서비스의 질은 별 5개 짜리 다이닝의 필수 요소가 되었다. 레스토랑들은 좋은 음식을 만드는 것 이상의 무언가를 해야 했고 냉담하고 특권층에 한정된 것이 아니라 친근하고 우호적이어야 했다.

셰 티제이는 음식과 서비스 모두를 만족시키는 1번째

> "셰 티제이는 아주 모던하며, 프랑스 요리에 혁신적인 조리법을 결합시켰다."
>
> Michelin Guide

레스토랑 중의 하나로 기준을 세운 곳이다.

맥콤비가 1994년 작고한 이후에도, 직원들은 그의 유산을 보존해 고객들이 잘 먹고 정중하고 신중하게 대접받았다는 느낌을 가지고 셰 티제이를 떠날 수 있도록 하고 있다.

셰 티제이의 주방은 어려서부터 재료를 찾아 다니는 방법을 배운 차세대 셰프인 자라드 갤러거(Jarad Gallagher)가 진두지휘하고 있다. 제철과 자연의 풍요로움에 대한 본능적인 이해는 신선한 최상의 음식에 중점을 두고 신중하게 작성한 메뉴에 잘 녹아 들어 있다. 음식들은 프랑스의 풍미와 요리 방법이 스며들어 신선하면서도 클래식하다. 바닷가재 콩소메는 빼놓을 수 없으며, 천천히 구운 타이(tai) 도미와 트러플이 들어간 요리 역시 맛봐야 한다. **CR**

만레사Manresa | 세련되고 현대적이며 현란한 다이닝

위치 로스 가토스차 **대표음식** 옥토퍼스 아라플란차Octopus a la plancha | 🜂🜂🜂🜂

"킨치는 천재로 명성이 자자하다.
그의 절친한 친구인 윈튼 마살리스가 한 말이기는
하지만 말이다."

GQ Magazine

⬆ 만레사의 요리는 예뻐서 먹기 아까울 정도다.

➡ 섬세한 채소들이 등장하는 요리 창작물.

만레사는 캘리포니아 새너제이(San Jose)에서 가까운 로스 가토스에서 번창하는 지역의 조용한 길에 위치해 있다. 레스토랑의 이름은 주인이자 셰프인 데이비드 킨치(David Kinch)가 파도타기를 즐기는 산타크루스 인근 해변 이름에서 따왔다. 킨치는 자신의 스페인 레스토랑을 열기 전에, 플로리다 베로 비치의 퀼티드 지라프(Quilted Giraffe)와 샌프란시스코의 헤르메스(Hermes) 뿐만 아니라 프랑스 욘(Yonne)의 에스페랑스(Esperance)에서 마르크 머노(Marc Meneau)와 함께 일했다. 킨치의 요리 스타일은 현대적이지만 확실히 고전적인 기법에 기반을 두고 있으며, 정기적으로 일본을 여행하기 때문에 그 영향도 조금 받았다.

만레사에는 지름길이 없다. 빵은 주방에서 재료부터 직접 만드는데, 이런 수고는 제값을 한다. 예를 들어 누룩을 넣은 빵은 환상적인 질감과 완벽한 껍질을 가지고 있다. 입안에서 치즈 향이 터지는 훌륭한 질감을 가진 고르곤졸라 사블레 비스킷 한입과 같은 약간의 조리 기교도 보여준다.

문어 철판구이인 '옥토퍼스 아라플란차'는 검은 쌀을 깔고 국화로 만든 페스토와 닭고기 육수로 만든 젤리가 함께 나온다. 이 요리는 아주 신선해서 가끔 문어에서 보이는 질긴 맛을 전혀 볼 수 없다. '베지터블 가든(vegetable garden)'이라는 요리는 각양각색의 잎과 꽃에 약간의 페스토와 레몬 퓌레를 예쁘게 담아낸다. 모든 구성요소들은 만레사의 정원에서 난 것들이다.

만레사 요리를 특징짓는 공들인 맛의 조화는 그린 갈릭 파니스(panisse, 프랑스 남부의 튀긴 병아리콩 가루 케이크)를 곁들인 새끼 돼지와, 크림 폴렌타와 루바브 퓌레로 향을 더한 육즙을 곁들인 덜 익은 딸기에 가장 잘 나타나 있다. 만레사는 최상의 재료와 믿을 수 있는 테크닉으로 인상적인 다이닝 경험을 안겨준다. 이곳은 최신식이지만 현대적인 것을 추구하다가 도를 넘는 흔한 잘못은 저지르지 않는다. **AH**

시에라 마르 Sierra Mar | 길들여지지 않은 야생으로 둘러싸인 우아한 해안가 다이닝

위치 빅서　**대표음식** 말린 토마토, 바질, 브라운 버터를 곁들인 빨간 전복Red abalone with dried tomato, basil, and brown butter | 🆂🆂🆂🆂

"이 레스토랑은 매우 아름다우며, 마치 딴 세상처럼 느껴지는 기가 막힌 장소에 있다."
foodhoe.com

⬆ '로, 로, 로'는 진정한 걸작이다.

➡ 시에라 마르는 자리 배치가 훌륭해서 창문에서 가장 멀리 떨어진 테이블에서도 근사한 경치를 즐길 수 있다.

소설가 헨리 밀러는 빅서에 대해 '인간이 오랫동안 꿈꿔 온 캘리포니아… 창조주가 의도한 그대로의 지구의 얼굴'이라고 묘사했다. 시에라 마르에서 마주하는 경치를 두고 그에게 반박할 사람은 거의 없다. 이곳은 캘리포니아 중앙 해안의 거칠고 외딴 길에 레드우드로 가득 찬 자연 위로 높이 솟아있는 포스트 랜치 인(Post Ranch Inn)에 있는 독특한 레스토랑이다.

바닥부터 천장까지 뚫린 창문 바로 너머의 스펙타클한 경치로부터 주의를 빼앗기지 않도록 실내는 의도적으로 최소한으로 꾸몄다. 이 경치와 유일하게 경쟁하는 것은 메뉴로, 저녁에는 2가지의 메뉴가 있다. 하나는 전통적인 4가지 코스의 프리 픽스(prix fixe)로 매일 바뀐다. 운이 좋으면, 그날 저녁 메뉴에 그뤼에르 감자 그라탕, 보르드레즈 소스, 쇼롱 사바이옹(Choron Sabayon)을 곁들인 구운 립아이 스테이크나 샬롯을 넣은 간장, 고추냉이 버터, 파삭파삭한 만두 샐러드를 곁들인 참깨를 겉에 묻힌 아히 투나가 있을 것이다.

다른 메뉴는 9가지 코스의 빅서 테이스팅 메뉴로, 주변의 바다와 산에서 난 로컬 재료들을 강조한다. 그중에는 황갈색 사슴 고기로 만든 카르파초와 진(gin) 셔벗 또는 야생 마늘(ramp) 커스터드와 아스파라거스 수프를 곁들인 곰보 버섯(morel)이 포함될 수 있다. 순식간에 대표적인 애피타이저가 된 '로, 로, 로(Roe, Roe, Roe)'은 희귀한 토종의 캐비아 트리오—긴 직육면체로 자른 오이에 얹은 주걱철갑상어와 훈제 대구 알, 아보카도 조각 위에 얹은 길쭉한 라임과 청어 알, 망고 위에 얹은 훈제 송어 알이 포함되는 메뉴—로 하나의 접시에 나란히 나온다.

후반기에 시에라 마르를 찾는 고객이라면 로스파드레스 자연보호구역에서 채취한 꾀꼬리버섯을 꼭 맛봐야 한다. 꾀꼬리버섯은 팬에 구워 뜨거운 버섯 육수로 만들어, 단순한 리소토의 맛을 살려주면서도 빅서와 시에라 마르의 정수를 담아낸다. **MD**

라 슈퍼 리카 타케리아 La Super Rica Taqueria | 줄리아 차일드가 가장 좋아하던 멕시코 식당

위치 샌타바버라 **대표음식** 더 슈퍼 리카 에스페시알 The Super Rica Especial
| $

라 슈퍼 리카는 미국에서 최고의 멕시코 식당은 아닐지 모르지만, 요리계의 상징적인 인물인 줄리아 차일드가 품질을 보장한 덕분에 캘리포니아 요리 역사에 확고하게 자리를 굳혔다.

청록색이 칠해진 나무로 테두리가 둘러진 작고 허름한 건물의 레스토랑은 샌타바버라 동쪽 주거지역에 있는 밀파스 거리에 위치해있다. 고객들은 걸어와서, 작은 창문에 대고 주문하고, 살사 바(salsa bar)에서 필요한 것을 알아서 챙긴 다음 번호를 부를 때까지 기다린다.

1980년에 멕시코 할리스코주 출신인 이시도로 곤살레스(Isidoro Gonzales)가 처음 문을 연 이래로 칠판에 메뉴를 적는 방식은 변함이 없다. 지금도 매일 문 밖으로 줄이 길게 늘어서지만, 곤살레스는 문제가 없는 이상 고칠 필

> "주변에서 볼 수 있는 가장 확실한 멕시코 가정식 레스토랑 중 한 곳."
>
> Joanie Hudson, The Santa Barbara Independent

요가 없지 않느냐고 말할 것이다.

이 작은 식당의 진짜 스타는 돈을 받는 직원 바로 뒤에서 일하는 여성으로, 질척한 옥수수(masa) 반죽덩이를 둥글리고 눌러 도톰한 토르티야를 만든다. 토르티야는 주문이 들어오는 대로 구워, 거의 모든 요리에 쓴다.

대표 메뉴는 더 슈퍼 리카 에스페시알이다. 여러 장의 토르티야 위에 펼쳐놓은 칠레 레예노(chile relleno)로 알 파스토르 포르크(al pastor pork)와 구운 파시야 칠레(pasilla chile)와 녹인 치즈를 섞은 요리다. 주문하는 곳 위편 창문에 테이프로 붙여둔 오늘의 스페셜도 빼놓지 말기를. 포솔레(pozole), 바나나잎으로 감싼 타말리와 같은 특색 있으면서 전통적인 요리도 몇 가지 있고, 소페(sope)도 있다. **MD**

스파고 Spago | 영감 받은 요리들로 캘리포니아 파인 다이닝을 재창조한 곳

위치 베벌리힐스 **대표음식** 크렘 프레슈와 캐비아를 얹은 훈제 연어 피자
House smoked salmon pizza with crème fraîche and caviar | $$$

스파고는 울프강 퍽(Wolfgang Puck)이 자신의 여러 레스토랑 중 주력하는 곳으로, 스타 셰프인 그가 자신의 창작물을 재탄생시키고자 하는 의지를 갖고 있는 한 계속 그 자리를 유지할 것이다. 1982년 웨스트 할리우드의 선셋 스트립에 문을 연 스파고는 1997년 베벌리힐스 캐넌 드라이브로 옮겨 인기를 유지했다. 그러나 월계관에 안주하는 사람이 아닌 퍽은 '문제가 없으면, 손대지 마라'는 격언을 무시하고, 2012년 레스토랑의 문을 닫았다.

최근 스파고는 새로운 실내장식과 캘리포니아 농부, 농장주, 어부들이 제공하는 최상의 재료들을 선보이는 새로운 메뉴로 완벽하게 새단장 했다.

새로운 다이닝룸은 왈도 페르난데스(Waldo Fernandez)가 새로운 메뉴에 걸맞게 자연적인 요소를 응용해 유기농 느낌을 살려 깨끗하고 단순미 있는 디자인으로 꾸몄다. 퍽은 메뉴를 새로 디자인하면서, 흰 식탁보를 까는 대부분의 고급 레스토랑이 하는 방식대로 가격이 정해진 고정된 테이스팅 메뉴를 제공하지 않고, 보수적인 이탈리아식을 따라 고객들이 애피타이저, 파스타, 메인 요리를 직접 선택하도록 했다. 고객들은 그린커리 비네그레트 드레싱, 콘 샐러드와 타이 바질을 곁들인 소프트 셸 크랩 튀김과 하리사 아이올리, 팔라펠(falafel) '마카롱', 오이 민트 라이타(raita)를 곁들인 양갈비 구이(rack of lamb)와 같은 음식을 늘어놓고, 한끼 식사에 대륙을 넘나들 수 있다.

예측을 불허하는 퍽의 스타일은 새로운 요리를 통해 빛을 발한다. 골수가 들었던 뼈의 안쪽을 차가운 송아지 타르타르로 채우고 마스카르포네 치즈로 덮은 요리는 그의 스타일을 잘 보여준다. 그러나 모든 요리가 바뀌었을 거란 걱정은 하지 마라. 이 레스토랑의 대표 요리인 크렘 프레슈와 캐비아를 얹은 훈제 연어 피자는 아직 그대로 있다. 다만 이제는 이 피자를 바(bar)에서 주문해야 한다. **MD**

컷 CUT | 서부 스테이크하우스 스타일의 쿨함을 선도한 현대적인 베벌리힐스 레스토랑

위치 베벌리힐스 **대표음식** 진짜 일본 와규 립아이 스테이크 True Japanese Wagyu ribeye steak | ⑤⑤⑤⑤

오스트리아 출신의 스타 셰프이자 레스토랑 주인인 울프강 퍽(Wolfgang Puck)과 이그제큐티브 셰프 리 헤프터(Lee Hefter) 덕분에, 유명한 베벌리 윌셔 호텔 안에 있는 컷은 제대로 된 식사를 할 수 있는 레스토랑 중 최고로 손꼽힌다.

이곳은 다른 오래된 스테이크하우스와는 다르다. 마호가니 벽이나 가죽 소파는 눈에 띄지 않는다. 미국 건축가 리차드 마이어가 디자인한 실내는 검은색 메시(mesh)로 덮인 임스(Eames) 회전 의자부터 현대 미술품 컬렉션에 이르기까지 완벽하게 현대적이다. 참고로, 최근의 컷 컬렉션은 존 발데사리의 9개 작품을 선보였다. 뒤편 주방에서는 퍽과 헤프터가 다양한 종류의 스테이크를 갖춰놓고, 고객들에게 자신들이 원하는 부위를 정확히 선택할 수 있도록 돕는다. 스테이크로는 목초를 먹여 키운 캘리포니아 앵거스, 35일간 건조 숙성시킨 네브래스카산 옥수수를 먹인 소고기, 아이다호산 미국 와규, 일본 미야자키에서 가져온 와규 등이 있다.

절인 로마네스코(Romanesco, 브로콜리의 일종)와 초리조 오일을 곁들인 문어 카르파초와 파슬리 샐러드를 얹은 골수 플랑(bone marrow flan), 오븐에 구운 영계(rotisserie poussin)에 구운 포르치니 버섯을 곁들인 요리가 있다. 고객들은 대부분 레스토랑의 사이드바에서 수제 칵테일을 주문하거나 소믈리에 다나 파너(Dana Farner)의 400가지 컬렉션—주로 레드 와인으로 구성됨—중에서 선택한 와인을 주문한다.

컷은 퍽의 스타일이며, 할리우드의 모든 것이다. 워너 브라더스 스튜디오 다음으로 영화배우를 많이 볼 수 있는 곳이기도 하다. 컷은 「로스앤젤레스 타임스」의 음식비평가들로부터 별 3개를 받았고, 2006년 「에스콰이어」에서 올해의 레스토랑 상을 받았다. **MD**

"셀러브리티를 보는 즐거움이 있으며 직원들은 당신을 백만장자처럼 대한다."

Zagat

⬆ 컷의 테이블은 베벌리힐스 윌셔 호텔의 로비로 섞여 들어가 있다.

알리바이 룸 Alibi Room | 로이 최가 자신의 타코 트럭의 마법을 고정된 장소로 옮겨놓았다

위치 컬버시티 **대표음식** 쇼트 립 타코Short rib taco | **⑤**

2008년 가을, 셰프 로이 최는 인기를 끈 그의 '고기 바비큐 (Kogi BBQ)'와 함께 로스앤젤레스 외식업계에 등장했다. 의자와 테이블, 또는 하다못해 벽과 문이라도 있는 평범한 레스토랑이 아니었다. 최는 타코 트럭을 타고 다니며 간선 도로에서 열렬한 팬들에게 한국식 바비큐 타코를 선보이며, 도시에서 가장 맛있는 음식중 하나를 요리했다.

최의 한국식 타코와 케사디야는 로스앤젤레스 길거리 음식의 상징이 되었다. 회사의 성공 덕분에 미국을 휩쓸었던 미식 푸드 트럭 혁명의 길이 열리게 되었다.

도시 여기저기 트럭을 쫓아 다닐 의향이 없는 사람들과 지붕이 있는 곳에서 밥을 먹기 원하는 사람들을 위해, 최는 로스앤젤레스 레스토랑 경영자인 데이브 라이스(Dave Reiss)와 손 잡았다. 그리고 컬버 시티 서쪽 구석에 삼각형의 바를 갖춘, 작지만 손님을 반겨주는 동네 술집인 라이스의 알리바이 룸에 '고기'의 메뉴를 도입했다. 비좁은 주방은 고전적인 고기 타코 트럭의 요리를 만들뿐 아니라 다른 지역에 있는 최의 레스토랑들의 요리에서 고른 음식들도 만든다. 당연히 가장 관심을 받는 것은 고기 타코다.

오리지널 고기 쇼트 립 타코는 2장의 구운 홈메이드 옥수수 토르티야, 달달하게 구운 한국식 바비큐 쇼트 립, 신선한 살사, 칠리간장 비네그레트에 버무린 채썬 배추로 만든다.

다른 인기 메뉴는 매운 김치 케사디야로, 최는 이것을 '모든 메뉴의 할머니'라고 부른다. 김치 케사디야는 신선한 밀가루 케사디야에 잭 치즈와 체더 치즈, 달달하게 버터를 넣고 볶은 김치를 넣고 반으로 접어, 치즈는 녹고 겉은 파삭하게 팬에 구워낸다. 손님에게 내기 전에 네 조각으로 잘라 위에 살사 로하(salsa roja)와 깨소금을 얹는다.

이렇게 멕시코와 한국의 전통음식을 뒤섞은 것이 전형적인 최의 음식이다. 좋아하든 혐오하든, 이만한 바(bar) 음식을 찾지는 못할 것이다. **MD**

⬆ 최고의 타코를 트럭이 아닌 알리바이 룸에서도 맛볼 수 있다.

바코 멀캣 Bäco Mercat | 독창적인 음식을 선보이는 캐주얼한 동네 레스토랑

위치 로스앤젤레스 **대표음식** '바코'(플랫브레드 샌드위치) "Bäco" (flatbread sandwich) | 💲💲

바코 멀캣은 로스앤젤레스 다운타운 지역을 반영하는 동네 레스토랑이다. 소박한 매력과 캐주얼하고 조촐한 도시의 세련됨이 편안하게 뒤섞여있다. 작은 실내는 높은 천장과 큰 창문 덕분에 낮에는 산뜻하게 느껴지지만, 밤이면 주로 에디슨 스타일의 전구를 머리 위에 밝혀 사랑스럽고 로맨틱한 장소로 탈바꿈한다. 빈티지 테이블은 레스토랑의 로고가 찍힌 심플한 브라운색 종이로 덮여있고, 어울리는 의자도 함께 놓여있다.

내부는 밤에 특히 활기를 띤다. 음식과 음료는 창의적이며 재미있다. 계절별 메뉴는 동네 분위기와 마찬가지로 다방면에 걸쳐있는데, 지중해, 아시아, 라틴, 아메리카, 모로코의 영향이 묻어난다. 신선한 로컬 농산물을 쓴다는 것이 특별히 눈에 띄는 점이다.

점심 메뉴는 셰프 조세프 센테노(Josef Centeno)가 만들어낸 소위 '바코'라는 플랫브레드 샌드위치에 중점을 두고 있다. 바코는 플랫브레드를 반으로 접은 것으로 타코, 자이로(gyro), 피자를 합쳐 놓은 것 같다. 과식한 삼겹살, 부드러운 소고기 카르니타스(carnitas), 살비차다(sal-bitxada, 토마토와 아몬드로 만든 카탈루냐 지방의 소스)가 듬뿍 들어간 '더 오리지널(The Original)'은 이곳을 방문하기에 충분한 이유가 된다. 바코 도넛은 훈제 할라피뇨와 양고기 또는 스파이시한 소고기, 얌(yam), 페타 치즈를 넣어 스페인식 피자인 코카(coca)를 만든 것이다. 저녁이면 생선과 고기 메인 요리, 오크라와 방울다다기양배추(brussels sprouts)를 넣은 채소 요리 몇 가지가 늘어난다.

창의성과 세심함은 바에서도 잘 나타난다. 바코 멀캣에는 대표적인 칵테일들 외에도 전 세계의 증류주, 맥주, 와인 중 엄선한 것이 갖추어져 있으며, 심지어 고유한 청량음료도 있다.

맛있는 요리들과 영감을 받은 음료 셀렉션은 바코 멀캣을 다운타운 로스앤젤레스의 핫한 장소이자 오아시스로 만들었다. **DT**

⬆ 가장 인기 있는 메뉴인 바코 플랫브레드 샌드위치.

닉스 카페 Nick's Café | 전형적인 미국식 다이닝

위치 로스앤젤레스 **대표음식** 햄 앤 에그Ham and eggs | $

가장 유명한 메뉴인 '햄 앤 에그'을 주문하지 않았다면, 닉스 카페에 가봤다고 할 수 없다. 이 요리를 먹기 위해 주말이면 말굽 모양의 카운터에 앉으려는 줄이 문밖으로 늘어선다. 커다란 브랙퍼스트용 접시에 해시브라운이나 코티지 프라이드 포테이토(cottage fried potato)와 함께 나오며, 커피는 계속해서 채워준다.

로스앤젤레스 다운타운 북쪽인 노스 스프링 거리(North Spring St.)에 위치한 닉스는 1948년부터 아침과 점심을 판매했다. 철로 노동자, 경찰, 소방관, 새로운 정보에 민감한 사람들이 뒤섞여 카운터에서 어깨를 비비적거리며, 홈메이드 살사를 뜨려고 북적인다. 햄과 살사는 따로 사가지고 갈 수도 있다.

> "1940년대 '누아르' 레스토랑에 대해서 물었을 때, 처음 떠오르는 장소가 닉스 카페였다."
>
> Jonathan Gold, LA Weekly

아침 메뉴로는 팬케이크, 우에보스 란체로스, 오믈렛, 와플, 스킬렛 프라이즈(skillet fries)가 있다. 점심 메뉴는 핫 파스트라미 샌드위치, 핫도그, 멜츠(melts), 잘 알려진 1파운드 버거와 다양한 홈메이드 수프와 샐러드가 등장한다.

닉의 폭넓은 매력은 사람들의 다양한 인구 구성이 그대로 반영된 단골들을 보면 알 수 있다. 닉이 만드는 최상급의 요리는 신뢰할 만하고 흠잡을 데 없으며, 체인 레스토랑이나 장사 잘 되는 식당들이 잃어버린 질과 독특함을 경험하게 해준다. 보통 자화자찬을 칭찬할 것은 아니지만, 닉의 슬로건은 닉스 카페를 적절하게 요약한다. '진짜 음식, 진짜 사람, 진짜 식당.' **KPH & FH**

스퀄 카페 Sqirl Café | 작은 팜투테이블 카페

위치 로스앤젤레스 **대표음식** 고쿠호 로즈 브라운 라이스 볼Kokuho Rose brown rice bowl | $

스퀄 카페는 단순한 재료에서 만들어낸 복합적인 맛을 가진, 요즘 가장 인기있는 요리를 판매하고 있다.

스퀄 카페가 있는 건물은 로스앤젤레스 최고이며 가장 작은 식당이 되기 전에는 최고급 잼 생산자로 널리 찬사를 받아온 스퀄LA를 위한 상업용 주방으로 이용되었다. 두 업체의 주인이자 셰프인 제시카 코슬로(Jessica Koslow)는 이미 실버 레이크와 이스트 헐리우드 경계에 있는 자신의 오리지널 주방에서 560km 이내의 유기농 농장들로부터 구입한 과일로 대규모의 젤리, 잼, 프리저브(preserve)를 만드는 것으로 유명했다. 오랜 시간을 거쳐, 코슬로는 자신의 사업을 새 건물로 확장했다.

스퀄의 메인 룸 안에는 커피 바와 페이스트리 진열장, 10개의 스툴에 둘러싸인 공용 테이블이 있다. 야외에는 밝은 오렌지색 접이식 테이블과 의자로 채워진 작은 테라스가 있다.

음식은 맛있으면서 건강하고, 익숙하면서도 새롭다. 스퀄 잼과 신선하게 갈아 만든 아몬드 헤이즐넛 버터를 바른 토스트한 브리오슈가 있고, 체더 치즈와 빵가루를 뿌린 팬에 지진 어린 브로콜리가 있다. 납작하게 만든 파삭한 바게트에 로메스코 소스, 홈메이드 리코타 치즈, 어린 잎을 얹은 프로슈토 샌드위치도 주문할 수 있다. 대표 메뉴는 고쿠호 로즈의 쌀로 만든 요리인데, 낱알 하나하나가 밝은 색에 신맛이 나는 수영 페스토(sorrel pesto)로 매끈하게 덮여 있다. 직접 절여 놓은 메이어 레몬(Meyer lemon), 시장에서 구입하여 종잇장처럼 얇게 썬 래디시, 프랑스 산 양젖으로 만든 페타 치즈가 들어가고 맨 위에 수란을 놓는다. 이는 반짝 인기를 끄는 로스앤젤레스 다이닝을 모방한 것처럼 들리지만, 음식과 분위기의 진정성은 겉치레와는 정 반대다. 스퀄은 설명을 거부한다. 오직 직접 경험한 사람만이 이해할 수 있다. **MD**

필리프 더 오리지널 Philippe the Original | 프렌치 딥 샌드위치의 본가

위치 로스앤젤레스 **대표음식** 프렌치 딥 샌드위치French-dipped sandwich | **$**

톱밥이 깔린 바닥, 휴게소 분위기의 다이닝룸과 델리 스타일의 카운터 서비스를 하는 필리프는 아마 로스앤젤레스에서 가장 민주적인 레스토랑일 것이다. 모든 계층의 고객들이 오직 프렌치 딥 샌드위치를 먹고자 이곳을 찾는다. 1918년 이곳에서 처음 프렌치 딥 샌드위치가 만들어졌다고 알려져 있다.

당시 주인이었던 필리프 마티우(Philippe Mathieu)가 한 경찰관을 위해 음식을 만드는 동안 실수로 잘라놓은 프렌치롤 빵을 로스팅 팬에 떨어뜨리는 바람에 국물에 빵이 젖었다. 경찰관은 개의치 않고 그 샌드위치를 가져갔고, 다음날 친구와 함께 와서 같은 샌드위치를 더 먹을 수 있냐고 물었다.

돼지고기, 소고기, 칠면조 고기, 양고기 또는 햄으로 속을 채운 이 상징적인 샌드위치 외에도 수프, 샐러드, 칠리, 스튜, 다양한 디저트—갓 구운 과일 파이, 타피오카와 클래식한 미국 케이크—를 포함한 광범위한 메뉴 중 선택할 수 있다. 아침 6시에 문을 여는 필리프는 프렌치 토스트, 팬케이크 스택, 달콤한 향이 나는 시나몬롤 등 아침식사도 판매한다.

1908년 개점하여 1951년 이래 현재의 자리에서 영업을 계속 한다는 역사적인 의미도 있지만, 오래도록 즐겨 입는 스웨터처럼 변함 없이 유지하고 있다는 것이 더욱 대단하다. 종업원들에 따르면, 가격만 바뀌었다고 한다.

음식들은 빠르게 나오지만, 패스트푸드는 절대 아니다. 두껍게 바른 그 유명한 홈메이드 머스터드는 샌드위치를 먹을 때 빠져서는 안 된다. 필리프는 캐주얼한 다이닝 중에서도 가장 캐주얼한 곳이지만, 메뉴에 있는 모든 음식—찍어 먹는 육즙부터 피클과 코울슬로, 3세대 주인인 리처드 바인더(Richard Binder)가 신중하게 고른 와인 리스트까지—을 최선의 주의를 기울여 준비한다. 한 번 방문해보면 평생 단골이 될지도 모른다. **KPH & FH**

"필리프는 사람들을 구경할 기회를 위해서라도 방문할 가치가 있다."

roadfood.com

⬆ 필립프 더 오리지널은 로스앤젤레스 유니언 역 근처인 노스 앨러미다 거리에 있다.

리베라 Rivera | 로스앤젤레스에서 만나는 현대 라틴 요리

위치 로스앤젤레스   **대표음식** 인도 버터를 곁들인 홈메이드 마야식 '토르티야 플로랄레스'Homemade Mayan tortillas florales with Indian butter | $$$

"천재 셰프 세들라르가 만든 이 범-라틴 레스토랑은 언제나 매력적인 곳으로 아름다운 요리들을 선보인다."

Zagat

⬆ 리베라는 라틴 음식을 맛보기 위한 가장 인기 있는 행선지이다.

리베라는 라틴 음식, 그 문화와 유산에 대한 셰프 존 세들라르(John Sedlar)의 열정을 명확하게 표현한 것이다. 세들라르는 1980년대 초반에 배운 고전적인 프랑스 요리를 바탕으로 자신의 고향인 산타페에서 먹었던 뉴멕시코와 스페인 음식을 접목시켜 첫번째 레스토랑인 세인테 에스테페(Sainte Estephe)를 열면서부터 주목받았다. 명성이 높아갈수록 그의 히스패닉과 메소아메리칸 전통요리에 관심을 갖고 몰두했다.

리베라의 목적은 전 세계에 여러 형태로 있는 요리들의 본질을 찬양하는 것이다. 레스토랑의 메뉴는 계속 진화한다. 현재는 고객들이 멕시코에 근거한 요리, 남아메리카의 요리법에서 영감받은 요리, 전통적인 유럽 이베리아 반도의 요리 중 하나를 선택하도록 되어 있다. 첫번째 요리 중 대표적인 요리는 인도 버터를 곁들인 '토르티야 플로랄레스'다. 다른 요리로는 바칼라오 네그로 프레스코(bacalao negro fresco, 팬에 지진 검은 대구), 베네수엘라의 아레파스(arepas, 갈아놓은 옥수수 반죽으로 만든 납작한 빵), 카라콜레스(caracoles, 달팽이)와 비에이라스 아라베스케(vieiras Arabesque, 가지를 곁들인 가리비 요리)가 있다.

오스발도 마이오시가 디자인한 어두컴컴한 다이닝룸이 있는 리베라는 호사스러운 장소다. 레스토랑의 모든 면에 상세하게 주의를 기울이고 있으며, 로스앤젤레스의 미식 르네상스에 선두를 지켜왔다. 요식업계에서는 열정이라는 말을 너무 자유롭게들 내뱉지만, 세들라르는 진심으로 열정적이라고 말할 수 있는 몇 안되는 사람 중 하나다. 그는 그랜드 가(Grand Ave.)에 라틴계의 음식과 관련된 인공유물들을 모아놓은 타말 박물관(Museum Tamal)을 설립했다. 한편, 그의 레스토랑은 지속적으로 진화하고, 영감을 받은 문화로부터 새로운 트렌드를 끄집어 내고, 고대의 방식을 새롭게 발견해 접목시키고 있다. **KPH & FH**

테일러 스테이크 하우스 Taylor's Steak House | 코리아타운에 있는 전형적인 스테이크 하우스

위치 로스앤젤레스 **대표음식** 퀼로트(캡, 탑 설로인, 붓처스 컷) 스테이크
Culotte (cap, top sirloin, or butcher's cut) steak | **$$**

1953년에 설립해 1970년에 지금의 위치로 옮겨온 이곳이 기분 좋은 전통적인 분위기를 내는 것은 이상한 일이 아니다. 어두운 나무 벽과 인조가죽으로 덮힌 부스는 차가운 마티니와 구운 스테이크를 즐기기에 완벽한 장소라는 인상을 준다. 그리고 LA 최고의 스테이크하우스 중 하나인 이곳은 당신을 실망시키지 않을 것이다.

매주 스페셜한 음식들을 선보이며, 다양한 애피타이저, 해산물과 사이드—홀란데이즈 소스와 나오는 큼직하고 촉촉한 크랩 케이크, 유명한 몰리 디너 샐러드(Molly Dinner Salad, 양상추, 토마토, 양파와 블루 치즈)를 포함한—를 제안하지만, 진짜 유명한 것은 스테이크다.

테일러를 다른 경쟁자들보다 두드러지게 하는 것은 세심한 주의력이다. 만약 당신이 스테이크를 익히는 방식에 대해서 엄격하다면 이곳이야말로 소고기 맛이 주는 최고의 황홀함을 제공하며, 정확하게 지정한대로 요리한 스테이크를 가져다 줄 수 있는 곳이다.

테일러즈는 특히 퀼로트 스테이크—종종 캡 스테이크, 탑 설로인, 또는 붓처스 컷으로 알려져 있다—에 자부심을 갖고 있다. 소 1마리당 2조각밖에 안 나오는 부위로, 앞서 언급했던 마티니나 캘리포니아산 와인으로 채워진 와인 리스트에서 적당한 레드와인을 골라 곁들이기 적당한 부위이다.

로스앤젤레스는 다수의 역사적인 레스토랑을 가진 것을 자랑스럽게 여긴다. 그러나 테일러—유명 인사들 중에서도 프랭크 시나트라의 오래된 단골이었던—는 옛 명성에 의지하지 않는다. 그 뒤에는 일류 웨이터들의 도움이 큰데, 이들은 오랫동안 함께 일해왔다. 한 유명한 레스토랑 경영자가 이런 말을 했다. '이것은 서비스업이기에 쉽지 않다. 당신이 할 일은 사람들은 행복하게 만드는 게 전부다.' 그리고 테일러가 바로 그렇게 하고 있다.
KPH & FH

박대감네 Park's BBQ | 흠잡을 데 없는 전형적인 한국식 바비큐

위치 로스앤젤레스 **대표음식** 갈비 쇼트 립 비프스테이크 Gal-bi short rib beefsteak | **$**

한국은 세계적으로 가장 훌륭한 요리 중 하나를 가지고 있음에도 불구하고, 그 명성이 세계에 알려지는 데는 시간이 걸렸다. 그러나 로스앤젤레스 코리아타운에 확고한 기반을 다진 곳이 있으니, 버몬트 가(Vermont Ave.)의 박대감네다. 이곳은 최고의 한국식 바비큐를 만드는 곳으로 널리 인정받고 있다.

이곳에서는 주로 소고기인 생고기나 양념한 고기를 식탁의 작은 숯불이나 가스 그릴을 이용해 고열에서 단시간 안에 구워 먹는다. 다른 한국식 바비큐 음식점들이 다소 낮은 등급의 고기를 판매하는데 비해, 박대감네는 USDA 프라임과 아메리칸 와규를 선호한다. 이는 양보다는 질의 문제로, 고객들은 그 차이를 맛볼 수 있다. 박대감네에서 구이로 가장 인기있는 2가지 부위는 얇게 썰

> "박대감네가 이 동네에서 한국식 바비큐의 대표주자인 이유는 고기 때문이다."
>
> Besha Rodell, LA Weekly

었지만 뼈에 붙어 있는 쇼트 립인 갈비와 립아이(꽃등심)를 얇게 썰어 간장, 참기름, 후추, 생강, 설탕과 다른 양념에 재운 불고기다. 한국식 전통에 따라, 모든 식사에는 반찬 세트가 따라 나온다. 가장 일반적인 반찬 2가지는 김치와 잡채다.

박대감네는 번잡한 상업간선도로를 따라 늘어선, 설명하기 힘든 길거리의 상가에 자리잡고 있다. 하지만 이곳은 남들이 찾아봐 주기를 바라는 구멍가게가 아니다. 유명 인사들의 모습이 담겨 있는 벽에 늘어선 액자들은 박대감네가 영화에 빠져 있는 이 도시에서 성공했다는 것을 충분히 입증해준다. **MD**

랭거스 델리카트슨 Langer's Delicatessen | 따뜻한 최고의 파스트라미 샌드위치

위치 로스앤젤레스 **대표음식** #19 샌드위치 The #19 Sandwich | 💲💲

세계에서 최고라고 주장만 하는 것은 그 사실을 입증하는 것보다 쉽다. 음식에 관한 최고의 기준은 항상 견해차가 있지만, 지구 최고의 따뜻한 파스트라미 샌드위치가 로스앤젤레스 웨스트레이크 지역에 있는 랭거스 델리카트슨에서 파는 파스트라미 샌드위치라는 것에는 확실히 모두가 동의하는 듯 하다.

랭거스에 처음으로 관심을 가진 것은 시나리오 작가 노라 에프론으로 2002년 「뉴요커」에 기사를 썼다. 카츠 (Katz's)나 밀 베이스(the Mill Basin)와 같은 뉴욕의 유명한 델리에 친숙한 독자들은 그녀가 무엇을 말하고자 하는지 알 수 있었고, 그녀가 옳다는 사실을 곧 알아챘다. 이곳에는 다진 간, 치즈 블린츠(blintz), 크니시(knish), 마초볼(matzo ball) 수프와 같은 고전적인 델리 음식들이 있다.

> "이것은 일반인들이 품고 있는 통념의 문제다: 랭거스가 미국 최고의 파스트라미 샌드위치를 내놓는다는 것."
>
> L. A. Weekly

그러나 고객들이 이곳을 찾는 이유는 파스트라미 샌드위치 때문이다. 파스트라미를 주문하는 방법은 24가지 이상이다. 가장 인기 있는 것은 19번으로 2번 구운 러시안 호밀빵에 코울슬로, 스위스 치즈, 러시아 스타일의 드레싱을 얹어서 나온다. 직접 만든 바닐라 콜라와 사이드 메뉴인 크링클 컷 프라이(crinkle-cut fry)도 함께 주문하라.

실내장식은 전형적인 1970년대 델리카트슨으로 브라운색 비닐로 감싼 긴 의자와 쿠션이 있는 칸막이가 135석 규모의 다이닝룸에 늘어서 있다. 카운터의 한 자리는 조리 과정을 지켜볼 수 있는 곳으로, 설립자이자 2007년 작고한 알 랭거를 위해 영구히 비워놓는다. **MD**

로테리아 그릴 Lotería Grill | 현지 멕시코인들이 진정으로 좋아하는 음식

위치 로스앤젤레스 **대표음식** 프로바디타(레스토랑의 대표적인 타코 모둠 요리)Probadita (a sampler of the restaurant's signature tacos) | 💲💲

로테리아 그릴은 3번가의 파머스 마켓에서 카운터 몇 자리만 있는 타케리아(taqueria)에서 시작했다. 현재 큼직하고 탁 트인 다이닝룸은 그때와 비하면 극명히 대조된다. 레스토랑은 초기의 타케리아에서 인기였던, 하나부터 열까지 직접 만든 진짜 멕시코 사람들이 즐기는 요리를 판매함으로써 진정한 멕시코의 식문화 전통을 찬양하고 있다. 가장 주목할 만한 변화는 제대로 된 바(bar)를 갖춘 것으로, 고객들은 셰프 지미 쇼(Jimmy Shaw)가 멕시코 시티에서 먹고 자란 음식에 바치는 경의를 즐기는 동안 마르가리타를 주문할 수 있다.

높은 천장과 오픈 키친을 갖춘 실내는 우아하며 화려하다. 생동감 넘치는 붉은 색으로 한쪽 벽을 칠한것 외에는 간소하다. 다른 벽들은 레스토랑의 이름인 멕시코 게임, 로테리아에 사용하는 카드들을 확대한 복제품들로 장식되어 있다.

사람 구경을 위해선 할리우드 대로가 보이는 베란다에 앉고, 오픈 주방을 조망하려면 긴 카운터에 자리 잡으면 된다. 셰프가 신선한 옥수수 토르티야와 훈제향이 나는 매콤한 칠레 모리타(Chile Morita) 소스를 곁들인 바다 농어나 토마티요 소스에 브레이징한 소 혀 같은 특별 요리를 만드는 것을 보라.

타코는 신선한 재료로 만들어 진한 맛이 느껴지는 것으로 유명하다. 신선한 수제 미니 옥수수 토르티야로 만드는 대표 타코 12가지를 맛보려면 프로바디타를 주문하면 된다. 프라이팬에 구운 잭 치즈로 만든 치차론 데 케소(chicharron de queso)는 중독성이 있다. 뒷벽의 바에는 프리미엄 테킬라와 메스칼(mescal)을 전시하고 있다. 아무거나 골라 한 모금 마셔보거나 스파이시 할라피뇨 마르가리타를 마셔보라. 진정한 멕시코 축하주를 원한다면, 신선하게 짠 라임즙과 우스터 소스, 타파티오 핫소스가 들어간 미첼라다 클라시카(Michelada classica)를 선택하라. **DT**

애플 팬Apple Pan | 1947년 개업한 매력적인 고전 레스토랑의 햄버거와 파이

위치 로스앤젤레스 **대표음식** 틸라무크 체더 치즈를 넣은 히코리 버거Hickory burger with Tillamook cheddar cheese | **⑤**

웨스트 로스앤젤레스에 위치한 애플 팬은 가족이 운영하는 레스토랑이다. 이곳은 1947년 녹색과 흰색으로 칠한 독특한 스타일의 오두막에서 문을 열고 햄버거, 샌드위치, 파이 등의 간단한 음식을 판매하고 있다. 고객들은 붉은 벽돌로 만든 그릴을 에워싼 U자형의 카운터 주위에 놓인 붉은 가죽 스툴(stool)에 앉아서 음식을 먹는다. 흰색 앞치마와 종이 모자를 쓴 남자들이 가져다 주는 햄버거는 종이로 감싸져 있다.

가게는 처음 문을 연 이래로 변한 것이 없다. 위치와 메뉴는 그대로지만, 양 옆의 건물들과 음식 가격은 약 70년 전에 비해 현저히 높아졌다.

빨간 스툴, 구식 계산대, 패널과 격자무늬 벽지로 덮인 벽 등의 빈티지한 매력은 여전하다. 여러 세대의 가족들이 훌륭한 음식뿐 아니라 추억여행을 위해 이곳을 찾는다. 부모들이 아이들에게 어떻게 그들이, 때로는 그 이전에 할아버지와 할머니가 바로 같은 자리에 앉아서 같은 햄버거를 먹었는지 이야기를 들려주는 것을 흔히 엿들을 수 있다.

애플 팬에는 화려하거나 크기가 엄청난 것은 없지만, 모든 것이 질좋은 재료로 만들어 진다. 달콤한 렐리시를 넣은 스테이크 버거, 틸라무크 체더 치즈와 강한 냄새가 나는 바비큐 소스를 넣은 히코리 버거는 이곳의 대표적은 메뉴로 LA 최고의 햄버거로 손꼽힌다. 감자튀김은 뜨겁고 바삭하다. 메뉴는 심플하지만 환상적인 맛의 햄버거와 파이, 향수어린 매력이 로스앤젤레스 사람들이 계속 찾아오게 한다.

예약과 신용카드는 여전히 받지 않으니 현금을 가져가라. 줄이 길게 늘어설 수 있지만, 일단 안에 들어가면 서비스가 신속하고 친절하며 능률적이다. **DT**

"클래식한 미국식 버거 가게이자
LA의 랜드마크."

frommers.com

↑ 애플 팬은 놓칠 수 없는 빈티지한 경험을 제공한다.

애니멀Animal | 할리우드 유행에 민감한 이들을 위한 양이 적은 고기 요리

위치 로스앤젤레스　**대표음식** 소꼬리 그레이비와 체더 치즈를 얹은 푸틴
Poutine with oxtail gravy and cheddar | 💲

존 슉(Jon Shook)과 비니 도톨로(Vinny Dotolo)는 2008년 문을 연 인기 있는 레스토랑 애니멀의 '두 음식꾼(Two Food Dudes)'이다. 두 사람은 플로리다의 포트 로더데일 예술대학 요리 프로그램에서 만나 오랜 세월 친구로 지냈다. 그리고 할리우드 젊은이들에게 인기를 얻은 케이터링(catering) 사업을 운영하면서 유명해졌다. 미 전역 레스토랑에 버펄로 돼지꼬리, 브레이징한 소 혀, 과삭한 돼지 귀가 등장하기 전부터 애니멀은 괴상한 요리들을 주요 메뉴로 만들었다.

애니멀의 다이닝룸은 아마 로스앤젤레스에서도 가장 빈약할 것이다. 120W의 전구가 밝혀주는 직사각형 공간을 심플한 나무 테이블과 의자가 채우고 있다. 벽장식이 없고 건물 외부에는 간판도 없다. 외모지상주의의 도시에서, 애니멀은 아무 것도 가진 게 없다.

> "애니멀, 애들이 먹는 음식을 진정한 요리의 수준으로 올려놓은 첫번째 레스토랑."
>
> Jonathan Gold, LA Weekly

주방은 재료의 '머리부터 발끝까지'를 이용한 요리로 유명하다. 덜 이용되는 동물의 단백질 부위를 재료로 써서 창의적이고 든든한 음식을 만들기 위해 노력한다. 대표적인 요리인 푸틴은 신선한 치즈 응어리와 브라운 그레이비를 얹은 감자튀김이다. 다른 인기 있는 음식으로는 셀러리와 랜치 드레싱을 곁들인 '버펄로 스타일' 돼지꼬리가 있고, 바도우반(vadouvan, 인도의 혼합 향신료), 살구 퓌레, 당근을 곁들인 송아지 뇌가 있으며, 치미추리와 카라멜라이즈한 양파를 곁들인 골수도 있다. 이것은 교양있는 부류를 위한 밤참이다. **MD**

루크Lucques | 영화배우의 집이었던 곳에서 즐기는 캘리포니아–지중해식 요리

위치 로스앤젤레스　**대표음식** 브레이징한 갈비와 호스래디시 크림
Braised short ribs and horseradish cream | 💲💲💲

수잔 고인(Suzanne Goin)과 캐롤라인 스타인(Caroline Styne)의 매력적이고 세련된 지중해식 레스토랑은 1998년에 문을 열었다. 웨스트 할리우드에 있는 복원된 마구간이었던 이 건물은 한때 영화배우 해럴드 로이드의 것이었다. 루크는 편안하고 소박한 느낌이 있다. 이곳을 구성하는 모든 것들이 고객으로 하여금 내 집처럼 느끼도록 하는 데 일조한다.

계절별 메뉴는 항상 흥미를 자아낸다. 고인은 갈비와 소꼬리를 브레이징한 것, 천천히 로스트한 것, 그릴에 구운 고기, 신선한 생선을 좋아한다. 그녀의 수프는 건강에 좋고 맛도 좋은 콩—플라젤렛(flageolet, 알이 작은 강낭콩의 일종)을 특히 좋아한다—으로 가득 채워진다. 그녀의 샐러드는 색깔이 선명하고, 리코타, 부라타(burrata) 또는 신선한 모차렐라를 과일과 섞어 만든다.

고인은 지중해 연안에서 온 향신료들을 이용해 여러 층의 맛을 내기를 좋아한다. 매콤한 루예(rouille)를 넣은 수프나 크로스티니(crostini)에 얹은 타프나드(tapenade)에서 약간의 프로방스를 느낄 수 있을 것이며, 신선한 채소 그라탕이나 콩피, 소스들을 맛보면 더욱 고전적인 프랑스 요리를 찾을 수 있다. 뇨키, 부카티니(bucatini), 송아지 요리인 스캘로핀(scaloppine)과 오소부코(ossobuco)에서 이탈리아의 맛을 느낄 것이다. 북아프리카의 향신료들은 여러 구이류의 음식에 활기를 불어넣어주며 샌타바버라 점박이 새우(spot prawn)와 같은 지역 별미를 한층 살려준다. 디저트로는 제철 과일로 만든 타르트, 크럼블(crumble), 그라탕, 셔벗 등이 나온다. 캐롤라인이 노련하게 관리하는 폭넓은 와인 리스트는 메뉴를 잘 받쳐준다.

일요일 저녁 프리 픽스(prix-fix) 메뉴는 가장 인기 있으며 가격대비 훌륭하다. 단골들 때문에 주중 저녁에 사람이 붐빌 때도 많다. 반드시 미리 예약하라. **PB**

➡ 루크는 기분 좋은 식사를 제공한다.

프로비던스 Providence | 캐주얼한 음식의 시대에 번창하는 우아한 해산물 전문 레스토랑

위치 로스앤젤레스　**대표음식** 샌타바버라 점박이 새우 소금구이 | Salt-roasted live Santa Barbara spot prawn | ❸❸❸❸

"테이스팅 메뉴를 선택한다면,
메뉴를 읽지 마라. 그러면 모든 것이 놀라움으로
다가올 것이다."

S. Irene Virbila, Los Angeles Times

프로비던스는 미슐랭 스타 2개와 제임스 비어드 상을 받은 셰프 마이클 시마루스티(Michael Cimarusti)가 만든 생선 위주의 고급 레스토랑이다. 그의 말을 빌리자면 이곳은 '해안가 생활이 누리는 자연의 혜택에 영감을 받은' 곳으로, 세계 최고의 품질에 지속가능한 해산물(이곳에는 참다랑어가 없다)을 구하는데 혼신을 다한다. 시마루스티의 테크닉은 고전적인 프랑스 스타일이지만, 본질은 확실히 일본식으로 '재료가 가진 고유의 신성한 맛, 질감과 아름다움'을 위해 재료의 순수한 맛을 살리고자 한다.

다이닝룸은 옅은 브라운색으로 매끈하고 현대적이다. 벽에는 도자기로 만든 따개비들을 점점이 붙여 장식했고, 밝은 오렌지 색의 식탁 의자와 테이블마다 놓인 산호 모양의 양초받침이 도드라지는 색을 띄고 있다. 좁은 공간임에도 비교적 조용하며, 서비스는 전문적이고 품위가 있다. 드레스 코드가 없어서, 훌륭한 레스토랑들을 꺼리게 하는 어색함이 덜하다.

메뉴에는 직접 고르는 3가지 코스의 프리 픽스가 있다. 그 중에서도 크램 '차우더'와 구운 표고버섯, 농장에서 가져온 달걀, 부풀린 쌀을 곁들인 일본식 민물 장어가 눈에 띈다. 주기적으로 바뀌며 그날 잡은 가장 싱싱한 생선을 이용한 셰프의 16가지 테이스팅 메뉴까지 있어서 선택의 폭이 넓다. 이곳은 시마루스티가 진정 빛을 발하는 곳으로, 그의 가장 유명한 요리, 로즈메리와 레몬을 곁들인 샌타바버러 점박이 새우 소금구이를 맛보러 가기에 적합한 곳이다.

대표적인 음식 중에, 식사의 첫 단계에 반구 모양으로 굳혀서 작은 테이스팅 스푼에 나오는 그레이하운드 칵테일(자몽 주스와 보드카 또는 진을 섞은 것)이 있다. 이것은 차별화된 아뮤즈 부셰(amuse-bouche)로, 고객들이 독특하고 기교를 부린 메인 코스를 받아들일 준비를 돕고 음식에 같이 곁들일만한 와인과 증류주가 레스토랑에 갖추어져 있다는 사실을 주지시키고자 하는 의도가 숨어있다. **MD**

⬆ 테이스팅 메뉴의 일부: 토마토, 회향, 송이버섯 절임을 곁들인
　일본산 방어 요리.

무소 앤 프랭크 그릴 Musso & Frank Grill | 빈티지 할리우드 배경에서 고전적인 미국 음식을 맛볼 수 있는 곳

위치 로스앤젤레스 **대표음식** 그릴에 구운 필레미뇽 Filet mignon from the grill | ❸❸❸

1919년 프랭크 툴레(Frank Toulet)와 조셉 무소(Joseph Musso)가 세운 이 유서 깊은 레스토랑은 할리우드에서 가장 오래된 레스토랑이다. 빛바랜 장식과 짙은색 나무로 인테리어한 이곳은 더글러스 페어뱅크스, 험프리 보가트, 윌리엄 포크너 등의 유명인사들이 옆자리에서 식사하는 장면을 상상하게 한다. 1927년 레스토랑을 인수한 존 무소의 증손자가 운영하는 무소 앤 프랭크는 끊임없이 변하는 도시에서 항상 그 모습을 유지하는 곳이다.

아마투(J.P. Amateau)는 이 레스토랑의 3번째 이그제큐티브 셰프로, 미국 요리 전통의 오랜 수호자다. 찰리 채플린이 가장 좋아했다는 구운 양 콩팥 외에도 장작불에 구운 스테이크, 블루 치즈 드레싱을 뿌린 양상추 한 쪽, 송아지 간, 소의 넓적다리 살 찜(grenadin)과 이탈리아 파스타 등의 메뉴가 있다. 목요일의 유명한 치킨 포트파이와 같은 오늘의 요리는 단골들이 뻔질나게 드나드는 이유이다. 오직 아침에만 나오며 다 팔리면 더는 내놓지 않는 플란넬 케이크—부담없이 달콤하고 크레페 같은 팬케이크를 그릴에 바로 구워 낸다—와 같은 것들도 먹어보라.

레스토랑은 2개의 공간으로 나뉘어 있다. 어두침침한 조명의 오래된 공간은 마호가니 부스에 작가의 유령이 앉아 있을 것 같은 상상을 하게 하고, 꿩 문양의 벽지를 바른 새로운 공간에는 많은 사람들이 북아메리카 최고라고 일컫는 마티니의 발상지인 바가 있다. 고객들은 솜씨 좋은 그릴맨인 인돌포(Indolfo)가 스테이크와 생선, 다른 요리를 완벽하게 요리하는 장작 그릴 옆에 앉을 수도 있다.

이곳은 역사뿐 아니라 진정성도 가진 레스토랑이다. 이곳의 서비스는 흠잡을 것이 없다. 빨간 제복의 웨이터와 바텐더들—일부는 이곳에서 50년 이상을 근무했다—은 요즘은 찾아보기 힘든 고전적인 프로정신을 보여준다. 이곳에 일단 한 번 방문하면, 또 다시 가고 싶어질 것이다. **KPH & FH**

"제대로 된 무소 앤 프랭크를 느끼고 싶다면, 카운터에 앉거나 서쪽 룸의 1번 테이블에 앉혀달라고 청하라."

frommers.com

⬆ 헐리우드의 명물인 무소 앤 프랭크는 그레타 가르보부터 조지 클루니까지 많은 스타들을 대접했다.

베스티아 Bestia | 굵직하고 모험적인 이탈리아 요리를 판매하는 복잡하며 핫한 장소

위치 로스앤젤레스 **대표음식** 살루미, 셰프가 직접 골라 절인 고기 모둠, 피클, 모스타르다, 그릴에 구운 빵 Salumi, the chef's selection of house-cured meats, pickles, mostarda, and grilled bread | 💲💲

"적당한 가격에 훌륭하고, 재료에 맞춘 이탈리아 요리를 만들어내는 진지한 레스토랑."

Time Out

⬆ 개조된 창고 레스토랑은 산업화적 세련미가 넘치는 세팅에서 소박한 이탈리아 음식을 제공한다.

➡ 거부할 수 없는 직접 절인 살루미 모둠.

베스티아는 로스앤젤레스 다운타운의 외진 골목에 있다. 레스토랑에 발렛 파킹을 하려고 늘어선 차들이 없다면 찾기가 어려울 것이다. 일단 복잡하고 핫한 이곳에 들어가면, 부부인 이그제큐티브 셰프 오리 메나쉬(Ori Menashe)와 페이스트리 셰프 제네비에브 게르기스(Genevieve Gergis)가 팀으로 만드는 소박한 이탈리아 음식을 맛보려는 활기에 넘치는 군중들을 발견할 것이다.

하나부터 열까지 직접 만든 메나쉬의 음식은 대표적인 요리인 직접 절인 고기부터 수제 파스타와 피자까지 훌륭하다. 카카오 반죽에 브레이징한 소꼬리와 스타게티 루스티켈라로 속을 채워 알덴테로 완벽하게 익힌 푹신한 아뇰로티 파스타는 진한 맛에 풍미가 넘친다. 이탈리아 요리의 전통적인 재료에서 벗어나, 닭의 모래주머니, 소와 닭의 염통, 성게, 어란과 같은 뜻밖의 재료들을 메뉴에 선보인다.

이에 뒤질세라 게르기스는 유혹적인 디저트 셀렉션을 선보이는데, 가장 유명한 것은 솔티드 캐러멜과 올리브 오일을 뿌린 비터스위트 초콜릿 부디노(budino)다.

탁 트인 다이닝룸은 개조한 창고─벽돌로 된 벽, 콘크리트 바닥, 환기통이 노출되어 있는─에 만든 레스토랑이 떠오른다. 실제로 창고를 개조하기도 했고, 그 흔적도 가지고 있는 이곳은 화려함과 산업적인 세련미를 만났다고 묘사할 수 있다. 도살장에서 영감을 받은 고기를 매다는 후크 모양의 샹들리에는 재미를 더한다. 레스토랑 정문과 나란히 있는 발코니와 인접한 정원에 있는 발코니에 실외 좌석이 있다. 두 곳 모두 다이닝룸보다 훨씬 조용하다.

예약은 필수이며, 확실히 자리를 맡으려면 1~2주 전에 전화해야 한다. 일찍 도착해서 구리로 덮혀있는 커스텀 디자인된 북적이는 바(bar)로 가서, 자리에 앉기를 기다리는 동안 수제 칵테일을 즐겨라. **DT**

더 헝그리 캣The Hungry Cat | 일등급 '로 바'와 독창적인 해산물 요리

위치 로스앤젤레스 **대표음식** 버터를 발라 구운 메인 산 바닷가재 롤Maine lobster roll with a buttered, toasted roll | **$$**

헝그리 캣은 산타모니카 캐넌과 샌타바버라에도 분점이 있지만, 할리우드 바인 거리(Vine St.)의 지점이 원조다. 탁월한 해산물 요리로 잘 알려져 있으며, 셰프이자 경영자인 데이비드 렌츠(David Lentz)의 메릴랜드 뿌리를 잘 반영하고 있으며 그의 성향은 최상의 캘리포니아 농산물과 만나 긍정적인 효과를 냈다.

실내장식을 최소한으로 자제하여 음식의 질이 더 많은 관심을 끌게 한다. 헝그리 캣은 게와 바닷가재, 미국, 캐나다, 멕시코, 뉴질랜드에서 잡은 신선한 굴로 이루어진 호화스런 로 바(raw bar)를 매주 바뀌는 캐비아와 해산물 위주의 메뉴와 함께 제공한다. 메뉴에는 항상 랍스터 롤과 블루치즈, 베이컨, 아보카도와 육즙이 풍부한 소고기 패티가 든 퍼그 버거(Pug Burger)가 들어있다.

렌츠는 품질 좋은 제철 재료에 초점을 맞추기 때문에, 반복해서 방문할 만한 곳이다. 추천할만한 메인 요리가 많지만 그 중에서도 초리조를 채워 넣은 오징어를 얹은 단호박 수프, 브라운 버터를 곁들인 낸터킷산 가리비 살,

브레이징한 회향을 곁들인 홍합, 샌타바버라 해안에서 윤리적으로 잡은 통 성게를 찾아보라.

요리가 항상 최고인 동시에, 헝그리 캣은 훌륭한 바와 로스앤젤레스 최고의 와인 리스트 중 하나를 뽐내고 있다. 와인은 잔이나 병으로 구입할 수 있다. 소믈리에 팀 스태링(Tim Staehling)이 만든 와인 리스트는 메뉴만큼이나 자주 바뀐다. 바덴 구테델(Baden Gutedel)과 에드나 밸리 비오니에(Edna Valley Viognier)와 같이 저평가된 보석들을 내놓는다. 칵테일 또한 특별히 언급할 만하다. 시즌별 스페셜 칵테일이 고전적인 칵테일과 나란히 놓여 있다. 칵테일 중에는 핌리코(Pimlico, 위스키, 라임, 오렌지와 민트를 넣어 만든 칵테일)가 가장 인기 있다.

결점 없는 서비스, 친근한 분위기를 갖춘 헝그리 캣은 번잡한 할리우드의 조용한 안식처이다. **KPH & FH**

⬆ 할리우드의 더 헝그리 캣은 안뜰에 숨어 있다.

피체리아 모차 Pizzeria Mozza | 편안한 분위기에서 즐기는 창의적인 이탈리아 피자

위치 로스앤젤레스 **대표음식** 호박꽃, 토마토, 부라타를 얹은 피자 Pizza with squash blossoms, tomato, and burrata | 💲💲

피체리아 모차는 뉴욕에 바보(Babbo)와 델 포스토(Del Posto)를 함께 개점한 유명 셰프 마리오 바탈리(Mario Batali)와 레스토랑 경영자 조 바스티아니치(Joe Bastianich)가 라 브레아 베이커리(La Brea Bakery)의 낸시 실버튼(Nancy Silverton)과 콜라보레이션 한 것이다. 이 캐주얼한 피자집은 장작불에 장인이 만든 피자와 파스타를 갖춘 창의적인 이탈리아 메뉴를 극찬하는 리뷰들을 쏟아내며 2006년에 문을 열었으며, 아직도 대중들을 끌어당기고 있다.

예약이 금방 완료되므로 미리 해야 한다. 메인 다이닝 룸은 작고 대화를 나누기 힘들 정도로 시끄럽다. 와인 병들이 늘어서있는 옆 방은 한결 조용하다. 이 레스토랑에서 가장 좋은 자리는 장작 오븐을 마주보고 카운터에 앉는 것이다. 고객들은 요리사가 능숙하게 피자 반죽에 구멍 내어 모양을 잡고, 신선한 토핑을 예술적으로 얹은 다음 하나씩 오븐에 밀어넣는 것을 볼 수 있다.

나폴리 스타일 피자는 밖은 바삭하고 검게 탔지만 속은 쫄깃하고 가벼우며 폭신한 크러스트와 갓 사온 신선한 재료들을 얹었다. 전통주의자들은 모차렐라, 토마토, 바질을 얹은 클래식 마르게리타 치즈를 좋아할 것이다. 다른 무언가를 원한다면 입스위치산 조개와 마늘을 얹은 미니 피자(pizzette)나 달콤한 고르곤졸라, 손가락 크기의 작은 감자(fingerling potato), 라디치오 피자를 먹어보라. 토마토와 크리미한 부라타를 얹은 호박꽃 피자는 또 다른 상상의 조합으로, 언제나 인기가 있다.

피자가 확실히 손님을 끌지만, 구운 골수뼈와 구안치알레를 얹은 닭 간 브루스케타 같은 안티파스티도 역시 칭찬할 만 하다. 매일 특별 요리가 바뀌며, 메뉴는 이탈리아 고전 음식인 가지 파르미자나(Parmigiana), 매운 고추와 브로콜리니를 곁들인 폴로 알 포르노(pollo al forno)와 라자냐 알 포르노(lasagne al forno)가 구성되어 있다. 디저트도 훌륭한데, 바다 소금을 넣은 버터스카치 부디노와 로즈메리 잣 쿠키도 많은 칭찬을 받는다. **DT**

⬆ 폭신한 크러스트를 가진 모차의 나폴리 스타일 피자.

피카 Picca | 일식 느낌을 더한 맛깔스러운 페루 음식을 파는 모던한 술집

위치 로스앤젤레스 **대표음식** 치차론 데 포요(양념해서 튀겨낸 살사 크리오야를 얹은 치킨 너겟)Chicharrón de pollo (nuggets of marinated chicken fried and topped with salsa criolla) | ❺❺❺

"일부 요리는 만화의 풍선 속 효과음인 펑! 쿵! 쾅! 처럼 느껴진다."

S. Irene Virbila, The Los Angeles Times

⬆ 먹음직한 페루 새우 요리.

셰프 리카르도 사라테(Ricardo Zarate)가 고향 페루의 리마부터 캘리포니아까지 온 여정은 불굴의 의지, 철저한 직업의식, 요리에 대한 순수한 재능이 담긴 한편의 이야기로, 사실이 아니었다면 쉽게 믿기 어려웠을 것이다. 피카는 로스앤젤레스에 있는 사라테의 두번째 레스토랑이다. 첫번째 레스토랑의 성공에서 영감 받아, 웨스트 피코 대로(West Pico Boulevard)에 새건물을 얻어 카우사(causa, 페루의 스시)와 안티쿠초(anticucho, 그릴에 구운 꼬치)에 초점을 맞춘 작은 식당을 시작했다. '한입거리'를 의미하는 우나 피카(una pica)라는 단어에서 레스토랑의 이름을 따왔다.

계절에 따라 바뀌는 다양한 메뉴를 가진 피카는 사라테의 니케이(Nikkei, 일본의 영향을 받은 페루의 요리)에 대한 열정이 드러난 신선하고 흥미진진한 음식을 선사한다.

눈에 띄는 요리로는 안티쿠초스 코라손(anticuchos corazon, 호두와 로코토 페스토를 얹은 그릴에 구운 소의 염통), 레체 데 티그레(leche de tigre) 소스를 곁들인 세비체 믹스토(ceviche mixto, 해산물 세비체), 매콤한 아히 아마리요 아이올리와 와사비 완두콩을 얹은 가리비 살 안티쿠초스와 세코 데 코르데로(seco de cordero, 고수와 페루 맥주로 만든 소스, 카나리오 콩을 곁들인 양 가슴살 스튜)가 있다.

줄리안 콕스(Julian Cox)가 만든 대표적인 칵테일들(종종 피스코를 기본으로 한다)은 식사 전 바에 앉은 고객들을 기분 좋게 하며 유능한 직원들은 잘 짜여진 메뉴를 이해하기 쉽게 도와준다.

사라테는 고든 램지와 펜겔리스를 포함한 런던의 레스토랑에서 12년간 일한 경험의 결과로 유럽 음식 문화의 영향도 체득하였다. 2007년 「푸드 & 와인 매거진」은 떠오르는 셰프 top 10 중 하나로 사라테를 지명했다. 피카의 친근한 분위기는 그의 성격을 반영하며, 그의 작업은 가장 미세한 디테일에도 그가 능하다는 것을 보여준다. **KPH & FH**

나이트+마켓 Night + Market | 저렴하고 획기적인 타이 길거리 음식

위치 로스앤젤레스 **대표음식** 남 카오 토드Nam kao tod | 💲💲

셰프 크리스 옌밤룽(Kris Yenbamroong)이 만든 이곳은 선셋 스트립 서쪽 끝에 있는 '동네 카페'로 태국 길거리 음식—아함 크람 라오(aharn klam lao), 술안주거리 정도로 해석할 수 있다—을 판매한다. 옌밤룽의 부모님이 운영하는, 하얀 식탁보에 업스케일 메뉴를 선보이는 조금 더 격식을 갖춘 태국 레스토랑인 타레사이(Talesai) 안에 자리잡고 있다.

작은 다이닝룸은 시멘트 바닥에 나무 피크닉 테이블, 벽에 그림 몇 점 정도로 간결하다. 실내장식부터 메뉴까지 전체적인 모습은 치앙마이와 방콕의 유명한 야시장에 경의를 표하고 있다. 주로 젊고 음식에 집착하는 사람들로 가득 차기 때문에, 주말에는 꽤 시끄럽지만 이런 소음은 분위기를 더 띄워준다.

나이트+마켓은 향신료와 펑크, 열기를 사랑하는 사람들을 위한 레스토랑이다. 옌밤룽의 가장 인기 있는 요리는 남 카오 토드로, 직접 만든 신 맛이 나는 돼지고기 소시지, 칠리, 생강, 땅콩을 얹은 바삭한 쌀 샐러드다. 또 메뉴에 '포크 토로(pork toro)'라고 적힌 코 무 양(kor moo yang)도 고려해볼 만하다. 구운 돼지 목덜미에 심플한 칠리 디핑 소스가 곁들여 나온다. 다른 추천할 만한 메뉴에는 새우 페이스트, 단맛이 나게 요리한 돼지고기, 달걀, 그린 망고, 태국 고추, 고수를 얹어 진하게 양념한 밥 요리인 카오 크룩 가피(kao kluk gapi)가 있다.

모든 요리들은 맥주와 위스키를 마시고 싶게 만들어졌지만, 뛰어난 와인도 갖추고 있다. 세심하게 고른 적당한 가격의 리스트에는 루아르 지역의 프랑스 소몽(Frantz Saumon)의 몽루이 '미네랄+' 슈냉 블랑(Montlouis 'Mineral+' Chenin blanc)과 100% 피노 도니스로 만든 클로 로슈(Clos Roche)의 라르팡 루즈(L'Arpent Rouge)와 같은 덜 알려진 작은 병의 와인도 다수 보인다. **MD**

치첸 이트사 Chichen Itza | 푸드코트에서 맛보는 전형적인 멕시코 남동부 유카탄 음식

위치 로스앤젤레스 **대표음식** 코치니타 피빌 Cochinita pibil | 💲

치첸 이트사는 로스앤젤레스 남부의 다문화 공간인 메르카도 라 팔로마(Mercado La Paloma)의 뒤쪽에 자리하고 있다. 이 오픈 마켓플레이스는 캘리포니아주 차량국(DMV) 지부와 개인 물품 보관창고 사이에 위치하고 있어서, 미 서부 하나뿐인 최고의 돼지고기 요리를 먹으러 찾아갈 만한 곳으로 보이지 않는다. 그러나 이곳에는 코치니타 피빌이 있다. 이 요리는 아키오테(achiote)에 재운 돼지 어깨살을 세빌 오렌지, 마늘, 후추, 올스파이스(allspice)로 양념해 바나나 잎에 싸서 숟가락이 들어갈 정도로 물러질 때까지 구워서 만든다. 오렌지 색의 국물을 넉넉히 뿌리고, 빨간 양파 피클, 밥, 검은콩, 옥수수 토르티야와 하바네로 살사를 곁들여 내는데, 멕시코 유카탄 반도의 요리를 완

> "나는 치첸 이트사 메뉴에 있는 거의 모든 것을 먹어봤는데, 모든 요리가 좋다."
>
> Howard Meyers, Consuming LA

벽하게 표현한 것이다.

치첸 이트사의 주인이자 셰프인 질베르토 세티나(Gilberto Cetina)는 미국으로 이민 와 고대 마야 도시의 이름을 딴 이 식당을 열기 전에 칸쿤 근처에서 토목기사로 일했다. 패스트 캐주얼 푸드를 파는 치첸 이트사는 일주일 내내 아침, 점심, 저녁에 문을 연다. 고객들은 카운터에서 주문을 하고, 오색창연한 공용 식사 공간에서 음식이 나오기를 기다린다.

다른 인기있는 요리에는 파누초(panucho, 딱딱하게 튀긴 옥수수 토르티야에 검은콩 간 것을 채우고 상추, 칠면조 고기, 빨간 양파 피클, 아보카도를 얹은 애피타이저)와 티킨 식(tikin-xic, 흰 생선살을 라임 주스와 아키오테에 양념해서 구운 다음 새콤한 히카마 샐러드를 얹은 밥과 함께 나온다)가 있다. **MD**

애디슨 델 마 _{Addison del Mar} | 럭셔리한 분위기에 화려한 음식

위치 샌디에이고 **대표음식** 고베 비프 쇼트 립Kobe beef short rib | ⑤⑤⑤⑤

"샌디에이고의 가장 세련된 다이닝룸 중의
하나로, 이 카운티에서 유일하게
AAA 다이아몬드 5개를 받았다."

frommers.com

애디슨에서의 식사는 모든 감각이 관여하는 경험이다. 이 레스토랑에 둥지를 틀고 있는, 화려한 그랜드 델 마 리조트에 도착하자마자 체험이 시작한다.

우선 외양부터 보면, 20세기 초반 지중해의 리바이벌 양식으로 아치형의 창문과 출입문이 있으며 붉은 벽돌이 따뜻함을 전해준다. 건축가 애디슨 미즈너는 이런 양식의 소문난 일인자로, 그의 이름을 본따 호텔의 레스토랑 이름을 지었다. 내부에는 많은 대리석 설비, 특정 시대의 가구, 꽃, 고요함이 주는 우아한 장중함이 있다. 일단 자리를 잡고 앉으면, 바깥 세상의 소란함은 잊게 만든다.

주방을 책임지고 있는 윌리엄 브래들리(William Bradley)는 '를레 & 샤토(Relais & Chateaux)'가 선정한 전 세계 160명의 그랜드 셰프 중 한사람으로, 제철 농산물에 대한 열정과 현대적인 프랑스식 조리법을 조화시켜 나가고 있다.

3가지, 4가지, 7가지, 10가지 코스로 구성된 네 종류의 메뉴를 제공하며 구성되는 요리는 주기적으로 바뀐다. 특히 칭찬할 만한 것을 골라낸 특별한 메뉴에는 캐비아를 얹은 철갑상어 콩피와 대표요리인 고베 비프 쇼트 립이 있다. 코베 비프 쇼트 립은 고기가 녹아서 매우 쉽게 살을 발라 먹을 수 있다.

눈길을 끄는 다른 메뉴도 있다. 3가지 색이 조화를 이루는 코스에는 구마모토 굴과 호스래디시, 이어 나오는 아삭한 케일과 겉을 캐러멜라이즈한 대구, 마무리로 설탕을 입힌 배와 누가(nougat)를 얹은 진하고 부드러운 마스카르포네 무스가 있다. 이 그림 같은 음식은 편안하게, 또한 예상치 못할 만큼 수수하게 나온다. 환상적인 미식 경험과 함께, 애디슨의 와인 셀러 역시 평판이 좋다는 건 그리 놀랍지 않다. 소문에 의하면 고를 수 있는 와인이 37,000병이나 있다고 하는데, 이는 레스토랑이 최고의 명성을 누리도록 해준다. **ATJ**

⬆ 애디슨 델 마는 지중해식 빌라 건물이다.

마린 룸 Marine Room | 3의 마력에 대한 달콤한 항복

위치 샌디에이고 **대표음식** 조지퇴(堆)에서 다이버가 채취한 가리비로 만든 요리 George's Bank diver scallops | **$$$**

불행은 셋씩 짝지어 온다는 미신이 있다. 이 말은 가끔 정반대의 의미로 실현되기도 한다. 그리고 그 일은 마린 룸에서 이루어질지도 모른다. 만약 당신이 운이 좋아 제시간에 저녁을 먹을 테이블을 차지했다면, 라호야 해안가 맨 끝에 있는 곳에 해가 지는 모습을 볼 수 있다. 만약 일몰이 밀물과 겹친다면, 바닷물이 불어나 창문 바로 아래에서 파도가 치는 것도 볼 수 있을 것이다. 그 후 당신에게는 3번째 축복이 펼쳐진다. 바로 프랑스의 영향을 받은 그림 같은 요리들로 구성된 식사다. 또 다른 위대한 3의 마력은 더 오션 트릴로지 테이스팅(the Ocean Trilogy Tasting, 촉촉하고 짭조름하면서 단맛이 도는 향긋한 바닷가재, 방어 회, 참치 타르타르로 구성된 3가지 음식)으로 식사를 시작하는 것으로 실현된다. 그 애피타이저에는 태평양 굴찜, 블루 크랩 케이크, 다섯가지 버섯 캐서롤, 오리건 코베 소 볼살 요리가 있다.

메인 요리들은 고전적인 프랑스 요리와 캘리포니아 요리가 반반씩 섞여 창의적으로 만들어진 것으로, 숙성시킨 하우다 치즈 폴렌타와 압생트 버터를 곁들인 메인산 바닷가재 꼬리, 향신료를 넣은 빵(pain d'espices)이 있고, 대표 메뉴인 버번 바닐라 에센스를 곁들인 '조지스 뱅크 다이버 스캘롭'도 있다. 이 외에도 와틀 씨, 가다랑어(bonito), 루바브 프리저브(preserve)를 곁들인 사슴(Cervena elk) 등심 요리, 귤 색으로 글레이즈한 유기농 두부와 무화과 콩포트(mission fig compote)를 곁들인 양갈비도 추천한다.

마린 룸은 1941년에 문을 열었고, 아슬아슬한 위치에도 불구하고, 바다가 이 레스토랑에 피해를 입힌 경우는 2번뿐이었다. 1942년에 격한 파도로 유리창이 박살났고, 1982년에는 예외적으로 높게 솟은 파도 때문에 홍수가 났다. 이런 재난의 역사에도 불구하고 라호야 해안의 파도가 넘실대는 기가 막힌 배경을 가졌으며, 하얀 식탁보가 깔린 밝고 쾌적한 다이닝룸을 가진 이곳에 대한 사람들의 열정은 사그라들지 않았다. **ATJ**

"로맨스를 위해 지어진 곳으로, 해변에서 청혼하거나 결혼식을 하는 모습을 볼 수도 있다."
Fodor's Travel

⬆ 마린 룸은 뛰어난 해산물 요리로 유명하다.

피카소 Picasso | 피카소의 오리지널 작품과
라스베이거스의 요란함 속에서 만나는 고급 지중해 음식

위치 라스베이거스 **대표음식** 아티초크를 넣은 따뜻한 메추라기 샐러드
Warm quail salad with artichokes | 💲💲💲💲

트위스트 바이 피에르 가니에르 Twist by Pierre Gagnaire
| 진정한 라스베이거스 스타일의 황홀한 다이닝

위치 라스베이거스 **대표음식** 그랜드 디저트 피에르 가니에르"Grand
Dessert Pierre Gagnaire" | 💲💲💲💲💲

절제된 표현은 라스베이거스의 장점이 아니다. 이 특별한 레스토랑은 라스베이거스의 화려한 중심가인 스트립을 매력적인 장소로 만드는 최상의 퀄리티를 모두 가지고 있다. 거대한 벨라지오 카지노 호텔 리조트의 일부분으로, 파블로 피카소를 주제로 하여 수백만 달러에 해당하는 그의 그림과 도자기를 벽에 걸어 놓았다.

레스토랑은 노출된 나무 들보, 테라코타 타일과 사치스러운 꽃 장식으로 약간 시골스러운 분위기도 풍긴다. 이곳은 영화 〈오션스 일레븐〉의 촬영장소로 쓰이기도 했다.

테라스 테이블에서, 고객들은 벨라지오의 인공 호수, 조명을 비춘 분수쇼와 복제한 에펠탑을 볼 수 있다. 음식은 물론 복제품이 아니다. 미슐랭 스타를 받았던 스페인

> "세라노의 요리는 거작의 옆에 자랑스럽게 세워
> 놓을만한 예술 작품이다."

frommers.com

셰프 훌리안 세라노(Julian Serrano)가 프랑스와 스페인에 크게 영향을 받은 세심한 요리를 내놓는다. 요리들은 화가의 팔레트처럼 테두리에 몇 가지 색깔이 찍혀있는 하얀 접시에 예술작품처럼 담겨 나온다. 프티 푸르(Petit four)는 은쟁반에 담겨 나오고, 버터 조각에는 피카소의 서명이 새겨져 있다.

전반적으로 디테일에 신경 쓴 것이 인상적이다. 세라노의 대표요리인 통 메추라기는 구운 아티초크, 으깬 아보카도, 잣, 4가지 종류의 상추, 색을 내기 위해 갈아놓은 당근, 메추라기를 굽는 동안 나온 육즙에 식초를 넣어 향을 낸 소스와 함께 나온다. 어떤 사람들은 이 요리에 아주 깊은 인상을 받아 자신들의 식사 4코스를 모두 통 메추라기로 주문했다고 한다. **SH**

라스베이거스의 만다린 오리엔탈 호텔 23층에 자리잡은 트위스트는 미슐랭 스타를 받은 스타 셰프 피에르 가니에르가 미국에 낸 첫번째 레스토랑이자 유일한 곳이다. 은은한 조명이 아름다운 입구와 스트립의 숨막히는 전경으로부터 라스베이거스의 진정한 매력이 배어나온다. 모든 디테일은 세련된 호화로움에 느껴진다.

피에르 가니에르의 요리는 항상 한마디로 정의되는 것을 거부해왔다. 그의 요리는 가벼우며 현대적인 프랑스 스타일이다. 혹자들은 그를 가리켜 '레스토랑계의 철학자이자 시인'이라고 묘사해왔다. 가니에르는 재즈, 철학, 예술에 대한 애정을 끌어들여 선택한 재료의 다른 뉘앙스를 표현한다. 모든 요리는 고객들이 각 재료의 새로운 면을 경험할 수 있도록 만들어주는 몇 가지의 보완해주는 요리들로 구성된다. 예를 들어 '토마토 맛보기(Degustation of tomato)'는 과일 향을 살리면서 질감과 온도가 번갈아 대비되도록 꼼꼼하게 속을 채워 구운 토마토에 산딸기와 살구 셔벗을 섞거나, 싱싱한 토마토 조각에 발사믹 식초 아이스크림과 여름 조개류를 곁들이기도 한다.

트위스트의 메뉴는 유동적으로, 가니에르와 이그제큐티브 셰프 류키 카와사키(Ryuki Kawasaki)는 최고의 제철 재료를 가지고 요리할 줄 안다. 그러나 '그랜드 디저트 피에르 가니에르'는, 루바브 퐁뒤와 캐러멜라이즈한 배를 곁들인 모히토 그라니타와 같이 구성요소들은 계속 바뀔지라도, 항상 메뉴에 있다.

트위스는 밤에만 문을 여는데, 이는 세련된 분위기를 더해준다. 차분하고, 카지노가 없는 환경과 공간의 아름다움이 잊을 수 없는 추억을 만들어 줄 것이다. **SK**

▶ 세련된 인테리어는 놀랄 만큼 아름다운 전경과 조화를 이룬다.

피체리아 비안코 Pizzeria Bianco | 애리조나 사막에 있는 한 조각의 피자

위치 피닉스 **대표음식** 로사 피자 Rosa Pizza | 💲💲

셰프 크리스 비안코(Chris Bianco)는 1988년 애리조나주 피닉스의 동네 슈퍼마켓 한 켠에서 사업을 시작했다. 그의 레스토랑은 현재 시내의 아름다운 벽돌건물에 자리잡고 있으며, 피자를 사랑하는 세계인들의 천국이 되었다. 「뉴욕 타임스」는 피체리아 비안코를 미국 최고의 피자 중 하나로 선정했고, 셰프 비앙코는 피자의 면모를 탈바꿈시킨 전 세계 6명의 셰프 중의 하나로 뽑혔다.

얇고 파삭하며, 손님이 원하는 것을 골라 얹을 수 있고, 나무 화덕 오븐에 굽는 그의 피자는 당신이 맛볼 수 있는 최상의 도우를 구현한다. 파르미지아노 레지아노 치즈, 신선한 로즈메리, 빨간 양파, 애리조나 피스타치오를 얹은 대표적인 메뉴인 로사 피자는 전통적인 방법으

> "크리스 비안코를 단순히 피자 만드는 사람이라고 부르는 것은 마크 트웨인이 글씨를 잘쓴다고 말하는 것과 같다."
>
> Ed Levine

로 지역의 정서를 녹여내어 독특한 조화를 보여준다. 모차렐라 치즈는 매일 직접 현장에서 만들고, 여러 허브들도 직접 길러 사용한다. 애피타이저로는 장작에 구운 채소, 소프레사타(soppressata), 치즈, 그리고 애리조나 토종 밀을 갈아만든 빵이 한 접시에 나온다. 비안코는 팜투플레이트(farm-to-plate) 철학으로 유명하며, 지역 생산자들과의 돈독한 관계를 통해 최상의 재료들을 제공받는다.

레스토랑 바로 옆에는 손님들이 기다리는 동안(좀 오래 기다릴 수도 있다) 음료를 마실 수 있는 바도 준비되어 있다. 비안코는 피닉스의 다른 곳에 2개의 분점을 더 열었지만, 이곳이야말로 하나뿐인 진짜다. **KPH & FH**

타벨스 Tarbell's | 당신이 레스토랑에 바라는 모든 것

위치 피닉스 **대표음식** '미스터 피시 오브 더 모먼트'"Mr. Fish of the Moment" | 💲💲

타벨스는 훌륭한 레스토랑이라는 것을 티내지 않지만 진짜 맛있는 음식을 취급한다. 물론 훌륭한 레스토랑이기도 하다. 비록 애리조나에 자리 잡고 있지만, 미국 남서부 요리의 특징은 뉴잉글랜드에서 태어나 프랑스에서 고전적인 요리 수업을 받은 오너 셰프인 마크 타벨(Mark Tarbell)이 짜내는 맛을 옷감에 비유했을 때 실 한 오가리에 불과하다. 그는 프랑스식 기법을 미국의 재료에 적용해 인상적인 결과물을 만들어냈다.

이 레스토랑은 음식 그 이상의 것을 가지고 있다. 타벨 자신은 최대한 폭넓은 판단력으로 서비스를 제공해야 한다고 믿으며, 그의 레스토랑은 모든 손님을 편안하게 맞아 식사를 하는 내내 주의깊고 공손하게 대접하는 것으로 널리 칭송받고 있다.

재료들은 주의깊게 선택한 유기농이며, 항상 최상의 상태를 자랑한다. 타벨스에서는 신선한, 생선, 탁월한 채소, 장작 오븐에 구운 훌륭한 피자에 중점을 두어 새롭게 만든다. 2가지 훌륭한 애피타이저로 레드 페퍼 수프와 화이트 와인, 샬롯, 타임을 넣고 찐 홍합이 있다.

물론 고기, 특히 소고기와 가금류가 든 맛있는 요리들도 있다. 하지만 고기를 좋아하는 사람들도 '더 얼스 베스트(The Earth's Best)'를 보면 고기는 잠시 잊고 싶은 유혹에 빠질 것이다. 요리에 들어가는 모든 채소는 향과 텍스처가 최대한 살아나도록 준비된다. 많은 단골에게는 '미스터 피시 오브 더 모먼트'가 가장 이상적인 선택으로 여겨지는데, 대서양이나 태평양에서 잡은 생선들의 신선함과 탁월한 준비 덕으로 보인다. 와인애호가들은 타벨의 훌륭한 셀러를 좋아한다. 와인 리스트는 그들이 처음 상의하는 것으로, 주문한 와인에 맞추어 음식을 선택하도록 도와준다. 와인 리스트에는 뉴욕이나 런던 최고의 레스토랑에서도 찾아보기 어려운 와인들이 많이 있다. **FP**

풀 오브 라이프 플랫브레드 Full of Life Flatbread | 로스앨러모스의 유기농 플랫브레드를 제공하는 팜투 테이블계의 숨은 보석

위치 로스앨러모스 **대표음식** '더 비스트' 초콜릿 브라우니 "The Beast" chocolate brownie | 💲💲

레스토랑 입구 손으로 칠한 나무 간판에는 다음과 같은 글씨가 새겨져 있다. '좋은 음식을 먹어라.' 이것이 캘리포니아 샌타바버라에서 북쪽으로 운전해서 1시간정도 떨어진 곳에 있는 옛 역마차 마을인 로스앨러모스의 이 작고 촌스러운 건물에서 당신이 정확히 하게 될 일이다. 당신을 반기는 흰색의 돌출 현관과 긴 쇠로 덮인 바가 있는 플랫브레드에는 향수를 불러 일으키는 것들이 있다. 다이닝룸은 인근의 와인 생산자, 목장주, 농부, 신선한 식품 애호가들로 북적인다.

독학으로 빵을 배운 클라크 스타웁(Clark Staub)은 2003년 자신의 플랫브레드 사업을 시작했다. 그는 일주일에 3번, 미서부 해안 곳곳의 구르메 마켓(gourmet market)에서 판매하는 유기농 플랫브레드를 굽는다. 그리고 목요일부터 일요일 저녁까지, 큰 장작이 쌓인 방은 폭 3.4m, 20톤 규모의 거대한 장작오븐 앞에 테이블을 놓은 레스토랑으로 탈바꿈한다. 이 오븐 안에서 레스토랑의 플랫브레드뿐만 아니라 염소 치즈를 곁들인 꾀꼬리버섯과 껍질째 먹는 완두콩, 카라멜라이즈한 양파, 소박한 수프들, 든든한 스튜, 매콤한 바닷가재, 구운 채소, 주변 뜰에서 생산된 신선한 채소들 같은 군침도는 조합들까지, 모든 맛있는 것들이 요리된다. 일요일에는 스페셜 메뉴가 있어서, 플랫브레드와 샐러드 외에도 계속 변화를 주는 계절별 디너 메뉴를 낸다. 스타웁과 헤드 셰프 스펜서 존스턴(Spencer Johnston)은 모든 재료를 인근의 농부, 목장주, 어부, 식재료 공급자에게서 공급받는다.

와인컨트리의 중부 해안 중심에 있는 이 숨은 보석은 90가지 이상의 로컬 와인과 더불어 수제 맥주도 갖추고 있다. 그리고 맛있는 타르트, 홈메이드 아이스크림, '더 비스트(The Beast)'가 유명하다. 그것은 초콜릿을 2배로 넣은 브라우니에 마시멜로를 얹어 오븐에서 서서히 구운 다음 바닐라 아이스크림과 함께 내는 디저트다. **PB**

"주말 저녁이면 사방에서 모인 수백 명의 사람들이 유기농 음식의 맛을 보기 위해 몰려든다."

LA Times

⤒ 다이닝룸 중앙에 놓여 있는 장작이 이글거리는 오븐.

프라스카 Frasca | 콜로라도에서 프리울리 베네치아 줄리아의 별미를 탐색하라

위치 볼더 **대표음식** 코테키노를 곁들인 뇨키, 그리고 키알손Gnocchi with cotechino; cjalsons | 💲💲

"모든 면에서 더할나위 없이 훌륭한 이 볼더의 레스토랑은 이에 걸맞게 대대적으로 홍보를 해야 한다. 기다릴만한 가치가 있다."

Zagat

⬆ FVG의 특별요리, 키알손.

이탈리아의 가장 북동부주인 프리울리 베네치아 줄리아(Friuli-Venezia Giulia, FVG)는 오스트리아와 슬로베니아 국경을 접한 지역으로, '프라스카'는 나뭇가지를 의미한다. 전통적으로 와인을 판매하는 곳에서는 와이너리의 출입문 위에 나뭇가지를 올려놓아, 들어와서 와인을 사서 좋은 음식과 함께 즐길 수 있다는 표시를 했다.

이 레스토랑은 콜로라도주 볼더라는 전혀 뜻밖의 장소에서 FVG 지역의 음식과 와인에 보내는 찬사다. 이탈리아의 몇몇 다른 지역의 요리를 포함시키며 메뉴를 확장했지만, 핵심은 향신료와 땅과 바다에서 난 재료들, 세계적으로 손꼽는 와인들과 짝지어 주목할만한 조합을 만든 것이다. 이런 결합이 FVG를 아주 특별하게 만든다. 대부분의 이탈리아 요리들이 허브로 맛을 내는 반면, FVG에서는 스파이스와 적절한 양의 허브만을 이용해왔다.

셰프 라클런 패터슨(Lachlan Patterson)과 소믈리에 바비 스터키(Bobby Stuckey)는 FVG를 남다르게 만드는 것을 정확히 이해하고, 흉내낼 수 없는 재료들—와인, 폴렌타, 몬타시오 치즈, 프로슈토 디 산 다니엘레—을 수입해 인근 지역의 생선, 채소, 고기(소고기, 꿩고기, 특히 양고기)와 결합시킨다. 어디에서도 맛볼 수 없는 요리중에 키알손(cjalson, 라비올리와 비슷하게 속을 태워놓은 파스타로, 안에 리코타 치즈, 씨 없는 건포도, 계피, 육두구, 쌀과 초콜릿을 넣음), 코테키노(cotechino, 로즈메리와 회향으로 향을 낸 무른 소시지)를 곁들인 뇨키, 프리코(frico, 몬타시오 치즈로 만든 중독성 있는 바삭한 음식) 등이 있다.

와인 리스트에는 화이트 와인인 프리울라노(Friulano, 예전의 토카이), 리볼라 지알라, 말바시아 이스트리아나(Malvasia Istriana)와 레드 와인인 레포스코(Refosco), 스키오페티노(Schioppettino)을 갖추고 있다. 이 와인들을 어울리는 음식과 맛보는 것은 이 포도들이 생산된 곳에서 멀리 사는 사람에게 흔치 않은 경험이다. **FP**

코치닐Cochineal | 사막 한가운데에서 만나는 현대 요리

위치 마파　**대표음식** 구운 닭고기를 넣은 칠라킬레스Chilaquiles with roasted chicken　| 🟡🟡

서부 텍사스 메마른 고도의 사막에 있는 마파의 작은 소수민족 거주지에서 한 쌍의 미슐랭 스타 셰프들이 운영하는 레스토랑을 찾을거라고는 아무도 기대하지 않을 것이다. 그러나 그런 레스토랑은 마을에 하나뿐인 신호등으로부터 한 블록 떨어진 아도비 벽돌 건물에 있다.

톰 랩(Tom Rapp)과 토시후미 사키하라(Toshifumi Sakihara)는 폭넓고 활기를 띤 미국의 시골 음식으로 잘 알려진 뉴욕의 카페 에타지니(Etats-Unis)의 후속작으로 2008년 코치닐을 열었다. 그들은 다이닝 공간과 채소를 기르는 정원에 빠르게 접근할 수 있는 작은 오픈 키친안에서 자신들의 유명한 요리들을 계속 이어가고 있다.

고객들은 그늘진 야외 마당과 최소한이지만 안락하게 꾸민 다이닝룸 중에서 선택할 수 있다. 다이닝룸은 마파의 후원자였던 뉴욕의 조각가 도널드 저드가 1970년대 초기 텍사스의 이 작은 마을로 이주했던 것에 대해 경의를 표하는 의미를 지니고 있다. 메뉴는 매일 바뀌며, 인근 지역의 생생한 재료에 초점을 두고 있다. 셰프들은 북아프리카 전통 요리에 뿌리를 두고, 멕시코 요리를 종종 참고한 음식을 만들어내는 도전 과정을 잘 해내고 있다. 어떤 저녁에는 양어장에서 기른 바라문디(barramundi), 다른 날에는 치킨 칠라킬레스—튀긴 토르티야 칩과 토마티요 소스, 그림을 넣은 멕시코 중부의 캐서롤—가 등장한다.

경험이 풍부한 감정가와 충분한 논의를 거쳐 전 세계 구석구석에서 가져온 250여병으로 된 코치닐의 기발한 와인 리스트는 처음부터 끝까지 읽어보라. 그리고 마파의 신비로운 '도깨비불(ghost lights)'을 루트 67에서 보기 위해 사막으로 다시 나가기 전에, 사키하라의 유명한 대추야자 푸딩(date pudding)을 주문하라. 주문을 받은 후 만들어 럼 캐러멜 소스를 뿌려 나오는 푸딩은 거부할 수 없는 맛이다. **TR**

실로스 델리카트슨Schilo's Delicatessen | 텍사스에 맛보는 독일의 맛

위치 샌안토니오　**대표음식** 감자 팬케이크Potato pancakes　| 🟡

샌안토니오의 번잡한 리버워크(River Walk)에 자리잡은 실로스 델리카트슨은 독일의 유산을 많이 가진 이 도시의 기념비 같은 존재다. 근 100년 동안 가족들이 운영한 이 레스토랑은 텍사스주에서 가장 사랑받는 루벤 샌드위치와 감자 팬케이크를 만들어왔다.

이 장소는 본래 술집이었으나, 금주령 때문에 프리츠 실로(Fritz Schilo)는 어쩔 수 없이 어렸을 때 먹던 독일 음식을 요리하게 되었다. 메뉴는 거의 변하지 않았으며, 슈니첼(schnitzel)과 브라트부르스트(bratwurst) 모둠뿐 아니라 고전적인 델리 음식까지 판매한다.

레스토랑의 실내—바닥의 복잡한 타일도 눈여겨보라—는 실로의 집안이 다운타운에 처음 문을 열었던 때 이후 크게 바뀌지 않았다. 양철로 장식한 천장이 있는 오

> **"이 유서 깊은 다운타운 건물은 1917년 이래로 독일 소울 푸드를 선보여왔다."**
> fodors.com

픈 다이닝 공간은 아침, 점심, 저녁 내내 꾸준히 사람들이 오고간다. 그 뒤편에 있는 오래된 나무 패널로 덮인 바에는 텍사스 맥주와 함께 슈파텐과 바르슈타이너 맥주를 쌓아놓고 있다.

레스토랑의 폭만큼 길게 놓인 델리 카운터는 샌드위치에 필요한 모든 재료들을 비롯하여 피멘토 치즈와 소혀와 같은 특별한 재료들까지 빼곡하게 놓여 있다. 빵은 사워도우, 밀가루 빵, 유대식 호밀빵 중에서 골라라. 요구에 따라 양상추, 토마토, 사워크라우트를 넣어준다. 실로스는 파프리카 치킨이 들어있는 독일식 저녁 특별 메뉴로 오후 5시 이후에 빛을 발한다. 라이브 밴드의 연주를 들을 수 있는 금요일이나 토요일 저녁에 방문하기를 권한다. **TR**

위치 오스틴 **대표음식** 래빗 7 웨이즈Rabbit 7 Ways | $$

> "폴 퀴는 아시아 길거리 음식의 고유한 특성을 매일 먹는 일상적인 음식에 도입했다."
>
> Christopher Hughes, The Boston Globe

⬆ 대표 요리인 래빗 7 웨이즈를 꼭 맛보길.

셰프 폴 퀴(Paul Qui)는 자신의 새로운 플래그십 래스토랑을 텍사스주 오스틴에서 콜라보레이션으로 운영한다.

건물은 이 도시의 슬로건인 '오스틴을 독특하게 유지하라'을 염두에 두고 디자인됐다. 예약없이 오는 사람들은 1970년대 스타일의 발코니에서 수제 칵테일을 즐길 수 있다. 앞마당에 있는 나무 주위를 둘러싼 조형물이 눈에 띄는데, 특별히 제작한 것으로 자전거 거치대 역할을 한다. 퀴에서의 식사는 고객과 용모단정하고 친절한 직원들 모두 즐겁다.

가장 인기 있는 요리 중에 하나는 디너 메뉴에 언제나 빠지지 않는 것으로, 기름에 담가 약한 불에서 서서히 익힌 왕연어(king salmon)를 크래커 위에 담고 다진 달걀, 연어 알, 크렘 프레슈, 절인 빨간 양파, 머리 강 핑크 소금을 얹은 '새먼 버터(Salmon Butter)'다. 대표적인 요리는 '래빗 7 웨이즈'인데, 기름진 다리살로 만든 콩피, 발로틴(ballotine), 두가지의 발효한 소시지, 튀긴 토끼 뱃살, 토끼 파르스(farce)를 잎채소와 허브가 담긴 그릇과 함께 내면 보쌈처럼 싸서 누옥 맘(nuoc mam) 소스에 찍어 먹는다. 7번째이자 따로 준비하는 메뉴인 토끼 콩소메로 이 요리는 끝을 맺는다.

이 레스토랑에 있는 독특한 디자인 요소 중 하나는 벽에 붙어 있는 널빤지로, 손으로 쓴 꼬리표를 고리에 걸어 가득 매달아 놓았다. 각 꼬리표에는 1가지 식자재의 이름이 적혀있는데, 셰프들은 틈날 때마다 가능한 맛의 조합을 만들어보며 놀도록 장려받는다. 이 아이디어 보드는 무엇이 퀴의 가장 인기있는 디저트—숙성시킨 체더 치즈 아이스크림에 땅콩 프랄린, 바삭한 웨하스, 한 방울의 염소젖 캐러멜을 넣어 진짜 맛있는 조합을 이루는 선디(sundae)—가 만들어지게 되었는지를 설명해준다. 평범하지 않을지는 몰라도 맛있는 것만은 확실하다. **MD**

블랙스 바비큐Black's Barbecue | 고전적인 텍사스 바비큐 레스토랑

위치 록하트 **대표음식** 직접 만들어 바비큐한 소고기와 돼지고기를 넣은 소시지Barbecued homemade beef-and-pork sausage | **$**

록하트라는 작은 마을은 스스로 '텍사스 바비큐의 수도'라고 부른다. 록하트의 호평받는 바비큐 식당 4군데는 1년에 무려 25만 명분을 판매하는 것으로 추정된다. 마을에는 인구가 고작 12,000명 정도인데 말이다. 이중 가장 유명하고 오래된 레스토랑이 블랙스다. 블랙스는 메인 거리(Main St.)의 큰 목조 건물에 자리하고 있으며, 1932년 이래로 같은 집안에서 운영해왔다. 내부에는 텍사스 번호판, 지역 고등학교 미식축구 팀의 사진들, 긴뿔 물소의 진짜 뿔들이 걸려있다.

큼직하게 바비큐한 고기와 하우스메이드 소시지 등의 음식은 남부스타일 분위기와 완벽하게 어울린다. 고객들은 여러가지 사이드 메뉴를 고르기 위해 접시를 들고 줄을 서고, 카운터에서 고기를 주문한 다음 돈을 지불한다. 플라스틱 포크와 나이프, 스티로폼 컵, 종이 접시, 빨간색 체크무늬 식탁보와 통째로 가져다 놓은 키친 타올 등 모든 소품들이 소박하다.

주인인 에드가 블랙(Edgar Black)은 아직도 자신의 아버지가 레스토랑을 개업했을 당시의 방식 그대로 요리한다. 벽돌 바비큐 그릴에 장작을 때서 소금과 후추로만 간한 고기를 요리한다. 부인인 노마(Norma)는 걸쭉한 붉은색의 달콤한 바비큐 소스를 만드는데, 상표를 붙여 판매하며 우편 주문도 받는다. 1988년 에드가는 록하트의 '가장 가치있는 시민'으로 지정되기도 했다.

이곳에서 제일 잘하는 요리는 소고기 양지머리, 돼지갈비, 닭고기로 그릴에 오랜 시간 조리해 참나무 훈연이 배어있다. 블랙스의 소고기와 돼지고기를 넣은 소시지는 전국적으로 유명하다. 1960년대에도 블랙스의 명성은 지금과 비슷했다. 텍사스 출신임을 자랑스러워하던 린든 존슨 대통령은 공식 바비큐 행사를 위해 블랙의 소시지를 특별히 백악관까지 공수하기도 했다. **SH**

론섬 도브Lonesome Dove | 재치 있고 독창적인 텍사스의 맛

위치 포트워스 **대표음식** 토끼와 방울뱀고기 소시지Rabbit-rattlesnake sausage | **$$**

유서 깊은 포트워스 가축수용소에 있는 서부 비스트로인 론섬 도브는 21세기 텍사스의 핵심을 구체적으로 보여준다. 이곳은 과거에 집착한다 싶을 정도로 관심이 많으며, 대담하고, 현란하고, 실험적이다. 지역의 과장된 카우보이 문화로부터 잠깐 벗어나고 싶은 이들에겐 이 레스토랑이 주는 분위기와 음식에서 나타나는, 서부 스타일에 대한 캐주얼하고 현대적인 접근법이 반가울 것이다.

저명한 셰프 팀 러브(Tim Love)가 2000년에 문을 연 론섬 도브는 수준 높은 전형적인 스테이크하우스로 다양한 부위와 고전적인 전분 류의 단품 메뉴를 판매한다. 일본식 와규 립아이는 1~2인분 용으로 텍사스 미식가들 사이에 많이 회자되었다. 단순한 뉴욕 스트립이나 소고기

> "가축수용소에 가게 된다면, 이곳에서 세련되고 이국적인 음식을 꼭 먹어봐야 한다."
>
> fodors.com

안심도 주방의 솜씨를 돋보이게 하는 것 이상으로 훌륭하다.

셰프 러브는 토끼와 방울뱀고기로 만든 소시지, 록키산 엘크 등심, 캥거루 카르파초와 같은 깜짝 놀랄만한 음식을 통해 고객들을 낯선 지역으로의 신나는 모험으로 이끄는 것을 좋아한다. 메뉴는 처음에 보면 다소 교묘하게 보일 수 있지만, 일단 먹어보고 혀로 판단하기를 권한다. 캘리포니아 최고의 와인이 넘쳐나는 와인 리스트 또한 주목해야 한다. 론섬 도브는 미국식 컴포트 푸드가 특히 돋보인다. 여러 기발한 애피타이저 가운데에는 바닷가재로 속을 채운 허시 퍼피(hush puppy)가 있는데, 이것은 미국 남부에서 많이 먹는 튀김 과자를 북대서양식으로 변형한 요리다. **TR**

언더벨리 Underbelly | 환상적인 맛의 새로운 미국식 크레올 푸드

위치 휴스턴　**대표음식** 한국식으로 브레이징한 염소와 떡 Korean braised goat and dumplings | 💲💲

언더벨리는 한 번의 식사로 텍사스 도시들의 다양하면서 이질적인 음식 문화를 경험할 수 있는 레스토랑으로 영원히 휴스턴에 이름을 남길 것이다.

'미국에서 가장 다양한 대도시'라는 명성을 갖고 있는 휴스턴은 인접한 블록 내에서 베트남 쌀국수 한 그릇, 나이지리아의 푸푸(fufu) 한 접시, 여러 층으로 쌓은 살바도르의 푸푸사(pupusa)를 맛볼 수 있는 곳이다.

셰프 크리스 셰퍼드(Chris Shepherd)는 '휴스턴 음식 이야기'를 들려주기 위해 언더벨리를 시작했다고 한다. 그이야기는 수많은 나라들의 현대적인 맛에서부터 텍사스와 멕시코만의 여러 항구를 연결하는 운송 허브로서의 휴스턴의 일상까지 펼쳐진다. 그 결과 셰퍼드가 '새로운 미국 크레올'이라고 부르는 토속적인 맛들을 사려깊게 조합해낸 메뉴는 계속 바뀐다. 언더벨리는 보통 저녁 시간에 멕시코만 새우와 인근지역에서 재배된 옥수수로 만든 그리츠(grits), 레스토랑의 대표적인 요리인 한국식으로 브레이징한 염소와 떡 등 다양한 요리를 제공한다. 고객들은 메뉴를 하나씩 주문할 수도 있고 언더벨리의 패밀리 스타일 셀렉션—지역 농장, 목장, 어선에서 가져온 싱싱한 재료에 중점을 둔 양이 많은 음식들—을 고를 수도 있다.

고기를 좋아하는 사람이라면 농장에서 기른 가금류와 특이한 부위를 레스토랑에서 직접 부위별로 잘라 훈제한 요리에 기분이 좋아질 것이다. 바삭한 돼지 슈니첼, 휴스턴의 역사가 깊은 독일과 이탈리아 커뮤니티를 참고해 만든 잠포네(zampone) 햄, 피시 소스에 요리한 순살 치킨, 사천식 새콤한 양배추를 곁들인 매운 돼지고기 소시지는 인정 받는 메뉴들이다.

모험적인 시도를 한 해산물 요리를 먹고자 하는 사람들은 멕시코만에서 우연히 잡힌 잡어들을 부두에서 구입해다 튀긴 메뉴인 '크리스피 바이캐치(crispy bycatch)'를 먹어볼 필요가 있다. **TR**

⬆ 통째로 바삭하게 튀긴 쥐치(triggerfish).

옥스하트Oxheart | 텍사스식 저장식품이 돋보이는 독창적인 채소 중심의 요리

위치 휴스턴 **대표음식** 십자화과 잎채소, 피클한 줄기, 염소 유장, 국화, 허브 오일Brassica leaves, pickled stems, goat whey, chrysanthemum, and herb oils | ⑤
⑤⑤

셰프 저스틴 유(Justin Yu)는 캘리포니아 나파의 유명한 채식 레스토랑 우번투(Ubuntu)의 제레미 폭스 아래에서 일하면서, 채소를 이용한 고급 요리에 푹 빠지게 되었다. 북유럽 요리의 발상지인 덴마크 코펜하겐에서 수련을 하면서, 그는 향토음식에 대한 열정을 키웠다. 유는 이 2가지 성향을 고향으로 가져와 웨어하우스 디스트릭트 레스토랑인 옥스하트를 열고 아내인 페이스트리 셰프 캐런 맨(Karen Man)과 함께 운영하고 있다.

레스토랑의 이름인 옥스하트는 소의 장기가 아니고, 재래종 당근 종류의 채소 이름에서 따온 것이다. 따라서 초기부터, 유는 고객들에게 이곳이 평범한 휴스턴 레스토랑이 아니라는 점을 주지시켰다.

옥스하트의 고객들은 3가지 메뉴 중에서 선택할 수 있다. 제철 재료를 위주로 사용하며 육류와 채소가 섞인 4가지 코스의 메뉴, 4가지 코스의 베지테리언 '가든(garden)' 메뉴, 앞의 2가지 코스에서 고른 음식들로 구성된 7가지 코스의 테이스팅 메뉴가 있다.

대표적인 요리는 익히지 않은 십자화과 잎채소와 피클한 줄기, 염소 유장, 국화와 허브 오일이다. 이는 마치 미술관의 전시품에 붙인 설명처럼 들리겠지만, 옥스하트에서 허세를 부린 것은 아니다. 아름답게 선보이는 요리들은 텍사스 유년기의 추억과 같은 맛―엄마가 집에서 직접 만든 최고의 랜치 드레싱에 익히지 않은 브로콜리를 직접 찍어 먹는 맛―이 난다. 먹기 전에 재료를 고루 섞어 먹으라고 알려준다.

다른 주목할만한 요리에는 훈제한 검은 마늘과 크렘 프레슈를 곁들인 서서히 구워 피클한 오크라, 사탕수수 시럽, 콜라드 그린, 데친 나물, 겨자, 피클을 곁들인 '아프리카 블루' 바질과 메스키트(mesquite)에 훈제한 메기가 있다. 요리들은 이처럼 전통적인 큼지막한 스테이크보다는 새로운 휴스턴의 일상과 같은 모습이다. **MD**

⬆ 옥스하트는 야단스럽지 않으면서 창의적인 외식을 경험하게 해준다.

보가츠 스모크하우스 Bogart's Smokehouse | 견실한 바비큐 전문점

위치 세인트루이스 **대표음식 대표음식** 살구 글레이즈를 바른 돼지갈비 바비큐Rack of barbecued pork ribs with apricot glaze | 💲

막 바비큐한 큼지막한 고기 덕분에 보가츠는 미주리주 세인트루이스의 명물이 되었다. 식당은 부시 스타디움의 게이트웨이 아치와 유서깊은 술라드(Soulard) 파머스 마켓 근처, 다운타운 거리 코너에 자리 잡고 있다. 커다란 나무와 유리로 만든 문 안쪽에는 플라스틱 소스 병과 냅킨 꽂이가 놓인 금속으로 덮인 모던한 테이블들이 있다. 이 작은 공간은 보가츠의 명성 탓에 종종 손님들이 가득 차서 비좁고 복잡해진다. 어디든 자리가 나는 곳에 앉아야 하며 밖에 줄은 선 사람들에게 기다리는 동안 무료 샘플을 나눠준다.

메뉴는 칠판에 적혀있고, 카운터에서 주문하고 돈을 지불하면, 음식을 금속 쟁반이나 플라스틱 바구니에 담아 작은 그릇에 각각 담긴 사이드 디시와 함께 준다. 포크

> "보가츠의 숨막히게 맛있는 갈비,
> 능가할 자가 없는 순살 돼지고기와 뛰어난
> 차돌박이를 먹어보라."
>
> Joe Bonwick, St Louis Post-Dispatch

와 나이프는 검은색 플라스틱 일회용 제품을 쓴다.

여기에서 가장 중요한 것은 그저 바비큐한 고기다. '미국에서 가장 좋아하는 음식을 중심으로 돌아간다'는 보가츠의 주장처럼 말이다. 고객들은 완벽하게 요리한 큼직한 돼지갈비 조각이나 칠면조, 소고기, 또는 돼지고기로 속을 채운 샌드위치, 다른 종류의 고기들을 조금씩 섞은 콤보 플레이트를 주문한다.

사이드 메뉴에 바비큐한 돼지 껍질과 데빌드에그(deviled egg) 포테이토 샐러드도 있다. 엑스트라 소스에는 애플 소스, 매운 '부두' 소스와 노스캐롤라이나 스타일의 식초 소스가 있다. 감자칩은 빌리 고트사(社)의 제품을 사서 쓰지만, 나머지는 모두 직접 만든다. **SH**

윌리 매스 스카치 하우스 Willie Mae's Scotch House | 뉴올리언스의 전설적인 프라이드 치킨

위치 뉴올리언스 **대표음식** 윌리 매스 프라이드 치킨Willie Mae's fried chicken | 💲

이곳은 주인과 많은 잡지의 음식 평론가들이 인정하는 '세계 최고의 프라이드 치킨'을 찾는 이들의 성지가 되어 왔다.

이 전설적인 식당은 윌리 매 시턴(Willie Mae Seaton)에 의해 1956년 작은 바 형태로 시작됐다. 다음 해, 빠르게 성장하는 식당을 현재 위치인 뉴올리언스의 피프스 워드(Fifth Ward)로 옮겼다. 처음에는 일반적인 바 외에도 헤어 숍을 위한 공간도 가지고 있었으나 1972년에 음식만을 하는 공간으로 전설적인 확장을 하였다.

좋든 나쁘든, 오랫동안 미식가들의 사랑을 받아왔던 윌리 매스 스카치 하우스는 2005년에 큰 변화를 맞이했다. 그해 5월 레스토랑이 제임스 비어드 재단으로부터 남부지역의 아메리칸 아이콘이라는 상을 받은 것이다. 뉴올리언스에서도 시턴이 지역에 사회적으로, 또한 요리에 있어 공헌한 바를 인정해 상을 줬다. 그러나 그해 8월, 허리케인 카트리나가 루이지애나주를 덮치면서 그곳은 폐허가 되었다. 폭풍우가 잠잠해지고 난 후, 시턴이 레스토랑으로 돌아왔을 때에는 쓰레기더미만이 남아 있었다.

헌신적인 자원봉사자들과 식문화 보존 그룹인 서던 푸드웨이스 얼라이언스(Southern Foodways Alliance)의 지원—건물 재건을 위해 2만불을 기증했다—덕분에 윌리 매스는 2007년 4월 감격적으로 다시 문을 열었다. 곧이어 시턴은 손녀인 케리 시턴(Kerry Seaton)에게 사업을 넘겼고, 케리는 기존의 요리와 더불어 버터빈과 빵가루를 입혀 튀긴 송아지 요리, 푹 익힌 폭찹과 같은 다양한 새 메뉴를 취급하는 방향으로 주방을 지휘해 나갔다.

장소는 약간 외진 곳에 있지만, 문을 연 시간이면 언제나 식당 밖으로 길게 늘어선 줄을 볼 수 있다. 이 식당은 점심시간에만 문을 연다. **TR**

앙투안스 Antoine's | 미국에서 가장 오래된 레스토랑 중 한 곳에서 맛보는 호화로운 파인 다이닝

위치 뉴올리언스　**대표음식** 오이스터 록펠러 Oysters Rockefeller | ❸❸❸

앙투안스는 1840년 문을 연 이래로 뉴올리언스 그랜드 다이닝 전통의 아이콘이었다. 프렌치쿼터에 있는 이 레스토랑은 오늘날에도 메뉴의 아티초크 에그 사르두(artichoke eggs Sardou)와 2번 튀긴 폼데테레 수플레(pommes de terre soufflees)와 같은 요리로 미국 요리에 길이 남을 기여를 했다.

1899년 앙투안스의 주방에서 만들어낸 오이스터 록펠러만큼 이 레스토랑과 인연이 깊은 요리도 없다. 전설에 따르면 설립자인 앙투안 알시아토어(Antoine Alciatore)의 아들인 줄스 알시아토어(Jules Alciatore)가 갑작스럽게 달팽이가 부족한 중에 고안해낸 요리로, 달팽이 대신에 굴을 이용했다. 줄스는 굴을 껍질에서 꺼내 빵가루와 다진 잎채소로 감싼 다음 구워냈다. 그리고 이 요리는 그 맛이 풍부해 당대의 가장 부자였던 유류업계의 거물 존 D. 록펠러를 따서 이름 붙였다.

14개의 화려한 다이닝룸과 800석 규모의 레스토랑은 마르디 그라(Mardi Gras) '참가자(krewes)'들이 늦은 밤 질펀한 파티를 위해 예약했던 장소에 모여있는 모습을 떠올리게 한다. 가장 대표적인 렉스 룸(Rex Room)—아마도 뉴올리언스의 전통 깊은 남성 친목회들 중 가장 두드러진 모임의 이름을 본땄으—은 유명한 레스토랑 고객들의 사진 수백 장과 기념품들이 상자에 담겨 전시되어 있다. 프로테우스와 『십이야』의 난봉꾼의 이름을 딴 다이닝룸도 유지하고 있다.

앙투안스는 2005년 허리케인 카타리나를 비교적 큰 상처 없이 넘기고, 같은 해 연말에 100명의 새해 파티를 즐기는 사람들을 맞으며 새로 오픈했다. 이후로 최고의 서비스와 고전적인 요리들—달팽이 요리인 에스카르고 알 라 부르기뇽(escargots à la Bourguignonne)부터 디저트로 나오는 베이크드 알래스카(baked Alaska)까지—를 끊임없이 지속해오고 있다. **TR**

"우리는 뉴올리언스 최초의 고급 레스토랑에 대한 감상적이고 말랑말랑한 감성을 가지고 있다."

frommers.com

⬆ 세인트 루이스 거리에 있는 앙투안스의 외관.

커맨더스 팰리스Commander's Palace | 뉴올리언스에서 만나는 고급 다이닝

위치 뉴올리언스 **대표음식** 사탕수수로 옻칠한 메추라기|Sugarcane-lacquered quail | 🖢🖢

커맨더스 팰리스는 100년이 넘도록 가든 디스트릭트 주택가에 청록색과 흰색으로 아름답게 꾸며진 장관의 건물을 지켜왔다. 지금은 미국 최고의 레스토랑 중에 하나로 남아있다.

유능한 셰프 토리 맥페일(Tory McPhail)의 메뉴에는 루이지애나 크레올(Louisiana Creole) 사람들의 주식인 자라 수프, 검보(gumbo), 새우 레물라드와 같은 음식들과 제철 재료를 이용한 창의적인 요리들이 섞여 있다. 거의 모든 재료를 인근의 생산자들이 제공하며, 허브는 옥상 정원에서 기르는 것을 사용한다.

1880년, 부유한 이웃들을 대상으로 술집을 연 사업가인 에밀리 커맨더(Emile Commander)와 함께 이 레스토랑의 이야기는 시작된다. 20년 후에 커맨더스는 세계 곳곳의 대식사들을 불러들이는 유명한 장소로 발전했다. 이후 운영상 2번의 변화가 있었다. 하나는 1920년대로, 당시 좁은 다이닝룸에는 리버보트의 선장부터 성공회 신자까지 다양한 고객들이 뒤섞여 몰려들었다. 다른 하나

는 1940년대로, 약 10년 동안 레스토랑의 유명한 요리들 중 상당수가 처음으로 만들어졌다. 1974년 이래로 커맨더스 팰리스는 루이지애나의 존경받는 레스토랑 경영자 가문인 브레넌(Brennans) 가에서 소유했는데, 셰프 폴 프러덤(Paul Prudhomme)과 에머럴 래가시(Emeril Lagasse)가 커리어를 시작할 수 있도록 도왔다. 그런데 2005년, 허리케인 카트리나가 건물을 폐허로 만들어 버렸다. 큰 비용과 1년 여의 세월을 들여 재건축을 끝내고, 사랑받는 아이콘이었던 이곳은 뉴올리언스 재건의 상징으로 다시 문을 열었다.

현재 이곳은 주말마다 재즈 브런치 메뉴로 명성을 누리고 있다. 고객들은 루이지애나 블루 크랩을 넣은 프리타타, 하우스 스페셜 피칸과 사탕수수로 옻칠한 메추라기를 먹으며 루이지애나 전역을 순회하는 재즈 밴드의 라이브 공연을 즐긴다. **TR**

⤒ 뉴올리언스의 사랑 받는 랜드마크.

실배인 Sylvain | 스타일리시하고 현대적인 분위기의 미국식 선술집

위치 뉴올리언스 **대표음식** 걸프 슈림프 필라우와 버번 크러스트 Gulf shrimp pirlou and a bourbon crust | 💲💲

실배인은 뉴올리언스 외식업계에서 상대적으로 풋내기이지만, 미국식 선술집 요리와 뉴올리언스에서 유행하는 칵테일에 대한 고급스러운 접근법으로 명성을 얻게 되었다. 프렌치쿼터에 둥지를 튼 실배인은 몇 안 되는 고급 미식 식당(gastropub) 중 하나로 자신을 구분 짓는다.

신중한 컴포트 푸드와 고전적인 음료 메뉴에 동등하게 비중을 둔 카페는 지역 미식가들의 마음을 사로잡아, 수박 피클과 버번 크러스타를 곁들인 행어 스테이크(hanger steak)를 먹기 위해 관광객 무리를 뚫고 기꺼이 이곳을 찾아오도록 한다.

200년된 마차 차고에 자리 잡은 실배인은 이 동네의 고상하고 보헤미안의 색채를 띤 과거를 연상시키는 것에 대한 자부심이 있다. 항상 진화하는 역사를 염두에 두고, 실배인은 미국의 가장 유명한 치킨 샌드위치 체인(chick-fil-a)에 대한 인사로 최근 현대적인 멋을 가미한 '칙실배인(Chick-Syl-vain)'뿐만 아니라 루이지애나의 필라프인 새우 필라우(shrimp pirlou)와 같은 고전적인 이 지역의 음식도 한다.

촛불을 밝힌 실내에서 읽기가 조금 어려울 수 있지만, 음료 메뉴는 뉴올리언스의 150년 된 독창적인 칵테일 문화를 활용한 것이다. 바텐더는 구리로 상판을 덮은 바의 뒤편에서 '사제락(Sazerac, 뉴올리언스의 공식 칵테일)'부터 계피향이 첨가된 '데드 맨스 월릿(Dead Man's Wallet)'에 이르기까지 무엇이나, 어떤 것이든 섞을 준비가 되어있다. 역사광들은 한때—어떤 이들은 아직도 귀신이 씌었다고 생각한다—이 건물을 소유했던 악명 높은 사창굴의 거물의 이름을 딴 제니버(jenever)와 생강주의 칵테일인 '앤트 로우즈스 진저드 붐붐(Aunt Rose's Gingered Boom Boom)'을 찾는다. 루이지애나에서 인기있는 애비타(Abita) 맥주회사의 루트비어(Root beer)에 캐러멜 아이스크림, 진저 크리스프(ginger crisps)를 넣은 '실배인 프로트'를 빼고 완벽한 식사를 논할 수 없을 것이다. **TR**

⬆ 실배인의 걸프 슈림프와 루이지애나 팝콘 라이스.

두키 체이시스 Dooky Chase's | 미스 레아의 키친: 진보적인 사고와 인권에 영감을 받은 훌륭한 음식

위치 뉴올리언스 **대표음식** 슈림프 클레망소 Shrimp Clemenceau | 🕙

"이곳은 레이 찰스와 같은 사람들이
지역 공연을 마치고 찾아오던 곳이다."
frommers.com

레스토랑은 여러가지 이유로 유명해질 수 있다. 카리스마 넘치는 주인, 환상적인 인테리어, 감동적인 와인 리스트, 이야깃거리가 되는 과거 등 다양한 요소가 있다. 그리고 훌륭한 음식을 만들고 특별한 분위기를 가지고 있으며, 무엇보다도 레아 체이스(Leah Chase)가 있는 두키 체이시스 같은 경우가 있다.

1923년에 태어난 레아는 1945년 재즈 뮤지션인 에드가 '두키' 체이스(Edgar Dooky Chase)와 결혼했고, 4년 뒤 이 레스토랑을 오픈했다. 1960년대 레아 덕분에, 두키 체이시스는 인종 분리 정책이 있던 뉴올리언스에서 모든 피부색의 인권운동가들이 분쟁없이 만나서 일을 도모할 수 있었던 몇 안 되는 장소 중의 한곳이 되었다. 레아는 식당을 드나드는 모든 이들에게 훌륭한 크레올 요리와 프라이드 치킨과 같은 남부 고전 요리를 대접했다.

요즘 두키 체이시스는 화요일부터 금요일까지 점심에 뷔페를 제공하고, 금요일에는 특별히 저녁을 판매하며 가끔 레아가 관리한다. 뷔페에는 구할 수 있는 재료를 이용해 몇 가지 종류의 메뉴를 돌려가며 운영한다. 보통 프라이드 치킨이 나오고, 레드빈, 쌀요리, 소시지가 나오기도 한다. 그리고 검보 절브(gumbo z'herb, 순무, 겨자잎, 시금치로 만든 스튜), 흰살 생선 케이크, 새우와 리마빈, 찐 오크라, 슈림프 클레망소(작은 새우, 다진 감자, 완두콩, 버섯, 버터, 와인을 넣고 만든 요리) 등이 메뉴에 있다.

디저트에는 복숭아 코블러, 브레드 푸딩, 프랄린 푸딩, 딸기 쇼트 케이크, 그리고 단순하지만 맛있는 진저브 레드가 있다.

레아의 좌우명은 '비밀 레시피는 없다'이다. 이곳에서 음식에 쏟는 애정과 헌신이야말로 레아의 주방에서만 찾아볼 수 있는 독특한 재료다. **FP**

⬆ 미국 남부 음식의 고전, 오크라 스튜.

시티 그로서리 City Grocery | 미국 남부의 식생활을 한눈에 보여주는 곳

위치 옥스퍼드 **대표음식** 슈림프 앤 그리츠 Shrimp and grits | $$

미시시피주 옥스퍼드에 살았던 가장 유명한 사람인 윌리엄 포크너는 모든 예술가의 목적은 동작, 즉 삶을 포착해 그것을 담아내는 것이라고 한 적이 있다. 그는 "유일한 불멸이란 영원히 남아있을 수 있는 무언가를 남기는 것이다."라고 적었다. 시티 그로서리의 주인이자 셰프인 존 커렌스(John Currence)는 그의 화려하지만 겸손한 말로 자신은 그런 강한 소망이 없다고 말할 것이다. 그러나 '지역색을 확실히 보여주는 것'에 대해 묻는다면, 옥스퍼드의 주민이자 수상경력이 있는 푸드 라이터인 존 T. 엣지가 "음식이라는 수단을 통해 지역사회를 테두리 안에 함께 엮어 놓았다"라고 부르는 그 무언가를 만들기 위해 커렌스가 헌신해왔다는 사실을 발견하게 될 것이다.

커렌스는 의심할 여지없이 남부 요리를 지키는 사람이며, 시티 그로서리는 그의 주력 상품이다. 한때는 18세기 말 보관소였던 메인 스퀘어에 있는 건물은 이제 음식과 음료를 위한 장소가 되었다.

새우와 그리츠, 팬에 볶은 닭고기와 같은 커렌스의 고전적인 요리들은 전통에 대한 오마주인데 반하여, 훈제한 버섯을 넣은 리소토 케이크를 곁들인 버번에 브레이징한 소꼬리 스튜와 같은 그의 창작요리들은 남부 요리를 더 눈에 띄게 한다.

현재의 영예에 절대 안주하지 않는 커렌스는 채소와 남부의 해산물로 만들어낼 수 있는 새로운 경지의 맛을 찾아내기 위해 트렌드를 거부한다. 그는 항상 발전하기 위해 도전을 거듭하며, 태운 피칸과 버터밀크-염소 치즈 크레마를 곁들인 훈제 비트와 같은 요리가 그의 인기요리인 컴백소스를 곁들인 옥수수와 베이컨 프리터 만큼이나 맛있다는 사실을 고객들이 알아차릴 수 있도록 노력한다. 비록 커렌스가 이 모든 것을 '버려두고' 새로운 것을 시도하더라도, 우리는 그런 점을 더 좋아할 것이다. **MD**

레투알 L'Etoile | 농부들의 벗이자 손님들의 사랑을 받는 곳

위치 매디슨 **대표음식** 여러 형태의 돼지고기 요리 Pork in many guises | $

1976년 이래로 레투알은 매디슨은 물론, 전국적으로 선두 자리를 지켜온 레스토랑이다. 이곳을 창업한 셰프인 오데사 파이퍼(Odessa Piper)는 팜투테이블의 선구자로 지역의 농부들이 더 깨끗하고 맛있는 식품들을 생산해내도록 격려한 첫 미국인들 중에 하나다.

파이퍼 역시 이 레스토랑의 재능있는 주방장인 토리 밀러를 훈련시켰다. 밀러가 2005년 레투알을 맡은 이후, 음식은 지금 어느 때보다도 훌륭하다. 이는 그의 기술이 뛰어난 덕분이기도 하고, 이 지역 농산물의 품질이 지금 미국 내 어느 지역에도 뒤지지 않을 정도로 좋기 때문이기도 하다.

윌로 크리크 농장에서 가져온 돼지고기는 프로슈토, 살라미, 라돈으로 만들어 샐러드에 이용한다. 삼겹살은

> "바삭하고, 세련되고, 시도해볼 만한 요리들…
> 그냥 자신을 즐기고 이 지역의 미덕을 누려라."
>
> pursuitist.com

빵가루를 입혀서 튀기면 맛있는 애피타이저로 변신한다. 돼지 어깨살은 페르차텔리 파스타를 위한 기름진 소스의 바탕으로 쓰인다. 으깬 유콘 골드(Yukon Gold) 감자, 브라트부르스트 슈쿠르트, 리슬링-머스터드 소스(Riesling-mustard jus)를 곁들인 팬에 구운 폭찹은 환상적이다.

뛰어난 품질의 소고기는 스테이크에 이용되며, 조린 갈비와 푸아그라 테린과 같은 요리에도 쓰인다. 이 지역에서 생산되는 무지개 송어는 항상 사용하는 재료로 계절에 맞춰 조리법에 변화를 준다. 채식주의자라고 레투알을 회피할 필요는 없다. 레투알에는 종자를 보존한 희귀종 채소를 이용한 메뉴에 이르기까지 휘황찬란하고 다양한 요리들이 있으니 말이다. **FP**

도티스 덤플링 다우리 Dotty's Dumpling Dowry | 수제 햄버거를 위한 안식처

위치 매디슨　**대표음식** '멜팅 팟(치즈, 훈제 베이컨과 마늘 소스를 넣은 햄버거)' "Melting Pot" (hamburger with cheese, smoked bacon, and garlic sauce) |

위스콘신주 매디슨의 사람들은 강하고 친절하다. 또한 그들은 기질과 어울리게 식욕이 왕성한 것으로도 명성이 나 있다. 도티즈 덤플링 다우리는 그들에게 성전 같은 곳이다.

'미국의 낙농지대'로 알려진 위스콘신주에는 모든 종류의 치즈를 만드는데 필요한 우유와 훌륭한 소고기를 제공하는 소들이 있다. 또한 150여 년 동안 미국 최고의 맥주 중 일부가 만들어져 왔다. 이 모든 것들이 도티스의 메뉴에 포함되어 있다. 도티스의 메뉴는 수백만 미국인들이 진정한 미국의 대표적인 음식이라고 생각하는 가장 기본적인 것들을 보여준다.

어떤 진정한 식품 애호가도 이런 햄버거가 최고라고 주장할 수는 없겠지만—그런 판단을 내릴 기준이 없으므로—도티스의 햄버거는 사람들이 가장 좋아할 만한 햄버거에 견줄만 하다.

1969년에 세워진 도티스는 출처를 알 수 없는 대량 생산된 고기가 아니라 개별 농장에서 구입한 소고기를 이용한 최초의 미국 버거 전문 레스토랑들 중 하나다. 가장 인기 있는 버거는 '멜팅 팟'으로 체더, 스위스, 프로볼로네 치즈, 로컬 훈제 베이컨, 영국식 마늘 소스를 얹었다. 이 대신에, 고객들은 다양한 종류의 양념, 토핑, 소스를 얹은 자신만의 햄버거를 만들 수도 있다. 여기에는 '하트 스롭 (Heart Throb, 크림 치즈, 할라피뇨, 고수, 마늘을 얹은 햄버거)', '잉글리시 갈릭(English Garlic, 마요네즈, 마늘, 파슬리를 얹은 햄버거)', '부메랑(ruwk, 마요네즈, 후추, 안초비를 얹은 햄버거)', 'BBQ', '랜치(Ranch)' 등이 있다.

햄버거 이외에도 밀워키산 도티스 그릴드 브라트부르스트나 금요일 저녁 외식 고객을 위한 월아이 파이크(walleye pike)로 만든 생선 튀김도 먹어보라. 치즈 커드(화이트 체더 치즈에 빵가루를 입혀 튀긴 너겟)도 중독성 있는 고전 메뉴다. 위스콘신의 작은 맥주공장들에서 만드는 20여 종의 맥주는 모두 얼린 잔에 차갑게 나오는데, 그 어떤 음료보다도 이곳의 음식에 잘 어울린다. **FP**

⬆ 도티스는 아름다운 스테인드글라스 창문을 뽐낸다.

오 슈발 Au Cheval | 고전 요리들을 업데이트한 신식 레스토랑

위치 시카고 **대표음식** 치즈 버거 Cheeseburger | 💲💲

레스토랑 스타일의 버거가 이 지역의 외식업계를 사로잡는 요리로 보이지 않을지 모르지만, 시카고에 6개 이상의 레스토랑을 가지고 있고, 몇 개의 레스토랑이 더 오픈될 예정인 왕성한 레스토랑 사업가 브랜든 소디코프(Brendan Sodikoff)가 창업했다면 이야기가 달라진다.

그의 목표는 레스토랑의 고전 메뉴들을 고급으로 끌어올리는 것이다.

그릴에 구운 치즈 버거는 싱글(패티 2장)이나 더블(패티 3장)로 주문할 수 있다. 고기 위에는 치즈, 피클, 디종네이즈(Dijonnaise)를 얹는다. 이는 최대한 심플한 것으로, 제대로 된 햄버거를 만들기 위해 다른 이상한 것들을 많이 얹을 필요가 없다는 것을 잘 보여주고 있다.

다른 눈에 띄는 메뉴로 볼로냐 샌드위치가 있는데, 부드러운 번(bun)위에 기름에 지진 하우스메이드 볼로냐를 높이 쌓아 올린 것으로 흔한 점심 도시락 메뉴를 우아하게 업데이트한 것이다. 메뉴에 '달걀을 넣은(with eggs)'이란 섹션에 있는 모든 요리는 달걀프라이를 얹은 것으로,

완벽하게 파삭한 감자튀김 위에 모네 소스를 부은 것, 포테이토 해시에 오리 염통 그레이비를 뿌린 것 같은 요리 위에도 달걀프라이를 얹는다. 메뉴에 있는 모든 요리는 맥주를 곁들이면 딱이다. 맥주 리스트는 다양한 종류의 맥주가 있으며 많은 종류의 맥주들이 중서부산이다.

저녁 시간이면 보통 테이블에 자리가 나기를 기다리는 줄이 길게 늘어서는데, 손님들은 자기 차례를 기다리는 동안 다른 곳에서 시간을 때울 수도 있다. 오 슈발의 대각선 방향에 있는 헤이마켓 펍 앤 브루어리(Haymarket Pub & Brewery)에서 맥주를 마시면서 시간을 보낼 수도 있다. 오 슈발의 안쪽에는 벽을 따라 부스형태의 의자가 있고, 뒤편에는 테이블이 몰려 있지만, 가장 명당자리는 셰프들이 1시간 안에 수십 개의 완벽한 버거를 만들어내는, 어렵지만 쉬워보이는 장관을 연출하는 바(bar)다. **AC**

⬆ 완벽한 햄버거는 오 슈발이 가장 잘하는 메뉴다.

콜파이어 Coalfire | 딥디시 피자로 유명한 도시의 씬크러스트 피자

위치 시카고 **대표음식** 은두자 피자Nduja pizza | 💲💲

시카고에는 2가지의 피자가 있다. 딥디시와 나머지. 이 도시를 찾는 관광객들은 항상 시카고에서 만들어진 딥디시를 찾지만, 시카고 토박이들은 나머지를 선호한다.

시카고에 씬크러스트 피자 전문집이 점점 늘어나는데, 그중에서도 콜파이어는 두드러진다. 2007년에 석탄 오븐 피자가 문을 열었지만, 약간 바삭한 테두리에 완벽하게 쫄깃한 반죽이 얇아서 반죽이 물집처럼 부풀어 오르는 씬크러스트 피자를 만들어왔다.

콜파이어는 늦은 저녁 편안한 데이트를 즐기기에도 좋고 대가족의 저녁 외식장소로도 알맞다. 어슴프레한 조명에, 어두운 벽에는 큼직한 예술작품들이 걸려있다. 빈 토마토 통조림 캔을 테이블에 올려 놓고 피자 받침대로 쓴다.

레스토랑은 나폴리 스타일의 피자에 대한 경의를 표하고 있지만, 430℃ 오븐에서 토핑을 얹어 구워낸 피자는 확실히 시카고 스타일이다. 14인치 피자를 장식한 소시지와 모타넬라와 프로슈토와 같은 염장한 고기들은 퍼블리칸 퀄리티 미츠(Publican Quality Meats), 더 부처 앤 라더(The Butcher & Larder)와 같은 이 지역의 조달업자들에게서 가져다 쓴다. 은두자 피자(Nduja pie)는 매콤한 칼러브리안 살라미를 얹어 신선한 모차렐라, 토마토 소스, 다진 파슬리에 기름지고 충부한 맛을 더한 얇은 피자다.

채식주의자들을 위한 화이트 피자는 3종류의 치즈에 바질 잎을 통으로 얹은 마늘 냄새가 나는, 허브를 얹은 피자이고, 페스토 피자는 신선한 페스토와 모차렐라, 리코타, 칼라마타 올리브를 얹은 피자다. 자기만의 피자를 만들 수도 있어서, 모차렐라, 염소 치즈, 고르곤졸라, 리코타 치즈와 채소, 허브, 고기뿐 아니라 달걀과 안초비까지 원하는 것들을 골라 만들 수 있다.

이 외에도 몇 가지 심플한 샐러드와 '시카고 컵케이크'에서 공수해온 디저트가 있지만, 피자를 먹을 게 아니라면 콜파이어를 갈 이유가 없다. **AC**

⬆ 시카고 콜파이어의 화이트 조개 피자.

L2O | 세련된 공간에서 즐기는 호화로운 해산물 요리

위치 시카고　**대표음식** 아보카도와 캐비아를 곁들인 아히 투나 타르타르Ahi tuna tartare with avocado and caviar　| ⓢⓢⓢⓢ

수상 경력이 있는 이 시카고 레스토랑은 최고급 다이닝의 우아함이 넘쳐흐른다. 스타일리시한 인테리어는 셰프 매튜 커클리(Matthew Kirkley)의 요리에 걸맞은 현대적인 분위기를 풍긴다. 레스토랑의 이름은 '호수에서 바다로 (Lake to Ocean)'라는 뜻이다. 해산물 요리가 이곳의 특기인데, 커클리는 땅으로만 둘러싸인 이 도시에 가장 신선한 생선을 제공하고자 힘쓰고 있다. 그는 레스토랑에 주문 제작한 378L짜리 해수 탱크를 설치했다.

커클리는 일본의 영향을 많이 받았는데, 테이스팅 메뉴에 장난기 어린 요리를 내놓는 것으로 유명하다. 4가지 요리로 구성된 프리 픽스는 코스별로 2가지 요리 중에 하나를 선택할 수 있으며, 메인으로 고기를 선택할 수도 있다. 브리오슈, 부드러운 바닷가재 샐러드, 트러플 아이올리와 약간의 로메인 상추로 만든 바닷가재롤—미식가들이 꿈꾸는 샌드위치—로 식사를 시작하기를. 뒤이어 카르둔(cardoon, 둥근 아티초크), 홍합과 사과를 곁들인 가자미와 버터넛 스쿼시 그라탕, 양파, 마린 사이다를 곁들인

립아이 스테이크가 차례로 나온다.

참치를 간장과 올리브 오일로 맛을 낸 후 얇게 썬 아보카도로 말아 오세트라 캐비아와 식용꽃, 바질 유화액을 곁들인 아히 투나 타르타르와 같이 복잡한 요리도 있다. 다른 메뉴에는 송이버섯과 만다린 오렌지 바바루아에 망고 젤리를 한 겹 깐 다음 뾰족한 바닷가재를 얹은 것이 있다. 제철에만 맛볼 수 있는 바닷가재는 샌타바버라산을 이용한다.

음식의 조화로운 맛은 셰프의 상상력과 자신감 덕에 가능한 것으로, 군침이 도는 디저트까지도 이어진다. 그 예로 라임 파르페, 카라카라 오렌지, 아보카도와 타라곤, 또는 살구와 야생쑥 리큐어(génépi liqueur), 마시멜로, 블랙라임을 넣은 사탕을 들 수 있다. 부드러운 서비스는 기가 막히게 맛있고 그림 같은 음식에 어울리며, L2O에서의 식사를 더욱 즐겁게 만든다. **AH**

⬆ L2O의 특징인 아름다운 프레젠테이션.

핫더그스 Hot Doug's | 아는 사람들만 아는 구어메 소시지

위치 시카고 **대표음식** 트러플 아이올리, 푸아그라 무스를 곁들인 푸아그라와 오리 소시지Foie gras and duck sausage with truffle aioli, foie gras mousse | $

시카고에서 핫더그스에 들어가기 위해 줄을 서는 것은 일종의 통과의례다. 레스토랑은 오전 10시 30분에 문을 여는데, 주말이면 10시 전부터 1시간 넘게 기다려야 하는 줄이 이어진다. 요일이나 시간에 관계없이, 주인인 더그 손(Doug Sohn)이 핫도그 모양의 장식물과 비품으로 채워진 쇼케이스 위편 카운터에서 주문을 받는다.

메뉴는 2가지로 나뉜다. 하나는 고전적인 메뉴들로 유명 인사나 시카고의 명사를 본 따 이름 붙인 것들로 늘 판매한다. 다른 한가지는 '오늘의 스페셜'로 특별한 소시지들이다. '엘비스(The Elvis)'라는 이름의 훌륭한 폴란드 소시지가 있고, 재료를 잔뜩 얹어 훌륭하게 연출한—머스터드, 렐리시, 토마토, 피클, 셀러리 소금, 후추가 들어간다

> "이곳은 활기가 넘치며 즐거운 곳으로 고급 소시지 운동의 중심지이다."
>
> Chicago Tribune

—시카고 도그도 있다. 손은 일반적인 생양파 대신에 볶은 양파를 쓴다.

10여 개 남짓한 오늘의 스페셜 중에는 훈제한 블루 치즈와 꿀, 또는 케일을 얹은 핫소스 치킨 소시지와 단맛이 나는 커리 머스터드와 훈제한 구다 치즈를 얹은 호두 돼지고기 소시지가 있다. 퇴폐적인 고전 메뉴로 트러플 아이올리, 푸아그라 무스와 플뢰르 드 셀(fleur de sel)을 곁들인 푸아그라와 소테른(sauterne) 오리 소시지가 있다. 악어, 송아지, 새우, 방울뱀, 엘크 고기로 만든 소시지들도 있다.

얇은 감자튀김은 치즈 소스와 함께 먹거나 그냥 즐길 수 있는데 고기만큼이나 칭찬을 받는 메뉴로, 금요일과 토요일에는 감자를 오리기름에 튀긴다. **AC**

앨리니아 Alinea | 세계적인 클래스의 재능으로 만들어낸 인상적인 첨단 요리

위치 시카고 **대표음식** 뜨거운 감자, 차가운 감자, 블랙 트러플, 버터Hot potato, cold potato, black truffle, butter | $$$$$

앨리니아는 새로운 출발을 의미하며, 오너 셰프인 그랜트 애커츠(Grant Achatz)가 2005년 레스토랑을 오픈하면서 추구하던 것이다. 프렌치 론드리(The French Laundry)와 지금은 문을 닫은 트리오(Trio)에서 셰프를 했던 애커츠는 요리의 혁신을 받아들인 현대적인 셰프다.

레스토랑은 시카고 북부의 한 주택에 자리잡고 있다. 매일 규칙적으로 등장하는 메뉴는 없다. 대신 고객들은 맛과 텍스처에 균형이 잘 잡힌 복잡한 요리들로 구성된, 테이스팅 메뉴로 요리 여정을 경험할 수 있다.

테이스팅 메뉴는 무지개송어알에 염장한 자몽과 향신료, 디종 머스터드로 만든 소스를 곁들이고 순무(swede), 얇게 썬 래디시, 검은 감초를 얹은 다음 한련화로 우아하게 장식한 요리가 될 수도 있다.

요리에 엄청난 시간과 노고가 들어간다. 예를 들어, 유부는 막대 모양으로 잘라 튀긴 다음, 새우, 양파 피클, 토우가라시(togarashi, 일본 고추) 가루, 오렌지 태피(taffy, 사탕), 참깨와 검정깨를 감싸준다. 그 다음 꽁지깃 펜 모양으로 만들어 미소 마요네즈로 만든 '잉크 우물'에 담근다. 그러나 이 요리에는 정교한 장식 이상의 것들이 있다. 향신료는 신중하게 판단해서 사용하고, 미소 마요네즈는 새우의 맛을 잘 받쳐주고, 유부는 단단하면서도 대조되는 텍스처를 주며, 고추는 요리에 적절한 활기를 띠게 한다.

앨리니아의 조리 계략은 진정한 재능에 의해 이루어지며, 마법 가운데에서도 맛은 결코 잊혀지지 않는다. 음식들은 많은 요소들을 가지고 있지만 그것들은 타당하며, 항상 유용한 질감이나 맛을 보강해준다. 앨리니아는 현재 전 세계에서 가장 최고급 현대 레스토랑들 중의 하나로 여겨진다. **AH**

⤷ 앨리니아의 기교 넘치는 프레젠테이션.

더 퍼플 피그 The Purple Pig | 메그니피션트
마일에 있는 지중해식 소식 요리

위치 시카고 **대표음식** 바삭한 케일, 미니 피망 피클과 달걀프라이를 곁들인 돼지 귀 요리 Pig's ear with crispy kale, pickled cherry peppers, and a fried egg | ❸❸❸

더 퍼플 피그를 연상시키는 한마디는 '치즈, 돼지, 그리고 와인'으로, 이 요소들이 더해져 시카고 심장부에 자리 잡은 이 레스토랑을 만든다. 와인 리스트는 신중하며 합리적인 가격이다. 와인은 전통적인 와인 생산국인 프랑스, 스페인, 이탈리아에서 온 것이 많지만 지중해산도 있으며, 그리스, 크로아티아, 세르비아산도 갖추고 있다.

이 레스토랑은 2010년 문을 연 이래로 인기가 수그러든 적이 없다. 이 인기의 어느 정도는 뒤에 감추어진 시카고의 스타 셰프 군단 덕분이다. 미아 프란체스카의 스콧 해리스(Scott Harris), 스피아자의 토니 만투아노(Tony Mantuano), 헤븐 온 세븐의 지미 반노스(Jimmy Bannos)와 지미 반노스 주니어가 자신들의 재능을 한데 모았다. 그들은 여럿이 나누어 먹을 수 있도록 만들어진 지중해식 소식 메뉴들을 만들어냈다.

레스토랑은 돼지고기 요리에 주력한다. 대표적인 요리는 돼지 귀다. 돼지 귀를 길쭉하게 잘라 바삭하게 씹는 맛이 나도록 요리하며, 아삭한 케일과 미니 피망 피클과 섞고 부드러운 맛을 더해주는 달걀프라이를 얹어서 낸다. 이처럼 대부분의 메뉴는 동물의 자투리 부위를 이용한다. 사과와 콩을 곁들인 모르시야(morcilla) 소시지, 우유에 브레이징한 돼지 어깨살과 으깬 감자, 돼지의 흉선과 살구, 돼지 목뼈 요리 등이 있다. 톡 쏘는 맛의 으깬 페타 치즈와 오이 샐러드나 완두콩을 넣은 문어 요리 같이 돼지를 이용하지 않은 요리도 있다. 긴 메뉴에는 D 할머니의 초콜릿 케이크와 같이 달콤한 것들도 조금 있다.

실내는 온화한 조명이 비치고, 대부분의 자리가 공용 테이블로 섞어 앉아야 한다. 퍼플 피그에서의 식사는 마지막 1조각 남은 칠면조 다리 콩피를 먹겠다고 다투는 대가족의 저녁 식탁에 함께 한 기분이 들게 한다. **AC**

↩ 살구와 회향을 곁들인 돼지 흉선 요리.

룰라 카페 Lula Café | 이웃 같은 편안한 분위기의 팜 다이닝

위치 시카고 **대표음식** 베지테리언 테이스팅 메뉴 Vegetarian tasting menu | ❸❸❸

탈 정도로 구운 가지, 맛있는 옥수수 플랑(flan), 버터를 발라 구운 무와 같이 이곳에선 채소를 마치 고기처럼 다룬다. 시카고의 팜투테이블 운동의 리더 중 하나인 룰라는 인텔리겐치아 커피, 스리 시스터스 가든, 건소프 팜, 베니 손스 베이커리와 같은 지역의 공급업자들에게 대부분의 재료를 공급받는다.

1999년 셰프 제이슨 햄멜(Jason Hammel)과 아말리아 쉴드(Amalea Tshilds)는 순수하게 이 일이 좋아서 로건 광장의 작은 가게 앞에 이 레스토랑을 열었다. 그들은 4개의 버터 오븐에 허접한 조리기구를 이용해 수프, 샐러드, 브런치 아이템으로 구성된 심플한 메뉴를 가지고 시작했다.

이곳의 메뉴는 크게 2가지로 나뉜다. 아보카도와 베이컨을 넣은 구운 닭과 칠면조 샌드위치 같은 일상적인

> "본인들이 성취하고 싶은 만큼 창의적이고 폭넓은 요리를 해내는 레스토랑은 흔치 않다."
> Chicago Sun Times

카페의 메뉴와 계속 변화를 주는 스페셜 메뉴가 있다. 당신이 좋아하는 것을 이 두 메뉴에서 각각 골라 하나의 요리를 만들어 달라고 주문할 수도 있다. 카페 메뉴에서 톡 쏘는 맛의 할라피뇨-바질 오일에 얹은 구운 프랑스 페타 치즈를 골라 구운 빵 위에 얹고, 양고기 판체타와 구운 가지 퓌레에 함께 달라고 해보라. 계절마다의 변화를 찬미하는 6가지 코스로 구성된 베지테리언 테이스팅 메뉴도 갖추고 있다.

저녁이면 어둠 속에 앉아 식사를 즐길 수 있는 편안한 다이닝룸은 특별한 유명인사들의 외식 같은 기분이 들게 해준다. 한편 이 레스토랑은 미식가들이 아침과 맛있고 가벼운 점심 식사를 위해 들릴 수 있는 캐주얼 카페로도 운영된다. **AC**

팻 라이스 Fat Rice | 매혹적인 중국-포르투갈 퓨전 레스토랑

위치 시카고　**대표음식** 아로스 고르도Arroz gordo (rice layered with meat and seafood) | 💲💲💲

에이브러햄 콘론(Abraham Conlon)과 에이드리언 로(Adrienne Lo)가 마카오식 레스토랑을 개업했을 때, 시카고 사람들은 무엇을 기대해야 할지 잘 몰랐다. 몇 년 동안 이 두 사람이 즉흥적인 메뉴 시리즈인 엑스막스(X-Marx)를 요리하면서, 메뉴들이 다양해졌다.

외식 고객들에게 마카오식 레스토랑은 함께 나누어 먹을 수 있는 소량 또는 다량의 요리로 구성된 메뉴를 의미한다. 새콤한 칠리 양배추와 여러 채소를 넣은 사천식 피클 등이 들어있는 매운 피클 통, XO 소스(짜고 달고 찜찔한 맛이 동시에 나는 중국식 칠리 피시 소스)에 버무린 쫄깃하고 중독성이 강한 쌀국수, 고추와 토마토 소스에 요리한 탈 정도로 구운 피리피리 치킨을 감자, 땅콩과 곁들여 낸 요리를 상상해보라. 레스토랑의 이름을 딴 요리인 아로스 고르도(뚱뚱한 쌀이라는 의미)는 소시지, 닭, 돼지고기, 조개, 새우, 해산물 등을 듬뿍 넣고 쌀과 겹겹이 쌓아 만든 양이 많은 요리다. 피클, 달걀, 소스와 함께 나오며, 여럿이 나눠 먹도록 만들었다.

나누어 먹는 것에 대해서 한 마디 하자면, 일단 팻 라이스에 가면 오래 앉아있고 싶을 테니 반드시 좋아하는 사람과 함께 가라. 예약을 받지 않으므로, 바(bar)나 자질구레한 잡동사니와 빈티지 주방용품으로 장식된 소박하고 화려한 색상의 테이블에 자리가 날 때까지 아마 좀 기다려야 할 것이다.

팻 라이스는 근처에 대기실을 운영하고 있다. 고객들은 이곳에서 음료수─리오하 와인, 콜라, 레몬을 섞어 상그리아 같은 맛이 나는 음료인 칼리목소(Kalimotxo)를 마셔보라─와 코코넛 커리 맛의 캐슈(cashew)나 훈제 파프리카 아몬드, 다른 안주거리를 먹을 수 있다. 로가 따로 운영하는 마마스 넛츠(Mama's Nuts)에서 공급받는 안주거리는 기다리는 시간이 지루하지 않게 도와준다. **AC**

⬆ 시카고 팻 라이스의 유라시안 컴포트 푸드.

뱅뱅 파이 숍 Bang Bang Pie Shop | 시카코에서 가장 깜찍한 장소에서 맛보는 컴포트 쿠킹

위치 시카코 **대표음식** 소시지 파이 | Sausage pie | 🅢

21세기가 되면서 컵케이크와 같이 향수를 불러일으키는 디저트가 인기를 끌고 있는데, 로건 광장에 있는 이 쾌활한 분위기의 작은 가게는 큼직하고 맛있는 파이를 들고 나왔다.

뱅뱅 파이 숍의 파이 메뉴는 계절을 반영하기 위해 자주 바뀌지만, 항상 과일, 크림과 초콜릿 등 다양하며 조각이나 1판으로 살 수 있다. 이 와중에도 맛은 매일 바뀐다. 일반적으로 코코넛 크림 파이, 사과 파이, 또는 초콜릿 솔티드 캐러멜을 선택한다.

파이는 리프 라드(leaf lard, 입에서 사르르 녹는 가벼운 파이 크러스트를 만들 때 중요한 역할을 하는 최고급 라드)나 그레이엄 크래커 크러스트로 만든다. 부렉(burek, 시금치와 페타 치즈를 넣은, 얇게 벗겨지는 터키식 파이)이나 전통적인 치킨 팟파이와 같은 그날의 짭짤한 파이 옵션도 있다.

뱅뱅은 달면서도 짭짤한 맛이 도는 비스킷도 잘 팔린다. 공동주인인 메건 밀러(Megan Miller)는 직접 만든 버터를 넣어 비스킷을 만드는데, 버터를 만드는 광경은 사람들의 눈길을 끈다. 겉은 바삭한데 안은 부드럽고 폭신한 비스킷은 오븐에서 꺼내 따뜻한 상태일 때 직접 고른 짭짤하고 단맛이 도는 토핑을 얹어 낸다. 가장 인기 있는 토핑은 소시지와 그레이비, 훈제 햄, 인디애나폴리스의 스모킹 구즈 미터리(Smoking Goose Meatery)에서 만든 베이컨이다. 단맛을 좋아한다면, 잼과 버터를 바른 비스킷을 골라 자두 잼과 사탕수수 버터를 얹어 먹어보라. 커피는 블렌딩해서 직접 볶은 원두를 사용하며, 홈메이드 피클도 병에 넣어 판매한다.

빈티지 풍으로 벽을 장식했고, 나무 테이블과 밝은 빨강색의 의자가 놓여 있다. 여름이면 뒷마당에 피크닉 테이블이 놓인다. 늦은 밤 커피와 파이를 먹으러 들리든 비스킷 브런치를 위해 들리든, 항상 잘 대접받는 기분이 든다. **AC**

⬆ 뱅뱅 파이 숍에서 여러 개의 파이를 즐겨보자.

블랙버드 Blackbird | 시카고의 아이콘에서 맛보는 계절 요리

위치 시카고 **대표음식** 소금에 절인 소 혀 Corned beef tongue | ⑤⑤⑤⑤⑤

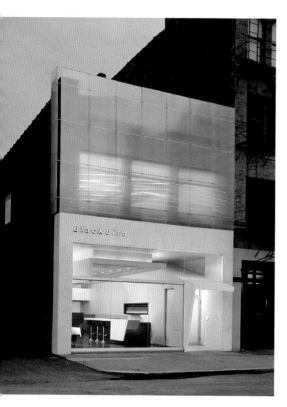

"음식만을 기준 삼자면, 폴 카한의 레스토랑을 누구나 최고 중의 하나로 손꼽을 것이다."

Chicago Tribune

⬆ 블랙버드의 딱 떨어지면서도 깔끔한 외양.

셰프 폴 카한(Paul Kahan)은 여러 레스토랑에 이름을 걸고 있지만—와인 중심의 아베크(Avec), 맥주·돼지고기와 굴 전문점인 더 퍼블리칸(The Publican), 타코 음식점 빅 스타(Big Star), 정육점/카페인 퍼블리칸 퀄리티 미츠(Publican Quality Meats)—그의 비전을 가장 잘 표현한 것은 고급 레스토랑인 블랙버드다.

이 레스토랑은 카한과 레스토랑 사업가인 도니 매디아(Donnie Madia), 와인 담당자 에두아르드 세이탄이 합작한 원 오프 호스피텔리티 그룹(the One Off Hospitality Group)의 일부다. 깔끔한 건축과 실내 장식은 세련된 요리를 위한 단순하고 현대적인 배경이 되어준다. 바의 뒤쪽에서 칵테일을 만드는 카일 데이비슨(Kyle Davidson)이 칵테일 프로그램을 바꾸고 훈제한 머랭이나 압생트 프라페를 위에 얹은 위스키 사워와 같이 혀를 톡 쏘는 배합을 만드는 일을 진두지휘하고 있다.

주방장인 데이비드 포지(David Posey)는 잘 짜여진 계절별 메뉴를 관리감독한다. 선택사항으로 소금에 절인 소 혀에 이스트를 넣어 발효시킨 겨자와 브리오슈가 나오는 해체된 형태의 샌드위치, 장작에 구운 철갑상어와 닭날개, 셀러리악을 넣은 리소토, 그라니스미스 애플(granny smith apple), 헤이즐넛, 검은 트러플을 곁들인 바삭한 새끼돼지 구이, 물에 살짝 익힌 새우, 엔다이브, 버터밀크, 케이퍼를 곁들인 구운 메기가 포함될 것이다.

다나 크리(Dana Cree)는 디저트 메뉴를 담당한다. 유년 시절의 추억을 담은 바나나 푸딩과 풍선껌 아이스크림이 있다. 디저트와 치즈 코스의 혼합은 놀라운 효과를 발휘하는데, 특히 크리의 프레첼–산딸기–우유 치즈는 식사를 화려하게 마무리해준다.

10개의 코스로 구성된 테이스팅 메뉴는 메인 메뉴에서 고른 음식들로 구성되어 있다. 훌륭한 런치 스페셜 메뉴는 3개의 코스로 구성되어 있으며 아주 합리적인 가격으로, 정성을 들인 저녁 식사를 무색하게 만든다. 물론 공들인 저녁식사가 전혀 가치가 없다는 뜻은 아니다. **AC**

롱맨 앤 이글Longman & Eagle | 내 집처럼 편안한 여관에 있는 미국 중서부 음식점

위치 시카고 **대표음식** 멧돼지 슬로피 조Wild boar sloppy joe | ❸❸❸

파테, 로스트 치킨, 위스키 칵테일을 메뉴로 갖춘 롱맨 앤 이글은 전형적인 미국 중서부 음식점이다. 음식들은 지역에서 나는 재료로 만들어지며 동물의 모든 부위를 이용하고, 값도 비싸지 않다. 레스토랑은 여관의 일부분으로, 여관에는 테이프 플레이어(여러 가지 테이프들을 놓아둔다)와 애플 텔레비전이 있고 현대미술이 걸린 6개의 작은 방이 있다. 이런 쿨한 매력은 식당으로 이어져, 벽돌 벽, 나무 천장, 나무로 만든 긴 바는 소박하면서도 세련된 느낌을 준다.

셰프 재러드 웬트워스(Jared Wentworth)는 메뉴에 있는 멧돼지 슬로피 조, 사슴 파테, 콩피 테트 드 코숑(confit tête de cochon, 돼지 머리 콩피)과 같이 이름만으로도 속이 든든해질 것 같은 음식들을 맛있게 만들어준다. 슬로피 조는 바삭하게 튀긴 세이지와 할라피뇨 피클을 얹어 우아하게 연출한다.

저녁에 갈 수 없다면, 브런치를 먹으러 가보라. 프라이드 치킨과 와플, 고구마-삼겹살 해시는 경험해보지 못한 새로운 것들이며, 통돼지 크레피네트(crepinette, 대망막 지방으로 고기를 감싸 구운 것)는 넉넉한 양의 메이플 육즙에 같이 담아 나온다. 롱맨 앤 이글의 창문에 적힌 'Eat, Drink, Whiskey'는 위스키에 대한 애정을 확실히 보여준다. 140여 가지의 위스키가 갖춰져 있으며, 이를 이용한 칵테일도 여러 가지가 있다.

이곳은 자리를 차지하기 어려운 곳으로 악명이 높기 때문에, 웬트워스는 뒷편에 OSB(Off-Site Bar, 별도의 바)라고 불리는 16석 규모의 바와 30명이 있을 수 있는 파티오 공간을 만들어 테이블에 자리가 나길 기다리거나 간단한 먹거리를 찾는 고객이 머물 곳을 마련했다. 바에는 굴, 튀긴 빙어, 리예트(rillettes)나 치즈 플레이트와 같이 아주 간단한 메뉴가 있다. 주말이면 수 셰프이 바를 맡아, 토요일에는 매주 메뉴가 바뀌는 반짝 소시지 가게를, 일요일에는 도넛 가게를 연다. 여관, 바, 레스토랑, 도넛 가게 등, 롱맨 앤 이글은 모든 이에게 찾아올 이유를 제공한다. 이런 곳을 마다할 이유가 있을까? **AC**

"웬트워스가 만든 수준 높은 미국식 바의 고전적인 메뉴는 아주 성공적이었다."

The Independent

⬆ 롱맨 앤 이글이 만든 최고의 슬로피 조.

토폴로밤포 Topolobampo | 시카고에서 가장 유명한 셰프가 선보이는 세련된 멕시코 음식

위치 시카고 **대표음식** 체서피크만에서 잡은 굴, 브레이징한 회향, 바삭한 버섯을 곁들인 구운 대서양 줄무늬 농어와 노란 몰레 소스Roasted Atlantic stripe sea bass in yellow mole with Chesapeake Bay oysters, braised fennel, and crispy mushrooms | ⑤⑤⑤⑤⑤

"토폴로밤포의 음식은 당신이 어디서나 찾아볼 수 있는 전형적인 타코와 부리토와는 전혀 다른 세상이다."

Chicago Tribune

⬆ 따뜻한 색상은 기분 좋은 식사 공간을 만든다.

멕시코의 TV 시리즈 '한 번에 한가지 요리(Mexico–One Plate at a Time)'의 진행자이자 8권의 요리책을 저술한 릭 베이리스(Rick Bayless)는 시카고에서 가장 잘 알려진 셰프다. 그는 또한 가장 다가가기 쉬운 사람 중의 하나로, 도시 전역에 샌드위치 가게부터 중간 정도 가격대의 식당까지 여러 레스토랑을 운영하고 있다. 토폴로밤포는 그의 레스토랑 중 최고급으로, 그가 소유하고 있는 또 다른 멕시칸 레스토랑인 프론테라 그릴(Frontera Grill)의 눈에 띄지 않는 출입구 뒤편에 자리잡고 있다. 그의 레스토랑들은 모두 믿을 만한 요리를 선보이지만, 토폴로밤포는 길거리 음식보다는 더 멕시코의 색이 짙다. 재료는 제철 식품을 이용하며, 메뉴는 어느 지방의 음식인지를 설명해주고 있다.

메뉴는 익히지 않은 해산물로 시작한다. 생굴은 라임과 훈제 향의 미뇨네트(mignonette, 샬롯, 후추가루, 식초로 만든 소스)가 함께 나오고, 몇 가지 스타일의 세비체(ceviche)가 있다. 1번째 코스는 부드러운 콜리플라워 수프부터 칠리 국물에 닭고기와 아보카도, 치즈를 듬뿍 넣은 소파 아스테카(sopa Azteca)까지 다양하다. 양고기와 생선은 복합적인 맛의 몰레 소스와 함께 나오고, 디저트로 경쾌하게 식사가 끝난다. 트레스 레체스(tres leches)를 곁들인 아이스크림이나 파인애플, 키위, 석류 씨, 까끌까끌하게 배를 갈아 만든 즙을 곁들인 파파야-라임 셔벗을 먹어보라.

토폴로밤포는 본인들만의 훌륭한 음료 리스트를 만들어왔다. 칵테일 메뉴는 메스칼(mezcal)과 테킬라에 중점을 두어 다양한 마르가리타를 만들어냈으며, 상그리아와 팔로마도 있다. 음료 리스트에는 멕시코 맥주와 베일리스가 구즈 아일랜드 브루어리(Goose Island Brewery)와 손잡고 그의 음식에 어우러지도록 특별히 만든 맥주도 들어 있다.

토폴로밤포에서의 식사는 진정한 멕시코 음식이 무엇인가를 깨닫게 해준다. **AC**

비리에리아 레예스 데 오코틀란 Birrieria Reyes de Ocotlan | 심플한 식당의 군침도는 염소 요리

위치 시카고　**대표음식** 비리아와 신선하게 구운 토르티야 Birria with a side order of freshly made tortillas | $

매니스 카페테리아 앤 델리카트슨 Manny's Cafeteria & Delicatessen | 보물 같은 델리카트슨

위치 시카고　**대표음식** 콘비프 샌드위치 Corned beef sandwich | $

간판에 그려진 염소 머리는 메뉴가 무엇일지—염소 스튜, 염소 타코와 따뜻한 토르티야에 감싼 염소 고기—알려주는 실마리가 된다. 레스토랑은 매우 캐주얼해서, 테이크아웃 카운터, 미식축구 경기를 중계하는 2대의 텔레비전, 뒤쪽에 몰려있는 12개의 테이블이 고작이다. 하얀 타일 벽에 걸린 사진 액자들 사이에서 염소 머리가 아래를 쳐다보고 있다.

대규모의 멕시코 사람들이 거주하는 동네인 필센은 작은 타케리아(타코 가게)들이 많은데, 이곳에 자리잡은 레예스 데 오코틀란은 전통적인 멕시코 길거리 음식인 비리아를 특화시켰다. 비리아는 말린 매운 고추로 만든 진한 맛의 붉은 국물에 큼직한 덩어리의 구운 고기가 들어있는 요리로, 이곳에서는 뼈가 있는 염소 고기를 이용하며, 위에 생양파와 다진 고수를 듬뿍 얹어 먹는다. 말린 고추 그릇과 훈제향의 핫소스가 테이블마다 올려져 있고 라임 조각, 하바네로 고추와 버무린 양파, 고수잎 등을 따로 옆에 두어 고객들이 원하는 대로 매운 맛을 조절할 수 있다. 매운 맛을 좀 약화시키고 국물을 찍어 먹으려면 신선하게 구운 토르티야를 별도로 주문하라. 테이블마다 키친타올이 있으니, 손에 묻는 것을 두려워하지 말고 스튜를 즐겨보라.

짧은 메뉴의 나머지는 대부분 타코로 구성되어 있다. 염소 고기의 다른 부위—혀, 간, 머릿고기—를 방금 다진 고수잎과 양파와 함께 소프트 토르티야 셸 2장에 싸서 나온다. 넉넉한 양의 고기 덕에 꽤 든든하며, 타코 2개면 한 끼 식사로 충분하다. 목이 마르면 신선하게 만든 오르차타(horchata)나 파인애플 주스로 갈증을 해결할 수 있다. 이곳에서의 식사는 신속하고 캐주얼하며 든든하며, 가격도 아주 저렴하다. **AC**

전형적인 시카고 식당으로 정치인들이 모임을 갖는 곳이자 미국 대통령이 시카고 순방길에 들리는 곳이기도 하다. 아침 6시에 문을 열어 저녁 8시에 문을 닫을 때까지 하루종일 붐빈다.

이곳의 방식은 캐주얼하다. 쟁반을 하나 집어 들고 카운터에서 옆으로 밀고 가며 수프와 메인 요리를 담거나, 흰 앞치마와 모자를 쓴 남자에게 얇게 자른 콘비프로 가득 속을 채운 샌드위치를 주문하면 된다. 젤오(Jell-O)와 과이를 위한 공간은 남겨두라.

매니스는 러시아 태생의 레스토랑 사업가가 1942년 문을 열었고 4대째 운영하고 있다. 오랜 세월 동안 크게 변한 것이 없다. 벽에는 사진과 스크랩한 기사들이 걸려 있으며, 디저트로는 레이어 케이크가 있다. 메인은 로스

> "든든한 음식을 원한다면 가보길.
> 모든 음식이 엄청난 양으로 나오므로
> 식욕이 당길 때 가야 한다."
>
> *Chicago Tribune*

트 비프, 간과 양파 요리, 스파게티와 미트볼 같은 고전적인 요리들이다. 이곳의 콘비프 샌드위치는 시카고에서 으뜸이다. 다 먹을 수 있을까 의심될 정도로 엄청난 양의 고기가 부드러운 2장의 호밀빵 사이에 끼워져 있다. 치즈는 선택 사항이고 겨자는 테이블에 놓은 병에서 각자 넣어 먹으면 된다. 아침식사도 인기가 있다. 전통적인 달걀 요리, 팬케이크, 오믈렛 외에도 양파를 곁들인 맛초 브리(matzo brei), 치즈 블린츠, 베이글과 록스(lox)가 있다.

이곳은 시카고에서 가장 단순한 외식을 체험할 수 있는 곳 중 하나이며, 최고 중에 하나이기도 하다. **AC**

빅 밥 깁슨 바비큐Big Bob Gibson Bar-B-Que | 수상 경력이 화려한 히코리 훈제 바비큐

위치 디케이터(앨라배마주) **대표음식** 히코리 훈제 바비큐 포크Hickory-smoked barbecued pork | 💲

"고추가 많이 들어가고 마요네즈를 기본으로
한 소스는 훈제한 통닭을 더 특별한 것으로
변신시킨다."

Chicago Tribune

'빅'은 이 촌스러운 앨라배마의 식당을 묘사하기에 정말 적절한 단어다. 히코리 장작으로 훈제한 바비큐는 상당한 양의 사이드 메뉴와 무료 리필이 가능한 음료와 함께 넉넉하게 제공된다. 키 2m, 몸무게 136Kg의 거구 밥 깁슨이 문을 연 이 레스토랑은 모든 사이즈(수적으로나 개인의 체격으로나)의 고객을 감당할 수 있는 큼직하고 푹신한 부스와 테이블을 갖춘 널찍한 장소다. 이곳은 주차장조차도 엄청 넓다. 그럼에도 불구하고 문밖으로 줄이 길게 늘어서 있는 것을 볼 수 있다. 일요일 오후 교회를 다녀오는 길에 들린다면 특히 더하다.

사람들은 '세계 챔피언' 고기와 소스를 맛보기 위해 멀리서도 찾아온다. 앨라배마 '최고의 오리지널 화이트 소스'부터 '미국 최고의 갈비'에 이르기까지 수십 년에 걸쳐 여러 가지 메뉴가 받은 수상 경력이 화려하다.

갈비 반쪽; 샌드위치, 감자 또는 샐러드를 곁들인 엄청난 양의 풀드 포크(pulled pork), 소고기 양지머리, 닭 또는 칠면조 고기에 겨자, 사과 식초와 호스래디시를 기본으로 만든 하바네로 레드 또는 화이트 소스를 곁들인 것; 매콤한 스튜 중에 골라보라. 배가 덜 부르다면, 레몬, 초콜릿, 또는 코코넛 파이로 마무리하라.

크리스 릴리(Chris Lilly, 빅 밥의 증손녀인 에이미의 남편으로 크리스와 함께 깁슨 제국을 운영하고 있다)가 쓴 레스토랑의 요리책 『빅 밥 깁슨의 바비큐 북(Big Bob Gibson's BBQ Book)』은 내셔널 바비큐 협회로부터 2009년 올해의 책으로 지정되었다. 월스트리트 저널, 마사 스튜어트, 투데이 쇼 외에도 많은 미디어에 소개되었다. 그럼에도 불구하고 빅 밥의 이름을 딴 이 식당은 그 소박한 매력을 잘 간직하고 있다.

6번가에 있는 본점이 문을 닫았을 때에는 근처 댄빌 로드에 있는 2호점을 가보라. 빅 밥 깁슨 바비큐의 3호점은 노스캐롤라이나의 먼로에 있다. **CO**

⬆ 빅 밥 깁슨은 디케이터에 있는 음식점이다.

더 캣버드 시트 The Catbird Seat | 음악의 도시에 예쁘게 자리 잡은 곳

위치 내슈빌 **대표음식** 핫 치킨 Hot Chicken | 💲💲💲💲

내슈빌에 앉고 싶은 곳이 있다면, 더 캣버드 시트일 것이다. 최근에는 더욱 많은 레스토랑 디자이너들이 고객들이 음식을 준비하는 셰프들을 직접 볼 수 있도록 레스토랑을 꾸민다. 더 캣버드 시트는 이런 트렌드를 이끄는 곳으로, 셰프 에릭 앤더슨(Erik Anderson)과 그의 팀이 요리하는 U자형의 주방 카운터 주위에 32개의 좌석을 갖추고 있다.

이 레스토랑에는 매일 밤 오직 7개의 코스로 구성된 테이스팅 메뉴 한 가지만을 제공한다. 인근 지역에서 생산된 재료를 이용하는 것에 초점을 맞춘 최근의 경향과는 달리, 앤더슨의 주방에서는 온 세상을 자신들의 식품 저장실로 여기며 창의력을 발휘한다. 셰프의 말을 빌자면, 주방은 항상 익숙해 보이지만 맛이 다른, 또는 맛은 익숙하지만 전혀 다른 모습의 음식을 손님들에게 제공하기 위해 노력한다. 이런 컨셉은 '핫 치킨'이란 대표적인 아뮤즈부셰에서 빛을 발한다. 핫 치킨은 식사의 시작인데, 바삭하게 튀긴 닭 껍질에 사탕수수를 바르고 고추가루와 파프리카를 뿌리고 원더브레드(Wonder Bread, 흰 식빵) 퓌레와 딜 소금을 얹어 만든다.

다른 유명한 음식에는 레드아이 그레이비를 곁들인 전복, 구운 포르치니 버섯을 곁들인 비둘기, 조개와 블러드 소시지를 곁들인 건초 향이 배인 요구르트와 철갑상어 요리가 있다. 미국 남부에서는 찾아보기 어려운 전복이나 다른 재료들을 이용함에도 불구하고, 앤더슨과 그의 팀원들은 남부의 색채를 결코 잃지 않는다. 대부분의 식사 마지막에 나오는 디저트 중에서 가장 인기 있는 것은 구슬 모양으로 만든 버번(bourbon)과 바닐라 케이크 한 조각, 체리 크리스프(cherry crisp), 태운 참나무 향 아이스크림을 짝지은 것이다. 당신이 남부에 있고, 또한 참나무 통에서 숙성된 진정한 향을 고객에게 선사할 수 있을 때, 왜 단순히 버번만을 내놓겠는가? **MD**

프린시스 핫 치킨 Prince's Hot Chicken | 내슈빌에 매운 맛이 등장했다

위치 내슈빌 **대표음식** 매운 프라이드 치킨 Spicy fried chicken | 💲

이 세상에 무엇을 먹을까 하는 질문에 오직 하나의 답만 있는 레스토랑은 드물다. 테네시주 내슈빌 동쪽 작은 길가 상가 안에 자리잡은 프린시스 핫 치킨에선 그 답이 치킨이다. 더 정확히 하자면 핫 치킨이다. 순한 맛, 중간, 매운 맛, 또는 아주 매운 맛 중에 고를 수 있다.

내슈빌의 핫 치킨은 심약한 사람을 위한 것이 아니다. 동네를 돌아보면 대부분이 닭을 카이엔 페퍼가 든 걸쭉한 반죽에 재웠다가 밀가루를 묻혀 뜨거운 기름에 튀긴다. 대표주자인 프린시스는 닭을 소금물에 재운 다음 밀가루를 입히고, 주문이 들어오면 튀긴 다음 아주 매운 향신료로 비밀스런 한 겹을 입힌다. 그 결과물인 치킨은 값싼 흰빵과 딜 피클 몇 조각을 간단히 곁들여 내는데, 마치 용암 같은 색을 띠고 있다.

> "내슈빌에는 핫 치킨의 왕좌 행세를 하는 곳들이 많지만, 아직은 이 원조가 최고다."
>
> Condé Nast Traveler

이곳의 이야기는 1930년대로 거슬러 올라간다. 창립자인 손턴 프린스(Thornton Prince)는 여자친구를 놔두고 다른 여자를 만나다가 들통이 났었다. 여자친구는 복수를 위해 그가 가장 좋아하는 프라이드 치킨을 한 바구니 튀긴 다음 엄청난 양의 카이엔 페퍼를 뿌려 주었다고 한다. 여기서 문제는 손턴이 매운 맛을 아주 좋아해 오히려 더 달라고 요구했다는 것이다.

다행히 레시피는 여러 세대를 거쳐 지금의 주인이자 손턴의 종손녀에게 전해지고 있다. **MD**

5 & 10 | 역사적인 대저택에서 일하는 캐나다 출신의 스타 셰프

위치 애선스(조지아)   **대표음식** '스낵키즈', 프로그모어 스튜"Snackies, "Frogmore Stew | ⑤⑤

비지 비 카페 Busy Bee Café | 애틀랜타 시내에 있는 남부 컴포트 푸드

위치 애틀랜타   **대표음식** 프라이드 치킨, 소스에 넣어 익힌 폭찹, 콜라드 그린Fried chicken, smothered pork chop, collard greens | ⑤

휴 애치슨(Hugh Acheson)은 자신의 상징적인 이미지인 좋은 성격과 젊은 열정을 잃어버리지 않으면서도, 여러 레스토랑을 운영하는 것부터 TV에 출연하고 요리책을 집필하는 것까지를 모두 해내는 보기 드문 셰프다. 더욱 특이한 것은, 그가 미국 남부 사람처럼 요리를 하는 캐나다인이라는 사실이다.

애치슨이 하는 모든 레스토랑이 가볼 만하지만, 이 레스토랑만큼 그의 스타일을 잘 보여주는 곳은 없다. 그는 파이브 포인츠(Five Points)라는 다소 엉뚱한 장소에서 이 레스토랑을 시작했다가 역사적인 호손 하우스(Hawthorne House)로 자리를 옮겼다. 이 건물은 1900년대 초 건축가 프레드 오어가 소유했던 것으로, 지금은 조지아 대학의

"애치슨의 가장 훌륭한 업적을 간직한 곳으로, 어느 곳보다도 꼭 가봐야 한다."

atlantamagazine.com

남학생 사교클럽 하우스들이 늘어선 길에 자리 잡고 있다. 벽난로, 선반, 현관 등은 남부의 로맨틱한 분위기를 내기에 이미 충분한데도, 모든 것을 약간씩 손봤다..

디너는 유명한'스낵키즈(베이컨 마말레이드와 피멘토 치즈 크로스티니, 카이엔 페퍼를 뿌린 앤슨 밀스의 캐러멜 팝콘과 조지아산 올리브 오일과 삶은 땅콩으로 만든 후무스)로 시작해, 타이비 아일랜드 새우와 가문비나무 가지로 장식한 신선한 옥수수 수프를 거쳐 사탕수수로 글레이징한 돼지갈비와 순무, 래디시, 향신료를 뿌린 피칸의 순서로 아마 진행되겠지만, 그밖에 지역 특산물을 이용한 다른 메뉴를 선택할 수도 있다. 디저트로는 크랜베리와 캐러멜을 섞어 넣은 아이스크림을 곁들인 애플 파이, 피칸 스트로이젤, 대추야자, 당밀과 진짜 바닐라를 넣은 고구마 브레드 푸딩이 있다. **CL**

1947년 루시 잭슨(Lucy Jackson)이 비지 비를 설립한 이래로 이 지역의 정치가들, 전국의 유명인사들과 소탈한 사람들이 애틀랜타의 남부 요리 명소를 찾아 몰려들었다. 이들은 각자 선호하는 자리와 웨이터, 단골 메뉴가 있다. 어떤 이들은 식사에 포함되어 있는 콘브레드 머핀을, 다른 이들은 꿀을 발라먹는 부드러운 이스트 롤을 좋아한다. 모두들 아이스티나 레모네이드, 또는 둘을 섞어 마신다.

이 레스토랑의 특기는 프라이드 치킨이다. 12시간 양념에 재워두었다가 밀가루를 입혀 땅콩 기름에 넣고 황금색을 띨 때까지 튀긴다. 이것은 남부 요리의 전형으로, 신선한 콜라드 그린과 느끼한 마카로니와 치즈를 곁들여 나온다. 이곳에는 폭찹(튀기거나 소스에 넣어 요리한다)에서부터 소꼬리 스튜, 튀긴 생선(민어, 틸라피아, 또는 메기), 캔디드 얌(candied yam), 튀긴 그린 토마토, 콘브레드 드래싱과 큰 잔으로 마실 수 있는 여러 종류의 스위트 티까지 모든 고전 요리들이 다 있다.

이곳은 접시에 남은 마지막 채소 자투리—버터에 지진 오크라, 크림드 콘, 당근 수플레, 스트링빈 등—까지도 알알이 먹는 사람들로 늘 북적댄다. 바나나 푸딩, 크림 치즈 아이싱을 바른 레드 벨벳 케이크, 달콤한 복숭아 코블러와 같은 메뉴는 옛날식 디저트를 좋아하는 이들에게 인기가 있으며, 향수를 불러 일으키는 실내장식은 킹 센터(King Center)나 다른 인권 운동 시절의 기념물을 방문 온 길에 처음 이곳을 찾은 이들까지도 그 매력에 빠지게 만든다.

저녁은 7시까지 판매하니 일찍 먹으러 가도록 하고, 토요일 교회가 끝난 시간이나 근처의 스펠만이나 모어하우스 대학에서 행사가 있는 날이면 손님이 몰리니 이 때를 피하라. 테이블에 자리가 없고 기다리는 줄이 너무 길다면, 음식을 포장해가는 방법도 있다. **CL**

바카날리아 Bacchanalia | 팜투테이블 다이닝을 새로운 경지에 올려놓은 현대 미국식 레스토랑

위치 애틀랜타 **대표음식** 태국 고추, 아보카도와 코코넛을 넣은 멕시코만 게살 튀김Gulf crab fritters with Thai pepper, avocado, and coconut | ❺❺❺

셰프 앤 쿠아트라노(Anne Quatrano)와 클리포드 해리슨(Clifford Harrison)은 2000년도에 자신들의 고급 레스토랑을 벅헤드(Buckhead)에서 웨스트사이드로 옮겨왔다. 이 지역은 기차가 다니는 철로를 따라 육가공 공장과 창고 시설들이 늘어선 곳으로 시간을 초월한 매력으로 인해 바카날리아는 금세 핫한 장소가 되었다.

고객들은 레스토랑 소유의 상점—카터스빌에 있는 쿠아트리노와 해리슨의 섬머랜드 농장에서 온 제품들로 가득 차있는—을 통해 건물의 중심으로 들어가게 되고, 유리창으로 주방을 들여다볼 수 있는 긴 바가 있는 화려한 공간을 만나게 된다. 등받이가 있는 소파형 의자와 인상적인 커튼이 공장 같은 분위기를 부드럽게 바꿔준다. 해박한 직원들이 다이닝 공간을 분주히 움직이며 서비스를 한다.

자신들의 농장에서 생산된 농산물을 십분 이용하여, 쿠아트라노와 해리슨은 제철 농산물을 이용한 5가지 코스 메뉴에 지속적인 변화를 준다. 그러나 콜라비와 참깨를 곁들인 소금에 살짝 절인 하마치와 조지아산 배를 곁들인 콩피 푸아그라 테린은 언제나 맛볼 수 있다. 태국 고추, 아보카도와 코코넛을 넣은 멕시코만 게살 튀김, 밤과 새콤한 체리를 곁들인 새끼비둘기와 같이 인근 지역이나 세계지역에서 같은 시기에 맛좋은 식재료를 반영한 음식들을 보게 될 것이다.

주방에서 직접 만든 샤퀴트리와 치즈 카트는 애틀랜타에서 가장 뛰어나며, 디저트 코스에는 민트 아이스크림을 곁들인 환상적인 맛의 발로나 초콜릿 케이크가 있다. 훌륭한 와인 페어링은 특별한 기념일이나 바에서 혼자 저녁 식사를 즐기는 이들에게 큰 기쁨을 안겨준다. 바에서는 단품 요리만을 주문할 수 있다. 바카날리아는 신선하고, 자연스러우며, 애틀랜타의 문화에 깊이 뿌리를 박고 있는 곳이다. **CL**

"거의 흠잡을 것 없는 이 웨이트사이드의 새로운 미국식 레스토랑은 해를 거듭할수록 신선함을 유지한다."

Zagat

⬆ 바카날리아는 세련된 다이닝을 경험하게 해준다.

케이크스 앤 에일 Cakes & Ale | 삶의 즐거움을 만끽할 수 있는 작은 마을의 세련된 레스토랑

위치 디케이터(조지아) **대표음식** 아란치니, 감자 뇨키, 노스캐롤라이나 송어Arancini, potato gnocchi, North Carolina trout | ❸❸

"이곳의 음식은 실망시키는 법이 없으며,
지역에서 자란 재료들을 이용해 만들어진다."

The New York Times

매력적으로 간소화시킨 레스토랑은 애틀랜타 다운타운에서 가까운 활기찬 동네의 중심부에 자리잡고 있다. 이곳의 주인인 빌리 앨린(Billy Allin)이 셰프로 성장한 샌프란시스코 근처의 베이 지역이나 나파 밸리에 와있는 듯한 편안함이 느껴지는 곳이다.

애틀랜타의 셰프들 가운데 앨린은 독특한 길을 걸어온 사람 중 하나다. 레스토랑의 이름은 셰익스피어의 십이야에 나오는 문장에서 따온 것으로, 인생에 있어서 최고의 것들은 아주 간단한 방법을 통해 이루어진다는 앨린의 신조를 반영하고 있다.

그는 자신의 넓은 정원에서 기른 채소를 포함해 인근 지역에서 생산된 신선한 재료를 이용하는 것에 의미를 둔다. 감귤류와 회향의 꽃가루를 넣은 아란치니를 먹든, 싱싱한 굴을 들이마시든, 호박, 호두씨 기름 비네그레트, 민들레 잎에 같이 절여둔 기가 막힌 부라타 치즈를 친구들과 나누어 먹든, 당신의 오감은 한없이 즐거울 것이다. 아직 감탄할 여지가 필요하다면, 콜리플라워와 콜리플라워 퓌레를 곁들인 줄농어나 크랜베리 콩, 당근, 순무 잎을 곁들인 돼지 등심을 맛보면 된다.

오리 라구를 곁들인 환상적인 감자 뇨키나 예루살렘 아티초크를 넣은 빌리 비(billi bi) 홍합 수프 등 제철에 맞게 개발한 다양한 스페셜 메뉴가 있으니 눈 여겨보라. 잔 또는 병 단위로 판매하는 와인과 빈티지 잔에 담겨 나오는 독창적인 칵테일부터 정수한 물까지 이곳의 모든 것들이 오감의 균형을 배려하는 장인이라는 앨린의 명성에 걸맞다. 빵은 바로 옆에 위치한, 이 레스토랑 소유의 베이커리에서 가져온다. 고객들이 제대로 대접받았다고 느끼도록 만들려는 앨린의 노력 덕분에 어느 작은 부분 하나도 소홀하게 대하는 것이 없다. **CL**

⬆ 케이크스 앤 에일 레스토랑과 베이커리는 애틀랜타 교외의 맛집이다.

징어맨스 로드하우스 Zingerman's Roadhouse | 미국식 향토 고전음식

위치 앤아버 | **대표음식** 피멘토 베이컨 마카로니 Pimento bacon macaroni | 💲💲

재기 넘치는 사람들인 애리 바인츠바이크(Ari Weinzweig)와 폴 새기노(Paul Saginaw)가 세운 징어맨스 로드하우스는 1982년 앤아버에 처음 문을 열면서, 올리브 오일과 소금에 절인 고기부터 농장에서 만든 치즈와 신선하게 구운 빵까지 좋은 재료를 사용하는 델리카트슨으로 유명해졌다. 이런 비전의 성공으로 징어맨스는 앉아서 먹을 수 있는 징어맨스 로드하우스 같은 레스토랑을 갖춘 먹거리 왕국으로 성장할 수 있게 되었다.

징어맨스는 미국식 향토 고전 음식을 판다. 콘비프 해시, '그리츠 앤 비츠' 와플, 그린 토마토 피클과 같은 것들을 떠올려보라. 가격은 좀 비싸지만, 전혀 다른 경험을 하게 될 것이다. 셰프 알렉스 영(Alex Young)은 이 미국식 컴포트 푸드를 전혀 다른 경지에 올려놓았다. 'Really good American food'라는 네온사인이 말해주듯이, 이곳에서는 진짜 맛있는 미국 음식을 판다.

남부 캐롤라이나에서 그리츠, 아이오와의 가족 농장에서 돼지고기, 메릴랜드에서 게, 아미시 농부들에게서 닭고기를 공급받는다. 서쪽으로 몇 마일 떨어진 곳에 징어맨스에서 직접 운영하는 콘맨스 농장(Cornman's Farm)이 있는데, 이곳에서 종자보존된 토마토와 목초를 먹여 키운 소고기를 포함한 신선한 농산물과 고기를 공급받는다. 이 팜투포크식 요리법은 알렉스 영에게 미국 음식의 챔피언이라는 전국적인 명성을 얻게 해주었다.

현실적인 메뉴는 편안하고, 가족이나 친구 같은 분위기와도 잘 어울린다. 고객들은 구덩이에서 훈제해 구운 갈비나 버터밀크 프라이드 치킨, 뒤이어 나오는 브라우니 선데, 메이플 시럽을 뿌린 라이스 푸딩, 목을 축이는 냉홍차, 루트 비어, 미국식 와인과 같이 맛있는 것들을 즐기기 위해 이곳을 다시 찾는다. 대화를 나누는 사람들의 웅성거리는 소리로 가득 찬 소박한 분위기에서 식사를 즐기게 된다. **SH**

더 그린하우스 태번 The Greenhouse Tavern | 로컬 재료로 만드는 독창적인 팜투테이블

위치 클리블랜드 | **대표음식** 푸아그라 스팀드 클램 Foie gras steamed clams | 💲💲

오하이오 주에서 처음으로 인증받은 그린 레스토랑의 오너 셰프인 조나단 소여(Jonathan Sawyer)는 레스토랑에서 가까운 곳에서 생산된 재료들을 이용하는데 열정적이다. 그는 주변 지역에서 생산되는 재료를 구할 수 없으면 직접 만드는 수고를 아끼지 않는다. 그 예로 수제 식초를 들 수 있다.

미국의 중서부 지방에서 요리하는 소여는 머리끝부터 꼬리까지 모든 부위를 먹는 육류 중심의 음식을 숭배한다. 바비큐 소스를 바른 구운 돼지머리나 만화 플린트스톤(Flintstone)에나 나올법한 크기의 큼직한 소 갈비와 브라운 버터 팝오버는 메뉴 중에서 든든한 음식의 2가지 예에 불과하다. 대표적인 요리인 푸아그라 스팀드 클램과 적양파 브륄레, 늦은 가을 수확한 비오니에(viognier)로

> "더 그린하우스 태번은 원기왕성하고, 활기 넘치는 미국식 요리 전문이다."
> fodors.com

직접 만든 식초, 그릴에 구운 빵 역시 풍족하게 나온다. 소여는 채식 요리에도 능한데, 훈제한 사과, 바삭한 붉은 곡류, 발효시킨 검은콩과 두부, 호미니 옥수수, 흰 콩을 넣은 '카술레'가 있다.

소여의 환경친화적인 태도는 가게 앞에도 잘 드러나는데, 거의 모든 것들이 재생된 것들이다. 낡은 교회 벤치, 바 테이블, 샹들리에, 1970년대 8트랙 록올라(Rock-Ola) 444 쥬크박스는 여러 빈티지 아이템의 일부에 불과하다.

밤마다 다이닝룸을 가득 메우는 젊고 활기 넘치는 고객들은 이곳의 음식과 환경보호에 대한 메시지를 신봉한다. 그들은 자신들이 새로운 러스트 벨트(Rust Belt) 지역 식품 혁명을 선도하는 유행에 합류했다는 사실을 알고 있다. **MD**

주마 Zuma | 셀러브리티 고객들로 잘 알려진 최고급 일식 레스토랑

위치 마이애미 **대표음식** 시소-폰즈 버터를 곁들인 오븐에 구운 바닷가재 Lobster roasted with shizo-ponzu butter | $$$

"웨이터들은 손으로 간 고추냉이부터 록 차이브(rock chive) 싹에 이르기까지 메뉴에 대해 잘 알고 있다."
miami.com

런던(그리고 홍콩, 두바이, 이스탄불, 방콕)에서 들어온 주마는 뜨거운 관심을 모으는 레스토랑으로, 단순히 대담한 음식을 넘어 맛을 보장한다고 말할 수 있다. 2010년에 문을 연 주마는 많은 주민들과 관광객들이 큰 돈이 들더라도 가보기를 바라는 곳으로, 마이애미 시내 핫한 건물 중 하나에 있다.

주마는 스스로 이자카야(izakaya)라고 칭하는데, 이는 일본에서 격식을 갖추지 않는 장소로 (타파스와 마찬가지로) 소량의 접시에 담아 나오는 음식이 사케와 맥주를 마시는 동안 술에 취하지 않도록 도와준다. 청고추와 라임을 곁들인 오징어; 새우와 은대구를 넣은 만두; 유자, 연어알, 트러플 오일을 곁들인 바다농어 회; 유자 겨자 미소 소스를 바른 달착지근한 훈제 삼겹살 꼬치, 시소 버터를 바른 스위트콘 등의 수많은 소량의 요리들로도 알 수 있듯이, 주마는 보통의 이자카야가 아니다. 민물 장어를 곁들인 새우 튀김과 같은 맛있는 메뉴들은 나누어 먹기에도 좋다.

레스토랑은 천장이 높고 은은한 색상을 띠고 있어, 널찍한 오픈 키친이 더 빛나 보인다. 키친은 스시 바, 에너지가 넘치는 로바다야키 그릴, 번쩍이는 장비로 가득 찬 큰 메인 주방, 이렇게 3부분으로 나뉘어 있고, 마이애미 강이 내다보이는 바와 라운지는 독특한 칵테일을 즐기기에 훌륭한 장소다. 어마어마한 기본 생선회와 초밥 메뉴와 다양한 테이블 메뉴들은 사람들에게 극찬을 받는다. 참깨를 입힌 소고기 안심과 매콤한 간장 소스, 미소에 재운 은대구, 시소-폰즈 버터를 발라 구운 바닷가재는 보기 좋게 담겨 나온다.

주마는 레스토랑 장인 래이너 벡커(Rainer Becker)의 창작품이다. 그는 수년 동안 복잡한 일본 요리를 공부하고, 그것을 이국적이게 들리면서도 맛은 친근한 것으로 현대화 시켰다. **RG & MW**

⤒ 주마는 마이애미에서 가장 인기 있는 외식 장소 중 하나다.

조스 스톤 크랩Joe's Stone Crab | 돌게로 알려진 가족 외식 장소

위치 마이애미 **대표음식** 겨자 소스를 곁들인 차가운 돌게 집게발Chilled stone crab claw with mustard sauce | $$$$

보웬스 아일랜드 레스토랑Bowen's Island Restaurant | 맛있는 굴이 풍부한 식당

위치 찰스턴 **대표음식** 타바스코 소스를 곁들인 찐 굴Steamed oysters with Tabasco sauce | $

조의 레스토랑은 마이애미 해변에 있는 눈에 띄지 않는 낮은 건물에 있다. 이곳을 유명하게 만든 음식은 간단하다. 바로 레몬 조각과 겨자 마요네즈 한 단지가 곁들여 나오는 삶은 게 집게발이다.

마이애미 해변에 있는 조스 스톤 크랩은 1913년에 개업한 이래 계속해서 상을 받고 있다. 초기엔 플로리다 미개발지역에서 점심으로 이 지역 생선을 파는 조 웨이스(Joe Weiss)의 허름한 가판대였다. 해변이 점점 인기를 끌면서, 조는 이 지역에서 많이 나지만 사람들의 관심을 끌지 못했던 게를 가지고 실험을 해봤다. 달콤한 살로 가득 찬 돌게의 집게발은 손님들로 큰 성공을 거두었고, 그 이름을 딴 레스토랑을 세웠다. 고객 중에는 에드가 후버, 윈저 공작 부부와 알 카포네도 있었다.

지금은 웨이스 가문의 5대가 이곳을 운영하고 있으나, 중요한 재료인 돌게는 점점 희귀해지고 있다. 요즘은 게의 집게발 하나만 뜯어낸 다음 다시 바다에 돌려보내 집게발이 다시 자라도록 한다. 어떤 집게발은 사람의 손만큼이나 크다. 삶아서 차게 식힌 다음 망치로 때려 3부위로 부숴 껍질을 벗기기 쉽게 만든다.

인기 있는 사이드 디시는 계피 설탕을 뿌린 고구마 튀김, 크림드 갈릭 스피니치와 고추, 베이컨, 흑설탕 버터 소스를 곁들인 미니 양배추다. 레스토랑이 고급화될수록 메뉴도 다양해지고 있다. 테이크아웃 서비스와 망치로 부순 상태로 배송하는 우편판매도 가능하다.

고객들은 커다란 하얀 벽에 레스토랑의 가족 유산을 기리는 오래된 사진들이 장식된 식당에 앉는다. 다양한 종류의 메뉴가 있지만, 대부분의 손님들은 게의 집게발을 선택하며 클래식한 키 라임 파이로 입가심을 한다. **SH**

보웬스에는 나무로 만든 경사로에 지그재그로 늘어선 줄이 항상 있다. 사람들은 그곳에서 기다리는 동안 무엇을 주문할지 고민한다. 그들은 맥주캔을 벌컥벌컥 들이마시며 새우튀김과 칵테일 소스를 듬뿍 바른 크랩 케이크와 딸려나오는 '허시퍼피(미니 옥수수빵 볼)'에 대해서, 또는 생선 튀김에 대해서 이야기한다.

그러나 먼지가 풀풀 나는 길을 달려 다이닝 공간으로 쓰이는 스크린이 쳐진 포치에 앉는 것을 감수하는 진짜 이유는 튀김과 상관없다. 보웬스는 무제한 스페셜 메뉴가 있는 곳으로, 고객이 그것을 선택하면 칼과 하얀 행주를 주고 찰스 디킨스 소설에 나오는 방 같은 어두컴컴한 아래층으로 내려 가라고 한다. 이 방에는 커다란 자루에 따온 이 지역 굴을 요리사들이 가스 연료를 사용해 찌는 철판이 놓여있다.

> **"무제한인 굴들은 아주 싱싱해서 약간의 진흙이 섞여 있을 수도 있다."**
> Zagat

굴에서 나온 즙과 흘린 타바스코 소스로 축축한, 나무로 된 테이블에 앉아 손님들은 굴의 향연에 빠져든다. 캐롤라이나 굴은 다발로 붙어 자라서, 각각의 짭짤한 뭉치들은 매듭을 지은 목걸이처럼 울퉁불퉁한 모양을 하고 있다. 각 테이블의 가운데에는 껍질을 버릴 수 있는 큰 구멍이 있고, 요리사들은 불에서 퍼낸 굴들을 삽에 담아 테이블로 날라주며 돌아다닌다. 사우스캐롤라이나 해안을 따라 튀긴 새우와 허시퍼피를 파는 레스토랑들이 늘어서있지만, 해산물을 삽으로 퍼서 배불리 먹을 수 있는 곳은 보웬스 뿐이다. **HR**

허스크Husk | 미국 남부 부활의 선구자

위치 찰스턴 **대표음식** 치즈버거Cheeseburger | ⑤⑤⑤

앞서가는 전 세계 아방가르드 셰프들의 연례 모임(Cook It Raw)이 찰스턴에 왔을 때, 셰프들은 저지대 늪에서 꼼꼼하게 가져온 재료들을 이용한 고난도의 요리 기술을 선보일 수 있는 디너를 준비했다. 그러나 식사를 마친 후, 그들은 모두 허스크의 치즈버거를 먹었다.

셰프 션 브록(Sean Brock)의 첫번째 단독 프로젝트인 허스크는 레스토랑을 아는 이들을 위한 곳이다. 1893년 찰스턴 중심부에 지어진 2층짜리 앤 여왕의 집에 자리잡은 이 레스토랑은 식탁보를 깔지 않은 나무 테이블의 중앙에 말린 오크라를 장식해 놓았다.

그러나 다이닝룸과 잊혀진 찰스턴의 칵테일을 부활시키고자 출발해 이 도시에서 가장 술 마시기 좋은 곳이된, 벽돌 벽으로 된 바는 잘난체하려는 기색이 전혀 없다. 대신 제대로 된 재료와 똑똑하면서도 즐길 수 있는 요리에 초점이 맞추어져 있다.

브록이 허스크를 만들었을 때, 그는 남부가 아닌 곳에서 자라거나 생산된 것은 무엇이든 그의 주방에 들여놓지 않겠다고 선포했다. 이것은 식품 저장소에 올리브 오일 조차 없다는 것을 의미한다. 브록과 셰프 트래비스 그라임스(Travis Grimes)는 개업 초기의 기준들을 완화해왔으나(남부지역의 장인들이 늘어나 덕분에 텍사스에서 만든 올리브 오일을 구입할 수 있게 되었다), 남부 색채를 띤다는 룰은 지키고 있다. 식사는 튀긴 돼지 귀와 참깨를 넣은 상추쌈이나 야생 리크(ramp) 피클을 곁들인 피멘토 치즈로 시작될 것이다.

피클링은 허스크에서 발효, 훈제와 더불어 식품을 보존하는 방법으로 자주 사용한다. 버거만 먹으러 온 손님들조차도 충분한 양의 피클을 먹게 된다. 기본적인 피클(bread-and-butter pickles)은 당연히 전설적인 햄버거에 들어가며, 소 목살로 갈아 만든 패티와 벤튼 상표의 베이컨과 버터밀크 참깨 번의 맛을 더 살려준다. **HR**

⤴ 허스크는 재료에 맞춘 미국 남부식 요리를 판매한다.

맥크래디스 McCrady's | 수백 년 된 선술집 건물에서 만나는 흠잡을 데 없는 현대 요리

위치 찰스턴 **대표음식** 찰스턴 아이스크림Charleston ice cream | 🪙🪙🪙🪙

미국에서 호텔에 대한 설명을 할 때 쓰는 말 중에 "조지 워싱턴이 여기에서 잤다"라는 판에 박힌 표현이 있다. 다행히도 맥크래디스는 이런 표현을 팔고 다니지는 않는다. 이 역사적인 선술집에서는, 초대 대통령이 잔 게 아니라 식사를 하며 마데이라를 마셨다.

1788년 전과자에 의해서 세워진 맥크래디스는 후에 커피하우스와 창고로 쓰였다. 건물주들은 션 브록(Sean Brock)을 셰프로 영입하고 그에게 현대 미식의 새로운 트렌드를 연구해보라고 했고, 한동안 맥크래디스의 디너에는 거품이 등장했다. 그러나 래디시 문신이 있는 브록은 결국 자신의 훌륭한 요리들을 만들어갔고 보다 자연적인 상태에서 방금 수확한 재료들에 초점을 맞추기 시작했다.

뒤를 이은 셰프들은 브록의 비전을 따라 순도 높은 스테이크, 폭찹, 이 지역 해산물을 다른 것들과 섞지 않고 순순하게 내놓았다. 남부에는 접시를 캔버스처럼 잘 활용하는 주방이 드물다. 늦은 가을이면 다른 텍스처와 색을 선보이는 테이스팅 메뉴에 허클베리가 나오는데, 절여서

숙성시킨 새끼비둘기와 돼지감자와 함께 낸다. 인근에서 잡은 새우는 우아한 나선형 모양으로 만들어 버터넛 스쿼시와 참깨를 혼합한 것에 얹어 나온다. 브록에 따르면 '찰스턴 아이스크림'—외관상으로는 밥으로 보인다—은 모든 사람들이 가장 좋아하는 코스로, 고객들이 이 지역에서 찾아낸 수확에 감사하게 만든다. 담은 모양 덕분에 이 음식은 더 돋보인다. 맥크래디스에서는 보기 좋은 외양과 배려가 매우 적절하게 유지된다.

워싱턴 시절부터 독주를 팔아왔던 레스토랑에서 술에 대해 깊이 고민할 필요가 없다. 독창적인 칵테일 리스트에는 현기증 나는 진 믹스, 홈메이드 마운틴듀 식초, 생제르맹 보바(티피오카)와 같은 것들이 포함되어 있다. 또한 와인 수입자인 에드워드 맥크레디의 업적을 기리기 위해 이곳에서는 특별히 선정한 몇 가지의 마데이라를 판매한다. **HR**

⬆ 맥크래디스는 국가의 역사적인 랜드마크로 기재되어 있다.

호미니 그릴Hominy Grill | 범남부적인 요리로 국제적인 관심을 이끈 수수한 레스토랑

위치 찰스턴 **대표음식** 슈림프 앤 그리츠Shrimp and grits | $$

> "밤마다 스털링은 이 지역의 진미들을
> 수제 버전으로 내보낸다."

The New York Times

저지대 시골에서 가장 흔한 곡류는 쌀이다. 하지만 호미니 그릴의 손님들은 본인들이 옥수수의 나라에 있다고 착각할지도 모른다. 셰프 로버트 스털링(Robert Stehling)은 1996년 옥수수와 관련된 용어를 레스토랑의 이름으로 지었다.

감탄할 만한 것은 버섯, 실파, 베이컨, 치즈로 한껏 모양을 낸 슈림프 앤 그리츠다. 이 메뉴는 미국사람들에게 찰스턴을 떠올리게 하는데, 재료의 질 때문이다. 제임스 비어드 재단으로부터 남동부 최고의 셰프 상을 받은 찰스턴의 첫번째 셰프인 스털링은 모든 재료가 신선하고, 인근지역에서 난 것이며 제철 식품이어야 하며, 예전부터 이제는 유행이 된 생산자 추적까지 갖추어져야 했던 까다로운 사람이다.

스털링의 요리는 전통적이다. 눈에 띄는 요리 행사에서 그의 동료들이 졸인 소스와 작은 잎사귀들로 장식한 요리를 선보일 때, 그는 버터밀크 파이를 내놓은 것으로 유명해졌다. 호미니 그릴의 범남부적인 메뉴에는 사탕수수 버터를 곁들인 할라피뇨 허시퍼피, 그릴에 구운 피멘토 치즈 샌드위치와 메기 크레올과 높다란 비스킷을 반 갈라 만든 프라이드 치킨 샌드위치가 포함되어 있다. 그리고 호미니 그릴은 스쿼시 캐서롤, 스튜드 오크라, 리마 빈에도 특별히 신경을 쓴다. 콘브레드와 함께 나오는 채소 요리들의 외양은 특별히 멋지진 않다.

이곳은 브런치에 가장 많은 손님이 몰린다. 사람들은 부드러운 홈메이드 바나나 브레드, 작은 그린 토마토 샌드위치, 슈림프 앤 그리츠를 맛보기 위해 1시간 이상 줄을 서서 기다린다. 다행히도 레스토랑은 사람들이 기다리는 파티오에 있는 테이크아웃 창문을 통해서 훌륭한 블러디 메리를 판매한다. **HR**

⬆ 호미니 그릴의 슈림프 앤 그리츠.

버사스 키친Bertha's Kitchen | 고전적인 소울 푸드의 요새

위치 찰스턴 **대표음식** 식 앤 스파이시 오크라 수프Thick and spicy okra soup | 💲

찰스턴 북쪽으로 한참 떨어진 곳에 위치한 버사스 키친은 관광객들이 찾는 곳이 아니다. 고추 식초와 몇 가지 양념이 놓인 공용 테이블이 몇 개 놓여있으나, 대부분의 카페테리아 손님들은 일터로 바삐 돌아가야하는 배고픈 월급쟁이들이다.

상자 같은 청록색 건물까지 찾아온 맛집 탐험가들은 프라이드 치킨이나 코카콜라 케이크 같은 남부음식으로 저녁을 먹는 사람들은 알 수 없는 저지대 사람들에 대해서 배우는 기회를 갖게 될 것이다. 버사스에선 이 지역의 서로 다른 문화간의 역사와 독특한 지리학이 방금 만든 붉은 쌀, 리마빈, 오크라 수프가 놓인 스팀 테이블에 잘 드러나있다.

검보와 비슷한 오크라 수프는 토마토, 향신료와 얇게 자른 오크라가 들어간 수프로, 오크라의 씨가 흘러나와 국물을 걸쭉하게 만든다. 고전적인 음식을 버사스만의 스타일로 만들어 깊고 진한 맛이 난다. 이 음식은 앨버사 그랜트(Albertha Grant)가 1979년 자신의 레스토랑을 처음 개업했을 때 만든 특별식이다. 비록 그랜트는 2007년 작고했지만, 그녀의 딸들이 계속 운영하고 있다.

별 수 없이 서야 하는 줄의 앞쪽 근처에 있는 보드에 버사스의 특별 메뉴가 손으로 적혀있기는 하지만, 선택은 크게 바뀌지 않는다. 호사스런 맥앤치즈는 커스터드처럼 부드럽고, 훈제 향의 리마빈은 껍질이 터질 때까지 뭉근한 불에 끓여 만들며, 콜라드 그린은 양이 넉넉하다. 버사스는 스위트 콘브레드도 덩어리로 판매하지만, 가장 인기있는 탄수화물은 하얀 쌀밥이다.

찰스턴에서 가장 맛있는 프라이드 치킨을 꼽자면 경쟁자가 많겠지만, 프라이드 폭찹은 버사스가 최고다. 양념을 깔끔하게 입혀 튀긴 매콤한 폭찹은 서둘러 가게를 떠나지 못하게 만든다. **HR**

피그FIG | 음식과 와인을 사랑하는 사람들을 끌어들이는 자석 같은 곳

위치 찰스톤 **대표음식** 토마토 타르트 타탱Tomato tarte tatin | 💲💲💲💲

피그에서 식도락가들은 다른 곳에서 만난 미식가들을 또 마주친다. 이곳은 찰스톤에서 가장 인기 있는 레스토랑 중에 한 곳으로, 요리가 있는 클럽하우스라고 할 수 있다.

'food is good'의 앞글자를 딴 피그(FIG)는 요리할 때 간단하고 정직하자는 것이 기본방침이다. 나무 의자와 황토색의 벽이 동네의 비스트로 같은 느낌을 연출한다. 손님이 큰 소리로 웃거나 다른 테이블의 손님과 대화를 나누어도 아무도 신경쓰지 않을 것이다.

음식은 재료에 맞춰 요리한 것으로 눈높이를 높게 설정했다. 셰프 마이크 라타(Mike Lata)의 해산물 레스토랑인 디 오디너리(The Ordinary)와는 달리, 피그는 특별한 테마가 없다. 프랑스의 영향과 인근 지역의 농산물을 이용한 정도가 메뉴의 전반적인 공통점이다. 대표 메뉴인 토마

> "셰프 마이크 라타는 이 지역의 제철 재료를 빛나게 만드는 요령을 가지고 있다."
> Washington Flyer

토 타르트 타탱은 먹는 사람들에게 토마토를 과일로 분류해야 한다는 생각이 들게 한다. 달콤한 맛에, 얇게 벗겨지는 파이는 프로마쥬 블랑(하얀 치즈)과 올리브 타프나드가 얹어져 있으며 근방의 존스 아일랜드(John's Island)에서 자란 토마토로 만들었다.

메뉴에 있는 다른 믿음직한 메뉴로는 새우, 오징어, 홍합이 들어있는 넉넉한 양의 생선 스튜와 끈적한 사탕수수 케이크가 있다. 사탕수수 케이크는 영국식 토피 푸딩을 변형한 것으로 라타는 데이트 케이크에 켄터키 사탕수수 시럽을 위에 발랐다. 피그는 또한 이 지역에서 가장 흥미로운 와인 리스트를 제공하는 곳 중에 하나로, 와인한 병을 시켜 친구와 나누어 마시기에 적당한 곳이다. **HR**

인 앳 리틀 워싱턴 Inn at Little Washington | 현재의 영예에 결코 안주하지 않는 유서 깊은 미식의 전당

위치 워싱턴(버지니아) **대표음식** 모험적인 미식가의 메뉴Gastronaut's Menu | ❺❺❺❺

"젊은 웨이터 무리가 서빙하는 특별한 요리는 인 앳 리틀 워싱턴을 마법에 사로잡힌 곳으로 만든다."

Washington Post

인 앳 리틀 워싱턴은 오랜 기간에 걸쳐 많은 별과 다이아몬드를 수집해왔다. 그렇지만 잘난 척을 한 적은 없다. 깜짝놀랄 만한, 편안한, 부티 나는, 로맨틱한 같은 형용사들로는 매일 밤 모든 테이블에 전해지는 마법 같은 매력을 다 표현할 수가 없다.

셰프 페트릭 오코넬(Patrick O'Connell)은 자신의 소중한 고객들에게 마법의 요리를 선사하기 위해 땅에서 구할 수 있는 최상의 재료로 가장 호화로운 세팅을 만들어내고자, 모든 면을 능숙하게 조정해왔다.

오코넬은 모든 감각을 자극하려고 한다. 런던의 디자이너 조이스 에반스가 꾸민 식당 자체가 눈부신 배경이다. 내실에는 2개의 키친 테이블이 있고, 각 테이블에는 6명이 앉을 수 있다. 옆에는 근사한 벽난로가 있고 요리사들이 일하는 것이 보인다. 메인 다이닝룸의 테이블이 아닌, 키친 테이블에 앉고 싶다면 특별요금을 내고 예약할 수 있다.

디너는 3가지 코스 메뉴나 셰프가 선정한 열개의 코스와 와인 페어링을 한 '모험적인 미식가의 메뉴' 중에 고르면 되는데, 주로 후자를 선택한다. 피키토 게(peekytoe crab)와 오이 리예트를 곁들인 미국산 오세트라 캐비아; 블루베리 식초에 재운 비둘기 가슴살 구이를 주키니 호박 크레페에 얹은 요리; 커리가루를 뿌린 송아지 흉선과 구운 자두; 버지니아 컨트리 햄과 파파르델레 파스타와 같은 요리를 볼 수 있을 것이다. 채식주의자들을 위한 10가지 코스의 '베지테리언 오디세이(Vegetarian Odyssey)'도 인기 있다. 디저트를 먹을 여력이 있다면, 신중하게 선택하라. 버터밀크 아이스크림을 곁들인 할머니의 따끈한 애플 타르트나 핑크 페퍼콘(pink peppercorn) 그라니타를 곁들인 톡쏘는 맛의 파인애플 레몬그라스 셔벗 중에서 선택하게 될 것이다. **CF**

⬆ 세심한 것까지 신경 쓰는 디테일은 인 앳 리틀 워싱턴의 철학의 일부다.

트러머스 온 메인Trummers on Main | 도시의 영향을 받은 남부의 매력

위치 클리프턴 **대표음식** 베이컨으로 감싼 토끼 등심과 덤플링Bacon-wrapped rabbit saddle with dumplings | 💲💲

쿼터덱 Quarterdeck | 게 요리 전문점

위치 알링턴 **대표음식** 메릴랜드 블루 크랩Maryland blue crabs | 💲

버지니아주 클리프턴의 메인 거리(Main St.)는 미국의 색채가 깊은 4개의 블럭으로 이루어져 있다. 북군이 남국의 침공을 저지하기 위해 데브러 역(Devereux Station)에 주둔하던 남북전쟁 기간과 건축이 성행하던 시기에 마을이 커졌다.

오래된 클리프턴 호텔에 들어서있는 트러머스 온 메인도 역시 2층의 널찍한 발코니와 손상되지 않은 현관이 있는 환상적인 외관을 가지고 있다. 내부는 잘 다듬어지고 세련되어, 예스러운 건물의 외양과는 딴판이다. 바를 겸하는 리셉션은 전통적인 남부의 푸근한 인심과 뉴욕의 세련미가 잘 섞여 있다. 2층의 다이닝룸은 널찍하고 바닥부터 높은 천장까지 있는 창문 덕에 바람이 잘 통한다. 이 창문들은 정원을 내려다 볼 수 있어 제철 요리를 지향하는 트러머스의 철학에 힘을 실어준다. 3층은 실험적인 공간으로, 호주의 호이리게(Heuriger, 와인 바)나 햄버거와 밀크셰이크 바와 같은 팝업스토어가 서는 공간이다. 레스토랑의 주인인 스테판(Stefan)과 빅토리아 트러머(Victoria Trummer)는 고객들을 깜짝 놀래키기를 좋아한다. 두 사람은 어디에든 있는데, 빅토리아가 문에서 따뜻하게 맞이하고, 스테판이 감각적인 칵테일을 만들어준다. 또한 그들은 2개의 공용 테이블 중 하나에서 항상 대화를 이끌어간다.

셰프 오스틴 파셋(Austin Fausett)은 '계절, 채소, 저지대, 최신'의 4가지로 구분되는 메뉴를 만들어왔다. 와인 페어링을 한 그랜드 테이스팅 메뉴도 있다. 로컬 토끼 라구, 버번으로 글레이징한 흥선, 호박 셔벗은 가을의 어느 날 메뉴에서 볼 수 있는 몇 가지 선택 사항들이다. 음식은 항상 계절, 이 지역의 역사, 남부 트렌드의 영향을 받는다. 파셋은 모든 요리와 프레젠테이션에 놀라운 요소를 담아, 계절이 바뀐 후에 반드시 다시 찾고 싶게 만든다. 아니면 일요일에 브런치를 먹으러 올 수도 있다. **CF**

포트 마이어 군부대 후문의 고층 아파트들 사이에 자리잡은 쿼터덱은 약간 특이하다. 이곳은 확실히 체서피크 만에서 멀리 떨어져 있다. 5월부터 9월까지는 올드 베이 시즈닝을 뿌린 바삭한 메릴랜드 블루 크랩이 플라스틱 식판에 넘쳐나도록 담겨 나오고, 종업원들은 바쁘게 오가며 껍질을 담은 양동이를 치우고 깨끗한 키친타올과 차가운 맥주를 가져다 준다.

30년이 넘는 동안, 레스토랑의 소유권은 가족이 아니라 친구, 바텐더, 매니저 등에게 넘어갔는데, 지금은 예전에 쿼터덱의 매니저였던 패트릭 머로프(Patrick Murrough)가 운영하고 있다.

쿼터덱은 테이블로 게를 가져올 때까지 1시간 남짓 배고픔을 참고 기다리는 사람들이나 부끄러워서 남들 앞에서 게를 해체해 먹기 어려워하는 이들을 위해 다양한

> "노련한 종업원들은 고객과 자신들의 생산성에 대해 잘 알고 있다. 모든 게는 주문이 들어오면 요리하기 시작한다."
> northernvirginiamag.com

애피타이저도 판매한다. 피자나 햄버거뿐 아니라 잘 쪄낸 새우, 가리비, 육포, 메기 튀김도 있다. 그러나, 계절이 끝날 때까지 하얀 종이 위에 맥주 피쳐와 게 무더기가 없는 테이블을 찾아보기 어렵다.

더운 계절에는 파티오에 앉아 식사해보라. 짠 내나는 공기나 바닷바람은 없지만, 대화와 웃음 속에 나무망치로 게의 앞발을 깨먹는 모습은 쿼터덱이 동네 게 전문점에서 번창한 곳이란 것을 알려주는 증거다. **CF**

개즈비스 태번 Gadsby's Tavern | 역사가 살아 있는 곳

위치 알렉산드리아 **대표음식** 스캘롭트 포테이토를 곁들인 구운 오리 반마리 Roasted half duck with scalloped potatoes | ⑥⑥

"역사적인 알렉산드리아 태번에 가면 진정한 식민지 시대 체험이 기다리고 있다."

Zagat

⬆ 이곳에서 당신은 대통령의 발자취를 따라가게 될 것이다.

조지 워싱턴이 이곳에 와서 먹었다. 토머스 제퍼슨, 제임스 매디슨, 제임스 먼로, 앤드루 잭슨과 다른 대통령과 저명한 정치인들도 이곳에서 식사를 했다. 당시의 실내 장식을 간직하고 식민지 시대의 옷을 입은 정통한 종업원들이 꾸려나가는 개즈비스 태번은 브런치, 런치, 디너에 열리는 역사 수업이라고도 할 수 있다. 1785년에 개업한 태번은 파인 다이닝과 럼 펀치와 이 지역에서 최고의 숙박 시설로 알려진 선술집 겸 호텔(지금은 박물관)이었다.

모험은 캐머런가와 로열가 교차로에 있는 외부에서부터 시작한다. 이곳은 근처의 포토맥 강에서 날아온 62t의 얼음을 저장했던 벽돌로 만든 우물이 있던 곳이다. 얼음 덕분에 개즈비스에서는 차가운 음료를 낼 수 있었다.

개즈비스는 200여년 동안 전통으로 이어온 이벤트로도 유명하다. 추수감사절, 크리스마스와 워싱턴의 생일을 기념하는 무도회(Birthnight Ball)는 개즈비스의 가장 유명한 일반인 대상의 행사들이다. 그러나 행사가 열리는 날이나 특별한 모임이나, 음악 행사, 연극 행사가 열리지 않을 때에도 미리 예약을 하지 않으면 이곳에서 식사하기는 힘들다.

편안한 모임은 바나 외부의 잔디밭에서 열린다. 다이닝룸들은 18세기 격식을 갖춘 곳이다. 메뉴는 간단하며, 나이와 입맛에 맞춰 얼마든지 변화를 줄 수 있다. 1번째 코스에는 생강과 마늘을 넣은 서리 카운티 땅콩 수프와 트러플을 넣은 꿀과 사이다 비네그레트에 버무린 시금치가 나온다. 메인 요리 중 조지 워싱턴이 가장 좋아하던 것에는 스캘롭트 포테이토를 곁들인 구운 오리 반마리, 옥수수 푸딩, 로트크라우트(rotkraut, 적양배추)와 체리 오렌지 글라세가 있다. 또한 마카로니와 치즈와 같이 아이들이 좋아하는 오래된 메뉴도 있다. 조지 워싱턴의 "내 생활방식은 평범하고 난 그걸 떨쳐낼 생각이 없다. 와인 1잔과 약간의 양고기는 언제든지 준비되어 있다."라고 한 말은 개즈비스를 의미했었을 수도 있다. **CF**

올드 에비트 그릴 Old Ebbitt Grill | 다이닝 태번의 본보기 그 이상

위치 워싱턴 **대표음식** 송어 파르메산Trout Parmesan | 💲💲

1856년 하숙집으로 처음 문을 연 올드 에비트 그릴은 워싱턴DC에서 가장 오래된 술집이다. 몇번의 이사를 거쳐, 한때 사라질 위기에 처해졌으나 1970년 조지 타운의 클라이드(Clydes)의 주인인 스튜어트 데이비슨(Stuart Davidson)과 존 레이덤(John Laytham)이 경매를 통해 술집 안의 도구들을 구입한 덕에 살아남았다.

새로운 주인들은 결국 지금의 보자르(Beaux-Arts) 빌딩으로 레스토랑을 옮겼다. 이 건물은 골동품 맥주잔, 테디 루즈벨트가 잡았다고 전해지는 동물 머리장식, 유리 패널, 그림들 등과 같은 거대한 컬렉션에 잘 어울리는 곳이다. 웅장한 마호가니 바와 빅토리아 시대에 나무를 굽혀 만든 의자와 같은 그 시대의 복제품들은 전체적인 분위기를 완성시켜준다.

다양한 음식과 음료 메뉴 덕분에 올드 에비트는 동네 술집과 그릴 같은 느낌을 준다. 이른 저녁이면 회사원, 정치인, 관광객, 주민들이 뒤섞여 마호가니와 벨벳으로 꾸민 부스에 자리를 잡으려고 회전문을 열고 밀려든다. 손님이 가득 차면, 3m 높이의 천장은 즐겁게 오가는 잡담과 웃음 소리로 웅웅거리는 소음을 잡아준다.

음식은 간단하지만 창의적이고 넉넉하며, 인기 있는 고전 메뉴와 계절별 특별 요리가 있다. 가장 인기 있는 메뉴는 튀긴 칼라마리 애피타이저, 큼직한 게살 덩어리가 든 크랩 케이크, 해산물 잠발라야와 파르메산 치즈 가루를 입혀 튀긴 송어 살과 함께 나오는 묽은 홀란데이즈 소스다. 파이, 크럼블, 브라우니와 치즈케이크도 익숙한 디저트들이다.

오이스터 바는 좋아하는 생굴을 섞어서 선택해 먹을 수 있는 독특한 경험을 안겨준다. 굴은 테이블에서 먹을 수도 있지만 오이스터 바에서 먹는 것과 같은 재미와 효과를 볼 수는 없다. 아침과 점심에도 문을 여는 올드 에비트 그릴은 오랫동안 인근 지역의 주민들에게 사랑 받는 장소다. **CF**

"깔끔하게 손질해서 여섯개 또는 다양한 종류가 섞어서 나오는 차가운 굴은 환상적이다."
Washington Post

⬆ 올드 에비트 그릴은 모두가 좋아하는 술집이다.

더 타바드 인 The Tabard Inn | 먼 길을 찾아가 볼 만한 오래된 명소

위치 워싱턴 **대표음식** 점보 럼프 크랩 케이크 Jumbo lump crab cake | 🖢🖢🖢

제프리 초서의 걸작, 『캔터베리 이야기』 속 여인숙에서 이름을 따온, 91년 된 이곳은 존 그리샴의 『펠리칸 브리프』를 포함한 몇몇 현대 소설에도 등장했다. 노출된 대들보, 낡은 가죽, 빳빳하게 풀먹인 하얀 식탁보가 바둑판 무늬로 늘어져 있는 타바드는 동명의 여관과 마찬가지로 나긋나긋한 친교를 나눌 수 있도록 한다.

예스러운 분위기의 호텔과는 별개로, 타바드는 크게 존경받는 레스토랑이다. 최대 14명까지 가능한 작은 개인 파티를 할 수 있는 'Room 51'이나 메인 다이닝룸, 바 등 어디에 자리를 잡든, 타바드는 각종 모임을 하기에 적합하다. 효율적인 분주함과 조용한 대화는 안락한 분위기의 친교를 나눌 수 있도록 한다.

이그제큐티브 셰프인 폴 펠트(Paul Pelt)는 타바드 주방에서 자랐다. 라인 셰프에서 시작해 잠깐 자리를 비웠다가, 다시 돌아와서 리더의 자리를 꿰찼다. 그는 어느 한쪽에 치우치지 않는 방식으로 접근한다. 점심과 저녁 메뉴에는 카술레나 오리와 같이 영양이 풍부한 전통 요리도

있지만 이탈리아, 아시아, 카리브의 영향을 받은 요리와 약간의 남부 요리들이 있다. 튀김 그린 토마토와 동부콩을 곁들인 점보 럼프 크랩 케이크와 콩으로 만든 사케에 브레이징한 갈비를 찾아볼 수 있으며, 항상 훌륭한 소시지류와 치즈를 갖추고 있다. 페이스트리 셰프인 휴 그리피스(Huw Griffiths)는 메뉴에 자신만의 색채를 분명히 나타내므로, 다쿠아즈나 사과 대추야자 케이크와 같은 디저트를 맛볼 여유를 남겨두라.

타바드는 워싱턴 D.C.에서 주말에 브런치 먹기에 '가장 좋은' 또는 '유일한' 장소로 자주 꼽힌다. 브런치 메뉴에는 폭신폭신하게 직접 만든 도넛과 염장한 연어를 얹은 베이글, 굴튀김을 곁들인 완벽하게 만든 수란 또는 플랫 아이언 스테이크가 포함된다. 타바드 인은 이름에 걸맞게 모든 현대 음식 순례자들의 첫 번째 목표지로 가장 알맞은 곳이다. **CF**

⬆ 더 타바드 인은 탐나고 편안한 브런치 장소다.

더 툼스 The Tombs | 조지타운의 영원한 칼리지 바

위치 워싱턴 **대표음식** 호야 샐러드 Hoya salad | 🍴🍴

미국의 거의 모든 대학가에는 인기 칼리지 바가 있다. 대부분은 대학의 특별한 정신을 구체적으로 보여주고 과거에 그곳을 찾았던 단골 중에 유명해진(또는 악명높아진) 이들을 뽐낸다. 툼스도 예외는 아니다. 이곳은 1962년에 조지타운 대학교 졸업생인 리처드 맥쿠이(Richard McCooey)가 개업했다. '1789', 'F. 스콧스(F. Scott's)'와 더불어 클라이즈 레스토랑 그룹(Clyde'sRestaurant Group)이 소유하고 운영하는 세 레스토랑의 하나로 1800년대 연방정부 스타일의 타운하우스에 자리하고 있다. 1789의 지하실에 있는 툼스는 조지타운 호야스(대학을 대표하는 스포츠팀), 교직원, 인근 주민, 관광객에 의해 편안하고 인기 있는 곳으로 자주 꼽힌다. 이곳은 영화 〈세인트 엘모의 열정(St. Elmo's Fire)〉에서 성공을 거둔 젊은이들이 어울리는 바에 대한 영감을 주었다.

포토맥 강을 따라 연습하는 조정팀에 대한 기사가 오리지널 벽돌 벽을 장식하고 있다. 호야의 경기가 있는 날이면 학생과 졸업생으로 이루어진 많은 관중들이 몰려와 열띤 분위기로 응원하며 애피타이저, 피자 등을 나눠먹으며 맥주를 마신다. 손님들 속에서 예수회 수사를 발견해도 놀라지 마라. 이 대학은 예수교 제단에 의해 설립된 곳으로 강한 예수교 전통을 가지고 있다.

클라이드의 인기 있는 음식들이 메뉴에 가득하며, 툼스는 보통의 칼리지 바의 수준보다 훌륭한 요리를 판매한다. 디너에는 메인산 바닷가재, 델모니코(Delmonico) 코티지 파이, 점보 럼프 크랩 케이크가 포함될 수 있다. 상을 받은 와인 메뉴와 페이스트리 셰프 라이언 웨스트오버(Ryan Westover)가 만든 디저트도 있다. 이 외에도 맥주에 브레이징한 양파를 프레첼 롤에 넣은 불독 버거(Bulldog burger), 따뜻한 피자 크러스트 위에 풍부한 재료를 얹은 호야 샐러드와 같이 고전적인 바 음식도 많이 있다. 가끔은 대학가 손님들을 끌어들이기 위해 특별한 이벤트와 맥주 파티도 벌인다. **CF**

⬆ 스포츠 기사가 툼스 바의 벽들을 장식하고 있다.

더 모노클 레스토랑 The Monocle Restaurant | 정치인 들이 즐겨찾는 다이닝

위치 워싱턴　**대표음식** 와인 소스를 뿌린 스테이크 Steak with wine sauce | 🍴🍴🍴

시티즌 Cityzen | 거장 셰프가 선보이는 요리 마술

위치 워싱턴　**대표음식** 파커 하우스 롤 Parker House rolls | 🍴🍴🍴🍴

정쟁으로 유명한 동네에서 가장 공평한 것은 아마도 제 대로 만든 스테이크일 것이다. 유니언 역에서 약간 걸어 서 상원의회의 후문에 조금 못 미친 곳에 있는 모노클은 가족이 운영하는 레스토랑으로, 주로 스테이크와 해산물 요리가 유명하다.

　문을 연 이래로 50년 동안, 모노클은 워싱턴의 어느 레스토랑보다도 많은 정치 거물들이 빵을 나눠 먹거나, 테이블에 앉아 우호적인 대화를 나눠왔다. 전 대통령, 상 원의원, 하원의원과 언론인들의 서명이 있는 사진들이 와인색 벽에 줄지어 걸려있다. 그들 중 많은 사람들이 처 마장식과 들보를 따라 적혀 있는 "배가 고픈 사람은 정치 자문을 해서는 안 된다."와 같은 명언에 주의를 기울였을 것이다.

> "계절별로 메뉴가 바뀌지 않는다. 심지어 정부가 바뀌어도 메뉴는 바뀔 줄을 모른다."
>
> Washingtonian Magazine

　오랫동안 지배인을 해온 닉 셀리모스(Nick Selimos)를 포함한 직원들이 손님들을 따뜻하게 맞이한다. 스테이크 는 완벽하게 조리되어 3가지 소스 중에 선택한 소스가 얹 어 나온다. 고기 중에는 양갈비, 돼지 갈비, 송아지 간도 있다. 가끔은 연어 필레와 크랩 케이크가 곁들여지기도 하는 샤도네이 커리 소스와 구운 체서피크만 굴 같은 해 산물 요리는 멋지게 담겨나온다. 모노클의 장수는 발라 노스 가(the Valanos family), 직원과 이곳에서 나오는 훌륭 한 음식에 대한 증명이다. **CF**

만다린 오리엔탈 호텔 1층에 위치한 시티즌은 워싱턴의 거물들이 점심을 먹는 곳이다. 셰프 에릭 지볼드(Eric Zie-bold)는 2002년 시티즌을 개업하기 전에 캘리포니아의 프 렌치 론드리와 뉴욕의 퍼 세(Per se)에서 셰프 토마스 켈러 와 함께 일했었다. 이곳이 가고 싶은 레스토랑으로 자리 잡는데까지는 오랜 시간이 걸리지 않았다.

　지볼드의 스타일리시한 현대 요리는 일본, 프랑스, 이 탈리아 요리에서 영감을 받은 것이다. 자주 바뀌는 4가지 코스 메뉴 외에도 6가지 코스로 이루어진 테이스팅 메뉴 가 2가지 있으며, 그중 하나는 채식 요리다. 음식들은 모 두 제철 농산물과 미국 전역에서 신경 써서 가져온 재료 들로 만들어진다. 인근 버지니아의 체서피크만의 서해안 에 있는 노던 넥(Northern Neck)에서 가져온 완벽하게 익 은 토마토, 엘리시안 필즈 농장의 양고기, 브로큰 애로 랜 치의 메추라기 등을 기대해도 좋다. 접시 하나하나가 아 름다운 솜씨로 꾸며져서 나온다.

　지볼드는 강력한 맛이나 창의적인 조합을 만들어 내 는데 두려워하지 않는다. 구운 비둘기는 수박 피클이 곁 들여지고, 사슴 고기는 주니퍼 팬케이크와 클레멘타인 타프나드와 함께 나온다. 디저트 역시 창의적이다. 계절 에 맞춘 '바삭한 겨울 호박 베가 펄스(beggar's purse, 퀸스 벨 루테와 가을 서커태쉬)' 또는 메이어 레몬이나 캐러멜라이 즈한 사과로 향을 낸 절묘한 수플레는 어떤가? 맛있는 파 커 하우스 롤(Parker House roll)을 상자에 담아 우아하게 담아내는 것과 같은 약간의 터치는 이곳에서 식사하는 즐 거움을 더해준다.

　이 레스토랑은 폭넓은 와인 리스트를 자랑하며, 와인 으로 장식된 벽이 눈길을 끈다. 소믈리에 앤디 마이어스 (Andy Myers)는 박식하며 음식에 완벽하게 어울리는 와인 을 친절하게 알려준다. 주의깊은 서비스는 이 세련된 레 스토랑의 큰 매력이다. **AH**

우드베리 키친 Woodberry Kitchen | 체서피크의 자연적 풍요로움에 바치는 요리

위치 볼티모어　**대표음식** 구운 당근, 사이다 비트, 머스터드 그린, 크림드 셀러리 뿌리를 곁들인 리버티 딜라이트 태번 스테이크 Liberty Delight Tavern steak
with roasted carrots, cider beets, mustard greens, and creamed celery root　| ❸❸❸

우드베리 키친은 미국에서 가장 성공적인 팜투테이블 레스토랑 중 하나로 볼티모어 북서부의 오래된 주물공장에 위치해있다. 2007년에 문을 연 스파이크 예르데(Spike Gjerde)의 주방은 대부분의 셰프들이 꿈꾸는 지속가능성을 실천하고 있다. 거의 모든 재료가 체서피크 지역에서 온다. 이 제철 재료를 오랫동안 즐길 수 있도록 예르데는 사워크라우트, 토마토, 피클, 처트니를 저장할 수 있는 훌륭한 통조림과 제조 시설을 유지한다.

고기도 역시 먼 곳에서 가져오지 않는다. 매주 레스토랑에서는 근처의 농장으로부터 소 1마리와 수퇘지 3마리를 구입해 부위 별로 손질한다. 해산물은 체서피크만에서 가지고 온다.

이런 풍요로움은 지역 음식에 충실한 주방에 의해 한층 강화된다. 예르데의 말을 인용하자면 "다른 지역 요리들처럼 칭송받지는 않지만, 체서피크 요리는 이 나라에서 최초로 정의된 요리 중 하나이며 아메리카 원주민의 재료와 아프리카와 아프로-카르비안(Afro-Caribbean)의 요리와 유럽의 기술이 빚어낸 '크레올(creole)'이다."

다이닝 공간은 천장이 높고 편안하며, 공장 같은 분위기와 건축 잡지에 등장할 것 같은 분위기가 섞여 있다. 장작 오븐이 오픈 키친에 큰 자리를 차지하고 있다. 웨이터들은 친근하고 아는 것이 많다.

메뉴는 지속적으로 바뀌지만, 굴, 홈메이드 샤퀴트리, 장작 오븐에 구운 플랫브레드, 닭고기와 비스킷, 데빌드 에그, 크랩 케이크, 예르데가 '태번 스테이크'라고 부르는 스테이크 요리는 항상 있다. 그의 설명을 빌자면, "우리는 매주 수컷 소를 한마리씩 해체하기 때문에 하루는 바베트(bavette), 다음 날에는 스커트 스테이크(skirt steak)를 제공하는 등 날마다 부위가 달라진다. 스테이크는 항상 주물 팬에 구우며, 늘 훌륭하다." **EM**

"웅장하고 매혹적이며 대단한 규모의 팜투테이블 레스토랑."

The Baltimore Sun

⬆ 우드베리 키친에서 스파이크 예르데가 음식을 담고 있다.

위치 필라델피아 **대표음식** 두 사람을 위한 북경스타일 머스코비 오리Peking-style Muscovy duck for two | 🅢🅢🅢🅢

1997년 이래로 필라델피아 요리는 계속 변화하고 있고 포크의 주인인 엘렌 인(Ellen Yin)은 그 추세를 타왔다. 그녀의 가장 최근 공적은 뉴욕에서 셰프 엘리 컬프(Eli Kulp)를 데려와 다이닝룸의 세련된 변신을 이끈 것이다.

컬프는 미 전역과 지역의 음식비평가들에게 환대받았다. 그의 메뉴는 '한입거리(bites)', '로 바(raw bar)', '스타터', '핸드메이드 파스타'와 '메인'으로 구분된다. 그는 뛰어난 재료, 별난 플레이팅, 고전적 메뉴에 대한 지적인 의견으로 모든 감각을 감질나게 한다. 그의 비텔로 톤나토(vitello tonnato)는 송아지 카르파초, 생 참치, 톤나토 소스로 구성되어 있다. 버터를 곁들인 바삭한 래디시는 갈아놓은 참깨와 쓴맛나는 초콜릿으로 만든 '흙(dirt)' 더미 위에 나온다. 풀을 먹고 자란 소가 쓰인 행어 스테이크는 감자를 키운 흙 채 허브와 스파이스를 넣고 오븐에 구워 진한 흙냄새가 배인 '베이크드 포테이토'와 함께 낸다.

셰프 컬프는 자신의 철학이 "음식에 들어가는 각각의 요소를 '스타'로 취급해 채소, 전분류, 단백질에 동일한 관심을 기울여 사려깊고, 조화로운 식사를 만들어내는 것"이라고 말한다. 저녁에는 컬프의 인기있는 메뉴인 사천식 고추-꿀 글레이즈를 곁들인 통째로 구운 머스코비 오리를 먹을 수도 있다. 이 요리는 둘이 먹기에 충분하며, 쌉쌀한 맛의 그린 샐러드가 함께 나온다. 그리고 그는 오리의 모든 부위를 사용한다. 간은 소스를 만드는데 쓰고, 염통은 굽는다. 콩피와 미트볼뿐 아니라 프로슈토로도 만든다. 이 외에도 저녁 식사에는 남부 이탈리아의 영향이 묻어나는 야생 멧돼지 라구(ragú)를 곁들인 탄 곡물 파파르델레와 같은 특별한 수제 파스타를 선택할 수 있다.

특징적인 큰 사이즈의 전등갓과 부드러운 일몰의 색조로 자작나무 숲을 연상시키는 거대한 벽화로 눈에 띄게 꾸며져 있는 이 영리하고 매력적인 레스토랑은 독창적이고 맛있는 음식을 즐기기에 훌륭한 장소다. **LR**

> "요즘 유행하는 스타일로 신선하며…
> 어른스러운 방식으로 세련된 곳."
>
> *Philadelphia Inquirer*

⬆ 사천식 고추-꿀 글레이즈를 바른 오리구이는 두 사람이 충분히 즐길 수 있다.

프랭클린 파운틴 Franklin Fountain | 소다, 선데 아이스크림, 바나나 스플리트가 주는 빈티지한 즐거움

위치 필라델피아 **대표음식** 바나나 스플리트 Banana split | **⑤**

이 아이스크림 가게의 문을 열면 적어도 100년 전 과거로 발을 내딛는 것 같이 느껴진다. 두 형제, 에릭(Eric)과 라이언 벌리(Ryan Berley)에 의해 사랑스럽게 재탄생한 이 '빈티지' 아이스크림 가게는 자유의 종과 미국 독립기념관의 고향인 필라델피아의 역사적인 구역에 있으며, 반드시 가봐야 하는 곳이다.

유니폼과 납작한 모자를 적절하게 차려 입은 소다 '저크(jerk)'들이 25가지 맛의 소다를 잔에 담아 내고, 1904년에 만든 레시피를 따라 바나나 스플리트를 만든다. 아이스크림은 1894년 F.W. 윌콕스(F.W. Wilcox)가 특허를 낸 오리지널 용기에 포장되어 있으며, 선데와 스플리트는 유리 용기에 떠준다. 이곳에 플라스틱이라고는 없다. 참나무 테이블과 철제 상점 의자에 앉아 있으면, 당신은 혀뿐만 아니라 눈이 더 즐겁다는 사실을 알게 될 것이다. 천장은 천사의 얼굴과 그리핀(griffin) 등 온갖 장식품으로 꾸며져 있다.

파운틴은 2003년에 버크스(Berks)와 랭거스터(Lancaster) 근방의 유제품 농장에서 가져온 우유와 크림을 이용해 아이스크림을 직접 만들기 시작했다. 결과는 선풍적이었다. 서던 심퍼사이저(Southern Sympathizer)—피칸과 피스타치오를 넣은 따뜻한 캐러멜을 뿌리고 프랄린 브리틀을 박아 넣은 럼(Rum)에 절인 건포도와 피스타치오 아이스크림—를 한번 먹어보라.

필라델피아는 시간을 거슬러 올라가보면 아이스크림 레시피를 손보기 좋아하던 토머스 제퍼슨 때부터 아이스크림과 관련된 이야기가 있다. "윌리엄 드레이어와 조세프 에디는 1929년 주식시장 붕괴 후 임박한 대공황 시기에 손님들을 웃게 할 무언가를 만들려다가 록키 로드 아이스크림 첫 배합을 만들었다."

겨울에는 따뜻한 음료수, 케이크, 과일 파이와 같은 메뉴로 바뀐다. 과일 파이는 페이스트리에 싸여 있는데, 워낙 종잇장 같아서 포크를 갖다 대면 유리처럼 산산조각난다. **LR**

"기다림은 괴롭겠지만 예술적인 경험을 보상받는 것으로 마무리 된다."

Zagat

⬆ 프랭클린 파운틴은 지난 시절의 아이스크림 상점의 맛과 경험을 담고 있다.

리딩 터미널 마켓 Reading Terminal Market | 지역 음식 선호자들을 위한 풍부한 먹거리들

위치 필라델피아 **대표음식** 아미시 특별요리들; 디닉스 로스트 포크 샌드위치 Amish specialties; DiNic's roast pork sandwich | **⑤**

리딩 터미널 마켓은 열차 창고로 쓰이던 건물의 일층과 지하실에 걸쳐 펼쳐져있다. 한 지붕 아래에서, 당신은 펄즈 오이스터 바의 도미 수프와 튀긴 조개 요리, 미국에서 가장 오래된 아이스크림 회사인 바셋의 아이스크림콘 또는 수많은 다른 민족의 요리를 맛볼 수 있다.

이곳에서 무엇을 가장 처음 판매했는지 궁금할 것이다. 답은 인근에서 나는 닭 또는 달걀이었다. 로커보어(locavore) 운동의 선두주자인 페어푸드(Fair Food)는 소수의 농부들의 좌판에서 시작했다. 점차 성장하면서 가게를 열었고 각종 농산물과 치즈, 고기 등을 팔게 되었다.

랭카스터에서 온 아미시의 상인들은 이 마켓의 대표적인 상징이다. 그들은 케이크, 파이와 펜실베이니아 더치(Pennsylvania Dutch)라고 불리는 지역의 농산물을 판매

> "리딩 터미널 마켓은 필라델피아 사람들에게 이 나라의 풍요로움을 안겨주려고 만들어졌다."
> *Philadelphia Magazine*

한다(종교적인 관습을 지켜 일요일에는 문을 닫는다). 더치 이팅 플레이스(The Dutch Eating Place)의 아침식사를 먹으면 오후까지 든든하며, 묽은 크림을 곁들여 주는 사과 덤플링(apple dumpling) 정도는 더 먹을 여유가 있을 것이다. 가벼운 간식으로는 뉴욕의 셰프 에릭 리퍼트가 이곳을 찾을 때면 하는 것처럼 밀러스 트위스트(Miller's Twist)에 들러 손으로 빚어 버터를 바른 부드러운 프레첼을 먹어보라.

앉아서 먹는 식당도 있지만, 좌판을 둘러보다가 맘에 드는 것들을 골라서 산 후 공용 코트에 있는 테이블에서 먹는 것이 좋다. 디닉스와 스파타로스 치즈 스테이크에서 로스트 포크 샌드위치를 각각 사다가 나란히 놓고 맛보기를 권한다. **LR**

펌프킨 Pumpkin | 흥미 있는 변화를 준 고전 요리를 파는 친근한 BYOB

위치 필라델피아 **대표음식** 구운 가리비 Seared scallops | **⑤⑤⑤⑤**

수십 년 동안 셰프 이안 모로니(Ian Moroney)와 힐러리 보어(Hillary Bohr)는 이 도시 요리 업계에서 자신들의 입지를 조용히 다져왔다.

이곳은 부부가 운영하는 BYOB(Bring Your Own Bottle, 주류 면허가 없는 작은 레스토랑)로, 적은 자본으로 시작한 작은 곳이다. 고객들은 메뉴에 맞춰 기꺼이 자신이 먹을 와인을 가져온다. 메뉴는 재료에 따라 계속 바뀌며, 완벽하게 숙성된 치즈나 소고기를 쓰기도 한다.

26석 규모의 다이닝룸은 셰프 모로니의 요리에 어울리게 잘 다듬어져 있다. 리노베이션을 통해 경사진 천장의 방을 더 조용하게 만들고 일하는 공간을 보이지 않게 만들었다.

모로니는 자신의 주방에서 열정적으로 전념하고 있어, 그가 유명인이 되고자 하는 사람이 아니라는 것을 알 수 있다. 그는 혼자서 고전 요리를 독학한 '구식' 셰프이지만, 메뉴는 전혀 구닥다리가 아니다. 보르시치(borscht)를 위한 재료를 이용해 차가운 비트 수프를 만든 다음 오이 피클, 크렘 프레슈와 단맛이 나게 만든 반투명한 생 비트를 얹어 악센트를 준다. 감성돔 필레는 폴렌타 위에 살짝 얹은 다음, 주위에 곱게 거른 아쿠아 파차(acqua pazza, 옅은 허브 육수)를 끼얹고 베이비 스퀴시로 점점이 장식해낸다. 섬세한 연어 크루도(crudo)는 오징어 먹물 아이올리와 한련화로 장식해, 가끔은 약간 비싸지만, 예술적인 프레젠테이션이 되도록 내놓지만, 음식 전체의 텍스처, 색감, 또는 맛의 조화에 영향을 미치지 않으면 아무것도 올리지 않는다.

일요일의 5가지 코스로 구성된 테이스팅 메뉴는 단골들이 가장 좋아하는 것으로, 처음 온 손님들에게도 이 사랑받는 식당의 훌륭한 가치를 잘 알려준다. **LR**

바부초_{Barbuzzo} | 지중해에서 영감 받은 요리로 야식꾼들을 불러모으는 곳

위치 필라델피아 **대표음식** 우오보 피자 Uovo pizza | 💲💲💲

셰프 마시 터니(Marcie Turney)와 그녀의 파트너 발레리 사프란(Valerie Safran)은 필라델피아 센터 시티에 있는 허름한 구역을 사람들이 몰려드는 곳으로 변신시켰다. 이 구역은 2002년 작은 부티크로 시작했는데, 지금은 바부초를 포함한 레스토랑과 상점들이 늘어서 있다.

장작 오븐이 보이는 카운터나 주방에는 가끔 자리가 나기를 기다릴 수 있지만, 연회용 75석의 다이닝룸은 반드시 예약을 해야 한다. 모든 장식은 일일이 고른 것인데, 나무 탁자 상판, 항구의 부두에서 가져온 바닥재와 이탈리아 대리석 카운터 탑이 눈에 띈다. 2013년 유명한 제임스 비어드 상의 후보에도 올랐던 터니는 전국적인 주목을 받았다. 그녀는 이 지역의 맛과 신선한 재료를 살리려 노력하며, 계절마다 요리에 변화를 준다. 예를 들어 우오보 피자에는 항상 신선한 달걀을 얹지만, 여름철 채소는 보다 가벼운 느낌을, 방울다다기양배추 잎이나 구안치알레(guanciale, 염장한 돼지 볼살)와 같은 겨울 재료들은 든든한 먹거리를 만들어낸다.

메뉴의 스낵과 스프레드 부분에서 인기를 끄는 것은 그릴에 구운 컨트리 브레드에 양젖으로 만든 리코타 치즈를 얹은 것이다. 또한 팬에 볶은 버터넛 스쿼시 뇨키도 인기 있다. 이곳은 커플이 운영하는 레스토랑 중에 처음으로 주류 면허를 취득한 곳으로, 와인 리스트는 양질의 다양한 지중해 와인을 제공한다.

디저트를 먹을 배는 꼭 남겨두라. 바부초의 부디노(Budino, 초콜릿 쿠키 조각을 얹은 달콤한 솔티드 캐러멜 푸딩)는 한 입만 더 먹었으면 하는 생각이 들 것이다. 그리고 예약할 때는, 식사 전후에 근처를 산책하면서 훌륭한 부티크에서 약간의 쇼핑을 할 시간도 함께 계획하라. **LR**

"바부초는 캐주얼하면서 동시에 세련되게 혼을 담아 오늘날의 외식 업계를 정의한다."

Philadelphia Inquirer

⬆ 터니는 사진 속의 트러플과 달걀 피자처럼 피자에 계절을 반영할 수 있도록 변화를 준다.

스탠다드 탭Standard Tap | 맛있는 음식과 고급 생맥주가 주는 단순한 즐거움

위치 필라델피아 **대표음식** 튀긴 빙어Fried smelts | 🍺🍺🍺

스탠다드 탭에서는 맥주가 주인공이지만, 음식은 오스카 조연상에 준하는 역할을 한다. 튀긴 빙어는 주문과 동시에 만드는데, 버터 밀크에 담갔다가 빵가루를 입혀 튀기고 레물라드 소스를 곁들여서 낸다. 지역산인 수제 영국식 펍 에일 맥주와 짝지어 먹으면, 균형잡힌 몰트와 홉에 의해 이 요리의 느끼함이 상쇄된다.

윌리엄 리드(William Reed)와 폴 킴포트(Paul Kimport)가 1999년 자신들의 건물에 문을 열었는데, 이 건물은 1810년 지어져 1850년 이래로 술집으로 사용되던 것을 재건축했다. 맥주를 사랑하는 사람들은 160km 이내에서 가져온 생맥주를 마시려고 이곳에 줄을 서며, 음식을 사랑하는 사람들은 단순하고 맛있는 메뉴를 찾아오며, 주민들은 다트 게임을 하러 온다.

태번 스타일로 꾸며진 스탠다드 탭은 1956년 맥주 엔진으로부터 지역산 생맥주가 나오는 20개의 라인을 가지고 있다. 2개의 큰 오크통(cask)에 보관한 에일도 항상 갖추고 있다. 모두 수제 맥주이기 때문에 대부분 미국 맥주에 비해 약간 따뜻한 6℃ 정도로 서빙한다. 스탠다드 탭은 필라델피아에서 캐스크 마크 인증(Cask Marque Certificate, 오크통에 보관한 최고의 에일을 파는 술집에게 주는 국제적인 상)을 받은 바이기도 하다.

주방은 디테일에 많은 신경을 쓴다. 이는 오리 콩피(계산서에는 오리 샐러드로 적혀있다)와 치킨 파이를 보면 안다. 치킨 파이는 인근지역에서 구한 닭과 당근을 얇은 페이스트리로 감싸고, 냉동 식품으로 볼 법한 음식을 훌륭한 경지로 끌어 올렸다. 생선과 조개류를 잘 혼합한 요리도 있다. 봄이면 고객들은 메뉴에서 펜실베이니아 송어가 등장하기를 기대한다.

스탠다드 탭은 유행에 정통한 젊은이들을 불러들여 필라델피아의 노던 리버티스(Northern Liberties)에 새로운 활기를 불어넣었다고 인정받을만 하다. 하지만 스탠다드 탭은 여전히 동네 술집으로 남아있다. **LR**

⬆ 환상적인 오리 콩피에 맥주 한잔을 곁들여 먹어보라.

벳지 Vedge | 고기를 좋아하는 사람을 위한 채식 레스토랑

위치 필라델피아　**대표음식** 포토벨로 카르파초Portobello carpaccio　| ❺❺❺❺

벳지는 한때 필라델피아 사회의 엘리트들의 거점이었던 지역에 위치해있다. 실내는 유리와 벽난로의 우아함이 주는 유럽 분위기를 가지고 있지만, 대리석으로 된 바(bar)와 매끈한 흰 색의 벽 같은 요소만 남기고 필요없는 부분은 없애 버렸다. 이곳에서는 모피 코트를 입은 귀부인도 문신을 한 채식주의자들과 별 문제없이 자리를 함께 할 수 있다.

　팬들은 셰프 리치 랜도(Rich Landau)와 그의 아내이자 페이스트리 셰프인 케이트 제이코비(Kate Jacoby)가 첫 레스토랑에서 두부와 밀고기(seitan)를 잔뜩 넣던 시절부터 채소에 중점을 둔 현재의 요리로 발전하는 모습을 지켜봐왔다. 랜도는 농장에서 난 어린 채소로 만든 작은 사이즈의 요리들로 메뉴를 구성한다. 래디시는 날 것부터 피클, 익힌 것까지 다양한 모양과 조리법으로 샘플을 만들어 컬트의 경지로 올려놓는다.

　고기를 좋아하는 사람들은 버섯을 아주 얇게 잘라 나무 보드에 부채처럼 펴 담은 다음 알감자, 케이퍼 바냐 카

우다(bagna càuda, 이탈리아의 따뜻한 오일 딥), 트러플 머스터드와 함께 나오는 포토벨로 카르파초를 높이 평가한다. 얇게 잘라, 그릴에 구워 훈제한 방울다다기양배추와 머스터드 소스는 양배추를 싫어하는 수많은 사람들의 맘을 돌려놓았다. 유제품을 사용하지 않은 제이코비의 채식 디저트 역시 버터를 사랑하는 사람들을 어리둥절하게 만들었다.

　채식주의자들에게 훌륭한 와인 리스트를 추천하는 것이 이상하게 보일지 모르지만, 제이코비는 자연주의 철학을 가진 소규모의 와인 생산자들의 와인이 음식과 잘 어울린다는 것을 발견했다. 이 부부는 이곳이 채식 레스토랑으로 구분되는 것을 거부한다. 단지 채소에 중점을 두었을 뿐이다. 제이코비는 "다이어트나 라이프 스타일이 아닌, 음식에 초점을 맞춘, 누구나 즐길 수 있는 레스토랑을 만들려는 것이다"라고 말한다. **LR**

⬆ 여러 층의 맛을 보여주는 포토벨로 카르파초.

스위트 루시스 스테이크하우스 Sweet Lucy's

Steakhouse | 필라델피아의 남부식 바비큐

위치 필라델피아 **대표음식** 풀드 포크 샌드위치|Pulled pork sandwich |
💰💰

노스캐롤라이나에 거주하며 풀드 포크의 진정한 맛을 발견한 메릴랜드 토박이는 콜로라도로 이사해서 필라델피아에서 온 한 소녀를 만난다. 그들이 필라델피아에 훈제소를 시작해 영원히 행복하게 산다는 것은 뻔한 결말로 느껴진다. 그리고 이것이 짐(Jim)과 부룩 히긴스(Brooke Higgins)가 미 북동부 외곽 지역에 레스토랑을 시작하게 된 스토리다.

오리지널 바비큐는 진정한 노스캐롤라이나 바비큐에 대한 짐의 열정이 영향을 끼쳤지만, 커플은 그들의 메뉴에 넣기 위해 새로운 바비큐 스타일을 찾아 나선다. 드라이 러브(dry rub)를 바른 멤피스 베이비 백 립(Memphis baby back rib)은 캐라멜라이즈한 텍사스 브리스킷(양지머리), 바비큐 치킨과 함께 가장 인기 있는 메뉴다.

짐은 "항상 같은 맛을 내는 것은 훈제 요리에서 가장

> "뼈에서 살이 잘 분리될 정도로 부드럽게 익고 달콤하고 스모키한 향이 배인 완벽에 가까운 바비큐."
>
> CBS Philadelphia

어려운 부분이다. 고기의 모든 덩어리마다 다르다"고 말했다. 그 목적을 위해, 고기는 여러 부위를 모아 히코리 장작 위에서 하루 종일 익힌다. 그래서 각 조각은 잘 훈제된 고기 특유의 분홍빛이 도는, 가장 맛이 있는 상태에서 낸다. 콘브레드도 매시간 신선하게 굽는다.

필라델피아 사람들의 입맛을 존중해, 스위트 루시스에서는 브로콜리 라브를 넣은 클래식 로스트 포크 샌드위치도 판매한다. 풀드 포크는 미국 북부와 남부의 전통을 섞어 이탈리안 브레드에 얹고 콜라드 그린으로 장식한다. 매주 월요일 저녁이면 여러 부위의 고기와 다양한 사이드 메뉴까지 갖춘 무제한 뷔페도 있다. **LR**

베트리 Vetri | 편안한 분위기 빼어난 이탈리아 요리

위치 필라델피아 **대표음식** 시금치 뇨키와 브라운 버터 Spinach gnocchi with brown butter | 💰💰💰💰💰

높은 가격이 말해주듯이, 이곳에서는 집에서 해먹는 수준의 음식을 내놓지 않는다. 이탈리아의 탑셰프인 베르가모 밑에서 오랜 견습을 거친 오너 셰프인 마크 베트리(Marc Vetri)는 천재성이 있다. 그는 파스타를 만드는 자신만의 기술을 완벽히 익히고 필라델피아로 돌아와 이탈리아 요리를 선보이는 작은 레스토랑을 오픈했다.

베트리의 시금치 뇨키와 브라운 버터는 메뉴에 항상 들어 있는데, 뇨키가 왜 떠오르지 않나 의구심이 들 정도로 구름처럼 가볍다. 초리조로 속을 채운 오리 또는 케일과 복숭아류를 곁들인 카옴바사(caombasa, 비둘기 모양의 앙증맞은 파스타) 같은 실험적인 요리도 만나볼 수 있다.

개업할 때부터 레스토랑에서 일해왔으며, 2000년부터는 마크 베트리의 사업 파트너였던 소믈리에 제프 벤자민(Jeff Benjamin)은 좋은 서비스에 대한 확고한 견해를 가지고 있다. 제임스 비어드 재단으로부터 레스토랑의 고객담당 업무 분야로 상을 받은 그는 최고급 다이닝이라고 잘난 척하지 않는다. 그는 흠잡을 데 없는 서비스에 대한 기대를 유지하면서도 베트리에서의 식사에 재미를 주기를 좋아한다.

이 벽돌 로우 홈(row home)에는 40년 넘게 필라델피아 최고의 레스토랑들이 들어가 있다. 1998년에 이곳에 자리를 잡은 베트리도 그 중 하나다. 진한 노란색의 벽과 들보가 들어난 천장은 이탈리아를 생각나게 하며, 주문제작한 무라노(Murano) 샹들리에는 심플한 우아함을 준다. 단지 27석밖에 없어서 예약이 어려우며 프리픽스 테이스팅 메뉴만 있으나, 한 입만 먹어보면 왜 많은 이들이 베트리를 미국에서 최고의 이탈리아 레스토랑으로 여기는지 알 수 있을 것이다. **LR**

➡ 시금치 뇨키와 브라운 버터가 가장 유명하다.

자하브 Zahav | 예루살렘의 노점에서 영감 받은 세련된 다문화 요리

위치 필라델피아 Philadelphia **대표음식** 튀긴 콜리플라워와 허브를 넣은 라바나(요구르트)Deep-fried cauliflower served with herbed labanah (yogurt) | ⑤
⑤⑤

"이 도시에서 어떤 셰프도 이처럼 소름이 끼칠
정도로 개인적이면서도 제대로 된 요리를 만들지
못한다."

Philadelphia Inquirer

⬆ 자하브에서 판매하는 중독성 있는 후무스.

예루살렘 석회석의 심플한 장식과 번잡한 시장 벽화는
2011년 제임스 비어드 미 동부 베스트 셰프 상과 모순된
다. 셰프이자 경영자인 마이클 솔로모노프(Michael Solo-
monov)의 천재성을 만나면, 콜리플라워도 단맛이 약간 돌
며 씹는 맛이 있는 요리로 격상된다. 바삭하게 튀긴 콜리
플라워 조각은 딜, 파슬리, 차이브와 민트를 넣고 곱게 갈
아 양념한 생생한 색깔의 라바나(labanah, 채에 거른 요구르
트)의 부드럽고 진한 맛과 대조를 이룬다.

이스라엘에서 태어나 펜실베이니아의 피츠버그에서
자란 솔로모노프는 길거리 음식점으로부터 영감 받기 위
해 이스라엘로 돌아온다. 끊임없이 변하는 메뉴에는 향
이 진한 스파이스를 바른 채소와 고기를 석탄 위에서 구
운 소량의 요리가 있다. 대담한 고객들은 구운 오리 염통
이나 바삭한 양의 혀 구이를 선택하는데, 아마 로스팅한
주키니와 페타 치즈, 헤이즐넛과 주키니 바바가누쉬(ba-
baghanoush), 또는 재래종 토마토 샐러드와 하우스메이드
리코타 치즈가 같이 나올 것이다.

자하브는 눈도 즐겁다. 정교한 철제 장식물에 화려한
색채의 보석처럼 늘어놓은, 오늘의 살라팀(salatim, 샐러드)
는 전통적인 피클과 샐러드를 조금씩 모은 것으로 계절별
인근 농산물의 맛을 확 바꾸어준다.

자하브의 후무스는 한번이라도 먹어보면, 다시 돌아
가지 못한다. 버터를 잔뜩 넣은 따뜻한 터키식 후무스를
포함한 본토의 맛과 비슷한 몇 가지 후무스들은 장작을
때는 진흙 오븐에서 구운 중독성 있는 빵인 레파(laffa)와
같이 나온다.

거장이 작업하는 것을 잠깐이라도 보기 위해 금요일
과 토요일 밤이면 4명의 손님이 주방이 보이는 대리석 카
운터에 앉는다. 아마 그들은 자신의 눈앞에서 진수성찬
이 차려지는 것을 볼 수 있게 10개 코스로 구성된 테이스
팅 메뉴를 선택할 것이다. **LR**

타코넬리스 피체리아 Tacconelli's Pizzeria | 특별한 것은 없어도 아주 만족스러운 곳

위치 필라델피아　**대표음식** 토마토 파이Tomato pie　| **⑤**

당신이 피자라고 부르는 것을 타코넬리스에서는 토마토 파이라고 부른다. 그 구별에 대해서 논쟁이 있었지만, 존 타코넬리(John Tacconelli)에 따르면, 진짜 토마토 파이는 얇은 크러스트에 토마토 소스를 바르고 약간의 치즈를 뿌린 후 소스를 더 바른다.

그는 이곳에서 4대째 벽돌 오븐에 파이를 굽고 있으며, 그의 고조부는 1918년 미국으로 건너와 빵을 굽기 위해 그 오븐을 만들었다고 한다.

결국 그 빵은 가족 대대로 이어오는 레시피가 있는, 호평을 받는 토마토 파이에게 자리를 내어주었다. 오븐은 하루 종일 달궜다가 적정 온도에 달하면 불을 끄고 남은 열로 파이를 요리한다. 그래서 타코넬리가 만들 수 있는 파이의 수가 정해져 있다.

고객들은 '반죽을 맡기 위해'미리 주문을 하고—이를 좋아하는 사람도 있고 짜증을 내는 사람도 있다—도착하면 토핑을 결정한다.

메뉴는 화이트 파이가 있는데, 소스 없이 간단하게 치즈와 다량의 마늘을 얹는다. 가장 인기 있는 것은 마르게리타로 소스, 바질과 신선한 모차렐라 치즈를 얹은 것이다. 개인의 취향에 맞게 시금치, 토마토, 피망, 양파, 버섯, 다진 고기, 페퍼로니와 프로슈토 중에서 원하는 토핑을 고를 수 있다.

포트 리치몬드(Port Richmond)의 노동자 층이 거주하는 동네에 있는 작은 로우 하우스(row house)에 처박혀 있는 타코넬리스의 겉모습은 평범하다. 고객들은 편안하고 소박한 다이닝룸에 자신의 와인과 맥주를 가져온다. 파이는 포장할 수 있지만, 막 구워졌을 때 먹는 것이 완벽한 상태의 크러스트를 즐기는 최상의 방법이다. **LR**

티에라 콜롬비아나 Tierra Colombiana | 진정한 라틴의 맛과 최고의 살사

위치 필라델피아　**대표음식** 반데하 티피카Bandeja tipica　| **⑤⑤**

인적이 드문 곳에 위치한 티에라 콜롬비아나는 전통적인 라틴 음식을 먹으러 찾아가는 곳이었다. 메뉴는 콜롬비아 음식을 중심으로 구성되어 있지만, 다양한 라틴과 캐리비안의 맛을 전달한다는 것에 자부심을 가지고 있다.

소고기 스테이크, 돼지고기, 콜롬비아 소시지, 간 소고기와 붉은 콩으로 이루어진 반데하 티피카는 옥수수 패티, 달걀, 아보카도, 플랜틴 바나나(plantain)와 밥이 함께 나온다. 바삭한 빵에 햄과 치즈를 넣고 피클로 악센트를 준 훌륭한 쿠바 샌드위치도 있다.

고기가 많이 들어간 음식이 입맛에 맞지 않는다면, 도미 요리를 포함한 풍부한 해산물 리스트가 있다. 북아메리카 버전의 서프 앤 터프(surf and turf)인 추라스코 콜롬비아노 콘 콜라 데 랑고스타(churrasco colombiano con cola de langosta, 등심 스테이크와 바닷가재 꼬리 요리)도 있다.

> **"타말레는 진짜 훌륭하다.**
> **바나나 잎으로 된 껍질을 벗기면 그 안에 한끼**
> **식사가 들어있다."**
>
> Philadelphia Inquirer

애피타이저 여러 개를 주문해도 좋다. 추천할 만한 음식에는 타말 콜롬비아노(tamal Colombiano, 돼지고기로 속을 채운 하얀 타말리), 콜롬비아 소시지로 속을 채운 아레파(arepa, 옥수숫가루로 만든 케이크), 시금치, 물냉이, 오이를 망고 드레싱으로 버무린 샐러드가 있다. 주말 저녁이면 사람들은 2층의 나이트클럽에서 살사 춤을 춘다. 식사 후에 이곳에서 에너지를 소모하는 것은 훌륭한 디저트를 맛볼 수 있는 기회를 만들기에도 좋다. **LR**

ABC 키친 ABC Kitchen | 팜투테이블 레스토랑에서 즐기는 친환경적인 미식

위치 뉴욕 **대표음식** 씨앗, 사워 크림과 감귤류를 곁들인 구운 당근과 아보카도 샐러드 Roasted carrot and avocado salad with seeds, sour cream, and citrus |
$$$

"음식은 훌륭하고 실내는 아름다우며 고객들은 자신감이 넘친다."

The New York Times

뉴욕 파머스 마켓 근처 ABC 홈 스토어에 자리한 ABC 키친은 구운 당근과 아보카도 샐러드만으로 유명세를 탔다. 뉴욕에서 로커보어 운동이 일어나기 전까지 세계적인 스타 셰프(장조지 봉게리히텐, Jean-Georges Vongerichten)가 우아한 환경에서 책임지고 음식을 선보인 적은 없었다.

지역 예술가가 손으로 빚은 도자기 그릇, 고목과 재활용품, 바이오다이나믹 공법과 유기농으로 만든 와인, 초목이 우거진 옥상 가든을 가진 이곳은 '환경과 우리 식탁의 안전한 관계'에 근거한 기조에 찬성한다.

이 정서는 주인이자 공상가인 폴레트 콜(Paulette Cole)과 운영을 책임지는 에이미 챈더(Amy Chender)로부터 온 것으로, 이들은 불교를 믿으며 헌신적인 미식가들이다. 제철 재료를 이용한 메뉴는 이그제큐티브 셰프인 댄 클루거(Dan Kluger)가 지휘한다.

이곳에 모이는 대부분의 사람들은 단순히 음식이 훌륭하기 때문에 온다. 메뉴는 코스마다 5가지 또는 6가지 음식이 있고, 그 밖에 6가지 피자도 있다.

당신은 완벽한 크랩 토스트와 레몬 아이올리, 인근지역에서 온 달걀과 수란을 얹은 장작에 구운 통밀 피자, 가루낸 프레첼을 뿌린 칼라마리, 하우스 메이드 요구르트와 구운 비트 볼을 맛보고 싶을 것이다. 혹은 익히지 않은 가리비 살, 포도와 레몬버베나로 입맛을 돋우거나 레몬 칠리 비네그레트를 바른 장작불에 구운 환상적인 메인산 바닷가재에 모든 것을 걸어보라.

메뉴의 뒷면에 적혀있는 지속가능성에 대한 교훈을 꼭 읽어보기 바란다. 음식은 농약, 합성 비료, 항생제와 호르몬을 사용하지 않았으며, 유전자 변형이 없는 식품과 인도적으로 구한 재료를 이용한다. **RG & MW**

⬆ ABC 키친의 구운 비트 샐러드.

아시아테 Asiate | 숨막히는 전경에서 맛보는 미국–아시아 퓨전 요리

위치 뉴욕 **대표음식** 버터 포치드 바닷가재Butter-poached lobster | 🄢🄢🄢

만다린 오리엔탈 호텔 35층에 있는 아시아테는 센트럴 파크와 화려한 뉴욕의 스카이라인을 배경으로 가지고 있다. 환상적인 경치 덕에 평범한 음식으로도 쉽게 꾸려 나갈 수 있던 아시아테를 버마 출신의 이그제큐티브 셰프 토니 로버트슨(Toni Robertson), 미국인 셰프 앤지 베리(Angie Berry)와 와인 디렉터 애니 털소(Annie Turso)가 훌륭한 레스토랑으로 키워나갔다.

본래는 패셔너블한 범아시아 음식을 주로 했으나, 지금은 뚜렷하게 아시안 악센트를 가미한 우아한 미국 요리로 발전했다. 해산물, 채소를 포함한 대부분의 재료들은 인근 지역에서 공급 받는다. 아시아 출신인 로버트슨의 영향으로 도쿄, 서울, 홍콩, 또는 방콕의 맛을 연상시킨다.

팽 페르뒤(pain perdu, 프렌치 토스트)를 곁들인 롱아일랜드 오리와 체리 피클은 지역의 재료를 이용했지만, 메밀국수, 동죽(surf clams), 시트러스 사바이옹 소스를 곁들인 대서양 가자미(Atlantic halibut)는 조금 먼 거리에서 온 재료들을 쓴다. 바닷가재는 버터에 포칭해 화이트 폴렌타나 파스닙 퓌레와 입술까지 핥게 만드는 카피르 라임 에멀전(kaffir lime emulsion)과 짝지어 나온다.

음식이 너무 맛있어서 백만 달러짜리 전경을 감상하는 것을 잊을 수도 있다. 그러나 주변을 둘러보면 1,300 병 이상의 와인이 전시되어 '있는 유명한 와인 벽도 볼 수 있을 것이다.

호텔 레스토랑인 아시아테는 브랙퍼스트, 브런치, 런치, 디너에 각각 계절과 시간에 맞는 메뉴를 제공한다. 음식은 여행하는 사람을 고려해 조리하므로, 아시아에서 온 방문객들은 향수를 불러일으키는 요리도 찾아볼 수 있다. 가격은 레스토랑의 위치만큼 높지만, 사정을 잘 아는 뉴요커들은 가격대비 훌륭한 3가지 코스의 프리픽스 런치를 즐기곤 한다. **FP**

"전문적이고 세심한 서비스는 꿈같이 호사스런 분위기를 한껏 더 띄워준다."

fodors.com

⬆ 아시아테의 인상적인 와인 벽.

아시안 주얼즈 시푸드 Asian Jewels Seafood | 예술적인 딤섬의 전당

위치 뉴욕 **대표음식** 새우 만두 Shrimp dumplings | 💰💰

레스토랑에 대해 논쟁하는 것은 뉴욕에서 가장 인기 있는 스포츠 중에 하나이다. 그리고 가장 핫한 이슈 중 하나는 어디에서 딤섬을 먹느냐는 것이다. 맨해튼, 퀸스, 브루클린의 차이나타운에 유명한 후보들이 있으며 아시안 주얼즈는 리스트에서 가장 위에 있는 곳이다.

다이닝룸은 빨강과 금색의 가구, 크리스털 샹들리에로 화려하게 꾸며져 있다. 쉴새없이 몰려드는 손님들은 80여 종의 다양하고 신선한 딤섬을 맘껏 고를 수 있다. 모든 음식을 대나무 바구니에 담아 카트에 쌓고 밀고 다니기 때문에, 고객들은 메뉴를 보지 않는다. 좋아하는 것을 발견했다면 손짓을 해서 부르면 된다.

새우가 들어있는 것은 뭘 시켜도 후회하지 않는다. 허 가우(har gow)는 부드러운 통새우로 만든 주름진 투명한 만두다. 튀긴 새우 볼은 놀랍게도 프링글스 감자 칩으로 장식되어 있다.

찐 새우 볼은 더 맛있다. 같은 배합을 부드러운 고추 속에 채워 넣은 것도 먹어보라. 새우는 넓적한 쌀국수로 말아 달콤한 간장을 뿌려 주는데, 돼지고기로도 만든다. 돼지고기는 기름진 만두, 찐빵, 연잎에 싼 찹쌀밥으로도 만든다. 채소를 좋아하는 사람들은 소시지나 말린 새우가 들어간 것을 보고 난감할 수도 있지만, 곧 산뜻한 채소 위주의 음식을 발견할 것이다.

아시안 주얼즈는 주중에는 아침 9시부터 오후 9시까지, 주말에는 아침 8시부터 오루 4시까지 딤섬을 판매한다. 주말은 항상 붐비므로 오전 11시 전에 도착해야 오래 기다리지 않는다. **EM**

⬆ 딤섬은 전통적인 대나무 바구니에 담겨 나온다.

베토니 Betony | 완벽함을 추구하는 새로운 미국 음식

위치 뉴욕 **대표음식** 꾀꼬리버섯과 블랙 래디시를 곁들인 로스트 치킨Roasted chicken with chanterelles and black radish | 💲💲💲

실패한 러시아 레스토랑이 있었던 2층 건물에 자리한 베토니는 미슐랭 스타 3개를 받은 일레븐 매디슨 파크(Eleven Madison Park)에서 근무했던 사람들에 의해 운영된다. 매니저 이몬 로키(Eamon Rockey)의 세심한 서비스, 브라이스 슈먼(Bryce Shuman)의 요리에서 보여진다. 브라이스는 복잡하게 어우러진 맛, 정확한 실행, 깊은 사고를 간단하게 요리에 담아낸다.

베토니의 수많은 요리들은 탁월한 경지에 올라있다. 양념한 송어 알, 쌀과 오이는 홈메이드 뻥튀기 쌀과자 가운데 미니어처 생물이 걸터앉아 있는 것처럼 장식되어 있다. 사치스런 훈제 향의 차가운 푸아그라를 돌돌 말리게 잘라 계절에 어울리게 미즈나(mizuna), 겨자 잎과 인도네시아 간장인 케찹 마니스를 윤을 낸 단호박 같은 것들로 장식해 낸다.

로스트 치킨은 이곳에서 매우 인기 있는 메뉴다. 베토니는 완벽하게 기른 닭에서 얻은 가슴살로 요리하며 소금물에 재웠다가, 감칠맛이 도는 꾀꼬리버섯 퓌레에 얹

는다. 다리살, 버섯, 민들레, 파로(farro, 통보리와 비슷하게 생긴 밀의 일종)와 메추리알은 완벽한 사이드 디시가 된다. 추운 계절에는 닭 대신 오리나 영계를 이용한다. 버터 포치드 바닷가재는 신선한 딜 몇 단을 얹어 낼 것이다. 직원이 소스를 딜 위로 부어주면 맛과 향이 살 속으로 스며든다.

베토니에서 눈에 띄는 요리는 집에서 먹든 것과는 전혀 다른 맛의 갈비다. 마늘과 허브를 넣고 수비드(sous vide, 양념을 해 공기를 뺀 비닐 봉투에 넣고 물에서 익히는 조리법)로 48시간 동안 레어가 될 때까지 익힌 갈비를 숯불에서 겉을 바삭하게 구워 고급 스테이크처럼 살을 발라준다. 숯불에 구운 로메인 상추와 튀긴 스위트브레드(흉선)은 이 요리를 완성시킨다. 비싼 와인 리스트에 돈을 쓸 수도 있지만, 고급 레스토랑에서 보는 전형적인 와인보다 저렴한 가격대의 와인들도 많다. **RG & MW**

⬆ 퍼프드 라이스 크래커에 담은 양념한 송어 알.

첼시 마켓 Chelsea Market | 하이 라인 근처에서 체험하는 장인의 음식

위치 뉴욕 대표음식 해산물, 빵, 염장한 고기와 샐러드의 스뫼르고스보르드 Smorgasbord of seafood, breads, cured meats, and salads | **ⓢ**

오래된 나비스코 공장에 1997년 문을 연 첼시 마켓은 도매업자들을 위한 장소였다. 이들은 관광객들과 회사원들에게도 제품을 팔며 비즈니스를 확장했고, 그 결과 130m로 늘어선 음식을 취향대로 골라 먹는 스뫼르고스보르드가 되었다. 40개가 넘는 레스토랑과 흥미로운 먹거리를 파는 상점들이 실내의 복도를 따라 늘어서 있다.

몇 달러로 로스 타코(Los Taco) No. 1에서는 손으로 눌러 만든 토르티야에 들어간 훌륭한 아도바다(adobada, 칠리 소스에 재운 돼지고기)를 맛볼 수 있다. 돈을 더 주면 컬 앤 피스톨(Cull & Pistol)에서 바닷가재, 옥수수와 소시지를 곁들인 조개구이 2인분을 먹을 수 있다. 옆에 붙은 랍스터 플레이스(Lobster Place)는 해산물 가게로 아시아 방문객들이 이른 아침부터 익힌 바닷가재를 해체하고 있다. 보워리 키친(Bowery Kitchen)은 조리도구 전문이지만, 바우워리 잇츠(Bowery Eats)에서 샌드위치도 만든다. 따뜻하고 촉촉한 포 P(four P)도 맛보라. 로스트포크(roast pork), 프로슈토, 프로볼로네 치즈와 로스티드 피망(roasted bell pepper)을 바게트나 포카치아에 얹어 만든다.

딕슨의 팜스탠드(Dickson's Farmstand)는 인근에서 구한 육류와 조류를 판매한다. 그들의 샌드위치를 먹거나 홈메이드 햄 또는 샤퀴트리 몇 조각을 구입하고 시장을 돌며 어울릴만한 재료를 쇼핑해보라. 부온 이탈리아(Buon Italia)에서 피아디나(piadina, 플랫브레드)를 구입하거나 샌드위치 중 하나를 맛보라. 사라베스의 농장에서 만든 잼이나 번트 케이크를 저장해 두거나 에이미의 하나짜리 세몰리나-회향-건포도 빵을 맛보라.

레스토랑들 중에는 그린 테이블의 유기농 메뉴를 제공하는 곳이 있는데, 맥앤치즈부터 피스투(pistou) 육수에 든 야생 줄농어까지 다양하다. 컬 앤 피스톨에서는 클램 토스트(clam toast), 아이올리, 새끼 대합조개(littleneck), 타소 햄(tasso ham)를 먹어보자. 프리드먼의 런치(Friedman's Lunch)에서는 미국 클래식 요리를 판매한다. **RG & MW**

⬆ 식품 쇼핑과 식사를 할 수 있는 활발한 장소.

발타자르 Balthazar | 뉴욕 다운타운에서 만나는 파리의 길모퉁이

위치 뉴욕　**대표음식** 스테이크 프리트 Steak frites　| 💲💲

어디를 가나 모형으로 지은 듯한 브라스리(brasseries)를 볼 수 있는데, 이는 디즈니 만화보다 더 사실적이지 않게 느껴진다. 그러나 키스 맥낼리(Keith McNally)가 디자인한 발타자르는 오그라든 페인트까지 파리의 발타자르와 똑같다. 개업 당일 발타자르는 그곳에 이미 50년은 있었던 것처럼 보였다.

발타자르에는 로프트에서 내려온 부유한 아티스트와 인터넷 마법사들, 자신의 로프트를 장식하기 위해 소호를 샅샅이 뒤지는 실내장식가 같은 사람들이 모이며, 이곳에 완벽하게 잘 어울린다. 발타자르에서는 옆 테이블에 앉은 사람과도 편하게 대화를 나눌 수 있다.

고전적인 브라스리 음식은 요리마다 아주 빼어나다. 싱싱한 샐러드와 푸짐한 조개 모둠 요리도 있다. 스테이크 타르타르, 겉만 살짝 익힌 유기농 연어, 구운 닭, 프리세(frisee)를 곁들인 치킨 파이야르(paillard)와 햄버거에 이르기까지 모든 음식이 훌륭하다. 마찬가지로, 와인 리스트도 아주 빈틈없이 잘 짜여있다.

맥낼리는 처음에 '발자르(Balzar)'로 이름 지었지만, 파리의 유명한 동명의 브라스리 주인들의 반대로 새로운 이름을 지었다.

이 이름을 듣고, 만약 당신이 문학에 밝다면 로렌스 더럴의 『알렉산드리아 4중주(Alexandria Quartet)』를 떠올렸을 것이고, 아니면 12L짜리 큰 술병을 들고 있는 것을 연상했을 것이다. 발타자르는 항상 손님이 많으며, 식사 시간이 아닐 때도 마찬가지로 예약 해야 한다.

브레드 바스켓을 무시하지 말아라. 맥낼리는 뉴욕 전역에 있는 레스토랑에 빵을 납품하는데, 그 빵은 근처의 테이크아웃 숍에서 판매한다. 페이스트리와 샌드위치는 주목할 가치가 있다. **RG & MW**

⬆ 발타자르는 관록 있는 프렌치 스타일의 브라스리다.

불레이Bouley | 트라이베카의 이 비범한 곳에서 쇼는 계속된다

위치 뉴욕 **대표음식** 자주개자리와 클로버 건초에 얹은 치킨 앙 코코트 Chicken en cocotte on alfalfa and clover hay | ❺❺❺❺

이곳의 문을 열면 또 다른 세계로 들어갈 수 있다. 대기실에는 아마 1,000개의 향긋한 사과가 늘어서 있을 것이다. 번잡한 트라이베카의 거리에서 멋진 불레이로 들어서면, 둥근 아치형 천장이 있는 다이닝룸과 강렬한 카페트와 럭셔리한 가구들이 마치 프랑스에 와 있는 듯한 착각이 들게 한다. 특이한 셰프 데이비드 불레이는 복잡하고 아시아의 영향을 받은 요리들을 만든다. 그는 재료들를 비범하게 조합하여 남들이 깜짝 놀랄만한 색채를 만들어 낸다.

부풀린 블리니 '비스킷'은 훈제 연어, 캐비아, 화이트 트러플 꿀을 감싸고 있다. 화이트 트러플 꿀은 1mg만 더 넣어도 음식의 균형이 깨질 수 있다. 살살 녹는 알리고테와 핑거링 감자를 곁들인 바삭한 구즈(kuzu, 칡)에는 화이

> "데이비드 불레이의 트라이베카는 성인을 위한 다이닝의 완벽한 전형이다."
>
> *Zagat*

트 트러플을 위에 얹어준다. 성게 알과 오세트라 캐비아는 사과 거품과 유자로 만든 구름 위에 띄운다. 야생 버섯과 참치 뱃살은 코코넛 거품을 입고 있다. 강렬하고 진한 블랙 트러플 다시는 게살이 듬뿍 든 포르치니 플랑을 덮는다.

계속해서, 채소 에스카베체(escabeche)와 라즈베리 식초를 곁들인 녹는 듯이 부드러운 정어리, 아보카도 미소와 훈제 우유를 곁들인 은대구, 밀폐한 캐서롤에 담아 자주개자리와 클로버 건초에 찐 닭고기 등이 있다. 따로 주문할 수도 있지만, 6가지 코스의 디너 테이스팅 메뉴를 시키는 게 제일 좋다. 5가지 코스의 런치는 제 값을 한다. 서비스는 친근하며 훌륭하다. **RG & MW**

디지스 클럽 코카콜라Dizzy's Club Coca-Cola | 멋있는 경치에서 즐기는 훌륭한 음식

위치 뉴욕 **대표음식** 미스 매미의 프라이드 치킨Miss Mamie's fried chicken | ❺❺

뉴욕의 진부한 재즈 바를 떠올리면 비좁고 갑갑한 지하, 어두침침한 조명, 맥주에서 풍기는 악취, 닳은 가구와 터무니 없이 비싸게 파는 싸구려 와인 등이 떠오른다. 그러나 디지스 클럽 코카콜라는 그렇지 않다. 전설적인 트럼펫 연주자 디지 길레스피(Dizzy Gillespie)의 이름을 딴 이곳은 세련되게 디자인되어 있으며, 링컨 센터 프레드릭 P. 로즈 홀/재즈 내부에 자리하고 있다. 타임워너 센터 5층에 있는 디지스는 센트럴 파크가 내려다보이는 창문, 여유있는 공간, 훌륭한 음향 시설을 자랑한다. 재즈 거장 윈튼 마살리스는 이곳을 집처럼 여겼으며, 연주자들과 함께 이곳을 자주 찾았다고 한다.

뉴욕 최대의 케이터링 업체인 그레이트 퍼포먼스(Great Performances)가 준비하는 메뉴는 남부 음식의 성향을 띠며, 케이터링 업체인 스푼브레드(Spoonbread)의 컨설팅을 받는다. 재즈가 흐르는 저녁의 애피타이저로 핫 윙, 브랙큰드 새우(blackened shrimp)와 케일 시저 샐러드, 모차렐라 치즈를 곁들인 프라이드 그린 토마토와 빨간 피망 레물라드, 또는 검보 3가지가 있다. 메인 역시 남부 색채를 가지고 있는데, 바삭바삭하게 튀긴 치킨과 콜라드, 구운 마카로니 앤 치즈를 곁들인 베이비 백립, 민물가재 찜을 곁들인 블랙큰드 연어가 있다. 프라이드 치킨만을 먹으러 이곳을 찾았다면, 따뜻한 비네(beignet)를 먹을 틈은 남겨두라.

클럽은 생맥주 목록과 풍부한 칵테일도 갖추고 있다. 블랙 체리를 첨가한 버번, 다크 럼과 홈메이드 진저 비어로 만든 '다크 앤 스토미(Dark & Stormy)'와 민트 향의 럼, 라임, 설탕을 넣어 만든 대표적인 칵테일 '디지 길레스피'가 있다. 뉴욕의 고급 칵테일을 취급하는 곳들에 비해 가격이 낮은 편이다. 매일 밤 열리는 재즈 연주가 있으니, 늦게까지 머물 수 있다. **RG & MW**

다니엘 Daniel | 웅장한 네오클래식 배경에서 거장이 만드는 프랑스 요리

위치 뉴욕 **대표음식** 오븐에 구운 검은 농어와 시라 소스 Oven-baked black sea bass with syrah sauce | ❺❺❺❺

미슐랭 스타를 여러 개 받은, 다니엘 불루드(Daniel Bouloud)의 창작품인 다니엘은 20여 년 동안 뉴요커들의 찬사를 받아왔다. 불루드가 이그제큐티브 셰프로 일했던 프랑스 레스토랑 르 시르크(Le Cirque)가 있던 건물에 자리한 다니엘은 웅장하고, 메뉴는 야심만만하며, 서비스는 최고다.

현대적인 프랑스 요리를 하는 다니엘의 메뉴는 라 그레누이에(La Grenouille)의 문턱을 넘어가지 못한 재료들이 넘쳐난다. 요리는 세계화되어 있으며 매우 복잡하다. 딸려 나오는 음식만으로 매혹적이다. 검은 농어와 시라 소스만 봐도, 오레가노-주키니 밀푀유, 덴푸라 치폴리니, 양파 마멀레이드와 청피망-포테이토 뒤셰스(duchesse)가 곁들여진다. 오리 가슴살은 갈랑갈을 넣은 빙체리 처트니, 글레이징한 무, 피오피니(poippini) 버섯, 피스타치오와 포트 주(port jus)가 함께 나온다.

다니엘의 프레젠테이션은 항상 환상적이다. 예를 들어, 재래종 토마토 테이스팅 메뉴에는 3가지로 변형된 토마토가 나온다.

익히지 않은 하마치(Hamachi)도 마찬가지다. 송아지 트리오는 구운 안심, 브레이징한 볼살, 스위트브레드가 나오면 각각에 딸려 나오는 음식이 별도로 있다. 앵거스 갈비와 와규 안심은 소고기 듀오(사실은 훈제한 혀가 같이 와 트리오가 된다)로 나온다.

디저트는 과일, 초콜릿, 아이스크림과 셔벗으로 나뉘며, 미국과 수입산 치즈 셀렉션에서 선택할 수도 있다. 3가지, 6가지, 7가지 코스 메뉴가 있으며, 가짓수가 늘어날수록 가격이 높아진다. 격식은 덜 차리지만 편안한 바는 다양한 와인과 칵테일, 음식을 주문할 수 있으며 디저트도 함께 판매한다. **RG & MW**

"다니엘의 치즈 카트는 뉴욕에서 가장 고급인 4바퀴를 가진 차 중 하나다."
The New York Times

⬆ 다니엘은 유명인사들이 밤에 갈 수 있는 장소로 적당하다.

레드팜RedFarm | 뉴욕 웨스트빌리지에 있는 독창적인 중국 음식

위치 뉴욕 **대표음식** 팩맨 만두Pac-Man dumplings | 🍴🍴

조 응(Joe Ng)은 딤섬의 석학이다. 그는 여러 개의 레스토랑을 성공시킨 에디 숀펠드(Eddie Schoenfeld)에 의해 브루클린에 있었던 레스토랑에서 발굴됐다.

두 사람은 웨스트빌리지의 작지만 알찬 레스토랑의 파트너가 되었다. 만두는 물론 다른 것들도 훨씬 나아졌고, 조는 아시아의 식재료들을 전형적이지 않은 방식으로 사용하여 메인 코스에 변화를 줬다.

에디 글래시즈로 알려진 숀펜드는 술을 거의 마시지 않지만 절대 놓쳐서는 안 되는 아시아풍의 칵테일 레퍼토리를 구성했다. 짧지만 매력적인 메뉴를 읽고, 웨이터에게 사람의 형상을 닮은 만두(팩맨 만두는 비디오 게임에 나오는 캐릭터를 닮았다.)를 가져다 달라고 하라.

당신은 매콤하고 바삭한 소고기, 주룽(Kowloon) 필레미뇽 타르트, 새우를 닭고기로 감싸고 겉에 뻥튀기한 쌀을 한 겹 붙인 깜짝 놀랄만한 요리를 원할 것이다. 지속적으로 변화를 주는 스페셜 메뉴에서도 똑같이 매력적인 요리들을 발견할 수 있다.

레스토랑은 최소한의 공간에 최대한의 사람들이 들어차 있어서, 편안하진 않다. 당신 앞에 차려진 크릭스톤 농장 프라임 갈비 스테이크를 양보하고 싶진 않겠지만, 나눠 먹을 수 있도록 만든 음식들을 먹으며 그런 불편한 느낌은 상쇄된다. 긴 공용 테이블이 레스토랑 중앙에 가로질러 놓여있다.

레드팜은 예약을 받지 않으며, 리스트에 이름을 적어 놓으면 휴대전화로 연락해준다. 기다리는 동안 주변의 바 중 하나에 가거나, 아래층에 문을 연 북경오리 전문점 디코이(Decoy)에 들러 보라. 그곳에는 칵테일을 마실 공간이나 테이블도 있을 수 있다. **RG & MW**

⬆ 팩맨 아케이드 게임을 참고한 만두들.

주니어스 Junior's | 오리지널 뉴욕 치즈 케이크와 다른 고전 요리들

위치 뉴욕 **대표음식** 뉴욕 치즈 케이크New York cheesecake | **⑤**

상징적인 치즈 케이크를 판매하는 주니어스는 1950년 척 베리(Chuck Berry)와 팻츠 도미노(Fats Domino)가 세상을 뒤흔들었던 브루클린 파라마운트 극장 바로 건너편에 문을 열었다. 극장은 사라졌지만, 주니어스와 세상을 뒤흔든 치즈 케이크는 살아 있다.

치즈 케이크는 전형적인 뉴욕의 디저트로, 양키스처럼 뉴욕과 동의어로 간주된다. 여러 세대를 거쳐 뉴요커와 관광객들이 진하고 부드러운 치즈 케이크를 맛보기 위해 브루클린까지 찾아왔다.

주니어스의 치즈 케이크는 역사적으로 유명한 타임 스퀘어 경쟁자인 린디스(Lindy's)의 치즈 케이크와 라이벌이다. 주니어스 타임스퀘어점은 브로드웨이 극장들과 가까이 있고, 그랜드 센트럴 역과 코네티컷 카지노에도 분점이 있다.

메뉴에 매머드 햄버거와 샌드위치도 있지만(물론 맛있다), 스페셜티 메인 코스 목록은 50년 전 중산층 뉴요커들이 먹던 것이라 더욱 흥미롭다. 무료 롤빵, 콜슬로와 피클,

헝가리안 굴라시(Goulash), 비프 브리스킷과 버섯 그레이비, 프라이드 치킨, 브로일드 루마니안 안심(스커트 스테이크로 잘 알려져 있다) 등을 볼 수 있다.

당신이 원하는 게 호화스럽고 매끈한 치즈 케이크의 극치라면, 그것을 만족시키기에 충분한 것이 있다. 여러 가지 토핑이 얹어 나오는(무설탕 포함) 치즈 케이크도 있지만, 플레인을 선택하는게 최상이다.

이미 완벽하며 그 맛을 천천히 음미하라. 친구나 가족과 함께 간다면, 맛의 대조를 위해 딸기 쇼트 케이크를 주문해서 나눠먹는 것도 좋겠다. 주니어스의 치즈 케이크는 우편주문도 가능하다. **RG & MW**

⬆ 주니어스 치즈 케이크는 뉴요커의 기본식품이다.

이텔리 Eataly | 이탈리아 음식이 많은 곳에서 먹고 마시고 쇼핑하라

위치 뉴욕 **대표음식** 슬로우 로스티드 비프 립Slow-roasted beef rib | ⑤ ⑤

이텔리는 일부는 식료품 상점이고, 일부는 레스토랑으로, 광대한 치즈, 올리브, 오일, 양념 컬렉션, 커피, 차 등의 이탈리아 식품으로 이루어져있다. 높은 천장, 하얀 경사진 벽, 전시된 식품으로 눈이 바쁘게 움직일 것이다.

이탈리아의 거대한 식품 체인인 이텔리는 2010년 뉴욕에 안착했다. 브로드웨이와 23가의 교차로에 있는 1에이커 남짓의 푸드 홀이 심각한 교통체증을 유발해 인근의 월세가 치솟았다.

이텔리의 레스토랑은 식품 업체들에 의해 조직화되었다. 생선은 인근의 소매상 '일 페세(il pesce)'에서 가져온다. 생선 통구이, 맛있는 프리토 미스토(모둠 튀김), 해산물 샐러드를 주문하라. 근처의 정육부인 '로스티체리아(Rosticceria)'가 오늘의 샌드위치―포르게타나 살사 베

> "큰 동굴 같은 이텔리는 이탈리아 풍을
> 모두 모아놓은 곳이다. 한눈 팔지 말고
> 샌드위치로 직행하라."
>
> fodors.com

르데(salsa verde)를 곁들인 브리스킷, 블랙 앵거스 프라임 립을 판매한다. 인근의 '만초(Manzo)'는 어마어마한 고기 메뉴를 가지고 있다. 바닷가재와 옥수수를 곁들인 스위트브레드, 복숭아와 캐러멜라이즈한 양파를 곁들인 삼겹살, 폴렌타와 바르바레스코 비네그레트를 곁들인 비프 립 등을 판매한다.

사진이 잘 나오는 채소가게 '르 베르뒤르(Le Verdure)'는 채소를 가지고 마법을 만들어낸다. 손으로 만든 제품과 마켓의 상품을 이용한 파스타는 알덴테로 적당히 익힌다. 당연히 줄을 서야하며, 젤라트리아, 파니니 가게, 옥상의 비어 가든도 있어 정신줄을 놓고 돈을 다 써버리기 쉽지만 재미있다. **RG & MW**

고담 바 앤 그릴 Gotham Bar & Grill | 현대적인 미국의 멋

위치 뉴욕 **대표음식** 아보카도를 얹은 해산물 샐러드와 레몬 비네그레트 Seafood salad with avocado and lemon vinaigrette | ⑤ ⑤ ⑤

고담의 위대한 셰프 알프레드 포탈레(Alfred Portale)는 30년 전 높이 쌓아올리는 플레이팅 방식을 창안해냈다. 그러나 그의 새로운 요리의 바탕은 항상 심오하고 복잡한 맛과 마술에 가까운 기술에 있었다. 그는 심플한 프레젠테이션을 위해 '복합 건물' 같은 스타일을 포기했지만, 탁월함은 이어지고 있다.

고담은 5회 연속 뉴욕타임스 리뷰에서 별 3개를 받았으며 식품업계에서 끝없는 상을 수상했다. 공동 주인인 제리 크레치마(Jerry Kretchmer)가 주기적으로 새롭게 단장하는 포스트모더니즘 적인 다이닝룸은 고담을 미국에서 가장 잘 디자인된, 그리고 가장 흥미로운 레스토랑에 올려놓았다. 낙하산 천을 통해 필터링되는 로맨틱한 조명은 낮에는 밝고, 밤에는 화려한 음식을 빛나 보이게 한다.

음식은 기품 있지만, 스태프들은 캐주얼한 차림이다. 그러나 그들은 메뉴를 속속들이 알고 있으며, 편안한 태도로 서비스해 줄 것이다. 또한 광범위한 와인 리스트를 훌륭하게 가이드해 줄 수 있다.

전설적이고 복합적인 해산물 샐러드―토마토 콩피를 곁들인 루비 레드 새우 리소토―또는 비둘기가 제철이면 푸아그라, 뇨키, 회향-오렌지 컴포트를 곁들인 비둘기 고기를 꼭 먹어보라.

다이닝 공간을 바라보는 고담의 바는 잘 고른 와인을 잔으로 팔며, 칵테일 아워에는 몹시 분주해진다. 바에서는 식사도 가능한데, 예약이 매우 어렵고 음식이 비싸기 때문에 바에서의 식사도 권한다.

저녁 식사를 바로 시작하지 말고 바에서 한두가지를 맛보라. 3가지 코스의 그린마켓 런치(코스마다 3가지 중에서 고를 수 있다)는 뉴욕에서 가장 괜찮은 할인 중 하나다. **RG & MW**

브러시스트로크 Brushstroke | 트라이베카에 위치한 감각과 정신의 향연인 일본식 가이세키 레스토랑

위치 뉴욕 **대표음식** 게살과 블랙 트러플 다시를 올린 차완무시(Chawan-mushi topped with crab and black truffle dashi) | 💲💲💲💲

셰프 데이비드 불레이는 트라이베카 끝자락에서 여러 레스토랑을 개점(그리고 폐점)해 왔다. 브러시스트로크는 상당히 성공한 곳으로 맛, 식감, 색, 계절을 대비시키고 보완하면서, 복잡하고 창의적인 요리를 낸다.

브러시스트로크는 불레이와 오사카의 츠지(Tsuji) 컬리너리 인스티튜트의 이사오 야마다(Isao Yamada)와의 협력으로 이루어진 곳으로 그곳의 학생들이 스탭으로 일하고 있다.

이들의 뛰어남은 게살 차완무시 요리에서 명확히 드러난다. 이 차완무시는 흠잡을 데 없는 에그 커스터드로 걸쭉하고, 게살이 많이 들어갔으며, 감칠맛 나는 블랙 트러플 다시를 위에 올린 것이다. 가볍다기보다는 무거우며 크리미함에 스파이시를 덧씌운 느낌이다. 양만 많다면, 이것만으로도 비할 바 없이 만족스러운 저녁식사가 되기에 충분할 것이다.

향긋한 성게 소스에 담긴 바닷가재 꼬리도 주목할 필요가 있다. 함께 나오는 바닷가재 덤플링의 쫄깃함과 섬세함을 기대했다면 이와는 정반대일 것이다. 하지만 이는 훌륭히 성공하고 있다. 산초 페퍼(sansho pepper) 폰즈 소스는 혀를 간지럽히며 이 요리를 완성시킨다.

쌀로 만든 걸쭉한 수프에 담긴 연어 캐비아와 함께 나오는 왕연어(king salmon), 유부와 부드러운 식감의 쌀과 함께 수프에 담겨 나오는 뿔닭과 이어지는 간장과 미림 아이스크림를 포함한 디저트들은 넘치게 느껴질 정도이다.

브러시스트로크는 2종류의 8코스 메뉴(하나는 채식주의자용 메뉴)와 10코스 디너를 제공한다. 소믈리에는 근사한 와인과 사케로 당신을 유혹하겠지만, 타라곤-시소-진-라임(tarragon-shiso-gin-lime) 칵테일로 시작하라. 스시만을 경험하길 원하는가? 브러시스트로크의 한쪽 코너에 비밀스럽게 자리잡고 마스터가 직접 맞아주는 이치무라(Ichimura)를 방문해 보라. **RG & MW**

"수공예 일본 사기그릇에 멋지게 담아낸 요리들은 심포니의 한 부분처럼 유려하게 흘러 나온다"
Time Out

⬆ 작지만 뛰어난 맛—사과주로 졸여 그린 애플 퓌레와 함께 낸 가브리살.

로베르타스 앤 블랑카 Roberta's and Blanca | 브루클린에 위치한 대조적인 자매 레스토랑

위치 뉴욕 **대표음식** 그릴드 만갈리차 목살(로베르타스); 농축 와인을 뿌린 숙성 소고기(블랑카)Grilled Mangalitsa collar (at Roberta's); Aged beef drizzled with vino cotto (at Blanca) | 💲💲

> "로베르타스는 뉴욕에서 가장 만족도가 높은 이탈리안—아메리칸 레스토랑 중 한 곳이다."
>
> bloomberg.com

⬆ 로베르타스의 독특한 외관.

로베르타스는 브루클린 최초의 그런지 레스토랑은 아니지만, 이 스타일의 원형이라 볼 수 있다. 보기 흉한 콘크리트 블록 빌딩, 핫하게 바뀌는 주변 환경과 황량한 거리, 콘크리트 바닥과 드러난 구조물, 여러 층의 채소밭, 불편한 피크닉 테이블, 형편없는 조명, 문신을 새긴 종업원들 등…. 이곳은 로컬 푸드만을 찾는 힙스터들의 레스토랑이다. 또한 위에서 열거한 점들을 모두 감수하고서도 찾아갈 만한 훌륭한 음식이 있는 곳이다.

로베르타스는 피자로 유명하다. 피자 메뉴는 자주 바뀌는데, '스페켄볼프(Speckenwolf, 훈제 프로슈토 햄, 오레가노, 버섯, 양파, 모차렐라 치즈) 또는 '아마트리차나(Amatriciana, 토마토, 페코리노 치즈, 구안치알레 베이컨, 양파, 칠리)를 추천한다. 흠잡을 데 없는 샐러드(로메인 상추, 설탕에 조린 호두, 페코리노 치즈, 민트 또는 브로콜리, 케일, 콜라비, 안초비)로 시작해서 '키친' 요리들로 이어가보라. 키친 요리에는 부뎅 누아(boudin noir, 호박, 버터밀크, 호박 버터); 줄농어, 밤, 로마네스코 소스; 오징어 먹물 가르가넬리 파스타, 가지, 토마토, 차조기잎(shiso) 등이 있다. 모든 요리들은 당신을 인테리어와 동화시켜주는 생동감 넘치는 풍미를 가지고 있다.

이곳은 잘 알려지지 않은 와인들로 가득하다. 모험하는 기분으로 '오렌지 와인'에 대해 물어 보라. 로베르타스 옆에는 잘 꾸며진 레스토랑인 블랑카가 있다. 이곳은 수요일부터 토요일까지 영업한다. 손님들은 카운터 앞에 놓인 12개의 편안한 스툴에 앉아 개방 주방에서 만들어내는 약 20가지 코스의 요리를 맛볼 수 있다. 요리는 미니멀리스트적이지만 풍미는 날카롭다. 셰프 카를로 미라르치(Carlo Mirarchi)는 재료의 질감에 대한 흥미로운 조합을 시도하며, 잘 숙성된 육류와 가금류를 신봉한다. 따라서 그의 요리에는 섬세한 미각을 만족시켜주는 일종의 펑크함이 존재한다. 예약은 어려운 편으로 하루 만에 1달 분의 예약이 전부 마감된다. **RG & MW**

카츠 델리카트슨 Katz's Delicatessen | 전설적인 뉴욕의 델리카트슨

위치 뉴욕　**대표음식** 머스터드를 바른 호밀빵에 얹은 파스트라미Pastrami on rye with mustard | ❺❺

예전 뉴욕 남동쪽 지역에는 유대인들의 델리카트슨 상점으로 가득했다. 하지만 주민들의 집단 이주와 고급주택화로 인해 대부분 사라졌다. 진정한 델리가 어떤 것인지 모른다면, 살아 있는 역사를 보기 위해 휴스턴 거리로 여행을 떠나 보라.

카츠는 125년 이상 델(Dell) 가문에 속해 왔으며, 여전히 훈제 육류와 절인 육류를 판매한다. 현재는 젊은 제이크 델에 의해 운영되고 있는데, 그는 이곳을 이어가기 위해 의대를 중퇴했다. 최근에 관광객, 힙스터, 다른 시대에서 온 듯한 나이 많은 유대인, 진짜가 무엇인지를 이해하는 뉴요커 등 손님들이 점점 늘어나고 있다.

이곳에 들어서면 손님들은 각자 티켓을 받는다. 티켓을 잃어 버리면 금전적 손해를 보게 된다. 핫도그, 크니시(knish), 콘비프까지 지나쳐서, 날카로운 칼을 들고 파스트라미를 썰어 주는 사람에게 곧장 가도록 한다. 그리고 파스트라미를 얼마나 멋지게 자르고 써는지 지켜보라. 기계를 사용하지 않는 모습은 교외에 위치한 보통의 델리에서 절대 찾아볼 수 없다.

파스트라미는 콘비프와 같은 부위로 만들어지기도 하지만, 엄격히 말하자면 가슴살(brisket)의 앞쪽 부위인 삼겹양지를 써야만 한다. 이것을 소금에 절이고 상상하기 힘들 만큼 복잡한 향신료로 코팅해서 훈제한 다음, 풍부한 육즙이 생기도록 찐다. 맥 라이언이 이곳에서 촬영한 〈해리가 샐리를 만났을 때〉 속에서 보여준 황홀경에 빠진 반응이 아마도 이 파스트라미로 인한 것이라고 추측해 볼 수 있다.

이 샌드위치에는 약간의 머스터드, 새콤한 피클과 토마토를 제외하면 아무것도 필요하지 않다. 만일 당신이 델리의 콤비네이션 샌드위치를 지나칠 수 없는 사람이라면, 파스트라미 위에 다진 간을 한 스쿱 얹고 천천히 먹으면서 역사를 음미해 보라. **RG & MW**

델 포스토 Del Posto | 명성에 걸맞는 웅장한 이탈리안 레스토랑

위치 뉴욕　**대표음식** 100개의 레이어를 가진 라자냐 알라 피아스트라100-layer lasagna alla piastra | ❺❺❺❺

2008년, 그런지 스타일이 레스토랑 디자인을 주도하던 시절 델 포스토(Del Posto)는 마호가니와 대리석으로 만들어진 넓은 공간, 중앙 계단, 호화로운 발코니, 그리고 그랜드 피아노를 갖춘 레스토랑을 오픈하였다. 조(Joe)와 리디아 바스티아니치(Lidia Bastianich), 마리오 바탈리(Mario Batali) 소유의 델 포스토는 미슐랭 스타를 받았으며, 뉴욕 타임스가 선정한 유일한 4성(星) 이탈리안 레스토랑이다.

일행이 4명 이하일 경우 알라카르트를 선택할 수 있지만, 그 이상은 코스 메뉴 중에서 선택을 해야 한다. 손님들은 각자 애피타이저, 메인, 그리고 디저트를 선택한다. 테이블 전체에서 파스타 2개를 고르면, 이 파스타가 모두에게 서빙된다. 그전에 폴렌타와 소금에 절인 대구, 바삭한 버팔로 모차렐라, 또는 토마토 파우더를 함께 낸 병아리콩 튀김 등의 가벼운 요리들을 충분히 먹을 수 있다.

> "황홀한 음식을 먹으면서 럭셔리하게 앉아 바롤로(Barolo)를 마실 수 있는 장소."
> The New York Times

조나 크랩(Jonah crab)과 할라피뇨는 이탈리아 요리와 어울리지 않을 것 같지만, 당근 조각, 토스트한 호밀빵 부스러기, 탠저린 오일과 함께 나오는 오레키에테 파스타와 양 목살 라구(ragu)와 함께 주문해 보라. 이곳의 100 레이어 라자냐는 대단히 유명하다.

아티초크, 아몬드, 바질을 곁들인 바닷가재, 그릴에 구운 엔다이브, 헤이즐넛, 사워 체리를 곁들인 아피키안 스파이스 덕(Apician spiced duck) 같이 계절에 맞는 메인 코스가 나온다. 브룩스 헤들리(Brooks Headley)가 만든 디저트와 프티 푸르는 절묘하게 흥미를 불러 일으킨다. **RG & MW**

세렌디피티 3 Serendipity 3 | 어퍼이스트사이드에 자리잡은 파티의 중심

위치 뉴욕 **대표음식** 프로즌 핫 초콜릿Frrrozen hot chocolate | 💲💲

"세렌디피티 3는 놀이기구가 없어도 아이들이 좋아하는 몇 안 되는 장소들 중 하나다."

New York Magazine

'세렌디피티'는 '생각지도 않았던 즐거운 일을 우연히 만나는' 것을 의미하며, '캠프(camp)'는 (수전 손택이 정의한 바로는) 난폭한 방식으로 '심각한 이들을 권좌에서 몰아낸다'는 의미이다. 1954년부터 이스트 60번가를 굳건히 지키고 있는 이 레스토랑은 두 단어에 모두 부합되는 장소다.

이곳은 수많은 경박한 재료들을 다른 재료 위에 올림으로써, 처음으로 레스토랑에 빅토리아 시대의 옷을 입힌다는 개념을 가져온 곳일지도 모른다. 이곳의 메뉴는 축구장 만하며 음식의 특징을 이해할 수 있도록 '프로즌 핫 초콜릿', '애프리콧 스무시(Apricot Smush, 으깬 살구)', '치킨 플람베(브랜디를 끼얹고 잠깐 불을 붙여 향을 낸 치킨)', '풋롱 핫도그(Foot-Long Hot Dogs, 30cm 핫도그)'와 같은 장난스러운 이름들로 채워져 있다.

오래된 인기 메뉴는 딸기와 살구잼을 곁들인 프렌치 토스트 크림치즈 샌드위치와 캐비아, 사워 크림, 오이가 들어간 햄버거이다. 그리고 대중들에게 기본적인 음식인 나초와 치킨 윙도 먹을 수 있다.

하지만 사람들은 디저트를 먹으러 온다. 특히 유명한 프로즌 핫 초콜릿 말이다. 전하는 이야기에 따르면 이 디저트의 레시피는 재키 케네디에게도 알려주지 않았다고 한다. (사실 이 레시피는 세렌디피터의 요리책에 실려 있고, 집에서 만들어 먹을 수 있는 키트 제품으로도 판매되고 있다.)

이것은 테이블에 있는 다른 사람들과 나눠 먹을 수 있도록 만들어진, 쉐이크처럼 생긴 웅장한 혼합물이다. 거대한 바나나 스플리트를 포함한 사치스러운 아이스크림 트리, 아상블라주(assemblage)도 마찬가지다. 레몬 아이스박스 파이도 시도해볼 만하다.

디저트만을 위한 예약은 할 수 없고, 대기하는 줄이 제법 길기 때문에 인내심이 필요할 것이다. **RG & MW**

⬆ 트레이드마크인 프로즌 핫 초콜릿.

일레브 매디슨 파크 Eleven Madison Park | 재치 있는 아이러니와 미식의 모험

위치 뉴욕 **대표음식** 글레이즈한 노르망디 오리|Glazed Normandy duck | ❺❺❺❺

미슐랭에서 3개, 뉴욕타임스에서 4개의 별을 받은 것만으로도 이곳에 가기 위한 충분한 이유가 된다. 하지만 주인인 윌 기다라(Will Guidara)와 셰프 다니엘 훔(Daniel Humm)은 4시간짜리 디너 코스가 모두를 피곤하게 만들 수 있다고 믿는다. 따라서 이들은 독창적인 15가지 코스 식사에 유쾌한 요란함을 적용시켰다.

뉴욕의 상징적인 브런치 메뉴를 참조한 캐비아와 베이글 조각과 함께, 훈제 철갑상어가 연기로 가득 찬 둥근 유리 덮개 안에 놓여 도착한다. 당신은 곧 선명한 오렌지색 당근이 고기 가는 기계 속으로 들어가는 모습을 볼 수 있을 것이다. 이것을 훈제 블루피시(bluefish), 머스터드 오일, 식초에 절인 메추리알, 갈은 호스래디시, 그리고 바다 소금을 같이 섞어서, 모조 스테이크 타르타르를 만들어 주는 것이다. 사슴고기는 블랙을 연구해서 나온 요리이다. 뚜껑을 덮은 검은색 팬 안에 숨어 있는 검게 탄 바게트 뚜껑을 열면 그 안에 있던 사슴고기 필레가 모습을 드러낸다.

이 레스토랑은 로컬 푸드에 대한 애정을 재미있게 나타내는데, 대부분의 재료를 지역에 위치한 농장에서 가져오고 있다. '그린스워드(Greensward, 잔디밭)'이라는 이름의 치즈 코스는 프레첼 브레드, 머스터드, 포도, 그리고 수제 맥주 1병이 담긴 바구니가 나온다. 아마도 공원에서의 피크닉을 나타내는 것이리라.

불거 밀(bulgur wheat), 수영, 얼린 포도 미뇨네트는 아이스 보울에 담긴 굴과 어울리지 않게 느껴질지 모르겠다. 하지만 한번 맛보면 짭짤하면서 새콤달콤하고, 바삭하면서 얼음같이 차가운 대조적인 느낌에 전율을 느낄지도 모른다. 레몬 버터에 데친 바닷가재는 관능적이며, 풍부한 맛은 식초에 절이고 채 썰어 걸쭉하게 끓여 캐러멜처럼 만든 방울다기양배추와 완벽하게 균형을 이룬다. 10일에서 14일 동안 드라이에이징 기법으로 숙성시키고 라벤더 꿀과 사천 후추를 발라 윤을 낸 오리 요리는 진정 기억에 남을 만하다. **RG & MW**

"영감 넘치고, 일관성 있으며, 완전한 맛이 있는…. 그리고 무엇보다 즐거움이 있는 곳."
Time Out

⬆ 놀랄 만큼 아름다운 아르데코 스타일 다이닝룸.

장조지 Jean-Georges | 시크한 분위기에서 즐기는 세계 최고 수준의 요리

위치 뉴욕 **대표음식** 콜리플라워를 곁들인 캐러멜라이즈한 가리비 Caramelized scallops with cauliflower | 💰💰💰💰💰

"입이 떡 벌어질 준비를 하라. 당신이 마주치게 될 것 중에 경이롭지 않은 것이 없을 것이다."

New York Magazine

세계적인 셰프, 장조지 봉게리히텐(Jean-Georges Vongerichten)과 동명의 레스토랑인 장조지는 세련됨과 식도락적 기량의 정수를 보여준다. 이곳의 음식은 프랑스, 알자스, 그리고 아시아로부터 받은 영향을 혼합해 독특하게 만들어낸 것이다. 이 스타 셰프는 수십 년 동안 독창성의 불씨를 점화했으며, 전 세계의 유명 레스토랑들을 만들어냈다. 그리고 센트럴 파크 서쪽 트럼프 타워의 장조지는 그중 가장 빛나는 곳이다.

세련된 다이닝룸에서의 저녁 식사는 비싸지만 꿈속의 작품을 먹는 것과 같다. 장조지는 미숙한 실력으로 요리했다면 혀끝의 신경을 거슬리게 했을 재료들을 훌륭하게 조합해 낸다. 콜리플라워를 곁들인 캐러멜 가리비 살과 케이퍼-건포도 에멀전은 많은 이들이 따라 하지만, 그 누구도 이를 뛰어넘지는 못하고 있다.

새끼비둘기를 이용한 요리라면 무엇이든 먹어볼 만하며 개구리 다리를 넣은 마늘 수프가 있으면 망설이지 말고 주문하라. 그 밖에 강렬한 흥미를 불러 일으키는 요리에는 성게, 할라피뇨, 유자; 베이비 아티초크, 레몬 회향 에멀전, 그리고 파프리카 오일을 곁들인 새우; 바다송어와 굴 타르타르; 생강을 곁들인 감초-졸임 송아지 췌장이 있다.

이곳에는 많은 값비싼 와인들이 있지만, 소믈리에가 어느 가격대로든 당신에게 맞게 안내를 해줄 것이다. 남성들은 반드시 재킷을 입어야 하지만 장조지에서의 식사는 딱딱하거나 엄숙진 않다. 이곳은 아주 편안하며, 어떤 자세로 앉아있어도 괜찮다.

누가틴(Nougatine)이라고 불리는 프론트 룸은 세끼 식사를 모두 먹을 수 있는 캐주얼한 바-카페(bar-café)이다. 정오 식사와 선데이 브런치는 보기 드물게 저렴한 가격이며, 날씨가 허락하면 센트럴 파크가 내려다 보이는 사랑스러운 테라스에서 식사를 할 수 있다. **RG & MW**

⬆ 흰색으로 꾸며진 가볍고 우아한 느낌의 다이닝룸.

➡ 클래식 장조지—에그 캐비아.

더 브레슬린The Breslin | 맛있는 음식으로 유명한 핫한 호텔 펍

위치 뉴욕 **대표음식** 페타 치즈, 쿠민 마요네즈, 3번 조리한 프라이를 곁들인 양고기 버거Lamb burger with feta, cumin mayo, and thrice-cooked fries | 🟤🟤

예스, 사람들로 붐빌 것이다. 노, 예약을 받지 않는다. 그리고 예스, 당신은 붐비는 바나 에이스 호텔 로비에서 기다려야 할 것이다. 예스, 당신은 이곳에서 식사 하기를 원한다. 이곳은 에이프릴 블룸필드(April Bloomfield)가 웨스트빌리지의 유명한 펍인 더 스포티드 피그(the Spotted Pig)를 본따서 만든 곳이다. 훌륭한 요리를 만드는 그녀는 기름 많고, 짜고, 건강에 그다지 좋지 않은 브리티시 펍 음식의 이미지를 향상시켰다.

메뉴에는 생선요리가 있지만, 대부분 메인 메뉴들은 남성적이다. 입자가 거칠고 고기 냄새가 조금 강한 양고기 버거는 페타 치즈와 쿠민 마요네즈를 얹고 3번 조리한 프라이가 함께 나온다. 2인용으로 나오는 유명 메뉴인 족발 요리는, 실상 돼지 발 껍질을 돼지고기로 채우고 기름

> "당신은 스스로 페이스를 조절해야 한다. 족발 요리 절반은 점심으로 남겨두는 것도 좋겠다."
> Time Out

에 튀긴 것이다.

모험을 좋아하는 단체 손님이라면 윤기가 흐르는 젖먹이 돼지 통구이인 '셰프의 테이블(Chef's Table)'을 예약한다. 이 통구이는 손으로 마지막 조각까지 집어 먹을 수 있도록 깔끔하게 살을 발라준다. 시저 샐러드와 안초비 크루통, 사과 처트니를 곁들인 방울다다기양배추, 베이비 캐럿, 오리 기름으로 튀긴 감자, 그리고 2개의 디저트가 함께 서빙된다.

어두침침한 조명이 켜져 있고, 온갖 종류의 가게 기념품들과 박제들이 벽을 뒤덮고 있으며 파티 분위기가 흐른다. 와인 리스트는 괜찮지만, 잘 준비되어 있는 생맥주 목록 중에 고르는 것을 더 추천한다. **RG & MW**

일릴리 레스토랑Ilili Restaurant | 칭송받는 셰프가 만드는 모더니스트 레바논 요리

위치 뉴욕 **대표음식** 포도, 무화과 잼, 호두, 민트 요구르트를 곁들인 방울다다기양배추 Brussels sprouts with grapes, fig jam, walnuts, and mint yogurt | 🟤🟤🟤

뉴욕 5번가의 우아한 분위기 속에서 제공되는 레바논 요리는 미슐랭 스타 3개를 받은 다른 프렌치 레스토랑들과 비교해도 나무랄 데가 없다. 공동 주인이자 셰프인 필립 마수드(Philippe Massoud)는 전쟁으로 파괴된 베이루트를 탈출해서 뉴욕에 왔다. 그리고 요리를 공부하기 위해 파리, 마르베야(Marbella), 그리고 다시 레바논을 여행했다.

치킨 타욱(taouk, 샤와르마의 일종)과 같은 레바논의 클래식 요리를 재해석해서 가슴살 꼬치로 만들어 수백 갈릭 휘프(sumac garlic whip)와 파인 허브 샐러드(fines herbs salad)와 함께 판다. 후무스는 바닷가재, 만가닥버섯(honshimeji), 그리고 느타리버섯을 곁들여 고급스런 메인 코스로 탈바꿈하였다. 마수드가 가장 좋아하는 스테이크 타르타르는 3차원적 구조물처럼 플레이팅 되는데, 글자 그대로 입안에서 살살 녹는다.

마수드의 메제(mezze)는 뉴욕 최고이다. 무하마라(Mouhamara, 햇볕에 말린 고추와 석류 농축액을 곁들인 가지)와 샹클리쉬(chankleesh, 양파, 토마토, 자타르 향신료를 넣은 페타 치즈), 파투시(fattoush, 피타 브레드 샐러드), 그리고 비프 샤와르마(beef shawarma)는 1등급이라 할 수 있다. 클래식을 변형한 케밥 케레즈(kebab kerez, 체리 소스, 카타이피 페이스트리, 부추를 넣은 양고기와 소고기 미트볼; 양 뱃살 '파스트라미', 회향, 자몽, 그리고 램프 비네그레트를 곁들인 구운 문어; 자타르 살사 베르데(za'atar salsa verde)와 구운 토마토를 곁들인 육즙이 풍부한 양갈비 같은 요리들은 진정 영감을 불러 일으킨다.

당신은 레바논의 베카 계곡에서 특별한 와인 중 하나와 2인용 모듬 그릴 요리를 원하게 될 것이다. 디저트인 일릴리의 캔디 바—초콜릿 가나슈, 무화과 캐러멜, 피스타치오, 둘세 데 레체(dulce de leche)—는 반드시 체험해 봐야 한다. **RG & MW**

그래머시 태번^{Gramercy Tavern} | 새로운 아메리칸 다이닝의 기수

위치 뉴욕 **대표음식** 치폴리니 퓌레와 피클한 양파를 곁들인 훈제 송어^{Smoked trout with cipollini puree and pickled onions} | 💲💲💲💲

대니 마이어(Danny Meyer)는 1994년 그래머시 태번을 오픈하면서 새로운 스타일의 레스토랑을 선보였고 수많은 이들이 이를 모방하였다.

거의 20년이 지났지만 여전히 진정한 열정을 가지고 있는 마이어의 패러다임은 유혹적이다. 태번의 지속적인 성공과 미슐랭 스타를 받은 것은 셰프 마이클 안토니(Michael Anthony)와 인근의 유니언 스퀘어 파머스 마켓 덕분이라 할 수 있다.

메뉴는 자주 바뀌며 최고의 요리들은 클래식 요리와 뜻밖의 보조 요리가 쌍을 이룬다. 스위트 치폴리니 퓌레를 직접 훈연한 송어 밑에 깔아주고, 불거(bulgur)와 피스타치오가 정통 비프 타르타르에 살짝 숨어들어 있다. 방목해서 키운 닭과 소시지로 만든 '시골집'스러운 요리는 훈제한 양파가 가득 담겨서 나온다.

독창적인 메뉴를 맛보려면 채식 메뉴를 선택하라. 올리브, 잣, 레몬 리코타 치즈, 그리고 선골드 토마토가 들어 있는 '거의 손대지 않은 채소(Barely Touched Vegetables)'와 같은 훌륭한 메뉴가 포함되어 있다. 알라카르트를 주문하면, 흙으로부터 온 기쁨이 가벼운 식사를 즐기도록 해줄 것이다.

태번의 전실 지역 주민들과 관광객을 위한 캐주얼한 공간이다. 지나가던 사람들이 샴페인 한잔을 하기 위해 들렀다가, 맥주와 함께 태번의 코스 메뉴를 선택하게 된다. 장인이 만드는 치즈나 디저트를 위한 배는 남겨 두어야 한다. 바닐라 아이스크림과 함께 나오는 사과파이가 이곳에서 자랑하는 메뉴이다.

서비스는 상당히 프로페셔널하면서도 마이어의 전통에 맞게 친절하며 작은 '기념품(favor)'인 봄보니에레(bomboniere)에서 사려 깊은 손길을 느낄 수 있다. **LM**

"이 시크한 태번은 아메리칸 클래식 퀴진에 컨템포러리한 변형을 준다."

Gayot

⬆ 베지터블 코스는 이 샐러드와 같이 창의적인 요리를 포함한다.

모모후쿠 누들 바Momofuku Noodle Bar | 기다리는 사람들의 인생을 바꿔 주는 라면

위치 뉴욕 **대표음식** 모모후쿠 라면Momofuku ramen | 💲💲

맨해튼 이스트빌리지의 5번가를 따라 가면, 도로 위에 길게 늘어선 줄이 있는데 바로 모모후쿠 누들 바가 있는 곳이다. 온라인으로 프라이드 치킨 디너를 주문한 사람들만이 예약된 자리에 앉을 수 있으며 주민들과 관광객들은 한국의 영향을 받은 데이비드 장의 요리를 맛보기 위해서 인내심을 갖고 기다려야 한다.

모모후쿠 브랜드는 토론토와 시드니까지 뻗어 있다. 미슐랭 스타 2개의 오마카세(omakase, 음식 선택을 셰프에게 맡기는) 스타일 레스토랑인 모모후쿠 코(Momofuku Ko); 음식에 집착하는 이들을 위한 매거진 「럭키 피치(Lucky Peach)」('모모후쿠'라는 말의 뜻이다); 모모후쿠 쌈 바(Momofuku Ssäm Bar); 모모후쿠 밀크 바(Momofuku Milk Bar) 등이 있다.

2004년 설립된, 모모후쿠 누들 바는 길다란 바와 몇 개의 공용 테이블, 그리고 흔한 나무 판자로 유쾌한 풍경을 연출한다. 메뉴는 변동이 있지만 일부 주요 메뉴들은 고정되어 있다.

데이비드 장은 모모후쿠 라면의 구성 요소들을 완성했다. 부드러운 돼지 목살, 슬라이스한 삼겹살 기름, 진한 육수로 만든 알칼리 성분의 누들, 천천히 삶아낸 완벽한 달걀이 인스턴트의 수준을 높였다.

더불어 찬사 받을 만한 것으로 포크 번(pork bun)이 있다. 이것은 오이와 듬뿍 넣은 달달한 해선장이 균형을 이룬 음식으로, 뉴욕 전역에서 이를 따라한다. 치킨 디너는 한국식과 남부 스타일로 튀긴 치킨 2마리와 무슈 팬케이크(moo shu pancake), 비브 레터스(bibb lettuce), 4가지 소스, 채소들이 함께 나온다.

서비스는 효율적이지만 퉁명스럽고, 음악 소리도 다소 시끄럽다. 그러나 데이비드 장은 소박하면서도 고급스러운, 새로운 종류의 캐주얼 음식을 뉴욕에 소개했다. **LM**

⬆ 데이비드 장의 자연스러우면서도 트렌디한 다이닝.

모모후쿠 코 Momofuko Ko | 록스타 급 셰프인 데이비드 장 요리의 승리

위치 뉴욕 **대표음식** 여지를 곁들인 얇게 저민 푸아그라Shaved foie gras with lychee | $$$$

예약은 온라인으로만 가능하며, 빨리 끝난다. 3명은 예약할 수 없고, 비좁은 카운터에 12명만이 앉을 수 있다. 메뉴도 없으며 대체하는 것도 안 된다. 그리고 사진 촬영도할 수 없다.

모모후쿠 코는 뉴욕에서 가장 흥미진진한 코스 메뉴를 선보인다. 18개 코스로 되어 있는 런치의 식사 시간은 4시간까지 이어지며, 디너는 보다 적은 숫자로 되어 있다. 주인인 데이비드 장은 거의 보기 힘들다.

하지만 여러 셰프들이 당신을 위해 음식의 행렬을 준비하고 설명할 것이다. 주방에는 극동 아시아 지역에서온 재료들로 넘쳐 나지만, 음식들 중 어느 것도 아시아의맛은 없다. 데이비드 장은 이를 아메리칸이라고 부르지만, 상상할 수 있는 종류의 맛은 아닐 것이다.

비트, 아삭한 블랙 트럼펫 버섯, 생 호스래디시, 그리고 그레인 오브 파라다이스(grains of paradise, 향신료의 일종); 도미, 호밀 씨, 래디시 피클; 숯불에 구운 고등어, 작은라이스 볼, 샬롯 피클, 갈은 유자 껍질.

이후에는 다음 요리들이 이어질 지 모른다. 스모크 할라피뇨 폼(smoked jalapeño foam)을 곁들인 생굴; 바닷가재소스와 바닷가재, 화이트 초콜릿이 들어간 요구르트; 메밀과 브라운 버터—표고버섯 차(butter-shiitake tea)를 넣은표고버섯 토르텔로니는 당신을 의자에서 벌떡 일어나게만들 것이다.

회향, 블랙 올리브 해초 페이스트(paste), 김가루를 곁들여 그릴에 올린 오징어 먹물 요리; 훈제 다시, 익히지 않은 샬롯, 캐비아를 올린 차완무시; 양파, 칠리, 민트, 바질,그리고 버섯 가루를 넣어 오랫동안 푹 익힌 양다리 구이는 순한 오이 김치와 함께 나온다.

디저트로는 콩코드 포도 셔벗과 화이트 초콜릿 가나슈를 먹어 보라. 각각의 요리는 두드러진 복잡함을 가지고 있는데 한 입 베어 물때마다 변화하며 긴 맛의 여운을 지닌다. **RG & MW**

⬆ 쪄낸 돼지고기는 이곳에 준비된 많은 요리들 중 하나일 뿐이다.

오세아나 Oceana | 록펠러 센터 근처에서 열리는 품격 있는 해산물 축하연

위치 뉴욕 **대표음식** 타로 랩 도라드Taro-wrapped dorade | 🌀🌀

"환상적인 해산물을 마음껏 즐길 수 있는 언제나 만족스러운 장소."

Michelin Guide

리바노 가(家)가 소유하고 젊은 미슐랭 스타 셰프인 벤 폴린저(Ben Pollinger)가 책임을 맡아 이름을 떨치고 있는 해산물 레스토랑이다. 이곳은 1992년에 처음 문을 연 이래 대담한 수준의 생선 요리와 파인 다이닝을 유지해 왔다.

벤 폴린저는 밑의 셰프인 알랭 뒤카스와 그레이 쿤즈를 트레이닝을 시킨다. 만약 당신이 키친 바로 옆에 있는 셰프 테이블에 운 좋게 앉을 수 있다면 폴린저가 멀티 코스 요리를 만드는 걸 지휘하는 모습을 볼 수도 있다.

오세아나는 전 세계 요리를 변형한 메뉴를 위해 세계의 바다를 돌아다닌다. 애호가들은 쿠민 가루를 뿌린 알래스칸 왕연어(Alaskan king salmon), 코코넛밀크 카레를 곁들인 바삭한 타로 랩 도라드(타로로 싼 도미 요리), 그리고 검은 찹쌀 위에 올린 제너럴 조(General Tso's) 랍스터를 즐긴다. 테이블 옆에서 바로 준비해 주는 메뉴는 버섯, 시금치, 올리브, 레몬을 속에 채워 통째 구워낸 농어(branzino)와 살살 녹을 것처럼 부드러운 필레 미뇽이 있다. 높게 쌓아 올린 오세아나의 조개류 엑스트라바간자(extravaganza) 중 하나를 주문하면 시선을 사로 잡게 될 것이다.

앞쪽에는 생조개를 파는 바(raw bar)와 음료를 마실 수 있는 바(drinking bar)가 있는 널찍한 룸이 있다. 런치와 공연 시작 전 아주 인기 있는 작은 메뉴들은 간단하지만 만족스러운 식사를 할 수 있게 해준다. 해변가들에서 온 여러 개의 다양한 종류로 된 굴 메뉴도 마찬가지이다. 가장 최근에는 30가지 종류가 있었는데, 이것은 감탄할 만한 기록이다.

건축학적 구도의 디저트들은 달콤함을 제공한다. 페이스트리 셰프인 제이슨 찬(Jason Chan)이 만든 대히트작 몰트(malt) 아이스크림과 초콜릿 펄을 곁들인 둘세(Dulcey) & 다크 초콜릿 브라우니 수플레가 그 중 하나이다. **RG & MW**

⬆ 오세아나의 셰프 폴린저.

레드 루스터 할렘 Red Rooster Harlem | 할렘에 떠오르는 다이닝 구역에 있는 놀라운 브런치

위치 뉴욕 **대표음식** 프라이드 야드버드 Fried yardbird | 💲💲

할렘 남쪽 경계에 있는 마커스 사무엘슨(Marcus Samuelson)의 레드 루스터에서는 스칸디나비아 레스토랑 아쿠아비트(Aquavit)의 헤드 셰프였던 사무엘슨이 각기 다른 문화를 연결해주는 메뉴를 디자인한다. 당신은 그가 자란 스웨덴뿐만 아니라 출생지인 에티오피아에서 온 재료들을 볼 수 있다.

레스토랑은 매우 좁은 편이다. 입구에 활기차고 밝은 분위기의 워터링 홀이 있고, 백 바(back bar)는 다이닝룸을 뒤에 있다. 아래층의 술집 지니스(Ginny's)는 밤에는 라이브 음악을, 일요일 아침에는 오전 10시 30분부터 오후 12시 반까지 가스펠(gospel) 뷔페 브런치를 선보인다. 가스펠 음악은 위층에도 있지만, 예약을 받진 않는다. 레스토랑은 A 열차(A Train, 브루클린과 할렘을 연결하는 지하철)와 가깝고 "옷을 잘 입고(Dress sharp)"올 필요가 있다.

애피타이저는 프라이드 치킨, 닭간 버터를 곁들인 와플, 베이컨과 버터밀크 드레싱을 곁들인 튀긴 그린 토마토가 포함되어 있다. 메인 코스에 있는 찹 수이(chop suey)는 차이나타운식이 아니다. 링고베리와 브레이징한 양배추를 곁들인 헬가(Helga)의 미트볼은 당신에게 스칸디나비아를 연상시킬 것이다.

칠리를 여러 겹 바른 폭찹, 저크 치킨(jerk chicken), 생선과 그리츠, '프라이드 야드버드'라고 이름 붙인 프라이드 치킨 등의 음식은 그 지역들의 맛을 보여준다. 정말 배가 고프다면, 테프(teff, 에티오피아 고유의 고단백질 곡류) 누들, 머리가 달린 새우, 게와 삼겹살로 만든 양이 많은 라면인 루스터 누들을 먹어보라.

탭에서 따라주는 와인과 피쳐 칵테일을 제공한다. 무화과와 배 향의 버번, 캄파리, 스위트 베르무트로 만든 네그로니 같은 칵테일도 있다. 레드 루스터의 성공으로 새로운 레스토랑이 많이 오픈했고 이 지역은 새롭게 떠오르는 다이닝 구역이 되었다. **RG & MW**

"들뜬 할렘의 술집…. 활기차고 사람 구경하기에 좋은 곳."

Zagat

⬆ 프라이드 야드버드-레드 루스터의 프라이드 치킨.

일 부코 알리멘타리 데 비네리아Il Buco Alimentari e Vineria | 이스트빌리지에서 즐기는 로마의 맛

위치 뉴욕 **대표음식** 갈비|Short ribs | 💲💲

로마의 캄포 데 피오리(Campo de' Fiori) 인근에도 이 레스토랑처럼 앞은 그로서리 카페이고 아래층은 다이닝룸인 멋진 장소가 있다. 그러나 이곳에 가는 것은 비행기 값이 안 든다. 환상적인 빵, 염장한 고기, 모든 홈메이드 제품, 몇 개의 작은 테이블이 놓여 있는 푸드 숍을 통해 들어간 후 장작 오븐에서 풍기는 냄새는 당신을 소박한 다이닝 공간으로 이끌릴 것이다. 음식은 이탈리아에서 맛본 최고의 트라토리아 음식만큼 훌륭할 것이다.

저녁에는 불에 탈 정도로 구운 체리와 시칠리안 피스타치오 같은 의외의 것들이 곁들여지는 메추라기 구이, 페르시안 오이와 화이트 안초비가 곁들여지는 홈메이드 리코타 치즈, 레스토랑 고유의 살라미 보드와 같은 애피타이저가 있다.

메인 요리로는 나무 판자에 올리브, 셀러리, 호두, 생 호스래디시와 함께 나오는 서서히 오븐에 구운 갈비를 추천할 만하고, 복숭아, 바짝 구운 양파, 꽃줄기 피클을 곁들인 포르케타가 있다.

훌륭한 브레드바스킷과 함께 2가지 코스를 먹으면 배가 부르지만, 파스타를 건너뛰지는 마라. 보타르가(bottarga, 말린 참치 알)을 넣은 파스타와 아몬드, 안초비, 케이퍼, 토마토를 넣은 파스타, 직접 염장한 대구, 메이어 레몬, 회향을 넣은 파스타를 먹어보라.

아침형 인간을 위해, 부활절 파이(torta pasqualina, 케일, 달걀, 파르메산 치즈를 넣고 튀긴 파이), 루콜라, 살사 베르데와 천으로 감싸 숙성시킨 체더 치즈를 곁들인 포르케타와 달걀 요리가 있다.

점심에는 메이어 레몬, 고추, 얇은 플랫브레드를 곁들인 소금에 절인 대구 카르파초, 고르곤졸라와 새콤달콤한 양파를 곁들인 갈비 샌드위치, 꽈리고추와 판체타를 곁들인 구운 푸생(poussin)이 끌린다. **RG & MW**

⤴ 델리카트슨에서 맛보는 아주 맛있는 이탈리아 요리.

르 베르나르댕 Le Bernardin | 고급스런 분위기에서 맛보는 정교한 해산물 요리

위치 뉴욕 **대표음식** 푸아그라를 곁들인 황다랑어Yellowfin tuna with foie gras | ❸❸❸❸

1986년, 파리에서 온 남매가 개업한 이곳은 해산물 요리법에 대한 미국인들의 생각을 뒤집어 놓았다. 메뉴는 날것이나 약간의 열을 가해 살짝 덥힌 생선 퍼레이드로 이루어졌다. 전설적인 셰프 길버트 르 코즈(Gilbert Le Coze)는 1994년 세상을 떠났지만, 그의 여동생 마기(Maguy)가 유명한 해산물 셰프인 에릭 리퍼트(Eric Ripert)와 레스토랑을 이끌고 있다.

리퍼트의 음식은 기본적으로는 프랑스식이지만, 지리적으로 확장되어 동남아시아부터 안데스 지역까지 다양한 악센트가 녹아들어가 있으며 뉴욕 어디에서도 똑같은 것을 찾아볼 수 없다.

이곳은 격식을 갖춘 곳으로 새로 디자인하면서 전보다 더 고급스러워졌다. 이곳에서의 식사를 위해서는 지갑이 두툼해야 하고, 남자들은 재킷을 입어야 한다.

메뉴는 자주 바뀌지만 항상 자극적인 즐거움을 주는 음식으로 채워져 있다. '거의 날 것(Almost Raw)카테고리에서, 푸아그라가 곁들여 나오는 얇게 두드려 편 참치는 꼭 먹어보라.

돈을 더 내도 괜찮다면, 고추냉이-시트러스 무슬린을 얹은 얇게 썬 백합 조개와 캐비아를 주문하라. '살짝불만 댄(Barely Touched)' 목록에는 그린 올리브와 흑마늘 에멀전을 뿌린 금속판에 올려 구운 문어가 있다. '약간 익힌(Lightly Cooked)' 요리 중에는 부탄의 빨간 쌀, 그린 파파야, 생강-레드와인 소스를 곁들인 야생 줄농어 요리가 리퍼트의 세계적인 관심을 잘 보여준다. 탈 정도로 구운 그린 토마토와 바하 새우 소스(Baja shrimp sauce)를 곁들인 도미도 마찬가지다.

좀더 캐주얼한 경험을 원한다면, 라운지를 이용하라. 금빛의 오세트라 캐비아를 곁들인 훈제 연어 크로크무슈를 포함한 알라카르트 메뉴가 있다. 이곳은 미슐랭 스타 3개를 받았고 뉴욕타임스에서 5번이나 별 4개를 받았다. **RG & MW**

⬆ 르 베르나르댕은 세계 최고의 레스토랑 중의 하나다.

라 그레누이에 La Grenouille | 프렌치 요리의 우아한 요새

위치 뉴욕 **대표음식** 캐비아를 곁들인 케넬르 드 브로셰Quenelles de brochet with caviar | 💲💲💲💲

'르'나 '라'로 시작하는 이름의 격식을 갖춘 레스토랑은 거의 사라졌기 때문에, 마지막 남은 곳들은 계속 남아있어야 한다. 이것이 이스트 52번가에 50년 이상을 유지한, 클래식하고 우아한 프렌치 요리의 요새에 가봐야 하는 이유다.

꽃장식과 유명 디자이너의 옷을 갖춰입은 고객들이 조성하는 과거로 돌아간 듯한 시간과 훌륭한 음식이 존재한다. 이것은 에스코피에(Escoffier)가 만들던 음식이다. 스위트브레드, 개구리 다리, 코냑에 불을 붙여 요리한 콩팥, 테이블 옆에서 살을 발라주는 가자미, 리옹 지방의 케넬르 드 브로셰(강꽁치 살을 으깨 빚은 것에 조개물로 낸 소스를 뿌리고 캐비아를 얹어 낸다) 등. 레스토랑은

> "완벽하게 만들어진 요리는 예상을 넘어서면서, 산만하지 않은 걸작이다."
>
> The New York Times

모든 음식의 트렌드와 유명 셰프들의 제국이라는 문화에 신경쓰지 않았다. 총 책임을 맡고 있는 사람은 주인인 찰스 메이슨(Charles Masson)으로 캡틴, 웨이터, 보조가 있는 부대를 이끈다.

이곳은 화려한 꽃과 조명으로 유명하며 남자들은 재킷을 반드시 입어야 하고 스마트폰은 넣어둔다. 자리를 배정할 때에는 단골들을 더 배려한다. 재킷을 입지 않아도 되는 2층 바에서는 몇 가지의 애피타이저와 샴페인으로 구성된 훌륭한 알라카르트가 있다. **RG & MW**

킨즈 스테이크하우스 Keens Steakhouse | 최고인 올드 뉴욕

위치 뉴욕 **대표음식** 머튼 찹스Mutton chops | 💲💲💲

헤럴드 스퀘어 부근 '웨스트사이드의 30번가'로 불리는 맨해튼의 일부분에는 엠파이어 스테이트 빌딩, 플래그십 메이시스 백화점, 뉴욕에서 패션 하우스가 가장 많이 몰려있는 '가먼트 지구(the Garment District, 패션의 중심지)'가 있다. 이 지역은 미드타운의 다른 지역에 비해 오래된 느낌이 나는데, 1885년부터 꿋꿋이 버텨온 킨즈를 제외하고 극장이 몰려있던 20세기의 분위기가 풍긴다.

뉴욕에서 흡연이 외식의 요소이던 시절, 킨즈는 단골들이 자신이 피던 파이프를 맡겨두던 곳으로 유명하다. 특별히 훈련받은 소년들이 손님에게 파이프를 가져다 주고, 요금을 계산할 때 다시 가져다 두었다. 오늘날, 이곳에서는 남아있는 88,000여개의 파이프를 볼 수 있다.

여러 개의 나무 패널 룸이 있고, 비좁게 앉은 고객들로 가득 찬 식당이 많은 뉴욕에서 편안하게 넓은 공간을 가지고 있다.

킨즈 스테이크하우스(최근까지 킨즈 찹하우스로 불렸다)의 메뉴는 뚱뚱하고 쾌활하고 고기를 좋아하며, 에일과 위스키 같은 술을 잘 마시는 사람을 연상시킨다. 대통령, 운동선수, 가수, 배우, 모피 상인, 은행가, 심지어 멀리서 온 카우보이 같은 고객들이 좋아하는 곳이다. 이그제큐티브 셰프 빌 로저스(Bill Rodgers)는 과거의 명성에 안주하지 않고, 요리하기 전 단계의 재료 선택과 준비에 심혈을 기울인다.

다양한 부위의 최고급 소고기와 양갈비, 바닷가재, 굴, 연어와 가자미는 고정으로 등장하며, 능숙하게 조리된다. 키라임 파이, 크렘 브륄레, 다크 초코렛 무스와 디저트가 있다. 하지만 사람들이 멀리서부터 킨즈를 찾는 이유는 머튼 찹스를 먹기 위해서다. 누군가에게는 유행에 뒤쳐진 요리로 보이겠지만, 그것은 놀라울 정도로 맛있다. **FP**

그레이트 뉴욕 누들 타운 Great N.Y. Noodle Town | 차이나타운에서 맛보는 홍콩스타일 국수와 로스트 미트

위치 뉴욕 **대표음식** 로스트 포크 완탕 누들 수프 Roast pork wonton noodle soup | **$**

바야드 거리(Bayard St.)에서 그레이트 뉴욕 누들 타운쪽으로 가보라. 차이나타운에서 가장 매력적인 레스토랑의 디스플레이가 손짓할 것이다. 쇠갈고리에는 구리빛의 로스트 오리와 닭 한 무리, 차 시우(바비큐한 돼지고기)와 윤기나는 갈비, 통돼지가 반짝이며 매달려 있다.

큰 칼을 든 사람이 능숙하게 고기를 잘라 접시에 옮겨주면, 국수와 섞어 맛있게 만든다. 진한 국물과 얇은 달걀 누들이 들어있는 누들 수프는 가격대비 괜찮은 점심 식사이다.

국수와 새우가 통으로 들어있는 완탕 사이에서 고심할 필요가 없다. 저렴하기 때문에 모두 먹을 수 있기 때문이다. 넓적한 국수, 가는 국수, 밀 국수, 쌀국수가 쪄서, 볶아서, 튀겨서 나오며 고기, 생선, 채소와 합쳐 여러 가지 형태로 만들어진다. 고기는 흰밥에 얹어 먹을 수도 있다.

누들 타운은 광범위한 해산물 메뉴도 갖추고 있다. 새우, 오징어, 통생선, 가리비 소금 구이는 모두 맛있다. 채소 중에는 볶은 완두콩 싹(sautéed pea shoots, 완두콩의 줄기와 잎)과 초이 섬(choy sum, 중국식 꽃핀 양배추)를 강력히 추천한다.

늘 분주한 이곳에서는 꾸물거릴 틈이 없다. 피크타임에는 자리가 나기를 기다려야 하거나, 중국인 가족과 같은 테이블을 나눠 앉아야 한다. 추수감사절이나 크리스마스, 이른 시간에 국수가 땡긴다면, 연중 무휴로 새벽 4시까지 문을 여는 이곳을 찾으라. **EM**

"누들 타운은 가격에 걸맞게 능숙하게 준비된 광둥식 요리를 판다."

New York Magazine

⬆ 늦은 밤 시내에서 맛보는 피로회복제인 로스트 포크 완탕 누들 수프.

더 포 시즌스 레스토랑 The Four Seasons Restaurant | 환상적인 랜드마크에 자리 잡은 파워 다이닝의 요새

위치 뉴욕 **대표음식** 바삭한 2인용 팜하우스 오리 Crisp farmhouse duck for two | 🟢🟢🟢

"바위에 모인 바다사자처럼 타운의 힘있는
무리들이 등받이 소파에 모여 앉아 있다."

New York Magazine

전형적인 뉴욕 레스토랑으로 1959년에 문은 열었을 때
만큼이나 웅장하고 현대적이다. 필립 존슨과 윌리엄 팰
맨이 디자인한 높이 솟은 실내는 이 레스토랑이 위치한
시그램 빌딩과 마찬가지로 랜드마크다. 고객들은 산업계
의 거물, 지식인들, 부유층, 외교관들이 사용했던 브르노
(Brno) 의자에 앉는다.

그릴 룸(Grill Room)과 풀 룸(Pool Room), 2개의 구역이
있다. 점심은 활기찬 그릴 룸에서, 저녁은 볼거리가 많은
음식이 나오는 풀 룸에서 하라.

포 시즌스는 영향력 있는 레스토랑 사업가 조 바움
(Joe Baum)이 시작했고, 현재 알렉스(Alex von Bidder)와 줄
리안(Julian Niccolini)이 운영하고 있다. '로커보어리즘(lo-
cavorism)'이라는 개념을 이곳에서 처음으로 생각해냈다.
균학자가 버섯, 체리 토마토와 베이비 아보카도를 따라
다니고, 스노피(snow pea)가 다른 이국적인 재료들의 준비
과정과 함께 소개된다.

정교하게 계절에 맞춘 메뉴는 클래식하다. 완벽한 도
미, 바삭한 오리, 푸아그라와 들소 고기, 흠잡을 데 없는
가자미 등 완벽하게 조화를 이루는 음식과 곁들여진다.
바삭하게 튀긴 굴과 노란고추 소스, 환상적인 부라타, 수
박을 곁들인 하마치(Hamachi) 회 같은 애피타이저를 놓쳐
선 안된다.

규모가 엄청나지만 넓은 테이블 간격 덕분에 안락하
다. 밤에는 풀(pool)과 흔들리는 놋쇠 커튼에 반사되는 불
빛이 흉내내기 힘든 효과를 낸다. **RG & MW**

⬆ 치렁치렁한 놋쇠 '커튼'이 있는 바.

잇푸도Ippudo | 진짜 일본 라멘이 있는 재미있는 공간

위치 뉴욕 **대표음식** 아카마루 모던 라멘Akamaru modern ramen | **⑤**

지난 10년 동안 뉴욕에 라멘 식당이 줄지어 문을 열면서, 초라한 스티로폼 컵에 담겨있던 인스턴트 국수는 예술 장르로 떠올랐다. 잇푸도는 뉴욕에서 상위 4~5위 안에는 들어가는 라멘 식당인데, 가장 재미있는 곳이기도 하다.

잇푸도는 후쿠오카의 남쪽 섬에서 왔다. 후쿠오카 사람들은 늦은 밤에 수프나 국수를 파는 작은 가게나 카트에 줄을 서며, 간이 의자, 바위나 나무 그루터기에 앉아 국물을 들이킨다.

후쿠오카에서 출발한 일본 라면 체인인 잇푸도는 엄청난 양의 돼지 뼈를 우려내, 깊고, 기름기 많고, 진한 국물(돈코츠)을 만들며—이 국물은 고소하며 기름이 둥둥 떠 있다—기름기 많은 돼지고기와 채 썬 양배추를 이용한다.

실내는 다소 크고, 에너지 넘치며 활기로 북적인다. 대표적인 요리는 '아카마루 모던'으로 기본 국물에 실파, 간장, 삼겹살, 향긋한 마늘 기름, 감칠맛을 돋우기 위해 약간의 미소 된장으로 활기를 불어 넣는다.

얇은 국수는 알덴테로 익혀 적당한 탄성을 가진다. 이 최상의 국물과 국수에 브레이징한 삼겹살을 더 넣거나 짭짤하게 삶거나 반숙한 달걀을 얹을 수 있다.

잇푸도에는 다른 먹거리도 있다. 포크 번이나 황다랑어 회(저녁에만 판매한다.)이다. 맨해튼에는 2개의 지점이 있는데, 이스트빌리지에 있는 지점이 더 훌륭하다. 예약은 받지 않으며, 피크 타임에는 40분씩 줄을 서있다. 둘이서 가면 공용 테이블에 앉게 될 것이며, 옆 사람이 들리게 소리를 내며 먹어도 괜찮다. **RG & MW**

오르소Orso | 사르디니아 섬 요리가 전문인 셀러브리티들의 안식처

위치 뉴욕 **대표음식** 브레이징한 회향을 곁들인 그릴드 참치Grilled tuna with braised fennel | **⑤⑤**

오르소는 주인이 같은 레스토랑인 '조 앨런'처럼 쇼비즈니스쪽 사람들이 주로 온다. 테이블이 많지 않은 이곳은 캐주얼한 이탈리아 요리를 맛보려는 셀러브리티들의 요새와도 같은 곳이다.

음식들은 이탈리아의 여러 지역에서 왔지만, 특히 사르데냐 섬의 소박하지만 정제된 요리들이 유명하다. 피자는 카르타 다 무시카(carta da musica, 사르데냐인들이 악보종이에 비유하던 얇고 바삭한 빵)로 만든다. 토핑으로는 회향과 보타르가(bottarga, 염장해서 건조시킨 생선 알)을 쓸 수 있다. 보타르가는 사르데냐의 또다른 특산물로, 참치나 숭어 알을 말린 것이다. 말로레두스(Malloreddus, 작은 쫄깃한 뇨키)는 3가지 종류의 야생 버섯과 페코리노 치즈를 넣은 소스와 함께 나온다.

메인 코스는 소고기, 송아지 고기, 닭, 오리와 돼지로

> "무대화장을 지운 연극 배우들이 찾아오는 늦은 밤 시간이 특히 즐겁다."
> The New York Times

주로 만든다. 소시지, 브로콜리 라베, 잣, 옥수수와 파로(faro)로 속을 채워 마살라 소스로 마무리한 메추라기가 특히 맛있다. 훨씬 가벼운 요리에 톤노(tonno)가 있다. 그릴에 구운 황다랑어 조각에 브레이징한 회향, 쿠스쿠스, 토마토와 레몬이 곁들여 나온다.

채식주의자들도 오르소에서 식사를 즐긴다. 그들은 채소와 치즈 토핑을 얹은 피자를 먹거나, 잎채소와 감자로 만든 콘토르니(contorni, 메인 요리에 곁들여지는 채소 요리) 시리즈로 구성된 메인 요리를 먹으면 된다. 카넬리니도 필수이며, 토스카나에서 온 볶은 흰콩은 로즈메리와 올리브 오일을 섞고 신선하게 간 후추를 뿌려주면 더욱 맛있다. **FP**

노부Nobu | 세계를 뒤덮은 퓨전 제국의 전형

위치 뉴욕 **대표음식** 미소에 재운 은대구Black cod with miso | ❺❺❺

"감동스런 창작물로 이어지는 코스는 순수하고 깨끗한 맛을 보여준다."

Gayot

로스앤젤레스의 스트립 몰에서 일하던 노부 마츠히사(Nobu Matsuhisa)는 미국에서 날 생선을 판매하는 방법에 혁신을 일으켰다. 1994년, 배우 로버트 드 니로와 레스토랑 경영자 드류 디포렌트가 트라이베카 지역의 허드슨과 프랭클린 거리가 만나는 모퉁이로 노부를 데려왔다. 그리고 세비치(ceviche)가 생선회를 만나고 생선회가 크루도(crudo)를 만났다.

노부는 날 생선을 다루는 페루의 기술을 도입했는데, 리마(Lima)에서 일할 때 배운 것이다. 리마의 세비체리아(cebicheria)에서는 감귤류의 새콤함과 고추의 매콤함, 고수와 다른 허브에서 오는 향긋함이 뒤섞인 소스와 함께 익히지 않은 생선과 게를 놀랄만큼 다양하게 파는 것을 볼 수 있다.

데이비드 록웰이 디자인한 내부는 편안한 분위기, 추상적인 나무 장식, 훌륭한 조명을 갖추고 있다. 신비로운 다이닝룸은 거의 4차원적인 느낌이 난다. 웨스트 57번가 지점을 포함하여 연달아 문을 연 노부 레스토랑들은 서커스차원으로 발전했다.

이상하게 들리는 이름의 요리들로 당황했는가? 그렇다면 도움을 청하라. 만약 메뉴의 차가운 음식 중에 티라디토(tiradito)가 있다면, 익히지 않은 생선에 소스를 뿌린 화려한 페루식 요리니 먹어보라. 음식을 내기 직전에 뜨거운 올리브 오일을 뿌린 '새로운 스타일의 회(new style sashimi)'도 주문하라. 레스토랑의 대표 메뉴인 미소에 재운 은대구는 달짝지근하고 짭짤하며 기름진 음식이다. 성게 템푸라, 가늘게 썬 오징어로 만든 '파스타', 감칠맛 나는 농어도 역시 먹어볼 만하다.

연출된 디자인, 활기넘치는 이름, 다민족의 해산물 조리법을 가진 노부는 오직 생선에만 주안점을 둔 최고의 스시 바들이 제공하는 성스러운 경험과는 대조를 이룬다. 당신은 이곳에서 그 이상의 재미를 맛볼 것이다. **RG & MW**

⬆ 매력 넘치는 고품격의 다이닝 경험.

➡ 미소가 함께 나오는 달콤짭짤한 은대구.

조 앨런 Joe Allen | 뉴욕 클래식에서 브로드웨이 베이비를 만나다

위치 뉴욕 **대표음식** 라스칼라 샐러드La Scala salad | **⑤**

마음 속의 달력을 뒤집어 청년들과 젊은 여자들이 레스토랑 거리(Restaurant Row)로 알려진 웨스트 46번가에, 맨해튼 칵테일을 마시고 뉴욕 스트립 스테이크를 먹기 위해 들르던 1950년대로 돌아간 자신을 그려보라. 또는 1980년대로 가서, 두 블록 떨어진 브로드웨이의 코러스 라인을 상상해보라. 오늘날 이 모든 것을 경험하고 싶다면 조 앨런으로 가라.

1965년 이래 조 앨런은 뉴욕의 고전이었다. 음식은 엄마가 만든 것 같은 맛이 난다. 애피타이저로 블랙빈 수프나 새우 칵테일, 다음에는 매시드 포테이토를 곁들인 미트로프, 송아지 간과 양파, 또는 훈제 연어와 스크램블드 에그를 가져다 준다.

레스토랑 거리에 프렌치 가정식을 제공하는 몇 개의

> "시간을 초월한 이 음식점은 아직도
> 무대뒤 백일몽같이 쇼비즈니스계 사람들을
> 끌어들이는 자석이다."
>
> Zagat

비스트로가 있을 때부터 팔던 오래된 음식인 에스카르고, 카술레, 스테이크 타르타르도 보일 것이다. 라스칼라 샐러드는 이탈리아 스타일의 음식이 이국적이었던 시절부터 있던 메뉴다. 정육면체로 썬 살라미, 프로볼론 치즈, 양상추, 병아리콩과 빨간 피망을 큰 볼에 담은 이 샐러드가 가장 인기 있다. 디저트로는 베리 코블러, 바나나 크림 파이, 또는 수박 아이스가 있을 것이다.

브로드웨이 쇼 스타들의 포스터 액자로 덮인 긴 벽돌벽을 보라. 이 벽은 '실패의 벽(Bomb Wall)'이라고 부른다. 이 경고는 극장에서 일하는 사람들에게 쇼비즈니스에서는 보장되는 것이 거의 없으며, 그래서 조 앨런의 컴포트 푸드가 그렇게 맛있게 느껴진다는 사실을 상기시킨다. **FP**

WD 50 | 로어이스트사이드에서 예술이 과학을 만나다

위치 뉴욕 **대표음식** 안초비와 빻은 코코아 열매를 곁들인 푸아그라Foie gras with anchovies and cocoa nibs | **⑤⑤⑤⑤**

원심분리기, 소다수 제조기, 진공장치의 마법사로 알려진 셰프 와일리 뒤프렌(Wylie Dufresne)은 뉴욕에 '분자요리학'을 도입한 것으로 유명하다. 하지만 당신은 다른 목적—당신의 입맛을 자극하고, 눈을 속이고, 기대를 꺾기 위해—으로 이곳을 찾는다.

뒤프렌의 아방가르드한 요리를 묘사하는 수많은 말이 있지만 앞에서 이야기한 것 이상은 없다. 규칙을 따르지 않는 각 요리는 대략 두 입 크기로, 언뜻 보기에 서로 모순되는 재료들의 맛을 겨우 감지할 정도의 양이다.

양귀비씨를 박고 캐비아를 얹은 아주 작은 양의 샤프란-코코넛 아이스크림을 생각해보라. 샤프란 향이 나는 아이스크림은 캐비아와 조화를 이룬다는 사실을 인정할 수밖에 없게 만든다.

현미경을 이용한 수술을 거친 가리비는 믿을 수 없을 정도로 진한 당근즙으로 채워진 깔끔한 네모 모양의 당근 라비올리가 곁들여진다. 그래놀라는 마라케시 시장의 향기를 떠올리게 한다. 푸아그라-안초비-타라곤-코코아 닙(cocoa nib) 요리는 육지와 바다를 통합하는 전혀 다른 재료들의 놀라운 조합이다.

가장 혁신적인 작품인 13가지 코스의 디너와 오래된 인기 메뉴인 7가지 코스의 디너가 있다. 레스토랑은 보통 신비한 맛을 해부하는 재미를 즐기는 30대 고객으로 가득하다. 바에서 프리픽스로 2가지 코스를 주문해 자신만의 미니 향연을 구성할 수 있다.

칵테일을 만드는 사람은 당신의 음식에 어울리는 복잡한 칵테일을 섞어서 만들 것이다. 진, 로제 베르무트, 레몬, 바이올렛 오일을 혼합한 핑크 문(Pink Moon)은 가장 흥미롭고 전형적이지 않은 마티니다. **RG & MW**

태노린 Tanoreen | 브루클린에서 맛보는 색채와 맛이 결합된 중동 홈쿠킹

위치 뉴욕 **대표음식** 가지 나폴레옹 Eggplant Napoleon | $$

이민자들의 도시, 뉴욕의 중동인 거주지역에는 좋은 레스토랑들이 있지만 태노린은 전혀 다르다. 갈릴리에서 자란 오너 셰프 라위아 비샤라(Rawia Bishara)는 자신의 어머니가 전통적인 팔레스타인 요리와 지중해 요리를 혼합하는 것을 보고 영감받았다. 1998년 그녀는 베이 리지(Bay Ridge)에 10석 규모의 간이식당을 열었다.

베이 리지의 중동인 뿌리가 퍼져나가면서, 태노린도 탁월한 서비스와 많은 레바논 와인이 포함된 제대로 된 와인 리스트를 갖춘 우아한 레스토랑으로 진화했다.

당신은 후무스, 타불레, 파투시(fattoush, 페타 빵을 찢어 넣은 샐러드), 무하다라(mujadara, 쌀, 렌즈 콩, 꼬불꼬불한 양파를 섞은 요리), 무함마라(muhammara, 빨간 피망과 호두를 씹히는 크기로 잘라 넣은 스프레드)와 같은 애피타이저로 한끼 식사를 쉽게 해결할 수 있다.

특히 기억에 남는 음식에는 레몬 타히니(tahini)와 석류 농축액을 뿌린 로스티드 콜리플라워와 석류-타히니 요거트와 빵가루를 넣은 튀긴 방울다다기양배추가 있다. 가지 나폴레옹은 동그랗게 썰어 바삭하게 튀긴 가지와 훈제향의 바바가누쉬(babaghanoush)를 교대로 쌓은 천재적인 요리다.

가장 인기 있는 메인 요리는 램 페티(lamb fetti)로 잘게 조각낸 고기, 토스트한 피타, 잘게 자른 가는 국수와 같이 끓인 밥, 요거트-타히니 소스, 잘게 쪼갠 아몬드를 섞은 것이다. 만약 오늘의 스페셜 메뉴에 램 페티가 없다면, 치킨 페티도 먹을 만하다.

디저트는 15분 기다릴 만한 가치가 있는 크나페(knafeh)로 주문이 들어오면 굽기 시작하는데, 녹은 단맛의 치즈를 감싼 잘게 자른 필로(filo) 반죽을 쌓은 것으로 오렌지 블로섬 시럽과 피스타치오를 위에 뿌린다. **EM**

"피클이 제일 먼저 나와서 입맛을 벌떡 깨워준다. 깨어난 미각은 연달아 들어오는 애피타이저들이 맞아준다."
The New York Times

⬆ 레몬 타히니와 달콤한 석류 농축액을 뿌린 캐러멜라이즈한 콜리플라워.

돈 안토니오 비 스타리타Don Antonio by Starita | 튀긴 피자 —나폴리 사람들의 통찰력

위치 뉴욕 대표음식 토마토 소스와 훈제 모차렐라를 얹은 튀긴 피자 Fried pizza topped with tomato sauce and smoked mozzarella | **$$**

1950년대 비토리오 데 시카(Vittorio De Sica)의 영화, 〈나폴리의 황금〉에서 젊은 소피아 로렌이 부정을 저지른 남편에게 줄 피자 반죽을 육감적으로 납작하게 펴서 뜨거운 기름이 있는 통에 빠뜨린다.

영화의 배경은 나폴리의 피체리아 스타리타 아 마테르데이(Pizzeria Starita a Materdei)로 1910년부터 특별한 피자를 만들어왔다. 그리고 2000년대 초반, 이 가게의 3대 피자장인인 안토니오 스타리타(Antonio Starita)가 기발한 3번째 단계를 고안해냈다. 반죽을 튀겨서 장식한 다음, 오븐에 잠깐 집어넣어 토핑을 따뜻하게 하고 치즈를 녹였다.

스타리타와 그의 문하생인 로베르토 카포루시오(Roberto Caporuscio)는 이 전설적인 장소의 변형을 뉴욕 웨스트 50번가에 열었다. 그곳에서 진짜 나폴리 피자는 기름에 튀겨진 후 장작 오븐으로 들어간다.

스페셜 메뉴는 '몬타나라 스타리타(Montanara Starita)'로, 진한 토마토 소스와 수입산 훈제 모차렐라를 얹어서 튀긴 피자다. 가벼운 크러스트의 비법은 야자유로, 높은 온도에서도 잘 견딜 수 있다. 야자유는 섬세한 바삭함을 더해주며, 그로 인해 반죽이 부풀어 오른다.

이 외에도 손가락 만한 크기로 부풀어 오른 튀긴 반죽을 재워놓은 방울토마토, 마늘, 오레가노와 루콜라와 섞은 안졸레티(angioletti), 홈메이드 부라타와 멋진 샐러드가 있다. 피자는 레몬조각, 훈제 버팔로 모차렐라와 신선한 바질잎으로 만든 피자 소렌티나(Pizza Sorrentina)를 포함해 50여 가지로 변형이 가능하다. 디저트로는 리코타 치즈, 꿀과 아몬드를 얹은 피자를 먹어보라.

이곳은 예약을 받지 않으며, 일찍부터 사람들이 몰리기 때문에 종종 길가에서 기다린다. **RG & MW**

⬆ 맨해튼 미드타운에서 만나는 진짜 나폴리 피자.

퍼 세 Per Se | 섬세하게 조율한 멀티 코스 다이닝

위치 뉴욕　**대표음식** 오이스터스 앤 펄스 "Oysters and pearls" | 🦪🦪🦪🦪🦪

거울 같은 광택이 나는 쇼핑몰에 뉴욕 최고의 레스토랑이? 슈퍼스타 토마스 켈러가 미국 최고의 레스토랑인 프렌치 론드리를 캘리포니아의 나파 밸리에서 뉴욕의 타임 워너 센터로 옮겨놓았을 때, 뉴욕의 음식 전문가들은 기뻐 날뛰었다. 주위 환경은 전혀 딴판이지만, 음식에 대한 마음은 똑같다.

수수께끼 같은 파란 문을 통해 들어서면, 고급스러운 실내장식, 센트럴 파크의 화려한 전경, 훌륭한 서비스와 특별한 음식이 기다리고 있다. 아담 티하니가 디자인한 이 보석상자에서의 식사는 4시간이 넘게 걸릴 수 있다. 2가지의 아주 비싼 테이스팅 메뉴(하나는 채식)가 있고, 와인까지 합치면 더 비싸진다.

메뉴에 있는 '텅 인 칙(tongue-in-cheek, 반 농담조라는 의미)'이란 인용은 모든 음식이 항상 보이는 것 같은 맛은 아니라는 것을 암시한다. 카나페의 유혹적인 전희 뒤에는 켈러의 대표 요리인 '오이스터스 앤 펄스(굴과 하얀 철갑상어 캐비아를 곁들인 부드럽고 짭짤한 사베이옹 펄 타피오카)'

로 식사가 시작한다. 프렌치-아메리칸 한입거리 음식으로 이루어진 극적인 식사에는 모두가 흉내내는 버터 포치드 바닷가재와 손으로 자른 리가토니와 말린 방울토마토, 또는 가니튀르 알 라 블랑케트 드 생자크(garniture à la blanquette de Saint-Jacques)를 곁들인 버터로 포칭한 가리비가 포함될 것이다. 운이 좋다면, 칼로트 드 뵈프(Calotte De Boeuf)가 서빙될 것이다. 이것은 립아이(ribeye)를 둘러싼 맛있는 부위로 부처(butcher)들이 자신을 위해 교묘하게 잘라둔다; 이것도 '흥미로운' 요리가 곁들여 나올 것이다. 블랙 윈터 트러플 글레이즈와 데미섹 미션 피그(demi-sec mission fig)는 곁들임으로 먹을 만하다. 디저트가 가져다 줄 감동의 물결과 미냐디스(mignardise, 일명 프티푸르)와 비용이 아깝지 않은 주방을 볼 수 있는 투어도 기대하라.

예약은 어렵지만, 우아한 전실에서 칵테일과 함께 위의 음식들 중 일부를 하나씩 맛볼 수는 있다. **RG & MW**

⬆ 켈러가 만든 프렌치 론드리의 도시적 해석.

유니온 스퀘어 카페Union Square Cafe | 음식과 손님이 최우선인 곳

위치 뉴욕 **대표음식** 황다랑어 버거Yellowfin tuna burger | $\textcircled{\scriptsize\$}\textcircled{\scriptsize\$}$

유니온 스퀘어 카페는 뉴요커들이 가장 좋아하는 레스토랑이다. 1985년에 문을 연 이 카페는 주변 상권을 되살리는데 일조하였다. 시작은 혁명적이었고, 현재는 유서 깊은 장소가 되었다.

레스토랑 경영자인 대니 마이어(Danny Meyer)가 근방의 유니온 스퀘어 그린마켓에서 공급받은 재료를 사용하는 트라토리아로 처음 만들었다. 이곳의 메뉴는 어떻게 하면 소박한 재료들이 빛을 발하게 될지 이해하고 있는 셰프 마이클 로마노(Michael Romano)의 DNA를 가지고 있다.

로마노는 파스타를 중심으로 만들어 졌다. 이것은 이 지역 최고의 음식들 중 하나이며 어떤 이탈리안 레스토랑의 파스타보다 훌륭하다. 리코타 뇨키는 입안에서 살살 녹는다. 제철인 트러플과 함께 나오는 탈리아리니(tag-

---

> "매력적인 직원이 서빙하는 그린마켓의 신선한 뉴 아메리칸 푸드."
>
> Zagat

---

liarini)는 매우 부드럽다. 토르텔리(tortelli)는 버터넛 스퀴시 혹은 치즈를 안에 넣고 겉을 접어서 만든 것이다. 메인 코스는 세심한 주의를 기울여 공급받은 육지와 바다로부터 온 재료들을 사용하며, 당일 아침에 마켓에서 구입한 향이 강하고 아삭한 채소와 함께 제공된다. 이곳의 대표 메뉴인 생강–머스터드를 바른 황다랑어 버거는 도쿄에서 런던까지 통하는 요리의 수사(修辭)로 바로 이곳에서 태어났다.

잔으로 주문할 수 있는, 레드 와인과 화이트 와인과 저렴한 병 와인, 그리고 1945년까지 올라가며 거의 10,000불에 팔리는 클래식 보르도 와인에 이르는 와인 리스트는 경이로운 수준이다. 와인 애호가라면 돈이 많든 적든 만족할 수 있는 와인을 찾을 수 있을 것이다. **FP**

정식Jungsik | 젠(zen) 분위기의 고급 한식

위치 뉴욕 **대표음식** 바삭한 빨간통돔Crispy red snapper | $\textcircled{\scriptsize\$}\textcircled{\scriptsize\$}\textcircled{\scriptsize\$}$

당신이 한국 음식에 대해 갖고 있는 개념이 짜고 마늘 냄새 나는 발효음식이나 매운 냄비 요리, 또는 석쇠에 구운 고기 요리라면 이곳에서 그 편견을 버릴 수 있을 것이다. 정식당의 한국 요리는 프랑스식 기법으로 정제되고, 우아하게 소개되고 있다. 이곳은 2개의 미슐랭 스타를 받았으며 야심찬 와인 리스트를 가지고 있다. 정식당은 서울의 현대식 레스토랑에서 갈라져 나온 곳으로, 이곳의 주인은 불레이(Bouley)와 아쿠아비트(Aquavit)을 졸업한 사람이다.

가혹한 가격때문에 비난 받은 이후, 현재는 코스 메뉴와 알라카르트를 제공한다. 알라카르트는 풍미 있는 요리를 2가지 사이즈로 제공한다.

이 고급 음식들은 상당히 지적이며 업타운의 코리안 바비큐 식당들보다 더 섬세하다. 평범한 토마토와 모차렐라 치즈가 푸른색 채소, 토마토, 그리고 시선을 사로잡는 루콜라 셔벗 샐러드인 '비빔'으로 변형된다. 푹 삶아 석쇠에 구운 문어는 기분 좋게 톡 쏘는 맛을 내며, 강한 맛을 완화시켜 주는 아이올리 소스와 섞은 복잡하고 매콤한 쌈장과 함께 나온다.

바삭하게 튀긴 퀴노아, 김을 넣은 밥(seaweed rice), 김치로 악센트를 준 성게 요리는 식감, 풍미, 아로마를 즐기게 해 준다. 단조로운 음식인 넙치는 김가루와 알맞게 양념한 멸치 육수를 사용한 생동감 넘치는 요리이다.

비늘이 위쪽을 향해 서 있는 불에 바싹 그슬린 도미 요리는 비늘이 입안에서 부스러질 정도로 바삭하게 씹힌다. 이것은 훌륭한 그린 할라피뇨–실란트로 소스에 담겨 나온다. 작은 튀긴 떡과 약간의 김치와 곁들여지는 '갈비'를 놓치지 말라. 삼겹살에 열광한다면 매콤하고 깊은 풍미의 육수를 이용한 메뉴인 '해장'을 시도해 봐야 한다. 칵테일은 독창적이고 가격이 비싸며, 디저트는 제한적이지만 아주 예쁘다. **RG & MW**

더 리버 카페 The River Café | 잘 어울리는 요리와 와인이 있는 로맨틱한 레스토랑

위치 뉴욕 **대표음식** 푸아그라를 곁들인 황다랑어 Yellowfin tuna with foie gras | ❹❹❹❹

1977년, 뉴욕의 가장 까다로운 레스토랑 경영자들 중 한 사람인 마이클 오키프(Michael O'Keefe)는 브루클린의 황폐한 지역에 다 허물어져가는 부두를 재건하고 세계 최고 수준의 레스토랑을 오픈했다. 놀라울 정도로 심플한 이 바지선이 문을 연 그 순간부터, 이곳은 세계에서 가장 로맨틱한 레스토랑 중 하나로 주목을 받았다. 브루클린 다리 아래에 자리를 잡은 리버 카페는 눈부시게 아름다운 맨해튼의 스카이라인을 바라보고 있다.

리버 카페는 '뉴 아메리칸 퀴진'으로 알려진 새로운 움직임의 도약이 되었다. 이 움직임의 기반은 위대한 유럽 셰프들의 가르침이며, 특히 재료의 질과 산지에 역점을 두고 있다. 래리 포르지오니(Larry Forgione), 데이비드 버크(David Burke), 그리고 찰리 파머(Charlie Palmer)를 포함하여, 미국 최고의 셰프 중 일부는 이곳에서 자신들의 독자성을 창조하였다. 그리고 지난 35년간 조이 델리시오(Joey DeLissio)의 감독을 받는 미국에서 가장 뛰어난 와인 프로그램을 도입한 이는 바로 오키프였다.

모든 것은 2012년 허리케인 샌디가 극심한 피해를 입히면서 중단되었다. 그러나 14개월 후에 리버 카페는 넋을 잃을 듯한 전망과 이그제큐티브 셰프 브래드 스틸만(Brad Steelman)의 요리를 갖고 다시 문을 열었다. 그의 모더니스트적인 요리에는 시트러스, 콩, 아시아 배, 그리고 코리앤더 얼음을 곁들인 가리비, 블랙 트러플 비네그레트와 함께 서빙되는 푸아그라를 속에 채운 황다랑어가 있다. 해산물 요리가 두드러지지만, 양갈비, 오리, 숙성된 스트립 스테이크 또한 인상적이며, 마지막 디저트로 '블랙 앤 화이트' 아이스크림 소다와 함께 서빙되는 초콜릿 마르키즈 브루클린 브리지(the chocolate marquise Brooklyn Bridge) 역시 인상적이다. 이곳은 인생의 좋은 일들을 축하하기에 좋은 장소다. **RG & MW**

"라운지 같은 편안한 조명과 물에 떠 있는 바지선에서의 식사는 마치 우디 앨런의 영화 속에 들어와 있는 듯하다."

New York Magazine

⬆ 더 리버 카페는 브루클린 다리 아래에 있다.

그랜드 센트럴 오이스터 바^{Grand Central Oyster Bar} | 철도역 안에 위치한 해산물 레스토랑

위치 뉴욕　**대표음식** 오이스터 팬 로스트Oyster pan roast | 🅢🅢

이곳에 온 것은 역사 속으로 발을 들여 놓은 것과 같다. 레스토랑은 2013년 100번째 생일을 맞은 그랜드 센트럴역의 1층에 자리잡고 있다. 역과 마찬가지로 오래된 레스토랑의 구조물은 이곳을 방문하는 주된 이유이기도 하다. 스페인의 장인인 '과스타비노(Guastavino)'가 둥근 아치 형태 지붕을 고안했다. 이 지붕 아래의 오이스터 바는 뉴욕에서 가장 큰 해산물 레스토랑으로 약 440개의 좌석을 가지고 있다.

오이스터 바의 조개 카운터에 앉으면 둥근 그릇 모양의 오래된 찜솥이 보인다. 스팀을 이용하는 강철 찜솥은 자극적인 조개 혼합물(조개, 새우, 바닷가재, 가리비, 굴, 또는 이들의 조합), 크림, 조개 육수, 약간의 칠리 소스가 들어간 '팬 로스트(pan roast)'를 만들어 낸다. 이것은 한 번에 하나씩 만들어지며 토스트에 얹어 나온다.

데일리 메뉴는 신선한 생선들의 백과사전 같다. 데일리 스페셜은 필요 이상의 모양을 내는 경향이 있으므로, 생선을 골라 가능한 심플하게 요리해 달라고 하는 것이 좋다. 야생 줄농어와 은대구가 추천할 만하다.

하나 단위로 가격이 책정되어 있는, 메뉴에 적힌 25개의 다양한 굴(원산지는 조개 카운터 위에 적혀 있다.)을 시식하는 것은 오후를 즐겁게 보내는 방법이 될 것이다.

전 세계에서 온 약 300가지 종류의 레드 와인과 화이트 와인이 있으며, 대부분 잔으로 주문할 수 있다. 혹은 블러디 메리 칵테일(Bloody Mary oyster shooter)을 주문해 보라.

해산물에 관한 한 이곳은 르 베르나르댕(Le Bernardin)과는 정반대로, 급식 장소 같은 느낌이다. 메인 코스는 적절한 가격대이며 분위기는 즐길 만하고 저녁보다 점심에 더 활력이 넘친다. **RG & MW**

⬆ 아름다운 빈티지 세팅이 매력적이다.

피터 루거 Peter Luger | 뉴욕 스테이크하우스의 대가

위치 뉴욕　**대표음식** 2인용 포터하우스 스테이크 Porterhouse steak for two | ⑤⑤⑤

125년이 넘도록 피에 굶주린 육식 동물들은 피터 루거의 매혹적인 스테이크를 위해 먼 거리를 찾아 왔다. 어떤 이들은 이곳의 맥주 홀 분위기와 거친 태도가 질리지 않는 듯 하고, 어떤 이들은 최상등급인 고기의 혈통과 완벽한 숙성상태를 깊이 신뢰한다. 그러나, 이곳에 오는 이유는 뉴욕의 모든 스테이크하우스의 원조급이라는 점과 이곳에 와 봤다고 말할 수 있다는 순수한 즐거움 때문일 것이다.

　1887년에 세워진 이 건물은 트렌디한 윌리엄스버그의 조용하고 후미진 곳에 위치하고 있다. 메뉴는 제한적이라서, 만약 메뉴판을 달라고 하면 촌놈이라고 생각할 수 있다. 대부분의 사람들은 2인용, 또는 2인용 이상의 스테이크를 주문한다. 스테이크는 잘라져서 나오는데, 외견상으로는 장미빛의 안쪽 면을 보여주고 나눠 먹기에 수월하도록 한 것이지만, 실상은 이전까지 뛰어난 마블링이 내던 풍부한 맛을 위해 많은 양의 버터가 고기의 잘라진 틈으로 녹아 들어가고 있는 것이다.

만일 개별적인 식사를 원한다면 석쇠에 구운 생선(보통은 연어)을 기본으로 1인용 스테이크를 주문하면 된다. 튀긴 감자와 크림 시금치 같은 사이드 요리는 쾌락적이며, 꼭 함께 주문해야 한다. 모든 이들은 토마토 어니언 샐러드를 주문한다. 점심의 햄버거는 진정한 성공작으로, 일부 스테이크에서 잘라낸 부분으로 만들어진다. 디저트는 모두 미트 슐라그(mit schlag)로 나오는데, 잔뜩 부풀어 있는 생크림과 함께 나온다는 뜻이다.

　이 레스토랑은 1950년 유대인 사업가인 솔 포어맨(Sol Forman)이 노래를 위해 경매에서 매입한 것이다. 오늘날, 이 레스토랑은 그의 세 딸과 손녀딸이 소유하고 있으며, 손녀딸이 고기 구매를 맡고 있다. 이 스테이크하우스는 비싸기 때문에 주의가 필요하다. 계산은 현금으로만 해야 하며, 신용카드는 받지 않는다. **RG & MW**

⬆ 브루클린에 위치한 피터 루거 내부의 드릭스 다이닝룸.

피제이 클라크스 P.J. Clarke's | 프랭크 시나트라와 재키 케네디가 자주 찾았던 곳

위치 뉴욕 **대표음식** 치즈버거Cheeseburger | 💲

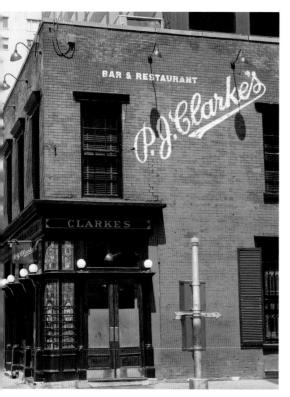

"보딩턴스 맥주와 베이컨 치즈버거가
함께 하는 클래식한 뉴욕 경험."
New York Magazine

⬆ 피제이 클라크스의 독특한 붉은 벽돌 건물.

"(새벽) 3시 15분 전인데 이곳에는 사람들이 있어요." 이 말은 프랭크 시나트라가 불러서 유명해진 클래식한 노래를 떠올리게 해줄지 모른다. 피제이 클라크스는 조니 머서(Johnny Mercer)가 1941년 이 곡을 만든 술집이고, 올 블루 아이즈(Ol' Blue Eyes)에 대해 한밤 중에 장황하게 떠들던 장소였다.

1868년에 세워진 붉은 벽돌 건물에서 1884년부터 영업해 온 가게가 옛모습이 거의 남아있지 않은 맨해튼에 존재한다는 것만으로도 기적 같은 일이다. 이곳에서는 낡고 망가진 금전 등록기와 벽에 걸려 있는 가수, 쇼걸, 권투선수들의 빛바랜 사진들을 볼 수 있다. 웨이터들은 100년 전과 똑같은 하얀 앞치마를 두르고 있다.

피제이 클라크스를 방문하는 것은 그리운 추억을 되짚어 보는 일이 아니라, 어떤 뉴요커들에게는 새로운 전통과의 연결과도 같은 것이다. 이곳의 단골들은 이 안에 있는 귀신들과 자신들이 연결된다는 거들먹거림을 갖고 있다. 새벽 2시엔 20번 테이블에 앉아 있는 프랭크 시나트라, 새벽녘 트럼펫 연습을 하는 루이 암스트롱, 오후 2시에 치즈버거를 먹는 재키 케네디와 그녀의 아이들 말이다. 손으로 모양을 빚어서 버터에 구운 패티에 아메리칸 치즈를 얹고, 요청이 있다면 살짝 볶은 양파를 듬뿍 올려 즐기던 바로 그 치즈버거가, 전 세대 손님들과의 연결점이 되어 준다.

버거 말고도 훌륭한 음식들이 많이 있으며, 전혀 다른 종류의 데일리 스페셜이 나왔다가 없어지곤 한다. 뉴 잉글랜드 클램 차우더, 스테이크, 갈비살, 해산물 모둠, 그리고 완벽한 시금치 요리는 모두 좋은 선택이다. 언제든 준비된 맥주와 에일(ale)은 프론트 룸에서는 유쾌한 농담을, 뒤편에서는 조용한 감상을 불러 일으킨다. 당신의 눈동자에 건배를. **FP**

샵신즈Shopsins | 로우어 맨해튼의 다이너에서 즐기는 최고의 브랙퍼스트

위치 뉴욕 **대표음식** 스터핑을 넣은 맥앤치즈 팬케이크Mac-and-cheese pancakes with stuffing | **⑤**

샵신스는 훌륭한 아침식사와 샌드위치를 제공하는 별난 레스토랑이다. 예약을 받지 않는 레스토랑이다. 약 14석의 자리가 마련되어 있으며 4명이 넘는 일행은 받지 않는다. 핸드폰과 카메라는 꺼내지 말아야 하고 질문도 안 된다. 메뉴에 적혀 있는 음식은 마치 1,000개는 되는 느낌인데 케이크는 말할 것도 없고, 51 종류의 수프와, 12 종류의 텍사스와 멕시코적 요소가 혼합된 브랙퍼스트, 50 종류의 특제 샌드위치가 있다. 무엇을 주문해야 할지 결정하는 것만큼 큰 벽장 크기만한 키친에서 서빙할 음식을 만드는 것도 대단한 도전이다.

이곳의 음식은 배가 터질 만큼 양이 많고, 탄수화물 함량도 높다. 대부분의 사람들은 달걀과 베이컨을 속에 채운 이곳의 대표 메뉴인 맥앤치즈 팬케이크를 선택한다. 하지만 피칸, 무화과, 그리고 망고-파인애플 바비큐 오리로 만든 제멋대로의 '꽥 팬케이크(Quack pancakes)'를 시도해도 좋을 것이다. 단 것을 원한다면 오리지널 슬러티 케이크(호박, 피넛 버터, 피스타치오, 시나몬)나 돈 호(마카다미아, 바나나, 피냐 콜라다 크림 치즈)가 있다. 이 음식들을 이곳에서 직접 만든 핫 소스와 메이플 시럽과 함께 먹고 싶은가? 질문은 하지 말고, 그냥 먹으면 된다.

샌드위치들은 같이 먹으면 안 될 것 같은 재료들로 만들어진 듯 보이지만, 이곳에서는 잘 어우러진다. 그 예로 지하드보이(소고기, 석류, 타프나드, 페타 치즈, 피스타치오, 그리고 타히니 드레싱)와 팻 대릴(치킨 핑거, 와플 프라이, 초리조, 토마토 그레이비, 갈릭 할라피뇨 치즈 브레드)이 있다.

의자에 털썩 앉으며 웅얼웅얼거리는 헝클어진 머리의 한 남자를 우연히 보게 된다면, 그가 바로 이곳 주인인 케니 샵신(Kenny Shopsin)이다. **RG & MW**

타오 다운타운TAO Downtown | 범아시아적인 요리를 사이드로 곁들여 준비한 무대

위치 뉴욕 **대표음식** 미소 된장을 바른 칠레 농어 사테이Miso-glazed Chilean sea bass satays | **⑤⑤⑤**

최근에는 뉴욕의 타오 다운타운이 가장 큰 흥행을 이루는 곳일 지도 모른다. 이 점에 대해서는 디자이너들 중 극적 요소를 가장 잘 활용하는 데이비드 록웰(David Rockwell)에게 감사해야 할 것이다. 라운지에 옆으로 누워 있는 거대한 부처상은 당신이 들고 있는 마티니 잔을 노려보고, 문어보다 많은 팔을 가진 관음상은 마술 같은 조명 속에서 팔을 움직이고 있는 듯이 보인다.

350개의 좌석을 가진 이곳은 거대하게고 모든 구석구석이 매력적인 아시안 풍이며 스케일이 크고, 근사한 조명과, 떠들썩한 무리로 채워져 있다.

음식은 아시아 풍이며 양념이 순하고 정통 아시아식보다는 단맛이 강하긴 하지만 대체로 괜찮은 편이다. 메인 코스는 가격이 비싸며, 작은 사이즈의 요리들과 딤섬,

> "이곳은 논스톱 파티 같은 레스토랑이 아니다. 이곳의 발상은 많은 요리를 주문해서 나누는 것이다."
>
> The New York Times

칵테일 같은 메뉴를 함께 주문한다면 지갑에 제법 타격을 줄 것이다.

양념을 바른 참치와 야생 버섯롤은 성공작이다. '광둥식' 콜리플라워, 검은 참깨와 흰 참깨가 들어간 돼지고기 만두, 채소 교자, 다섯 가지 양념을 넣어 푹 삶고 쌓아 올린 갈비, 그리고 미소 된장을 바른 칠레 농어 사테이(satay, 동남아시아식 꼬치 요리) 역시 성공작이며, 모두 양도 적지 않다. 연어와 블랙 바스(black bass, 농어류의 민물고기) 메인 코스는 완벽하고, 고(高)와트의 밝은 조명을 갖춘 스시 바는 재미있다. 디저트로 나눠 먹을 신선한 과일과 모치가 들어간 트렌디한 대만식 쉐이브 아이스를 주문해 보라. **RG&MW**

러스 앤 도터스 카페 Russ & Daughters Café | 로우어 이스트사이드의 훈제한 생선과 베이글

위치 뉴욕 **대표음식** 스모크 새먼 플래터Smoked-salmon platters | $$

100년 동안 여러 세대에 걸쳐 뉴요커들에게 1등급 훈제 생선을 비롯한 클래식한 식재료들을 판매했던 러스 앤 도터스는 원래 있던 로우어 이스트사이드에서 모퉁이를 돌면 바로 나오는 자리에 카페를 오픈했다. 가족들은 청어 모둠(피클 청어, 머스터드–딜 청어, 기름진 청어, 홀란드 청어, 카레 청어)와 최상급의 훈제 연어(스코틀랜드산, 노르웨이산, 노바 스코샤산, 가스페 노바산, 이중 훈제한 덴마크산), 그리고 이것들과 어울리는 모든 것—베이글, 비알리(bialy, 양파 롤), 크림 치즈 스프레드, 홈메이드 다진 간, 다진 송어 샐러드—을 놓고 테이블 주위에 모여 앉아 있다.

65석의 카페는 상류층의 간이식당 같은 느낌이다. 이곳을 찾는 손님들은 라트케(latke, 감자 팬케이크)와 블린(blin, 러시아 팬케이크)에 발라 먹거나 다양한 달걀 요리에 싸서 먹을 수 있는 다양한 종류의 캐비아(오세트라, 시베리안, 아메리칸, 해클백, 연어, 와사비 맛)를 마음껏 즐길 수 있다. 만일 당신이 청어요리를 위해 아쿠아비트(aquavit, 스칸디나비아산 증류주)를 요청한다면 (반드시 요청해야 한다),

또는 훈제연어를 위한 보드카, 캐비아를 위한 샴페인, 그래블락스(gravlax, 소금과 허브에 절인 연어)를 위한 진(gin)을 요청한다면 바(bar)에 잘 준비된 셀렉션이 마련되어 있다. 스미소니언 재단은 러스 앤 도터스를 뉴욕의 문화 유산으로 지정하기도 했다.

이 가업의 4대손인 니키 러스 페더맨(Niki Russ Federman)과 조쉬 러스 터퍼(Josh Russ Tupper)는 휴스턴 가(Houston Street)에 위치한 상점과 오차드 가(Orchard Street)에 위치한 레스토랑을 오가며 관리한다. 특히 오래 전에 사라진 앨런 가(Allen Street)의 유대교 회당 일부를 포함하고 있는 이곳은 가난에 시달리던 유대인 빈민가였던 지역 한가운데에 위치해 있다. 21세기에 이르러 로우어 이스트사이드는 개인 취향에 맞춘 칵테일, 그리고 오래된 상점들 속에 퍼져 있는 힙한 부티크들로 가득하다. **RG & MW**

⬆ 많은 사랑을 받는 러스 앤 도터스는 뉴욕의 관습 같은 곳이다.

더 모던 The Modern | 뉴욕현대미술관에 있는 파인 다이닝

위치 뉴욕 **대표음식** 유리병에 넣은 천천히 포칭한 농장 달걀 Slow-poached farm egg in a jar | ❸❸

뉴욕현대미술관과 조각 공원을 공유하는 더 모던은 식사 예술을 새롭게 정의해 왔다. 이름에 충실하게, 모던은 고객들만의 식사 스타일을 인상주의, 입체파, 또는 표현주의에서 선택하도록 한다.

다이닝룸은 우유빛 유리 큐브로 만든 벽으로 나뉘어 있다. 정원을 바라보는 쪽은 레스토랑이고, 반대쪽은 바다. 레스토랑은 정식 테이블 세팅을 하며, 부드러운 조명을 갖추고 있다. 가격은 비싸며, 메뉴의 정교한 음식들은 따로 주문하거나 프리픽스로 시킬 수 있다. 바는 깔끔하고 편안한 일직선의 테이블과 필요에 따라 테이블을 옮겨 붙일 수 있는 좌석, 낮은 등받이 소파가 있다.

바 메뉴는 펼치면 'One', 'Two', 'Three'로 구성된 3장의 카드가 된다. 카드는 다양한 크기와 특색을 가진 짠맛이 나는 요리 중에 하나를 고르도록 권한다. '구성주의 작가의 식사'라는 이름의 디너는 이 중 하나 또는 전부를 선택할 수 있어서 인기가 많다.

셰프 가브리엘 크루더(Gabriel Kreuther)는 고향 알자스의 맛을 가져와, 기름진 전통요리를 현대적으로 해석하는 것부터 새로운 예술 작품을 만들어 내는 것까지 끌리는 메뉴를 만들기 위해 로컬 푸드와 결합시켰다. '모던 리버우르스트(Modern Liverwurst)'는 '포크 벨벳(Pork Velvet)'이라고 불린다.

로스트한 헤이즐넛, 마스카르포네 치즈, 화이트 발사믹 식초를 넣은 콜리플라워 수프; 버섯과 사과나무로 훈제한 베이컨을 곁들인 아구; 소 볼살 사워브레튼(sauerbraten, 독일식 포트 로스트)는 새로운 창작품에 해당한다.

비슷한 유혹은 레스토랑의 테이스팅 메뉴에도 등장한다. 대부분의 고객들은 유리벽의 어느 편에 앉든, 레스토랑의 상징적인 바닷가재, 버섯과 성게 거품을 곁들인 유리병에서 천천히 포칭한 농장 달걀을 주문한다. 숟가락으로 천천히, 음미하고 사색하며 먹다보면 많은 감정이 녹아든 예술의 경지를 느낄 수 있다. **FP**

⬆ 대표적인 요리인 유리병에 천천히 포칭한 달걀.

스텔라 34 Stella 34 | 뉴욕의 가장 인기 있는 백화점 안에 있는 큰 트라토리아

위치 뉴욕　**대표음식** 장작 오븐에서 만든 포르케타 Porchetta from the wood-burning oven　| $$

메이시스 백화점이 엄청난 비용을 들여 창고를 개조해서 만든 260석 규모의 트라토리아는 엠파이어 스테이트 빌딩이 보이는 6층에 있다. 기울어진 대리석 바닥과 넓은 백색의 대리석이 있는 이곳은 빼어난 현대적인 매력을 발산한다. 테이크아웃 가게, 젤라토 가게, 와인 셀러, 3개의 장작 오븐이 있는 오픈 주방이 있다.

파티나(Patina) 레스토랑 그룹이 운영하고 있으며, 그룹은 링컨 센터와 유수한 문화시설에 있는 다른 레스토랑들도 운영한다. 늘 분주한 스텔라 34에는 식사만을 위한 손님들을 위해 35번가에서 접근할 수 있는 전용 엘리베이터가 있다.

새롭게 개척한 메뉴는 없지만, 괜찮은 요리가 다양하며 특히 피자 종류가 많다. 나폴리 피자처럼 부드럽고 두툼한 '카볼피오레(Cavolfiore, 후추와 레몬을 뿌린 콜리플라워)'와 '바레세(Barese, 토마토, 소시지, 브로콜리 라베, 탈레지오)'가 권할 만하다. 그러나 이곳은 단순한 피자 가게가 아니다. 커다란 콩과 소프레사타(soppressata, 이탈리아 살

라미의 일종, 역주) 비네그레트를 곁들인 베이비 옥토퍼스 한 접시면 훌륭한 애피타이저가 된다. 로메인 상추 대신에 에스카롤(escarole)과 양념한 화이트 안초비로 만든 시저 샐러드, 소시지와 모차렐라를 곁들인 리소토도 마찬가지다.

글루텐이 없는 쌀가루 파스타도 주문할 수 있으며, 흥미로운 음식 중에는 스트로차프레티 콘 세피에(strozzapreti con seppie, 오징어 먹물, 매운 고추 소스와 빵가루를 넣은, 길게 늘린 카바텔리)가 있다. 장작오븐 요리인 새끼 돼지 포르케타와 비터 그린 샐러드(bitter green salad), 고르곤졸라, 설탕을 입힌 아몬드, 베이컨−셰리 비네그레트와 오븐에 구운 닭(rotisserie chicken)도 만족스럽다. 잔으로 파는 와인은 뉴욕의 기준에 맞게 잘 골라냈으며 가격이 적당하고, 레스토랑은 오후 9시 30분까지 문을 연다. **RG & MW**

⬆ 깔끔한 선은 스텔라 34 인테리어의 특징이다.

더 스탠더드 그릴 The Standard Grill | 고기 도축 구역에 있는 힙스터 호텔 다이닝

위치 뉴욕　**대표음식** 두 사람을 위한 '백만 불짜리' 로스트 치킨 "Million Dollar" roast chicken for two | 💲💲

당신이 뉴욕의 번잡한 새로운 하이 랜드(High Land) 공원을 걷고 있다면, 이곳은 그 여정을 시작하거나 끝내기에 좋은 장소다. 더 스탠더드 호텔은 그 산책로에 걸쳐 있으며, 훌륭한 경치와 먹고 마실만한 가게들로 환상적인 조합을 이룬다.

메인 레스토랑인 스탠더드 그릴은 언제나 손님들로 꽉 채워져 있으니, 예약을 하고 자리가 있기를 빌라. 길게 뻗어있는 레스토랑에선 종종 6명 이상의 젊은 뉴요커들이 등받이 소파로 된 4인석에 빼곡하게 앉는다. 오픈 키친에서 만드는 음식은 맛있고, 웨이터들은 유용하며, 다소 시끄럽다.

처음 가보는 사람들은 1센트짜리 동전을 이어 붙여 만든 바닥에 입이 벌어지고, 전체가 얼마일지 궁금해한다. 여러 명이 간다면 코냑, 복숭아 퓌레와 사이다가 든 펀치 볼을 주문해 보라. 코파(coppa)와 마르코나 아몬드를 곁들인 구운 살구나 발사믹 체리를 곁들인 푸아그라로 시작하라. 그린 올리브와 프리저브한 레몬 살사를 곁들인 황

새치, 2인용 립 스테이크, 또는 따뜻한 베이컨–감자 샐러드를 곁들인 폭찹 중에 골라보라. 인기 메뉴인 2인용 '백만 불짜리' 치킨은 레몬–카엔 크렘 프레슈와 닭 육즙에 요리한 크루통으로 마무리된다.

당신은 호텔에서 저녁 내내 머리가 아플 수 있다. 야외에 있는 비어 가든은 매우 떠들썩하다. 이곳에는 일과 후에만 운영하는 스탠딩 룸이 있으며, 젊은 층의 손님들이 이용한다. 겨울에는 호텔 광장이 작은 아이스링크장이 된다.

더 스탠더드 호텔 꼭대기의 세련된 테라스 바는 환상적인 맨해튼의 전경을 보여주며, 해질녘이 장관이다. 음료는 훌륭하고, 안주거리는 다소 비싸며, 밤에는 라이브 재즈 바도 있다. 이곳에 꼭 가봐야 하는 2가지 이유는 엘리베이터 안에서 볼 수 있는 오스카상 감인 비디오와 키득거리게 만드는 화장실이다. **RG & MW**

⬆ 검은 주물 팬에 담겨 나오는 '백만 불짜리' 로스트 치킨.

더 스파티드 피그The Spotted Pig | 셀러브리티 영향력이 있는 웨스트빌리지의 개스트로 펍

위치 뉴욕　**대표음식** 로크포르 치즈와 가늘게 썬 감자튀김을 곁들인 숯불구이 버거Chargrilled burger with Roquefort cheese and shoestring fries　| 💲💲

맨해튼 최고의 햄버거 중 하나는 수십 년 된 식당도, 유서 깊은 스테이크하우스도 아닌 곳에서 만든다. 근사하게 구워 녹아 나오는 로크포르 치즈를 얹은 이 햄버거는 바삭한 마늘 채와 튀긴 로즈메리 잎을 박은 가는 감자튀김과 함께 나온다. 이 햄버거는 웨스트빌리지 중심에 있는 미슐랭 스타를 받은 개스트로 펍에서 만든다.

개스트로 펍은 1990년대 초반 영국의 전형적인 기름진 요리—피시 앤 칩스와 스테이크 앤 키드니 파이—를 거부한 영국 셰프가 런칭했다. 가장 좋은 제철 재료에 초점을 맞춰 만든 이탈리아와 프랑스 풍 요리들은 음습한 펍을 흥미진진한 곳으로 탈바꿈시켰다. 스파티드 피그의 음악 매니저인 켄 프리드먼(Ken Friedman)과 영국 셰프 에이프릴 블룸필드(April Bloomfield)가 개업하고, 셰프이자 레스토랑 사업가인 마리오 바탈리와 가수 제이 지 등 초기 후원자를 둔 이곳은 2004년 이래 계속 와글거리고 있다.

햄버거 외에 애피타이저로 닭간 토스트를, 나누어 먹을 수 있는 음식으로 데빌드 에그를 먹어보라. 블룸필드가 런던의 리버 카페에서 일할 때 영감 받아 만든 양젖 리코타 그누디(gnudi)는 호평 받는 메뉴다. 다양한 부위를 좋아하는 사람들은 바삭한 돼지 귀 샐러드를 먹어봐야 한다.

블룸필드는 브레슬린(The Breslin)과 존 도리 오이스터 바(John Dory Oyster Bar)로 옮겨 성공했지만, 스파티드 피그는 그녀의 근본을 잘 보존하고 있다. 화분의 식물들, 돼지 조각상과 낡은 벨벳으로 덮인 등받이 의자 같은 것은 기발한 미학에 한몫을 한다.

맥주애호가들을 애먹이는 훌륭한 리스트가 있는 멋진 바는 시끌벅적하며, 새벽 2시까지 영업한다. 뉴요커들과 경험많은 관광객들은 이곳을 다시 찾으며 특히 브런치로 유명하다. **LM**

⬆ 더 스파티드 피그는 이탈리아 색채를 살짝 띤 개스트로 펍이다.

미네타 태번_{Minetta Tavern} | 오래된 술집에 새로운 생명을 불어넣다

위치 뉴욕　**대표음식** 블랙라벨 버거"Black Label Burger"　| 💰💰

미네타 태번은 1937년부터 1980년대까지 그리니치빌리지의 핫한 장소였으나 그 이후에는 시들해지기 시작했다. 그러나 이것은 새로운 장소를 오래된 것처럼 꾸미는 것으로 잘 알려진 연출자이자 레스토랑 경영자인 키스 맥낼리가 부활시키기 전까지의 이야기다. 그는 미네타 태번을 본래의 모습으로 꾸미고 프렌치 비스트로와 스테이크하우스 메뉴를 도입했다.

태번은 '블랙라벨 버거'로 유명하다. 숙성시킨 치마살, 갈비살, 양지와 기타 부위를 갈아 만든 버거는 캐러멜라이즈한 양파와 감자튀김(pommes frites)을 곁들여 낸다. 레스토랑은 뼈에 붙은 뉴욕 스트립과 로스팅한 골수와 상추 샐러드(gem lettuce salad)를 곁들인 드라이에이징한 2인용 코트 드 뵈프(côte de boeuf)로도 유명하다.

스테이크 없이도 식사를 즐길 수 있다. 굴과 트러플을 넣은 돼지고기 소시지, 소 꼬리와 푸아그라 테린, 말린 대구, 감자와 트러플로 만든 브랑다드 같은 애피타이저도 괜찮은 선택이며 적당히 프랑스풍을 띤다. 게살과 브리오슈 크루통을 곁들인 송어 뫼니에르, 렌즈콩과 허브 샐러드를 곁들인 바삭한 돼지 족발, 변형된 파스타 카르보나라도 뛰어나다.

런치나 주말 브런치를 위해 이곳을 찾는다면, 호스래디시를 바른 마늘향 바게트에 레어로 익혀 얇게 썬 스테이크 여러 겹을 넣어 연출한 프렌치 딥을 빠뜨리지 말라.

브런치에는 이 고급 태번에서 자리 맡기가 쉽다. 원하는 대로 요리해주는 달걀 2개를 주문하는 경우 고민하지 말고 블랙푸딩 클라푸티나 달걀과 그리츠를 곁들인 건초에 구운 햄을 주문하라. **RG & MW**

⬆ 태번은 헤밍웨이의 단골집이었다.

마레아 Marea | 센트럴 파크를 보며 즐기는 고급스러운 생선 요리와 파스타

위치 뉴욕 **대표음식** 브레이징한 문어와 골수를 넣은 푸실리 Fusilli with braised octopus and bone marrow | ⑤⑤⑤⑤

"이 콜럼버스 서클의 매력적인 레스토랑에서
인상적인 것은 빼어난 해산물과 파스타다."

Zagat

빛나는 이집트 오닉스 바가 있고 은에 담은 조개 껍질로 장식한 마레아('조류'라는 의미)는 2009년 오픈했으며 세계 경제가 붕괴하는 시기를 항해했다.

이 이탈리안 레스토랑의 특기는 생선 요리이다. 대부분의 해산물 레스토랑에서는 가장 간단한 요리를 고르라고 권장 받지만 이곳에서는 눈길을 끄는 복잡한 요리를 선택해야 한다.

오너 셰프 마이클 화이트는 인상적이고 맛있는 요리로 유명하다. 나눠 먹을 수 있는 간식들, 18가지의 날생선, 몇 가지씩 있는 캐비아와 트러플, 유혹적인 안티파스티, 여러 지역의 굴들, 12가지의 파스타, 6가지 생선 요리, 그리고 그날의 통생선 요리가 있다.

시작은 리치(ricci, 따뜻한 라르도에 담가 바다소금을 몇 알 뿌린 성게 크로스티니)를 주문해 나눠 먹어라. 요리 1가지나 날생선 중에 2가지를 나누어 먹는 것을 권한다. 와후(wahoo), 야생 버섯, 바닷가재 알, 또는 질감을 위해 굴 크레마(crema)와 파삭한 돼지감자를 얹은 눈다랑어(bigeye tuna)를 주문하라. 그 다음에는 훈제 감자, 빨간 양파 피클, 칠리, 톤나토 소스를 곁들인 그릴드 문어를 먹으면 좋다.

푸짐한 파스타도 메인 코스로 적당하다. 브레이징한 문어와 골수로 풍미를 더한 푸실리; 큼직한 게살, 성게와 바질을 넣은 스트로차프레티(strozzapreti); 훈제한 리코타와 밤을 넣은 라비올리에 말린 체리를 곁들인 프란코볼리(francobolli)가 아주 빼어나다.

더 먹을 수 있다면, 환상적인 생선 요리나 스테이크를 주문하라. 골수 판자넬라를 곁들인 50일 숙성시킨 등심 스테이크는 뉴욕 최고의 고기 요리에 손꼽힌다. 디저트로는 바닐라 젤라토, 뜨거운 에스프레소 한 샷, 아마로(Amaro)를 넣은 아포가토를 먹는 것이 좋다. **RG & MW**

⤒ 메뉴들은 이탈리아 요리 중 최고의 것들을 모아서 보여준다.

토토노스 Totonno's | 코니 아일랜드의 클래식 피자

위치 뉴욕 **대표음식** 피자 마르게리타Pizza Margherita | 💲

뉴욕에는 아마 미국 어느 곳보다도 많은 피자가 있을 것이다. 그러나 그 수많은 피자들과 차별화되는 토토노스 피자는 역사가 있는 훌륭한 피자로, 브루클린 한 귀퉁이 코니 아일랜드라는 색다른 장소에 있다.

피자는 고전적인 뉴욕 파이다. 피자의 부푼 테두리(정확히는 '뼈대'라고 부른다.)는 탄력 있고 쫄깃하지만, 바삭하지는 않다. 검게 탄 기포는 살아있는 효모가 그 마법을 발휘했다는 것을 증명한다. 테두리는 오븐에서 나와서도 오랫동안 유연하다. 숯불 오븐에서 가열된 피자 바닥은 얇고 파삭하지만 크래커처럼 딱딱하지는 않을 것이다. 신선한 모차렐라 조각과 으깬 산 마르자노 토마토(San Marzano tomato)를 정도껏 발라 준다.

피자전문가 안토니오 '토토노' 페로(Antonio Totonno Pero)가 1924년 세운 이 레스토랑은 2009년에 불이 나서 파괴되었고, 2012년 다시 허리케인 샌디에 의해 망가졌다. 토토노스를 장식한 값싼 앤티크 장식품, 오래된 신문 스크랩, 압착한 주석 벽과 천장 등이 자연스럽다.

예약을 받지도 않고 대기실도 없으며, 공동주인인 쿠키 키미니에리(Cookie Ciminieri)가 공손하게 당신에게 줄을 서달라고 청할 것이다. 방문할 때는 영업시간을 미리 확인하라.

짧은 메뉴가 오픈 주방 위에 걸려 있으나, 오래된 단골들은 마르게리타와 모차렐라와 마늘을 얹은 화이트 피자를 주문한다. 작은 병의 싸구려 키안티 와인은 피자와 완벽하게 어울린다.

코니 아일랜드 주변에는 볼거리가 많다. 전설적인 놀이공원을 즐겨라. 브루클린 사이클론 팀의 야구 경기도 가보고, 밤늦게 머물다가 근처 브라이튼 해변에 있는 화려한 나이트 클럽에 빠져드는 것도 좋을 것이다. 당신이 죽기 전에 해봐야 할 또 다른 경험이다. **RG & MW**

"뉴욕의 초기 거물인 오리지널 토토노스의 숯불에 구운 피자는 전설에 남을 만하다."
The New York Times

⬆ 토토노스는 90년이 넘는 세월 동안 변한 것이 없다.

스시 나카자와 Sushi Nakazawa | 그리니치빌리지 최고의 스시

위치 뉴욕 **대표음식** 유즈고쇼를 칠한 가리비Scallop with yuzukosho | 💰💰💰

다이스케 나카자와(Daisuke Nakazawa)는 그리니치빌리지에 있는 스시 가게의 주인이 되기 전, 11년 간 동경에서 지로 오노의 혹독한 가르침을 받으며 일했다. 나카자와는 〈스시 장인: 지로의 꿈〉이라는 영화에 잠시 등장했는데, 스님 같은 나카자와는 200번의 노력이 수포로 돌아간 후에, 무표정한 지로가 그의 다마고—여러 겹의 말린 계란 스시—를 인정했을 때 눈물을 터트린다.

그리고 브롱크스에 이탈리안 레스토랑을 가지고 있는 알렉산드로 보르고뇨네는 영화를 보고 나카자와를 추적해, 2013년 그를 이곳에 자리잡게 했다.

스시 나카자와는 전통적인 오마카세 레스토랑으로 지속적으로 변화하는 날재료들로 만든 20가지의 코스를 서비스해 주는대로 먹는 것이다. 건초에 훈제한 생선, 유

> "식사는 파도와 같아서, 일시적인 부드러운 잔잔함이 모든 것을 흥미진진한 최고의 것으로 만든다."
>
> Time Out

즈고쇼(유자 껍질과 매운 고추의 혼합물)를 칠한 가리비, 파랑쥐치의 간을 얹은 파랑쥐치 살, 토치를 이용해 적당한 온도로 덮힌 대합, 동경에서 온 꼬치고기(생선의 일종) 등을 만날 수 있다.

나카자와는 손님들과 즐겁게 소통한다. 살아있는 새우를 죽이기 전에 당신의 접시 주변으로 던져 퍼덕이게 하거나 껍질째 성게를 담아 내기도 하고, 당신이 가장 좋아하는 것을 고르게 해서 뛰어난 무언가를 만들어 주기도 한다. 좋은 와인 리스트도 있지만, 스시와 어울리는 여러 스타일의 사케를 골라주는 테이스팅을 선택하는 것이 현명할 것이다. **RG & MW**

루이스 런치 Louis' Lunch | 숭배받는 일품 요리

위치 뉴 헤이븐(코네티컷) **대표음식** 오리지널 햄버거 샌드위치Original hamburger sandwich | 💰

1900년 운명적인 어느 날, 먹을 것이 급하게 필요했던 한 비즈니스맨이 루이스 런치 왜건에 급히 들어왔다고 전설은 기억한다. 주인인 루이스 라센(Louis Lassen)은 약간의 다진 스테이크 자투리를 집어 패티로 모양을 잡은 다음에 그릴에 구워, 2장의 빵 사이에 밀어 넣었다. 그리고 이것이 미국을 대표하는 요리인 햄버거의 시초가 되었다고 믿어진다.

라센이 제대로 된 레스토랑을 차리기까지는 이후 17년이 걸렸고 라센의 4대손이 아직도 루이스 런치를 운영하고 있다.

오늘날 햄버거 샌드위치의 탄생지에서는 1가지 요리만 판매한다. 높이 평가되는 루이스 버거는 다진 스테이크를 섞어 만들어 쇠틀에 넣고, 골동품 가스 스토브를 이용해 양쪽 면을 같은 시간 동안 굽는다.

'오리지널 버거'는 보통의 햄버거 번 대신 사각형의 토스트한 빵 사이에 넣어 가져온다. 햄버거는 이 레스토랑이 허용하는 재료— 치즈(스프레드 형태), 양파, 토마토, 머스터드—만 넣어 서빙한다. 케첩이나 마요네즈는 절대 사용하지 않지만 약간의 감자튀김 또는 샐러드는 허용된다.

루이스 런치는 기껏해야 30명이 앉는 작은 식당이다. 점심시간에만 문을 열며 인테리어는 낡고 단순하다. 벽돌벽, 나무 테이블과 의자의 일부는 낙서되어 있으며, 주철 바 스툴이 있는 오래된 나무 바가 있다. 그럼에도 불구하고 햄버거는 평균적인 미국의 식당에 비해 현저하게 비싸다. 그건 전통을 가진 유산에 대한 값임에 틀림없다. **SH**

블루 힐 앳 스톤 반스 Blue Hill at Stone Barns | 사치스러운 농장에서 로커보리즘의 본보기를 만나다

위치 웨스트체스터 **대표음식** 베지터블스 온 어 펜스 "Vegetables on a Fence" | ❺❺❺❺

록펠러 가문은 웨스터체스터 카운티에 농장을 가지고 있었는데, 이곳에 성냥갑 같은 집들을 짓지 않고 후손을 위해 보존했다. 그리고 록펠러 가문만이 투자가 가능했을 법한 비용으로, 32만㎡의 땅을 식품과 농업을 위한 스톤 반스 센터(Stone Barns Center for Food and Agriculture)라는 비영리 단체로 탈바꿈시켰다. 그곳은 농부들과 어린이들에게 제철의, 반공업적, 지속가능한 식품이라는 풍조를 교육한다. 그리고 중심에 있는 블루 힐 앳 스톤 반스는 1930년에 지어진 거대한 낙농업 축사에 들어선 레스토랑이다.

이곳에서 식사하는 것은 즐거움의 반이다. 일찍 도착해 목가적인 주변을 산책하고, 버크셔 돼지, 핀 도르셋(Finn-Dorset) 양, 닭 무리를 구경하는 것도 좋다. 광대한 온실의 자동화된 지붕아래 바닥에는 채소가 피크타임의 수확을 기다리고 있다.

댄 바버(Dan Barber)가 이끄는 이 레스토랑은 로커보리즘의 본보기다. 당신은 메뉴 대신 현재 가능한 재료의 목록을 받을 것이다. 웨이터에게 당신이 먹고 싶지 않은 것을 말해주고, '농부의 만찬("Farmer's Feast)'이나 '방목하거나, 쪼아먹거나, 뿌리내린(Grazing, Pecking, Rooting: 돼지나 양, 닭, 채소의 의미, 역자주)'중에서 선택한 후, 음식의 행렬을 기다려라. 처음 등장하는 것은 '베지터블스 온 어 펜스'일 것인데, 방금 수확한 농산물의 심플한 나열이다. 자연이 주는 특성과 바버가 어떻게 재료들을 미묘하게 그대로의 맛을 조합시켰는지 집중하면서 맛보면 된다.

홈메이드 샤퀴트리를 주문해서 어떻게 농장 동물들을 모두 이용하는지 알아보는 것도 좋다. 바버는 달걀로 끊임없이 흥미로운 것들을 만들고, 부드럽게 요리한 육류 코스는 흥미로운 경험이 될 수 있다. 디저트들은 계절과 유혹을 교묘하게 표현한 것이다. 남자들은 재킷과 넥타이를 입는 것이 좋다. **RG & MW**

"이곳은 영향력이 있으며,
아름답고 환상적인 요리를 하고 있다."

Gayot

⬆ 창의적인 작품들을 교묘하게 담아낸다.

닉 앤 토니스 Nick & Toni's | 햄튼의 가장 핫한 테이블

위치 이스트 햄튼 **대표음식** 장작에 구운 로컬 생선Wood-roasted local fish | ❸❸❸

"이 세련된 이탈리안-지중해식 레스토랑은 우버 택시를 타는 트렌디한 고객들에게 고급스러운 환경에서 맛있는 식사를 제공한다."

Zagat

토요일 여름밤이면, 할리우드의 스타들과 월스트리트의 거물들이 이스트 햄튼의 닉 앤 토니스로 모인다. 1988년 문을 열자마자 이곳은 햄튼에 온 유명인사들을 끌어들이는 자석이 되었다. 폴 매카트니, 마사 스튜어트, 스티븐 스필버그, 사라 제시카 파커, 알렉 볼드윈, 빌리 조엘, 리처드 기어가 단골이었다. 레스토랑은 스타 파워 하나만으로도 아마 살아남을 것이다.

좁은 프론트 룸에는 바와 레스토랑의 유명한 장작 오븐이 있다. 다이닝룸에는 멋지게 덮인 파티오가 옆에 있으며, 날씨 좋은 날을 위해 여분의 테이블이 놓여 있다. 서비스는 대단히 전문적이고(햄튼에서는 보기 드물다), 일반인들에게도 항상 정중하다.

롱아일랜드 이스트 엔드(East End)는 상류층 거주지이며 풍부한 농산물과 와인이 생산되는 지역이다. 레스토랑의 동업자이자 셰프인 조세프 레알무토(Joseph Realmuto)는 로컬 농산물, 와인과 해산물을 주로 이용하며, 적당한 크기의 유기농 가든(주차장에서 일주일에 한번 파머스 마켓을 연다.)을 유지하고 있다.

끊임없이 바뀌는 메뉴는 소박한 이탈리아식 요리와 새로운 미국식 요리가 반반씩 섞여 있다. 파스타와 리소토는 항상 추천하며, 환상적인 장작 오븐에서 만드는 모든 것, 특히 장작에 구운 생선도 권할 만하다. 이곳에서는 채소를 신중하게 다루기 때문에 채식주의자들도 먹을게 없다고 느끼지 않을 것이다.

여름 주말, 특히 8월은 예약이 힘들다. 하지만 수십 개의 야외 테이블이 있으므로 운이 좋으면 야외에 자리를 얻을 수도 있다. 고객들은 식사 전에 벤치나 정문 밖 넓은 계단에서 음료를 즐길 수 있는데, 셀러브리티들을 보기에 좋은 기회다. **EM**

⬆ 장작에 로스팅한 생선은 닉 앤 토니스의 스페셜 요리로, 렌즈콩과 래디시를 곁들여 낸다.

➡ 장작이 타고 있는 오븐 위쪽의 화려한 모자이크는 이 지역 예술가인 에릭 피슬이 만들었다.

폴리스 팬케이크 팔러 Polly's Pancake Parlor | 뉴햄프셔 농장에 있는 상징적인 팬케이크 하우스

위치 슈가 힐   **대표음식** 팬케이크 샘플러 "Pancake Sampler" | $

"이곳은 뉴 햄프셔에서 아침을 먹기 정말 좋은 곳으로, 다른 곳보다 한 수 위다."

New Hampshire Magazine

시인 로버트 프로스트의 집에서 몇 마일 떨어지지 않은 곳에 팬케이크로 지은 시의 집이 있다—이곳은 단순한 몇 가지 재료로 프로스트의 글에 영감을 준 자연을 완벽한 수준으로 올려 놓았다.

1938년 월프레드 '슈가 빌' 덱스터와 그의 아내 폴리는 자신들의 소박한 헛간을 독특한 티하우스로 배꿨고 폴리의 팬케이크는 곧 대박이 났다. 75년이 넘는 시간동안 팬케이크 순례를 한 배고픈 여행자들을 위한 공간이었던 이곳은 거의 변한 것이 없다. 손님들은 장엄한 화이트 산을 배경으로 한 힐덱스 농장의 오픈 필드가 내다보이는 목가적인 전경을 즐긴다.

폴리스는 4대손인 캐시 알리치 코트(Kathie Alrich Cote)가 운영하고 있다. 오믈렛, 에그 베네딕트와 다른 브랙퍼스트 메뉴도 있지만, 역시 팬케이크가 주인공이다. 지름 8cm의 팬케이크는 도톰하고, 플레인, 오트밀 버터밀크, 메밀, 통밀과 옥수숫가루의 5가지 맛이 있다. 메밀, 통밀, 옥수숫가루는 유기농으로 키워 맷돌로 갈았다. 호두, 블루베리, 코코넛과 초콜릿 칩을 첨가할 수 있다. 25가지의 팬케이크가 있어, 같은 종류가 6장이나 나오는 팬케이크를 한가지만 골라 주문하려면 약간의 의지가 필요할 수 있다.

'팬케이크 샘플러'를 주문하면 3가지 반죽과 토핑을 섞어 먹을 수 있는데 웨이트리스가 직접 만들어 준다. 3번에 나누어 만드는데, 1번째 팬케이크를 끝낼 쯤, 막 구워낸 2번째 팬케이크가 도착한다. 2불을 더내면 글루텐이 없는 것을 먹을 수 있다. 단풍나무 잎 모양의 백랍 쟁반에는 유명한 메이플 제품들인 퓨어 메이플 버터, 메이플 설탕과 메이플 시럽이 채워져 있다.

명절과 주말에는 예약을 받지 않지만, 작년에도 54,000명 이상의 고객이 이곳에 오려고 결정했다. 겨울에는 문을 닫으니 미리 전화를 해보라. **RG & MW**

⬆ 폴리스는 시인 로버트 프로스트가 찬양한 시골에 자리잡고 있다.

유니언 오이스터 하우스Union Oyster House | JFK가 식사를 했던, 미국에서 가장 오래된 레스토랑

위치 보스턴 **대표음식** 석화Half a dozen oysters on the half shell | ⑤⑤

유니언 오이스터 하우스는 보스턴 워터프런트 근처 유니언 거리에 1826년 세워졌다. 이 레스토랑은 미국에서 가장 오래된, 영업 중인 레스토랑이다. 이 벽돌 건물의 역사는 해를 거듭할수록 깊어진다. 이곳은 독립전쟁 전 반군의 본부였고 프랑스의 차기 왕이었던 루이 필리프 1세의 임시 거처였다.

19세기 초반 미국에서 굴의 인기가 높아지면서 동네마다 굴 전문점이 문을 열었다. 그에 따라 이 건물도 용도를 바꿔, 이후 보스턴 해산물 음식점이 되었다. 유니언 오이스터 하우스는 미국 최초의 웨이트리스를 고용했고, 이쑤시개를 처음으로 나누어 준 곳이라고 주장한다. 정치인들도 오랫동안 고객이었다. 19세기 초반, 상원의원 대니얼 웹스터(Daniel Webster)는 이곳의 굴을 특히 좋아했다. 최근에는, 케네디 가문에게 인기 있었다. 케네디 대통령은 전용 부스가 있었고, 지금도 현관과 깃발로 표시가 되어있다.

유서 깊은 역사 위에 아직도 활발히 영업을 하고 있으며 보스턴을 방문하는 여행객들에게 인기 있는 곳이다. 테이블, 의자, 들보, 기둥과 판자들이 모두 진한색 나무로 금색 액자의 유화가 벽에 걸려있다. 희미한 조명이 역사적인 분위기를 잘 드러낸다.

다양한 뉴잉글랜드 클래식이 메뉴에 있으며, 클램 차우더와 보스턴 베이크드 빈과 같은 넉넉한 양의 요리를 판다. 보스턴이라는 위치와 역사에 걸맞게 해산물 요리가 특기다. 레스토랑의 자체 풀에서 가져온 바닷가재는 삶거나 브로일 하고, 라비올리나 뉴버그와 같은 다양한 형태로 만들어 판다. '예 올드 시푸드 플래터(Ye Olde Seafood Platter)'도 있다. 레스토랑의 이름에 맞게, 굴이 많이 주문된다. 껍질을 벗겨 생으로 팔거나, 껍질을 반만 벗겨 스튜로 만드는 등 다양한 모양으로 서빙한다. **SH**

"이 요리 박물관은 정통 차우더와 굴을 찾는 외부인들이 꼭 가봐야 하는 곳이다."

Zagat

↥ 유니언이 가장 잘하는 껍질 반쪽에 담긴 두 접시의 석화.

넵튠 오이스터 Neptune Oyster | 번잡한 작은 바지만, 노스 엔드 최고의 해산물 식당

위치 보스턴 **대표음식** 석화 모둠 Raw oyster selection | 💲💲

"눈이 튀어나올 정도로 대담하고, 입술을 핥을 정도의 진한 맛을 전해준다."

Gayot

창의적인 요리들은 매력이 넘치는 시 외곽의 구르메 레스토랑에서 만들어져 왔다. 그러나 넵튠 오이스터는 사랑받지 않는 구역에 있는, 테이블도 몇 개 없는 비좁은 바다. 최대 42명이 앉을 수 있지만 예약도 받지 않고 대기실도 없으며, 디저트도 없다. 심지어 커피도 안 준다.

그러나 변변찮은 장소에서 시작했지만 셰프 마이클 세르파(Michael Serpa)의 푸드 바는 보스턴 최고의 해산물 레스토랑으로 명성을 쌓아왔다.

손님들은 튀김옷을 입힌 피시 앤 칩스와 같이 간단하지만 완벽한 요리를 먹을 수 있으며, 코드곶에서 좀 떨어진 조지 모래톱에서 채취한 가리비 구이를 선택한다. 가리비는 배 버터(pear butter), 오리 콩피, 블루 치즈와 베이비 방울다다기양배추 위에 얹어 나온다. 로즈 하리사 칠리 소스, 그릭 요거트와 실파를 곁들인 화이트 슈림프 가스파초는 어떤가? 대구 볼때기나 성게 같은 흔치 않은 재료들도 모습을 보인다.

고객들은 그날 판매하는 여러 종류 굴의 특징이 적힌 작은 종이를 받는다. 전문가들로 이루어진 굴까기 팀은 속도와 일처리로 유명하다. 많은 사람들이 맛을 비교하기 위해 석화 모둠을 고른다. 굴은 다른 요리에도 등장하는데, 튀긴 굴을 치즈버거에 곁들이로 내놓는 곳은 흔치 않다.

긴 와인 리스트에서 고른 리슬링 한두잔을 곁들인 바닷가재 롤은 점심시간에 가장 인기 있는 메뉴다. 그릴드 브리오슈 번에 엄청난 바닷가재를 채워 만들며, 바닷가재는 메인-스타일(Maine-style, 차갑게 마요네즈에 버무린)이나 코네티컷-스타일(Conneticut-style, 뜨거운 버터를 뿌린)로 만든다. 뉴잉글랜드 사람들은 지역의 인기요리인 클램차우더의 넵튠식 버전도 좋아한다. **SH**

⬆ 이곳에서는 굴이 주인공이다.

넘버 9 파크 No. 9 Park | 말쑥한 보스턴 타운하우스의 파인 다이닝

위치 보스턴 **대표음식** 푸아그라 뵈르블랑과 아몬드를 곁들인 프룬을 채워 넣은 뇨키|Prune-stuffed gnocchi with foie gras beurre blanc and almonds | 💲💲💲

보스턴 코먼(Boston Common)이 내려다보이는 역사적인 비콘 힐(Beacon Hill)에 있는 말쑥한 타운하우스에 자리한 이 우아한 레스토랑은 세련된 다이닝을 제시한다. 진한 나무 바닥과 앤티크 샹들리에로 말쑥하지만 장식을 피한 실내장식은 식사 분위기를 잡아준다.

레스토랑의 설립자이자 스타 셰프이며, 사업가인 바바라 린치(Barbara Lynch)는 영감을 위해 프랑스와 이탈리아로 시선을 돌려, 지역의 재료를 이용하여 고전적인 퀴진을 만들어냈다. 보스턴 세인트 보톨프 클럽(St. Botolph Club)에서 셰프 마리오 보넬로에게 훈련 받은 그녀는 보스턴 최고의 레스토랑 몇 곳에서 일했고, 이탈리아를 여행하며 요리를 공부하고 돌아와 갤러리아 이탈리아나(Galleria Italiana)에서 이그제큐티브 셰프가 되었다. 린치는 1998년 자신의 레스토랑인 넘버 9 파크를 오픈하여 좋은 평판을 얻었다.

그녀는 오리건에서 난 농어에 블랙 올리브와 회향 꽃을 곁들이고, 미국산 캐비아를 넣어 완성시킨다. 다이버가 직접 따온 가리비 특유의 달콤함에서 드러나듯이, 전반적으로 재료의 질이 돋보인다.

매주 바뀌는 셰프의 메뉴는 셀러리악, 훈제한 대구, 칼라브리안 칠리를 곁들인 홈메이드 비골리 파스타와 병아리콩 파리나타(farinata, 제노바 파이), 로즈메리와 안초비를 곁들인 그릴드 메추라기와 같이 기술적으로 완성된 요리들을 선보인다. 디저트는 판나코타, 소르베, 파르페부터 훌륭한 케이크까지 오래된 인기품목에 세련된 맛을 살린 것들이 있다.

넘버 9 파크의 인테리어는 꾸미지 않은 클래식한 요리와 잘 어울린다. 인상적인 와인 리스트와 박식하고 잘 훈련된 종업원들이 이곳에서의 식사 경험에 좋은 영향을 미친다. **AH**

레스팔리에 L'Espalier | 모던 뉴잉글랜드-프렌치 요리

위치 보스턴 **대표음식** 빨간 양배추, 사과 라이타, 콜리플라워 퓌레를 곁들인 가리비|Scallops with red cabbage, apple raita, and cauliflower puree | 💲💲💲

에스팔리에는 보스턴 다이닝 업계의 최고봉에 있다. 줄줄이 받은 상은 이를 증명한다. 메사츄세츠주 에식스 근처 유기농 농장인 애플 스트리트 팜(Apple Street Farm)도 소유하고 있으며, 재래종 채소(heirloom vegetable)들이 농장에서 레스토랑으로 배달된다.

요리는 제법 고전적이며, 준비된 고급스러운 재료들을 이용한다. 이는 해산물 차우더와 함께 나오며 몇 조각의 프로슈토를 얹은 부드러운 메인산 바닷가재에서 알 수 있다. 1조각의 푸아그라 테린은 부드럽고 풍부한 맛을 가지고 있으며, 음식의 신맛에 균형을 맞추기 위해 소테른(Sautern)과 미션 무화과 젤리가 곁들여 나온다.

다이버가 잡아온 통통하고, 단맛이 나는 가리비와 곁들여지퓌레에서 보여지듯이, 재료 선택에 주의를 기울인

"뜨거운 차 한잔도 진지하게 다루는 곳으로, 티 소믈리에를 고용한다."

The Boston Globe

다. 양배추는 해류의 단맛과 조화를 이룬다.

미소 국물, 청경채와 부드러운 우동 국수를 곁들인 청새치 같은 메인 코스에서 아시아의 영향이 보인다. 디저트는 발로나 초콜릿으로 만든 진한 초콜릿 밀푀유와 프랄린 아이스크림도 좋다. 서비스는 친절하고, 음식들은 적당한 속도로 나온다. **AH**

양키 랍스터 Yankee Lobster | 맛있는 해산물을 사랑하는 이들의 안식처

위치 보스턴 **대표음식** 바닷가재 맥앤치즈 Lobster mac and cheese | 💲💲

보스턴의 워터프런트는 번지르르한 해산물 식당으로 가득 차 있다. 관광객을 상대로 한 체인점과 고급 레스토랑 가운데 숨어있는 이곳은 어부들의 직판장으로, 1920년대부터 보스턴에서 어업을 했던 잔티(Zanti) 가문이 비교적 최근에 만들었다.

레스토랑은 잔티의 생선 가게 옆에 비어있는 심플한 방이다. 조개류는 뒤에 있는 커다란 해수 탱크에 신선하게 보관하고, 메뉴는 카운터 뒤편 보드에 분필로 적어 두었으며, 테이블 위에는 냅킨통과 소스병들이 있다. 음식은 종이 접시나 플라스틱 바구니에 담아 나온다. 진짜 에일은 병에, 와인은 플라스틱 잔에 나온다.

비좁은 방 안쪽, 마당, 차양 아래 외부에는 몇 개의 베이직한 테이블과 철제 의자가 있고 해산물을 좋아하는 사

> "클램 차우더나 바닷가재 롤 같은 단순한 요리를 주문하라. 실망하지 않을 것이다."
>
> Lonely Planet

람들은 신선하고 맛있는 해산물이 보스턴에서 가장 다양하게 갖춰졌다고 입을 모으는 양키 랍스터를 찾는다.

이곳에는 모든 것이 단순하고 효율적이다. 식사는 걸쭉한 크리미 차우더 한 그릇과 튀긴 가리비나 녹인 버터를 잔뜩 바른 바닷가재 살과 롤빵으로 구성될 것이다. 음식에는 모두 코울슬로와 맥주 반죽을 입힌 감자튀김이 따라 나온다. 다른 스페셜 메뉴는 그릴드 참치, 새우 튀김과 크랩 케이크 샌드위치가 있다. 대표적인 마카로니와 바닷가재 요리는 정육면체로 자른 바닷가재 살에 화이트 와인, 마늘, 토마토와 양파를 넣은 체더와 파르메산 소스를 뿌리고, 빵가루를 얹어 굽는다. **SH**

쇼스 피시 앤 랍스터 워프 Shaw's Fish & Lobster Wharf | 바닷가에서 맛보는 신선한 바닷가재

위치 뉴하버 **대표음식** 바닷가재 롤 Lobster roll | 💲

쇼스는 메인주 뉴하버의 어부들이 잡은 생선을 내려놓는 작은 작업항이 내려다보는 낚시 부두에 있다. 밖에서 보면 마치 2개의 가게가 하나인 것처럼 보이며, 커다란 빨간색 플라스틱 바닷가재가 입구 위에 걸려 있다. 별 5개 레스토랑처럼 보이지 않지만, 바닷가재 요리는 별을 받을 만한 수준이다.

바닷가재의 살을 찢어 약간의 마요네즈와 레몬즙을 넣은 후 섞어 부드러운 번에 올려 놓으면, 촉촉하고 유연한 질감에 환상적인 바다 내음이 난다. 애호가들은 쇼스가 메인주 해안에서 가장 맛있는 바닷가재 롤을 내놓는다고 생각한다.

바닷가재는 1마리, 2마리처럼 이루어진 디너로 먹을 수도 있으며 끓인 버터, 샐러드, 브레드 롤과 버터가 간단하게 곁들여 나온다.

따뜻한 음식을 원한다면, 바닷가재 스튜를 주문하라. 이외의 메뉴에는 샐러드(바닷가재가 들어있다.), 새우 바스켓, 스테이크, 햄버거, 여러 샌드위치뿐만 아니라 바삭하게 튀긴 조개와 부드러운 차우더가 있다. 치즈케이크와 키라임 파이 같은 디저트도 있다. 오늘의 스페셜 메뉴는 보드에 적혀있다.

날씨가 좋다면, 갑판에서 음식을 즐기며 항구를 지켜보라. 주위를 감상하는 사람이 당신만은 아닐 것이다. 1990년대 말, 할리우드는 영화 〈병 속에 담긴 편지〉를 촬영하기 위해 뉴하버를 찾았다. 영화의 결말은 슬펐지만, 쇼스를 찾은 사람들은 신선한 바닷가재로 인해 만족스러워 했다. **ATJ**

➡ 신선한 바닷가재 롤은 꼭 먹어봐야 한다.

비코Biko | 두 세계의 장점을 맛있게 결합시킨 장소

위치 멕시코시티　**대표음식** 카리예라(돼지 볼살)Carrillera (pig's cheek)　| ❸❸❸

비코에는 1990년대 초반부터 멕시코에 정착하여 멕시코의 전통과 맛을 탐구해 온 3명의 셰프가 있다. 미켈 알론소(Mikel Alonso)와 브루노 오테이사(Bruno Oteiza)는 스페인의 바스크 지방 출신이며 다른 셰프인 헤라르트 벨베르(Gerard Bellver)는 카탈루냐 출신이다.

그들은 자신들의 요리를 '퓨전'이자 '진화'로 정의하는데, 실상은 그보다 더욱 급진적이고 창의적이라 할 수 있다. 최상의 제철 재료를 사용하며 현대적인 조리 기법에 대한 깊은 이해를 바탕으로 준비된 음식에서는 자유로운 정신으로 가득한 열정이 돋보인다.

바스크 요리의 영향이 느껴지는 단품 메뉴도 있지만, 매 코스마다 놀라운 테이스팅 메뉴를 시도해 보기 바란다. 테이스팅 코스는 보통 후렐(Jurel, 전갱이의 일종), 셰리에 절인 사과나 배를 곁들인 푸아그라, 돼지 볼살 요리(carrillera callejera, 이는 멕시코의 대중적인 돼지고기 요리인 '타코 알 파스토르'에 대한 오마주다), 팝콘 가루를 입힌 메추라기 고기, 아마란스 크림을 곁들인 송아지 고기 등으로 구성된다.

디저트 역시 장난스러움이 가득하다. 가장 훌륭한 것은 입안에서 터지는 초콜릿 볼이다. 모든 코스에는 바스크적인 특징이 가미된 특별한 와인이 곁들여진다.

레스토랑의 인테리어는 미니멀하다. 목재가 많이 사용되었고 약간의 금속 장식과 함께 따뜻하고 미묘한 조명이 식사를 즐기기 위한 세련된 환경을 만들어 낸다. 이러한 레스토랑에 응당 있길 마련인 멤버십 클럽도 존재한다. 카사 비코(Casa Biko)의 회원들에게는 특별한 요리 기회와 테이스팅, 개인 조리 강습 등이 제공된다. **RR**

⬆ 비코의 애피타이저, 가리비 샐러드.

폰다 돈 촌Fonda Don Chon | 노동자들을 위한 전통 멕시코 요리

위치 멕시코시티 **대표음식** 아보카도 소스를 곁들인 선인장 벌레 타코Cactus worm tacos with avocado sauce | **⑤**

허름한 거리에 위치한 폰다 돈 촌에 처음 온 사람은 약간은 겁을 먹을지도 모르겠다. 멕시코시티의 문화, 지리, 관광의 중심지인 소칼로 광장에서 15분 거리에 있는 이 소박한 레스토랑은 멕시코의 유명한 정치인들은 물론 모험적인 맛을 추구하는 전 세계의 여행자들이 방문하는 명소이다.

이 레스토랑은 1950년대 세계 최대 식자재 시장인 메르세드 시장 근처에서 영업을 시작했는데, 신선한 재료로 상인들의 주머니 사정을 고려한 음식들을 제공했다. 1960년대 멕시코를 풍미한 저항문화 운동인 시피테카스(Xipitecas)와 70년대 민족주의적 자긍심의 영향이 돈 촌의 주방에도 미쳤다. 나우아틀(Nahuatl) 원주민의 요리 전통으로부터 영감 받았으며, 남미가 스페인의 영향을 받기 이전의 전통 음식을 개발했다.

민족 음식을 추구한다는 평판을 갖게 된 이후, 폰다 돈 촌은 멕시코의 대선 후보들이 대중에게 자신을 어필하는 장소가 되었다. 정치인들이 이 레스토랑을 방문하여 서구적인 입맛으로는 소화할 수 없는 전통 음식을 꿀꺽 삼키는 모습은 지역 언론이 보도하기 좋은 모습이기 때문이다.

가장 유명한 것은 크레올 및 남미 원주민적인 아이템인 아보카도 소스를 곁들인 선인장 벌레 타코다. 처음에는 질색하더라도 몇 번 맛보게 되면 즐길 수 있게 되는 이 음식은 바삭거리는 식감이 일품이다.

이 외에도 망고 소스 아르마딜로 미트볼(albóndigas de armadillo), 옥수수 깜부기를 곁들인 사슴고기(venado con huitlacoche), 이른바 '멕시코의 캐비아'라고 하는 붉은 개미 알(escamoles de hormiga) 등의 메뉴가 있다. 평일 점심시간이 가장 방문하기 좋고 오전에 시장을 구경하며 입맛을 돋운다면 더 좋을 것이다. **CO**

⬆ 간이 작은 사람은 엄두도 낼 수 없는 벌레 요리.

푸홀 Pujol | 요리의 혁신을 통한 전통의 부활

위치 멕시코시티 **대표음식** 몰레 마드레(Mole madre) | **❸❸❸**

"푸홀에서의 식사는 셰프 올베라를
가이드 삼아 멕시코의 요리 세계를 여행하는
경험이다."

A Life Worth Eating

멕시코 최고의 셰프인 엔리케 올베라(Enrique Olvera)는 푸홀에서 멕시코의 전통적인 대중 음식을 재해석한 요리를 시도하고 있다. 그는 해산물과 각종 농축산물 등의 재료에 관해 많은 시간을 들여 분석하고 연구해왔다. 그는 재료를 사용할 때 "낭비가 없으면 부족함이 없다(waste not, want not)"라는 격언에 충실하고자 하며 식재료의 대부분을 활용하는 셰프로 유명하다.

그는 멕시코의 전통과 혁신적인 조리법을 결합하여 독특한 요리를 창조해냈다. 이로 인해 푸홀은 세계 최상위 레스토랑 중 하나로 자리매김했다.

테이스팅 메뉴는 짧은 것과 긴 것이 있는데 최고의 경험을 위해서는 당연히 후자를 권한다. 여기에는 11개의 코스가 제공되는데 호박의 속을 긁어내고 구운 베이비 콘을 채운 요리가 포함된다. 옥수수는 '멕시코의 맛'이자 멕시코 요리의 핵심적인 식재료이며 이는 푸홀의 여러 메뉴에서 다양하게 활용되고 있다.

다른 요소는 모두가 좋아하는 몰레(Mole, 다양한 요리에 사용되는 멕시코 칠리 소스)이다. 올베라의 버전인 몰레 마드레는 종지에 일정량의 소스를 채워 서빙되며 다 떨어지면 몰레를 채워준다. 이 요리는 오직 토르티야만을 곁들여 제공되는데 수천 년의 전통을 가진 어둡고 짙은 향의 소스를 맛보기에는 이만한 궁합이 없다. 다른 요리로는 박하(hoja santa herb)를 곁들인 생선 세비체, 개미유충(Escamoles)을 곁들인 토스트, 칠리소스와 건새우를 넣은 그린 누들 등이 있다. 디저트로는 단순하지만 절묘한 맛을 지닌 발효한 바나나를 권한다.

와인 리스트도 잘 구비되어 있는데, 한정판 맥주 역시 맛볼 만하다. 공간은 단순하게 꾸며져 있으며, 종업원들의 서비스는 완벽하다. 이 레스토랑은 손님들에게 훌륭한 경험을 제공하며, 멕시코시티에 대한 좋은 추억을 남겨준다. **RR**

⬆ 멕시코시티의 번화가에 위치한 레스토랑의 입구.

➡ 푸홀의 창의적인 타코 요리.

아술 콘데사 Azul Condesa | 열정과 상상력으로 빚어낸 멕시코 요리

위치 멕시코시티 **대표음식** 몰레 네그로 소스에 담긴 구운 오리 튀김 Roast duck stuffed fritters in mole negro | ❸❸

> "가장 훌륭한 점은 몰레 네그로이다. 이것은 소스라기보다는 전통이라고 불러야 한다."

Trevor Felch, trevsbistro.com

분위기는 밝고 경쾌하며 현대적이다. 날씨가 좋은 날에 야외 테이블에 앉는다면, 강렬한 햇빛과 밝은 잎사귀들이 다이닝룸의 시원하고 연한 색채와 생생한 대조를 이룬다.

그러나 무엇보다도 큰 즐거움은 이곳의 헤드 셰프인 리카르도 무뇨스 수리타(Ricardo Muñoz Zurita)의 상상력 넘치는 음식이다. 그는 스타 셰프이자 멕시코 요리 사전을 포함한 여러 도서의 저자이다. 아술 콘데사는 아술 이 오로(Azul y Oro), 아술 이스토리코(Azul Histórico)에 이은 그의 3번째 레스토랑으로, 가장 좋은 평을 받고 있다.

수리타가 만들어낸 메뉴들은 멕시코인들이 잊었거나 신경 쓰지 않는 멕시코 요리, 특히 다양한 몰레 소스로 유명한 서남부 오악사카(Oaxaca)주의 전통 요리에 대한 오마주라고 할 수 있다. 매운 소스로 유명한 타바스코(Tabasco)주의 전통도 그의 요리에 잘 표현되어 있다.

타바스코 지역 스타일로 조리되어 토마토 소스와 치즈를 토핑으로 뿌린 옥수수 만두(chaya tamalito)를 맛보자. 도전의식이 충만하다면 매운 과카몰레를 섞은 메뚜기 또는 올리브유로 조리한 바다달팽이를 시도해 보라. 메인 요리로는 오악사칸 몰레 네그로(Oaxacan mole negro, 검은 몰레 소스)에 담긴 구운오리 튀김이나 옐로우 몰레를 곁들인 사슴고기를 추천한다.

아술 콘데사는 다양한 지방 요리에 수리타의 현대적 상상력을 가미한 곳이며, 매월 칠리, 버섯, 해산물 등의 식재료로 특별한 메뉴를 구상한다. 심지어는 술도 특이하게 내는데, 메스칼 주를 전통적인 용기인 조롱박에 담아 서빙한다. 아술 콘데사에서의 식사는 개성 있는 경험임이 분명하다. **ATJ**

⬆ 아술 콘데사는 군더더기 없는 창의적인 요리를 제공한다.

산 앙헬 인 San Angel Inn | 식민지 시절 농장 스타일의 전통 멕시코 요리

위치 멕시코시티 **대표음식** 위틀라코체Huitlacoche | ⑤⑤⑤

분주한 레볼루시온 거리와 인수르헨테스 거리를 지나 알타비스타(Altavista) 거리를 걷노라면 멕시코의 유명한 예술가이자 벽화가인 디에고 리베라의 스튜디오가 보인다. 산업화 시대의 미학적 설계, 톱니 모양의 지붕, 충격적인 보라색 벽을 가진 이 건물은 건축학적으로 마치 바우하우스(Bauhaus)의 일부인 것처럼 보인다.

이곳은 공장을 연상시키는 건물 반대편에 자리잡고 있다. 이곳은 17세기 식민지 시절에는 카르멜리테 수도원이었으며 1910년 멕시코 혁명의 지도자인 판초 비야와 에밀리아노 사파타가 협정을 체결한 역사적인 장소이기도 하다.

푸르게 우거진 정원과 우아한 주랑을 지나 안뜰로 향하면 우아한 다이닝룸, 바, 무도장이 있는 이곳은 멕시코에서 가장 아름다운 농장 중 한 곳이라 할 만하다. 아가판투스 꽃과 분수로 가득한 타일이 깔린 공간에서 악사들이 음악을 연주하고 은색 술병에 담긴 완벽한 마르가리타가 얼음통과 함께 서빙된다.

넓은 식당은 광을 낸 목재 테이블과 풀먹인 흰색 리넨, 접시를 나르는 웨이터들로 가득하다. 메뉴에는 아카풀코 스타일의 해산물 애피타이저, 록펠러 새우와 슈니첼, 검은 버터를 곁들인 송아지 골 요리 등이 있는데, 가장 유명한 것은 다양한 사이드 메뉴를 곁들일 수 있는 위틀라코체(옥수수 팬 케이크)일 것이다.

이 레스토랑의 메뉴는 멕시코 시티 어디서나 볼 수 있는 길거리 음식들과는 다르다. 하지만 멕시코의 잘 나가는 셰프들이 실험적으로 추구하는 첨단 몰레 소스 같은 것을 제공하지는 않는다. 산 앙헬 인이 제공하는 요리는 국제화된 멕시코 음식이라 할 만하다. 트렌디하지는 않지만 자체로도 훌륭한 맛을 제공한다. **SFP**

메로토로 MeroToro | 바하칼리포르니아가 멕시코시티에 오다

위치 멕시코시티 **대표음식** 슬로우 로스트 립Slow-roasted ribs | ⑤⑤

메로토로를 문자 그대로 해석하면 물고기(Mero)와 황소(Toro)라는 뜻이다. 이 레스토랑은 멕시코 시티의 패션 지구인 콘데사에 위치하고 있다. 가브리엘라 카마라(Gabriela Cámara)와 파블로 부에노(Pablo Bueno)가 운영하는 이곳은 바하칼리포르니아의 영향을 받은 메뉴를 제공하는데, 바닷가재와 스테이크를 서빙하는 레스토랑 이상의 의미를 갖는다. 물론 생선과 소고기를 그릴에 굽고 비프 립을 로스팅하면서 애피타이저로 해산물을 제공하는 식당이다. 그러나 헤드 셰프인 하이르 테예스(Jair Téllez)의 메뉴는 각 요리 사이에서 행복한 결혼이자 영원한 천상의 맛을 추구하는 여정이라고 할 만하다.

흰콩, 성게, 초리조 오일로 만든 수프는 부드러우면서 거친 맛을 낸다. 천천히 조리한 이베리아 반도 스타일의

> "하이르 테예스는 해산물과 육류 요리 모두에서 자신의 능숙한 스킬을 선보인다."
>
> fodors.com

돼지고기 요리도 추천한다. 볶은 렌즈콩과 수란을 곁들인 이 요리는 입안에서 느껴지는 충족감과 씹는 재미를 선사한다. 메인 요리에 대해선 사람들의 선호도가 2가지로 나뉜다. 달콤쌉싸름한 콜리플라워와 근대로 만든 크림 퓌레 위에 육즙이 넘치는 단맛의 구운 그루퍼 필레를 얹은 요리와 짭쪼름하면서도 단 멕시코 스타일의 새우 리소토다. 후자는 아마도 이탈리아계인 카마라의 취향이 반영된 것이리라. 이 레스토랑은 카마라와 부에노가 멕시코 시티에서 콘트라마르(Contramar)에 이어 2번째로 연 레스토랑이다. 탁월한 다이닝 경험을 제공하는 것으로 유명한 이들의 명성 덕에 초반부터 패셔너블하면서 음식을 사랑하는 손님들이 방문했다. 현대적이면서도 최신의 유행을 따르는 식당의 외관과 내부도 훌륭하다. **ATJ**

스코치스 Scotchies | 자메이카 저크 치킨 본연의 맛

위치 몬테고베이 | **대표음식** 저크 치킨 또는 저크 피시 Jerk chicken or jerk fish | **⑤**

짚으로 만든 캐노피 아래 오래된 술통과 육중한 나무 벤치가 있고 시끄러운 음악 속에서 사람들이 레드 스트라이프 맥주를 마시며 도미노 게임을 하는 이곳이 바로 스코치스이다. 요리는 얇은 포일에 싸여 플라스틱 나이프, 포크와 함께 서빙된다. 이 요리가 흔한 자메이카 저크 꼬치구이(Jerk Pit)라고 단정하는 것은 섣부른 판단이다. 스코치스의 요리는 가히 세계적인 수준의 세련됨을 보여준다. 스코치스는 킹스턴과 오초 리오스(Ocho Rios)에 분점을 냈다.

세 군데 모두 고기를 부드럽게 만들기 위해 레몬과 소금물에 밤새 마리네이트한 뒤, 레몬, 허브, 고추 가루가 들어간 강한 향신료의 '저크' 소스에 시즈닝하는 전통 조리법을 충실히 따르고 있다.

시즈닝된 닭은 절반으로 잘려져 월계수 및 피망나무 칩으로 훈연하는 자메이카 전통 바비큐 화로에 놓이고 어마어마한 양의 넓적한 돼지고기도 함께 조리된다. 화로엔 별다른 불판이 없으며 고기는 나무 위에서 바로 구워진다. 돼지고기와 닭고기 모두 주름진 철판 시트로 덮여 있기 때문에 조리되는 동안 나무 칩의 훈제 향이 밴다. 카리브해의 나무 칩을 쓰지 않으면 이와 같은 향을 재현할 수 없다고 주장하는 전문가들도 많다.

주 메뉴인 돼지고기는 1/4파운드, 1/2파운드, 1파운드 단위로 서빙되고 닭고기는 1마리, 반마리, 1/4마리 단위로 주문 가능하다. 다른 '메인 코스'로는 오크라, 양파, 토마토를 곁들인 치킨 또는 돼지고기 소시지나 저크 피시가 있다. 사이드 디시로는 구운 고구마, 얌, 빵나무 열매, 옥수수, 플랜틴 바나나, 밥과 완두콩, 밥과 강낭콩, 지역 명물인 옥수수 튀김, '페스티벌(festival)'이 제공된다. **SH**

글로리아스 랑데부 Gloria's Rendezvous | 피시 티를 홀짝이며 분위기에 젖다

위치 킹스턴 | **대표음식** 커리 바닷가재 Curried lobster | **⑤**

자메이카 문화에서 파인 다이닝은 상호간의 대화를 넘어 밤 늦은 시간까지 즐기기 위한 긴 사회적 의례라고 할 수 있다. 그렇기에 많은 자메이카인들은 자메이카 최고의 레스토랑으로 평가되는 포트 로열(Port Royal)에 위치한 글로리아의 해산물 레스토랑 두 곳을 찾는다. 그러나 리넨 식탁보와 흰 장갑을 낀 웨이터들이 서빙할 것이라고 기대하지 마라. 여기서는 공항 근처 길가의 천막 아래 플라스틱 의자에 앉아야 한다. 게다가 음식은 곧 무너질 것 같은 허름한 주방에서 조리된다.

랑데부는 서비스도 약간 부족하다. 때로는 친근하게 응대하지만 보통은 손님의 부름에 천천히 대응한다. 음식이 나올 때까지 1시간이나 걸리는 일은 예사롭고, 웨이트리스들은 주문을 되는대로 기억하려고 한다. 그러나 자메이카 주민들은 괘념치 않고 편안한 상태로 대화를 나눌 수 있는 기회를 즐긴다.

모든 손님들이 공감하는 것은 기다릴 만큼의 가치를 가진 음식이 제공된다는 것이다. 포트 로열의 어부들이 잡은 신선한 물고기를 찜, 구이, 튀김으로 조리한다. 그 외에 커리 가루로 조미하거나 구운 바닷가재, 비늘돔, 퉁돔, 소라고둥 수프, 마늘 또는 꿀로 조린 새우 등이 주 메뉴로 제공된다. 사이드 디시에는 자메이카인들이 좋아하는 밥과 완두콩, 구운 양파, 오크라, 토마토, 페스티벌 스위트 브레드, 고구마 푸딩, 바미 빵(Bammy, 자메이카 전통 빵) 등이 있다. 가장 색다른 것은 주 메뉴 전 작은 컵으로 나오는 피시 티(fish tea)다.

글로리아의 레스토랑들은 음악과 춤이 함께하는 생생한 야경으로 유명하다. 붐비는 시각에 자메이카 주민들과 관광객을 구분하는 방법은 간단하다. 주민들은 미리 전화로 음식을 주문하여 기다리는 시간을 아낀다. **SH**

◄ 전통 기법으로 조리된 스코치스의 저크 치킨.

마멀레이드 Marmalade | 세련된 푸에르토리코 요리

위치 산후안　**대표음식** 트러플 오일을 넣은 흰 콩 수프 White bean soup with truffle oil | $

"훌륭한 맛과 디테일에 대한 관심을 볼 때
이 레스토랑은 요리에 대한 애정의 결과물이라 할
것이다."

frommers.com

레스토랑의 주인이자 셰프인 피터 쉰틀러(Peter Schintler)는 레이몬드 블랑, 고든 램지, 피터 티민스 등 6명의 유명 마스터 셰프를 비롯하여 맨해튼의 르 시르트(Le Cirque), 싱가포르의 블루 레스토랑(Blu Restaurant)에서 일했고 자신의 첫 레스토랑을 푸에르토리코에 열었다.

이곳은 스페인 식민지 시절 수도의 일부였던 올드 산후안의 그림처럼 아름다운 중심부 거리인 포르탈레사(Calle Fortaleza)에 위치하고 있다. 음식은 모던한 '캘리포니아 스타일의 프랑스 음식'으로, 현지 농장에서 생산된 농산물이 사용되며 쉰틀러가 마스터 셰프들과 일하며 얻은 국제적인 요리 감각이 녹아 들어 있다.

특히 그가 이탈리아의 유명한 트러플 레스토랑인 피에몬테의 라 콘테아(La Contea)에서 얻은 경험은 소박한 푸에르토리코식 흰 콩 수프를 진화시켜 훌륭한 대표 메뉴로 자리매김하게 하였다. 이 음식을 맛본 사람들에 따르면 검은 트러플 오일, 사과나무 칩으로 훈제한 베이컨 더스트, 마늘, 다임, 양파, 셀러리로 맛을 낸 이 부드러운 수프가 그야 말로 '인생을 바꿀만한 경험'이었다고 한다. 빨간 퉁돔 요리에는 그가 '올해의 떠오르는 스타 셰프' 상을 수상했던 싱가포르에서의 경험이 녹아져 있는 듯하다. 이 요리는 빨간퉁돔을 타이 커리 및 코코넛 육수로 삶은 다음 재스민 라이스(jasmine rice, 태국 쌀)와 양념한 새우 참깨 만두를 곁들인다.

이 레스토랑은 오렌지색 및 흰색 계열의 세련된 장식과 두터운 쿠션의 벤치가 어우러져 현대적이면서도 편안하다. 때로는 쉰틀러가 직접 메인 코스를 서빙하기도 한다. 식후에는 라운지에서 칵테일을 즐길 수 있다. 특히 마시는 동안 뜨거운 매운 맛을 내는 얼음 큐브가 담긴 '지구 온난화' 칵테일이 일품이다. **SH**

⬆ 고급스런 외식 경험을 제공하는 훌륭한 레스토랑의 정경.

레인포레스트 하이드어웨이 Rainforest Hideaway | 낭만적인 열대우림에서의 식사 경험

위치 마리곳 베이　**대표음식** 대구 브랑다드를 곁들인 구운 황새치 요리 Grilled swordfish with saltfish brandade | 💲💲

레인포레스트 하이드어웨이로 가는 드라이브 길은 마리 곳 베이(Marigot Bay)의 투명한 바다 위로 야자 나무, 맹그로 브 나무가 펼쳐지고 그 사이로 요트가 넘실대며 퇴색한 나무 부두가 보이는 언덕길은 그 자체만으로 '애피타이 저'라고 할 만하다. 그리고 식당이 제공하는 수상 택시에 올라타 먼 해안가에 있는 야외 레스토랑으로 이동하는 순 간, 손님들은 자신들이 특별한 곳에 와 있음을 실감한다. 열대우림으로 향하는 산책로와 부두를 따라 펼쳐진 이곳 에는 밤이면 나무에 걸린 작은 조명, 테이블에 놓인 촛불 과 방풍 램프가 켜진다. 테이블 아래의 조명은 부두 주변 에서 노니는 물고기떼를 비추어 탄성을 자아낸다. 게다 가 멀리 떨어진 레스토랑임에도 불구하고 이국적인 카리 브해의 풍미와 고전적인 프랑스 요리 기법은 놀라울 정도 로 세련되어 있다.

칠리 및 레몬그라스를 우린 새우 요리, 생강 소스를 얹 은 마늘 리소토, 구운 호박이 곁들여진 마히마히 생선 구 이, 토스톤(tostone, 플랜틴 슬라이스 튀김), 크레올 스타일의 화이트 버터 소스, 칼라루(Callaloo, 카리브해의 열대 야채) 수 프 등이 훌륭하다.

셰프는 스웨덴 출신으로 애피타이저, 디저트, 소스, 사이드 디시에는 카리브해 지역에서 나는 식재료를 사용 하는 규칙을 지키고 있는데, 작은 섬이라 공급이 어려운 점을 감안하여 육류와 생선류는 수입된 재료를 사용하고 있다. 과일과 허브 대부분은 레스토랑의 뒷마당에서 직 접 재배하고 있다.

세인트루시아의 코코아 원두는 초콜릿 업계에서 좋 은 평가를 받고 있기 때문에, 화이트 초콜릿 크렘 브륄레 나 다크 초콜릿 케이크 같은 디저트의 초콜릿도 이 섬에 서 재배한 재료를 활용한다. 더 모험적인 디저트를 원한 다면 '치즈 라비올리 튀김'을 시도해 보라. **SH**

"이 은신처(hideaway)에서는 이국적인 카리브해의 맛이 프랑스 요리 기법과 훌륭한 한 쌍을 이룬다."
fodors.com

⬆ 마리곳 베이의 장관.

더 코브The Cove | 셰프의 고향에서 즐기는 바베이도스 요리의 진미

위치 캐틀워시　**대표음식** 오렌지와 생강으로 글레이즈한 오늘의 생선Fish of the day in orange and ginger glaze | 💲💲

카리브해의 요리책 저자의 집에서 점심을 먹고 싶은가? 바베이도스 섬이라면 가능한 일이다. 요리사이자 저자인 로럴 앤 몰리(Laurel-Ann Morley)는 캐틀워시(Cattlewash)의 동부 해안을 바라보는 코브 레스토랑에서 점심 식사를 직접 만든다. 이곳은 그녀의 자택을 겸하는데 옅은 파란색의 이 단순한 목조 건물은 나무 사이에 숨어 있어 찾기 어렵다. 언덕으로 향하는 작은 표지판에 의지하여 찾아야 한다.

　주변 풍경은 소박하다. 나무 바닥에 하얗게 벽을 바른 내부 홀이나 목재 베란다의 야외 테라스에 앉을 수 있다. 메뉴는 칠판에 적혀있고 한정되어 있지만, 로럴 앤이 각 요리에 대해 설명해준다. 일요일엔 바베이도스 스타일의 뷔페가 제공되는데 섬 전역에서 주민들이 모여들기 때문에 예약이 필수다.

　이곳에서는 신선하고 잘 다듬어진 바베이도스 식재료를 활용한다. 이 지역에서 유명한 속을 채운 게 찜, 날치 튀김, 서인도식 스튜 등의 메뉴를 찾을 수 있다. 가볍게 다진 새우는 후추 젤리에 찍어 먹거나 코코넛 커리를 곁들일 수 있다. 사이드 디시에는 고구마, 카리브식 소스, 시큼하고 달콤한 비트 뿌리 피클이 있다. 그 외에 얌, 에디(eddoe), 카사바 등의 녹말 채소 수프나 칼라루(calaloo) 수프 등 잘 알려지지 않은 바베이도스 요리도 제공한다. 이 식당이 자랑하는 '오늘의 생선' 요리는 오이스틴스(Oistins) 어시장에서 공급받는 것으로, 낯설 수도 있는 카리브해 가물치(channa)나 마히마히 같은 생선에 로럴 앤의 대표적 기법인 오렌지 및 생강 글레이즈를 바른 것이다. 디저트는 럼과 건포도 빵 푸딩, 초콜릿 퍼지 파이, 라임 크림 타르트 등이 인기 있다. **SH**

⬆ 코브는 해안가 고속도로 위편에 있다.

챔퍼스 Champers | 환상적인 열대 섬에서 즐기는 맛있는 음식

위치 크라이스트 처치　**대표음식** 파르메산 크러스트 꼬치고기 |Parmesan-crusted barracuda | ❺❺❺

테라스에 앉아 바람에 흔들리는 야자 나무가 있는 해변의 모래 위로 파도가 부서지는 풍경을 상상해 보라. 챔퍼스 레스토랑은 카리브해의 꿈이 이루어지는 장소이다. 물론 아크라 해변의 멋진 풍경 외에도 이 전통적인 서인도제도 양식의 건물에는 특별한 것이 있다. 이곳의 주민들은 챔퍼스를 크라이스트 처치 남부 해안 중 최고의 레스토랑으로 꼽는다.

대표 메뉴인 꼬치고기 생선 요리에서부터 전형적인 카리브해 음식인 칠리 소스 코코넛 새우, 케이준 스타일로 블래크닝(Blackening, 녹인 버터에 생선 등을 담근 다음 각종 허브와 스파이스를 묻히고 주물 팬에서 구워 갈색 내지 검은색 크러스트를 남기는 요리 기법, 역주) 한 마히마히와 라이스 등이 일품이다. 날치, 참치, 가리비 등의 메뉴도 있다. 지역 특산물 외에도 생선 파이, 스코틀랜드 스타일의 훈제 연어, 게살 크레이프 등도 제공된다. 일반 식사 메뉴로는 간마늘과 캐러멜 사과 소스를 얹은 스파이스 포크 찹, 매시드 포테이토와 작은 브로콜리를 곁들인 허브 크러스트 양

고기가 있다.

바닷가재, 새우, 조기, 홍합을 샴페인과 페스토 크림에 섞은 모둠 해산물 파스타와 같은 메뉴나 간 마늘, 코냑, 머스터드 크림을 얹은 소고기 필레, 스파이스드 애플과 함께 카망베르 치즈를 넣어 부풀게 구운 과자를 보면 셰프가 국제적인 감각을 갖고 있음을 알 수 있다.

주차 안내 요원과 꽤 푸짐한 음식의 양을 보면 미국적인 외식 경험을 추구하는 것도 같다. 레스토랑의 아래층은 위층에 비해서 좀 더 활기차고 여유롭다. 바다를 내려다볼 수 있는 테이블에 앉기 위해선 사전 예약이 필수이며 주인이 자랑하는 지역 미술품 갤러리를 구경하는 것도 재미있을 것이다. **SH**

⬆ 딸기 쿨리를 얹은 챔퍼스의 치즈 케이크.

오이스틴스 피시 프라이 Oistins Fish Fry | 현장에서 요리한 생선을 여흥과 즐기자

위치 오이스틴스　**대표음식** 황새치 바비큐Barbecued swordfish　ⓢ

일회용 종이 접시에 플라스틱 나이프와 포크를 이용하고, 인쇄된 메뉴판도 없는 이 식당은 분명 최신의 깔끔한 요리를 추구하는 곳은 아니다. 그럼에도 오이스틴스 피시 프라이는 바베이도스를 여행자에게 잊을 수 없는 요리의 추억을 안겨주는 곳이다. 원래 오이스틴스는 바베이도스 남쪽의 조용한 어촌으로 수산시장만이 유명했었다. 그런데 시장을 따라 노점들이 들어서며 당일 잡은 물고기를 바비큐하여 팔기 시작했다. 이는 큰 호응을 얻었고 현재 바베이도스에서 2번째로 큰 관광지로 자리매김하고 있다.

엉클 조지(Uncle George's), 그래니(Granny's), 팻의 식당(Pat's Place) 등의 이름이 붙은 30여 개의 노점들 사이에서 피시 프라이의 레시피는 간단한 편이다. 튀기거나 구운 생선을 큰 접시에 담고 샐러드, 고구마, 코울슬로, 채 친 오이(cucumber julienne), 마카로니 파이, 감자튀김 등을 곁들인다. 제공되는 물고기는 보통 청새치, 황새치, 참치, 통돔, 바닷가재, 새우, 마히마히, 날치 등이다. 여러 노점 사이에서 원하는 요리를 주문하면, 이 노점들이 공유하는 벤치와 피크닉 테이블에 앉아 음식을 즐길 수 있다. 단 이곳에는 와인 리스트는 없으며 흔히 지역 특산의 뱅크스 맥주나 럼을 즐긴다.

현재 주중 내내 주야로 운영되며 호텔들이 운영하는 셔틀 버스가 이곳을 경유한다. 지역 주민들은 괴상한 팬시 드레스를 입고 이곳에 오기도 한다. 한편 수공예품과 기념품 판매대도 많고 임시 무대에는 로컬 밴드, 합창단, DJ가 공연을 하기도 한다. 음악 사이로 일부 노인들이 테이블에 앉아 도미노를 즐기지만 대부분의 사람들은 음악에 맞춰 춤을 추기 마련이다. 절대 잊을 수 없는 경험이다. **SH**

↥ 다양한 생선 구이를 즐길 수 있다.

브라운 슈가 Brown Sugar | 생생한 경관 사이에서 즐기는 정통 바베이도스 요리

위치 브리지타운　**대표음식** 쿠쿠와 날치 | Cou-cou and flying fish | 💲💲

마카로니 파이, 페퍼포트(스파이스로 양념한 고기) 스튜, 날치 등의 전통 요리 애호가를 위한 곳이다. 바베이도스를 방문한 사람들이라면 이 3가지 음식이 갖는 의미를 잘 알기 마련이다. 브라운 슈가는 다른 요리들과 함께 이 메뉴들이 일품이며 항상 북적거린다.

이곳은 수도 외곽의 45년이 넘은 서인도식 저택에서 운영되고 있다. 해변에서 멀지 않지만 바다가 보이지는 않는다. 내부는 시원하며 파티오는 꽃과 양치 식물, 분수로 잘 꾸며져 있다. 브리지타운 지역의 뮤지션들이 하는 연주는 누군가의 집에 초대받은 분위기를 자아낸다. 30여 개의 서인도 요리 및 크레올 요리가 나오는 점심 뷔페에는 주민들과 관광객들이 상당히 많이 찾아온다. 뷔페에서 제공되는 음식 중에서도 가장 훌륭한 것은 이 나라의 대표음식인 쿠쿠(Cou-cou)다. 옥수수 가루와 오크라의 부드럽고도 강한 반죽으로 조리되어 쿠르부용(court-bouillon)으로 삶은 제철 날치가 올려진다. 쿠쿠는 카리브 해의 전통 음식으로 노예들을 먹이기 위해 지역의 값싼

재료를 사용하던 시절에 만들어진 유서 깊은 음식이다. 그 외 뷔페에서 눈여겨볼 지역 특산 음식은 호박빵 만두, 콩과 밥, 플랜틴 튀김, 사우스(souse, 라임과 식초 부용에 천천히 조리한 돼지고기), 어묵, 페퍼포트 스튜, 마카로니 파이 등이다.

저녁에는 촛불이 켜진 조용한 분위기로 지역 특산 메뉴인 완두콩 수프(split pea soup)와 비스킷, 코코넛 새우, 랜즈콩 칠리, 플랜틴 크러스트 마히마히 등이 일품 요리로 제공된다. 메인 메뉴를 마친 다음에는 서인도제도의 전형적인 디저트를 즐겨보면 어떨까? 포포나무 열매 파이, 럼 소스로 만들어진 빵과 버터 푸딩 등은 브라운 슈가에서 가장 인기 있는 디저트이다. **SH**

⬆ 브리지타운 외곽에 위치한 브라운 슈가의 모습.

리처드스 베이크 앤 샤크 Richard's Bake & Shark | 궁극의 상어 튀김 샌드위치

위치 마라카스 베이　**대표음식** 상어 튀김 샌드위치 Fried shark sandwich | $

"세계 최고의 생선 샌드위치일지도 모르겠다. 생선 애호가라면 리처드 샌드위치를 꼭 맛봐야 한다."

Arthur Bovino, Daily Mail

어떤 사람들에게는 생선 튀김 샌드위치라는 것이 트리니다드토바고 버전의 피시 앤 칩스처럼 일상적인 음식일 것이다. 그러나 어떤 이들에게 이 음식은 이 세상의 훌륭한 요리로 여겨진다. 대부분의 사람들이 동의하는 것은 생선 튀김 샌드위치를 맛보기에 트리니다드토바고의 하얀 모래밭 위에 야자 나무가 펼쳐진 풍광을 자랑하는 베이크 앤 샤크만 한 곳이 없다는 것이다.

리처드의 베이크 앤 샤크는 마라카스 베이 해변 뒤에 늘어선 여러 노점 중의 하나지만, 가장 오래됐으며 가장 유명한 곳이다. 지금은 리처드의 아들인 게리(Gary)가 운영하는데 레시피와 평판은 여전하다. 재료는 간단하다. '베이크'는 밀가루, 물, 베이킹 파우더, 라드, 이스트, 소금으로 이뤄진 반죽 덩어리를 뜨거운 기름이 끓는 팬에서 구워서 만든다. 빵이 마치 인도식 튀긴 빵처럼 바삭바삭하고 기름지게 되면, 밀가루 튀김옷을 입혀 튀겨낸 상어 스테이크(보통 블랙팁 상어 고기가 사용된다)를 넣어 내 놓는 것이다.

손님들은 여기에 다양한 소스와 사이드를 곁들여 자신만의 샌드위치로 만들어 먹는다. 특히 이 소스의 품질이 성공의 비밀이 아닐까 싶다. 마늘 소스, 타마린드, 칠리 소스, 망고 처트니, 맥시칸 코리앤더(chadon beni)에서부터 트리니다드토바고 스타일의 제철 양배추와 오이가 사용된 코울슬로, 치즈, 다양한 샐러드, 파인애플 조각까지 다양한 토핑을 얹을 수 있다. 차가운 맥주를 곁들이면 더욱 훌륭하다.

샌드위치는 노점 옆 테이블에서 먹을 수 있지만 해변에서 먹는 것이 더 맛있을 것이다. 대기열은 너무나 길다. 특히 주말에는 마치 섬의 모든 사람들이 이 샌드위치를 먹으러 온 것 마냥 오래 기다려야 한다. **SH**

⬆ 베이크 앤 샤크 샌드위치는 줄 서서 기다릴 만한 가치가 있다.

베니 망제 Veni Mangé | 다채로운 느낌의 창의적인 카리브해 요리

위치 포트오브스페인 **대표음식** 만두가 들어간 소꼬리 스튜Stewed oxtail with dumplings | 💲💲

베니 망제는 트리니다드토바고 수도의 중심 지역인 아리아피타 거리(Ariapita Ave.)에 위치한 활기 넘치는 식당이다. 진흙으로 채색한 오래된 식민지 시절의 저택으로, 이국적인 열대수로 둘러싸여 있다. 모든 의자가 서로 다른 색상으로 칠해져 있고 벽에는 지역의 미술품들이 가득하다.

한 가지 아쉬운 것은 이 레스토랑을 이끌어 나가던 셰프 앨리슨 헤네시(Allyson Hennessy)가 2011년에 작고한 일이다. 그녀는 트리니다드토바고의 유명 방송인으로도 명성이 높았다. 그녀는 자매인 로제스 헤제키아(Roses Hezekiah)와 1980년 '와서 드세요'라는 뜻의 프랑스 사투리인 베니 망제를 이곳에 열었다. 로제스는 카리브해 지역 음악 프로듀서이며, 오늘날까지 레스토랑을 운영하고 있다.

이곳은 매일 다양한 카리브 특산 요리를 선보인다. 칼라루 수프, 크랩 백(crab back, 게에 속을 채워 찐 요리), 크레올 양고기 등의 요리와 코코넛 베이크, 럼 과일 푸딩 등의 홈메이드 디저트도 일품이다. 신선한 생선은 빨간통돔, 마히마히, 그루퍼, 킹피시, 새우 등이 있다. 보통은 구운 것을 타마린드, 코코넛, 망고, 마늘 소스를 발라 낸다.

트리니다드토바고 기준으로 이곳은 고급이며, 가격은 다른 곳에 비하여 높다. 모든 음식은 가정풍으로 장식된 도기에 세심하게 담아 내 놓는다. 멕시코 고수 소스를 부은 염장한 대구 아크라(saltfish accra, 튀김), 덤플링과 함께 기네스 맥주로 끓인 소고기 스튜, 파인애플 럼 소스를 얹은 닭고기, 생강 소스 돼지고기 요리, 망고 소스를 곁들인 광저기 콩과 견과류로 만든 크로켓 등의 창의적인 메뉴가 제공된다. 카사바, 만두, 녹색 무화과로 끓인 생선국 역시 꼭 맛봐야 하는 음식이다. 사이드 디시에는 카리브 지역에서 주식처럼 먹는 마카로니 파이, 플랜틴, 병아리 콩, 콩, 밥 등이 있다. **SH**

"전통적인 서인도제도 주택에서 이 지역 최고의 점심을 맛보다."

fodors.com

⬆ 세심하게 준비된 음식을 긍지를 갖고 제공하는 식당이다.

로 누에스트로 Lo Nuestro | 아늑한 환경의 정통 에콰도르 해산물

위치 과야킬 **대표음식** 세비체Ceviche | 💲💲

에콰도르 최대의 도시인 과야킬의 북적이는 항구는 하구와 태평양에서 잡은 해산물로 유명하다. 그러므로 이곳에서 최상급의 레스토랑으로 평가 받는 누에스트로가 해산물 요리를 내 놓는 것은 당연하다.

이 건물은 하얗게 칠해진 저택이었는데, 깃발과 커다란 화분의 야자로 장식되어 있고 오늘의 스페셜 메뉴가 적힌 칠판이 행인의 시선을 끈다. 내부는 분홍색과 흰색을 주로 사용하여 아늑한 느낌이 든다. 나무 덧문과 고가구들이 개성적이며, 벽은 오래된 그림과 사진으로 덮여 있다. 음식의 가격은 평균적인 에콰도르 레스토랑보다는 비싸지만 이곳은 편안하며 정통 식당 같은 느낌 준다.

대부분의 손님들은 세비체를 맛보고 메인 코스로 오늘의 생선을 주문한다. 점심 시간에는 전형적인 남미 스타일의 점심 식사가 몇 시간씩 이어지기도 한다. 여러 모로 실험한 지역 전통 음식과 식재료를 사용한 음식이 예쁘게 준비되어 제공된다.

식당의 대표적인 세비체는 문어, 생선, 새우, 오징어를 라임 주스에 마리네이트하여 조개 껍질 위에 얹어 단 적양파 조각을 토핑한 것이다. 양념한 게다리 요리엔 마늘 딥 소스가 곁들여지며 농어 요리엔 게살 소스가 부어진다. 다른 인기 요리로는 코르비네 콘 베르데(corvine con verde)가 있는데, 도미류 생선을 튀겨 야채 및 아보카도를 얹은 것이다. 그 외에 홈메이드 엠파나다, 세코 데 치보(seco de chivo, 염소 스튜), 다양하게 조리된 새우 등도 호평을 받는 편이다. 분주하면서도 들뜬 분위기의 이곳은 에콰도르의 맛을 즐길 수 있는 유쾌한 식당이다. **SH**

라 초사 La Choza | 밝고 흥겨운 패밀리 레스토랑에서 에콰도르 요리를 즐기다

위치 키토 **대표음식** 치즈 수프Cheese soup | 💲💲

피야레스 가족은 40년 이상 높은 품질의 전통 에콰도르 요리를 만들어 왔다. 주인인 디아나 팔라레스(Diana Pallares)에 따르면 그녀의 할머니 대에서부터 전해 내려온 레시피를 따르고 있다고 하는데 최근에는 현대적인 기법을 함께 응용하고 있다. 이 대형 레스토랑은 키토 대로 세계무역센터 앞에 위치하고 있기 때문에 수많은 회사원들이 손님이다.

식당 내부엔 단순한 사각의 목재 식탁 위에 전통 방식으로 엮은 하얀 식탁보가 깔려 있고 오렌지색과 녹색 냅킨이 놓여 있다. 각 메뉴는 에콰도르 여러 지역의 유명한 요리 중 엄선한 것이며 입가심으로는 옥수수 맥주나 프루트펀치를 권한다. 주식인 플랜틴, 유카(Yucca), 쌀밥, 옥수수 역시 다양한 형태로 조리된다. 가장 정감 가는 요리는 플랜틴 가루 반죽으로 만든 치즈 튀김, 마늘 및 양파로 간

> "분위기, 음악, 메뉴 모두가 에콰도르적이다. 특히 바닷가재를 채운 페이스트리는 꼭 맛볼 것을 권한다."
> fodors.com

을 한 마리네이트 새우, 쌀밥과 함께 제공되는 초록 피망, 유카 튀김, 샐러드, 완두콩과 땅콩 및 양파 소스로 맛을 낸 돼지 족발 등이다.

널찍한 내부는 다채로운 현대적인 장식과 밝게 빛나는 타일 바닥에도 불구하고 소박한 안데스 산맥 지역의 느낌을 준다. 오래된 나무 문, 목재 대들보와 벽에 장식된 지역 특유의 도자기 공예품이 분위기를 더한다. 물론 벽난로와 함께 전통 음악과 무용 공연이 가능한 무대도 준비되어 있다. **SH**

안드레스 카르네 데 레스 Andrés Carne de Res | 음식과 음악이 어우러져 잊지 못할 추억을 만드는 곳

위치 치아   **대표음식** 피카다 룸베라(고기 스테이크)Picada rumbera (grilled meat) | ❺❺❺

노벨 문학상 작가인 가브리엘 가르시아 마르케스가 광고 문구를 만들었을 정도로 유명한 이 레스토랑은 창립자인 안드레스 하라미요 플로레스(Andrés Jaramillo Flores)의 이름을 딴 곳이다. 룸바 음악이 흐르는 이 식당은 보고타에서 차로 30분 거리에 있으며 콜롬비아 요리를 다루는데, 특히 구운 고기 요리가 일품이다. 건물은 상당한 규모로 장식은 유희적인 면과 키치의 중간 느낌이다.

목재 식탁은 실제로 판매도 하는 장식품으로 꾸며져 있으며 빨간 하트 모양의 반짝이는 표지판에 이름과 모토가 적혀 있다. 착석한 다음 여러분은 '프리다 칼로', '디에고 리베라', '마릴린 먼로'와 음식을 같이 먹을지도 모르겠다. 아니면 그날 밤 왕이나 여왕이 될 수도 있을 것이다. 이 식당은 어떤 일이든 가능할 것 같은 분위기를 자아내기 때문이다.

요리는 정말 맛있다. 메뉴는 60페이지 정도로 꽤나 복잡하기 때문에 추천 받는 편이 낫다. 권하는 것은 엠파나다, 파타콘(Patacón, 그린 플랜틴 튀김), 파스텔 데 유카(pastel de yuca, 카사바 캐서롤 찜), 모둠 튀김, 치즈 옥수수 케이크, 콩소메, 돼지 껍질이 들어간 피카다(Picada, 얇은 햄, 치즈, 올리브, 견과류 등의 모둠 요리) 등이다. 메인 요리는 고기 바비큐나 닭고기 감자 스튜가 제 맛이다. 식후엔 이국적인 과일 주스와 함께 과나바나(guanábana) 과일을 얹은 머랭 등의 디저트를 꼭 맛보아야 한다.

대부분 학생인 웨이터들은 싹싹하고 요구에 주의를 기울인다. 저녁 시간에는 다양한 음악이 연주되며 룸바 음악이 흐르면 모든 이들이 춤을 춘다. 주량에 대해선 걱정할 필요가 없다. 식당에는 대리 운전기사도 있으니 맘 놓고 즐길 것을 바란다. **RR**

"이 전설적인 스테이크하우스의 유쾌한 분위기는 단골손님을 포함한 모든 이들의 정신을 흔들어 놓는다."

Lonely Planet

⬆ 다채로운 장식 역시 손님을 끄는 매력의 일부이다.

카페 카사 베로에스 Café Casa Veroes | 고풍스러운 분위기에서 맛보는 진정한 베네수엘라의 맛

위치 카라카스 **대표음식** 파베욘 크리오요 Pabellón criollo | $

"카루파네라 블랙 푸딩을 채워 넣고 야네로 치즈를 뿌린 프리터를 누가 거부할 수 있을까?"

Edgardo Morales, chef and founder of Café Casa Veroes

파스텔 데 폴보로사(pastel de polvorosa, 치킨 팟 파이)는 바삭한 페이스트리로 입에서 살살 녹는 식감의 요리이다. 베네수엘라 사람들이 무척이나 사랑하는 이 요리를 정통 버전으로 맛보려면 어디로 가야 하는지 현지인들에게 물어보라. 그러면, 카라카스의 유서 깊은 중심가의 카페 카사 베로에스로 안내할 것이다. 이 카페는 식민지 시절의 웅장한 저택이 박물관으로 변신한 건물(Casa de Estudio de la Storia de Venezuela) 지하에 있는, 테이블이 12개밖에 없는 작고 정감 있는 카페이다.

다른 인기 있는 요리는 파베욘 크리오요다. 이것은 베네수엘라의 대표 요리로, 가늘게 찢은 소고기와 검은 콩이 밥과 함께 나오고, 튀긴 플랜틴(plantain)도 곁들여 진다. 셰프 에드가르도 모랄레스(Edgardo Morales)가 카페의 창업자이다. 그는 베네수엘라 요리의 전통을 탐구하는 것을 자랑스럽게 여기는 사람으로, 뛰어난 요리로 이를 증명한다. 풍미가 무척 좋은 아사도 네그로(asado negro, 향신료와 정제하지 않은 설탕을 넣고 부드러워질 때까지 천천히 익힌 소고기)가 그 사례이다.

이곳에서는 알코올 음료는 제공되지 않고, 레드 멀베리, 구아바 파인애플, 나랑히야 같은 베네수엘라산 과일로 만든 신선한 과일 주스와 스무디가 있어 다양한 열대의 맛을 볼 수 있다. 산뜻한 엘 카치카메로(el cachicamero)도 있는데, 파인애플과 생강으로 향을 보탠 사탕수수 주스이다.

카페 자체는 평범하고 소박하다. 그렇지만 이 한적한 장소에서 베네수엘라의 국민요리를 맛볼 수 있는 흔치 않은 기회이다. 여기서는 최고로 훌륭한 커피도 맛볼 수 있어서, 이곳에 가보기를 망설이는 사람을 설득하는데 도움이 될 것이다. **RA**

⬆ 카페는 혼잡한 거리를 벗어나 평온하게 쉴 수 있는 안식처이다.

세가Cega | 요리 학교에서 배우는 최고급 베네수엘라 음식

위치 카라카스　**대표음식** 탈카리 데 치보Talcarí de chivo ｜ ❸❸❸

카라카스 다운타운 평온한 거리에, 선구적인 베네수엘라 건축가인 구스타보 와이스(Gustavo Wallis)가 디자인한 1930년대식 아르데코 주택이 있다. 이곳이 미식 연구센터(Centro de Estudios Gastronómicos)가 자리한 곳이다. 베네수엘라 최초의 요리 학습 센터로, 25년 전에 호세 라파엘 로베라(José Rafael Lovera)가 설립했다. 그는 베네수엘라 요리 아카데미(Venezuelan Academy of Gastronomy)의 창립자이기도 하다.

이곳에 세가 레스토랑이 있는데, 일주일에 3일만 문을 열고 하루에 30명만이 고급 베네수엘라 요리를 배우고 있는 학생 요리사들이 만드는 점심식사를 즐기는 특권을 누릴 수 있다. 식사에 동반할 와인을 가져와도 된다. 이 다이닝룸에서의 성과가 학생들에 대한 평가로 이어진다.

베네수엘라의 전통적인 요리를 맛볼 수 있게끔 메뉴가 구성되어 있다. 토속적인 음식부터 식민지시대의 레시피까지 고루 나온다. 높은 수준을 추구하는 요리 학교답게 프레젠테이션도 현대식으로 세심하게 준비된다. 코르부온 카리베뇨(corbullón Caribeño)라는 복합적이면서 매운 맛의 수프나 베네수엘라산 염소 커리 같은 요리를 오트 쿠진 테크닉을 활용해 재해석 해서 맛을 한결 끌어 올렸다. 스페인 식민지 정복자의 후손으로 알려진 만투아노스(Mantuanos)의 디저트 레시피들도 맛볼 수 있다. 그중 마리아 루이사(Maria Luisa) 케익이 가장 유명하다. 구아바 시럽과 크림을 채운 부드러운 비스킷으로, 18세기 중반에 첫 선을 보인 디저트이다.

아직 세가에는 전자지불 방식이 도입이 안 되었으니 반드시 현금을 가지고 가야 한다. 수 세기 전 스페인 정복자들이 그러했던 것처럼. **RA**

"요리는 다른 많은 인간의 활동과 마찬가지로, 손과 두뇌의 훌륭한 합작품이다."

José Rafael Lovera, founder of Cega

⬆ 세가는 베네수엘라 요리를 새롭게 해석하는 것에 자부심을 갖는다.

라 에스탄시아 La Estancia | 육식을 좋아하는 유명인사들에게 인기 있는 장소

위치 카라카스　**대표음식** 파리아 라 에스탄시아 Parrilla La Estancia　| $$$

라 에스탄시아는 식민지 시대 주택이던 곳에 자리 잡은 레스토랑으로, 앞마당에는 무성한 야자수가 가득 하다. 이 레스토랑은 1957년 카라카스의 금융가 한가운데 문을 열었고, 베네수엘라의 대표적인 스테이크 하우스가 되었다. 트레이드 마크인 그릴에 구운 고기류는 헌신적인 추종자들을 거느리고 있다.

품질 좋은 고기를 세심하게 선별하고, 매우 다양한 부위(고전적인 아르헨티나 특유의 부위를 비롯하여)가 제공되는 점이 육식애호가들을 환호하게 만들었다. 레스토랑의 평판에 걸맞게 수십 년에 걸쳐 많은 유명인사들이 이곳에서 식사를 했다. 그중 영화배우 카트린느 드뇌브와 이브 몽탕은 바비큐한 고기 요리인 파리야를 같이 나누어 먹었다고 알려져 있다.

잘 조리된 투르네도 로시니, 도미 본 팜므, 스테이크 스트로가노프(stroganoff) 같은 고전적인 요리들도 있지만, 이곳의 주인공은 바로 정성스레 구워져 풍미가 가득한 소고기이다. 전통적인 곁들이 음식으로는 아레파스(arepas, 옥수수 빵), 타말레(tamale), 희고 부드러운 치즈, 유카 빵과 쿠바식 라이스와 콩인 콩그리(congri)가 있다. 디저트 또한 다양하다. 싱싱한 멜론, 복숭아, 파인애플 같은 상쾌한 종류의 디저트부터, 돌세 데 레체(dulce de leche)를 곁들인 팬케이크, 캐러멜 플랑(flan)까지 고루 갖추고 있다.

커다란 메인 홀이나 조금 더 작은 룸 중에 골라서 앉을 수 있는데, 메인 홀에는 유명인 고객들의 사진으로 장식되어 있고, 작은 룸들은 아르헨티나풍 테마로 꾸며져 있다. 어디에 앉건, 친구나 가족들이 모여 모임을 즐기는 웅성거림이 들려온다. 라 에스탄시아는 생일이나 결혼기념일 같은 특별한 날을 축하하러 가는 지역 명소이다. 이곳은 오랫동안 머무르며 즐기는 곳이다. **RA**

⬆ 라 에스탄시아에서 맛볼 수 있는 다양한 와인들.

팜스 Palms | 베네수엘라의 선구적인 여성 셰프가 만드는 창의적인 요리

위치 카라카스　**대표음식** 폴로 라케아도 엔 파펠론 Pollo laqueado en papelón | 🥄🥄🥄🥄🥄

팜스에 들어서는 것은 셰프 엘렌 이바라(Helen Ibarra)의 실험실에 들어가는 것이다. 이바라는 혁신적인 창의성으로 조리의 경계를 확장해서 맛있는 결과를 만들어내는 것으로 유명하다. 그녀는 조엘 로부숑과 제라르 비에 같은 유명한 마스터 셰프 밑에서 교육 받았고, 베네수엘라 내에서는 5성급 호텔의 주방을 책임진 첫 여성이라는 점에서 유명해졌다. 이바나는 2012년에는 세계 요리책 대회(Gourmand World Cook Book Award)의 여성 셰프 부문에서 자신의 요리책인『Cocina Extra-Ordinaria』으로 상을 받기도 했다.

그녀는 "프로페셔널하게 요리를 하는 셰프들은 고객들에게 색다른 방식을 보여주어야 한다." 라고 이야기한다. 베네수엘라 미식을 자신만의 방식으로 소화하는 그녀는 문학작품에서 영감을 얻은 요리를 만드는 것을 좋아한다. 그런 요리로는 폴로 라케아도 엔 파펠론(사탕수수와 레몬으로 래커칠 한 치킨)이 있다. 훌리오 코르타자르가 그녀의 메뉴에 영감을 주는 작가 중 한 사람이다.

애피타이저로는 이바라의 대표적인 요리 중 하나인 테케노스(tequenos)가 있다. 테케노스는 반죽과 치즈로 만든 인기 있는 간식인데, 염소 치즈로 풍미를 보태 그녀만의 방식으로 만든다. 이베라는 베네수엘라 토속 재료로 만든, 풍요로운 역사가 담긴 요리에 프랑스 오트 퀴진 테크닉을 잘 믹스한다. 예를 들어, 프랑스 스타일의 오리 콩피에 크레올풍 바나나와 플랜틴(plantain), 프렌치 프라이, 콘 플레이크를 짝지어서 내는 식이다.

다이닝룸은 1990년대 분위기이지만, 요리의 프레젠테이션은 단연 21세기 스타일이다. 포스포레라(Fosforera)는 전형적인 해산물 수프인데, 불룩한 페이스트리로 만든 '어망'이 있고, 카사바로 만든 '모래'가 어망을 둘러싸고 있는 모양새로 나온다. 전체적으로 이 요리는 카리브해에 떠있는 섬을 묘사한 것이다. 이바라의 음식은 단순히 식욕만 채우도록 만든 것이 아니다. 맛보고, 즐기고, 이야깃거리가 될 만한 요리들이다. **RA**

⬆ 눈길을 끄는 팜스의 플레이팅.

레만수 두 보스크 Remanso do Bosque | 혁신적이고 현대적인 요소를 가미한 아마존의 풍미

위치 벨렝 **대표음식** 버터를 가미한 카사바와 만테귀냐 콩 샐러드를 곁들인 필료치 구이|Grilled filhote (river fish) garnished with buttery cassava and manteiguinha beans salad | 💲💲

"도심에서 맛보는 정글의 풍미.
지역 특유의 요소가 가미된 브라질 요리가
이 레스토랑의 핵심이다."

theworlds50best.com

⬆ 아마존 유역의 식재료를 활용한다.

흥미롭고 새로운 재료와 맛을 줄 수 있다는 점에서 아마존 요리의 잠재성은 세계적으로 큰 호기심을 자아내고 있다. 아마존 강 입구 파라(Pará) 지역의 주도인 벨렝에 자리 잡고 있는 헤만수 두 보스크는 이러한 아마존 요리를 맛볼 수 있는 레스토랑이다. 아마존 유역의 독특한 과일, 뿌리 채소, 그리고 바다생선과 민물고기 등의 다양한 식재료를 접할 수 있는 기회가 제공된다.

카스타뉴(Castanho) 가족은 작은 주택가의 평범한 건물에 생선 스튜를 전문으로 하는 레만수 두 페이시(Remanso do Peixe, 강의 배수 구역에서 잡은 물고기라는 뜻)라는 식당을 열었는데 지금까지도 성황이다. 레만수 두 보스크는 이 가족이 연 최신 레스토랑으로 더 크고 화려하며 커다란 주방과 장작을 태우는 오븐, 숯불 화로를 갖추고 있다. 메뉴는 브라질 북부의 명품 요리를 포함하여 가금류와 돼지고기, 생선 등 다양하다.

셰프인 카스타뉴 가의 티아구(Thiago)와 펠리피(Felipe)는 창립자의 아들들로 이 지역의 전형적인 요리를 만들어 내지만 좀 더 혁신적인 요소를 가미한다. 물론 아마존 유역의 생선 요리가 메뉴에서 가장 돋보이는 것이기는 하다. 대형 민물고기인 필료치(Filhote)나 육즙이 흐르는 페스카다 아마렐라(Pescada amarela, 대구과의 바다생선) 등을 꼭 맛보라. 오븐 로스트, 그릴 구이, 이 식당의 별미인 냄비 스튜 졸임 등 다양한 방식으로 생선의 조리가 가능하다. 방목한 닭고기에 쌀과 잠부(Jambu, 살짝 얼얼한 맛이 느껴지는 열매)를 곁들인 요리, 흑설탕 소스와 감자, 양배추, 우유 퓌레로 로스팅한 돼지 삼겹살 등의 고기 요리도 일품이다. 한편 이 지역의 핵심 식재료인 카사바는 투쿠피(Tucupi) 소스와 같이 다양한 형태로 가공되어 사용된다. 쿠푸아수(cupuaçu), 바쿠리(Bacuri) 같은 아마존 숲의 나무 열매도 카샤사(cachaça) 칵테일이나 과일 디저트 등으로 맛볼 수 있다. JM

예만자 Yemanjá | 해변에서 즐기는 정통 바이아 요리

위치 사우바도르 | **대표음식** 모케카(해산물 스튜)Moqueca(seafood stew) |
💲💲

샤푸리 Xapuri | 소박하지만 진심과 정성이 담긴 음식

위치 벨로오리존치 | **대표음식** 소고기 요리 Vaca atolada beef | 💲

바이아(Bahia) 주는 노예제도 시절 브라질로 유입된 아프리카인들의 문화적 영향이 남아 있는 곳이다. 음악이나 춤을 비롯하여 요리에도 이러한 경향이 강한데, 예만자는 바이아의 이러한 요리 세계를 경험할 수 있는 완벽한 장소라고 할 수 있다.

이 식당은 1960년대에 다른 장소에서 창립되었는데, 아름다운 아르마상(Armação) 해변이 바로 내려다보이는 현 위치로 1974년 옮겨온 이후 최고의 바이아 음식을 서빙하는 것으로 그 명성을 유지하고 있다. 이곳의 요리는 아프리카 팜유 등의 전형적인 아프리카 식재료를 사용하는 것이 특징이며 이에 따라 특징적인 오렌지빛의 붉은 색상을 지닌다. 견과류와 건새우로 만든 바타파(vatapá), 동부콩으로 만들어 팜유에 튀겨낸 만두의 일종인 아카라제(acarajé) 등이 이 지역의 대표적인 음식이다. 아카라제의 경우 이 지역에서 흔히 먹는 군것질거리로 전통적인 흰색 의상을 입은 아주머니들이 거리의 노점상에서 판매하기도 하는 음식이다.

예만자는 이 모든 음식들은 물론 더 훌륭한 메뉴를 제공한다. 해변에 위치한 덕인지 해산물이 일품이다. 사실 식당의 이름인 예만자는 이 지역의 토착 종교에서 말하는 바다의 여신을 칭하는 말로, 이 레스토랑에서는 바다의 여신이 내린 하사품을 맛있는 요리로 변모시켜 토착 종교의 깊은 역사와 전통을 표현하고 있다고 할만하다.

넓고 활기찬 식사 공간에서 손님들은 다양한 버전의 모케카(moqueca, 토마토, 양파, 코코넛 밀크, 팜유로 만든 해산물 스튜)를 즐길 수 있다. 생선, 새우, 게, 문어, 굴, 소프트셀 크랩, 랍스터 등 다양한 해산물을 고를 수 있다. 그외에 꼭 맛보아야 할 것은 조리한 타피오카(카사바 전분)가 들어가 부드러운 질감을 즐길 수 있는 새우 스튜, 보보 지 카마람(bobó de camarão)이다. **JM**

브라질의 지역 요리 중 가장 유명한 것은 코지냐 미네이라(Cozinha mineira)라고도 불리는 브라질 동쪽 미나스제라이스(Minas Gerias) 주의 요리라 할 것이다. 이 지역의 역사는 18세기에 이루어진 광산업으로부터 시작되었는데 미네이루스(Mineiros)라고 하는 이 지역 주민들은 자신들의 고향이 가진 음식 전통에 긍지를 갖고 있다. 그리고 주도(州都) 벨로오리존치에 위치한 샤푸리는 이 맛있고 소박한 요리를 맛보기에 안성맞춤이다. 이 식당은 유명한 브라질 건축가 오스카 니메예르(Oscar Niemeyer)가 만든 팜풀랴(Pampulha) 복합건물 근처에 자리 잡고 있다. 짚으로 만든 지붕 밑에 단순한 목재 식탁이 놓여 마치 오래된 농장건물과 같은 분위기를 자아 내는 소박한 스타일의 건물이다. 소유주는 1987년 자신의 집 옆에 식당을 냈고 소

> "미네이루 식 요리를 원한다면 전통 음식이 담긴 접시가 수북이 쌓인 이곳을 꼭 방문할 일이다."
>
> frommers.com

시지 튀김이나 카사바 덤플링 같은 인기 있는 스낵을 포함하여 그 요리 스타일은 꾸준히 유지되었다.

돼지고기는 이 지역의 주요 식재료이며 이 식당에서 다양한 메뉴에 사용된다. 마리네이드하여 구운 돼지 목살에 쌀밥, 케일, 감자, 투투(tutu, 카사바 가루로 만든 콩 스튜)를 곁들인 요리라든가 튀긴 돼지 립에 쌀밥, 페이장 트로페이루(feijão tropeiro, 카사바 가루와 베이컨을 넣은 콩 죽), 케일, 삶은 카사바를 같이 내오는 요리를 권한다. 한편 가장 흥미로운 요리는 '진흙에 빠진 소(Vaca atolada)'라는 소고기 요리인데 카사바와 함께 조리하여 크림처럼 부드러운 육즙을 만들어 낸다. 그 외에 닭피로 갈색 육즙을 낸 닭고기 요리도 먹을 만하다. **JM**

호베르타 수드브라크Roberta Sudbrack | 단순한 식재료로 빚은 창조적 요리

위치 리우데자네이루 　**대표음식** 설탕에 절인 빵나무 열매로 감싼 참치회Raw tuna wrapped in crystallized breadfruit | 🍴🍴🍴🍴

브라질 남부 히우-그란지두술(Rio Grande do Sul) 주에서 태어난 호베르타 수드브라크는 페르난두 카르도주 재임기간 브라질리아의 대통령궁에서 수석 주방장을 맡으면서 상류 사회에서 요리 솜씨로 명성을 얻었다. 그녀는 2001년 리우데자네이루에 정착하여 자신의 이름을 딴 레스토랑을 열었고 이에 따라 그녀의 독보적이고 혁신적인 요리 세계를 더 폭넓은 대중이 접할 수 있게 되었다.

현재 리우 최고의 레스토랑으로 평가되고 있는 이곳은 현대적이면서도 친숙한 장소에 위치하고 있다. 2층에서는 유리창 너머로 주방이 보이기 때문에 셰프인 호베르타가 일하는 모습을 볼 수도 있다. 요리에는 여러 기법이 사용되지만 그녀는 현대 레스토랑에서 많이 사용되는 첨단 주방기기를 사용하는 것에는 관심이 없다. 대신 그녀는 고전적 기법을 미니멀리스트적으로 비틀고 다양한 재료를 활용하여 탁월한 맛의 조화를 이뤄낸다. 그녀는 아주 작은 재료를 포함하여 자신이 사용하는 모든 브라질 식재료를 열심히 연구한다. 게다가 항상 새롭고 흥미로운 용처를 사용하기 위해 노력하는 편이다. 이 요리들은 바나나, 오크라, 흑설탕, 옥수수 가루 등이 곁들여지며 상상력을 발휘하여 조리된다. 이 식당의 세트 메뉴는 제철 재료를 반영하여 매일 바뀐다.

가장 흥미로운 요리에는 설탕에 절인 빵나무 열매로 감싼 참치회에 쿠마루(cumaru, 통카 콩)와 버섯 콩소메 수프를 곁들인 요리와, 야자 열매 속과 새우, 달걀로 조리한 음식, 아스파라거스와 카사바 주스(투쿠피)로 에이징한 쌀 리소토, 베어네이즈 소스와 바나나 가루 소고기 스테이크, 설탕에 절인 차요테(Chayote)를 곁들은 브라질 초콜릿 등이 있다. 사랑을 담아 불 위에서 조리한 최신 브라질 요리를 원한다면 꼭 이 식당을 방문할 일이다. **JM**

⬆ 호베르타의 즐거운 디저트 모듬.

모코토 Mocotó | 도시에서 맛보는 브라질 시골 음식

위치 상파울루 **대표음식** 모코파바Mocofava | **S**

40년전 가난한 동북지역에서 부자도시 상파울루로 이주한 조세 올리베이라(José Oliveira)는 자신의 고향에서 흔히 찾아 볼 수 있는 식재료들을 파는 작은 가게를 열었다. 이와 함께 그는 카우두 지 모코토(Caldo de mocotó, 송아지 다리 젤로로 만든 수프)라는 음식도 팔았다. 이 요리에 대한 수요가 너무나 컸기 때문에 곧 이 가게는 작은 식당이 되었고 결국에는 거대한 레스토랑으로 성장했다.

오늘날 모코토는 브라질 동북지역, 특히 페르남부쿠(Peranmbuco) 주의 시골 음식을 상파울루에서 맛볼 수 있는 곳으로 유명하다. 현재는 창립자의 아들인 호드리구(Rodrigo Oliveira)가 음식을 만들고 있는데 그는 조리학을 전공한 이후 여러 최상급 레스토랑에서 일하며 경험을 쌓았다. 그는 조상들의 땅의 단순한 음식에 세련된 요리 기법을 활용하며, 그 결과 무결한 노력의 결정체인 동북지역 요리가 탄생하게 되었다.

모코토의 가장 대표적인 음식은 누에콩, 소시지, 베이컨 등의 든든한 음식을 곁들인 모코토 수프이다. 그 외엔 타피오카 큐브, 이스콘디디뉴(escondidinho, 으깬 카사바를 덮은 말린 고기 요리), 바이앙 지 도이스(baião de dois, 쌀밥, 콩, 소시지, 베이컨, 말린 고기, 치즈를 응고시킨 것), 돼지 족발 구이, 흑설탕 아이스크림 등이 있다.

이 식당은 저렴한 가격과 이를 상회하는 음식의 품질로 유명하다. 여전히 단순한 장소이지만 이 도시의 부유층을 포함한 충성스런 단골 손님들이 많아, 상파울루를 관광하는 사람들은 2시간은 기다려야 자리에 앉을 수 있을 것이다. 그렇지만 지난 수십 년 간 자신의 단골 식당을 찾아온 소박한 지역 주민들과 이 공간을 공유하는 경험은 특별할 것이다. **JM**

⬆ 페르남부쿠의 음식을 상파울루에서 맛볼 수 있다.

파사노 Fasano | '라 돌체 비타'의 세련된 맛

위치 상파울루 **대표음식** 속을 채운 메추라기 요리 Stuffed quail | 💰💰💰💰

지난 19세기 후반의 이민 열풍에 따라 상파울루에는 이탈리아의 영향이 남아 있으며 이는 그 요리에도 반영되어 있다. 여러 소박한 식당들은 저렴한 가격에 피자와 맛있는 파스타를 팔았고 인기를 끌었다. 이러한 이탈리안 레스토랑들과 대척되는 위치에 있는 파사노는 브라질에서 가장 우아한 레스토랑이며 상파울루의 부촌에 자리 잡고 있다.

파사노 가족이 이 고급 주거지역에서 식당을 시작한 것은 벌써 100년이 넘었으며 식당의 이름 역시 가족의 성을 딴 것이다. 현재는 호제리우 파사노(Rogerio Fasano)가 브라질과 해외에 걸쳐 있는 가족 소유의 호텔과 식당의 운영을 이끌고 있다. 그렇지만 가장 상징적인 것은 2003년 상파울루에서 같은 이름의 호텔 내에 연 식당 파사노일 것이다. 브라질의 상류층은 이 레스토랑의 고전적이면서도 현대적인 분위기를 즐기고 있으며, 파사노라는 이름은 상파울루라는 대도시가 주는 최상의 즐거움을 뜻한다고 해도 과언이 아니다. 요리는 전통 이탈리아식을 기반으로 하는데 최상급의 식재료만을 사용하며 피에몬테의 송로버섯, 베네치아의 카스트라우라 아티초크 싹과 같이 이탈리아 현지에서 공수하는 경우도 많다. 이 식당은 빵가루를 입힌 송아지 커틀렛, 버터와 파르메산 치즈를 사용한 리소토 등 전형적인 이탈리안 요리도 잘하지만 다른 메뉴 역시 탐색할 가치가 있다. 수란과 새우를 곁들인 크림 아스파라거스, 안초피와 어란(알젓)을 넣은 링귀네 파스타, 토스카나 베이컨을 채운 메추라기 요리, 바질 콜리플라워 그라탱을 추천한다.

식당이 제공하는 유럽 와인 셀렉션 역시 브라질 최고라 할 것이다. 특히 날씨만 좋으면 밤하늘을 볼 수 있도록 천장이 개방되는 객실의 서비스는 정중하고 효율적이다. 이곳에서의 식사는 개화된 문화적 체험이라고도 할 것이다. **JM**

⬆ 파사노의 우아한 식사 공간.

포구 지 샹 Fogo de Chão | 브라질의 소고기와 함께하는 육식 애호가의 기쁨

위치 상파울루 **대표음식** 천천히 로스팅한 소갈비|Slow-roasted beef ribs | 💲💲

방목장에서 풀을 먹여 키우는 브라질 소고기의 품질과 그 훌륭한 맛은 세계적으로 유명하다. 이 광활한 나라의 어디를 가든 훌륭한 슈하스카리아(Churrascaria, 스테이크하우스)에서 최상급 소고기를 맛볼 수 있다. 슈하스카리아는 대평원에서 소를 키우는 가우슈(gaúcho, 목동)들이 있는 남부 히우그란지두술에서 시작된 전통이다.

이러한 스테이크하우스에서는 단품 메뉴로 고기를 팔기도 하지만, 더 전형적이고 인기 있는 방식은 호디지우(Rodizio, 회전)이다. 숯불에서 꼬치에 끼워 구워낸 다양한 고기를 든 웨이터들이 여러 테이블을 돌아다니며(rotation) 끊임없이 서빙하는 방식이다.

이 레스토랑 역시 히우그란지두술에서 시작되었으며 브라질과 미국에 30여 지점을 운영하며 브라질의 슈하스카리아 전통을 선보이고 있다. 훌륭한 고기와 탁월한 와인이 제공되는 편안한 장소이며 1인당 소정의 금액을 내면 무제한으로 종업원들이 계속 가져다 주는 음식을 즐길 수 있다.

브라질 사탕수수로 만든 주정(카샤사), 라임, 설탕으로 만든 브라질 칵테일 카이피리냐(caipirinha)로 식사를 시작하여 보라. 딱 먹기 좋은 정도로 익혀진 다양한 부위의 고품질 스테이크가 제공된다. 돼지 갈비, 소시지 및 립아이, 설로인, 치마살, 홍두깨살, 천천히 구운 큼지막한 소갈비 등 다양한 소고기를 맛보되 대표적인 브라질 소고기 부위인 우둔살 피카냐(Picanha)를 잊지 않도록 하라.

이 맛있는 고기와 함께 따뜻한 치즈 빵, 파로파(Farofa, 카사바 가루를 양념하여 튀긴 것), 폴렌타(Polenta, 옥수수 죽), 쌀밥, 검은 콩 등을 곁들여 먹을 수 있다. 샐러드 뷔페 역시 거대하고 화려하다. **JM**

⬆ 브라질의 슈하스카리아는 꼭 경험할 필요가 있다.

D.O.M. | 스릴감이 넘치는 정통 브라질 요리

위치 상파울루 **대표음식** 타피오카 볼이 곁들여진 굴 요리 Oysters breaded with tapioca pearls | 🦪🦪🦪🦪🦪

"저는 브라질 농산물의 다양성을 표현해야 한다는 일종의 책임감을 느끼고 있습니다."

Alex Atala, chef and owner of D.O.M.

⬆ D.O.M의 고상하고 멋들어진 내부 정경.

유명한 브라질 셰프인 알렉스 아탈라(Alex Atala)는 자신의 멋진 레스토랑 D.O.M.에서 전통적인 브라질 요리를 조리하지 않는다. 그가 제공하는 것은 브라질 요리는 현대적인 외양을 갖추고 있으며 최신의 트렌드를 따르고 있다. 알렉스의 요리에 있어서 가장 핵심적인 것은 아마존을 향한 그의 정열이다. 그는 아마존 지역에 대해 잘 알고 있으며 독특한 식재료들을 활용하여 최상의 효과를 빚어낸다.

D.O.M.은 1999년 상파울루 최고의 고급 주거지역인 자르징스(Jardins)에서 시작되었다. 세련된 세팅과 현대적인 메뉴, 코스모폴리탄적인 고객층은 세계 어느 도시의 고급 레스토랑이든 다 갖추고 있는 것이지만 D.O.M.만이 가지고 있는 한 가지가 있다. 바로 브라질에서만 찾을 수 있는 여러 식재료를 통해 표현되는 브라질 문화의 뿌리이다.

테이스팅 메뉴에는 아마존 지역에 살지 않는다면 브라질인에게도 낯선 식재료들이 포함되어 있다. 물론 브라질 다른 지역의 식재료들도 함께 사용되어 놀라운 풍미를 자아낸다. 푸푸냐(Pupunha, 야자 열매 속)를 가지고 파스타처럼 만든 '페투치네'를 브라질 동북부산 버터 및 팝콘 가루로 조리한 요리, 타피오카 볼을 곁들여 빵가루를 입혀 튀긴 굴, 브라질 너트 밀크와 프리프리오카(Priprioca, 아마존산 뿌리 식물)로 조리한 허브염지(cured) 소고기, 투쿠피(Tucupi, 야생 카사바 추출액)로 조리한 필료치 생선 요리 등이 훌륭하다. 한편 아마존 개미를 넣은 파인애플 요리도 꼭 맛보도록 하라. 이 개미는 레몬그라스와 비슷한 풍미를 더한다.

식사를 마친 이후엔 자보치카바(Jaboticaba, 흔히 브라질 포도라고도 하는 열매)와 와사비 셔벗(일본 요리가 브라질의 요리 전통에 끼친 영향에서 비롯된 것이 아닌가 싶다)를 디저트로 즐길 수 있다. D.O.M을 방문하는 것은 브라질 요리의 진정한 원천을 현대적이고 세련된 예술적 렌즈로 관찰하는 귀중한 경험이라 할 수 있다. **JM**

마니 Maní | 여유로운 분위기에서 즐기는 현대 브라질 요리

위치 상파울루 **대표음식** 푸푸나(복숭아 야자)를 곁들인 '퍼펙트 에그' "Perfect egg" with pupunha (peach palm) foam | ⑤⑤⑤

마니는 D.O.M.과 함께 세계적인 관심의 대상인 현대 브라질 요리의 부상을 대표하는 상파울루 레스토랑이다. 이 곳을 이끄는 셰프 엘레나 히주(Helena Rizzo)와 다니엘 레돈도(Daniel Redondo)는 브라질 요리 전통과 현대적이고 국제적인 요리 사이의 간극을 메우려고 노력한다. 엘레나는 브라질 출신으로 상파울루에서 요리사로서 커리어를 시작한 이후 이탈리아와 스페인에서 일했으며, 스페인에서 다니엘을 만난 이후 다시 브라질로 귀국하였다. 다니엘은 카탈루냐 출신으로 세계 최고의 레스토랑 중 하나인 히로나(Girona)의 엘 세예르 데 칸 로카(El Celler de Can Roca)에서 체계적인 수업을 받았다.

마니는 동급의 다른 레스토랑들과 달리 포멀하지 않은 수수한 분위기이다. 아마도 전 세계적으로 가장 느긋한 분위기의 현대 요리 레스토랑이라 할 것이다. 요리 역시 이러한 분위기를 반영하여 가볍고 다채로우며 창의적이다. 메뉴는 단품으로 구성되어 있지만 테이스팅 메뉴의 작은 요리들을 차례대로 주문하는 것도 음식을 즐길 수 있는 좋은 방법이다.

마니의 요리 특징은 브라질 정통 식재료에 새로운 양식을 입히고 때로는 최첨단 테크닉을 사용하여 그 요리 전통을 그야말로 '업그레이드'한다는 것이다. 특히 가장 잘 알려진 것은 '퍼펙트 에그'라는 요리로 저온에서 푸푸냐(복숭아 야자) 거품 속에 장시간 조리하여 균일하게 부드러운 맛을 내는 계란 요리이다. 양 다리살에 푸푸냐 그라탕과 브라질 너트 튀김(farofa)을 곁들인 요리, 소갈비살에 카사바와 바나나 콩소메 수프를 곁들인 요리도 훌륭하다. 또한 브라질의 대표 음식인 페이호아다(Feijoda, 콩과 돼지고기의 스튜)를 재미있게 재해석한 요리도 꼭 맛보아야 한다. 마니에서는 콩뭉치, 돼지 족발 카르파초, 아삭아삭한 케일을 활용하였다. 달걀 모양 그릇에 담겨 나오는 코코넛 거품에 쌓은 에그노그 아이스크림 역시 창의적이고 재미있는 디저트이다. **JM**

"음식은 쾌활하면서도 영리하고 식당 그 자체는 너무나 매력적이다."

Financial Times

⬆ 바람이 통하는 식사 공간이 사랑스러운 정원으로 이어져 있는 풍경.

아마즈ámaZ | 페루 수도에서 맛보는 아마존 풍 요리

위치 리마 **대표음식** 초리조 오일을 곁들인 아마존 달팽이|Amazon snails served with chorizo-flavored oil | 💲💲

페루 요리에 기니피그 요리와 리마콩만 있는 건 아니다. 물론 이것만으로 만족할 수도 있겠지만, 미식에 관심 많은 리마 방문객은 아마즈로 가는 게 좋겠다. 아마즈는 유행의 첨단을 걷는 미식 구역인 미라플로레스에 있는데, 가장 인기가 많은 음식점 중 한 곳이다. 페루에는 요즈음 미식 열풍이 대단한데, 아마즈는 사람들이 가장 열광하는 이름 중 하나이다. 말할 필요도 없이, 이곳은 빠르게 만석이 되니 예약은 필수다.

다이닝룸은 열대 분위기를 풍긴다. 등나무로 만든 가구와 시원한 색감으로 장식되고, 아마존 별장의 테라스에 앉아 한낮의 열기가 식기를 기다리는 것 같은 느낌이 든다. 헤드 셰프인 페드로 미겔 스치아피노(Pedro Miguel Schiaffino)는 아마존에서 나는 재료를 이용해서 이 지역의 전통 요리를 완전히 바꾸어 놓았다.

으깬 그린 바나나를 튀긴 요리, 말린 돼지고기, 페루식 세비체인 티라디토(tiradito) 같은 기본 요리들에 새로운 반전을 더한다는 것이다. 스치아피노는 캐슈너트 오일, 바나나 식초, 민물새우 육수를 사용해서 이런 반전을 시도한다. 한편, 주로 주스용으로 쓰이는 고구마를 바나나 대신 넣기도 한다.

아마존 강에서 잡아 올린 커다란 달팽이 요리도 있는데, 초리조 오일을 뿌려서 껍질째로 서빙한다. 맛 좋은 새우와 가리비는 바나나 잎에 싸서 익히고, 야자수 고갱이를 생으로 채 썰어서 상큼한 샐러드로 만든다. 디저트도 아마존에서 나는 코코나(cocona, 어떤이는 '레몬이 함께 있는 토마토'라고 표현했다) 같은 특이한 과일로 만든다. 아마즈는 고객들이 편안하게 음식 탐험에 나설 수 있는 안락하고 캐주얼한 분위기를 제공한다. 요리들은 생동감 넘쳐 보이게 예술적인 감각을 담아 접시 위에 올려진다. **ATJ**

⬆ 아마즈에서는 아마존 달팽이를 꼭 먹어보아야 한다.

아스트리드 앤 가스톤Astrid & Gastón | 진정으로 기억할 만한 요리와 문화 체험 공간

위치 리마 **대표음식** 세비체 '델 아모르'; '중국식' 기니피그Ceviche "del amor"; "Chinese" guinea pig | ⑤⑤⑤⑤

아스트리드 앤 가스톤은 재능있는 셰프 가스톤 아쿠리오(Gastón Acurio)가 전 세계에서 운영중인 레스토랑 체인의 플래그십 레스토랑으로 비평가들의 찬사를 많이 받은 곳이다. 그는 독일 출신인 아내 아스트리트 구체(Astrid Gutsche)와 같이 일한다. 아쿠리오와 그의 팀은 페루 요리를 완벽에 가깝게 구현해낸다.

단품 요리로 즐기려는 고객들은 최고 품질의 페루 농산물로 만든 요리 중에서 선택할 수 있지만, 이곳에는 기발한 테마를 가진 테이스팅 메뉴들도 있다. 이중 하나는 '여정(The Journey)'이라는 이름인데, 19세기에 이탈리아의 리구리아를 떠나 새로운 삶을 찾아 페루 리마의 엘 카야오(El Callao)까지 온 사람들의 여정을 요리로 이야기해준다. 이야기는 5막으로 진행된다. 첫 막은 '출발(The Departure)'인데, 인생이 송두리째 바뀌는 여정에 나서는 이민자들이 소중한 향기로 가득 찬 트렁크를 들고 제노아의 키아바리(Chiavari) 항구에 서있는 모습을 표현한다. 이를 나타내는 요리는 빵에 치즈와 잼, 또는 소금 뿌려 말린 생선을 곁들인 것이다. 다음으로는 '항해(The Voyage)'가 이어지는데, 파파 아 라 헤노베사(papa a la genovesa, 잣과 바질로 만든 페스토 비슷한 크림을 넣은 감자)로 표현된다. 3막은 '융합(Integration)'으로 이탈리아에서는 치오피노라고 부르고 남미에서는 추핀(chupin)이라 부르는 생선 스튜이다. 이어지는 막은 '성공(Success)'으로 친초(chincho, 허브 종류로 우아카타이와 비슷하나 더 부드러운 향이다), 가지, 사과를 곁들인 돼지고기 요리로 믿기 힘든 맛이다. 마지막 막은 '귀환(The Return)'으로, 이민자가 모국으로 금의환향하는 것을 축하하는 내용인데, 얼린 파네토네(panettone) 같은 디저트로 표현된다. 한입 한입이 모두 음미할 가치가 있는 음식 체험이다.

음악을 포함한 모든 디테일을 세심하게 선정한다. 직접 방문해서, 이곳이 세계 최고의 레스토랑 중 하나로 꼽히기에 충분한 곳임을 경험하고 음미해 보아야 한다. **RR**

⬆ 우아한 분위기에서 최고의 페루식 요리를 즐긴다.

센트럴Central | 진정한 테루아 체험을 위한 공간

위치 리마 **대표음식** 토마 데 마르Toma de mar | 🌢🌢🌢🌢

"센트럴 레스토랑은 향나무 문에 식당 이름을 걸 필요조차 느끼지 않는 곳이다."

Tom Sietsema, washingtonpost.com

⬆ 편안하고 유난스럽지 않은 센트럴의 데코.

센트럴은 전 세계적으로 갈채를 받은 뛰어난 라틴 아메리칸 레스토랑이다. 이것은 셰프 비르힐리오 마르티네스(Virgilio Martínez) 덕분인데, 그는 남미산 식재료를 끊임없이 탐구해서 단순하지만 섬세한 요리를 만들어내는 사람이다. 그의 최신 테이스팅 메뉴는 '마테르 우노(Mater Uno)'로, 상이한 토양에서 나는 식자재를 다루는 그의 솜씨를 잘 보여준다. 고객들은 이런 종류의 요리를 그 어디서도 맛본 적이 없을 것이다. 마르티네스는 요리를 통해 토지에서 나는 독특한 생산물의 정체성을 찾으려 한다.

테이스팅 메뉴는 13개 코스로 구성된다. 각 코스는 고도가 다른 지역들을 각각 나타내는 것으로 코카 잎으로 만든 독특한 빵도 있다. '라 디베르시다드(La Diversidad)'는 해발 10m를 나타내는 토마 데 마르라는 요리로, 생 가리비, 카니우아(kañihua, 바삭한 씨앗), 툼보(tumbo, 바나나 패션프루트), 보리지(borage)를 곁들인 굴이 들어간 요리이다. 1,200m에 이르면, 사차인치(sacha inchi, 견과류 같은 토종 식물), 허브들, 치아(chia, 민트 같은 허브)를 곁들인 새우를 맛볼 수 있다. 4,500m에서는 얼린 감자, 파이코(paico) 허브, 무아카(mullaca, 안데스산 뿌리채소)로 만든 독특하고 크리미한 요리가 나온다. 800m에서는 '셀바 로하(Selva Roja, 붉은 밀림)'가 나오는데, 파이체(paiche), 아이람포(airampo, 선인장 과일), 촌타(chonta, 생선의 일종)가 들어 있다. 그리고 3,800m에 이르면 키위차(kiwicha, 아마란스)와 캐모마일을 곁들인 양고기가 나온다. '아마소니아 푸라(Amazonia Pura, 천연의 아마존)'는 500m 지점인데, 여기서는 바후아하 너트(Bahuaja nut)와 마카(maca, 뿌리 종류)가 나온다. 디저트는 2,500m에서 나오는데 코코아, 코카, 치리모야(chirimoya)로 만든 것이다.

메뉴는 잘 어우러지며, 음식의 맛을 살려주는 음료도 세심하게 준비된다. 레스토랑의 장식은 미니멀리스트적 분위기이다. 가장 좋은 자리는 주방 바로 옆 테이블일 것이다. 여기에 앉으면 주방에서 온갖 요리를 만드는 직원들의 모습을 볼 수 있기 때문이다. **RR**

셰 웡 Chez Wong | 완벽한 정통 세비체의 맛

위치 리마　**대표음식** 가자미 세비체 Sole ceviche | 💲💲

셰 웡은 언더그라운드 레스토랑 중 하나로, 진정으로 컬트적인 지위를 누리는 곳이다. 리마의 라 빅토리아 (La Victoria) 지역에 있는 이곳은 셰프 하비에르 웡(Javier Wong)이 작업실이라고 부르는 자신의 집이다. 예약은 필수이고, 설사 빈 테이블이 있더라도 예약 없이는 식사할 수 없다. 셰 웡은 음식에 집중하는 곳이고, 음식만이 관심사이다. 이 핵심에서 벗어나거나 집중을 방해하는 어떤 것도 이곳에는 없다. 일단 이곳의 문을 통과하면 무언가 굉장한 것이 기다리고 있다는 걸 누구나 알게 된다. 그것은 바로 현지인들과 외국인들이 전 세계에서 단연 최고고 인정하는 세비체 종류이다.

웡은 점심시간에만 일한다. 전통적으로 세비체는 점심으로 먹는 것이기 때문이다. 그리고 그는 이 규칙을 굉장히 진지하게 받아들인다. 그는 다이닝룸은 항상 침실바로 옆에 있어야 한다고 말한다. 점심을 먹고 나면 낮잠 (siesta)을 즐길 시간이기 때문이다.

이곳에서의 재미 중 하나는 현장에서 벌어지는 즉시성이다. 고객들 앞에서 통 생선을 해체해서 몇 분 만에 바로 요리로 만들어 내는데, 기본적인 주방도구 몇 가지로 작업한다. 공식적인 메뉴 같은 건 없다. 3가지 애피타이저와 2개의 메인 요리 중 고를 수 있다. 요리는 가자미(lenguado)를 기본 재료로 만든다. 종종 문어가 등장하기도 하는데, 너무 싱싱해서 살아있는 것처럼 보일 정도이다. 웡의 모토는 "전날 밤까지 살아있지 않았으면 쓸 만하지 않다" 이다. 생선 조각에 적양파, 레몬 주스, 소금, 후추만 넣고 섞는다. 풍미를 해칠 수 있는 다른 어떤 재료도 허락되지 않는다.

세비체 외에 티라디토(tiradito, 날 생선을 썬 것)라는 애피타이저에는 참기름을 발라서 낸다. 따뜻한 생선 요리를 원해도 여전히 가자미 요리인데, 다만 볶았을 뿐이다. 와인 리스트는 없고 디저트도 없다. 하지만 멀리 라 빅토리아까지 이 별미를 먹으러 오는 애호가들에게는 이런 사실이 아무런 문제가 되지 않는다. 운이 좋으면, 마스터 셰프로부터 요리 만드는 법을 배울 수도 있다. **RR**

"주방에 있는 하루하루 무언가 새로운 걸 발견하게 된다."

Javier Wong, chef at Chez Wong

⬆ 하비에르 웡이 생선 다루는 솜씨를 시연하고 있다.

라 마르 세비체리아 La Mar Cebichería | 리마의 명소에서 맛보는 잊지 못할 싱싱한 해산물

위치 리마 **대표음식** 세비체 테이스팅 모둠Ceviche tasting selection | ❸❸❸

"진정한 세비체리아 체험에 빠져 보고 싶다면,
이보다 더 나은 곳은 없다."

theworlds50best.com

⬆ 뛰어난 세비체로 유명한 스타일리시한 레스토랑.

라 마르의 개업은 리마에서 분수령 같은 순간이었다. 이 세비체리아를 만듦으로서, 셰프이며 국제적인 레스토랑 사업가인 가스톤 아쿠리오는 이런 레스토랑을 현지인들에게 인기 있는 장소로 만들겠다는 비전을 실현한 것이다. 이곳은 페루식 해물요리의 '신전'이라는 표현에도 모자람이 없다. 세팅은 웅장하고 최고로 신선한 해산물을 즐기기에 완벽한 환경이다. 해산물은 도착하자마자 단지 몇 개의 재료만으로 조리하여 에센스를 잃지 않은 채 맛볼 수 있다.

요리는 거대란 보드에 적어서 공지되고, 재료가 떨어지면 문을 닫는다. 매일 아침 그날 잡은 해산물이 신분증명서와 함께 배달된다. 누가, 언제 이 생선을 잡았는지 누구나 정확하게 알 수 있다.

시간이 지나면서 세비체 종류가 끝없이 늘어났지만 작은 페헤레이(pejerrey, 보리멸)로 만든 클래식 버전을 꼭 먹어보아야 한다. 또는 세비체 테이스팅 모둠을 선택해보길. 제철이라면, 너무 싱싱해서 단맛까지 나는 성게가 포함될 수도 있다. 검은 조개도 있고, 티라디토는 찰라코(chalaco, 고추를 곁들인) 버전이나, 레체 데 티그레(leche de tigre) 소스에 담긴 버전으로 나온다. 아니면 글레이즈한 참치 티라디토가 나오기도 한다. 카우사 올리바(causa oliva, 감자와 올리브로 만든 페루 요리의 일종)에 구운 문어를 곁들인 요리나 추페 데 카마로네스(chupe de camarones, 새우 스튜)가 나온다. 그리고 이제 '그날의 생선'을 맛보게 된다.

생선의 이상하게 생겼다고 외면 하지 말라. 페헤사포(pejesapo, 아귀)나 디아블로(diablo) 같은 최고의 생선들은 다양한 방식으로 조리해 굉장히 맛있다(셰프들은 멸종위기의 해양 생물종은 전혀 사용하지 않는다). 식사에 곁들여지는 음료도 선별하여 준비된다. 디저트로는 피카로네스(picarones, 도넛 종류) 하나를 선택하거나, 호박 반죽으로 만들고 꿀을 묻힌 부뉴엘로스(buñuelos, 달콤함 프리터)나, 치차 모라다(chicha morada, 토종 보라색 옥수수로 만든 달콤한 음료)로 만든 크렘 브륄레를 맛볼 수 있다. **RR**

마이도 Maido | 페루와 일본 풍미의 조화

위치 리마　**대표음식** 페헤레이 티라디토; '니히리스 데 라 티에라' Tiradito of pejerrey; "nigiris de la tierra" | ❸❸❸

페루 요리와 일본 요리의 퓨전인 니케이(Nikkei) 요리를 제대로 이해하려면, 두 문화와 역사가 만나서 새롭고 아름다운 풍미를 창조해내는 이곳에 반드시 가봐야 한다. 이 레스토랑의 창업자는 미쓰하루 츠무라(Mitsuharu Tsumura)로 그는 이 탐험을 페루인의 마음으로 대하는 일본 전통이라고 표현한다. 이에 더하여 중국 요리의 영향 또한 보태져서 풍미와 식감은 한층 더 복합적이고 비범하게 믹스되어 있다.

마이도는 일본어로 '환영'을 의미한다. 고객들이 들어서면 직원들은 마이도를 외치며 손님을 맞는다. 이곳에서는 노련한 방식으로 준비하는 생선과 해물요리가 단연 돋보인다. 테이스팅 메뉴는 재료의 수급에 따라 내용이 변화한다. 테르세라 레알리다드(The Tercera Realidad, 제3의 현실) 메뉴는 한 음도 화성에서 벗어나지 않는 음악 작품에 비유된다. 15개 코스로 구성되는데 고전적인 문어 구이로 시작하여, 핫슨(hassun, 실라우 소스를 넣은 달팽이),

니케이 세비체, 맛있는 아귀 샌드위치, 페퍼콘 프루트로 코팅하고 로코토(rocoto, 페루산 붉은 파프리카)를 곁들인 쿠이(cuy, 기니피그), 페헤레이(보리멸)로 만든 티라디토를 레체 데 티그레소스에 넣고 코코나 프루트를 곁들인 것, 니기리스 델 라 티에라(땅에서 나는 스시), 바삭한 베이컨을 곁들인 오리고기, 달걀과 프라이를 곁들인 와규 비프가 나온다. 이 레스토랑이 질감, 향, 풍미를 조합하는데 있어서 뛰어난 역량과 솜씨를 가지고 있다는 것을 잘 보여주는 요리들이다.

개인 다이닝룸에는 특별한 체험을 찾는 사람들을 위해서 다다미를 깔아 놓았다. 바에서는 매우 훌륭한 피스코(Pisco) 칵테일과 허브차들을 시음할 수 있다. **RR**

"우리는 상이한 풍미와 재료들을 다루어야 한다. 그러나 아방가르드적 창의성으로 이 일을 해낸다."

Mitsuharu Tsumura, chef and Maido founder

⬆ 성게 껍데기에 담겨 나오는 해산물 요리.

라 누에바 팔로미노 La Nueva Palomino | 전통적인 안데스식 요리를 맛보다

위치 아레키파 **대표음식** 추페 데 카마로네스Chupe de camarones | $$

"이 피칸테리아에는 쾌적한 테라스가 있어서 주말에 들르면 아주 좋다."

fodors.com

⬆ 라 누에바 팔로미노에서 정통 안데스 요리를 맛보자.

최고 품질의 최고로 신선한 지역산 재료만을 사용하는 이 레스토랑은 1899년부터 고급 페루식 음식을 제공해온 곳이다. 오늘날 셰프이자 주인인 모니카 우에르타(Monica Huerta)의 지휘 아래 안데스 요리의 부활을 선도하고 있다. 이곳은 피칸테리아(picantería)로 안데스 지역에서 흔히 볼 수 있는, 가족이 운영하는 전통적인 지역 레스토랑이다. 피칸테리아는 관례적으로 안데스 여성들이 운영하며 동네사람들이 하루 종일 드나드는 곳이다. 야나우아라(Yanahuara)의 활기찬 지역에 있는 방 하나에서 시작한 라 누에바 팔로미노는, 이제 아름다운 메인 광장에서 몇 분 안 걸리는 주거지역에 3개의 식당을 열고 있다.

울퉁불퉁한 벽, 유칼립투스 나무 천장, 시멘트 바닥의 데코는 다소 투박하다. 주방에서 통나무 장작이 타는 냄새가 레스토랑 전체에 퍼진다. 주방 근처에 자리 잡고 주방을 들여다 보는 것도 좋겠다. 안데스식 부엌의 제대로 된 모습을 구경할 수 있는 기회이다. 아레키파 강에서 난 새우, 잠두, 프레스코 치즈와 우아카타이(huacatay)가 들어간 추페 데 카마로네스(새우 차우더)는 기억에 남을 만큼 훌륭하다.

셰프 모니카는 역사를 파고들어서 퀴노아 추페 차우더 같은 오래 전에 사라진 레시피를 재발견했다. 로코토 레예노(Rocoto relleno, 속을 채운 로코토 파프리카)와 오코파(ocopa, 우아카타이 블랙 민트, 아마리요 고추, 볶은 땅콩을 넣은 소스에 삶은 감자와 달걀)는 점심 고객들을 즐겁게 한다. 기소스(guisos, 스튜)와 사르사스(zarzas, 피클 샐러드), 또는 장작 오븐에 구운 요리도 하나씩 먹어보길 바란다.

이 레스토랑은 음식 준비 방식도 정성스레 전통을 따른다. 믹서는 없고, 손을 이용해서, 판판하고 돌같이 생긴 절굿공이와 절구를 이용하여 재료를 갈고 섞는다. 입맛도는 돼지 통구이를 비롯한 대부분의 요리를 장작오븐과 벽난로를 이용해서 만든다. 풍미가 가득한 요리가 넉넉하게 나오고, 분위기는 떠들썩하다. 이것이 많은 사람들이 이 레스토랑을 좋아하는 이유이다. **MM**

엘 가르손El Garzón | 직화 요리와 함께 떠나는 마법적인 시골 여행

위치 가르손 **대표음식** 치미추리 소스가 곁들여진 불에 졸인 오호 데 비페(립아이 스테이크)Braised ojo de bife (rib-eye steak) with chimichurri sauce | 🍷🍷🍷

그림같이 완벽한 마을, 가르손은 마치 마술적 사실주의 소설의 한 페이지를 뜯어낸 것처럼 아름답다. 이 마을은 우루과이 내륙의 시에라 데 카라페(Sierra de Carapé)에 위치하고 있으며, 넓게 펼쳐진 들판과 초록빛 언덕 위로 소떼와 새가 날아다니고 밤에는 여우가 나타나기도 한다. 아르헨티나 셰프인 프란시스 말만(Francis Mallmann)이 버려진 전 슈퍼마켓 자리에 작지만 스타일리시한 호텔 겸 레스토랑을 세울 때만 하더라도 적막만이 주변의 풍경을 채우고 있었다.

이 레스토랑은 직화 요리로 유명하다. 셰프는 지역 최고의 식재료를 잘 다듬어 깔끔한 맛이 나도록 조리한다. 홈메이드 빵, 엠파나다, 피자 등은 진흙 화덕에서 조리된다. 다른 요리들은 무쇠로 만들어진 틀의 위와 아래에 2개의 장작불로 조리되는 '풍로(infiernillo)' 오븐에서 조리된다. 이 오븐을 거치면 원재료의 풍미가 완벽에 가깝게 보존된다. 이러한 메뉴에는 으깬 감자와 그레몰라타를 얹은 양고기 스테이크, 치미추리 소스 립아이 스테이크, 간장소스 돼지고기 구이, 크리오야(Criolla) 소스 양고기 구이 등이 있다. 또한 맛있는 샐러드와 신선하게 준비된 디저트 모듬 역시 이 메뉴들에 잘 어울린다.

저녁 시간에는 촛불을 켠 분위기로 더욱 친밀하고 낭만적인 분위기에서 식사를 할 수 있다. 맛있는 수프, 시금치와 버섯 카넬로니, 구운 연어, 오븐에 구운 돼지고기와 브리오슈 샐러드 등 엄선된 요리가 제공되는데 주기적으로 구성에도 변화가 있다. 식사를 마쳤다면 네메시스 초콜릿 케이크나 캐러멜라이즈한 둘세 데 레체 소스와 함께 맛있는 팬케이크를 즐겨 보라. 이 식당은 번잡한 생활에서 잠시 벗어나 조용히 요리를 즐길 수 있는 곳이다. **RR**

"우루과이 초원의 목동이나 원주민들이 그러하듯 아르헨티나의 식재료와 장작나무로 요리 했을 뿐입니다."

Francis Mallmann, chef and founder of El Garzón

⬆ 정결한 음식을 즐길 수 있는 조용한 레스토랑인 엘 가르손의 풍경.

보라고Boragó | 풍미 있는 지역 농산물의 혁신적인 요리로 재탄생

위치 산티아고 데 칠레 　**대표음식** 파타고니아 빗물로 만든 쿠란토Curanto with Patagonian rainwater | 💲💲💲

"사실 칠레에 사는 우리도 저 산 위에,
숲 속에 그리고 바닷속에 어떤 동식물이 사는지
다 알지 못합니다."

Rodolfo Guzmán, chef and founder of Boragó

깔끔한 주변환경과 명상 장소의 분위기를 가진 보라고 레스토랑은 셰프 로돌포 구스만(Rodolfo Guzmán)의 야심과 노력의 결과이다. 이 전통적인 요리 장소에서 창의적 세프라는 것이 조금 이상하게 들릴 수 있겠지만, 그는 요리 업계의 탐험가라 할 수 있다. 일주일에 2번 그와 그의 팀은 주변의 시골을 방문하여 농산물을 가득 사오고, 그것으로 최고의 지역 요리를 시도한다. 가끔은 멀리 칠레의 해안가, 산악 지역, 호수 주변까지 나가 다양한 식재료를 찾기도 한다. 구스만은 근처 마을에서 발견하는 전통 음식에 현대적 기법을 적용하는 것에 거리낌이 없다.

식재료에 따라 매일 바뀌는 레스토랑의 메뉴는 14개의 코스로 소박한 도자기 접시나 커다란 돌판에 담겨 나온다. 칼도 데 라이세스 데 울테(caldo de raíces de ulte, 뿌리 채소로 만든 요리)에서는 태평양의 맛을 느낄 수 있으며, 엽록소가 들어간 마요네즈로 버무린 감귤류 과일, 파슬리 빵을 곁들인 오징어 등도 맛있다. 칠레 영양탕인 쿠란토는 파타고니아 빗물로 만든 육수를 포함한 다양한 재료를 땅을 파서 만든 구덩이에 넣고 뜨거운 돌로 덮어 만든다. 붕장어, 리마콩, 조개 스튜, 나무로 훈연한 소고기 구이도 괜찮은 메뉴 중 하나이다.

디저트로는 리카 리카 데 아타카마(Rica rica de Atacama)를 추천한다. 머랭 디저트로 메르켄(merkén, 훈제한 고추), 칠레의 리카 리카라는 허브를 곁들인 것이다. 그 외에 파타고니아 과일, 카카오가 60% 함유된 발로나 초콜릿으로 만든 에스피노 쿨랑(espino coulant)을 권한다. 반쯤 얼은 초코볼이 입 안에서 터지는 맛이 일품이다. 이 강한 맛의 디저트 이후에는 멘톨(menthol) 셔벗을 맛봐야 한다. 초콜릿의 뒷맛을 깔끔하게 없애 준다. 각 요리에는 와인과 낯선 과일로 만든 주스를 곁들일 수 있다. 이 레스토랑은 미지의 칠레에 대해 알 수 있는 장소이다. **RR**

⬆ 쿠란토를 만들 때 필요한 감자빵과 나뭇가지, 빗물로 만든 육수.

테기 Tegui | 낙서 뒤에 숨겨진 요리의 안식처

위치 부에노스 아이레스 **대표음식** 간 옥수수를 채운 구운 메추라기 | Grilled quail stuffed with ground corn | **$$$**

테기는 해외에서 오래 생활하다 부에노스 아이레스로 돌아와 자신의 요리 기술을 펼치고 있는 유명 아르헨티나 셰프 헤르만 마르티테기(Germán Martitegui)의 주 레스토랑이다. 아르헨티나 최고의 레스토랑으로 팔레르모 구역에 있는데, 다채로운 낙서로 뒤덮인 벽 중간에 숨겨진 간판 없는 문을 열고 들어가야 하기 때문에 처음 오는 사람들은 깜짝 놀랄 수도 있다. 들어가면 종을 울리고 누군가 나와서 안내할 때까지 기다려야 한다.

내부의 주요 공간은 흑백의 높은 벽과 반짝이는 검은 천장으로 구성되어 현란하다. 테이블은 단순하지만 아늑하고, 커다란 바나나 나무와 대리석 테이블로 구성된 파티오를 통해 외부로 연결된다. 소파가 놓인 라운지 공간과 바도 있는데 유리창 뒤에 놓인 인상적인 와인 컬렉션이 볼만하다. 한편, 전통 요리 외에도 다양하고 신기한 요리들이 많으므로 저녁 식사는 칵테일로 시작하는 것이 일반적이다.

모든 요리에 어울리는 와인 리스트도 구비되어 있다. 두세 가지 요리를 고를 수도 있고 샴페인이나 와인을 위한 테이스팅 메뉴를 주문할 수도 있다. 메뉴는 2주에 한 번씩 바뀐다. 요리의 시각적 배치와 맛과 향의 조합, 특히 익숙한 재료로 독특한 맛을 만들어내는 솜씨에서 장인의 숨결을 느낄 수 있다. 추천할 만한 요리에는 뜨거운 굴; 리코타 치즈와 밤, 스위트브레드로 만든 뇨키; 케브라초 오일, 치미추리 소스, 포일에 구운 감자, 파로파(farofa, 카사바 페이스트)와 달걀이 곁들여진 전형적인 아르헨티나 등심 스테이크; 간 옥수수, 말린 살구 퓌레, 말벡 와인 소스를 채워 구운 메추라기 구이가 있다. 디저트로는 패션프루트 셔벗과 금귤 소스를 얹은 시트러스 및 생강 타르트를 맛보길 권한다. **RR**

"라틴 아메리카인으로서 자부심을 가진 우리 셰프들은 유럽이나 미국에 목 매달 필요가 없습니다."

Germán Martitegui, chef and founder of Tegui

⬆ 은은한 조명이 비추는 와인 컬렉션은 이 레스토랑이 음식만큼이나 와인을 중요시한다는 것을 보여준다.

카바나 라스 릴라스_{Cabana Las Lilas} | 활기 넘치는 아르헨티나의 스테이크하우스

위치 부에노스 아이레스　**대표음식** 티본 스테이크_{T-bone steak}　**⑤⑤⑤**

가우초가 아니더라도 어마어마하게 크고 육즙이 넘치는 소고기를 맛보고 싶다면 이 레스토랑을 방문하면 된다. 단 다양하게 곁들여지는 음식과 커다란 스테이크를 즐기기 위해 충분히 굶고 와야 한다. 뻥튀기한 감자칩 같은 파파스 수플레(Papas soufflé), 햄이나 절인 야채와 함께 먹는 홈메이드 브레드 몇 조각, 또는 혀 위에서 춤추는 아르헨티나 핫소스인 치미추리 소스에 빵을 찍어 애피타이저로 즐긴다.

　예전 항구 자리였다가 현재는 노먼 포스터나 필립 스탁 등의 유명 건축가가 설계한 고층 건물이 들어선 부에노스 아이레스의 세련된 거리인 푸에르토 마데로(Puerto Madero)에 위치한 이곳은 주민들과 관광객 모두에게 유명한 곳이다. 밝은 캐러멜색 나무 바닥과 부드러운 중성적 색채가 사용된 내부 장식은 모던하다. 구 항구가 바라보이는 발코니에서 식사를 즐기는 것도 괜찮다.

　물론 이곳은 스테이크가 중심이지만, 보통의 스테이크하우스 이상이다. 레스토랑이 보유한 목장에서 공수된 고기로 구워진 스테이크는 육즙이 흐르며 포크로 잘릴 정도로 부드럽다. 게다가 완벽하게 훌륭한 시즈닝으로 양념되어 있다. 육식 애호가의 낙원이 있다면 이곳이 아닐까 싶다. 접시가 작아 보일 정도로 큰 티본 스테이크를 해치우고 여전히 뱃속에 빈 공간이 있다면 디저트를 맛보자. 달콤한 둘체 데 레체가 채워진 크레이프가 특히 유혹적이다. 그 이후에 주변을 산책하며 소화를 시킨다면 완벽한 마무리가 될 것이다. **ATJ**

⬆ 육식을 사랑하는 이에게 이곳은 최고의 추억을 선사한다.

플로레리아 아틀란티코 Florería Atlántico | 꽃과 칵테일, 그리고 온갖 그릴 요리의 어우러짐

위치 부에노스 아이레스　**대표음식** 페치토 데 세르도(돼지갈비와 야채)Pechito de cerdo (spare ribs with vegetables)　| 💲💲

아로요(Arroyo)는 부에노스 아이레스의 가장 아름다운 거리 중 하나이다. 갤러리를 구경하며 걷다 보면 아름답게 피어난 꽃들이 눈에 띄는 레스토랑을 찾을 수 있을 것이다. 이곳은 꽃집과 와인 바를 겸하고 있다. 오후 7시가 지나면 부에노스 아이레스 최고의 칵테일 바로 향하는 문이 열린다.

이곳은 아르헨티나의 칵테일 업계에서 인지도 있는 '타토 지오반노니(Tato Giovannoni)'와 '878 바/레스토랑'의 창립자이기도 한 홀리안 디아스(Julián Díaz)의 역작이다. 이 방에서는 1940년부터 사용된 유서 깊은 그릴에서 조리된 음식도 제공한다. 바의 분위기는 유럽에서 이민자들이 막 배에서 내려 술을 마셨을 19세기의 느낌이다. 마감되지 않은 천장 벽은 어둡고 고대 지도에서 봤을 법한 신화적인 바다 괴수들이 그려져 있다. 식기는 정교하게 디자인 되었고 유리 잔과 병 컬렉션과 생생한 음악이 분위기를 더한다. 칵테일 메뉴는 이민자들의 모국인 스페인, 이탈리아, 프랑스, 영국, 폴란드의 구분에 따라 정렬되어 있다.

칵테일과 어울리는 것은 글레이즈한 감자와 구운 문어, 올리브 타프나드, 치스토라(Chistorra, 바스크식 소시지)와 토종 유기농 달걀, 라 플라타(La Plata) 지역의 토마토, 어린 채소, 트리플 소금 등의 타파스이다. 생선을 좋아한다면 오늘 잡은 생선으로 만든 요리, 고기를 좋아한다면 내장 구이나 돼지고기 구이에 호박, 어린 당근, 옥수수, 대추 야자를 곁들일 수 있다. 디저트 역시 구운 것들이다. 염소 치즈와 둘세 데 레체 소스를 얹은 바나나를 시도해 보라. 이 장소는 단순히 역사를 테마로 한 바라고 하기 보다는 칵테일과 와인, 맛있는 음식이 어우러진 '가스트로 바'라고 정의하고 싶다. **RR**

⬆ 이 비밀스런 바 겸 레스토랑에 꼭 들러보길 바란다.

라 브리가다 La Brigada | 아마도 세계 최고의 고기가 아닐까

위치 부에노스 아이레스　**대표음식** 코르테 에스페시알(스페셜 인하우스 컷 스테이크)Corte especial (special in-house cut steak) | ❸❸❸

아르헨티나는 고기 바비큐 전문가, 파리예로(parrillero)들이 요리 명인으로 존경 받는 나라다. 여전히 소가 팜파스 평원 위의 신성한 동물로 간주되는 나라에서 진정한 파리예로가 되는 것은 쉬운 일이 아니다. 이곳의 셰프 우고 에체바리에타(Hugo Echevarrieta)는 이 어려운 일을 해냈고 부에노스 아이레스 최고의 파리예로로 명성을 누리고 있다. 이 식당은 축구 장비, 유명인 손님의 사진, 화분 등으로 아름답게 장식되어 있지만, 손님들이 이곳에 오는 이유는 오직 고기 때문이다. 종업원들은 손님들이 고기를 주문할 것이라는 것을 알고 굽기의 정도를 묻는다. 레스토랑의 주인이 항상 권고하는 것은 미디엄 레어다. 고기는 다른 양념 없이 소금만 곁들여 나온다. 원한다면 치미추리 소스를 더할 수 있지만, 첫 조각만은 왜 아르헨티나의 육류가 그렇게 특별하게 취급되는지 느낄 수 있도록 소스 없이 맛보길 권한다.

구워진 고기 덩어리는 매번 뜨겁게 데워진 새 접시에 특별한 식기와 함께 서빙된다. 사이드로 가장 선호되는 것은 샐러드이다. 이 식당은 아르헨티나 음식 문화에 대해 알 수 있는 좋은 기회이다. 지역적 풍미를 느낄 수 있는 엠파나다 또는 근대 튀김으로 시작하여 송아지 흉선 구이, 송아지 및 양의 곱창, 모르시야(Morcilla, 순대), 콩팥 요리 등을 시도해 보라.

고기류는 엔트라냐(entraña, 치맛살), 오호 데 비페(갈비살), 바시오 델 피노(vacío del fino, 옆구리살) 등이 괜찮다. 메뉴에는 없지만 '코르테 에스페시알'과 '레돈디토(Redondito)'라는 커팅 옵션도 권한다. 손님들은 모두 이 옵션을 알고 있는데 고기가 너무나 부드러워 숟가락으로 자를 수 있을 정도이다. 디저트는 부에노스 아이레스의 클래식 메뉴들이다. 부딘 데 판(budín de pan, 브레드 푸딩), 아로스 콘 레체(arroz con leche, 밀크 라이스), 케소 이 둘세(queso y dulce, 달콤한 젤리를 곁들인 치즈)가 추천할 만하다. 한편 고기와 잘 어울리는 최상급의 아르헨티나 와인도 함께 즐길 수 있다. **RR**

⬆ 최상의 바비큐 고기를 즐길 수 있는 연회 장소다.

라 카브레라 La Cabrera | 훌륭한 고기와 오리지널 카수엘리타

위치 부에노스 아이레스　　**대표음식** 립아이 스테이크 Ojo de bife (rib-eye steak) | 💲💲💲

이곳은 전통적인 아르헨티나 스타일의 파리야(Parrilla)는 아니지만, 최상의 아르헨티나산 고기와 훌륭한 와인, 엄선된 카수엘리타(Cazuelita, 특별한 사이드 디시)를 제공하는 개성 있는 스테이크하우스다. 이는 대부분의 아르헨티나인들에게 일종의 성역처럼 여겨지는 파리야를 혁신하는 동시에 개성적인 요리를 추구하고자 하는 셰프 가스톤 리베이라(Gastón Riveira)의 열정에서 비롯되었다.

이 식당은 여럿이 가서 많은 요리를 시켜 공유하기에 적합한 곳이다. 애피타이저로는 훈제 치즈와 햄(하몬), 순대, 초리조 크리오요(chorizo criollo, 스페인 소시지와 비슷하지만, 파프리카는 없다), 미디엄 레어로 조리된 내장 요리인 모예하스(Mollejas) 등이 있다. 메인 메뉴로 뼈째 숙성한 필레 스테이크, 꼬리살, 치마살, 립아이, 돼지 어깨살, 우둔살 스테이크, 우둔살 부위 모둠 등이 있다. 이 외에 드라이 에이징한 고기, 고베 소고기 등도 즐길 수 있다.

차갑게 나오는 카수엘리타는 큰 접시에 담겨 먹고 싶은 만큼 덜 수 있도록 서빙된다. 주로 타프나드, 샐러드, 레드 와인에 절인 마늘 한 쪽, 사과 퓌레, 타르타르 소스, 가지 절임 등이다. 디저트로는 홈메이드 아이스크림이 있는데 꼭 둘세 데 레체를 시도해보기 바란다. 와인 셀러에는 음식과 잘 어울리는 최상급 아르헨티나 말벡 등이 진열되어 있다.

카브레라의 인기로 2호점도 열렸고 붐비기 때문에 예약은 필수다. 이 레스토랑은 아르헨티나의 고기 도축을 나타내는 소의 그림이나 기사 같은 것으로 장식되어 있고 벽을 따라서 접시와 세계 각각의 손님들의 서명이 늘어서 있다. 분명 이 레스토랑의 성공을 나타내는 징표일 것이다. **RR**

⬆ 어둡고 아늑한 인테리어가 인상적이다.

Europe 유럽

전통적이고 유서 깊은 음식부터 혁신적이고 새로운 음식까지, 외식에 관한 한 유럽은 모든 것을 갖추고 있다. 이탈리아의 트라토리아와 스페인 타파스 바의 떠들썩한 분위기, 호화로운 프랑스 레스토랑의 격식 있는 식사, 덴마크와 독일에 있는 흥미로운 레스토랑들의 상상력 넘치는 세련된 요리까지, 유럽에서 즐기는 미식 탐험은 풍요로움과 즐거움 등으로 엮은 태피스트리다.

← 르 쥘 베른, 파리, 프랑스.

휘마르후시드 레스토랑Humarhúsid Restaurant | 이곳의 주인공은 랍스터… 아니 랑구스틴인가?

위치 레이카비크 **대표음식** 허브 크러스트로 감싼 양 안심과 아이슬란드식 바닷가재Herb-crusted tenderloins of lamb and Icelandic lobster | ❸❸❸

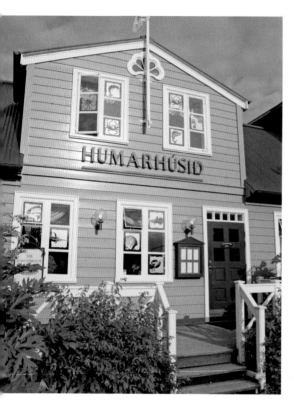

HUMARHÚSID

> "이 도시에서 가장 호화로운 레스토랑 중 하나로 최고의 요리, 멋진 서비스, 훌륭한 분위기까지 갖췄다."

Matt Warren, The Independent

⬆ 도심에서 즐기는 전원풍 분위기의 레스토랑.

랍스터 하우스(The Lobster House), 휘마르후시드 레스토랑은 아이슬란드의 수도 한복판에서 20년이 넘도록 훌륭한 갑각류 요리를 제공해왔다. 회색 페인트 칠의 전통적인 목조건물은 1838년 지어졌고 이 도시에서 가장 오래된 건물 중 하나다. 인테리어는 고색창연한 우아함을 유지하고 있다. 식탁에는 격을 갖춘 흰색 식탁보와 반짝거리는 유리잔이 놓여있다. 특이한 모양새의 샹들리에, 금박테를 두른 거울, 유화, 벽에 걸린 태피스트리, 독특한 의자와 쿠션이 어우러져 아늑한 분위기를 만든다.

이곳의 헤드 셰프인 그뷔드뮌뒤르 귄나르손(Gudmundur Gunnarsson)의 멋진 창작요리에서는 구식 이라는 느낌은 전혀 나지 않는다. 그가 만드는 '해산물 판타지(Seafood Fantasy)'는 예루살렘 아티초크와 오향(five-spice)을 넣은 바닷가재 육수에 아이슬란드 바닷가재, 연어, 홍합 같은 재료를 독창적으로 믹스한 요리다. 다른 하이라이트로 칠리 아이스크림과 짭짤한 크래커를 곁들인 토마토 치즈 샐러드와 튀긴 리소토가 있다. 기발한 디저트로는 아이슬란드 치즈에 튀긴 해초, 자작나무 시럽, 타임(thyme) 퓌레를 곁들여 내는 것이다.

점심과 저녁 메뉴로는 다양한 생선, 육류, 채식요리들이 있지만 주인공은 단연 바닷가재다. 용어상 주의할 점이 하나 있는데, 아이슬란드 바닷가재는 북대서양산보다 작은 종류이고 보통 랑구스틴이라고 부른다.

지역 특산물인 랑구스틴은 이곳에서 여러 가지 모양새로 요리된다. 그 중 마늘과 구운 바닷가재 꼬리를 곁들인 바닷가재 크림수프나 염소 치즈, 루콜라, 피스타치오, 샴페인 거품을 곁들인 랑구스틴 리소토가 있다. 아이슬란드 바닷가재는 다양한 부재료와 함께 식탁에 오른다. 여기에는 양고기, 돼지고기, 소꼬리(oxtail), 크리미한 보리, 훈제 오리, 조개류, 말고기, 그리고 아이슬란드에서 가장 논란 많은 별미인 고래고기까지 포함된다. 최근 상호가 토르판(Torfan)으로 변경되었다. **SH**

솔시덴 Solsiden | 전 세계에서 가장 빼어난 해산물 요리 몇 가지를 맛보다

위치 오슬로　**대표음식** 해산물 모둠 Seafood platter for the whole table | 🥄🥄🥄🥄

오슬로는 스칸디나비아에서 가장 작은 수도이지만 빼어나 난 아름다움을 가진 도시다. 그리고 이 아름다움을 제대 로 보여주는 레스토랑으로 솔시덴보다 나은 곳은 없을 것 이다. 이곳은 매년 5월 중순부터 9월까지만 연다. 길고 어 두운 겨울이 끝나고 찾아오는 짧은 여름 동안, 수많은 노 르웨이인들이 햇볕과 좋은 와인, 그리고 훌륭한 해산물 요리를 찾아 모여든다. 솔시덴이 전 세계의 다른 어느 레 스토랑보다 더 많은 샤블리 와인을 소비한다는 전설이 있 을 정도다.

항구의 오래된 창고였던 자리에 있는 이곳에는 날 씨가 좋은 날이면 엄청난 고객들을 몰려오는데, 이들을 감당할 수 있도록 작은 테이블들이 촘촘하게 들어차 있 다. 미닫이문을 열면 가까이에 위치한 오슬로 항구와 피 오르(fjord)를 볼 수 있다. 히피부터 금융업자까지 다양한 고객들이 모여드는 솔시덴은 사람 구경하기에도 제격인 곳이다.

모든 요리는 매우 간단한 레시피로 조리된다. 육류는 없고 오직 해산물만 제공되는데, 최고의 품질만 취급하 므로 인공적인 처리를 거의 하지 않고 조리한다. 매일 바 뀌는 세트 메뉴와 다양한 알라카르트 중 반드시 먹어봐 야 하는 요리는 엄청난 해물 모둠이다. 여기에는 굴, 랑 구스틴, 손으로 딴 가리비 등 한류성 생선의 먹이가 되는 온갖 것들이 포함된다. 이 요리는 해초를 밑에 깔고 갓 구 운 빵과 아이올리가 곁들여 나오며, 2명 이상이 먹기에 적절하다.

솔시덴은 대부분 만원이며 예약 없이 오는 고객들에 게는 일부 야외 좌석만 제공된다. 일찌감치 예약을 할 성 의만 있다면 수수한 노르웨이식 부둣가 건물의 소박한 분 위기에서 최고의 품질이면서 거만하지 않은 음식을 즐길 수 있는 멋진 보상이 누구에게나 주어질 것이다. **ABN**

"날 좋은 한여름, 햇볕이 부두 위에 쏟아지는 저녁 무렵에 특히 매력적인 곳."

frommers.com

⬆ 디테일에 꼼꼼하게 신경 쓰는 것이 솔시덴의 특징이다.

마에모 Maaemo | 정성스레 준비되고 아름답게 시연되는 소박한 식재료들

위치 오슬로 **대표음식** 딜과 호스래디시를 곁들인 굴의 식감Textures of oyster with dill and horseradish | 🦪🦪🦪🦪🦪

"우리는 노마에 관해서는 언급하지 않겠다. 그들은 그들의 일을 할 것이고 우리는 우리의 일을 할 것이다."

Esben Holmboe Bang, head chef

⬆ 네오 노르딕 요리의 챔피언 에스벤 홀름보 방.

➡ 신선한 꽃과 버섯으로 만든 정교한 요리.

요즈음 매우 칭송 받는 네오 노르딕(Neo-Nordic) 요리의 창안자는 불명확하지만 코펜하겐의 노마(Noma)가 이 트렌드를 시작한 곳으로 가장 인정받고 있다. 그러나 고대 핀란드어로 '대지(Mother Earth)'를 뜻하는 마에모만큼 네오 노르딕 요리를 순수하게 실행하는 레스토랑은 전 세계에 얼마 없다. 헤드 셰프 에스벤 홀름보 방(Esben Holmboe Bang)의 팀은 매일 동네 공원과 근처 숲에서 허브를 채취하는 것으로 업무를 시작한다. 모든 재료는 친환경적이며, 오슬로의 이스트 엔드(East End) 지역에 자리한 레스토랑으로부터 100km 반경 안에서 조달된 것만 사용한다.

마에모의 실내는 바닥부터 천장까지 3면이 유리이다. 도시의 스카이라인이 파노라마처럼 펼쳐진다. 이것은 섬세하면서 간결한 북유럽풍 인테리어와 스탭들의 열정과 친절의 산물이다. 다이닝룸 위쪽에 있는 유리로 된 육면체의 공간에서 셰프들의 일하는 모습이 매우 잘 보이는데 이것도 멋진 구경거리 중 하나다.

이곳에서는 식재료를 노련하면서도 세심하게 다룬다. 마에모는 굴이나 랑구스틴 같이 유명한 지역 특산물을 맛볼 수도 있지만, 생소한 지역 재료를 이용해서 새로운 풍미를 소개하는 것으로 잘 알려져 있다. 하이라이트로는 타르트를 얼려 디스크 모양으로 만든 것과 오렌지색 잉어 알을 곁들인 크리미한 치즈가 있다. 디저트로는 실크같이 부드러운 버터 아이스크림에 사탕 부스러기를 곁들인 것이 있는데, 투명하게 녹인 버터를 테이블에서 바로 부어준다.

마에모는 화려한 레스토랑이다. 이곳에서의 식사는 단지 한끼를 때우는 것 이상의 의미 있는 경험이다. 코스 메뉴는 단지 배고픔을 해결해주는 것이 아니라 감성까지 불러일으킨다. 이곳은 뼛속까지 네오노르딕풍이고, 집요하게 지역성을 추구한다. 소박한 재료에 세심한 테크닉을 가하고 강박적으로 디테일에 신경을 써서 시연하려고 노력한다. 마에모에서 저녁 시간을 보내려면 시간과 계획이 요구되지만 충분히 그럴만한 가치가 있다. **ABN**

아이스 호텔 Ice Hotel | 북극의 눈 속에서 맛보는 라플란드산 음식

위치 유카스야르비 **대표음식** 얼음 접시에 나오는 6가지 코스의 테이스팅 메뉴 Six-course tasting menu served on ice dishes | 🍴🍴🍴🍴🍴

"나는 스웨덴 엘크에서 나오는 엘크 치즈를
사용하고 창 밖에서 바로 로완베리를 따지요!"

Richard Näslin, chef at the Ice Hotel

⬆ 라플란드산 재료의 독특한 풍미가 요리의 핵심. 요리는 얼음 위에
  서빙된다.

➡ 사슴뿔로 만든 손잡이가 달린 아이스 호텔의 프론트 도어.

이곳의 식사는 얼음 접시에 담겨 나오는 차가운 생선 알 삼총사와 크림으로 시작된다. 이어서 토종 버섯을 곁들인 3가지 부위의 순록고기, 가볍게 훈제한 사슴(elk) 고기, 월귤열매(lingonberry) 소스를 곁들인 들꿩 가슴살이 나올 것이다. 그 후에 허브에 재운 치즈가 나오고, 마지막으로는 초콜릿 케이크를 곁들인 부드러운 레몬 무스가 나올 것이다.

평범한 레스토랑의 식사도 북극에서 반경 200km내에 있는 곳에서 먹으면 아주 특별한 경험이 될 것이다. 스웨덴의 아이스 호텔은 매년 새 얼음과 눈으로 다시 지어지는 최초의 겨울 리조트로 가장 크고 명성 있는 곳이다. 23년 이상 해마다 새로 지어왔기 때문에 봄에는 이 호텔이 녹아서 강으로 흘러 들어갈 것이라는 걸 다들 알고 있다. 그러니 여름에는 찾지 말자. 호텔 자체가 존재하지 않는다.

겨울에는 방한복을 입은 고객들이 눈을 깎아서 만든 룸들을 돌아다니는 것을 볼 수 있다. 바(bar)에서는 화려한 색상의 칵테일을 얼음 잔에 담아 서빙하고, 고객들은 입술이 달라붙을 수 있으니 잔에 입술을 너무 오래 대고 있지 말라는 경고를 듣게 된다.

레스토랑에는 약간의 속임수가 숨어있다. 이곳은 전통적인 목조건물 안에 자리하는데 겨울에는 눈 덮힌 소나무와 반짝거리는 랜턴으로 둘러싸인다. 고객들을 호텔 바에서처럼 얼음 벽돌로 만든 가구 위에서 음식을 먹어야 할 필요는 없으며 일년 내내 운영된다.

이곳은 빳빳한 하얀 식탁보, 흰색 도자기, 은 식기구를 갖춘 격식 있는 곳이다. 고객들은 4코스나 6코스 메뉴 중에서 선택하게 되어있다. 무스, 사슴, 북극 곤들매기, 야생 베리류 같은 라플란드산 식재료를 부각시킨 구성은 두 메뉴의 공통점이다. 이곳의 요리는 놀랄 만큼 훌륭해서 즐비한 수상경력을 뽐낸다. 레스토랑 건물이 평범해서 실망한 고객들은 좀 더 떨어진 '야생 캠프(wilderness camp)'에서 식사할 수 있는 옵션도 있다. **SH**

페비켄 Fäviken | 전통에 뿌리를 두고 혁신적인 시각을 보탠 로컬 농산물

위치 예르펜 **대표음식** 생 소염통과 갈은 순무를 곁들인 골수 요리|Bone marrow with raw beef heart and grated turnips | ⑤⑤⑤⑤⑤

페비켄은 주변의 거친 환경과 조화로운 공존을 꾀하는 곳으로 정의할 수 있다. 이 척박한 환경에서, 이들은 한창때의 농산물을 수확해서 말리거나 피클로 만들고 염장해서 잔혹한 겨울이 오기 전에 찬장을 채운다. 저장품들이 고갈되면, 어느덧 봄이 되고 수확의 계절이 돌아온다. 이렇게 순환하는 자연과의 연대는 바이킹 역사만큼 오래된 것이다.

페비켄은 스웨덴의 스키마을인 오레(Åre)의 동쪽, 비포장 도로가 끝나는 곳의 사냥용 오두막집 마당에 있다. 이곳은 소박한 세련됨과 현대적 안락함을 제공하며 6개의 객실은 고급스럽고 우아하다. 다이닝룸에는 햄과 청어가 천장에 매달려 건조되고 있어 발할라(Valhalla, 특별히 영예로운 사람을 모시는 기념당)같은 분위기가 느껴진다.

이곳의 요리는 북유럽 전통에 굳건하게 뿌리내리고 있는 한편, 잊혀진 식재료와 테크닉을 과감하게 활용하여 혁신적인 새로움을 제공한다. 프레젠테이션은 두드러지는 풍미를 중심으로 간결하게 준비된다. 다양한 방식으로 저장된 지역산 야생동물 고기나 가까운 노르웨이 해안의 맛깔나는 해물도 계절에 따라 맛볼 수 있다. 하이라이트는 껍질이 붙어있는 살아있는 가리비를 석탄 잔불에 구운 것과 3년이상 염장한 청어와 치즈를 빵 위에 얹어 내는 요리다. 돼지피 선지를 곁들인 감칠맛 나는 송어알 요리도 놓칠 수 없다.

페비켄 마가시네트(Fäviken Magasinet)를 방문하는 것은 어떤 레스토랑과도 차별화되는 몰입형 다이닝 경험이다. 벽난로 앞에서 책을 읽거나 저녁 먹기 전 사우나를 즐겨보자. 다음날 아침 신선한 공기를 맡으며 일어나, 눈이 번쩍 뜨이는 아침식사를 먹으며 잠을 깨워보자. 이곳의 셰프인 닐슨(Nilsson)은 황무지 같은 환경 속에서도 기민한 적응방식으로 고급 미식에 접근하고 있다. 그리하여 그는 변화무쌍한 세상에 신선한 미각을 제공한다. **ABN**

⬆ 단순하고 소박한 분위기에서 북유럽 음식을 시연한다.

니클라스 엑스테드트Niklas Ekstedt | 독특하고 창의적인 장작구이 별미요리

위치 스톡홀름   **대표음식** 굴과 헤이즐넛 페스토를 곁들여 해초 위에 올린 홍합과 가리비Mussels and scallops on seaweed with oyster and hazelnut pesto | **⑤⑤**

혁명적인 셰프인 니클라스 엑스테드토(Niklas Ekstedt)에 의하면, 직화구이는 무한한 가능성을 가진 조리법이다. 이곳에서 엑스테드토는 오직 나무만을 이용해서 요리를 한다. 그는 가장 원시적인 조리기술로 탁월하고, 우아하고, 창의적이며 특별한 풍미의 요리를 만들어낼 수 있다는 것을 드라마틱하게 보여주려고 작정한 듯하다. 엑스테드토는 훌륭한 현대식 조리법이 무엇인지를 재정의하고 있다.

이곳에서는 거대한 장작 오븐이나 나무를 태우는 난로를 이용해서 음식을 요리한다. 전기나 가스는 전혀 쓰지 않는다. 고객들을 이 광경을 구경할 수 있지만 유리 벽으로 차단되어 연기로부터는 보호된다.

이 경험을 더욱 매혹적이고 극적으로 만드는 점은 이 방식이 구불구불한 선, 거품, 극도로 작은 사이즈가 특징인 '분자요리(molecular cuisine)'라는 복잡한 방식과 정반대라는 것이다. 오래된 전통이 현대 스웨덴 요리법과 만나면서 월귤열매, 야생 허브, 솔잎, 야생 버섯 같은 북유럽 식재료들을 어떻게 변형시키는지 기대해보라. 최근 엑스테드트는 '석기시대 전자레인지(stone age microwave)'—커다란 유리문이 앞에 달린 박스로 석탄 잔불을 바닥에 넣고 굴뚝을 연결시켜 정밀하게 조절할 수 있도록 만든 것—와 장작불 회전구이 기계도 도입했다.

기억할만한 요리로 해삼, 굴, 아보카도, 파슬리 같은 생재료로 만든 애피타이저, 굴뚝에서 훈제한 바닷가재 꼬리에 바닷가재 사시미, 굴, 헤이즐넛 페스토를 곁들인 요리, 나무 불꽃 위에서 구운 사슴 요리, 배나무 숯에 구운 소고기에 훈제 토마토와 오리 간을 곁들인 요리 등이 있다. 디저트 역시 직화로 만드는데 지역 특산물인 클라우드베리(cloudberry)를 곁들인 사워도우 와플 그리고 플람베한 과일과 짭짤한 캐러멜 아이스크림을 곁들인 사워우 팬케이크 등이 있다. **SP**

⬆ 이곳의 특징적인 조리법인 직화로 조리된 오징어.

로센달스 트레드고르스카페 Rosendals Trädgårdscafe | 아름다운 정원에서 맛보는 가정식 요리

위치 스톡홀름 **대표음식** 시나몬 번 Cinnamon buns | 💲💲

"사탕 색깔로 장식된 로젠달스의 궁전에서 느긋하게 걸으면서 작은 역사에 빠져볼 수도 있다."

yourlivingcity.com

이 소박한 카페는 스톡홀름 주민들에게 사랑 받지만 여행객들은 놓치기 쉽기 때문에 마치 숨겨진 보석과 같다. 이곳은 숲이 많은 유르고르덴(Djurgården)섬의 로젠달스의 정원(Rosendal's Garden) 안에 있다. 사과나무와 포도나무, 100가지 이상의 희귀종 장미로 가득찬 정원 안에 자리한 이 카페는 섬 산책을 마치고 들러보기에 완벽한 장소다. 주말에는 엄청난 인기를 누리고 있으니 기다리는 것을 피하려면 주중에 가보기를 권한다.

정원의 커다란 온실에서 음식이 제공되며 그 안에서 먹어도 된다. 가을과 겨울에는 양초가 여기저기 놓여있어 아늑하고 멋진 분위기가 된다. 해가 조금이라도 나면 대부분의 사람들은 음식을 들고 주변 과일나무 근처 풀밭 위에서 일광욕을 하거나 사과나무 그늘 아래 앉는다.

낮 시간에만 문을 여는 이 카페는 신선한 재료가 돋보이는 가정식을 제공한다. 메뉴는 매일 바뀌는데 맛있는 수프, 넉넉히 속을 채운 샌드위치, 풍성한 샐러드와 흥미로운 육류 요리와 생선 요리 등이 있다. 여름에는 쿠스쿠스와 사워크림을 곁들인 북극 곤들매기, 또는 훈제 고등어 조각이 들어간 아삭한 샐러드를 맛볼 수 있다. 날씨가 추워지면 천천히 조리한 양 다리에 부드러운 채소를 곁들인 요리나 크리미한 치킨 캐서롤을 맛볼 수 있다.

빵과 케이크는 전설적인 명성이 있기 때문에 스톡홀름 주민들은 버터맛의 시나몬 번과 입에서 살살 녹는 끈적한 초콜릿 케이크인 클라드카카(kladdkaka:'Sticky Cake')를 커피 한잔과 즐기기 위해 시내에서 기꺼이 온다.

모든 음식은 유기농이고 대부분의 재료가 지역산이다. 샌드위치의 커다란 빵은 카페 베이커리에서 바로 만든 것이고, 샐러드의 채소는 카페의 텃밭에서 기른 것일 가능성이 매우 높다. 텃밭에서 난 채소와 빵을 파는 상점도 있어서 로젠달스에서의 경험을 한 조각이나마 집으로 가져갈 수 있다. **FQ**

⬆ 카페 안의 베이커리에서 갓 구운 빵으로 맛있는 샌드위치를 만든다.

피아데르홀마르나스 크로그 Fjäderholmarnas Krog | 도시에서 떨어진 곳에서 즐기는 스웨덴의 맛

위치 스톡홀름 **대표음식** 토스트 스카겐Toast Skagen | 💰💰

나무 테라스에서 바다를 내다보면 도시에서 꽤 멀리 떨어져 있는 것처럼 상상하게 된다. 그러나 섬에 있는 이 레스토랑은 스톡홀름 다운타운에서 보트를 타면 25분만에 도착하는 곳이다. 이곳은 스톡홀름 사람들이 셰르고르슬리베트(skärgårdslivet)라고 부르는, '스웨덴의 수도를 감싼 작은 군도에서의 삶'을 맛보기에 완벽한 장소다. 사람들은 요트를 타거나 수영을 하는 등 자연을 즐기면서 긴 여름을 보내러 이곳에 모여든다. 날씨가 좋으면 테라스가 인기 있지만, 경치가 잘 보이는 커다란 창문이 있어 실내 또한 밝고 쾌적하다.

이곳의 요리는 최상의 스웨덴산 제철 재료를 제대로 시연하며 특히 생선을 창의적인 방식으로 조리한다. 가자미를 새조개(cockle)와 함께 팬에 지진 요리나, 후추와 커민으로 절인 연어에 꾀꼬리버섯을 곁들인 요리가 그 예이다. 전통적인 스웨덴식 요리도 있다. 토스트 스카겐은 크리미한 딜(dill) 마요네즈를 곁들인 통통한 새우가 특징인 요리이다. 전통적인 애피타이저인 3가지 청어 절임도 있는데 여기에는 감자, 숙성된 치즈, 얇은 홈메이드 크네케브뢰드(crispbread)가 곁들여진다. 생선을 별로 좋아하지 않는다면 훌륭한 육류 요리를 먹을 수도 있다.

먹기에는 너무 아름다운 프티푸르부터 간단한 베리류에 아이스크림을 곁들인 것까지 디저트는 다양하다. 스톡홀름으로 돌아가는 다음 보트를 놓칠 만한 시간에 카페를 나섰다면, 식사 후 작은 섬을 돌아보거나 바다가 보이는 절벽에서 일광욕을 해보는 것도 좋겠다.

만약 12월에 스톡홀름에 간다면 이 레스토랑의 전통적인 율보르드(Julbord, 크리스마스 식탁)을 맛보는 것도 좋겠다. 이 뷔페 요리는 전통적인 잔치 음식들로 구성되는데, 청어, 미트볼, 향신료를 넣어 천천히 익힌 햄 등이 포함되어 있어 스웨덴인들이 크리스마스를 기념하며 먹는 진정한 음식맛을 볼 수 있다. **FQ**

"피아데르홀마르나스 크로그는 도구를 넣는 헛간과 새로 타르를 입힌 보트들 사이에 있다."

mynewsdesk.com

⬆ 해변 테라스는 스톡홀름 군도의 삶을 잘 보여준다.

다니엘 벨린 크로그 Daniel Berlin Krog | 전원의 분위기에서 맛보는 영감 가득한 북유럽 음식

위치 스카네-트라나스 　**대표음식** 사과, 비트, 다시마를 곁들여 가볍게 구운 대구 Lightly baked cod with apple, beetroot, and kelp | ❸❸❸

> "요리의 구성은 단순하지만 놀라움과
> 멋진 반전으로 가득하다."

theworlds50best.com

⬆ 직화구이는 다니엘 벨린의 요리를 차별화 시키는 혁신적 테크닉 중 단지 하나일 뿐이다.

'뉴 노르딕 퀴진'으로 불리는 것에 대해 근래에 언론에서 많은 거품과 거드름이 있었다. 관찰자들이 보기에 이 움직임은 수염을 기른 수많은 남자들이 숲에서 캠핑하면서 닭을 어떻게 도살하는지에 대해서 원시적으로 싸우는 것처럼 보일 수도 있다. 그리고 이들이 운영하는 스파르타식 레스토랑은 살아있는 새우, 이끼, 나무껍질 등이 메뉴에 올라있는 종류의 식당일 것처럼 보인다.

다니엘 벨린은 이보다는 히스테릭하지 않게 요리에 술을 하는 사람이다. 그의 이름을 딴 레스토랑은 스웨덴의 스코네주 남동쪽 외스틸렌(Österlen)의 인적이 거의 없는 곳에 있다. 이곳은 정적이고 목가적인데, 나무로 만든 붉은색 외양간이 여기저기 박혀있는 초록빛 정경은 수백 년 전에 찍은 사진의 한 장면처럼 보인다. 천장이 낮고 하얗게 바랜 오두막 레스토랑의 작고 평온한 다이닝룸에는 겨우 5개 남짓의 테이블이 있다. 그러나 이곳은 세계적인 수준의 요리가 만들어지는 현장이다

투명하고 새하얀 은빛의 지역산 생선에 해안산 채소가 곁들여진 요리나 방금 딴 신선한 허브를 잔뜩 올리고 육즙을 부어 만든 양고기 요리를 경험해보라. 식사 중간에 미각을 깨끗하게 하기 위해 제공되는 엘더베리 얼음과자는 정원을 잠깐 산책하면서 즐기면 된다. 정원의 텃밭에서는 많은 재료들을 직접 기르고 있다. 한입 한입이 모두 깨끗하고 신선하면서도 복합적이고, 요리가 담긴 접시 하나하나는 아름다움 그 자체이다.

소박한 셀러리를 6시간 동안 석탄에 구워 스모키한 고급품으로 변신시키고, 테이블에서 '참수(decapitated)'시켜 나누어 준다. 이 셀러리에는 강한 맛의 크림치즈를 부어준다. 모든 것이 절도 있고 품위 있게 진행된다. 이곳은 가족이 운영하는데, 유기농 와인을 추천해주는 상냥한 남성이 바로 벨린의 아버지이다. 특별한 저녁식사가 끝나면 셰프가 동네 여관으로 차를 태워주기까지 하는데, 이는 특별한 혜택이 아니라 흔한 일이다. **MOL**

바스타드 Bastard | 코부터 꼬리까지 서빙되는 생생하게 기억에 남을 음식들

위치 말뫼 **대표음식** 바스타드 플랑카(샤퀴트리 보드)Bastard planka(charcuterie platter) | 💲💲

바스타드에서 맛보는 풍미는 단순히 큰 게 아니라 어마어마하다. 포크찹을 먹으면 기분 좋은 놀라움과 함께 미소 짓게 된다. 연기로 구운 소염통은 마늘, 케이퍼, 라디치오와 강한 식초 한방을 보태 맛을 끌어올린다. 질좋은 안초비 통조림을 바로 열어 그대로 서빙하는데 여기에 크리미한 스웨덴식 버터, 레몬 조각, 홈메이드 사워도우 빵이 곁들여진다. 석류석 색깔의 지역산 사슴고기는 강렬한 타르타르소스를 섞어 생으로 나온다. 평범해질 수 있는 닭고기 요리도 중독성 강한 양념으로 바삭하게 조리된 닭껍질을 덮고 나온다. 메뉴는 그날의 신선한 재료에 맞추어 매일 바뀐다. 그렇지만 바스타드 플랑카—리예트, 살라미, 햄, 눈 같은 라르도(lardo), 파테, 헤드치즈가 가득 담긴 보드인데 사워도우 빵더미와 바다소금이 들어간 버터가 같이 나온다—는 메뉴에 항상 포함된다.

말뫼는 진취적인 도시이고 그린에너지를 적극 실천하며 역동적인 현대식 빌딩으로 유명하다. 그러나 바스타드는 도시의 중세 지역에 위치하고 있어 마치 무례하고 자신감 넘치는 벼락부자 같아 보인다. 셰프 안드레아스 달베리(Andreas Dahlberg)가 소유한 이 레스토랑은 미국에서, 특히 브루클린이나 포틀랜드 같은 곳에서 볼 수 있을 법한 곳인데 스웨덴 제3의 도시에서 이런 곳을 보게 된다는 것은 다소 흥분되는 일이다.

높은 천장을 가진 실내에는 지하철 타일과 장식용 벽지가 보이고, 빈티지 교육용 포스터와 샹들리에가 투박함과 고급스러움이 믹스된 분위기를 만든다. 이곳은 사람들로 늘 가득 차 있어 시끌벅적하다. 바스타드에는 칵테일이나 와인 리스트를 찾아 오는 사람도 많은데, 대부분 바이오다이내믹이거나 자연주의 레이블이다. 옆 골목에는 예쁜 야외 공간도 만들어져 있는데 조명등과 삐걱거리는 가구들로 장식되어 있다. 직원들은 친절하고 노련하다. 왜 이곳이 '바스타드(나쁜 녀석)'라고 불리울까? 그건 모른다. 그러나 분명히 이름 때문에 이곳을 확실히 기억할 것이고, 음식 또한 확실히 기억할 것이다. **MOL**

"달베리는 식욕이 동하지 않는 동물고기 조각으로 기적을 만들어 낸다."

wallpaper.com

⬆ 바스타드 플랑카는 스웨덴 최고의 육가공품을 포함하고 있다.

라시팔라치 Lasipalatsi | 멋과 맛을 모두 갖춘 곳

위치 헬싱키   **대표음식** 보르슈마크(청어와 양파를 곁들인 다진 양고기요리)Vorschmack (minced lamb with herring and onions) | 💲💲

"직장인의 점심 장소로 1년 내내 인기가 있고,
테라스는 일과 후 한잔하는 인파로 북적인다."

Lonely Planet

📷 핀란드 음식을 맛볼 수 있는 화려하고도 인상적인 장소.

이 레스토랑의 이름은 이곳이 입점해 있는 빌딩인 라시팔라치(핀란드어로 '유리궁전'이라는 의미)에서 따왔다. 이 빌딩은 1936년에 지어졌다. 도시의 중앙 철도역 부근에 있어 만남의 장소로 인기 있는 빌딩에는 방송국, 유서 깊은 극장들, 카페, 멋진 유기농 식품점을 비롯한 수많은 상점들이 입점해 있다.

이 레스토랑은 1998년에 문을 열었는데, 미끈한 선과 높은 천장을 갖추어 고전적이면서도 동시에 현대적인 분위기가 풍긴다. 조명은 분위기에 따라 바뀐다. 여름철에는 햇볕이 오랜 시간 들어오는 장점을 충분히 활용하고, 낮이 짧은 기간에는 조명에 양초의 따뜻한 불빛을 더하는 식이다.

셰프인 페트리 시모넨(Petri Simonen)은 핀란드의 숲, 호수, 바다에서 나는 풍성한 재료를 최대한 활용해서 스타일과 내용이 조화롭게 공존하는 요리를 다양하게 만들어낸다. 메인 캐비아 요리인 무이쿤 매티애(muikun mätiä, 사워크림, 차이브, 적양파, 후추를 곁들인)나 벤디스(vendace, 정어리 같은 민물생선에 사워크림, 러스크빵이 곁들여지는 요리) 중 하나가 메뉴에 있으면 절대 놓치지 말라.

메인 메뉴는 최고의 육류와 생선요리를 갖추고 있고, 맛있는 핀란드산 베리류로 만든 디저트들도 훌륭하다. 일년 내내 스페셜 메뉴가 있어 아스파라거스, 싱싱한 생선이나 사슴고기 같은 최고의 제철 재료를 잘 살린 요리가 각 계절별로 준비된다.

보르슈마크라는 요리는 애피타이저나 메인으로 주문할 수 있다. 핀란드에서는 이 요리를 여러 가지 고기로 만드는데, 양고기, 소고기, 무스(moose)고기 또는 사슴고기가 포함된다. 라시팔라치에서는 양고기 다진 것과 양파, 절인 청어, 염장 안초비를 뭉근하게 끓여 만들고, 구운 감자, 사워크림, 오이피클, 비트를 곁들여 낸다. 신기하게도 이 요리는 기름진 맛, 달콤함, 짭잘함, 그리고 깨끗하게 씻어주는 듯한 신맛까지 한 번에 맛볼 수 있어 혀의 감각을 깨워준다. **FP**

사보이 Savoy | 제대로 디자인된 파인 다이닝

위치 헬싱키 **대표음식** 팬에 구운 청어 필레 Pan-cooked herring fillets | 💲💲

헬싱키는 2012년에 세계 디자인 수도(World Design Capital)로 선정되었다. 20세기의 대부분 이 지역은 디자인의 유행을 선도해왔다. 핀란드에서 가장 유명한 레스토랑이라 할 수 있는 사보이를 한번 보라. 1937년에 문을 연 이곳의 외관, 인테리어, 비품들, 테이블, 의자, 유리잔, 식기구, 이 모든 것들은 이 나라의 가장 위대한 건축가인 알바르 알토가 만들었거나 그의 영향을 받아 만들어진 것이다.

가장 유명한 아이템은 일반적으로 알토 베이스(Aalto vase)라고 알려진, 물결무늬 물병인데 이 레스토랑을 위해서 특별히 제작됐다. 그리고 테이블 위에 달려 있는 금색 벨 펜던트 조명등도 이에 못지않게 아름답다.

여름에는 개방되고 나머지 기간 동안은 닫혀 있는 테라스도 있는데, 여기서는 헬싱키의 산책로, 러시아 지배 시절부터 있었던 양파모양의 돔 빌딩과 근처의 항구까지 다 보이는 훌륭한 조망을 즐길 수 있다.

발트해가 가까워 이곳의 메뉴는 해산물 요리가 주를 이룬다. 다양한 모습으로 변신하는 청어가 단연 주인공이다. 청어는 여러 가지 형태로 나오지만, 포를 떠서 호밀가루로 가볍게 옷을 입혀 팬에 버터로 구운 것이 최고이다. 물론 지역산의 아쿠아비트 술과 멋지게 어우러지는 절인 청어요리도 더할 나위 없이 훌륭하다. 다진 고기(주로 양고기이지만 다른 것도 사용함), 안초비, 양파의 조합으로 만드는, 신기하게 중독성 있는 요리인 보르슈마카에도 청어가 들어가 풍미를 더한다.

전통적인 핀란드식 요리 외에 다소 특이한 요리들도 있어 눈과 혀를 유혹한다. 불에 구운 가리비에 홍합 토르텔리니와 회향 소스를 곁들인 요리는 향미, 식감, 감각을 멋지게 합성한 요리이다. 추운 계절에는 들꿩과 강꼬치고기도 메뉴에 오르고, 다양한 방식으로 조리된 사슴고기 필레도 메뉴에 보태진다. 사슴고기는 앙트레로 제공되거나 테린으로 만들어져 월도프 샐러드에 곁들여진다. **FP**

"레스토랑의 장식은 핀란드의 모더니즘을 잘 보여준다. 알바르 알토가 디테일까지 다 디자인했다."

frommers.com

⬆ 헬싱키의 사보이에서는 청어가 여러 가지 형태로 제공된다.

노마 Noma | 놀라움과 즐거움을 주는 미식의 전당

위치 코펜하겐 | **대표음식** 사향소와 괭이밥 타르타르 Tartare of musk ox and wood sorrel | 🍴🍴🍴🍴🍴

"오늘날 자연은 가장 큰 영감을 준다. 나는 우리 레스토랑이 자연과 협정을 맺었다고 생각한다."

René Redzepi, chef and co-owner of Noma

⬆ 르네 레드제피가 이끼 같은 야생에서 얻은 재료를 사용하는 것은 전 세계의 셰프들에게 영향을 주었다.

➡ 상상력이 풍부하고, 세밀하고, 강한 계절성을 가진 요리가 노마의 특징이다.

코펜하겐에 있는 크리스티안스하븐(Christianshavn)의 자갈길을 건너가보라.

땅거미가 내리면 부드러운 불빛이 레스토랑의 창에서 흘러나온다. 위층 테스트 키친에서는 그림자 같은 물체들이 움직이면서 북유럽 재료들을 요리하는 새로운 방식을 개발하고 있다. 루바브 뿌리와 누룩을 구워 감칠맛이 진하고 산뜻한 맛이 나는 국물을 만들어 새우를 요리하기도 하고, 천천히 익힌 감자로 아몬드 향이 나는 자두 푸딩을 만들기도 한다.

실내에 들어오면, 단순하고 넉넉한 다이닝룸과 개방형의 최첨단 주방이 있고 그 위로 오래된 조명이 아치형으로 걸려 있다. 셰프들은 아름답고 자그마한 요리들을 계속해서 내는데, 이것들이 하루에 20인분만 만드는 이 레스토랑의 세트 메뉴를 구성한다. 순록이끼에 그물버섯 가루를 뿌린 뒤, 향나무 크렘 프레슈에 담갔다 튀겨낸 요리는 바삭거리는 식감으로 놀라게 한다. 그리고 개미에 소금을 뿌려 얼린 것과 블루베리 페이스트를 한련화 잎 사이에 넣어 샌드위치처럼 만든 요리는 입안 가득 퍼지는 얼얼함으로 흥분시킨다. 곁들여 나오는 블루베리 얼음 위에 얹혀진 개미는 셔벗처럼 된다.

셰프 르네 레드제피(René Redzepi)의 목표는 고객들이 음식에만 집중하여 시간과 공간 이동을 한 것처럼 느끼게 만드는 것이다. 쌉쌀한 한련화 꽃잎으로 덮은 바닷가재 콩소메는 여름의 끝자락을 느끼게 해주고, 리크를 태워서 벗겨낸 뒤 속잎 부분에 대구알을 바른 요리는 11월의 모닥불과 바닷바람을 떠올리게 하는 식이다.

모든 요리는 지역에서 나는 제철재료로 만들어진다. 그중 많은 것들이 자작나무 수액이나 로즈힙처럼 야생에서 채취하는 재료이다. 버터나 맥주 같은 일부 식품은 전문화된 소수의 장인들이 생산하는 최고만 사용한다. 레드제피는 피클링, 건조법, 염장법 같은 전통적인 북유럽 요리 테크닉을 재해석하는데, 이 역시 새로운 조리법을 창조하는 것과 다름없다. **SK**

코드비엔스 피스케바 Kodbyens Fiskebar | 코펜하겐의 육류시장에서 맛보는 현대적이고 세련된 생선 요리

위치 코펜하겐   **대표음식** 호박, 아티초크, 그물버섯을 곁들인 가리비 Scallops with squash, artichokes, and cep mushrooms | 💲💲💲💲💲

"밤이 깊어지면 레스토랑은 한밤의 파티장으로 변신한다."

redvisitor.com

밤에만 문을 여는 이곳은 재미를 쫓아서 가는 레스토랑이다. 이곳은 코펜하겐의 육류시장 내에 있는 작은 공장건물에 자리하고 있다. 입구 위에는 커다란 회색 글씨로 '고기와 살(Kod og Flaeskehal)'이라고 쓰여있다. 이 지역은 레스토랑, 갤러리, 클럽들을 마구 끌어들이고 있는 곳이다. 코드비엔스 피스케바는 코펜하겐에서 놀러 나갈 만한 곳으로 손꼽히는 장소가 되어, 심지어 덴마크의 왕자도 이곳에서 목격되었다는 소문이 있을 정도다.

노마의 매니저이자 소믈리에였던 안데르스 셀머(Anders Selmer)가 2009년에 코드비엔스 피스케바를 열었다. 레스토랑의 이름은 '육류 동네에 있는 생선바(meat town's fish bar)'라고 번역된다. 이곳에서는 맛있는 북유럽풍의 생선 요리와 셀머가 좋아하는 와인 산지를 중심으로 구성된 와인 리스트를 제공한다.

메뉴는 간단하지만 훌륭하다. 소수의 '생(raw)' 요리들이 있는데, 바에서 시간을 보내는 사람들에게 딱 맞는 음식이다. 회향과 헤이즐넛을 곁들인 맛조개, 여러 종류의 굴, 훈제 송어알에 바닷가에서 나는 겨자잎과 자색당근 피클을 얇게 썰어 곁들인 요리 등이 있다. 익힌 요리도 완벽한 균형을 보여준다. 예를 들어 감자튀김을 곁들인 생선요리는 촉촉한 훈제 대구로 만들고, 가을에 내는 가리비 요리는 호박, 아티초크와 그물버섯을 곁들여 특히 더 달콤하다. 그리고 푸딩을 먹을 배를 꼭 남겨놓아야 하는데, 훈제 버터밀크 판나코타에 신선한 블루베리와 우드러프 그라니타를 곁들인 것이나, 체리 비트 젤리와 아몬드를 곁들인 배 크럼블 같은 것들이 있다. 이들은 끝내주게 황홀한 디저트다. **SK**

⬆ 피스케바에서 나오는 아름다운 스칸디나비아 음식.

티볼리할렌 Tivolihallen | 덴마크의 수도 중심에서 맛보는 정통 스뫼르브뢰드

위치 코펜하겐 **대표음식** 다양한 종류의 스뫼레브뢰드 A wide selection of smørrebrød | 💰💰

오픈 샌드위치인 스뫼레브뢰드는 덴마크의 오래된 요리인데, 많은 덴마크인들이 직접 만들어서 점심으로 먹기 위해 직장으로 가져가곤 한다. 이 별미를 맛보고 싶은 여행객들은 가족이 운영하는 레스토랑인 티볼리할렌으로 가면 된다. 실내에는 덴마크의 골동품과 고전적인 디자인 제품들이 보이고 테이블은 하얀 마직의 식탁보로 단순하게 장식되어 있다. 이곳의 주인인 헬레 복트(Helle Vogt)는 어머니 같은 인물이다. 그녀는 18세기까지 거슬러 올라가는 역사적인 건물에서 단골고객이나 여행객들 모두를 다정하게 맞아들이며 홈메이드 덴마크 별미로 초대한다.

스뫼레브뢰드가 주는 즐거움 중의 하나는 올릴 수 있는 토핑이 굉장히 다양하다는 점이다. 티볼리할렌에는 긴 옵션 리스트가 있어서 자기가 먹어보고 싶은 것을 선택할 수 있다. 오랫동안 사랑받아온 클래식들도 다 갖추어져 있다. 샌드위치를 그 자리에서 바로 만들어 멋지게 보여주는데, 전통적인 방식대로 버터를 바른 호밀빵이나 흰빵 위에 올려서 나온다. 해산물 애호가는 7개 버전의 청어부터 스크램블드에그를 곁들인 훈제장어나 팬에 지진 가자미까지 선택할 수 있다. 고기 토핑은 레어로 익힌 로스트비프, 소 간 파테, 크리미한 치킨 샐러드, 여러 가지 속재료를 넣은 스테이크 타르타르가 있다. 적양배추를 곁들인 미트볼이나 로스트 포크 같은 몇 가지 든든한 메인 요리도 점심 시간에 제공된다.

메뉴를 들여다보며 무엇을 먹을지 고민하며 고르는 것이 이곳에서 식사하는 재미 중 하나다. 그런데 이 레스토랑에서는 저녁에는 스뫼레브뢰드를 제공하지 않는다는 것을 기억해야 한다. 저녁 식사로는 '반전 있는 할머니 음식(granny food with a twist)'라고 재치 있게 표현된 간단한 가정식 메뉴가 있는데 이 또한 제대로 만들어진 전통 덴마크 요리이다. **KRM**

제라늄 Geranium | 시각적으로 놀랍고 기술적으로 나무랄 데 없는 음식

위치 코펜하겐 **대표음식** 토마토 거품과 토마토 워터를 곁들인 젤리 햄 Jellied ham with tomato foam and tomato water | 💰💰💰💰💰

보퀴즈 도르(Bocuse d'Or) 요리 경연 대회에서 입상했던 셰프인 라스무스 코포에드(Rasmus Kofoed)가 일하는 제라늄 레스토랑은 2010년에 이사를 했다. 코펜하겐 중심에서 살짝 벗어나 FC 코펜하겐 축구구장인 파르켄(Parken)과 연결된 오피스 건물의 8층으로 옮겨 갔다. 빌딩에 입주한 사무실들과 같이 사용하는 입구를 지나는 것부터 독특한 시작이다. 실내에 들어서면, 예전의 레스토랑들처럼 테이블 사이의 공간이 넉넉하다. 그리고 실내의 두 면은 바닥부터 천장까지 유리창으로 되어 있어 근처 공원의 나무들이 훤히 내다보여 쾌적한 느낌을 준다.

현대적인 북유럽 레스토랑이라면 으레 기대되듯이, 이곳의 음식은 전문적이고 지역산 위주이며 제철에 맞게 준비된다. 그러나 메뉴는 다른 라이벌 레스토랑들보

> **"모든 것을 완벽하게 만들려고 노력하는 과정이 나를 가장 흥분시킨다."**
>
> Rasmus Kofoed, chef and co-owner of Geranium

다 확실히 더 가벼우면서 우아하다. 접시는 제철의 꽃과 꽃잎들로 아름답게 장식된다(물론 제라늄이라는 식당이름도 식용 꽃 종류 이름이다). 놀랄 만한 시각적 프레젠테이션과 인상적인 일련의 조리 테크닉을 보면 엄청난 스킬을 갖춘 곳임이 자명하다. 그렇지만 매력적인 식재료 그 자체로도 언제나 빛을 발할 수 있는 여지를 준다. 대표적인 요리로는 입에서 살살 녹는 지역산 랑구스틴에 향나무와 레드 허브를 곁들인 요리와 테이블에서 바로 부어서 만드는 토마토 워터를 곁들인 젤리 햄이 있다.

제라늄은 고전적 레스토랑의 매력과 우아함에 현대적 아방가르드풍을 절묘하게 믹스한 곳이다. 이곳에서의 식사 경험은 비슷한 류의 다른 최첨단 레스토랑들보다 더 만족스럽다. **ABN**

발리말로 하우스 Ballymaloe House | 원조 아일랜드 음식점에서 맛보는 따뜻한 아일랜드식 환대

위치 샤나게리, 코크 **대표음식** 버터와 여름 허브를 곁들인 가자미 구이; 으깬 블루베리를 곁들인 카라그린 이끼 푸딩 Baked plaice with melted butter and summer herbs; carragreen moss pudding with crushed blueberries | ❸❸❸

"누군가 싱싱한 생선을 들고 우리집에 오면 나는 그걸 받는다. 나는 그들을 그냥 돌려보내지 않을 것이다."

Myrtle Allen, founder of Ballymaloe

⬆ 발리말로 레스토랑은 1964년에 처음으로 손님을 받았다.

이곳은 아일랜드식 음식에 정통한 가족이 운영하는 레스토랑이다. 이곳은 아일랜드에서 슬로우 푸드와 장인 농가들의 여제로 활약하는 머틀 알렌(Myrtle Allen)이 정기적으로 식사하는 곳이자 이곳이 그녀의 집이다. 이곳에서는 식사를 시작할 때 농가에서 찧어 만든 맛있는 버터를 곁들인 아이리시 소다 브레드가 나온다. 이곳의 즐거움 중 최고는 풍성한 디저트 수레에서 먹어보고 싶은 모든 디저트를 조금씩 다 맛볼 수 있다는 것이다.

다이닝룸에는 환상적인 아일랜드 미술 작품들과 광이 나게 닦아놓은 목재 가구들이 있다. 그래서 마치 소중하게 보존된 한 가정의 식당에서 식사하는 것 같은 느낌을 준다. 세트 메뉴에는 보통 싱싱한 시금치와 로즈메리로 만든 수프, 양의 콩팥과 캐러멜라이즈한 샬롯을 넣어 따뜻하게 만든 독특한 샐러드가 포함된다. 때로는 발리코튼(Ballycotton)에서 낚은 숭어를 물에 데쳐 완벽한 홀란데이즈 소스와 챔프(champ, 여기서는 완두콩과 파슬리를 넣은 매시드 포테이토를 의미)를 곁들여 내기도 한다. 또는 톡 쏘는 맛이 최고인 타르타르 소스를 가자미 튀김에 곁들여 내기도 하고 야생동물 구이(제철이면 멧도요새 구이가 내장과 함께 달콤한 제라늄 젤리를 곁들여져 나온다)가 메뉴에 들어 있을 수도 있다.

또 한 가지 명심할 점은 매혹적인 디저트 퍼레이드와 정성껏 선별된 치즈 보드도 있다는 것이다. 디저트로는 블러드 오렌지 타르트, 프로피트롤, 신선한 민트 크림을 곁들인 라즈베리 젤리, 카라그린 이끼(지역산 해초) 푸딩 같은 것들이 있다. 한편 치즈 보드에서는 소규모 장인 농가에서 만든 귀한 별미 치즈를 맛볼 수 있다.

매주 금요일 저녁에는 오르되브르 뷔페가 제공되는데, 켄모어 베이(Kenmore Bay)에서 나는 갑각류를 중심으로 바닷가재, 새우, 홍합과 홈메이드 파테와 샐러드를 맛볼 수 있다. **SP**

팜게이트 카페 Farmgate Café | 진정한 아일랜드 전통식 맛보기

위치 코크 **대표음식** 껍질째 찐 감자를 곁들인 콘비프와 파슬리 소스
Corned beef and parsley sauce with steamed jacket potatoes | **$**

코크에 있는 잉글리시 마켓(English Market)은 세계에서 가장 오래된 실내 시장이다. 무려 1788년부터 코크 시민들에게 질 좋은 아일랜드 농산물을 제공해왔다. 팜게이트 카페는 시장이 내려다보이는 2층에 자리하고 있다. 1994년 케이 하트(Kay Harte)가 소박하고 전통적인 아일랜드 음식을 제공한다는 신념 아래 문을 열었다. 그녀의 핵심적 가치는 마켓의 상인들에게 직접 제공받은 농산물로 음식을 만듦으로써 고객들이 이 식재료가 어디로부터 왔는지를 정확히 알 수 있게 하자는 것이다. 하트는 아일랜드 음식의 홍보대사이며 '굿 푸드 아일랜드(Good Food Ireland)'라는 유명 단체의 창립 멤버이기도 하다.

격식 있는 다이닝룸에서 식사를 하거나 셀프 서비스 방식으로 먹거나 선택할 수 있는데, 어느 쪽이든 느긋하게 점심을 즐기기에 좋다. 매일 바뀌는 소규모의 제철 메뉴를 흑판에 적어 놓는데, 여기에는 시장 안 정육점 주인들이 직접 키운 가축을 도축, 가공한 고기로 만든 정통 아일랜드식 요리들을 포함하고 있다.

콘비프나 양고기, 셰퍼드 파이(shepherd's pie), 소 간과 베이컨, 소의 위 또는 매운 돼지피 소시지인 드리쉰(drisheen)을 기대하라. 맛있는 아일랜드 감자도 중요한 역할을 하는데, 여러 방식으로 조리한다. 으깨거나 굽거나 챔프(쪽파를 넣어 으깬 감자)로 또는 콜캐논(colcannon, 양배추를 넣어 으깬 감자)으로 나온다. 그렇지만 이 카페가 육식 애호가만을 위한 곳은 아니다. 아일랜드산 생선과 해물이 매일 메뉴에 들어 있고, 홈메이드 수프와 차우더도 있다. 또 장인이 갓 구운 소다브레드를 주문과 동시에 썰어서 만든 샌드위치도 있다. 케이크와 디저트도 현장에서 만든 것들이고 치즈는 아일랜드산이다.

팜게이트 카페가 선택한 방식은 끊임 없이 손님들을 끌어모았다. 어떤 이들은 이곳의 음식이 너무 좋아서 일주일에 6일을 이곳에서 식사하기도 한다. **EL**

카페 파라디소 Cafe Paradiso | 진정으로 창의적인 채식 요리

위치 코크 **대표음식** 버섯과 호두를 곁들인 볶은 순무 갈레트와 레드 와인 그레이비|Braised turnip galette with mushrooms and pecans in red wine gravy | **$$**

코크 시의 분주한 거리 인근에 숨어 있는 이 레스토랑은 영국과 아일랜드에서 가장 명성 있는 채식 레스토랑 중 하나이다. 주인이자 셰프인 데니스 코터(Denis Cotter)가 운영하는 이곳은 특이하게도 채식주의자와 육식주의자 모두에게 매력적인 곳이다. 은행에서 8년간 일했던 코터는 다른 직업을 찾기로 하고 런던의 유명 채식 레스토랑인 크랭크스(Cranks)에서 일을 시작했나. 그 후 숙련된 채식 요리사가 되어 코크로 돌아와 퀘이 코업(Quay Co-Op)에서 일하다가 1993년 카페 파라디소를 열었다.

코터는 파인 다이닝 수준의 음식을 제공하되 편안한 분위기에서 소박함과 단순함에 집중하고자 했다. 결정적으로, 그는 채식요리에 관한 기존의 한계들을 무시하고 싶어했다. 20년이 지난 오늘, 카페 파라디소는 단골들과

> "재미있고 독창적인 채식 요리를
> 다양하게 갖춘, 작고 세련된 레스토랑."

Michelin Guide

새로운 손님들이 고루 찾는 명소가 되었다. 찾는 사람들이 너무 많다 보니 이들을 수용하기 위해 레스토랑 위에 게스트하우스를 열었을 정도다.

이곳의 음식은 세련되고, 세심하며, 강렬한 풍미가 있는데, 코크 바로 남쪽에 있는 고트나나인(Gort-Na-Nain) 농장에서 공급되는 지역산 재료들을 이용한다. 라임으로 구운 할루미(haloumi) 치즈와 향을 보탠 당근 퓌레, 듀카(dukkah), 렌즈콩, 오렌지 피클, 건포도를 같이 내는 요리를 보면 코터가 뉴질랜드에서 보낸 시절의 영향이 분명하게 드러난다. 한편으로는 아일랜드 식재료로 이탈리아 풍 요리를 만들기도 하는데, 생강버터, 새싹머리, 흑맥주 졸인 것을 곁들인 파스닙 라비올리 같은 요리가 그 예이다. **NS**

스카리스타 하우스 Scarista House | 스코틀랜드의 외딴섬에서 펼쳐지는 미각 예술의 최고봉

위치 해리스 섬   **대표음식** 스토너웨이에서 낚은 넙치에 랑구스틴 버터소스를 곁들인 요리Stornoway-landed turbot with langoustine butter sauce | 🍴🍴

싱싱한 해산물을 전문으로 하는 이곳의 요리는 널리 알려져 있다. 이 레스토랑은 「타임스」가 선정한 '최고의 바닷가 식당 10선'에 들기도 했다. 그런데 이곳은 영국에서 가장 오지에 있는 레스토랑 중 하나이다. 스카리스타 만에 닿기 위해서는 스코틀랜드의 아우터 헤브리디스 제도로 가는 먼 길만으로도 모자라, 해리스 섬의 산까지 넘어야 한다.

이토록 힘든 여정의 끝에는 숨막히게 아름다운 경관이라는 보상이 주어진다. 하얀 조개껍질이 깔려 있는, 5km에 이르는 초승달 모양의 해변 중심에 어여쁜 작은 호텔이 홀로 서 있다.

이 외딴곳에서 오랫동안 버티고 있는 주인은 부부인 패트리샤(Patricia)와 팀 마틴(Tim Martin)인데 그들은 음식의 수준을 유지하기 위해 늘 재료 수송 전쟁을 겪는다. 그래서 디너는 4가지 코스의 세트메뉴이다. 채식주의자에게는 조금 다른 게 제공되고, 미리 통지만 하면 특별한 식이요법이 필요한 경우도 수용된다. 채소, 샐러드, 허브들

은 호텔의 텃밭이나 섬 안의 다른 밭에서 경작된다. 빵, 케이크, 잼, 마멀레이드, 아이스크림, 요거트는 주방에서 직접 만든다. 이 레스토랑 창고에는 80개의 광범위한 종류, 다양한 가격대의 와인들이 보관되어 있다.

이들은 주변의 섬들과 이 섬의 호수들을 뒤지며 재료를 찾는 데 몇 년을 보냈는데 다행히도 최고 품질의 재료들을 찾을 수 있었다. 지역산 유이스트(Uist) 토탄으로 훈제한 가리비와 연어, 스코틀랜드 농가의 치즈, 그리고 스토너웨이 블랙 푸딩이 자주 메뉴에 오른다.

벽난로 앞에 앉아 촛불을 밝히고 먹는 아르마냑 무스를 곁들인 메추라기 요리나 사운드 오브 해리스(Sound of Harris) 바닷가재 같은 요리에 매료된 고객들이 이곳을 찾아 엄청난 거리를 여행해서 오곤 한다. **SH**

⬆ 해리스 섬의 친절한 안식처.

더 쓰리 침니스 The Three Chimneys | 깜짝 놀랄 만한 곳에서 즐기는 정통 스코틀랜드식 요리

위치 스카이 섬 **대표음식** 드람뷔 커스터드를 곁들인 핫 마멀레이드 푸딩 Hot marmalade pudding with Drambuie custard | ⑤⑤⑤

런던에서 12시간 또는 글래스고에서 6시간이나 운전하고 가는 것은 한끼 식사를 위한 것치고는 매우 긴 여정이다. 그럼에도 음식을 즐기기 위해 기꺼이 그런 수고를 하는 사람들이 많다. 이곳에는 게스트 하우스도 있어서 원하면 숙박도 할 수 있다.

에디(Eddie)와 셜리 스피어스(Shirley Spears)는 레스토랑 운영 경험이 전혀 없는 상태로 1984년에 더 쓰리 침니스를 열었다. 스코틀랜드 음식과 환대를 제공하기로 결심한 그들은 레스토랑의 외딴 지리적 위치를 비롯해 온갖 어려움을 극복했다. 곧 박수갈채가 이어졌고 프랭크 부르니(Frank Bruni, 뉴욕타임스의 레스토랑 비평가)의 '개인적으로 꼽는 최고의 레스토랑 톱 5' 명단에 포함되었으며 「레스토랑(Restaurant)」이 선정한 전 세계 최고의 레스토랑 50선'에 2번이나 오르기도 했다.

이 레스토랑은 작은 농장 안 하얗게 바랜 토속적 석조 건물에 있는데, 이 건물은 주변의 자유로운 아름다움과 멋지게 어울린다. 메뉴는 지역산 제철 농산물에 전통적인 스코틀랜드식 조리법이 녹아든 것들로 구성된다. 막 건져 올린 랑구스틴, 굴, 가리비, 게 그리고 온갖 생선으로 만든 요리들이 제공된다. 육식애호가는 사슴 엉덩이 고기, 양고기, 순무를 넣은 청둥오리 내장 요리를 즐길 수 있다. 치즈는 스코틀랜드산을 쓴다.

이곳의 요리들은 자세히 살펴보면 스코틀랜드 음식이긴 하지만, 원조와 유행이 적당히 섞여 있고, 고전적인 조리법과 현대적인 조리법을 독특하게 믹스한 형태이다. 본토의 아리사이그(Arisaig)산 죽합(razor clam) 리소토에 파와 홍합 파코라(pakora)가 곁들여진다.

에디와 셜리는 이제 현역에서는 물러났지만, 그들의 음식 철학은 수석 셰프인 마이클 스미스(Michael Smith)의 지휘 아래 여전히 유지되고 있다. **EL**

⬆ 돌로 만든 작은 농장에서 먹는 개성 있는 스코틀랜드식 요리.

앤드류 페얼리 앳 글렌이글스 Andrew Fairlie at Gleneagles | 세련됨을 자랑하는 호텔 다이닝

위치 오치터라더 **대표음식** 라임버터를 곁들인 훈제 바닷가재Smoked lobster with lime butter | 🦞🦞🦞🦞🦞

"앤드류는 뛰어난 재료를 가지고 프랑스 요리와 스코틀랜드 요리에서 최고의 것을 취해서 블렌드한다."

Gleneagles website

⬆ 라임버터를 곁들인 훈제 바닷가재는 페얼리 요리의 주인공이다.

앤드류 페얼리의 레스토랑 자리는 진정으로 웅장하다. 이 레스토랑은 지역의 상징인 에드워디안 글렌이글스 (Edwardian Gleneagles) 호텔 부지 위에 자리하고 있는데, 멀리 헤더 꽃으로 뒤덮인 스코틀랜드 고지가 보인다. 그는 스코틀랜드에서 유일하게 미슐랭 스타 2개를 받은 셰프로 동료들 간에 신망이 높다. 그의 화려한 레스토랑은 정통 조리기법에 일본 여행을 통해 얻은 영향이 절묘하게 결합된 요리들로 자신감을 뿜어낸다.

다이닝룸은 초콜릿, 밤, 딸기 색상으로 장식되어 있다. 천장부터 바닥까지 실크 커튼이 드리워져 있고, 칸막이 공간도 있으며 스코틀랜드의 현대 화가인 아치 포레스트의 그림들로 장식되어 특별한 나들이 느낌을 더해 준다.

이곳에서는 현대 미식의 최고봉을 경험할 수 있는 테이스팅 메뉴를 맛볼 것을 강력 추천한다. 그리고 가능하면 어울리는 와인과 함께 맛볼 것을 권한다. 테이스팅 메뉴는 단품 요리로 주문하는 것보다 가격 대비 실속이 있거니와 페얼리가 꼽는 각 시즌 최고의 요리들을 맛볼 수 있는 기회이기도 하다. 여기에는 그의 대표 요리인 나무 위스키통 조각으로 훈제한 뒤 라임버터로 구운 오크니 (Orkney)산 바닷가재가 포함된다.

이곳에서는 고급스런 재료에 정통 방식, 그리고 재미있는 반전을 더하는 조리법으로 요리를 만들어낸다. 예를 들면 손으로 딴 가리비를 구워 농어와 천상의 맛을 가진 굴 파르페와 함께 내는데, 여기에 대조적인 맛의 바삭한 오징어 크래커를 곁들이거나 믿을 수 없을 정도로 매혹적인 프아그라 '도넛'을 톡 쏘면서 달콤한 루바브 소스에 담아서 내는 식이다. 야생동물 고기는 글렌이글스 영지에서 직접 나오고, 양고기는 페얼리의 형제가 기른 것을 쓴다. 디저트는 스코틀랜드산 딸기 같은 한가지의 풍미 좋은 재료를 토대로 만들어서 아름답게 프레젠테이션한다. **SP**

마틴 위샤트 Martin Wishart | 양질의 스코틀랜드산 농산물을 선보이는 셰프

위치 에든버러 **대표음식** 망고와 패션프루트를 곁들인 광어 세비체Ceviche of halibut with mango and passion fruit | 🆂🆂🆂

마틴 위샤트의 이름을 딴 레스토랑은 에든버러의 오래된 부둣가 지역인 리스(Leith)의 한 테라스에 자리하고 있다. 이 지역은 한때 상당히 번화가였고 지금도 빠르게 발전하고 있는 곳이다. 위샤트는 르 가브로슈(Le Gavroche)의 주방에서 마르코 피에르 화이트(Marco Pierre White)와 일하며 훈련 받았고, 1999년에 자신의 레스토랑을 오픈했다. 레스토랑은 훌륭한 테크닉의 요리로 점차 지역에서 좋은 평판을 쌓았고, 2001년에 처음 미슐랭 스타를 받은 이래로 쭉 유지하고 있다. 1층의 다이닝룸은 소박한 분위기인데, 넉넉하게 배치된 테이블에는 빳빳한 흰색 식탁보를 갖추고 있다. 요리의 훌륭함에 비하면 겸손한 세팅이다.

메뉴는 간결하지만 제철 재료를 중심으로 구성되어 있고 킬브래넌(Kilbrannan)산 랑구스틴, 노루사슴 고기, 세틀랜드(Shetland)산 아귀, 스코틀랜드산 딸기 같은 풍성한 고품질 스코틀랜드 농산물들을 제대로 활용한다. 위샤트가 이런 재료들을 얼마나 잘 활용하는지는 풍미 좋은 유기농 셰틀랜드 연어를 직접 훈연해서 내는 요리가 잘 보여준다. 다시마 식초와 절인 오이, 엿기름 가루를 넣어 훈제 연어의 깊고 풍성한 맛에 밸런스를 준다.

지역산 제철 재료를 사용하는 또 다른 예로는 아르마냑으로 맛을 낸 소스로 조리한 들꿩에 양배추, 샐서피, 어린 양파, 그리고 염장 돈육(lardon)을 곁들이는 요리가 있다. 들꿩을 먼저 팬에 구워 바삭한 껍질이 생기게 한 뒤 오븐에 넣어 조리하고, 마지막에 다시 몇 분간 팬에 구워 마무리한다. 조리 전 꿩을 보통의 경우보다 짧은 시간 동안 매달아 놓는데도 이런 재료에서 흔히 나곤 하는 누린내가 없다. 식사는 벌집 튀일과 패션프루트 크림을 곁들인 핑크 자몽 젤리나, 멜론 셔벗, 귤과 패션프루트 거품으로 멋지게 마무리할 수 있다.

위샤트는 주방에서 대부분의 시간을 보내는 그런 사람이다. 그는 옛날식 조리법에 최고 품질의 재료를 결합시켜 수준 높은 요리를 만들어낸다. **AH**

"어떤 마술 같은 것은 없다.
나는 모든 것을 되도록 단순화시키고 현실적인 수준을 유지하려 한다."

Martin Wishart, chef and owner

⬆ 스타프루트로 장식된 위샤트의 섬세한 디저트.

더 키친The Kitchin | 너무 싱싱해서 쇼킹하기까지 한 해산물의 결정판

위치 에든버러 **대표음식** '바다', 돼지머리 그리고 랑구스틴 "Sea," pig's head, and langoustine | 💲💲

미슐랭 스타를 받은 셰프 톰 키친의 모토는 '자연에서 접시로(From nature to plate)'이다. 대자연에 대한 그의 사명감은 리비에라의 르 루이 15세(Le Louis XV)레스토랑에서 같이 일했던 그의 멘토 알랭 뒤카스만큼이나 강하다. 자신이 사용하는 재료의 신선도에 대한 자부심이 워낙 강하다 보니 고객들은 각 재료의 정확한 산지가 표시된 스코틀랜드 지도를 제공받는다. 거기에는 오크니산 가리비부터 이 지역에선 '스푸츠(spoots)'라 부르는 아리사이그산 죽합까지 들어있다. 전통적인 프랑스 테크닉의 영향을 받은 이곳의 조리법은 대담하면서도 우아하고 완성도가 높다. 키친과 같이 훈련받았던 셰프 피에르 코프만에 대한 오마주인 이곳의 대표 요리에서는 랑구스틴이 제대로 한몫을 한다. 완벽하게 양념해서 뼈를 제거한 돼지머리 말이 요리인데 커다란 랑구스틴의 꼬리를 구운 것과 종이장처럼 얇고 바삭한 돼지 귀가 곁들여져 나온다.

유명한 애피타이저는 '바다'라는 이름의 요리이다. 여름에는 이 '바다'가 토종 토마토와 잘게 썬 채소를 넣은 샐러드가 되어 '바다 웅덩이(rock pool)'라는 이름의 싱싱한 조개류와 굴, 그리고 '조류(tide)'라는 이름의 토마토 콩소메를 곁들인 요리가 된다. 한편, 겨울에는 갯개미취(sea aster), 샘파이어 같은 해안산 채소들이 된다. 생선으로 만든 메인 요리들은 기가 막히게 고급스러우면서 식감의 조화가 훌륭하고 튀어 오를 것처럼 싱싱하다. 키친이 장인의 손길로 만들어내는 새 시즌 음식을 맛보는 첫 손님이 되기 위해 고객들은 1년 전부터 예약을 한다. 어린 들꿩고기는 미디엄 레어로 적당하게 구워서 야생 블루베리, 꾀꼬리버섯, 가벼운 브레드 소스와 감자칩을 곁들여 낸다. 디저트는 고전적인 레몬 수플레나 피스타치오 수플레가 있고, 블레어고우리(Blairgowrie)산 딸기가 들어간 거미줄처럼 가느다란 밀푀유도 있다. **SP**

⬆ 레스토랑은 이전에 위스키 창고로 쓰이던 곳이다.

맥파이 카페 Magpie Cafe | 피시 앤 칩스, 집 유령 그리고 인상적인 풍경

위치 휘트비 | **대표음식** 피시 앤 칩스 Fish and chips | 💲

북쪽 요크셔의 해변 마을인 휘트비의 랜드마크이기도 한 맥파이 카페가 자리한 3층짜리 블랙 앤 화이트 건물은 18세기에 지어진 것이다. 1년 내내 날씨에 상관없이 테이블을 얻기 위해 기다리는 손님들로 건물 밖까지 긴 줄이 늘어서 있다.

오래된 건물임에도 불구하고 1939년부터 카페만으로 운영이 되고 있는데, 이 건물에는 유령이 있다는 소문이 돈다. 현재의 주인인 바커(Barker) 일가는 1954년에 이 카페를 인수했고, 지금은 바커 일가의 3대손 부부와 자녀들이 카페의 모든 일을 돌보고 있다.

식욕을 자극하는 피시 앤 칩스 냄새가 진동을 하기 때문에, 시장할 때에 맥파이 카페에 자리가 날 때까지 서 있는 것은 고문과도 같다. 하지만 기다림은 결코 길지 않다. 구석구석에 놓인 테이블 사이를 돌아다니는 수많은 종업원들이 능률적으로 서비스를 제공한다. 유선형의 가파른 계단으로 연결된 꼭대기 층에도 여분의 테이블이 놓여 있다. 창가 쪽 테이블에서는 바다, 해변, 그리고 브람 스토커의 소설 『드라큘라』에 영감을 준 것으로 알려진 휘트비 수도원의 유명한 유물들이 바라다보이는 마을의 훌륭한 경치를 감상할 수 있다.

맥파이에서 가장 유명한 메뉴인 피시 앤 칩스는 하루에 1,000인분이 팔린다. 이외에도 현지에서 잡히는 다양한 생선과 해산물을 이용한 메뉴들이 많다. 현지에서 갓 잡은 바닷가재는 늘 인기가 있다. 스테이크, 파스타, 채식 메뉴들도 생선을 원치 않는 고객들을 위해 마련되어 있으며, 전통적인 영국식 푸딩 또한 주문 가능하다. 이 항구에는 맥파이 카페에서 주문한 생선만을 잡아 공급하는 전용 보트들도 있다. 피시 앤 칩스의 신선도는 단연 훌륭하며, 이곳이 영국 최고 중 하나로 여겨지는 명성이 새삼 놀라울 것이 없다. **EL**

⬆ 최상의 상태로 즐기는 영국의 전통 바캉스 음식.

더 드렁큰 덕 인 The Drunken Duck Inn | 100년 역사의 여인숙에서 즐기는 모던한 요리

위치 앰블사이드 **대표음식** 서로나누어 먹는 드렁큰 덕 Drunken duck to share | 💲💲

"하루 종일 걷고 난 뒤에 누구나 만나고 싶어 할 그런 장소."

Jay Rayner, Observer

세월의 흔적이 곱게 묻어나는 이 여인숙은 마을의 높은 곳에 자리한 까닭에 레이크랜드(Lakeland) 언덕의 드라마틱한 풍경이 바라다보인다. 도보 여행자들, 음식 애호가, 관광객, 현지인들의 발길을 유혹하는 이곳은 바(bar)이자 모던한 영국 요리로 유명한 식당이다.

점심 메뉴는 격식이 없이 자유롭다. 이곳의 레드 불 테리어(Red Bull Terrier), 브래세이 골드(Brathay Gold) 등의 수제 맥주와 함께 즐기기에 좋은 훌륭한 샌드위치가 마련되어 있으며, 여기에는 감자 튀김이 곁들여 나온다. 영국다움을 확실히 느낄 수 있는 선데이 로스트(Sunday roast)는 가족 단위의 손님들에게 특히 인기가 있는데, 현지산 고기를 푹 고아 두툼한 나무 도마 위에 올리고 가니쉬로 주변을 둘러 내며 모두 구리 팬에서 갓 조리된 것들이다.

여전히 편안한 분위기이지만 저녁식사 때 레스토랑은 완전히 변신을 한다. 셰프 조니 왓슨(Jonny Watson)과 그가 이끄는 주방 팀은 인근의 농장에서 기른 허드윅(Herdwick) 양고기, 모어컴 만(Morecombe Bay)의 새우, 카트멜 벨리(Cartmel Valley)의 훈제 연어 등 로컬 식재료를 특징으로 하는 고급스런 진수성찬을 담아낸다. 2명이 나누어 먹을 수 있는 체리 글레이즈를 바른 오리고기는 많은 찬사를 받아온 변치 않는 인기 메뉴다. 가슴 부위의 껍질은 바삭하고 그 밑으로 드러나는 핑크빛 속살은 육즙이 가득한데 푹 익힌 맛 좋은 다리살 콩피와 함께 나온다. 고기 향이 풍부한 그레이비 소스, 톡 쏘는 붉은 양배추, 아삭한 감자 구이를 곁들이면 꾸밈없이 완벽한 요리의 스타일이 완성된다.

에프터눈 티(afternoon tea) 메뉴의 하이라이트로는 갓 구운 스콘, 풍미가 가득한 잼, 버터를 바른 찻물에 담가 말린 과일을 박은 유명한 보로데일(Borrowdale) 티 브레드다. 수개월 전 예약이 끝난다는 사실이 전혀 놀랍지 않다. **RGu**

⬆ 따뜻한 분위기의 여인숙은 앰블사이드에 있다.

➡ 체리 글레이즈를 덧바른 오리는 서로 나누며 먹으며 음미할 수 있는 요리다.

랑클룸 L'Enclume | 목가적이고 시골스러운 분위기에서 컨템포러니 다이닝을 즐길 수 있는 곳

위치 카트멜 **대표음식** 차콜 오일과 회향을 넣은 카트멜 밸리의 사슴 요리 Cartmel Valley venison with charcoal oil and fennel | ❸❸❸❸

"로건의 요리는 모던하며 양질의 식재료에 대한 헌신을 보여준다."

Jay Rayner, *Observer*

⬆ 사이먼 로건의 컨템포러리한 자연주의적인 요리.

중세풍 도시 카트멜의 컴브리아 야생 숲 지대에 있는 랑클룸은 궁극의 미식을 선보이는 휴식처라 할 수 있다. 셰프인 사이먼 로건(Simon Rogan)은 접시에 풍경을 담아야 한다고 믿는다. 현지에서 재배하거나 사육한 식재료들은 제철일 때에만 사용한다. 황홀하고 선구자적인 최상의 상태를 선보이는 리는 현대적인 자연주의를 표방한다. 아주 작은 디테일에도 배어 있는 정교한 기술과 배려는 그의 요리의 중심이다.

랑클룸은 프랑스어로 '모루(anvil)'를 의미하며, 800년 된 건물은 본래 대장간이었다. 오늘날에는 아름다운 나뭇결이 그대로 들어나는 테이블, 수공예 장인들이 디자인한 식기류를 갖춘 우아한 레스토랑이다. 놀랍게도 접시에 담긴 채소, 허브, 과일, 꽃과 고기는 모두 6만 ㎡ 규모의 로건의 농장에서 난 것들이다.

랑클룸에서의 식사는 간단한 스낵에서 시작해 더 푸짐한 요리로 옮겨간다. 스낵은 바다 내음이 생생하게 느껴지는 굴 크림, 사과, 오이스터 리프로 아름다운 하얀 조약돌 모양을 연출한 요리로 시작한다. 메인 요리로는 물냉이, 깍지콩으로 만든 장난기 넘치는 대구 '난황(yolk)'이 있고, 소금과 식초로 짜릿한 맛을 더한 가리비 구이, 콜리플라워, 생 가리비, 애기괭이밥(wood sorrel)으로 만든 요리 등이 있다. 식사 내내 채소와 허브는—종종 미세한 뿌리만으로도 강한 풍미를 지닌 것들이 있다—요리의 중심을 이룬다.

허브와 직접 기른 식재료는 디저트에서도 빛을 발한다. 디저트는 계절과 이곳의 풍광에 대한 오마주를 담고 있으며 가볍고 층을 이루며 거의 단맛이 느껴지지 않는다. 디저트로는 맥아와 갈색 설탕을 곁들인 자두; 아니스 히숍(anise hyssop), 라즈베리와 밀크스킨(milk skin); 메도스위트, 블루베리, 이파리가 작은 수영, 호두; 산자나무(sea buckthorn), 달콤한 치즈, 우드러프(woodruff) 등이 있다. **SP**

더 스타 인 The Star Inn | 그림처럼 아름다운 여인숙에서 즐기는 요크셔의 영예로운 맛

위치 하롬 **대표음식** 푸아그라, 물냉이, 사과, 바닐라 처트니를 곁들인 블랙 푸딩 Black pudding with foie gras, watercress, apple, and vanilla chutney | ❸❸❸

높은 찬사를 받아온 스타 인의 주인이자 셰프인 앤드루 펀(Andrew Pern)은 영국의 요리업계를 이끌어온 등불이다. 그와 그의 전처는 1996년에 14세기의 여인숙을 매입했다. 그들의 노고로 재건된 여인숙은 낮은 대들보와 벽을 유지하고 있으며 이곳에 내재되어 있던 특성을 고스란히 보존하고 있다. 겸손하게도 펀은 복구를 위한 그의 이러한 노력이 건물의 오랜 역사에 비추어볼 때 한 장(chapter)에 불과하다고 주장한다. 하지만 이 얼마나 걸출한 장(chapter)인가?

스타 인이 문을 열었을 때만 해도, 영국의 펍은 그저 좋은 음식을 내는 곳일 뿐이었다. 그 이전에는 음식이 단지 펍에서 제공하는 수많은 것들 중 하나에 지나지 않았던 적도 있었으며 멋지다는 인식은 거의 없었다. 펀에게는 펍에 대한 이러한 인식이 만족스럽지 않았다. 펀은 노스요크셔에서 생산되는 지역 고유의 제철 식재료를 매우 강조하였으며, 오늘날에는 이것이 기준으로 받아들여지고 있다. 하지만 과거 펀의 이러한 접근 방식과 태도는 획기적인 것이었다. 이내 찬사와 칭찬이 쏟아졌고 펍에 수여된 최초의 미슐랭 스타는 펀의 것이 되었다. 펀은 사업을 확장해 수상 경력이 있는 부티크 호텔을 인수하기도 했다.

펀의 대표 메뉴인 팬에 구운 푸아그라가 곁들여 나오는 블랙 푸딩은 그의 요리의 정수를 보여주는데, 소박한 블러드 푸딩이 가장 고급스런 식재료인 푸아그라와 짝을 이룬다. 그래스루츠(grassroots) 요리는 현지산 물냉이, 사과, 홈메이드 처트니, 독한 사과주를 졸인 액과 함께 나온다. 이 사과주는 현지산으로 인근의 앰플포스 수도원의 수사가 생산한 것이다. 스타 인에서 식사를 하는 것은 장인의 손길이 만들어 내는 환상적인 요크셔의 제철 요리에 흠뻑 빠지는 것이다. **EL**

더 벌링턴, 데본셔 암즈 The Burlington, Devonshire Arms | 숭고한 분위기와 요리

위치 볼턴 애비 **대표음식** 마리네이드한 가리비, 아보카도, 순무, 그리고 돼지머리로 만든 크로켓 Marinated scallop, avocado, radish, and pig's head croquette | ❸❸

벌링턴은 데본셔의 공작과 공작 부인 소유의 1억2천㎡에 달하는 볼턴 수도원 건물에 자리한 '데본셔 암즈 카운티 하우스 호텔 & 스파'에 딸린 고급 레스토랑이다. 미슐랭 스타 하나와 AA 로제트(AA rosettes) 4개를 보유하고 있으며 2,500종의 와인을 보유하고 있다. 육류, 생선, 채소는 모두 이곳에서 생산한 것이다.

헤드 셰프인 애덤 스미스는 런던의 리츠 호텔에서 이그제큐티브 수 셰프를 지냈으며, 현재는 이곳에서 그의 자취를 남기고 있다. 그의 영감이 담긴 모던한 영국 요리는 클래식한데, 대표 메뉴인 마리네이드한 가리비, 아보카도, 순무, 그리고 돼지머리로 만든 크로켓 요리가 그 예이다. 계절에 따라 변화하는 메뉴는 칼로 자른 듯 정확하게 맞추어 내는 맛과 향, 식감의 조화를 특징으로 한다. 이

> "애덤 스미스는 의심할 여지 없이 나의 주방을 거쳐 간 최고의 셰프다."
>
> John Williams, executive chef, The Ritz

곳의 정원에서 생산된 사과와 러비지는 휘트비산(産) 게와 함께 접시에 담기며, 집에서 재배한 콜리플라워로 만든 실크처럼 부드러운 퀴레는 굴과 함께 낸다.

부드러운 불빛이 드리운 우아한 다이닝룸에서는 따라야 할 격식이 있는데, 특히 남성들은 재킷을 입어야 한다. 채츠워스(Chatsworth)의 데본셔 콜렉션(Devonshire Collection)에 속하는 전통 건축물들을 그린 작품들이 옅은 빛깔의 벽을 장식하고 있으며 엔티크 테이블 위에는 디자이너 작품인 식기류와 크리스털 유리잔들이 놓여 있다. 서비스는 탁월하며, 따뜻하고 배려심 깊은 종업원들이 자칫 서먹할 수 있는 이곳의 분위기를 부드럽게 해준다. **EL**

더 박스 트리 The Box Tree | 유명한 요크셔의 보석 같은 곳에서 즐기는 독창적인 요리

위치 일클리 **대표음식** 가리비 구이, 셀러리악 퓌레, 트러플, 훈제 장어 그리고 그라니스미스 사과Roasted scallops, celeriac puree, truffle, smoked eel, and Granny Smith apple | ❺❺❺❺

"미슐랭 스타를 유지하는 것은 매우 중요하다. 미슐랭 평가 결과를 서면으로 확인할 때까지 결코 안심할 수 없다."

Simon Guellar, head chef at the Box Tree

박스 트리가 자리한 건물은 이 도시에서 가장 오래된 건물이다. 1712년에 지어진 이곳은 1962년 말콤 레이드와 동업자인 콜린 롱이 고급 레스토랑으로 개조하기 전까지 다양한 사업이 이루어진 본거지였다. 박스 트리는 빠르게 북부 지방에서 가장 성공한 레스토랑으로 자리 잡았고, 거의 개업과 동시에 미슐랭 스타 2개를 거머쥐었다. 전설과도 같은 영국의 셰프 마이클 트루러브와 에드워드 데니도 이곳의 메뉴에 자취를 남겼고 세계적으로 유명한 셰프 마르코 피에르 화이트가 초기 경력을 다지는 데 있어서도 중추적인 역할을 했다.

그때 이후로 레스토랑은 정점을 찍다가 내리막을 견뎌 내기도 했다(미슐랭 별을 잃었다). 하지만 2004년 셰프 사이먼 겔라(Simon Guellar)와 그의 아내 레나(Rena)의 세심한 손길을 거치면서 재기에 성공했다. 미슐랭 스타 하나를 얻었고, 그때 이후로 미식의 보석과도 같은 이곳에 대한 찬사가 지속되었다.

사이먼 겔라의 대표적인 요리는 요리에 대한 그의 접근방식을 단적으로 보여준다. 셀러리악 퓌레를 곁들인 가리비 구이는 클래식하고 완전한 풍미의 조합을 보여준다. 트러플은 깊이와 우아함을, 또한 훈제한 장어와 자칫 잘못 다루면 엉망이 되는 그라니스미스 사과는 요리에 훌륭하게 변화를 준다.

겔라가 이끈 이곳에서는 많은 셰프들이 따랐다. 그의 심플한 듯 보이는 요리는 더욱 복잡한 현실을 감추고 있어, 완벽하고 독창적이며 흥미진진하다. 많은 요리들이 프랑스의 전통 요리법을 바탕으로 하지만 지나치지 않는다. 숭고하게 아름다운 이곳의 요리는 부러움을 자아내는 와인 셀러, 고객을 대하는 완벽한 서비스와 합을 이루어—레나 겔라의 전문가다운 안목과 잘 훈련된 종업원들이 만들어 내는 결과다—더 박스 트리의 앞날에 대한 확신을 심어 주는 듯 하다. **EL**

⬆ 유명한 셰프들이 더 박스 트리의 주방을 거쳐 갔다.

더 파이프 앤 글라스 인 The Pipe and Glass Inn | 유서 깊은 여인숙에서 즐기는 요크셔의 맛

위치 사우스 돌턴 **대표음식** 루바브와 설탕 케이크를 곁들인 생강맛 번트 크림 Ginger burnt cream with rhubarb and sugar cakes | ❷❸

비교적 최근까지도 음식 비평가들은 요크셔 동부지방을 요리의 불모지로 여겼다. 하지만 2006년 제임스(James)와 케이트 매켄지(Kate Mackenzie) 부부가 돌턴의 남부 지방에 자리한 이곳에 온 이후에는 모든 것이 바뀌었다. 이 부부는 하롬에 위치한 스타 인(Star Inn)를 잇는다는 평을 받았다.

이 유능한 부부는(제임스는 주방을 맡고 케이튼은 접객 서비스를 맡는다) 아주 짧은 시간 내에 이 여인숙과 지역을 유명하게 만들었다. 보여지는 찬사 중에는 미슐랭 스타가 있다. 명성에도 불구하고 이곳은 여전히 여인숙이다. 바닥은 목재로 잘 닦여 있으며, 가구는 키가 낮고 튼튼해 보이며 편안하다. 거울, 전등, 감각 있는 장식품들은 지나치게 요란하지 않고 모든 모서리가 부드럽다. 3개로 나누어진 다이닝 룸은 연속적으로 이어지도록 설계되어 있으며, 종국에는 28명을 수용할 수 있는 하나의 테이블이 놓인 유리 온실로 변신이 가능하다.

여인숙에서의 식사는 친근하고 편안한 경험이지만 지나치게 격식에서 벗어난 분위기라는 의미는 아니다. 전문가들이 친절하게 다가와 능숙하게 서비스를 이끈다. 메뉴는 미각을 유혹하도록 세심하게 짜여져 있다. 매켄지는 식재료의 신선도와 산지에 대한 열정이 깊다. 그는 명민하게 맛과 향, 식감의 균형을 맞추며, 야생 토끼와 새조개, 광어와 소꼬리 혹은 하기스(haggis, 양의 내장으로 만든 순대와 유사한 스코틀랜드 요리) 튀김 등등 종종 기대하지 못한 조합을 연출하기도 한다.

음식의 유래에 대한 매켄지의 관심은 곧 음식의 역사에 대한 그의 관심을 보여준다. 이러한 사실은 그의 대표 메뉴인 요크셔 루바브와 요크셔 동부의 설탕 케이크를 곁들인 생강맛 번트 크림에서 잘 드러난다. 루바브는 로컬 재료이며, 케이크는 매켄지가 인근의 베벌리 타운 의회의 서고에서 발견한 200년 된 레시피에서 영감을 받은 것이다. **EL**

"우리는 무엇이 잘 팔릴지를 안다. 메뉴에 새우 칵테일이 올라 있는 것은 바로 고객들이 그것을 원하기 때문이다."

James Mackenzie, chef and owner of The Pipe and Glass

⬆ 이곳에서는 정성을 기울여 만든 요리를 맛볼 수 있다.

화이트록스 Whitelock's | 분위기 있는 공간에서 즐기는 전통 영국식 펍 요리

위치 리즈 **대표음식** 소고기와 에일로 만드는 파이 Pie made of beef and ale | **$$**

오늘날 화이트록스 에일하우스(Whitelock's Alehouse)로 잘 알려진 이 여인숙은 1715년에 터크스 헤드(Turk's Head)라는 이름으로 처음 문을 열었다. 화이트록스 일가는 19세기 말 라이선스를 취득해 여인숙의 이름을 바꾸었다. 존 럽턴 화이트록은 오늘날 유명해진 화려한 실내 장식을 손수 꾸몄다. 윤기가 흐르는 청동, 대리석, 무늬가 새겨진 유리, 가죽 등으로 만든 빅토리아 시대 풍의 물건들은 오늘날에도 원형 그대로를 유지하고 있다.

실내 장식과는 다르게 요리는 주기적으로 변하지만 늘 변화가 더 좋았던 것만은 아니다. 확고한 영국 풍의 메뉴에서 벗어나려는 시도들은 모두 실패로 끝났다. 하지만 고맙게도 이러한 이례적인 사건들은 매우 드물었다. 주인인 에드 메이슨(Ed Mason)은 오랫동안 전통적인 펍

"플리트 거리(Fleet St.)의 오래된 펍 체셔 치즈와 동급의 화이트록스. 이곳은 리즈의 중심이다."

Sir John Betjeman, poet and broadcaster

요리에 뿌리를 둔 메뉴들을 유지해 왔고 좋은 품질을 보증하기 위해 현지산 식재료를 사용해 왔다. 서비스는 바에서 주문을 하는 펍의 양식을 따른다. 양은 넉넉하고 와인은 선택의 폭이 제한되어 있지만 에일 맥주(대부분이 현지산이다)는 넘쳐난다.

든든한 샌드위치, 피시 앤 칩스, 햄과 뒷다리, 그리고 스카치 에그(Scotch egg)를 곁들인 블랙 푸딩은 정기적으로 점심식사로 나오는 요리들이다. 점심 메뉴는 저녁 식사로도 나오긴 하지만, 저녁에는 샐러드, 채식주의자들을 위한 요리, 그리고 리소토까지 더 가볍고 컨템포러리한 요리들도 선보인다. 일요일의 점심은 요크셔 푸딩과 그레이비를 곁들인 로스트 미트도 있다. **EL**

햄블턴 홀 Hambleton Hall | 멋진 빅토리아 시대 풍의 시골 집에서 즐기는 전통 요리

위치 햄블턴 **대표음식** 콩피 베이컨, 민들레 이파리, 메추리알을 곁들인 버섯요리 Chanterelles with confit bacon, dandelion leaves, and quail eggs | **$$**

러틀랜드 워터 저수지가 바라다보이는 햄블턴 홀은 19세기에 지어진 사냥꾼들의 오두막이었으나 오늘날에는 럭셔리한 호텔로 개조되었다. 정원과 저수지의 아름다운 풍광이 바라다보이는 예쁜 테라스가 있다. 천장이 높고 두툼한 카펫이 깔렸으며, 창문으로는 정원이 바라다 보이는 다이닝룸은 우아한 분위기를 풍긴다.

아론 패터슨(Aaron Patterson)이 주방을 맡고 있는데, 1984년에 이곳에서 일을 시작하여 1992년에 헤드 셰프가 되었다. 햄블턴 홀은 1984년 이후 줄곧 미슐랭 스타를 유지해 오고 있다. 모차렐라 치즈를 곁들인 섬세한 토마토 타르트와 진한 모차렐라 슈 페이스트리 등의 간단한 먹거리로 식사를 시작할 수 있다. 애피타이저로는 살이 통통하며 단물이 많은 가리비 볶음이 추천할 만한데 양파 퓌레, 퓌(Puy)산 렌즈콩 레몬그라스 거품과 인도 풍의 양파 튀김인 어니언 바지(onion bhaji)가 곁들여 나온다. 완연한 제철의 물이 오른 가리비는 단맛이 풍부하고 인도 풍의 양파 튀김과 기발한 조화를 이루며, 레몬그라스로 만든 거품은 기분 좋은 스파이시한 향을 더한다.

디저트도 수준 높다. 가볍고 기분 좋은 식감의 패션푸르트 수플레에는 섬세한 맛의 패션푸르트 아이스크림이 곁들여 나온다. 노릇노릇한 사과 타르트는 매우 얇게 자른 사과를 리치한 페이스트리 위에 올리고 캐러멜 소스를 넉넉히 뿌려 구운 것인데, 위 표면은 토치 램프를 이용해 갈색으로 그을려서 나온다. 타르트의 한가운데에는 완벽한 맛의 바닐라 아이스크림을 한 스쿱 떠서 올리고 그 주위로는 블랙베리를 둘러 기분 좋은 신맛이 더해진다.

생산자들을 엄선해서 구성한 탁월한 와인 리스트도 있는데, 그중 일부 와인들은 고급 와인 리스트에 올라 있는 것에 비해 가격이 합리적이다. **AH**

➡ 햄블턴 홀의 그림처럼 아름다운 정원 풍경.

샛 베인스Sat Bains | 요리업계의 스타가 연출하는 독창적이고 대담한 맛과 향의 조합

위치 노팅엄   **대표음식** 햄, 달걀, 완두콩Ham, egg, and peas | ❺❺❺❺

"당신이 지켜보고 있는 사람은 천재 셰프가
아닙니다. 요리를 맛있게 만들기 위해서는
장인 정신이 필요합니다."

Sat Bains, chef and owner of Sat Bains

⬆ 굴 소스에 조리한 유기농 연어 요리.

독창적인 셰프이자 이곳의 주인인 샛 베인스는 노팅엄과
자신의 이름을 딴 레스토랑을 유명하게 만들었다. 이곳
은 빅토리아 시대 풍의 마구간을 개조한 곳으로 고가도
로 아래에 위치해 있는데, 멋진 스타일과 정결함을 갖췄
다. 베인스는 그다지 매력 없는 입지 조건을 유리하게 만
들었는데, 인근의 습지와 강둑에서 자란 허브를 이용해
요리를 만든다. 레스토랑의 우편 번호를 딴 요리도 있다.

샛 베인스에서의 식사는 고정관념을 잠재우고 딸기,
크림, 애기괭이밥, 그리고 베인스의 연금술로 만든 소스
비에르주(sauce vierge)를 곁들인 가리비 요리 같이 기이한
식재료와 식감의 조화를 포용하는 경험이다. 심지어 메
뉴는 일반적인 관행과는 다르게 짠맛, 단맛, 신맛, 쓴맛
그리고 감칠맛(umami)의 메뉴로 나뉜다. 베인스의 대표적
인 브레드는 환상적인 맛으로 중독성이 있다. 맥아와 당
밀을 섞어 구운 스폰지와 같은 식감의 빵에 수작업으로
만든 링컨셔(Lincolnshire) 버터를 발라서 낸다.

베인즈의 햄과 달걀 요리는 영국 TV의 요리 대회인
〈그레이트 브리티시 메뉴(Great British Menu)〉에서 10점
만점에 10점을 받았다. 살짝 익힌 오리 알과 하부고 햄(Ja-
bugo ham)과 곁들여 나오는 완두콩은 3가지의 형태로 조
리되는데, 우선 햄 육수에 넣어 익히고, 민트 향을 첨가
한 셔벗으로도 만들며 완두콩 싹으로도 쓰인다. 구운 콜
리플라워, 배, 블루 치즈, 다크 초콜릿을 곁들인 노루고기
는 더욱 파격적이다.

많은 요리들이 짭조름하고 달달한 맛의 경계를 넘나
든다. 이곳의 주방에서는 초콜릿으로 실험을 하는 것을
즐긴다. 반드시 공기를 주입한 초콜릿을 맛보길 바란다.
이는 머랭과 메이플 그라니타가 곁들여 나오는 일종의 월
넛 휘프(walnut whip)다. 주방의 독창성과 기술에 대해 좀
더 이해하고 싶다면 셰프의 테이블(chef's table)을 예약해
서, 눈앞에서 시연되는 요리들을 지켜볼 수도 있다. **SP**

모스턴 홀 Morston Hall | 목가적인 시골 정원과 신선한 게

위치 홀트 **대표음식** 짚 향이 나는 주스를 곁들인 양갈비 요리; 아이스크림을 곁들인 패션푸르트 수플레Saddle of lamb with hay-infused jus; passion-fruit soufflé with ice cream | ❺❺❺❺

단단한 회색 빛깔의 돌로 지은 이 레스토랑 겸 호텔의 세련된 온실에서는 루핀(lupin), 라벤더, 장미꽃들과 연꽃이 핀 연못이 어우러진 이상적인 풍경이 바라다보인다. 모스턴 홀은 노퍽(Norfolk)의 요리업계를 평정한 골턴 블랙키스턴(Galton Blackiston)이 운영하는데, 그는 제철의 로컬 푸드를 먹는 것이 유행이 되기 오래전부터 이를 격찬해왔다. 메뉴는 인근 노퍽의 해안가에서 나는 해산물, 샘파이어, 맛과 향이 살아있는 아스파라거스 등 영국 식재료의 풍부한 유산을 선보인다. 블랙키스턴은 정가 메뉴를 제공하는데, 저녁 메뉴는 가장 신선한 식재료를 사용해 매 서비스 때마다 바뀌기 때문에 테이스팅 메뉴보다 훨씬 낫다. 양은 아주 푸짐하다.

이곳의 요리에는 아름다운 뉘앙스가 배어있다. 가장 최신의 요리법을 미묘하게 담아내며—바다 송어는 처빌과 함께 올리브 오일에 넣고 콩피로 요리하고, 수박에 처빌을 넣고 함께 즙을 낸다—전통적인 교육을 거쳐 완벽하게 정확한 요리를 선보인다. 헤드 셰프인 리처드 뱀브리지(Richard Bembridge)를 포함해서 많은 종업원들이 르 가브로슈(Le Gavroche)와 워터사이드 인(Waterside Inn)에서 전설적인 영웅인 루(Roux) 형제로부터 교육을 받았다.

토마토를 곁들인 바닷가재와 꽃을 흩뿌려 올린 초 미니 사이즈의 파르메산 치즈 커스터드 등의 호화로운 카나페에서는 디테일에도 아주 세심한 주의를 기울이는 모습을 엿볼 수 있다. 환상적인 맛의 베이컨 무스와 함께 짝을 이뤄 나오는 신선한 배와 같이 짭조름한 맛의 셔벗은 정기적으로 메뉴에 오른다. 디저트는 제철의 식재료만을 사용해 먹기에도 완전히 즐거운 다면적인 모습을 솜씨 좋게 연출해 내는데, 피스타치오, 체리 아이스크림, 데친 체리가 곁들여 나오는 피스타치오 스펀지 크림블이 그 예다. 얇게 잘라 나오는 바닐라 판나코타도 진정한 별미다. **SP**

미드썸머 하우스 Midsummer House | 보기 드문 품격과 독창성

위치 케임브리지 **대표음식** 메추라기 구이, 샬롯 퓌레, 포도, 셀러리, 사워도우 Roast quail, shallot puree, grapes, celery, and sourdough | ❺❺❺

아름답고 유서 깊은 케임브리지의 중심에 자리한 미드썸머 커먼(Midsummer Common)의 푸른 벌판이 보이는 이 고즈넉한 레스토랑은 영국에서 가장 훌륭한 식사장소에 속한다. 셰프이자 동업자인 다니엘 클리포드(Daniel Clifford)는 동료, 비평가, 고객들에게 빼어나게 우아하고 독창적인 요리로 영감을 불어넣으며 15년간 이 레스토랑을 이끌어 왔다.

이곳에서의 경험을 만끽하기 위해서는 테이스팅 메뉴 중 하나를 선택해 즐기는 것이 좋은데, 모든 감각을 일깨우는 섬세하게 조화를 맞춘 요리들이 줄지어 나온다. 가벼운 느낌 뒤에는 이러한 수준의 요리가 만들어지기까지의 수고와 솜씨가 숨겨져 있다. 클리포드는 제철의 식재료를 활용하며, 그가 선보이는 모던한 요리들은 전통

> "창의력과 재능을 타고난 셰프가 훌륭하게 운영하는 호감 가는 레스토랑."
>
> Matthew Norman, Guardian

적인 요리법에 굳게 뿌리를 내리고 있다. 부드러운 파 한 뿌리 안에 가리비, 감자, 트러플을 줄을 맞추어 가지런히 놓고 갈색이 나도록 바짝 볶은 양파 가루를 토핑으로 뿌린 요리도 있다. 강하고 섬세한 식재료들이 완벽하게 균형을 이룬다. 많은 요소들이 접시에 담기지만, 이는 복잡하다기 보다는 놀라움으로 다가온다. 밑바닥에 한 스푼의 캐러멜이 숨겨져 있는 사과 크럼블, 오븐에 구운 요거트, 바닐라 디저트처럼 말이다.

이 레스토랑이 자리한 빅토리아 시대 풍의 빌라는 심플하고 고요하며 편안하다. 많은 고객들이 특별한 이벤트를 위해 이곳에 찾으며 일찌감치 앞당겨 예약을 해야 한다. **CB**

르 샹피뇽 소바주 Le Champignon Sauvage | 요리로 빚어내는 빼어난 아름다움

위치 첼튼엄 **대표음식** 콜리플라워 퓌레, 커민 벨루테, 라스 엘 하누트 캐러멜 Scallops with cauliflower puree, cumin veloute, and ras el hanout caramel | ❸❸❸

데이비드 에버리트 마티아스(David Everitt-Matthias)와 그의 아내 헬렌은 1987년에 이곳의 문을 열었다. 레스토랑은 심플하나 자로 잰 듯한 정확한 요리로 서서히 명성을 쌓아 갔으며, 1995년에는 미슐랭 스타 1개와 2000년에는 스타 2개를 받아 지금까지 유지해 오고 있다.

주방에서는 디테일에 주의를 기울이며 식사는 매 서비스마다 직접 구워내는 빵으로 시작한다. 빵은 디저트가 나올 때까지 떨어지는 법이 없이 계속 채워진다. 르 샹피뇽 소바주의 서비스가 지닌 배려를 엿볼 수 있는 부분이다. 바삭한 크러스트를 가진 곡물로 만든 롤빵과 베이컨을 넣은 부드러운 브리오슈 등 모두 훌륭한 맛이다.

이곳의 요리는 전통요리를 기본으로 하며 세심한 감각을 보여준다. 오리 가슴살 콩피와 함께 나오는 현지산 바닷가재 구이가 바로 그 예로, 호박과 누가 벨루테(nougat velouté)가 곁들여진다. 보기 드문 맛과 향의 조합이지만 잘 어울린다. 부드러운 바닷가재가 오리 가슴살 콩피의 진한 맛과 대비를 이루며 호박이 달콤함을 더한다. 또 다른 예로는 구스나르(Goosenargh)산 오리 요리인데, 핑크색 속살로 아름답게 익은 오리를 으깬 호두 위에 살포시 얹고 갈색이 나도록 볶은 치커리를 곁들여 낸다. 또한 여기에 진하게 졸인 즙을 곁들이는데 치커리의 살짝 쓴맛이 오리와 잘 어울린다.

높은 수준의 요리 솜씨는 종종 영국의 고급 레스토랑들의 아킬레스건으로 여겨지는 디저트까지 이어진다. 갈색으로 익힌 망고 한쪽이 곁들여 나오는 원통 모양의 패션푸르트 크림은 아름답기 그지없다. 여기에는 또한 부드러운 코코넛 셔벗과 주사위 모양으로 잘게 자른 신선한 망고도 따라 나오는데, 기분 전환이 되는 훌륭한 조합이다. 샹피뇽 소바주는 꾸밈이 없고 편안한 분위기에서 조심스럽게 빚어내는 음식에 자족하는 곳이다. **AH**

⬆ 요리의 담음새가 우아하다.

더 하드윅 The Hardwick | 웨일스산 식재료로 만드는 아름다운 풍미를 지닌 요리

위치 애버게이브니 | **대표음식** 돼지 등심구이, 푹 고은 삼겹살 Roast pork loin, slow-cooked pork belly | ❺❺❺

하드윅은 개조된 펍으로 숙박시설도 갖추고 있다. 이곳의 주인이자 셰프인 스티븐 테리(Stephen Terry)는 마르쿠스 피에르 화이트의 전설과도 같은 하비스(Harvey's)에서 1980년대를 보냈는데 이곳은 수많은 셰프들이 경력을 쌓던 곳이다. 그는 또한 1990년대에 매우 패셔너블한 장소였던 메이페어 코스트(Mayfair Coast)에 자리한 이곳을 이끌기 전까지 미셸 루 주니어의 르 가브로슈(Le Gavroche)와 파리에 있는 알랭 파사르의 라르페쥬(L'Arpège)에서 일을 하기도 했다.

테리의 독창성과 기술적인 재능은 여전히 인상적이며, 특히나 로컬 식재료를 고집한다는 것을 고려할 때 그가 선보이는 메뉴의 범위가 믿기지 않을 정도다.

인근 헤이온와이(Hay-on-Wye)에 있는 알렉스 구치(Alex Gooch)의 베이커리에서 공급하는 탁월한 품질의 빵이나 김빵(laverbread, 바다에서 나는 김을 뜨거운 물에 데친 뒤 오트밀을 묻혀 기름에 튀긴 웨일스 음식)과 참깨 호밀을 곁들인 블랙마운틴(Black Mountains)산 훈제 연어에서 하드윅의 식사가 특별하다는 것이 드러난다. 몇몇 식재료의 조합은 매우 드문 것으로, 꾀꼬리버섯을 곁들인 대구, 새들백 품종의 돼지고기와 강낭콩이 그 예다. 껍데기가 바삭한 삼겹살은 남은 채소를 볶아 만든 버블 앤 스퀵(bubble and squeak)과 함께 담아낸다. 배가 고프다면 헤리퍼드셔(Herefordshire)산 소고기, 72시간을 삶은 갈비, 육즙이 줄줄 흐르는 버거, 소꼬리 지방으로 만든 푸딩 등 다양한 소고기 요리를 한 접시에 담아낸 메뉴에 만족할 것이다. 무스, 브라우니, 땅콩과 체리 파르페 등 초콜릿 요리들을 한 접시에 담아낸 메뉴도 있다.

테리는 가벼운 감각 역시 지니고 있어서, 음식은 무겁지 않다. 잘 익은 복숭아의 향을 돋우는 꿀과 아마레토가 곁들여 나오는 여름철 디저트는 잊을 수 없는 우아한 요리다. **SP**

⬆ 스티븐 테리의 요리는 스타일이 살아있는 맛과 향을 전달한다.

더 월넛 트리 인The Walnut Tree Inn | 전설적인 웨일스의 레스토랑에서 즐기는 멋진 요리

위치 애버게이브니 **대표음식** 내장과 크로메스키를 곁들인 양갈비 Rack of lamb with sweetbreads and cromesquis | 💲💲

애버게이브니의 외곽에 자리한 월넛 트리는 웨일스에서 가장 유명한 레스토랑 중 하나다. 이곳의 주인이자 셰프인 프랑코 타루스키오(Franco Taruschio)는 본래 1966년에 이곳의 문을 열었고 그의 이탈리아 풍 요리는 영국 전역에 알려졌다. 월넛 트리는 2001년 타루스키오의 퇴직 후 한동안 시련기를 거쳤으나, 이내 곧 이전의 명성을 되찾았다. 현재 주방은 숀 힐(Shaun Hill)이 맡고 있다. 숀은 미슐랭 스타를 받은 러들로의 자그마한 레스토랑인 머천트 하우스(Merchant House)에서 주방을 도맡아 일하기도 했다.

솔직한 스타일로 쓰여진 알라카르트 메뉴는 매일 다르게 변한다. 바다 송어, 새조개에서부터 특히 내장요리가 사랑을 받는 새끼돼지와 비둘기에 이르기까지 유능하게 엄선된 식재료들을 선보인다. 요리 스타일은 심플하지만 정확하다. 잘 익은 광어에는 뵈르 블랑, 햇감자, 껍질콩, 작은 샘파이어 혹은 게살 샐러드가 곁들여 나온다. 요리 기술은 정확하게 익혀 나오는 메추라기구이에

서 잘 드러나는데, 곁들여 나오는 포도는 신맛을 더하고 진한 가금류의 맛과 균형을 이루며, 양상추와 잘게 썰어나오는 육즙이 풍부한 베이컨은 깊은 훈연의 향취를 보탠다. 더욱 공을 들인 요리는 토끼 피티비에(rabbit pithivier)다. 뛰어난 맛의 페이스트리 안에 촉촉하게 익힌 토끼 고기를 넣어 만든 것으로 잘게 썬 채소와 진한 소스가 곁들여 나온다.

디저트 또한 힐의 정확함과 디테일에 대한 정성을 보여준다. 라임 커드와 망고 타르트는 진한 맛의 커드로 속이 채워져 있는데 라임으로 인해 적당한 산도가 느껴지며 매우 잘 익은 알폰소 망고와 페이스트리가 훌륭한 조합을 이룬다. 월넛 트리의 격식 없이 편안한 분위기는 (웹사이트에는 "드레스 코드나 불필요한 격식은 없다"라고 명시되어 있다) 절제되어 있으나 예사롭지 않은 이곳의 요리를 감탄하며 즐기기에 안성맞춤이다. **AH**

⬆ 월넛 트리 인에서는 맛있고 편안한 요리를 제공한다.

더 컴퍼니 셰드 The Company Shed | 해변에서 신선하게 즐기는 영국풍 해산물 요리

위치 웨스트 머시   **대표음식** 갓 껍질을 벗긴 현지산 굴 Freshly shucked native oysters | **$**

로마인들이 콜체스터 주변에서 생산된 굴을 소중하게 여겨 온 이래로, 이곳에서는 굴 양식의 아름다운 전통이 이어져 왔다. 오늘날 굴과 그 밖의 다른 해산물 요리들을 합리적인 가격에 즐기기 위해 웨스트 머시를 찾은 사람들이라면 누구나 이곳을 찾는다. 이곳은 7대째 굴 양식을 이어 온 리처드 하워드가 창립하였고 그의 가족이 운영하고 있다. 첫눈에 이곳은 자갈이 깔린 해변에 세워진 그저 심플한 목재 건물로 보인다.

셰드에서 진동하는 마늘을 기름에 볶는 식욕을 당기는 냄새와 자리가 나기를 기다리며(이곳은 예약을 받지 않는다) 줄을 늘어선 사람들을 보면 이곳의 음식이 맛있다는 사실을 미루어 짐작할 수 있다. 실내는 기본적인 구조로 이루어져 있는데, 싱글룸 한 켠에는 생선을 손질해 주는 카운터가 놓여 있고 바다를 테마로 한 문양의 천으로 덮인 테이블이 몇 개 놓여 있다. 맥아 식초, 타바스코, 손을 닦는 종이 타월 등도 모든 테이블에 빠지지 않고 놓여 있다. 예외 없이 이곳은 모든 연령대를 아우르는 손님들로 가득 찬다. 연인이나 부부에서부터 대규모의 가족 단위 손님들까지 즐겁게 새우, 가재의 껍질을 벗기거나 게살을 발라내는 모습을 볼 수 있다. 에티켓은 간단한데 빵과 음료는 직접 가져오면 되고(음료는 고급 화이트 와인이나 청량음료 중에 고를 수 있다), 잔은 마음대로 선반에서 가져다 쓰면 된다.

시장한 사람들은 차갑거나 따뜻하게 내는 해산물 요리들을 적어 놓은 간단한 메뉴판에서 선택하고 카운터에서 가서 주문을 한 후, 친절한 종업원들이 가져다 주는 요리를 기다리면 된다. 넉넉한 양의 해산물 플래터, 소금과 허브를 넣고 그릴에 갓 구운 후 갈릭 마요네즈를 곁들여 먹는 살에 단물이 가득한 타이거 새우, 크림과 파르메산 치즈를 곁들인 진한 맛의 커다란 굴 요리 등이 인기 있다. 제철에는 이 집에서 직접 양식한 맛과 향이 가득한 현지산 굴 요리를 선택하는 것이 좋다. **JL**

⤴ 현지 고기잡이 배들이 더 컴퍼니 셰드에 생선을 공급한다.

르 마누아 오 콰세종 Le Manoir aux Quat' Saisons | 아주 멋진 쾌락의 경험

위치 그레이트 밀턴 **대표음식** 연어, 사과, 레몬 버베나 콩피 Confit of salmon, apple, and lemon verbena | 💲💲💲💲💲

"식탁에 마주 앉아 심플하고 윤리적이며
훌륭한 음식을 먹는다면, 더욱 친절한 사회를
만들 수 있을 것이다."

Raymond Blanc, chef patron of Le Manoir

⬆ 팬에 구운 농어, 가재, 아시안풍 녹색 채소.

➡ 아름다운 정원 한가운데에 놓인 르 마누아 오 콰세종의 웅장한
출입구.

엄청난 규모와 아름다움 그리고 다양성을 지닌 이곳의 채소 정원—일본산 바질에서부터 천일홍에 이르기까지 종류를 망라한다—은 르 마누아에서의 식사의 중심을 이룬다. 셰프 레이몬드 블랑(Raymond Blanc)의 옥스퍼드셔 에덴 정원에서 자라는 이 채소들은 최고의 채소, 허브, 과일을 새롭게 찾아내 고객들에게 선보이고 정성스럽게 가꾸려는 그의 열정을 잘 보여준다.

우아한 온실에 앉아 정원을 바라보면 전원적인 분위기를 느낄 수 있는데, 이곳에서 즐기는 식사의 성격도 그렇다. 매우 높은 품격을 갖추어 제공되지만, 음식은 가볍고 정갈하며 허브와 향신료를 영리하게 사용해 악센트를 준다.

마티스의 그림이 걸려 있는 라운지에서 식사할 수 있는데, 작은 크기의 소금에 절인 대구 크로켓, 파르메산 치즈 비스킷, 이베리코 햄, 멜론 등의 카나페는 기분 좋게 입맛을 돋운다. 메뉴는 계절마다 바뀌며 제철에 가장 맛이 든 식재료들을 사용한다. 방금 딴 푸른 잎채소에 가리비와 새우를 곁들인 샐러드나, 호스래디시 셔벗과 탁월한 궁합을 이루는 여린 비트 테린에도 이 원칙에 변함이 없다. 지극히 가볍고 여린 생선으로 속을 채운 호박꽃, 허브 무슬린, 와사비 에멀션을 곁들인 콘월 지방의 자연산 가자미와 같이 매우 독창적인 요리를 포함하여 베트남과 일본에 대한 블랑의 오랜 관심은 많은 요리들의 맛과 향에서 분명히 드러난다. 더욱 클래식한 요리로는 트러플, 스위스 근대(chard), 꾀꼬리버섯을 곁들인 소고기 안심 요리가 있다.

치즈가 실린 인상적인 수레는 이곳 주방에서 일어나는 영국풍과 프랑스풍 간의 다이나믹을 잘 나타내 준다. 계절마다 바뀌는 수플레도 꼭 맛보아야 할 디저트다. 방대한 와인 리스트는 1,000여 종에 달하며, 프랑스 와인이 당연히 강세다. 샤사뉴 몽라셰(Chassagne-Montrachet)와 같은 와인은 테이스팅 메뉴와 함께 잔으로도 주문할 수 있다. **SP**

더 핸드 앤 플라워스 The Hand & Flowers | 마음에서 우러나는 시골 풍의 현대적인 요리

위치 말로 **대표음식** 글레이즈를 발라 구운 훈제 해덕과 파르메산 치즈 오믈렛 Glazed omelette of smoked haddock and Parmesan | 💲💲

더 핸드 앤 플라워스는 미슐랭 스타 2개를 받은 최초의 펍이라는 독보적인 위상을 지니고 있다. 격식 없이 편안한 분위기의 이곳은 셰프인 톰 케리지(Tom Kerridge)가 그의 아내와 함께 2005년에 개점하였는데, 1년 후 미슐랭 스타 1개를 받고, 2012년에 별 하나를 더 달았다.

케리지는 맛과 향이 진하고 강하며 현대적인 요리들로 훌륭한 명성을 쌓아 왔다. 웨스트 컨트리에서 이름을 날린 그는 영국이 지닌 풍부한 음식 유산에 대해 자부심이 강하며, 다양한 영국의 식재료를 사용한다. 러비지, 야생 마늘, 겨자 잎, 매도스위트 같은 허브와 꽃들이 돌연히 나타나며, 에일, 벌꿀 술, 호프, 맥아, 건초는 그의 메뉴 전반에 걸쳐 맛있는 효과를 더한다. 초콜릿 케이크의 진한 단맛과 균형을 맞추기 위해 에일의 쓴맛을 끌어낸 기발한 디저트가 그 한예다.

케리지의 고기 요리도 유명한데, 돼지머리나 내장 등과 같이 익숙하지 않은 부위를 독창적으로 사용한다. 솔직담백한 요리들은 디테일에 대한 그의 정성과 풍미를 극대화하는 천재적인 요리 감각으로 빛을 발한다. 오리 기름에 익힌 완두콩과 감자튀김을 곁들인 케리지의 오리가슴살 요리는 TV 프로그램 〈그레이트 브리티시 메뉴〉에서 찰스 황태자의 연회를 위한 메인 요리로 선정되기도 했다.

또한 케리지는 진정한 에일 생맥주로 영국 음료를 옹호하기도 한다. 진스티튜트(Ginstitute)와 함께 개발한 우아하고 신선한 셀러리와 딜 진(gin)은 펍의 전통요리가 위대한 셰프의 손을 거치면 어떻게 재해석될 수 있는지를 여실히 보여준다.

셰프가 선정하는 주중의 점심 메뉴 또한 훌륭하다. 케리지는 요리에 대한 진심과 열정을 구체화하고 타인에게 영감을 불어넣고자 하는 바람을 가지고 있다. 이곳에는 4개의 작은 스위트룸이 있는데 하룻밤 묵을 수도 있다. **CB**

⬆ 가스트로 펍의 분위기에서 즐기는 미슐랭 스타 수준의 식사.

더 로열 오크 The Royal Oak | 격식 없이 자유로운 펍의 분위기에서 즐기는 솜씨 좋은 요리

위치 메이든헤드　**대표음식** 자주방망이버섯과 처빌을 넣은 야생 토끼고기 라자냐Lasagna of wild rabbit with wood blewits and chervil | 🍷🍷

첫눈에 로열 오크는 깜짝 놀랄 정도로 일류 수준의 요리에는 걸맞지 않는 장소로 보인다. 이곳은 메이든헤드 인근의 길가에 위치한 펍으로 외관으로만 봐서는 안에 숨겨진 요리 솜씨를 거의 짐작할 수가 없다. 내부의 실내 장식 역시 진한 빛깔의 목재를 많이 사용하고 바와 테이블을 갖춘 아주 기본적인 형태로 일부 좌석에서는 정원이 보인다. 하지만 로열 오크가 다른 펍들과 구분되는 이유는 주방의 요리 팀 때문이다.

헤드 셰프인 도미닉 채프먼(Dominic Chapman)은 2007년에 로열 오크를 인수했고, 그전에는 브레이(Bray)에 있는 헤스턴 블루멘탈의 펍인 더 하인즈 헤드(the Hinds Head)의 첫 헤드 셰프로 경력을 쌓아 왔다. 채프먼은 배려의 정신이 타고난 사람으로, 그의 이러한 성품은 톤턴(Taunton)에 있는 성을 개조한 유명 호텔을 소유한 가족력에서 비롯된 것이다. 그의 요리솜씨는 로열 오크에서 확연히 드러나, 2010년에 미슐랭 스타 하나를 받았는데 이는 펍으로서는 이례적인 일이었다.

로열 오크의 요리는 고급 식재료와 매력적인 전통 영국 요리, 그리고 흠잡을 데 없이 완벽한 요리 기술이 특징이다. 이곳에서는 스카치 에그를 맛볼 수 있으며, 결국 펍이긴 하지만 더욱 정성이 들어간 요리를 선보인다. 토끼고기와 베이컨 파이는 페이스트리 안에 육즙이 풍부한 토끼고기를 넉넉히 넣고 노릇하게 구워 만든 것이다. 훈제한 베이컨으로 그 맛과 향이 더해지는데, 이곳 요리의 탁월한 예를 보여주는 메뉴다. 식재료의 품질을 강조하는 모습은 완두콩을 곁들인 자연산 연어 요리에서도 확인할 수 있다. 익힌 정도가 적당하고 대부분의 영국 레스토랑에서 사용하는 양식 연어에서는 기대할 수 없는 풍미를 지닌다.

이곳의 디저트는 특히 매력적인데, 환상적인 스폰지 케이크와 여름철 과일로 만든 체리 트리플(trifle)이 그 한 예다. **AH**

⬆ 숨겨진 요리의 자산을 지닌 더 로열 오크.

폴포 Polpo | 전통적인 베네치아 풍의 바카로를 힙한 런던 풍으로 재창조한 곳

위치 런던   **대표음식** 프리토 미스토(고기, 해산물, 채소 튀김)Fritto misto (fritter of meat, seafood, and vegetables) | 💲💲

"맛 좋은 소량의 요리들이 펼치는 퍼레이드에
감사하게 된다.
특히 이곳은 가격이 합리적이다."

Jay Rayner, Observer

⬆ 솜씨 좋은 해산물 요리가 이곳의 강점이다.

➡ 폴로는 바카로의 편안한 분위기를 연출한다.

런던의 패셔너블한 소호 지역 깊숙이 자리한 러셀 노만(Russell Norman)의 독창적인 첫 레스토랑은 바를 높은 수준으로 올려 놓았다.

전통적인 베네치아 바인 바카로(bàcaro)를 스타일리시하게 해석한 폴로는 2009년 백 거리(Beak St.)에 위치한 건물에 개점했는데, 이곳은 한때 베네치아의 화가 카날레토(Canaletto)의 소유였다. 디테일에 대한 세심한 배려는 메뉴와 와인 리스트 그리고 서비스에 그대로 담겨 있는데, 이곳의 서비스는 젊고 활기차며 능률적이다. 양은 적지만 합리적인 가격의 음식들이 최고급 식재료들로 요리된다.

전통적인 베네치아의 바 스낵인 치케티(cicchetti)가 메뉴의 맨 앞을 장식하는데, 크로스티노(crostino)를 곁들여 내는 바칼라 만테카토(baccalà mantecato)가 그 예이다. 이 요리는 대구, 올리브 오일, 마늘과 파슬리를 혼합해 만든 것이다. 여기에 특히 프로세코나 네그로니와 같은 음료를 한 잔 곁들이노라면 운하가 바라다 보이는 작은 레스토랑의 이미지가 떠오르곤 한다. 지하에 있는 캄파리 바(Campari Bar)에서는 치케티와 함께 방대한 종류의 와인과 칵테일을 맛볼 수 있다.

식사는 부드러운 달걀을 곁들인 시금치와 파르메산 치즈의 피체테(pizzette)로 시작해 회향 살라미, 무화과, 염소 치즈와 브루스케타로 이어지고, 이후에는 아마도 문어와 감자 샐러드 혹은 절인 버팔로 고기와 모차렐라 치즈로 옮겨가게 될 것이다. 프리토 미스토와 매콤한 돼지고기와 회향 미트볼은 한번 맛보면 다시 주문을 하기 위해 아우성이 인다. 여기서 딜레마는 푸딩을 먹기 전에 파네 카라사우(pane carasau, 악보의 낱장만큼 얇아서 '뮤직 페이퍼 브레드' 라고도 불린다)를 곁들인 고등어 타르타르를 위한 여유가 남아 있느냐는 것이다. 푸딩과 작은 돌치(dolci, 초콜릿 살라미 혹은 리코타 크럼블)는 모스카토 혹은 커피를 곁들이면 마무리로 딱 적당하다. **SKi**

디너 바이 헤스턴 블루멘탈 Dinner by Heston Blumenthal | 유서 깊은 영국의 요리를 재창조한 곳

위치 런던 **대표음식** 샐러무건디(치킨 오이스터, 샐서피, 골수, 호스래디시 크림)Salamugundy (chicken oysters, salsify, bone marrow, and horseradish cream) |
🍴🍴🍴🍴

오래된 영국 요리가 트렌드로 다시 부활하리라고 생각했던 사람들은 거의 없을 것이다. 하지만 셰프인 헤스턴 블루멘탈과 애슐리 팔머 와츠(Ashley Palmer-Watts, '더 팻 덕' 레스토랑에서 블루멘탈과 수년간 함께 일했다)는 마이더스의 손으로, 이를 멋지게 재창조했다. 메뉴판에는 각각의 요리에 대한 기원과 영감이 된 재료들이 적혀 있다. 요리는 전통적이지만, 좀 더 가벼운 느낌과 현대적인 요리법을 더하고 많은 기지와 활기를 보여주는 형태로 변화했다.

저녁식사에 나오는 '미트 프루트(meat fruit, c. 1500)'는 아이콘과 같은 메뉴로 반드시 맛보아야 하는데, 닭 간으로 만든 벨벳처럼 부드러운 식감의 파르페를 감귤로 만든 젤리 안에 캡슐로 삽입한 것으로 겉에서 보기에는 완벽하게 감귤 모양이다. 이는 16세기 연회 손님들을 즐겁게 만들었던 장난스런 메뉴의 일종이라고 한다. 케첩은 산미를 더하고 맛의 균형을 위해서 사용되는데, 예로부터 전해지던 요리법이자 21세기 블루멘탈의 아이디어이기도 하다. 그 예로 오이 케첩과 보리지를 곁들인 가리비 구

이(c. 1820)가 있다. '미트 앤 플래시(Meat and flesh, c. 1390)'는 레드 와인을 이용한 소꼬리찜과 향기로운 사프란 리소토로 구성된 깊은 풍미를 지닌 애피타이저다. '파우더 덕(Powdered duck)'은 정향과 월계수 잎과 같은 당대의 풍미가 배도록 절인 오리고기에 글레이즈를 바른 것으로 훈제 향의 회향콩피가 곁들여 나온다. '비프 루아얄(Beef royale)'은 매우 만족스러운 메뉴로 72시간 동안 푹 고아 만든 소고기에 안초비와 양파 퓌레로 톡 쏘는 맛을 더했다. '팁시 케이크(Tipsy Cake)'도 놓치지 말아야 할 디저트로, 진한 이스트의 풍미와 폭신한 식감이 특징이며 갈색으로 익힌 파인애플과 함께 나온다.

주방에 걸린 커다란 태엽시계사 돌면서 여기에 매달린 파인애플이 갈색으로 구워진다. **SP**

⬆ 고급스러운 스타일과 최신 요리가 만나는 저녁식사.

룰스Rules | 런던의 가장 오래된 레스토랑에서 즐기는 최고의 영국 요리

위치 런던　**대표음식** 머스터드 소스를 곁들인 야생 오리 구이|Wild roast duck with mustard sauce | 🍴🍴🍴🍴

룰스는 단순한 레스토랑이 아니다. 1798년에 창립된 이후로 주인만 3번 바뀌었을 뿐이며 과거로부터 전해 내려온 장식들로 가득 찬 다이닝룸은 편안하게 유지되어 있어서 남작의 저택에나 있을 법한 홀 또는 기이한 프라이빗 클럽이라는 첫인상을 받는다.

오랫동안 이곳에서 식사를 해온 많은 사람들이 요리나 서비스에서 언제나 한결같이 높은 수준을 증언해 왔다. 이곳에는 약 90명을 수용할 수 있는 룸이 있고 약 90명의 종업원이 있다는 사실만으로도 그 품질을 짐작할 수 있다.

룰스는 위대한 영국의 식재료와 전통 요리법에 대해 거리낌없이 자랑스러워 한다. 비프 립아이, 스테이크, 키드니 파이 혹은 옛날 방식으로 만든 증기로 찐 푸딩을 원한다면 반드시 이곳에 들러야 한다. 제철일 때, 룰스는 사냥으로 잡은 고기를 먹기에도 런던에서 가장 좋은 레스토랑에 속한다. 영예로운 벨티드 갤러웨이 비프(Belted Galloway beef)를 비롯해 많은 식재료가 레스토랑이 소유하고 있는 요크셔의 라팅턴 에스테이트(Lartington Estate)로부터 공급된다. 요리는 복잡하지 않지만 이보다 더 맛있기는 힘들 것이다.

이곳 서비스의 품격은 눈에 띄게 높으며 특히 서비스의 연륜이 묻어나는 일부 웨이터들의 서비스는 정중한 우정이라는 말로 가장 잘 표현될 듯 하다. 하지만 일에 있어서는 매우 신중하므로 사냥으로 잡은 고기를 주문하면, 접시들을 건네고 소스와 가니쉬를 가져다 주는 엄숙한 의식을 기대할 수 있다. 무엇을 주문하든 프랑스 와인이 주를 이루는 방대한 와인 리스트로부터 적당한 와인을 고를 수가 있다. 룰스는 이런 류의 레스토랑이다. **RE**

⬆ 많은 사람들이 소중히 여기는 영국 미식의 레스토랑.

앱슬레스, 어 하인즈 베크 레스토랑 Apsleys, A Heinz Beck Restaurant | 이탈리아의 호화로운 맛

위치 런던 **대표음식** 파고텔리 카르보나라 Fagotelli carbonara | 🟢🟢🟢

"베크가 재해석한 이탈리아의 전통요리들은
여전히 많은 주목을 받는다.
서비스도 매우 확실하다."

Square Meal

하이드 파크 모퉁이에 위치한 장엄한 레인즈버러 호텔 (Lanesborough Hotel) 내에 미슐랭 스타가 빛나는 레스토랑이 있다. 유리 천장이 드리운 아르 데코 풍의 아름다운 다이닝룸으로 이루어진 레스토랑이다. 로마의 라 페르골라를 운영하며 미슐랭 스타 3개를 보유하고 있는 유명한 독일인 셰프, 하인즈 베크가 메뉴를 연출하고 감독하는데 계절마다 변하는 메뉴는 이곳의 분위기만큼 우아하다. 요리는 오트 퀴진의 프리즘을 통과한 이탈리아의 요리로 그 효과가 눈부시다.

바닷가재, 푸아그라 혹은 이베리아산 새끼돼지와 같이 호사스런 식재료들이 솜씨 좋고 매력적인 형태로 담겨 나온다. 베크의 대표 메뉴인 파고텔리 카르보나라는 로마 풍의 정통 요리를 재해석한 것으로 결이 고운 파스타 안에 판체타의 풍미를 더한 크림과 달걀을 넣어 만드는데 반드시 맛보아야 할 요리다. 점심에는 그날의 요리에서 2, 3가지의 코스요리들을 선택해서 맛볼 수 있다. 7가지의 풀코스 요리로 구성되는 테이스팅 메뉴는 계절마다 변하는데, 더욱 세련되고 여유롭다. 식사는 훈제한 사과와 아마레티를 곁들인 푸아그라 테린으로 시작해서 예루살렘 아티초크와 샐서피를 곁들인 살랑 오리(Challans duck)를 거쳐 아마데이 쿠아오(Amadei Chuao) 초콜릿 돔으로 스타일 있게 마무리된다. 신중하게 엄선된 와인 리스트에는 많은 종류의 와인들이 올라 있으며—이탈리아 와인들도 많이 포함되어 있다—잔으로도 즐길 수 있다.

효율적인 주방은 이그제큐티브 셰프이자 베크의 제자인 에로스 드 아고스티니스(Heros de Agostinis)가 이끄는데 적당한 시간 차를 두고 음식을 내오는 사려 깊은 서비스와 잘 조화를 이룬다. 이런 모든 요소들이 어우러져 단정하고 우아한 식사 경험을 선사한다. **JL**

⬆ 우아한 일류 요리들 중에는 맛있는 리소토도 있다.

세인트 존 St. John | 모든 부위를 사용하는 요리 철학을 이끈 런던의 선구자

위치 런던 **대표음식** 골수 구이와 파슬리 샐러드 Roasted bone marrow and parsley salad | ❸❸❸

전 국민이 음식을 바라보는 관점을 변화시켰다고 주장할 수 있는 레스토랑은 거의 없지만 세인트 존은 바로 이를 이루어 낸 레스토랑 중 하나다. 레스토랑 사업가였던 트레버 걸리버(Trevor Gulliver)와 스스로 요리를 깨친 셰프 퍼거스 헨더슨(Fergus Henderson)이 1994년에 개점한 세인트 존은 고급 레스토랑도 심플함을 근간으로 할 수 있다는 사실을 보여주었다.

런던의 트렌디한 스미스필드 구역에 위치해 있는 이곳의 심플함에 대한 신조는 한때 훈연실로 사용되었던 흰 벽과 장식 하나 없는 높은 천장, 줄무늬의 목재 바닥, 기능적인 전등 등으로 꾸민 실내 장식에서도 분명하게 드러난다. 또한 이는 메뉴를 본연의 주요 식재료로 분해해 표현한 '테린', '콩깍지에 들어 있는 완두콩', 혹은 '그릇에 담긴 여름철 채소' 등의 문구에서도 분명하게 드러난다. 요리에 대한 미사여구나 세부적인 설명들은 없지만 최상급 식재료들을 간단한 요리법에 담아낸다.

세인트 존은 규모가 크고 북적거리며 점심이나 저녁이나 늘 손님들로 장사진을 이룬다. 바에 앉아 스낵, 칵테일, 잔으로 파는 와인을 주문할 수도 있지만(와인 리스트는 프랑스 와인만으로 구성되어 있으며 가격은 매우 합리적이다), 사람들이 이곳을 찾는 이유는 단연 레스토랑에서의 식사 때문이다. 이곳의 요리가 유명한 것은 2가지 이유로 설명이 가능하다. 하나는 비록 유럽 대륙의 영향을 일부 받기도 했지만 뛰어난 영국의 식재료와 요리법을 사용하기 때문이다. 다른 하나는 노우즈-투-테일 이팅(nose-to-tail-eating), 즉 대다수의 레스토랑들이 꺼려하는 동물의 부위들을 사용한다는 것이다. 간, 신장, 그리고 췌장은 이곳에서 사용되는 부위 중에 그래도 정도가 양호한 것들이다. 어느 날에는 창자 혹은 비장도 볼 수 있다. 이곳에서 인기 있는 메뉴인 골수 구이와 파슬리 샐러드는 메뉴에서 결코 사라지는 법이 없으며 프랑스에서 먹는 것 만큼 맛있다. 고기 요리 중에는 담백하며 환상적인 파이도 있다. **RE**

"진하고 섬세한 맛과 향을 혼합하는 세인트 존의 요리는 세련된 느낌이다."
Time Out

⬆ 골수 구이는 항상 메뉴에 올라 있다.

갤빈 앳 윈도우즈 Galvin at Windows | 우아한 식사와 아름답게 장관을 이루는 경치

위치 런던　**대표음식** 콘월산 게, 아보카도 크림, 펜넬 콩포트를 곁들인 로치 듀아트 연어 Loch Duart salmon with Cornish crab, avocado cream, and fennel compote | ❸

이름이 말해주는 것처럼 이곳에서의 경험을 이루는 핵심 요소는 창밖으로 바라다보이는 경치이다. 런던 메이페어(Mayfair)에 위치한 파크 레인(Park Lane) 위에 우뚝 솟은 힐튼 호텔 타워 꼭대기에 자리한 이곳은 밝고 통풍이 잘 되는 레스토랑으로 런던의 시가가 한눈에 내려다보이는 장관을 선사한다.

하지만 고객의 발길을 이곳으로 이끄는 것은 단순히 경치뿐만이 아니다. 이곳의 요리는 전통적인 영역에 속하며 세심하게 구성된 요리들로 짜여진 메뉴는 매력적이고 서비스는 칭찬을 자아낼 만큼 유려하다. 기분 좋은 밸런스를 보이며 신선한 기운을 돋우는 요리로 콘월 지방의 게, 아보카도 크림, 회향 콩포트를 토핑으로 곁들인 로치 듀아트의 절인 연어도 맛볼 수 있다. 오븐에 구운 아구

> "맵시 좋고 깔끔한 레스토랑이다.
> 런던과 같은 세계 정상급 도시라면 반드시
> 갖추어야 할 그런 곳이다."
>
> Jay Rayner, The London Magazine

에는 오렌지에 졸인 엔다이브, 콜리플라워 퓌레, 잣, 조개 육수, 향신료를 넣은 오일, 황금빛 건포도가 곁들여 나오는데 흥미로운 맛과 향의 조화로 아구의 맛이 한결 살아난다. 랑드산 비둘기는 패스틸(pastille), 쿠스쿠스, 가지 퓌레, 향신료를 넣어 만든 하리사 주스와 함께 나온다.

볏짚에 구운 비트루트(beetroot)와 와인 리스트에 올라 있는 내추럴 와인들을 보고 짐작할 수 있는 것처럼 이곳의 음식에는 컨템포러리한 트렌드가 미묘하게 반영되어 있다. 하지만 디저트는 전통적인 영역에 머물러 있으며, 갈색으로 알맞게 익힌 사과로 만든, 타르트 타탱과 맛 좋은 럼 바바 등의 별미를 맛볼 수 있다. **AH**

더 리츠 The Ritz | 전설 같은 호텔의 호화로운 분위기에서 즐기는 숙련된 요리

위치 런던　**대표음식** 양고기 '벨 에포크' Lamb "Belle Epoque" | ❸❸❸

많은 호텔 레스토랑들이 안일하게 운영되는 것과는 달리 리츠는 흠잡을 데 없이 높은 수준의 요리를 선보인다. 다이닝룸은 방대한 규모로 둥근 아치형의 천장, 대리석 기둥, 커다란 유리, 두툼한 카펫 등으로 호화롭게 꾸며져 있다. 보기 드물게 아름다운 프라이빗 룸은 바로 옆 윌리엄 켄트 하우스에 자리하는데, 이곳에서도 동일한 메뉴를 주문할 수 있다. 격식을 갖춘 서비스는 매우 능률적이다.

셰프인 존 윌리엄은 이곳에 오기 전 일류 호텔에서 경력을 쌓았는데, 그중 클라리지스(Claridge's)에서 헤드 셰프를 맡고 버클리(The Berkeley)에서 일한 경험도 있다. 그는 셰프의 셰프(chef's chef)로, 세상의 이목을 멀리하고 주방에서 탄생하는 요리의 품격에 온 집중을 쏟는다. 리츠의 지하 주방은 매우 깐깐하게 정비되어 있으며, 스코틀랜드산 가재 등 최고급 식재료를 사용한다.

리츠의 상당한 규모와 자원들은 테이블 옆에서 바로 썰어 주는 페이스트리에 통째로 넣은 농어 요리와 같은 몇몇 요리 드라마를 가능케 한다. 이 요리는 비프 웰링턴의 생선 버전으로, 페이스트리에 버섯 뒥셀(Duxelles), 메추리알, 바닷가재 무스를 넣어 만든 것으로 속재료들과 페이스트리 사이에는 시금치를 깔았다. 여기에는 미레유 소스(mireille sauce, 바닷가재 물을 졸여 넣은 베어네이즈 소스)가 곁들여 나오는데, 오랜 시간을 요하는 전통요리에 대한 주방의 솜씨를 엿볼 수 있다.

주방에 있는 널찍한 페이스트리 제조 부서는 초콜릿 소스를 곁들인 아메데이(Amedei) 브랜드의 초콜릿 가나슈, 통카콩(tonka bean) 아이스크림, 배 퓌레 등의 요리를 연출하는 멋진 능력을 가지고 있다. 이 디저트는 환상적으로 진하고 맛과 향이 풍부하며 초콜릿의 여러 식감을 표현한다. 리츠는 진정 호화로운 주변환경과 어울리는 요리를 선보이며, 롤스로이스처럼 유연하게 굴러간다. **AH**

▶ 리츠의 거부할 수 없는 리츠의 디저트 아메데이 초콜릿 가나슈.

하카산 Hakkasan | 눈부시게 아름다운 장소에서 즐기는 세련된 중국 요리의 맛

위치 런던 **대표음식** 샴페인을 넣고 구운 은대구 요리 | Silver cod roasted with Champagne | ❸❸❸

"모든 고급 차이니즈 레스토랑들이 벤치마킹의 대상으로 삼는 곳이다."

Time Out

이곳은 호화로운 면모를 지닌 광둥식 레스토랑이다. 한웨이 거리(Hanway St.)에 자리한 하카산은 여러 레스토랑을 보유하고 있는 전문 사업가인 알란 야우(Alan Yau)가 개발한 것으로 일류 차이니즈 레스토랑에 대한 기존의 고정관념을 뒤엎으며 벤치마크의 대상으로 우뚝 섰다. 헤드 셰프인 통치휘(Tong Chee Hwee)는 전에 싱가포르의 리츠 칼튼(Ritz-Carlton) 내에 있는 유명 레스토랑인 섬머 파빌리온(Summer Pavilion)에서 일했다.

딤섬은 XO 가리비 덤플링, 아스파라거스 영지버섯(lingzhi mushroom), 하가우(har gau) 돼지고기, 새우 슈마이(sui mai), 그리고 중국식 차이브와 새우는 모두 풍미가 진하며 식감이 섬세하다. 사슴고기로 만든 퍼프(puff), 골든 바닷가재 롤 튀김, 솔트앤페퍼(salt-and-pepper) 오징어도 맛보길 권한다. 호화로운 식재료들을 자유자재로 늘여놓은 메뉴들로, 볶음에도 소고기 등심과 메를로(Merlot) 와인을 넣고, 베이징 오리(Peking Duck)는 벨루가 캐비아와 팬케이크(XO 소스는 한번 더 주문할 수 있다), 골파, 생강과 함께 주문이 가능하다. 해삼과 아스파라거스를 곁들인 전복은 미리 주문해 놓길 권한다. 5가지 향신료의 풍미를 입힌 블랙 트러플 오리고기는 놀랍도록 감칠맛이 풍부하며, 자스민 차로 훈제한 돼지갈비는 매력적인 향기를 풍긴다.

진흙 냄비에 가리비, 새우, 홈메이드 두부 등을 익힌 요리들로 또 다른 하이라이트를 선사한다. 독창적인 채식 메뉴들도 다수 준비되어 있다. 이국적인 버섯을 볶은 요리에는 중국식 브로콜리, 백합 구근, 마카다미아 너트가 곁들여 나온다. 이국적인 칵테일과 함께 재기 넘치는 와인을 즐길 수도 있다. 디저트는 비교적 심플한데, 마카롱이나 레몬 커드를 곁들인 레몬 팟(lemon pot)를 주문해 보자. **SP**

⬆ 하카산의 어둡고 매력적인 다이닝 공간.

르 가브로슈 Le Gavroche | 놀랍도록 관대한 프랑스 요리

위치 런던　**대표음식** 수플레 시세스 Soufflé Suissesse | ❺❺❺❺

50명의 런던 최고의 셰프에게 그들이 가장 좋아하는 런던 레스토랑의 이름을 대라고 한다면, 아마도 대다수가 르 가브로슈를 언급할 것이다. 1967년에 문을 연 후 1981년에 현재의 장소로 이전한 이 레스토랑은 한 세대 전체를 통틀어 레스토랑 사업가와 영국 최고의 셰프들에게 영감이 되어 왔다.

미셸과 알버트 루(Roux)가 창립자인데, 이들은 영국으로 오기 전 고국인 프랑스에서 교육을 받았다. 루 형제는 손님들이 기대하는 음식과 서비스 그리고 편안함을 선보이기 위해서는 군대만큼 정확하게 레스토랑을 운영해야 한다는 사실을 잘 알고 있다. 이러한 광적인 완벽주의를 보여주는 한 예가 바로 매일 영업이 끝나고, 이어 그 다음 날 아침에 또다시 레스토랑 전체를 구석구석 청소한다는 사실이다. 미셸 루는 1980년대 중반에 떠났고, 알버트의 아들인 미셸 루 주니어가 1991년에 이 레스토랑을 인수했다.

리치한 프랑스의 전통 요리로 시작되는 식사는 미셸 주니어가 인수한 이래로 점점 더 정교해지고 있다. 코코넛과 레몬그라스로 맛을 낸 주스에 담아내는 강한 불에 익힌 바닷가재 요리에서도 확연히 나타나듯이, 더욱 가벼운 조리법과 아시아와 북아프리카의 영향이 요리에 적용되고 있다. 이러한 변화에도 불구하고 레스토랑에서 가장 유명한 수플레 시세스는 여전히 고정 메뉴로 남아 있다. 이는 2번 구운 치즈 수플레로 마지막에는 더블 크림을 넣고 굽는다.

럭셔리한 레스토랑이지만 와인을 포함해서 3가지 코스 요리로 구성되는 점심 세트 메뉴는 저렴하다. 와인 리스트에는 환상적인 와인들이 많지만 예산이 빠듯한 사람들을 고려한 와인들도 꽤 있다. 아이스크림과 셔벗은 거의 눈물이 날 정도로 맛있다. 트롤리에 실려 나오는 치즈도 런던을 통틀어 최고다. **RE**

"확실히 무언가 익숙함이 느껴진다.
손님들은 좋은 음식과 편안함을 한껏 즐기기 위해 이곳을 찾는다."

Square Meal

⤒ 디테일에 대한 배려는 테이블 세팅에서도 여실히 드러난다.

셰 브루스 Chez Bruce | 친근한 동네 레스토랑의 정석을 보여주는 곳

위치 런던 **대표음식** 올리브 오일을 넣고 으깬 감자를 곁들인 대구 요리
Fillet of cod with olive oil mash | 🌑🌑🌑

흠잡을 데 없는 메뉴, 엄청나게 큰 치즈 보드, 흥미로운 와인 리스트가 특징인 셰 브루스는 친근한 동네 레스토랑의 정석으로 간주되는 곳이다. 셰 브루스는 정기적으로 셰프가 선택한 외식하기 좋은 곳으로 평가를 받는다. 주인인 브루스 풀이 보여주는 배짱에 대한 높은 찬사는 현대적인 앵글로-프랑스 요리에 대한 것이다.

고급 레스토랑이라기보다 비스트로에 가까워 보이지만 빳빳하게 다린 리넨과 고급 유리잔들은 이곳이 범상치 않음을 짐작하게 해준다. 식욕을 깨우거나 일요일 점심으로 부른 배를 소화시키려 산책하기에 매력적인 완즈워스 커먼의 녹음을 가로지르는 고요한 풍경이 바라다 보인다. 세트 메뉴에는 고정 요리들이 속해 있다. 내장 애피타이저 요리, 그리비슈(gribiche, 차가운 달걀) 소스를 곁들

> "우리의 음식을 구식으로 보는 사람들이 있는데, 이러한 의견을 찬사로 받아들인다."
>
> Chez Bruce website

인 페이잔느(Paysanne, 감자, 베이컨, 치즈) 샐러드, 그릴에 구운 참치를 곁들여 니수아즈 샐러드를 재구성한 요리, 올리브 오일을 넣고 으깬 감자를 곁들인 대구 요리, 소갈비 요리 등이 있다.

이외에도 회향, 레몬, 스타 아니스를 넣은 윤기가 흐르는 리소토 네로(risotto nero), 코코아 열매, 베이컨, 밤이 곁들여 나오는 껍질을 바삭하게 구운 가자미, 실크처럼 부드러운 식감을 선보이는 큼직하게 썬 생선 요리 등을 기대할 수 있다. 고급스러운 컴포트 요리로는 슈쿠르트를 곁들인 삼겹살 등이 있다. 심플하지만 숭고한 맛을 느낄 수 있는 디저트로는 아몬드 프랄린을 곁들인 핫 초콜릿, 바닐라 열매 아이스크림, 홈메이드 퀸스 젤리를 곁들인 치즈들이 있다. **SP**

다부스 Dabbous | 힙한 분위기에서 즐기는 도전적인 맛의 요리

위치 런던 **대표음식** 도토리 캐러멜 프랄린, 순무 이파리, 사과 피클을 곁들인 이베리코 돼지고기 Iberico pork with acorn caramel praline, turnip tops, and pickled apple | 🌑🌑🌑

새로운 바람을 일으키는 비스트로 다부스는 토양, 산울타리, 물 웅덩이, 파도를 떠올리게 하는 짜릿하고 도전적인 맛의 요리 덕분에 첫날부터 인기가 많았다. 다부스에서는 북유럽의 영향을 받은 전통에 뿌리를 둔 셰프 올리 다부스(Ollie Dabbous)의 요리법과 트렌디한 식재료가 결합해 기존의 판을 뒤집는 요리를 선보인다. 다부스는 아그나르 스베리손(Agnar Sverrison)이 운영하는 런던에 있는 텍스처(Textures)의 주방을 맡기 전에 레이몬드 블랑, 안도니 아두리스, 알랭 파사르, 르네 레드제피 등의 거장 밑에서 일했다.

이곳 요리를 매우 짜릿하게 만드는 중요한 요소는 바로 독창적이고 재미있는 질감들을 함께 담아내는 데 있다. 땅 내음을 풍기는 야생 버섯, 훈제한 버터를 넣고 만든 가벼운 식감의 스크램블드에그를 건초 위에 올려내는 다부스의 요리는 천상의 음식과도 같다. 가장 소박한 식재료인 야생 마늘조차도 이곳에서는 아름다운 소나무 향이 나는 콩소메로 변신한다. 다부스의 주방에서는 감칠맛을 강하게 드러내는 것을 즐긴다. 흰 콩과 래디시를 넣고 찜을 한 오징어 요리에서 특히 잘 나타난다. 치즈 코스는 늘 훌륭하다. 디저트는 깔끔하고 향기로운 맛과 향을 선사하는데 식감의 측면에서 매우 흥미롭다. 훈제한 퍼지 소스나 사워 크림을 곁들여 먹는 메밀 와플은 구운 내, 신맛, 구수하고 미묘한 단맛 등을 도발적으로 조합한 것이다. 초콜릿 가나슈는 양의 젖으로 만든 아이스크림과 이끼처럼 보이는 바질 '모스(moss)'와 함께 짝을 지어 나온다.

모험적이고 가격도 적당한 와인 리스트에는 수많은 내추럴 와인이 올라 있다. 아래층에 있는 오스카의 바(Oskar's Bar)에서는 별난 칵테일과 전통요리들을 맛볼 수 있는데, 이곳의 한정 메뉴를 통해서도 다부스의 맛을 경험해 볼 수 있다. **SP**

라신 Racine | 런던의 한가운데에 자리한 완벽한 파리 스타일의 비스트로

위치 런던　**대표음식** 따뜻한 마늘과 홍합을 넣은 사프란 무스 Warm garlic and saffron mousse with mussels | ⑤⑤⑤

라신은 완벽한 파리 스타일의 비스트로다. 언제나 한결같이 수준 높은 전통적인 프랑스의 부르주아 요리를 선보인다. 실내 장식은 절제되어 있으며 와인 리스트는 온통 프랑스 와인만으로 구성되어 있다. 라신에서 무언가 이상한 점 하나가 있다면 그것은 바로 파리가 아닌 해러즈 백화점과 V&A 박물관에서 도보로 몇 분 거리인 런던의 나이츠브리지(Knightsbridge)에 위치한다는 점이다.

라신만의 독특함이 느껴지는 것은 바로 셰프인 헨리 해리스(Henry Harris) 때문이다. 해리스는 현대 영국 요리에 있어 주요 인물 중 하나로 손꼽히는 사이먼 홉킨스 밑에서 8년간 일했다. 해리스는 영국 최고의 셰프 중 한 사람으로 높이 평가됨에도 불구하고, 미디어에 노출되고 싶어하는 동시대의 셰프들과는 다르다.

라신은 육식을 사랑하는 사람들이 매우 행복해하는 곳이다. 소나 송아지의 뇌 등 부속물을 이용한 요리는 겨자 소스와 훈제 베이컨을 곁들인 그릴에 구운 토끼고기(가장 인기 메뉴 중 하나다)와 2인 분량의 소갈비만큼 정기적으로 메뉴에 오른다. 하지만 몇몇 생선 요리와 채식주의자를 배려한 메인 요리 한 종류도 준비되어 있다. 라신의 유혹적인 디저트를 맛보기 위한 여유도 남겨두도록 하자. 해리스는 그의 크렘 캐러멜에 대해 다음과 같이 말한 적이 있다. "이 정도 맛의 크렘 캐러멜을 맛본 적이 있을지도 모른다. 하지만 이보다 더 맛있는 크렘 캐러멜이 있을지는 의문이다. 무언가에 머리를 얻어 맞은 듯한 강한 충격이 그리 자주 찾아 오는 것은 아니다."

'진정한 프랑스식'을 부담 없이 즐길 수 있도록 점심과 이른 저녁에는 세트 메뉴를 제공하기도 한다. 2~3가지 메뉴로 구성된 코스 요리로 일부 런던의 고급 레스토랑의 메인 요리 하나 가격보다도 저렴하다. 이는 라신을 런던 최고의 레스토랑으로 만드는 또 다른 매력이기도 하다. **RE**

"런던의 레스토랑 중 이렇듯 멋진 파리 스타일의 친근한 비스트로 분위기를 잘 전달하는 곳은 없다."

Square Meal

⬆ 라신의 스타 요리인 따뜻한 마늘과 홍합을 넣은 사프란 무스.

하이비스커스 Hibiscus | 기대를 넘어서는 놀랍도록 창의적인 요리

위치 런던　**대표음식** 버터넛 스쿼시 아이스크림을 곁들인 헤이즐넛과 패션프루트 밀푀유 Hazelnut and passion fruit millefeuille with butternut squash ice cream | ❸❸❸❸

웨일스 국경 근처의 슈롭셔(Shropshire)주에 위치한 작은 마을 러들로(Ludlow)에서 시작된 하이비스커스는 좋은 음식에 대한 관심이 높은 것으로 알려져 영국 전역의 열렬한 미식가들의 발길을 사로잡았다. 2007년 런던으로 레스토랑을 옮긴 이래로도, 이 열정은 시들지 않았다.

셰프 클로드 보시(Claude Bosi)는 2가지 주요한 측면에서 새로운 영역을 개척한 것으로 정평이 나 있다. 이곳에서는 바닷가재와 살구, 게와 식초에 절인 메론 셔벗, 딸기를 곁들인 고등어와 같은 요리들을 애피타이저나 메인 코스에서 만나볼 수 있다. 디저트 메뉴로는 신선한 완두콩 혹은 바질 아이스크림으로 만든 타르트가 있고, 아뮤즈 부셰로는 파인애플과 하이비스커스 플라워 콜라가 나올 수도 있다.

하이비스커스의 또 다른 독창적인 면모는 계절에 따라 변화하는 프레젠테이션에서도 엿볼 수 있다. 이곳에서는 요리의 나열한 메뉴 대신 가장 돋보이는 제철 식재료를 나열한 리스트를 받는다. 우선 3가지, 6가지, 8가지

중 몇 가지 코스로 할지를 결정하고, 이후 웨이터에게 꺼리는 식재료에 대해 말해 주면 된다.

농어, 유칼립투스, 아티초크, 돼지머리, 바리굴(Barigoule) 소소로 구성된 요리의 예에서 엿볼 수 있는 것처럼, 일부 요리들이 선보이는 맛과 향의 조합은 눈에 띄게 놀랍다. 이는 단순히 셰프의 만족만을 위한 것은 아니며, 보시는 어떤 맛을 조합해야 훌륭한 맛을 낼 수 있는지에 대한 탁월한 감각을 지녔다. 몇몇 조합은 전혀 그럴 듯하지 않지만 확실한 성공을 거두기도 한다.

런치 세트 메뉴는 좀 더 심플한 조리법의 경향을 보이는데, 특히 디저트에서 그렇다. 하지만 여전히 보시의 독창적인 접근법이 엿보인다. 와인은 대부분이 프랑스산이며 모두 엄선된 것들이다. 하지만 비싼 가격대의 와인이 주류를 이룬다. 와인은 잔으로도 주문 가능하다. **RE**

⬆ 모르토 소시지, 래디시, 헤이즐넛 크러스트를 곁들인 가리비 요리.

오토렝기 Ottolenghi | 보는 것만큼 맛도 좋은 아름다운 요리

위치 런던 **대표음식** 흑마늘 요거트, 고추 튀김, 헤이즐넛, 허브를 곁들인 가지 구이|Roasted eggplant with black garlic yogurt, fried chili, hazelnuts, and herbs |

재능 있는 셰프 요탐 오토렝기(Yotam Ottolenghi)와 사미 타미미(Sami Tamimi)가 웨스트 런던의 골목길에 작은 델리카트슨 겸 카페의 문을 열자, 런던 외식 업계의 판도가 바뀌었다. 보기에도 좋고 맛도 훌륭한 요리들을 아름답게 디스플레이한 이곳의 컨셉을 많은 곳이 모방했다. 2004년에 문을 연 오토렝기 이즐링턴(Ottolenghi Islington)은 테이크아웃 델리카트슨과 레스토랑을 결합한 형태인데, 케이크, 페이스트리, 예쁜 소용돌이 모양의 머랭을 창문가에 매력적으로 늘어놓아 현지인들의 주목을 끌어왔다.

실내 다이닝 공간의 벽은 하얀색으로 칠해져 있으며, 길고 하얀 합석 테이블 하나와 하얀 의자들이 놓여 있다. 점심 시간의 규칙은 간단한데, 예약은 받지 않는다. 일단 자리를 잡게 되면 샐러드나 그릴에 구운 소고기 안심 혹은 키슈와 같은 메인요리를 선택한다. 가지, 비트루트, 버터 스쿼시와 같은 식재료들이 기분이 좋아지는 요리로 솜씨 좋게 변신한다. 오토렝기는 석류 시럽, 와사비, 매자(barberry), 옻(sumac), 김(nori) 등 세계를 여행하며 영감을 받았던 식재료들을 사용하는 것으로 널리 알려져 있다. 그의 요리책을 한 번이라도 훑어 본 적이 있다면 누구나 알 수 있듯이, 이곳의 요리는 매우 세심하게 계획되고 만들어진다. 저녁 식사 때에는 선택할 수 있는 메뉴들이 많다.

여유 있게 즐기는 주말 브런치도 인기 있으며 셰프의 다양한 요리들을 조금씩 맛볼 수 있는 멋진 방법이다. 특히 샤크슈카(shakshuka, 스파이스한 토마토와 피망을 곁들인 오븐에 구운 달걀 콤보 요리로 놀랍도록 아름답다) 혹은 시나몬 프렌치 토스트가 매력적이다. 수준 높은 요리가 식탁에 놓이며, 서비스는 친근하고 효율적이다. 중독성이 있는 초콜릿과 헤이즐넛 브라우니와 같은 이곳의 별미인 케이크와 페이스트리를 맛보기 위한 여유를 남겨두기를 권한다. JL

⬆ 매장에 디스플레이 된 생기 있고 매력적인 샐러드.

그레인 스토어 Grain Store | 대도시의 고객들을 위한 세련된 채식 위주의 다이닝

위치 런던 **대표음식** 싹을 틔운 콩과 씨앗, 미소 가지, 시트러스한 닭 껍질, 감자로 만든 웨이퍼 Sprouting beans and seeds, miso eggplant, citrus chicken skin, and potato wafer | ❸❸

대도시가 가지는 매력적인 요소들 중 하나는 바로 끊임없이 변화한다는 사실이다. 킹스 크로스 철도역 너머의 구역은 전형적인 런던의 흥망성쇠를 겪은 곳이다. 19세기 빅토리아 여왕 시대에 북적이던 화물 터미널이었던 이곳은 20세기까지는 버려진 폐허로 남아있었다. 하지만 상상력이 깃든 재개발 계획 덕에 현재는 활력이 넘친다. 셰프 브루노 루베(Bruno Loubet)가 운영하는 유명한 그레인 스토어는 이 구역의 중심에 아름답게 자리를 잡고 있다.

그레인 스토어가 자리한 천창이 높은 이 건물은 한때 곡물 창고로 사용되던 것으로, 이러한 건물의 과거사는 벽돌로 쌓은 벽, 있는 그대로 사용한 목재, 커다란 아치형의 알코브, 머리 위로 지나는 파이프관으로 꾸며진 실내 장식으로 남아 보존되어 왔다. 부지런히 일하는 직원들이 보이는 오픈 키친은 레스토랑의 한 면을 꽉 채운다. 패셔너블하고 멋진 채식 위주의 메뉴들이 다양하게 제공되는데, 요리에는 열정과 자신감이 담겨져 있다. 대추 시럽, 겨자 오일, 두카(dukkah) 등을 사용한 이국적인 풍미가 콜

리플라워부터 예루살렘 아티초크에 이르기까지 신선한 식재료에 새로운 활력을 불어넣는 것이 특징이다. 다양하게 어우러진 맛과 향 그리고 식감은 매우 독창적인 요리를 매력적으로 만든다. 미소의 풍미가 배인 가지 퓌레는 강하고 신선한 씨앗과 싹들, 감자로 만든 고급 웨이퍼, 바삭하고 짭조름한 닭 껍질과 대조를 이룬다.

여름철, 레스토랑은 특별히 매력적인 분위기를 풍기는데, 커다란 창문을 통해서는 햇빛이 쏟아지고, 야외 광장에서 식사를 할 수도 있다. 주말 브런치는 계절을 막론하고 특히 인기 있는데, 토마토 렐리시, 생크림, 선인장 피클을 곁들인 콘 브레드, 스크램블에그, 혹은 단물이 가득한 프랑스 아쟁산 자두, 대추 시럽, 구운 아몬드를 곁들인 쌀 우유죽을 기대할 수 있다. **JL**

⬆ 자몽, 오이피클, 소금에 절인 숭어알인 보타르가를 곁들인 비트루트.

피에 다 테르 Pied à Terre | 모던한 공간에서 즐기는 눈부시게 아름답고 독창적인 요리

위치 런던 **대표음식** 오븐에 구운 메추라기 가슴살과 다리, 미송 퓌레와 헤이즐넛 비네그레트 Roasted breast and leg of quail, Douglas Fir puree, and hazelnut vinaigrette | ⑤⑤⑤

유서 깊은 블룸즈버리 지역에 자리한 샬럿 거리(Charlotte St.)는 오랫동안 런던에서 가장 붐비는 레스토랑 중 한 곳이었다. 1991년에 문을 연 피에 다 테르는 이 거리의 멋진 베테랑 레스토랑으로 간주될 정도이다. 하지만 레스토랑의 오랜 영업일 영업일수가 만족을 낳은 것은 아니었다. 이 작은 보석과도 같은 레스토랑의 요리는(메인 다이닝 홀은 42석뿐이다) 개점 첫날과 변함없이 동일하게 창의적이다. 대담한 독창성과 예술적인 담음새를 특징으로 한 요리들이 항상 좋은 맛과 향을 지닌 것은 아니지만, 이곳에서는 분명 그러하다.

피에 다 테르는 데이비드 무어가 개발한 것으로 그의 전문분야는 접객 서비스다. 시작부터 세련되고 현대적인 분위기로 꾸몄으며, 레스토랑의 문을 1년 동안 닫을 수밖에 없었던 심각한 화재사건 이후에 완벽한 복원 과정을 거쳤다.

개점 후부터 이곳은 높은 수준의 예술성과 모든 식재료 하나하나의 품질을 중시하는 대담성을 결합한 요리를 서비스해왔으며, 이러한 접근방식은 수년 동안 그대로 유지되고 있다.

모든 셰프들이 매월 변하는 메뉴에 자신만의 터치를 입히지만, 독창성과 대담성은 언제나 일관된 모습이다. 요리에 붙여진 이름들을 읽고 나면 약간 머리가 어지러울 수도 있다. 갈색으로 볶은 송아지 내장, 바비큐 마요네즈, 샐서피로 만든 피클, 훈제한 장어를 곁들인 스테이크 타르타르는 어떤가? 혹은 가리비 구이, 빨간 고추, 초리조 퓌레, 조개 비스크를 곁들인 닭가슴살은 어떤가? 이러한 메뉴명은 피에 다 테르만의 요리에 대한 접근법에 대한 많은 것을 말해 준다. 함께 하면 이상할 듯한 맛과 향을 조합시키지만 기대하지 못한 하모니를 연출해 낸다. 결과적으로 이곳에서의 식사는 음식에 대해 새롭게 생각하는 계기가 될 것이다. **RE**

⬆ 이곳의 요리들은 예술성을 고려해 계획되고 조리된다.

페트뤼스 Pétrus | 웨스트 엔드의 중심가에서 경험하는 럭셔리한 파인 다이닝

위치 런던 **대표음식** 우유 아이스크림과 벌집을 함께 내는 공 모양의 초콜릿 Chocolate sphere with milk ice cream and honeycomb | ❸❸❸❸

"진정한 고급 다이닝, 이 세련된 보석과도 같은 레스토랑은 특별한 경우를 위해 찾는 곳 중 하나다."

Zagat

프랑스 포므롤의 상징과도 같은 대표 와인의 이름을 딴 페트뤼스 레스토랑은 영국 최고로 알려진 두 셰프, 고든 램지와 마커스 웨어링 사이에 벌어진 논란의 결과로 탄생한 곳이다. 페트뤼스는 고든 램지가 소유하고, 마커스 웨어링이 요리를 담당했던 레스토랑의 이름이었다. 하지만 둘은 대중에게 많이 알려질 정도로 사이가 좋지 않았다. 웨어링은 버클리 호텔의 다이닝룸에 머물러 지냈지만, 램지는 페트뤼스의 이름에 대한 권리를 유지했다. 웨어링으로 하여금 그의 레스토랑의 이름을 바꾸도록 만든 것에 더하여, 2010년 초 램지는 걸어서 1분 정도의 거리에 새로운 페트뤼스의 문을 열었다.

헤드 셰프인 숀 버비지(Sean Burbidge)는 고든 램지의 플래그십 레스토랑인 로열 호스피탈 로드 레스토랑(Royal Hospital Road restaurant)에서 요리를 배웠으며, 현재는 이곳에서 그간 갈고 닦은 실력을 선보이고 있다. 차이브를 토핑으로 올리고 식감을 좋게 하기 위해 바닥에는 양파를 조금 갈아 내놓는 양파 수프처럼 심플한 요리에서 은근한 깊은 맛을 우려내는 그의 능력이 바로 이 사실을 잘 입증해 준다.

버비지의 요리는 늘 조화로움을 선보이는데, 이는 당근과 간이 잘 맞는 셰리 식초 소스와 함께 나오는 슈크루트를 곁들인 바삭한 송아지 내장 요리에서 잘 들어난다. 이때 소스의 신맛은 내장의 느끼함을 잘 상쇄해 준다. 바욘산 햄, 블랙 푸딩, 크림을 넣은 양배추, 마데이라 소스를 곁들인 돼지고기 안심 요리는 소박해 보이는 식재료들을 이용해 만드는 요리다.

요리 기술을 강조하는 모습은 디저트까지도 이어진다. 우유 아이스크림과 벌집을 함께 내는 둥근 공모양의 초콜릿은 식사의 마무리에 환상적이고 극적인 감을 더한다. 페트뤼스 레스토랑은 동명의 와인처럼 럭셔리한 경험을 모두 모아놓은 곳이다. **AH**

⬆ 페트뤼스에서는 요리의 프레젠테이션이 식재료와 조화를 이룬다.

더 하우드 암즈 The Harwood Arms | 런던의 선술집에서 거듭난 가스트로펍

위치 런던　**대표음식** 스카치 에크 Scotch egg | 💲💲

2008년까지 선술집이었던 이곳은 새로운 주인을 만나면서 소굴 같던 술집에서 가스트로펍(gastropub) 으로 일대 변신을 꾀했다. 이러한 변화를 주도한 것은 재능 있는 젊은 셰프인 스티비 윌리엄으로, 한때 그의 보스였던 더 레드베리(The Ledbury) 레스토랑의 브렛 그레이엄은 이 새로운 프로젝트의 투자자들 중 한 사람이었다.

공동 소유주인 마이크 로빈슨 또한 버크셔의 뉴베리 인근에서 더 팟 킬른(The Pot Kiln)을 운영하는데, 이곳은 사냥한 고기 요리로 유명한 시골 펍이다. 마이크 스스로가 일일이 사냥을 하며, 현재는 그의 런던 매장에 사슴과 토끼 고기를 공급하고 있다. 더 하우드 암즈에서 눈에 띄는 메뉴 중 하나는 5시간 동안 푹 고아 만들어 놀랍도록 부드러운 사슴의 어깨살 요리다. 이 요리에는 진한 사슴고기의 육수와 호스래디시가 곁들여 나오며 볏짚에 넣고 훈제한 섬세한 맛의 사슴 갈비와도 짝을 이루어 나오기도 한다.

2011년에 더 하우드 암즈는 미슐랭 스타 하나를 받았는데 펍으로는 드문 일이었다. 흥미로운 것은 이곳의 음식이 여전히 매우 훈훈한 펍 요리 그대로라는 것이다. 올드 펍의 단골 메뉴를 아주 영리하게 잘 활용한 스카치 에그가 가장 유명하다. 스카치 에그의 속에 든 소시지는 사슴고기로 만든 것이며 주문하면 바로 만들어 준다. 달걀속은 반숙이며, 달걀에 입힌 빵가루는 바삭하고 간은 정확하다.

헤드 셰프는 2011년에 베리 피츠제럴드로 바뀌었지만 여전히 동일한 스타일을 고수해 오고 있다. 이곳에서의 식사는 브램리 애플 도넛(Bramley apple doughnuts)으로 마무리할 수 있는데, 사과의 신맛이 도넛의 느끼한 맛을 잘 잡아 준다. 더 하우드 암즈는 런던 펍 요리의 수준을 새롭게 정의해 오고 있다. **AH**

이. 펠리치 E. Pellicci | 정감 어린 농담을 주고받으며 프라이업(fry-up)을 즐기는 전설적인 카페

위치 런던　**대표음식** 잉글리시 브렉퍼스트 English breakfast | 💲

이곳은 베스널 그린(Bethnal Green) 시장의 노점상들로 가게의 일부가 가려워진 탓에 그냥 지나치기 쉽다. 하지만 1900년에 프리아모 펠리치(Priamo Pellicci)가 창립하고 여전히 그의 일가가 운영하는 이 유명 레스토랑을 그냥 지나친다면 매우 유감일 것이나.

실내로 발을 들여놓으면 아름다운 금갈색 쪽매붙임을 한 1946년에 만든 가구와 소품들로 꾸며진 보석 같은 공간을 마주할 수 있는데, 이 건물은 특별히 등록되어 보호를 받고 있다.

네비오 주니어는 모든 손님들을 친근하고 따뜻하게 맞아 준다. 그는 민첩하고 숙련된 안목으로 서비스를 제공한다. 내열 플라스틱으로 상판을 덧댄 깨끗한 테이블에 앉아서 전통적인 카페 메뉴인 햄, 달걀, 감자튀김, 간, 베이컨 등의 메뉴를 골라 주문한 후 풍족한 펠리치의 분

> "마치 서로 오래 알고 지낸 사이처럼 아주 친근한 미소로 서비스를 하는 진정 특별한 곳이다."
>
> House & Garden

위기에 흠뻑 빠져 보자.

투박한 재킷을 걸친 공사인부들, 현지 가족단위 고객들, 나이가 지긋한 노령자를, 관광객들과 예술가 등 모든 사회계층을 아우르는 손님들이 온다. 수십 년에 걸쳐 이 자그마한 카페에는 현지 불량배들부터 TV 드라마 스타들에 이르기까지 모든 부류의 고객들이 찾아 왔다. 또한 이곳에는 모든 세대들이 어우러져 식사를 한다. 정감 어린 농담들이 오고 간다. 음식은 주문을 하면 바로 신선하게 요리되어 나오는데 양이 넉넉하다. 진정한 배려가 있고 모두가 평등하게 대우받는 이곳은 마음과 영혼을 가진 곳으로 보석처럼 소중히 간직되어야 한다. **JL**

모로 Moro | 스페인과 이슬람 요리를 모던한 영국풍으로 재해석한 곳

위치 런던　**대표음식** 피스타치오와 석류를 곁들인 요거트 케이크 Yogurt cake with pistachios and pomegranates　| 🅢🅢🅢

"매번 놀랍고 즐거운 맛과 향을 선사하는
신선한 요리."

Time Out

오늘날 트렌디한 런던의 클러큰웰(Clerkenwell)의 사람들로 북적이는 엑스머스 마켓(Exmouth Market) 한가운데에 자리한 모로는 1997년 샘과 샘 클라크 부부가 캠핑카를 타고 스페인과 모로코를 3개월간 여행한 후 받은 영감을 바탕으로 문을 연 레스토랑이다. 한때 다소 유행에 뒤떨어진 지역에서 생기 있는 맛과 향으로 가득한 요리를 선보이는 레스토랑을 시작하겠다는 그들의 결심은 성공적이었다. 모로는 수년에 걸쳐 많은 사랑을 받아 온 클래식한 공간이 되었고 오늘날에는 바로 옆에 자매 레스토랑인 모리토(Morito)를 열기도 하였다.

나무를 때는 오븐과 숯불을 사용하는 그릴은 모로의 요리를 잘 뒷받침해 주는 도구다. 그릴에 구운 메추라기와 도미, 오븐에 구운 농어, 돼지고기는 늘 단골 메뉴를 장식한다. 다양한 타파스는 스페인과 포르투갈 산 셰리와 와인들로 채워진 바에서 하루 종일 주문이 가능하다. 현지인들은 잠시 들러 하몽에 피노(pino)를 마시며 자유로운 이곳의 분위기에 흠뻑 젖는다.

메인 메뉴에 올라있는 요리들은 현대적인 변화를 준 전통 이슬람 요리다. 제철 요리는 최상급 식재료를 사용해 완벽하게 요리하는 것에 중점을 둔다.

딜, 파프리카, 케이퍼 베리를 곁들인 여름철 문어 샐러드, 아르간 오일과 안초비를 곁들인 빵을 넣은 모로코풍 샐러드에서부터 장미수와 카다멈 아이스크림과 같은 디저트에 이르기까지 이곳 요리의 맛과 향은 기억에 남을 만하다. 향신료를 영리하게 사용함으로써 가지와 석류의 파투시와 너트 타라토르(nut tarator)가 곁들여 나오는 숯불에 구운 양고기의 맛이 한결 좋아진다. 대표 메뉴인 요거트 케이크는 모스카텔(moscatel) 와인 한잔을 곁들일 때 최고의 맛을 느낄 수 있다. **SKi**

↑　모로에서는 야외 식사도 가능한데, 이곳의 진정한 분위기를
　즐기려면 실내가 좋다.

윌턴스 Wiltons | 가장 영국다운 호화로운 해산물 요리

위치 런던 **대표음식** 도버 솔 뫼니에르Dover sole meunière | ⑤⑤⑤⑤

해돈 Hedone | 독학한 셰프가 선보이는 영감이 깃든 요리

위치 런던 **대표음식** 감자껍질을 이용한 에멀션과 숙성한 소고기 육즙을 곁들인 가자미 요리Turbot with potato skin emulsion and aged beef jus | ⑤
⑤⑤⑤

윌턴스는 런던 신사들의 클럽이 모여 있는 세인트 제임스에서 1742년부터 운영을 해오고 있다. 원래는 해산물을 파는 노점이었는데, 빅토리아 여왕에게 굴을 납품하는 지정 업체로 왕실의 보증을 받았다. 오늘날에는 호화로운 고급 레스토랑으로 변신했으며, 본래의 전통을 진실하게 지켜오고 있다. 이곳의 모든 식사는 모슬린 천으로 싼 레몬과 타바스코와 함께 내는 굴 요리인 보 브루멜(Beau Brummell) 혹은 콜체스터 네이티브(Colchester Natives)로 시작하는 것이 거의 관례다.

이 밖에 포티드 슈림프(potted shrimp, 육두구로 풍미를 돋운 새우 요리), 살을 바르고 손질한 게 요리, 파스닙, 건포도, 케이퍼를 곁들인 가리비 등 영국에서 생산되는 최고 품질의 식재료들을 선보인다. 윌턴스는 깊은 맛의 비프 콩소메를 먹기에도 좋은 곳이다. 캐비아는 늘 메뉴에 올라 있으며 메밀로 만든 블리니(blini)와 사워 크림을 곁들여 낸다. 생선을 사랑하는 사람들은 뼈 채로 내는 도버 솔 뫼니에르, 호사스런 바닷가재 테르미도르, 데친 자연산 가자미 등의 요리를 즐겨 먹는다. 제철 사냥감인 꿩과 도요새 요리 또한 이곳의 특별한 별미다. 카빙 트롤리(carving trolley)에서는 갯벌에서 자란 양고기부터 연어 쿨레비아카에 이르기까지 매일매일 오븐에 구운 그날의 로스트 요리들을 서비스한다.

푸르트 크럼블(fruit crumble)은 그 내용물이 계절마다 바뀌는데 매우 추천할 만하며 프랑스 손님들에게 특히 인기다. 짭조름한 세이보리(savory) 요리들도 추천할 만하다. 세이보리에는 스카치 우드콕(토스트 위에 스크램블드에그와 안초비를 올린 요리)과 엔젤스 온 홀스백(angels on horseback, 베이컨으로 감싼 자두) 등이 있다. '영국다움'의 정수를 찾는 사람들에게 이 이상의 곳은 없을 것이다. **SP**

마이클 존슨이 운영하는 해돈 레스토랑은 최고급의 식재료를 사용해 완벽한 밸런스를 이루도록 고안해낸 요리라면 전 세계의 손님들의 발길을 이끌 수 있다는 사실을 살증명해 주는 곳이다.

셰프인 존슨은 오늘날 니코 라드니스, 레이몬드 블랑, 헤스턴 블루멘탈과 같이 독학으로 요리를 깨우친 위대한 셰프들과 그 이름을 나란히 하는 인물이다. 레스토랑에서는 훌륭한 음식을 만들어 내야 한다는 존슨의 집착에 가까운 완벽주의적 성향은 숙련된 주방의 요리 기술과 잘 조화를 이룬다.

이곳의 홈메이드 브레드는 프랑스 최고급 제과점의 수준과 견줄 만하며 해돈의 디저트에서는 페이스트리 담당 부서의 탁월한 기술과 가벼운 감각을 느낄 수 있다. 오픈 키친을 통해서는 동료들과 함께 일을 하며 편안하고 활기찬 분위기를 연출하는 존슨의 모습이 보인다. 손님들은 3가지 메뉴로 구성된 코스 요리나 다양한 테이스팅 메뉴를 선택할 수 있는데, 여기에는 셰프가 직접 엄선한 요리들을 전달해 주는 카르트 블랑슈(carte blanche)도 있다. 어떤 메뉴를 선택하더라도 보관 상태가 양호하고 훌륭한 맛의 치즈도 추가로 주문할 수 있다.

이곳의 하이라이트 메뉴로는 감자껍질을 이용한 에멀션과 숙성한 소고기 육즙을 곁들인 가자미 요리, 딜 셔벗을 곁들인 강한 맛의 가스파초, 오징어 탈리아텔레, 비트루트와 체리 혹은 예루살렘 아티초크로 만든 거품을 곁들인 프랑스산 새끼비둘기구이, 제철의 베리류를 사용하는 탁월한 맛의 다양한 밀푀유와 더불어 매력적인 초콜릿 바가 있다. **DJ**

더 아이비 The Ivy | 스타의 발걸이 잦았던 역사를 지닌 극장식 레스토랑

위치 런던 **대표음식** 소고기와 양고기를 다져 넣은 셰퍼드 파이Shepherd's pie with beef and lamb mince | ❸❸❸

1990년대 말, 아이비는 이곳에서 식사를 했던 많은 유명 인사들만큼 잘 알려진 곳이었다. 오늘날 대부분의 A급 고객들은 자매 레스토랑인 메이페어에 있는 스콧츠(Scott's)와 같은, 런던 레스토랑 업계의 판도를 바꿔 놓은 새로운 장소로 옮겨 갔다. 바로 옆 테이블에 할리우드 스타가 앉아 있는 모습은 더 이상 볼 수 없지만, 아이비는 여전히 런던 웨스트 엔드에 자리한 극장식 레스토랑을 운영해 오고 있다.

이곳은 화려한 역사를 지녔다. 1917년에 문을 연 이곳은 노엘 코워드와 로렌스 올리비에와 같은 유명인사들이 단골이었다. 세계 2차대전 이후로 유행에 뒤쳐진 듯하였으나, 1990년에 제레미 킹과 크리스토퍼 콜빈—오늘날 더 울슬리(The Wolseley)의 주인이다—이 다시 이를 되살렸다. 완전히 새로운 공간으로 디자인하는 것이 이들이 바라는 바였으며 프랑스의 연극배우 사라 베르나르가 이곳에 발을 디딘 이래로 런던 무대에서 한 역할을 담당하게 된 것으로 보인다. 곧이어 편집장들이나 홍보 전문가들, 혹은 일주일 전에 테이블을 예약하고 기다릴 만큼 참을성이 있는 사람들이 니콜 키드먼이나 잭 니콜슨과 같은 공간에서 식사를 하는 모습을 볼 수 있게 되었다. 이처럼 화려했던 과거는 지나갔지만 오늘날에도 아이비는 2가지 비장의 수를 간직하고 있다. 모든 고객들을 유명인사들과 동일하게 대하는 종업원들과 셰프보다 메뉴에 중점을 두는 요리 철학이 바로 그것이다.

주방에 누가 있든 오리고기와 수박 샐러드, 스테이크 타르타르, 셰퍼드 파이, 화이트 초콜릿 소스를 곁들인 얼음에 차갑게 얼린 베리류 등의 클래식한 요리들을 언제나 즐길 수 있다. **BMcC**

트램셰드 Tramshed | 영국의 모던 아트와 함께 즐기는 컨템포러리한 영국풍 식사

위치 런던 **대표음식** 속을 채우는 스터핑, 감자튀김과 함께 나오는 인디언 록 치킨Indian rock chicken with stuffing and fries | ❸❸

영국의 셰프 마크 힉스(Mark Hix)가 운영하는 트램셰드 레스토랑에서는 대담성이 느껴진다. 우선 건물 그 자체가 그렇다. 매우 힙한 런던의 혹스턴(Hoxton) 구역의 사잇길에 숨겨져 있는 이 레스토랑의 건물은 전차 선로 시스템에 전력을 공급하는 발전기가 설치되었던 곳이다.

어마어마하게 큰 공간의 한가운데를 장식하는 것은 바로 데미언 허스트의 작품으로, 커다란 황소의 등에 어린 수탉이 앉아 있는 형상이다.

데미언의 작품은 이곳의 메뉴가 소고기와 닭고기를 중심으로 짜여져 있다는 사실을 잘 보여준다. 종류가 다양하지는 않지만 영리하게 짜여진 메뉴는 대다수가 여럿이 함께 나누어 먹는 요리다. 애피타이저로는 처빌을 넣은 겨자와 부드럽게 거품으로 저어준 닭 간, 그리고 가벼운 느낌의 요크셔 푸딩을 곁들인 수탉과 황소 고기로 만든 크로켓과 같은 매력적인 조합의 요리가 있다. 엄선된 식재료만을 사용한다는 사실은 육류와 가금류의 품질에서 잘 들어난다.

숙성이 잘 되고 마블링이 좋은 글레남(Glenarm)산 스테이크나 뼈가 그대로 붙어 있는 소갈비는 육즙이 풍부하고 맛과 향이 진하다. 스웨인슨 하우스(Swainson House) 농장의 닭을 오븐에 넣고 구운 요리는 2, 3명이 나누어 먹기에 적당한데, 하늘을 향해 두 다리를 뻗고 있는 담음새가 기막히게 아름답다. 세이지를 넣은 스터핑과 거부할 수 없는 맛의 감자튀김, 그리고 그레이비가 곁들여 나온다. 컴포트 푸드라는 이 레스토랑의 테마는 마시멜로와 도넛을 곁들인 짭조름한 캐러멜 퐁뒤와 같은 디저트까지로 이어진다. 편안하고 활기찬 영국 풍 레스토랑이다. **JL**

▶ 대미언의 기막히게 아름다운 작품이 공간을 압도한다.

더 레드베리 The Ledbury | 스타일을 담아 내는 탁월하고 모던한 요리

위치 런던 **대표음식** 오이 피클, 켈트식 머스터드, 시소와 함께 내는 그릴에 구운 고등어 Grilled mackerel with pickled cucumber, Celtic mustard, and shiso | 🄯🄯🄯

더 레드베리는 2005년 당시 런던 서부에 자리한 저소득층이 거주하던 래드브로크 그로브 지역(Ladbroke Grove)에 문을 열었다. 수년에 걸쳐 이 지역은 고급 주택가로 개발되어 왔으며, 이에 따라 레드베리도 런던 최고의 레스토랑 중 한 곳이라는 명성을 쌓았다.

다이닝룸은 밝고 공기가 잘 통하며 날씨가 온화할 때를 위한 야외 테이블도 몇 개 준비되어 있다. 레스토랑은 브렛 그레이엄(Brett Graham) 덕에 성공했다고 해도 과언이 아닐 것이다. 브렛은 재능을 타고난 상냥한 성격의 호주 출신 셰프로 미슐랭 스타 2개를 이곳에 안겨 주었다.

메뉴는 모던하며 최신 요리 트렌드에 얽매이지 않는다. 전형적인 메뉴로는 레드 커리 소스에 익힌 랑구스틴에 요거트와 브로콜리 줄기 부분을 곁들여 낸 요리가 있는데, 섬세하고 절제된 맛과 향이 자연스럽게 어우러진다. 브렛은 오랫동안 전해 내려오는 토마토에서부터 갤로웨이산 소고기에 이르기까지 식재료의 품질에 정통하며 이를 매우 중시한다. 그는 특히 탁월한 품질의 사냥한 고기를 사용하는 것으로도 유명하다.

탁월한 요리 기술은 8시간 동안 푹 고은 돼지고기 목살 등의 메뉴에서 잘 드러난다. 이 요리에는 바삭한 돼지껍데기, 라임 리덕션, 불에 그을린 배, 민들레 이파리 등이 곁들여진다. 고기는 부드럽고 깊은 맛과 향을 지니며, 껍데기는 바삭하고 라임과 배는 돼지고기의 느끼하고 진한 맛을 잡아주며 산도를 더한다.

데친 무스카트 품종의 포도와 생강 아이스크림을 넣은 흑설탕 타르트에서는 높은 수준의 페이스트리 기술이 잘 드러난다. 흑설탕의 진한 맛이 포도와 좋은 밸런스를 이루며 생강으로 인해 더욱 그 맛과 향이 살아나는 훌륭한 조합이다. 오늘날 런던에서 가장 예약이 힘든 곳일 것이다. **AH**

⬅ 탁월한 요리 기술이 모든 음식에서 분명히 드러난다.

스콧츠 Scott's | 메이페어에 자리한 매혹적인 영국풍 레스토랑

위치 런던 **대표음식** 도버 솔 뫼니에르 Dover sole meunière | 🄯🄯🄯🄯

1851년 런던 웨스트 엔드의 번화가 헤이마켓(Haymarket)에 문을 연 스콧츠는 걸출한 역사를 지닌 해산물 레스토랑으로, 작가 이안 플레밍이 드라이 마티니를 젓지 않고 흔들어 마신 곳으로도 잘 알려져 있다. 메이페어의 귀부인으로 여겨지는 스콧츠가 오늘날의 위치로 옮긴 것은 1968년이다. 초록빛의 모자이크가 새겨진 대리석 기둥이 마틴 브루드노치키가 디자인한 화려한 해산물 바를 둘러싸고 있다.

금박을 입힌 유리와 영국의 예술 작품들이 목재 패널을 덧댄 다이닝룸의 시크함을 더한다. 메뉴는 예상과는 다르게 대담한 편이며, 모험심이 담긴 요리를 시도해 보려는 성향의 고객들에게 알맞다. 달팽이, 베이컨, 보르드레즈 소스를 곁들인 소태한 아구의 볼살이나, 아구로 만든 오소부코 혹은 럼을 넣은 마들렌과 함께 나오는 초콜릿 팟(pot)을 주문해 보자. 전통요리들도 잘 조리되어 나온다. 본업에 충실하게 생선, 특히 가자미 요리에 탁월한 솜씨를 보인다. 손님들은 해덕(haddock), 삶은 달걀, 겨자 소스, 피시 앤 칩스, 사냥한 고기로 만든 요리들, 혹은 립아이와 베어네이즈 소스 등등 상류층의 컴포트 푸드를 최상의 상태로 즐길 수 있다.

스콧츠는 푸아그라와 트러플로 아름답게 장식된 황홀하고 호사스러운 스테이크 벨리니(steak Bellini)를 여전히 서비스하고, 웨일스산 토끼고기, 토스트에 올린 정어리 등 매력적이며 평범하지 않은 세이보리를 먹을 수 있는 흔치 않은 레스토랑 중 하나이다. 디저트는 흠잡을 데 없이 완벽한 베이크웰(Bakewell) 타르트나 멋진 장관을 이루는 초콜릿 봄브(chocolate bombe), 감귤 등이 사랑받는 메뉴다. **SP**

벤틀리스_{Bentley's} | 피시 앤 칩스가 영국 해산물 요리의 전부가 아니라는 것을 보여 주는 곳

위치 런던 **대표음식** 현지산 굴Native oysters | ❸❸❸❸

섬나라라는 것을 고려할 때 영국인들은 반죽을 입혀 기름에 튀기지 않는 한 생선을 눈에 띄게 먹기 꺼린다는 사실이 종종 주목 받는다. 하지만 아일랜드 출신의 셰프 리처드 코리건(Richard Corrigan)은 섬나라 영국의 식재료를 열렬히 옹호하는 한 사람이며, 2005년 벤틀리스를 인수한 이후부터 영국 해협에서 잡은 생선과 해산물의 품질이 세계에서 가장 탁월한 수준이라는 사실을 입증해왔다.

벤틀리스는 1916년부터 피커딜리 서커스 근처에서 영업을 해왔다. 이곳은 2개의 컨셉으로 구성된 레스토랑이다. 1층에는 격식을 갖춘 '그릴'이 있는데, 외벽은 윌리엄 모리스의 직물로 싸여 있고 목재 바닥에는 윤기가 흐른다. 지상층은 오이스터 바로 벤틀리스가 처음 문을 연 당시부터 대리석으로 만든 카운터가 특징적이었다. 야외에는 천막을 드리우고 난방이 가능한 테라스가 있다.

오이스터 바의 메뉴는 비스트로의 느낌이다. 손질한 게, 그릴에 구운 가리비, 12개씩 모아 놓은 현지산 굴 등 가장 신선한 해산물이 준비되어 있으며, 이와 더불어 웨스트 엔드 쇼가 시작되기 전이나 끝난 후에 먹는 솔 구종(sole goujons), 훈제한 해덕, 도버 솔과 같은 심플한 요리들이 있다. 위층은 더 아기자기하고 아름답게 꾸며진 곳으로 비싸고 호사스런 식재료를 사용한다. 조개 비네그레트를 곁들인 오븐에 구운 대구 요리, 바닷가재와 타이거 새우를 추가로 넣어 '로열피시 파이'라는 위풍당당한 이름을 얻은 요리 등이 그 예다. 또한 육류 요리도 갖추고 있으며, 코리건은 생선만큼이나 사냥한 고깃감에 대해서도 열정을 보인다. 가을에는 모든 부속물들과 함께 오븐에 구운 꿩요리와 같은 영국풍의 요리를 맛볼 수 있다.

벤틀리스의 우아한 칵테일 바에서 한잔할 수 있는 시간 또한 남겨두자. 굴은 알코올 도수가 상당한 술과 마셔야 한다는 이론을 체험해 보고 싶지 않다면 20여 가지가 넘는 종류의 샴페인 중 선택할 수도 있다. **BMcC**

⬆ 벤틀리스는 생선을 취급하는 런던의 레스토랑들 사이에 '롤스로이스'와 같은 존재다.

알랭 뒤카스, 더 도체스터Alain Ducasse, The Dorchester | 메이페어에서 맛보는 보기 드물게 탁월한 수준의 오트 퀴진

위치 런던 **대표음식** 투르네도 로시니Tournedos Rossini | 🍴🍴🍴🍴

위대한 호텔에는 멋진 레스토랑이 있으리라는 기대감이 있다. 도체스터에서의 식사에 광채를 더하기 위해, 프랑스 셰프 알랭 뒤카스는 이 호텔을 인수했다. 그는 전 세계를 여행해야 하는 바쁜 스케줄을 가진 사람이다. 세계에서 가장 럭셔리한 호텔 중 한 곳의 중심에 위치한 미슐랭 스타 3개에 빛나는 이 레스토랑뿐만 아니라, 그가 관여하고 미식에 대한 그의 이상을 해석해서 선보이는 또 다른 업장들이 20여 개에 달한다.

헤드 셰프인 조슬린 허랜드(Jocelyn Herland)는 뒤카스의 요리 철학에 활기차고 독창적인 방법으로 생명을 불어넣은 사람이다. 뒤카스의 철학이란 영국이나 프랑스에서 조달한 최상급의 제철 재료를 사용하고 캔버스에 그림을 그리는 예술가처럼 접시 위에 요리를 담아내는 모던한 프랑스 요리를 의미한다. 요리의 맛과 향 역시 독창적이고 차분한 느낌으로 잘 어우러진다. 생강과 레몬그라스에 조리한 랑구스틴 라비올리와 불을 지펴 연기로 말린 훈차(燻茶)를 넣어 만든 콩소메는 해산물의 단맛, 매콤함,

부드러운 산도, 훈차의 향을 결합한 것이다. 또한 아삭한 코스 양상추(cos lettuce)와 페리괴 소스를 곁들여 내는 투르네도 로시니는 구수한 캐러멜의 단맛이 나는데, 고기는 촉촉하고 육즙이 가득하며 양상추가 생기 있는 식감을 더한다. 지식을 가지고 조심스럽게 다루는 고급 식재료들은 기술적으로 완벽한 요리로 변신한다.

요리는 이 우아한 호텔에서 즐기는 경험의 일부에 지나지 않는다. 가벼운 색감의 목재 장식, 주름을 잡은 흰색의 식탁보, 오트 퀴진에 따라 오는 탁월한 서비스로 다이닝룸에는 차분함이 흐른다. 센터 피스인 테이블 뤼미에르는 면과 광섬유로 이루어진 타원형의 베일로 그 높이가 바닥에서 천장까지 닿는다. 이 뤼미에르 안에는 최상위 부유층 고객을 위한 6석의 테이블이 놓인 룸이 마련되어 있으며 완벽하게 독립된 자신들만의 디너 파티를 열 수 있다. **ATJ**

⬆ 테이블 뤼미에르 안에서 즐기는 특별한 날의 식사.

고든 램지 Gordon Ramsay | 세련된 오트 퀴진을 선사하는 런던의 유명 레스토랑

위치 런던 **대표음식** 캐비아를 넣은 비스크에 조리한 바닷가재, 랑구스틴, 연어 라비올리 Ravioli of lobster, langoustine, and salmon in a bisque with caviar | **⑤**
⑤⑤⑤

"클레어의 요리 기술은 마치 링에 오르는
복싱선수처럼 위협적이다."

Gordon Ramsay, celebrity chef

⬆ 실내 장식은 요리보다 튀는 것을 방지하기 위해 일부러 차분한 톤으로
꾸몄다.

➡ 5가지의 서로 다른 방법으로 조리한 돼지고기 요리는 기억에 남을
만하다.

1998년 레스토랑 오베르진(Aubergine)에서 탁월하고 전통적인 프랑스 요리로 눈부신 명성을 쌓은 후(그리고 미슐랭 스타 2개를 받았다) 고든 램지와 그의 팀 대부분은 그곳을 떠났다. 31세의 나이로 램지는 한때 피에르 코프만의 유명 레스토랑, 라 탄테 클레어(La Tante Claire)가 자리했던 로열 호스피털 로드 건물을 인수했다. 3년도 채 걸리지 않아 램지는 3번째 미슐랭 스타를 추가했는데, 2013년에 런던에서 3개의 별을 받은 레스토랑은 단 두 곳뿐이었다.

결국 램지는 대부분의 시간을 그가 이룩한 레스토랑 제국과 TV 출연 경력을 쌓는 데에 헌신하기로 결심했고, 그가 지녔던 주방에서의 권력은 제자인 클레어 스미스(Clare Smyth)에게 넘겨주었다. 스미스는 레스토랑이 사랑받았던 이유인 우아하고 전통적인 요리 스타일을 유지했지만 그만의 독특하고 스타일리시한 감각을 더하기도 하였다. 레스토랑의 분위기는 꾸밈없고 소박하며—첼시아 테라스 내에 낮은 천장이 드리운 안락한 룸이 있다—손님들은 환상적으로 차려 놓은 완벽하게 조리된 요리들을 대접 받는다. 또한 서비스는 절제되었으나 사려 깊다. 호화로운 애피타이저로는 스위트브레드, 당근, 아몬드 거품, 카베르네 쇼비뇽 비네거를 곁들인 따뜻한 푸아그라가 있다. 푸아그라는 최고의 품질을 자랑하며 실크처럼 부드러운 식감에 특유의 맛과 향이 아주 진하다. 스위트브레드도 입안에서의 식감이 환상적이며 비네거는 자칫 느끼할 수 있는 요리에 필요한 밸런스를 더한다.

돼지고기 요리는 5가지 방법으로 준비된다. 돼지 어깨살로 만든 소시지, 으깬 햇감자, 베이컨, 파를 곁들인 돼지 등심 오븐 구이, 사과와 함께 내는 돼지고기, 디종 머스터드를 곁들인 사보이 양배추에 감싼 돼지 볼살, 파인애플과 사과 퓌레를 곁들인 돼지 뒷다리살로 만든 햄 등이다. 이는 완벽한 밸런스를 선보이는 요리로 적당한 사과의 신맛이 돼지고기의 느끼함을 잘 잡아준다. 클레어의 요리는 영국에서 가장 세련된 요리에 속한다. **AH**

라 트롬펫 La Trompette | 많은 사랑을 받는 지역 레스토랑

위치 런던 **대표음식** 트러플 버터, 그릴에 구운 파, 콜리플라워, 꾀꼬리버섯을 곁들인 콘웰산 대구 Cornish cod with truffle butter, grilled leeks, cauliflower, and chanterelles | ❸❸❸

라 트롬펫이 2001년에 문을 열었을 당시만 해도, 이런 고급 레스토랑이 런던의 중심가를 제외한 타 지역에서 성공을 거둘 수 있으리라 믿었던 사람은 거의 없었다. 치스윅(Chiswick)—비록 충분히 발전된 곳이고 간혹 그리 유명하지 않은 스타들이 거주하기는 하지만—은 기껏해야 피자 체인이나 지역 레스토랑에 어울리는 그런 곳으로 생각되었다.

하지만 니겔 플래츠-마틴(Nigel Platts-Martin)은 조금 다른 견해를 가지고 있었다. 그는 옥스퍼드에서 교육받은 레스토랑 사업가이자 전직 변호사로 메이페어 도심의 미슐랭 스타 2개를 보유한 레스토랑 더 스퀘어(The Square)로부터 사업을 확장해 왔다. 그는 도심에서 벗어난 완즈워스 커먼에 자리한 하비스(Harveys, 후에 셰 브루스가 된 곳이다)에서 자신의 운을 시험해 보았다. 그 모험이 성공을 거둔 것은 신출내기 셰프였던 마르코 피에르 화이트의 공헌 덕분이었고, 이로 인해 플래츠-마틴은 또 다른 외진 곳에서도 성공할 수 있으리란 자신이 생겼다.

시작부터 라 트롬펫은 전통요리들로 구성된 꾸준히 바뀌는 심플한 메뉴를 선보였다. 레스토랑에는 올리 쿨라르(Ollie Coulard)와 롭 웨스턴(Rob Weston)을 포함해서 몇몇 다른 셰프들이 있었지만, 늘 한결같은 일관성을 유지해 왔으며 즐거운 요리들, 친절한 서비스, 특히 런던의 기준으로 볼 때 비교적 준수한 가격대에 제공하는 훌륭한 와인 리스트로 명성을 쌓아 왔다. 또한 훌륭한 재배업자들을 엄선하고 영리한 의사결정들을 해 내갔다.

메뉴는 살짝 구운 참치에 안초비, 강낭콩, 블랙 올리브, 으깬 감자를 곁들인 요리, 혹은 단물이 흐르는 오크니산 가리비에 커리를 살짝 넣은 파스닙 퓌레를 곁들인 요리들이 있다. 디저트로는 진저 브레드, 패션프루트, 양젖으로 만든 휘핑 요거트, 라임을 곁들인 상큼한 맛의 알폰소 망고를 맛볼 수 있다. 미슐랭 스타 하나를 보유한 라 트롬펫은 전 세계의 고객들을 매료시키고 있다. **AH**

⬆ 라 트롬펫에서 제공되는 뿔닭 요리.

론서스턴 플레이스 Launceston Place | 런던의 중심에 자리한 우아한 요리의 천국

위치 런던 **대표음식** 오리 알, 완두콩, 꾀꼬리버섯, 파타 네그라 라르도, 덕 팻 토스트 Duck egg, peas, girolles, Pata Negra lardo, and duck fat toast | ⑤⑤

켄싱턴은 번화한 곳이지만 이 중 일부 지역은 놀랍게도 평화롭다. 론서스턴 플레이스가 위치한 지역이 그런 곳인데, 사람들로 북적거리는 켄싱턴 하이 거리(Kensington High St.)가 지척에 있지만 아주 조용한 주택가로 남아 있다. 이 레스토랑은 4개로 분리된 19세기의 건물에 자리하며, 일부 분리된 아늑한 구역들이 서로 연결되어 기다란 다이닝룸을 형성하고 있다.

1986년에 문을 연 이래로, 레스토랑은 몇몇 재능 있는 셰프들을 영입해 왔다. 가장 최근의 셰프는 팀 앨런(Tim Allen)으로 코츠월즈(Cotswolds)에 자리한 와틀리 마노(Whatley Manor)에서 7년간 경력을 쌓은 후 2012년에 이곳에 합류했다. 론서스턴 플레이스는 그가 주방을 맡은 후 단 1년만에 미슐랭 스타 1개를 받았다.

식재료의 높은 품질을 기본으로 한 요리법은 정확하다. 요리는 논리적이고 매력적인 맛과 향의 조합을 선사하는데, 아스파라거스, 완두콩, 강낭콩, 버섯 크림, 마데이라 리덕션을 곁들여 뼈째로 서비스 되는 가자미 요리

가 바로 그 예다. 생선의 섬세한 맛은 채소들로 아주 기분 좋게 보완되며 버섯크림은 구수한 내음을 더한다. 손님들에게 모험을 시도하도록 강요하기 보다는 호화로운 식재료들의 장점을 최대로 살려내는 요리다. 바삭바삭한 돼지 머리, 커민을 살짝 넣은 양배추 피클, 트러플을 넣은 돼지고기 소스, 셀러리악과 트러플 퓌레를 곁들인 돼지 안심 요리도 같은 맥락이다. 결과적으로 훌륭한 밸런스를 이루는 맛과 향을 지각할 수 있는 조합으로 양배추 피클에서 느껴지는 신맛이 자칫 느끼할 수 있는 요리에 균형을 더한다.

론서스턴 플레이스의 편안한 분위기도 눈속임을 위한 간사한 요리법으로 손님들을 혼란스럽게 하려는 유혹에 굴복하지 않고 상상력을 발휘해 만드는 이곳의 요리와 잘 맞는다. **AH**

⬆ 론서스턴 플레이스는 차분한 느낌을 물씬 풍긴다.

로칸다 로카텔리 Locanda Locatelli | 런던의 중심가에 자리한 유혹적인 이탈리아의 맛

위치 런던　**대표음식** 소금과 허브 크러스트를 씌운 자연산 농어 Wild sea bass in salt and herb crust　| ⑤⑤

이곳은 따뜻하고 생기발랄한 분위기의 레스토랑이다. 브레드 바스켓이 놀라운 수준으로, 포카치아는 말할 것도 없고 이곳에서 직접 만든 그리시니에는 그들만의 품격이 배어 있다.

꾀꼬리버섯을 곁들인 소금에 절인 돼지고기 목살, 신선한 보를로티 콩(borlotti bean)을 곁들인 새우, 안초비와 케이퍼를 곁들인 푼타렐(puntarelle), 혹은 호박과 헤이즐넛을 곁들인 부라타 치즈 등등 최고의 제철 식재료를 선보이는 범상치 않은 안티파스터 샐러드로 식사를 시작해 보자. 살사 베르데를 곁들인 소 혓바닥 요리는 늘 메뉴에 올라 있다. 맑은 브로도에 담근 가벼운 식감의 전통적인 토르텔리니, 혹은 밤, 병아리콩, 칠리를 넣어 만든 것 등의 수프도 훌륭하다. 호박을 넣은 카펠라치(cappellacci), 향기로운 조개 링귀니, 육즙을 곁들인 송아지 고기 라비올리, 트러플 링귀니 등의 파스타는 너무 유혹적인 나머지 조금은 압도 당하는 느낌이다. 리소토는 꿈을 꾸는 듯 크리미하며 탐닉에 빠져들게 하는데, 로카텔리가 자란 이

탈리아 북부 코르제노 마을에서 유래된 흔치 않은 별미들도 있다. 굉장히 진한 바롤로 와인, 라디치오, 카스텔마뇨(Castelmagno) 치즈로 만든 리소토가 그 중 하나다.

계절별 메인 요리는 꾀꼬리버섯, 강낭콩, 민트를 넣은 완두콩을 곁들인 봄철 양고기, 트레비사노(Trevisano)와 폴렌타를 곁들인 숯불에 구운 소고기 등심, 그물버섯을 곁들인 가자미 요리 등이 있다. 디저트로는 티라미수와 체드론(cedron) 콩피를 곁들인 빼어난 맛의 리코타 치즈 타르트가 있다. 젤라토 역시 레몬첼로, 머틀(myrtle), 트러플 허니, 카사타 등 모두 훌륭한 맛이다. 크게 히트를 친 와인과 일부 도전해볼 만한 부티크 와인들을 포함해서 이탈리아 와인을 중심으로 짜놓은 와인 리스트도 있다. 그라파 역시 다양하게 구비되어 있다. **SP**

⬆ 완벽한 요리를 위한 우아한 분위기.

더 리버 카페 The River Café | 최상급 이탈리아 요리로 칭찬이 자자한 카페

위치 런던 **대표음식** 안초비와 로즈메리 소스를 곁들인 자연산 농어, 초콜릿 네메시스 Wild sea bass with anchovy and rosemary sauce; chocolate nemesis | ⑤
⑤⑤⑤⑤

이곳은 영국 레스토랑의 디자인과 요리 면에서 새로운 시대를 열었다. 로즈 그레이(Rose Gray)와 루스 로저스(Ruth Rogers)가 창립한 이 레스토랑은 원래 루스의 건축가 남편인 리처드 로저스가 운영하는 회사의 직원 식당으로 디자인한 곳이었다. 두 여성은 그들이 가장 좋아하는 이탈리아 요리를 제공했고 이를 위해 화려한 경력의 셰프들을 연이어 고용했다. 이들 중에는 제이미 올리버, 테오 랜들, 스티브 파를이 있다.

이곳의 요리는 곧 좋은 평판을 얻었고 다이닝룸 역시 유명해졌다. 방대한 규모의 오픈 키친, 광택이 흐르는 철제 표면, 파란색으로 칠한 바닥, 실용적인 실내 장식은 새로운 레스토랑의 모델이 되었다. 오픈한 이래로 오랜 시간이 흘렀음에도 여전히 멋져 보인다.

요리에는 흠잡을 데 없는 신선하고 탁월한 품질의 식재료가 사용된다. 부라타 치즈는 이 치즈가 보편화되기 이전에도 오랫동안 이곳에서 제공되어 왔는데, 장작불로 구운 노란색 피망, 노란색 다테리니(dattarini) 토마토, 금색 빛

깔의 오레가노 꽃들을 곁들여 넣을 빼앗길 정도로 아름답게 서비스된다. 호박, 버팔로 젖으로 만든 리코타 치즈, 호박꽃을 넣은 핸드메이드 라비올리, 말리지 않은 햇호두를 넣은 탈리아텔레, 혹은 보타르가, 토마토, 파슬리를 넣은 스파게티 등 종류를 막론하고 파스타가 단연 하이라이트다.

장작을 때는 커다란 오븐에서 익히는 요리는 반드시 맛봐야 한다. 로즈메리, 보를로티 콩을 넣은 안초비 소스, 소렌토산 토마토를 넣은 자연산 농어는 늘 메뉴에 있다. 전통 요리로는 프로슈토, 리소토 비앙코, 그레몰라타를 곁들여 내는 푹 고은 송아지 정강이 요리가 있다. 엄선된 다양한 치즈가 준비되어 있는데, 아마도 땅에 묻어 숙성시키는 페코리노 디 포사(pecorino di fossa)를 맛볼 수 있을 것이다. 디저트로는 아말피산 레몬 셔벗과 초콜릿 네메시스가 매우 훌륭하다. **SP**

⬆ 매우 영향력 있으며 많은 사랑을 받아 온 레스토랑.

피프틴 Fifteen | 제이미 올리버 식의 부드럽고 아름다운 분위기에서 즐기는 대담한 요리

위치 런던　**대표음식** 홈메이드 브레드Homemade bread ｜ ❸❸❸

"분위기는 생기 있고 실내장식은 밝고 모던하며 음식은 한결같이 멋지다."

coolplaces.co.uk

처음 언뜻 볼 때 피프틴에서는 특별히 독특한 면모를 찾아볼 수 없다. 혹스턴 깊숙이 위치한 이곳은 최근 이 지역에 생겨난 수많은 매력적인 레스토랑과 크게 다를 바가 없다. 하지만 사실 이곳은 영국의 TV 셰프 제이미 올리버가 2002년에 시작한 선구적인 자선 레스토랑이다. 피프틴은 불리한 환경에서 태어난 젊은이들에게 레스토랑 업계에서 일할 기회를 제공하는 곳이다.

이곳에는 활기차고 부드러운 분위기가 흐른다. 절인 돼지 볼살과 호두 등과 같은 맛 좋은 스낵과 함께 음료를 즐길 수 있는 바는 다이닝룸으로 연결된다. 메뉴에 있어 중요한 역할을 담당하는 커다란 장작을 때는 오븐이 다이닝룸의 분위기를 압도한다. 진한 빛깔의 목재 바닥, 가죽으로 된 긴 의자, 알코브로 꾸며진 아래층은 안락한 분위기다. 하얀 모자를 쓴 견습생들이 분주하게 일하는 오픈 키친이 그러하듯, 액자에 끼워 놓은 창립 멤버들의 사진들이 피프틴의 중요한 목표 중 하나를 상기시킨다.

음식은 스타일이나 담음새에서 모두 시골스러움이 느껴진다. 좋은 품질의 식재료는—올리버의 정원에서 재배한 식재료를 포함해서—날마다 바뀌는 요리로 변신을 거듭한다. 맛과 향으로 전달되는 심플하고 대담한 요리다. 숯불에 구운 파를 곁들인 커다랗고 육즙이 가득한 홍합은 나무로 불을 때어 굽는데, 훈제 향이 배며 태국 스타일의 소스에서 비롯되는 고추의 강한 맛이 느껴진다.

이탈리아 요리에 대한 올리버의 사랑은 빵—바로 그 자리에서 구워 홈메이드 버터와 크레마 디 라르도(crema di lardo)를 곁들여 준다—과 홈메이드 파스타에서 분명히 드러난다. 풍미가 진한 아일랜드 풍 구벤(Gubeen) 치즈, 겨울철 트러플, 혹은 아욱과 훈제한 리코타 치즈와 같은 독창적인 토핑을 올린 탁월한 맛의 피자도 함께 시도해 보자. 이곳이 가지는 교육적인 취지를 잊을 만큼 레스토랑의 운영은 아주 매끄럽다. **JL**

⬆ 피프틴의 루바브 에클레어.

마커스Marcus | 격식을 갖추어 편안하게 서비스되는 스타 셰프의 위대한 요리

위치 런던 **대표음식** 계절별 변동 메뉴Seasonally changing menu | ❸❸❸

영국 출신의 셰프 마커스 웨어링(Marcus Wareing)의 상당한 요리 실력은 나이츠브리지(Knightsbridge)의 매력적인 버클리 호텔에 자리한 이 우아한 레스토랑에서 멋지게 표현된다. 본래 '마커스 웨어링'으로 알려진 이곳은 2014년에 새 단장을 마친 후 마커스란 이름으로 다시 개장했다. 성을 빼고 이름으로만 불리려는 시도는 매우 중요한 의미를 갖는다. 이는 전보다 격식을 낮추려는 변화를 시사하지만 그렇다고 고급스러움이 덜하다는 의미는 아니다.

마커스는 이 레스토랑을 위해 대리석, 가죽, 목재 등 최고급 자재들을 신중하게 고르고 심혈을 기울여 작업을 한 만큼, 루 에스테이트(Rhug Estate) 돼지고기나 허드윅 양고기 등 영국 최고의 식재료들을 조달하여 사용한다.

웨어링은 가공할 만한 요리 기술, 완벽주의에 가까운 기준, 영리하게 기획되고 흠잡을 데 없이 조리되는 요리로 유명하다. 이는 끝이 뾰족한 히스피(hispi) 양배추, 구운 감자로 만든 거품, 갈비찜, 골수가 곁들여 나오는 갤로웨이산 소고기와 같은 요리에서 잘 나타난다. 간단한 메뉴의 이름은 복잡하고 세련된 조리법과 대조를 이룬다. 도싯(Dorset)산 달팽이, 감자 뇨키, 샬롯 피클이 곁들여 나오는 최상급 가자미 요리에서부터 망고 퓌레를 곁들인 그릴에 구운 푸아그라에서 이르기까지 완벽하고 정확한 요리는 마커스 주방의 핵심이다.

일레븐 매디슨 파크(Eleven Madison Park)와 같은 미국의 레스토랑에서 영감을 받은 능률적인 서비스는 완벽하다. 웨어링은 메뉴의 유연성을 더욱 높이기 위하여 이를 재구성해 왔다. 점심시간에는 알라카르트를 주문할 수 있다. 테이스트 메뉴부터 환상적인 셰프의 테이블(chef's table)에 이르기까지 마커스를 온전하게 경험할 수 있는 옵션들도 선택이 가능하다. 셰프의 테이블에서는 마커스와 그의 주방 직원들이 요리를 하는 모습을 지켜 볼 수 있다. **JL**

> "럭셔리한 파인 다이닝 수준이지만 숨막히지 않는 레스토랑을 기획하고 싶었다."

Marcus Wareing

⬆ 갤로웨이산 소고기 요리는 요리 기술과 풍미에 있어 모두 인상적이다.

스케치^{Sketch} | 과하지 않게 호화로운 분위기에서 즐기는 미식 요리

위치 런던 **대표음식** '송아지' 테이스팅 메뉴"Veal" tasting menu | Ⓢ
ⓈⓈ

스케치 건물의 지상층에는 캐주얼 레스토랑, 바, 페이스트리 가게가 있다. 위층의 렉처 룸(Lecture Room)과 라이브러리(Library)라 불리는 공간에서는 런던에서 가장 정교하다고 할 수 있는 요리들이 서비스된다. 스케치는 레스토랑 사업가인 모라드 마주(Mourad Mazouz)와 파리 출신의 셰프 피에르 가니에르가 만든 곳이며 헤드 셰프인 로만 채플(Romain Chapel)이 2012년부터 하루도 빠짐없이 요리를 만들며 레스토랑을 운영해 오고 있다. 2013년에 이곳은 미슐랭 스타 2개를 받았다.

가니에르는 특별한 식재료를 사용해 다양한 변화를 주어 서비스하는 것으로 유명하다. 요리의 첫 글자는 양고기(lamb), 소고기(beef), 송아지고기(veal)와 같이 간결하다. 이 밖에 요리에 들어가는 식재료에 대한 간략한 설명이 덧붙는데, 주방의 독창성과 재미에 대해 단순히 힌트

> "이곳은 예상치 못한 기쁨을 주는
> 기이하고 유머러스한 디자인을 뽐낸다."
>
> Martin Creed, Daily Telegraph

를 주는 수준이다. 랑구스틴은 아삭한 청경채와 향신료를 넣은 자몽 시럽을 곁들인 타르타르, 또는 카다멈과 주사위 모양으로 자른 딸기를 곁들인 무슬린, 강낭콩과 비스크를 곁들여 컵에 담은 젤리, 혹은 건조한 베이컨과 함께 그릴에 굽거나 조개 가루와 소브라사다(soubressade) 소시지와 함께 버터소스에 볶은 형태로 서비스된다.

샬랑 오리는 커민과 시나몬 소스, 적양배추와 블랙 커런트 마말레이드, 적양파, 자두 페이스트, 오븐에 구운 푸아그라, 코리앤더를 넣은 감자와 함께 서비스 된다. 식사는 발사믹 식초를 가미한 캐러멜, 초콜릿 셔벗, 감을 토핑으로 올린 잔두야 초콜릿(gianduja chocolate)으로 마무리 할 수 있다. **AH**

타얍스^{Tayyabs} | 중독성이 있는 램찹으로 유명한 인도 펀자브 풍의 레스토랑

위치 런던 **대표음식** 그릴에 구운 램찹Grilled lamb chops | Ⓢ

타얍스는 매우 현지화된 레스토랑으로 화이트채플 깊숙한 곳에 위치해 있으며, 현관문 위의 네온 사인이 시선을 끈다. 1972년에 파키스탄 라호르에서 영국으로 이민 온 모하메드 타얍스(Mohammed Tayyab)가 문을 연 작은 펀자브 풍 카페로 현재 그의 세 아들이 운영하고 있다.

40여 년에 걸친 가족의 노고 끝에 타얍스는 성공을 거두었고 사업도 확장했다. 흩어진 3개의 건물이 모여 3층이 넘는 엄청난 규모인데, 희미한 불빛이 켜진 지하층은 나이트 클럽 분위기다. 타얍스의 인기는 대단해서 오늘날 출입구 옆에는 테이크아웃 카운터도 마련되어 있다. 이곳은 언제나 사람들로 북적거리는데, 다양한 국적의 사람들이 유명한 렐리시를 곁들여 음식을 먹거나 자리가 나기를 기다리면서 참을성 있게 줄을 선 모습을 볼 수 있다.

레스토랑을 들어서면 고기를 익히는 근사한 냄새가 난다. 이곳은 가치 있는 스파이시한 요리들로 명성을 쌓아 왔다. 그릴에 갓 구운 고기를 철제 플레이트에 담아 테이블로 가져다주는 검정색 유니폼 차림의 웨이터들의 움직임이 꾸준히 이어진다. 전설적인 램찹도 반드시 맛보길 권하는데, 스파이시한 임팩트가 강하고 맛과 향이 훌륭해서 뼈까지 야금야금 먹게 된다. 이 밖에도 치킨 티카(chicken tikka), 매운 시크 케밥(seekh kebab, 다진 양고기), 카라히 빈디(karahi bhindi, 오크라)도 있다. 전통적인 로티부터 가볍고 폭신폭신한 난에 이르기까지 갓 구운 빵은 타얍스에서 맛볼 수 있는 또 하나의 심플한 즐거움이다. 가격이 매우 합리적이어서 니하리(nihari, 양고기 스튜), 카라히 점보 슈림프(karahi jumbo shrimp)와 같은 매력적인 요리들에 굴복해서 지나치게 많이 주문하기 쉽다. 큰 규모임에도 불구하고 타얍스의 서비스는 매우 능률적이다. 타얍스는 본분을 정확히 알고 있는 레스토랑으로, 이곳의 모든 것을 사랑하는 단골들을 많이 보유하고 있다. **JL**

코프만스, 더 버클리 Koffmann's, The Berkeley | 존경받는 영국 셰프가 선보이는 완벽한 오트 퀴진

위치 런던 **대표음식** 스위트브레드와 꾀꼬리버섯으로 속을 채운 가스코뉴 스타일의 돼지 내장 요리|Gascony-style pig's trotter stuffed with sweetbreads and morels | ❸❸❸

미식 요리를 사랑하는 런던사람들이라면 피에르 코프만에 강한 애정을 보인다. 1970년부터 런던에 거주해온 코프만은 르 가브로슈(Le Gavroche)에 이어 더 워터사이드 인(the Waterside Inn)에서도 일했다. 1977년, 코프만과 그의 아내 애니는 라 탕트 클레어(La Tante Claire)를 시작했는데, 오늘날 이 장소는 고든 램지의 소유가 되었다. 라 탕트 클레어는 1988년 버클리 호텔로 이전을 하기 전 미슐랭 스타 3개를 받았다. 2003년 아내가 세상을 뜨자 코프만은 이로 인한 슬픔으로 심신이 지쳐 은퇴를 결심했다. 하지만 훗날 2010년에 코프만은 다시 버클리 호텔에서 레스토랑을 시작하게 되었다.

코프만은 프랑스 남서부의 가스코뉴 지방에서 자랐는데, 이 지역은 오리와 돼지고기를 포함한 고급 식재료들과 진하고 구수한 요리법으로 유명하다. 요리에서 느껴지는 구수함은 오늘날 많은 곳에서 모방하는 그의 대표적인 요리(라 탕트 클레어에서 개발한 요리다)인 스위트브레드와 꾀꼬리버섯으로 속을 채운 돼지의 내장 요리와 달걀을 곁들인 가스코뉴 스타일의 애피타이저 '블랙 푸딩 크로크무슈'에서도 느낄 수 있다. 코프만의 요리를 한 단어로 요약하면 '크다(big)'일 것인데, 이 요리들은 그 당위성을 잘 입증해 준다.

하지만 코프만은 생선과 조개류를 이용한 요리에서는 가벼운 느낌을 살리려고 노력한다. 그의 이러한 섬세함이 최근 더욱 두드러지고 있다. 증기로 찐 대구에 채소와 회향 콩소메가 곁들여 나오는 요리가 그 한 예다. 디저트는 비교적 심플하고 프랑스 스타일에 가깝다. 오랫동안 코프만의 대표적인 요리 중 하나였던 피스타치오 수플레는 수많은 사람들의 감탄을 자아낸 환상적인 디저트다.

메인 요리는 매달마다 변한다. 세트 메뉴, 극장 공연 전과 후의 메뉴는 늘 저렴하게 제공된다. 대체적으로 와인은 비싼 편이지만, 좀 더 저렴한 가격대도 있으며 잔이나 반 병짜리 카라프로도 즐길 수 있다. **RE**

"꿈꿔오던 프랑스 요리들이 이곳에 있다. 모두 보기 드문 세련됨의 경지다."

Ben McCormarck, Daily Telegraph

⬆ 코프만스의 흠잡을 데 없이 완벽한 피스타치오수플레.

쿠오 바디스 Quo Vadis | 빈티지 풍의 소호 레스토랑에서 즐기는 제철의 컴포트 푸드

위치 런던 **대표음식** 훈제 장어와 호스래디시 샌드위치Smoked eel and horseradish sandwich | 💲💲

줄무늬의 차양이 드리운 기다란 전면에 유니온잭이 멋지게 휘날리는 쿠오 바디스는 런던 소호의 중심부에 있다. 1734년에 지어진 유서 깊은 건물은 19세기는 카를 마르크스의 가택이기도 했으며, 1926년부터 레스토랑으로 사용되고 있다. 이 소호의 레스토랑은 할트 형제에게 소유권이 넘어간 후로 새로운 활력이 일고 있는데, 그 중심에는 셰프 제레미 리(Jeremy Lee)가 있다.

스테인 클라스 창문과 시선을 사로잡은 아름다운 꽃 장식으로 꾸며진 빈티지 풍의 실내 다이닝룸은 두말할 나위 없이 우아하지만 동시에 편안한 분위기를 연출한다. 이러한 효과를 내기란 매우 어려운 것으로 이는 레스토랑의 전체적인 접근법에 있어 중심이 되는 한 요소다. 매력적으로 묘사된 메뉴는 '매일매일 즐겁게(daily and merrily)'로 수정되었고, 이로 인해 셰프 리는 샐서피, 블러드 오렌지, 송어, 정원에서 재배한 신선한 완두콩, 영국산 아스파라거스 등 특별히 엄선한 최상급 식재료들을 자유롭게 사용할 재량권을 갖는다. '뇌조&코(grouse & co)', '게살과 마요네즈(crab & mayonnaise)', '소금에 절인 오리고기, 자두 피클(salt duck, pickled prune)' 등 요리 라벨에 붙은 간결한 설명은 리의 꾸밈없이 진솔한 접근방식을 짐작하게 해준다. 먹기 쉽고 즐거운 요리들에서 식재료들이 그 빛을 발할 수 있는 것은 바로 이러한 접근방식 때문이다. 컴포트 푸드에 쏠린 이곳의 관심은 맛이 진하고 중독성 있는 훈제 장어와 호스래디시 샌드위치와 버터를 넣고 부드럽게 으깬 감자를 곁들여 매일매일 다르게 변하는 파이 등의 요리에서 잘 증명된다.

이곳에서의 식사를 통해서는 생생한 활력을 느낄 수 있다. 큰 키에 독특한 모습을 한 셰프 제레미 리는 종종 주방에서 나와 손님들과 대화를 주고 받는다. "좋은 곳에서 좋은 음식을 먹기 위해 이곳을 찾은 고객들이 만족스런 미소를 지으며 돌아가는 것이 바로 우리가 원하는 바이다" 라고 리는 간결하게 말한다. **JL**

⬆ 보기 드문 광경: 쿠오 바디스의 빈 테이블.

폴렌 스트리트 소셜 Pollen Street Social | 세련되고 모던한 영국 요리

위치 런던　**대표음식** 풀 잉글리시 브렉퍼스트(런치 세트의 일부)Full English breakfast (part of the set lunch)　💲💲

셰프 제이슨 애서튼(Jason Atherton)에게는 헌신적인 추종자들이 따른다. 고든 램지의 메이즈(Maze)에서 성공을 거둔 후, 첫 번째 개인 사업으로서 폴렌 스트리트 소셜을 개점한 사실은 파인 다이닝의 세계에서는 이미 예견된 일이었다.

　기지가 넘치고 지적인 애서튼의 요리는 메이페어 지역의 세련됨을 반영하는 반면, 재미가 실린 독창성과 만족스러운 깊이의 맛과 향을 전달한다. 계절에 따라 변화하는 메뉴는 흠잡을 데 없이 완벽한 붉은 다리의 자고새와 빼어난 품질의 영국산 아스파라거스 등의 일류 식재료들을 사용해 세련되고 우아하게 먹을 수 있는 요리로 접시에 담겨 나오며 1년 내내 성실하게 계획된다. 고객들은 일련의 코스 요리나 적은 양의 다양한 요리들을 자유롭게 선택할 수 있다. 훈연한 리코타 치즈 타탕을 곁들여 먹는, 오리기름으로 만든 리예트로 부드러운 식감을 더하고 씨앗과 견과를 넣어 만드는 기막히게 맛있는 처빌 루트 수프를 포함해 이곳의 수프는 늘 훌륭하다.

다양한 요리들이 나오는 런치 세트 메뉴는 위대한 셰프의 요리를 경험하는 가장 좋은 방법이다. 이곳에서는 애서튼 셰프가 지나가는 모습도 종종 목격할 수 있다. 디저트는 특히 하이라이트로, 고객들은 디저트가 준비되는 모습을 직접 볼 수 있도록 선택에 따라 메인 레스토랑에서 별도의 디저트 바로 옮겨 갈 수도 있다. 셔벗은 빼어나게 아름다운데 특히 시트러스 셔벗이 그렇다. 리코리스 아이스크림, 향신료를 넣은 크림 스타우트 리덕션(cream stout reduction), 아몬드, 생강을 곁들인 토피 애플(toffee apple)과 같은 디저트 메뉴는 가벼운 동시에 매력적이다.

　분위기는 생기발랄하며 친근하다. 모든 이들이 만족감에 젖어 인생의 행복을 느끼며 아름다운 음식과 매력적인 서비스에 흠뻑 취한 채로 레스토랑을 떠나게 된다. **JL**

⬆ 따뜻하고 차갑게 내는 콘월산 굴.

더 울슬리 The Wolseley | 최고의 클래식한 분위기에서 즐기는 흠잡을 데 없이 완벽한 컴포트 푸드

위치 런던 **대표음식** 케저리Kedgeree | $$

명예로운 입지와 역사적인 장엄함이 깃든 분위기의 더 울슬리는 마치 수백 년 동안 피카딜리에 존재해 온 듯하다. 하지만 사실 이곳은 레스토랑 사업 전문가인 크리스 콜빈(Chris Corbin)과 제레미 킹(Jeremy King)이 2003년에 문을 연 곳이다.

울슬리는 파리의 브라스리의 개념을 영국에 도입한 것으로 이른 아침과 늦은 저녁식사 사이 어느 때나 들려 식사를 할 수 있도록 유연한 메뉴들을 제공한다. 이곳에서는 고급스러운 컴포트 푸드를 맛볼 수 있는데, 영국, 프랑스, 오스트리아 요리에서 영감을 이끌어 낸 요리들로 특히 에그 베네딕트, 슈니첼, 케저리, 물 알 라 노르망디(moules à la normande)와 같은 전통적인 요리들을 특징으로 한다. 디저트와 달콤한 요리들로는 블랙 포레스트 가토(Black Forest gateau), 애플 슈트루델, 바나나 스플릿과 같이 복고풍의 즐거움을 느끼게 하는 메뉴가 인기있다. 요리들은 접시에 아름답게 담겨 나오는데 화려함과 격식 면에서도 적당한 수준이다.

편안하게 즐길 수 있는 이러한 요리들의 매력은 울슬리의 매혹적인 분위기로 더해진다. 높은 돔 양식의 웅장한 이 건물은 1920년대에는 블랙 앤 화이트의 대리석이 바닥에 깔리고 아름다운 장식으로 꾸민 울슬리 자동차의 전시룸으로 사용되었으나, 오늘날에는 커다란 기둥, 인상적인 샹들리에, 대화 소리가 끊이질 않는 영예로운 레스토랑이 되었다. 사람들로 북적거리는 식사공간에서 일어나는 모든 기분 좋은 드라마를 보여주는 완벽한 쇼케이스다. 블랙 앤 화이트로 말쑥하게 차려입은 종업원들이 주문을 받고, 테이블로 주문 받은 요리를 가져다주며, 고객들이 들고 나는 모습 등 사람들을 구경하기에도 이상적인 장소다. 잘 짜여진 메뉴, 멋진 분위기, 사려 깊은 서비스까지 갖춘 더 울슬리는 관리가 잘 된 비싼 자동차처럼 잘 돌아간다. **JL**

⬆ 아름다운 실내장식은 울슬리가 지닌 매력의 일부다.

더 스퀘어The Square | 세계 미식의 수도 중 한 곳

위치 런던 **대표음식** 조개 카푸치노와 샴페인 거품을 곁들인 도싯산 게를 넣은 라자냐Dorset crab lasagne with shellfish cappuccino and Champagne foam |
🟡🟡🟡🟡

전통적인 프랑스식 조리 훈련을 받았다는 사실로 메뉴를 짐작할 수 있을 것이다. 그래도 이곳은 컨템포러리한 면모를 보여, 피클을 담그거나 발효를 활용하거나 채소를 요리의 중심에 놓는 요리법을 재빠르게 받아들이기도 한다. 식사의 맨 첫 순서에서부터 아뮤즈 부셰로 콘 모양으로 만든 호깁을 데 없이 완벽한 푸아그라가 등장하는데, 즐겁게 음미할 수 있는 세련된 요리다. 매 코스마다 나오는 요리들은 정확성과 섬세한 뉘앙스가 느껴지는 맛과 향으로 경탄을 자아낸다.

비둘기는 타르타르와 발로틴으로 제공되는데 채소피클과 식감 면에서 좋은 궁합을 보이며, 밤, 트러플로 인해 진한 맛과 아삭거림이 더해진다. 파스타 역시 탁월한 맛에 독창적인 면이 돋보이기는 마찬가지인데, 토끼고기, 진한 기름의 라르도 디 콜로나타(Lardo di Colonnata), 페리고르산 트러플을 넣고 손으로 뚝뚝 잘라 만든 밤 스트로차프레티(chestnut Strozzapreti)가 그 예이다. 이곳의 셰프이자 공동 소유권을 가지고 있는 필립 하워드(Philip Howard)

는 비싼 식재료들을 고객에게 마음껏 선보이는데, 훈연한 셀레리악 밀크 퓌레, 트러플, 헤이즐넛 페스토를 곁들인 넙치 필레, 아티초크, 샐서피, 화이트 트러플 버터를 곁들인 콘월산 농어, 발효시킨 그물버섯과 골수를 곁들인 소갈비 요리는 그의 이러한 접근방식을 보여준다. 디저트는 그 밖의 식사에서 볼 수 있는 것만큼 복잡하고 영리하게 짜여져 있지만 상쾌하며 가볍다. 패션프루트, 라임, 코코넛을 곁들인 브리야사바랭 치즈 케이크, 스타우트 아이스크림과 진저 브레드를 곁들인 바나나 수플레, 둘세 데 레체 아이스크림, 소금을 넣은 캐러멜 무스, 커피를 곁들여 먹는 글레이즈를 바른 배 등이 있다.

와인 리스트에는 샴페인, 버건디와 보르도 와인들이 강세를 보이지만, 키프로스산의 디저트 와인처럼 낯선 지역에서 생산된 것이 있기도 하다. **SP**

⬆ 양파, 케일, 그물버섯, 골수와 파슬리를 곁들인 소고기 요리.

힌즈 헤드 Hind's Head | 개성이 살아 있고 독창적인 블루멘탈식 변화를 준 펍 요리

위치 브레이 　**대표음식** 소꼬리와 신장으로 만든 푸딩 Oxtail and kidney pudding | ❸❸❸

> "군주가 된 듯한 느낌이 들며,
> 따라서 만찬을 즐기고 싶어진다."
>
> Kate Robinson, Daily Telegraph

여관으로 보이는 이곳은 평범한 펍이 아니다. 우선 이곳은 영국 내에서 가장 미슐랭 스타가 많은 브레이 지역에 위치하며, 요리계의 기인으로 알려진 헤스턴 블루멘탈이 운영의 배후에 있다. 힌즈 헤드에서는 펍의 분위기가 제대로 나는 아래층에 테이블을 잡는 것이 좋다. 그곳에는 어두운 빛깔의 벽과 가죽으로 감싼 긴 의자가 놓여 있다.

셰프인 케빈 러브(Kevin Love)는 런던 첼시의 고든 램지와 바르셀로나의 전설적인 레스토랑 캔 파브스(Can Fabes)에서 지금은 고인이 된 산타마리아와 함께 요리를 한 것을 포함해 훌륭한 이력을 지니고 있다. 따라서 이곳에서는 완벽하고 깊은 풍미를 내며, 심플한 듯 보이거나 종종 과감한 장식을 더하기도 한 요리들을 기대할 수 있다. 애피타이저로 나오는 화이트 초콜릿을 곁들인 가리비 타르타르, 레몬 피클, 호스래디시, 잘게 다진 달팽이를 곁들인 고등어 요리는 펍에서 흔히 볼 수 있는 수준이 아니다. 소기름과 소꼬리로 만든 푸딩은 반드시 맛봐야 할 요리다. 그리 시장하지 않다면 감자 퓌레, 샘파이어, 새우와 함께 볶은 가자미를 포함해 생선과 해산물과 함께 나오는 고급스러운 채식요리 앙상블에 만족할 것이다. 블루멘탈의 3번 튀긴 감자튀김을 열렬히 좋아한 영국의 옛 방식과는 다르게 조리된 뼈째 나오는 송아지 등심과 버터를 발라 구운 양배추를 주문하고 싶을 수도 있다.

디저트 역시 이곳의 별미다. 유명한 퀘이킹 푸딩(Quaking Pudding)은 중세시대의 블랑망제를 기본으로 만든 것으로 장미수로 향을 더하고 접시에 놓았을 때 탄성으로 살짝 흔들림이 느껴진다. 끓여서 따뜻하게 마시는 와인과 초콜릿 슬러시는 어린 시절의 향수에 젖게 하는데 환상적으로 진한 캐러멜 맛이 느껴지는 백만장자의 쇼트 브레드(Millionaire's Shortbread)가 곁들여 나오기 때문에 더욱 특별하다. **SP**

⬆ 중요한 차이를 느끼게 하는 컨트리 펍.

더 워터사이드 인The Waterside Inn | 셰프 루의 전설적인 레스토랑에서 즐기는 미식 요리

위치 브레이 **대표음식** 르 메뉴 엑셉시오넬Le Menu Exceptionnel | ⑤⑤⑤⑤

아름다운 버크셔 마을의 템스 강둑에는 '워터사이드 인'이라는 이름이 잘 어울리는 레스토랑이 있다. 이곳은 1985년에 영국에서 2번째로 미슐랭 스타 3개를 수여 받은 곳으로, 그 후로도 줄곧 이 별을 유지해 오고 있다.

강물 바로 옆의 작은 여름 별장과 같은 매력적인 분위기로 메뉴를 고르면서 샴페인 한 잔을 마실 수도 있다. 심지어는 보트를 타고 이곳을 찾는 고객들을 위해 선창가도 마련되어 있다. 강이 바라보이는 다이닝룸은 빳빳하게 다린 리넨 식탁보 등으로 고급스럽게 꾸며져 있다. 더 워터사이트 인이 문을 연 당시 이곳의 셰프는 미셸 루(Michel Roux)로 그는 런던 중심에 자리한 르 가브로슈(Le Gavroch)의 성공에서 영감을 받아 사업을 확장해왔다. 오늘날 주방의 권력은 그의 아들 알랭에게 물려주었지만, 고전적인 프랑스 요리 스타일만은 변함없이 그대로다. 최고 품질의 식재료를 이용한 공교로운 수고가 많이 드는 요리를 기대할 수 있다. 샬랑 오리를 쇠꼬챙이에 끼워 굽고 테이블에서 뼈와 살을 발라 주며, 자두, 퓌(Puy)산 렌즈콩, 그랑 샤르트뢰즈(Grand Chartreuse)즙과 함께 내는 요리가 바로 그 한 예다. 주방의 세련된 요리법을 보여주는 또 다른 예는 랑구스틴을 곁들인 게살 타르트로, 갑각류에서 자연스럽게 흘러나오는 단물과 간이 딱 맞는 허브 에멀션이 좋은 밸런스를 이룬다.

셰프 루는 페이스트리 솜씨로도 특히 유명하다. 흠잡을 데 없이 가벼운 수플레나 섬세한 비스킷 튀일 위에 올린 키르슈(Kirsch) 서벗을 곁들이는 야생 체리 구이와 같은 요리도 즐길 수 있다. 이곳은 영국의 요리를 널리 알린 최초의 레스토랑 중 한 곳이며, 영국 미식의 순례지로 남아 있다. 워터사이트 인은 한 여름철 어느 날 럭셔리한 식사에 흠뻑 빠지기에 완벽한 분위기를 갖추고 있다. **AH**

"일관성, 연관성, 즐거움이란 전통 가치를 고수하는 요리."

Matthew Fort, Guardian

⬆ 글레이즈를 바른 밤을 곁들인 셀러리악 퐁당 위에 올린 토끼 고기.

더 팻 덕The Fat Duck | 분자 요리의 장인이 선보이는 독창적인 요리

위치 브레이 **대표음식** 사운드 오브 더 시"Sound of the Sea" 🍴🍴🍴🍴🍴

헤스턴 블루멘탈은 독학으로 요리를 깨우쳐 버크셔에서 조그마한 레스토랑을 운영하며 미슐랭 스타 하나를 얻었다. 본래 이곳은 비스트로 요리에 기이한 창의적인 변화를 입혀 선보이던 곳이었다. 하지만 블루멘탈은 여기서 만족하지 않고 요리에 대한 야망을 키워 나갔으며 어느 누구도 부정할 수 없는 독창적이고 창의적인 요리를 인정받아 2번째, 그리고 3번째 미슐랭 스타를 거머쥐었다. 지금까지 메뉴에 달팽이 죽, 혹은 베이컨과 달걀 아이스크림을 올려 놓을 생각을 한 셰프는 없었던 것만큼은 확실하다. 하지만 어쨌든 이 기이하게 들리는 식재료들의 조합은 제대로된 효과를 거두었다.

지정 보호 건물에 자리한 다이닝룸은 자그마한 크기에 천장은 낮고 나무로 된 지붕보들이 그대로 노출되어 있다. 좌석은 단 35석밖에 되지 않는다. 주방에서 일하는 대규모의 셰프 군단은 오늘날 이곳의 유일한 메뉴인 테이스팅 메뉴를 준비하느라 분주히 움직인다. 완두콩 퓌레와 닭 간으로 만든 파르페를 곁들인 랑구스틴 크림과 메추라기 젤리는 블루멘탈이 마음만 먹으면 높은 수준의 클래식한 요리들도 완벽히 소화할 수 있는 능력을 갖추었다는 사실을 잘 입증해준다. 이 특별한 요리는 프랑스 요리업계에 있어 전설적인 인물로 알려진 알랭 샤펠에게 바치는 오마주와도 같다. 하지만 더욱 개성이 넘치는 요리는 이상한 나라의 앨리스에서 영감을 받은 자라 맛을 낸 수프(mock turtle soup)다. 이는 냉동 건조시킨 소고기 육수를 식용이 가능한 금박을 입힌 이파리에 감싸고 소고기 육수로 만든 '차(tea)'와 함께 서비스 되는 요리인데, 이 차를 부으면 금박을 씌운 이파리가 녹으면서 비로소 소 혀와 채소를 넣은 복합적인 맛의 수프가 완성이 된다.

블루멘탈의 요리는 항상 흠잡을 데 없이 완벽하다. **AH**

⬆ 메추라기로 만든 젤리와 게살 크림, 그리고 이에 곁들이는 요리들.

더 해로우 앳 리틀 베드윈The Harrow at Little Bedwyn | 코츠월드에 자리한 보석 같은 레스토랑

위치 말버러 **대표음식** 카다멈, 당근, 화이트 트러플을 곁들인 데친 바닷가재Poached lobster with cardamom, carrot, and white truffle | ⑤⑤⑤

리틀 베드윈은 월트셔의 말버러 인근에 자리한 마을에 1998년 로저(Roger)와 수 존스(Sue Jones) 부부가 문을 연 곳이다. 이 부부는 모두 프라이빗 케이터링에서 일한 경력이 있는데, 남편이 주방을 이끌고 아내가 서비스를 맡았다. 이곳은 2007년에 미슐랭 스타 하나를 받았고 지금까지도 그 별을 유지하고 있다.

메뉴와 와인 리스트를 훑어보면서 음료를 마실 수 있는 자그마한 규모의 가든 테라스도 있다. 와인은 꽤나 비싸지만 그 중에 숨겨진 비교적 좋은 가격대의 와인도 찾을 수 있다. 다이닝룸은 안락하고 서비스는 차분하다. 요리 스타일은 영국에서 생산된 양질의 식재료를 엄선해 사용하는 것을 강조하는데, 재료의 맛 그대로가 요리에서 빛을 발하도록 만든다. 쾜스콧(Kelmscott)산 햄과 월도프 샐러드를 곁들인 서머싯산 절인 장어 샐러드가 바로 그 예이다. 식재료들이 훌륭한 조합을 이루는데 요리 측면에서 지나친 꾸밈이나 허세가 느껴지지 않는다.

센 불에 구운 푸아그라, 가리비와 블랙 푸딩도 같은 맥락에 있는 요리다. 잠수부가 직접 잡은 가리비 하나를 가볍게 팬에 구우면 천연의 단맛이 흘러나오는데, 곁들인 블랙 푸딩의 구수한 맛이 해산물의 맛과 기분 좋은 궁합을 이룬다. 여기에 불에 끓여 졸인 페드로 히메네스 셰리(Pedro Ximénez sherry)를 흠뻑 뿌리면 또 다른 차원의 맛이 더해진다.

이곳은 기분 좋게 절제된 접근 방식을 취하고 있다. 현란한 요리법을 피하고 식재료의 유행을 쫓지 않는다. 이곳에서의 요리는 즐기기 위한 것으로, 셰프의 아방가르드함이나 영리함을 뽐내려는 것이 아니라 서로를 보완하며 조화를 이룰 수 있도록 식재료들이 엄선된다. 아기자기한 시골 풍의 분위기와 친절한 환대가 있는 곳이며, 편안한 점심이나 저녁을 즐기기에 매력적인 공간이다. **AH**

⬆ 바닷가재와 화이트 트러플 요리.

더 스포츠맨The Sportsman | 인적이 드문 곳에 자리한 미식 레스토랑

위치 파버샴 **대표음식** 해초 버터를 곁들인 작은 가자미 요리Slip soles with seaweed butter | **⑤⑤⑤**

1999년, 셰프이자 투자자인 스티븐 해리스는 켄트의 파버샴 인근의 해변가 구 도로 옆 습지에 자리한 낡은 펍을 인수했다. 그리고 탁월한 식재료가 돋보이는 요리를 합리적인 가격에 제공하는 편안한 분위기의 레스토랑으로 꾸몄다. 얼마 지나지 않아 더 스포츠맨은 데번의 다트머스에 자리한 조이스 몰리뉴의 더 카브드 엔젤(The Carved Ange), 웨일스의 에버게이브니 인근에 자리한 타루스키오스의 더 월넛 트리 인(The Walnut Tree Inn) 등 먼 곳에 있는 영국 미식의 아이콘과 같은 레스토랑들과 비교의 대상이 되었다.

해리스는 독학으로 요리를 깨우쳤지만 요리와 스타일 면에서 니코 래드니스, 마르코 피에르 화이트, 고든 램지 등 일류 셰프들의 영향을 받았다.

스포츠맨의 입지가 가지는 장점 중 하나는 문만 나서

> "그냥 지나칠 곳이 아니다.
> 저녁식사를 음미하며 즐기는 켄트 주의 방벽과 같은 곳이다."
>
> Ed Cumming, Daily Telegraph

도 탁월한 수준의 식재료들을 얻을 수 있다는 것이다. 생선은 지적에 정박하는 배들에서 얻을 수 있고, 대부분의 고기와 채소는 긴밀한 협력관계를 유지하고 있는 현지 농장에서 재배한 것을 사용한다. 또한 햄은 집에서 준비한 해염으로 직접 절여 만든다.

하이라이트 메뉴로는 해초 버터를 곁들인 작은 크기의 가자미, 아스파라거스와 훈연한 알 소스를 곁들인 넙치, 애플 소스를 곁들인 삼겹살, 보기 드물게 세련된 레몬 타르트가 있다. 치즈는 항상 최상의 수준이다. 스포츠맨은 모든 주류를 한 납품업체에서 받는 특약을 맺고 있어서 와인 리스트는 한정적이다. 얼마 되지 않을 코키지 비용만 내면, 와인을 직접 들고 와서 마실 수도 있다. **DJ**

더 래티머 앳 패니힐 파크The Latymer at Pennyhill Park | 럭셔리한 시골 풍 하우스 호텔

위치 서리 **대표음식** 콘티넨탈 브렉퍼스트"Continental breakfast" | **⑤⑤**

서리의 배그샷(Bagshot) 인근의 부드럽게 물결치듯 이어지는 초록빛 언덕 위에는 50만㎡에 달하는 패니힐 파크가 있다. 이곳은 럭셔리한 시골풍 하우스의 호텔 겸 스파다. 1964년 영화, 〈007 골드 핑거〉에 등장한 것은 이곳의 명성을 증명하는 사실 중 하나다. 1849년에 지어진 대저택 안에 이 호텔의 메인 레스토랑인 더 래티머가 있다. 나무로 벽을 덧댄 분위기 있는 다이닝룸은 노출된 지붕보, 격이 넓은 테이블, 고급 집기류, 차분하게 배경에 깔리는 음악으로 완성이 된다. 셰프 마이클 위그널(Michael Wignall)의 상당한 요리 솜씨는 이렇게 멋진 환경 속에서 선보여진다. 위그널은 2007년 이곳을 인수해 운영을 이끌어 오면서 2009년 첫 미슐랭 스타를 얻었고 2013년에는 2번째 미슐랭 스타를 추가했다.

요리 스타일은 정교하고 손이 많이 가는데, 높은 품질의 식재료가 특별히 주목할 만하다. 라임, 간장, 문어, 생강, 마시멜로, 오세트라 캐비아가 곁들여 나오는 카넬로니 모양으로 돌돌 만 참치 요리가 바로 그 예이다. 이 외에도 살짝 훈제한 오리 고기, 잘게 자른 비트루트, 버터넛 스쿼시 셔벗과 함께 나오는 뇌조고기로 만든 발로틴 등이 있다. 고급스런 요리에 잘 맞게 이곳의 서비스는 전문적이고 훌륭하다.

디저트 역시 세련된 테마를 이어간다. 소박한 초콜릿 퐁뒤는 입안에서 톡톡 터지는 사탕이 들어가 있어서 생기가 살아나며, 파인애플 베네(beignet), 코코넛 셔벗, 사바이옹 소스가 곁들여 나온다. 모던한 요리 기술은 '콘티넨탈 브렉퍼스트'라고 불리는 요리에서 엿볼 수 있는데, 이는 자몽 젤리, 요거트 셔벗, 시나몬을 곁들인 프렌치토스트(pain perdu), 콘플레이크 파르페, 레몬 커드 팬케이크, 팽오 쇼콜라로 구성이 된다. 탁월한 영국의 셰프 위그널과 뛰어난 입지 조건이 완벽한 시너지를 이루었다. **AH**

올드 스폿 Old Spot | 영국에서 두 번째로 작은 도시에 자리한 완벽한 영국풍 마켓 타운 레스토랑

위치 웰스 **대표음식** 삼겹살과 모르토산 소시지, 양파 퓌레, 슈크루트, 주니퍼 소스 Pork belly and Morteau sausage, onion puree, choucroute, and juniper sauce | ❷❸

레스토랑의 뒤편 창문으로부터 우뚝 솟은 웰스 성당과 우아한 클로즈 성당의 화려하게 장식된 서편 경관이 보이는 최고의 위치에 자리한 이 자그마한 올드 스폿은 2006년부터 영업을 해왔으며 당시 이안(Ian)과 클레어 베이츠(Clare Bates) 부부가 창업한 곳이다. 트렌디하지도 않고 화려하지도 않지만 견고한 감각을 갖춘 곳으로 주민들의 마음을 사로잡아 왔다. 실내는 단정하지만 격치레가 없고 신문들이 비 가운터를 따라 펼쳐져 있다. 하지만 단연 눈에 띄는 것은 음식이다.

셰프 이안은 프랑스의 미셸 게라르와 런던 비벤덤의 사이먼 홉킨스 밑에서 일했다. 메뉴는 매주마다 변하는데 제철의 식재료와 이안이 특별히 좋아하는 돼지 부속물과 같은 현지산 식재료들을 최대한 활용한다.

코스당 4, 5개의 요리로 짧게 구성되며 메뉴의 설명은 간결하고 장황하지 않다. 베이츠는 프랑스의 요리와 이탈리아 요리, 그리고 예스럽고 심플한 영국 요리에도 발을 담그고 있으며, 그 영향이 거의 느껴지지 않을 정도로 살짝 변화를 섞는다. 종종 고급 페이스트리가 불쑥 등장하기도 하는데, 과와 함께 궁합을 맞춘 하본 블루(Harborne Blue) 혹은 캐어필리(Caerphilly)와 같은 현지 치즈로 만든 타르트의 형태다. 보기에 따라서는 양의 콩팥으로 채운 푀이테(feuilleté)처럼 보일 수도 있다. 페이스트리는 올드 스폿의 메뉴만큼이나 다양한데, 가슴이 훈훈해지는 수프, 우아한 샐러드, 오븐에 구운 고기, 고급 생선 요리 등에 곁들여 먹기 좋다.

하지만 작은 것이 아름답다. 올드 스폿은 심플하지만 그 심플함을 멋지게 표현하고 유지하는 시골 레스토랑을 표방한다. 두 코스로 구성된 매우 합리적인 가격의 점심 식사는 탁월한 가치를 지닌다. 올드 스폿에서는 냉정한 비평가들조차 칭찬 일색이다. **SFP**

"이곳의 요리는 특별할 것이 없다.
말 그대로 훌륭하다는 것을 제외하고는."

Jay Rayner, Observer

⬆ 붉은 양배추를 곁들인 삼겹살 요리.

더 웨스트 하우스 The West House | 독창적인 요리와 놀랍도록 아름다운 맛과 향

위치 비덴든 **대표음식** 그릴에 구운 달고기, 콜리플라워, 건포도, 어니언 바지, 커리 오일Grilled John Dory fillet, cauliflower, raisins, onion bhaji, curry oil | 🍷🍷

"가렛의 자신감 넘치고 고급스러우며 모던한 요리에 어울리는 공간이다."

Square Meal

⬆ 참나무 향을 더한 해덕 요리.

웨스트 하우스는 켄트 주의 그림처럼 아름다운 마을, 비덴든의 15세기에 통나무로 지어진 방직공의 오두막집에 자리한다. 미슐랭 스타에 빛나는 이 레스토랑은 국제적으로 도약을 한 영국식 요리를 제공하며, 열정적인 현지인, 미식가, 인근의 시싱허스트 캐슬(Sissinghurst Castle)이나 비타 색빌웨스트가 살던 가택을 구경 온 관광객들의 발길을 끌고 있다.

셰프 그레이엄 가렛(Graham Garrett)은 록스타와 왕족들을 위해 요리를 해 왔으며, 웨스트 하우스의 문을 연 것은 2002년의 일이다. 가능한 제철의 그리고 최상급의 식재료를 사용한 요리를 내는 것이 그의 변함없는 목표다. 켄트 주는 농업이 매우 발달한 곳으로 바다에 인접해 '영국의 정원(Garden of England)'이라 불리는데 바로 이러한 환경이 가렛의 목적대로 요리할 수 있는 기회가 되었다. 그해 첫 수확한 아스파라거스, 짧은 한 철 동안만 맛볼 수 있는 엘더플라워(elderflower), 사냥철 현지에서 잡은 새와 사슴 고기가 바로 가렛을 흥분시키는 것들이다. 또한 그는 자신에게 영감을 주는 제품을 생산하는 프랑스와 스페인의 장인들을 지지하기도 한다. 하지만 여전히 그보다는 인근의 해안가를 따라 당일 배에서 잡은 생선들과 같은 현지 식재료에 훨씬 더 전율을 느낀다.

가렛은 우아하게 춤을 추는 맛과 향을 연출하기 위해 여러 요소들을 더한다. 현지에서 참나무를 이용해 훈제한 섬세한 맛의 해덕은 디종 마요네즈 드레싱, 단맛이 배어 있는 완두콩 싹, 짭조름하고 바삭한 식감의 라르돈, 해안가에서 자라는 철분이 풍부하고 알싸한 록 샘파이어(rock samphire) 피클로 그 맛이 생생하게 살아난다.

버터와 함께 따뜻한 홈메이드 빵에 곁들여 나오는 돼지 기름과 같은 디테일에서 보여지는 것처럼 가렛의 요리에는 영국의 유산이 담겨 있다. 가렛의 아내와 아들은 따뜻하고 친절하게 손님을 맞이한다. 켄트 주의 이 지역은 자연이 뛰어나게 아름다운 곳으로 공식 지정 되었다. **CB**

로열 오크 Royal Oak | 현지인들에게서 식재료를 공급받는 가스트로펍

위치 비숍스톤 **대표음식** 오븐에서 서서히 익힌 유기농 돼지 삼겹살 Slow roast organic saddleback pork belly | 💲

로열 오크는 영국 남부의 구릉지대 윌트셔 다운스(Wiltshire Downs)에 위치한 비숍스톤의 구불구불한 시골길 위에 있다. 미슐랭의 빕 구르망(Bib Gourmand) 레벨로 평가된 이 가스트로펍을 찾는 고객들은 이곳의 셰프가 특별한 시장이나 전문가로부터 식재료를 구입한다고 생각할지 모른다. 하지만 로열 오크에서 사용되는 대부분의 식재료들은 주변 작은 집들의 텃밭에서 재배한 것들이다. 로열 오크의 주방에서는 농사에 재능이 있는 현지인들에게 씨앗을 나눠주고 이후 이들이 텃밭에서 재배한 최상의 작물들을 가져오면 음식과 음료로 맞바꿔 주는 형태로 운영된다.

현지 식재료에 대한 헌신은 펍의 오너십(ownership)으로도 설명이 가능하다. 이곳의 소유주인 헬렌 브라우닝(Helen Browning)은 인근의 농장 역시 보유하고 있다. 그녀는 이 농장을 소고기, 송아지 고기, 양고기, 돼지고기, 우유, 크림, 버터를 펍의 주방에 공급하는 유기농 농장으로 변화시켰으며 이것으로 상을 받기도 했다. 농장에서 공급하는 식재료와 정원을 자유롭게 거니는 닭들을 포함하면 로열 오크에서 팔리는 것의 약 90%가 현지에서 생산된 유기농 식재료다.

35일 동안 숙성시킨 스테이크, 윤리적으로 기른 송아지 고기, 홈메이드 소시지를 포함해서 브라우닝이 직접 공급하는 식재료가 메뉴의 중심을 이룬다. 하지만 한련화 샐러드 혹은 타라곤 마요네즈처럼 윗셔의 식재료를 일부 포함하기도 한다. 젊고 열정적인 종업원들 역시 빵을 굽거나, 베이컨을 절이고, 심지어 콩을 굽기도 한다.

캐주얼한 펍 분위기와 오래된 나무 테이블이 혼재하는 가운데 음식이 제공된다. 꾸밈없는 소박함이 요리들에서 묻어난다. 송아지 고기는 버거로 나오고, 간 요리는 감자와 강낭콩 해시(hash)와 함께 제공되며, 호박꽃은 반죽을 입혀 기름에 튀겨낸다. 시간을 잘 맞추어 가면, 돼지우리에서 하룻밤을 묵거나 마을을 달리는 돼지 경주 등 가끔씩 열리는 기이한 이벤트에 참여할 수도 있다. **SH**

"직접 농장을 운영하는 가장 큰 동기는
가축들에게 가능한 좋은 삶을 마련해주기
위함이다."

Helen Browning, proprietor and farmer

⬆ 로열 오크는 제대로 된 가스트로펍이다.

버그 아일랜드 호텔 Burgh Island Hotel | 개인 소유의 섬에 자리한 아르데코 풍의 보석과 같은 곳

위치 킹스브리지 **대표음식** 끓는 물에 데친 바닷가재 꼬리, 바닷가재 무스, 병아리콩, 붉은 피망 샐러드 Poached lobster tail, lobster mousse, chickpea, and red pepper salad | ⓖⓖ

"이곳에 오는 것은 일종의 모험이다.
하루에 2번 섬에 갇힐 각오를 해야 한다"
Deborah Clark, co-owner of Burgh Island Hotel

⤒ 아름다운 분위기에서 즐기는 식사.

킹스브리지 인근의 데번 해안가 남쪽에서 300m 떨어진 작은 섬에 자리한 이 별 4개짜리 아르데코 풍 호텔의 광고 문구는 "80년 된 런던에서 3시간 반 떨어진 곳"이다. 2차 세계대전 이후의 스타일이 보편화되면서 오늘날 많은 고객들이 시대적 복장을 갖춰 입고 식사를 하고 싶어 한다.

풀이 무성한 10만5천㎡ 크기의 섬에 닿는 것도 이곳을 찾는 재미의 일부다. 물이 빠진 시간에는 고객을 랜드로버에 태워 물에 젖은 모래를 가로질러 데려다주고, 물이 차오른 시간에는 파도 위로 3.6m나 솟아 있는 예스럽게 급조된 좌석을 갖춘 트랙터에 앉혀 건네다 준다.

이곳에는 30년대를 주름잡던 아우라가 느껴진다. 버그 아일랜드의 전성기 때에는 에드워드 8세가 팜 코트에서 심슨 부인에게 구애를 했고, 노엘 코워드가 무도회장에서 피아노를 연주했으며, 아가사 크리스티가 절벽 위의 정원에서 베스트셀러가 된 추리소설을 집필하고, 해리 로이 밴드가 해수를 채운 수영장 한가운데에 조명을 비춘 무대를 띄우고 '찰스턴'을 연주하기도 했다. 이때가 바로 버그 아일랜드가 "리츠 호텔의 서편에 자리한 가장 훌륭한 호텔"로 명성을 날릴 때였다.

주방에서는 현지 식재료를 사용한다. 바닷가재, 게, 가리비는 섬 주변의 바다에서 잡아 호텔 소유의 해수를 채운 석호에 보관해 둔다. 잎 채소와 허브는 호텔의 비닐하우스에서 재배한 것이다. 전체로 따져 보면 식재료의 약 80%가 호텔로부터 32km 반경 내에서 조달한 것이다.

한 비평가는 이곳의 서비스를 지브지언(Jeevesian, 우드하우스의 소설 속에 등장하는 능숙한 집사 '지브스'를 떠올리게 하는 서비스)으로 묘사하지만 음식은 최신식이다. 매일 바뀌는 메뉴는 모던한 영국 요리와 전 세계의 혁신적인 요리를 절충해서 선별한 것인데, 삶은 달걀을 넣은 아스파라거스 수프에서부터 파르메산 치즈를 넣은 커스터드에 이르기까지 다양하다. **SH**

리버포드 필드 키친 Riverford Field Kitchen | 맛 좋은 필드-투-플레이트(field-to-plate) 다이닝

위치 벅퍼스트레이 **대표음식** 훈제한 토마토와 향신료를 넣은 가지가 곁들여진 서서히 구운 양고기 어깨살 Slow roast shoulder of lamb with smoked tomatoes and spiced eggplant | **⑤**

리버포드 필드 키친은 데번의 벅퍼스트레이(Buckfastleigh) 인근의 한가운에 심플하게 지은 목재 건물 내에 위치한다. 손님들은 공동 식탁에 놓인 길다란 벤치 의자에 앉아서 수북이 담긴 훈훈한 제철 요리들을 나누어 먹는다. 주변의 밭에서 재배된 것들이 요리로 나오며 심플하지만 매혹적으로 손님들의 마음을 사로잡는다.

편안함을 선사하는 이 레스토랑은 영국 최대의 유기농 채소 공급사 중 한 곳인 리버포드 팜(Riverford Farm) 본사의 중심에 자리하기도 한다. 유기농 채소가 담긴 리버포드 박스는 매주 영국 내 약 4만 가정에 배달된다.

이 기업은 농부 가이 왓슨(Guy Watson)이 설립한 것으로, 왓슨은 1980년대에 작은 1인 기업으로 이 사업을 시작했다. 그때 이후로 전국으로 사업을 확장하였고 매력적인 관광지가 되었다. 연휴 동안에는 농장 투어, 요리 시연, 아이들을 위한 채소 심기 이벤트, 자연 산책, 트레일러 타보기 등의 행사가 열린다. 심지어 이곳에서 직접 만든 요리책도 판다. 이 레스토랑은 가족이 운영을 하는데 가이의 형제인 올리버가 바로 옆의 유제품 농장을, 또 다른 형제인 벤이 현지의 정육점과 델리카트슨을 운영한다. 하지만 진정한 스타는 레스토랑 주변의 밭에서 매일 수확한 신선한 유기농 채소들이다.

주방은 열정과 능률, 그리고 상상력으로 운영된다. 꼭지를 자르지 않은 채로 당근과 비트가 나오리라는 기대는 할 수 있지만, 감자, 마늘, 월계수 잎을 기름종이에 싼 채로 익힌 요리, 폴렌타와 로메스코를 곁들인 아티초크 찜 등을 보고 놀라게 될 것이다. 모든 요리에는 5가지의 서로 다른 채소로 만든 사이드 디시가 제공된다. 회향과 베이컨으로 속을 채워 서서히 익힌 돼지고기와 같은 메인 요리의 품질은 비평가들 사이에서 회자되었다. 리버포드의 요리를 극찬하는 사람들 중에는 세계의 유명 셰프인 고든 램지가 있다. 램지는 이곳을 다녀간 후 "훌륭하리라는 사실은 알았지만, 이 정도일 줄은 몰랐다"라는 말을 남겼다. **SH**

"특히 채소는 견줄 상대가 없다. 유일한 불만이 있다면 너무 맛있어서 과식을 하게 된다는 점이다."

Harden's

⬆ 함께 나눠 먹는 분위기에서 즐기는 멋진 요리.

힉스 오이스터 앤 피시 하우스 Hix Oyster and Fish House | 쥐라기 시대의 흔적이 남아 있는 해변의 풍광
을 바라보며 즐기는 해산물 요리

위치 라임 레지스 **대표음식** 피시 하우스 파이|Fish house pie | 🦪🦪🦪

"몇 달 동안 런던의 레스토랑들을 리뷰한 후,
이곳이 파라다이스의 화신이라는 사실을 알게
되었다."

John Walsh, The Independent

⬆ 라임 레지스 항구의 기막히게 아름다운 풍경을 즐기며 식사를 할 수
있다.

르 카프리스(Le Caprice), 더 아이비(The Ivy)와 같은 런던
의 유명 레스토랑에서 명성을 쌓은 도싯 출신의 셰프이
자 레스토랑 사업가 마크 힉스(Mark Hix)는 스타일에 있
어 그의 본연의 뿌리로 돌아왔다. 제인 오스턴의 소설『설
득』에 등장한 것으로도 유명한 라임 레지스의 해변가를
찾은 방문객들은 환상적인 위치에 자리 잡은 이 레스토
랑에 들릴 수 있다. 목재 바닥과 화이트 목재 가구들로 꾸
며진 심플한 스타일의 이곳은 햇빛이 밝게 비치는 공간
으로 친근하고 편안한 분위기에 매력적인 해변가의 오두
막 같은 느낌이 더해진다. 이곳을 찾은 고객들은 유리 벽
을 통해 코브(Cobb)로도 널리 알려진 라임 레지스 항구를
바라다볼 수 있다.

해변가에 위치한 것에 걸맞게, 레스토랑은 인근의 어
부에게서 공급받는 신선한 해산물을 전문으로 한다. 오
늘날 유명세를 타기 훨씬 전부터 힉스는 영국의 식재료
를 사용하는 것을 지지해 왔으며, 이곳의 메뉴는 토박이
장인의 음식과 음료로 가득 채워져 있다. 더욱이 힉스는
그가 만든 요리를 쉽고 친근한 방법으로 담아내는 데에
도 일가견이 있다. 이곳에서의 식사는 껍질에서 갓 떼어
낸 데번 옐름(Devon Yealme), 브라운씨 아일랜드(Brownsea
Island), 포틀랜드 펄(Portland Pearl) 등 여러 산지의 굴, 혹은
벅스웰 치즈, 사프란 마요네즈, 크루통을 곁들여 내는 클
래식한 프랑스 풍 진한 생선 수프로 시작할 수 있다.

메인 코스로 말하자면, 힉스는 스타일이 살아 있는 컴
포트 푸드로 유명하다. 눈에 띄는 요리는 피시 하우스 파
이로, 옛날 전통요리를 호화로운 버전으로 맘껏 재해석
한 요리다. 식재료의 품질이 그대로 드러나도록 대부분
의 요리들이 이 보다 더 심플하게 연출된다. 최고의 디저
트로는 당밀로 만든 타르트와 프루트 파이가 있다. 또한
젤리들도 맛볼 만한 가치가 충분한데, 종종 서머싯 킹스
턴 블랙(Somerset Kingston Black, 식전주인 사이다 브랜디)이나
페리(perry) 등으로 알코올을 가미한 형태로 나온다. **JL**

기들레이 파크 Gidleigh Park | 그림처럼 아름다운 웨스트 컨트리에 자리한 세련된 파인 다이닝

위치 차퍼드 **대표음식** 불랑제 포테이토를 곁들인 다트무어산 양고기; 어깨살로 만든 콩피|Dartmoor lamb with Boulangère potato; confit shoulder | **$$ $$**

기들레이 파크는 폴라(Paula)와 케이 헨더슨(Kay Henderson) 부부의 사랑의 힘으로 탄생한 곳이다. 이들 부부는 다트무어의 언저리 차퍼드(Chagford)에 자리한 아름답지만 관리가 소홀했던 16세기의 대저택을 발견한 후 1977년에 이곳을 레스토랑이 딸린 부티크 호텔로 변모시켰다. 헤드 셰프는 탁월한 재능을 가진 마이클 캐니스(Michael Caines)로 그의 요리 덕분에 1994년 미슐랭 스타 2개를 얻어 지금까지도 유지해 오고 있다.

좁고 구불구불한 시골길을 따라 내려가면 이곳에 닿을 수 있는데, 그 길 끝의 언덕 비탈면에 통나무로 짜여진 튜더 양식의 건물이 자리하며 그 앞에는 시내가 흐른다.

저렴한 가격에 선보이는 흔치 않은 캘리포니아산 와인으로 구성된 와인 리스트는 한때 방대한 규모였으나, 오늘날에는 한층 간소하게 정리되었다. 하지만 여전히 식사 전에 아름다운 경치를 감상하면서 시도해 볼 만한 합리적인 가격대의 와인들을 보유하고 있다.

이곳의 요리는 스타일 면에서는 전통적이며, 최고의 신선도를 보이는 식재료들이 멋진 효과를 발휘하도록 요리한다. 가리비 무스로 속을 채운 호박꽃, 가스파초, 바닷가재 가니시, 회향과 아스파라거스를 곁들인 농어를 메인 코스로 맛볼 수도 있다. 완두콩 퓌레, 야생 마늘, 마데이라 소스를 곁들인 비둘기 요리도 가장 많은 찬사를 받는 요리에 속하며, 삶은 메추리알과 버섯 벨루테 소스를 곁들인 야생 버섯 라비올로 역시 그러하다. 디저트로는 헤이즐넛과 밀크 초콜릿 파르페, 그리고 초콜릿 아이스크림이 곁들여 나오는 초콜릿 사블레 비스킷 위에 올린 다크 초콜릿 무스가 있다.

기들레이 파크는 의심할 여지 없이 영국의 컨트리 하우스 호텔의 아이콘과도 같은 존재로 아름다운 웨스트 컨트리의 풍광과 훌륭한 요리, 높은 수준의 서비스, 그리고 탁월한 와인이 잘 어우러진 곳이다. **AH**

"마이클 캐니스의 요리는 다가가기에 부담이 없고 매우 훌륭하며 지불한 값만큼의 가치가 충분하다."

Fiona Duncan, Daily Telegraph

⬆ 마이클 캐니스, 기들레이 파크의 헤드 셰프.

나단 아웃로Nathan Outlaw | 콘월 북쪽 해안가에서 맛보는 스타일리시한 해산물 요리

위치 록 대표음식 해초와 굴 소스를 곁들인 콘월 자연산 대문짝넙치Wild Cornish turbot with seaweed and oyster sauce | 🐟🐟🐟🐟

셰프인 나단 아웃로는 생선 요리를 사랑하는 것으로 유명하다. 그가 운영하는 동명의 레스토랑은 현지 어부들을 최대한 활용하기에 이상적인 입지이다. 어부들과의 협력을 통해 이룩한 성과는 2011년에 인정을 받아 영예로운 미슐랭 스타 2개를 받았다.

레스토랑은 콘월 지방의 그림처럼 아름다운 마을 록(Rock)의 카멜 강 하구 위 세인트 에노독 호텔(St. Enodoc Hotel) 내에 자리한다. 실내는 친근한 분위기이며 매력적인 서비스에는 배려가 담겨 있다. 크리스 심슨(Chris Simpson)이 주방에서 규모는 작지만 능률적인 팀을 이끈다.

신선한 생선과 해산물은 콘월 지방의 배에서 그날 잡은 것으로 이곳 요리의 중심을 이룬다. 메뉴는 4가지의 생선 코스 요리와 이에 뒤따라 나오는 치즈와 2가지 디저트로 구성된 해산물 테이스팅 메뉴뿐이다. 현지에서 잡은 신선한 해산물을 맛보는 기쁨을 선사하는 것이 바로 이곳의 목적으로, 고객들은 세심하게 속도를 맞추어 나오는 코스 요리로 안내된다. 대구, 콜라비, 커리 혹은 햄, 봄철 채소

피클을 곁들인 대문짝넙치와 같이 주도면밀하게 짜여진 요리들에는 식재료에 잊지 못할 맛의 효과를 더하는 셰프의 솜씨가 그대로 담겨 있다. 굴즙으로 만든 '굴 마요네즈(oyster mayonnaise)' 드레싱에서는 맛과 향을 최대로 이끌어 내는 개성 있는 셰프의 솜씨를 엿볼 수 있다.

야생 마늘, 세인트 에노독의 아스파라거스 혹은 겨울철 뿌리 채소와 같은 제철 식재료들을 솜씨와 독창성을 발휘해 요리하는데, 레스토랑에서 직접 관리하고 있는 텃밭은 이곳 메뉴에 있어 아주 중요한 역할을 담당한다. 요리는 눈속임이나 화려한 가니쉬 등에 의존하지 않으며, 정성을 담아 준비한 최고급 해산물 요리를 고객들이 음미할 수 있도록 배려한다. 아마도 나단 아웃로에 있어 유일한 단점은 저녁에만, 그리고 주중의 특정 요일에만 문을 연다는 것이다. 수요에 비해 테이블의 숫자가 턱없이 부족해 사전 예약이 필수다. **AH**

⬆ 당일 배에서 잡은 생선이 시간을 앞다투며 테이블에 오른다.

시푸드 레스토랑Seafood Restaurant | 탁월한 해산물을 선보이는 콘월의 레스토랑

위치 패드스토우 **대표음식** 허브와 함께 그릴에 굽거나 마요네즈를 넣고 증기에 쪄 내는 패드스토우산 바닷가재Padstow Lobster, grilled with fine herbs or steamed with mayonnaise | 🍴🍴🍴🍴

이곳은 생선과 해산물에 대한 영국인들의 관심을 유도하기 위해 셰프 릭 스테인(Rick Stein)이 방송에서 미끼로 사용한 곳이다. 스테인은 대단한 성공을 거두어 그가 세운 마을인 콘월 주의 패드스토우(Padstow)는 종종 '패드스테인(Padstein)'이라는 이름으로 언급이 되기도 한다.

오늘날 스테인의 영향력은 구석구석에 닿아 있지만, 그 영향력이 유래된 곳은 바로 이 시푸드 레스토랑이다. 수많은 컨템포러리 아트 작품으로 장식된 유리 온실로 지어진 2개의 룸, 중앙에 놓인 사시미 바, 그리고 만(bay)의 전경이 바라다보이는 황홀한 풍광을 선사한다. 현지에서 심혈을 기울여 고른 신선한 해산물이 이곳의 스타들이다. 요리는 전통적인 영국 풍과 프랑스 풍에서부터 인도의 고아, 타이를 포함해 스테인이 TV에서 선보인 여러 여정에서 받은 자극에 이르기까지 광범위한 영감을 이끌어 낸다.

살에 단맛이 배인 헬퍼드(Helford)산 새우를 레몬과 마늘로 만든 아이올리에 살짝 담가 머리부터 꼬리까지 통째로 먹는 요리, 폰틸리(Ponthilly)산 굴, 칠리와 민트를 곁들인 세넨 코브(Sennen Cove)산 오징어로 식사를 시작해 보자. 이어 트러플의 맛과 향을 더한 크리미한 소스에 아구와 가리비가 듬뿍 들어간 매우 진한 맛의 뉴린산 생선 파이가 따라 나온다. 더욱 모험적인 미각을 가졌다면 신선한 게, 김, 오이, 와사비를 넣은 다시(dashi) 샐러드, 마드라스 커리 소스에 요리한 돌 농어, 토마토와 타마린드 커리 혹은 반드시 냅킨을 턱 아래에 받치고 먹어야 할 싱가포르 칠리 크랩 등을 맛보길 바란다.

이곳에서 생선을 먹지 않는 것은 거의 신성모독과도 같지만 육식주의자들을 위해 수프, 테린, 30일 동안 숙성시킨 립아이 스테이크도 마련되어 있다. 사프란과 카다멈을 넣은 브레드앤버터(bread-and-butter) 푸딩은 전 세계의 전통을 혼합해 기막히게 멋진 효과를 연출해 내는 스테인의 독창성을 잘 보여준다. **SP**

⬆ 영국의 시푸드 혁명의 진원지.

더 시홀스 The Seahorse | 자신감 있게 심플함을 선보이는 신선한 해산물 요리

위치 다트머스 **대표음식** 시홀스 스타일의 가리비 요리|Scallops seahorse-style | 💲💲

"더 시홀스의 자연산 가재는 마이크 타이슨의 주먹보다도 크다."

Jasper Gerard, Daily Telegraph

⬆ 편안하게 최상급의 생선과 해산물 요리를 즐길 수 있는 레스토랑.

⬇ 이곳의 별미인 가리비 요리.

데번의 다트 강가에 자리한 사람들로 북적거리는 기분 좋은 도시 다트머스는 클래식한 피시 앤 칩스를 다양한 버전으로 선보이는 본고장이다. 하지만 해산물에 식욕이 당기는 사람들이 찾는 목적지는 바로 더 시홀스다. 해안 가라는 최상의 입지에서 탁월한 해산물 요리를 선보이는 이곳은 현지인과 방문객들 모두에게 인기 있다. 손님들은 레스토랑의 문을 들어서면서 곧 제대로 대접받게 되리라는 인상을 받는다. 따뜻한 환대와 안락한 느낌의 실내에서 편안함을 느낄 것이다. 음식 역시 마찬가지다. 주인이자 셰프인 미치 통크스(Mitch Tonks)와 맷 프로우스(Mat Prowse)는 심플한 요리법을 고수하며, 신선한 생선으로 무언가 복잡한 시도를 한다는 것은 정말 바보 같은 짓이라 믿는다. 따라서 당일 잡은 생선을 단순하게 그릴에 구어내는 메뉴가 늘 준비된다.

셰프들은 자주 여러 곳으로 여행을 다닌다. 메뉴는 정기적으로 업데이트되는데 가장 최근에 새롭게 발견한 것들을 열정적으로 담아낸다. 따라서 테이블 위에는 빵과 함께 안초비로 만든 스프레드인 앙소이야드(anchoïade)가 놓여 있고, 카프레제 샐러드에는 이탈리아의 신선한 치즈인 브라타가 들어 있곤 한다. 하지만 제맛이 든 제철 식재료를 사용한다는 사실만큼은 한결같다. 봄철에는 가자미과에 속하는 생선 브릴(brill), 5월에는 거미 게(spider crab), 여름철에는 토종 바닷가재, 늦은 여름부터 초가을에는 정어리를 맛볼 수 있으며, 초겨울을 알리는 도버 솔(Dover sole)과 레몬 솔(lemon sole)은 누구나 고대하는 식재료다.

자연히 생선 요리가 메뉴의 주를 이루지만, 육류 요리도 늘 준비되어 있으며, 이곳의 내장요리도 알 만한 사람들 사이에서 평판이 좋다. 마무리로는 엄선된 치즈뿐만 아니라 전문가의 손길로 정성스럽게 만든 판나코타 혹은 오븐에 구운 과일과 같은 디저트도 있다. 매일 변하는 식전주, 카라프나 잔으로 파는 합리적인 가격의 와인 또한 제공한다. 와인 리스트에는 광범위한 종류의 유럽산 와인들이 올라 있다. **CS**

헬 베이^{Hell Bay} | 헬의 어귀에서 만나는 해산물 천국

위치 브라이어 **대표음식** 따뜻하고 바삭한 빵을 곁들인 헬 베이의 부야베스Hell Bay bouillabaisse with warm crusty bread | 💲💲

뱃사람들은 이곳을 지옥이란 뜻의 헬이라 부른다. 이 바위가 많은 헬 베이는 실리 제도(Scilly Isles) 중에서 사람이 거주하는 맨 서쪽 끝 지역이다. 그 기세가 사그라들 기미를 보이지 않는 파도는 바위에 부딪쳐 부서진다. 좌초한 배의 수가 이곳의 인구수보다도 많다고들 한다.

이러한 입지에 럭셔리한 호텔을 짓는 것은 파산을 자초하는 것이라 생각할 수도 있다. 하지만 약 1km 정도의 폭에 나무 높이일 뿐인 섬에 자리한 이 호텔은 놀랍도록 고상하고 멋진 전초기지다. 뉴잉글랜드 풍의 해변 가옥 스타일로 파스텔 빛깔의 지붕이 낮은 건물에 목재로 만든 베란다가 딸려 있고 유목을 많이 사용했으며 바닥 역시 나뭇결 그대로를 드러냈다.

비록 헬(hell), 즉 지옥의 어귀에 있지만 천국과도 같다.

음식은 AA에서 수여하는 3개의 장미꽃(rosettes)을 받은 이곳은 멀리 떨어진 지리적 입지에도 불구하고 실리 제도에서 가장 높은 등급을 자랑한다. 대부분의 손님들은 인구밀도가 높은 섬들에서 수상 택시를 타고 온다.

호텔은 현지산 식재료에 대해 강한 유대감을 형성하고 있다. 식재료를 재배하기 위해 쉬는 시간을 운영하며 해변가에는 신선한 조개류를 건사하기 위한 오두막을 가지고 있다. 닭도 기르며 아침에는 손님들이 직접 달걀을 거두어 온다. 고등어, 아구, 가리비, 게와 같은 해산물이 이곳의 특선요리이지만, 매우 온화하고 강수량이 풍부한 기후 덕에 고기와 채소 역시 별미다. 콘월 지방의 바위에서 갓 딴 홍합으로 만드는 물 마리니에르(moules Marinière)와 따뜻하고 바삭한 빵처럼 심플하고 매력적인 요리에서부터 버터넛 스쿼시 퐁당, 향신료를 넣은 렌즈콩, 로즈메리 양고기 즙을 곁들인 양고기 어깨살 찜과 등심 구이와 같이 보다 복잡한 요리에 이르기까지 다양하다. **SH**

⬆ 헬 어귀의 한적한 모습.

스타 캐슬 호텔 Star Castle Hotel | 식사를 하면서 주인이 메인 요리로 쓸 해산물을 잡는 모습을 지켜볼 수 있는 곳

위치 세인트 메리스   **대표음식** 세인트 메리스의 바닷가재 테르미도르St. Mary's lobster Thermidor | 💲💲

짧은 푸드 마일즈(food miles)와 로컬 식재료의 사용을 지향한다고 주장하는 레스토랑 기업가들은 많지만, 별 4개짜리 호텔 스타 캐슬의 주인 로버트 프랜시스(Robert Francis)만큼 이를 행동으로 실천하는 경우는 거의 드물다. 16세기에 지어진 이 작은 요새는 영국의 남서쪽 끝에서 약 45km 떨어진 실리 제도에서 가장 큰 섬 세인트 메리스에 있다.

프랜시스는 호텔에서 직접 운영하는 고기잡이 배인 갤로스(Gallos)의 선장으로 매일 레스토랑의 창문을 스쳐 항해하며 섬 주위의 바닷가재와 게를 잡는다. 이렇게 잡은 바닷가재와 게는 당일 요리로 서비스된다.

이에 더하여 그는 섬에 약 8,000㎡에 달하는 정원을 가꾸어 왔다. 이 정원에 1만종 이상의 과일과 채소의 씨를 뿌려 매년 최고로 신선한 식재료로 주방을 가득 채운다. 이것으로도 성이 차지 않는지 프랜시스는 호텔의 와인 셀러를 위해 전 세계를 돌며 와인을 엄선하는 와인 전문가이기도 하다. 또한 프랜시스는 와인 제조업자의 자격을

갖추기 위한 공부를 해왔다. 2007년에 그는 섬의 3만㎡에 달하는 남향 대지에 7,000그루 이상의 포도나무를 심었고, 2014년에 이 호텔 최초의 빈티지 와인을 생산해 냈다.

스타 캐슬 호텔의 셰프는 고기는 세인트 메리스의 농장에서, 생선은 섬의 어부에게서 조달해 사용한다. 주방에서 사용하는 식재료의 대부분이 반경 8km 이내의 작은 지역에서 난 것들이다. 포도나무가 드리운 햇빛이 밝게 비치고 나무 의자가 놓인 유리 온실이나 돌이 그대로 노출된 오래된 벽으로 둘러싸인 실내의 벽난로 앞에서 식사를 할 수 있다. 또한 손님들은 이곳 주인의 포도밭과 채소밭도 방문할 수 있다. 심지어 프랜시스와 함께 고기잡이에 나설 수도 있고 저녁식사에 사용할 식재료를 직접 고를 수도 있다. **SH**

⬆ 갤로스에 타고 있는 로버트 프랜시스.

더 린덴호프 De Lindenhof | 순수한 맛을 즐기는 평온한 곳

위치 히트호른 **대표음식** 민물 농어, 훈제 장어와 민트 Pike perch with smoked eel and mint | 💲💲💲💲💲

더 린덴호프는 히트호른—북방의 베네치아로 알려진 도시로, 도로가 없고 운하, 다리, 자전거 길만 있다—의 그림 같은 마을의 중심에 있는 아름다운 잉글랜드풍 정원 너머에 위치한 레스토랑이다. 이 지역의 풍요로움을 느끼기에 2개의 미슐랭 스타를 받은 이 레스토랑보다 더 적절한 곳은 없을 것이다.

레스토랑의 주인이자 셰프인 마르틴 크라위트호프 (Martin Kruithof)는 고전적인 요리를 창조적으로 재해석하며, 장어를 곁들인 와사비 마카롱 등을 포함하는 아뮤즈 부셰의 행렬로 유명하다. 이곳의 알라카르트 메뉴는 '식인 토스트(에스펠레트산 고추를 곁들인 스테이크 타르타르)', 크라위트호프 셰프의 클래식한 창작물인 버섯 소스로 맛을 낸 소꼬리가 채워진 카넬로니, 레몬 패션프루트 수플레 등이 있다. 또한 4가지 코스로 이뤄진 '린덴호프 메뉴'가 있고, 회향과 라임으로 맛을 낸 랑구스틴, 그린 커리와 밥을 곁들인 뿔닭 등의 요리를 포함하여 8가지 코스로 구성한 '질 엔 잘러헤이트(Ziel en Zaligheid, 영혼과 축성)'가 있

다. 이외에도 린덴호프를 가장 마음껏 즐길 수 있는 12가지 코스의 '마르틴의 선택' 등 코스 메뉴도 있으며, 와인 리스트도 훌륭하다.

이전에 농가였던 더 린덴호프는 기둥이 뻗은 천장, 오크나무 바닥, 주방에서 사용하는 허브, 식용 꽃, 채소를 가득 기르는 정원이 보이는 독특한 창문 등으로 인테리어했다. 미식의 신전과도 같은 이 레스토랑을 채운 사람들은 모두 조용하며 격식을 갖췄다. 서비스는 과도하거나 가식적이지 않고 친절하고 편안하다. 따뜻한 시즌에는 푸릇푸릇한 정원과 운하가 훤히 보이는 멋진 정원 테라스의 테이블을 예약할 수 있다. 아니면 레스토랑 소유의 범선에 올라 안내를 받고 나들이 음식을 즐기면서 운하를 구경하는 것도 좋다. 이 목가적인 곳에 조금 더 머물고 싶다면, 더 린덴호프의 안락한 스위트룸에서 하루 묵을 수도 있다. **KE**

⬆ 농가였을 때의 분위기를 담고 있는 실내 장식.

더 리브레이 De Librije | 옛 수도원에서 경험하는 재치 있고 창조적인 모더니스트의 요리

위치 즈볼러 **대표음식** 푸아그라, 북해산 게와 발효시킨 양배추 주스 Foie gras, North Sea crab, and fermented red cabbage juice | ❺❺❺❺

네덜란드어로 도서관을 의미하는 더 리브레이는 즈볼러의 중심에 있는 16세기 건축물에 자리 잡고 있는데, 그곳은 원래 도미니크회 수도원이었다. 헤드 셰프인 요니 부르(Jonnie Boer)는 1986년에 이 레스토랑에 들어왔다. 이 지역에서 자란 그와 그의 아내 테레서(Therese)는 1990년대 초반에 이곳을 산 후, 성공적인 레스토랑으로 성장시켰고 미슐랭 스타 3개를 포함한 여러 영예를 누릴 수 있었다.

천장이 높은 다이닝룸은 창문으로 자연광이 가득히 쏟아지며 중앙의 큰 샹들리에가 분위기를 압도한다. 메뉴는 모더니즘의 기운이 확실히 느껴지고 800개 이상의 라벨을 포괄하는 인상적인 와인 리스트가 셰프의 창의적인 작품을 더욱 빛나게 한다.

바질 마요네즈 위에 비프 타르타르, 굴 크림, 감자 수플레, 굴, 오이스터 리프(oyster leaf)를 올린 요리는 더 리브레이의 예전 시절을 떠오르게 한다. 그리고 이 요리는 흥미롭게도 요리를 기다리는 이의 손등 위에 제공된다. 아귀는 롤몹 청어로 만든 소스와 바하랏(baharat)이라는 양념과 함께 제공한다. 이 독특한 요리는 네덜란드의 전통적 식재료인 청어를 향신료, 아귀와 조합한 것이다. 감자칩, 버섯, 골수가 곁들여 나오는 젖소 스테이크는 눈앞의 돌판 위에서 익어가며 볼거리를 선사한다.

해체된 애플파이는 식사를 마무리할 수 있는 선택지 중 하나로, 기분 좋은 놀라움을 선사한다. 정향처럼 보이는 것은 사실 초콜릿이고 바닐라 꼬투리처럼 보이는 것은 알고 보면 바닐라 젤리이다. 이 요리는 단순한 장난에 머물지 않고 사과, 바닐라 아이스크림의 맛으로 환상적인 조합을 만들어낸다. 더 리브레이는 이국적인 맛의 조화와 탁월한 모던 요리를 선사한다. **AH**

⬆ 예스러운 풍치가 그윽한 인테리어는 이 레스토랑의 매력 중 하나다.

더 퀼리네러 베르크플라츠 De Culinaire Werkplaats | 디자인 중심의 네덜란드 요리

위치 암스테르담 **대표음식** 블랙 푸드 Black food | 🅢🅢🅢🅢

"투명, 돌, 진주, 물, 본질의 5가지 요리에서
발견하고 경험하라."

"Sign of the Times" menu, deculinairewerkplaats.nl

⬆ 창립자인 마르욜레인 빈티어스와 에릭 뫼르싱은 채식 요리의 창의적인
가능성을 실험한다.

➡ 상상력과 창의력이 깃든 요리는 프레젠테이션까지 놀랍다.

트렌디한 요리를 제공하는 이곳은 네덜란드의 그 어떤 레스토랑과도 비교할 수 없다. 디자인을 책임지는 마르욜레인 빈티어스(Marjolein Wintjes)와 에릭 뫼르싱(Eric Meursing)은 수상 경력이 빛나는 그들의 레스토랑 겸 디자인 스튜디오가 '식문화 이니셔티브(eat-initiative)'라고 불리기를 원한다. 이를 듣고 더 퀼리네러 베르크플라츠(영어로 'the culinary workplace', 요리 작업실이라는 뜻)가 허세를 부린다고 생각하면 오산이다. 네덜란드 특유의 실용적인 정신은 이곳에서도 어김없이 드러나기 때문이다. 손님들은 테이블을 공유하고 카운터에 진열된 유기농 와인을 직접 테이블로 들고 와서 마신다. 또한 웨이터가 없으므로 직접 접시를 반납하고 심지어 음식값으로 지불할 금액도 스스로 결정한다.

5가지 메뉴로 구성된 코스 요리 '영감을 주는 식사(eat inspiration)'를 맛보고자 한다면 암스테르담 중심의 서쪽에 위치한 스타츨리덴뷔르트(Staatsliedenbuurt)를 찾아가야 한다. 이곳의 코스 요리는 짭조름한 요리 3가지와 달콤한 요리 2가지로 구성되는데, 주로 요리의 컨셉을 살짝 보여주는 토핑이나 스프레드를 올린 납작한 빵인 '몰래 보는 예고편(sneak preview)'이 포함된다. 컨셉은 6~8주마다 바뀌고 유기농 또는 공정무역 인증을 받은 데다 인근의 소규모 농장에서 재배된 제철 곡물, 과일, 채소를 염두에 두고 개발된다. 이곳에서 아직 육류나 어류가 테이블에 올라온 적은 없다. 이제까지 등장한 테마는 '때마침', '도시 풍경', 그리고 가장 널리 알려진 '검정'이 있다. 검정 컨셉의 메뉴는 블랙 퀴노아, 블랙베리, 검은깨, 검은 소금, 검은 파스타 등 자연적으로 검은색을 띠는 식품의 강렬한 색감이 특징이다. 각각의 테마는 식재료, 형상, 색, 맛뿐만 아니라 요리를 먹는 방식에서도 드러난다. 남는 음식을 줄이기 위해 음식이 풍성하게 제공되지는 않으나 요청에 따라 추가로 제공한다. **KE**

더 카스 De Kas | 텃밭에서 자란 식재료로 만드는 요리

위치 암스테르담 **대표음식** 매일 바뀌는 제철 메뉴Seasonal, daily changing menu | **$$$**

흐레이트여 Greetje | 향수를 불러 일으키는 공간에서 경험하는 네덜란드 전통 요리

위치 암스테르담 **대표음식** 흐로터 피날러 "Greetje's Grote Finale" | **$$**

온실을 의미하는 이름에서 이 레스토랑이 지향하는 바를 짐작할 수 있다. 녹음이 우거진 프랑켄달 공원에 위치한 더 카스는 본래 시립 보육시설이었으나 네덜란드 디자이너 핏 본(Piet Boon)이 멋지게 재창조했다. 암스테르담의 명소로 떠오른 이 레스토랑은 정장을 차려 입은 회사 임원진부터 관광객까지 다양한 이들을 유혹한다.

더 카스는 10년 넘게 정원에서 기른 식재료를 테이블에 올렸다. 레스토랑 입구에 지라고 있는 향긋한 재래종 토마토 덩굴을 보면 이 레스토랑이 신선한 로컬 식재료를 얼마나 중시하는지 알 수 있다. 3가지 코스로 구성된 세트 메뉴는 허브 정원, 기타 현지 공급처에서 당일에 공수한 식재료로 채워진다. 요리는 지중해 시골 요리의 영향을 받았으며 비트, 셀러리악, 샘파이어 등 '잊힌 채소'라 불리는 재료를 적극적으로 활용한다.

우선 앵무새가 머리 위로 날아다니고 황새가 둥지를 트는 허브 정원이 보이는 테라스에 앉아서 따뜻하고 껍질이 딱딱한 빵, 풀 향이 나는 올리브유, 과일 향이 나는 그린 올리브 등의 요리를 맛볼 수 있다. 이어서 아스파라거스와 재래종 비트를 곁들인 바삭바삭한 감자 크로켓 또는 샘파이어를 곁들인 가리비 등의 요리가 나온다.

메인 요리에는 향신료 양념이 밴 영계에 오렌지색의 당근 오일을 곁들인 것이 있는데, 이 메뉴에서는 흙의 향미가 느껴진다. 맛이 생생하게 살아 있는 즙 많은 딸기와 블루베리를 올린 판나코타 등의 디저트 또한 놀랍다. 마들렌, 설탕으로 코팅한 과일맛 사탕, 페이스트리와 함께 제공되는 커피를 마시면 완벽하게 식사를 마무리할 수 있다. **KE**

수 세기 전의 네덜란드 정물화를 보면 이 나라가 맛있는 음식을 향한 애정이 대단하다는 인상을 받을 것이다. 최근 몇십 년 동안 네덜란드 레스토랑에서 선보인 요리는 이러한 인상이 착각임을 증명했으나 근래에 변화의 움직임이 나타나고 있다. 셰프들이 국산 식재료와 고전적인 요리를 재발견하기 시작한 것이다.

암스테르담에서 정성스레 준비한, 다소 모던한 느낌까지 구현한 진정한 네덜란드 요리를 맛보려면 흐레이트여만 한 곳이 없다. 운하가 보이는 유서 깊은 건물에 자리 잡은 이 레스토랑은 현 주인의 어머니 이름을 따서 지은 것이다. 옛 홀란트의 맛을 찾아온 현지인들과 관광객들은 푸른 델프트 타일, 샹들리에, 신선한 꽃다발, 초, 짙은 색의 목재 등의 장식이 전통적인 분위기를 선사하는

> "흐레이트여는 오래된 고전을 자랑거리로 재창조한다."
>
> *Vicky Hampton, Guardian*

인테리어를 만나게 된다. 친절한 직원들이 베임스터르 (Beemster) 양, 잔서(Zaanse) 머스터드, 고등어, 샘파이어, 오페르두저르 론더르(Opperdoezer Ronder) 감자 등 네덜란드 고유의 식재료와 계피, 메이스, 정향, 육두구 등 과거 동인도회사의 활발한 교역을 증명하는 향신료가 들어간 요리를 설명해준다.

흐레이트여는 알 작은 양파(pearl onion)와 적양배추를 곁들인 베임스터르 토끼 스튜, 네덜란드산 게네베르(genever)와 타라곤에 절인 딸기, 자연산 감초 뿌리 추출물을 넣은 크림 브륄레와 감초맛 아이스크림, 붉은색 여름 과일을 곁들인 요거트 등이 제공되는 2인용 디저트 세트를 의미하는 '흐로터 피날러(Grote Finale, 성대한 피날레)' 등 든든하고 영양가 높은 요리를 제공한다. **KE**

◁ 애정을 담은 식재료가 요리로 재탄생하는 온실.

실 블뢰 Ciel Bleu | 도시의 멋진 전경과 고상한 파인 다이닝

위치 암스테르담 **대표음식** 가리비 코르네토Cornetto of scallop | ⑤⑤⑤⑤

> "스타일리시한 서비스와 맛있고 창의적인 요리를
> 경험할 수 있는 세련된 레스토랑."

Michelin Guide

실 블뢰는 일본인이 소유한 고급스러운 호텔 오쿠라(Okura)의 23층에 있다. 한쪽 벽면을 따라 늘어선 창문 밖으로 보이는 암스테르담의 근사한 풍경이 인상적이다. 호화로운 실내 공간에 고급 리넨 소재의 식탁보를 덮은 테이블과 안락한 의자가 널찍하게 배열되어 있다. 헤드 셰프 겸 매니저인 오노 코크메이여르(Onno Kokmeijer)는 이곳에 오기 전에 가족이 경영하는 레스토랑 몇 곳에서 경력을 쌓았다. 실 블뢰가 미슐랭 스타를 받고 유지하는 데는 그의 공이 가장 컸다. 그가 선보이는 다양한 메뉴는 1년에 4번 교체된다.

엄선된 재료로 만든 요리에서 모던한 기운이 느껴지나 거슬릴 정도는 아니다. 소프트셸 크랩 튀김, 아보카도, 콩나물을 조합하여 만든 샐러드나 매콤한 망고 처트니를 곁들인 푸아그라 튀김과 랑구스틴 등 다른 곳에서 찾아보기 어려운 조합으로 메뉴를 구성했는데 신기하게도 조화로운 맛이 난다.

최상급 식재료에 대한 고집은 트러플 마스카르포네 치즈를 곁들인 가리비 코르네토 같은 메뉴에서도 드러난다. 이 요리의 익힌 가리비는 완두콩 소스, 블랙 트러플, 파르메산 치즈 무스와 함께 제공된다. 가리비와 완두콩의 맛이 어우러지고 파르메산 치즈의 맛도 과하지 않다.

하몽 이베리코, 라르도 디 콜로나타(Lardo di Colonnata)로 덮은 대문짝넙치구이를 올린 시골빵과 블랙 샐서피(black salsify) 글레이즈, 아몬티야도(Amontillado) 드레싱 또한 맛의 훌륭한 조화를 보여준다. 페드로 히메네스(Pedro Ximénez) 셰리로 맛을 낸 스위트브레드(sweetbread, 흉선 또는 췌장)와 셀러리악은 능수능란하게 섞은 여러 향미와 질감을 선사한다. 실 블뢰의 요리는 창 밖의 경관만큼 빼어나다.

웨이터들의 서비스는 사려 깊고 신속하며 해박한 소믈리에는 긴 와인 리스트에서 주문한 요리와 잘 어울리는 와인을 기꺼이 추천해준다. **AH**

⬆ 실 블뢰의 주방을 지키는 셰프.

▣ 디저트는 섬세하고 상상력으로 가득하다.

뤼터 Lute | 옛 화약 공장에서 터져 나오는 맛의 향연

위치 암스텔베인 **대표음식** 대표 요리 5가지로 구성된 테이스팅 메뉴Tasting menu of five signature dishes | 💲💲💲💲

스타 셰프 페터르 뤼터(Peter Lute)는 유명한 TV 프로그램 〈마스터 셰프〉의 심사위원이다. 그의 이름을 딴 레스토랑은 암스텔 강의 강둑에 있었던 화약 공장의 18세기 마구간 터에 자리 잡았다. 이 공간은 MVRDV 소속 건축가 비니 마스와 인테리어 디자이너 엘리너 스트레이커르스의 손에서 다시 태어났다.

셰프 뤼터는 공장 느낌이 나는 레스토랑의 독특한 분위기가 '진정성 있는 접근'에 도움이 된다고 말한다. 외부 세계의 트렌드에 휩쓸려가지 않고 스스로 매일 보고, 듣고, 느끼는 바를 요리에 구현한다는 것이다. 예전의 화약 공장은 오늘날 접시 위에 불꽃을 수놓는 레스토랑이 되었다. 뤼터의 진정성에 대한 철학은 그의 요리에 기원을 두고 있다. 그는 신선한 로컬 재료를 구하여 세심하게 조율, 정제함으로써 재료 본연의 맛을 극대화하는 작업에 심혈을 기울인다. 그 결과, 손님들은 놀라울 정도로 맛있는 요리를 먹을 수 있게 된다. 가장 훌륭한 메뉴로 섬세한 트러플 수프, 깃털 같이 가벼운 새우 튀김, 폭신폭신한 레몬 폴렌타, 점판암 접시에 담겨 나오며 모양만큼 맛도 좋은 패션프루트와 초콜릿 디저트 등을 들 수 있다. 여름이 되면 레스토랑의 우아한 정원에서 야외 식사의 즐거움을 누릴 수도 있다. 이를 위해서는 천연 자재와 비사자(Bisazza)의 호화로운 유리 타일로 지은, 그림자가 드리우는 테라스를 예약하면 된다.

사려 깊게 설계된 이 레스토랑은 오감을 자극하는 경험으로 고객을 즐겁게 하는 레스토랑을 그리던 오너 셰프의 꿈이 실현된 공간이다. 이 꿈은 밋밋하게 들릴지 모르나, 서비스까지 직관적으로 접근하는 뤼터에 의하면 매일 실현하기에 결코 만만치 않은 도전이다. 그는 오늘도 이곳을 찾은 고객이 가족이나 친구 집을 방문한 것처럼 환영받는 기분을 느끼기를 바란다. **KE**

⬆ 스타일리시한 인테리어가 뤼터의 요리를 돋보이게 한다.

블라우Blauw | 과거와 현재가 공존하는 곳에서 맛보는 인도네시아 전통 요리

위치 위트레흐트 **대표음식** 인도네시아식 밥상처림Indonesian rice table | 💲💲

네덜란드에서 인도네시아 요리는 영국에서 인도 요리가 그러하듯 가장 인기 있는 외국 요리이다. 네덜란드령 동인도 시절의 흔적 때문에 예로부터 네덜란드에서는 손님이 찾아오면 '네덜란드의 맛'을 보여주겠다며 손님을 인도네시아 요리 전문점으로 안내했다. 블라우는 과거의 맛을 현대적인 장식과 접목하여 학생부터 정장을 차려입은 교양인까지 다양한 고객의 마음을 사로잡았다.

블라우는 네덜란드 태생의 인도네시아계 주인 스테판 프뢰흐덴뷔르흐(Stefan Vreugdenburg)에게 고향의 축소판 같은 곳이다. 레스토랑의 이름은 푸른색을 의미하는데 반하여 식민지 시대에 찍은 스테판의 큼지막한 가족사진이 걸려 있는 실내가 붉은색 일색이라 혼란스러울 수 있다. 푸른색을 뜻하는 이름은 인도네시아 혈통에서 나타나는 몽고점에서 영감을 얻은 것이다.

이곳에서는 인도네시아 군도 곳곳에서 먹는 요리 10가지 안팎이 나오는 독특한 네덜란드식 인도네시아 요리인 레이스타펄(rijsttafel, 밥상)을 먹어봐야 한다. 이 메뉴는 식민지 시절 인도네시아를 방문한 네덜란드의 고위 관리에게 '향료섬' 고유의 맛을 선보이고자 개발되었다. 블라우에서는 해산물, 채소, 혼합 3가지 종류의 레이스타펄과 기타 육류, 해산물, 채소 요리를 맛볼 수 있다. 유선형 접시에 고추로 맛을 낸 요리가 줄줄이 담겨 나온다. 바비 케트얍(babi ketjap, 달콤한 간장으로 맛을 낸 돼지고기 스튜), 사타이 캄빙(satay kambing, 입에서 녹을 듯이 부드러운 염소 사테), 스페쿠케이스(spekkoekijs, 인도네시아 향신료 케이크 맛이 나는 아이스크림) 등은 요리 행렬의 일부에 불과하다. 식사 후 블라우를 나설 때 먹었던 요리를 전부 기억할 수 없을지는 몰라도 라임, 레몬그라스, 고량강(Galangal)의 잔향만은 오래갈 것이다. **KE**

⬆ 블라우에서 레이스타펄은 필수로 주문하라.

인 덴 뤼스트밧 In Den Rustwat | 400년의 전통의 세련된 요리

위치 로테르담 **대표음식** 계절마다 바뀌는 메뉴 Seasonally changing menu | ❸❸❸

"진정한 미식 경험에는 열정이 필수적이다.
그 무엇도 어긋나서는 안 된다."

Marcel van Zomeren, chef and co-owner

고층건물이 빼곡한 로테르담의 중심에서 가까운 곳에 400년이 넘은 유서 깊은 건물이 있다. 로테르담에서 가장 잘 보존된 고건물 중에 하나인 이곳은 1597년에 여인숙으로 문을 열었고, 지금은 레스토랑이 되었다. 그 레스토랑은 스스로를 IDRW라고도 칭하기도 하는 인 덴 뤼스트밧이다. 초가지붕을 얹은 레스토랑은 초목이 무성한 식물원 옆의 정원으로 둘러싸여 있다. 레스토랑에 인접한 식물원에는 4,000종이 넘는 나무, 관목, 기타 식물이 있다.

따뜻하고 어둑어둑한 색감, 짙은 색의 석조 바닥, 고전적인 흰색 식탁보를 덮은 테이블, 유난히 편안한 안락의자가 눈에 들어오는 실내에 들어서면 향수를 불러일으키는 분위기를 느낄 수 있다. 이 레스토랑의 상징은 한결같이 친절하며 전문적인 접객 태도이다. 상냥한 직원들은 프로페셔널한 느낌과 친숙함 사이를 능숙하게 오간다.

IDRW의 요리는 프랑스 요리의 영향을 받았으며 모던하다. 공동 주인이자 셰프인 마르설 판 조메런(Marcel van Zomeren)은 '애정과 시간이 가장 값진 재료'이며 '우리가 만드는 모든 것의 기본은 좋은 재료'라고 말한다. 난과 드레싱을 버무린 허브와 함께 내는 네덜란드산 와규, 토마토, 콜리플라워, 계란, 이베리코 햄 소스를 곁들인 훈제 바닷가재, 통카콩 카넬로니, 설탕에 절인 루바브와 딸기를 곁들인 타라곤 요거트 아이스크림 등의 고전적인 요리는 네덜란드산 제철 식재료로 재해석되었다.

네덜란드의 가장 큰 도시 중 하나에서 예상치 못한 평온함을 느낄 수 있는 IDRW는 미식과 역사를 사랑하는 이들에게 더할 나위 없이 매력적이다. 이 레스토랑에서는 낭만적인 식사를 여유롭게 즐길 수 있다. 따뜻한 계절에는 멋진 정원 테라스에 놓인 테이블을 예약할 수도 있다. **KE**

⬆ 마르설 판 조메런은 자신의 요리에 자부심이 있다.

인터르 스칼더스 Inter Scaldes | 접시 위의 예술

위치 크라위닝언 **대표음식** 조가비에 올린 과자와 블랙 트러플 Scallop prepared in the shell with black truffle | ❺❺❺❺❺

요리를 '접시 위의 예술'로 일컫는 것이 진부한 표현으로 느껴질지도 모른다. 그러나 미슐랭 스타 2개를 받은 레스토랑인 인터르 스칼더스에서 셰프 야니스 브레벗(Jannis Brevet)이 선보이는 요리를 본다면 그 표현을 쓸 수밖에 없을 것이다. 요리는 예술에 대한 브레벗의 열정을 보여주는데, 그는 2009년에 『요리와 예술(Cuisine & Art)』이라는 제목의 요리책을 발간하기도 했다. 요리에 차용할 시각적 요소를 찾기 위해서 점차 늘어나는 자신의 추상미술 컬렉션을 떠올리는 브레벗은 "예술 감상은 정신을, 예술 애호는 삶을 풍요롭게 한다"고 말한다. 실제로 이곳을 찾는 부유한 고객들은 요리에 영감을 불어넣은 작품이 눈앞에 걸려 있다는 사실을 알아차리기도 한다.

요리만큼 환경도 아름답다. 나무랄 데 없는 잉글랜드풍 정원에 둘러싸인 레스토랑은 본래 스헬트 강 어귀의 아름다운 간척지에 자리 잡은 농가였다. 이 레스토랑의 이름은 라틴어로 '스헬트 강 사이'를 의미한다. 내부 장식은 매우 절제되어 있다. 식기는 완벽하게 우아하고 캐러멜색과 크림색의 비품들로 인해 고풍스러워 보인다.

요리는 프렌치를 모던하게 해석한 스타일이며 가끔 아시아 요리의 흔적을 내보인다. 양, 샘파이어, 스타티스(sea lavender), 과일, 치즈 등 신중하게 고른 식재료는 인근의 베벨란트 간척지에서 가지고 온다. 이곳은 홍합, 오스테르스헬더(Oosterschelde) 바닷가재, 굴, 생선이 유명한 제일란트(Zeeland) 지역에 위치해 있어서 해산물 요리에 특히 강세를 보인다. 소테른(Sauternes)으로 맛을 낸 바닷가재 등 이곳의 해산물 요리는 훌륭하다.

공동 주인인 클라우디아 브레벗은 모든 고객이 미소를 띠고 이곳을 나갈 수 있도록 최선의 노력을 기울인다. 그녀의 서비스, 그녀의 남편이 꼼꼼하게 만드는 요리, 수상 경력이 있는 소믈리에 쿤 판 데르 플라스가 추천하는 와인 등의 요소들이 모여 이곳에서의 경험을 완벽의 경지로 끌어올린다. **KE**

"나는 미술품을 복제하지 않는다.
미술품의 색, 음영, 구조에서 영감을 받는다."

Jannis Brevet, chef and co-owner

⬆ 인터르 스칼더스의 주방에 있는 야니스 브레벗.

더 카르멜릿 De Karmeliet | 운하의 도시에서 만나는 고전적인 벨기에 파인 다이닝

위치 브뤼헤 **대표음식** 캐비아를 곁들인 굴과 메추리알 수란 Oysters and poached quail's egg with caviar | ❸❸❸❸

오랜 역사를 자랑하는 브뤼헤는 벨기에에서 미식으로 유명한 곳 중 하나이다. 더 카르멜릿은 1992년에 대리석 바닥과 높은 천장이 있는 고풍스러운 타운하우스로 이전하여 오늘날까지 이곳에 자리하고 있다. 주인이자 헤드 셰프인 헤이르트 판 헤커(Geert Van Hecke)는 전설적 셰프인 알랭 샤펠 아래에서 요리를 배우고 1983년에 벨기에에 첫 레스토랑을 열었다. 그는 1985년에 첫 미슐랭 스타를 받았고 1989년에 미슐랭 스타를 1개 더 추가하였으며 1996년에는 마침내 3개를 획득하였다.

요리는 정통 프렌치를 기반으로 하는데, 최근 몇 년 사이 일부 메뉴에서 일식의 영향이 보인다. 요리는 단순하며 불필요한 장식이 없는 편이다. 곰보버섯 리소토는 이곳이 자랑하는 요리 중 하나이다. 이 요리는 복잡하지 않으나 최상급의 곰보버섯, 훌륭한 닭 육수를 적절히 머금은 쌀을 사용한다. 봄철 메뉴인 신선한 곰보버섯을 곁들인 화이트 아스파라거스에서는 계절감이 느껴진다. 이 요리에서 아스파라거스는 크리미한 감자를 가두는 울타리 역할을 하고 닭 육수는 육두구의 맛을 품고 있다. 가니쉬로는 잘 익힌 새우, 약간의 바질 오일, 오징어 먹물이 곁들여진다.

벨기에답게 이 레스토랑도 치즈에 공을 기울인다. 신선도가 떨어지지 않게 치즈를 자주 새것으로 교체하는 것은 기본이다. 디저트로는 다크 초콜릿의 풍미가 가득하며 고르게 익은 초콜릿 수플레를 권할 만하다.

더 카르멜릿은 고전적 요리를 감상하고 맛볼 수 있는 기회를 선물한다. 식사를 마치고 브뤼헤의 아름다운 거리를 걷는다면 오랜 역사에 감탄하게 될 것이다. **AH**

⬆ 초콜릿 수플레는 맛있는 별미이다.

오 자름 드 브뤼셀 Aux Armes de Bruxelles | 정통 브라스리의 벨기에 요리

위치 브뤼셀 **대표음식** 홍합 마리니에르 Mussels marinières | ❸❸❸

유네스코 세계문화유산으로 지정된 그랑 광장에서 가까운 이 레스토랑은 1921년에 문을 열었다. 브라스리 분위기가 물씬 나는 이곳에서는 간단한 벨기에 요리를 넉넉하게 즐길 수 있다. 2005년까지 이곳의 소유주였던 뵈레 망가(家)는 트렌드가 된 홍합 마리니에르를 1인용 쇠솥에 제공하는 방식을 고안했다. 양파, 셀러리, 와인으로 만든 육수로 찐 홍합은 두껍게 썬 감자튀김과 함께 제공된다. 현지인들은 빈 홍합 껍질을 도구 삼아 속살을 꺼내 먹는다.

북해산 새우를 고전적인 방식으로 조리한 새우 크로켓 등 훌륭한 벨기에 요리들이 준비되어 있다. 두가시자주새우(gray shrimp)와 토마토, 치즈 크로켓, 브뤼셀 괴즈(gueuze) 맥주로 맛을 낸 비프스튜, 스테이크 타르타르, 바테르조이(waterzooi, 닭, 생선 또는 바닷가재로 만든 스튜) 등도 높은 인기를 누린다.

이곳은 크게 세 공간으로 나뉜다. 먼저 이 레스토랑의 상징과도 같은 아르데코 양식의 메인 공간은 녹색 가죽을 씌운 의자와 목재 칸막이가 인상적이다. '플레미시 룸(Flemish room)'이라고 종종 불리는 두 번째 공간은 스테인드글라스를 활용한 유리창에 빙 둘러싸여 있어 훨씬 밝은 느낌이다. 3번째 공간은 보다 아담하고 친밀한 느낌을 준다. 웨이터들은 흠잡을 데 없는 흰색 재킷을 입고 단골손님들과 이야기를 나눈다.

수많은 벨기에산 맥주 중 하나를 선택해도 좋고, 혹은 강력히 추천하는 세 가지 와인 중 하나를 골라도 좋다. 만다린 나폴레옹 리큐어를 곁들인 플람베한 크레이프가 테이블에서 완성되는 광경은 실망을 안기지 않는다. **MF**

⬆ 이곳에서는 벨기에의 별미인 바테르조이에 닭고기를 넣는다.

콤 셰 수아Comme Chez Soi | 벨기에 오트 퀴진의 플래그십 레스토랑

위치 브뤼셀 **대표음식** 리슬링 무슬린 소스로 맛을 낸 가자미와 북해산 두가시자주새우Sole in a Riesling mousseline sauce with gray North Sea shrimps | **ⓢ**
ⓢⓢⓢ

미슐랭 스타에 빛나는 이 고상한 레스토랑은 1936년에 브뤼셀 중심 타운하우스에 문을 열었다. 고급 벨기에 요리를 즐기기에 안성맞춤인 곳으로 알려져 있는 콤 셰 수아로 오면, 로랑스가 고객을 맞이한다. 그녀는 저명한 셰프인 피에르 위낭츠의 딸이자 이 레스토랑의 셰프인 리오넬 리골렛의 아내이기도 하다. 아르누보 양식의 메인 레스토랑은 거울, 목재 벽판, 녹색 스테인드글라스로 장식되어 있다. 고객들은 프라이빗 룸이나 주방이 보이는 테이블에서 식사를 하기도 한다. 셰프들이 우아한 움직임으로 요리를 준비하는 과정은 감상할 가치가 충분하다.

콤 셰 수아의 4번째 셰프인 리골렛은 최상급의 제철 식재료만 활용하여 창의적으로 요리를 만들고 프레젠테이션하는 이곳의 전통을 지키고 있다. 메뉴는 블랙 트러플과 감자를 곁들인 북해산 바닷가재 샐러드 등 위낭츠의 대표 요리와 리골렛이 창조한 요리로 구성된다. 게, 새우, 로열 벨기에 캐비아를 곁들인 감자 무슬린과 차이브, 굴로 맛을 낸 버터는 두 셰프의 공동 작품이다. 새롭게 도입된 다섯, 여섯 코스로 구성된 테이스팅 메뉴들은 신선한 향미와 향신료를 선보인다. 이 코스 메뉴에는 큐베브 후추와 기네스로 맛을 낸 랑드산 비둘기 가슴살, 살구버섯과 로마네스코 꽃을 곁들인 야생 대서양가자미(halibut)로스트, 아티초크와 타자스케(Taggiasche) 올리브를 곁들인 지야르도 굴 등이 등장한다.

리골렛에게 이곳을 넘기기 전, 위낭츠는 이곳의 셰프이자 마스터 소믈리에였다. 콤 셰 수아의 와인리스트는 놀라운 수준이다. 와인 셀러에는 페트뤼스를 포함하는 보르도 그랑 크뤼 와인의 방대한 컬렉션이 들어 있다. 디저트 또한 훌륭하다. 리골렛이 만드는 모히토 '향수'를 곁들인 라임 수플레 그라니타를 입에 넣으면 입 속에서 불꽃놀이가 터지는 듯한 기분을 느낄 수 있다. **MF**

⬆ 콤 셰 수아의 아름다운 아르누보 양식 인테리어.

리디오 두 빌라지 L'Idiot du Village | 친밀하고 컬러풀한 분위기와 독창적인 요리

위치 브뤼셀 **대표음식** 후추, 바닐라로 맛을 낸 따뜻한 푸아그라 에스칼로프 Escalope of warm foie gras with pepper and vanilla | 💰💰💰

이 분위기 좋은 레스토랑은 한적한 거리에 있다. 리디오 두 빌라지의 주위에는 사블롱의 상점들과 유명한 마롤 벼룩시장이 있다. 공동 주인이자 셰프인 알랑 가스코앙은 아담한 주방에서 작은 틈 너머 고객을 면밀히 주시하며 지역의 식재료를 활용하여 독창적인 요리를 만들고 또 다른 주인인 올리비에 르 브레트는 고객을 맞이한다.

가스코앙은 자신의 요리가 놀라움을 선사하기를 기대한다. 그는 '손님들이 식사할 때 지겨워해서는 안 된다'고 말한다. 이곳에서 손님들은 지루할 새가 없다. '동네 바보'라는 뜻의 이름, 분위기, 요리에서 셰프의 창의력과 유머감각을 느낄 수 있다. 편안하고 따뜻한 분위기의 메인 룸은 푸른빛이 두드러지며 커다란 수정 샹들리에가 인상적이다. 두꺼운 붉은 커튼이 창문을 덮고 벨기에의 화가 테에리 퐁슬레가 그린 개의 얼굴을 한 사람 그림이 옛 초상화 분위기를 내며 벽에 걸려 있다. 가스코앙은 프랑스인이지만 벨기에의 전통 요리와 식재료를 활용하여 이국적인 느낌을 만들어내는 작업을 좋아한다. 이 작업을 통해 맛의 환상적인 조합을 자랑하는 계절 메뉴가 탄생한다. 후추, 바닐라로 맛을 낸 따뜻한 푸아그라 에스칼로프는 다행히도 1년 내내 제공된다. 이 요리는 완벽하게 익어서 겉은 살짝 바삭바삭하고 속은 부드럽다.

라임과 코코넛밀크로 맛을 낸 농어 카르파초와 새우, 향신료로 맛을 낸 바닷가재 구이, 랍스터 볼(ball)과 양배추, 망고와 초콜릿을 곁들인 비둘기 구이, 대문짝넙치와 홍합 등의 요리도 인상적이다.

디저트로는 아이스 머랭과 짭짤한 캐러멜, 전통적인 주재료인 감자 대신 붉은 과일로 재창조한 스텀프(stoemp), 고전적으로 아이스크림을 곁들인 얇은 사과 타르트 등이 있다. 리디오 두 빌라지의 요리에는 영혼이 담겨 있다. **MF**

⬆ 식사 공간은 어둑하고 아늑하며 우아하다.

히스토리셔 바인켈러 Historischer Weinkeller | 한 자동맹의 중심지에서 경험하는 강렬한 맛

위치 뤼베크　**대표음식** 발트해산 가자미 그릴 구이 | Grilled plaice from the Baltic Sea | $$

피셔라이하펜 Fischereihafen | 항구에서 가족이 경영하는 생선 요리 전문점

위치 함부르크　**대표음식** 랍스터 테르미도르 | Lobster Thermidor | $
$$

중세 한자동맹 시기까지 거슬러 올라가는 긴 역사를 간직한 뤼베크 성령 병원의 오래된 와인 지하 저장고에는 2개의 레스토랑이 있다. 감자를 좋아하는 사람은 둘 중 카르토펠켈러(Kortoffelkeller)로 향하도록 하자. 벽돌로 지은 오래된 아치형 천장을 촛불이 밝히는 이곳은 감자 팬케이크, 감자 덤플링은 물론, 지역적 특색을 살려 으깨거나 구운 감자도 주문할 수 있다. 감자에 곁들여 나오는 요리의 맛이 강렬하다. 뤼베크 소시지와 으깬 감자, 사워크라우트와 볶은 양파, 돼지고기와 볶은 감자, 크림소스를 끼얹은 버섯, 채소와 홀란데이즈 소스 등 맛이 강한 요리가 다양하게 준비되어 있다. 이보다 가벼운 요리로는 칠면조를 곁들인 감자 샐러드나 청어구이와 볶은 감자를 들 수 있다. 카르토펠켈러의 요리는 추운 겨울날에 유난히 생각 나며, 칼로리에 민감한 사람이라면 피하는 것이 좋다.

이곳에 원하는 것이 없다면 생선을 주요 재료로 삼는 데어 부트(Der Butt, 가자미라는 뜻)를 방문하면 된다. 항구 도시 뤼베크에서 생선은 어색한 식재료가 아니다. 데어 부트의 스타터에는 감자 팬케이크와 사워크림을 곁들인 크리미한 생선 수프와 청어절임 등이 있다. 대표적인 메인 요리에는 발트해산 가자미나 북해산 가자미 또는 담수어 그릴 구이, 퍼치(perch) 필레와 로즈메리로 맛을 낸 감자가 있다. 육류 요리로는 사슴고기, 스테이크, 오리고기 등이 있다.

오너인 요아힘과 히리스타 베르거는 두 레스토랑의 운영 외에도 히스토리셔 바인켈러의 독특한 분위기를 활용하는 법을 잘 알고 있다. 특별한 날을 맞이한 손님이라면 이 독특한 공간을 대여하여 중세 의상을 입은 서버들이 나르는 저녁 식사를 즐기며 마치 한자동맹 시대에 온 듯한 기분을 즐기는 이벤트를 고려할 만하다. **ATJ**

함부르크 항구와 강철을 닮은 은빛의 엘베 강에는 작은 배와 바지선이 드나든다. 날씨가 좋은 날이면 강변에 자리 잡은 이 레스토랑의 테라스에 앉아 배를 감상하며 식사할 수 있다. 쌀쌀한 날에는 실내로 들어가 한 층 올라가면 흰 셔츠를 차려입은 웨이터, 아찔한 칵테일, 해산물과 생선 요리의 향연이 기다리는 공간에서 항구와 강을 감상할 수 있다. 접시 위에는 곧 으스러질 집게발을 단 바닷가재가 높이 쌓여 있다. 피셔라이하펜의 열성적인 팬들은 이곳의 랍스터 테르미도르가 단연 최고라고 치켜세운다. 스크램블드에그와 구운 빵을 곁들인 훈제 장어는 클래식한 애피타이저로 훌륭하며 포므리(Pommery) 머스터드 소스와 대문짝넙치는 많은 이들의 찬사를 자아낸다. 바로 옆의 굴 바(bar)에서는 칵테일을 홀짝이면서 조개를

> "그로세 엘프스트라세 근처에는 먹는 즐거움을 아는 사람들을 끌어들이는 생기 넘치는 곳이 있다."

travel.michelin.com

실컷 먹을 수 있다.

1981년 뤼디거 코발케(Rüdiger Kowalke)가 이곳의 문을 연 뒤로 피셔라이하펜은 함부르크에서 생선으로 유명한 곳이 되었다. 그는 1987년에 아들에게 경영권을 넘겼으나 여전히 일주일에 며칠씩 이곳에 불쑥 나타나곤 한다. 그래서 단골손님들은 피셔라이하펜에 간다는 표현 대신 코발케네에 간다는 표현을 사용한다. 바다를 그린 작품이 가득하고 미하일 고르바초프, 헬무트 콜, 숀 코네리, 프란츠 베켄바워 등 이곳을 다녀간 명사의 사진도 드문드문 있는 이곳의 분위기는 차분하고 안락하다. 이러한 장식품들은 피셔라이하펜의 고상하고 따뜻한 분위기와 잘 어우러진다. **ATJ**

야콥스 Jacobs | 엘베 강이 보이는 평온한 공간에서 즐기는 현대적이고 세련된 파인 다이닝

위치 함부르크 **대표음식** 으깬 생강, 양배추, 순무를 곁들인 사슴고기와 육즙을 졸여 만든 소스, 간 고추냉이 Venison with ginger mash, cabbage, and turnip, with a reduction of cooking juices and grated horseradish | ❸❸❸❸

야콥스는 엘베 강의 강둑 위, 18세기 상인의 집에 위치해 있다. 메인 다이닝룸에는 높은 천장과 강이 보이는 창문이 있고 테이블이 널찍하게 배열되어 있다. 헤드 셰프인 토마스 마르틴(Thomas Martin)이 이끄는 이곳은 1998년에 첫 미슐랭 스타를 받았고 2011년에 2번째 별을 받았다. 요리와 어우러지는 독일산 리슬링에 특히 강세를 보이는 와인 리스트는 놀랍도록 폭이 넓다. 요리는 의심의 여지 없이 고전적이며 고급 식재료와 오랜 시간을 들여 만든 강렬한 맛의 소스를 활용한다.

꾀꼬리버섯, 브로콜리, 햄, 셀러리악 소스를 곁들인 수란을 얹은 마카로니는 식사의 시작을 알리는 메뉴 중 하나다. 생선을 좋아한다면 깊은 맛을 낸 토마토와 달고기, 사프란과 월계수 잎 소스, 레몬 제스트로 균형 잡힌 산미를 불어넣은 타프나드를 주문하면 좋다. 뵈르 블랑(beurre blanc, 하얀 버터), 당근, 어린 그물버섯과 함께 접시에 오르는 대문짝넙치는 통째로 등장하여 테이블 앞에서 분해된다. 이 광경은 모두의 시선을 끈다. 육류 요리도 주목할 만하다. 으깬 생강, 양배추, 순무, 육즙을 졸여 만든 소스가 곁들여진 사슴고기 요리가 인상적이다. 갓 갈아서 만든 고추냉이가 톡 쏘는 맛을 더한다.

파인애플, 허니듀 멜론, 수박 등 이국적인 과일 디저트나 망고 셔벗과 타마린드를 먹을 수도 있고, 코코아 셔벗과 망고로 식사를 마무리할 수도 있다. 그러나 거부할 수 없는 프티 푸르와 아이스크림을 가득 실은 카트가 곧 테이블을 찾아오므로 배를 조금 남겨둬야 후회하지 않을 것이다.

야콥스의 주방은 고급 식재료, 뛰어난 정통적인 요리 실력을 바탕으로 기복 없이 훌륭한 맛과 매력적인 모양새의 요리를 만든다. 참고로 서비스는 요리 이상으로 훌륭하다. **AH**

"미식가는 잘 만든 소시지를 먹을 때 세련된 브르타뉴산 대문짝넙치를 먹을 때만큼이나 행복해한다."

Thomas Martin, chef at Jacobs

⬆ 레몬 폴렌타를 곁들인 황소 어깨살 구이.

버거마이스터 Burgermeister | 예기치 않은 데서 만나는 신선한 버거

위치 베를린 **대표음식** 볶은 양파가 들어간 베이컨 치즈버거 Bacon cheeseburger with sautéed onions | **ⓢ**

최근 베를린에 급증한 버거 전문점 가운데 버거마이스터는 베를린 최초의 버거 전문점이라는 수식어가 어울리는 곳이다. 또한 버거마이스터는 베를린에서 이전의 공중화장실 터에 자리 잡은 유일한 버거 전문점일 것이다. 베를린에서 외식업 경험을 다수 쌓은, 이곳의 공동 소유주인 체브라일 카라벨리(Cebrail Karabelli)는 버려진 19세기 시설이 사업을 시작할 최적의 장소라고 판단했다. 상징과도 같은 건물을 임대하도록 시 공무원들을 설득하는 작업은 수월하지 않았다. 그러나 결국 버거마이스터는 2005년 문을 열었고, 꾸준히 성업 중이다.

본래 카라벨리는 커리부르스트(currywurst, 케첩과 커리 가루를 곁들인 소시지)와 버거를 판매하였으나 가장 자신 있는 버거에 집중하기로 곧 결심했다. 품목을 줄이면서 가격은 유지하되 품질을 높이는 작업에 집중했다. 오늘날 버거마이스터는 전용 정육점에서 매일 소고기를 갈아 만든 얇은 패티를 공급받는다. 깨를 뿌린 빵은 캐나다인이 소유한 같은 지역의 베이커리에서 오직 버거마이스터를 위하여 제작된다. 패티에서는 진짜 소고기 맛이 나고, 베이컨은 바삭바삭하며, 수제 케첩 마요네즈 소스에서는 특색 있고 달달한 맛이 난다.

맛 좋은 버거뿐만 아니라 특이한 위치도 버거마이스터의 성공에 크게 기여했다. 카라벨리가 재치 있게 재창조한 옛 위생시설은 역사적 특성을 고스란히 간직하고 있으며, 선조(線條) 세공을 한 녹색 구조물은 당시 베를린의 공공 건축 양식을 보여주는 희귀한 자산이다. 붐비는 도로의 교통섬 위, 많은 이들이 오가는 지하철역 근처, 파티를 좋아하는 사람들이 몰려드는 크로이츠베르크(Kreuzberg)에서 도보 거리에 위치해 있다는 점도 이곳에 매력을 더한다. **TO**

테오도어 투허 Theodor Tucher | 베를린의 중심에서 맛보는 독일 요리

위치 베를린 **대표음식** 블랙푸딩, 비트, 감자를 곁들인 가리비 볶음 Sautéed scallops with black pudding, marinated beetroot, and potato | **ⓢⓢ**

테오도어 투허는 아리송한 곳이다. 이곳은 독일 요리가 주를 이루는 메뉴와 활기차고 허례허식 없는 분위기로 낯선 관광객과 합리적인 현지인을 모두 끌어들이는 레스토랑 같기도 하고, 모던한 인테리어가 발하는 황금빛에 둘러싸여 훌륭한 독일산 와인과 바이엔슈테판으로 대표되는 바이에른 맥주를 감상할 수 있는 바처럼 보이기도 한다. 그러다가 메인 식사 공간 위의 갤러리에 배열된 테이블과 책장에 빼곡한 책이 서로 마주보는 도서관인가 싶다가도, 인적 없는 터에서 브란덴부르크문과 운터덴린덴로 사이의 북적이는 도로로 거듭난 곳에 위치함으로써 1989년 이후로 독일이 얼마나 달라졌는지 보여주는 진술서 같기도 하다.

시내 정육점에서 공수한 통통하고 육즙이 촉촉한 소

> "멋들어진 황금색 실내에는 거대한 창문,
> 높은 기둥, 프라이빗 다이닝 룸에 심지어
> 도서관까지 있다."
>
> *Guardian*

시지로 만든 커리부르스트, 옛 베를린 식으로 만든 사워크림 감자 수프, 뼈에서 술술 분리되는 달짝지근하고 짭짤한 돼지 정강이 살과 으깬 감자, 크리미한 케이퍼와 비트 소스를 곁들인 미트볼, 리슬링으로 맛을 낸 양배추와 치킨, 볶은 가리비와 블랙푸딩 등 다양한 메뉴가 준비되어 있다. 채식주의자를 위한 염소젖 치즈와 토마토 수플레, 밀 리소토 등의 메뉴도 있다.

테오도어 투허의 분위기는 무척 활기차고 신선하다. 강인하면서도 섬세한 독일 요리의 특징을 드러내며, 베를린을 구현한 요리를 선보이는 곳이라는 묘사가 이 레스토랑과 가장 잘 어울릴 것이다. **ATJ**

구겔호프 Gugelhof | 독일의 수도에 위치한 든든한 알자스로렌 요리의 기지

위치 베를린 **대표음식** 베코프(리슬링에 재운 돼지고기, 소고기, 양고기, 뿌리 채소로 만든 스튜) Baeckeoffe, a stew featuring pork, beef, and lamb, served with root vegetables matured in Alsace Riesling wine | **$$**

현재는 프랑스령인 알자스로렌의 소유권을 놓고 1871년부터 1945년까지 프랑스와 독일이 각축을 벌였다. 이전의 동 베를린에 속하는 프렌츨라우어 베르크에 위치한 이 아름다운 전원풍 레스토랑은 묘하게 독일 요리의 흔적이 드러나는 알자스 요리를 선보인다. 목재 벽판, 스투코 기둥, 차분한 갈색톤이 만드는 따뜻한 분위기에서 알자스식 양파 수프, 유명한 메뉴 중의 하나인 피자와 유사한 타르트 플람베, 슈크루트(사워크라우트) 등의 요리가 제공된다. 이 음식들을 맛본다면 현지인, 향수병에 걸린 여행자 할 것 없이 모두 고향의 맛을 떠올리게 된다.

베를린 사람이라면 누구나 구겔호프의 든든한 요리에서 친숙함을 느낄 것이다. 젊은 직원들은 촉촉한 훈제 소시지, 육즙이 가득한 돼지고기 커틀릿, 흙의 향미가 느껴지는 블랙푸딩을 가득 들고 테이블 사이를 재빠르게 지나다닌다. 손님들은 이러한 요리를 즐긴 후 향긋하며 윤기가 도는 게뷔르츠트라미너(gewürztraminer)로 입을 깔끔하게 정리한다. 리슬링(당연히 알자스산이다)에 담가 숙성시킨 뿌리채소, 돼지고기, 소고기, 양고기로 고기 맛을 풍부하게 낸 스튜인 베코프는 이 레스토랑의 또 다른 대표 메뉴이다. 베코프는 만들 때 솥을 반죽으로 덮는 것이 특징이다. 1970년대에 세계적 명성을 누린 요리를 찾는다면 이곳의 퐁뒤를 먹어봐야 한다. 라클레테, 에멘탈, 그뤼에르 치즈로 만든 퐁뒤는 리치하고 기름지며 부드러운 맛으로 미각을 즐겁게 한다.

이 레스토랑을 방문하려면 예약하는 편이 좋다. 2000년에 구겔호프를 방문한 한 유명인사도 미리 전화를 했을지 모르겠다. 베를린을 방문한 당시의 미국 대통령 빌 클린턴은 독일 총리 게르하르트 슈뢰더에게 프렌츨라우어 베르크 내 식당 추천을 부탁했다. 그때 총리가 추천한 곳이 바로 이곳이었다. 빌 클린턴은 이곳을 방문하여 슈크루트를 마음껏 먹으며 식사를 즐겼다고 한다. **ATJ**

"어떤 이들은 염소 구이 때문에 특별히 이곳을 찾아오고 또 어떤 이들은 베코프를 찾아 이곳을 방문한다."

garcon24.de

⬆ 반죽을 덮은 솥으로 만드는 이곳의 대표요리인 베코프.

헤네 알트 베를리너 비르츠하우스 Henne Alt-Berliner Wirtshaus | 베를린에서 가장 맛있는 치킨

위치 베를린 **대표음식** 프라이드 치킨과 감자 샐러드 Fried chicken and potato salad | 💲

"헤네의 장식은 마를레네 디트리히가
'Falling in Love Again'을 처음 불렀을 때 이후로
거의 달라지지 않았다."

Melissa Frost, somamagazine.com

암탉을 뜻하는 '헤네'가 이름에 들어가는 곳답게 이곳의 주인공은 닭이다. 평범한 닭은 이곳에 없다. 우선 모든 닭은 유기농 닭이다. 유기농 닭을 버터밀크 마리네이드에 재우고 튀긴 후 감자나 양배추 샐러드를 곁들여 반 마리씩 합리적인 가격에 제공한다. 커리부르스트나 미트볼 같은 다른 메뉴도 있지만 사람들은 치킨 때문에 이곳에 몰려든다. 치킨은 진한 황금빛, 바삭바삭한 껍질, 촉촉하고 맛이 터질 듯이 가득 밴 속살을 자랑한다.

미리 튀긴 닭을 내오지 않으므로 참을성을 갖고 치킨을 기다려야 한다. 기다리는 시간을 단축하고자 예약하는 손님들도 있다. 예약이 내키지 않는 손님들은 이곳에 와서 널찍한 테이블에 자리를 잡고 다양한 볼거리를 즐기면 된다.

유행에 민감한 사람들이 모이는 크로이츠베르크에 있는 이곳은 옛 베를린 장벽에서 불과 30cm 정도 떨어진 곳에 위치해 있다. 제1차 세계대전 이전으로 거슬러 올라가는 역사를 지닌 이 레스토랑은 혁명, 초인플레이션, 2번의 세계대전, 냉전 속에서 살아남았다.

짙은 목재 벽판, 다양한 사진과 그림을 담은 액자, 흰 셔츠를 입은 직원들의 움직임을 비추는 오래된 조명이 있는 이곳은 전통적인 베를린 펍이다. 날씨가 좋은 계절에는 야외로 나가 정원에 앉을 수 있다. 맥주는 치킨과 궁합이 잘 맞으며, 많은 손님들이 로컬 맥주인 슐타이스 필스너(Schultheiss Pilsener)를 주문한다.

1962년 케네디 대통령이 베를린을 방문했을 때, 헤네에서 그를 초청했으나 보좌관들이 바쁜 일정을 이유로 제안을 거절했다. 오늘날 이 서신은 바 뒷면의 벽에 걸린 액자에서 찾아볼 수 있다. 대통령은 자신이 어떤 기회를 놓쳤는지 평생 모를 것이다. **ATJ**

⬆ 20세기 초반의 미술 작품과 골동품이 이 레스토랑의 실내를 가득 채우고 있다.

➡ 헤네의 입구는 로컬 맥주인 슐타이스 필스너에 대한 애정을 숨김 없이 드러낸다.

카페 아인슈타인 Café Einstein | 음식과 대화를 위한 고상한 공간

위치 베를린 **대표음식** 사과 슈트루델 Apple strudel | $$

> "쪽모이세공을 한 나무바닥 위를 미끄러지듯 지나다니는 조금은 오만한 듯한 웨이터들이 이곳의 분위기를 완성한다."

fodors.com

베를린 쇠네베르크(Schöneberg) 구역의 19세기 빌라에 위치한 카페 아인슈타인은 빈의 커피하우스 문화를 즐길 수 있는 곳이다. 로비의 선반에 있는 신문을 하나 집어 들고 메인 다이닝룸이나 포근한 서재룸에 자리를 잡고 옛 시절을 떠올려보자.

1978년에 한 오스트리아 출신 여성이 고국의 문화에서 중요한 위치를 점한 '커피하우스(kaffeehaus)'를 재현하고자 이곳을 세웠다. 커피하우스는 빈 사람들이 오랜 세월에 걸쳐 커피, 먹을거리, 그리고 무엇보다 대화와 지적인 토론을 위해 찾았으며 예술가, 작가, 사색가들이 동료들을 만나 생각과 계획을 공유한 곳이다. 카페 아인슈타인의 위치 선정은 탁월했다. 카페가 위치한 빌라는 거리에서 연합군의 폭격을 견뎌낸 건물 중 하나이며, 불법 카지노로 이용된 경력까지 있는 화려한 역사를 자랑한다.

이 카페는 문을 연 이래로 주인이 몇 번이나 바뀌었지만, 현재의 주인은 설립자가 놓은 길을 따라 가고 있다. 빈의 전통 요리인 비너 슈니첼, 타펠슈피츠, 사과 슈트루델 등에 모던한 유럽 요리의 영향이 녹아 있으며 제철 식재료가 활용된다. 신구의 조화는 장식에서도 드러난다. 빌라 고유의 이음매, 목조부, 석고 장식이 세심하게 유지되었으나 박물관 같다는 느낌은 들지 않는다. 녹음이 우거진 정원은 따뜻한 계절에 인기가 좋다.

이곳은 학자와 기업가, 노인과 청소년, 예술가와 정치가 등 다양한 손님을 끌어들인다. 유명한 영화배우들도 이곳에서 축하연을 열곤 한다. 이는 어쩌면 쿠엔틴 타란티노 감독이 위층의 레벤스테른 바(Lebensstern bar)를 〈바스터즈: 거친 녀석들〉의 세트장으로 활용했다는 사실에 이끌려서일지도 모른다. **TO**

⬆ 카페 아인슈타인은 베를린의 쇠네베르크 구역에 있다.

피셔스 프리츠 Fischers Fritz | 독일의 수도에서 맛보는 잊기 어려운 미식

위치 베를린 **대표음식** 대서양산 대문짝넙치, 검은 꾀꼬리버섯, 베어네이즈 소스 Supreme of Atlantic turbot, black chanterelles, and Béarnaise sauce | ❸❸❸

베를린의 리젠트 호텔에 위치한 피셔스 프리츠는 2008년 부터 2개의 미슐랭 스타를 보유하고 있다. 주방을 책임지는 크리스티안 로제(Christian Lohse)는 기 사부아, 마르크 머노 같은 프랑스의 세계적인 셰프 아래에서 요리를 배웠다. 바트 외인하우젠(Bad Oeynhausen)에 위치한 추어 빈트뮐레(Zur Windmühle)의 헤드 셰프였던 그는 탁월한 해산물 요리로 명성이 높다.

목재 벽판, 높은 천장, 샹들리에, 편안하고 고전적인 의자가 있는 다이닝룸은 전통적인 느낌이다. 식사를 시작하는 메뉴로 후추 캐러멜, 가지잼을 곁들인 푸아그라 테린이 있다. 테린은 투명하고 바삭바삭한 훈제 장어를 한 겹 얹은 얇은 판 형태로 제공된다. 이어서 아티초크, 팽이버섯, 고수로 장식하고 라르도와 대서양산 랑구스틴으로 속을 채운 라비올리, 산초를 넣은 대서양산 랑구스틴 부용(bouillon)으로 식사를 계속할 수 있다.

때때로 피셔스 프리츠는 부드럽게 으깬 바질에 올린 구운 달걀이 증명하듯 익숙한 길을 벗어나 모험을 감행한다. 이 요리에서 달걀의 겉은 바삭바삭하고 속은 부드러우며, 새우 타르타르, 노랑촉수, 사프란 소스가 달걀과 어우러진다. 빼어난 생선 요리가 여럿 있지만 그중 하나는 당근, 버섯, 섬세하게 익힌 리크를 곁들인 귀족 도미(gilthead bream)와 귀족 도미 타르타르를 채운 호박꽃이다.

요리에 관한 까다로운 기준은 디저트에까지 쭉 적용된다. 산뜻한 디저트인 생강 맛을 낸 오이 스펀지 케이크와 생강과 라임을 넣은 시원한 시트러스 수프가 이를 증명한다. 또 다른 디저트로 주니퍼 베리로 장식한, 비단처럼 부드럽고 맛이 가득한 화이트 초콜릿 아이스크림이 있다. 피셔스 프리츠는 흠잡을 데 없는 재료와 한결같이 탁월한 기교를 접목하며, 자연스럽게 어우러지는 맛을 창의적으로 엮는다. 호화로운 공간, 정중하면서도 친절한 서비스 덕분에 이곳은 독일의 수도에서 최고의 레스토랑 중 하나로 손꼽는다. **AH**

"섬세하고 세련된 곳.
셰프는 요리하는 음유시인처럼 열정적인
서정성을 품고 요리한다."

Frommer's Germany

⬆ 피셔스 프리츠의 과일을 활용한 디저트.

보르하르트 Borchardt | 베를린 중심에 있는 소문난 그곳

위치 베를린 **대표음식** 비너 슈니첼 Wiener Schnitzel | ⑤⑤

"롤란트 마리의 요리 족보는 카이저 빌헬름 2세의 재위 시기까지 거슬러 올라간다."

60by80.com

보르하르트에 가면 늘 특별한 이벤트를 경험하는 것 같다. 이곳은 다른 이들의 시선을 받는 곳이며 정치인부터 가수까지 다양한 유명인사와 나란히 식사할 수 있는 레스토랑이다. 그러나 미지근한 음식이나 깨작거리며 유명인사를 구경하러 보르하르트에 가는 이는 없다.

요리는 훌륭하며 장식—어떤 이들은 세기말 베를린의 분위기가 난다고 한다—은 고루하지 않고 웅장해서 시선을 끈다. 먼저 천국에 닿을 듯한 천장 아래에 위병처럼 서 있는 대리석 기둥을 보라. 그리고 아르누보 양식의 타일로 장식한 바닥에 발을 디디고 적갈색의 긴 의자 중 하나를 택하여 앉아라. 웨이터들은 테이블 사이로 분주히 오가고 손님들은 비너 슈니첼이나 고구마 튀김을 곁들인 육즙이 촉촉한 필레 스테이크에 푹 빠져 입술을 핥는다. 손님들에게 보르하르트는 레스토랑이자 극장이다.

최초의 보르하르트는 1853년에 문을 열었으나 약 100년 후 제2차 세계대전 때 파괴되었다. 그리고 동베를린 시기에 재건되어 셰프 교육장으로 활용되었다가 대대적인 개조를 거쳐 1992년에 프랑스 거리(Französische Strasse)에서 최초의 보르하르트가 있던 자리의 바로 옆에 문을 열었다.

메뉴는 클래식한 프랑스 요리와 전통적인 독일 요리의 성격을 모두 보여준다. 대표적인 요리에는 졸인 바닷가재와 부야베스, 굴, 스테이크 타르타르, 송아지 간 그리고 비너 슈니첼(단골손님들이 베를린 최고의 비너 슈니첼이라 평한다)이 있다. 구운 고기를 좋아한다면 놀라울 정도로 맛 좋은 그릴에 구운 스테이크도 여러 가지로 준비되어 있다. 보르하르트는 저렴하지 않으며 언제나 예약이 권장되지만 이벤트, 사람 구경, 훌륭한 요리를 즐기는 사람이라면 계속 이곳을 찾게 될 것이다. **ATJ**

⤒ 보르하르트는 좋은 음식을 먹으며 사람 구경을 즐기는 곳이다.

쿠키스 크림 Cookies Cream | 미식가를 위한 대담한 채식 요리

위치 베를린 **대표음식** 아티초크, 토마토 바비큐를 곁들인 파르메산 치즈 덤플링 Parmesan dumplings with artichoke and barbecued tomato | 💲💲

쿠키스 크림은 독특한 경험을 선사한다. 이 경험은 쿠키스 크림을 찾아가는 모험에서 시작된다. 베를린 미테 지구에 있는 동베를린 시절의 프랑스 문화원에 위치한 쿠키스 크림의 입구는 웨스틴 그랜드 호텔과 코미셰 오퍼 극장 사이의 골목에 숨어 있으므로 골목을 따라 모험할 수 있는 용기가 필요하다. 문을 제대로 발견했다면 벨을 눌러 쿠키스 나이트클럽에 입장한 뒤 층계를 올라가야 레스토랑을 찾을 수 있다.

레스토랑에서는 캐주얼한 검은 옷차림의 웨이터, 양초와 대비를 이루는 장식, 풀 먹인 하얀 식탁보, 꽃꽂이 장식, 노출된 환기 및 전기 시설이 손님을 맞이한다. 공업 디자인을 응용하여 보통 노출하지 않는 부분을 공개한 디자인은 문이 없는 커다란 주방 입구에도 적용되었다. 손님들은 이 입구를 통하여 요리가 만들어지는 과정을 지켜볼 수 있다.

요리 이야기를 해보자. 의문스러운 모험으로 특별한 무언가에 대한 기대가 고조된 상태에서도 쿠키스 크림의 음식은 실망스럽지 않다. 헤드 셰프 슈테판 헨첼(Stefan Hentschel)은 채식 레스토랑의 전형적인 메뉴—파스타, 쌀, 두부—를 의도적으로 건너뛰고 제철 채소를 적극적으로 활용하며, 채소를 고기처럼 요리하기도 한다. 그 결과, 모던하고 세련되며 향미와 질감의 놀라운 조합을 보여주는 메뉴가 탄생한다.

메뉴는 재료와 계절에 따라 달라지며, 폭신폭신한 브리오슈로 감싼 메추리알 반숙 같은 흥미로운 디테일이 살아 있는 요리를 포함한다. 대부분의 요리는 비건 채식을 하는 사람들도 먹을 수 있도록 조정될 수 있으나, 쿠키라고 불리는 주인에 따르면 대부분의 손님들이 채식주의자가 아니며 새로운 것을 시도하고자 하는 모험가라고 한다. **TO**

"어린 시절 나는 조부모님의 정원에서 채소가 자라는 모습에 매료되었다."

Stefan Hentschel, chef at Cookies Cream

⬆ 손님들은 요리가 만들어지는 과정을 지켜볼 수 있다.

카페 안나 블루메 Café Anna Blume | 꽃으로 낭만을 피운 아침식사

위치 베를린 **대표음식** 2~4인을 위한 '안나 블루메' 아침 식사 "Anna Blume" breakfast for two or four people | 💲💲

"카페에는 섬세한 향이 퍼져 있다.
꽃잎을 비롯한 꽃의 부분들이 음료에서 모습을
드러낸다."

slowtravelberlin.com

베를린에는 맛있는 케이크, 편안한 분위기, 야외 테이블이 있는 아늑한 카페가 많다. 그러나 베를린에서 카페라테와 솜씨 있게 매만진 꽃다발을 함께 즐길 수 있는 곳은 카페 안나 블루메밖에 없을 것이다. 이곳의 공동 주인인 브리타 비바흐(Britta Biebach)는 그녀의 조경사 경력과 카페 겸 베이커리를 운영하는 남편과 함께 일하고자 하는 마음이 이 특이한 조합에 영감을 줬다고 말한다. 안나 블루메—블루메는 독어로 '꽃'을 의미하며, 이 이름은 다다이스트 쿠르트 슈비터스의 시에서 따온 것이다—는 2005년에 문을 열었지만 우아한 아르누보 장식으로 인해 오래된 역사가 있는 것처럼 보인다. 벽감에 둔 꽃병, 붉은색의 긴 인조가죽 의자, 빨간 벨벳을 드리운 모퉁이는 소규모의 단체와 특별한 축하연에 완벽하게 어울리는 분위기를 가졌다. 실외로 나가면 기대한 늙은 밤나무 아래에 앉을 수 있다. 이 카페는 프렌츨라우어 베르크 구역에 있는데, 녹음이 우거진 거리의 한쪽 귀퉁이에 널찍하게 차지하고 있다.

케이크와 그 외의 달콤한 디저트뿐만 아니라 수프, 샐러드, 앙트레 등 짭조름한 요리도 메뉴에서 중요한 자리를 차지한다. 저녁 메뉴는 몇 주마다 한 번씩 달라진다. 독일 요리가 근간을 이루지만 외국 요리의 흔적도 보인다. 가장 인기 있는 식사는 아침식사로, 치즈, 콜드 미트, 과일, 수제 잼, 빵, 스크램블드 에그 등을 3단 케이크 스탠드에 담은 2~4인용 유럽식 음식인 '안나 블루메'가 특히 인기 있는 아침 메뉴이다.

장미로 장식한 커다란 금속 샹들리에와 눈부신 제철 생화가 눈길을 끌고 그 자체로도 찾아갈 가치가 충분한 꽃집과 카페는 유리문으로 분리된다. 플로리스트들은 문을 닫기 전까지 자연스러운 분위기의 맞춤식 꽃을 판매하고 꽃집이 문을 닫으면 이 카페의 직원들이 미리 만든 꽃다발을 판매한다. **TO**

⬆ 양이 넉넉한 '안나 블루메' 아침 식사.

가뉘메트 Ganymed | 슈프레 강 근처의 프랑스풍 브라스리

위치 베를린 **대표음식** 샤토브리앙Chateaubriand | ❸❺

가뉘메트 브라스리는 모든 계절에 어울리는 곳이다. 도시의 나무가 푸르고 무성한 잎을 자랑하는 여름이면 이 품위 있는 브라스리의 강변 테라스는 잔잔한 슈프레 강의 풍경으로 마음을 달랠 만한 장소가 된다. 강 건너 강둑의 저편에는 파란만장한 역사를 이겨내고 새로운 독일을 선포하는 듯한 독일 연방의회 의사당이 있다. 베를린의 널찍한 거리에 바람이 휘몰아치는 추운 계절이 오면 빳빳한 흰색 식탁보, 아르누보 양식의 모자이크 등 파리를 연상시키는 인테리어로 장식된 실내로 들어가보자.

파리에서 영감을 받은 테마는 클래식한 프랑스 요리에 기초한 메뉴에서도 드러난다. 머스터드 소스, 껍질콩, 그라탱 도피누아를 곁들인 진한 맛의 샤토브리앙, 수제 베어네이즈 소스 또는 레드 와인을 넣고 졸이고 샬롯을 곁들인, 고기 맛과 단맛이 기분 좋게 어우러지는 필레 스테이크가 이를 보여준다. 생선이나 해산물 요리를 찾는 고객도 흡족한 식사를 할 수 있다. 새우는 촉촉하고 바닷가재는 황홀하게 미각을 자극하며 도미는 육즙이 가득해서 어떻게 만들었는지 궁금할 지경이다.

가뉘메트는 매우 오랫동안 프랑스식 파인 다이닝을 선보여온 곳처럼 보이지만, 사실 제1차 세계대전의 종전까지는 조선소 노동자들이 즐겨 찾는 식당이었다. 1931년에서야 오늘날의 이름을 걸고 훌륭한 요리를 제공하는 호화로운 곳으로 거듭났다. 그러나 제2차 세계대전의 말미에는 베를린 중심의 오래된 식당 대부분과 마찬가지로 산산조각이 났다. 이후에 가뉘메트는 동베를린으로 떠밀려가 베를리너앙상블 극단과 이웃하게 되어 베르톨트 브레히트, 쿠르트 바일과 같은 사람들의 아지트가 되었다. 그러나 독일 통일과 재단장 덕분에 이곳은 베를린의 미식 세계에서 다시 한 번 중심에 서게 되었다. **ATJ**

로가키 Rogacki | 서서 먹는 재미가 있는 베를린 역사의 현장

위치 베를린 **대표음식** 훈제 생선Smoked fish | ❺

소박하고 진정한 베를린의 식사를 경험하고 싶다면 1928년, 베를린의 샤를로텐부르크 구역에 설립된 명소인 로가키보다 적절한 곳은 없을 것이다. 시장과 서서 먹는 테이블이 있는 식당으로 구성된 로가키는 본래 생선을 훈제하고 판매하는 곳이었다. 직접 훈제한 생선이 여전히 이곳의 대표 상품이지만 오늘날의 로가키는 이외에도 다양한 먹을거리를 판매한다.

카페테리아식 판매대에서는 돼지 족발, 다양한 소시지, 4가지의 감자 샐러드 등 전통적인 독일 요리를 판매한다. 보다 작은 다른 두 판매대에서는 생굴이나 시장에서 공수한 재료를 잔뜩 담은 음식 같이 외국 요리의 영향이 드러나는 것들을 판매한다. 이곳에서는 다양한 날 생선, 훈제 생선, 절인 생선, 기타 방식으로 가공된 생선들을 볼 수 있다. 가공육, 생고기(사슴고기와 야생돼지고기도 있다),

> "직원들은 부지런히 청어의 살을 뜨고 오이를 저미고 양배추를 썰고 고기를 자른다."
> *The New York Times*

가금, 치즈, 수제 샐러드, 빵도 찾아볼 수 있다.

이 중 어떤 음식이든 구매하여 집으로 가져갈 수 있지만 현장에서 테이블을 하나 차지하고 베를린의 주민들과 바짝 붙어 서서 먹으면 더 큰 재미를 누릴 수 있다. 창립자의 손자인 디트마르 로가키에 따르면 1960년대에 일정수 이상의 좌석이 있는 시설은 위생시설을 갖추어야 한다는 법이 있었으나 로가키 식당에는 화장실이 없었으므로 서서 먹는 테이블을 놓았다. 1980년대풍의 장식과 간판이 있는 로가키에 들어서노라면 서베를린의 역사 속으로 들어가는 기분을 느낄 수 있다. **TO**

코노프케스 임비스 Konnopke's Imbiss | 베를린의 대표 간식과 세상 구경을 즐기는 곳

위치 베를린 **대표음식** 커리부르스트Currywurst | 💲

"이 가판점은 히틀러의 제3제국과 동독의 독재 속에서 살아남았다."

spiegel.de

커리부르스트를 맛보지 않았다면 베를린에 다녀왔다고 할 수 없다. 커리부르스트는 돼지고기로 만든 껍질 없는 소시지를 구워 케첩과 커리 가루를 뿌려 먹는 요리이다. 커리부르스트를 누가 처음 만들었는지에 대한 설만큼 가장 맛있는 커리부르스트를 어디에서 먹을 수 있는지에 대한 의견도 분분하다. 그러나 코노프케스는 위치와 역사적 전통으로 경쟁자들을 모두 압도한다.

이 베를린의 명소는 1930년에 창립자인 막스 코노프케가 거리의 이동식 가판에서 다양한 소시지를 판매하면서 처음 등장했다. 제2차 세계대전 이후 코노프케스는 프렌츨라우어 베르크 구역을 달리는 지하철 노선 아래에 있는 분주한 교차로의 교통섬으로 이전하여 정착했다. 그리고 1960년에 코노프케스는 동베를린에서 서베를린의 발명품인 커리부르스트를 최초로 판매한 가판점이 되었다. 이 시도는 큰 성공을 거둬 하루 중 어느 때든 배고픈 손님들이 참을성 있게 긴 줄을 기다릴 정도였다.

현재의 공동 주인인 다크마어 코노프케(Dagmar Konnopke, 막스 코노프케의 손녀)가 '신뢰성, 끈기, 전통'의 혼합물이라고 부르는 그 무언가로 코노프케스는 베를린 장벽 붕괴, 통일 등의 격변기를 꿋꿋이 견뎌냈다. 감자 샐러드, 바삭바삭하고 파프리카 맛이 밴 감자튀김 등이 추가되어 메뉴가 다양해지고 커리 가루의 매운 정도가 5단계로 세분화되었으나 이곳의 중심에는 언제나 코노프케스가 '주식'이라 일컫는 커리부르스트가 있다.

다크마어 코노프케에 따르면 머리 위로 지하철이 지나가고 차와 자전거가 빠르게 지나다니고 비둘기가 날아다니는 위치에서 나오는 분위기 덕분에 커리부르스트가 주는 즐거움이 배가된다고 단골들이 말했다고 한다. 이곳에서 모든 손님은 민주적으로 대접받는다. 관광객, 건설 노동자, 은행 직원 할 것 없이 모든 이들이 케첩을 뿌린 소박한 소시지 앞에서 평등해진다. **TO**

⬆ 커리부르스트와 감자튀김은 베를린의 모든 이들이 평등하게 맛볼 수 있다.

루터 운트 베크너 Lutter & Wegner | 베를린 중심의 클래식한 레스토랑

위치 베를린 **대표음식** 비너 슈니첼 Wiener Schnitzel | 💲💲

상부를 각각 와인, 여성, 노래를 나타내는 색색의 표현적인 그림으로 감싼 3개의 견고한 기둥이 메인 식사 공간의 중심을 가로질러 서 있다. 루터 운트 베크너의 분위기는 생각보다 편안하다. 이곳에서는 대화가 흘러나오는 음악에 방해를 받지 않으며, 주된 대화 주제는 테이블에 등장한 독일, 오스트리아 풍의 요리일 가능성이 크다.

크리미하고 비단 같이 부드러운 감자 수프는 인기 있는 애피타이저다. 메인 요리 중 인기가 좋은 것으로는 사워브래튼(Sauerbraten, 소고기를 오랫동안 마리네이드에 재워서 굽고 끓인 독일 요리로, 전통적으로 적양배추나 감자 덤플링을 곁들여 제공한다), 감자 샐러드를 곁들인 비너 슈니첼이 있다. 비너 슈니첼은 좀 안다 하는 사람들에게 베를린에서 최고라는 평을 받는다. 상당한 크기를 자랑하는 슈니첼의 송아지 고기는 부드럽고 담백하며 육즙이 가득한데다 연하고, 빵가루 튀김옷은 기분 좋게 바삭하다. 식사 중간중간에 큰 유리창을 통해 웅장한 건물과 인접한 젠다르멘 시장을 구경할 수 있다.

이곳은 1811년에 크리스토퍼 루터와 아우구스트 F. 베크너가 와인 태번으로 세운 곳이었다. 19세기에 루터 운트 베크너는 와인을 마시고 식사하기에 좋은 곳으로 명성이 높아졌으며, 일설에 따르면 스파클링 와인을 칭하는 '젝트(Sekt)'라는 이름이 이곳에서 탄생했다고 한다. 최초의 루터 운트 베크너는 제2차 세계대전 중에 파괴되었고 1990년대 중반에 새로운 모습으로 거듭났다. 배고픈 여행자와 현지 사정에 밝은 베를린 시민 모두에게 이곳은 반드시 가봐야 할 곳이 되었다. **ATJ**

"근처의 모든 독일인은 똑같은 메뉴를 주문한 것 같았다. 바로 슈니첼 말이다."

Stuart Emmrich, *The New York Times*

⬆ 사이드 디시로 감자 샐러드를 곁들인 비너 슈니첼.

코젤팔라이스 Coselpalais | 고상한 바로크 분위기에서 즐기는 커피와 케이크

위치 드레스덴 **대표음식** 호스래디시 소스와 감자 덤플링을 곁들인 삶은 소고기 | Boiled beef with horseradish sauce and potato dumplings | 💲💲

드레스덴 사람들처럼 오후에 그란트 카페 코젤팔라이스에 들러 커피와 케이크를 음미해보자. 향기로운 커피와 타르트(블루베리, 블랙 체리, 사과 등), 슈트루델, 크림 등은 보는 것만으로 허리 둘레가 늘어날 것 같다.

날씨가 허락한다면 야외 테이블을 차지하고 드레스덴의 한쪽에서 가장 눈에 띄는 인근의 프라우엔키르헤 교회를 보며 감탄해도 좋다. 실내에는 눈부신 샹들리에, 벽에 걸린 유화, 드레스덴 도자기, 금박 입힌 장식품이 있는 우아한 바로크 분위기의 4개의 다이닝룸이 있다.

커피와 케이크가 이곳의 전부는 아니다. 메뉴는 유럽 중부의 요리로 채워져 있다. 드레스덴 미트로프 또는 호스래디시 소스와 감자 덤플링을 곁들인 삶은 소고기 등 작센 지방의 별미가 있다. 또한 참치 카르파초, 망고와 고수 소스를 곁들인 오리 가슴살 등의 퓨전 요리로 메뉴에 특징을 더했다.

위치 특성상 관광객들이 카페의 뜰을 가로질러 호텔로 향하곤 한다. 이곳은 관광객들이 즐겨 찾는 만큼 주민들에게 사랑받는 곳이기도 하다. 작센 지역의 와인을 다루는 와인 리스트, 수제 슈톨렌(과일 케이크)을 구입하여 커피와 케이크를 사랑하는 세계 각지의 사람들에게 바로 보낼 수 있다는 점이 또 다른 매력이다.

이 18세기의 성은 제2차 세계대전 말미에 연합군의 폭격으로 크게 손상되었다. 인근의 프라우엔키르헤처럼 이 성도 통일 후에 재건되었다. 단것이 몹시 생각날 때 빼어난 토르테를 맛보며 이 기적 같은 환생에 대하여 곰곰이 생각해보자. **ATJ**

⬆ 코젤팔라이스의 호화롭고 꿈결 같은 다이닝룸.

알테 마이스터 Alte Meister | 예술적인 분위기에서 접하는 창의적인 메뉴

위치 드레스덴　**대표음식** 방목하여 기른 닭 가슴살과 고르곤졸라 치즈로 맛을 낸 시금치 Free-range chicken breast with Gorgonzola-flavored spinach |

높은 천장, 부드러운 파스텔톤의 벽, 아치형 벽감, 화사한 햇빛과 조명, 서두르지 않고 미끄러지듯 활보하는 웨이터들……. 알테 마이스터의 평온하고 고상한 공간에 들어온 사람들은 박물관이나 미술관에 입장한 듯한 기분을 느낄지도 모른다. 드레스덴의 유명한 바로크 양식 건축물인 츠빙거 궁전(제2차 세계대전 후에 재건되었다)의 영역 안에 있다고 할 법한 이곳은 뒤러, 홀바인, 루벤스, 렘브란트 등의 그림이 전시된 동명의 미술관 인근에 있다.

거장들의 작품 가까이에 있는 위치가 요리에 영향을 미쳤다고 볼 수도 있다. 신선한 로컬 식재료와 세계 각지의 요리를 잘 버무린 음식은 인근의 미술관에 전시된 작품만큼이나 아름답게 담겨 나온다. 싱그럽고 밝은 녹색, 연어살을 닮은 분홍색, 파스텔 톤의 노랑색, 어둡고 음울한 갈색이 하얀 접시를 수놓는다. 애피타이저로는 맛 좋은 토끼 간을 곁들인 당근 크림 수프가 있다. 메인 요리로는 코코넛 커리 맛을 입힌 채소와 농어 필레 그릴 구이 또는 고르곤졸라 치즈로 맛을 낸 시금치 구이를 곁들인 닭 가슴살이 있다. 갈색 반점이 점점이 박힌 크렘 브륄레 등의 디저트 메뉴에서도 밝은 색의 인상적인 향연이 이어진다.

이러한 예술적 기교는 저녁 시간에 발휘되나 점심 때도 손님을 맞이한다. 점심 메뉴는 좀 더 힘을 뺐지만 송아지 간 구이와 눅진하게 익힌 양파는 점심 손님들의 마음을 녹이고, 구운 버섯을 넣은 파르메산 리소토는 허기진 이들의 배를 만족스럽게 채워준다. 츠빙거 궁전을 감상하고 궁전 내 알테 마이스터의 위치를 생각하면 이 레스토랑이 아주 오래되었을 것이라고 생각할 수 있다. 사실 이 레스토랑은 2001년에 등장하여 드레스덴의 최고의 레스토랑 중 하나로 등극했다. **ATJ**

⬆ 카를 마리아 폰 베버의 동상 근처에서 즐기는 야외 식사.

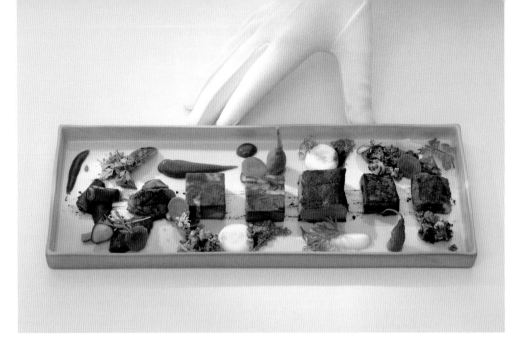

라 비 La Vie | 맛만큼 모양도 탁월한 분자 요리

위치 오스나브뤼크   **대표음식** 사슴 등심과 순무, 아보카도, 자몽 Saddle of venison with turnip, avocado, and grapefruit | 💰💰💰💰

불어로 '인생'이라는 뜻의 '라 비'는 참 잘 지은 이름이다. 사람들은 이 정도 수준(미슐랭 스타 3개를 받았다)의 레스토랑에서의 식사를 현실을 초월하는 시간이나 일상에서의 일탈로 여기기 마련이다. 또한 이 시간은 미술원에서 교육받은 듯한 주방의 구성원들이 꾸미고 설계하고 만들어낸 요리와 함께하는 시간이기도 하다.

하얀 접시는 색채의 대담한 결을 담아낸다. 소나무의 녹색, 칠흑 같은 검은색, 눈을 닮은 흰색, 핏빛 도는 빨간색, 연어의 분홍색, 노을빛의 주황색이 흰 접시를 장식한다. 이와 대조적으로 장식은 간혹 곳곳에 모던한 분위기가 고조되긴 하지만 크림색, 캐러멜색 등 차분한 색을 입고 있다. 이제 라 비의 모습을 상상할 수 있을 것이다. 이 레스토랑은 해체된 요리(더 그럴싸하게 표현하면 분자 요리)를 선보인다.

사슴 등심과 순무, 아보카도, 자몽 또는 부야베스 육수 속에서 상당한 시간을 보낸 칼라마리, 성대, 안초비, 사프란으로 맛을 낸 감자, 튀긴 국수를 넣은 부야베스를 꼭 먹어봐야 한다. 후자의 요리에서 각 재료의 구성 요소들은 미니멀리스트의 예술 작품처럼 접시 위에 따로따로 전시된다. 고수, 카피르 라임, 캐러멜화한 초콜릿을 넣은 바나나 밀크셰이크도 메뉴에 있다. 이 건물에서 가장 오래된 600년의 역사를 자랑하는 곳에 저장된 와인에도 주목해야 한다.

오스나브뤼크 중심의 바로 오른편에 있는 레스토랑 건물은 200년 전에 고전적인 스타일로 재건되었다. 헤드 셰프인 토마스 뷔너(Thomas Bühner)는 2006년에 이곳을 인수했다. 당시 이 레스토랑은 1개의 미슐랭 스타를 보유하고 있었고 1년 뒤에 2번째 미슐랭 스타를 받았다. 뷔너는 분자 요리의 핵심과도 같은 식재료 본연의 순수한 맛을 중시한다. 세트 메뉴는 점심에 1가지, 저녁에 2가지 운영되며 저녁의 세트 메뉴에서는 테이스팅 요리가 연속적으로 제공된다. **ATJ**

⬆ 예술적으로 프레젠테이션한 각기 다른 모습의 양고기.

방돔 Vendôme | 인상적인 요리 기술에 기반한 세련된 다이닝

위치 베르기슈 글라트바흐   **대표음식** 사슴고기와 솔잎 젤리, 셀러리 크림 Venison with pine-needle jelly and celery cream | 🄢🄢🄢🄢

규모는 작으나 포부는 큰 레스토랑인 방돔은 베르기슈 글라트바흐의 슐로스 벤스베르크(Schloss Bensberg) 호텔 한쪽의 조용한 곳에 위치해 있다. 셰프 요아힘 비슬러 (Joachim Wissler)는 라인가우의 엘트빌레에 있는 마르코 브룬(Marcobrunn) 레스토랑에서 미슐랭 스타를 2개 받고 2001년에 이곳으로 옮겨왔다. 그리고 불과 5년만에 방돔에 3개의 미슐랭 스타를 선물했다.

눈에 띄게 큰 테이블이 널찍하게 배열된 이곳의 식사 공간은 호화롭다. 주방에서 고객에게 최고의 정성을 다할 수 있도록 입장 고객을 30명 이하로 제한한다. 많게는 20가지가 넘는 작고 아름다운 요리로 구성되는 테이스팅 메뉴가 몹시 정교해서 이 방침의 중요성은 남다르다고 할 수 있다. 산호초를 닮은 파르메산 '산호(coral)', 비단같이 부드러운 질감과 간의 깊은 맛을 자랑하는 거위 간 판나코타, 파르메산 솜사탕이 있다. 이들 요리 뒤에는 설탕에 조린 땅콩, 오이, 구운 파, 미소 크림을 곁들인 갑오징어 샐러드가 이어지기도 한다. 현대적인 프랑스 요리

기법이 근간을 이루지만 가재, 겨자씨 빵, 곰보버섯, 아찔할 정도로 진한 조개 부용을 섞은 '라이프치거 알레를라이(Leipziger Allerlei)' 같은 메뉴에서는 독일 요리의 흔적도 느낄 수 있다.

주방의 기교는 '종잇장' 돼지고기 로스트에서 여실히 드러난다. 이 요리의 특징은 손을 대면 바스러지지만 입에서 녹아내려 돼지고기의 깊은 맛을 혀에 남기는 극도로 얇은 고기 층이다. 방돔은 세계에서 가장 정교한 요리 중 몇몇을 만드는 곳이며, 이곳의 섬세한 음식은 변함없이 탁월한 미식 경험을 선사한다. 방돔은 미식의 즐거움, 흠잡을 데 없는 서비스, 고급스러운 와인 리스트로 세계 최고의 레스토랑 중 하나로 부상했다. **AH**

⬆ 방돔의 대표 메뉴인 사슴고기 요리.

빌라 메르톤 Villa Merton | 수렵, 채집 한 식재료를 강조하는 제철 요리

위치 프랑크푸르트 **대표음식** 그린 엘더베리를 곁들인 사슴고기 Venison with green elderberries | ❺❺❺❺

프랑크푸르트 유니언 인터내셔널 클럽의 근거지인 빌라 메르톤에 자리 잡은 동명의 레스토랑은 점차 향상되고 있는 독일 셰프들의 성과를 대표적으로 보여준다. 혁신적인 셰프 마티아스 슈미트(Matthias Schmidt)는 멋과 복합적인 맛이 살아 있는 요리에 필요한 재료를 인근의 농산, 숲, 강으로 찾아다닌다. 이렇게 찾은 재료는 2개의 테이스팅 메뉴(이름은 각각 날 것을 의미하는 'Roh', 재료를 의미하는 'Stoff'이다)에 활용된다. 테이스팅 메뉴에는 컨커베리 (conkerberry) 에멀션을 곁들인 셀러리, 마늘 머스터드, 샐러드 주스, 전나무 윗잎, 너도밤나무 열매와 버터밀크, 사과와 쐐기풀, 귀리 플레이크, 꽃가루, 포도씨유, 그린 엘더베리가 있다. 슈미트는 계절성과 지속가능성에 동등한 열정을 기울인다. 창의적으로 접시에 담긴 음식은 처음에는 예술품 같이 보이지만 슈미트가 활용하는 전나무 윗잎, 민들레 꽃잎, 러비지(lovage) 등 이색적인 식재료를 보면 그의 요리가 허세와 거리가 멀다는 것을 알게 된다.

빌라 메르톤은 프랑크푸르트의 외교 구역으로 알려진 곳에 있어 많은 손님들이 도심에서 택시를 타고 이곳을 찾아온다. 이 레스토랑이 있는 건물은 1920년대에 리하르트 메르톤이 세웠다. 내부에는 높다란 프랑스식 창이 있어 푸른 공원과 오래된 나무를 감상할 수 있고, 3개의 다이닝룸에 있는 높은 천장, 따뜻하고 향수를 자극하는 가을색의 벽, 거울은 편안한 분위기와 뛰어난 맛을 고조시킨다. 요리를 보다 돋보이게 하는 와인도 다양하게 준비되어 있다. 이 레스토랑은 신규 와인메이커와 전통적인 와인메이커의 와인을 모두 포괄하는 다양한 유럽 와인을 갖추고 있다. 이러한 레스토랑이 으레 그러하듯 가격은 저렴하지 않다. 그러나 빌라 메르톤에서의 식사는 오랫동안 기억에 남을 경험을 선물한다. **ATJ**

⬅ 동명의 레스토랑이 위치한 빌라 메르톤.

슈페치알 켈러 Spezial-Keller | 수제 맥주와 강렬한 맛의 요리

위치 밤베르크 **대표음식** 훈제 족발과 자우어라우트 Smoked ham knuckle with sauerkraut | ❺❺

이곳을 가장 잘 나타내는 단어는 '아늑함'이다. 잿빛의 나무 벽판, 벽을 따라 늘어선 도자기 머그, 방 한구석의 바닥위 녹색 타일을 붙인 구식 오븐, 공중에 떠다니는 고기 구이의 나른하고 따뜻한 향이 아늑한 분위기를 만든다. 요리를 담은 커다란 접시와 라우흐비어(Rauchbier, 밤부르크의 특산품인 훈제 맥주)를 채운 거대한 맥주잔을 든 직원은 현지인과 정보력 좋은 관광객이 차지한 테이블 사이를 재빨리 지나다닌다. 창밖으로 빨간 지붕과 구시가지의 첨탑이 보이고, 여름이 오면 모든 손님들은 맥주 정원에 나가 자리를 잡는다.

뢰어(Loehr)가에서 몇 대째 이곳을 운영하고 있으나, 맥주 저장실과 양조장은 1500년대 초반부터 존재했다. 몇 세기 동안 좋은 음식과 술을 제공해 온 이곳에는 뭔가

> "도시에서 꽤 떨어져 있지만 더할 나위 없는 라우흐비어와 경치가 이를 충분히 보상한다."
>
> Lonely Planet

특별한 매력이 있다.

음식은 강렬하다. 인기 메뉴는 단연 훈제 족발이다. 족발의 껍질은 바삭바삭하고 맛있으며, 속살은 육즙과 진한 맛이 가득하고 뼈와 쉽게 분리된다. 단골 손님들은 이곳의 족발이 밤베르크에서 최고라고 칭찬한다. 사워크라우트 더미와 단단하면서도 연한 감자 덤플링이 족발과 잘 어우러진다. 다른 메뉴로는 오리 로스트, 비엔나식 송아지 에스칼로프, 수제 감자 샐러드가 있다. 이외에도 매력적인 메뉴로 밤베르크의 전통적인 흰 소시지인 바이스부르스트(Weisswurst)로 만든 브런치를 들 수 있는데, 이 메뉴에는 산뜻한 수제 바이스비어(Weissbier)를 필수적으로 한 잔 곁들여야 한다. **ATJ**

빅토르스Victor's | 일본, 프랑스 요리에서 영감을 얻은 아름다운 요리

위치 페를-네니히　**대표음식** 오이, 요거트, 레몬을 곁들인 새우Shrimps with cucumber, yogurt, and lemon | 🅢🅢🅢🅢

독일과 룩셈부르크의 국경 지대 근처 카지노 단지는 독일 최고의 레스토랑 중 하나인 빅토르스(Victor's Gourmet-Restaurant)가 있을 만한 곳이 아닌 것처럼 보인다. 카지노에서 조금만 걸어가면 나오는 이 레스토랑은 아름다운 정원이 있는 매력적이고 역사적인 건축물인 슐로스 베르크(Schloss Berg)에 위치해 있다. 헤드 셰프 크리스티안 바우(Christian Bau)는 2006년에 그가 열망하던 3번째 미슐랭 스타를 받고 이를 쭉 유지해왔다. 그는 팔에 3개의 미슐랭 스타를 상징하는 문신을 새기기도 했다.

빅토르스의 다이닝룸은 조용하고, 널찍하게 배열된 큰 테이블에 수십 명의 고객만 수용한다. 바우의 요리는 클래식한 프랑스 요리에 기반을 두고 있지만 일부 요리에서는 일본 요리의 영향도 드러난다. 재료의 질을 가장 중요하게 여겨 오직 최고급 식재료만 활용된다.

예부터 사랑받아온 메뉴로 밸런스가 훌륭한 메추리알, 오세트라 캐비아를 곁들인 비프 타르타르 니블(nibble, 보통 식사에 앞서 먹는 짭조름한 작은 음식)이 있다. 파르메산 거품과 오리 간도 인기가 높다. 이 요리에서 간은 놀라운 깊이의 맛을 내며, 파르메산 거품은 또 다른 차원의 맛을 더한다.

대두 마시멜로와 퀴노아를 곁들인 참치뱃살 롤, 피클, 와사비 크림, 일본식 마요네즈에서 아시아 요리의 영향이 명백하게 드러난다. 여러 가지의 동양적인 향신료는 균형을 이루도록 섬세하게 조율된다. 최고급 식재료를 중시하는 태도는 양 뱃살과 버섯, 얌(yam)과 섞은 당절임과 흑마늘 크럼블을 곁들인 프로방스산 시스트롱(Sisteron) 양고기에서도 드러난다.

빅토르스는 독일, 아니 유럽 전체에서 가장 아름다운 요리 중 일부를 보여준다. 당신이 빅토르스 방문을 주저할 이유는 전혀 없다. **AH**

⬆ 가리비 살로 만든 섬세한 애피타이저 요리.

아마도르 Amador | 도시의 끝자락에서 만드는 실험적인 요리

위치 만하임　**대표음식** 랑구스틴, 래디시, 루스테나우 머스터드, 리크 Langoustine, radish, Lustenauer mustard, and leek　| 💲💲💲💲💲

3개의 미슐랭 스타를 받은 레스토랑 중 가장 찾기 어려운 이곳을 찾아 헤매다 황량한 공업지대에 잘못 들어선 듯한 인상을 받더라도 단념해서는 안 된다. 버려진 창고 같은 외관을 지닌 이곳은 사실 독일 요리계에서 선두를 달리는 곳 중 하나이다. 우아한 소리를 내는 금속제 현관을 지나면 전혀 다른 세계가 펼쳐진다. 안쪽에는 테이블마다 아래에 붉은 원형 카펫을 깐, 대성당 같은 느낌의 빛나는 흰색 공간이 있다. 이 공간에는 거대한 공기통처럼 보이는 것들이 무리 지어 솟아 있다.

레스토랑 아마도르는 스페인계 부모를 둔 독일 태생 셰프 후안 아마도르(Juan Amador)의 작품이다. 엘 불리(El Bulli) 레스토랑 방문이 발전의 계기가 된 그의 요리는 페란 아드리아의 요리와 유사성이 있다. 식초로 맛을 낸 마카롱은 첫눈에는 치약 튜브처럼 보이는 무언가와 함께 제공된다. 이 튜브는 사실 가벼운 맛의 크림 치즈 튜브이다. 메뉴에는 '스냅샷(Snapshot)'이나 '회고(Retrospective)'처럼 함축적인 이름이나 '달고기/파슬리/아이올리/이베리코

햄'과 같이 재료를 성실하게 나열한 이름이 붙어 있다. 요리에서 나는 맛은 황홀하며 강렬함과 섬세함 사이의 간극을 메운다. 와인 리스트는 타조 가죽으로 묶었다는 점도 인상적이지만 와인의 권위자인 마이클 브로드벤트가 구성했으며 특이하게 독일산, 스페인산 와인만 다룬다는 점도 눈길을 끈다.

이 레스토랑이 현대 미술관과 비슷해 보이는 것은 우연이 아니다. 2개의 거대한 문을 열고 들어가면 메인 다이닝룸보다도 큰 공간이 나온다. 요제프 보이스와 안젤름 키퍼의 그림과 설치미술 작품이 전시된 이 공간은 독일에서 가장 큰 규모의 개인 미술 소장품을 자랑한다. 아마도르는 오감을 위한 진정한 축제의 장이다. **SFP**

⬆ 붉은색으로 포인트를 준 흰색 인테리어.

레오폴트 Leopold | 현대적으로 구현된 팔츠의 환대 정신

위치 다이데스하임 **대표음식** 팔츠의 고전 요리과 오랜 사랑을 받은 요리의 재해석Pfalz classics and new interpretations of old favorites | $$$

"이 아름다운 아치형 천장의 레스토랑은 독일 남부의 와인 길에서 오랫동안 사랑받아 왔다."

viamichelin.co.uk

레오폴트는 독일에서 가장 유명한 와인의 고장인 다이데스하임에서 목재 골조 건물이 많은 중심지 바로 너머에 위치해 있다. 헬무트 콜 전 총리는 외국의 고위인사들을 다이데스하임으로 데려와 이 지역의 별미인 속재료를 채운 돼지 위, 즉 펠처 자우마겐(Pfälzer Saumagen)의 매력을 소개하곤 했다. 이 근처에서 식사를 하면 고루하거나 격식이 부족하다는 인상을 받기도 하지만 레오폴트의 단정한 분위기는 만족스럽다.

아치형의 천장이 널찍하고 밝은 느낌을 자아내는, 사유지 마구간을 우아하게 개조한 레스토랑의 내부도 실외만큼 아늑하다. 전통적인 독일 요리를 훌륭하게 재창조한 요리로는 타펠슈피츠쥘체(Tafelspitzsülze), 즉 소고기로 만든 테린이 있다. 소꼬리가 종종 모습을 드러내며, 팔츠에서 빼놓을 수 없는 삼위일체를 이루는 레베르크뇌델(Leberknödel), 브라트부르스트, 자우마겐, 즉 간 덤플링, 소시지, 돼지 위도 자주 모습을 보인다. 자우마겐은 마조람으로 맛을 낸 돼지고기와 감자를 돼지 위에 넣어 끓인 후에 자르고 다시 구워서 만들어 사워크라우트와 바삭바삭한 독일식 감자 튀김인 브라트카르토프펠른(Bratkartof-feln)을 곁들여 제공한다. 슈바벤 황소고기를 드라이에이징한 스테이크의 인기가 상당하며 스테이크 타르타르도 마찬가지이다. 일본 요리에서 영감을 받은 생선 요리, 지중해풍 파스타와 뇨키에서는 모던한 기운이 느껴진다.

와이너리에 가까운 위치 덕분에 드라이하며 뛰어난 로컬 리슬링을 다양하게 갖추고 있다. 웅게호이어(Unge-heuer) 또는 페히슈타인(Pechstein) 같은 역사적인 단일 산지에서 숙성된 훌륭한 와인과 이 근처 라우머스하임의 석회암 토양에서 자란 피노 누아를 맛보아야 한다. 폰 비닝의 복합적인 향미를 자랑하는 쇼비뇽 블랑은 당신이 독일 최고 와이너리 중 하나에 와 있음을 깨닫게 할 것이다. **AK**

⤒ 레오폴트의 아뮤즈 부셰.

브라트부르스트헤르츨레 Bratwurstherzle | 뉘른베르크 명소의 너도밤나무 숯으로 구운 소시지

위치 뉘른베르크 **대표음식** 오리지널 브라트부르스트, 사워크라우트, 호스래디시 Original Bratwurst with sauerkraut and horseradish | 💲💲

음식에 꾸준한 관심이 있는 사람이라면 대부분 알듯이 독일에 일반적인 소시지라는 것은 없다. 독일 전역에 수백 가지의 소시지가 있다고 알려져 있다. 그러나 뉘른베르크의 옛 도심에 있는 이곳은 오로지 한 종류의 소시지로 사람들을 끌어모은다. '뉘른베르거 브라트부르스트'라는 이름의 이 소시지는 육즙이 가득하고 살짝 매콤하다. 그리고 크기가 평균보다 작으며 뚜껑이 없는 그릴에서 구워진다. 브라트부르스트는 PGI(Protected Geographical Indication, 지리적 표시 보호) 대상이므로 뉘른베르크와 그 주변에서 생산한 경우에만 '뉘른베르거(Nuremberger)'라는 이름을 붙일 수 있다.

이곳에서는 시골 같은 분위기와 고딕풍의 분위기를 느낄 수 있다. 여기저기에 보이는 목재, 사슴뿔, 중간 문설주가 있는 창문, 팔걸이와 등받이가 있는 목재 의자가 이러한 분위기를 조성한다. 너도밤나무 숯을 넣은 그릴에서 하루 종일 불이 피어 올라 고기가 익는 군침 도는 향이 공기 중에 망령처럼 떠다닌다. 이는 관광객으로 붐비는 곳에 자리 잡은 이 식당에는 현지인이 더 많다. 질 좋은 로컬 돼지고기로 만든 감미로운 브라트부르스트도 이러한 현상을 설명한다.

소시지는 주로 6, 8, 10, 12개씩 주석 접시에 담겨 나오며, 사워크라우트, 크리미한 감자 샐러드, 상큼한 호스래디시 소스가 곁들여 나온다. 추운 계절에는 그릴의 불빛 덕분에 안전한 환경에서 식사하는 기분을 느낄 수 있으며, 여름이면 밖으로 나가 사람들을 구경하며 소시지를 먹을 수 있다.

16세기 초에 세워진 최초의 브라트부르스트헤르츨러는 제2차 세계대전 중 폭격으로 파괴되었다. 독일이 폐허를 딛고 일어섰듯이 이곳 또한 1954년에 현재의 위치에서 재개장했다. 그 이래로 쭉 성업을 이루어 결코 일반적이지 않은 소시지, 즉 뉘른베르거를 간단한 식사거리로 좋아하는 사람들 사이에서 진정한 성지로 자리 잡았다. **ATJ**

"이 테이크아웃 메뉴의 이름은 '롤빵 사이 3개(three in a roll)'이다. 이는 프랑코니아인의 직선적인 성격을 보여주는 좋은 예시이다."

Jefferson Chase, news.de

⬆ 그릴에서 갓 나온 전통적인 브라트부르스트를 꼭 먹어봐야 한다.

베르크 Berg | 신선한 재료와 제철 요리

위치 슈투트가르트 　**대표음식** 밤 크림을 곁들인 사슴 고기 | Venison with chestnut cream | ❸❸❸

"우리는 베르크의 단골 손님들뿐만 아니라 젊은이들에게 파인 다이닝에 대한 흥미를 불러일으키고 싶다."

Philip Berg, owner of Restaurant Berg

⬆ 베르크의 기발한 프레젠테이션.

베르크는 독어로 '산'을 의미한다. 따라서 이곳을 방문하는 사람들은 사슴뿔이 벽에 걸려 있고 소 방울이 울리는 알프스 같은 분위기를 기대할지도 모른다. 그러나 이곳의 주인인 필립 베르크의 이름을 딴, 높은 평가를 받는 이 레스토랑은 이러한 환상을 깨버린다. 알프스를 모방한 장식품은 단순하고 미니멀리즘을 지향하는 인테리어에서 일절 배제되었다. 광택을 잘 낸 밤나무색 목재가 고요하고 차분한 흰색 벽을 보완한다. 깔끔한 선과 절제된 모던함을 앞세운 공간에 특유의 차분한 감각이 녹아 있으며, 야외 테라스 역시 평온한 분위기를 풍긴다.

2011년까지 베르크는 당시 소유주 겸 헤드 셰프였던 벤야민 브라이텐바흐(Benjamin Breitenbach)의 이름을 따서 브라이텐바흐로 일컬어졌으며, 하나의 미슐랭 스타를 보유했다. 브라이텐바흐는 떠났지만 매니저이자 소믈리에였던 필립 베르크가 이곳의 지휘권을 잡자 이 레스토랑 인근의 미식가들은 곧 안심할 수 있었다. 그 결과, 기대감에 부푼 손님들은 꾸준히 베르크를 찾아왔다. 미슐랭 스타가 하나도 없을지라도 말이다. 베르크는 미슐랭 스타에 적극적인 관심을 보이지 않는다.

이곳에 철학이 있다면(오늘날 오트 퀴진을 선보이는 대부분의 레스토랑은 철학을 갖도록 강요당하는 느낌마저 든다) 이는 신선한 제철 재료 활용과 창의적이고 상상력이 풍부한 조합일 것이다. 이 철학을 고수하여 구운 가리비는 흩뿌린 호박 조각을 파수하듯 서 있고, 장밋빛 분홍색이 도는 사슴고기는 밤 크림으로 만든 침대에 편안히 누워 있으며, 작은 초콜릿 타르트는 구운 사과 셔벗과 몹시 친밀한 듯한 모양새로 표현된다. 메뉴는 종류가 많지 않으며 주기적으로 변경되어 더더욱 훌륭하다.

필립 베르크가 이전에 소믈리에였다는 점을 감안하면 와인 리스트가 훌륭한 것도 놀랍지 않다. 마음이 움직이는 대로 여러 개의 산에 오를 수 있지만 슈투트가르트에서 주목할 만한 산은 오직 이곳 하나이다. **ATJ**

빌란츠회헤 Wielandshöhe | 이국적인 맛을 더한 슈바벤 요리

위치 슈투트가르트　**대표음식** 머스터드 소스를 곁들인 황소고기 룰라드 Ox roulade with mustard sauce | $$$$

밖에서 본 빌란츠회헤는 상상력을 크게 자극하지 않는다. 매끈한 선과 흰색 페인트칠 때문에 외관은 모던한 호텔 같고, 슈투트가르트의 데게를로흐(Degerloch) 지역에 있는 가파른 길에 위치해 있다는 점에서 무미건조해 보이기까지 한다(주차도 쉽지 않아 택시를 타고 오는 편이 좋다). 그러나 안으로 들어가면 우아한 분위기를 감지할 수 있다. 긴 유리창을 통해 빛이 쏟아지고 도시의 아름다운 경관이 보인다. 풀 먹인 하얀 식탁보와 잘 닦은 식기의 광택은 특별한 곳에 왔다는 인상을 준다. 곳곳에서 음식에 감탄한 손님들의 속삭이는 소리가 들린다. 그 와중에 빌란츠회헤의 헤드 셰프이자 창립자인 빈센트 클린크(Vincent Klink)가 테이블 사이를 돌아다니는 모습이 종종 보인다.

클린크는 요리계의 유명인사다. 그는 TV에 출연한 셰프이자 작가이고 그의 레스토랑에서 매우 중시하는 제철 요리, 유기농 식품의 열렬한 지지자이다. 클린크는 집, 미술관 또는 과학 실험실에서 만든 것처럼 보이는 요리보다 맛 좋은 요리를 우선시한다. 매달 바뀌는 메뉴에서 슈바벤 지역의 요리와 다른 지역 요리의 영향이 모두 나타난다.

애피타이저로는 깍지 완두와 새우 수프, 호박 기름을 곁들인 홋카이도 호박 수프, 바질과 올리브를 넣은 미네스트로네가 있다. 메인 요리에는 블랙 포레스트(Black Forest)의 강에서 잡은 송어, 도시 밖 사냥꾼들이 잡은 야생 동물 고기(허브로 감싸 구운 사슴고기도 이에 속한다)가 특징을 더한다. 그 밖의 육류는 로컬 상품으로 채워지며, 머스터드 소스를 곁들인 황소고기 룰라드가 가장 인기 있는 고기 요리다. 그러나 클린크가 대서양산 생선이나 외국산 고기를 거부하는 것은 아니다. 그에게 중요한 기준은 품질과 맛이다. 빌란츠회헤에서는 강렬한 요리에 윤리적 구매가 더해져 전체를 완성한다. **ATJ**

"빈센트 클린크는 슈바벤의 '에머릴 라가세' 셰프다. 슈바벤의 미식가들은 그를 사랑한다."

worldguide.eu

⬆ 창의적인 디테일이 살아있는 슈바벤 요리.

뢰텔레스 Röttele's | 르네상스 시대의 성에서 즐기는 우아하고 창의적인 식사

위치 바덴바덴　**대표음식** 메추라기, 아티초크 샐러드, 그물버섯 엠파나다, 엘더베리|Quail, artichoke salad, cep empanada, and elderberries | 💲💲💲💲

슐로스 노이바이어(Schloss Neuweier)에 위치한 뢰텔레스 레스토랑은 바덴바덴에 있는 노이바이어 마을의 리슬링 포도밭 끝자락에 자리 잡고 있다. 슐로스 노이바이어는 마우어베르크(Mauerberg)라는 유서 깊은 터를 일구는 동명의 와이너리에서 소유하고 있다. 이 와이너리의 시음실이 뢰텔레스와 같은 안뜰에 있으므로 시음 기회를 놓치면 아쉬움이 남을 것이다. 스파클링 리슬링은 셰프 아르민 뢰텔레(Armin Röttele)가 전통적 방식으로 만든 세계 여러 지역의 요리와 훌륭하게 어울리는 식전주이다.

뢰텔레는 블랙 포레스트로 귀향하기 전, 유럽의 다양한 파인 다이닝 레스토랑에서 요리 경험을 쌓았다. 그는 프랑스, 지중해, 아시아 요리의 영향을 혼합하여 흥미로운 결과물을 만든다. 그 예로 메추라기, 아티초크 샐러드, 그물버섯 엠파나다, 엘더베리의 조합이라든지 레몬그라스를 곁들인 커리 양념 참치와 구운 대하, 또는 야생 버섯과 파스닙을 곁들인 바닷가재, 문어, 송아지 췌장 칵테일이 있다. 바닷가재와 푸아그라는 바덴바덴의 스파와 카지노를 자주 방문하는 부유한 여행객들을 위하여 종종 등장하는 듯하다.

갓 사온 생선을 통째로 구운 단순한 음식도 훌륭하다. 이 생선 요리는 손님이 앉은 테이블 앞에서 분할되어 두 차례에 걸쳐 제공되는데, 올리브와 토마토 퓌레, 채소와 함께 한 번 나오고 살구버섯 리소토, 랑구스틴 크림과 함께 또 한 번 나온다. 구색을 갖춘 유럽산 치즈, 창의적인 디저트 메뉴, 사려 깊은 서비스도 뛰어나다.

와인 리스트에는 당연히 슐로스 노이바이어의 와인이 있으나 이것이 전부는 아니다. 요리만큼이나 세계적인 와인이 준비되어 있다. 저녁식사를 마친 후 식후주 한 잔을 하기에는 아치형의 와인 저장소가 제격이다. 이 레스토랑의 요리는 모던하지만 역사가 깊고, 감상할 가치가 있는 주변 환경이 분위기를 한층 더 좋게 만든다. **AK**

춤 알데 고트 Zum Alde Gott | 로컬 식재료를 능숙하게 다루는 교외의 휴식처

위치 바덴바덴　**대표음식** 꿩고기와 케일 퓌레 Pheasant with kale puree | 💲💲

가끔씩 큰 어려움 없이 제 할 일을 다하는 레스토랑이 있다. 12개의 테이블이 놓인 아담한 다이닝룸(여름에 사용하는 테라스도 있다)을 가진 춤 알데 고트는 로컬 리슬링을 채운 와인잔끼리 부딪치는 소리가 간간이 들리는 가운데 고급스러운 분위기를 느낄 수 있는 곳이다. 고객들은 이곳을 만족스러워하고, 이 레스토랑을 30년 넘게 지켜온 주인이자 셰프인 빌프리트 저(Wilfried Serr)는 고객 만족을 자신의 기쁨으로 여긴다.

눈이 쉽게 쌓이지 않는 가파른 지붕을 얹은 춤 알데 고트의 외관은 알프스의 샬레 같다. 이 레스토랑이 위치한 지역은 와인이 유명한 곳으로, 포도밭이 사방에 있다. 의자가 편안하고 쿠션이 있으며 벽에 섬세한 예술품이 걸려 있고, 여름이면 테이블에 해바라기가 오르는 레스토랑의

> "윌프레트 저는 믿기 어려운 기술과 상상력으로 맛을 혼합한다."
>
> Frommer's Germany

내부는 아늑하다. 주방에서 식욕을 돋우는 요리를 내면 손님들의 얼굴은 더 환해진다.

레스토랑이 위치한 곳은 바덴바덴의 남쪽에 있는 시골 마을인 노이바이어 마을이다. 레스토랑은 이 지역의 요리를 간과하지는 않으나 프랑스가 멀지 않은 데다 다른 요리의 영향도 유연하게 수용한다. 꿩고기(로컬 야생동물이 많다)와 케일 퓌레, 밤은 추운 계절에 어울리는 따뜻한 요리다. 이 근처의 블랙 포레스트에 흐르는 강에서 잡은 송어는 통통하고 육즙이 가득하다. 이외에 바닷가재 라자냐, 수제 푸아그라, 달팽이를 채운 토끼고기도 있다. 당신의 예상대로 포도밭이 많은 동네답게 음료 목록에서 다양한 로컬 와인이 두드러진다. **ATJ**

바라이스 Bareiss | 블랙 포레스트 마을에 위치한 완전무결한 독일식 오트 퀴진

위치 바이에르스브론 **대표음식** 밤 소스 글레이즈를 입힌 야생 오리고기와 버섯 덤플링, 깍둑썰기한 채소 층에 얹은 오리 콩피 Wild duck glazed and served with chestnut sauce and mushroom dumpling, with confit of duck on a bed of diced vegetables | ❸❸❸❸

바이에르스브론의 블랙 포레스트 마을은 무척 아름답다. 멋진 무어크 강이 굽이쳐 흐르고 숲 속의 소나무와 전나무가 공기에 향을 실어 보낸다. 바이에르스브론은 고급 레스토랑을 자랑하는 매력적인 호텔 바라이스(Bareiss)가 있는 곳이기도 하다. 셰프 클라우스페터 룸프(Claus-Peter Lumpp)는 이곳에서 첫 훈련을 받은 후 유럽 곳곳의 레스토랑을 돌아다니며 근무했으며, 1992년에 이곳으로 돌아와 주방을 지휘했다. 그의 지휘 아래 레스토랑은 위상이 높아졌고 2007년에 결국 3번째 미슐랭 스타를 획득했다. 아늑한 다이닝룸에서 인근의 침엽수를 볼 수 있다.

주로 프랑스 요리를 하지만 다른 요리의 영향도 드러난다. 3가지 방식으로 조리한 참치에서 이러한 다양성을 엿볼 수 있다. 3가지 요리란 참치 큐브와 홍피망 소스, 참치 타르타르와 와사비 크림, 향신료로 맛을 낸 참치 허리살을 말한다. 또한 부드러운 푸아그라 테린, 얼린 간의 '공기'와 포트 와인 젤리, 스위트콘 무스, 거위 간 거품과 구운 브리오슈에서는 모던한 디테일이 두드러진다. 이 요리는 푸아그라의 진한 맛과 스위트콘으로 매우 솜씨 좋게 균형을 이루었다.

나무랄 데 없는 식재료는 깍둑썰기한 채소 라타투이를 곁들인, 문어 소스에서 레스팅한 랑구스틴, 랑구스틴 사이사이에 넣은 원반형 감자에서 드러난다. 랑구스틴의 맛은 흠잡을 데 없다. 메인 코스 요리로는 밤 소스 글레이즈를 입힌 야생 오리고기와 버섯 덤플링, 깍둑썰기한 채소 층에 얹은 강렬한 오리 콩피가 있다.

바라이스는 정상급의 요리와 가장 아름다운 위치를 자랑하는 곳이다. 서비스는 완벽하고 와인의 가격도 수긍할 만하다. 의심할 여지 없이 바라이스는 멋진 곳에 있는 특별한 레스토랑이다. **AH**

"이 레스토랑을 맡는 것은 어려운 도전이었다."

Claus-Peter Lumpp, chef at Bareiss

⬆ 바라이스의 매력적이며 아늑한 다이닝룸.

슈바르츠발츠투베 Schwarzwaldstube | 블랙 포레스트에서의 미식 모험

위치 바이에르스브론 톤바흐　**대표음식** 판체타로 감싼 사슴고기 필레Pancetta-coated fillet of venison | 🍴🍴🍴🍴🍴

> "1년 내내 홀린 듯이 미슐랭 스타를 얻기 위해
> 고군분투하지만 원하는 결과를
> 얻게 될지 알 수 없다."

Harald Wohlfahrt, chef at Schwarzwaldstube

⬆ 미슐랭 스타 3개를 받은 셰프 하랄트 볼파르트가 실험적인 요리를
　마무리하고 있다.

➡ 훈제한 곤들매기와 곤들매기 캐비아, 야생 허브.

블랙 포레스트의 트라우베 톤바흐(Traube Tonbach) 호텔에 있는 4개의 레스토랑 중 하나이며, 18세기 말 핀크바이너 (Finkbeiner, 이들은 여전히 이 레스토랑을 지휘한다) 가문이 세운 슈바르츠발츠투베는 높은 기준을 고수한다. 고상하고 호화로운 공간에서는 연속성(비록 몇 년 안 되는 기간에 해당하지만)이 느껴지는데, 이는 헤드 셰프 하랄트 볼파르트 (Harald Wohlfahrt)가 1992년부터 미슐랭 스타 3개를 유지해왔기 때문이다. 이 업적 덕에 그는 독일 최고의 셰프 중 하나라는 명성을 얻었다.

이곳의 요리는 클래식한 프랑스 요리와 블랙 포레스트 지역의 요리가 맞닿은 가운데, 실험적이지만 전통을 배제하지 않는 모던한 독일 요리가 녹아든 양식을 보여준다. 더불어 아시아 퓨전 요리의 흔적도 보인다. 테이스팅 메뉴에는 개구리 다리 튀김, 구운 오리간과 금귤 콩포트, 살짝 훈제한 노랑촉수와 임페리얼 캐비아 크렘 프레슈, 호로호로새 무스를 채운 퍼프 페이스트리 등 다양한 요리가 있다.

세트 메뉴에서는 장밋빛 윤기가 도는, 육즙이 촉촉하고 에이징이 잘 된 소고기 또는 짜릿한 팔각 소스를 곁들인 바삭바삭한 판체타로 감싼 사슴고기 필레 등을 선택할 수 있다. 독일 요리가 더 이상 오랜 클리셰처럼 고기에만 집착하지 않음을 보여주는 이 레스토랑은 고기를 몹시 사랑하는 육식주의자의 마음까지 사로잡을 정도로 상상력이 풍부하며 다양한 채식 메뉴를 자랑한다. 그 예로 구운 버섯 리소토와 파슬리 소스, 아티초크 퓌레를 채운 라비올리와 알바산 화이트 트러플이 있다.

로컬 와인메이커의 발굴, 홍보에 열정적이며 수상 경력이 있는 호텔의 소믈리에인 슈테판 가스(Stéphane Gass)가 엮은 와인 리스트도 훌륭하다. 이 모든 음식과 와인을 경험하고도 슈바르츠발츠투베가 기라성 같은 레스토랑 사이에서 이 자리를 지켜왔다는 사실에 의문을 표할 사람은 없을 것이다. **ATJ**

춤 프란치스카너 Zum Franziskaner | 강력한 바이에른 요리

위치 뮌헨 **대표음식** 바삭바삭한 오리 그릴 구이, 적양배추, 사과, 감자 덤플링 Crispy grilled duck with red cabbage, apple, and potato dumplings | ❸❸

뮌헨 중심에 있는 막스요제프 광장 근처의 비어홀 레스토랑인 춤 프란치스카너에는 먹을거리가 가득하다. 이 레스토랑은 오감을 자극한다. 테이블 위의 맥주가 빛을 받아 반짝이고 눈 같은 거품으로 덮여 있으며, 따뜻한 향기가 주방에서 흘러나온다. 손님들이 감탄하는 소리가 포크와 나이프가 테두리 넓은 접시를 긁는 소리와 섞인다.

와인도 주문 가능하지만 이곳이 뮌헨이니만큼 대부분의 요리에 맥주를 곁들여 먹는다. 프란치스카너의 생생한 바이스비어(Weissbier, 보리가 아닌 밀 맥아로 만드는 연한 색의 맥주)는 두툼한 족발 조각, 바삭바삭한 로스트 치킨 반쪽, 촉촉하고 짭조름한 사워크라우트, 윤기가 흐르는 바이스부르스트(송아지고기, 양파, 파슬리를 채운 흰 소시지로, 주로 스위트 머스터드, 갓 만든 프레첼과 함께 제공된다)를 가득 올린 접시와 나란히 주인공 역할을 한다. 이곳의 바이스부르스트는 시내에서 가장 맛있다고 널리 알려졌으며 바이스비어와 함께 먹기 좋은 오전 간식이다. 배가 몹시 고프다면 '이 집의 별미'라는 의미의 슈만케를판틀(Schmankerlpfand'l)을 고려할 만하다. 이 메뉴에는 새끼 돼지, 오리, 족발, 립 스테이크 소시지, 감자 덤플링, 적양배추, 사워크라우트, 브라운 소스가 포함된다.

이곳은 두 세기 정도의 역사를 갖고 있으며, 실내의 차분한 색상, 어두운 색의 목재 벽판, 지난날의 사진을 끼운 액자, 접시와 물병은 모두 바이에른 사람들이 사랑하는 아늑한 분위기를 조성한다. 이곳은 관광객과 뮌헨 현지인 모두가 기분을 전환하고 기운을 얻는 곳이다. 전통적인 바이에른 밴드가 연주하는 음악이 종종 배경으로 흐르고, 푸짐한 식사를 소화시키려는 것인지 손님들이 때때로 자리에서 일어나 춤을 춘다. **ATJ**

뵈트너스 Boettner's | 뮌헨의 교양 있는 미식 지침

위치 뮌헨 **대표음식** 강꼬치고기 덤플링과 시금치 바닷가재 그라탕 Pike dumplings with spinach and lobster gratin | ❸❸❸

뵈트너스는 소위 아름다운 시절로 불리는 카이저 빌헬름 치하의 1901년에 문을 열었다. 격동의 한 세기가 지나갔지만 뵈트너스는 여전히 프랑스 요리의 영향을 받은 바이에른 요리의 지침과도 같은 위치를 지키고 있다. 주인 겸 셰프인 프랑크 하르퉁(Frank Hartung)은 알프레드 휴고 뵈트너가 세운 이곳을 가업으로 물려받아 4대째 책임지고 있다.

1990년대에 현재의 위치인 뮌헨의 중심에 있는 르네상스 시대의 건축물로 이전했다. 장식은 고풍스럽고 전통적이며, 가장 중요한 위치에는 초창기의 엄숙하고 어두운 목재 가구가 있다. 테이블은 풀 먹인 흰색 천으로 덮여 있으며, 그 위에는 접힌 냅킨이 위병처럼 서 있다. 친절한 웨이터들은 좀처럼 소란한 법이 없고, 손님들이 미소

> "전통적인 요리를 고전적 방식으로 조리한다. 훌륭한 와인 리스트와 아름다운 정원도 있다."
> travel.yahoo.com

를 짓게 하는 요리 또한 그러하다.

손님들은 무엇을 먹는가? 가능한 선택지로 송아지 스테이크와 트러플 소스 또는 강꼬치고기 덤플링, 시금치 바닷가재 그라탕이나 클래식한 프랑스 요리인 바닷가재 테르미도르 등이 있다. 신선함과 제철 재료가 중시되고, 가을 메뉴에는 버섯과 포르치니 버섯 요리가 간간이 섞여 있다. 디저트는 초콜릿 무스나 헤이즐넛 누가(nougat) 파르페 같이 달콤하고 진한 요리가 특징적이다. 5가지 코스 요리를 5가지 와인과 짝지은 합리적인 가격의 '액션 메뉴'도 있다. 샘플 요리는 송로버섯으로 맛을 낸 오리 가슴살, 노랑촉수 구이, 가리비 무스와 아보카도 크림, 졸인 자두와 양귀비씨 파르페를 포함한다. **ATJ**

달마이어 Dallmayr | 뮌헨 명소의 고전적이고 모던한 요리

위치 뮌헨 **대표음식** 새끼 사슴 등심과 레드 커리 블러드 소시지, 퀸스 Saddle of fawn with red curry blood sausage and quince | ❸❸❸❸

달마이어는 특별한 때를 위한 곳이기도 하고 일상적인 곳이기도 하다. 18세기 초에 한 델리카트슨이 문을 열었다. 한 세기가 지나 1870년에 알로이스 달마이어가 이 델리카트슨의 소유주가 되었다. 그는 1895년에 이곳을 다른 이에게 넘겼지만 그의 이름이 이곳에 남았다.

1층의 달마이어 델리카트슨은 런던의 포트넘 앤 메이슨이나 모스크바 굼(GUM) 백화점의 개스트로놈 No. 1 등의 큰 상점과 비슷하다. 온갖 종류의 캐비아, 치즈, 초콜릿, 육류, 와인, 증류주가 이곳을 둘러보는 손님들의 시선을 끌고, 특히 살아있는 가재가 있는 실내 분수가 사람들의 발걸음을 잡는다. 위층에서는 창의적인 셰프 디타르트 우르반슈퀴(Diethard Urbansky)가 주방 군단을 지휘하여 찬사를 이끌어내고, 미슐랭 스타를 받은 레스토랑 달마이어가 높은 기준을 고수한다.

빳빳한 흰색 식탁보, 안락한 의자, 정중하지만 친절한 직원, 수공예 도자기 그릇, 수제 와인잔이 레스토랑의 분위기를 형성한다. 이러한 디테일과 고상한 기운에 집중된 관심이 메뉴에도 쏟아진다. 아뮤즈 부셰의 짜릿함(야생 연어와 갈색빵 크림, 호스래디시와 밀싹 또는 사슴 간과 코코아)은 분자 요리를 증명하지만 메인 요리는 고전과 현대의 조합을 보여준다. 사슴 등심, 레드 커리 블러드 소시지와 퀸스 그리고 소고기, 거위 간, 타라곤과 파인애플로 구성된 요리에서 이를 느낄 수 있다.

달마이어는 모던하게 단장한 프랑스 고전 요리를 선보인다. 이 레스토랑은 소믈리에 율린 모를라트(Julien Morlat)가 선정한, 요리에 곁들이기 좋은 600개의 와인으로 구성한 와인 리스트도 갖추고 있다. 델리카트슨을 둘러보는 사람들의 한층 위에서 레스토랑 달마이어의 고객들은 우르반슈퀴와 그의 헌신적인 팀이 만든 요리에 감탄하며 이곳에 드나든다. **ATJ**

"달마이어는 간단히 말해서 뮌헨 최고의 델리카트슨이다! 우르반슈퀴의 고전적이면서 모던한 요리는 굉장한 솜씨를 보여준다."

Michelin Guide

⬆ 멋진 디저트인 루바브와 코코넛 아이스크림

탄트리스 Tantris | 눈부신 장식과 고급 와인이 있는 독일 오트 퀴진의 랜드마크

위치 뮌헨　**대표음식** 대문짝넙치와 가지 퓌레와 올리브 소스 Turbot with aubergine puree and olive jus　| 💰💰💰💰

"탄트리스는 뮌헨에서 가장 훌륭한 요리를 제공한다. 요리는 섬세하고 독창적이다."

frommers.com

⬆ 다이닝룸은 빨간색과 검정색으로 장식되어 있다.

뮌헨에 있는 레스토랑 탄트리스는 독일 요리 유산에서 핵심적인 위치에 올랐다. 1971년에 문을 연 이 레스토랑은 독일에서 가장 뛰어난 셰프들 중 몇몇을 기용하였다. 이후에 스스로 레스토랑을 설립하여 미슐랭 스타 3개를 받은 에카르트 비치히만과 하인츠 빈클러도 탄트리스에 몸담은 역사가 있다. 1991년부터 주방은 솜씨 좋은 한스 하스(Hans Haas)의 손에 맡겨졌고, 그 결과 탄트리스는 2개의 미슐랭 스타를 받을 수 있었다.

빨강, 검정을 대담하게 활용한 모던하고 널찍한 다이닝룸은 무척이나 아름다운데, 건축가 유스투스 다힌덴의 작품이다. 긴 와인 리스트에 고급 독일 와인과 클래식한 프랑스 와인이 다양하게 올라 있으며 이들의 가격은 모두 합리적인 편이다. 서비스는 매우 전문적이고 효율적이며 탄트리스 방문을 잊지 못할 경험으로 만들기에 충분하다.

최상급의 재료를 고집하며 지나친 복잡성을 배제한 요리를 지향한다. 예를 들어 애피타이저로 딜의 맛을 낸 마리네이드에 재운 연어를 담은 필로 페이스트리 코르네(cornet)가 있다. 이 요리는 놀랄 만큼 신선하고 마리네이드의 산미가 연어와 아름답게 균형을 이룬다. 식재료에 대한 고집은 가리비, 망고, 아보카도로 만든 애피타이저에서도 드러난다. 불에 살짝 지진 가리비는 본연의 단맛을 머금고 있고, 태국산 망고는 최상품이며, 시트러스 드레싱은 가리비의 단맛을 돋보이게 한다. 주방의 탁월한 기교는 곰보버섯을 곁들인 메추리알과 완두에 들어간 라비올리의 섬세한 질감에서 잘 드러난다. 산뜻한 맛의 비스킷 튀일과 망고 무스와 패션프루트 셔벗은 식사를 마무리하는 하나의 방법이다.

탄트리스는 다양한 지역의 사람들을 끌어들이며 지난 수십 년간 그래왔듯이 의심의 여지 없이 뮌헨에서 가장 뛰어난 레스토랑이다. 오랜 기간에 걸쳐 이처럼 까다로운 기준을 고수해온 레스토랑은 찾아보기 어렵다. **AH**

슈바르처 아들러 Schwarzer Adler | 놓쳐서는 안 될 미식의 명소

위치 카이저슈툴 **대표음식** 투르네도 로시니Tournedos Rossini | 💲💲 💲💲

기록에 의하면 슈바르처 아들러의 자리에 수 세기 동안 여관(gaststube)이 있었다. 이 숙박시설을 항상 와이너리 옆에 두었던 선견지명 있는 켈러(Keller)가가 대를 이어 운영해온 이곳은 바덴에서 미슐랭 스타를 받은 최초의 레스토랑 중 하나이다. 슈바르처 아들러는 1969년 미슐랭 스타를 받은 이래로 이를 쭉 유지해왔다.

전통적인 프랑스 요리를 고수하지만 로컬 식재료를 활용한다. 그리고 옛 시대에서 온 것 같은 것들을 빼어나게 살려낸다. 카이저슈툴의 로컬 송아지고기와 블랙 페리고리 트러플로 만든 투르네도 로시니는 트러플로 맛을 낸, 소금 크러스트(salt crust)로 덮어 구운 닭고기만큼 탁월하다.

로컬 아스파라거스, 신선한 가재, 야생동물 고기가 제철일 때는 이들 식재료를 활용한다. 그러나 요리보다 더 유명한 것은 숙성된 보르도와 부르고뉴 와인을 훌륭하게 저장해둔 와인 셀러다. 슈바르처 아들러가 '그라우부르군더'와 '슈페트부르군더'—각각 피노 그리와 피노 누아를 의미한다—로 유명한 와이너리일뿐만 아니라 프랑스와 이탈리아의 최고 와이너리와 오랜 관계를 맺어온 독일 최고의 와인상이기 때문에 저장된 와인의 가치는 대단하다. 특별히 땅을 파서 만든 저장고에서 숙성시킨 희귀한 빈티지 와인과 대용량 와인이 이곳의 특산품이다. 이 레스토랑과 와인 리스트, 소블리에 멜라니 바그너는 모두 무수한 찬사를 받아왔다.

길 바로 건너편에는 거의 잊혀진 바덴의 별미를 만드는 곳이자 빈처하우스 렙슈토크(Winzerhaus Rebstock)가 있는데, 그곳에서도 슈바르처 아들러의 직원들이 정성을 다해 음식을 만든다. 아인게마흐트 칼프플라이슈(Eingemachtes Kalbfleisch, 송아지 라구) 또는 브레이징한 토끼를 먹어봐야 한다. **AK**

체너스 슈투베 Zehner's Stube | 블랙 포레스트의 스타

위치 파펜바일러 **대표음식** 대서양산 대문짝넙치와 바닷가재 거품 Atlantic turbot with lobster foam | 💲💲💲💲

지금 관심의 대상인 체너는 1988년에 파펜바일러의 블랙 포레스트 마을에 그와 동명의 슈투베(stube, 개략적으로 '방'을 의미)를 세운 셰프 프리츠 체너(Fritz Zehner)이다. 그는 이전에 미슐랭 스타를 받은 경험이 있었고, 이 별은 그가 15세기의 계단식 지붕이 있는 건물에 새로 자리를 잡은 후에도 그를 따라왔는데 이곳을 방문해본 사람이라면 그 이유를 알 수 있다. 블랙 포레스트의 요리에는 기름지고 소화가 잘 되지 않는다는 선입견(특히 끈적끈적하고 크리미한 케이크에 말이다)이 끈질기게 따라다니지만 체너스 슈투베의 요리는 다르다. 이곳의 요리는 여러 문화권에서 온 맛이 나타나면서 산뜻하다.

서늘한 대리석 바닥, 꽃무늬가 아른거리는 듯한 엷은 색의 커튼, 감탄한 손님들의 소근거림이 있는 아치형 다

> **"체너는 그의 요리를 '유행을 따르지 않는' 요리라고 묘사한다. 시간을 허비하는 법 없이 말이다."**
>
> *Condé Nast Traveller*

이닝룸의 분위기는 차분하고 침착하다. 저녁 식사를 여는 요리로 향긋하고 새콤한 퀸스 젤리를 곁들인 달콤하고 짭짤한 푸아그라 테린이 있다. 순한 태국 커리 소스를 약간 곁들인, 새콤하고 톡 쏘는 셀러리 퓌레 위에서 레스팅한 통통한 가리비 요리도 있다.

메인 요리는 전통과 현대의 균형을 한층 더 나아가 보여준다. 섬세한 대서양산 대문짝넙치는 바닷가재 거품과 대조를 이루고, 사슴 등심은 곰보버섯, 사보이 양배추와 대조를 이룬다. 마실 것이 궁금한가? 이 레스토랑은 바덴 지역에서 생산된 와인을 갖추고 있다. 디저트에는 초콜릿 수플레, 요거트 얼음 또는 살구에 끼얹은 엘더플라워 사바이옹이 있다. **ATJ**

로만티크 호텔 슈필베크 Romantik Hotel Spielweg | 최상급의 바덴 요리

위치 뮌슈테르탈 **대표음식** 로컬 붉은 사슴고기 콩소메와 주니퍼 덤플링, 그물버섯 라비올리 Consommé of local red deer with juniper dumplings and cep ravioli | ❸❸❸

이 오래된 여관은 타일을 붙인 초창기의 오븐과 목재 벽판을 바른 벽을 간직하고 있으며 제철을 맞이한 바덴 요리의 이름을 손으로 쓴 메뉴를 갖고 있다. 이 역사적인 숙박 시설의 시작은 소박했으나 푹스(Fuchs)가 덕분에 진정성이 조금도 훼손되지 않은 채 최고 수준의 식사 경험을 선사하는 곳으로 거듭났다.

여전히 농업과 임업이 주를 이루는 조용한 골짜기 마을인 뮌슈테르탈은 목가적인 배경을 선물한다. 블랙 포레스트 송어나 전나무로 훈연한 햄 같은 로컬 특산품이 언제나 메뉴에 오르지만, 이곳의 주인이자 셰프인 카를 요제프 푹스(Karl-Josef Fuchs)의 특기는 야생동물 요리이다. 열정적인 사냥꾼이자 전문적인 사슴고기 요리사인 그는 이 주제로 책을 쓰기도 했다. 따라서 이곳에서는 야생돼지로 만든 비너 슈니첼이나 로컬 붉은사슴고기 콩소메와 주니퍼 덤플링, 그물버섯 라비올리 등 사슴고기를 세련되게 변주한 여러 가지 요리를 맛볼 수 있다.

이 레스토랑은 로컬 힌터벨더(Hinterwälder) 소의 우유로 경질, 연질 치즈를 만들고 숙성시키는 치즈 제조장을 자랑한다. 이 오래된 블랙 포레스트산 품종의 소는 카르파초, 송아지 테린, 스테이크 등의 형태로 메뉴에 오르기도 한다. 돼지고기 요리도 인상적이다. 종종 송아지 스위트브레드와 함께 애피타이저로 제공되는 블루트부르스트(짭짤한 블랙 푸딩)를 놓치면 곤란하다. 또한 체리 브랜디를 넉넉히 더한 블랙 포레스트 케이크를 맛보지 않고 이곳을 나서면 안 된다. 최고급 바덴 와인, 그중에서도 특히 로컬 슈페트부르군더, 즉 피노 누아를 잘 갖춘 훌륭한 와인 리스트는 이 모든 경험의 완성도를 높인다.

도축, 소시지 제조, 사슴고기 바비큐, 크리스마스 케이크 제작을 경험할 수 있는 요리 워크숍도 열리며, 테마가 있는 주말 워크숍도 개최된다. 봄철에는 돼지를 머리부터 발끝까지 먹는 법을, 가을날의 주말이면 오리고기 요리를 배울 수 있다. **AK**

⬆ 로만티크 호텔 슈필베크는 디테일을 세심하게 신경 쓴다.

레지덴츠 하인츠 빈클러Residenz Heinz Winkler | 바이에른의 미식 중심지

위치 아샤우 임 힘가우 **대표음식** 바닷가재 카르파초와 레몬 버베나Lobster carpaccio with lemon verveine | ❺❺❺❺

좀처럼 달성하기 어려운 미슐랭 스타 3개라는 목표를 이룬 셰프는 몇 되지 않는다. 그러나 1981년 하인츠 빈클러는 멋지게 이를 해냈다. 당시 불과 32세였던 그는 이 위업을 달성한 최연소 셰프가 되었다(후에 마시밀리나오 알라이모가 이 기록을 깼다). 티롤에서 태어난 그는 폴 보퀴즈에서 훈련을 받고, 뮌헨 소재의 레스토랑 탄트리스에서 비프랑스인으로서는 3번째로 3개의 미슐랭 스타를 받은 전설적 셰프인 에카르트 비치히만 아래에서 근무했다. 이탈리아 혈통에도 불구하고 그의 요리는 철저하게 클래식한 프랑스 요리에 기초한다. 탄트리스의 헤드 셰프로서 미슐랭 스타를 3개 획득한 그는 탄트리스를 떠나 1991년에 자신의 업장을 열었다.

레지덴츠 하인츠 빈클러는 잘츠부르크와 뮌헨 사이 바이에른의 시골에 위치해 있다. 이 레스토랑의 밝은 노란색 벽에는 정원을 닮은 장식이 있고, 환상적인 요리를 즐긴 후에는 이곳에서 하루를 묵을 수도 있다. 셰프 빈클러의 요리는 자그마한 니블—노란 파프리카 무스, 생강으로 맛을 낸 마리네이드에 재운 연어, 향신료로 살짝 맛을 낸 깍둑썰기한 채소를 채운 페이스트리—에서 드러나는 산뜻한 디테일로 유명하다. 니블에 이어서 라자냐로 감싼 가리비, 크림과 차이브를 곁들인, 소금으로 감싸 익힌 농어를 맛볼 수 있다.

고기를 좋아한다면 완벽하게 익혀 손님이 있는 테이블에서 살을 발라낸 후 오리의 기름진 맛과 균형을 이루는 발사믹 드레싱과 함께 내는 통 새끼오리 요리에 감탄하게 될 것이다. 초콜릿의 '눈물', 즉 비스킷으로 감싼 구형 퐁당과 코코넛 아이스크림은 식사를 기분 좋게 마무리하게 해준다.

레지덴츠 하인트 빈클러는 아름다운 전원 배경, 사려 깊은 서비스, 탁월한 기교를 증명하는 요리를 두루 갖춘 덕분에 유럽 전역과 유럽 밖에까지 미식가들이 찾아오는 곳이 되었다. **ATJ**

⬆ 다양한 니블이 메인 요리 전에 제공된다.

아 루이트리예르 A L'Huîtrière | 오랜 역사를 자랑하는 릴의 해산물 레스토랑

위치 릴 **대표음식** 부르고뉴 달팽이와 사과를 곁들인 가자미구이 | Roast turbot with Burgundy snails and apples | $$$$

"이 세련된 레스토랑은 신선한 해산물과 와인 셀러로 유명하다."

Lonely Planet

릴의 구시가 거리를 따라 거닐다 보면, 미슐랭 스타에 빛나는 유명한 해산물 레스토랑인 아 루이트리예르가 보인다. 1907년에 문을 연 이 레스토랑은 두 차례에 걸친 세계대전을 고스란히 견뎌 냈다. 레스토랑의 전면은 아르데코 풍으로, 1940년에 바닷속 물고기를 모티브로 꾸몄던 형형색색의 세라믹 타일들이 그대로 남아 있다. 프랑스 황실 풍의 의자, 빳빳하고 정갈한 흰색의 식탁보, 반짝거리는 크리스털 샹들리에, 윤기가 흐르는 나무 패널로 꾸며진 레스토랑의 내부는 시간이 멈춘 듯한 우아함이 흐른다.

고급스러운 레스토랑의 분위기에 압도당할 수도 있지만, 갖가지 해산물을 늘어 놓고 파는 입구를 지나 생동감 넘치는 바(bar)를 마주하게 되면 긴장감은 이내 사라진다. 레스토랑의 입구와 내부, 두 공간에서 느껴지는 강한 음양의 대비로 처음에는 섣불리 레스토랑에 발을 들일 엄두를 내기가 어려울지도 모른다.

아 루이트리예르는 '굴을 파는 가게(the oyster shop)'라는 뜻이다. 레스토랑의 이름처럼 굴을 이용한 메뉴가 유명하지만, 다른 해산물 요리 또한 훌륭하다. 참깨와 순무를 곁들인 신선한 가리비 타르타르에는 페리고르산 블랙 트러플을 곁들이기도 한다. 푸아그라와 호스래디시 크림이 들어간 가리비 햄버거, 부야베스(bouillabaisse), 타라곤을 곁들인 쫀득한 육질의 블루 랍스터 튀김, 부르고뉴 달팽이와 사과를 곁들인 가자미구이 등도 맛볼 수 있다.

신선한 재료를 알맞게 익혀 섬세한 풍미를 살린 감미로운 요리들로 인해 이곳은 '세계 최고의 해산물 레스토랑'이라는 찬사를 꾸준히 받고 있다. 해산물 천국이지만 비프 로시니(beef Rossini), 사슴고기 누아제트, 비둘기가슴구이 등 육식을 찾는 고객을 위한 메뉴도 마련되어 있다. 그러나 진정한 아 루이트리예르의 고객이라면 단연 해산물 요리를 찾을 것이다. **ATJ**

⬆ 릴의 상징인 아 루이트리예르는 레스토랑과 델리 카트슨을 겸하고 있다.

라 그르누예르 La Grenouillère | 대담함이 돋보이는 모더니스트 요리의 향연

위치 몽트뢰이 쉬르 메르　**대표음식** 주니퍼 가지에 불을 피워 살짝 구운 바닷가재 Lobster barely smoked over juniper branches | ❸❸❸❸

라 그르누예르의 건물은 보는 것만으로도 숨이 멎을 듯하다. 이 건물은 극장 설계로 유명한 패트릭 부셍(Patrick Bouchain)이 디자인했는데, 강변에 있는 피카르디(Picardy)산 목재로 지은 소박한 가족 농장을 확장하여 지었다. 하늘거리는 나뭇가지를 닮은 벽면 설계는 바깥의 풍경을 안으로 들여놓은 것 같은 기분이 들게 한다. 다이닝룸의 한가운데에 있는 커다란 시계태엽 모양의 벽난로에서는 하나의 불꽃이 피어 오르고, 무수한 LED 불빛들이 철제 서까래에 매달려 반짝거린다.

파격적인 분위기만큼 알렉상드르 고티에(Alexandre Gauthier)의 요리 또한 경계를 넘나든다. 요리의 맛과 향, 질감, 색 모두가 예상을 빗나간다. 날것에 더운 소스를 섞고, 야생허브를 자유자재로 사용하면서 주변의 자연 풍광을 그대로 요리에 담으려는 노력이 드러난다. 얇게 저민 아스파라거스에 생 아구를 싼 요리, 버터 향이 배인 달고기(John Dory)에 불에 살짝 그슬린 시금치와 쓴맛이 감도는 야생 허브를 곁들인 요리, 얇은 피의 파슬리 라비올로(raviolo)에 달걀노른자 소스를 함께 내는 요리 등이 아름다운 접시에 담긴다. 버터와 레몬에 볶은 개구리 다리 요리는 알렉상드르의 부친인 롤랑(Roland)의 옛 요리를 추억하게 한다.

감자 퓌레, 재에 구운 버섯, 봄철 트러플을 곁들인 불로뉴(Boulogne) 양고기와 같은 요리에서 엿볼 수 있듯 이곳의 요리는 예외적이다. 쐐기풀과 꿀의 조합은 놀랍지만, 라 그르누예르에서는 그다지 얘깃거리가 되지 못한다. 독창적인 디저트 역시 전율을 느끼게 한다. 특히나 눈여겨볼 것은 산자나무 무스 위에 탑처럼 쌓아 올린 머랭에 야생 마조람과 상큼한 산자나무 퓌레를 곁들인 요리이다. 이곳에서의 식사는 상상치 못한 맛과 향, 그리고 페어링에서 오는 감동으로 벅차다. 요리를 맛보기까지는 도전 정신이 필요하지만 그 결과는 언제나 즐거우며, 빼어난 식재료의 정수를 느끼게 한다. 모더니스트 프랑스 미식의 미래를 보여주는 곳이다. **SP**

> "유리, 나무, 녹슨 금속만으로 꾸며진 다이닝룸은 이곳의 요리 못지 않게 현대적이다."

John Lanchester, Guardian

⬆ 알렉상드르의 작품, 삼(hemp) 가루로 만든 빵.

레스토랑 길_{Restaurant Gill} | 역사적 도시 루앙에 위치한 분위기 좋은 미식의 천국

위치 루앙 **대표음식** 루앙식 비둘기구이|Pigeon roasted à la Rouennaise | ⑤⑤⑤

"절제된 장식은 세련된 요리를 더욱 빛나게 하는 여백이 된다."

frommers.com

⬆ 비둘기구이는 레스토랑 길의 특선요리다.

수세기의 역사를 간직한 중세시대 건물들로 장관을 이루는 루앙은 프랑스 문화의 보물이라고 할 수 있는 도시인데, 이곳에 있는 레스토랑 길은 미식의 다이아몬드에 비유할 수 있다. 명성이 자자한 이 레스토랑은 규모가 아주 작지만 미식의 천국이라고 불린다. 게다가 인상주의 화가 클로드 모네의 작품 속에도 등장한 루앙 성당과 잔 다르크가 화형을 당했던 장소인 비외 마르셰 광장(Place du Vieux Marché)에 걸어서 갈 수 있을 정도로 가깝다.

질(Gilles)과 실비 투르나드르(Sylvie Tournadre)는 센강의 오른쪽 기슭에 금고를 닮았다고 여겼던 건물 안에 레스토랑을 열었다. 그들은 지난 수십 년 동안 뛰어난 메뉴로 루앙 시민들을 감동케 했다. 꿀과 진한 캐러멜 빛깔의 감도는 내부장식과 반짝반짝 윤이 나는 고급 와인잔, 빳빳하게 다려진 하얀색 리넨, 은은한 조명, 그리고 식탁에 놓인 흰 난초로 채워진 아담한 실내는 매우 친밀한 분위기를 풍긴다.

셰프 질(Gilles)의 음식은 프랑스 정통요리를 교육받은 요리사의 전형적인 특징을 보여주지만, 한편으로는 매우 혁신적이며 흥미롭기도 하다. 그는 요리만큼 테크놀로지를 사랑하며, 주방은 언제나 최신식이다. 또한 심플한 것을 추구해 자연의 맛과 향, 그리고 식감이 그대로 느껴지는 요리를 한다. 매콤함이 살짝 스치는 드레싱을 곁들인 더운 굴 요리, 푸아그라 메달리온을 넣은 토끼 테린이 대표적인 애피타이저인데, 뒤따를 요리의 격과 맛도 안심하고 기다릴 수 있게 할 만큼 뛰어나다.

특선요리인 불에 살짝 그슬린 푸아그라를 곁들인 루앙식 비둘기구이는 레스토랑 길의 매력적인 메인 코스이다. 혹은 크리미한 훈제 해덕(haddock) 소스로 조리한 양배추를 곁들인 뫼니에르 스타일의 닭고기 필레와 채소 프리카세, 병아리콩 무스, 레몬과 대추를 곁들인 양갈비도 추천할 만하다. 디저트 또한 독창적이고 맛있다. 셰프가 가장 좋아하는 디저트중 하나는 페레 투탱 칼바도스(Père Toutain Calvados)를 곁들인 전통 수플레와 사과 무스이다. **CFr**

사 쿠아 나 Sa Qua Na | 노르망디의 젠(Zen) 스타일 해산물 전문점

위치 옹플뢰르 **대표음식** 라임과 코코넛 육수를 곁들인 바닷가재 Poached lobster with lime and coconut broth | 🌑🌑🌑🌑

풍광이 아름다운 항구 도시, 옹플뢰르에서 느낄 수 있는 즐거움 중에 하나는 창의적이고 솜씨 좋은 해산물 레스토랑을 만나는 것이다. 생소하지만 위트가 넘치는 레스토랑의 이름은 프랑스어로 각각 풍미와 품질을 뜻하는 'saveur'와 'qualité'의 앞 음절과 자연을 뜻하는 'nature'의 줄임말인 'na'를 합성한 것이다. 'sa qua na(사쿠아나)'를 이어서 발음하면 생선을 뜻하는 일본어인 '사카나(sakana)'로 들린다. 이것은 셰프 알렉상드르 부르다스(Alexandre Bourdas)의 경력을 말해주는 단서이기도 하다. 부르다스는 프랑스뿐만 아니라 일본의 토야에서 유명한 미셸 브라(Michel Bras) 밑에서 일했다. 이 정겨운 레스토랑의 내부 장식은 차분하고 절제되어 있다. 고객들은 이곳에서 맛과 향, 그리고 요리의 테크닉이 절묘하게 겸비된 두 가지의 테이스팅 메뉴를 맛볼 수 있다.

부르다스는 일본에서의 경험을 살려 창의적인 메뉴를 디자인한다. 프랑스의 정통 요리법을 사용하지만 그의 요리에는 동양의 풍미가 배여 있음을 느낄 수 있다. 이 지역에서 엄선된 해산물 등 재료의 맛을 돋우기 위해 각종 양념이 들어간다. 예를 들어 삶은 아구는 실란트로, 러비지(lovage), 레몬그라스로 맛을 낸 향긋한 코코넛 육수를 곁들여 낸다. 방목하여 키운 닭고기는 타르베 콩(Tarbais beans), 양배추 속, 라임 이파리와 단짝을 이룬다. 도라드(Dourade)는 유자로 한결 맛이 살아나고 소고기는 녹색 카다멈(cardamom)으로 향을 낸다. 매일매일 바뀌는 메뉴는 잘 짜여진 세련된 요리들로 강한 호기심을 자극한다. 부르다스의 요리는 맛과 향이 깔끔하다. 엄선된 와인리스트와 서비스 역시 매력을 더한다.

디저트 또한 실망스럽지 않다. 페이스트리 셰프로도 일했던 부르다스는 수준 높은 테크닉을 선보이는데, 상상력 또한 놀랍다. 마시멜로, 만다린 셔벗, 크림, 말차 등의 디저트는 미식의 즐거움을 일깨워준다. 노르망디의 레스토랑, 사 쿠아 나는 프랑스에서 가장 흥미진진한 레스토랑 중 한 곳일 것이다. **AH**

"깜짝 놀랄 만한 요리의 조합은 부르다스가 동양에서 보낸 이국적인 경험을 잘 증명해 준다. 물론 사전 예약이 필수이다."

fodors.com

⬆ 사 쿠아 나의 탁월한 해산물 요리와 절제된 장식.

라 파피에르 La Rapière | 오랜 역사를 지닌 노르망디의 아담한 레스토랑

위치 바이외 **대표음식** 프랑스산 소고기 안심, 트러플로 만든 페리괴 소스 French beef fillet, Périgueux sauce with truffle | $$$

오랜 역사를 지닌 안락한 식당을 찾는다면 라 파피에르에 만족할 것이다. 바이외에 있는 이 아담한 레스토랑은 루이 13세 시대 전부터 있었으며, 500년 이상의 역사를 지닌다. 이곳은 예스러운 골목길 안에 서 있다.

내부는 따뜻한 캐러멜 빛깔의 벽, 멋진 돌로 특색 있게 장식된 벽, 벽난로, 조각이 새겨진 오크 목재 등으로 꾸며져 있으며, 해가 진 후에는 촛불이 켜진다. 빳빳하게 다린 하얀 리넨이 깔린 나무 식탁, 앤티크 의자와 근사하게 어울리는 인테리어다.

2개의 다이닝룸은 테이블마다 터지는 고객들의 감탄사로 연신 울린다. 주인장 시몽(Simon)과 린다 부데(Linda Boudet)가 운영하는 라 파피에르는 고기, 생선, 기타 지역산 식재료의 맛과 향, 식감이 하모니를 이루며 상차림 또

> "1400년대 말에 지어진 건물 안에 있는 이 분위기 좋은 레스토랑은 노르망디 요리가 전문이다."
>
> Lonely Planet

한 맵시가 넘친다. 린다의 와인 상식과 그녀가 이끄는 배려 넘치는 서비스 팀 또한 레스토랑의 진가를 더한다. 사전 예약은 필수다.

셰프인 시몽의 메뉴 역시 프랑스 미식계에서 탁월한 것으로 평가 받는다. 건포도와 너트를 넣은 홈메이드 브레드, 사과와 붉은 양파가 들어간 처트니가 곁들여 나오는 반쯤 익힌 프랑스 남서부산 푸아그라로 식사를 시작하라. 그다음에는 뿔닭 구이, 또는 무쇠 냄비에 서비스되는 큰 가리비 요리를 먹어볼 것을 권한다. 식사와 조화를 이루는 디저트로는 토피, 꿀, 초콜릿으로 만든 무스 또는 짭조름한 버터 맛이 나는 토피 아이스크림을 곁들인 바닐라 치즈 케이크가 있다. **CFr**

르 파르크 브라스리 Le Parc Brasserie | 샹파뉴아르덴주의 최고급 요리

위치 랭스 **대표음식** 크림 치킨, 트러플, 배를 곁들인 해덕 요리 Haddock with creamed chicken, truffles, and pear | $$$$

레스토랑은 샹파뉴아르덴 지역의 한 마을에 널찍이 자리 잡은 19세기 샤토 안에 위치해 있다. 크림 빛과 캐러멜 빛이 감도는 아름다운 공간은 태피스트리, 하얀 리넨이 덮인 테이블, 샹들리에, 웅장한 꽃 장식 등으로 고풍스럽게 꾸며져 있다. 화려한 커튼이 드리워진 시원하게 뚫린 커다란 유리창 너머로는 샤토 주변의 절경이 내려다 보인다. 우아한 실내 장식은 흠잡을 데 없이 완벽한 서비스를 구사하는 공손한 웨이터가 내는 고급 요리와 와인과도 잘 조화를 이룬다.

르 파르크에서 멀지 않은 곳에 있는 농장에서 자란 필립 밀(Phillipe Mille)은 어렸을 때부터 고급 요리에 대한 남다른 열정을 키워왔다. 덕분에 그는 오늘날 미슐랭 스타 셰프로서 정통 프랑스 오트 퀴진을 대표하는 특별한 메뉴를 선보인다.

밀의 알라카르트와 더불어 고급스러운 특선요리들을 화이트 트러플 메뉴나 아르덴의 식도락과 전통 요리 컬렉션에서도 맛볼 수 있다. 밀은 그의 요리를 제철 재료 그대로의 건강한 맛과 향을 살리는 데 중점을 둔 '구르망다이즈(gourmandize)', 즉 식도락으로 표현한다.

랭스산(産) 배를 곁들인 푸아그라 혹은 성게를 곁들인 가리비 요리로 식사를 시작하라. 이어 아르덴 햄과 함께 조리한 돼지 갈비나 르 파르크의 대표 요리인 크림 치킨, 트러플, 살짝 데친 배를 곁들여 차갑게 혹은 따뜻하게 먹는 해덕 요리를 먹으면 좋다. 밀의 요리는 최상급 프랑스 와인이나 샴페인과 환상적인 궁합을 이룬다. 랭스는 도시 지하를 관통하는 와인 동굴과 터널로 유명한데, 이는 로마 시대에 건설되었다. 오늘날 이곳에서 수천 병의 샴페인이 숙성되고 있다. 전 세계에서 인기가 많은 랭스의 빈티지 샴페인도 당연히 이곳에서 맛볼 수 있다. **CFr**

르 파베 도주 Le Pavé d'Auge | 노르망디의 강렬한 시골 요리의 향연

위치 뵈브롱엥오주 **대표음식** 사과술에 푹 고은 송아지 정강이 요리 | Veal shank simmered in local cider | ⑤⑤⑤

르 파베 도주는 초록으로 물든 노르망디의 시골, 아름답고 평화롭기로 정평이 난 뵈브롱엥오주 마을의 한가운데에 터를 잡았다. 이곳은 셰프 제롬 방사르(Jérôme Bansard)가 운영하는 차분하고 친숙한 분위기의 레스토랑으로 제철을 맞은 지역 식재료만을 사용한다. 레스토랑에 자리를 잡기 전 마을을 한 바퀴 둘러보는 것도 권할 만하다. 목재 골재를 사용한 가옥들이 있는 조용한 거리는 놀라울 만큼 잘 보존되어 있다. 한적한 마을을 여유롭게 걷다 보면 적당히 식욕이 돋을 것이다. 블랙 앤 화이트의 목재 골재를 사용한 레스토랑의 외벽 위로 높게 솟은 지붕을 바라보고 있으면, 중세 시대의 농부들이 나막신을 신고 춤을 추며 나올 것 같은 기대감이 든다.

마을 구경이 끝나면 본격적으로 식사를 시작하라. 임페리얼 스타일의 의자, 노출된 기둥과 알코브로 꾸며진 널찍한 다이닝룸에서는 미슐랭 스타 1개를 받은 셰프 방사르의 손길을 거친 맛과 스타일을 두루 갖춘 강렬한 노르망디 요리가 고객들의 환영을 받는다. 엄선된 굴 요리나 무화과를 곁들인 구운 푸아그라로 시작해 투박하나 마음까지 훈훈해지는 돼지 내장요리에 홈메이드 머스터드와 버섯볶음을 곁들여 먹는다. 사과술(시드르)에 푹 고운 송아지 정강이 요리도 빠지지 않는 메뉴이며 지방색을 그대로 드러내는 오리 안심 구이의 풍미도 놀랍다.

좀 더 다양한 메뉴를 원한다면 타진(tagine)에 익힌 채소를 곁들인 아구 구이, 육수에 내는 소고기와 굴 요리도 있다. 디저트로는 가볍고 부드러우며 짜릿한 맛이 나는 그랑 마니에르 수플레를 많이 찾는다. 배가 차지 않았다면 이 레스토랑의 치즈만으로 꾸민 치즈 보드도 꼭 한번 맛보기를 권한다. 르 파베 도주는 부드럽고 버터 향이 풍부한 치즈로 유명하다. 식사를 마친 후에는 뵈브롱엥오주의 한적한 거리를 걸으며 파베 도주에서의 황홀했던 경험을 마무리하는 것도 좋다. **ATJ**

"주변환경이 멋진 파베 도주에서는 대담하고 묵직한 육류 요리들을 선보인다."

Greg Ward, Daily Telegraph

⬆ 이 지방 특유의 목재 골재가 드러난 외관이 인상적이다.

레 아비제 Les Avisés | 세로스 샴페인 포도원에 위치한 파인 다이닝

위치 아비스 **대표음식** 으깬 호두로 크러스트를 입힌 닭고기와 샴페인
Chicken with a crushed walnut crust and Champagne | 💰💰💰💰

세련된 고급 샴페인을 즐기고 싶거나, 지역색이 넘쳐나는 미식 요리를 원한다면 레 아비제를 찾길 권한다. 레 아비제는 클래식한 흰색 외관의 19세기 샤토이며, 세로스 샴페인 포도밭이 내려다 보인다. 이 샤토 지하에는 미로의 샴페인 저장실이 있으며, 코트 데 블랑(Côte des Blanc)에서 최고의 샴페인 하우스 중 하나로 알려져 있다.

레스토랑의 주인인 앙셀므와 코린느 세로스 부부는 샴페인에 대해서 정통하다. 앙셀므의 부친인 쟈크 세로스는 이 포도밭을 개척하고 그의 이름을 붙였다. 매해 약 6만 병의 샴페인이 이곳에서 생산된다. 셰프 스테판 로실롱과 그의 아내 나탈리의 도움을 받아, 세로스 부부는 레 아비제를 이 지역에서 가장 존경받는 레스토랑으로 만들 수 있었다. 고전적인 건축양식과 잘 어우러지도록 나뭇

> "프레젠테이션과 요리 사이의 섬세하고 완벽한 조화를 경험하는 것이 바로 이곳을 찾는 목적이다."
>
> Anselme Selosse, owner of Les Avises

바닥과 현대적인 데코로 꾸민 공간은 스타일리시하며 이곳의 요리와도 잘 어울린다.

셰프는 매일 메뉴를 바꾸는데 샴페인과의 궁합을 고려하고 이 고장의 색을 살린 메뉴를 기획한다. 애피타이저로는 프레젠테이션이 거의 예술 작품에 가까운 이 지역만의 게임 테린(game terrine) 한 조각을 맛보거나 살짝 삶은 달걀을 토핑으로 올린 메추리 고기를 넣은 버섯 수프를 맛보자. 이어서 메인 요리로는 으깬 호두 크러스트를 입힌 닭고기, 버터, 파슬리, 레몬을 넣어 만든 가벼운 뫼니에르 소스에 조리한 가자미, 당근과 감자 퓌레를 곁들이고 핑크색이 비치도록 살짝 구운 필레미뇽 등을 선택할 수 있다. 전통 프랑스 치즈와 블랙 체리 클라푸티(clafoutis) 혹은 크림 브륄레는 식사를 마무리하는 디저트로 손색이 없다. **CFr**

알랭 뒤카스 오 플라자 아테네 Alain Ducasse au Plaza Athénée | 화려한 파인 다이닝

위치 파리 **대표음식** 캐비아를 곁들인 랑구스틴 Langoustines with caviar | 💰💰💰💰💰

플라자 아테네는 진정한 파리지앵의 파인 다이닝을 경험하고자 하는 사람들에게 제격인 곳이다. 이 곳은 명성이 자자한 프랑스의 셰프 알랭 뒤카스(Alain Ducasse)의 대표적인 레스토랑으로 미슐랭 스타 3개를 받았다. 명실상부한 일류 셰프로 평가 받는 알랭 뒤카스가 건설한 레스토랑 제국은 세계로 뻗어 나가고 있다. 좋은 식재료를 선정하고 정확하게 요리 테크닉을 따르는 것에서부터 그의 명성이 비롯되었다고 할 수 있다.

레스토랑에 진열된 고급 식재료들은 매우 솜씨 좋게 다루어진다. 고객들은 랑구스틴의 살을 발라서 둥근 원통형으로 모양을 빚은 후 캐비아를 올려 차갑게 먹는 요리를 맛볼 수도 있다. 사이드에는 이 랑구스틴 요리와 온도, 식감 면에서 정반대인 생강과 레몬글라스의 섬세한 맛을 더한 수프, 랑구스틴 콩소메가 유리잔에 따뜻하게 담긴다. 랑구스틴의 단맛은 캐비아의 짭조름한 맛과 이상적인 궁합을 이루고, 향이 좋은 수프가 한층 풍미를 더한다. 이 완벽한 요리는 단순한 프레젠테이션으로 더욱 빛을 발한다. 블랙 트러플을 곁들인 알맞게 간이 밴 가리비—생으로 혹은 익혀서 사용한다—요리에 트러플 풍미가 살짝 풍기는 즙을 더하고 감자와 파를 곁들여 내기도 한다. 이 가리비 요리는 이 곳에서 사용되는 조개류의 높은 품질을 뽐내기 위한 요리이기도 하다.

흠 잡을 데 없이 완벽한 치즈가 제공되고 클래식한 방식으로 만든 디저트가 앞선 요리들과 스타일 면에서 잘 어울린다. 플라자 아테네는 35,000병이 소장된 와인 셀러로도 유명하며, 이에 정통한 소믈리에가 언제든 고객의 선택을 도와준다. 배려가 넘치고 지식을 겸비한 전문적인 종업원들이 선보이는 귀감이 될만한 서비스도 식사 경험을 완벽하게 해준다. **AH**

오 뵈프 쿠로네 Au Boeuf Couronné | 파리 중심에 위치한 육식주의자들을 위한 천국

위치 파리 **대표음식** 시골풍의 닭 간 파테 Country-style chicken liver pâté | ❸❸❸

"시끌벅적한 다이닝룸에서는 파리 곳곳에서
몰려든 봉 비방(bon vivants)들을
만날 수 있다."

fodors.com

🔼 프랑스 고전 요리와 잘 어울리는 뵈프 쿠로네의 전통적인 인테리어.

고기를 굽거나 끓이는 것으로 모자라서, 파테로까지 만들어 파는 이 레스토랑은 거의 모든 종류의 육류요리가 있으며 상당히 맛이 좋기로 유명하다. 위치 또한 절묘하게 맞아떨어지는데, 파리의 도축장과 고기 전문 시장의 본거지였던 빌레트(Vilete) 지역에 있다.

셰프 크리스토프 율리(Christophe Joulie)는 고기에 정통하다. 이곳의 메뉴는 소고기만 해도 10가지가 넘는 다양한 부위를 다룬다. 샬롯 콩피가 곁들여 나오는 300g 중량의 스테이크는 가장 인기 있는 메뉴. 보다 넉넉한 분량의 소고기를 원한다면, 700g 중량의 샤토브리앙 데 비도샤르(Chateaubriand des bidochards)와 1kg 중량의 갈비 구이를 시켜서 일행과 나눠 먹으면 좋다. 이곳은 칼로리를 염려하거나 샐러드를 좋아하는 사람들에게는 적절하지 않다. 진한 색의 나무 의자와 하얀 식탁보로 꾸며진 내부도 이곳의 메뉴처럼 전통적이고 꾸밈이 없으며, 정통 프랑스 요리를 맛보기에 심플한 세팅이다.

가장 중시하는 것은 고기 품질이다. 파리의 유명 도축업자들이 엄선한 제품만을 납품받아 고기의 맛과 부드러운 식감이 극대화될 수 있도록 숙성을 시킨다.

정성이 가득한 애피타이저는 가슴을 따뜻하게 한다. 닭 간으로 만든 시골 풍의 파테는 크리스토프의 할머니 때 쓰던 레시피를 그대로 사용한다. 골수는 아주 심플하게 담아 내며, 게랑드(Guérande)산 소금으로 한 간이 알맞고 구운 정도도 매우 적절하다. 메인 요리는 크리미한 베어네이즈 소스를 곁들인 우둔살 스테이크, 포르 데 알(Fort des Halles) 등심 스테이크, 혹은 파슬리, 레드 와인, 샬롯 소스를 곁들인 소갈비 스테이크가 있다. 라비고트 소스를 곁들인 크리스토프의 송아지 요리나 당근 퐁당과 함께 먹는 오리 가슴살 요리, 즉석에서 만드는 소고기 버거 또한 맛보길 권한다. 디저트는 그랑 마니에르를 이용해서 플람베한 크레프 수제트 또는 버번 크림을 곁들인 브륄레와 같은 정통 프랑스 메뉴로 구성된다. **CFr**

오 프티 페라 슈발Au Petit Fer à Cheval | 자수성가한 주인의 아이콘과 같은 비스트로

위치 파리 **대표음식** 콩피 드 카나르Confit de canard | 💲💲

파리에 왔다면, 한 번쯤 오 프티 페라 슈발을 들리고 싶을 것이다. 그러나 이곳은 카페와 부티크가 늘어서 있는 좁은 거리에 위치해 있어서 쉽게 지나칠 수 있다. 오래된 벽, 금박의 글자들이 소용돌이처럼 어지럽게 쓰여진 초록색 전면, 살짝 낡은 캐노피 아래 의자들이 듬성듬성 놓여있는 곳이다. 다섯 곳 중 첫 번째 매장은 언제 봐도 활기가 넘치는 자수성가한 레스토랑의 주인, 그자비에 데나무르(Xavier Denamur)의 주도 아래 문을 열었다.

내부에는 잘 닦아 윤이 나는 말발굽 모양의 바가 있는데, 여기에서 비스트로의 이름이 유래되었다. 이 바에는 하루 중 어느 때이건 늘상 두어 명의 단골들이 앉아 있다. 레스토랑의 후면에 위치한 낡은 나무 가구들로 꾸며진 작은 다이닝룸의 의자를 잡아 당기거나, 쥘 베른에게 영감을 받아 금속 판으로 장식한 기억에 남는—그러나 항상 유쾌한 것만은 아닌—화장실을 가본다면, 진정 프랑스의 한 구석에 있다는 느낌이 들 것이다.

메뉴도 정통 비스트로보다는 한 수준 낮지만, 파리 근교 농장에서 생산한 제철 채소와 유기농 농산물에 대한 고집을 느낄 수 있다. 아침에는 마리아쥬 프레르(Mariage Frères)의 차와 핫 초콜릿, 그리고 삶은 달걀과 프로마쥬 블랑(fromage blanc)을 먹을 수 있다. 오후엔 햄, 파테, 치즈를 넣은 샌드위치와 잘 구워진 스테이크와 푸아그라, 그 밖에 비스트로의 단골메뉴들을 판다. 이곳의 대표 메뉴인 콩피 드 카나르를 맛본 후에는 누구나 행복한 마음으로 레스토랑을 나선다. 콩피 드 카나르는 소금을 뿌려 숙성을 하고 천천히 자체에서 베어나오는 기름으로 조리한 가스코뉴(Gascony) 전통 요리로 이곳만큼 정확하게 그 맛을 구현하는 곳은 그리 많지 않다. 이곳의 콩피 드 카나르는 파리의 보보스(bobos), 즉 부르주아 보헤미안들이 즐겨 찾는 곳이 된 중세 상인들의 구역인 마레(Marais)로의 여행을 마무리하기에 안성맞춤이다. **EH**

"영화나 꿈속에서 나올 법한 파리의 모습이다.
파리의 과거와 현재의 모습 그대로를 담고 있다."

madaboutparis.com

⬆ 오 프티 페라 슈발의 작은 출입문으로 들어가면, 자리경쟁이 치열한 시멘트 테이블들을 몇 개 볼 수 있다.

비스트로 폴 베르Bistro Paul Bert | 심플한 비스트로의 정수를 보여주며 점심 메뉴로 정평이 나 있는 곳

위치 파리 **대표음식** 파리 브레스트(헤이즐넛 크림을 넣은 슈 페이스트리)Paris Brest (choux pastry with noisette cream) | 💰💰

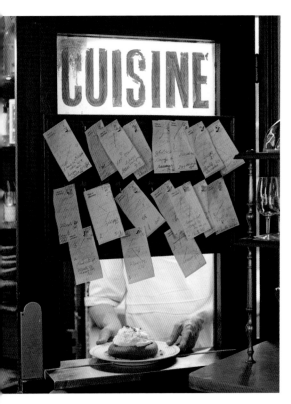

"가슴이 따뜻해지는 이 비스트로에서는 접시를 깨끗하게 비우게 된다."

Time Out

⬆ 폴 베르에서의 클래식한 비스트로 경험.

파리인들이 가장 사랑하는 비스트로일 폴 베르는 바쁜 와중에도 친절함을 잃지 않는다. 이는 늘 쾌활한 모습으로 자리를 지키는 주인, 베르나르 오보워노(Bernard Auboyneau) 덕분이다. 옛 시간의 자취가 그대로 남아있는 바에 여름이면 야외 테라스 테이블들 중 하나에 앉아 있는 그의 모습을 늘상 발견할 수 있다. 그는 씨푸드 바인 레카이에 뒤 비스트로(l'Ecailler du Bistro)도 함께 운영한다. 이 씨푸드 바는 '6 폴 베르'와 나란히 위치해 있으며 메인 레스토랑에서 거리를 따라 200m 정도 쭉 뻗어 있는 곳이다. 이곳은 구내식당에 가까운 분위기로 월요일마다 델리 카운터가 열린다.

폴 베르는 파리의 비스트로에서 기대할 수 있는 모든 스타일 코드를 마치 종교처럼 따른 듯하다. 각양각색의 패턴 문양의 타일과 거울, 하얀 식탁보, 가죽으로 된 긴 의자가 있는 내부 장식이 매력적으로 다가오고—서비스는 이에 미치지 못하지만—점심 메뉴 또한 진정한 프랑스의 비스트로 요리를 갈망하는 이에게 제대로 된 답이 될 것이다. 폴 베르에서는 선홍색이 도는 통째로 조리한 콩팥 요리, 스테이크 타르타르, 스타우브(Staub) 주물냄비에 구운 부드러운 어린 양 요리, 꾸밈없는 스테이크와 감자튀김, 높이 솟은 파리 브레스트도 맛볼 수 있다. 점심에는 커다란 이예 플로탕트(iles flottantes)와 섬세한 홈메이드 셔벗, 아이스크림 등 몇몇 경쟁이 치열한 메뉴들도 맛볼 수 있다.

이 밖에 특히 생선은 생 대구를 얇게 썰어 아시안 허브와 스파이스로 풍미를 돋워 가볍고 모던한 느낌이다. '간단한 재료를 제대로 요리하는 것(Simple ingredients, treated well)'은 자연 재료가 풍부한 프랑스와 같은 나라에서 가장 지키기 쉬운 약속이다. 사실 심플한 것을 완벽하게 요리해내는 것이 진정 최고다. 이곳은 와인 리스트도 방대하다. 요리를 더욱 빛나게 하는 좋은 와인들이 많다. **TD**

브라스리 브누아 Brasserie Benoit | 클래식한 프렌치 다이닝을 겸할 수 있는 작은 브라스리

위치 파리 **대표음식** 스크램블드에그와 페리고르 트러플 Scrambled eggs and Périgord truffles | 💲💲

2005년 알랭 뒤카스는 파리의 소규모 브라스리의 보석 같은 존재로 불리던 브누아를 인수해 이를 다시 일으켜 세우는 데 성공했다. 이곳은 브라스리 브누아는 2012년에 100주년이 되었고, 뒤카스가 인수하기 전에는 프티(Petit)가에서 3대째 이어오던 곳이었다. 눈부시게 빛나는 유리 조각, 반짝이는 청동과 구리로 만든 조각상들, 커다란 거울로 꾸민 내부는 잘 보존되어 있다. 위층에는 좀 더 많은 인원을 수용할 수 있는 예쁜 나무 패널로 꾸민 살롱이 있다.

르 카나르 앙셰네(Le Canard Enchainé) 신문을 펼쳐 보면서 파리의 아주 작은 일상을 음미하고 싶다면, 또는 브누아의 단골인 파리의 문학인이나 정치인들을 상상하고(혹은 직접 보기도 한다) 싶다면 아래층으로 가라. 많은 요리들이 프티 씨의 오리지널 식기와 조리용기에 담겨 나온다. 손님들 바로 앞에서 생선뼈와 송아지 갈비뼈를 발라주고, 크레페수제트에 플람베를 해준다. 오믈렛이나 따뜻한 버터를 바른 사워도우 타르틴 위에 얇게 썬 트러플을 올려 먹는 것도 황홀한 경험일 것이다.

미슐랭 스타 1개를 받은 이곳은 유일하게 남아있는 진정한 의미의 파리 비스트로이며, 그 요리 또한 찬사를 받는다. 점심에는 가격이 적당한 프리 픽스 메뉴도 있다. 하지만 로메인 샐러드와 머스터드 크림을 곁들인 송아지 혀 루쿨루스(Lucullus), 닭 머리(coxcomb)와 닭 간을 넣고 볶은 내장요리, 푸아그라와 트러플 주스, 허브와 갈릭버터에 요리한 알이 굵고 육즙이 풍부한 버건디 달팽이, 최고의 파테 앙 크루트(pâté en croute)도 알라카르트로 먹기에 적절하다. 다이닝을 위해 와인 배럴(barrel)이 저장된 오래된 셀러를 현대식 주방으로 개조했으며, 와인리스트도 기대만큼 인상적이다. **TD**

브라스리 리프 Brasserie Lipp | 생 제르맹 데 프레에서 열리는 정치 드라마

위치 파리 **대표음식** 슈크루트와 맥주 Choucroute and beer | 💲💲

생 제르맹 거리의 '카페 드 플로르(Café de Flore)', '카페 레 되 마고(Café les Deux Magots)'와 마주하고 있는 브라스리 리프는 생 제르맹 데 프레의 찬란한 역사에 한 획을 그은 곳이다. 1920년에 문을 연 이 브라스리는 모자이크, 로코코 풍의 샹들리에, 아프리카의 수렵장면이 담긴 천장, 굴절된 거울로 꾸며져 있으며, 정치적 그리고 문학적 삶의 중심지로 남아있다. 프랑수아 미테랑(François Mitterrand, 프랑스 전 대통령)은 이곳의 오랜 충성고객이며 종종 이곳에서 그의 딸인 마자린과 점심을 먹었다고 한다.

브라스리 리프에서 하는 식사는 때론 당혹스럽기도 하다. 파리의 어떤 다른 레스토랑도 이 곳만큼 공공연하게 드러내놓고 주관적인 잣대로 좌석 배정을 하지는 않는다. 분주하게 움직이는 웨이터와 지배인만이 그 룰을 안다. 프랑스 정부 장관과 함께 간다면 '파라다이스(Paradise)'

> "적어도 한 번은 이 전형적인
> 생 제르맹의 브라스리를 찾아갈 만하다."
>
> Zagat

라 불리는 테이블을 배정받기 쉽고, 믹 재거라면 오른편 '아쿠아리움(Aquarium)'에 앉힐 것이다. 또한 예의를 갖추고 잘 차려입었으나 안면이 없다면 브라스리의 뒤쪽 구석 창문이 없는 방인 '연옥(Purgatory)'으로 밀려날 가능성이 크다. 반바지에 'I love Paris'가 쓰인 티셔츠 차림이라면 '지옥(Hell)'으로 떨어질 것이다.

음식은 현실적이다. 브라스리의 기본메뉴인 양파와 주니퍼를 곁들인 비스마르크 청어(Bismarck herrings), 돼지 창자로 속을 채우고 빵가루를 묻혀 구운 푸아그라, 즉석에서 바로 만들어 주는 스테이크 타르타르 등이 테이블에 투박하게 놓인다. 이곳은 먹고 대화를 나누는 곳이지, 예의를 차리며 식사하는 곳은 아니다. **TD**

르 가로팽 Le Galopin | 안락하고 매력적인 신세대 파리 비스트로

위치 파리　**대표음식** 그릴에 구운 장어 요리|Grilled eel　| 💲💲💲

파리 출신의 셰프 로맹 티셴코(Romain Tischenko)는 프랑스 요리의 경력을 줄곧 이어온 사람으로, 노르망디, 니스, 메제브(Megeve)의 유명 레스토랑에서 다양한 경험을 쌓고 마지막으로는 미슐랭 스타 셰프인 윌리엄 르되유(William Ledeuil)의 제 키친 갈리리(Ze Kitchen Galerie)에서 근무했다. 그가 본격적으로 대중의 주목을 받기 시작한 것은 2010년 프랑스 버전 〈마스터 셰프〉의 챔피언에 오르면서부터이다. 이후 이 내성적인 요리사의 이름이 널리 알려졌고, 자신만의 작은 가게도 열게 되었다.

르 가로팽은 트렌디한 생마르탱 운하와 다문화가 돋보이는 벨빌(Belleville) 사이의 광장에 위치해 있는데, 이곳은 쾌적한 마을과도 같은 느낌이 난다. 멀리서부터 이 작은 비스트로를 찾아 오는 미식가들도 꽤 있다. 벽돌이 모두 노출되어 있고 미니멀하다. 카운터 자리는 아페리티프를 마시기에 적당하다. 오픈키친에서는 셰프 티셴코가 매일 새롭게 바뀌는 7가지 메뉴(아뮤즈 부셰 2가지, 에피타이저, 생선, 고기, 디저트 2가지)로 구성된 특선메뉴를 준비한

다. 비스트로의 서비스는 셰프의 남동생인 막심(Maxime)이 맞는다. 르 가로팽에서 일하기 전 막심은 여행가로도 활동했고 그 이후엔 파리 11구역에 위치한 전설 같은 레스토랑 '르 샤토브리앙(Le Chateaubriand)'에서 바이오다이나믹 와인(biodynamic wines, 친환경 용법으로 만든 와인)에 대한 자신의 열정을 발견하기도 하였다. 이곳의 요리는 언제나 창의적이고 제철 식재료를 사용하며 3가지 이상의 식재료가 들어가지 않는 미니멀리스트를 지향한다. 때로는 생각지도 못한 식재료나, 유자를 곁들인 소금에 절인 대구 완자 요리, 느타리버섯과 함께 내는 그릴에 구운 장어와 같은 고전적인 요리를 선보이기도 한다.

아래층 셀러에는 사적인 이벤트를 위한 테이블이 2개 놓여 있다. 카운터에서는 와인을 따라 마시는 이웃을 만나거나, 주방에서 나와 직접 요리를 서빙하는 티셴코의 모습도 흔하게 볼 수 있다. **TD**

⬆ 르 가로팽의 시크한 다이닝룸.

셰 제니_{Chez Jenny} | 편안하게 알자스 요리를 맛볼 수 있는 파리의 브라스리

위치 파리 **대표음식** 슈크루트 셰 제니(사워크라우트)Choucroute "Chez Jenny" (sauerkraut) | 🅢🅢🅢

셰 제니는 파리에서 가장 오래된 브라스리에 속하는 알자스 풍의 레스토랑으로 특히 조개류와 슈크루트 전문이다. 1931년에 문을 연 이 레스토랑은 19세기의 보석 같던 브라스리인 리프(Lipp)와 보핑거(Bofinger)에 비하면 그 역사도 어린아이 수준이며 유명세도 그만 못 하다. 그러나 다른 매력보다도 음식에 집중하는 진정한 브라스리를 경험해 보고 싶다면 셰 제니를 추천한다.

처음 문을 연 당시부터 있었던 패널을 댄 벽, 마르퀘트리, 독특한 벽화, 나무 조각상 등 실내 장식이 독특하다. 2층인 건물은 규모가 큰 편이라서, 사람이 많아도 그다지 북적거림이 느껴지지 않는다. 편안한 분위기의 연회는 마치 자신만의 방에 있는 듯한 착각을 불러일으킨다.

전형적인 알자스 풍의 브라스리에서 볼 수 있는 것처럼 메뉴는 조개류(굴과 여러 갑각류를 보기 접시에 좋게 모아놓은 것)와 다양한 고기와 생선을 가니쉬로 곁들인 넉넉한 슈크루트, 피자와 키슈(quiche)를 합쳐놓은 듯한 알자스의 전통요리 타르트 플람베(flammeküeche)에 생크림, 크림치즈, 양파 토핑을 올린 것 등이며, 알자스 요리 이외의 메뉴도 있다. 셰 제니는 한 끼로도 충분한 양의 양파 수프인 '트라디숑(Tradition)'에 특별한 자신감을 보인다. 손으로 다진 투박한 텍스쳐가 매력적인 스테이크 타르타르도 파리에서 맛볼 수 있는 최상의 맛이다.

셰 제니에는 관광객보다는 파리사람들이 더 많다. 높은 의자에 아기를 앉힌 삼대가 큰 테이블에 둘러 앉은 모습이나 수십 년 동안 매주 찾아오는 단골일 듯한 인상의 노년의 친구들이 무리를 지어 앉아 있는 모습도 볼 수 있다. 현지인들 사이에서 식사를 한다는 느낌이 이 멋진 브라스리의 최고 매력이다. **RE**

⬆ 셰 제니에서 진정한 브라스리를 경험할 수 있다.

알라르 Allard | 미식요리를 선사하는 스타일리시한 파리 비스트로

위치 파리 **대표음식** 카나르드 샬랑 오 올리브(올리브를 곁들인 오리고기) Canard de Challans aux olives (duck with olives) | ❸❸❸

안락하고 활기찬 분위기에 맛있는 비스트로 요리를 자랑하는 알라르는 생 제르맹 데 프레의 전설 같은 존재이다. 요리를 사랑해 대대로 전해오던 가문의 레시피를 파리에 소개한 부르고뉴 출신의 농부 마르트 알라르(Marthe Allard)가 1932년에 문을 연 곳이다. 노트르담에서 그리 멀지 않으며 최고의 미식요리를 선사하는 알라르는 최근 들어 알랭 뒤카스가 자주 찾는 곳이기도 하다.

시골풍의 시크한 실내 장식도 꽤 멋지다. 테라코타로 악센트를 준 초콜릿 브라운과 크림색의 컬러 톤이 암갈색 사진, 모자 걸이, 골동품, 클래식한 프렌치 비스트로의 내부를 비추는 시골풍의 조명과도 잘 어우러진다.

셰프 레티시아 루아바(Laëtitia Rouabah)는 클래식한 프랑스 풍으로 요리의 격을 한층 끌어올린다. 올리브를 곁

> "음식이 아주 뛰어나다. 달팽이, 개구리 뒷다리 (cuisses degrenouilles), 또는 브레스 닭 요리 (poulet de Bresse) 등을 맛보길."
>
> Lonely Planet

들인 샬랑 오리고기, 강낭콩을 곁들인 양고기, 코코뱅등이 그 예다. 루아바는 유행에 뒤지지 않는 신선한 브라스리 풍의 요리도 선보이며, 소믈리에 조나단 베하세인은 이와 어울리는 와인을 추천해 준다. 레몬을 곁들인 뫼니에르 풍의 솔(sole), 베어네이즈 소스를 곁들인 연어 구이, 가벼운 후추 소스와 함께 내는 소고기 안심 등 모두 특별하다. 애피타이저로는 파테 앙 크루트, 절인 연어, 구운 시골 빵에 발라 먹는 푸아그라, 야생 버섯과 마늘빵을 곁들인 살짝 익힌 달걀요리 등이 나온다. 디저트로는 크렘 브륄레, 팬에 구운 계절 과일, 가벼운 휘핑 크림을 곁들인 럼 사바랭(savarin) 등이 있다. **CFr**

브누아 Benoit | 전설적인 비스트로에서 즐기는 클래식한 요리

위치 파리 **대표음식** 버터와 허브로 요리한 달팽이 요리 Snails in the shell with butter and herbs | ❸❸❸

잘 닦아 반짝반짝 빛나는 놋쇠 장식, 커브가 진 나무로 만든 바(bar), 짙은 빨간색의 기다란 벽 의자, 펄럭거리는 리넨 냅킨, 파란 하늘과 하얀 뭉개 구름이 그려진 천장 등 자칫 혼잡한 패스티시(pastiche)로 치달을 수 있는 구성이지만, 브누아에서 만큼은 거의 완벽하게 조화를 이룬다. 시청에서 아주 가까운 브누아는 1912년에 문을 열어 그 역사를 아주 소중히 이어오고 있다. 최근에는 알랭 뒤카스의 레스토랑 제국에 편입되기도 했다. 뒤카스는 셰프 에릭 아주그(Eric Azoug)를 고용해 파리 비스트로의 전통을 이끄는 곳이자 미슐랭 스타에 빛나는 브누아의 명성을 유지해 나가는 책임을 맡겼다. 알라카르트 메뉴와 와인을 고른다면 값이 만만치 않을 것이나 이보다 훨씬 가격이 적절한 런치 세트 메뉴도 있다.

브누아의 가치는 호화로움과 격식의 무게가 아니라, 다른 곳에서라면 물릴 법도 한 흔해 빠진 요리에 대한 지극한 정성과 헌신에 있으며, 버터, 크림, 술을 아끼지 않는다. 메뉴에는 항상 라비고트 소스가 들어간 송아지 머릿고기가 있고, 통통하게 살찐 달팽이에 곁들여 나오는 마늘버터 소스는 놀라운 맛인데, 여기에는 빵을 찍어 먹는다. 서서히 익힌 소고기 볼살은 사르르 녹고, 폭신한 사바랭(Savarin) 케이크에는 생크림 한 스푼과 아르마냑 두 종류를 넉넉히 뿌린다. 아르마냑은 만약을 위해 병째 테이블에 놓아 둔다. 이곳의 많은 메뉴에서 요리의 기본 뿌리라 할 수 있는, 즉 여럿이 나눠 먹을 음식을 요리하는 커다란 솥에서 음식을 넉넉히 덜어 먹으려는 본능 또한 확인할 수 있을 것이다. 파테 앙 크루트나 카술레 메종(cassoulet maison)은 테이블 옆에서 바로 접시에 담아 주는데, 이 모든 것이 고급스러움과 편안함 사이의 균형을 이루며 잊을 수 없는 경험을 선사한다. **EH**

➡ 핫초콜릿 소스를 곁들여 내는 브누아의 프로피트롤(Profiterole).

레스카르고 몽토르고이 L'Escargot Montorgueil | 달팽이와 개구리 뒷다리 요리로 유명한 브라스리

위치 파리 **대표음식** 구외사예 드 쿠이케트(Gueusaille de Kouikette, 크림과 파슬리 소스에 조리한 달팽이로 속을 채운 감자요리)Gueusaille de Kouikette
(potatoes stuffed with snails in cream and parsley sauce) | ❸❸❸

> "파리주민들은 육즙이 풍부한 통통한 달팽이로
> 속을 채우고 완벽하게 간이 배인 아구요리를
> 사랑한다."
>
> bonjourparis.com

⬆ 엠파이어 스타일의 검은색 나무로 만든 파사드와 금색 글자들이
레스카르고 도르라고 불렸던 이유를 짐작케 한다.

1832년에 문을 연 이 레스토랑은 1919년 클로드 테라일(Claude Terrail)이 인수했다. 테라일은 신화적 존재인 라 투르 다르장(La Tour d'Argent)의 주인이기도 했다. 이후 이곳은 파리의 거점으로 빠르게 성장하였고, 사라 베르나르, 사샤 기트리, 마르셀 프루스트, 조르주 페이도와 같은 당대 유명인사들의 파티가 열렸다. 과거에 이 레스토랑은 레스카르고 도르(d'Or, 황금)라 불리기도 했는데, 그 이래로 제국시대의 멋들어진 장식은 거의 변한 것이 없다. 검은색 나무로 만든 파사드, 흑백의 타일, 나무 패널, 조각이 새겨진 기다란 거울, 편안하게 벽에 기댈 수 있는 붉은색의 긴 의자, 예쁜 나뭇가지 모양의 촛대, 나무로 된 천장이 잘 보존되어 있다. 아래층에는 살롱이 이어져 있는데, 멀리 떨어져 있는 곳일수록 조용하고 안락하다. 아름다운 나무 계단을 따라 위층에 오르면 커다란 방이 있고, 날씨가 좋은 날에는 몽토르고이 거리가 내려다 보이는 널찍한 테라스에 앉을 수도 있다.

이곳의 음식은 에그 마요네즈, 푸아그라 테린, 구운 골수, 비프 타르타르, 솔 뫼니에르, 크레페 수제트, 개구리 다리, 오렌지 소스를 곁들인 오리 구이(canard à l'orange) 등 브라스리 스타일 그대로다. 고객층은 과거의 향수에 젖은 파리의 노년층과 세계 각국으로부터 온 방문객들인데, 대부분이 가까운 퐁피두 센터를 들렀다 온 사람들이다. 무엇보다 이곳은 달팽이 요리를 좋아하거나 시도해 보려고 하는 사람들이 방문한다.

귀여운 전용 용기에 6~36개까지의 달팽이를 주문할 수 있는데 3가지 소스로 맛을 낸다. 전통적으로 쓰이는 파슬리 잎, 마늘—제대로 다룰 줄 아는 셰프여야 제맛이 난다—과 가벼운 커리 혹은 과감히 로크포르(Roquefort)를 사용하기도 한다. 달팽이는 외프 뫼레트(oeufs meurette, 레드와인에 요리한 달걀)로 변신하기도 한다. 가장 유명한 요리는 크림과 파슬리 소스에 조리한 달팽이로 속을 채운 감자요리인 구외사예 드 쿠이케트다. 이 클로드 테라일이 남매인 쿠이케트 테라일(Kouikette Terrail)에게 바치는 요리다. **TD**

셰 카시미르 Chez Casimir | 꾸밈 없고, 터무니 없을 정도로 양이 푸짐한 현지의 보석 같은 곳

위치 파리 **대표음식** 비둘기 카술레|Pigeon cassoulet | 💲💲

유로스타로 갈아타기 위해 파리 북역(Gare du Nord)을 지나는 사람들은 대부분은 북적거리는 역 주변 거리를 살펴볼 생각을 거의 하지 못한다. 참으로 유감인 것이 그다지 예쁠 것 없는 됭케르크(Dunkerque) 거리에서 살짝 옆 길로 벗어난 벨쥔스(Belzunce) 거리에는 파리에서 가장 유명하고 사랑받는 레스토랑 3곳이 위치하기 때문이다. 티에리 브르통(Thierry Breton)은 미슐랭 스타보다는 진솔한 현지 비스트로를 택하는 일류 전문가다. 오리지널 셰 카시미르는 생 뱅상 드 폴(Saint Vincent de Paul) 교회의 맞은편 모퉁이에 위치해 있다. 특별할 것 없지만 화이트와 그린의 줄무늬가 그려진 캐노피 아래 놓인 좌석들에 마음이 끌린다. 이곳의 최고 요리는 브런치로, 알만한 사람들 사이에서는 거의 전설과도 같은 평을 받는다.

파리의 수많은 트렌디한 레스토랑—최근 브런처(bruncher)라는 말이 표준으로 굳어졌다—을 휩쓸고 있는 다양한 달걀요리나 팬케이크보다는, 뷔페 테이블에 푸짐하게 차려진 이런저런 메뉴를 맛보는 것이, 셰 카시미르에서 맞는 느지막한 아침식사에서 진정 놓칠 수 없는 기회이다. 치즈, 샤퀴트리, 파테와 크레페, 샐러드와 키슈, 빵과 피클 외에도 골라 먹을 수 있는 것들이 많다. 살짝 덜 익힌 달걀, 개인 주물 냄비에 담긴 비둘기 카술레, 홍합, 김이 모락모락 나는 생선 수프 등 더운 요리들은 친절이라고는 모르는 퉁명스러운 웨이터가 테이블로 직접 가져다 준다.

처음 온 사람이라면 종종 페이스 조절에 실패해서 탄성이 절로 나오는 디저트를 못 먹을지도 모른다. 바를 지나 코너 주변에 있는 디저트 코너는 두 선반을 차지하고 있으며, 신선한 과일이 산더미같이 쌓여 있고 플랑(flan)과 타르트, 무스에 곁들여 먹는 보글보글 버블이 이는 핫 초콜릿이 가득하다. 바의 물은 공짜로 얼마든 마실 수 있고 와인과 커피도 선택해 주문할 수 있다. 화려한 장식은 없지만 접시 가득 담아 배불리 먹을 수 있는 곳이다. **EH**

"티에리 브르통의 밝고 편안한 비스트로는 세련된 파리의 전문직 종사자들에게 인기다."
fodors.com

⬆ 셰 카시미르의 뷔페 테이블에는 탁월한 치즈들이 많다.

기 사보이 Guy Savoy | 요리의 맛과 향을 중시하는 프랑스 요리 명장이 선보이는 일류 오트 퀴진

위치 파리 **대표음식** 아티초크와 블랙 트러플 수프 Artichoke and black truffle soup | 🆂🆂🆂🆂

"오트 퀴진 레스토랑에서 즐기는
컨템포러리 아트에 가까운 요리들."

Zagat

⬆ 랑구스틴과 콜리플라워를 이용한 기 사보이의 진귀한 요리 작품.

이례적인 오트 퀴진의 정수를 맛보기 위해 파리를 방문하는 사람이라면 셰프 기 사보이가 자신의 이름을 따 만든 이 레스토랑을 반드시 방문해보길 권한다. 로안에 위치한 유명 레스토랑 메종 트루아그로(Maison Troisgros)의 피에르 트르와그로 밑에서 요리를 익힌 사보이는 파리에 자신만의 레스토랑을 열고 2002년부터 계속해서 미슐랭 스타 3개를 유지해오고 있다. 사보이 본인도 영국의 고든 램지를 포함하여 수많은 일류 셰프들의 멘토로 활약해왔다. 사보이는 현재 세계적인 레스토랑 제국을 건설했지만 그가 사랑하는 파리의 레스토랑에는 음식, 서비스, 실내 장식 하나하나에 세심한 배려가 깃들어 있다.

사보이는 클래식한 요리 기술로 이름이 나 있고, 지극히 평범한 재료에서 맛과 향을 우려내는 능력의 소유자다. 생강, 레몬그라스, 레몬 소금으로 맛을 낸 당근과 순무의 에멀션(emulsion)을 담아내는 진미는 그 어디에서도 경험할 수 없는 강렬한 경험을 선사한다. 진귀한 재료 또한 중요한 역할을 한다. 그의 대표 메뉴인 아티초크와 블랙 트러플 수프는 버섯과 트러플을 곁들인 브리오슈와 함께 나온다. 크리미한 텍스처, 아티초크와 트러플이 지니는 땅의 기운이 얇게 저민 파르메산 치즈의 감칠맛으로 훨씬 빛나는 리치한 이 수프는 진정으로 멋지고 만족스러운 작품이다. 메인 요리는 식재료들로 맛을 창조해내는 사보이의 능력을 보여주며 쉽게 잊히질 않을 추억을 선사한다.

가볍게 과일을 기본으로 하거나 초콜릿 퐁당과 같이 진한 맛의 디저트 역시 인상적인 요리 기술과 진정 완벽하게 즐길 수 있는 요리를 창조해 내는 사보이의 능력을 보여주기에 손색이 없다. 최상의 프랑스 치즈들로 구성된 치즈 보드 또한 훌륭하다. 사려 깊고 아낌이 없는 프로페셔널한 서비스 역시 기 사보이 매력의 일부다. 프랑스 미식의 정수를 경험할 수 있는 곳이다. **AH**

셰 조르주 Chez Georges | 후한 맛의 비스트로 요리

위치 파리 **대표음식** 수영 소스를 곁들인 연어 요리 Salmon in sorrel sauce | 💲💲

1964년 문을 연 셰 조르주의 주인이 몇 년 전 처음으로 바뀔 때 이 비스트로의 많은 팬들은 공포에 떨었다. 예전과 같을까? 아주 망가지는 건 아닐까? 모든 우려가 기우였다. 셰 조르주는 여전히 클래식한 비스트로 그대로다.

늘 쾌활한 지배인 안젤로 벨로니(Angelo Belloni)가 여전히 파리의 마유(Mail) 거리에 위치한 셰 조르주의 서비스를 총괄한다. 더욱이 2개의 좁고 기다란 방의 암갈색 벽도, 유니폼을 입은 탄탄한 체격의 웨이트리스의 분주한 서비스도, 라블레 풍(Rabelaisian)의 넉넉한 양도 그대로이다. 물론 이곳은 세계 곳곳에서 몰려든 고객들로 늘 시끄럽다. 또한 셰 조르주에서의 식사는 파리지앵들의 일종의 통과의례다. 사실 주문을 받는 종업원들을 제외하고는 프랑스어를 듣기 어려운 경우가 많다. 이는 그리 중요하지 않은 것이 음식과 서비스 모두 시끌벅적한 분위기만큼 즐겁고 넉넉하기 때문이다.

셰 조르주에 오는 공통의 목적은 좋은 음식과 와인을 즐기는 것이다. 커다란 그릇에 담긴 생크림과 피클은 테이블에 앉은 사람들끼리 돌려 가며 먹는데, 훈제 연어, 훈제 청어(herring), 소 머릿고기 테린에 곁들여 나온다. 에그 마요네즈나 외프 앙 줄레(oeufs en gelée, 에그 젤리)와 같이 심플한 요리에는 퓨터 포트(pewter pot)에 와인을 주문할 수도 있다. 대파와 비네그레트에 맥주 한 잔을 시켜도 인상을 찌푸릴 사람은 없다. 비싼 생선과 고기 요리도 아주 평범하게 나오지만 맛과 재료의 신선도만큼은 나무랄 데가 없다.

타르트 오 시트론(tarte au citron), 타르트 타탱(tarte tatin), 초콜릿 무스와 같은 클래식한 디저트는 닿을 수만 있다면 천국에 오른 맛이다. 다만 명심할 것은 일단 주문해 먹기 시작했다면 다 먹어야 한다. 남기면 웨이트리스가 대놓고 화를 낼지도 모른다. **TD**

셰 라미 장 Chez l'Ami Jean | 마스터 셰프가 선보이는 요리

위치 파리 **대표음식** 캐러멜을 곁들인 리오레(라이스 푸딩) Riz au lait (rice pudding) with caramel | 💲💲💲

파리의 시크한 7구역의 다소 수수한 샛길에는 바스크 풍의 느낌을 풍기는 아주 작은 규모의 레스토랑, 셰 라미 장이 있다. 이곳에는 음식을 사랑하는 현지인과 관광객들이 북적거린다. 모두 빛의 도시를 지배하는 비스트로 맛집의 마스터 셰프인 스테판 예고(Stéphane Jégo)가 엄선한 식재료로 만든 요리를 찾아온 사람들이다.

라미 장은 가볍게 생각할 곳이 아니다. 1인분의 양은 푸짐하고, 지나칠 정도로 정확하고 섬세한 요리는 전통 요리인 코트 드 뵈프(소갈비)에서부터 산새버섯과 바슈키 리(Vache qui Rit) 크림 치즈 에멀션을 곁들인 게살 요리까지 다양하다. 셰프 예고의 일생이기도 한 셰 라미 장의 떠들썩한 분위기는 사람들의 발길을 이끈다. 바 카운터에서 순서를 기다리는 고객들에게도 틈새 생산업자 에릭

> "미리 예약할 것. 푸짐한 바스크 요리라 배고픈 상태로 가는 것이 좋다."
> frommers.com

오스피탈이 만든 홈메이드 샤퀴트리가 아페리티프와 함께 제공된다.

예고는 미적거리는 법이 없다. 벽장만 한 크기의 작은 오픈 키친에 자리를 잡고 한 눈은 스토브에 다른 한눈은 다이닝룸을 응시한 채 요리를 하고 소리치면서 넘치는 에너지로 진두지휘한다. 그는 직원들에게 엄하고 납품업체를 일일이 꾀고 있으며, 정확하게 요리한다. 다양한 메뉴를 훑어 내려가면서, 전통요리와 세련된 현대요리 사이의 선택의 기로에서 당황스러움을 느낄 수도 있다. 그러나 라미 장은 주인의 마음 그대로를 따른 비스트로다. 누구든 따뜻하게 맞아주고 매혹시키며 만족시킬 것이다. **TD**

헬렌 다로즈 Hélène Darroze | 유명한 여성 셰프의 기분 좋은 요리를 맛볼 수 있는 곳

위치 파리 **대표음식** 에스펠레트 고추를 곁들인 로스트 치킨Roast chicken with Espelette pepper | ❸❸❸

"허브를 묻혀 바삭하게 구운 심플한 철갑상어 요리는 마시멜로처럼 부드럽고 가리비만큼 달큰하다."

Terry Durack, The Independent

⬆ 헬렌 다로즈의 이름을 딴 레스토랑은 따뜻하게 고객을 배려하는 안식처와 같은 곳이다.

헬렌 다로즈는 셰프가 될 생각이 없었으나, 존경 받는 셰프인 알랭 뒤카스는 다르게 생각했다. 그녀는 모나코에서 뒤카스에게 호텔 경영 수업을 받았다. 뒤카스의 주방에서 짧은 견습 기간을 거치는 동안 그는 그녀의 요리 재능을 단번에 알아 봤고 적극적으로 요리를 권했다.

헬렌은 랑드 지방에 위치한 가족이 운영하던 여관을 인수했고, 2000년에는 파리에 그녀의 이름을 딴 레스토랑인 헬렌 다로즈를 오픈했다. 레스토랑은 성공적이었고 미슐랭 스타(파리에서는 1개, 런던의 럭셔리 호텔인 코노트에 위치한 곳은 2개)를 받으며, 그녀는 프랑스의 가장 유명한 여성 셰프가 되었다. 2차 대전 중 게슈타포의 본거지였던 루테티아 호텔 지척에 위치한 다사스 거리의 이 레스토랑은 진한 레드와 퍼플색으로 장식된 2층짜리 건물로 따뜻하고 편안한 분위기다. 다로즈는 그녀의 마음에서 우러나는 본능에 따라 요리를 창조해 낸다. 그녀는 랑드에서 먹고 자라던 양질의 식재료에 대한 해석에 해석을 거듭하는 것이라고 말하곤 한다.

보르도와 바스크 지역의 영향이 강한 다로즈의 요리는 푸아그라, 산새버섯, 페리고르의 트러플, 피레네의 양, 아키텐의 캐비아, 바스크의 피망, 올리브 오일, 초콜릿, 그리고 빼놓을 수 없는 피망 데스펠레트(piment d'Espelette)를 특별히 강조한다. 피망 데스펠레트는 바스크 지역에서 나는 은은하고 스모키한 맛의 매운 고추로 헬렌 혼자서 이 고추를 프랑스에 유행시켰다 해도 과언이 아닐 것이다. 고기를 굽는 솜씨도 뛰어나 헬렌의 로스트 치킨 만큼은 반드시 먹어봐야 한다. 스코틀랜드 출신의 듬직한 페이스트리 셰프인 컬크 휘틀(Kirk Whittle)과 함께 감각적인 즐거움을 극대화하는 그녀의 요리 솜씨는 디저트에도 그대로 이어진다. 디저트 다음은 와인 브랜디인 빈티지 아르마냑을 마실 순간이다. 고향에서 와인 생산과 도매상(négociant)을 하는 헬렌의 삼촌과 사촌 그리고 형제들이 공급하는 아르마냑의 리치하고 달콤한 맛은 이곳에서의 식사를 제대로 마무리해 줄 것이다. **TD**

카페 드 플로르 Café de Flore | 센 강 좌안 대로에 있는 전설 같은 곳

위치 파리 **대표음식** 르 플로르 크로크 무슈 Le Flore croque monsieur | ⑤⑤⑤

카뮈, 사르트르, 보부아르, 프레베르, 헤밍웨이, 커포티, 달리, 라캉, 드뇌브, 바콜, 뎁, 코폴라, 갱스부르의 공통점은 무엇일까? 왜 그들은 카페 드 플로르를 마치 자신들의 서재나 집처럼 드나들었을까? 예술, 문학, 영화, 철학 분야에서의 단골 유명 인사들의 리스트를 훑어 보는 것은 마치 현대 프랑스의 사회와 문화를 탄생시킨 위대한 운동들의 흐름을 따라가 보는 듯하다. 초현실주의, 실존주의, 누벨바그에 대한 열띤 토론도 이 곳에서 열렸다. 알만한 사람은 누구나 카페의 전성기에 이곳에 들렀고 심지어 중국의 저우언라이 총리도 1920년대 카페 드 플로르의 단골이었다. 바로 이러한 사실이 플로르의 상징과도 같은 그린과 화이트 색의 캐노피, 변함없는 거울, 마호가니, 하얀 앞치마를 두른 웨이터들, 붉은색의 기다란 벽 의자가 파리를 찾은 그 많은 사람들의 상상력을 자극하는 이유는 바로 이러한 사실 때문이다.

1887년에 문을 연 이 카페의 이름은 근처에 서 있던 조각상 플로라(flora), 즉 꽃의 신의 이름을 따 지은 것이다. 플로르 카페는 봄철, 인근의 라이벌 레 되 마고와 함께 엄청난 인파가 몰리는 파리의 유명한 지성인들의 커피하우스다. 바로 이러한 연유로 전통을 소중히 여기는 사람들과(이곳에서는 매년 문학상이 개최된다), 수 년간 이곳을 찾아 식사를 하는 많은 인사들에게는 없어서는 안될 성지와도 같은 곳이다.

현대에 들어, 과거 가난한 작가나 예술가보다는 관광객들에게 인기가 있는 것은 오늘날 트렌드를 주도하는 동네인 생 제르맹 데 프레에 위치한 것과도 관련이 깊다. 만약 사르트르와 보바르가 오늘날에도 플로르에서 아침, 점심, 저녁을 먹는다면, 천정부지의 가격으로 인해 절망의 늪에 빠졌을 것이 불 보듯 뻔하다. 그러나 여전히 클래식한 파리 카페의 방대한 메뉴들—음료, 샴페인, 칵테일, 아침식사(14가지 다른 조리법의 달걀 요리를 포함해서), 차고 더운 음식들이 깔리는 뷔페, 치즈, 샐러드, 아이스크림, 디저트 등—은 즐거움을 느끼기에 충분하다. **EH**

"비알콜 청량음료, 커피, 샐러드, 크로크 무슈, 파스타와 베지 버거 등을 맛 볼 수 있다."

Lonely Planet

⬆ 전설적인 위대한 인물, 카뮈, 사르트르, 헤밍웨이 등이 이 상징적인 카페의 단골 손님이었다.

레스토랑 샤르티에Restaurant Chartier | 합리적인 음식 가격을 중시하는 유서 깊은 곳

위치 파리 **대표음식** 리크 비네그레트Leeks vinaigrette | 💲

"굶주린 배를 싸게 채울 수 있는 곳이라는 본래의 취지를 이어가는 진정한 의미의 밥집."

fodors.com

샤르티에는 진정한 파리의 부용(bouillon, 전통적인 밥집)으로 본래의 취지와 모습 그대로 잘 이어오고 있다. 천장이 높은 다이닝룸은 여전히 아름답게 보존되어 있으며, 짙은 색의 나무로 된 벽에는 윤기가 흐르고, 코트와 가방을 넣어 두는 놋쇠로 만든 바구니가 테이블 열을 따라 높게 달려 있다. 이 건물은 역사적으로도 등록이 되어 있으며, 319개의 좌석이 놓인 다이닝룸에는 단골들이 각자 천으로 된 냅킨을 넣어두는 나무 서랍이 달린 사이드보드가 옛날 그대로 남아있다. 유리 천장으로 햇볕이 드는 위층 메자닌은 길게 늘어선 줄을 참고 이겨낼 용기만 있다면 그룹 손님들에게 적당하다. 예약을 받지 않는 샤르티에의 줄은 꼬불꼬불 뱀처럼 뒤뜰을 지나 포브르그 몽마르트르 거리 밖으로까지 이어진다.

본래 파리 노동자들에게 밥을 제공하기 위해 문을 연 이곳은 여전히 싼 값에 음식을 제공하며, 무심하지는 않지만 따뜻하게 반기지도 않는 파리의 전통대로 관광객들을 맞이한다. 샤르티에는 1896년 오픈 이후로 1유로에 수프 한 그릇을 제공한다는 약속을 변함없이 지켜오고 있다. 다른 메뉴들도 싸고 평범하지만 맛 좋은 프랑스 스타일이다. 메뉴는 외프 마요네즈(oeufs mayonnaise), 에스카르고, 리크 비네그레트, 스테이크와 칩스, 송아지 간과 삶은 감자, 초콜릿 무스, 타르트 타탱 등이 있다.

샤르티에에서 재료의 신선도는 복불복이다. 그러나 주방에서 테이블까지 음식을 내는 속도를 따라 잡기 위해 통조림이나 냉동제품을 쓴다 해도 웬만해서는 눈치채기가 어렵다. 누구에게나 평등한 이 밥집에는 여전히 많은 사람들이 몰린다. 빠르게 배불리 먹을 수 있는 곳, 그러나 우아하게 차려 입고 기다란 앞치마를 두른 웨이터가 쟁반을 높게 치켜 들고 식당을 이리저리 돌아다닌다. **TD**

⬆ 불이 밝혀진 레스토랑 샤르티에의 입구.

라스트랑스 L'Astrance | 매력적인 느긋한 분위기에서 즐기는 파격적인 파인 다이닝

위치 파리 **대표음식** 버섯과 푸아그라의 밀푀유Millefeuille of mushrooms and foie gras | 💲💲💲💲

35세의 셰프 파스칼 바르보(Pascal Barbot)가 라스트랑스를 오픈한 지 7년 만에 미슐랭 스타 3개를 거머쥐면서 지난 2007년 센세이션을 일으켰다. 이곳에는 격식을 갖춘 서비스는 없다. 대신 파리 16구역 센 강 가장자리의 외딴 길가 25개의 의자가 모던한 공간 안에 자리를 잡고 있다. 이 레스토랑의 지극히 편안한 서비스는 미슐랭 스타 레스토랑만을 찾아다니는 보통의 연령 대에서 수십 년은 벗어난 사람들을 매료시켰다. 바르보는 알랭 파사드 밑에서 요리를 배웠고 파리에 자리를 잡기 전 극동 지역, 오스트레일리아, 영국 등을 돌아다니며 매우 다양한 경험을 쌓았다.

이러한 영향은 그의 요리에도 고스란히 녹아있다. 향신료나 아시아 풍이 가미된 식재료를 사용하고 한 세기 동안 이어진 프랑스 정통 스타일의 소스를 꺼려하는 것도 혁신적이었다. 이러한 소스들은 대신 가볍고 섬세한 터치로 그의 요리에 나타난다. 그러나 오늘날 그의 트레이드마크는 날것과 익힌 것들의 대조, 그리고 허브, 주스, 우려낸 즙들을 사용하는 데에 있다.

바닷가재는 가을 채소로 우려낸 육수와 함께 내고, 그릴에 구운 오징어(calamari)는 고추 거품과 함께 망고, 파파야, 파인애플을 곁들인다. 대표 요리는 생 버섯과 마리네이드한 푸아그라를 켜켜이 아름답게 쌓아 올린 밀푀유다. 라스트랑스는 알프스에 피는 꽃으로, 디저트는 프로마쥬 블랑(흰 치즈)을 곁들인 감자 퓌레, 꽃잎을 사용해 섬세하게 장식한 생강 아이스크림, 시트러스 타르트처럼 종종 꽃과 채소의 향을 활용한다. 메뉴는 고정되어 있는데, 최근 들어 크게 보편화되고 있으나, 별 3개 레스토랑에서는 지극히 드문 일이다.

고정 메뉴를 통해 바르보는 좋은 제철 식재료로 자신만의 해석을 담은 요리를 선보인다. 절대 서두르거나 긴장하는 법이 없는데, 이 서비스는 소믈리에 크리스토프 로햇(Christophe Rohat)이 맡는다. **TD**

르 바라탱 Le Baratin | 프랑스 클래식 요리를 선보이는 아주 작지만 컬트한 레스토랑

위치 파리 **대표음식** 에스펠레트 고추와 함께 나오는 뼈째 구운 아구 Monkfish roasted on the bone with Espelette pepper | 💲💲

파리의 북동부 벨르빌 거리의 자갈이 깔린 골목길 안에 위치한 비스트로로, 르 바라탱은 '컬트(cult)'의 정의가 되어 버린 곳이다. 패셔너블한 타운 이름에는 걸맞지 않게 허름하고 개성 있는 이곳은 중국, 태국 음식점과 슈퍼마켓들 사이에 위치하며 세련돼 보이진 않는다.

주인인 라쿠엘 카레나(Raquel Carena)와 필립 피노토(Philippe Pinoteau)는 최근 외관을 수리했는데, 깊숙한 기다란 벽 의자와 곡선형 바는 그대로 두고 라쿠엘과 요리 보조들만으로도 꽉 차는 작은 주방을 고쳤다. 덕분에 라 바라탱의 창의적인 요리와 내추럴한 유기농 와인들을 다시 즐길 수 있게 되었다. 무뚝뚝한 것으로 유명한 필립도 와인에 대해 관심을 보이면 바로 무장해제가 된다.

카레나는 스스로 요리를 깨우쳤지만, 스파이스를 사

> "파리 곳곳의 미식가들이 찾는 르 바라탱은 반드시 예약을 해야 한다."
> Time Out

용하는 것으로 유명한 브르타뉴 출신의 셰프 올리비에 홀렁지(Olivier Roellinger)의 영향이 그녀의 요리에 분명하게 드러난다. 그녀는 프렌치 클래식을 중시하며, 완벽하게 준비된 생선과 고기도(가끔은 생으로 나오기도 한다) 흠잡을 데가 없고, 아시아의 향신료와 양념들도 느낄 수 있다. 스모키한 토사주 비네그레트(Tosazu vinaigrette)을 곁들인 고등어 타르타르가 있고, 생강과 레드커런트 젤리, 가볍게 구운 아구 꼬리를 곁들인 청둥오리도 섬세한 맛의 비네그레트와 바스크산(産) 고추와 함께 나온다. 컴포트한 요리로는 레드 와인과 버섯을 넣은 토끼 스튜 혹은 소꼬리와 볼살로 만든 스튜를 선택할 수 있으며, 쌉싸름한 초콜릿 크림, 체리 컴포트 또는 구운 무화과 등의 디저트로 식사를 마무리할 수 있다. **TD**

키친 갈레리 비스Kitchen Galerie Bis | 파리인들의 섬세함을 지닌 프랑스와 아시아의 요리가 만나는 곳

위치 파리 **대표음식** 셰프가 선정하며 매일 바뀌는 프랑스와 아시아 퓨전 요리로 구성된 애피타이저A daily changing starter of Asian/French fusion cuisine chosen by the chef | **❸❸**

> "프랑스와 아시아의 맛과 향을 결합한 세련되고 다채롭고 우아한 요리들."

Time Out

⬆ 비스트로 키친 갈레리 비스는 세련된 프랑스풍 공간에서 서양과 동양이 만나는 곳이다.

키친 갈레리 비스는 그랑 오구스탱(Grands Augustins) 거리 미슐랭 스타에 빛나는 자매 레스토랑 제 키친 갈레리(Ze Kitchen Galerie) 바로 옆에 위치한다. 파리 6구역에 속하는 이 지역은 우아한 부티크와 갤러리로 유명한 곳으로 파리에서 점심과 저녁을 즐기기에 이상적이다.

예민한 눈으로 주방과 홀을 맡았던 윌리엄 르되일(William Ledeuil)과 마랭 시몬(Marin Simon)은 2009년 제 키친 갤러리에 합류했다. 이 덕분에 프랑스와 아시아 요리라는 비스트로 컨셉을 성공적으로 확장할 수 있었는데, 가격은 저렴해졌고 서비스는 더욱 활발해졌다. 르되일은 예술을 열정적으로 좋아해 레스토랑 내부에는 특별히 제작된 그림들이 가득하다. 이 그림들로 인해 밝고 모던한 공간에는 색채와 분위기가 더해진다. 재즈 뮤지션이자 아티스트인 다니엘 유메르가 제작한 로고조차도 편안하지만 예술적인 스타일을 더한다.

음식 역시 아주 흥미롭다. 아시아의 요리법, 맛과 향에서 영감을 받아, 동양과 서양의 식재료를 융합하되 세련된 프랑스 식으로 서빙한다. 타마린드, 레몬그라스, 생강, 산초, 미칸 페퍼(mikan pepper), 오렌지 플라워 워터도 눈에 띄며, 달콤 짭조름한 요리에 섬세한 아로마를 더한다. 메인 메뉴로는 콩피, 배와 산초를 곁들인 메추라기 구이가 유명하다. 디저트로는 호두와 와인의 에멀션을 곁들인 사과와 타마린드 카푸치노, 생강아이스크림 등이 기억에 남는다.

저녁에는 테이스팅 메뉴도 있으며 점심에는 2, 3개의 코스로 구성되는 가격대비 매우 훌륭한 프리 픽스 메뉴가 있다. 빼놓지 말아야 하는 애피타이저로 조르 되브르(zors d'oeuvre)라는 대표적인 메뉴가 있다. 이는 매일매일 바뀌는 모둠 요리로 4가지의 신선하고 맛있는 요리들을 조금씩 맛볼 수 있다.

박식하고 따뜻하며 서비스도 훌륭한 직원들은 우아하고 화려한 파리인들에게 서비스하는 데 익숙하다. 키친 갈레리 비스는 세련된 요리들을 맛보는 안락하고 행복한 곳이다. **CB**

라틀리에 드 조엘 로부숑 L'Atelier de Joël Robuchon | 록스타급 셰프의 플래그십 레스토랑

위치 파리 **대표음식** 푸아그라로 속을 채운 메추라기 구이와 트러플을 넣은 매시트포테이토Caramelized quail stuffed with foie gras and truffled mashed potato | 🥄🥄🥄🥄

파리에서 조엘 로부숑의 명성은 누구도 따라잡을 수 없을 정도로 대단하다. 그의 경력에 따라 붙은 미슐랭 별들의 숫자가 지니는 무게만 해도 그저 놀라울 뿐이다. 조엘 로부숑은 라스베이거스, 도쿄 등 다양한 도시에 수십 개에 달하는 레스토랑을 열었으며, 전 세계 어느 셰프보다도 미슐랭 스타 수가 많다. 아틀리에는 세계적으로도 선보여 수많은 찬사를 받은 레스토랑 컨셉 중 하나인데, 19세기의 보헤미안 기질을 지닌 파리 센 강의 좌안 부촌에 위치한 생 제르맹 데 프레 지점이 오리지널이다. 이곳은 로부숑이 누벨 퀴진을 시도하기 보다는 오늘날에도 요리사들에게 귀감이 되는, 식재료를 요리의 가장 중심에 두는 방식으로 프랑스 고급 요리의 새 장을 연 곳으로도 유명하다.

로부숑이 현직을 떠난 1995년 이래로 레드와 블랙, 진한 빛깔의 나무를 이용한 지극히 남성적인 실내 장식이 그다지 바뀌지 않았다. 오픈 키친 주위로는 빨간색 가죽을 씌운 키 높은 의자 40개가 놓여져 있고, 고객의 뒤로선 벽에 와인이 빼곡히 채워져 있으며, 셰프의 머리 위 선반에는 반짝반짝 빛나는 유리병에 잼과 피클이 담겨 있다. 가장 비싸기는 하지만, 조엘 로부숑을 경험하는 최고의 방법은 그의 본래 취지대로 멀티 코스의 데구스타씨옹(degustation), 즉 테이스팅 메뉴를 주방에서 선보이는 대로 즐기는 것이다. 이곳의 모든 요리는 분량이 작지만 강렬하며, 하나의 식재료를 중점적으로 선보인다. 따라서 메뉴의 설명 또한 '오베르진(l'aubergine)' '라 랑구스틴(la langoustine)', '르 피종(le pigeon)' 등으로 간결하며, 식재료가 지닌 맛 그대로를 기대 이상으로 정확하게 전달한다. 로부숑은 타 식문화의 영향도 개방적으로 수용해, 가금류의 경우 일본식 교자와 아시아 향신료를 넣은 부용으로 요리하기도 한다. 그러나 로부숑의 속마음은 여전히 프랑스에 깊이 뿌리 내리고 있어, 프랑스 요리의 전통을 중시하고 누구도 예상치 못한 형태로 그 전통을 구현해낸다. **EH**

"레드와 블랙의 광택으로 물든 공간에는 벤토 박스가 타파스를 만나는 미학이 깃들어 있다."
fodors.com

⬆ 인디언 로즈우드 카운터에서 바에 앉은 고객들에게 바로 음식을 내준다.

라르페쥬 L'Arpège | 텃밭에서 접시에 이르기까지 알랭 파사르의 천재성을 엿볼 수 있는 곳

위치 파리 **대표음식** 타르트 부케 드 로제(로즈 애플 타르트)Tarte bouquet de roses ("Rose" apple tart) | 🍴🍴🍴🍴

가스통 부아예와 알랭 샹드랑과 같은 고전요리의 스승으로부터 사사한 세계적인 셰프 알랭 파사르(Alain Passard)는 1986년 샹드랑으로부터 점잖은 레스토랑 라르페쥬를 인수했다. 그 이후 라르페쥬는 프랑스 미식에 있어 주춧돌이 되어왔다. 7구역의 럭셔리한 레스토랑과 점잖은 살롱을 혼합해놓은 듯한 이곳은 정치인에서 사업가에 이르기까지 다양한 유명인사들이 드나든다.

장난기 많고 에너지 넘치는 파사르는 오늘날 전 세계의 젊은 셰프들을 교육하고 이들의 영감을 불러일으키는 인물이지만, 여전히 하루도 빠짐없이 주방에 모습을 비치고 서비스까지 챙기며 점심을 먹으러 온 친구들과 담소를 나누기도 한다. 마음을 환하게 밝히는 편안한 분위기를 가졌지만, 요리의 정교함과 예술성에 있어서는 한 치의 어긋남이 없다.

파사르는 1996년에 마침내 미슐랭 스타 3개를 받았다. 2001년 주 요리를 고기와 생선에서 채소로 바꿔서(달콤한 아몬드 크러스트로 감싸 구운 비둘기 요리는 그가 유명세를 탄 첫 요리이다) 논란을 겪고도 여전히 별 3개를 유지하고 있다. 2002년에는 벽으로 둘러 싸인 멋진 사르트(Sarthe)의 정원에서 채소를 가꾸기 시작했다.

그로부터 10년 남짓 흐른 오늘날, 파사르의 정원은 3개로 늘었다. 파사르가 즐겨 하는 말인 'du potager à l'assiette', 즉 '텃밭에서 접시에 이르기까지'라는 표현처럼 이곳에서 가꾸어진 상당량의 채소들이 레스토랑에 쓰인다. 셰프가 이끄는 대로 직접 기른 채소로 맘껏 요리한 음식들을 경험해보자. 명심할 것은 이 점심 식사가 4시간은 족히 걸릴 수 있다는 사실이다. 엄청난 금액이 청구되는 것도 각오해야 하는데, 나무랄 데 없이 완벽한 서비스와 식재료를 고려하면 당연한 대가라는 생각이 든다. 메이플 시럽을 곁들인 쇼프로이드 에그(chaud-froid egg, 혹은 라르페쥬 에그), 짚불 닭(chicken in hay), 로즈 애플 타르트도 놓치지 말자. **TD**

⬆ 라르페쥬의 섬세한 가리비와 트러플 요리.

르 돔 Le Dôme | 전형적인 파리의 레스토랑에서 맛보는 탁월한 생선요리

위치 파리 **대표음식** 프뤼 드 메르 Fruits de mer | $$

몽파르나스 대로 모퉁이에 위치한 르 돔은 1930년대에 유행하던 아르데코 풍으로 꾸며진 곳인데, 파리 카페의 조상격이다. 오늘날 이곳은 프뤼 드 메르(해산물)와 생선 요리 전문점으로 명성을 유지해 오고 있다.

세계 각국으로부터 끝도 없이 몰려드는 관광객들과 현지인들 모두 복잡한 도시의 일상으로 벗어나 이곳에서 편안한 휴식을 즐긴다. 이른 아침에서부터 늦은 저녁까지 테라스에 앉아 커피와 크루아상을 즐기거나 여러 클래식한 요리 중 하나를 주문할 수 있다. 프뤼 드 메르는 선택의 폭이 매우 넓다. 굴 한 접시를 주문해 먹고 갈 여유가 없다면, 레스토랑 건물 옆에 바로 붙어 있는 환상적인 생선가게에서 굴 한 접시를 사 갈 수도 있다.

점심이나 저녁 메뉴를 선택할 때 우선 고려할 사항은 오늘 잡힌 생물이 무엇인지를 확인하는 것이다. 별다른 표시가 없다면 모든 생선은 프랑스 연안에서 잡힌 것이다. 라 돔의 특선요리이기도 한 이 지역의 전통적인 생선요리 중 하나를 고를 수도 있다. 물 마리니에르(moules

marinière)의 크리미한 버전인 무클라드(mouclade)는 단물이 배어나는 홍합 살과 커리 향의 사프란 소스의 어울림이 좋다. 이곳에서 사용하는 홍합은 물 드 부쇼(moules de bouchots)로 바다에 나무 기둥을 세우고 양식을 한 것이다. 심해에 드리운 밧줄에서 자라는 홍합보다 가까운 해안가에서 천천히 자라기 때문에 훨씬 리치하고 다채로운 풍미를 지닌다.

디테일에 대한 세심한 배려야말로 이 오래된 파리 레스토랑이 여전히 시간을 보내기에 아주 좋은 매력적인 장소로 느껴지는 비결이다. 청동, 나무, 불빛이 반짝이는 램프로 꾸며진 따뜻한 실내와 파리 시내를 가로지르는 동맥과도 같은 몽파르나스 대로가 바라다 보이는 테라스로 독특함이 느껴지는 도심의 카페다. **CB**

⬆ 르 돔의 세련된 아르데코 풍 인테리어.

랑브르와시 L'Ambroisie | 요리와 어울림이 좋은 공간에서 즐기는 세련된 오트 퀴진

위치 파리　**대표음식** 참깨 웨이퍼를 곁들인 랑구스틴 구이 | Roast langoustines with sesame wafer | ⓈⓈⓈ

랑브르와시는 미슐랭 스타를 받은 파리의 레스토랑들 중에서도 가장 격식이 있는 곳이다. 프랑스의 정치와 주요 대중 인사들의 본거지이기도 한 마레 지역의 17세기에 세워진 보주(Vosges) 광장의 아치형 건물 바로 뒤에 위치한다. 이 광장은 적어도 지난 200년 동안 거의 바뀐 것이 없지만, 이 레스토랑만큼은 약 10년 전에 완전히 새단장을 마쳤다. 마치 로마시대의 연회 홀을 본 딴 디자인으로, 내부는 앤티크 나무 패널, 회반죽 장식, 오뷔송(Aubusson) 태피스트리, 샹들리에 등으로 꾸며져 있다.

이 모든 장관들이 랑브르와시의 오트 퀴진과 완벽하게 맞아 떨어진다. 이와 같은 수준의 레스토랑은 거의 남아 있지 않다. 호화로움의 극을 달리는 식재료(바닷가재, 캐비아, 트러플, 샴페인)와 이를 요리하는 솜씨와 담음새는 프랑스 국내나 국외에서도 거의 찾아볼 수 없을 만큼 높은 수준이다. 천장이 높은 3개의 살롱이 나란히 있고 단체를 위한 개별 방이 있으며, 드러나지는 않지만 분명 서열이 매겨진 테이블들이 놓여 있다.

만약 샤넬이 아닌 백팩을 메고 간다면, 관광객들 옆 테이블로 안내가 될 것이다. 그러나 무엇을 입던지 도착하자 마자 위아래를 훑고 이름을 불릴 각오를 해야 할 것이다. 약간은 거만한 종업원들도 경험의 일부이며, 곧 요리를 음미하고 느끼게 될 벅찬 기쁨을 생각한다면 사실 작은 대가에 지나지 않는다.

랑브르와시에서 가장 유명한 요리는 애피타이저로 나오는 가벼운 커리 소스와 참깨 웨이퍼를 곁들인 랑구스틴과 디저트로 나오는 가벼운 초콜릿 타르트다. 이 두 걸작의 중간에 끼일 메인 요리로 알바산 트러플을 곁들인 솔(sole)과 호박, 밤, 데빌 소스(devil sauce)를 곁들인 바닷가재를 먹을 것인지, 혹은 내장과 뇨끼를 곁들인 로제르(Lozère)산 양고기를 맛볼 것인지 심한 갈등을 겪게 될 수도 있다. **TD**

⬆ 화려한 태피스트리로 장식된 레스토랑의 벽.

르 샤토브리앙 Le Chateaubriand | 캐주얼한 파인 다이닝의 사원

위치 파리 **대표음식** 올리브 오일과 꽃소금을 곁들인 초콜릿 케이크 Chocolate cake with olive oil and fleur de sel | ❺❺❺❺

프랑스의 파인 다이닝의 면모를 완전히 바꾼 새로운 비스트로노믹(bistronomic)의 전형적인 인물로는 이나키 아이즈피타르트(Inaki Aizpitarte)를 떠오르게 것이다. 독학으로 성장한 그는 텔 아비브(Tel Aviv)에서 접시닦이로 일하면서 요리를 향한 열정을 발견했다. 그 후 2006년, 잊혀졌던 11구역의 한 구석에 새로운 스타일의 르 샤토브리앙을 오픈하면서 레스토랑의 판도를 뒤흔들었다.

1930년대 스타일의 비스트로는 미슐랭 스타 레스토랑이나 그 밖에 최고의 레스토랑을 뽑아 놓은 다양한 목록에서 꾸준히 상위권을 차지하고 있다. 르 샤토브리앙은 파리에서 가장 예약을 잡기 어려운 레스토랑으로도 유명하다. 이는 모두 아이즈피타르트의 꾸밈 없고 개성이 넘치며, 종종 예측을 불허하는 메뉴 덕분이다. 요리는 매일 바뀌며, 새로운 재료들을 오리지널 방식으로 결합한다. 레드 베리 피퍼라드(red berry piperade)나 미소 수프에 조리한 푸아그라와 같은 요리에서는 최고급 식재료를 돋보이게 하는 바스크 출신 셰프만의 안목을 볼 수 있다.

이곳은 레스토랑에 대한 기호가 무딘 사람들이 올 곳이 아니다. 메뉴는 선택의 여지가 없다(식품 알레르기를 고려하기는 하지만). 신선한 제철 식재료만을 사용하고 종종 날생선과 날고기를 선보이기도 한다. 식탁보도 없고 서비스도 수염을 기르고 문신을 한 힙스터(hipster)들이 담당한다. 묵직한 와인 리스트는 종종 직원의 도움을 필요로 하지만 고객을 무관심 속에 방치하지 않는 곳이니 걱정할 필요가 없다.

통념을 타파하는 레스토랑임에도 르 샤토브리앙에선 최상의 퀄리티의 다양한 프렌치 요리를 맛볼 수 있다. 예약은 하늘에 별 따기이다. 하지만 손님들이 식사를 마친 저녁 9시 30분 이후에는 예약 없이도 갈 수 있다. 바로 옆 렘 콜하스(Rem-Koolhaas)가 디자인한 와인 바인 르 도팽(Le Dauphin)은 기다리는 동안 시간을 보내기에 좋다. **TD**

⬆ 과격적이고 개성이 강한 요리를 맛볼 수 있는 곳.

라 퐁텐 드 마르 La Fontaine de Mars | 매력적인 비스트로에서 맛보는 클래식한 프랑스 요리

위치 파리 **대표음식** 오리 콩피|Duck confit | 🟢🟢

"파리의 영화 속 한 장면에 있는 듯하다.
전형적인 비스트로의 모습에 매료되어 속삭이며
대화를 나누는 사람들…."

zagat.com

가장 조용하고 차분한 파리 7구역의 거리, 생 도맹그(St. Dominique) 거리에 가볼 만한 파리 맛집이 모두 있다. 파리의 상징과도 같은 에펠탑이 보이는 엽서에 나올 듯한 풍광으로 사방에는 멋진 레스토랑과 식료품점들이 있으며, 도로 양끝의 에콜 밀리테르(Ecole Militaire)와 앵발리드(Les Invalides) 모두가 파리에서 가볼 만한 곳으로 손꼽는다.

라 퐁텐 드 마르는 바캉스로 대부분의 가게가 문을 닫는 여름 휴가철을 포함해 일주일 내내 문을 열며, 긴 여정 중간에 여유 있는 점심을 느긋하게 즐기기에 좋은 대표적인 곳이다. 1908년에 문을 연 이후 부단한 개보수와 확장을 통하여 친근한 매력을 유지해 왔을 뿐 아니라 2009년에는 미국의 오바마 대통령이 방문한 것으로도 유명하다. 실내 장식은 프랑스 비스트로의 원형 그대로로 나무로 된 벽, 짙은 붉은색 가죽을 댄 긴 벽 의자, 빨간색 체크무늬의 식탁보 자락이 거리로까지 넘실거린다.

비스트르의 이름이기도 한 퐁텐, 즉 분수는 레스토랑의 옆에 위치한다. 석조 아케이드 아래의 테라스 자리는 톡톡 기분 좋게 튕기는 분수의 물방울을 맞으며 여름철 더위를 식히고 한가롭게 시간을 보내기에 최적의 장소이다. 메뉴는 프랑스 남서부 지역의 식재료를 이용한 파리 비스트로의 클래식한 요리들이다(정말이지 아주 좋은 와인들이 있다). 오리 콩피, 마그레 드 카나르(magret de canard), 푸아그라 모두 찾아볼 수 있으며, 툴루즈 지방의 탁월한 카술레(cassoulet)도 맛볼 수 있다.

무엇보다도 흠잡을 데 없는 전통 비스트로 메뉴들과의 완벽한 랑데부를 즐길 수 있는데, 외프 앙 뫼레트(oeufs en meurette, 레드 와인 소스에 요리한 달걀 요리), 마늘 버터에 요리한 부르고뉴 달팽이, 유명한 샤퀴테에(charcutier)인 크리스티앙 파라의 부뎅 누아르(boudin noir), 앙뒤에트(andouillettes), 블랑케트 드 보(blanquette de veau), 파리에서 최고로 손꼽히는 양고기 구이도 맛볼 수 있다. **TD**

⬆ 파리에서의 기분 좋은 식사를 경험할 수 있는 라 퐁텐 드 마르.

르 콩트아르 뒤 를레 Le Comptoir du Relais | 아기자기한 비스트로에서의 호사스럽고도 편안한 요리

위치 파리 **대표음식** 렌즈콩과 함께 요리한 새끼 돼지 구이|Cochon au lait aux lentilles (roast suckling pig with lentils) | ⑤⑤⑤

르 콩트아르 뒤 를레는 파리 최고의 비스트로를 향해 도전장을 내민 곳이다. 셰프 이브 캉드보르드(Yves Camdeborde)는 명성이 자자한 그의 레스토랑 라 레갈라드(La Régalade)와 더불어 진정한 의미에서 프랑스 가스트로-비스트로(gastro-bistro)의 혁명을 주도해 왔다. 일류 식재료(트러플과 캐비아를 빼고는 미슐랭 스타 레스토랑과 유사한 수준이다)를 선보인 최초의 레스토랑 중 한 곳이다. 메뉴 선택의 폭은 그다지 넓지 않지만, 적당한 가격에 넉넉한 양의 요리를 제공한다. 크리용(Crillon) 호텔에서 요리를 배운 캉드보르드의 경력과 합리적인 가격으로 인해 지난 10년 동안 예약이 꽉 차지 않은 적이 없었다.

센 강의 좌안으로 자리를 옮겨 르 콩트아르를 본 딴 아르 데코 풍 다이닝룸을 갖춘 호텔인 르 를레 생 제르맹(Le Relais Saint Germain)의 문을 연 것도 요리 업계에 있어서는 지각변동과도 같았다. 40석의 아기자기한 다이닝룸은 매일 점심에 문을 열고 예약을 하지 않은 손님만 받으며 제철 요리로 구성된 폭넓은 메뉴를 선보인다. 이곳에서의 전형적인 식사는 열광적인 지지를 받고 있는 생산업자 에릭 오스피탈의 홈메이드 샤퀴트리 혹은 게살 레물라드로 시작해 해조류 버터와 함께 껍질째로 구운 가리비 구이 혹은 베어네이즈 소스를 곁들인 육즙이 가득한 스테이크로 이어진다.

저녁에도 몇 달 전부터 예약이 꽉 차며, 테이스팅 메뉴만으로 구성된다. 캉드보르데 자신이 창조한 클래식한 요리들과 엣지(edge) 있는 요리들, 블랙 트러플을 곁들인 계란프라이, 에스펠레트 고추를 곁들인 가리비 살 사시미, 피레네산의 우유를 먹여 키운 양고기에 신선한 완두콩을 곁들인 요리 등이 미각을 깨운다. 화려한 디저트뿐만 아니라 캐러멜을 곁들인 라이스 푸딩처럼 대중적인 인기 메뉴도 있다. 예약 없이 간다면 바로 옆집의 와인 바, 라방 콩트아르(L'Avant Comptoir)에서 시간을 보낼 것을 권한다. 이곳은 친근한 스탠딩 룸으로만 꾸며져 있으며, 르 콩트아르에 좌석이 날 때까지 와인과 타파스를 즐길 수 있다. **TD**

"5가지 코스로 구성된 오트 퀴진 세트 요리를 맛볼 수 있다."

fodors.com

⤒ 라 콩트아르 뒤 를레의 친근한 분위기에서 즐기는 정성 어린 요리.

라 로통드 La Rotonde | 클래식한 요리를 선보이는 파리의 역사적인 레스토랑

위치 파리 **대표음식** 스테이크 타르타르Steak tartare | 💲💲

붉은색 차양과 아르 데코 풍 간판, 곡선형의 전면부가 특징인 이 웅장한 브라스리는 몽파르나스 대로에 위치한 유명 레스토랑 중 하나다. 종일 영업하며 파리 중심지를 관광하는 사이, 휴식을 취하기에 좋다.

스테이크 타르타르의 수준이 전설급인 이 레스토랑은 생선요리가 유명한 '르 돔'의 맞은 편에 위치한다. 파리에서 흔하게 맛볼 수 있는 요리지만, 이곳은 확연히 차이가 있다. 주문을 하면 다양한 재료들을 테이블로 가져와 바로 준비를 해준다. 스테이크 타르타르의 생명인 고기의 신선도가 매우 뛰어나며 저녁식사와 함께 황홀한 공연도 볼 수 있다.

그 밖의 클래식한 프랑스 요리로는 생 마르슬랭(Saint-Marcellin) 치즈 코스와 함께 나오는 양파 수프, 솔 뫼니에

> "아주 오랜 역사를 지닌 로통드는 파리인들이 파티를 위해 즐겨 모이는 장소가 되었다."
> Time Out

르가 있으며, 유명한 베르티옹(Berthillon) 아이스크림과 셔벗으로 식사를 마무리한다. 원하는 대로 애피타이저, 메인 요리, 디저트를 선택하여 구성하는 세트 메뉴도 알라카르트보다 저렴하게 맛볼 수 있다.

역사에 대한 자부심이 대단해 1911년 이래로 변한 것이 거의 없다. 지난 세월 이곳을 찾아 붉은색으로 칠해진 실내를 지나고 테라스의 고리버들 의자에 앉아 카페 누아제트(café noisette)를 즐기며 파리의 거리를 바라보던 생 수틴, 아메데오 모딜리아니, 장 콕토, 발레 뤼스 등 파리의 인사들이 경험한 것도 다르지 않을 것이다. **CB**

르 뫼리스 Le Meurice | 놀라울 정도로 아름답고 호화로운 공간에서 즐기는 우아한 요리

위치 파리 **대표음식** 뿔닭과 푸아그라 파테 앙 크루트Guinea fowl and foie gras pâté en croute | 💲💲💲💲

1835년 오구스탱 뫼리스는 튈르리 궁전이 바라다 보이는 리볼리 거리에 새로운 럭셔리 호텔을 지었다. 가장 고급스런 쇼핑가와 인접한 위치로, 세계 각지의 예술가, 작가, 정치가, 귀족 들을 매료시켰다. 르 뫼리스의 레스토랑은 웅장한 살롱 퐁파두르 내에 있다. 이 살롱은 베르사유 궁전 내에 있는 살롱 드 라 페(Salon de la Paix)에서 영감을 받은 것으로, 흰색과 금색의 패널, 뛰어난 유화 작품들과 거울들, 대리석 기둥, 금으로 양각 세공을 한 청동 장식들로 꾸며진 파리에서 가장 아름다운 다이닝룸이다.

미슐랭 스타를 받은 셰프 야닉 알레노가 성공적으로 운영을 한 시기를 거쳐, 최근에는 알랭 뒤카스가 레스토랑을 인수하였다. 뒤카스는 디자이너 필립 스탁이 도입했던 디자인적인 요소를 덜어내고 호화롭던 시절의 미적 요소에 더욱 초점을 맞추었다.

헤드 셰프인 크리스토프 생타뉴(Christophe Saintagne)는 프랑스의 테루아를 극도로 세련되게 표현해 내며, '팜 투 테이블'의 럭셔리 버전을 창조해냈다는 평을 받는다. 이 스타일은 가볍고 흥미로우며 호화롭다. 심플한 식재료를 정성스럽게 다루며 정확하게 요리한다. 소금을 넣고 찐 뿌리 채소는 주물 냄비에 담고 이 채소들을 끼워 먹을 기다란 포크와 함께 낸다. 반쯤 익힌 가리비는 심플한 메밀 크레페 위에 얹고 알바 트러플 얇게 저며 넉넉히 뿌리고, 알맞게 숙성된 카망베르는 물이 오른 양상추와 크리스토프 바쇠르(Christophe Vasseur)가 만든 팡 데 자미(Pain des Amis)를 곁들인다. 초콜릿 디저트는 뒤카스의 바스티유 초콜릿 아틀리에에서 만든 프리미어와 그랑 크뤼 급의 초콜릿만을 사용한다. 르 뫼리스는 로맨틱하고 현대적인 파리를 경험할 수 있는 곳이다. 다만 지갑 사정이 압박 받을 수 있다. **TD**

↳ 기분 좋은 로맨틱한 스타일을 구현하는 르 뫼리스.

르 생크 Le Cinq | 궁전 같은 공간에서 즐기는 럭셔리한 고급 프랑스 요리

위치 파리 **대표음식** 들꿩, 암꿩, 자고새, 푸아그라를 넣은 피티비에 Pithiviers of grouse, partridge, hen pheasant, and foie gras | 😊😊😊😊😊

포 시즌 호텔의 조르주 5세 로비와 '갈레리(galerie)'—기다란 태피스트리가 걸리고 소파와 안락의자가 놓인 살롱—를 통과해 걸어가면 인상적인 다이닝룸을 마주하게 된다. 르 생크는 드레스 코드가 엄격하게 지켜지는 마지막 남은 포멀한 레스토랑 중 하나로 재킷과 타이를 맨 정장을 갖추고 있지 않다면 자리를 안내받기 전 레스토랑에서 대여를 받아야 한다. 높은 천장, 야자수, 유화 작품, 대리석 기둥, 크리스털 샹들리에, 호텔의 뜰로 나 있는 아치형의 커튼이 드리워진 창문들, 이 모두가 어우러져 흠잡을 데 없이 완벽한 럭셔리의 세계로 안내한다.

고맙게도 미슐랭 스타 2개를 받은 셰프 에릭 브리파르(Eric Briffard)의 요리는 화려하고 멋진 이곳의 분위기와 격에 잘 어울린다. 브리파르는 최고의 프랑스 장인을 의미하는 명예롭고 독보적인 상(Meilleur Ouvrier de France, MOF)을 받았다. 브리파르는 조엘 로부숑에서 경험을 쌓았고, 많은 세월을 일본에서 보냈다. 따라서 그의 클래식한 프랑스 고급요리에는 많은 위대한 프랑스 요리사들이

수용해 온 일본인들의 정확함과 구성양식이 배여 있다.

가금류 파이의 정수를 보여 주는 브리파르의 피티비에는 푸아그라, 밤꿀, 세 종류의 가금류(들꿩, 암꿩, 자고새)를 넣어 만들며 준비하는 시간에만 수일이 걸린다. 이 피티비에와 17시간 동안 서서히 구워내는 양고기 요리가 르 생크에서 가장 유명한 메뉴다. 2층 카트에 사탕, 롤리팝, 설탕을 입힌 과일, 너츠, 프티 푸르로 가득 찬 샤리오 드 미냐르디스(chariot des mignardises)도 있는데, 디저트 다음에 서비스 된다. 하지만 브리파르가 과일과 채소—윌슨 대통령 거리에 있는 이에나 시장(Marché d'Iéna)에서 직접 고르기도 한다—를 그만의 장인다운 솜씨로 다룬 요리도 있다. 이 요리는 식사 후 낮잠(siesta)을 취할 여유가 없어 가벼운 애피타이저를 선택하는 회사원과 같이 점심 식사 손님들에게 인기다. **TD**

⬆ 르 생크의 휘황찬란한 궁전 같은 다이닝룸.

르 트랭 블뢰 Le Train Bleu | 북적이는 기차역에 위치한 벨 에포크 시절의 보석 같은 존재

위치 파리　**대표음식** 비프 타르타르 Beef tartare | ⑤⑤⑤

1889년 만국박람회를 계기로 파리에는 아르 누보 건축 프로젝트들이 도입되었는데, 그중 대부분이 오늘날 파리의 상징과도 같이 남아있다. 웅장한 그랑팔레와 프티팔레, 알렉상드르 3세 다리(Pont Alexandre III), 파리의 가장 주요한 6개의 기차 역 중에 하나이며 오늘날까지도 활발한 교통의 허브 역할을 담당하는 리옹역(Gare de Lyon) 등이 그 예이다. 리옹역의 도착 출구와 티켓 판매소 사이에 위치한 르 트랭 블뢰는 기이하면서도 기분 좋은 곳이다.

1901년에 리옹역에 문을 연 이곳은 과거를 소중히 하는 동시에 부와 미래의 새로운 사상을 받아들이는 당대의 정신을 보여주는 멋진 예이다. 웅장하고 천장이 높은 다이닝 안의 호화로운 골드 장식과 벨벳, 조각품들 사이에는 기차, 철도, 20세기의 여러 주요 사건 장면들을 담은 41개의 유화를 볼 수 있다.

코코 샤넬, 브리지트 바르도, 장 콕토, 살바도르 달리 등의 유명인사들이 이곳의 단골이었다. 곡선 모양의 2층 계단에서부터 모든 처마 돌림띠 위에 금으로 만든 통통한 천사 장식에 이르기까지 르 트랭 블뢰에는 진정 거부할 수 없는 로맨틱함이 흐른다.

실내로 들어서면 보이는 해산물 쇼케이스에 진열된 신선한 생선 눈알이 구슬처럼 맑다. 그러나 이것이 전부는 아니며, 요리에는 전 세계적인 영향도 묻어 있다. 회향과 토마토를 곁들이고 호박꽃 텐푸라를 왕관처럼 올린 숭어 요리, 가스파초에 절인 대구 요리 혹은 코코넛과 레드 커리를 이용한 스코틀랜드산 연어요리도 있다. 고기 요리는 아방가르드한 감이 덜하다. 송아지고기, 닭고기, 소고기, 양고기 요리에서는 모두 전통적인 맛과 향을 느낄 수 있다. 디저트는 에클레르, 럼 바바, 밀푀유, 머랭, 브리오슈 트리플 등 향수를 불러일으키는 것 일색이다. 100년 이상 르 트랭 블뢰는 옛것과 새것을 넘나들며, 파리의 상류층을 매료시키고 있다. **EH**

⬆ 눈이 호사하는 아름답고 화려한 천장.

피에르 가니에르 Pierre Gagnaire | 마스터 셰프의 요리를 선보이는 세계 미식의 신전

위치 파리 **대표음식** 피에르 가니에르의 르 그랑 데세르(전통 파티세리를 기본으로 한 8가지 디저트) "Le Grand Dessert de Pierre Gagnaire" (eight desserts based on traditional patisserie) | 💲💲💲💲

"현대적인 고급 요리의 선구자를 만나보고 싶다면 이곳에서의 식사는 필수다."

fodors.com

관광객들로 발 디딜 틈 없는 샹젤리제(Champs Elysées) 거리를 조금 벗어난 곳에 위치한 아주 작은 호텔 발자크(Balzac)에는 수수께끼와도 같은 셰프 피에르 가니에르가 운영하는 레스토랑이 둥지를 틀고 있다. 가니에르는 베를린에서 도쿄에 걸쳐 전 세계에 13여 개의 레스토랑을 운영하고 있다. 하지만 가니에르의 낙서들로 장식된 이 현대적인 레스토랑이야말로 가니에르의 도전정신을 불러일으키는 독특한 요리를 맛보기 위해 전 세계의 부유한 미식가들이 찾는 원조임에는 틀림이 없다.

가니에르는 프랑스의 질 좋은 식재료와 예로부터 전해오는 전통 요리법을 강력히 신봉하는 셰프였으나, 프랑스의 식품 과학자 에르베(Hervé)와의 여행과 실험을 통해 한층 미래로 앞서나간 요리를 선보일 수 있었다. 가니에르는 낯설고 상상력이 풍부한 요리들을 만드는 것에 주저함이 없다. 그 중 순수한 천재성이 엿보이는 요리도 있고, 흠이 있는 것도 있지만 언제나 흥미진진하다.

애피타이저는 죽합과 어린 고등어를 곁들인 해초 젤리 혹은 쑥, 태국 자몽, 치즈, 파인애플, 칼라만시(calamansi)로 풍미를 돋운 상큼한 배가 있으며, 메인 요리는 보다 전통요리에 기반을 두고 있다. 오렌지 슬라이스와 함께 구운 완벽한 송아지 우둔살 요리를 테이블 바로 옆에서 물냉이 퓌레 위에 올려 내고, 이어 입안에서 사르르 녹는 부라타 치즈 아이스크림이 셀러리악, 시암 스쿼시(Siam squash), 크레모나 머스터드와 함께 나온다.

가니에르는 손수 모든 접시를 체크하며 주방과 홀을 가리지 않고 긴 백발을 휘날리며 마치 정신 나간 과학자를 꼭 빼 닮은 모습과 일관성 있는 몸짓으로 지시하고, 맛보고, 관찰한다. 의심할 여지 없이 가니에르에서의 식사는 이례적인 경험으로 흥미진진하고, 놀랍고, 만족스러우며 때론 당황스럽기까지 하다. 당분간 뇌리에 진하게 남는 경험이 될 것이다. **TD**

⬆ 피에르 가니에르의 섬세한 감성돔 카르파초.

파사쥬 53 Passage 53 | 심플한 식재료들의 품격을 한층 끌어올리는 특별한 레스토랑

위치 파리 **대표음식** 벨루테 드 포티마롱(겨울호박과 치즈로 만든 크리미한 수프)Velouté de potimarron (creamy soup of winter squash with cheese) | ❸❸❸❸

파사쥬 53에는 극동 아시아의 신전을 느끼게 하는 무언가가 있다. 흰색으로 칠해진 인형의 집 같은 공간, 소용돌이 모양의 좁은 계단은 고요하기만 하고 창가에는 꽃 한 송이가 놓여 있다. 식기들도 마치 달걀 껍질처럼 얇지만 기대하지 못한 뜻밖의 모양과 질감에 기분이 좋아진다.

이 모든 것을 보면 일본인으로서는 처음으로 프랑스에서 미슐랭 스타 2개를 거머쥔 신이치 사토(Shinichi Sato)가 이곳의 주방을 맡고 있다는 사실이 그리 놀랍지 않다. 신이치는 최고라 평가받는 파리의 '라스트랑스', 스페인의 '무가리츠'에서 요리를 익혔다. 파사쥬 드 파노라마(Passage des Panoramas) 내에 위치한 탓에 이곳에는 클래식과 모던이 공존한다. 18세기에 유리로 지어진 아케이드 내에는 부티크 우표 수집상들과 다양한 레스토랑들이 몰려 있으며 이 중 파사쥬 53은 화려하진 않지만 제일 눈에 띈다.

세트 메뉴는 가벼운 것부터 양이 넉넉하고 호사스러운 것까지 다양하다. 세트 메뉴나 혹은 테이스팅 요리를 와인과 매칭하여 선택할 수 있다. 당일 배송된 트러플을 유리병에 담아 테이블로 가져다 줘서, 향을 느끼는 즐거움도 있다. 클래식한 요리부터 깜짝 놀랄 만큼 파격적인 요리까지 무엇을 선택하든 최상의 상태를 맛보게 될 것이다. 이와 함께 나오는 갓 구운 미니 사이즈의 마들렌과 달콤한 버터 크런치도 매력적이며, 아뮤즈 부셰로 맛볼 수 있는 작은 타원형 모양의 컵에 프로마쥬 블랑과 함께 켜켜이 담아 마치 달걀처럼 보이는 차갑게 식힌 호박 수프도 놀라울 따름이다. 회향과 그린 애플 무스를 곁들인 굴 요리 혹은 맛 좋은 꿀 셔벗을 한 숟갈 곁들이고 솜사탕을 왕관처럼 꼬아 올려 장식한 섬세한 향이 배인 크렘 브륄레 등 그 밖의 요리들도 모두 저마다의 특색이 뚜렷하다. 요리에 대한 단순한 욕심 혹은 테크닉 그 이상에서 우러나기 때문에 이곳에서의 식사는 기억에서 맴돈다. **EH**

르 볼테르 Le Voltaire | 거리를 지나는 사람들을 관망하기에 좋은 유서 깊은 레스토랑

위치 파리 **대표음식** 외프 마요네즈Oeuf mayonnaise | ❸❸❸

누구나 꿈꾸는 최상의 환경과 역사적인 유산을 두루 갖췄으며, 안락한 분위기의 르 볼테르는 오늘날에도 변함없이 현지인들과 관광객들을 매료시킨다. 볼테르 강변로, 로열 다리(Le Pont Royal)의 왼편 모퉁이에 위치한 이 레스토랑은 루브르와 오르세 박물관을 오가면서 잠시 쉬어가기에 안성맞춤이다.

르 볼테르의 작은 입구를 지나 실내로 들어서면 빠르고 간단한 요깃거리나 느긋하게 즐기는 미식 요리를 선택할 수 있다. 나이 지긋한 파리의 지식인들, 떠들썩한 관광객들을 주로 볼 수 있고, 파리의 패션위크가 열리는 동안에는 패션 에디터들, 슈퍼모델들, 유명인사들이 모인다. 테이블은 비좁지만, 예스럽고 화려한 테이블의 식기들은 만족스럽다. 보그의 편집장 안나 윈투어가 아니라면 서비스도 그럭저럭 파리의 전형적인 수준이다. 다행인 것

> "클럽 같은 분위기에 비싸고 재미있는 곳.
> 이 우아한 밀실 같은 레스토랑에 시크한
> 프랑스인들과 미국인들이 몰려든다."
>
> *Zagat*

은 이곳의 음식과 전통이 직원들의 무심함을 보상할 만큼 뛰어나다는 것이다.

가장 호기심을 자극하는 것은 외프 마요네즈인데, 꽃이 그려진 접시 위에 크루디테(crudités, 생 야채로 구성된 애피타이저)로 아름답게 장식되어 나온다. 보다 저렴한 외프 마요네즈를 선택한 덕분에 비용을 절약한 듯하지만, 커피부터 닭구이와 감자튀김에 이르기까지 모든 요리의 가격은 이를 상쇄할 정도로 비싸다. 클래식 메뉴들도 뛰어나고, 연어 스테이크와 베어네이즈 소스, 파르메산 치즈를 넉넉히 뿌린 올리브 오일 비네그레트로 요리한 버섯, 타르트 타탱과 생크림은 결코 후회 없는 선택이 될 것이다. **TD**

물라 Mollard | 우아하고 화려하게 장식된 파리 역사의 한 단편을 보여주는 곳

위치 파리 **대표음식** 오믈렛 서프라이즈(노르웨이식 오믈렛) "Omelette Surprise" (Norwegian omelette) | ⑤⑤⑤

아르 데코 풍으로 멋지고 화려하게 장식된 이 브라스리가 갖는 의미는 거리 맞은편에 위치한 생라자르(St. Lazare)역과 관련이 있다. 1895년 문을 열 당시, 생라자르 구역은 비즈니스 붐이 일던 파리에서 가장 시크하고 모던한 곳이었으며, 파리인들은 이 레스토랑의 인상적인 실내 장식을 즐기기 위해 몰려들었다.

건축가인 장 니르망(Jean Niermans)은 도빌, 생 제르맹 앙 레, 빌 다브레의 광경들을 모자이크로 만드는 작업을 맡았는데, 이 도시들은 모두 생라자르역에서부터 출발해야 닿는 목적지들이었다. 그는 레스토랑의 기다란 벽 의자들과 가구들도 디자인했다. 반짝이는 실내 장식들은 2차 대전 이후로는 구식이라는 평가를 받았지만, 1965년 물라는 다시 한번 새로운 모습으로 재탄생했고 이전의 영

> "디저트는 맛있으며 복고풍이다.
> 크레페수제트에서 노르웨이식 오믈렛까지…."
>
> Time Out

광을 되찾을 수 있었다.

오늘날 물라는 역사적인 기념 장소로 지정되어 보호를 받고 있다. 흐릿한 암갈색의 거울과 모자이크가 빚어내는 브라스리의 분위기는 몽환적인 느낌을 연출한다. 커다란 쟁반에 담긴 굴과 해산물은 얼음으로 채워진 야외 바에서 준비되며, 웨이터들은 이 쟁반을 높이 치켜들고 테이블 사이를 오가며 분주히 음식을 나른다. 음식의 수준은 미식 요리에 미치지 못하는 수준이지만, 굴과 해산물, 그 밖의 심플한 요리들(생선 알라카르트와 잔으로 파는 하우스 와인은 지양한다)을 추구한다. '오믈렛 서프라이즈'는 백조 모양으로 생긴 노르웨이식 오믈렛으로 보는 재미가 있는 물라의 대표 메뉴이며, 테이블에서 플람베해서 주는 이태리식 머랭으로 감싼 아이스크림이다. **TD**

레스토랑 쇼메트 Restaurant Chaumette | 프랑스 부르주아 요리를 맛볼 수 있는 곳

위치 파리 **대표음식** 포토푀 Pot au feu | ⑤⑤

쇼메트는 레스토랑에서 사교 생활을 즐기던 파리인들의 마지막 거점 중 하나다. '봉 시크 봉 장르(BCBG)', 즉 프랑스의 스타일리시한 상류 계층들이 거주하던 파리 16구역이 확장되어 도시의 외곽으로까지 넓혀지기 전에 생겨났다. 점심에는 인근의 라 메종 드 라 라디오와 TFI 스튜디오에 근무하는 수많은 라디오, TV 언론인들이 식사를 하러 오는 반면, 저녁에는 나이 지긋한 현지인들이 식사를 하는 동네 레스토랑으로 탈바꿈한다.

진정한 리옹식 선술집이라 할 수 있는 쇼메트는 1930년대 마담 쇼메트가 문을 연 것이다. 그녀는 프랑스 영화 산업의 거장들, 유명 인사들과 친분이 두터웠다. 여전히 화장실 벽면에는 브라상, 아를레티, 장 마레를 포함해 수많은 스타들이 쓴 칭송 레터를 담은 액자들이 걸려 있다. 실내 장식도 처음 문을 연 이래로 거의 바뀐 것이 없다. 송아지고기와 생선 육수를 진하게 사용하는 전형적인 부르주아 요리들을 갖춘 쇼메트는 고객의 식욕뿐 아니라 꿈에 그리던 전형적인 비스트로에 대한 이들의 기대도 만족시켜 줄 것이다.

창문 위에 드리워진 낮은 차양은 실내 테라스와 여름철 도로 바로 위에까지 걸치는 외부 테라스를 안락하게 만들어 주며, 센 강을 따라 에펠탑과 샹 드 마르스까지 한가히 거닐고 싶은 마음을 들게 한다. 점심에는 가격 대비 훌륭한 프리 픽스 메뉴를 선택할 수 있으며, 저녁에는 작은 조개를 곁들인 팬에 구운 송아지 간 요리, 초리조 쿨리(chorizo coulis)를 곁들인 닭가슴살 구이, 게살로 소를 채운 양배추 등과 같이 약간씩 변형된 비스트로 요리들까지 다양하게 제공된다. 또한 콩피 양파 퓌레를 곁들인 닭간 테린, 포토푀(3가지 고기, 5가지 채소, 달걀 흰자로 말갛게 거른 육수로 구성된 쇼메트의 특선 요리), 베어네이즈 소스를 곁들인 스테이크, 바닐라 밀푀유 등 클래식한 정통 요리들을 선택해도 좋다. **TD**

프루니에Prunier | 호사스런 해산물과 오랜 역사를 자랑하는 최상급 캐비아 레스토랑

위치 파리 **대표음식** 캐비아Caviar | ⑤⑤⑤

아름다운 아르 데코 풍의 보석과도 같은 레스토랑 프루니에는 금빛 문양이 점점이 수놓아진 푸른 바다 빛깔의 파사드가 인상적이며, 오랜 역사를 지닌 탓에 프랑스의 역사적 기념 장소로 지정되어 보호를 받고 있다. 알프레드 프루니에가 당탱(d'Antin) 거리에 그의 첫번째 오이스터 하우스를 개점한 이래로 50년 남짓 흐른 1925년에 문을 연 곳이다. 세기 말까지, 특히 1892년 프랑스─러시아 동맹 기간 동안 호황을 누렸고, 프루니에는 계속해서 늘어나는 러시아 고객들을 위해 캐비아를 수입했다.

많은 부침을 겪은 후, 당시 이브 생 로랑 쿠튀르의 회장 피에르 베르제가 라 메종 프루니에를 인수한 2000년까지 빠르게 성장했다. 캐비아에 대한 열정이 대단했던 베르제는 도르도뉴강에 위치한 철갑상어 어장의 새 주인과 즉시 파트너십을 형성했고, 이 동업을 통해 성공을 보장받을 수 있었다. 어둡고 품격이 넘쳐흘러 엄격함까지 느껴지는 이곳에는 여전히 부유층들이 찾아와 캐비아를 즐긴다. 프루니에에서 직접 생산하거나 다양한 외부 브랜드의 캐비아를 취급하는데, 최근에는 믿음도 가지 않고 생태계에도 반하는 러시아의 자연산 보다는 미국과 유럽에서 양식된 철갑상어를 선호한다.

이 레스토랑은, '바다에서 난 모든 것(tout ce qui vient de la mer)'을 전문으로 하며 가격대비 썩 괜찮은 3가지 코스로 구성된 점심 메뉴가 먹을 만하다. 신선한 게살 타르타르, 가벼운 조개 수프, 증기로 찐 아티초크와 크레송 주스를 곁들인 완벽한 달고기 요리와 탁월한 품질의 프루니에의 캐비아 '트라디시옹(Tradition)'을 약 50g 정도를 맛볼 수 있다. 굴을 선호한다면 조개류를 모아놓은 길다란 바(bar)에서 선택할 수 있다. 대리석으로 장식된 이 바는 고객을 레스토랑에 들어서자마자 보이며, 룸 반대편에 놓인 캐비아 바가 거울로 비친다. 와인과 샴페인의 선택 폭도 기대만큼 넓고 가격 또한 비싸다. **TD**

"고가의 시크한 해산물을 맛볼 수 있는 이 호화로운 레스토랑은 멋들어진 아르 데코 풍의 다이닝룸이 자랑거리다."
Zagat

⤒ 프루니에의 아름다운 아르 데코 풍 파사드.

르 쥘 베른 Le Jules Verne | 파리에서 꼭 가봐야 할 레스토랑 리스트에 첫번째로 올려야 할 곳

위치 파리 **대표음식** 레크루 초콜릿과 프랄린 디저트 L'Ecrou chocolate and praline dessert | 🍴🍴🍴🍴🍴

"생선요리가 마치 커다란 진주알처럼 눈 앞에 어른거리는데, 쫄깃한 식감이 만족스럽다"

Jasper Gerard, Daily Telegraph

⬆ 레물라드와 갈라 애플 샐러드를 곁들인 바닷가재, 셀러리, 블랙 트러플의 호사스런 요리.

➡ 에펠탑 2층에 자리잡은 르 쥘 베른에서는 파노라마처럼 펼쳐지는 풍광을 즐길 수 있다.

파리에서 한 번쯤은 반드시 가봐야 할 레스토랑이 있다면, 그것은 바로 르 쥘 베른일 것이다. 알랭 뒤카스가 이룬 레스토랑 제국의 일부로, 에펠탑 2층에 위치해있는데 지상으로부터 125m 높이다. 위치로만 따져도 이곳만큼 기억에 남는 곳이 없을 것이다. 사람들로 꽉 찬 에펠탑의 남쪽 엘리베이터를 타면 레스토랑에 도착한다. 마음을 온통 빼앗는 파리의 시내가 훤하게 내려다 보이는 풍경이 이곳에서만 경험할 수 있는 멋진 전주곡이다. 이런 장소에 레스토랑이 있다는 사실만으로도 놀라운 일이다. 높은 고도에 위치한 주방에서 화력을 사용하는 것이 허용되지 않기 때문에, 르 쥘 베른은 요리 업계에서도 하나의 위업으로 여겨진다. 모든 재료들은 남쪽 탑 아래 위치한 주방에서 조리되며, 이후 2층으로 옮겨져 마지막으로 다듬어서 나온다.

따라서 불로 그릴에 굽거나 플람베를 한 재료들은 물론이고 사이드 디시로 먹는 그린 샐러드 조차도 요구할 수 없으며, 주어진 메뉴를 충실히 따라야 한다. 메뉴는 프랑스의 클래식한 요리들이 많으며, 예상대로 정확히 나오거나 가볍게 변형이 되어 나오기도 한다. 일례로 샬랑 오리 고기는 순무와 사과를 곁들여 주물 냄비에 담겨 나오며, 소고기 안심은 푸아그라, 감자 수플레, 페리고 소스와 함께 나온다. 또한 브르타뉴산 바닷가재에는 코코아 열매와 수프인 비스크(Bisque)를 곁들이며, 연어에는 캐비아와 수영(sorrel) 소스가 따라 나온다. 대표 디저트인 '레크루(나사라는 뜻)'는 바삭한 푀이앙틴(feuillantine)과 프랄린이 곁들여진, 기하학적 모양의 초콜릿 무스와 가나슈이다.

기념일에 이곳을 찾는 사람들이 많기 때문에, 드레스 코드가 있는 정숙함이 요구되는 레스토랑이지만 홀 안의 분위기가 과열되기도 한다. 생일날 촛불을 켜주거나 청혼과 같은 이벤트에 세심한 주의를 기울여주는 등의 서비스를 제공한다. 파노라마처럼 펼쳐진 풍광을 만끽하며 파리에서의 식사를 즐기는 경험을 위해서는 창가 바로 옆 테이블을 노려보자. **TD**

폴리도르 Polidor | 좋은 와인 한잔을 음미하며 시간을 되짚어 볼 수 있는 곳

위치 파리 **대표음식** 블랑켓 드 보(송아지 라구) Blanquette de veau (veal ragout) | 💰💰

파리의 부용, 즉 오래된 전통 레스토랑 중 하나인 폴리도르의 아름다운 내부는 1845년에 문을 연 이후로 거의 바뀐 것이 없다. 폴리도르가 파리에서 반드시 가보아야 할 곳으로 자리 잡게 된 것은 우디 앨런의 영화 〈미드나잇 인 파리〉의 장소로 섭외된 이후부터이다. 이곳은 진정한 역사와 낭만의 정취가 진하게 묻어난다.

베를렌, 위고, 랭보가 붉은색 체크무늬 식탁보가 씌워진 테이블에 앉아 토론을 벌이거나, 비앙, 자리, 크노, 이오네스코가 '콜레주 드 파타피지크(Collège de Pataphysique, 초형이상학회)'의 미팅을 여는 모습, 혹은 1868년 3월 사회 혁명을 위해 문양이 새겨진 오래된 타일을 가로질러 전진하는 학생 무리를 상상하기란 그리 어렵지 않다. 오데옹(l'Odéon) 인근 대학가 지역의 중심부에 위치한 폴리도르에는 학생들이 주 고객인 파리의 바와 비스트로에서처럼 여유가 넘치며 보헤미안의 필이 충만하다. 그러나 이곳을 찾는 고객들이 과거만큼 많지는 않다.

폴리도르가 지니는 역사적, 문화적 의미로 인하여 오늘날에는 일종의 박물관이나 성지처럼 여겨져 고객들 중 80%가 관광객들이다. 이런 탓에 폴리도르의 가격이 올랐다.

비스트로의 전형적인 요리들로 채워진 메뉴도 전성기 때와 비교해 거의 변함이 없으며, 요일마다 정해진 특선 메뉴도 그대로다. 화요일과 금요일에는 아셔 파르망티에(hachis parmentier, 셰퍼드 파이), 월요일에는 블랙 소시지와 매시드 포테이토, 수요일에는 내장요리, 목요일에는 오베르뉴 소시지와 렌즈콩, 주말에는 양고기구이와 콩이 나온다. 셀러리 레물라드, 비프 부르귀뇽, 과일 타르트의 3가지 코스로 구성된 점심 메뉴도 심플하다. 반면 저녁에는 훈제 연어, 오리 콩피, 타르트 타탱으로 좀 더 시크해 진다. 바로 옆에 위치한 폴리도르의 예스러운 와인 셀러에서 고상한 와인 1병을 골라 향을 음미하며, 1, 2시간 정도 시인이나 소설가를 흉내 내보는 짜릿한 경험을 맛볼 수도 있다. **TD**

⬆ 폴리도르에서는 클래식한 파리의 부용을 경험할 수 있다.

투르 다르장 Tour d'Argent | 파리 중심가에 위치한 유서 깊은 레스토랑

위치 파리 **대표음식** 카나르 오 상, 폼므 수플레(오리 구이와 감자 수플레)Canard au sang, pommes soufflés (roast duck, soufflé fried potatoes) | $$$$

투르 다르장은 파리에서 가장 오래된 레스토랑이며 파리 레스토랑의 역사에 있어 가장 중요한 곳이기도 하다. 이곳의 역사는 무슈 루르퇴(Rourteau)가 샴페인 지역에서 채취한 은빛 돌로 지은 여관의 문을 연 1580년으로 거슬러 올라간다. 이곳에서 앙리 3세는 포크를 사용하는 법을 배웠고, 앙리 4세는 닭찜 요리를, 리슐리외(Richelieu)는 소 1마리를 요리하는 30가지 요리법을 발견했다. 프랑스 혁명으로 폐허가 되었지만, 제 2 공화정 나폴레옹 3세의 재위 시절에 지배인과 투르 다르장을 물려받은 주인 프레데릭 들레어(Frédéric Delair) 덕분에 재건되었다. 프레데릭 들레어는 이곳에서 가장 유명한 요리인 카나르 오 상, 즉 오리 구이의 레시피를 정립한 인물이다. 이후 이 요리는 투르 다르장의 핵심 메뉴로 자리잡았다.

지난 1947년까지 이곳의 역사를 빠르게 되짚어 보면, 앙드레(André)가 레스토랑을 건물의 6층으로 옮겼고, 그의 아들 클로드 트레일(Claude Terrail)이 투르 다르장을 유산으로 물려받았다. 클로드 트레일은 바닥에서 천장까지

닿는 통유리창을 레스토랑 전면에 설치했고 이를 통해 파리의 지붕들, 센 강, 노트르담 등 숨막힐 듯 아름다운 파리의 풍경들이 내려다 보였다.

레스토랑은 아름답고 생동감이 흐른다. 직원들의 조끼와 옷 끝자락, 그리고 2개의 '오리 극장(duck theaters, 카나르 오 상을 준비하는 뚜껑이 덮인 스탠드)'을 마주하게 되면 무대 입구로 들어가고 있다는 느낌이 든다. 고객의 번호가 쓰여진 오리구이를 은과 마호가니로 만든 수레 위에 놓고 테이블 옆에서 직접 잘라 접시에 담아준다. 테이블 옆에서 직접 플램베를 해주는 크레프 수제트도 오리구이만큼 압권이다. 두 요리 모두 반드시 먹어봐야 할 요리다. **TD**

⬆ 파리의 가장 오래된 레스토랑에서 맛보는 랑구스틴 요리.

리불디뉴 Ribouldingue | 내장 요리가 전문인 소박한 비스트로

위치 파리 **대표음식** 테트 드 보(소의 뇌 요리)Tête de veau (beef brain) | 🟡🟡🟡

파리에는 현란한 장식과 황홀한 매력, 소문난 레스토랑이 수도 없이 많다. 하지만 리불디뉴는 규모가 아주 작고 꾸밈이 없다는 점에서 특별하다. 센 강의 왼편에 자리잡은 레스토랑의 위치도 더할 나위 없이 좋다. 강에서 조금만 걸으면 되고 입구에서는 노트르담이 보인다(날씨가 좋으면 야외 테이블을 선택하길 바란다). 내부의 벽은 나무로 마감이 되어 있고, 폴짝 뛰어오르는 모습의 사람들을 모티브로 한 그림이 그려져 있다.

내장 요리를 사랑하는 사람들에게 이곳은 지구상의 천국과도 같다. 대부분의 날에는 췌장, 내장, 뇌 등 비스트로의 전형적인 내장요리들뿐만 아니라 소의 젖통, 돼지 코 혹은 돼지 귀와 같이 흔치 않은 내장요리들도 있다. 모두 전문가의 특별한 손질을 거쳐 요리된다. 예를 들어 뇌는 튀기거나 삶아 차게 혹은 따뜻하게 담아낸다.

> "비평가나 셰프를 포함하여 이 솔직담백한 비스트로를 사랑하는 사람들로 넘쳐난다."
> Time Out

하지만 반드시 내장요리만을 위해 이곳을 찾을 필요는 없다. 생선 요리도 1번째와 2번째 코스 요리로 추천할 만하고 커다란 수프 전용 냄비에 담겨 나오는 야채 수프도 믿고 먹을 만하다. 디저트 역시 약간은 리치한 감은 있지만 훌륭하며, 나무 판에 나오는 치즈도 엄선된 것들로 샐러드 모둠이 곁들여진다. 파리인 걸 감안하면 와인 가격도 합리적이다. 대단한 것은 아니지만 2가지 정도 주의할 점이 있다. 어느 날은 내장이 평소보다 작아 흔치 않은 내장요리를 기대한 사람이라면 후회할 수도 있고, 자리가 날 때까지 기다려야 하는 경우도 있다. 규모가 아주 작아 예약은 필수다. **RE**

맥심스 Maxim's | 우디 앨런이 부활시킨 벨르 에포크 레스토랑

위치 파리 **대표음식** 라 셀르 다뇨 벨르 오트로(양고기 구이)La selle d'agneau "Belle Otero" (roast lamb) | 🟡🟡🟡

음식이 전혀 중요하게 생각되지 않는 레스토랑이 있다면 바로 이곳일 것이다. 맥심스는 기쁨을 누릴 수 있는 신전 그 이상의 곳이다. 최근에는 저녁에만 문을 열며, 호사스런 파리지앵들이 찾던 과거에 비해 그룹 관광객들이나 기업 고객들이 주로 찾는다.

작은 테이블을 예약해 멜론과 세라노 햄, 농어 카르파초, 노랑촉수(red mullet)와 라타투이, 혹은 타라곤 버터와 토마토 퓌레를 곁들인 냄비에 구운 2인 분량의 브레스산 닭 요리 등의 알라카르트를 주문해 먹을 수 있다. 혹은 캐비아를 넉넉하게 뿌린 값비싼 요리들, 바닷가재, 랑구스틴, 푸아그라 등을 즐길 수도 있다. 이는 장관을 연출하며 우디 앨런의 영화 〈미드나잇 인 파리〉에 등장하면서 생기를 되찾은 벨 에포크(Belle Epoque) 시절의 아름다운 보석 같은 경험을 선사할 것이다.

맥심스는 1900년 파리의 만국박람회를 위해 새롭게 단장한 적이 있다. 당시 맥심 가이야르(Maxime Gaillard)는 낭시파(l'Ecole de Nancy) 예술가들을 불러 내부를 변형시켰는데, 눈에 띄는 것은 멋진 유리 천장, 프레스코화가 그려진 벽, 그랑 누보 스타일의 청동과 구리 장식들이다. 레스토랑의 위층과 현재 프라이빗 살롱으로 사용하는 챔브레 다모르(chambres d'amour)는 맥심스의 추종세력들을 위해 만들어졌는데, 이들 중 몇몇 유명인사들의 이름을 딴 메뉴들도 있다. 프루스트, 기트리, 콕토는 레스토랑이 제2차 세계대전 당시 독일군에 징발되기 전까지 맥심스의 단골이었고, 독일군이 파리를 점령한 이후에는 독일군 장교들이 즐겨 찾는 곳이었다. 파리가 해방된 후에는 급속도로 예전의 인기를 되찾았다. 1960~1970년대까지 오나시스, 칼라스, 마를레네 디트리히를 포함해 많은 인사들이 맥심스의 발전에 기여했으며 피에르 카르댕은 맥심스를 인수하여 세계에 알렸다. 1979년 이래로 프랑스의 역사적 기념장소로 지정되어 보호받고 있다. **TD**

레스토랑 미셸 로스탕 Restaurant Michel Rostang | 로스탕 가문의 현 세대 스타 셰프가 만드는 부르주아 요리

위치 파리 **대표음식** 팽드미 블랙 트러플 샌드위치 Pain de mie black truffle sandwich | ⑤⑤⑤⑤

미셸 로스탕은 그레노블 인근 사스나쥬(Sassenage)의 선대가 운영하던 호텔과 레스토랑에서 자랐다. 로스탕 셰프의 5대째를 이어오고 있는 미셸은 처음에 부친인 조(Jo)에게 알프스 산맥에서 요리를 배웠고 이후에는 루카스 카르통(Lucas Carton)과 라세르(Lasserre)와 같은 파리의 유명 레스토랑에서 경력을 쌓았다. 1978년 미셸은 파리의 17구에 위치한 조용한 길모퉁이에 자신의 레스토랑을 열었다. 로스탕은 프리 픽스 메뉴를 최초로 도입한 미슐랭 스타 셰프다.

레스토랑은 격식을 요하나 따뜻한 분위기이며 사려 깊은 서비스를 갖추고 있다. 때로는 미셸의 부인이 직접 인사를 하며 고객을 맞기도 한다. 로스탕의 요리는 익힌 것과 날 것, 바다와 육지의 대비가 중심을 이루며, 리옹, 사부아, 프로방스의 요리 풍이 묻어난다.

블랙과 화이트 트러플 요리의 전문가이기도 한 미셸의 심플한 팽드미 블랙 트러플 샌드위치는 모던한 클래식 요리로 자리 잡았으며, 고급스러운 패스트푸드의 극치를 보여 주는 파리의 라 그랑 에피세리에서 제철마다 팔린다. 레스토랑에서는 트러플뿐만 아니라 사냥조류, 브르타뉴의 바닷가재, 브레스의 닭, 루아르 계곡의 아스파라거스, 페리고르의 산새버섯 등을 이용한 파리의 귀족적인 전통 요리들도 맛볼 수 있다. 또한 멧도요, 멧돼지, 혹은 노루구이 등도 즐길 수 있어 레스토랑 미셸 로스탕에서는 모든 메뉴가 수십 년 동안 동일한 방식으로 조리되었다. 고기구이나 컬트한 트러플 샌드위치 외에도 조각으로 자른 만다린을 곁들인 팬 프라이한 푸아그라, 바닷가재 크림 소스를 곁들인 케넬르 드 브로셰(quenelles de brochet, 강꼬치고기 덤블링), 배로 만든 셔벗을 곁들인 소금을 넣은 따뜻한 캐러멜 수플레 등도 반드시 맛보길 바란다. **TD**

"제철의 트러플 메뉴를 포함해 정교하고 예술적으로 담아낸 클래식한 요리들."

Zagat

⬆ 미셸 로스탕은 로스탕 셰프가 대를 이어서 운영하고 있다.

셉팀므 Septime | 현대적인 요리를 취급하는 식도락가들이 사랑하는 비스트로

위치 파리　**대표음식** 버섯, 블랙 베리, 자발리오네를 곁들인 피에몬테산(産) 헤이즐넛Piedmont hazelnuts with mushrooms, blackberries, and zabaglione | 💲 💲💲

아기자기한 셉팀므의 공간에서 부족하게 느껴지는 것은 개성으로 메운다. 록 음악의 팬이자 유명 셰프인 베르트랑 그레보(Bertrand Grébaut)가 운영하는 곳이며, 셰프의 현대적인 미식요리들은 전설로 자리를 잡았다. 셉팀므는 불과 몇 년 전에 문을 열었으나 오늘날 파리에서 반드시 가봐야 할 비스트로 중 하나다.

셉팀므는 센 강의 오른편 트렌디한 바스티유 지역에 자리를 잡고 있다. 센 강의 섬, 일 드 라 시테(the Ile de la Cité)와 웅장한 노트르담 성당으로부터 불과 10분 거리다. 실내는 아름다운 유리 식기와 커다란 흰 양초가 놓인 옹이 무늬의 나무 테이블, 선박 스타일의 반짝이는 등불, 수많은 거울과 현대 예술작품들로 꾸며져 있다. 록 음악은 셉팀므의 분위기에 생동감을 더한다.

이곳의 메뉴는 계절과 셰프의 기분에 따라 매일매일 바뀌며, 작은 양의 엄선된 요리가 나온다. 고객들은 1, 2개의 요리만을 주문할 수도 있고 다양한 요리의 향연에 빠질 수도 있다. 베르트랑이 하나하나 직접 고른 5개의 코스로 구성된 카르트 블랑슈 메뉴에 유혹을 느끼기도 한다. 48시간 동안 서서히 익힌 도르도뉴산 돼지고기를 안초비 크림에 살짝 담갔다가 호박과 순무 슬라이스와 함께 내는 요리는 담음새가 거의 예술에 가깝다. 송아지 고기에 송어 알 또는 버섯, 해산물, 굴을 굵직하고 먹음직스럽게 썰어 커다란 그릇에 담고 육수를 곁들이는 요리 또한 마찬가지로 훌륭하다.

각각의 요리의 맛과 향에 어울리도록 궁합을 맞춘 방대한 분량의 와인 리스트도 있다. 팬에 볶은 피에몬테산 헤이즐넛에 포르치나나 꾀꼬리버섯을 곁들이고, 야생 블랙베리, 타라곤 혹은 야생 수영(sorrel)을 더한 후 거품을 낸 달걀 자발리오네로 토핑한 요리는 베르트랑이 가장 좋아하는 것 중 하나다. 디저트 역시 상상력을 자극한다. 짭조름한 단호박 퓌레에 달콤한 셔벗을 올린 메뉴가 꾸준히 인기 있으며 한번쯤 맛볼 만하다. **CFr**

⬆ 절제된 시골 풍의 실내에는 도시적인 감각이 묻어 있다.

베르주스(Verjus) | 내 집처럼 느껴지는 서퍼 클럽부터 세계적인 수준의 레스토랑까지

위치 파리 **대표음식** 팬에 익힌 오리, 훈제한 셀러리 루트, 오렌지, 호밀, 적양배추 사워크라우트 Skillet-cooked duck, smoked celery root, orange, rye, red cabbage sauerkraut | ❸❸❸

멋들어진 올드 타운하우스의 2층을 차지하는 베르주스는 왕립 궁전(Palais Royale) 내 고전적인 기둥들과 윤기가 흐르는 정원으로부터 불과 몇 분 거리에 위치해 있으며, 인근의 명소들과 잘 어울린다. 묵직한 철제 문을 지나고 곱게 닳아서 윤이 나는 돌 계단을 올라 입구를 지나면 다이닝룸에 닿는다. 아래 층에 위치한 와인 바(bar)는 길에서 바로 진입이 가능하다.

미국인 주인인 브래든 퍼킨스와 라우라 아드리안은 '히든 키친(Hidden Kitchen)'이라 불리던 서퍼 클럽(supper club)을 파리에서 운영한 적이 있다. 이 성공을 발판으로 2012년, 베르주스의 문을 열었다. 베르주스는 오늘날 젊고 힙(hip)한 레스토랑을 이끄는 파리의 신세대 레스토랑이 되었고, 세계 각국 출신의 셰프들이 자신감 있게 프랑스 요리를 평하며 그들만의 수많은 요리들을 개발하고 있다.

와인 바에서만 운영되는 가벼운 메뉴들도 있다. 8개의 코스로 구성되는 테이스팅 메뉴에서는 장인 정신과 노력을 엿볼 수 있다. 계절에 따라서, 길쭉하게 자른 방카(Banka) 송어는 짭짤한 송어알과 훈제 감자를 곁들이거나 혹은 더 와일드하게 꾀꼬리버섯, 칠리, 차이브, 구운 옥수수와 짝을 이룰 때 스칸디나비아를 연상케 하기도 한다. 블루베리를 곁들인 레몬 케이크, 그릭 요거트 셔벗, 라벤더 허니처럼 좀 더 친숙한 요리들도 있다.

아래 층의 와인 바에서는 점심식사로 퍼킨스와 아드리안을 향수에 젖게 하는 샌드위치들을 맛볼 수도 있다. 삶은 돼지 삼겹살, 증기로 찐 중국식 빵, 호이신 소스, 피클, 파를 넣은 '미스터 쳉의 번(Mr Chang's Buns, East Village, NY)'이나, 돼지 어깨살, 갈릭 마요, 실란트로, 칠리를 넣은 '미드나잇 쿠반(Midnight Cuban, Seattle, WA)' 등이 그 예다. 레스토랑에서 배불리 식사를 하건 음료 한잔에 간식을 먹든 진한 뿌듯함을 느낄 수 있다. **EH**

⬆ 신중하고 시크한 분위기는 탁월한 요리를 짐작하게 한다.

타이유방 Taillevent | 호화스러운 요리들을 음미할 수 있는 프랑스 전통 레스토랑

위치 파리 **대표음식** 바닷가재 부댕, 회향, 가벼운 비스크를 곁들인 바닷가재 찜 Lobster boudin, fennel, and steamed lobster with a light bisque | ⑤⑤⑤⑤⑤

파리와 프랑스 미식역사에 있어 주요 인물인 앙드레 브리나(André Vrinat)가 1946년에 창립한 타이유방은 파리에서 가장 유명한 미식 레스토랑 중 하나다. 1948년에 처음으로 미슐랭 스타를 받았고, 1973년부터 브리나가 세상을 떠나기 한 해 전인 2007년까지 별 3개를 유지했다. 오늘날에는 브리나의 딸 발레리(Valerie)가 이곳을 관리하고 있다. 필립 르장드르, 미셸 델 부르고, 알랭 솔리베레 등으로 이어지는 일련의 위대한 셰프들이 주방을 인상적으로 운영해왔고, 이는 유명한 픽사의 영화 〈라타투이〉의 제작자에게 영감을 주기도 했다.

본래 프랑스 귀족들의 사택이었던 타이유방에 들어서면 세상에서 가장 친절한 집사의 인사를 받으며 대고모의 집에 점심을 먹으러 들른 듯한 인상을 받는다. 그러나 고객층은 기업가와 정치인들이다.

> "명석한 셰프 알랭 솔리베레가 이끄는 이 오래된 레스토랑에 새로운 신선함이 깃든다."
>
> fodors.com

레스토랑 내 2개의 살롱은 2004년에 새 단장이 되었다. 육류와 생선 요리, 디저트를 테이블 옆에서 바로 준비해주는 서비스는 훌륭하다. 가재와 페이스트리로 감싼 개구리 다리 요리 혹은 궁중요리 방식의 토끼 스튜를 넣은 투르트(tourte, 페이스트리 반죽으로 만든 둥근 모양의 파이와 유사함)도 프랑스의 전통에 따라 요리되며, 오늘날 세계 각국의 스타 레스토랑들에서 흔한 복잡한 기술에 집착하는 면모를 전혀 찾아볼 수 없다. 1,800가지의 이상의 멋진 와인 리스트도 음미할 만하다. **TD**

브레즈 카페 Breizh Café | 브르타뉴 크레이프가 일본의 영향을 받아 퓨전요리로 재탄생한 곳

위치 캉칼 **대표음식** 브르타뉴의 햄을 넣은 메밀 갈레트 Buckwheat galette with Breton ham | ⑤⑤⑤⑤

소박한 브르타뉴의 팬케이크는 보통 길거리 음식이거나 관광객을 상대로 하는 레스토랑에서 저렴하게 즐기는 요리이다. 프랑스 서부의 특선 요리인 팬케이크는 치즈나 햄과 같은 간단한 소를 넣은 짭조름한 맛일 때 갈레트(galette)라 부르며, 젤리나 꿀로 속을 채운 달콤한 버전일 경우에는 크레이프(crêpe)라 부른다. 오래된 캉칼의 해안 산책로에 자리 잡은 이곳의 크레프는 미식 요리의 수준이다.

아래층의 메뉴는 모두 크레이프로 절제된 일본식 스타일이며, 서비스도 완벽하다. 전통적이며 유기농인 식재료들을 사용한다. 좀 더 대범한 식재료들을 추가할 수도 있다. 메밀로 만든 갈레트는 보기 좋은 크기로 단정하게 잘라 슬레이트 판 위에 담아낸다.

위층에서는 동양의 영향을 받은 보다 품격 있는 요리들을 맛볼 수 있다. 일본식 오픈 키친이 바라다보이는 바(bar)에 앉아 먹거나 키가 낮은 테이블에서 무릎을 꿇고 앉아 젓가락을 선택해 사용해 볼 수도 있다. 기다란 창문을 통해 몽생미셸(Mont St. Michel) 만(灣)이 바라다 보인다.

위층의 메뉴는 일본과 브르타뉴를 섞어 놓은 보다 세련된 퓨전 요리다. 바닷가재를 벨루테(velouté)라는 나무 젓가락을 꽂은 기다란 머그잔에 담아내고, 캉칼산(産) 굴은 검은색 슬레이트 판에 가지런히 놓는다. 일본식 채소를 접시 바닥에 깔고 오리 가슴살을 얹은 후 국수와 함께 내며, 가리비 위에는 노란색 꽃을 토핑으로 올린다. 위층의 요리는 와인 혹은 사케와 궁합을 맞추어 먹을 수 있다. 아래층에서는 전통적으로 팬케이크에 곁들여 나오는 사이다와 칼바도스가 준비되어 있다. 브레즈 카페의 창립자인 베르트랑 라르쉐(Bertrand Larcher)가 선보인 동서양의 절충 메뉴는 큰 성공을 거두어, 캉칼에서 미슐랭 스타 1개를 받았으며, 파리와 일본에도 지점을 열게 되었다. **SH**

메종 드 탕뇌르 Maison des Tanneurs | 클래식한 알자스의 슈크루트 가르니를 맛볼 수 있는 강가의 오래된 목조 레스토랑

위치 스트라스부르 **대표음식** 오리 간으로 만드는 벨 스트라스부르즈와즈 Duck liver Belle Strasbourgeoise | 💲💲💲

스트라스부르의 역사적인 중심지이기도 한 그랑 일 (Grande Ile)의 강가에 위치한 멋진 목조 건물은 이 도시에서 가장 아름다운 레스토랑 중 하나다. 1572년 샤를 9세의 재위기간 동안 메종 드 탕뇌르는 신발 가죽을 생산하는 무두질 공장이었다. 당시 이 건물에서는 역한 가죽 냄새가 진동했을 것이 분명하지만, 오늘날에는 일류 슈크루트 가르니(사워크라우트)의 맛있는 냄새가 풍긴다.

1946년 문을 연 이래로 메종 드 탕뇌르는 전통적인 스트라스부르의 특선요리들로 명성을 쌓았다. 오크 나무로 된 벽과 들보, 붉은색의 가구, 유리와 납선으로 사용해 아름답게 장식한 창문들로 꾸며져 있으며, 다이닝룸에서의 서비스는 차분하고 확신이 가며, 전반적으로 우아한 분위기를 연출한다. 여름철에는 강가에 떠다니는 보트를 바라보며, 테라스에서의 식사를 즐길 수 있다.

메뉴의 다양한 풍미와 식감이 자연스럽게 어울린다. 애피타이저로는 헤이즐넛과 양파 타르트를 곁들인 진한 오리 테린 혹은 리즐링 와인과 갈릭 버터에 조리된 달팽이 요리를 먹는다. 이어 알자스의 화이트 와인 소스에 조리한 송아지 간 요리, 그린 피망을 곁들인 뿔닭 요리 혹은 이곳의 대표 요리이기도 한 로컬 허브를 넣고 서서히 조린 오리 간 요리인 벨 스트라스부르즈와즈가 나온다.

스타르스부르의 주식과도 다름없는 사워크라우트는 알자스의 돼지고기 요리인 베코프(Baeckeoffe)나, 파스타 반죽에 프로방스 허브를 넣고 조리한 소고기를 넣고 돌돌 말아 소용돌이 모양의 단면이 보이는 플레쉬낙카스(Fleischnackas)와 늘 곁들여 먹는다. 마지막 디저트는 스트라스부르의 전통을 지켜 마블 케이크 쿠겔호프(Kougel-hopf)에 홈메이드 아이스크림을 곁들이거나 알자스의 사과와 크림 타르트에 과일 쿨리(coulis)를 가볍게 뿌려 먹는다. **CFr**

"쿠르 부용에 요리한 가재 꼬리와 코 크 리슬링(닭, 화이트 와인, 누들)이 추천할 만하다."

frommers.com

⬆ 일 강이 내려다 보이는 멋진 메종 드 탕뇌르의 테라스에서 여름철 식사를 즐길 수 있다.

오 크로코딜 Au Crocodile | 탁월한 미식요리를 즐길 수 있는 오랜 내력을 지닌 스트라스부르의 전설과도 같은 레스토랑

위치 스트라스부르 **대표음식** 블루 랍스터 카넬로니 | Blue lobster cannelloni | ❺❺❺

"접시에 예술적으로 담아 낸 제철 특선요리들로 오 크로코딜은 미슐랭 스타 하나를 받았다."

Lonely Planet

⬆ 오 크로코딜은 미식요리를 즐길 수 있는 곳이다.

오 크로코딜은 스트라스부르의 전설과도 같은 레스토랑으로 약 100년 동안 찬사를 받아 왔다. 미슐랭 스타 셰프인 필립 보에르(Phillippe Bohrer)가 2010년 레스토랑을 인수했을 때에도 이미 이곳은 부족함이 없는 탁월한 미식요리를 선보였다. 그 역시 이미 확고한 명성을 쌓은 뒤였지만, 혼자만의 힘으로 이렇게 멋지게 운영하기는 쉽지 않았을 것이다.

오 크로코딜은 17세기의 호화로운 맨션 내에 자리를 잡고 있으며, 금빛의 오크 나무 패널, 스투코를 바른 벽, 화려한 천장, 오래된 명작과 같이 시대상을 반영하는 디테일들로 가득하다. 레스토랑 입구에는 박제한 악어 한 마리가 걸려 있는데, 1700년대 말 나폴레옹 보나파르트의 군대가 이집트에서의 복무를 마치고 돌아올 때, 이 지방 출신 장군이 가져온 것이라고 한다.

오 크로코딜은 클래식한 경험을 선사한다. 알자스에서 태어나 몇몇 프랑스의 최고 셰프들 밑에서 훈련을 받은 필립 보에르는 잇따라 나올 우아한 요리들의 서막을 알리며 아뮤즈 부셰 모둠 요리를 제공한다. 굵게 으깬 견과류를 덧입힌 푸아그라에 향신료를 넣은 자두 와인 소스를 살짝 뿌리고, 구운 오리 가슴살 한 토막에 삶은 무화과 소스를 곁들이며, 블루 랍스터 카넬로니 혹은 육즙이 가득한 가자미 구이에 크리미한 밤 소스를 곁들인 요리들이 뒤따른다. 그러나 이들은 6개의 코스로 구성되는 메뉴 구르망(Menu Gourmand)과 10개의 코스로 구성되는 메뉴 다그레망(Menu d'Agrément)에 선보이는 요리의 사소한 일부에 지나지 않는다.

초콜릿 가나슈와 달콤한 아이스크림을 곁들인 스트로이젤(streusel), 바삭한 프랄린이나 유자 주스를 곁들인 초콜릿 무스나 레드 베리 쿨리도 크로코딜에서의 경험을 마무리하는 디저트다. 65,000병이 보관된 셀러에서 요리에 곁들일 최상의 와인도 선택할 수 있다. **CFr**

로베르주 드 릴 L'Auberge de l'Ill | 클래식한 프랑스의 패밀리 오베르주

위치 일하외세른 **대표음식** 연어 수플레 '오베르주 드 릴(Auberge de l'Ill)' Salmon soufflé "Auberge de l'Ill" | ❺❺❺❺

로베르주 드 릴은 본래 민물고기 생선 스튜인 마틀로트(matelote)를 팔았던 가족이 운영한 다리 위의 여인숙에서 시작했다. 미슐랭 스타를 처음 받은 것은 1952년이었다. 곧이어 1957년과 1967년에도 받았으며, 그 이후로 줄곧 별 3개를 유지하고 있다.

프랑스의 패밀리 오베르주(가족이 운영하는 소박한 숙박업소)의 정수를 보여주는 이곳은 하에베를린(Haeberlin) 일가의 구성원들이 소유하고 있으며 운영도 도맡는다.

유럽의 왕족과 전 세계의 유명인사들이 이곳을 다녀갔다. 그러나 로베르주의 즐거움 중 하나는 가족이 운영하는 여인숙의 정신이 마음속에 그대로 남아 있다는 것이다. 상당한 유명세에도 불구하고 그 정신은 흐려지지 않았다. 로베르주 드 릴에서 가장 탁월한 선택은 정원과 바람에 흔들리는 버드나무들로 둘러싸인 강가까지 닿을 듯한 깔끔하게 손질된 잔디의 풍광을 즐기며 하는 점심이다.

이곳의 요리는 클래식한 프랑스 요리들이며, 그중 연어 수플레 혹은 바닷가재 프린스 블라디미르(Prince Vladimir)는 폴 하에베를린이 개발한 것이다. 또한 병에 담긴 푸아그라 테린을 바로 스쿱으로 떠놓는다거나 새끼 돼지 갈비요리에 바삭한 프레즐을 곁들이는 것처럼 알자스의 전통요리에 깊게 뿌리를 내리고 있다. 파격적인 요리들도 많아서, 생강의 풍미를 입힌 바닷가재에 망고와 애플 샐러드를 곁들이거나, 파바빈과 토마토를 깔고 부라타 치즈를 채운 신선한 카넬로니와 솔(sole) 요리도 맛볼 수 있다. 사전 두께의 와인 리스트 알자스 최고 유명 와인들도 가득하며, 까다롭기로 소문난 와인 감별사들의 마음을 기대와 흥분 울릴 버건디와 보르도 와인들도 충분하다. **SS**

오 크리외르 드 뱅 Aux Crieurs de Vin | 탁월한 와인과 가스트로-비스트로 퀴진

위치 트루아 **대표음식** 홈메이드 앙두예트 Homemade andouillettes | ❸❸❸

오 크리외르는 프랑스의 마을 트루아의 명소다. 이곳은 고급 샴페인 라망디에-베르니에(Larmandier-Bernier)와 자크 셀로스, 알자스 지방의 최고 와인 크리스티앙 방네르와 도멘 데 비뉴 뒤 마예(Domaine des Vignes du Maye)를 갖추고 있으며, 그 밖에 보졸레, 론, 루아르 지방의 와인들도 만나볼 수 있다.

주인 장 미셸 월프와 프랑크 윈들은 내추럴 와인을 전문으로 한다. 이 두 사람의 가스트로-비스트로에서 마실 수 있는 모든 빈티지 와인들은 유기농으로 기른 순수한 포도로 만든 것으로만 엄선된다. 자연 그대로의 것에 대한 이들의 정열은 앙두예트(식감이 거친 돼지고기 소시지, 와인, 양파) 혹은 그 밖의 메인 요리들에까지 미친다. 셰프 프랑수아 월므(Françoise Wilmes)는 장 미셸과 그의 아들인 프

> "와인을 고른 후 맛있고 심플한 요리로 궁합을 맞춰 보자."
>
> Michelin Guide

랑크와 같은 시각을 가지고 있어 가장 순수한 식재료만을 사용해 더없이 행복하고 꾸밈 없는 요리들을 창조해 낸다.

애피타이저로 웨지 감자 볶음과 버섯으로 속을 채운 짭조름한 크레이프와 함께 먹는 훈제 소시지, 섬세한 맛의 브리나 카망베르 치즈, 혹은 샐러드를 곁들인 무겁지 않은 푸아그라 등이 있다. 메인 요리로는 푹 고아 만든 팔레롱 드 뵈프(paleron de boeuf, 소의 어깨살)에 가벼운 소스를 곁들여 먹을 수 있고, 강한 풍미의 레몬 치킨 콩피 또는 파르망티에르 스타일(parmentier-style)의 양고기도 권할 만하다. 식사는 홈메이드 애플 타르트와 같은 디저트로 마무리된다. 오 크리외르의 요리는 와인의 놀라운 맛과 향을 느끼는 데 전혀 방해가 되지 않으며, 이를 잘 보완해 준다. **CFr**

르 봉 앙팡 Les Bons Enfants | 확신에 가득찬 맛과 향, 그리고 컨템포러리한 솜씨를 엿볼 수 있는 고급 미식요리

위치 생쥘리앵뒤쏠 **대표음식** 오리 푸아그라 Duck foie gras | $$$

"이 격식 없이 편안한 레스토랑에서는 유쾌한 분위기 속에서 환상적인 지역 요리들을 선보인다."

Lonely Planet

⬆ 아주 맛좋은 요리들을 이곳에서 만나볼 수 있다.

당신이 만약에 19세기 프랑스 부르고뉴에 위치한 생쥘리앵뒤쏠의 주민이었더라면, 한잔을 마시며 사교를 즐기기 위해 바로 르 봉 앙팡을 찾았을 것이다. 하지만 오늘날 이곳의 주민들, 현지에서는 살투지앙(Saltusien)으로 불리는 이들은 고급 미식 요리를 즐기기 위해 르 봉 앙팡을 찾는다.

오늘날 이곳은 미식가의 천국으로, 무슈 로비에(Monsieur Lobies)와 세프 료 나가하마(Ryo Nagahama)가 고객들이 편안함을 느낄 수 있는 공간으로 꾸며놓았다. 부드러운 크림색의 벽에는 그림들이 걸려 있고, 식탁보가 드리워진 테이블 주위의 섬세한 불빛들이 유리잔에 비친다. 현지 예술가들의 예술 작품들과 엔티크 가구들이 놓여 있다. 문을 열고 나가면 마을로 바로 통한다. 르 봉 앙팡은 현대적이고 종종 아시아 풍의 변화를 준 맛있는 부르고뉴 요리를 즐길 수 있는 곳이기도 하다.

정석에 가까운 오리 푸아그라는 르 봉 앙팡과 같은 스타일리시한 레스토랑에서의 식사를 시작하는 클래식한 애피타이저 중 하나이다. 그 밖에 콜리플라워 크림과 콩소메 젤리를 곁들인 가리비 요리, 혹은 현지에서 생산된 앙두예트도 선택할 수 있다. 다음으로는 메인 요리로 와인 소스에 섬세하게 조리한 돼지 머리, 바삭한 식감의 해조류를 곁들인 마리네이드한 연어요리, 레몬과 발사믹 식초로 풍미를 돋운 닭 요리 혹은 양파와 회향 풍뒤와 함께 나오는 완벽하게 구운 스테이크 등을 맛볼 수 있다.

이어서 프랑스 치즈나 디저트 메뉴 중에 고른다면 훌륭한 마무리가 될 것이다. 디저트는 산 딸기와 크림을 올린 입안에서 살사 녹는 초콜릿 퍼지와 피스타치오를 곁들인 홈메이드 바닐라 크렘 브륄레, 혹은 셔벗과 함께 먹는 갓 구운 과일 파이 등이 있다. 또한 무슈 로비에는 코스 요리들의 맛과 향을 북돋우는 다양한 버건디 와인을 제공한다. **CFr**

르 비스트로 데 그랑 크뤼 Le Bistrot des Grands Crus | 트렌디한 비스트로의 요리와 와인

위치 샤블리 **대표음식** 로뇽 드 보(송아지 간 요리)Rognons de veau(veal kidneys) | ⑤⑤⑤

밝고 경쾌한 느낌의 그랑 크뤼는 걸어서 몇 분 거리에 위치한 호스텔레리 데 클로(Hostellerie des Clos)가 소유하고 있으며, 부르고뉴의 북쪽 끝 와인 생산 지역인 샤블리의 중심에 위치한다. 샤블리에서 자라는 포도나무는 대부분이 샤르도네 품종이며, 세계에서 가장 유명한 드라이 화이트 와인을 만든다.

작지만 엄선된 와인 리스트는 오크 배럴에서 숙성된 그랑 크뤼와 프리미어 크뤼 와인들을 포함해 아로마가 풍부한 샤블리의 빈티지 와인들로 채워져 있다. 모든 와인들을 잔술로도 주문할 수 있어 고객들은 이 지역의 일부 고급와인들을 시음해 볼 수도 있다. 이곳의 존경받는 셰프인 미셸 비뇨(Michel Vignaud)는 현지에서 생산되는 와인의 맛과 향을 북돋을 수 있는 메뉴들을 고안해 왔다. 이 지방의 전통 요리들에 더하여, 격식 없는 사교를 즐기기 위해 종종 이곳에 모이는 트렌드세터들을 고려해 모던한 요리들도 조금 갖추고 있다.

와인병들이 늘어선 벽으로 된 아래층의 셀러는 2차적인 다이닝 공간이기도 하다. 여름철에는 가든 테라스가 야외에서 즐기는 알 프레스코 스타일의 식사(al fresco-style dining)를 유혹한다.

셰프 비뇨는 항상 칠판에 메뉴를 적는다. 그의 대표 요리는 송아지 간을 이용한 로뇽 드 보인데, 완벽하게 조리되어 와인 소스에 담아 내는 이곳의 고정 메뉴다. 전형적인 애피타이저는 피노 누아에 삶은 달걀 형태이거나 갈릭 쿠르통과 함께 내는 부르고뉴 달팽이 요리(les escargots de Bourgogne) 또는 헤이즐넛을 곁들인 토끼 테린이다. 획기적인 메인 요리로는 현지 별미인 푹 익힌 샤블리 소시지, 조개를 넣은 대구 수플레, 혹은 와인에 조리한 송어 요리다. 샤블리 셔벗도 이곳에서의 식사를 완벽하게 마무리해 준다. **CFr**

에르베 루 L'Herbe Rouge | 시골 풍의 요리와 탁월한 투렌 와인

위치 발레르 **대표음식** 대구 브랑다드로 속을 채운 붉은 피망 요리Red bell peppers stuffed with cod brandade | ⑤

이곳은 장엄한 도시 쇼몽에서 가까우며, 투렌 모퉁이의 평화로운 곳에 자리잡고 있다. 셰프 패트롱 세실 아르공디코(patron Cécile Argondico)는 발견에 가까운 요리들을 창조해왔다. 이곳의 요리는 심플하고 가격은 지갑 사정에 부담을 주지 않는다.

토마토 샐러드는 3가지 종류가 있으며, 신선한 바질, 해염, 품질 좋은 올리브 오일을 곁들이면 완벽한 맛이다. 현지에서 생산된 오리 푸아그라는 이보다 더 좋을 수 없고 과도한 장식이 필요 없다.

더 복잡한 요리들도 있지만 깃들여 있는 정신은 심플하다. 플레이팅도 군더더기 없이 솔직하며, 정갈하고 정확하다. 퀴노아와 완두콩 샐러드는 정갈한 원형모양으로 붉은 시트러스 드레싱으로 맛과 향이 훨씬 살아난다. 디

> "맛 좋고 꾸밈없는 솔직한 시골 요리와 주변 루아르 지역에서 생산된 매력적인 내추럴 와인."
> foodtourist.com

저트로 나오는 라 페셀(La Faisselle)은 질감이 매끄러운 화이트 치즈로 노란색의 사프란을 살살 뿌리고 자칫 단순할 수 있는 우유 맛을 보완할 수 있도록 꿀을 곁들여 낸다.

아르공디코는 티에리 푸즐라라는 현지의 고급 와인 생산업자와 결혼했다. 그녀의 남편이 생산하는 평판이 좋은 와인 클로 뒤 투뵈프(Clos du Tue-Boeuf)와 푸즐라-봉옴므(Puzelat-Bonhomme)를 이곳에서 맛볼 수 있으며, 이 지역에서 생산되는 내추럴 와인을 사랑하는 마음을 담아 선택한 다른 와인들도 만나볼 수 있다. 프랑스의 시골에서 이렇게 잘 먹고 마실 수 있다는 것을 행운으로 여긴다. **CB**

레스페랑스 L'Espérance | 역사적인 경관이 바라다보이는 아름다운 버건디 샤토에서 즐기는 유기농 요리

위치 생 페르 수 베젤레 **대표음식** 푸아그라를 곁들인 크로메스키 Cromesquis with foie gras | ❸❸❸

"이곳의 채소들은 육식을 고집했던 사람들마저도 채식주의자로 변화시킬 듯하다."

gayot.com

⬆ 레스페랑스를 방문한 고객들은 커다란 창을 통해 눈부시게 아름다운 정원을 내다볼 수 있다.

레스페랑스는 이 지역의 탁월한 레스토랑 중 하나다. 편안하고 우아한 분위기와 유명 셰프 마르크 메노(Marc Meneau)의 훌륭한 요리로 알려져서 진정한 맛집으로 평가받고 있다. 예로부터 내려오는 부르고뉴의 전통 레시피에 유기농 식재료를 사용하여 보다 현대적인 변화를 꾀하고, 아름답게 접시에 담아 현지에서 생산된 맛 좋은 와인과 함께 내는 것에서 셰프의 특별함을 엿볼 수 있다.

웅장한 온실 같은 다이닝 룸이 있지만, 이곳의 진정한 볼거리는 레스토랑에서 볼 수 있는 바깥 풍경이다. 샤토를 둘러 싸고 있는 풍성한 정원들 너머로는 11세기 사원이자 부르고뉴 로마네스크 건축양식의 절정을 보여주는 라 마달렌 베즐리(La Madaleine Vézelay)를 포함해 역사적인 건축물들이 보인다.

유기농 식재료들은 더할 나위 없이 신선한 것들로 세심한 메노가 손수 만들고 돌보는 레스토랑의 유기농 정원인 포타쥬 비아우 키친 가든(Potager Biâu Kitchen Garden)에서 매일 채취하는 것이다. 정원에는 레몬, 사과, 딸기 등의 과일과 당근, 파, 예루살렘 아티초크 등의 채소가 자란다. 유기농 식재료는 평판이 좋은 공급업체에서 납품한 육류, 생선, 해산물, 치즈로까지 이어진다.

홈메이드 크로켓인 크로메퀴(cromesquis)는 푸아그라를 넣어 만드는데 메노가 가장 좋아하는 애피타이저 중 하나다. 전형적으로 이 다음에 따라 나오는 메인 요리에는 캐러멜에 구운 송아지 안심, 트러플을 넣어서 삶은 닭, 레드 와인에 조리한 전통 소고기 요리인 뵈프 알 라 부르귀뇽(boeuf à la Bourguignonne)이 있다. 각각의 요리에는 정원에서 가꾼 채소들로 만든 퓌레가 곁들여 진다. 이어지는 레스페랑스의 치즈 코스는 브리, 카망베르, 부르고뉴의 소프트 치즈인 에프와스 드 부르고뉴(Époisses de Bourgogne) 등으로 구성되며, 디저트로는 매콤한 페퍼를 뿌린 딸기 혹은 달콤한 타르트 타탱 등을 맛볼 수 있다. **CFr**

카스켈루 Casse-Cailloux | 현지 식재료로 만든 요리를 즐기는 친근한 분위기

위치 투르 **대표음식** 토끼 스튜 Jugged hare | 💲💲

이 인기 있는 자그마한 레스토랑은 파트리시아(Patricia)와 에르베 샤르도노(Hervé Chardonneau) 부부가 운영하며, 역사적인 도시인 투르의 중심가에 위치한다. 이 지역은 요리와 와인이 유명하며 기스켈루는 현지에서 생산되는 식재료를 최대한 활용한다. 레스토랑은 신선한 식재료의 신전이다.

누구나 친절하고 따뜻하게 맞아주는 곳으로, 현지인들이 더 많이 찾는다. 사업상 점심을 먹을 곳을 찾는 사람들부터 잘 구비해 놓은 투랭 와인을 즐기려는 현지 와인 생산업자들까지 알만한 사람들은 에르베의 탁월한 요리를 맛보기 위해 이곳에 온다.

한창 맛이 든 제철 식재료만을 이용해 만드는 요리들은 이 지역의 모든 최고의 것들을 보여준다. 명태처럼 이 지역에서 흔히 볼 수 없는 생선요리에도 매우 강하다. 매력적인 메뉴는 전통에 바탕을 두고 있지만 한치의 오차 없이 정확한 요리법에는 적절한 현대적인 감각이 담겨 있으며, 프레젠테이션도 불필요한 군더더기가 없다.

예를 들어 토끼 스튜는 푸아그라로 속을 채우고 레드와인을 넣고 푹 고는 전통적인 방식으로 만드는데 매우 인기가 높아 제철 동안 메뉴에 오르며 좌석수가 적음에도 불구하고 일주일에 이 요리에 쓰이는 와인이 40L에 달한다.

다이닝룸은 심플하나 편안하고 밝다. 리넨을 깐 바스켓 안에는 빵이 한 가득 담겨 있고, 주방으로 통하는 커다란 창문을 통해 셰프의 모습이 보인다. 편안하게 시간을 보낼 수 있는 공간에서 파트리시아의 환대와 에르베의 흠잡을 데 없는 요리를 만난다면, 당신은 완벽한 로컬 레스토랑을 경험한 것이다. **CB**

페르메 드 라 루쇼트 Ferme de la Ruchotte | 시골풍의 농장에서 즐기는 클래식한 요리

위치 블리니 수르 오슈 **대표음식** 크리미한 타라곤 소스를 곁들인 푹 고은 송아지 요리 Braised veal in a creamy tarragon sauce | 💲💲💲

부르고뉴에 위치한 역사적인 도시 블리니 수르 오슈에서 바로 벗어난 숲 속에 위치한 시골 풍의 프랑스 석조 농장에서 식사를 한다면 어떨까? 만약 그것이 당신의 상상력이 자극된다면, 페르메 드 라 루쇼트로 떠나는 여행이 소중한 추억을 안겨 줄 것이다. 셰프 프레데릭 메나제르(Frédéric Menager)와 그의 아내 에바(Eva), 좋은 음식과 와인을 법으로 삼는 레스토랑을 일구어 왔다.

육류, 유제품, 그리고 셰프의 시골 주방에 있던 식재료들은 접시에 창의적으로 담기며, 최상의 신선도를 선보인다. 무통 솔로뇨(Mouton Solognot, 양고기), 포르크 가스콩(porc Gascon, 돼지고기), 바르바리 덕(Barbarie duck, 오리고기)과 루 데 아르덴(rouge des Ardennes, 칠면조고기), 푸상 에 데마레(poussins et démarrés, 닭고기)와 같은 가금류는

> "제철 요리 혹은 식재료의 신선함 면에서 볼 때 그 어떤 레스토랑도 경쟁 상대가 될 수 없다."
>
> tasteburgundy.com

라 루쇼트 농장으로부터 온다. 채소는 직접 기른 것으로 매일 신선한 것을 거두고 달걀도 바로 난 것을 허브도 직접 딴 것을 사용한다.

뵈프 알 라 부르귀농(boeuf à la Bourguignonne), 푹 고은 크리미한 타라곤 소스의 송아지 요리, 코코뱅(coq au vin), 퐁당 감자(fondant potatoes)를 곁들인 사슴 뒷다리와 허리살 요리 등 소박한 부르고뉴 지방의 클래식한 요리들을 포함해 메뉴가 무척 다양하다. 빵은 매일 유기농 밀가루를 이용해 현지에서 생산되는 치즈와 홈메이드 디저트로 식사를 마무리한다. 와인 리스트 역시 다양하며 유기농 와인 생산업자들로부터 구입한 빈티지 와인들이 많다. **CFr**

루아조 데 비뉴 Loiseau des Vignes | 희귀한 와인에 곁들이는 클래식한 부르고뉴 요리

위치 본 **대표음식** 에스카르고 드 부르고뉴 Escargots de Bourgogne | ⑤⑤⑤⑤

"외프 뫼르트 셸롱 루아조와 같은 기분 좋은 메뉴가 있다."

fodors.com

그림 같은 풍광을 지닌 도시, 본의 산책을 마친 당신을 기다리는 것은 미슐랭 스타 레스토랑인 루아조 데 비뉴이다. 이곳에는 웅장한 '도서관(library)'이라 할 만큼 방대한 종류의 고급와인들이 있다. 장–프랑수아 코슈 두리(Jean-François Coche-Dury) 혹은 도멘 라베노(Domaine Raveneau)처럼 흔히 볼 수 없는 희귀한 것들로 윤기가 흐르는 나무 장식장에 진열되어 있으며 레스토랑의 시크한 실내 분위기를 압도한다.

유명한 레스토랑 사업가인 도미니크 루아조(Dominique Loiseau)가 세운 이곳은 다양한 와인을 맛볼 수 있으며, 각각의 코스요리에 어울리는 와인을 즐길 수 있도록 잔으로도 판매한다. 셰프 무라 아도슈(Mourad Haddouche)는 고급와인과 조화를 이룰 수 있도록 부르고뉴의 미식 요리를 디자인하는 데 탁월한 솜씨가 있다.

셰프 무라의 디스커버리 메뉴(Discovery menu)의 애피타이저는 향신료로 맛을 낸 자두를 곁들인 푸아그라, 마늘을 넉넉히 넣은 부르고뉴의 야생 달팽이 요리(escargots de Bourgogne) 혹은 풍미가 우러난 소스에 살짝 삶은 달걀을 넣은 외프 뫼르트 셸롱 루아조(oeuf meurette selon Loiseau)로 시작한다. 이어지는 메인 요리로는 양질의 소고기 부위를 레드 와인에 넣고 푹 고아 만든 부르고뉴의 전통요리 뵈프 알 라 부르귀뇽(boeuf à la Bourguignonne)이나 닭고기와 버섯을 와인에 넣고 조리한 코코뱅에 곱게 채를 썬 채소를 곁들인 요리가 있다.

소프트 치즈인 에푸아스 드 부르고뉴(Époisses de Bourgogne)를 포함해 약 20여 가지의 치즈를 선택할 수 있고, 디저트는 보통 미니 초콜릿 에클레어, 아몬드 케이크 혹은 레몬 타르트 등으로 구성된 플래터로 나온다. 커피에는 엄지 손톱만한 크기의 초콜릿 마카롱이 곁들여 나와 식사를 매우 만족스럽게 마무리해준다. **CFr**

⬆ 이 연어처럼 셰프 무라는 요리를 우아하게 담아낸다.

➡ 루아조 데 비뉴의 실내는 오크 목재의 천장 보, 돌 벽, 정갈하게 리넨을 드리운 테이블들로 꾸며져 있다.

마 퀴진 Ma Cuisine | 버건디 와인과 클래식한 요리가 완벽한 하모니를 이루는 곳

위치 본 **대표음식** 뵈프 알 라 부르귀뇽 Boeuf à la Bourguignonne | 🟡🟡🟡

"맛있게 조리된 이 지방의 요리와 인상에 남을 만큼 다양한 와인 셀러의 명성을 즐길 수 있다."

frommers.com

⬆ 뵈프 알 라 부르귀뇽은 전통적인 부르고뉴 지방의 스튜로 마 퀴진의 대표적인 메뉴다.

이 트렌디한 가스트로 브라스리(gastro-brasserie), 마 퀴진은 중세로부터 내려온 마구간을 재건축한 건물로, 대부분 와인 생산에 종사하는 현지인들이 본의 최고급 요리와 와인을 즐기기 위해 모이는 곳이다. 이곳의 매력은 셰프 파비앙 에스코피에(Fabienne Escoffier)의 시골스런 부르고뉴 요리들로 구성된 메뉴뿐만 아니라 맛 좋은 와인을 즐기는 데 있다.

마 퀴진은 와인으로 가득 찬 셀러로 유명한데, 대부분이 부르고뉴에서 생산된 것들이다. 800여 개의 서로 다른 와인들로 셀러가 터져 나갈 듯 한데, 이곳의 와인 리스트는 프랑스에서도 상당한 공적으로 인정받는다. 피에르 에스코피에는 뛰어난 소믈리에로 피노 누아와 샤르도네 포도 품종으로 빚은 와인을 사랑한다.

코트 드 본 와인들, 퓰리니-몽라셰와 샤사뉴 몽라셰에서 생산된 프레미어 크뤼와인들을 그는 가장 좋아한다. 이곳의 와인들은 늘 새롭게 바뀌는 파비앙의 요리와 아주 잘 어울린다. 부드러운 소고기 부위를 풀-바디의 레드 와인에 넣고 푹 고아 만든 부르고뉴의 전통요리 뵈프 알 라 부르귀뇽이 파비앙의 대표 요리이며 거의 언제나 메뉴에서 찾아볼 수 있다. 이 밖의 메인요리로는 닭고기와 버섯을 와인에 넣고 서서히 익힌 코코뱅, 송아지 에스칼로프 찜요리 혹은 오리 가슴살구이 등이 있다.

메인 요리 전에는 애피타이저로 마늘을 넉넉히 넣은 부르고뉴의 야생 달팽이 요리를 선택할 수 있다. 이 밖에도 달걀을 곁들인 블랙 트러플, 타라곤과 에프아스 드 부르고뉴 치즈를 넣은 토끼 스튜 등이 있다. 디저트도 전통에 변화를 준다는 면에서 동일하며, 초콜릿을 곁들인 크렘 브륄레, 라즈베리를 곁들인 크림 캐러멜, 혹은 시나몬 셔벗을 곁들인 프랑스식 애플 타르트 등을 맛볼 수 있다. **CFr**

라 프로메나드 La Promenade | 지역 음식과 와인을 음미하며 즐길 수 있는 곳

위치 르 프티 프레시니 **대표음식** 로스트 겔린 드 투랭(로스트 치킨)Roast géline de Touraine (roast chicken) | ❸❸❸

부자 사이인 재키(Jacky)와 파브리스 달레(Fabrice Dallais), 두 셰프가 운영하는 라 프로메나드는 이 지역의 맛 좋은 요리와 와인을 맛보기 위해 특별히 찾아가는 맛집으로 오랫동안 자리매김해왔다.

수십 년 동안 미슐랭 스타의 명성을 지닌 레스토랑에 가기 전에는 특별히 기대를 하기 마련인데, 라 프로메나드는 어느 것 하나 기대에 못 미치는 법이 없다. 이곳에서의 식사는 융숭한 대접을 받는 듯 하다. 바삭한 식감의 감자와 올리브를 롤리팝처럼 꼬치에 끼운 요리 등의 카나페로 시작하는 식사는 덤을 주는 것에 인색하지 않다. 푸아그라를 넣은 섬세한 맛의 그물버섯 부용(bouillon)과 같은 아뮤즈 부셰는 먹는 이의 입을 즐겁게 해주며, 탁월한 맛의 프티푸르나 미니 사이즈의 마들렌은 후에 되새길 추억을 안겨준다.

이곳의 프랑스 요리법은 세련되었으나 보기 드물게 가벼운 느낌이다. 잭키 달레(Jacky Dallais)는 최상의 로컬 식재료들을 완벽하게 요리하며, 이 지역의 최고 요리들을 선보인다. 야생 멧돼지 고기로는 간단하지만 흠잡을 데 없이 완벽한 맛을 내는 찹(chop)을 만든다. 현지에서 볼 수 있는 맛 좋고 육즙이 풍부한 검은 닭을 가리키는 겔린(géline)은 레몬과 함께 오븐에서 굽는다.

투랭(Touraine)과 소무르-샹피니(Saumur-Champigny) 와인은 많은 도움을 주는 소믈리에 사비에 포르탕(Xavier Fortin)과 더불어 라 프로메나드의 강점이다. 사비에 포르탕은 그와 어깨를 나란히 할 자가 없을 만큼 와인에 대해 해박하며 그에 걸맞는 평판을 받고 있다. 알만한 사람들은 타의 추종을 불허하는 이곳의 와인들 때문에 라 프로메나드에 다녀가며, 이들 중 대부분이 와인이 아니었더라면 이곳에 들르기가 쉽지 않았을 것이다. **CB**

메종 라므르와스 Maison Lameloise | 부르고뉴의 리치한 요리들을 맛볼 수 있는 곳

위치 샤니 **대표음식** 칼라만시 프루트와 오렌지를 곁들인 타르트 서벗 Tarte soufflé with calamansi fruit and orange | ❸❸❸

작고 조용한 마을 샤니는 본과 샬롱 쉬르 손(Chalon sur Saône)의 정 가운데에 위치한다. 작은 메인 광장 위에 자리 잡은 멋진 호텔과 레스토랑은 피에르(Pierre)와 데니스 라므르와스(Denise Lameloise) 부부가 1921년 코메르스 호텔을 인수한 이래로 가족이 운영해 왔다. 수 대를 거쳐 라므르와스 가문의 조카인 프레데릭 라미(Frédéric Lamy)가 지배인을 맡고 있으며, 셰프 에릭 프라(Eric Pras)가 운영을 돕는다. 프라는 훌륭한 직무 경력 기록을 가지고 있는데, 로안에 있는 메종 트루아그로, 솔리외에 있는 르 를레 베르나르 르와소(Le Relais Bernard Loiseau)에서 요리 경험을 쌓았다.

외부에서 보면 건물은 평범하지만 객실을 갖춘 내부는 매우 그럴듯한 레스토랑이다. 잠을 자는 객실들도

> "트립어드바이저(TripAdvisor)에 점수를 포스팅하는 리뷰어들이 세계에서 가장 선호하는 레스토랑으로 선정했다."
>
> reuters.com

매우 아름답지만 탁월한 프랑스 요리를 선보이는 매력적인 다이닝룸에 비하면 조연에 지나지 않는다. 기억할 것은 이곳의 와인들도 좋지만, 이웃 마을이 상트네(Santenay), 샤사뉴 몽라셰(Chassagne Montrachet), 풀리니 몽라셰(Puligny Montrachet)와 같은 최고급 와인 생산지역이라는 것이다.

홈메이드 빵, 탁월한 오리 푸아그라, 인근 솔로뉴 지방의 사슴고기 혹은 화이트 트러플을 곁들인 브레스산닭 요리와 카르둔(cardoon) 그라탕으로 이어지는 식사가 시작되는 순간부터 식재료의 특별함이 빛을 발한다. 치즈와 디저트도 인상적이다. 클래식한 요리법에 단단히 뿌리를 내리고 있는 흔치 않은 현대적인 요리다. **ATJ**

메종 트루아그로 Maison Troisgros | 수준 높은 요리를 선보이는 패밀리 레스토랑

위치 로안 **대표음식** 플뢰리 와인 소스를 곁들인 샤롤레 소고기 안심Charolais beef fillet with Fleurie wine sauce | 🍴🍴🍴🍴

"요리와 와인은 눈을 뗄 수 없게 강렬하며 메뉴의 크기는 커다란 페이퍼백만 하다."

jancisrobinson.com

가족 사업은 빠르게 뜨고 지는 편이며, 특히 레스토랑 업계에서 그렇다. 하지만 트루아그로 일가만큼은 다르다. 현재 레스토랑의 헤드 셰프인 미셸 트루아그로(Michel Troisgros)의 조부는 1930년대에 로안에 있는 작은 마을의 철도역 건너편에 호텔 겸 레스토랑을 열었다. 그 이후로 메종 트루아그로는 로안 최고의 미식 요리를 이끌어 왔다. 미슐랭 스타를 비롯해 찬사가 쏟아지면서 일종의 탐방 코스가 되었다.

메뉴는 쉽게 말해 누벨 퀴진의 느낌을 조금 살린 프랑스의 전통요리라 할 수 있다. 플레이팅에는 예술적인 미니멀리즘이 담겨있다. 채소 피클을 가늘고 길게 잘라 뽀얀 하얀 접시 위에 올린 요리는 마치 원색의 스트라이프 무늬를 넣은 듯 하다. 통통한 라비올리 세 조각은 접시에서 원을 그리며 끝도 없는 춤을 추는 듯하다. 요리에서 묻어나는 모더니즘은 레스토랑의 분위기로 이어진다. 원형 테이블 주위로는 복고풍의 의자들이 놓여 있고 기본 색채는 오프 화이트의 마룻바닥에 마음이 편안해지는 밝은 캐러멜색이다. 복고풍의 시크한 스타일링에도 불구하고 메종 트루아그로는 과거의 영예에 안주하는 곳은 아니다. 부친으로부터 레스토랑을 이어받기 전, 미셸은 전 세계를 여행하며 다양한 마스터 셰프들과 일했다. 여행에서 가지고 돌아온 모든 것이 그가 대접하기를 원했던 요리에 다양한 모습으로 담겼다.

이곳에서는 3가지 메뉴를 선택할 수 있다. 알라카르트 중에 애피타이저로 적절한 것은 굴을 넣은 다시 부용(dashi bouillon) 혹은 타마린드 사테를 곁들인 개구리 뒷다리 볶음이다. 이어지는 메인 요리로는 트러플을 넣은 송아지 귀와 췌장요리, 플뢰리 와인 소스를 곁들인 입안에서 살살 녹는 샤롤레 소고기 안심요리가 있다. 그 다음으로는 또한 제철의 신선한 식재료를 사용해 만드는 이달의 메뉴가 있고, 한 주의 특정 요일에 따라 나오는 마켓 메뉴도 있다. **ATJ**

⬆ 레스토랑의 다이닝룸은 섬세한 세련미가 풍긴다.

➡ 메종 트루아그로의 요리는 아주 멋지게 접시에 담긴다.

플로콩 드 셀 Flocons de Sel | 알프스의 풍광과 어울리는 멋진 요리

위치 메제브 **대표음식** 비스퀴 드 브로셰 에 드 로트 뒤 레망 Biscuit de brochet et de lotte du Léman | 💲💲💲

"미슐랭 스타 3개를 받은 레스토랑
플로콩 드 셀은 오트 퀴진에 새로운 의미를
부여하는 곳이다."

fodors.com

플로콩 드 셀은 풍광이 무척 아름다운 레스토랑이다. 그러나 이곳을 찾는 고객들이 느끼는 진정한 매력은 분명 요리에 있다. 레스토랑의 주인이자 헤드 셰프인 엠마누엘 르노(Emmanuel Renaut)는 프랑스 최고의 장인이란 뜻의 영예로운 찬사, 멜외르 오브리에르 드 프랑스(Meilleur Ouvrier de France)를 수여받기도 했으며, 그가 운영하는 이 레스토랑은 미슐랭 스타를 받았다.

시골 풍의 샬레(chalet) 스타일이 알프스 산맥의 높은 산들로 둘러 쌓인 주변 경치와 잘 어울린다. 날씨가 좋으면 테라스에 앉아 음료와 앙증맞은 술안주를 즐기며 황홀한 경치에 푹 빠져 식사를 시작할 수도 있다.

양파와 버섯 에멀션(emulsion)과 진한 해산물 주스를 곁들이는 아구와 강꼬치고기 '쿠키즈(Cookies)'와 같은 요리에서 짐작할 수 있는 것처럼 플로콩 드 셀의 요리는 스타일 면에서는 전반적으로 모던하다. 그러나 무슈 르노가 클래식한 프랑스 요리를 익힌 셰프라는 사실은 간이 딱 맞고 흠잡을 데 없이 완벽한 그물 버섯으로 만든 피터 비에 혹은 버섯을 곁들인 췌장 요리에서 엿볼 수 있다. 이 지역의 테루아는 요리를 위한 영감을 얻는 원천으로, 르노는 현지의 농부나 재배업자들과 직접 식재료를 거래할 뿐만 아니라 축산업자들과도 팀을 꾸려 일한다. 이곳의 요리는 천수국(marigold), 한련화, 제비꽃, 소나무 등의 제철 허브, 꽃, 식물을 아주 세련된 방법으로 우아하게 활용하기도 한다. 또한 여러 재료들을 예술적으로 배합하여 디저트들을 매력적으로 접시에 담아낸다.

플로콩 드 셀의 서비스는 정갈하고 테이스팅 메뉴에 속하는 요리들이 나오는 속도도 적당하다. 테이블 세팅도 멋들어져 프랑스 요리의 정수를 보여주는 레스토랑이라 할 수 있다. **AH**

↑ 플로콩 드 셀의 요리에는 창의적인 절묘함이 담겨 있으며 종종 제철 허브와 꽃들이 가니쉬로 쓰인다.

폴 보퀴즈 Paul Bocuse | 누벨 퀴진의 강인한 스타일을 보여주는 패밀리 레스토랑

위치 콜로네 오 몽 도르　**대표음식** 트러플 수프 Truffle soup | 🍴🍴🍴🍴🍴

프랑스 오트 퀴진의 세계에서 셰프 폴 보퀴즈는 존경받는 인물이다. 셰프 가문에서 태어난 그는 메르 브라지에르(Mère Brazier)와 라 피라미드(La Pyramide)에서 요리를 익힌 후 1959년 리옹에서 얼마 벗어나지 않은 외곽에 위치한 그의 가족이 운영하는 레스토랑으로 돌아왔다. 셰프 폴 보퀴즈의 진두 지휘하에 1960년까지만해도 별 하나 없던 이 레스토랑은 1965년 미슐랭 스타 3개를 수여받았으며, 그 이후로도 줄곧 이를 유지해 오고 있다. 보퀴즈는 현대적이고 무겁지 않은 프랑스 요리를 이끈 인물로 평가된다. 비록 그의 강인한 스타일에는 누벨 퀴진 열풍에서 볼 수 있는 상상 속에나 나올 법한 지나침은 없지만 보퀴즈의 이름은 종종 '라 누벨 퀴진(la nouvelle cuisine)'를 연상시킨다. 1987년 시작된 보퀴즈의 도르 요리 대회(The Bocuse d'Or cooking competition)는 요리 업계에서 가장 명예로운 타이틀 중에 하나다.

폴 보퀴즈라고 쓰인 간판이 걸려 있는 이곳은 보퀴즈의 요리의 모든 것을 보여주는 쇼케이스이다.

이곳의 요리는 스타일 면에서는 지극히 전통을 고수하며 메뉴 부르주아(Menu Bourgeois)에서 그랑 트라디시옹 클래시크(Grand Tradition Classique)에 이르는 메뉴가 있다. 폴 보퀴즈의 대표 요리는 그가 프랑스의 대통령 발레리 지스카르 데스탱(Valerie Giscard D'Estaing)을 위해 1975년에 개발한 '트러플 수프 VGE'로, 진귀한 블랙 페리고르산 트러플과 푸아그라를 섞어 맛을 내고 수프 볼(bowl)에 담아 페이스트리 반죽을 덧씌워 낸다. 이 페이스트리 반죽을 가르면 트러플의 우아한 아로마가 퍼진다. 푸아그라, 가자미, 브레스산 닭고기, 바닷가재와 같은 진귀한 식재료를 사용한 특선 요리들도 찾아볼 수 있다.

디저트는 별미(delicacies), 유혹(temptations), 판타지(fantasies), 초콜릿(chocolates) 등으로 계산서에 적히며, 체리 클라푸티, 섬세한 과일 타르트, 진한 초콜릿 케이크 등이 트롤리(trolley)에 실려 나온다. **AH**

"폴 보퀴즈가 자리에 있건 없건,
레스토랑의 수준은 하늘에 닿을 듯 꾸준히
향상되고 있다."

frommer.com

⬆ 콜로네 오 몽 도르에 위치한 레스토랑 외벽에는 폴 보퀴즈를 묘사한 벽화가 그려져 있다.

라 로통드 La Rotonde | 럭셔리한 분위기에 즐기는 파인 다이닝

위치 리옹 **대표음식** 트러플과 버섯 무스를 곁들인 훈제 달걀 반숙 요리 Soft-boiled smoked egg with truffle and mushroom mousse | ⑤⑤⑤⑤

셰프 필립 가브뢰(Philippe Gauvreau)는 그의 삼촌이 운영하던 제과점에서 일을 시작했다. 그는 빠르게 성장하여 니스의 네그레스코(Negresco)에서 자크 막시맹(Jacques Maximin)과 수년 간 일을 한 후 1993년 마침내 리옹에서 그의 레스토랑을 운영할 수 있는 기회를 얻게 되었다.

그의 새로운 맛집인 라 로통드는 리옹 외곽의 베르 카지노(the Vert Casino) 안에 자리를 잡았다. 이후 2009년에는 바로 옆에 위치한 럭셔리한 스파 호텔 내의 반원형으로 생긴 웅장한 룸으로 이전하였으나, 다시 3년 후 이전 카지노 1층으로 자리를 옮기면서, 아르데코 풍으로 새롭게 단장했다.

가브뢰는 미슐랭 스타 2개를 받았으며, 오래전부터 전해 내려오는 프랑스의 전통 요리와 새로운 기조를 형

> **"오투르 드 에피스(Autour des Epices) 메뉴는 가브뢰의 잠재력과 맛과 향을 자유롭게 요리하는 능력을 보여준다."**
> gayot.com

성하고 있는 다양한 요리들 사이의 중간자적인 입지를 추구하는 것으로 잘 알려져 있다. 그의 요리에는 재료들이 클래식한 균형을 이루고 있으나, 새롭고 흥미진진한 자신만의 느낌을 더하기도 한다. 코코아를 곁들인 송아지 요리, 아니스 열매에 절인 정어리 요리, 바닷가재와 아스파라거스, 샤르도네 식초를 곁들인 가리비 혹은 헤이즐넛 소스를 곁들인 아구 등 가브뢰는 기발한 맛의 조합을 창조해 내는 것으로도 유명하다. 얼음 덩어리 위에 조개를 얹어 내고, 완벽한 레몬 수플레에 섬세한 레몬 셔벗을 곁들여 내며, 럼 바바와 구운 파인애플을 함께 내는 등 모든 요리가 흠잡을 데 없이 완벽하게 조리되며 창의적으로 접시에 담긴다. **SH**

라 팔레그리에 La Palagrie | 소박한 브라스리 메뉴를 즐길 수 있는 환상적인 비스트로

위치 리옹 **대표음식** 호박 퓌레를 곁들여 뜨거운 돌 위에 담아내는 제네바 호수에서 잡은 연어 요리 Lake Geneva fera on hot stone with pumpkin puree | ⑤⑤⑤

라 팔레그리에는 한때 리옹의 고급 그로서리 스토어 중 하나였던 곳을 개조해 만든 비스트로다. 고정관념을 깨는 요리로 유명하며 리옹의 '비스트로노미(bistronomy)'의 최선두 주자로 여겨진다.

라 팔레그리에는 자신감이 넘치고 꾸밈없이 소박한 브라스리 다이닝을 전문으로 한다. 모든 요리들에 제철의 고급 프랑스산 식재료를 이용하며 항상 모던한 변화를 준다. 점심과 저녁 메뉴는 매일 새롭게 바뀐다. 애피타이저로는 블랙 올리브와 해덕(haddock) 리소토가 특별하며 이어서 파를 곁들인 매콤하고 겉이 바삭한 해덕 요리, 처빌과 함께 팬에 구운 가리비 요리, 고등어와 와사비를 곁들인 브로콜리 등의 인기 메뉴가 뒤따른다. 이곳에서는 식감과 풍미가 조화를 이루며 좋은 와인이 이를 보완해 주는데, 모든 것이 셰프 기욤 몽쥬르(Guillaume Monjure)와 소믈리에 크리스텔 바르니에(Chrystel Barnier)의 열정과 스킬로부터 나온다.

몽쥬르는 파리와 모로코에 있는 몇몇 일류 레스토랑에서 경험을 쌓았고 경계를 허무는 것을 즐긴다. 가장 신선한 로컬 식재료들을 구할 수 없을 때 그는 자신의 요리 레퍼토리를 재구성하기에 바쁘다. 육즙이 풍부한 브르타뉴산(産) 블루 랍스터, 그의 대표 메뉴인 호박 퓌레와 함께 뜨거운 돌 위에 올려져 나오는 제네바 호수에서 잡은 연어 요리, 혹은 오렌지 빛의 송어 알로 토핑을 올린 팬에 구운 블러드 소시지는 그의 정신에 배어 있는 상상력과 예술에 대한 헌신을 잘 보여 준다.

그랑 마니에르에 적신 미니 마들렌, 초콜릿 수플레 혹은 밤 무스로 토핑을 올린 머랭, 이에 더하여 탁월한 홈메이드 빵 등 기억에 남는 디저트 메뉴들도 이곳이 모든 면에 최선을 다하는 비스트로임을 잘 입증해 준다. **CFr**

브라스리 조르쥬 Brasserie Georges | 전통요리와 직접 만든 맥주를 선보이는 역사 깊은 브라스리

위치 리옹 **대표음식** 매시드포테이토를 곁들인 돼지고기와 화이트 와인 피스타치오 소시지|Pork and pistachio sausage in white wine sauce with mashed potato | 💲💲

"이거 굉장한 걸!" 흔히 브라스리 조르쥬의 첫인상을 대변하는 말이다. 이곳은 세계에서 가장 규모가 큰 브라스리 중 하나이기 때문인데, 700석 이상의 좌석이 있으며 하루의 최고 서빙 기록은 2,500식이 넘는다. 이 엄청난 규모의 레스토랑은 리옹에서 가장 오래된 브라스리이기도 하다. 1836년 알자스의 맥주 제조회사가 지은 것으로 당시 모험적인 건축 양식을 보여주는 주요 건물이다. 천장은 700㎡에 달하는데, 프로방스 지방에서 소들이 끌고 온 4개의 커다란 전나무를 이용해 만든 지붕보가 천장을 받치고 있다.

브라스리는 철도역 바로 옆에 위치하며, 마치 1950년 댄스 홀을 연상케 하는 파사드에 네온 간판이 있어 찾기가 쉽다.

브라스리 조르쥬는 여전히 탱크에서 직접 맥주를 빚는 전통을 이어오고 있으며 이 전 과정을 고객들도 볼 수 있다. 또한 요리로도 더 잘 알려져 있다. 레스토랑의 규모가 크고, 가격이 적당하며 사람들이 많은 것에 비하면, 이곳의 메뉴는 세련되었다. 홈메이드 푸아그라나 마데이라 소스(Madeira sauce)를 곁들인 닭 간 요리로 식사를 시작하라. 이어서 케이퍼와 허브 소스를 곁들인 소 머리고기나 버섯소스를 곁들인 강꼬치고기 크넬(pike quenelles)이 뒤따라 나온다. 현지의 특선요리들도 많아서 돼지고기와 피스타치오 소시지, 소 족발 샐러드, 샬롯과 차이브를 넣은 크림 치즈 등도 맛볼 수 있다.

브라스리 조르쥬에는 색다른 유명세를 지닌 2가지 메뉴도 있는데, 바로 1986년 선보인 세계에서 가장 양이 많은 사워크라우트와 1996년 선보인 세계에서 가장 커다란 베이크드 알라스카(baked Alaska) 디저트이다. 이곳은 명성뿐만 아니라 음식의 양과 크기 면에서도 어마어마하다고 할 수 있다. **SH**

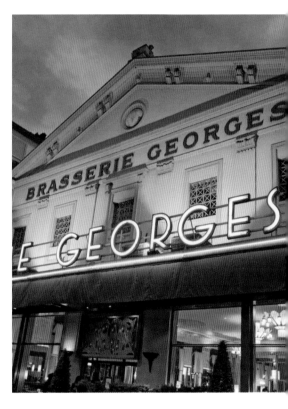

"송아지 스튜, 사워크라우트, 소시지와 같이 가슴이 따뜻해지는 요리부터 세련된 요리까지 다양하다."

fodors.com

⬆ 눈에 확 띄는 브라스리의 파사드로 찾아가기 쉽다.

카페 콩투아 아벨 Café Comptoir Abel | 부숑에서 즐기는 전통적인 리옹식 비스트로 요리

위치 리옹 **대표음식** 베르시 소스를 곁들인 리옹식 앙두예트 Lyonnaise andouillettes with "Bercy" sauce | 💲💲

미식의 도시 리옹에서 맛집이 되려면 무언가 특별한 것이 필요하다. 카페 콩투아 아벨은 지난 시대의 심플한 카페 스타일과 그 매력을 유지하고 있는 덕에 현지인들의 사랑을 받고 있다.

이곳은 전통 리옹식 비스트로 형태의 부숑(bouchon, 선술집)으로 소시지, 오리 파테, 로스트 포크 등과 같은 육류로 만든 현지의 특선 요리들을 맛볼 수 있다. 리옹에는 공식적으로 인정을 받은 부숑이 20여 곳 있고, 이에 더하여 관광객들에게 부숑이라 주장하는 곳이 적어도 20개는 더 있다. 카페 콩푸아 아벨은 이중 가장 역사가 깊고 진정성이 있는 곳이다. 1928년 메르 아벨이 시작한 이곳은 아치형 구조물의 바로 옆 자갈이 깔린 거리의 모퉁이에 위치해 있으며 추리 소설의 주인공 매그레 형사가 단골이었을 것 같은 바처럼 보인다. 희미하게 불이 밝혀진 카페의 내부는 역사의 단편을 보는 듯한 인상을 심어 준다. 셰프 알랭 비녜롱(Alain Vigneron)의 메뉴는 전통적이다. 19세 때 이곳에 와 겉이 노릇노릇하고 바삭한 크리미한 무스 상태

의 생선요리인 강꼬치고기 크넬, 송아지 간이나 콩팥을 볶아 만든 요리 등과 같은 리옹의 전통 요리들을 완성하며 셰프로서의 일생을 보냈다. 애피타이저로는 베이컨과 따뜻하게 삶은 달걀을 푸른 채소나 아티초크에 더하고 푸아그라 한 조각을 곁들인 리옹식 샐러드가 있다.

플레이팅 역시 비녜롱이 이곳을 오픈한 이래로 거의 변한 것이 없다. 닭과 소고기 요리에는 모렐 버섯이, 앙두에트에는 샬롯과 화이트 와인 소스가, 카르파초에는 사과 튀김이 따라 나온다. 곁들임 요리에는 닭 육수로 맛을 낸 라이스 필라프가 인기가 있으며, 대부분의 요리들이 지글지글 끓는 냄비 채로 테이블에 오른다. 이 모든 것이 맛있는 복고풍의 경험이다. **SH**

⬆ 목재로 꾸며진 카페의 실내.

레스토랑 레기 앤 자크 마르콩Restaurant Régis & Jacques Marcon | 언덕에 위치한 미식의 천국

위치 생-보네-르-프루아 **대표음식** 당근, 폴렌타, 포르치니 버섯을 곁들인 오리고기Mallard with carrots, polenta, and porcini mushrooms | 🍴🍴🍴🍴🍴

생-보네-르-프루아 마을 언덕 위에는 별 3개짜리 레스토랑인 레기 앤 자크 마르콩이 있다. 이곳은 언덕 꼭대기에 위치한 본보기가 될 만한 요리의 천국으로 식재료는 주변 시골에서 얻는다. 날씨가 맑은 날에 오베르뉴주에 위치한 이 언덕의 경치는 장관을 이룬다.

요리도 모던한 프랑스 풍이고 플레이팅도 아름답다. 육즙이 풍부한 양, 오리, 혹은 소고기가 담긴 아이보리색의 접시에는 식용 가능한 꽃들을 올리고, 거품으로 느낌표 모양을 만들어 장식한다. 또한 다양한 종류의 버섯이 들어가는 창의적인 요리들도 많은데, 이 버섯들은 대개 레기가 직접 채집한 것들이다. 따라서 레스토랑의 테이스팅 메뉴에 모든 버섯류에 대한 그의 사랑이 그대로 담겨 있다는 사실을 발견하는 것은 놀랍지가 않다. 예를 들어 꾀꼬리버섯(girolles)으로 속을 채운 호박, 버섯과 함께 데친 연어, 그물버섯 그라니타를 곁들인 양고기 등을 맛볼 수 있다. 이어 나오는 디저트도 버섯 초콜릿으로 이상

하게 들릴지도 모르나 베르벤 리큐르(Verveine liqueur)에 넣은 렌틸 캐비아처럼 인기가 있다.

이러한 시도는 버섯에 대한 광적인 집착을 보여주는 것이 아니라 맛과 향, 식감이 서로 어떻게 어울리는지 탐색해 보는 대담하고 파격적인 시도라 할 수 있다. 테이스팅 메뉴뿐만 아니라 애피타이저, 메인 요리, 치즈(모두 시골 풍의 로컬 치즈다), 디저트로 구성되는 벨라브(Vellave) 메뉴도 있다. 이 메뉴에서는 게살 카넬로니, 2가지 방식으로 조리되어 나오는 오리 요리가 마음을 사로잡는다. 식사를 마치고 만족감을 느끼며 다시 밖으로 나온 후에는 별빛이 쏟아지는 밤과 어둠 속에 잠긴 대지를 즐긴다. 당신은 이곳을 다시 찾게 될 것이다. **ATJ**

⬆ 예술적으로 접시에 담긴 버섯 프리카세.

메종 픽 Maison Pic | 탁월한 재능으로 꾸민 파인 다이닝

위치 발랑스 **대표음식** 부르봉 바닐라를 곁들인 브리 드 모 Brie de Meaux with Bourbon vanilla | 🅢🅢🅢🅢🅢

레스토랑 메종 픽은 대대로 가족들이 운영해왔다. 1889년 셰프 안소피 픽(Ann-Sophie Pic)의 증조모가 창립한 이곳에서 그녀의 조부인 앙드레 픽(André Pic)이 1934년 미슐랭 스타 3개를 받았고 이후 1973년 그녀의 부친인 자크 픽(Jacques Pic)이 동일한 위업을 달성했다. 최근까지 메종 픽은 별 2개로 밀려났으나, 2007년 안소피가 귀중한 3번째 별을 추가하면서 프랑스의 여성 셰프로서 최초로 미슐랭 스타 3개의 레스토랑을 운영하게 되었다.

안소피의 요리는 우아하고 섬세한 것으로 유명하다. 라 베테라브 플루리엘(La betterave plurielle)에서는 개성이 느껴지는데, 이 요리는 마치 사탕처럼 빨간 줄무늬가 소용돌이 모양으로 나 있는 키오기아(Chioggia) 비트와 노란색 비트를 이용한 것으로 비트의 내추럴한 단맛이 블루마

> "안소피 픽은 클래식한 요리에 모던한 터치를 더하며, 유난히도 크고 밝은 유성과 같은 존재로 불리어 왔다."
>
> frommers.com

운틴 커피의 신맛, 매자나무 열매의 떫은 맛과 조화롭게 어우러진다. 루바브와 태즈메이니아 페퍼를 곁들인 랑구스틴과 같은 해산물은 특별하다. 섬세한 수영(sorrel) 젤리 안에 넣은 보랏빛 성게에 큐베브 페퍼(cubeb pepper)를 곁들인 요리를 떠올려 보면, 클래식한 요리에 창의력이 잘 배어있다. 부르봉 바닐라를 곁들인 브리 드 모 역시 반드시 맛봐야 할 요리이다.

프랑스의 전통 요리인 일 플로탕트를 재치 있게 변형한 요리로 맥주를 넣어 만든 무스에 캐러멜과 헤이즐넛 쿠키를 곁들인 디저트 역시 세련되었다. 안소피 픽은 가문의 예술적인 요리 기술을 전승해오고 있다. **AH**

랑베르 뒤 데코르 L'Envers du Décor | 멋진 와인과 꾸밈없이 소박한 요리

위치 생 테밀리옹 **대표음식** 카늘레 드 보르도 Canelé de Bordeaux | 🅢 🅢🅢

앙베르 뒤 데코르는 로마네스크 양식의 교회들 사이로 눈부시게 아름다운 수백년 된 건물에 자리를 잡고 있으며, 트렌디한 현지인들뿐만 아니라 역사적인 마을 생 테밀리옹의 방문객들도 즐겨 찾는 곳이다. 이곳에서는 매우 다양한 와인을 잔으로도 판매하므로 마을을 잠시 돌아 본 후에 바에 앉아 현지에서 생산된 와인을 즐길 수도 있다. 이곳에서 보르도풍의 메뉴를 맛본다면 선택한 요리에 가장 잘 어울리는 와인도 선택할 수 있다.

백작의 아들인 프랑수아 리녜리(François des Ligneris)가 운영하는 이곳은 1987년 문을 연 이래로 전설과도 같은 입지를 다져왔다. 앙베르 뒤 데코르는 꾸밈없이 소박한 브라스리 요리를 전문으로 한다. 신선한 지역산 식재료들이 상상력이 깃든 요리들로 변신을 하며, 이 요리들의 기본은 보르도의 전통에 깊이 뿌리를 내리고 있다. 요리에는 메를로나 카베르네 프랑 포도품종으로 빚은 현지에서 생산된 품질 좋은 와인을 곁들인다.

애피타이저는 현지에서 생산된 드라이한 화이트 와인과 맛있게 어울리는 보르도 아르카숑 만(Arcachon Bay)의 특산물인 굴 요리를 비롯해 얇게 자른 다양한 육류를 접시에 담아 낸 요리, 해산물, 혹은 크리미한 푸아그라가 있다. 전형적으로 이 다음에는 보들레즈 소스와 감자를 곁들인 콩피 드 카나르(confit de canard, 오리고기), 샤롤레 비프, 양고기와 모렐 소스를 곁들인 돼지고기 안심요리, 푹 고은 송아지 갈비요리 혹은 소시지 앙두예트 등의 메인 요리가 나온다.

전통적인 레시피는 디저트에서도 드러난다. 부드러운 케이크 반죽을 얇고 길쭉한 모양의 구리로 된 틀에 구워 만든 카늘레 드 보르도는 무화과 타르트, 혹은 진한 초콜릿 케이크 함께 이곳의 대표 메뉴다. **CFr**

르 샤퐁 팽 Le Chapon Fin | 벨 에포크 시절의 랜드마크에서 즐기는 미슐랭 스타에 빛나는 모던한 요리

위치 보르도　**대표음식** 흰 콩과 버섯을 곁들인 뼈를 발라낸 비둘기 요리 Pigeon off the bone with a medley of white beans and mushrooms | ❸❸❸

'품질 좋은 어린 수탉(fine cockerel)'을 뜻하는 르 샤퐁 팽은 길고 찬란한 역사를 지닌다. 레스토랑은 1825년에 보르도 시내에서도 입지 조건이 가장 유리한 곳에 속하는 지역에 문을 열었다. 20세기 초까지 이곳은 툴루즈 로트레크, 클레망소, 사라 베르나르 등 당시의 유명인사들이 모이는 상류 사회의 장이었으며, 영국과 스페인의 군주들이 찾을 정도로 명성이 대단했다.

오늘날에는 이곳을 이끄는 젊은 니콜라스 프리옹(Nicolas Frion) 셰프가 미슐랭 스타를 받았으며, 프랑스 남서부의 전통이 담겨 있는 메뉴들을 선보인다. 요리도 훌륭하지만 레스토랑에서 가장 눈에 띄는 것은 인테리어다. 고객들은 1901년에 만들어 진 아르누보 풍의 바위로 만든 작은 동굴에서 식사를 한다. 천장의 높이는 7.5m에 이르며, 리넨을 드리운 테이블과 천을 덧씌운 등받이가 높은 의자들 위로 자연 채광이 쏟아져 들어온다. 이 벨 에포크 시대의 레스토랑은 프랑스 국가가 정하는 기념장소로 지정이 되었다. 보르도를 방문하는 사람들의 발길을 이끄는 곳이며, 셰프인 프리옹에게는 파격적이고 예술적인 메뉴를 창조해 내는 영감을 주는 곳이기도 하다.

프랑스 남서부 요리의 영향은 푸아그라, 콩팥, 췌장, 돼지 창자 등의 내장, 비둘기나 토끼 등의 사냥감을 사용하는 메뉴의 식재료에서도 드러난다. 프리옹은 이 리치하고 럭셔리한 식재료들에 스타일을 입히고, 매력적인 맛과 향이 조화를 이루는 우아한 요리들로 창조해 낸다. 누구나 기대할 수 있는 것처럼 와인리스트 역시 특별한 즐거움을 선사한다. 유명한 와인 셀러는 물론 보르도 와인들이 대부분을 차지한다. 소믈리에의 친절한 안내에 따라 아치형의 돌로 된 지하 와인 셀러를 돌아보는 투어도 있는데, 이는 식전 식욕을 돋우는 훌륭한 방법으로 추천할 만하다. **SH**

"이곳은 프랑스를 방문하는 대통령들이 식사를 하는 곳이다. 보 타이를 갖춘 서버들이 클래식한 요리를 내어준다."

Anthony Peregrine, Daily Telegraph

⬆ 니콜라스 프리옹은 르 샤퐁 팽에 합류하기 전 폴 보퀴즈, 제라르 부아예, 티에리 막스 등과 함께 일하며 경력을 쌓았다.

라 투피나 La Tupina | 도심의 레스토랑에서 즐기는 전형적인 프랑스 남서부 지방의 시골 풍 요리

위치 보르도　**대표음식** 오리 기름에 튀긴 감자 칩을 곁들인 오리 가슴살 바비큐Barbecued duck breast portions with chips cooked in duck fat　| ❸❸❸

라 투피나는 작은 시골마을을 보르도 한복판으로 옮겨 놓은 듯한 분위기다. 셰프 장피에 시라다키스(Jean-Pierre Xiradakis)가 운영하는 레스토랑에서는 예부터 전해오는 프랑스 남서부 지방의 시골풍 요리를 도시에서 선보인다.

이곳은 고풍스러운 길 위에 있다. 마치 시골 농가에 온 듯하고 주방에는 진짜 구이용 난로 불이 타고 있다. 또한 주방에는 농가에서 사용하는 커다란 나무 테이블이 놓여 있어 이 역시 프랑스 시골 집에 있는 듯한 느낌을 자아낸다.

라 투피나는 바스크 지방의 언어로 '주전자(kettle)'를 뜻하는데, 전통적으로 농부들이 불 위에 걸어 놓고 뭉근히 수프를 데우는 데 쓰던 것을 말한다. 보글보글 끓는 육수의 냄새가 예스러운 식당의 작은 방에 스민다. 시라다키스가 개인적으로 추구하는 미션은 이 지역 최고의 식재료를 모아 요리에 사용하는 것이다. 당연히 보르도 와인은 물론 지롱드강 어귀에서 잡은 생선, 옥수수를 먹여 키운 오리, 현지 농장에서 자유롭게 방목해 키운 닭, 전통

적인 사냥방식으로 잡은 토끼, 비둘기, 꿩, 자고새, 유명한 비고르(Bigorre) 지방의 흙 돼지, 인근 시골장에서 구한 채소들도 포함된다.

요리 스타일도 시골스럽기는 마찬가지다. 포도나무로 불을 때 고기를 굽고, 오리 기름에 감자를 튀겨 곁들인다. 라 투피나의 메뉴는 자체에서 나오는 육즙에 서서히 구운 양고기, 쇠꼬챙이에 끼워 구운 소고기, 포토푀 등과 같이 심플한 전통 요리들로 채워져 있다.

시골스러운 것에 비해 가격은 라 투피나의 명성을 반영해 높은 편이나, 점심 세트메뉴의 가격은 합리적인 수준이다. 라 투피나 주변에는 시라다키스의 요리 제국에 속하는 카페, 식료품점, 와인 바, 비스트로 등이 곳곳에 포진해 있다. **SH**

⬆ 라 투피나의 공간은 사진과 아기자기한 소품들로 꾸며져 있다.

미셸 브라 Michel Bras | 원시적인 주변환경에서 이끌어 낸 세련된 요리

위치 라귀올 **대표음식** 가르구이유(어린 채소, 허브, 꽃, 씨앗 들을 섞어 만든 요리)Gargouillou (a blend of young vegetables, herbs, flowers, and seeds) | 💰💰 💰💰💰

미셸과 세바스티앙 브라스(Sébastien Bras) 부자는 프랑스 남부의 마시프 상트랄(Massif Central) 산악고원 지역에 위치한 작은 마을 오브락(Aubrac)의 중심가에서 자신들의 이름을 딴 호텔과 레스토랑을 운영하고 있다. 이곳은 바람이 휘몰아치는 황량한 고원지대로 빙하의 침식작용으로 생긴 호수와 이곳에서만 자라는 고유 품종의 소가 있다. 마을의 한 가운데에 위치한 미셸 브라의 건물 외관은 마치 다른 행성에서 막 옮겨 온 것처럼 보인다. 비싼 유리벽, 언덕 위에 한쪽 면이 툭 붉어져 나온 캔틸레버(cantilever) 양식으로 유리 파편과 같은 모양이며, 그 밖의 다른 건축양식들도 와일드한 초원의 풍경에 딱 맞게 잘 끼워 맞춰진 듯하다.

건물은 어딘가 고요한 외계로부터 뚝 떨어져 나온 듯하지만, 요리에 배인 영감은 바로 문간에서 구할 수 있는 것들을 사용해 채소와 허브가 육류만큼이나 현저하게 돋보인다. 일례로 호두씨 기름을 곁들인 그물버섯 타르트나 콩피 오렌지를 곁들인 콜라비가 이곳의 전형적인 요리

다. 물론 현지산 소고기를 이용한 요리도 있는데 제철 채소와 함께 찜을 한 후 트러플 주스를 곁들여 낸다. 이 소고기 요리는 14세기 이 지역의 양치기들이 사용하던 전통적인 라귀올 나이프로 먹는다. 식재료는 최상급에 속하며, 재료를 요리하는 솜씨는 매우 인상적이다.

비평가들이 이곳의 요리를 평할 때 '전체론적(holistic)'인 접근방식과 고향에 대한 그의 사랑을 종종 언급한다. 미셸 브라스 테루아에 대한 애정은 오브락 지방에서 생산되는 식재료의 양이 많지 않아서 가능한 주어진 것을 최대한 활용해야 했던 것에서 비롯된 것이라 한다.

여행을 계획할 때 명심해야 할 것은 호텔에 방이 12개뿐이라는 사실이다. 방뿐만 아니라 레스토랑의 좌석도 서둘러 예약할 필요가 있다. **SP**

 미셸 브라가 위치한 건물은 놀랍도록 멋지다.

라 본느 에타프 La Bonne Etape | 프로방스의 유기농 정원을 접시에 옮겨 놓은 듯한 곳

위치 샤토 아노 생 오방 **대표음식** 프로방스 허브 주스에 조리한 양고기 Lamb in Provençal herb juice | 💰💰💰💰

우아한 17세기의 호텔인 라 본느 에타프에는 작은 발코니와 담쟁이가 오르는 돌벽, 그리고 아몬드—그린 빛깔의 나무로 만든 창문 덮개가 있다. 허니 빛이 감도는 호텔 벽과 엔티크 가구들로 꾸민 이곳은 우아함의 정수를 보여준다. 오크나무로 만든 골드 빛의 굵고 튼튼한 천장 들보가 실내 분위기를 압도하며 창문에는 화려한 커튼이 드리워져 있다. 주방에서는 셰프 야니 그레즈(Jany Glaize)가 유기농 정원에서 거두어들인 채소, 벌집에서 채집한 꿀, 나무에서 딴 과일 등을 이용해 미슐랭 스타 레스토랑에 걸맞는 요리를 만든다.

야니는 조모인 가브리엘(Gabrielle)로부터 전수받은 진정한 프로방스의 레시피, 그리고 단과자를 만들던 부친 피에르(Pierre)로부터 배운 디저트를 기본으로 하되 모던한 미식의 느낌이 살도록 요리에 살짝 변화를 준다. 또한 야니는 자신의 요리에 곁들일 6,000종의 와인을 보유하고 있는데, 스스로 프랑스 최고의 와인 셀러 중 하나임을 자부한다.

라 본느 에타프의 메뉴는 야니의 자신감과 요리에 대한 전문성을 담아 패기가 넘친다. 이곳을 찾은 고객들은 최고급 라벤더 오일에 조리한 뿔닭이나 팬에 구운 오리 푸아그라, 트러플 오일에 조리한 루바브 등으로 식사를 시작해, 으깬 헤이즐넛을 곁들인 비둘기고기 혹은 프로방스의 허브로 만든 짭조름한 전통 주스에 조리한 현지산 양고기를 메인으로 즐길 수 있다. 또한 생선요리를 좋아한다면 레몬에 절인 고등어나 마늘에 절인 현지산 달팽이를 애피타이저로 즐기고, 홍합을 곁들인 감성돔 요리나 오레가노 오일에 데친 아구 등을 메인으로 선택해도 좋다. 식사의 피날레를 장식하는 것은 치즈와 디저트로 특히 라벤더 향이 배인 허니 아이스크림이 맞있다. **CFr**

르 비스트로 드 라가르드 Le Bistro de Lagarde | 독창적인 지역 향토 요리

위치 라가르드 답트 **대표음식** 방투산 돼지고기구이 Roasted Ventoux pork | 💰💰

보클루스(Vaucluse) 지방의 한가운데 위치한 알비옹(Albion) 고원지대 위에 한때 핵미사일을 숨겨 두었던 저장고는 오늘날 자애로운 고객을 맞는 곳이 되었다. 비스트로 드 라가르드는 과거 미사일 벙커를 개조해 만든 곳으로 고도 1,100m에 있는 시골풍의 레스토랑이다. 이곳의 헤드 셰프인 로이드 트로페아노(Lloyd Tropeano)는 특별히 주변의 농장, 양지바른 언덕, 지중해까지 이어지는 비옥한 대지에서 자라는 현지 농산물들을 사용해 만드는 향토요리에 심취해 있다.

한적하고 매력적인 이곳은 본래 미사일을 수송하기 위한 목적으로 건설된 도로를 따라가면 나온다. 단색의 목재 가구, 타일을 깐 바닥, 천장을 가로지르는 들보들로 꾸민 실내는 신선하고 소박한 모습이다. 하지만 요리는 색이 다채롭고 프랑스 남동부 지방의 비옥한 대지의 진한 맛과 향을 담아낸다.

방투산(産) 돼지고기를 불에 천천히 구우면 육질이 부드럽고 단맛이 나며 육즙이 우러난다. 여기에 채소를 넣어 뭉근히 익힌다. 황금색 반점이 있는 감성돔은 그릴에 구운 후 허브를 흩뿌려 낸다. 다양하게 해석된 오리, 사슴, 양, 송어, 브랑다드(brandade, 대구요리의 일종), 랑구스틴, 스테이크 요리가 번갈아 가며 메뉴에 올라 스포트라이트를 받는데, 이 메뉴는 트로페아노가 어떤 식재료를 구하느냐에 달려 있으며 약 2개월에 한 번씩 교체된다. 이 레스토랑의 요리는 점심과 저녁식사로도 인기가 있다(저녁에는 가격이 좀 더 오르는 경향이 있다).

디저트도 빼놓지 말자. 입안에 감기는 초콜릿 크렘 브륄레의 맛이 진하고 세심하다. 화이트 머랭을 토핑으로 얹은, 위 아래가 뒤집힌 반전의 레몬 타르트에는 장난기가 배어있다. 구름 위 높은 곳에 자리한 레스토랑에서 만들어 내는 즐거움과 독창성을 느낄 수 있는 요리들이다. **ATJ**

라 바스티드 드 무스티에 La Bastide de Moustiers | 최고 신선도의 프로방스 요리를 선사하는 알랭 뒤카스의 시골 은닉처

위치 보르도 **대표음식** 회향무스와 식용꽃을 곁들인 토끼 고기|Sautéed rabbit served with fennel mousse and edible flowers | ⑨⑨⑨

프랑스의 알프스 드 오트 프로방스(Alpes de Haute Provence) 지방의 알프스 산맥에 위치한 이 레스토랑은 향기로운 라벤더 밭과 멀리까지 펼쳐진 올리브 나무 숲(때때로 사슴도 출몰한)), 조용한 시골길 등으로 다분히 목가적인 분위기를 풍긴다. 스타 셰프 알랭 뒤카스가 17세기에 지어진 매력적인 작은 석조 저택을 처음 봤을 때, 마음을 빼앗긴 것도 바로 이러한 풍광이었다. 이 작은 석조 저택은 알랭 뒤카스의 자택으로 쓰이다가 고급 레스토랑으로 탈바꿈했다.

독창적인 미식 요리는 물론이고 테라코타로 악센트를 준 단정한 화이트 톤 실내 장식과, 고급 엔티크 가구들, 현대적인 예술작품으로 장식된 벽, 아름답게 가꾼 4에이커 크기의 텃밭 등을 포함해 레스토랑의 모든 것에 이곳에서 시간을 보내고 싶은 마음이 든다. 레스토랑의 일상적인 운영은 예레미 바르베(Jérémy Barbet)가 맡고 있으며, 주방은 셰프 크리스토프 마르탱(Christophe Martin)의 놀이터로 현지의 신선한 식재료를 조달하는데 특히 열정적이다. 레스토랑에서 직접 가꾸는 텃밭에서 구할 수 없는 식재료들은 현지의 파머스 마켓에서 조달한다. 상상력을 발휘해 식용 꽃을 활용하는 점이 특별하다.

레스토랑이 소유하고 있는 올리브 밭에서 짠 오일을 사용해 준비한 요리들을 포함해 진정한 프로방스의 요리가 3개의 점심과 저녁 메뉴의 형태로 제공된다. 애피타이저로는 대구, 마늘 크림, 야생 허브로 만든 맛있는 브랑다드(brandade)나 텃밭에서 가꾼 신선한 식재료로 만든 리소토를 선택할 수 있다. 이어 메인 요리로는 회향 무스를 곁들인 육즙이 풍부한 토기 고기 볶음이나 무화과와 비트를 곁들여 완성한 오리 가슴살 혹은 비둘기 구이가 나온다. 식사의 마무리는 흠잡을 데 없이 완벽한 현지 프로방스 치즈 혹은 우아한 디저트로 한다. **CFr**

"텃밭에서 따온 채소, 허브, 꽃으로 맛있는 요리를 장식한다."

Mr. & Mrs. Smith

⬆ 메뉴는 텃밭에서 갓 거둬들인 것들을 포함해 철마나 바뀌는 식재료를 특징으로 한다.

레스토랑 프레보 Restaurant Prévôt | 프랑스의 멜론 산지에 위치한 고급 레스토랑

위치 카바용 **대표음식** 바닷가재 부야베스를 곁들인 멜론 요 Melon with lobster bouillabaisse | 💲💲💲

신선한 멜론은 단연코 레스토랑 프레보에서 즐겨 사용하는 식재료이다. 사실 카바용의 한복판에 위치한 이 스타일리시한 레스토랑은 이 최고로 건강한 과일을 독창적인 방법으로 활용하는 것으로 유명하다. 실내에는 부드러운 라벤더 빛깔이 감돌고, 테이블에는 노란색 리넨이 드리워져 있다. 또한 벽에는 그림이 걸려 있고 곳곳에는 신선한 꽃들이 놓여 있으며 멜론 모양으로 만든 도자기들도 재미있게 진열되어 있다. 셰프 장자크 프레보(Jean-Jacques Prévôt)의 가족은 석조로 지은 파란 덧문이 내려진 아름다운 멜론 농가에 1981년 레스토랑을 오픈했다.

장자크는 특히 멜론에 대해 뜨거운 열정을 가지고 있다. 현지에서 생산되는 칸탈루페(cantaloupe) 스타일의 멜론이 제철인 여름에는 바닷가재 부야베스를 곁들인 구운 멜

> "레스토랑 프레보는 탁월한 현지 요리를 맛볼 수 있는 아주 좋은 레스토랑이다."
>
> Anthony Peregrine, Daily Telegraph

론이나 송아지 고기와 멜론 콩피를 맛볼 수 있다. 여기에 애피타이저로는 닭고기와 잣으로 소를 채운 오징어에 멜론 퓌레를 곁들이고, 식후 디저트로는 멜론 거품을 넣은 돔 모양의 머랭에 구운 아몬드 아이스크림을 곁들이거나 바스켓처럼 만든 멜론 껍질에 멜론 볼을 담은 요리 등을 선택할 수 있다. 멜론 철이 지났을 때에는 봄철 아스파라거스, 가을철 버섯, 겨울철 트러플을 이용해 요리를 만든다. 알라카르트 메뉴도 있다.

셰프의 딸인 산드라 로즈(Sandra-Rose)는 와인에 대한 열정이 대단하며, 버건디와 프로방스 와인에 르 메라니(Le Melanis)를 접목시킨다. 섬세한 사각형 모양의 병에 담긴 르 메라니는 아몬드, 향신료, 멜론으로 만들어 가볍고 맛있는 아페리티프다. **CFr**

미라주르 Mirazur | 눈부신 리비에라 해안가에 위치한 요리계의 에덴 동산

위치 망통 **대표음식** 파슬리 브리오슈를 곁들인 퀴노아와 그물버섯 리소토 Quinoa and cep risotto with parsley brioche | 💲💲💲💲

믿을 수 없겠지만 햇살이 흠뻑 내려 쬐는 이곳은 한때 프랑스와 이탈리아 국경 위의 소박한 카페였던 곳이다. 아르헨티나 태생의 전통적인 프랑스 요리 교육을 받은 셰프 마우로 콜라그레코(Mauro Colagreco)는 재주 좋게도 이곳의 놀라운 잠재 가능성을 알아보고, 세계에서 가장 멋진 유기농 텃밭이 딸린 미식 레스토랑으로 변모시켰다. 코트 다쥐르(Côte d'Azur)의 절벽 위 가파른 테라스 위에 아슬아슬하게 자리한 유기농 텃밭에서는 토마토, 과일, 허브, 식용 꽃들을 포함해 현지에서 유명한 모든 종류의 채소들이 자란다. 채소를 중점적으로 사용하는 콜라그레코의 요리는 파리에서 수년간 그의 요리 멘토였던 알랭 파사르에 대한 오마주이기도 하다. 콜라그레코는 가볍고, 깔끔하고 신선한 맛과 향을 내는데 특히 뛰어나고 우아한 밸런스와 식감을 전달하며, 망통하면 떠오르는 시트러스한 과일들을 요리에 자주 사용한다.

이곳은 특히 생선 요리가 탁월해 스낵으로는 신선한 안초비와 랑구스틴으로 만든 '봉봉스(bon-bons)'라는 메뉴가 있다. 이곳의 메뉴는 모두 텃밭에서 재배한 물이 한껏 오른 제철 식재료들을 기본으로 한다. 사과와 바닐라 허니 요거트 소스를 곁들인 싱싱하고 풋풋한 아스파라거스는 순수한 맛이며 상큼하게 생기를 돋운다. 랑구스틴의 꼬리도 새콤하게 구워 오렌지 퓌레와 전형적으로는 여린 완두콩과 파바빈으로 만든 라구를 함께 낸다. 고급스러운 대문짝넙치 구이에는 심플하게 빼어난 맛의 양파 버터 소스와 오이만을 곁들인다.

디저트도 색이 다채롭고 향기가 뛰어나기는 마찬가지다. 특히 아몬드 거품과 오렌지 꽃 브리오슈, 오렌지 사바이옹을 곁들인 사향냄새가 나는 사프란 크림은 특별하다. **SP**

⮕ 미라주르의 테라스에서는 지중해가 보인다.

호스텔레리 예롬 Hostellerie Jérôme | 나폴레옹이 단골이던 여인숙에 자리한 고급 해산물 레스토랑

위치 라투르비에 **대표음식** 호박꽃 콩포트를 곁들인 농어 요리 Sea bass with zucchini flower compote 🅢🅢🅢🅢

"12세기에 사제관으로 지어진 이곳은 미식가들이 하룻밤 묵기에 안성맞춤이다."

frommers.com

⬆ 신선한 현지의 식재료는 복숭아 파이를 비롯해 모든 요리들이 반드시 거쳐야 하는 출발점이다.

호스텔레리 예롬은 중세시대의 마을인 라투르비에의 중심가에 위치하며 주변에는 프랑스 리비에라 해안가 위로 높이 자리 잡은 돌로 만든 시골집들이 즐비하다. 레스토랑의 아래로 펼쳐진 푸른 바다를 가르는 요트들과 이웃한 모나코가 보이는 풍경은 황홀하기 그지없다.

호스텔레리 예롬은 13세기에 지어진 눈부시게 아름다운 석조 건물 내에 위치하며 아주 인상적인 역사를 지닌다. 이곳은 한때 사제관의 일부였으며, 레랭 수도원(Lérins Abbey)의 수사들이 기거하던 곳이었다. 또한 나폴레옹이 한때 이곳에 머물렀다는 이야기도 전해 내려온다. 오늘날의 고객들이 모두 지난날처럼 유명인사들은 아니지만 이곳의 주인인 브루노(Bruno)와 마리옹 시리노(Marion Cirino) 부부는 그 누구든 예외 없이 따뜻하게 맞아준다.

여인숙의 레스토랑 안으로 들어서면 훨씬 더 좋다. 매우 우아한 분위기로 이탈리아 화가들의 작품을 연상케 하는 프레스코 벽화가 그려진 아치형의 웅장한 천장이 실내를 압도한다. 이곳에서는 18~19세기의 그림들과 엔티크 가구들에 둘러싸인 채 예쁜 테라스를 바라다 보며 프로방스의 클래식한 고급 요리들을 맛볼 수 있다.

신선한 현지 식재료에 대한 브루노의 열정은 뜨겁다. 주방에 있지 않을 때에는 항상 현지 시장에 식재료를 사러 다닌다. 탁월한 품질의 농어나 바닷가재 같이 신중하게 고른 해산물은 주방에서 우아한 요리로 거듭난다. 브루노의 대표 요리는 호박꽃 콩포트를 곁들인 농어 요리다. 하지만 레몬과 자두를 곁들인 바닷가재, 자스민을 곁들인 새우, 오븐에 구운 푸아그라와 같은 요리에서도 그가 창조해 내는 맛과 향, 그리고 식감을 즐길 수 있다. 프리 픽스 메뉴도 제공하며, 다양한 메뉴를 맛보길 원한다면 아몬드로 크러스트를 입힌 새우, 트러플, 비둘기고기 등과 같은 별미를 포함하여 12개 이상의 요리가 작은 접시에 담겨 나오는 구성된 라 그랑(La Grande) 테이스팅 메뉴도 있다. **CFr**

라 콜롬브 도르 La Colombe d'Or | 진정한 예술작품들과 프로방스 요리가 만나는 곳

위치 생폴드방스　**대표음식** 크루디테와 안초비 바스켓을 곁들인 오르되브르 플래터 Hors d'oeuvre platter with basket of crudités and anchovies | 💲💲💲💲

가벼운 저녁 식사를 파는 것보다 미술 작품이 이 목재 골조를 댄 장미빛 석조 건물 여인숙의 최대 관심사였다. 이곳은 세계 최고로 유명한 예술가들의 메카로, 이 예술가들은 1940년대 어디에서도 볼 수 없는 독특한 해변의 빛에 이끌려 리비에라에 정착한 사람들이다. 황금빛 비둘기란 뜻의 라 콜롬브 도르의 셰프이자 선물주인 폴 루(Paul Roux, 이곳은 여전히 예술을 사랑하는 루 가문이 소유하고 있다)는 예술가들이 이곳에서 편안하게 숙식하는 대가로 작품을 받았다. 이곳은 피카소, 마티스, 샤갈이 사랑하는 휴식처였다. 이브 몽탕과 시몬 시뇨레 또한 이곳에서 만나 결혼에 이르렀다. 미로스(Mirós)와 브라크(Braques)의 오리지널 작품 속에서 식사를 한다는 것은 말 그대로 가슴 떨리는 일이다.

메뉴는 클래식한 프로방스의 요리를 철저히 고수한다. 식사는 수프 오 피스토(soupe au pistou), 푸아그라 혹은 넉넉한 양의 오르되브르 플래터로 시작된다. 오르되브르 플래터는 점심식사 때 인기가 있는데 2명이 먹고도 남는 충분한 양으로 테이블을 꽉 채운다. 안초비, 그릴에 구운 피망, 속을 채운 가지, 갈색으로 구운 양파, 안초비, 병아리 콩, 샤퀴트리 등을 포함해 생 채소로 만든 크루디테를 담은 하얀색의 세라믹 접시가 적어도 15개 이상이 나온다. 고객에게 요리의 테크닉을 드러내기보다는 멋진 식재료를 선사하는 것이 알라카르트 메뉴의 핵심이다. 그릴에 구운 도라드(dourade)나 그라탕 도피누아(gratin dauphinois)를 곁들인 닭고기 구이 등의 가슴 훈훈한 요리들이 이곳의 인기 메뉴다. 핏빛의 붉은 소스와 탈리아텔레를 곁들인 토끼고기 프리카세 또한 이곳에서 늘 맛볼 수 있는 고정 메뉴다. 서비스에는 극적인 요소가 배어 있는데, 테이블에서 직접 전문가다운 솜씨로 도버 솔(dover sole)의 뼈를 바르고 양고기의 살을 발라준다. 수플레도 과일 타르트와 입안을 개운하게 씻어 주는 레몬 셔벗처럼 특별하다. **SP**

"라 콜롬브 도르에서 머물거나 식사를 해 보지 않고는 리비에라에 가 봤다고 말할 수 없을 정도로 모든 것이 완벽하다."

fodors.com

⬆ 라 콜롬브 도르의 매력적인 다이닝룸은 현지 요리를 즐기기에 아름다운 장소다.

르 샹트클레르, 르 네그레스코 Le Chantecler, Le Negresco | 호화로운 식사를 경험할 수 있는 궁전 같은 프로방스의 레스토랑

위치 니스　**대표음식** 호박과 갈색으로 구운 가지를 곁들이고 허브를 묻혀 바삭하게 구운 솔과 가재요리Herb-crusted sole and crayfish with zucchini and caramelized eggplant | ⑤⑤⑤

"많은 돈이 드는 곳이라면 멋진 분위기를 보장할 수 있어야 한다. 모든 요리가 뛰어난 독창성을 선보인다."

Lonely Planet

르 네그레스코 호텔은 입이 떡 벌어지는 아름다운 궁전 같은 모습으로 우뚝 서 있으며 니스의 프랑스 리비에라의 영국만(Baie des Anges)이 멋지게 바라다보인다. 르 네그레스코 호텔의 레스토랑 르 샹트클레르에서 발견할 수 있는 광경은 미식의 향연이란 표현에 완벽하게 들어맞는다.

셰프 장 드니 리외블랑(Jean-Denis Rieubland)은 프로방스의 품질 좋은 식재료와 전통을 추구한다. 알라카르트나 테이스팅 메뉴를 선택하면 예술작품처럼 아름답게 접시에 담긴 요리를 기대할 수 있다. 전채요리로는 트러플, 쥐라(Jura)산 화이트 와인으로 만든 젤리, 밤을 넣은 브리오슈를 곁들여 가볍게 구운 오리 푸아그라나 마늘과 스퀴시 크림을 곁들인 가리비 요리 혹은 스투리아(Sturia) 브랜드 캐비아와 라임 크림을 곁들인 게살과 망고 카넬로니 등을 맛볼 수 있다.

바질을 묻힌 호박과 갈색으로 구운 가지를 곁들이고 허브를 묻혀 바삭하게 구운 솔과 가재요리는 셰프 리외블랑의 저녁 특선요리 중 하나다. 육식을 좋아하는 사람이라면 화이트 포트 보르드레즈 소스(white port Bordelaise sauce)에 조리한 소고기 안심 요리 혹은 채소와 사탕처럼 만든 귤을 곁들인 피망과 함께 구운 사슴고기에 만족할 것이다. 소믈리에는 15,000병의 와인이 소장되어 있는 르 샹트크레르의 셀러로부터 이 요리들과 어울릴만한 와인을 선별해 추천해 준다. 요리의 피날레를 장식하는 디저트로는 라즈베리 혹은 쿠앵트로로 플람베한 진저브레드 수플레가 나온다.

르 샹트클레르의 실내 장식은 접시에 담긴 요리만큼이나 축제 분위기다. 파인 다이닝에 어울리는 화려한 분위기로는 이보다 더한 곳이 드물다. 오트 퀴진과 어우러진 럭셔리한 축제를 경험할 수 있는 곳이다. **CFr**

⬆ 100년이 넘은 역사를 간직한 니스의 라 프로므나드 데 장글레 (영국인들의 거리).

라 메랑다 La Merenda | 진정한 니스의 요리를 선사하는 전설 같은 레스토랑

위치 니스 **대표음식** 타르트 드 망통 Tarte de Menton | 🟤🟤🟤

니스의 구도시에 위치한 라 메랑다는 자신감이 넘치는 분위기다. 메뉴도 매우 세련되어 지난 수십 년 동안 현지 미식가들의 발길을 끌고 있다. 이곳에는 전화가 없어 저녁 식사를 예약하려면 손님들이 직접 레스토랑이 위치한 라울 보시오(Raoul Bosio) 거리로 와야 한다.

셰프 도미니크 르 스탕(Dominique Le Stanc)은 니스 지방의 방언으로 '맛 좋은 소량의 음식(delicious morsel)'을 뜻하는 라 메랑다를 인수하기 전에 미셸 우세르, 마르크 아에베르랑, 알랭 샤펠, 알랭 샹드랑 등 프랑스 최고 셰프들 밑에서 요리를 배웠다. 도미니크는 라 메랑다를 운영하면서 미슐랭 스타 2개를 받았으며, 진정한 니스의 요리에 영감을 받아 꾸준히 메뉴를 바꾸어 왔다. 시장에서 신선한 식재료를 구한 날에 한하여 그날의 특선 요리를 한 구석에 있는 칠판에 손으로 적어놓는다.

르 스탕의 파트너인 다니엘은 레스토랑을 찾는 손님들을 맞이한다. 애피타이저로는 토마토 타르트가, 이어서는 속을 채운 정어리, 라타투이, 혹은 호박꽃 튀김이 나올 가능성이 크다. 특선요리로 니스에서 생산된 블랙올리브를 곁들인 양파, 허브, 마늘로 만든 '타르트 드 망통'을 맛볼 수 있는 날도 있다.

분위기는 시골 풍이며 레스토랑의 안에 발길을 들이면 마치 시간이 멈춘 듯한 프랑스의 전통 비스트로에 들어서는 느낌이다. 약 1미터도 채 안되게 다닥다닥 놓인 테이블에는 붉은 색의 식탁보가 드리워져 있고 꽃이 놓여 있으며 등받이가 없는 작은 의자들이 놓여 있다. 등잔불이 친근하게 반짝이며 벽에는 그림들이 걸려 있고 오픈 키친으로는 르 스탕(Le Stanc)이 요리하는 모습이 보인다. 이런 모든 요소들이 결합되어 편안한 느낌이다.

라 메랑다는 현지인들이 식사를 하러 찾는 곳으로, 진정한 니스의 요리를 즐기고 음미하며 옆에 앉은 손님들과 자연스럽게 대화를 나눌 수 있다. **CFr**

랑피트리옹 L'Amphitryon | 툴루즈 교외에 있는 미식의 보고

위치 콜로미에르 **대표음식** 대추와 레몬을 곁들이고 민트 가루를 묻혀 구운 양고기 lamb with dates and lemon roasted in mint powder | 🟤🟤🟤🟤

랑피트리옹은 툴루즈 교외에 숨어 있는데, 이 레스토랑의 탁월한 미식 요리를 맛본 후에는 발길이 떨어지지 않을 것이다. 이곳은 미슐랭 스타 2개를 받았다. 에어버스(Airbus)와 툴루즈 우주 박물관(Cité de l'Espace)이 근처에 있지만 이 레스토랑은 초록과 자연, 차분함과 웰빙의 분위기를 유지하며 매일 이어지는 현실로부터 벗어날 수 있는 기분 좋은 피난처를 제공한다.

유리로 된 벽과 천장으로 인해 다이닝룸에는 빛이 반짝인다. 모던한 분위기의 레스토랑은 정갈하고 상쾌한 환경으로 오롯이 음식에만 집중할 수 있다. 헤드 셰프 야닉 델페시(Yannick Delpech)의 진두지휘하에 우아한 요리를 만들어내는 섬세하고 신선한 식재료에 대한 헌신을 인정받아 미슐랭 스타와 함께 명성을 쌓았다. 메뉴는 철마다 바뀌며 반드시 맛과 향이 절정에 달한 식재료만을

> "저평가되었지만 내부는 고급스럽게 시크하며 독창적인 요리와 탁월한 서비스를 선보인다."
>
> Amy Fetzer, Guardian

사용한다. 대추와 레몬을 곁들이고 민트 가루를 묻혀 구운 양고기를 맛볼 수 있다. 혹은 소금에 절여 숙성시킨 생선 알을 곁들여 2가지 방식으로 요리해 내는 대구 요리도 추천할 만하다.

신선한 정어리와 모렐 크림은 애피타이저로 많이 먹는다. 제철일 때마다 선보이는 트러플을 곁들인 푸아그라 요리도 있다. 모든 요리는 눈처럼 하얀 접시에 흠잡을 데 없이 완벽한 디자인으로 담아낸다. 곁들여 먹는 와인들은 모두 현지에서 생산된 것들로 특별하다. **ATJ**

미셸 사랑 Michel Sarran | 솜씨 좋은 셰프가 선사하는 독창적인 요리

위치 툴루즈 **대표음식** 크리미한 폴렌타와 함께 바닷가재 소스를 곁들인 농어 요리 Poached sea bass with creamy polenta and lobster sauce | ❸❸❸

"현대인의 삶의 이유와 리듬에 적합한 지중해식 포뮬러."

fodors.com

점심이든 저녁이든 그건 진정 중요치 않다. 왜냐하면 미셸 사랑이 운영하는 동명의 레스토랑의 편안하고 우아한 두 다이닝룸에서 고객의 즐거운 감탄사가 하루의 어느 때를 막론하고 끊이질 않기 때문이다. 가론느(Garonne) 강에서 도보로 몇 분 거리에 위치한 소박한 가정집처럼 보이는 19세기 건물이 바로 미셸 사랑이다. 1995년 이래로 줄곧 이곳에서 터전을 잡아 왔으며, 당시 미셸 사랑은 미슐랭 스타 2개를 받은 프랑스 최고의 요리사중 한 사람이라는 평가를 받았다.

미셸 사랑의 요리는 예술가적인 기교가 담긴 모던한 프랑스 요리다. 선명한 색채감으로 여전히 살아 꿈틀거리는 듯한 요리를 선보인다. 애피타이저로는 크리미하고 실크처럼 부드러운 푸아그라 수프를 맛볼 수 있는데, 따뜻한 국물에는 마치 갈망의 섬처럼 진한 맛의 파테 몇 조각이 떠 있다. 혹은 차갑게 식힌 비스크(bisque)나 톡 쏘는 신맛의 오렌지 제스트를 곁들인 바닷가재 타르타르를 선택해도 좋다.

메인요리는 부드러운 폴렌타 위에 얹은 삶은 농어 요리로, 가볍고 달콤하며 포크를 대자마자 부드럽게 잘리는 환상적인 식감이다. 알바산 화이트 트러플을 흩뿌리고 무를 곁들인 셀러리 위에 얹은 구운 가리비 트리오 역시 입안에서 바다의 달콤함과 깊은 땅 내음을 풍기는 탁월한 조합이다. 이밖에도 느와 드 비고르(Noir de Bigorre) 종 돼지고기, 소갈비, 툴루즈의 북쪽 아예롱(Ayeron)산 부드러운 양고기도 맛볼 수 있다.

알라카르트 메뉴와 사뵈르(Saveurs)와 서프라이즈(Surprise)로 불리는 두 종류의 점심 메뉴도 있다. 점심 메뉴는 메인 요리, 치즈, 두 종류의 디저트를 포함해 4가지의 코스요리로 구성된다. 미셸 사랑은 미식가들은 물론 정치인들과 배우들이 즐겨 찾는 곳이다. 좋은 요리 앞에서는 결국 사회적 경계도 무너지는 법이다. **ATJ**

⬆ 미셸 사랑은 이곳이 레스토랑보다는 집에 가깝다고 설명한다.

➡ 열정이 담긴 완성도 높고 세련되며 모던한 프랑스 요리.

르 를레 데 무안 Le Relais des Moines | 프로방스의 한가운데서 만나는 미식의 은둔처

위치 레 마르크 수르 아르장 **대표음식** 시트러스 무스와 셔벗을 곁들인 동그란 공 모양의 초콜릿Chocolate spheres with citrus mousse and sorbet | ⑤⑤⑤

프로방스의 맛에 익숙해지고자 한다면 중세시대 프로방스의 주도이며 일부 벽으로 둘러싸인 기분 좋은 도시에 위치한 르 를레 데 무안을 찾는 것이 가장 매력적인 방법이다. 오늘날 이 브라스리가 자리한 풍요로운 파크랜드에 널찍하게 자리잡은 시골풍의 석조 건물은 16세기 이래로 휴식을 위해 찾는 매력적인 은둔처였다.

셰프 세바스티앙 상주(Sébastien Sanjou)와 그가 이끄는 팀은 레스토랑을 프로방스의 맛 지도 위에 올려 놓았다. 이곳에서는 호박 카넬로니나 비프 콩소메에 넣은 새우 요리와 같은 애피타이저를 즐긴 후 프로방스 풍으로 조리한 아스파라거스를 곁들인 생장드뤼즈(Saint-Jean-de-Luz)산 신선한 생선요리나 접시 위에 부채처럼 예술적으로 담아내는 비둘기 가슴살 요리로 이어간다. 전채와 메인 요리 사이에는 한입 크기의 아뮤즈 부셰가 나오는데, 전문가다운 솜씨로 데친 현지의 굴 요리나 랑구스틴과 훈제한 장어요리로 구성된다.

이러한 요리들의 맛과 향, 식감은 조화롭게 서로 어우러져 세련된 미식의 순간을 선사하는데, 디저트까지로도 이어진다. 이곳의 특선요리는 시트러스 무스로 속을 채우고 셔벗을 곁들여 따뜻하게 내는 둥근 공모양의 초콜릿이다. 소믈리에가 식사의 코스별로 제안하는 와인은 식사의 격을 한층 더 높여 준다. 약 230종에 이르는 2,000병의 와인이 최적의 온도로 카브(cave)에 보관되어 있으며, 이곳의 카브는 건물 바로 밑의 돌을 자연스럽게 깎아 만든 것이다.

돌벽, 아치형 입구, 커다란 벽난로와 포도밭을 가로질러 인상적인 풍경이 바라다보이는 모던한 테라스로 완성되는 2개의 다이닝 룸은 100명 이상을 수용할 수 있는 크기이지만, 친근한 분위기다. 아르크와(Arcois)로 불리는 현지인들은 수년 전부터 이 은둔처의 존재를 알아왔으며, 방문객들도 비밀스런 장소에 와 있다는 사실에 즐거워한다. **CFr**

⬆ 르 를레 데 무안의 가리비 요리.

셰 퐁퐁Chez Fonfon | 진정한 부야베스를 본고장에서 맛볼 수 있는 기회

위치 마르세유　**대표음식** 마르세유 부야베스Marseille bouillabaisse | ❸❸❸

이곳의 진정한 매력은 최상의 입지조건에 있다. 셰 퐁퐁은 마르세유의 작은 어촌 중 하나인 발롱 드 오프(Vallon des Auffes)에 위치하며 바다에 면해 있다. 어망을 실은 배들이 레스토랑의 입구에 정박해 있고 커다란 창문들로는 그림 같은 풍경들이 바라다보인다. 셰 퐁퐁의 메뉴에 오르는 해산물은 요리하기 몇 시간 전에 갓 잡은 것들로 매우 신선하다.

셰 퐁퐁은 진정한 맛의 부야베스로 유명하다. 부야베스는 1952년에 시작한 패밀리 비즈니스를 운영하는 셰프 알렉상드르 피나(Alexandre Pinna)가 어린 나이에 처음 만들기 시작했던 생선 요리다. 문어, 아구, 붕장어, 쏨뱅이를 가득 담은 후 한줌의 성게를 얹고 와인, 올리브 오일, 마늘, 토마토, 사프란을 넣어 낮은 불에서 서서히 끓여 만드는 이 진한 맛의 프랑스 전통 생선 스튜는 바로 이곳 마르세유에서 유래되었다.

생선요리를 사랑한다면 아뮤즈 부셰를 즐기며, 고급 와인 리스트에서 기억에 남을 만한 와인을 골라 음미해보자. 이곳의 와인은 생선 요리에 어울리도록 선별되었으며 부야베스를 기다리는 동안 평화로운 순간을 선사한다. 부야베스에는 전통적으로 수프가 먼저 나오며, 생선 살은 별도로 테이블로 가져와 토스트와 함께 사이드 디시로 낸다.

피나가 생선에 정통하고 풍요로운 바다 식재료를 이용해 탁월한 효과를 창조한다는 사실에는 의심의 여지가 없다. 대표적인 요리인 부야베스와 더불어 그 밖의 생선 요리들도 고객들이 수주일 앞당겨 이곳을 예약해 맛보고 싶어하는 요리들이다. 아스파라거스, 새우, 파르메산 치즈를 넣은 리소토, 크리미하게 혼합한 버섯, 샴페인, 헤이즐넛을 곁들인 굴 요리, 혹은 파스타와 함께 나오는 아구와 모차렐라 치즈의 꼬치 요리도 인기 있다. **CFr**

⬆ 셰 퐁퐁은 부둣가에 있다.

레퓌제트 L'Epuisette | 독창적인 생선 요리들에 탄성이 이는 바닷가에 위치한 랜드마크

위치 마르세유 **대표음식** 부리드 뒤 발롱Bourride du Vallon | ❸❸❸

"기욤 소리외는 세련된 요리로
미슐랭 스타도 받고 큰 명성을 쌓았다."

fodors.com

地중해가 바로 지척인 까닭에 발롱 드 오프의 항구에 들어 온 갓 잡은 생선들은 레퓌제트의 매력적인 메뉴로 전시된다. 애피타이저로 나오는 푸아그라를 곁들인 얇게 썬 참치 요리나 캐비아와 리크 무스를 곁들인 가볍게 불에 그슬린 브르타뉴산(産) 가리비 요리에 이끌릴 수도 있다. 메인 요리로는 향신료를 넉넉히 뿌리고 크리미한 게살 소스와 레몬 감자를 곁들인 그릴에 구운 바닷가재, 호두 와인에 익힌 농어에 버섯과 시금치 모둠을 곁들인 요리를 선택할 수 있다.

레퓌제트는 바다에 있는 바위 위에 세워져 있고, 형형색색의 고기잡이 배들이 그 앞을 지나쳐 간다. 지금까지 수십 년 동안 이 레스토랑은 지중해에서 비롯된 미식 요리들로 이 지역 음식 애호가들의 감탄을 자아내 왔다. 몇 년 전 이곳을 인수한 셰프 기욤 소리외(Guillaume Sourrieu)는 마르세유의 전설과도 같은 존재가 되었다. 고객들에게 내는 요리는 반드시 세련되고 예술적이며 모던해야 하지만 무엇보다도 최상의 기준에 부합해야 한다는 것이 그의 좌우명이다. '핵심 식재료, 속재료, 소스'이 3가지 주요 요소들 사이의 조화를 확립하고 식재료의 신선함과 품질에 우선순위를 둔다는 것이 소리외의 설명이다. 그의 대표적인 요리인 부리드 뒤 발롱(삶은 농어, 아구, 조개들)은 이러한 그의 좌우명에 부합한다.

창의적인 면모는 디저트까지 이어지며, 페이스트리 셰프는 페퍼 아이스로 토핑을 올린 초콜릿 파이 혹은 크렘 브륄레 위에 얌전하게 올린 배로 속을 채운 바삭한 페이스트리 퍼프와 같은 작품들을 선보인다. 소리외의 요리 솜씨를 보완하는 것은 수상 경력을 보유한 소믈리에 브루노 두칸(Bruno Dukan)으로, 와인에 정통한 그는 영감을 이용해 소리외가 창조하는 요리에 알맞은 와인들을 선별한다. 이들은 정말이지 최고의 팀이다. **CFr**

↑ 레퓌제트는 발롱 드 오프 항의 고기잡이 배들이 바라다보이는 아름다운 풍광을 지녔다.

바그 도르 Vague d'Or | 미슐랭이 인정한 프로방스 전통 요리

위치 생트로페 **대표음식** 시스테롱 양고기(Sisteron lamb) | 💲💲💲💲💲

잔디와 다 자란 야자수 나무들이 주위를 둘러싸고, 생 트로페의 반짝이는 푸른 바다가 바라다 보이는 최고급 레지던스인 드 라 피네드(Résidence de la Pinède)는 럭셔리한 풀 패키지를 선사한다. 이곳에서는 휴식을 취하거나 유명인들과 어울릴 수도 있고 프로방스 요리를 즐길 수도 있다. 셰프 아르노 동클르(Arnaud Donckele)는 이 아름다운 레스토랑에서 미슐랭 스타 3개의 영광을 얻었다.

셰프 동클르는 프로방스 요리의 최고봉으로, 수 세대에 걸쳐 내려온 진정한 레시피를 바탕으로 그만의 마법 같은 솜씨로 모던하고 독창적이며 완전한 미식의 우아함을 갖춘 요리들을 창조해 낸다. 근처 바닷가에서 가져온 싱싱한 생선, 현지 농부에게 구한 고기, 프로방스 시골지방에서 재배한 농산물들이 메뉴의 기본을 이룬다. 품질에 관한 한 그의 주방에서 타협이란 없다.

두 코스로 내는 베이비 랍스터와 바다 숭어는 전통적으로 특별히 생선 메뉴에 오르는데, 얇게 썰고 유자즙에 넣어 차게 내거나, 조개육수로 맛을 낸 함초와 버베나(verbena) 모듬 샐러드와 캐비아를 곁들여 따뜻하게 낸다. 동클르는 육류 메뉴에서도 이와 유사한 방법을 선보인다. 예를 들어 시스테롱산 양고기는 로컬 허브, 가지, 토마토를 곁들여 애피타이저로 내거나, 짭조름한 페퍼 소스를 뿌려 메인 요리로 낸다. 각 요리는 선별된 고급 와인과 함께 나온다.

차분하고 중성적인 실내 장식과 파노라믹한 풍경이 바라다보이는 라 바그 도르는 더 오래 머물고 싶은 마음에 흠뻑 빠져들게 한다. 푹 쉬면서 고객들은 디저트를 맛보기 위해 준비한다. 갓 만들어 마치 예술작품처럼 접시에 담아내는 라임을 뿌린 루바브와 그린 애플로 만든 따뜻한 수플레나 딸기와 라임 무스로 토핑을 올린 타르트와 같이 독창적인 작품들은 진정 경험해봐야 할 것들이다. **CFr**

오베르주 뒤 비외 퓌 Auberge du Vieux Puits | 외딴 고요한 시골마을에서 즐기는 호화로운 요리

위치 퐁종쿠스 **대표음식** 트러플과 버섯 퓌레를 곁들인 달걀 요리(Oeuf de poule pourri (egg with truffle and mushroom puree)) | 💲💲💲💲

기예 구종(Gilles Goujon)과 그의 동료 셰프의 요리 솜씨를 엿볼 수 있는 레스토랑이자 여인숙인 이곳은 랑귀독 루시용(Languedoc Roussillon) 지방의 깊고 험준한 바위산 가운데의 외딴 마을인 퐁종쿠스에 자리를 잡고 있다. 구종과 그의 아내는 1992년에 이 레스토랑을 인수한 이래로, 멋진 요리의 개발에 매진하여 미슐랭 스타 3개를 포함해 많은 찬사를 누려왔다.

외딴곳에 위치한 입지조건에 걸맞게 다이닝룸도 시골풍이다. 마루에는 돌이 깔려 있고 나무로 된 지붕보들이 노출되어 있으며, 으리으리한 격식을 갖춘 미식의 성전이라기보다는 시골집에 가깝다.

구종은 자기만의 방식으로 품질 좋은 제철 식재료를 요리하는 것으로 유명하며 현지 식재료 생산업자들과의

> "탁월한 요리와 와인을 사랑한다면 프랑스 남부에서 이곳만 한 레스토랑이 없다."
> golanguedoc.com

광범위한 네트워크를 활용한다. '토마토들(tomatoes)'처럼 메뉴 이름도 심플한 요리는 서로 다른 5종의 토마토를 사용하고 달큰한 양파와 바질 셔벗을 곁들인 요리다. 딱 알맞게 익은 토마토에서 양파, 아로마를 풍기는 바질까지 맛과 향의 조화를 이루는 재료의 중요성을 잘 설명해 준다. 메인 요리도 마찬가지로 훌륭하며 재료의 품질이 빛을 발한다.

디저트는 타히티 바닐라 크림과 현지에서 생산된 라즈베리를 곁들인 초콜릿 사블레와 같이 우아하고 독창적인 메뉴들이다. 끝으로 철마다 다양한 로컬 치즈가 담겨 나오는 멋진 치즈 트롤리는 진정 일품이다. **AH**

르 루이 15세 Le Louis XV | 화려한 인테리어를 능가하는 고급스런 다이닝

위치 몬테 카를로 **대표음식** 블랙 트러플을 곁들인 프로방스식 채소 요리 Provençal vegetables with black truffle | 🍴🍴🍴🍴🍴

페라리가 꽉 들어차 있는 몬테 카를로의 플라스 드 카지노(Place de Casino)가 바라다보이는 호텔 드 파리(Hotel de Paris) 내 셰프 알랭 뒤카스의 플래그십 레스토랑의 비할 데 없이 호화로운 모습을 마주하면 눈앞의 것들이 믿기지 않아 저절로 눈을 비비게 된다. 화려한 대리석, 금, 유리, 샹들리에들이 모여 있는 이곳에서 모든 고객들은 백만장자가 된 것 같은 기분을 느낀다.

1987년 레스토랑이 문을 열었을 때, 모나코의 레니에 대공은 뒤카스에게 세계 최초로 4년 내 미슐랭 스타 3개를 받는 도전을 감행하도록 요구했다. 이 벅찬 위업을 달성하는 데에는 3년도 채 걸리지 않았고 여전히 뒤카스 요리는 흠잡을 데 없이 뛰어나다.

이곳의 요리는 리비에라 풍의 테루아에 기반을 두었지만 실내 분위기에서 느껴지는 것보다는 훨씬 현대적이고 심플하다. 진한 모렐 소스를 곁들인 아스파라거스 파스타, 망통산(産) 레몬, 바질과 올리브를 곁들인 농어, 냄비에 담고 그 위에 페이스트리를 씌워 내는 채소 요리들이 그 예이다. 특히 채소요리의 경우, 테이블에서 페이스트리를 가르면 단맛의 베이비 캐럿, 아티초크, 순무, 파바빈들이 모습을 드러난다.

이 레스토랑의 최강점은 디테일이다. 이러한 디테일은 수작업으로 만든 유리 볼에 담아낸 크루디테(crudités)와 수공예로 만든 종잇장처럼 얇은 빵 등에서 볼 수 있다. 치즈 보드에 오른 치즈의 종류도 방대하고 디저트도 진한 초콜릿 크루스티앙부터 패션프루트로 속을 채우고 캐러멜을 입힌 바삭한 식감의 라비올리까지 훌륭하다. 웨이터들은 가위로 마편초를 깎고 금 주전자에 담아 식후주를 만들어 작은 레몬 타르트, 카늘레, 마들렌, 마시멜로, 마카롱과 함께 낸다.

와인 리스트에는 세계에서 가장 인상적인 400여 종의 와인이 올라 있다. 세트메뉴에는 가격에 비해 많은 덤이 포함된다. **SP**

⬆ 주방에서 일하는 스타 셰프 알랭 뒤카스의 모습.

실비오 니콜 Silvio Nickol | 요리와 와인을 사랑하는 이들의 메카

위치 빈　**대표음식** 포겔프라이(호로호로새, 비트, 호두)Vogelfrei (guinea fowl, beets, and walnuts)　| $$$$

웅장한 팔레 코부르크(Palais Coburg) 안에 위치한 실비오 니콜은 유럽 내 레스토랑 가운데 가장 큰 와인 셀러를 가지고 있다고 주장한다. 이 레스토랑은 어디에서도 찾아보기 어려운 희귀한 와인을 포함하여 최소 6만 병의 와인을 보유하고 있다. 예를 들어 1727년산 뤼데스하이머 아포스텔바인은 마실 수 있는 와인 중 세계에서 가장 오래된 것으로 알려져 있다. 프랑스에서도 찾기 어려운 프랑스 와인을 다량 보유하고 있으며 1893부터 2001년까지 모든 빈티지의 샤토 디켐(Château d'Yquem)을 갖추고 있다. 뿐만 아니라 1945년산 샤토 무통 로쉴드를 다량 보유하고 있다.

많은 이들이 진귀한 와인을 찾아 이곳에 오는 것은 사실이지만, 이 황홀한 식사 경험을 와인 레스토랑에서 보내는 밤으로 압축하는 것은 옳지 않다. 셰프 실비오 니콜은 와인을 더 맛있게 만드는 도전을 감행했다. 그는 각각 5가지, 7가지, 9가지 코스로 구성된 정가의 테이스팅 메뉴를 와인과 함께, 또는 따로 제안한다. 와인 리스트에서

고른 와인을 병으로 주문해도 되고, 레스토랑에서 각 코스마다 페어링하고 가격을 개별적으로 책정한 와인을 잔으로 주문해도 된다.

메뉴에는 마카다미아, 호두, 프라골리노 포도(fragolino grape), 메리골드를 곁들인 오리 간;파슬리, 시금치, 미소, 메밀을 곁들인 아귀; 사보이 양배추, 크랜베리, 비트, 주니퍼를 곁들인 새끼비둘기;타피오카, 코코넛, 고수, 주니퍼를 곁들인 오이;쌀, 오렌지, 콜리플라워, 땅콩을 곁들인 가리비 등이 있다. 포겔프라이는 호로호로새, 비트, 호두의 조합으로 구성된다.

2개의 특별한 셰프의 테이블에 앉으면 방송으로 주방의 모습을 볼 수 있다. 수많은 훌륭한 와인이 와인 애호가들을 황홀경으로 이끌듯이, 미식가들 또한 매혹시킬 것이다. **FP**

⬆ 실비오 니콜은 역사적인 궁 안에 있다.

카페 센트럴 Café Central | 클래식한 빈 카페의 분위기

위치 빈 **대표음식** 비너 슈니첼 Wiener Schnitzel | 🟢

"트로츠키와 히틀러는 모두 카페 센트럴의 아치 아래에서 커피를 마셨다."

bbc.co.uk

이곳에는 매시간대에 어울리는 분위기와 장면이 있다. 아침이면 여유로운 사람들이 신문을 들고 멜랑게 같은 전형적인 빈의 커피를 주문하고는 사색과 세상 구경으로 시간을 보낸다. 보헤미안 시인인 페터 알텐베르크도 그 중 한 명이었으며, 커피하우스에서 여유를 부리는 사람들 사이에 차분히 앉아 있는 것처럼 보이는 실물 크기의 조각이 그를 기념한다. 트로츠키, 프로이트, 아르투어 슈니츨러 등의 유명인사도 이 카페의 단골이었다.

점심 때에는 직장인과 관광객이 들어와 아치형 천장까지 쭉 뻗은 빛나는 대리석 기둥 사이에 자리를 잡는다. 그리고는 주위를 둘러보고 점심식사에 대하여 생각한다. 카페 센트럴은 19세기 중반으로 거슬러 올라가는 역사가 있는 매우 전통적인 빈 스타일 카페이다. 점심식사는 든든한 사워크라우트와 돼지 허릿살 수프 한 그릇으로 시작하여 발사믹 식초로 맛을 낸 렌즈콩, 시금치, 베이컨 소스를 곁들인 바다 송어 필레로 넘어갈 수 있으며 또는 훈제파프리카 기름을 곁들인 옥수수 크림 수프로 시작하여 리코타 라비올리와 브라운 버터로 넘어갈 수도 있다. 식사가 끝나고 날씨가 좋으면 아름다운 빈의 중심부에서 즐거운 오후 산책을 즐길 수 있다. 그러나 날씨가 도와주지 않으면 안락의자에서 잠깐 눈을 붙이면 된다.

저녁이 오면 또 분위기가 달라진다. 조명이 들어오고, 웨이터들이 와인이나 맥주를 들고 미끄러지듯이 활보하며 요리를 축도하는 모양새로 제공한다. 사슴고기 라구와 적양배추나 타임 반죽으로 감싼 잉어 구이 또는 진정한 전통 요리인 비너 슈니첼을 경험할 때가 온 것이다. 그러나 여기가 빈이라는 사실을 잊지 말고 디저트를 먹을 여유를 남겨둬야 한다. 이 카페의 사과 슈트루델이나 초콜릿 토르테의 크기는 푸딩 수준이 아니다. 카페 센트럴을 한 번 경험하면 다시 발걸음을 하게 될 것이다. **ATJ**

⬆ 카페 센트럴의 우아한 인테리어를 감상하라.

카페 데멜 Café Demel | 달콤한 기쁨을 선사하는 역사적인 빈의 카페

위치 빈 **대표음식** 아펠 슈트루델과 핫초콜릿; '안나토르테'Apfelstrudel and hot chocolate; "Annatorte" | ⑤⑤

부드럽고 연하며 달콤하고 끈적끈적한 사과 슈트루델. 진하고 매끈매끈한 초콜릿 케이크. 예술작품을 축소시킨 듯한 페이스트리. 우리는 카페 데멜에 입장하자마자 역사적인 시설의 중심에 들어섰다는 것을 깨닫게 된다. 1786년 미헬러마르크트(Michaelermarkt)에 설립된 이 카페는 1850년대에 고급 상점이 많은 콜마르크트(Kohlmarkt)로 이전하였다. 이곳은 달콤한 디저트와 우아한 포장재를 활용한 정교하고 독창적인 쇼윈도 디스플레이로 이름이 높다. 전쟁, 혁명, 왕실 후원, 정치 파동, 불황의 시기를 거치며 시시각각 달라지는 세상에서 카페 데멜과 흰색으로 차려 입은 데멜리너리넨(Demelinerinnen)이라 불리는 웨이트리스들은 한결같은 모습을 유지해왔다.

3층으로 구성된 내부 공간은 고전적인 장식과 아르데코 장식의 조합을 자랑한다. 화려하게 장식된 빛나는 샹들리에가 반짝이는 유리케이스 너머에서 선택을 기다리며 거부할 수 없이 매력적으로 진열된 파스텔 색 페이스트리에 빛을 드리운다. 마호가니색의 바 뒷면에는 거울이 있고, 천장은 높으며, 언제나 커피와 초콜릿의 향기 그리고 케이크를 사러 온 사람들이나 넋을 놓고 카페를 둘러보는 관광객들의 말소리가 느껴진다. 쇼콜라티에와 제과사가 작업하는 모습이 보이도록 1층에 설치한 판유리에서 약간의 모던함이 느껴지지만 이곳에 있노라면 제1, 2차 세계대전이 일어나지 않았던 것만 같다. 카페 데멜의 역사를 보여주는 작은 박물관이 카페 내에 있다.

대부분의 손님이 다양한 페이스트리와 케이크—진한 맛의 초콜릿 케이크인 안나토르테는 안나 데멜의 이름을 땄다— 그리고 이와 곁들일 커피와 또는 핫 초콜릿을 찾아 이곳에 오지만 더욱 포만감 있는 요리도 있다. 비너 슈니첼, 송아지 굴라시, 곤들매기 필레 구이, 리코타 라비올리 등 든든한 오스트리아식 고전(기품 있게 만들어 지나치게 기름지지 않다)이 그 예다. 이 유서 깊은 카페의 역사는 수세기 동안 그래왔듯 당신이 음식을 먹거나 커피를 홀짝이는 동안에도 계속된다. **ATJ**

"호프부르크 왕궁이 보이는 곳에 있는 우아하고 장엄한 카페…
달콤한 디저트에서 나타나는 순수한 창의성으로 높은 점수를 받는다."

Lonely Planet

⬆ 데멜의 커피와 케이크는 최고의 기쁨을 선물한다.

슈타이러레크 Steirereck | 공원 속에서 즐기는 오스트리아의 환상적인 맛

위치 빈 **대표음식** 밀랍, 노란 당근 '꽃가루', 사워크림을 곁들인 곤들매기|Char with beeswax, yellow carrot "pollen," and sour cream | ⓢⓢⓢ

"알프스산 수영, 트리 스피니치(tree spinach), 시 퍼슬린(sea purslane)이 식물성이 두드러지는 테이스팅 메뉴에 활용된다."

gourmettraveller.com.au

⬆ 셰프 하인츠 라이트바우어는 공원 내의 테라스 정원에서 요리에 사용할 독특한 식물을 재배한다.

➡ 슈타이러레크는 화려한 아르누보 풍 건축물에 자리 잡고 있다.

빈의 아름다운 시민공원(Stadtpark)에 위치한 슈타이러레크는 오스트리아 최고의 레스토랑으로 거론된다. 보다 캐주얼한 마이어라이(Meierei, 밀크 바)와 더불어 이 레스토랑은 만족스럽고 혁신적인 요리를 시점에 따라 매우 저렴하게 또는 아주 고가에 제공한다.

마이어라이는 매일 정오까지 빈에서 가장 훌륭한 아침식사를 판매하는 곳 중 하나다. 갓 짜낸 신선한 주스는 훌륭한 토종과일 또는 열대과일의 맛과 향을 노래하는 듯하다. 사워크림과 푸아그라를 곁들인 반숙 달걀이 소담하게 담긴 세 숟가락에는 거부할 수 없는 마력이 있다. 정오가 되면 점심 메뉴가 등장한다. 사과 슈트루델은 오후 1시부터 오븐에서 나온다. 오후 3시에는 토펜슈트루델(치즈 슈트루델)이 나와 비너 슈니첼, 굴라시 같은 오스트리아의 고전과 슈타이러레크에서 야심 차게 만든 메뉴와 더불어 점심, 저녁 내내 제공된다. 치즈 애호가들은 다양하고 품질 좋은 오스트리아, 이탈리아, 프랑스산 치즈를 즐길 수 있다.

이곳의 점심, 그리고 특히 저녁 메뉴의 가격은 요리의 대담함과 맞먹을 정도로 상당하다. 가장 유명한 요리는 밀랍, 노란 당근 '꽃가루', 사워크림을 곁들인 곤들매기이다. 콜라비, 퀴노아, 엘더베리를 곁들인 철갑상어 바비큐도 놀랍다. 엘더베리는 오스트리아 요리에서 기초적이고 특징적인 맛을 담당한다.

셰프 하인츠 라이트바우어(Heinz Reitbauer)는 스티리아에 농장과 아담한 시골 숙박업소를 소유하고 있다. 슈타이러레크에서 사용하는 육즙이 촉촉한 양고기를 비롯한 육류와 채소류의 상당수가 이 농장에서 온다. 한편 소고기는 오스트리아 알프스의 농장에서 온다. 샐서피, 무화과, 셀러리를 곁들인 소고기와 발효시킨 화이트 아스파라거스, 바삭바삭한 엘더플라워를 곁들인 삶고 또 구운 송아지 고기는 좀처럼 잊기 어렵다. 디저트는 감동적이며, 와인 리스트는 풍성하고 서비스도 일품이다. **FP**

린덴호프켈러 Lindenhofkeller | 절제미 있는 와인 셀러 속 레스토랑의 프랑스-스위스 요리

위치 취리히 **대표음식** 오랫동안 구운 스위스산 송아지 등심과 허브 버터 Slow-roast saddle of Swiss veal with herb butter | ❸❸❸

"이 고급스러운 레스토랑에는 흠 잡을 데 없는 요리가 있다. 이곳의 와인 리스트는 깊이와 넓이를 모두 갖췄다."

Zagat

린덴호프켈러는 취리히의 사적지이자 리마트 강이 보이는 초기의 마을 정착지인 린덴호프 언덕에 위치한 전통적인 레스토랑이다. 가파른 골목에 있는 14세기 가옥의 와인 셀러에 자리 잡은 이 레스토랑은 1860년부터 영업해왔다. 그 이후로 취리히는 사방으로 확장되었으나 이 아담한 식당은 스위스에서 여전히 높은 명성을 누리고 있다. 매니저, 셰프, 소믈리에를 겸하는 르네 호퍼(René Hofer)가 1996년부터 주방을 책임지며 클래식한 최고급의 프랑스-스위스 요리를 만들고 있다.

계단이 있는 보도에 난 작은 문을 열면 아치와 기둥 사이에 테이블이 배치된 자그마한 아치형 공간에 들어서게 된다. 장식은 절제되었지만 널찍하게 배열된 테이블, 빳빳한 흰색 린넨, 반짝거리는 유리 용기 등 파인 다이닝에 필요한 모든 구성요소를 갖추고 있다. 벽 한쪽에 붙인 다양한 와인 라벨이 유일하게 특이한 장식이다. 날씨가 좋을 때면 식사를 위한 공간이 아파트로 둘러싸인 안뜰까지 확장된다.

레스토랑의 대표 요리는 낮은 온도의 오븐에서 오랜 시간에 걸쳐 구운 스위스산 송아지 등심이다. 하루 전에 주문해야 이 요리를 맛볼 수 있다. 오랜 조리 시간 덕에 속살은 환상적으로 부드럽고 분홍빛을 띠며 껍질은 몹시 바삭바삭하다. 이 요리는 녹인 허브 버터와 사프란 밥, 에그 누들, 샐러드 중 하나의 사이드 디시와 함께 제공된다. 육류와 야생동물 요리에 통달한 셰프의 솜씨는 메뉴 전반에서 드러난다. 이외에 맛 좋은 요리로는 들소 필레 그릴 구이, 소고기 카르파치오와 트러플, 베이컨 드레싱을 곁들인 양고기 샐러드 등이 있다.

호퍼는 와인의 열성적인 팬이기도 하며, 그의 레스토랑은 600가지에 달하는 와인을 27쪽에 걸쳐 나열한 인상적인 와인 리스트로 유명하다. 와인 리스트에는 잘 알려지지 않은 스위스의 빈티지가 다수 있다 즉, 이곳은 스위스의 최고급 와인을 탐험할 기회를 제공한다. **SH**

⬆ 레스토랑은 취리히의 역사적인 린덴호프 언덕 구역에 위치한다.

오텔 조르쥬 벵거 Hôtel Georges Wenger | 평범한 철도 호텔 그 이상

위치 쥐라 **대표음식** 3가지 방식으로 조리하고 적양배추, 후추소스를 곁들인 사슴고기 | Venison prepared three ways with red cabbage and pepper sauce | Ⓢ
ⓈⓈ

쥐라 내 바위 투성이의 프랑셰 몽타뉴 지역에 있는 르 느와몽의 스위스 마을에 위치한 조르쥬와 안드레아 벵거의 레스토랑은 미슐랭 스타 2개를 받은, 진정한 매력과 온기가 느껴지는 곳이다. 본래 이곳은 기차역 근처에서 영업하는 호텔이었다. '움직이는 작고 빨간 기차(Le petit train rouge qui bouge)'라는 애칭이 있는 지방 기차는 여전히 이 레스토랑의 문 바로 밖에 정차한다. 덕분에 고객들은 휴식을 취하고 식사와 와인을 즐긴 후 기차를 타고 귀가하는 이점을 누릴 수 있다.

이 야생적인 쥐라기 시대의 산맥까지 찾아온 사람들의 목적은 다른 이들을 구경하거나 그들의 눈에 띄는 것이 아니다. 사람들은 안드레아 벵거와 그녀의 민첩한 젊은 직원들이 차분하고 침착하게 서빙하는, 조르쥬의 정직하고 정교하며 로컬 재료에 기초한 요리를 찾아온 것이다.

조르쥬는 지역산 재료를 충실하게, 또 탁월하게 활용한다. 연중 다른 시기마다 주로 인근의 농장, 들, 숲에서 온 아스파라거스, 야생 마늘, 신선한 그물버섯, 민물고기, 양, 송아지, 야생동물 고기, 야생 버섯, 로컬 생우유 치즈가 메뉴에 특징을 불어넣는다. 생선과 조개는 일주일에 수차례 프랑스 해안에서 이곳으로 바로 공수된다. 700개가 넘는 선택지가 있는 와인 리스트는 스위스와 프랑스 와인, 특히 이웃한 버건디 와인에 강세를 보인다.

쥐라 지역의 농장에서 전통적으로 돼지를 도살하고 겨울 식량을 내놓는 11월이 오면 유명한 9코스의 '메뉴 생 마르탱(Menu St. Martin)'을 출시한다. 처음부터 끝까지 지역산 유기농 돼지고기를 활용하여 만든 이 호화로운 메뉴는 진정한 성 마틴제의 정신을 담아 만들어진다. 2개의 미슐랭 스타가 빛나는 솜씨로 경질 '치즈(사실은 머릿고기로 만든 테린)', 수제 소시지, 블랙 푸딩, 돼지고기 로스트, 사워크라우트를 해석한 이 요리가 유쾌하게 서빙된다. **SS**

"건초에서 숙성한 산중 치즈 톰 오 푸앙이 메뉴에 돌아왔다."

vacation.hotwire.com

⬆ 셰프 조르쥬 벵거는 그의 요리와 디저트에 로컬 식재료를 활용하며 즐거움을 느낀다.

오텔 드 빌Hôtel de Ville | 전설적인 스위스 레스토랑의 완전무결한 요리

위치 크리시에 **대표음식** 새빨간 토마토 펄프와 씨 콩소메, 오세트라 캐비아 "Scarlet" tomato pulp and pip consommé with Imperial Osetra caviar | ❺❺❺❺

로잔 근처 크리시에의 작은 마을에 위치한 오텔 드 빌은 레스토랑 역사에서 한 장을 차지한다. 1971년에 전설적인 셰프 프레디 지라데(Frédy Girardet)가 이곳을 세우고 수년 간 지휘했으며 1996년부터 그의 애제자인 필리페 로샤(Philippe Rochat)가 책임을 넘겨받았다. 2012년 이래로 오텔 드 빌은 이곳에서 20년 간 근무하고 조엘 로부숑 아래에서 훈련받은 유능한 브누아 비올리에(Benoît Violier)의 손에 맡겨졌다. 이 모든 시기에 오텔 드 빌은 영광스러운 3개의 미슐랭 스타를 유지해왔다.

이 레스토랑은 매년 직원 휴가를 위하여 몇 주 동안 문을 닫을 때 외에는 휴무일이 없으며, 웨이터들의 교육 상태가 워낙 뛰어나 3개의 미슐랭 스타를 받은 또 다른 레스토랑에서 이곳에 매니저를 파견하여 완벽한 서비스를 배

> "완전히 얻을 수 있는 것은 아무것도 없다.
> 모든 작업은 매일 처음부터 다시 이뤄진다."
>
> Benoît Violier, chef at Hôtel de Ville

우도록 할 정도이다. 오텔 드 빌은 클래식한 프랑스 요리의 정점에 있다. 요리는 두말할 나위 없이 클래식하고 최상급의 재료에 기초하는데, 이러한 성격은 은수저에 제공되는 로제 드 베른(Rose de Berne) 토마토와 과카몰레로 만든 아뮤즈 부셰에서 확연히 드러난다. 그물버섯(cep)과 헤이즐넛을 넣은 라비올리는 경이로운 맛과 섬세한 질감을 자랑한다.

식재료의 완벽한 품질은 생강으로 맛을 낸 환상적인 레몬 소스를 곁들인 브르타뉴산 랑구스틴에서도 확인할 수 있다. 디저트로는 바닐라 아이스크림과 비스킷 링에 올린 붉은 과일 믹스, 블랙 커런트 젤리, 부드러운 딸기 퓌레를 먹어보라. **AH**

치저리Chesery | 멋들어진 산중 샬레에서 맛보는 인상적인 요리

위치 그슈타드 **대표음식** 핫 초콜릿 케이크와 금귤Hot chocolate cake with kumquats | ❺❺❺❺

치저리의 슬로건은 '단순성의 예술'이다. 이에 사람들은 메뉴에서 트러플을 채운 브리와 메추라기 테린, 푸아그라와 새콤달콤한 호박을 발견하고 놀라기도 한다. 단순성을 찾는 이들은 다음을 유념하기 바란다. 그슈타드의 기준은 평범함에서 거리가 멀다.

사실 로베르 스페스(Robert Speth)의 미슐랭 스타를 받은 이 오래된 레스토랑은 꽤 수수하며 사치스러운 산중 휴양지의 비현실적인 기준에서 보면 가격 대비 가치가 훌륭하다고 할 수 있다. 길 건너 벨뷰 호텔에서 코냑 한 잔의 최고 가격이 1,600달러 임을 감안하면 와인 1병이 80달러 정도인 치저리의 가격대는 일부 손님을 당황스럽게 만들 정도로 합리적인 셈이다.

이 레스토랑은 과거에 아가 칸(Aga Khan)이 소유했던, 산비탈에 있는 버니 에클레스톤(Bernie Ecclestone)의 빌라와 로저 페더러(Roger Federer)가 가장 좋아하는 스파 사이쯤에 있는 호화로운 샬레에 위치해 있다. 내부에는 밝은색의 목재, 단순한 디자인의 직물, 널찍하게 배열된 테이블이 있다. 스페스는 1984년에 이곳이 문을 열었을 때부터 주방을 책임져왔고 그의 아내인 수잔은 홀을 관리해왔다.

요리는 클래식한 오트 퀴진과 스페스의 재기가 섞인 독특한 결과물을 보여준다. 독창적인 로컬 야생동물 요리를 기대해도 좋다. 이러한 요리로 사보이 양배추에 얹은 사슴고기와 식초, 자두 소스 그리고 아시아풍 채소를 곁들인 오리 통구이가 있다. 스코틀랜드산 뇌조와 사워크라우트 또는 오스트레일리아산 등심과 망고, 양파 콩피도 눈여겨보아라. 또한 대구와 미소, 문어와 고구마의 조합도 있다. 스페스는 억만장자의 집으로 요리를 보낸다. 그러나 억만장자가 아닌 사람들에게는 이 레스토랑이 그의 혁신적인 요리를 맛볼 최적의 장소일 것이다. **SH**

➡ 치저리는 그슈타드의 호화로운 여러 샬레 중 하나에 있다.

레스토랑 디디에 드 쿠르탱Restaurant Didier de Courten | 고급 스위스 요리

위치 발레 **대표음식** 오리 푸아그라 퐁당과 퀸스 젤리, 무화과, 향신료로 맛을 낸 사과Duck foie gras fondant with quince jelly, figs, and spiced apples | ❺❺❺

"요리를 한다는 것은 환상을 현실화하고 의도와
소망을 추구하는 것이다.
단조로움은 나에게 몰락을 의미한다."

Didier de Courten, chef and owner

⬆ 오텔 테르미누스에는 디디에 드 쿠르탱의 브라스리와 그의 고상한
　레스토랑이 있다.

➡ 시각적 효과를 내는 뛰어난 기교는 2개의 미슐랭 스타를 받는 데
　일조했다.

포도를 재배하고 와인을 만드는 스위스 발레주의 시에르 마을에 있는 노란빛의 클래식한 오텔 테르미누스는 1870년에 설립되고 2005년에 개조되었으며 오늘날에는 스타 셰프 디디에 드 쿠르탱(Didier de Courten)이 운영하는 2개의 레스토랑과 와인 바에 장소를 내어주고 있다.

정면에는 드 쿠르탱이 운영하는 브라스리인 라틀리에 구르멍(L'Atelier Gourmand)이 있다. 라틀리에에서 식사를 하면 통장 잔고를 크게 걱정하지 않고도 이 유명한 셰프의 경이로운 실력을 확인할 수 있다. 뒷면에는 2개의 미슐랭 스타를 받은 레스토랑으로, 스위스 전역뿐 아니라 스위스 밖에서도 안목과 부를 갖춘 손님을 끌어들이는 디디에드 쿠르탱이 있다.

브라스리와 레스토랑은 모두 드 쿠르탱표 요리를 선보인다. 프랑스 요리를 중심에 두고 이탈리아 요리의 흔적도 더한 요리 말이다. 드 쿠르탱의 요리는 창의적으로 현대화되었고 열정적이며 강박에 가까운 완벽주의를 보여준다. 그는 미슐랭 스타를 받은 다른 여러 셰프들처럼 문에서 손님을 맞이하거나 다이닝 룸을 돌아다니지 않는다.

메뉴에는 계절성이 반영되고 최고급 식재료가 동원된다. 대표적인 요리에는 검은 베네레(venere) 쌀에 올린 가리비와 조개-초리조 에멀션, 블랙 올리브 젤리를 곁들인 바닷가재 집게발과 리예트, 샤무아 필레와 자그마한 어깨살 소시지와 살구 콩포, 송아지고기와 트러플로 맛을 낸 파스닙 퓌레가 있다. 디저트는 과일이 주인공이거나 초콜릿을 더한 경우가 많으며 맛, 색, 질감, 온도의 솜씨 좋은 조합을 보여준다. 모든 요리는 현대적인 정물화 같은 모습으로 완성된다.

발레는 스위스의 주요한 포도 재배 및 와인 양조 지역이다. 이 레스토랑의 와인 리스트는 발레에서 가장 뛰어나고 또 희귀한 와인을 담고 있다. **SS**

트라토리아 알타빌라Trattoria Altavilla | 따뜻한 환대와 후한 인심

위치 비안초네 **대표음식** 시아트Sciatt | ⑤⑤

어느 여름철 일요일 오후, 비안초네의 언덕 마을은 바늘 하나 떨어지는 소리가 들릴 정도로 고요하다. 단, 유리잔을 땡그랑거리고 식기와 집기를 달그락거리며 행복해하는 사람들과 안나 베르톨라(Anna Bertola)가 내는 요리에 기쁨의 탄성을 지르는 사람들의 소리가 들리는 트라토리아 알타빌라의 테라스 가까이에 있지 않을 때의 말이다.

절제되고 느긋한 분위기의 레스토랑이지만, 요리만큼은 열렬한 추종자들을 보유한 만큼 열정을 가지고 성실하게 연구하고 준비한다. 제집처럼 편안함을 느끼는 단골손님일 필요는 없다. 최고의 현지요리들을 대담하게 변형하여 푸짐하게 담아낸다.

트리토리아의 요리 중에서도 최고의 맛을 내는 피초케리(pizzoccheri, 짧은 메밀 파스타로 탈리아텔레와 유사하고 치즈, 감자, 양배추 등을 곁들여 내는 요리)와 시아트(공 모양으로 치즈에 메밀가루를 묻혀서 튀긴 요리)는 이 지방 전역에 걸쳐 유명하다. 시아트의 경우 이곳에서는 올리브 오일과 와인 식초로 버무린 채 썬 치커리 위에 올리고 부드러운

치즈와 함께 내는데 가벼운 느낌의 프리터로 나온다. 브레사올라(Bresaola)와 현지에서 손으로 채취한 버섯은 최상급 돼지고기, 소고기, 양고기는 물론 사슴고기에 이르기까지 다양한 요리에 특별히 넣는다. 발텔리나 카세라(Valtellina Casera)와 롬바르드 지방의 특산품인 비토(Bitto)와 같은 훌륭한 치즈도 있다.

홈메이드 디저트로는 맛있는 아이스크림이 있는데, 현지에서 디제스티브로 마시는 브라울리오(Braulio)를 곁들여 풍미를 키웠다. 와인 리스트는 폭넓고 다양하며, 포도밭으로 뒤덮인 계곡이 바로 보이니 놀랄 것도 없지만 특별히 현지에서 생산되는 로컬 와인들을 강조한다. 내부에 있는 편안한 발텔리나 룸(Valtellina Room)에서는 다양한 와인을 시음하면서 로컬 와인에 대해 배워 볼 수도 있다. 식후에 시가를 즐기는 사람들을 위해 마련된 시가 전용 룸도 있다. **CS**

⬆ 텃밭에서 재배한 치커리를 곁들인 시아트.

로칸다 델 이솔라 코마치나 Locanda dell' Isola Comacina | 호수를 배경으로 즐기는 정말 멋진 식사

위치 오수초 **대표음식** 신선한 채소로 만든 안티파스티 Fresh vegetable antipasti | ⑤⑤⑤

벤베누토 푸리첼리(Benvenuto Puricelli)가 운영하는 이 독특한 레스토랑은 이탈리아에서 가장 크고 멋진 호수인 코모(Como)의 작은 섬 위에 우뚝 서 있다. 작은 페리를 타고 도착하면 레스토랑까지 돌계단을 힘들게 올라가야 한다. 호수가 보이는 테라스와 천장이 높은 돌로 된 다이닝룸에는 테이블들이 놓여 있고, 푸리첼리가 이곳을 방문했던 수많은 유명인사들과 함께 찍은 사진들과 그림들이 가득하다. 5개의 코스로 구성된 세트 메뉴만이 선택 가능한데 이 메뉴는 1947년 레스토랑이 문을 연 이래로 그대로다.

약 900년 전 섬 전체가 마을 성직자의 저주를 받았고 이로 인해 레스토랑의 초기 후원자 2명이 갑자기 세상을 떠나면서 저주에 대한 이야기가 다시 수면 위로 부상한 적이 있었다. 이 사건 이후로 매 식사 후에는 과거의 저주를 물리치기 위한 불의 푸닥거리가 열리는데, 종소리가 울리면 작은 방울이 달린 꼭 끼는 털실 모자와 체크무늬 앞치마를 두른 푸리첼치가 브랜디가 담긴 주전자에 불을 붙이며 저주와 관련된 전설 이야기를 읊조린다. 이 푸닥거리에 사용된 브랜디는 커피와 설탕을 곁들여 고객에게 내기도 한다.

이곳의 요리는 놀라울만큼 멋지고 심플하다. 싱싱한 제철 채소로 만든 다양한 안티파스티로 식사를 시작해 보자. 그것은 훈제한 프로슈토와 레스토랑의 셀러에서 건조시킨 브레사올라를 곁들여 작은 꽃무늬 그릇에 담겨 나온다. 이어서 나무에 구운 송어 요리를 메인 요리로 선택하면 철제 팬에 튀겨 나무를 떼는 오븐에 구운 닭고기가 따라 나오며, 꾸밈없이 소박한 샐러드, 레몬, 소금, 후추와 올리브 오일도 함께 나온다. 그 다음에는 커다란 파르메산 치즈가 나오는데 큼직하게 잘라 나누어 먹으면서 식사를 마무리한다. 디저트로는 최고급 아이스크림과 이 섬의 오리지널 레시피로 만든 홈메이드 크림 소스를 곁들인 신선한 과일을 선택하는 것을 권한다. 식사 중에는 현지의 화이트 와인이 서비스된다. **SH**

⬆ 호숫가에서 식사를 할 수 있다.

알 소리소 Al Sorriso | 마조레 호수 인근에서 맛보는 우아한 이탈리아 고급 요리

위치 소리소 **대표음식** 달걀, 파르메산 치즈, 화이트 알바 트러플을 넣은 감자 요리 Potatoes with egg, Parmesan, and white Alba truffles | ⑤⑤⑤⑤

"피에드몬테세 지방과 산간지방을 좋아하는
사람들이라면 이 레스토랑에서
그들이 찾는 매력을 발견할 것이다."

Michelin Guide

⬆ 디저트의 담음새가 아름답다.

셰프 루이사 발라차(Luisa Valazza)는 알 소리소의 주방을 책임지고 있으며, 그의 남편 안젤로는 딸 파올라와 함께 레스토랑의 운영을 맡고 있다. 가족이 운영하는 이 레스토랑은 밀라노에서 약 80km 정도 떨어진 마조레 호수 인근에 위치한 한적한 마을인 소리소에 1981년 문을 열었다. 영업을 시작하고 얼마 지나지 않아서 미슐랭 스타 1개를 받았고 이어서 2개, 결국엔 3개까지 받았다. 스스로 요리를 깨우친 루이사는 셰프의 길을 걷기 전에는 예술학도였다.

분홍색 식탁보가 펼쳐진 테이블들 간의 간격이 널찍하고 와인 리스트만 해도 600개 이상이다. 식사는 알라카르트와 2가지 세트 메뉴를 선택할 수 있다. 하나는 해산물, 다른 하나는 육류 위주로 구성되어 있다.

심플하게 만들어지는 요리는 인근에서 생산되는 탁월한 품질의 식재료에 의존한다. 예를 들어 로컬 토마토와 바질을 넣어 만든 카넬로니의 경우 진한 토마토의 맛과 향이 돋보인다. 피에드몬테세산(産) 파소네(Fassone) 비프에는 파르메산 치즈를 넣은 반죽을 얇게 구운 과자 튀일(tuile) 안에 잎채소를 넣은 샐러드와 비텔로 토나토(vitello ton-nato, 송아지와 참치) 소스를 곁들이는데, 섬세한 맛의 튀일과 샐러드 드레싱이 진한 맛의 소고기와 조화를 이룬다.

셰프의 요리 솜씨는 파스타에서도 드러나는데, 사실이 요리는 가리비를 파스타처럼 잘라 만든 것이다. 가리비는 베네치아 남부산으로 달큰한 맛이 아주 일품이다. 고르곤졸라 치즈를 넣은 호박 리소토 같은 전통 요리는 25년 묵은 발사믹 식초를 살짝 곁들여 맛과 향을 완벽하게 북돋우며 쌀을 익히는 데 쓰이는 육수 또한 탁월하다. 훌륭한 치즈 셀렉션도 반드시 맛보길 권한다. 알 소리노에서 사용되는 식재료들은 품질이 뛰어나고 셰프의 요리기술은 흠잡을 데가 없다. 상술이라 느껴질 만한 것은 찾아볼 수 없으며 바로 이것이 알 소리노의 강점이기도 하다. 이탈리아 최고의 맛과 향을 선보이는 이곳은 식사를 즐기기에 특별히 좋은 곳이다. **AH**

피콜로 라고 Piccolo Lago | 멋진 호숫가에서 맛보는 매력적인 요리

위치 라고디메르고초　**대표음식** 치즈 플랑 Cheese flan　$$$$

메르고초 호수(Lake Mergozzo)는 이탈리아에서 가장 아름다운 호수 중 하나다. 레스토랑은 호숫가의 아래편에 위치해 있으며 우뚝 솟은 언덕을 마주하고 있다. 1974년부터 변함없이 가족이 운영해 온 곳으로 부친인 브루노를 이어 마르코 사코(Marco Sacco)가 헤드 셰프로 일하며 미슐랭 스타 2개를 받았다.

다이닝룸에 놓인 몇몇 테이블에서는 숨이 턱 막히는 듯한 호수의 장관이 바라다보이며 커다란 창문으로는 진정 놀랄 만큼 아름다운 배경이 연출된다. 호수가 바라다보이는 예쁜 테라스가 있고 이곳에서는 멋진 경치를 감상하며 음료를 마시면서 메뉴를 훑어볼 수 있다. 요리 스타일은 꽤 모던한데 이탈리아의 정통 요리들에 변화를 주어 새롭게 창조해낸다. 로컬 치즈로 만드는 치즈 플랑은 셀러리악와 신맛으로 균형을 맞추기 위해 레드 베리를 곁들이고 머스터드를 살짝 곁들여 맛과 향을 더한다. 재료를 섞지 않고 내는 카르보나라는 갓 만든 파스타에 훈제한 햄을 토핑으로 올리고 달걀 노른자, 파르메산 치즈, 진(gin)으로 만든 소스를 달걀 껍질에 담아 한 곁에 같이 낸다. 최상의 품질의 파스타와 햄이 조화롭게 잘 어울리고 소스의 진한 정도도 딱 알맞다. 콜라비와 바닐라 크림을 곁들인 캐비아와 엔다이브를 곁들인 밀라노 스타일의 메추라기도 소개할 만한 요리들이다.

아기자기한 디저트 셀렉션도 훌륭하다. 라즈베리, 화이트 초콜릿, 바카디 케이크 혹은 럼 바바 등의 정통 디저트가 인기 있다. 망고, 자몽, 커스터드 크림, 파인애플 셔벗을 곁들이고 민트로 더한 가벼운 느낌의 디저트도 있다. 이곳은 황홀경에 독창적이고 매우 즐거운 요리와 친절한 서비스로 아름다운 식사 경험을 선사한다. 세계에서 가장 멋진 분위기를 지닌 곳이라고 해도 과언이 아니다. **AH**

"이곳에는 과거와 현재가 교차하며 셰프가 창조하는 요리는 지역색을 보여 준다."

Piccolo Lago website

⬆ 피콜로 라고의 강점은 재해석된 이탈리아 정통 요리들에 있다.

빌라 크레스피 Villa Crespi | 아름다운 호수의 풍경이 내려다보이는 클래식한 파인 다이닝

위치 오르타 산줄리오 **대표음식** 코코아 열매와 바니울스 소스를 곁들인 비둘기와 푸아그라 Pigeon and foie gras with cocoa beans and Banyuls sauce | ⑤
⑤⑤⑤

"돔을 올린 이슬람 양식의 레스토랑에 머무는 것은 풍요로움을 맛보는 것이다."

Lonely Planet

아름다운 오르타 호수의 제방에서 이어지는 오르막길을 몇 분 오르면 레스토랑에 닿는다. 이슬람 양식의 건물은 페르시아에서 많은 시간을 보낸 면 교역상이 1879년에 지은 것으로 아라비아 양식의 정교한 돌 세공이 특징이다. 오늘날에는 고급 호텔과 레스토랑으로 운영되는데, 헤드 셰프인 안토니노 칸나바추올로(Antonino Cannavacciu-olo)가 주방을 이끌고 그의 안내 친치아가 서비스를 맡는다. 이곳에서 일하기 전 칸나바추올로는 프랑스의 '오베르쥬 드 릴'과 카프리의 그랜드 호텔 퀴시사나(Quisisana)의 레스토랑에서 마르크 아에베를린(Marc Haeberlin)에게 요리를 배웠다.

건물의 뒤편에는 호수가 바라다보이는 너른 텃밭과 식사 전 음료를 마실 수 있는 테라스가 있다. 풍경을 경이롭게 바라보는 것만큼 1,000여개 이상의 와인과 250개의 샴페인, 스파클링 와인을 포함한 방대한 와인 리스트를 감상하는 데에도 시간을 할애해야 할 것이다.

요리는 클래식한 지중해 요리로 탁월한 품질의 현지 재료들을 잘 활용한다. 얇게 채썬 셀러리악과 곱게 간 그라니 스미스 애플 소스를 곁들인 랑구스틴과 가리비에 양파와 레몬을 끼운 꼬치구이로 식사가 시작된다. 조개류의 품질은 흠잡을 데 없고 조리도 완벽하며 애플 소스는 요리에 부드러운 균형을 선사한다.

노랑 촉수에 순무를 올리고 으깬 감자와 훈제 치즈를 곁들인 요리도 흔치 않은 조합이지만 아주 효과적이다. 확 와 닿는 맛의 조합은 아니지만 치즈 맛이 두드러지지 않으며 순무 토핑이 으깬 감자의 느끼한 맛을 중화시킨다. 생선의 간과 익힌 정도도 완벽하다.

그림 같은 호숫가의 풍경은 마법과도 같고 식재료의 품질은 탁월하며 요리 솜씨도 흠 잡을 데가 없다. 탑 클래스의 서비스와 맞물려 빌라 크레스피에서의 식사는 진정 미식의 즐거움을 느끼게 한다. 돔을 올린 이슬람 양식의 레스토랑에 머무는 것은 풍요로움을 맛보는 것이다. **AH**

⬆ 로맨틱한 식사에 완벽히 어울리는 호숫가의 정경.

알 카크치아토레 델라 주비다 Al Cacciatore della Subida | 세련된 요리와 최상급 와인

위치 코르몬스 **대표음식** 송아지 정강이 요리 Veal shank | ⑤⑤⑤

슬로베니아의 국경에서 불과 몇 발자국 떨어진 곳에 위치한 이곳은 가정 요리를 예술의 수준으로 승화한 곳이다. 또한 프리울리 베네치아 줄리아(Friuli-Venezia Giulia) 요리와 와인의 진정한 성전이기도 하다. 베네치아, 오스트리아와 인근의 슬라브 국가들의 영향을 받았지만 자신만의 개성을 유지하고 있다.

이탈리아의 어느 곳보다도 향신료와 허브를 창의적으로 사용한다. 메인으로 나오는 시나몬을 넣은 송아지 요리, 육두구를 넣은 사슴 요리, 그리고 리코타 치즈와 타라곤으로 속을 채운 이스트 케이크가 그 예이다. 이탈리아 최고의 화이트 와인과 일부 탁월한 레드 와인들이 이 지역에서 생산되는데 대부분이 코르몬스를 둘러싸고 있는 콜리오(Collio) 지역산이다. 와인 생산업자들도 로컬 요리에 정통하여 이 요리들의 풍미에 어울리는 와인을 만든다. 일례로 카베르네 프랑은 육두구와 쇼비뇽 블랑은 샤프론과 궁합이 맞는다.

요스코(Josko)와 로레다나 시르크(Loredana Sirk) 부부와 그의 가족들은 뜨거운 열정으로 레스토랑을 운영한다. 요스코는 소량으로 생산되는 뛰어난 품질의 재료들을 발굴하기 위해 여행을 다닌다. 예를 들어 그의 벗인 지지 도스발도가 생산하는 프로슈토는 그 어느 곳에서도 찾아볼 수 없는 맛이다. 요스코는 손으로 프로슈토를 실크처럼 부드러운 리본 모양으로 자르는데 그 맛을 보면 왜 이토록 프로슈토를 정성껏 자르는 것이 중요한지를 깨닫게 된다.

로컬 요리를 엄격히 따르지만 놀랄만큼 세련되었다. 현지에서 생산되는 숙성기간이 서로 다른 몬타시오 치즈로 만드는 바삭한 식감의 프리코(Frico)는 거부할 수 없는 맛이다. 살구 혹은 자두가 제철일 때에는 크기는 크지만 섬세한 맛을 내는 뇨키 디 수시네(gnocchi di susine)의 속을 살구와 자두로 채우고, 버터, 시나몬, 훈제한 리코타 치즈를 곁들여 낸다. 입안에서 녹듯 부드러운 스틴코 디 비텔로(stinco di vitello, 송아지 정강이 요리) 하나만으로도 한번 가볼 만한 곳이다. **FP**

"이 레스토랑에서는 오랜 전통과 창의적이고 현대적인 접근법이 성공적으로 융합된다."

Michelin Guide

⊞ 라 수비다의 다이닝룸은 평안한 시골풍이다.

트라토리아 비스콘티 Trattoria Visconti | 패밀리 레스토랑의 세련된 요리

위치 암비베레 **대표음식** 논나 이다의 카손첼리 Nonna Ida's casoncelli | 💲💲

트라토리아 비스콘티는 차분하고 세련되며 안락한 분위기를 풍긴다. 여름철 목가적인 정원의 아름다운 테라스에서 향기로운 녹음에 둘러싸여 식사를 하면 세상이 모두 편안하다는 느낌이 든다. 날씨가 조금 서늘할 때에는 테이블 사이의 간격이 널찍한 실내에서 식사를 할 수 있다.

비스콘티 가족이 운영하고, 전문성을 갖춘 친절한 종업원들이 어린 자녀들을 데리고 온 가족 고객들을 따뜻하고 편안하게 맞이한다는 2가지 면에서 이곳은 패밀리 레스토랑이라 할 수 있다. 로맨틱한 식사 또한 가능한데, 어느 쪽이건 따뜻한 환대가 느껴지는 분위기에서 소중한 시간을 보낼 수 있다. 메뉴는 다양하고 창의적이다.

홈메이드 살루미 혹은 신선한 안초비로 구성된 안티파스토나 멧돼지 테린으로 시작하는 것이 좋겠다. 이어지는 요리로는 봄철 채소를 넣은 생면 탈리올리나나 클래식한 밀라노식 리소토, 염장한 대구를 넣은 완두콩 수프, 메추라기를 넣은 리소토, 세이지를 넣은 호박 뇨키, 혹은 내장 요리를 선택할 수 있다. 대표적인 메뉴는 논나

이다의 카손첼리로 버터와 세이지를 넣고 조리한 속을 채운 파스타이다.

그 다음 요리로는 폴렌타를 곁들인 아스파라거스 요리, 올리브 오일로 익힌 소고기에 폴렌타를 곁들인 요리, 야생 토끼 혹은 콩깔 요리 등을 맛볼 수 있다. 치즈 코스에서는 1년산, 3년산, 5년산 비토를 동시에 시음해 볼 수 있는 버티컬 테이스팅도 시도해 볼 수 있다. 디저트로는 홈메이드 잼 혹은 맛 좋은 피스타치오 세미프레도(semifreddo)를 곁들인 다양한 타르트가 있다.

와인 리스트도 흥미로운데, 다니엘레 비스콘티가 전문가다운 조언으로 와인 선택을 도와준다. 레스토랑을 나갈 때 현관 옆에 놓인 2개의 특이한 허수아비를 한번 보기를 권한다. 고급 레스토랑이지만 분위기는 전혀 갑갑하지 않다. **CS**

⬆ 세련되고 따뜻한 환대를 느낄 수 있는 분위기를 즐겨보라.

리스토란테 바레토 디 산 비질리오 Ristorante Baretto di San Vigilio | 심플함에서 느껴지는 교훈

위치 베르가모　**대표음식** 올리브 오일과 폴렌타를 곁들인 소고기 요리 | Beef with olive oil and polenta | 💲💲

이곳은 베르가모의 꼭대기 근처에 위치해 있다. 이곳에 가려면 등반열차를 2번 갈아타야 하는데, 일단 도착하면 보람이 느껴질 것이다. 아름다운 베르가모의 절경이 한눈에 들어오는 꽃무늬 파라솔을 씌운 퍼걸러(pergola) 아래에 앉거나 우아한 다이닝룸의 테이블을 선택할 수도 있다.

　테이블에는 고급 리넨이 드리워져 있고 목재 찬장 주변은 다채로운 꽃장식으로 꾸며져 있다. 와인 리스트는 최고의 이탈리아 와인들을 선보이며 종업원들은 고객의 말에 주의를 기울여 듣는다. 탁월한 레스토랑이 어떻게 운영되는지 알고 싶다면 이곳이 이상적이다. 메뉴는 가짓수가 많지 않고 심플하나 지역산 제철 식재료들을 선보이며, 요리기술에 대한 노하우를 최대한 활용하지만 요란스러움은 최소한으로 자제한다. 지저귀는 새소리를 들으며 무엇을 주문할까 고민하는 동안 종업원들이 식전주인 프로세코(prosecco)나 캄파리(Campari) 칵테일에 어울리는 맛난 아뮤즈 부셰를 가져다준다.

셰프들은 애피타이저로 탁월한 맛의 리소토와 파스타, 샤퀴트리, 따뜻한 샐러드 등을 만든다. 소고기와 민물생선 요리들은 진정 걸작이다. 하지만 디저트를 위한 여유는 남겨둬야 한다. 신선한 과일 샐러드, 차바이오네(zabaione), 초콜릿 케이크, 이탈리아식 트리플(trifle)은 모두 맛볼 만하다. 이 작은 레스토랑에서 진정 멋진 것은 모든 것이 일관성이 있다는 사실인데, 일주일 내내 매일 이곳에서 점심과 저녁을 먹는다 해도 그 높은 품질은 한결같을 것이다. 많은 현지인들이 이곳의 단골인데, 특히 결혼식, 세례식, 그 밖의 가족행사를 위해 이 레스토랑을 찾곤 한다. 집에 돌아온 후에도 두고두고 오랫동안 이 레스토랑에 대해 이야기하게 될 것이다. **SdS**

⬆ 바레토 디 산 비질리오의 매력적인 다이닝룸.

다 비토리오 Da Vittorio | 담음새도 멋진 독창적인 고급 요리

위치 브루사포르토 **대표음식** 파케리 Paccheri | ⑤⑤⑤⑤

"광활한 대지로 둘러싸인 우아한 빌라, 완벽한 웰니스(wellness)의 오아시스를 제공한다."

relaischateaux.com

다 비토리오는 유서깊은 도시 베르가모에서 그리 멀지 않은 매력적인 언덕 위에 위치해 있으며 아름다운 가든 테라스와 수영장을 보유하고 있다. 이곳은 1966년 해산물이 주특기인 오늘날의 두 셰프 엔리코(Enrico)와 로베르토 체레아(Roberto Cerea)의 부모님이 문을 연 곳이다. 요리의 품격은 미슐랭 스타 3개로 인정을 받았다.

모든 요리에는 탁월한 로컬 식재료들이 최대한 활용된다. 튜브 모양의 파스타인 파케리는 맛이 뛰어난 로컬 토마토와 작은 바질 잎을 넣어 조리한 후 36개월 숙성시킨 파르메산 치즈와 매운 고추를 살짝 곁들인다.

단맛이 풍부한 랑구스틴은 3가지의 다양한 스타일로 준비되는데, 텐푸라로 만들거나 쿠스쿠스, 레몬, 로즈메리를 넣어 조리하거나 또는 약간의 발사믹 식초를 곁들여 낸다. 각각의 경우 조리는 흠잡을 데 없이 정확하다. 농어는 주물 냄비에 담고 그 아래에 뜨거운 돌을 켜켜이 쌓아 올려 테이블에서 직접 조리해 준다. 돌 위에 물을 뿌리고 냄비 뚜껑을 덮으면 이로 인해 발생한 증기로 농어가 익는다. 자연산 농어에는 허브의 맛과 향을 더하고 주사위 모양으로 자른 다양한 채소들을 심플하게 곁들인다.

육류를 선호한다면 피에몬트산 소고기로 만든 비프 타르타르에 케이퍼와 우스터 소스를 살짝 곁들인 요리를 선택할 수도 있다. 메뉴는 계절별 변화를 반영하고 새로운 요리 주제를 시도하기 위해 정기적으로 업데이트 된다. 광대한 와인 리스트에는 요리에 곁들일 3,000여 가지에 이르는 와인이 올라 있으며, 15,000병의 와인이 온도와 습도가 조절되는 셀러에 보관되어 있다.

디저트는 정원에 놓인 예쁜 스탠드에서 먹을 수 있다. 야생 딸기 스폰지 케이크는 현지에서 생산되는 제철 과일을 활용한 것이며, 실크처럼 부드러운 다크 초콜릿 아이스크림이나 섬세한 맛의 애플 타르트를 선택할 수도 있다. **AH**

⤒ 비토리오는 3,000여 종에 이르는 인상적인 와인 셀러를 뽐낸다.

➜ 테라스도 야외 식사에 이상적이다

토니 델 스핀 Toni del Spin | 세월이 흘러도 변치 않는 전통이 가진 거부할 수 없는 매력

위치 트레비소 **대표음식** 폴렌타를 곁들인 비첸티나 스타일의 말린 대구 요리 Vicentina-style stockfish with polenta | 💲💲

휙 둘러보면 당신이 즐겁게 식사를 하고 있다는 사실을 알 게 될 것이다. 높은 천장, 시골스러운 돌 벽, 분필로 적은 메뉴판, 야생고기를 굽는 진한 냄새와 갓 세탁한 테이블 리넨에서 풍기는 향기가 서로 어우러지는 이곳의 모든 것들이 알차고 믿음직스러운 베네토 지방의 요리에 대해 이야기해준다. 어떤 곳도 토니 델 스핀만큼 신뢰가 가는 곳은 없다. 이곳의 전통은 130년 된 벽들만큼 오래되었고 1986년부터 이 레스토랑을 소유하고 있는 알프레도 스투를레세(Alfredo Sturlese)도 전통을 변화시킬 마음이 없다.

전 주인의 대표 메뉴인 양파와 우유를 넣어 만드는 비첸티나 스타일의 말린 대구요리와 더불어, 가슴이 따뜻해지는 비둘기 브로스(broth), 오리와 거위구이, 토끼 스튜, 진한 콩 수프와 야생 버섯 리소토는 오래전부터 레스토랑을 지켜오고 있는 셰프 구이도 세베린(Guido Severin)의 현지 특선요리다. 과거에 토니의 요리는 매우 인기가 있어 그와 그의 레스토랑에는 '대구 뼈(del spin)'라는 별명이 붙었다. 이는 너무 바빠서 생선 뼈를 제대로 바를 수 없었기

때문에 손님들이 불쾌하지 않도록 10개의 생선뼈를 발견할 때마다 와인 한 잔씩을 무료로 주었다고 한다.

트레비소 요리에 유명세를 더한 라디치오에 오마주를 표할 정도로 상당히 메뉴가 광범위해졌음에도 불구하고, 오늘날은 지나치게 세심해서 그러한 실례를 범하지 않는다. 제철일 때 가늘고 길쭉하며 맛 좋은 라디치오는 리소토와 라자냐에서부터 그릴에 구운 사이드 디시, 아삭한 식감의 샐러드와 송아지 스튜에 이르기까지 레스토랑 메뉴 곳곳에 쓰인다.

미식이 주는 이 모든 기쁨에 동행할 300여 종의 탁월한 와인 리스트가 있으며, 알프레도의 아들이자 전문 소믈리에가 와인을 선별해 준다. 트레비소의 또 다른 걸작품인 티라미수를 놓고 부자간 벌이는 격한 경쟁으로도 유명하다. 누가 이기든 간에 황홀한 맛의 이 크리미한 디저트는 완벽한 식사를 또한 완벽하게 마무리해준다. **DJS**

⬆ 트레비소의 토니 델 스핀은 전통적인 트라토리아다.

오스테리아 델라 빌레타 Osteria della Villetta | 매력적인 오스테리아에서 즐기는 맛과 향, 그리고 전통

위치 팔라촐로 술올리오　**대표음식** 소고기 패티, 속을 채운 사보이 양배추, 소 볼살의 3가지 요리로 구성된 트리오 Tris of beef patty, stuffed Savoy cabbage, and beef cheek　| 🟡🟡🟡

팔라촐로 술올리오 마을의 기차역에서 몇 발자국 걸으면 시선을 사로잡는 옅은 초록색 건물을 마주하게 되는데, 바로 이곳이 약 100년 넘게 오스테리아 델라 빌레타가 자리해 온 곳이다. 현재 이곳의 주인인 마우리치오(Maurizio)와 그라치아(Grazia)는 비록 장소는 달랐지만 훨씬 오래전부터 이 오스테리아를 운영해 온 로시 가문의 14대손이다. 진정한 전문가가 만들어 내는 브레시아의 전통 요리를 찾고 있다면 더 둘러볼 필요가 없다.

이 작은 레스토랑은 현지인들이 많이 찾는 곳이다. 요리는 부담스럽지 않고 편안하지만 열광적인 찬사를 받는다. 식재료들은 원칙적으로 개인적인 친분이 있는 현지 생산자들에게서 공급받는데, 모두가 전통적인 식재료들로 맛과 향이 뛰어나고 상태가 온전하다.

그날의 특선요리들은 매일 작은 칠판에 적어 놓는데 페스토를 넣은 채소 미네스트로네, 버터와 세이지를 넣은 뇨키, 폴렌타를 곁들인 오일에 구운 소고기와 겨울철에는 홈메이드 코테키노(cotechino: 렌즈콩을 주로 곁들여 먹는 익힌 소시지) 또는 볼리토 미스토(bollito misto: 고기와 채소를 넣은 브로스)가 있다. 대표적인 메뉴는 소고기 패티, 사보이 양배추에 돼지고기로 속을 채운 룰라드, 살사 베르데를 넣고 끓인 소 볼살의 3가지 요리로 구성된 트리오다. 버리는 것 없이 남은 것도 새롭게 재활용하던 때를 상기시키는 이 레스토랑은 현지인들이 사랑하는 곳으로 남아 있다.

와인 리스트는 프란차코르타(Franciacorta)를 특히 중점적으로 다루며, 다수의 와인들이 잔으로도 서비스 된다. 여름철에는 식사를 부드럽게 마무리하는 장인의 치즈, 딸기 타르트 혹은 속을 채워 오븐에 구운 복숭아가 나온다. 벽에 걸린 예술작품들은 대화를 절로 자아내고 눈길을 끄는 찬장에는 병과 유리잔들이 가득하며 지난 세월 속 로시 일가의 모습을 담은 아련한 추억을 상기시키는 흑백사진들과 커다랗고 낡은 나무 식탁들이 진정 매력적이고 편안한 공간이다. **CS**

⬆ 이곳에서의 식사는 편안하고 즐거운 일이다.

리스토란테 마첼레리아 모타 Ristorante Macelleria Motta | 육식에 일가견이 있는 사람들이 찾는 곳

위치 벨린치고 **대표음식** 3가지 방식으로 조리한 피에몬테산소고기 타르타르 Tartare of Piedmont beef three ways | 💲💲

"모든 종류의 특별한 고기 요리들이 이 멋진 레스토랑의 자부심이다."

Michelin Guide

⬆ 다양한 샤퀴트리와 육류 제품들이 진열되어 있다.

➡ 비프 타르타르는 담음새도 빼어나다.

오늘날 채식주의자들은 눈길을 돌리지만 육식가들은 이곳으로 모여든다. 이탈리아어로 '마첼레리아'의 뜻이 '정육점'이라는 사실을 안다면 아마 감이 올 것이다. 이곳은 실제로도 도살업자인 세르조 모타(Sergio Motta)가 운영한다. 레스토랑에 들어서면 처음 눈에 들어오는 것이 바닥에서 천장까지 이르는 높이의 냉장고일 것이다. 안에는 우족, 햄, 다양한 부위 등을 포함한 커다란 고기 덩어리들이 전시되어 있다.

진열된 생고기들을 지나쳐 걸으면 차분하고 다채로운 색상들과 새것처럼 정갈한 하얀색 리넨으로 꾸며진 레스토랑으로 들어서게 된다. 이곳에서는 채소들로 만든 흥미로운 사이드 디시들을 포함한 메뉴도 즐길 수 있다. 하지만 이 메뉴 때문에 레스토랑을 찾은 것은 아니다. 홈메이드 살루미, 계절에 따라 오일에 담근 아티초크나 아스파라거스를 곁들인 비프 프로슈토, 사프란과 골수를 넣어 만든 리소토, 세이지와 자두를 넣고 볶은 소고기 간 요리, 여러 생채소를 혼합한 핀치모니오(pinzimonio)를 넣은 지라(spleen) 요리, 양귀비씨와 레몬 껍질을 넣고 그릴에 구운 심장과 내장 요리, 오소부코 혹은 300g짜리 버거를 골라 주문해 보자.

이곳은 특히 세르조가 이웃한 피에몬테에서 열리는 경매에서 사온 소들을 전문으로 한다. 세르조는 1년 내내 직접 소를 잡는데, 그 과정이나 고기를 고르는 기준을 설명하는 것에 행복해한다. 그가 주위에 있다면 고깃감을 고를 때 무엇을 보고 어떻게 손질을 하는지, 사진들도 완벽하게 갖춘 수업을 들을 수 있다. 비위가 약하다면 이 부분은 생략하고 넘어가고 싶을지도 모른다.

모든 고기를 먹고도 디저트를 위한 여유가 남아 있다면 이곳에서 직접 만든 티라미수나 사프란 소스를 곁들인 아몬드 세미프레도(semifreddo) 혹은 판나코타를 맛보라. 신중하게 고른 와인 리스트는—레드 와인이 우세하다—나중에 생각해도 이곳이 레스토랑 그 이상이라는 사실을 증명해 준다. **CS**

두에 콜롬베 Due Colombe | 현지산 그라파를 맛볼 수 있는 우아한 공간

위치 보르고나토 **대표음식** 폴렌타를 곁들인 오일에 조리한 소고기 요리 Il manzo all'olio del Due Colombe con polenta ("Due Colombe" beef in oil with polenta) | ❺❺❺❺

"두에 콜롬베는 14세기 물레방앗간이었던 건물에 자리한 미슐랭 스타에 빛나는 파인 다이닝의 천국이다."

Mr. & Mrs. Smith

⬆ 개조된 물레방앗간에는 스타일리시한 레스토랑과 그라파 테이스팅 바가 있다.

작은 마을인 보르고나토는 롬바르디의 프란차코르타(Franciacorta) 지방에 위치해 있는데, 이곳은 이탈리아 최고의 스파클링 와인 산지로 유명하다. 이 지역으로 여행을 가 봐야 할 2가지 그럴 만한 이유가 있는데, 그중 하나는 레스토랑 두에 콜롬베에서 셰프 스테파노 체르베니(Stefano Cerveni)의 탁월한 요리를 맛보기 위함이고, 또 다른 하나는 보르고 안티코 산 비탈레의 그라파(grappa) 증류소를 가보기 위함이다. 이 증류소에서는 증류 과정에 대해 배울 수도 있고 프란차코르타 그라파를 시음해 볼 수도 있다. 사실 증류소와 레스토랑은 본래 물레방앗간이었던 곳을 멋지고 감각 있게 재건한 동일 건물 내에 위치해 있어 따로 우회할 필요가 없다.

다이닝룸은 그라파 테이스팅 바가 보이는 메인 건물 1층에 위치해 있다. 커다란 테이블 사이의 간격이 넓고, 훌륭한 솜씨로 완벽하게 조리된 요리에는 풍미가 가득하며 플레이팅 또한 아름답다. 버터, 세이지와 바삭한 파르메산 치즈를 곁들인 토끼 라비올리, 오징어 먹물을 넣은 크리미한 리소토, 생강과 사프란에 마리네이드한 새우, 홈메이드 탈리아텔레 혹은 이세오(Iseo) 호수에서 잡은 정어리 말린 것에 설탕에 절인 토마토와 토스트를 곁들인 요리와 같은 별미들을 골라 주문해 보자.

1955년부터 전해 내려오는 체르베니의 할머니인 엘비라의 레시피이기도 한 폴렌타를 곁들인 오일에 조리한 소고기와 같이 인기 있는 요리들과 프란차코르타 소스를 곁들인 선명한 빛깔의 자색 감자와 새우요리는 레스토랑이 위치한 와인 생산지와 이곳의 요리 역사를 말해 준다. 무슨 메뉴를 주문할지 고심하는 동안 기포가 있는 프란차코르타 와인 한잔이나 식사의 마무리로 현지에서 생산되는 그라파를 주문해 마셔보자. 식사가 끝난 후에는 잔디 위나 단아한 정원 주위를 거닐면서 이 고요한 분위기에 흠뻑 젖어볼 수도 있다. **CS**

알 폰트 데 페르 Al Pont de Ferr | 꾸밈없이 소박한 분위기에서 장관을 이루는 멋진 요리

위치 밀라노 **대표음식** 캔디처럼 만든 붉은 색의 트로페아 양파 Candied red Tropea onion | 💲💲💲

알 폰트 데 페르는 밀라노의 나빌리 구역의 아름다운 나빌리오 운하(Naviglio Grande canal)의 둑방에 자리하고 있다. 이상할 만큼 전원적인 분위기가 느껴지는 이 지역에는 급조한 듯한 카페와 비스트로가 빼곡히 들어서 있는데 도시의 패션 광고들로부터 벗어나 느긋하게 즐기고 싶을 때 찾을 만한 곳이다.

편안한 분위기, 탄탄해 보이는 가구들, 전형적인 이탈리아 태번에서 볼 수 있는 것처럼 줄줄이 와인병들을 벽에 늘여 세워 놓은 알 폰트 데 페르는 행복하게 파티의 정신을 수용하고 있다. 소믈리에인 마이다 메르쿠리(Maida Mercuri, 현지에서는 '나빌리의 숙녀'로 알려져 있다)가 26년간 운영을 해 오고 있는 이 레스토랑은 친절한 서비스, 뛰어난 와인 리스트, 우루과이 출신의 셰프 마티아스 페르도모(Matias Perdomo)가 만드는 몇몇 걸작 요리들을 제공한다.

엉클어진 머리와 편안한 매너를 지닌 마티아스는 매우 여유 있어 보이지만 요리에 있어서 만큼은 온갖 노력을 다한다. 수년에 걸쳐 그는 레스토랑의 명성을 '그럭저럭 괜찮은 리소토 혹은 커틀릿'에서 그의 표현에 따르면 이른바 '광란의 흥분이 느껴지는 미식 여행'으로 격상시키기 위해 열심히 일해왔다. 그 결과로 그간 매우 탐내왔던 미슐랭 스타와 범상치 않은 요리들로 구성된 합리적인 가격의 테이스팅 메뉴에 만족감을 표하는 고객들을 얻었다.

페르도모는 "나의 요리는 재미있고 거의 성가시기도 하다"라고 말한다. 트로페아 양파가 캐러멜로 만든 거품인 걸 알게 되고, 방어와 푸아그라가 미니 모자이크처럼 보이고, 완두콩 디저트가 모종삽에 담겨 나와도 놀라워하지 마라.

이 모든 것이 완벽한 듀오가 만들어 내는 경험의 일부로 두 사람 모두 자신만의 분야에서 전문가이며 일에 대해 순수한 사랑을 가지고 있다. **DJS**

리스토란테 크라코 Ristorante Cracco | 감각적인 예술작품의 축소판

위치 밀라노 **대표음식** 사프란 리소토 Saffron risotto | 💲💲💲💲💲

최근들어 카를로 크라코(Carlo Cracco)는 이탈리아에서 누구나 다 아는 이름이 되어 버렸다. 수없이 TV에 출연하면서 전형적인 마스터 셰프가 되었지만, 카를로 크라코의 국제적인 명성은 여전히 그의 스마트한 밀라노 레스토랑에서 맛볼 수 있는 최고의 요리들에서 나온다.

카를로의 성공은 신선한 식재료와 디테일에 대한 거의 마니아에 가까운 집착이 숭고하게 아름다운 예술적인 프레젠테이션과 결합되면서 이룩한 것이다. 크라코에서는 예술작품의 축소판을 경험할 수 있다. 식재료들은 맛과 식감의 순에 따라 접시에 담기거나 변화무쌍한 형태와 색채로 소용돌이를 이루며 예술적인 분사나 선으로 마무리된다. 이의 효과는 과히 경이롭고 천국과도 같은 배합으로 미각이 즐겁다.

> "두오모에서 불과 몇 발자국 떨어진 이 매력적인 이탈리안 레스토랑 클라코는 높은 평가를 받는다."
> *Zagat*

무화과와 세이지 버터를 곁들인 굴, 캄파리에 절인 새우, 비트와 함께 소금과 식초에 절인 가리비 요리는 군침을 돌게 하는 메뉴들이다. 하지만 이 레스토랑의 정수는 바로 쌀 요리로, 전통적인 밀라노식 사프란 리소토의 맛 좋은 크리미한 버전은 새로운 발견이며, 성게와 오징어 먹물 리소토 혹은 코코아, 레몬, 안초비를 넣은 쌀요리 또한 그러하다. 레스토랑의 크기를 고려하면 와인 리스트 역시 기대와는 다르게 매우 인상적이다. 수수한 선들을 살린 이탈리아 최신 유행의 미니멀리즘에 따뜻한 동양적인 요소를 결합한 편안하나 고급스러운 레스토랑의 인테리어와 맛있게 조화를 이루는 최고급 연금술이다. **DJS**

일 루오고 디 아이모 에 나디아 Il Luogo di Aimo e Nadia | 완벽한 스타일을 선보이는 이탈리아 요리

위치 밀라노 **대표음식** 파와 매운 고추소스를 곁들인 듀럼 밀로 만든 스파게토니 | Spaghettoni of durum wheat with green onion and hot pepper sauce | 🅢🅢🅢

"시작부터 끝까지 이제까지 경험한 최고의 식사 중 하나일 것이다."

Zagat

밀라노에서 가장 한적한 지역 중 한 곳에 자리를 잡은 이곳은 1962년에 셰프 아이모 모로니와 그의 아내 나디아가 설립한 레스토랑이다. 요리는 이탈리아의 전통에 뿌리를 내리고 있으며 요리 스타일은 본래 부부의 고향인 토스카나 스타일을 따랐으나 시간을 거치면서 이탈리아 타 지역의 영향을 받아들이며 발전하였다. 오늘날 레스토랑은 미슐랭 스타 2개를 받았고 요리만큼 와인 선택에 있어서도 상당히 신중을 기한다. 소믈리에는 이탈리아 와인에 대해 2권의 책을 출간하기도 했다. 안락한 다이닝룸에서 눈길을 사로잡는 것을 벽에 걸린 현대 예술 작품들이다.

전형적인 식사는 알프스의 호수에서 잡힌 민물고기와 말린 숭어 알을 넣은 토스카나산 흰콩 수프로 시작하는데, 이 수프는 매우 가슴이 훈훈해지고 편안해지는 요리다. 카발리에리 브랜드의 듀럼 밀로 만든 스파게토니는 매우 심플하지만 맛 좋은 요리로 파와 매운 고추 소스, 올리브 오일, 리구리아산 바질을 곁들인다. 소스는 요리의 맛과 향을 딱 알맞은 정도로 북돋아 주고 간도 정확하다.

시칠리아산 아몬드와 아티초크를 곁들인 토타니(totani, 오징어) 스튜는 질긴 맛이 전혀 없이 부드럽고 맛과 향은 조화롭다. 이어 바롤로 와인에 끓인 소꼬리 스튜를 맛볼 수 있는데, 실크처럼 부드러운 사과 퓌레로 둥글게 둘레를 감쌌다. 고기는 서서히 익힌 것으로, 부드럽게 으깬 감자가 소꼬리와 완벽하게 어울린다.

창의력이 돋보이며 꼭 한 번 맛볼 만한 가치가 있는 디저트는 '돌치 오르타지(Dolci Ortaggi)'로 반구 모양의 가지에 초콜릿, 바질, 레몬밤 셔벗을 곁들인 것이다. 또 하나의 맛있는 옵션으로는 아몬드 셔벗과 부드러운 식감의 무스를 곁들인 밤(chestnut) '키스(kiss)'가 있다. 서비스는 우수하며 친절하다. 일 루오고 디 아이모 에 나디아는 이탈리아 요리의 모든 것이다. **AH**

⬆ 눈길을 사로잡는 현대 예술작품들이 레스토랑의 벽을 수놓고 있다.

일 리스토란테 트루사르디 알라 스칼라 Il Ristorante Trussardi alla Scala | 모든 수준에 있어 세련됨이 돋보이는 곳

위치 밀라노　**대표음식** 금가루, 생강, 사프란 젤리를 곁들인 감성돔 요리 Sea bream with gold, ginger, and saffron jelly | ❺❺❺❺

본고장인 밀라노처럼 일 리스토란테 트루사르디 알라 스칼라는 도시적이고 세련되며 패셔너블하다. 우아한 화이트 실내 장식과 밝은색의 나뭇바닥, 디자인을 의식해 만든 식기류와 의자들은 모두 흠잡을 데 없이 완벽하다. 기다란 벽을 따라 난 창문으로는 세계적으로 유명한 피아차 델라 스칼라가 바라다보인다.

주로 대도시의 고객들이 이곳의 단골이며 자연스러운 우아함이 느껴진다. 하지만 많은 디자이너 레스토랑들과는 달리 이곳은 유행만을 쫓는 단순한 만남의 장소가 아니다. 이 레스토랑에서는 요리를 매우 중요하게 여긴다. 깜짝 놀랄 만한 오리지널 미슐랭 스타 메뉴는 이탈리아에서 가장 빛나는 젊은 셰프들 중 한 사람이 만든 것이다.

루이지 탈리엔티(Luigi Taglienti)는 많은 위대한 프랑스와 이탈리아 셰프들과 일했으며, 매해 주어지는 상인 '이탈리아의 젊은 셰프(Italy's Young Chef)'로 선정되기도 했다. 그가 이곳에서 만드는 제철 메뉴들은 레스토랑에 배어 있는 현대적인 시크함의 분위기를 반영한다. 독창적이나 확실히 믿을 수 있는 전통을 존중하는 루이지는 "나의 고객을 황홀함으로 설레게 한다"는 단순한 목표를 가지고 있으며 가장 신선한 유기농 재료들만을 직접 선별하고 맛과 향, 그리고 상상력이 깃든 창의력이 돋보이는 요리에서 식재료들의 조화를 구현함으로써 이 목표를 이루어 나가고 있다.

그 결과 호박과 체리 피클 라비올리, 순무, 새우, 송아지 고기 소시지 토르텔리와 같은 모험적인 파스타 조합이나, 스푸만테, 고등어, 블랙 트러플을 넣고 졸인 송아지코, 배 오드비(eau de vie), 굴즙, 프아브라드(poivrade) 소스를 넣은 사슴 등심, 혹은 루이지의 대표 메뉴이기도 한 금가루, 생강, 사프란 젤리를 곁들인 감성돔 회와 같이 폭발적인 맛과 향으로 미각을 강하게 자극하는 음식들은 맛의 새로운 지평을 열게 되었다. **DJS**

"장소는 이보다 더 시내 중심가에 있거나 격이 높을 수 없다. 오페라를 보기 전이나 보고 나서 들르기에 최상이다."

concierge.com

⬆ 가장 인기 있는 감성돔 요리는 금가루를 뿌린 쾌락적인 요리다.

일 데스코 II Desco | 리소토를 사랑한다면 반드시 가봐야 할 곳

위치 베로나　**대표음식** 현지에서 생산된 셀러리, 따뜻한 구안치알레, 올스파이스를 넣어 만든 리소토 Risotto with local celery, warm guanciale, and allspice |

🍴🍴🍴🍴

"일 데스코는 베네토 지방의 다양한 최상급 식재료로 만든 매우 독창적인 요리를 선보인다."

frommers.com

일 데스코는 베로나의 중심부에 위치한 15세기 건물에 위치해 있다. 이곳은 가족이 운영하는 레스토랑으로 로컬 식재료를 활용해 탁월한 지방 전통요리를 선보인다. 셰프인 엘리아 리초(Elia Rizzo)는 전설과도 같은 구알티에로 마르케시(Gualtiero Marchesi, 이탈리아 셰프로서 최초로 미슐랭 스타 3개를 받았다)에게 요리를 배웠으며 일 데스코는 미슐랭 스타 2개를 보유하고 있다. 오늘날에는 엘리아의 아들 마테오(Matteo)가 주방을 맡고 엘리아의 아내가 서비스를 담당한다. 우아한 분위기의 다이닝룸은 화려하게 장식된 목재 천장을 자랑한다.

요리는 창의적이며 베네토 최고의 식재료를 활용한다. 갓 구운 빵과 흥미진진한 아뮤즈 부셰로 식사를 시작해보자. 가장 인기 있는 메뉴 중 하나는 라임과 코리앤더를 넣은 바닷가재 링귀네로 셰프의 요리 스타일을 잘 보여준다. 바닷가재의 식감은 부드럽고 라임은 기분 좋은 신맛을 더한다. 새우는 이곳에서 진부한 요리가 아니다. 최고 품질의 철갑새우에 가볍게 반죽을 입혀 튀기고 그린 샐러드를 곁들이는 것이 일 데스코의 버전의 특징인데 철갑새우의 품질로 인해 요리의 격이 한층 높아진다.

작은 양파(pearl onion)를 곁들인 사슴고기나 속을 채운 비둘기고기 등의 육류 요리도 있지만, 이곳의 특선요리는 단연코 리소토다. 아르보리오 혹은 카르나롤리 품종이 아닌 비아로네 나노 품종으로 만드는데, 이 품종은 베로나에서 생산되는 자포니카 쌀이다. 믿기지 않을 정도로 부드러운 쌀은 진하게 우린 닭육수로 조리하며 제철 채소로 한층 그 맛과 향이 풍부해진다.

디저트도 최상급이다. 섬세한 맛의 애플 밀푀유와 생강 처트니로 식사를 마무리할 수도 있는데 매우 얇은 페이스트리와 살짝 스치는 생강의 기운이 사과의 풍미를 돋우는 것이 특징이다. 일 데스코의 요리는 이 지방 전통 요리들의 본보기로서 최상급 품질의 식재료와 일류 요리솜씨를 특징으로 한다. **AH**

⬆ 우아한 분위기의 다이닝룸.

12 아포스톨리 12 Apostoli | 어디에서도 경험할 수 없는 식사의 복음을 전파하는 곳

위치 베로나 **대표음식** 리소토 알라 스비랄리아(닭고기와 셀러리악을 넣어 만듦)Risotto alla sbirraglia (with chicken and celeriac) | 🅢🅢🅢🅢

베로나의 그림 같은 풍경의 피아차 델레 에르베(Piazza delle Erbe) 마켓의 한적한 뒷골목에 숨겨져 있는 이곳은 품격과 위엄을 갖춘 도시의 상징과도 같은 레스토랑이다. 세심하고 멋진 스테인글라스로 장식된 입구부터 반 원통형의 둥근 천장과 보석함의 웅장함으로 꾸민 실내까지 어디에서도 볼 수 없는 품격과 스타일을 발한다.

이곳의 모든 것이 역사에 깊이 뿌리를 박고 있는데 레스토랑의 이름조차도 그렇다. 12 아포스톨리(12 사도)란 18세기 중반 이곳에서 사업차 만남을 가졌던 한 무리의 무역상들을 일컫는 닉네임이었다. 당시 건물은 태번보다 조금 나은 수준이었으나 1925년 안토니오 조코(Antonio Gioco)가 인수한 후 3대째 이르러 파인 다이닝의 본보기를 경험할 수 있는 곳이 되었다.

서비스는 완벽하며 메뉴는 현지의 오랜 전통요리와 현대요리들로 구성되어 있다. 리코타로 속을 채운 라비올리, 파스타와 콩 수프, 아마로네 와인에 졸인 오리고기부터 호박꽃을 곁들인 참치, 무화과를 곁들인 아구와 같은 생선별미에 이르기까지 다양하다. 디저트를 실은 수레는 거부할 수 없는 즐거움을 주는 멋진 향연이다. 와인 리스트 역시 훌륭한데, 이곳의 와인셀러 안에서는 로마 시대의 사원과 도로, 유명한 원형극장의 무너진 외벽에서 떨어져 나간 돌덩이로 지은 중세시대 탑의 흔적 등 고대 유적이 발견되기도 하였다.

유명한 장소에는 저명 인사들이 몰리기 마련이다. 유럽 왕실 일가를 포함하여 그레타 가르보, 바브라 스트라이샌드 등 유명한 스타들이 자주 찾는 곳이다. 모두들 이곳 요리의 탁월함을 단언하는데, 260년 전 12 사도라 불리던 고객들이 찾던 이 웅장하고 오래된 레스토랑에는 오늘날 그 이상의 많은 이들의 발길이 닿고 있다. **DJS**

"이곳에서 12명의 무역상들은 파스타와 콩에 발폴리첼라 한잔을 기울이며 사업을 했다."

12 Apostoli website

⬆ 유서 깊은 주변환경이 분위기를 더한다.

로칸다 치프리아니 Locanda Cipriani | 토르첼로 섬에 위치한 단아한 천국

위치 토르첼로 **대표음식** 달고기 필레 '알라 카를리나' John Dory fillet "alla Carlina" | 🍴🍴🍴🍴

"고급 레스토랑인 로칸다 치프리아니에는 마음에 드는 것들이 많다. 특선요리들은 완벽에 가깝다."

Time Out

베네치아에서 보트를 타고 작은 늪을 가로질러 약 40분을 가면 토르첼로 섬에 닿는다. 수백년 전 이 섬은 한때 수천 명의 거주민과 7개의 교회 그리고 성당을 보유한 이 지방의 중요한 중심지였다. 오늘날에는 몇 안 되는 거주민들이 사는 신록이 무성한 섬으로 매우 평화로운 분위기이다. 주말에는 영예롭던 비잔틴 시대의 성당을 보려는 관광객들이 찾는다. 하지만 알 만한 미식가들은 한적한 주변환경과 독특한 분위기를 자랑하는 로칸다 치프리아니 여인숙과 레스토랑을 들린다.

또한 좀 더 오래 머무르며 한때 이곳에서 글을 쓰며 오랜 기간을 보내곤 했던 헤밍웨이와 같은 유명한 단골들의 발자취를 따르며 심플하지만 어디에서도 볼 수 없는 매력적인 로칸다의 객실을 예약할 수도 있다. 오늘날 레스토랑의 주인인 보니파초 브라스(Bonifacio Brass)는 세계적으로 유명한 헤리스 바(Harry's Bar)를 창립한 주세페 치프리아니의 손자다. 할아버지를 똑 닮아서 그도 따뜻하지만 신중함이 배어 있는 분위기를 연출한다.

이 유명하고 인상에 남도록 일관성 있는 레스토랑은 평화롭고 외딴 환경과 잘 어울리도록 화려하지 않고 단아하다. 전설과도 같은 명성에도 불구하고 차분하고 따뜻하게 손님을 맞아 주는데, 간단히 말해 식사를 위해서는 완벽한 곳이다. 테이블들은 베란다에 놓여 있고 손질이 잘 된 정원에서는 산타 포스카 교회가 바라다보인다.

새우로 속을 채운 섬세한 호박꽃, 강 어귀에서 자란 채소를 넣어 만드는 크리미한 리소토 '알라 토르첼라나', 체리 토마토와 케이퍼를 곁들이는 달고기 필레 '알라 카를리나' 혹은 아티초크를 곁들인 농어 필레와 같은 클래식한 특선요리들에서는 맛과 향이 아름답게 어우러진다. 최상급의 머랭 케이크인 메린가타(meringata)도 놓치지 말아야 할 디저트로 이 세련된 식사를 완벽하게 마무리해 준다. **MS**

⬆ 토르첼로 섬 위의 이상적인 환경에서 즐기는 야외 식사.

오스테리아 알레 테스티에레 Osteria alle Testiere | 베네치아 요리의 작은 보석

위치 베네치아　**대표음식** 생강을 넣은 해산물 요리 Mollusk with ginger | 🄢🄢🄢

캄포 산타 마리아 포르모사(Campo Santa Maria Formosa)의 코너에 자리한 이 작은 베네치아의 레스토랑은 날로 강해지고 있다. 작은 목재 테이블이 고작 9개 놓여 있고 검정색 종이로 된 테이블 매트와 가늘고 기다란 와인 잔들이 단아한 오스테리아의 분위기를 연출하며 벽에는 레스토랑의 이름이 유래된 테스티에레가 장식되어 있다. 테스티에레는 침상에서 떼어낸 낡은 머릿판으로 오늘날에는 장식품으로 활용된다.

친구이자 동업자인 브루노와 루카는 완벽한 팀을 이루는데 루카는 서비스를 담당하고 브루노는 주방을 맡아 허브의 달인으로서 마법 같은 요리를 만든다. 싱싱한 생선으로 만드는 소박한 메뉴에 풍미를 더하는 민트와 코리앤더 등의 야생 허브뿐만 아니라 순무나 파와 같은 신선한 제철 채소들은 끝도 없이 구할 수 있다.

이곳에서는 오직 싱싱한 생선만을 사용하며 철마다 매우 다양한 요리들을 선보인다. 오렌지와 붉은 양파를 곁들인 가리비, 마찬콜레(mazzancolle) 새우와 야생 회향을 넣은 뇨키, 생강에 가볍게 버무린 카파로솔리(caparòssoli) 조개, 아구와 계피를 넣은 링귀네, 주니퍼, 핑크 페퍼, 민트, 오렌지와 레몬 즙에 담근 회향을 곁들인 달고기 필레가 그 예이며 심플하지만 그릴에 구운 맛 좋은 해산물 플래터는 소스와 즙을 그다지 좋아하지 않는 이들을 위한 요리다. 모든 것이 최고의 식재료를 사용해 세심한 주의를 기울여 흠잡을 데 없이 완벽하게 조리된다.

매주 다른 치즈들이 제공되는데 이는 식사를 마무리할 레드 와인을 주문하는 좋은 핑곗거리가 되기도 한다. 달콤한 마무리를 원한다면 레몬이나 머랭 타르트, 크레마 로사다(crema rosàda, 전통적이지만 베네치아에서는 거의 사라진 레시피로 달걀을 기본으로 한 크림으로 만든다), 혹은 티라미수를 선택할 수도 있다. **MS**

"어디에서도 찾아 볼 수 없는 최강의 신선함과 독창성을 지닌 해산물 요리를 선보이는 진정한 보석을 경험하다."

Zagat

⬆ 오스테리아 알레 테스티에레에서의 친근한 식사.

리도토 Ridotto | 내부자의 비법을 음미하는 곳

위치 베네치아 **대표음식** 석호에서 채취한 향기로운 허브를 넣고 망둥이 육수에 조리한 투베티 Tubetti in goby stock with aromatic herbs from the lagoon | ❸❸❸

보카도로 Boccadoro | 아름다운 곳에 자리한 고요한 요리 천국

위치 베네치아 **대표음식** 망둥이 필레를 곁들인 블랙 앤 화이트 뇨케티 Black-and-white gnocchetti with goby fillets | ❸❸❸

셰프인 잔니 보나코르시(Gianni Bonaccorsi)의 요리 솜씨는 이 친근한 베네치아의 레스토랑에서 잘 드러난다. 리도토라는 레스토랑의 이름은 청중들이 쉬는 사이사이에 모여드는 극장 대기실의 이름을 딴 것이다. 규모가 크고 떠들썩한 보나코르시의 피체리아 아추게타(Aciugheta)와는 다르게 이 조그마한 레스토랑은 그가 요리에 대한 사랑을 탐닉할 수 있도록 고안된 사적인 프로젝트에 가깝다.

보나코르시 요리의 기본은 최상급 품질의 로컬 식재료에 있다. 그는 전통요리에 대해 경의를 표하지만, 맛과 향 그리고 식감에는 창의적인 매력을 가볍게 입히기도 한다. 탁월한 홈메이드 파스타는 이곳의 하이라이트로 오징어 먹물로 색을 입히고 성게 알과 캔디처럼 만든 피망을 곁들인 스파게티 네리(spaghetti neri)와 생선 육수에 조리하는 튜브 모양의 파스타 튜베티 등이 있다.

이곳에서는 유명한 베네치아의 생선과 해산물뿐만 아니라 뛰어난 품질의 고기도 맛볼 수 있다. 고객들은 '메뉴 디 마레(menu di mare, 해산물)' 혹은 '마레 에 테라(mare e terra, 해산물과 고기)' 중 선택할 수 있다. 육식주의자들을 위한 메뉴로 그린 애플과 라즈베리를 곁들인 육즙이 풍부한 새끼돼지 혹은 아티초크와 꾀꼬리버섯을 곁들인 토끼 구이가 있다. 생선은 언제나 신선하고 소금에 절인 대구인 바칼라(baccalà)와 검은 색의 훈연한 렌즈콩을 곁들인 생물 대구요리와 같이 정확하게 조리된다.

다양한 요리와 궁합을 맞추기 위해 고생 끝에 수집한 와인들로 잘 채워진 보나코르시의 와인 셀러도 구경거리다. 디저트도 경계를 허물긴 마찬가지다. 카다멈 크럼블을 넣은 딸기 수프와 월계수 잎의 향을 입힌 아이스크림, 달걀과 유제품 또는 설탕을 넣지 않고 만든 티라미수도 맛볼 만하다. **MS**

곳곳에 감춰진 보석처럼 아름다운 교회나 탁월한 레스토랑을 우연히 발견하게 되는 느낌은 베네치아를 구석구석 여행하는 매력 중 하나다. 보카도로는 모자이크로 경이롭게 장식된 멋진 산타 마리아 데이 미라콜리(Santa Maria dei Miracoli) 교회 근처에 있는 아담하고 예쁜 광장 위로 미로처럼 난 좁은 길들 사이에 깊숙이 박혀 있다. 이곳은 아기자기한 레스토랑으로 포도나무 덩굴 아래에 앉아 식사를 할 수 있다. 실내는 편안하지만 야외에 앉아 분위기에 흠뻑 빠지고 싶을지도 모른다.

요리도 주변 환경만큼 다채롭고 예쁘다. 메뉴는 몇 가지 안되지만 세심하게 짜여져 있고 베네치아의 전통처럼 생선과 해산물 위주인데 신선한 식재료들은 당일 들여온

> "최고로 신선한 해산물을 맛보기 위해 이 조용한 광장의 상쾌한 퍼걸러 밑에 자리를 잡아 보라."
>
> Lonely Planet

다. 안티파스티는 어린 문어새끼, 섬세한 맛의 거미 게, 새우, 날 생선, 익힌 홍합과 조개 등등 순전히 석호에서 나는 다양한 해산물들을 보여주는 화려한 쇼케이스다.

첫 요리인 프리미(primi) 중에는 홈메이드 파스타가 돋보인다. 가리비와 아티초크를 넣은 블랙 탈리올리니 혹은 손으로 다진 스테이크를 넣은 라쟈네테(lasagnette)를 시도해 보자. 신선한 토마토를 넣은 심플한 탈리아텔레도 훌륭하다. 두 번째 요리인 세콘디(secondi)도 '제철의 신선한' 원칙을 따르는데 감자와 호박꽃을 곁들인 달고기 필레, 꿀을 곁들인 감성돔, 혹은 피망에 절인 농어와 같이 메뉴의 표현 그대로 심플한 요리들에서도 식재료의 품질이 빛을 발한다. **MS**

다 피오레 Da Fiore | 높은 수준의 아름다운 요리들이 나오는 진정한 베네치아의 보석

위치 베네치아 **대표음식** 문어와 문어 먹물을 넣은 탈리올리니 Tagliolini with moscardini in ink | 💲💲

다 피오레에서는 눈 돌릴 만한 것이 없다. 파노라마처럼 펼쳐지는 광활한 풍경도 없고, 섬세한 불빛이 켜진 넓고 우아한 룸이 있을 뿐이다. 다 피오레는 음식 맛을 아는 현지인들의 사랑을 받아 왔으며, 미식가들 사이에서 세계 최고의 레스토랑으로 평가된다.

다 피오레의 성공 비결은 음식에 대한 열정, 주방에서 이루어지는 마라 마르틴(Mara Martin)의 성실한 연구, 그리고 서비스를 담당하는 마우리치오 마르틴(Maurizio Martin)의 친절한 환대를 겸비한 데에 있다. 메뉴는 개성을 유지하면서 정기적으로 업데이트가 되며 여전히 단골들에게 놀라움을 선사하는 오래된 인기 요리들을 보유하고 있다. 주변의 고객들을 살펴보면, 그들이 단순히 음식을 먹는다기 보다는 마치 요리의 비결을 이해하려는 듯 얼마나 음식에 집중하는지를 알 수 있다. 자신의 요리에 확신을 가지고 있는 마라는 레시피를 추측해 보려는 사람들의 시도에 대해 걱정이 없다.

안티 파스티로는 새우와 마리네이드한 연어, 갯가재, 바다 달팽이, 작은 크기의 문어, 폴렌타를 곁들인 잔새우 등이 있다. 보기 드물게 첫 요리인 프리미(primi)의 선택폭이 넓은데, 새우와 포르치니 버섯을 곁들인 리소토처럼 다양한 해산물 리소토를 맛보길 권한다. 생선이라는 주제는 두 번째 요리로까지 이어지는데, 바삭한 감자를 곁들인 오븐에 구운 가자미, 알루미늄 호일로 만든 봉지에 넣어 구운 농어 알 카르토초(al cartoccio), 튀긴 조개, 소프트셀 크랩(soft-shell crab), 오징어 등이 완벽하게 요리되어 나온다.

모든 요리들이 전통적이나 어느 곳에서도 경험할 수 없는 높은 수준이다. 여기에 홈메이드 디저트와 매혹적인 와인을 더한다면 다 피오레에서의 식사가 더욱 기분 좋은 추억으로 남게 될 것이다. **MS**

"베네치아의 요리에 더한 다 피오레의 현대적인 면모는 국제적인 명성을 쌓는 데 도움이 된다."
fodors.com

⬆ 다 피오레의 가리비 요리.

알 코보 Al Covo | 석호에서 잡은 최상급 해산물

위치 베네치아 **대표음식** 셀러리와 회향을 넣은 농어 타르타르 Sea bass tartare with celery and fennel | ⑤⑤⑤

한적한 곳에 자리한 이 친근한 레스토랑은 베네치아의 미식가는 물론 알 만한 관광객들이 즐겨 찾는 곳이다. 산 마르코(San Marco) 광장에서 자르디니 델라 비엔날레(Giardini della Biennale)를 향해 스키아보니 해안도로를 따라 거닐면서 숨이 턱 막히는 풍경을 즐기고, 아르세날(Arsenal) 바로 전에서 왼쪽으로 돌아 작은 광장인 캄피엘로 델라 페스카리아(Campiello della Pescaria)로 들어서면 알 코보에 닿는다. 분위기는 클래식(classic)하지만 요리는 크리에에티브(creative)하다.

오징어와 문어를 구별할 수 없다면 제대로 찾아온 것이다. 헌신적으로 베네토산 식재료들을 옹호해 온 레스토랑의 주인인 체사레 베넬리(Cesare Benelli)가 현지의 특선요리에 대해 알아야 할 모든 것을 가르쳐 준다. 주방은 오픈 형태로 통조림 식품, 동물성 지방 혹은 가공 식재료들은 흔적도 찾아볼 수가 없다. 거의 잊힌 레시피를 담은 전통요리에는 오직 신선한 생선만을 사용한다. 모든 요리는 믿기지 않을 정도로 신선한 식재료들의 품질이 돋보

이도록 디자인된다.

사시미 스타일의 날 생선, 신선한 채소들, 생선 수프, 망둥이 필레를 넣은 뇨키, 앙귈라 인 우미도(anguilla in umido, 장어 스튜) 등 튀기거나 그릴에 구운 다양한 생선들 중 선택해 보자. 세자르는 창의적인 것을 좋아해 로컬 식재료에 남부지방에서 많이 나는 식재료들을 결합하는데, 칠렌토(Cilento)산 버팔로 젖으로 만든 리코타 치즈와 민트를 곁들인 호박꽃 튀김은 그 결과로 만들어진 조합이다. 식재료를 구하는 데 신경을 쓴다는 것은 육식주의자들의 구미에도 잘 맞는다는 것을 뜻한다. 메뉴에 올라 있는 몇몇 주목할 만한 고기 요리로는 삼부카노(Sambucano) 양고기와 카르마뇰라(Carmagnola)산(産) 피망을 넣은 리가토니(rigatoni)와 스카모네(scamone, 우둔살) 비프 스테이크 등이 있다. 감탄을 자아내는 와인 리스트의 와인들도 반드시 시음해 보도록 하자. **MS**

⤴ 알 코보는 아늑하며, 숨겨진 보석과도 같은 레스토랑이다.

코르테 스콘타 Corte Sconta | 포도나무가 무성한 안뜰에서 즐기는 멋진 베네치아의 식사

위치 베네치아 **대표음식** 생강을 넣고 볶은 조개Sautéed clams with ginger | ❸❸❸

이탈리아어로 감추어진 안뜰(hidden courtyard)이라는 뜻의 이름에 걸맞게 이 레스토랑은 여러 집들 사이에 보이지 않게 숨어 있으며, 포도나무 넝쿨로 덮인 아름다운 안뜰에서 식사를 할 수 있는 공간이 마련되어 있다. 1980년에 처음 문을 연 이후 소박한 가족이 운영하는 트라토리아에서 유명한 식당으로 변신했지만, 여전히 천이 아닌 종이 냅킨을 사용하는 등 반항적인 면모가 남아 있다.

입구 옆 카운터에 놓여 있는 갓 익힌 조개, 새우, 잔 새우, 갯가재, 거미게, 미트볼, 다양한 디저트 등 당신의 접시에 아름답게 담기게 될 음식을 보면 감탄이 절로 나올 것이다. 셰프인 에우제니오 오로(Eugenio Oro)가 주방을 맡고 있다. 메뉴는 전형적인 석호(lagoon) 요리들이 많지만 신선하고 창의적인 변화를 살짝 불어넣어 주의를 기울여 준비하고 섬세한 맛과 향들을 조합한다. 베지테리언과 비건을 위한 메뉴도 빼놓은 적이 없다.

거미게 파테, 향기로운 허브에 마리네이드한 조기, 발사믹 식초와 주니퍼 베리에 마리네이드한 참치, 생강을 넣고 볶는 현지산 조개류, 거미게 찜, 갯가재, 오징어 알, 문어, 말린 대구로 만든 무스를 포함한 해산물 찜 플래터 등의 다양한 안티파스타는 최고의 전통 요리들을 조금씩 맛볼 수 있는 기회를 제공한다. 파스타는 매일 만드는데, 아구와 신선한 완두콩을 넣은 뇨케티 혹은 갯가재와 아티초크를 넣은 탈리오리니를 권한다. 메인 요리로는 그릴에 구운 생선, 프리토 미스토(fritto misto, 모둠 해산물 튀김), 비사토 술라리아(bisàto sull'aria, 발사믹 식초와 월계수 잎을 넣어 익힌 크기가 작은 장어), 레몬과 카다멈을 넣은 숭어, 혹은 당근, 호박, 블랙 트러플을 섞은 딜(dill)로 만든 플랑(flan) 등이 있다. 십여 가지의 이탈리아산 모둠 치즈, 황홀한 디저트, 베네치아의 비스킷을 곁들인 전통 자바이노네는 식사를 잘 마무리해 준다. 탁월한 와인 셀러도 잊지 말자. 아마도 메뉴 전체를 음미하려면 다시 한 번 식사를 하러 와야 할 것이다. **MS**

⬆ 안뜰의 포도나무 넝쿨 아래에 앉아 식사할 수 있다.

비니 다 지조 Vini da Gigio | 격식에 얽매이지 않는 베네치아 요리

위치 베네치아 **대표음식** 제철 재료로 만든 리소토 Risotto with seasonal ingredients | ⑤⑤⑤

파올로(Paolo)와 라우라 라차리(Laura Lazzari) 남매의 넉넉한 인심으로 운영되는 이곳은 전통 베네치아 요리를 즐기는 손님들로 1년 내내 떠들썩하다. 야외 테이블은 없지만, 벽돌로 된 벽, 목재 가구들, 멋진 바깥 건축물들이 흘끗 바라다보이는 커다란 창문들로 꾸며진 실내는 안락하다. 친절하고 여유 있는 서비스로 고객들은 음식을 천천히 음미하며 긴 대화를 즐길 수 있다.

레스토랑의 이름이 암시하는 것처럼, 이곳에는 와인이 강하다. 와인 리스트에는 현지산 별미 와인들이 실려 있는데 대부분이 소규모의 생산자들이 빚은 와인이다. 와인을 고르고 그것에 어울리는 음식을 선택하거나 식사를 먼저 시작하고 이후에 추천 받은 와인을 곁들일 수도 있다.

베네치아의 레스토랑으로서는 드물게 생선과 고기 요리 모두 고르게 강조하고 있어 레드 와인 중 하나를 맛보려 하는 사람들에게는 더할 나위 없는 곳이다. 오소부코(ossobuco), 페가토 알라 베네치아나(fegato alla veneziana,

베네치아 스타일의 간요리) 혹은 양고기 커틀릿이 레드 와인과 어울릴 것이다. 생선 별미요리 가운데에는 조개, 대구 크로켓, 갯가재, 잔새우를 포함한 전통적인 베네치아의 해산물 안티파스티 플래터와 날 생선을 맛볼 수 있다.

대표적인 메뉴는 새우, 포르치니 버섯 혹은 호박과 아스파라거스 팁 등 제철 재료를 이용해서 만든 다양한 종류의 리소토이다. 리소토는 베네치아 요리의 전통을 따라 언제나 알론다(all'onda), 즉 부드럽게 익혀 나온다. 치즈를 사랑한다면 파올라가 발굴한 작은 업체들에서 생산된 생유 치즈, 마운틴 치즈 혹은 허브를 넣은 치즈 등을 포함하는 세련된 치즈 셀렉션이 있다. 모두가 와인 혹은 수제 맥주와 함께 맛볼 수 있다. 비니 다 지지오는 화려하지는 않지만 진정 탁월한 베네치아의 요리를 선보이는 곳이다. **MS**

⬆ 비니 다 지조는 베네치아의 칸나레조(Cannaregio) 구역에 자리하고 있다.

윌드너 Wildner | 잊을 수 없는 경치와 함께 맛보는 베네치아의 별미 요리

위치 베네치아 **대표음식** 적양파, 샐러드, 렌즈콩, 삶은 감자를 곁들인 그릴에 구운 문어 요리 Grilled octopus with red onion salad, lentils, and steamed potatoes | 💲💲💲

베네치아의 세인트 마르크 광장 주변 지역은 한가하게 거닐기에는 최적의 장소가 아닐지도 모른다. 그러나 알만한 사람들은 눈에 잘 띄지 않는 인근의 건물로 향할 것이다. 불빛으로 가득한 윌드너의 베란다는 혼잡함으로부터 벗어난 고요한 천국이다. 테이블에 앉으면 세인트 마르크의 정박지와 산 조르조 마조레(San Giorgio Maggiore) 섬이 바라다보인다.

매니저인 루카 풀린(Luca Fullin)은 해외에서 다양한 경험을 쌓은 후에 가족 사업을 이어 받았고 식재료와 레시피 모든 면에서 볼 때 이 지역에서 레스토랑의 뿌리를 내려 왔다. 이곳의 메뉴는 전통적인 베네치아의 요리들을 선보이는데, 탁월한 맛의 바칼라 만테카토(baccalà mantecato, 말린 대구로 만든 크리미한 요리), 베네치아 스타일의 달콤새콤한 새우와 정어리, 해산물 리소토 또는 페가토 알라 베네치아나(fegato alla veneziana, 양파를 곁들인 베네치아 스타일의 간 튀김 요리) 등을 포함해 현지의 별미요리들을 맛볼 수 있는 좋은 기회다. 유기농과 로컬 식재료가 늘

우선시 되는데, 루카는 슬로우 푸드의 식재료를 열렬히 옹호한다. 북쪽의 석호에서 가까운 산테라스모 섬(Sant' Erasmo)에서 난 빼어난 품질의 자색 아티초크와 전형적인 '비안코페를라(Biancoperla)' 폴렌타 또는 '라 그란다(La Granda)' 비프(피에몬트산 소고기의 일종)와 같은 고급 식재료로 만든 요리를 맛보길 권한다.

모든 생선은 아드리아 해에서 잡은 것으로 그릴에 굽거나 튀기거나 혹은 오븐에 구워 나오는데 리알토 시장에서 구입한 신선한 제철 식재료들과 어우러져 그날의 특선 생선요리들이 준비된다. 방대한 와인 리스트에는 유기농과 바이노다이나믹 농법으로 생산된 와인도 올라 있다. 끝으로 맘마 도나텔라(Mamma Donatella)가 만든 디저트 중 하나를 반드시 맛보길 권한다. 유일한 문제라면 티라미수로 할지 아니면 바바레세(bavarese)로 할지에 대한 고민이다. **MS**

⬆️ 파노라마처럼 펼쳐지는 산 조르조 마조레의 인상적인 풍광.

베니사 Venissa | 베네치아의 석호에 자리한 스타일리시한 현대적인 레스토랑

위치 베네치아 **대표음식** 고등어 콩피 Mackerel confit | 🌑🌑🌑🌑🌑

> "전원적인 곳. 기분 좋은 이곳의 분위기가 심플하고 요란스럽지 않은 요리에 그대로 담긴다."

Michelin Guide

기분 좋게 푸르른 마초르보(Mazzorbo) 섬은 베네치아 북부의 석호에 자리하며 부라노(Burano) 섬과 다리로 연결되어 있다. 석호에 떠 있는 다른 작은 섬들처럼 중세시대에 전성기를 누렸지만 이후 베네치아가 주목을 받으면서 서서히 몰락했다. 그러나 오늘날엔 이 아름답고 조용한 섬에서 매우 시크한 레스토랑 베니사를 만날 수 있다. 미래적인 호텔과 레스토랑인 베니사는 포도원의 일부이자, 또 한편으로는 프로세코(prosecco) 생산업자인 트레비소(Treviso)의 비솔(Bisol)이 주도했던 역사와 문화 복원 프로젝트의 일부이기도 하다. 비솔은 또한 이 섬에 푸르고 아름다운 새 포도밭 조성을 시작하기도 했다.

레스토랑의 절제된 그러나 우아한 분위기 속에서 고객들은 이탈리아의 탁월한 식재료들을 선보이는 완성도 높은 컨템포러리한 요리를 즐길 수 있다. 베니사의 이그제큐티브 셰프인 아리안나 달라 발레리아(Arianna Dalla Valeria)는 베네치아의 요리에 세련됨을 부여했으며 매일 새롭게 바뀌는 제철 메뉴는 최고 품질의 로컬 식재료를 기본으로 한다. 숭어, 장어, 게 등 생선과 해산물에 관한 한 석호에서 잡히는 어획량이 풍부하다. 로컬 식재료의 조달과 레스토랑의 농업적인 기반을 지지해 주방에서 사용되는 대부분의 채소와 허브가 포도원의 정원에서 재배한 것이다. 반면 전설처럼 유명한 아티초크의 생산지인 인근의 섬 산테라스모는 매우 풍미가 뛰어난 신선한 식재료들을 구할 수 있는 또 다른 산지이기도 하다.

달라 발레리아의 요리 비결은 이와 같은 최상급 식재료들을 예상치 못한 방법으로 변화시키는 데 있다. 고객들은 첫눈에 장미 꽃잎으로 착각을 불러일으킬 정도로 아름답게 접시에 담긴 것들이 아티초크 이파리였다는 것과 선명한 비트 빛깔의 직사각형들이 오징어였다는 사실에 깜짝 놀란다. 기대처럼 와인 리스트 또한 이곳의 포도밭에서 자란 포도로 빚은 와인들을 시음할 수 있는 독특한 기회를 선사하는데, 와인은 섬세한 요리들과 완벽하게 조화를 이룬다. **MS**

⬆ 포도밭뿐만 아니라 채소와 허브 정원들도 있다. .

➡ 베니사의 요리들은 플레이팅이 아름답다.

콰드리 Quadri | 세인트 마르크 광장에 자리한 그림 같은 레스토랑

위치 베네치아 **대표음식** 베이비 슈림프와 커리로 양념한 조개로 만든 카푸치노 Cappuccino of baby shrimp and curried clams | 💰💰💰💰💰

"이탈리아의 전설과도 같은 레스토랑 중한 곳이다."

fodors.com

⬆ 실비오 자베도니(Silvio Giavedoni) 셰프가 주방을 맡고 있다.

이 유서깊은 레스토랑은 바실리카와 그 원편으로 아치형의 프로쿠라티에 베키에(Procuratie Vecchie)가 바라다보이는 베네치아의 세인트 마르크 광장—나폴레옹이 유럽의 가장 아름다운 다이닝룸이라 묘사한 것으로 기억되는 곳이다—의 정중앙에 자리하는데, 화려한 스투코와 거울로 가득 찬 방들 그리고 18세기 말 카니발의 장면들을 묘사한 그림들로 아름답게 꾸며져 있다. 베네치아에 들리면 유명한 벨리니를 더 상큼하게 만든 버전인 콰드리의 베르디니와 같은 탁월한 맛의 아페리티프를 즐기기 위해서라도 이곳에 방문해야 한다. 사과, 셀러리, 프로세코로 만드는 베르디니는 저녁식사 전에 마시기 완벽하다.

세인트 마르크 광장은 베네치아에서 지대가 낮은 지역에 속해 밀물의 영향을 받을 수도 있지만 걱정할 필요는 없다. 밀물이 밀려오면 종업들이 물기가 없는 안전한 곳으로 안내해 주며 이때 수면 위로 광장의 매력적인 건물들이 반사되는 이미지를 감상할 수도 있다.

2008년 이후부터는 이곳에 색채를 더한 것으로 유명한 알라이모(Alajmo) 형제가 레스토랑의 책임을 맡고 있다. 형제는 전 세계에서 찾아온 미식가들에게 독특한 분위기에서 레스토랑의 요리를 맛볼 기회를 제공하는데, 광장에 있는 카페들 사이에서 유일한 레스토랑이라는 사실로 더욱 특별하게 느껴진다.

아래층에서 격식 없이 자유로운 식사를 한다면 탁월한 맛의 비텔로 토나토(vitello tonnato, 송아지와 참치) 클럽샌드위치를 맛보길 권한다. 더욱 여유 있는 경험을 원한다면 위층에 마련된 우아한 레스토랑에서 제대로 된 식사를 할 수도 있다. 맛있는 테이스팅 메뉴 중 하나를 골라, 베이비 슈림프와 커리로 양념한 조개의 카푸치노, 허브, 아삭한 채소를 곁들인 양갈비, 토마토 바질 페스토를 곁들인 리코타, 바질 염장 어란, 아몬드, 오레가노 소스를 곁들인 랑구스틴 롤 튀김 혹은 당근 자바이오네와 발사믹 식초를 곁들인 채소 튀김과 같은 독창적인 요리를 맛보며 이곳의 분위기와 광장의 풍경에 푹 젖어 보는 것도 좋다. **MS**

오스테리아 로르토 데이 모리 Osteria L'Orto dei Mori | 시칠리아와 베네치아의 맛 좋은 만남

위치 베네치아 **대표음식** 허브와 바질 소스를 곁들인 농어 필레 Sea bass fillet with herbs and basil sauce | 💲💲

가격이 부담스럽지 않아 현지인들이 몰리는 이 친근한 레스토랑은 시칠리아 출신의 셰프 로렌초 치폴라(Lorenzo Cipolla)가 운영을 맡고 있으며, 그만의 방식으로 시칠리아와 베네치아의 특별한 퓨전 요리를 창조한다. 베네치아의 칸나레지오(Cannaregio) 구역에 위치한 이 건물은 말 그대로 화가 틴토레토(Tintoretto)의 생가 바로 옆집이며, 아름다운 마돈나 델로르토(Madonna dell'Orto) 교회로부터 불과 몇 발자국 떨어진 곳이다.

여름철, 운하로 연결된 레스토랑 앞의 작은 광장은 그림 같이 아름다운 풍경을 연출하며, 다리와 작은 키오스크(kiosk)는 베네치아의 고전적인 풍광에 매력을 더한다. 동네에 위치한 레스토랑답게 가족단위의 고객들도 환영하며, 어른들이 식사를 즐기는 동안 아이들은 작은 광장에서 놀 수 있다. 오스테리아의 인테리어는 독창적인 불빛과 매력적인 분위기를 연출하는 섬세한 색채감에 잘 맞는다. 이곳에서 얻어 갈 수 있는 것은 뛰어난 품질의 제철 재료를 사용해 조리한 아름답고 심플하며 진정성 있는 요리다. 버팔로 젖으로 만든 모차렐라를 곁들인 아우베르지네 파르미지아나 팀발레(aubergine parmigiana timbale)나 가리비, 호박, 파를 곁들인 뇨케티와 같은 요리들이 그 예이다. 또한 로렌조는 폴렌타를 곁들인 베네치아 스타일의 송아지 간 요리인 페가토 알라 베네치아나(fegato alla veneziana)와 같은 늘 인기가 있는 베네치아의 고전요리들을 한층 탁월한 버전으로 선보인다.

새우 카르파초, 오징어 먹물을 넣어 만든 탈리올리니 파스타, 흑미를 깔고 섬세한 맛의 가자미를 올린 요리 등은 한번 시도해 볼만한 인기 요리들이다. 커스터드 크림과 다양한 베리류를 곁들인 크레스펠레(crespelle, 크레이프), 혹은 레드 와인에 졸인 배를 곁들인 리코타 무스와 같은 디저트 메뉴들도 훌륭하다. 베네치아와 프리울리의 특별한 와인들이 있고, 이 밖에 가족 행사에 건배를 들기 위한 샴페인도 있으며 레스토랑의 생기있는 매력을 천천히 즐기며 한두 잔 마실 수 있는 식후주로 적절한 위스키나 럼도 있다. **MS**

"관광객의 발길이 거의 닿지 않는 이곳의 전통 요리와 오리지널 파스타 요리들은 그 맛을 보증한다."

Zagat

⬆ 로르토 데이 모리는 베네치아의 한적한 곳 깊숙이 숨어 있다.

아만 카날 그란데 베니체 Aman Canal Grande
Venice | 영예로운 팔라초에서의 식사

위치 베네치아 **대표음식** 폰즈 소스를 곁들인 비프 타타키 Beef tataki with
ponzu sauce | 🍴🍴🍴🍴

아만 리조트 호텔 체인은 수준 높은 화려함과 독창성으로 전 세계적으로 잘 알려져 있으며 아만 카날 그란데 베니체는 분명 이러한 명성에 걸맞는 곳이다. 베네치아의 모험적인 사업을 위해 카날 그란데, 즉 대운하에 바로 인접해 있는 5층짜리 웅장한 건물인 팔라초 파파도폴리(Palazzo Papadopoli)가 선정되었는데 이곳의 일부는 여전히 파파도폴리 일가 소유이다. 운하로 통하는 개인 정원이 있는데, 이처럼 운하에 바로 연결된 정원은 보기 드물다. 건물 뒤편 '육로로 난 출입구' 근처에는 이보다 한적한 정원이 또 하나 있다.

보트를 타고 운하 쪽으로 내리기 쉽다. 만약 육로로 올 계획이라면 길을 찾을 지도를 반드시 지참해야 한다. 이 건물은 아주 힘들게 이전의 웅장한 모습으로 복원되었는데 현대적인 기능에 어울리는 분위기도 새롭게 연출되었다. 24개의 우아한 룸과 더불어—그중 하나의 룸에는 심지어 티에폴로(Tiepolo)의 프레스코 벽화가 멋지게 그려져 있다—책을 읽거나 식사를 하거나 담소를 나누거나 게임을 하며 휴식을 취할 수 있는 다양한 공간들이 마련되어 있다.

레스토랑은 대운하가 바라다보이는 피아노 노빌레(piano nobile, 건물의 주된 층)의 대부분을 차지하고 있으며, 높은 천장의 커다란 다이닝룸은 아름다운 프레스코 벽화와 화려한 샹들리에로 장식되어 있다. 예상처럼 신선한 생선과 해산물이 요리의 중심으로 셰프인 나오키 오쿠무라(Naoki Okumura)는 베네치아의 해안가에서 접할 수 있는 전통요리뿐만 아니라 일본과 태국요리에서도 영감을 이끌어 낸다. 따라서 스파게티 알레 봉골레와 더불어 스시와 사시미 등 섬세한 일본 요리들과 타이풍 타마린드를 넣은 새우 볶음밥도 맛볼 수 있다. 라 세레니시마(La Serenissima)의 중심가에서 즐기는 스타일리시한 식사다. **MS**

로칸다 베키아 파비아 '알 물리노' Locanda Vecchia Pavia "Al Mulino" | 별처럼 빛나는 요리

위치 파비아 **대표음식** 보나르다 소스에 끓인 뼈를 발라낸 송아지 정강이 스튜 Boned veil shank stewed in Bonarda sauce | 🍴🍴🍴🍴

알 물리노는 방대한 규모의 시골 식당이다. 매력적인 오래된 방앗간에 자리한 전원적인 분위기로 윤기가 흐르는 잔디가 주변을 둘러싸고 있으며, 지적에는 아름다운 고딕양식의 체르토사 디 파비아(Certosa di Pavia) 수도원이 위치해 있다.

우아한 지배인인 오레스테 코라디(Oreste Corradi)가 붉은 테라코타 색의 마루, 엔티크한 목재 서까래, 초록색의 폭신한 천을 씌운 의자들로 꾸며진 다이닝룸의 테이블로 손님들을 안내한다.

대부분의 손님들은 밀라노의 도시 생활에 지친 이들이다. 알 물리노의 메뉴는 미슐랭 별에 빛나는 세련됨과 자연의 순결함을 영리하게 결합한 메뉴로 먹는 이들을 꿈결로 이끈다. 오레스테의 아내인 안나 마리아(Anna Maria)

> "이탈리아 전통의 맛과 향을 경험하는 아찔한 여행에 고객들을 모시길 원합니다."
>
> Oreste Corradi, manager of Locanda Vecchia Pavia

는 아티초크나 포르치니 버섯을 넣은 라자녜테에서부터 맛좋은 아뇰로티 파스타에 이르는 극적인 요리들을 만들어 낸다. 모두 와인을 곁들여 먹는데, 이곳에는 1,000종류가 넘은 와인이 있다.

연구 끝에 나온 성공적인 메뉴는 '리소토 알라 체르토시나(risotto alla Certosina)'다. 이 요리는 수도원 출신의 수도승으로부터 유래된 레시피로 개구리 다리, 가재, 버섯을 맛좋은 리소토에 섞어 만든다. 비둘기 구이, 와인에 졸인 송아지 고기 등 세련된 고기와 생선 코스도 이어서 나온다. 맛있는 자발리오네 세미프레도(zabaglione Semifreddo)나 이름에 딱 들어맞는 토르타 파라디소(Torta Paradiso)가 요리의 향연을 마무리한다. **DJS**

로칸다 델레 그라치에 Locanda delle Grazie | 맛과 예스러운 환대가 담겨 있는 만토바의 인기 요리들

위치 쿠르타토네 **대표음식** 호박 토르텔리 Pumpkin tortelli | **⑤⑤**

전통적이고 믿을 만한 시골 레스토랑을 좋아한다면 만토바의 외곽에 자리한 작은 마을인 쿠르타토네에 가보길 권한다. 이곳에는 페르난도(Fernando)와 다니엘라 알리기에리(Daniela Alighier) 부부가 딸 아니타의 도움을 받아 운영하는 레스토랑이 있는데, 특히 주말에 현지의 가족단위 고객들에게 인기 있는 곳이다. 모든 사람들을 반갑게 맞이하며 이곳에서는 1인분만 주문해도 문제될 것이 없다. 종업원들은 항상 바쁘지만, 처음 방문하는 고객들에게는 메뉴를 설명해주기도 하며 모든 테이블의 고객들과 친밀하게 담소를 나눈다. 예스럽고 안락한 곳이다.

이곳에서는 유행이나 잦은 변화를 전혀 찾아 볼 수 없다. 꽃무늬 식탁보에 빵 바구니에는 도일리가 깔려 있으며 호수에서 갓 잡은 생선을 주문하면 테이블에서 직접 살을 발라 준다.

메뉴는 만토바의 전통요리로 계절마다 바뀌는데, 만토바산(産) 살라미, 버터와 세이지를 넣은 호박 토르텔리, 소시지를 넣은 리소토 알라 필로타(risotto alla pilota), 오리 라구를 넣은 탈리아텔레, 멧돼지 혹은 토끼 라구를 넣은 마케론치니(maccheroncini) 파스타, 폴렌타를 곁들인 푹 고은 말고기, 살사 베르데에 조리한 강꼬치고기(pike), 혹은 폴렌타를 곁들인 멧돼지 혹은 토끼 스튜 등이 있다.

식사의 마무리로는 스브리솔라나(sbrisolana)를 맛보자. 이는 덩어리가 지는 쇼트브레드(shortbread)와 유사한 케이크로 만토바의 가장 전형적인 디저트라 여겨지며 따뜻한 자발리오네를 곁들여 먹기도 한다. 이 외에도 초콜릿 플레이크를 곁들인 리커리스 세미프레도(liquorice semifreddo)도 있다. 그리시니와 스치아치아티네(schiacciatine, 크고 납작한 브레드 스틱) 혹은 스브리솔라나 등 홈메이드 별미 음식들을 포장해올 수도 있다. **CS**

"이 레스토랑은 강꼬치고기와 같은 만토바의 특선요리들로 특히 유명하다."

Michelin Guide

⬆ 현지에서 많은 사랑을 받은 레스토랑에서의 식사는 격식 없이 편안하다.

델 캄비오 Del Cambio | 고색창연한 이탈리아의 건물에서 즐기는 우아한 식사

위치 토리노 **대표음식** 피난치에라 알라 카보우르 Finanziera alla Cavour | 🍷🍷🍷🍷🍷

"진홍색의 벨벳, 아름답게 반짝이는 샹들리에…
그리고 이 귀부인과 같은 레스토랑에서 마주하는
세월이 흘러도 변치 않는 분위기."

Lonely Planet

⬆ 델 캄비오는 토리노의 중심가에 있다.

토리노에 자리한 아름다운 리스토란테 델 캄비오는 어디에서도 찾아볼 수 없는 우아함의 정수를 보여준다. 우아하고 탁 트인 토리노의 피아차 카리냐노(Piazza Carignano)에 위치한 덕에 진정 독특한 식사 경험을 선사하는 곳이다.

본래 1757년에 이웃한 극장을 위한 카페로 문을 연 델 캄비오는 이탈리아의 통일보다도 100년 이상 앞선다. 수백년에 걸쳐 델 캄비오의 호화로운 인테리어와 천장에 드리운 샹들리에는 세계 각국의 유명인사들을 맞아왔다. 카사노바에서부터 베르디와 푸치니, 피아트(Fiat)의 아녤리(Agnelli) 일가, 이탈리아 통일에 핵심적인 역할을 한 정치가 카밀로 카보우르 백작까지 이른다. 백작은 레스토랑에 자신만의 개인 테이블을 보유할 만큼 열렬한 지지자였고, 심지어 닭 간으로 만든 진한 맛의 피난치에라 알라 카보우르에는 자신의 이름을 빌려주기까지 했다.

찬란하고 극적인 250년의 역사를 지닌 이 장엄한 귀부인과도 같은 레스토랑은 약간 낡아 보이기 시작했고, 이에 따라 2013년에는 야망에 찬 복원 프로젝트가 착수되었다. 노력의 결과, 세련된 편안함이 느껴지는 밝은 빛을 더해 델 캄비오의 모든 아름다운 면모가 한층 강화되었다. 1층에는 칵테일 바가 문을 열었고 이곳에 영원히 머무를 카보우르 백작의 초상화가 걸렸다.

이탈리아에서 가장 흥미로운 젊은 셰프에 속하는 마테오 바로네토(Matteo Baronetto)가 주방을 맡는다. 피아트 공장에서 일하던 가족에서 태어난 마테오는 젊은 감각의 도전의식과 현지의 요리법을 이상적으로 결합한다. 스스로 말하는 그의 목표는 단순함이라는 미명 하에 혁신과 전통을 융합하는 것이며, 이러한 그의 목표가 정확하게 메뉴에 담겨 있다. 세련된 요리를 즐기고 아름다운 분위기에서 한잔하면서 탁월한 맛의 바르베라(Barbera) 와인이 담긴 잔을 들어 이처럼 빼어난 곳을 지지했던 카보우르 백작의 정신을 기려 보자. **DJS**

달 페스카토레 산티니 Dal Pescatore Santini | 전원에서 즐기는 경탄할 만큼 멋진 요리

위치 칸네토 술롤리오   **대표음식** 마리네이드한 장어 Marinated eel | ⑤
⑤⑤⑤

달 페스카토레는 밀라노의 동쪽 크레모나와 만토바 사이의 파르코 올리오(Parco Oglio) 자연 보호구역에 있는 외딴 시골에 위치한다. 주인이자 레스토랑의 지배인인 안토니오 산티니(Antonio Santini)의 조부모가 1925년 이곳에 레스토랑의 문을 열었고 1960년에 달 페스카토레로 이름을 바꿨다. 주방은 나디아 산티니(Nadia Santini)가 맡는데 1990년대 중반 이후로 줄곧 미슐랭 스타 3개를 보유해 오고 있다. 나디아는 남편의 조모(1970년대 이 레스토랑을 운영했다)에게 요리를 배웠고 그전에는 전문적으로 요리를 해 본 경험이 전혀 없었다.

이곳에서의 식사는 마치 친구의 집을 방문한 듯한 느낌이 든다. 아름다운 테라스와 뒤뜰 정원이 있어서 음료를 마시는 동안 레스토랑에서 키우는 골든 리트리버와 고양이를 마주칠 수도 있다. 테이블이 널찍하게 놓인 다이닝룸에서는 정원이 보인다.

요리 스타일은 심플하며 최고의 식재료를 선보인다. 올리브 오일, 바질, 타임을 곁들인 가지와 토마토 전채요리에서는 이러한 특징을 고스란히 엿볼 수 있는데, 토마토와 맛의 발란스를 잡아주는 적당량의 레몬이 특히 인상적으로, 완벽함을 느낄 수 있는 아주 심플한 요리다. 늘 인기가 있는 호박 토르텔리 또한 모든 식재료들의 맛과 향을 선명하게 음미할 수 있는 기쁨을 준다.

요리 솜씨는 완두콩, 포르치니 버섯, 달콤한 맛의 허브를 넣어 만든 전통적인 리소토에서도 드러나는데 완두콩은 황홀한 달콤함을 더하며 쌀을 익힌 정도도 완벽하다. 메인 요리로는 샴페인 젤리에 차갑게 내는 바닷가재나 생강 피클과 마리네이드한 장어에 바에리 로얄 캐비아(Baerri Royal Caviar)를 곁들인 요리가 있다. 식사의 마무리를 위해서는 맛 좋고 식감이 가벼운 패션프루트 쿨리를 곁들인 오렌지 수플레를 선택할 수 있다. **AH**

파올로 앤 바르바라 Paolo & Barbara | 스타일이 살아 있는 클래식한 지방요리

위치 산레모   **대표음식** 사르데나이라 Sardenaira | ⑤⑤⑤⑤

리구리아주에 자리한 이 레스토랑의 이름은 파올로와 바르바라 부부의 이름을 딴 것이다. 이들은 1988년부터 산레모 마을에서 한때 파올로 부친의 소유였던 레스토랑을 운영해 오고 있다. 부부는 성게, 새우와 같이 현지 어부에게서 공급받는 신선한 생선과 조개류, 피에몬트산 품종의 소고기, 해안가에 면한 알프스 산맥에서 잡은 산비둘기, 알타 발 네르비아(Alta Val Nervia)에 위치한 레스토랑의 농장에서 재배한 채소 등의 식재료로 요리한다.

요리는 철마다 바뀌는데, 봄에는 양젖으로 만든 리코타 치즈를, 그리고 가을에는 리구리아산 치즈의 일종인 몬테보레(Montèbore)를 반드시 맛보도록 하자. 고객들은 구성이 복잡하지만 전통 리구리아 요리임을 알 수 있는 가벼운 느낌의 요리들을 언제나 기대할 수 있다. 이런 요리

> "생선이 매우 신선해서 제가 자체적으로 개발한 레시피에 따라 날것으로도 서비스 할 수 있답니다."
>
> Paolo Masieri, owner of Paolo & Barbara

들의 예로는 카르파초 디 알랄룬가 아이 포르치니(carpaccio di alalunga ai porcini, 포르치니 버섯을 곁들인 참치 카르파초), 쌉쌀한 맛의 오렌지 콩피, 꽃, 허브 샐러드를 곁들인 예루살렘산 아티초크 크림에 요리한 산레모산 어린 새우, 야생 허브로 속을 채운 오징어, 카스텔비토리오(Castelvittorio)산 콩 크림과 핌피넬라(pimpinella) 오일, 성게, 새우, 바삭한 파를 곁들인 수란, 야생 블랙베리 소스를 곁들인 섬세한 맛의 배 무스가 있다. 언제나 인기가 있는 사르데나이라 피자는 맷돌로 제분한 유기농 밀가루로 만든다. **CK**

알 카스텔로 Al Castello | 호화스러운 분위기에서 즐기는 '덩이줄기의 왕'

위치 그린차네 카보우르 **대표음식** 달걀, 파르메산 치즈, 헤이즐넛 무스를 곁들인 화이트 트러플 White truffle with an egg, Parmesan, and hazelnut mousse | ❸❸❸

알 카스텔로의 본고장인 피에몬테주 그린차네 카보우르보다 더 스펙터클한 장소는 찾아보기 어렵다. 알바(Alba)에서 가까운 13세기의 웅장한 성 안에 자리한 이 레스토랑은 중세시대의 드라마틱한 인테리어와 주변의 언덕과 포도밭이 보이는 아름다운 풍광을 선사한다.

성과 포도밭이 모두 보존되어 있는 것은 바로 시장으로 재임하는 동안 이곳의 모든 것을 복원하기 위해 지치지 않는 노력을 보여준 카보우르 백작 덕분이다. 오늘날 백작의 소규모 유품들이 보관되어 있고 트러플과 현지 미식요리들을 주로 전시하는 진기한 박물관과 피에몬테 최고의 현지 와인 셀러가 자리한 거대한 돌 요새뿐만 아니라 마을에도 백작의 이름을 붙였다. 또한 성은 어디에서도 볼 수 없는 빼어난 레스토랑을 자랑한다. 이곳에서는 미슐랭 스타에 빛나는 셰프 알레산드로 볼리오네(Alessandro Boglione)가 요리한 트러플과 현지 특선요리들이 아름다운 접시에 담겨 나온다.

아로마가 풍부한 옅은 베이지색 속살을 드러내는 매력적인 트러플은 미식가들의 꿈이다. 트러플은 9월 말부터 1월까지 채취되는데 송아지 타르타르에 곁들이거나 수란 위에 갈아 뿌리거나 세이지와 버터 파스타 소스에 섞이거나 가벼운 달걀과 파르메산 치즈 무스의 맛을 돋우는데 쓰인다. 송아지 볼살과 블랙 트러플의 쾌락적인 식사를 끝내면 말린 오렌지를 곁들인 지안두이아(Gianduia) 초콜릿이 이어 나온다. 요리는 편안한 분위기에서 우아하게 서비스되며 와인리스트는 현지에서 생산되는 탁월한 품질의 네비올로, 바르베라, 돌체토, 바롤로 와인들을 자랑스럽게 선보인다. **DJS**

안티나 코르테 팔라비치나 Antica Corte Pallavicina | 이탈리아 샤퀴트리의 고귀한 맛

위치 파르마 **대표음식** 쿨라텔로 Culatello | ❸❸❸❸

레스토랑의 다이닝룸으로 연결되는 도개교를 건너는 것은 '화려하게 입장한다(making a grand entrance)'라는 구절에 새로운 의미를 부여하는데, 자갈이 깔린 뜰 안에서 이곳 메뉴에 대한 힌트를 얻을 수 있는 행복한 모습의 흑돼지 철제 동상을 마주하면 특히 그런 생각이 든다. 이곳은 작은 탑들이 솟아 있는 14세기의 전형적인 중시시대의 성으로 스피가롤리(Spigaroli) 일가가 소유다.

특선 요리인 쿨라텔로는 에밀리아 로마냐에서 생산되는 고급 훈제 육가공품 중에서도 보석 같은 존재다. 파르마 햄(Parma ham)보다도 더 많은 찬사를 받는데, 성을 둘러싸고 있는 500에이커의 농장 지대에서 방목하는 흑돼지의 우둔살로 만든다. 장인의 수작업으로 생산되며 셀러에서 숙성된다.

강둑에 위치한 이곳만의 특별한 습도로 인해 쿨라텔로에는 뚜렷하고 진한 머스크 향이 배인다. 유명한 메뉴는 개월수가 서로 다른 돼지로 만든 쿨라텔로다. 26개월의 모라 로마뇰라(Mora Romagnola), 30개월의 친타 세네세(Cinta Senese), 37개월의 흑돼지가 매력적으로 높은 접시에 가지런히 담기고 제철 채소로 담근 홈메이드 피클과 얇은 빵인 카르타 다 무지카(carta da musica)가 함께 나온다.

그 밖의 특선요리로는 개구리 뒷다리 요리, 부드러운 폴렌타를 곁들인 달팽이 요리, 주니퍼와 로즈메리에 마리네이드한 뿔닭을 쿨라텔로로 싸고 포(Po) 강의 진흙을 발라 오븐에 구운 요리, 혹은 4대째 내려오는 레시피로 푹 고아 만든 소고기 스튜에 폴렌타를 곁들인 요리 등이 있다. 성의 뜰 안에 자리한 커다란 온실에는 웅장한 나뭇가지 모양의 촛대들이 갖추어져 있으며, 강과 뜰 그리고 그 너머로 귀하디 귀한 돼지들이 자유롭게 거니는 매혹적인 전경이 바라다보인다. 대저택의 주인과 안주인이 된 듯한 꿈을 꿔 볼 수 있는 멋진 곳이다. **SP**

라 그레피아 La Greppia | 격식을 갖춘 우아한 레스토랑에서 맛보는 300년된 파르마의 레시피

위치 파르마 **대표음식** 토르텔리 디 에르베테 Tortelli di erbette | ❸❸❸

라 그레피아만큼 세련된 위엄을 갖춰 파르마의 위대한 요리 전통을 선보이는 곳은 없다. 매력적인 오래된 마을의 중심부에 자리한 이 작고 소박한 레스토랑은 처음 언뜻 보기에는 화려하다기 보다는 집과 같은 편안한 느낌이 들지만 다이닝룸 뒤편 창문 너머로 보이는 셰프 파올로 콜라(Paolo Colà)와 주인인 피에르 파올로 키아리오티(Pier Paolo Chiariotti)는 파르마 공국의 전성기 시대와 17세기 위풍당당하던 궁궐로부터 전해져 내려오는 레시피를 바탕으로 섬세하고 아름다운 요리들을 창조해낸다.

토르텔리 알 사보르(Tortelli al savor)는 파스타 안에 밤, 사과, 포도즙으로 속을 넣은 맛 좋은 요리다. 반면 카푸치노 디 바칼라(cappuccino di Baccalà)는 아주 오래전부터 내려오는 말린 대구와 크림을 넣어 부드러운 감자의 조합에 커리 소스를 더한 것을 카푸치노 컵에 담고 그 위에 코코아 가루를 뿌려 재치 있게 변화를 준 요리다. 이 밖에도 염소 스튜, 졸인 발사믹 식초를 곁들인 송아지 고기나, 전통적인 현지의 파스타 특선 요리로 아놀리니 파르미자나(anolini parmigiana)나 레스토랑의 대표 메뉴인 근대와 리코타로 속을 채운 토르텔리 디 에르베테(tortelli di erbette) 등도 맛볼 만하다.

파르마에서는 당연히 최고급 파르마 햄과 36개월간 숙성된 파르메산 치즈 없이는 식사가 완벽하게 마무리되지 않는다. 마지막으로 나오지만 그럼에도 불구하고 절대 뒤쳐지지 않는 디저트가 쟁반에 담겨 나온다. 파르메산 치즈 무스를 곁들인 레드 와인에 살짝 데친 배 또는 보카 디 다마(bocca di dama)로 알려진 맛 좋은 아몬드, 아마레티(amarettoi), 씁쓸한 오렌지 잼으로 만든 작은 쿠키가 그 예다. 라 그레피아는 진정한 요리의 향연을 선사하며 세계 최고의 파스타 회사를 이끄는 구이도 바릴라(Guido Barilla)가 식사하는 모습도 종종 볼 수 있다. **DJS**

"이 환상적인 레스토랑은 최고의 파르마 요리를 선보인다. 디저트 트레이에는 몇몇 기막힌 요리들이 놓인다."

frommers.com

⬆ 홈메이드 파스타가 주방에 펼쳐져 있다.

리스토란테 코키 Ristorante Cocchi | 더 없이 행복하며 우아한 식사 경험

위치 파르마 **대표음식** 볼리토 미스토 Bollito misto | 💲💲

리스토란테 코키는 파르마의 호텔 다니엘(Daniel)에 자리한다. 파르마에는 이보다 더 유명한 레스토랑이 많을지도 모르지만, 리스토란테 코키에서처럼 요리의 스릴을 느낄 수 있는 곳은 거의 없다. 코키에서의 식사는 베르디의 오페라처럼 전개되는데 각각의 코스요리가 마치 오페라의 막(act) 같다. 이곳에서 나오는 전체적인 식사를 천천히 음미해 보자.

서막은 프로슈토 디 파르마와 그 밖의 훈제 고기들을 접시에 담아 나오는 살루미다. 제1막은 근대, 스파이스를 넣은 호박, 고기 혹은 치즈로 속을 채워 넣은 생 파스타인 토르텔리인데, 다양한 맛의 토르텔리를 시도해 보고 싶다면 비스(bis, 두 가지 형태) 혹은 트리스(tris, 세 가지 형태)로 주문이 가능하다. 날씨가 추울 때에는 제2막으로 볼리토 미스토를 카트에 담아 서비스하는데, 이 요리는 삶은 고기에 양념을 더한 것으로 볼리토 미스토를 실은 카트가 테이블 사이로 의기양양하게 지나가는 모습을 볼 수 있다. 소고기, 돼지고기, 닭고기의 다양한 부위를 잘라 주는데, 이 맛있는 요리를 거부할 수는 없을 것이다.

곁들이는 소스로는 살사 베르데(허브, 케이퍼, 오일, 삶은 달걀로 만든다), 페아라(pearà, 소고기 육수, 빵 부스러기, 소고기 골수, 버터, 후추로 만든다), 모스타르다(mostarda, 겨자씨 오일을 곁들인 잘 익은 과일) 등이 있다. 채소는 찌거나 오븐에 굽는데 언제나 치즈의 왕인 파르미자노 레자노(Parmigiano Reggiano)가 뿌려져서 나온다. 제3막은 디저트로, 계절마다 다르다. 보슬보슬하고 견과류의 느낌이 나는 토르타 스브리솔로나(torta sbrisolona)나 섬세한 맛의 자발리오네를 시도해 볼 수 있다. 자발리오네는 주문하면 바로 만들어 주는데 마을의 유서깊은 건물들에서 볼 수 있는 아름다운 금빛이 돈다. **FP**

리스토란테 구이도 Ristorante Guido | 황실 같은 분위기에서 즐기는 세련된 피에몬테 요리

위치 세랄룬가 달바 **대표음식** 아뇰로티 디 리디아 알 수고 다로스토 Agnolotti di Lidia al sugo d'arrosto | 💲💲💲💲💲

구이도 알차티(Guido Alciati)와 후에 그의 아내가 된 리디아 반치노(Lidia Vanzino)는 1960년 피에몬테의 남부지방에 자리한 이탈리아의 작은 마을 코스틸리오레 다스티(Costigliole d'Asti)에 리스토란테 구이도의 문을 열었다. 이들의 목표는 신선한 제철 식재료를 사용하고 전통 요리법을 준수하는 모던한 레스토랑을 만드는 것이었다. 당시로는 혁신적인 움직임으로 부부는 예약한 손님만을 받았고 고정된 메뉴만을 판매했다. 곧 이들은 피에몬테 요리의 초석을 다진 이탈리아 요리의 장인이라는 명성을 얻게 되었다.

부부의 아들인 우고와 피에로는 부모님의 비전을 이어 받았으나, 2013년에 피에몬테의 세랄룬가 달바 마을에 자리한 빌라 레알레(Villa Reale)로 레스토랑의 자리를 옮겼다. 19세기에 지어진 이 건물은 비토리오 엠마누엘(Vittorio Emanuele) 2세 왕과 왕비 로사 베르첼라나(Rosa Vercellana)—피에몬테에서는 '라 벨라 로신(La Bela Rosin)'으로 더 잘 알려진—의 사냥 쉼터로 사용되던 곳으로 지금은 폰타나프레다(Fontanafredda) 자연보호구역과 포도밭의 일부다. 레스토랑은 빌라의 1층에 자리하는데, 형제는 아름다운 샹들리에와 프레스코 벽화를 포함한 옛 흔적들과 높은 천장의 장점을 잘 드러내는 드라마틱한 현대적인 스타일로 레스토랑을 꾸몄다.

리스토란테 구이도에서는 실크처럼 부드러운 수제 아뇰로티 디 리디아 알 수고 다로스토(이 지방의 전형적인 라비올리 스타일로 소고기 육수에 조리한 아뇰로티 파스타이다) 혹은 타기아스카(taggiasca) 올리브 오일을 곁들여 오븐에 구운 양고기 뿐만 아니라 맛 좋은 다양한 디저트에 이르기까지 전통을 따른 요리들을 맛볼 수 있다. 숭고한 피오르딜라테 만테카토 알 모멘토(fiordilatte mantecato al momento)는 평범하지만 아주 맛 좋은 우유로 만든 아이스크림으로 서비스하기 바로 전에 만들어 내는데, 지방 함유량도 낮고 유화제를 전혀 사용하지 않는다. **CK**

피아차 두오모 Piazza Duomo | 트러플 제국의 한가운데에서 맛보는 기지 넘치는 모더니스트의 요리

위치 알바 **대표음식** 트러플 메뉴 Truffle menu | ❺❺❺❺

피에몬테주에 자리한 그림과 같이 아름다운 마을 알바는 화이트 트러플로 유명하다. 구시가지의 한가운데 산 로렌초 교회 주변의 미로와 같은 좁은 골목길 사이에서 미슐랭 스타 3개에 빛나는 레스토랑이 있다. 레스토랑에 들어가려면 벨을 울리고 이름을 분명히 말해야 한다.

셰프인 엔리코 크리파(Enrico Crippa)는 스트라스부르의 르 부에레히에셀(Le Buerehiesel)에서 앙트안느 베스테르만과 일했고, 라귀올(Laguiole)에서는 미셸 브라와 일하며 요리 견습을 받았다. 또한 엘 불리(El Bulli)의 전설적인 페란 아드리아와 밀라노에서는 구알티에로 마르케시와 함께 일하며 매우 수준 높은 주방 경험을 쌓았다. 크리파는 고베에 있는 마르케시의 레스토랑을 오픈했고 2005년에 이탈리아로 돌아와 자신의 레스토랑을 오픈하기 전까지 3년 동안 일본에서 일했다.

피아차 두오모는 2006년 처음으로 미슐랭 스타를 받았고 이듬해에 별 2개를 더했다. 요리 스타일은 버젓한 모더니스트로 정교한 요리들에서 흔히 볼 수 없는 식감을 더하기 위해 주방 기구들도 최신으로 갖추고 있다. 이러한 면모는 올리브 오일 크림, 올리브, 오징어 소스, 회향, 요거트 파우더를 곁들인 새우 요리에서도 분명하게 들어난다. 모든 트러플 메뉴에서는 고급스런 덩이줄기에 표하는 경의가 느껴진다. 그밖에 파소네(Fassone) 종 소고기, 파르마의 거품 크림, '토마토 소스(사실 피망으로 만든 소스다)'를 곁들인 파스타나 밤을 넣은 송아지 볼살찜에서도 기지가 넘친다. 요리에 사용된 환상적인 피에몬테산 소고기는 피아차 두오모에서 사용되는 탁월한 식재료의 품질을 말해준다. 호박을 곁들인 섬세한 맛을 뇨키에서 볼 수 있는 것처럼 전통적인 요리를 만드는 솜씨도 좋다. 방대한 와인 리스트에서는 식사에 곁들일 다양한 와인들을 선택할 수 있으며 샴페인만 해도 125종에 이른다. 식사의 마무리는 캐러멜과 밀크 머랭을 곁들인 디저트로 하길 권한다. **AH**

"셰프로서 느끼는 이곳에서의 경험은 마치 마법에 걸린 듯하다. 사람들은 맛있게 식사를 하고… 장관을 이루는 로컬 식재료들도 볼만하다."

Enrico Crippa, chef at Piazza Duomo

↑ 피아차 두오모의 우아한 다이닝룸.

오스테리아 프란세스카나 Osteria Francescana | 환상적이고 획기적인 식사를 경험할 수 있는 곳

위치 모데나　**대표음식** 토끼 고기, 밤, 허브로 깜짝 변장한 푸아그라 Foie gras "camouflaged" with hare, chestnut, and herbs | 🦪🦪🦪🦪🦪

오스테리아 프란세스카나는 야망에 찬 셰프, 마시모 보투라(Massimo Bottura)의 업적이라 할 수 있다. 1995년 고향인 모데나에 레스토랑의 문을 연 후 그는 미식의 세계에서 모든 상을 휩쓸었다. 미슐랭 스타 3개와 그해의 세계적인 셰프상 등 그가 받은 찬사는 이상적이다.

보투라는 누군가에게 천재이고, 또 누군가에게는 완전히 정신 나간 사람이다. 하지만 어떤 견해를 가지던 그의 접근방식이 보여주는 기지와 예술가적인 기교를 부정할 수는 없다. 보투라는 "제가 사용하는 식재료와 제가 태어난 지방에 대해 고객들이 이해할 수 있도록 시각적으로 이야기하길 소망합니다"라고 말한다. 그리고 그의 요리 대부분이 바로 이 말을 그대로 따른다. 예를 들어, 맛 좋은 '모데나로의 여행(Journey to Modena)'는 포(Po) 강을 헤엄치는 장어와 사과, 포도, 그리고 길 위의 옥수수 따기에 대한 이야기를 전한다.

'5개의 숙성기간이 다른 파르미자노 레자노치즈(Five Ages of Parmigiano Reggiano cheese)'는 다양한 맛과 질감을 표현하도록 재치 있게 변형된 숙성기간이 서로 다른 파르메산 치즈를 완벽한 장인의 솜씨로 담아 낸 것이다. 이런 놀라운 독창성에도 불구하고 보투라는 식재료 품질과 요리에 담긴 현지 전통의 중요성을 잘 강조해 낸다. 테루아의 가치를 인정하고 이에 밀착함으로써 지역의 정체성을 보호한다. 하지만 이와 동시에 젊은 셰프들에게는 요리에 대한 꿈을 키우고 진화할 필요성이 있음을 상기시킨다.

"발을 땅에 붙이고 구름 속에 머리를 파묻는다(feet on the ground, head in the Clouds)"는 그의 모토는 요리에서부터 12개 테이블이 놓인 다이닝룸의 인테리어에 이르기까지 곳곳에서 확인할 수 있다. 전통과 혁신(Tradition and innovation), 비전과 경험(vision and Experience) 등 보투라는 모든 다양한 재료들을 복잡하게 결합시킨 것을 예술이라 여기는데, 넋을 빼는 그의 미식 요리들도 예외는 아니다. **DJS**

⬆ 버팔로 모차렐라 파우더와 꽃을 곁들인 얼음에 얼린 바질.

리스토란테 파파갈로 Ristorante Pappagallo | 과감한 전통을 선보이는 곳

위치 볼로냐   **대표음식** 파르미자나 디 멜란차네 스콤포스타 Parmigiana di melanzane scomposta | 💲💲💲

볼로냐에 자리한 파파갈로만큼 전통과 혁신의 균형을 성공적으로 이룬 레스토랑은 드물 것이다. 찬란한 14세기의 팔라초에 자리하며, 볼로냐의 상징과도 같은 두 탑과도 가까운 이곳은 파인 다이닝으로 오랜 명성을 쌓아 왔다. 벽에 걸린 유명인사들의 자필서명이 들어간 초상화가 이러한 명성을 증명해준다.

파파갈로가 지닌 유산은 젊은 헤드 셰프인 피에트로 코키아렐라(Pietro Cocchiarella)를 위압하는 대신 그의 영감을 불러일으키는 것처럼 보인다. 피에트로의 메뉴는 이 지방의 전통 요리를 기반으로 하며 가장 신선한 식재료를 선별해 사용하고 천연 색채와 맛을 강조함으로써 꾸준히 새로운 변신을 거듭한다. 이를 단적으로 보여주는 메뉴가 바로 파르미자나 디 멜란차네 스콤포스타다. 이는 파르메산 치즈, 토마토, 가지의 3가지 주요 식재료들을 층층이 쌓아 내는 요리로 보통 토핑으로 올리는 치즈를 바닥에 깐다.

천연 풍미를 중요하게 생각하는 것은 신선한 토마토와 바질을 곁들이고 버터로 맛을 낸 환상적인 뇨키와 탁월한 맛의 허브 빵으로 감싼 양갈비 등 피에트로의 모든 요리에 분명히 나타난다. 대부분의 볼로냐 레스토랑들처럼 파파갈로는 고기 요리로 정평이 나 있지만 피에트로는 여기에 생선으로 만든 매력적인 특선요리를 더함으로써 경계를 넓혔다. 생선요리 대부분은 그날 잡은 신선한 생선으로 만드는데, 근처 시장에서 그가 직접 고른다. 라벤더 꿀을 가미한 불에 구운 참치 요리를 포함해 몇몇 생선요리들은 아치형의 천장과 샹들리에만큼이나 이 매력적인 레스토랑의 일부가 되어 왔다. 과장됨이 없이 우아한 파파갈로는 특별한 기분이 들게 하는 레스토랑이다. 훌륭한 와인 셀렉션, 세심한 주의를 기울이는 서비스, 거부할 수 없는 맛의 디저트로 이곳에서의 식사가 더욱 완벽해진다. **DJS**

⬆ 파파갈로의 앙증맞은 디저트 셀렉션.

리스토란테 디아나Ristorante Diana | 미트 소스를 넘어선 볼로냐의 요리

위치 볼로냐 **대표음식** 스푸마 디 모르타델라 Spuma di Mortadella | ⑤ ⑤⑤

비아 인디펜덴사(Via Indipendenza)에 있는 볼로냐의 메인 스트리트 중심가에 자리한 리스토란테 디아나는 다방면에서 도시의 중심을 차지한다고 말할 수 있다. 1909년 카페로 문을 연 이 레스토랑은 1973년 현지 살루미의 제왕이었던 이보 갈레티(Ivo Galletti)에게 인수되었고 곧 오트 퀴진에 있어 볼로냐의 상징과도 같은 레스토랑이 되었다.

볼로냐는 스파게티 볼로레제라는 흔하디 흔한 요리로 전 세계에 알려져 있지만 볼로냐 시민들은 이러한 국제적인 오명을 전혀 체감하지 못한다. 이는 어느 누구도 그들이 자랑스럽게 여기는 미트 소스 파스타를 신선한 탈리아텔레가 아닌 가게에서 판매되는 스파게티로 만든다는 상상을 해본 적이 없기 때문이며, 볼로냐 요리에 대한 이들의 진정한 자부심과 기쁨이 지름이 25cm에 달하는 육중한 소시지 모르타델라에서 나오기 때문이다.

이곳은 경이로운 현지 요리들을 맛볼 수 있는 성지와 같은 곳이다. 애피타이저로는 미식가들의 꿈의 요리인 빼어난 맛의 모르타델라 무스(spuma di mortadella)가 나온다. 이 레스토랑은 현지 특선요리를 강조하고 있으며 볼로냐의 전통 음식으로 구성된 별도 메뉴를 제공한다. 브로스(broth)에 조리한 토르텔리니, 라자냐 베르니(lasagne verdi), 다양한 삶은 고기에 살사 베르데(파슬리, 케이퍼, 안초비 소스)를 곁들여 카드에 담아 내는 유명한 카렐로 데이 볼리티(carrello dei bolliti) 등이 그 예이다.

이 별미 요리들은 레스토랑을 오랫동안 지켜오고 있는 셰프 마우로 파브리(Mauro Fabbri)가 장인의 솜씨로 완벽하게 요리하는데, 마우로는 수년 동안 '황금 밀대의 대통령(President of the Golden Rolling Pin)'과 '탈리아텔레 알 라구 세계 홍보대사(World Ambassador for Tagliatelle al Ragù)' 등 수많은 찬사와 영예를 받아 왔다. 서비스는 물론이고 스투코 천장, 전통 식기 등으로 돋보이는 영화 〈위대한 개츠비〉가 연상되는 우아한 분위기로 꾸며져 있다. **DJS**

트라토리아 세르게이Trattoria Serghei | 조용하게 완벽함을 드러내는 진주 같은 곳

위치 볼로냐 **대표음식** 탈리아텔레 알 라구 Tagliatelle al ragù | ⑤⑤

볼로냐에 자리한 친절하고 안락한 분위기의 트라토리아 세르게이는 보석과도 같은 존재다. 거실만 한 크기의 이 조그마한 레스토랑의 좌석은 28석뿐이지만 테이블들이 서로 부대끼는 불편함이 느껴지지 않는다. 자리를 잡고 앉으면 사이프러스 나무로 덧댄 벽과 빳빳하게 다린 손도장을 찍어 무늬를 넣은 식탁보, 그리고 디아나(Diana)와 사베리오 파소티(Saverio Pasotti) 남매가 제공하는 우아한 서비스까지 모든 것들이 딱 적당하다는 생각이 든다.

많은 다른 이탈리아의 식당처럼 세르게이는 가족이 운영하는 곳으로 특히나 남매의 우애가 일에 애착을 불러일으키는 듯하다. 1967년에 부친인 세르지오가 선술집으로 문을 열었으나, 그로부터 2년 후 그의 아내인 이다가 밀대를 밀면서 세련된 요리의 시대가 시작되었다. 적어도 볼로냐에서는 이다만큼 파스타를 잘 만드는 사람이 없었다. 매일 아침 황금빛의 파스타 반죽을 만들며 탈리아텔레를 위한 길쭉한 모양이나 토르텔로니를 위한 사각형 모양으로 자른다.

오늘날 80세를 넘어선 그녀는 지친 기색이 전혀 없이 늦은 저녁에도 손님들과 곧잘 어울리기도 하는데, 영화 속 알프레드 히치콕의 모습을 연상시키기도 한다. 유명 영화배우인 마르첼로 마스트로이안니는 볼로냐에 머무를 때에 늘 이곳에서 식사를 한다.

레스토랑의 범상치 않은 이름은 매 코스가 시작될 때마다 '세르게이(세리지오)'를 외치며 건배를 청하던 볼쇼이 발레단이 이곳을 방문했을 당시 유래된 것이다. 호박으로 속을 채운 잊을 수 없는 맛의 파스타와 세미 프레도를 맛본 후에는 저절로 잔을 들어 세르게이를 외치고 싶은 충동이 일지도 모른다. **DJS**

다 라우라 Da Laura | 해안 바로 옆의 그림 같은 풍경의 외딴 동굴에서 맛보는 신선한 해산물 요리

위치 산 프루투오소   **대표음식** 프리토 미스토 디 페세 Fritto misto di pesce | 💲💲

리구리아주의 자그만 마을 산 프루투오소는 포르토피노 반도 위의 안락한 만 안에 감추어져 있다. 이곳에 닿기 위해서는 포르토피노에서 페리를 타거나 걸어가야 하는데, 다 라우라에서의 점심으로 보답을 받는다면 그러한 고생쯤은 감내할 만하다.

식사에 만족한 고객들의 목소리가 만들어 내는 사운드 트랙에 더하여 썰물과 파도가 철썩이는 해변가에 위치한 소박한 가족이 운영하는 트라토리아는 마을의 이름이 유래된 성인의 유품을 보관하는 것으로 알려진 아치형의 중세 풍 수도원 바로 아래에 테이블을 펼쳐 놓은 곳이다. 조그마한 야외 테라스와 함께 바가 자리한 판잣집도 있다. 다 라우라는 바다에서 무척이나 가까워 요리가 서비스되는 코스 사이사이로 고객들이 바닷물에 몸을 적신다는 소리도 들린다.

레스토랑의 입지를 고려할 때 신선한 해산물과 생선이 다 라우라 메뉴의 대부분을 차지한다는 사실은 놀랍지가 않다. 참고로 단골들은 홈메이드 페스토 소스를 넣은 라자냐를 극찬한다. 애피타이저로는 안초비, 칼라마리, 참치의 기막히게 아름다운 셀렉션으로부터 선택할 수 있는데, 모두 신선하고 즙이 풍부하며 식감이 부드럽고 바다의 짠내가 살짝 느껴진다. 아니면 환상적인 조개, 홍합, 성게로 만든 짜릿한 해산물 소스로 버무린 감미로운 맛의 스파게티를 선택할 수도 있다.

메인 요리로는 그릴에 구운 바삭한 오징어나 문어를 담은 접시에 몸을 내맡기거나 튀긴 생선과 해산물을 선택할 수도 있다. 유명한 프리토 미스토 디 페세는 짭조름한 맛과 향으로 지척인 해변에 철썩이는 파도와 미식의 대조를 이룬다. 비록 점심에만 문을 열지만 결코 떠나고 싶지 않은 그런 곳이다. **ATJ**

"독특한 입지만으로도 가볼 만하다. 수영복 차림으로도 식사할 수 있다."

ilmangione.it

⬆ 산 프루투오소의 전원적인 분위기에서 즐기는 해변의 점심.

라 테라차, 호텔 스플렌디도 La Terrazza, Hotel Splendido | 리비에라 한가운데에서의 식사

위치 포르토피노 **대표음식** 스파게티 알라 엘리자베스 테일러 "Spaghetti alla Elizabeth Taylor" | 🍴🍴🍴🍴

"이탈리아의 가장 호화로운 휴식처 중 한 곳이다. 라 테라차는 탁월한 요리를 즐기기에 이상적인 장소다."

CN Traveller

라 테라차에서 식사를 한다는 것은 수준 높은 삶의 질을 대변한다. 포르토피노의 5성급 호텔 스플렌디도에 자리한 두 곳의 레스토랑 중 한 곳인 라 테라차는 지난 수십 년간 영화배우들이 다녀간 곳이다. 명민한 종업원들은 마치 유령처럼 인기척도 없이 서빙하며, 홀에는 피아노 연주가 흐른다. 날씨가 온화할 때에는 야외 테라스에 자리를 잡는 것이 좋은데 포르토피노 만의 숨막힐 듯한 광경이 눈 아래로 펼쳐진다. 호화로운 요트와 보다 소박한 보트가 한가로운 정취를 더하며 유유히 흘러간다.

찬사를 받는 셰프인 코라도 코르티(Corrado Corti)는 신선한 해산물과 생선에 대한 열정이 대단하며 유행에 편승하는 국제적인 요리 개발에 집착하지 않는다. 올리브 오일과 레몬 소스를 곁들인 해산물, 호두 소스를 곁들인 채소와 허브로 속을 채운 라비올리와 같은 클래식한 리구리아식 요리들은 이 지역의 요리를 다양하게 즐길 수 있다는 그만의 믿음을 잘 보여준다.

어떤 곳에서는 이러한 메뉴를 '새로운 전통의 물결'로 묘사하기도 하는데, 노랑 촉수로 만든 소스에 조리한 달고기 라비올리, 당일 잡은 생선을 그릴에 구운 요리, 바롤로 와인에 조리한 소고기 안심도 입맛을 돋운다. 유명인사들이 방문한 호텔의 역사에 있어 공감을 거의 이끌어내지 못한 요리 중 하나인 '스파게티 알라 엘리자베스 테일러'라는 이름의 요리로 3종류의 신선한 토마토를 사용하는 것이 특징이다. 실제로 요리명의 여배우가 주문한 요리라고 한다.

식사 마무리로는 장인의 농장에서 빚은 치즈들과 매일 새롭게 만들어 내는 디저트가 있다. 높은 수준이지만 요리에 대한 곧은 성실함과 지성이 느껴지며 라 테라차를 단순히 보여지는 곳 이상으로 만드는 분위기가 있다. **ATJ**

⬆ 아름다운 풍광도 라 테라차 메뉴의 일부다.

니고 페치고 Nigo Pezigo | 전통에서 영감을 얻은 새롭고 매력적인 요리들

위치 포스디노보 **대표음식** 토끼, 잣, 올리브와 신선한 타임을 넣은 탈리아텔레 Tagliatelle with rabbit, pine nuts, olives, and fresh thyme | 💲💲

이 자그마한 레스토랑 니고 페치고는 마치 엄마의 앞치마 아래로 숨어 얼굴을 살포시 내미는 아이처럼 포스디노보의 중세 풍 담벽들 사이로 비죽이 모습을 비친다. 한 면으로는 말라스피나 성의 육중한 탑들, 그리도 또 한 면으로는 리구리아 해안가의 숨막힐 듯한 광경이 압도하는 이 레스토랑은 바다와 산을 면하고 있는 독특한 입지를 자랑한다.

니고 페치오는 일에 대해 무한 열정을 보이는 매력적인 젊은 부부가 운영을 한다. 레스토랑의 이름에서도 드러나듯, 아내 앨리스(Alice)가 현지 유산을 소중히 하는 철학에 따라 주방에서 정성스러운 음식을 메뉴를 만들어 내는 동안 페데리코(Federico)가 테이블 서비스를 돌본다. '니고 페치오'는 운을 맞춘 현지의 오랜 방언 체계로 여전히 사용되기는 하지만 오늘날 그 의미를 제대로 아는 사람은 거의 없다.

현지 요리를 새롭게 만들어 내는 것은 전통을 되살리는 한 방법이기도 하지만, 이는 푸드 마일이 '제로'가 된다는 사실을 의미하기도 한다. 거의 모든 식재료를 주변 농장이나 현지 어부에게서 구한다. 그 결과 마리네이드한 안초비와 그릴에 구운 아구에서부터 페스토, 토끼, 꿩 또는 토기 소스를 곁들인 파스타 테스타롤리, 이파리 채소와 과일 샐러드를 곁들인 호화로운 헤이즐넛과 오리 테린에 이르기까지 기막히게 아름다운 제철 메뉴가 탄생한다.

빵, 파스타, 잘 익은 딸기와 크렘 샹틸리 밀푀유 등 거부할 수 없는 디저트까지 모든 요리를 앨리스가 직접 준비한다. 요리에서 풍기는 세련미가 레스토랑의 인테리어와 잘 조화되는데, 진한 빛깔의 목재 가구와 빳빳하게 다린 식탁보가 아치형 천장의 자연석과 어우러져 수수하나 감각 있는 분위기를 연출한다. 페데리코는 니고 페치고를 꾸준하게 진화하는 경험으로 생각한다고 말한다. 이 부부에 있어서는 과거를 되돌아보는 것이 그들만의 요리를 개발하고 영감을 불어 넣는 최선의 방법이다. **DJS**

"아름다운 장소… 날씨가 허락한다면 코르시카까지 풍광이 한눈에 펼쳐진다."
ilmangione.it

⬆ 속을 채운 파스타를 손으로 아름답게 빚는다.

리스토란테 산 조르조Ristorante San Giorgio | 풍광과 함께 즐기는 멋진 요리

위치 체르보 **대표음식** 해산물 소스를 곁들인 뇨케티Gnocchetti with seafood sauce | ⑤⑤⑤

이곳은 아마도 꿈속에 그리던 이탈리아 레스토랑일 것이다. 이탈리아 리비에라의 푸른 만이 바라다보이는 언덕 마을 꼭대기 가까이에 자리한 이곳에서는 완벽한 맛의 생선과 해산물을 내륙지방에서 재배한 탁월한 품질의 허브, 채소와 함께 결합한 메뉴를 선보인다. 모든 요리에는 이탈리아에서 최고의 품질이라 주장하는 인근의 타자(Taggia)와 바달루코(Badalucco) 근교에서 생산된 올리브 오일을 넣어 조리한다.

하지만 어떤 양질의 식재료라도 사랑스런 카테리나 란테리(Caterina Lanteri)의 요리에 대한 지혜가 닿지 않는다면 그 자체만으로는 미식의 경험을 창조해 낼 수가 없다. 커다란 안경과 함박웃음으로 단번에 알아 볼 수 있는 카테리나는 1960년대에 이 레스토랑의 문을 열었다. 카

> "격이 있는 레스토랑… 리구리아의 전통에 영감을 불어 넣어 재해석한 요리를 내는 곳."
> ilmangione.it

테리나의 아들 알렉산드로가 일을 돕고, 매일 인근의 오넬리아의 시장에서 구입하는 일류 식재료들을 사용한다. 골무만 한 크기의 뇨케티에는 해산물 소스를 곁들이는데 붉은 매운 고추와 파르메산 치즈의 양을 신중하게 고려해 넣어 생선과 치즈는 함께 넣어서는 안 된다는 기존의 룰을 타파한다.

이탈리아의 리비에라에 자리한 까닭에 어느 것과도 비교할 수 없는 맛의 허브가 있다. 특히 바질로 멋진 페스토를 만드는데 이는 생선과 채소에 더없이 어울리는 맛과 향을 더하는 카테리나의 도구가 된다. 디저트로는 헤이즐넛이 최고의 맛을 낼 때만 준비되는 신선한 헤이즐넛 무스를 맛보길 권한다. 이곳에서의 식사는 멋진 풍광조차도 눈에 들어오지 않을 만큼 만족스러운 경험이다. **FP**

에코 델 마레Eco del Mare | 모든 감각을 자극하는 이곳만의 식사

위치 레리치 **대표음식** 기름종이에 싸서 구운 농어Parchment-baked sea bass | ⑤⑤⑤

에코 델 마레는 이탈리아에서 가장 독보적인 해안가에서의 식사를 맛볼 수 있는 곳에 속한다. 시인들의 만(the Gulf of Poets)으로 알려진 구불구불한 해안선을 따라 자리한 조그마한 개인 소유의 해변에 위치한 이 스타일리시한 비치 클럽(이곳의 주인인 프란체스카 모제르가 내린 정의다)은 아름다운 자연과 세련된 식사가 독특하게 결합된 곳이다. 보트나 혹은 도로에서 해안가로 바로 연결되는 편리한 엘리베이터를 타면 닿을 수 있는 이 레스토랑은 해변을 따라 한가롭게 펼쳐져 있는데, 레스토랑 앞에는 긴 의자들이 있다.

이곳에서 처음으로 감동을 주는 것은 철썩이는 파도 소리, 즉 '에코 델 마레'인데 바다가 꽤 가까워 절벽의 마곡으로 인해 이 소리가 더 증폭되어 들린다. 바로 이 파도 소리에 이끌려 1950년대 초 프란체스카의 부친은 이 해변을 매입하고 오두막을 세웠다. 기막힌 입지로 즉각적인 성공을 거두었으나 2006년 프란체스카는 새로운 모험을 하기로 결심을 했다. 약 4년간 레스토랑의 문을 닫은 채로 오두막을 스위트룸으로 바꾸고 주방을 넓혔으며 새로운 셰프를 고용하고 녹슨 듯한 캐노피, 나무로 짠 의자, 길이 든 목재 테이블, 해변을 뒤져 찾아낸 통나무 등으로 독특한 분위기를 아름답게 연출했다. 2010년에 재 개장한 이곳에서 프란체스카는 "탁월하고 세련된 요리뿐만 아니라 어느 곳에서도 찾아 볼 수 없는 품격의 자유를 선사하는 레스토랑"을 만들겠다는 그의 꿈을 이루었다.

신선한 생선이 메뉴의 주를 이루는데, 그 날 잡은 생선에 따라 매일 메뉴가 변한다. 그릴이나 오븐에 구운 현지산 농어가 최고로 꼽힌다. 하지만 숭어, 안초비 튀김, 새우 라구, 해산물 팀발레도 이 못지 않게 탁월한 맛이다. **DJS**

↱ 담음새도 아름다운 해산물 요리를 해안가에서 맛본다.

리스토란테 마요레 Ristorante Majore | 다양하게 조리된 돼지고기를 즐기는 곳

위치 키아라몬테 걸피　**대표음식** 젤라티나 마요레(디 마이알레)Gelatina Majore (di maiale) | 💲

키아라몬테 걸피는 시칠리아의 남동부 지방에 자리한 몬테 아르치베시(Monte Arcibessi)의 꼭대기에 자리한 언덕 마을로 섬들이 바라다보이는 스펙터클한 풍광으로 유명하며 '시칠리아의 발코니(The Balcony of Sicily)'라는 별명을 얻은 곳이다. 이 자그마한 마을은 현지인들과 관광객들 그리고 미식가들의 발길을 이끄는 돼지고기 전문 식당 리스토란테 마요레 덕분에 또 다른 명성도 누리고 있다.

이 레스토랑은 마을 광장에서 바로 벗어난 중세풍의 거리에 위치해 있다. 입구가 바로 주방으로 연결되어 있는데, 커다란 청동 냄비에 체리 토마토가 서서히 끓고 있고 폭찹이 지글지글 익는 황홀한 냄새가 진동을 한다. 친숙한 분위기의 자그마한 다이닝룸은 전통적인 실내장식과 정교한 극사실주의를 묘사한 트롱프뢰유(trompe l'oeil) 프레스코 벽화들로 꾸며져 기쁨을 선사한다. 이곳은 1896년 처음 문을 열었는데, 당시에는 집집마다 집에서 돼지를 길렀고 겨울 동안 돼지고기를 소금에 절여 숙성시키는 비결을 지니고 있었다. 레스토랑은 4대에 걸쳐 여전히 가족들이 맡아 운영한다.

이곳에서의 식사는 잊을 수 없는 경험으로 아마도 돼지고기를 먹는(그리고 와인으로 그 맛을 기분 좋게 씻어 내리는) 다양한 방법에 놀라움을 금치 못할 것이다. 라비올리 알 수고 디 마이알레(ravioli al sugo di maiale)는 리코타로 속을 채운 파스타를 바질과 토마토를 넣은 돼지고기 소스에 요리한 것이고, 코스타타 리피엔나(costata ripiena)는 돼지고기 소시지와 곱게 갈은 돼지고기로 속을 채운 폭찹이며, 카피콜로(capicollo)는 후추를 넣은 매콤한 맛의 살라미다. 가장 눈에 띄는 요리는 젤라티나 마요레(gelatina Majore)로 피스타치오를 넣고 젤라틴에 돼지고기를 굳혀 만드는 레스토랑의 탁월한 솜씨를 보여준다. **CK**

매그놀리아 Magnolia | 쿨하고 재치가 넘치는 요리

위치 체세나티코　**대표음식** 바닷가재와 레몬 버베나 링귀네 Lobster and lemon verbena linguine | 💲💲💲

"어릴 적 천재는 신이 내린 것이다"라는 벤자민 디즈레일리의 말은 알베르토 파카니(Alberto Faccani)의 레스토랑에 가장 잘 들어맞는 듯하다. 이탈리아 요리계의 떠오르는 샛별로 가장 촉망받는 젊은 셰프인 알베르토는 26살이 되던 해에 아드리아 해변에 자리한 그의 고향 체세나티코(Cesenatico)에 스타일리시한 레스토랑을 열었다. 이탈리아에서는 젊은 열정보다는 경력에서 우러나는 연륜을 선호하기 때문에 이를 그저 대담하다고 말하는 것은 다소 감정을 절제한 표현이다. 하지만 그는 단 2년만에 첫 미슐랭 스타를 받았고, 그로부터 몇 년이 더 흐른 후에도 쿨하고 매우 독창적인 모습을 유지하고 있다.

알베르토는 "저는 고객들에게 제가 대접받고 싶은 그대로를 선보이고 싶습니다", "고객들이 이곳에서의 경험을 즐기고 재미를 느끼기를 바랍니다"라고 말한다. 알베르토의 요리는 감각을 뒤흔드는 맛과 향, 식감이 재치있게 어우러져 있다.

갓 잡은 생선 메뉴가 주를 이룬다. 알베르토의 재능을 엿보는 가장 좋은 방법은 그의 테이스팅 메뉴를 선택하는 것인데, 5가지, 7가지, 10가지로 구성된 코스 요리들이 폭발적인 맛과 색으로 미각을 자극한다. 라즈베리와 오이를 곁들인 방어, 페스토와 체리 토마토를 곁들인 아구, 칼라마리 카르보나라, 파와 트러플을 곁들인 가리비, 그리고 레드 커런트와 파를 곁들인 참치 등은 달마다 바뀌는 메뉴의 일부이다.

알베르토는 헌신적으로 고객을 대한다. 식사는 감각 있게 디자인된 현대적인 인테리어와 스타일이 살아있는 식기류로 한층 빛을 발한다. 모든 이들의 예산에 맞추기 위하여 알베르토는 저녁마다 비스트로를 연출하기도 한다. 마법사의 비결을 알고 싶다면 요리 수업에 등록해 마에스트로의 요리에 대해 배울 수도 있다. **DJS**

➡ 매그놀리아에서는 심미적인 감각이 살아있는 플레이팅이 가장 중요한 요소다.

다 델피나 Da Delfina | 장관을 이루는 분위기에서 즐기는 전통 토스카나 요리

위치 아르티미노 **대표음식** 리가티나 아추가타 콘 파졸리 디 소라나 Rigatina acciugata con fagioli di Sorana | 💲💲💲

피렌체에서 차로 45분 정도 떨어진 자그마한 마을 아르티미노에 자리한 다 델피나의 한적한 입지는 이곳의 매력을 더한다. 토스카나 언덕에서 자라는 올리브나무 숲의 장관이 보이는 테라스에서의 식사는 마치 풍경화의 일부가 된 듯한 느낌을 준다. 또한 '라 페르디난다(La Ferdinanda)'로 알려진 아름다운 메디치가 빌라가 보인다.

레스토랑의 창립자인 델피나 치오니(Delfina Cioni)는 1909년 메디치가 빌라 건물의 일부였던 농장에서 태어났다. 그녀의 부친이 세상을 떠난 후, 그녀는 빌라로 들어가 베네치아의 귀족 가문을 위한 서비스에 종사했다. 이곳에서 델피나는 요리를 배웠고 수십 년을 거치면서 세련됨을 덧입혔다. 이러한 요리들은 모두 농부들이 먹던 음식에 바탕을 두고 있었다. 델피나는 빌라를 방문하는 사냥꾼을 위해 요리를 하기 시작했고, 1950년대에 이곳이 관광명소가 되었을 때에는 관광객들을 위해서도 요리를 준비했다. 1975년에 들어 그녀의 요리가 알려지면서, 델피나와 사냥터 관리인었던 남편 발디노는 인근의 석조 건물을 재건해 리스토란테 다 델피나의 문을 열었다. 오늘날에는 델피나의 아들인 카를로가 책임을 맡고 있으며(델피나는 100살이 넘어서까지 일했다), 여전히 전통적인 토스카나 요리에 바탕을 둔 메뉴를 선보이고 있다.

오픈 키친인 덕분에 고객들은 고기를 그릴에 굽거나 꼬치에 끼워 장작불에 굽는 등의 요리 과정을 지켜 볼 수 있다. 메뉴는 계절에 따라 바뀌는데 일부 식재료들은 레스토랑에서 일구는 과수원과 채소밭에서 난 것들을 사용한다. 맛 좋은 요리들로는 테리나 디 코닐리오(terrina di coniglio, 토끼 테린), 오리 마카로니, 리가티나 아추가타 콘 파졸리 디 소라나(rigatina acciugata con fagioli di Sorana, 부드러운 소라나산 콩을 곁들인 베이컨과 안초비 요리)가 있다. 디저트로는 핫 소스를 곁들인 훌륭한 맛의 토르타 만토바나(torta Mantovana)를 권한다. **CK**

트라토리아 소스탄차 Trattoria Sostanza | 토스카나의 기쁨이 샘솟는 알라딘의 동굴

위치 피렌체 **대표음식** 토르티노 디 카르초피(아티초크 타르트)Tortino di carciofi (artichoke tart) | 💲💲

관광객을 위한 음식이 홍수처럼 쏟아지는 곳에서 보석을 찾아다니는 사람들은 열심히 발품을 팔 필요가 있다. 트라토리아 소스탄차는 관광객들로 북적이는 장소들로부터 꽤 벗어나 있으며, 마치 알라딘의 동굴처럼 진귀한 것으로 가득 찬 내부를 눈치채지 못하도록 출입구가 소박하다.

1869년에 문을 연 이곳은 19세기의 모습 그대로를 간직한 선술집이다. 자그마한 다이닝룸은 하얀색 대리석으로 상판을 씌운 테이블, 흰색 타일을 붙인 벽과 아름다운 예술작품들로 꾸며져 있다. 또한 화장실에 가려면 주방을 가로질러 가야 한다. 신용카드를 받지 않고 커피도 팔지 않는다. 하지만 편안하고 멋진 분위기를 제공하고 요리에는 자부심이 담겨 있다. 대부분의 트라토리아에서 볼 수 있는

> "1869년 이래로 사람들은 푸짐한 양의 음식을 즐기기 위해 기다란 공동 식탁에 줄을 늘어섰다."
>
> frommers.com

것처럼 메뉴는 손으로 적어 놓으며 제철 재료에 따라 변한다. 맛 좋은 토르티노 디 카르초피, 입안에서 살살 녹는 버터에 볶는 닭, 전통적인 비스테카 알라 피오렌티나처럼 특정 별미요리들은 고정메뉴다. 손가락 2개 정도의 높이에 약 1파운드의 무게가 나가는 커다란 티본 스테이크는 주문 즉시 셰프 마리오(Mario)가 고기를 잘라 그릴에 가볍게 굽는데 육즙이 새지 않도록 조심스럽게 뒤집는다.

만약 손가락까지도 핥아 먹고 싶은 유혹이 든다면 이 이야기를 명심해야 한다. 수십 년 전, 요리보조가 이처럼 하다가 발각되어 트로이아(troia, 매춘부)라는 딱지가 붙었다. 일부 현지인들은 여전히 이 트라토리아를 오늘날까지도 이 트로이아(i'troia)로 부른다. **DJS**

에노테카 핀치오리 Enoteca Pinchiorri | 인기 있는 에노테카와 레스토랑에서 선사하는 최상의 와인과 요리의 조합

위치 피렌체 **대표음식** '모라 로마뇰라' 호박과 마리네이드한 양파를 곁들인 새끼돼지 요리 "Mora Romagnola" suckling pig with zucchini and marinated onions | 🍴🍴🍴🍴🍴

에노테카 핀치오리는 단연컨대 피렌체에서 가장 저명한 미식의 종착지다. 본래 1972년에 문을 연 이곳이 성공을 거둔 것은 "둘이 하나보다 낫다"는 정신 덕분이다. 우선 이 에노테카는 단순히 와인 셀러가 아닌(유럽 최고의 와인 셀러 중 하나이긴 하지만) 높은 찬사를 받아 온 레스토랑이기도 하다. 2명의 장인이 팀을 이루어 레스토랑을 운영하고 있는데, 바로 이들은 많은 존경을 받고 있는 창립자인 조르조 핀치오리(Giorgio Pinchiorri)와 그의 아내이자 미슐랭 스타 3개를 받은 이탈리아 최초의 여성 셰프인 안니에 페올데(Annie Féolde)다. 또한 이곳에서는 두 나라의 문화가 결합된 힘을 느낄 수 있다. 에노테카는 의심할 여지 없이 이탈리아 풍이지만—조르조는 인근의 모데나에서 태어났다—니스에서 자란 안니에는 본능적으로 프랑스 요리의 숨결을 더한다. 35년 동안 안니에와 조르조가 양질의 와인과 미식 요리를 결합하기 위한 그들의 열정을 공유한 결과 세계에서 가장 독보적인 식사를 경험할 수 있는 곳 중 하나가 탄생되었다.

15세기의 웅장한 인테리어에서부터 흠잡을 데 없는 서비스와 고객에게 4,000여 종이 넘는 와인을 보유한 셀러를 신중하게 안내해 주는 전문 소믈리에 이르기까지 이곳에서는 모든 것이 특별하다. 범상치 않은 알라카르트 요리와 20개의 코스로 구성된 '봄의 속삭임(Whispers of Spring)'이라는 테이스팅 메뉴 등 감각을 자극하는 요리가 있다. 두 셰프, 이탈로 바시(Italo Bassi)와 리카르도 몬코(Riccardo Monco)는 리코타, 내장요리, 호두 라비올리에서부터 호박과 커피를 곁들인 문어, 혹은 바삭하고 달콤한 비둘기 넓적다리 요리까지 흥미진진한 맛과 향의 조화를 선보인다. 안니에는 "맛은 우리의 모든 감각을 살찌우는 다면적인 경험이다"라고 말한다. 의심할 여지 없이, 웅장한 에노테카 핀치오리에서의 저녁 식사는 하나하나의 경험을 합한 것보다 훨씬 더 큰 경험이다. **DJS**

"피렌체 미식의 성지 중 한 곳…
이 레스토랑에서는 와인 애호가들도
기쁨을 느낄 것이다."
Michelin Guide

⬆ 에노테카 핀치오리에서 선보이는 창의적인 요리.

레르보스테리아 L'Erbhosteria | 진정한 야생의 맛을 즐길 수 있는 곳

위치 바디아 테딜다 **대표음식** 장구채 이파리와 금잔화 꽃을 곁들인 쐐기풀 라비올리 Nettle ravioli with creamed silene and calendula flowers | 💲💲

흔치 않고 독창적인 것들이 으레 그렇듯 레르보스테리아는 다소 난해하다. 토스카나주 아페네 산맥 높은 곳의 석조 건물들로 이루어진 작은 마을에 위치한 이 레스토랑은 오픈 시간이 한정되어 있으며 출발 전에 반드시 전화를 걸어봐야 한다. 하지만 순례길 같은 방문길을 올라 이곳에 닿으면 이내 피에로 발렌티니(Piero Valentini)가 이곳에 레스토랑을 차린 이유를 알 수 있을 것이다.

피에로가 준비하는 식사를 맛보기 위해 자리를 잡는다는 것은 자연의 식품창고로 통하는 비밀의 문을 발견하는 것과 같다. 주방에서 풍기는 아로마는 강하고 구수한데 애피타이저로 나오는 샐러드는 아름다운 색채와 맛으로 감각을 자극한다. 오이풀(burnet), 보리지, 서양톱풀(yarrow) 등은 이곳에서 사용되는 놀라운 식재료들의 일부에 지나지 않는다. 가니쉬로 사용되는 민들레, 제비꽃, 앵초, 데이지는 무척이나 어여쁘다.

파스타로는 장구채 이파리와 금잔화 꽃을 곁들인 쐐기풀 라비올리나 예루살렘산 아티초크와 마조람을 곁들인 야생 버섯 탈리아텔레를 맛보길 권한다. 통통한 꿩 가슴살은 블랙 트러플과 주니퍼 베리가 곁들여 나오고 딱총나무 꽃튀김이 따라 나온다.

이들은 예술성보다는 심플함과 신선함을 의도적으로 택한 요리이다. "비결은 식재료 하나하나가 자신들을 드러내도록 하는 것"이라고 피에로는 설명한다. 거의 모든 식재료들이 식탁에 내기 몇 시간 전에 구해 놓은 것들이다. 높은 고도를 고려한다면 믿기지 않는 사실이다. 피에로는 자연의 풍요로움을 강조한다. 그는 "메뉴는 끊임없는 놀라움을 선사합니다", "봄철에 꽃을 따는 것은 눈발이 날리는 겨울에 구근류를 캐는 것과는 다릅니다"라고 말한다.

훌륭한 맛의 와인을 음미하고 여유로운 식사를 하며 친근한 웰빙의 분위기를 즐길 수 있다. 레르보스테리아는 그 자체로 몸과 마음의 자연 강장제다. **DJS**

⬆ 먹기 아까울 정도로 아름다운 레르보스테리아의 샐러드.

쿠치나 Cucinaà | 편안한 분위기에서 즐기는 맛 좋고 컨템포러리한 움브리아의 요리

위치 폴리뇨 **대표음식** 부르스케타와 헤이즐넛 페스토, 유기농 트러플을 곁들인 달걀 요리 Organic truffled egg with bruschetta powder and hazelnut pesto |
😊😊

별 특징 없는 도로의 한가운데 자리한 쿠치나의 입지조건이 별로 좋아보이지 않는다. 하지만 스타일이 살아있고 불빛으로 가득 찬 레스토랑으로 들어서는 순간 이곳은 편안한 분위기에서 최고급의 요리를 선보이는 수준 높은 곳임이 명확해진다. 미슐랭 스타 1개를 받은 셰프 마르코 부비오티(Marco Gubbiotti), 페이스트리 셰프 안드레아 산틸리(Andrea Santilli), 소믈리에 이반 피초니(Ivan Pizzoni)는 오롯이 음식에만 집중하는 곳을 만들기 위해 고급 레스토랑에서 이곳으로 왔다.

이곳에서는 식사를 하거나 양질의 와인과 올리브 와인을 포함해 엄선된 미식 별미들을 사갈 수도 있으며, 혹은 요리를 주문한 후 남은 음식을 포장해 갈 수도 있다. 이른 아침부터 문을 여는 쿠치나는 탁월한 맛의 커피와 사악할 정도로 맛 좋은 페이스트리를 제공하는데, 아침이나 간편한 스낵으로 즐기기에 완벽하다.

전문가의 솜씨로 요리된 전통 메인 요리들과 다양하게 바뀌는 일련의 샐러드와 채소들은 이곳에서 점심시간이 특히 분주하다는 사실을 말해준다. 일꾼들은 이곳에 무리를 지어 와서 가지, 바질, 모차렐라 파르미자나, 병아리콩을 곁들인 파스타, 소금에 절인 대구 혹은 타임을 곁들인 바삭한 커틀릿 등의 전통메뉴들을 즐긴다. 버섯이나 트러플을 곁들인 세몰리나로 만든 파스타 프라스카렐리(frascarelli)와 같은 움브리아주의 별미요리들을 선택하는 사람들도 있다.

계절성은 메뉴의 키(key)다. 단 며칠만 맛볼 수 있는 식재료라면 그 사실만으로 흥분된다. 쿠치나에서는 로컬 식재료에 대한 자부심이 중요하며, 이러한 가치들이 편안히 다가갈 수 있는 분위기에서 구현되어 왔다. 이곳에서의 식사는 움브리아가 선사하는 최고의 요리를 경험할 수 있는 가장 탁월하고 모던한 선택이다. 아마레티와 리코타를 곁들인 초콜릿 크레시온다(crescionda) 타르트 한 조각으로 식사를 마무리 하는 것도 잊지 말자. **CS**

⬆ 움브리아의 요리는 제철 식재료로 준비된다.

에노테카 랄키미스타 Enoteca L'Alchimista | 정성스럽게 구한 음식과 와인으로 부리는 마술

위치 몬테팔코　**대표음식** '카르보나라인 척하는' 스트란고치 "Pretend carbonara" strangozzi | 💲💲

뜨거운 여름날 피아차 델 코무네에서 몬테팔코의 일상을 감상하면서 그늘이 드리운 테라스에 앉든지 추운 겨울날 편안한 실내에 앉든지에 관계없이 가족이 운영하는 랄키미스타에서는 늘 맛 좋은 움브리아주의 특선요리들을 맛볼 수 있다. 주인이자 소믈리에인 크리스티나 마니니(Cristina Magnini)는 인근의 와인생산업자들과 긴밀하게 관계를 유지하고 있기 때문에 랄키미스타에는 흥미로운 와인들이 다양하게 준비되어 있다. 현지에서 재배되는 그레케토(Grechetto)와 사그란티노(Sagrantino) 포도 품종으로 빚은 탁월한 와인을 즐겨보길 권한다.

레스토랑의 이름인 '알케미스트(alchemist)' 즉 '연금술사'는 바로 크리스티나의 모친인 '파트리치아 모레티(Patrizia Moretti)'로 진정 마술처럼 로컬 식재료들을 독창적이나 담백한 요리들로 변화시킨다. 스트란고치는 길이가 긴 전통적인 파스타로 메뉴에 즐겨 나온다. 이 파스타는 보통 현지에서 재배되는 탁월한 품질의 채소를 곁들이고 과일향이 풍부한 올리브 오일을 뿌린다. 랄키미스타는 현지의 소규모 공급업체들과 긴밀하게 관계를 유지하는데 이들 중에는 700년 전부터 전해 내려오는 레시피를 바탕으로 우유에 사프란을 넣고 치즈를 만드는 피올레 몰레 델라 발네리나라(fiore molle della Valnerina)의 장인도 속해 있다. 파트리치아는 이 치즈에 판체타와 소량의 호박을 넣고 그녀만의 '카르보나인 척하는(카르보나라는 페코리노 치즈를 넣어 만듦)' 스트란고치를 만든다.

속을 채운 호박꽃과 여름철 샐러드가 특히 맛있고, 카시아산 로베야 완두콩이나 트라시메노 콩과 같은 두류로 만드는 훈훈한 수프는 추운 계절에 안성맞춤이다. 10월에는 트레비산의 블랙 셀러리를 파르메산 치즈를 넣은 고기와 소시지 요리에 사용한다. 떠나기 전에 에스프레소와 완벽한 궁합을 이루는 아름다운 과일 타르트도 꼭 맛보길 권한다. **CS**

⬆ 랄키미스타는 피아차 델 코무네의 모퉁이에 있다.

베스파시아 Vespasia | 우아한 분위기에서 움브리아의 별미 요리를 음미하는 곳

위치 노르치아 **대표음식** 산양리코타 치즈 뇨키를 곁들인 야생 로베야 완두콩 수프 Wild Roveja pea soup with sheep ricotta gnocchi | ❸❸❸

차분한 무채색으로 꾸민 편안한 베스파시아의 인테리어는 정기적으로 무리를 지어 노르치아를 방문하는 군중들로부터 한숨 돌릴 수 있는 반가운 휴식 같은 시간을 제공한다. 베네딕트 성인(San Benedetto)의 고향이기도 한 이곳은 종교적인 목적으로 방문하는 사람들뿐 아니라, 이 마을의 유명한 요리들을 맛보기 위해 찾아온 미식가들이 몰린다.

베스파시아는 스타일리시한 팔라초 세네카 호텔(Palazzo Seneca Hotel) 내에 자리를 잡았다. 최고급의 지역산 재료로 만든 별미 요리들이 베스파시아의 메뉴에 올라 있다는 사실을 생각하면, 이는 놀라울 것이 없다. 레스토랑은 일류 식재료 공급업자들과 강한 유대를 형성해왔으며, 이에 걸맞게 오랜 거래를 유지해 온 공급업자들을 추억하는 흑백 초상화들을 전시해 놓았다. 한적하고 기분이 좋아지는 뜰은 자리가 나기를 기다리면서 식전주를 마시거나 여유롭게 메뉴를 훑어보기에도 이상적이다. 음료에는 코파, 올리브, 페코리노 등의 안주거리를 예술적으로 담아 곁들여 낸다.

이곳은 노르치아의 돼지고기 요리를 맛보기 위해 찾아온 미식가들이나 트러플을 찾아온 이들을 자석처럼 이끈다. 매달 바뀌는 메뉴는 언제나 현지산 돼지고기나 트러플(겨울철 혹은 여름철 트러플)을 특별히 선보이는데, 인근의 피아노 그란데에서 재배된 카스텔루초 렌즈콩을 포함하기도 한다. 블랙 노르치아 트러플을 넣은 생면 탈리올리니, 헤이즐넛과 트러플 무스, 카스텔루초 렌즈콩 수플레를 곁들인 시빌리니 산맥에서 자란 양고기 꼬치 구이, 현지에서 생산된 멸균하지 않은 산양과 염소 젖으로 만든 치즈 혹은 마을의 베네딕트회 수사들이 생산한 맥주로 만든 디저트 등을 선택해 보기를 권한다. 인근의 구르메 식료품점에도 한바탕 쇼핑을 꿈꾸는 이들의 영감을 자극하는 수많은 요리들이 있다. **CS**

⬆ 베스파시아에서는 움브리아와 노르치아의 별미를 제공한다.

트레디치 그라디 Tredici Gradi | 완벽한 하모니를 이루는 요리와 치즈

위치 비테르보 **대표음식** 소금에 절인 육류와 치즈 보드Cured meat and cheese board | ⑤

비테르보는 로마 북동쪽에 자리한 아름답고 유서 깊은 마을로 로마를 방문하는 사람들은 비테르보에 들러 중세의 중심지를 둘러보고 이 꾸밈없이 소박한 트라토리아에서의 식사를 즐기도록 추천받는다.

트레디치 그라디는 13도라는 의미로 와인의 이상적인 알코올 도수를 의미한다. 와인을 음식에 곁들이는 음료로 생각하는 대부분의 이탈리아인들은 와인이 음식을 압도할 정도로 강하면 안 된다고 생각한다. 많은 이들은 잔으로도 판매하는 다양한 와인들 중 하나를 골라 탈리에레(tagliere), 즉 도마 위에 얹어 나오는 살루미와 치즈에 곁들여 먹기를 즐기는데, 살루미는 이탈리아 전역에서 생산되는 소금에 절인 육류 중 엄선한 것이며 치즈는 현지에서 생산된 우유와 산양의 젖으로 만든 것이다. 비테르

> "남작에 어울릴 법한 벨벳 커튼이 드리워진 다이닝룸은 진정한 음식을 위한 곳이다."

Lonely Planet

보산(産) 수시아넬라(susianella)와 카르페냐(Carpegna), 파르마(Parma), 산 다니엘레(San Daniele)에서 생산된 3가지 타입의 프로슈토를 맛보기 권한다. 참으로 훌륭한 파스타 탈리아텔레나 페투치네를 위한 여유를 남기려면 탈리에레의 양을 조절하는 것이 최선이다.

이어지는 요리로는 포르케타를 맛보기를 권하는데, 이는 야생 회향으로 풍미를 돋운 새끼돼지 요리다. 현지에서 생산되는 화이트 와인과 제철에 채취된(보통 야생에서 자라는) 푸른 채소를 곁들이면 자칫 매우 느끼할 수 있는 요리에 개성이 살아난다. 디저트로는 크로스타타 디비시올레 에 만도를레(crostata di visciole e mandorle)가 아주 맛있는데, 현지에서 나는 다크 체리 철에만 만들며 아몬드를 넣어 궁합을 맞춘다. **FP**

라르케올로자 L'Archeologia | 유서 깊은 곳에 자리한 고급 레스토랑

위치 로마 **대표음식** 엔티크 오르되브르"Antique hors d'oeuvres" | ⑤ ⑤⑤

고대 로마제국의 수도와 지중해의 생명과도 같던 항구 브린디시(Brindisi)를 잇는 아피아 가도는 가장 역사가 오래된 도로 중 하나다. 오늘날 울퉁불퉁한 자갈과 판석이 깔린 이 도로는 역사 공원으로 보호받고 있다.

아피아 안티카(Via Appia Antica)를 곧장 따라가면 레스토랑이 나온다. 이곳은 개점 이래로 카사베키아(Casavecchia) 일가가 줄곧 운영을 해오고 있는 평판 좋은 레스토랑으로 오늘날에는 마르코 카사베키아가 책임을 맡고 있다. 고대의 흉상, 기념비, 돌 유적들이 레스토랑의 정원에 산재해 있으며 더 클래식한 느낌의 복제품들도 실내를 가득 채우고 있다.

1890년, 말을 갈아타는 기착지였던 곳에서 시작한 라르케올로자는 레스토랑의 역사로 따져 보면 매우 오래되었다고 할 수 있다. 오늘날의 고객들은 300년이 된 것으로 알려진 등나무 그늘에서 식사를 한다. 이러한 유산들로 둘러싸인 가운데 모던하고 신선하고 혁신적인 요리를 발견하는 것은 기쁨일 것이다.

오징어와 토마토를 곁들인 뇨키, 파르메산 치즈를 듬뿍 얹은 소고기 카르파초, 주사위 모양으로 자른 그루퍼(grouper)에 페투치네를 곁들여 먹는 요리 등을 맛보길 권한다. 그 밖의 요리로는 조개를 넣은 오징어 수프, 스트란고치 알라 페코라라(strangozzi alla pecorara, 마늘, 후추, 햄, 페코리노를 넣어 만드는 독특한 핸드메이드 파스타)가 있다. 길이가 길고 속이 빈 카바텔리 파스타는 마르코의 할머니가 처음 만든 것이라고 한다.

일부 요리들은 그 기원이 매우 오래되었다. 예를 들어, '엔티크 오르되브르'는 마차의 기착지에서 쉬어가던 18세기 상인들이 먹던 클래식한 요리에 기반을 두고 있는데, 멧돼지 소시지, 사슴고기 살라미, 움브리아산 살라미 등이 전통적인 별미에 속한다. **SH**

➡ 라르케올로자는 분위기 있는 아피아 가도에 자리를 잡고 있다.

로시올리 Roscioli | 유서 깊은 델리카트슨에서 맛보는 진정한 로마의 맛

위치 로마 **대표음식** 스파게티 카르보나라 Spaghetti carbonara | 💲💲

"비즈니스를 위한 장소라기보다
카라바조의 그림에 나올법한 곳이다.
최고 품질의 요리를 제공한다."

fodors.com

⬆ 맛좋은 다양한 음식들이 카운터에 진열되어 있다.

로시올리는 식도락 여행길에서 한 번쯤 마주치길 꿈꾸는 곳이며 진정한 의미의 로컬 식당이다. 본래 이곳은 빵과 더불어 다양한 종류의 샤퀴트리, 치즈, 올리브 오일을 취급하던 150년 역사의 베이커리이자 델리카트슨이었다. 오늘날의 형태는 2002년에 시작된 것으로, 당시 알렉산드로와 피에를루이지 로시올리(Pierluigi Roscioli) 부부는 그들의 가게에 레스토랑을 더하기로 결심했다. 그 결과 노출된 벽돌, 빼곡하게 놓인 테이블, 타일이 깔린 바닥으로 꾸민 폭이 좁은 다이닝룸이 탄생한 것이다.

재즈가 배경음악으로 깔리고 셀 수 없을 정도로 많은 와인 병들이 찬장에 가지런히 놓여 있다. 비록 메뉴에는 몇 안 되는 종류의 와인만이 올라있지만, 리스트를 요청하면 매우 폭넓은 종류의 고급 와인들이 실려 있는 2권의 커다란 책을 가져다 주는데 레스토랑에서 마시는 와인 가격이 그들의 가게에서 파는 소매 가격과 비교했을 때 크게 비싸지 않다. 와인 셀러는 아래층에 있다.

로시올리는 베이커리를 겸하기 때문에 빵 역시 실망스럽지 않다. 시골 풍의 갈색 빵과, 겉은 바삭하고 버터의 풍미가 도는 탁월한 맛의 포카치아를 섞어 놓은 데에서 고를 수 있는데, 뛰어난 품질의 모차렐라를 곁들여 준다. 높은 품질의 베이컨과 파르메산 치즈로 만든 스파게티 카르보나라는 빼어난 식감으로 진정한 기쁨을 준다.

또 다른 전통 요리인 아마트리차나 파스타 또한 뛰어난데, 진한 토마토 소스가 구안치알레와 페코리노 치즈와 조화를 이룬다. 화이트 트러플을 넣은 페투치네는 트러플의 향기가 진동하는 심플한 요리다. 세심하게 잘 익힌 호박, 당근, 콜리플라워를 곁들인 지중해산 참치도 훌륭하다.

요리의 마무리를 위해서는 진한 커피 향이 나는 티라미수를 권한다. 크리미하나 지나치게 느끼하지 않으며 위에는 초콜릿이 뿌려져 있다. 서비스는 편안하고 친근하다. 보기에 화려하거나 예쁜 요리는 아니지만 식재료들이 굉장히 훌륭하며 요리에 진심이 담겨 있다. **AH**

트라토리아 페릴리 Trattoria Perilli | 다양한 고기 요리들을 선보이는 진정한 로마의 트라토리아 요리

위치 로마   **대표음식** 리가토니 알라 카르보나라 Rigatoni alla carbonara | ⑤⑤

기원전 390년 성 아우구스티누스의 여행 팁을 따른다는 것은 아마도 오늘날 레스토랑을 선택하는 데 있어서 다소 애매할 수도 있다. 하지만 "로마에 가면 로마 법을 따르라"는 그의 격언이 트라토리아 펠리리에서만큼 적절히 맞아 떨어지는 곳은 그 어디에도 없다. 자부심이 가득한 배부장이라면 턱 아래에 냅킨을 두르고 옴폭한 그릇에 코를 파묻은 채 페릴리의 맛 좋은 소스로 버무린 파스타를 먹을 수 있는 동안 만큼은 다양한 미식 요리를 맛보고 싶다는 꿈은 절대 꾸지 않았을 것이다.

트라토리아 페릴리는 1911년 이래로 로마의 테스타초(Testaccio) 구역에서 요리를 선보여 오고 있는데, 이곳보다 더 현지의 요리 전통을 면밀히 지켜온 곳은 없다. 1970년대 말까지 이 지역은 로마에서 육류 거래가 이루어지던 중심지였고 도살장의 일꾼들은 종종 이른바 퀸토 쿠아트로(quinto quarto)라고 불리던 내장을 일당으로 받았다. 따라서 많은 별미 요리들은 심약한 사람들에게는 적당하지 않다.

코르타텔라(coratella)는 기름에 볶은 양의 심장에 아티초크를 넣은 것으로 둘의 조합이 훌륭하며, 파하타(pajata) 소스는 송아지 내장으로 만들고 아니멜레(animelle)는 내장 튀김이며, 코다 알라 바치나라(coda alla vaccinara)는 훈훈한 소꼬리 스튜다. 하지만 이 모든 요리들이 조금 너무하다 싶다면 두려워 말라. 페릴리에서는 멋진 양고기 구이, 톡쏘는 맛의 푼타렐레(puntarelle, 엔다이브), 통통하고 둥근 모양의 아티초크도 제공된다.

이곳의 대표적인 파스타는 군침이 절로 도는 리가토니 알라 카르보나라로 베이컨으로 만드는 것이 아니라 아마트리체산 쿠안치알레나 현지의 별미인 소금에 절인 돼지 턱살로 만든다. 쿠안치알레는 군침이 흐르는 레스토랑의 또 다른 로마식 전통요리인 부카티니 알라마트리차나(bucatini all' amatriciana)에도 쓰인다. **DJS**

"가장 전형적인 로마의 구역에 자리한 전형적인 로마의 트라토리아. 뛰어난 품질의 요리를 푸짐하게 낸다."

ilmangione.it

⬆ 트라토리아 페릴리는 로마의 테스타초 구역에 있다.

라 페르골라 La Pergola | 파노라마처럼 펼쳐지는 풍광과 함께 즐기는 세련된 요리

위치 로마　**대표음식** 파고텔리 "라 페르골라"Fagotelli "La Pergola"　| 🌀🌀🌀🌀

라 페르골라는 힐튼 카발리에리(Hilton Cavalieri) 호텔 레스토랑으로 로마 시내가 내려다 보이는 몬테마리오산 정상에 있다. 호화로운 다이닝룸에서는 로마의 많은 랜드마크 건물들이 바라다보이는데, 그 중에는 성베드로 대성당도 있다. 셰프인 하인츠 베크(Heinz Beck)는 이곳으로 오기 전에 미슐랭 스타 3개를 받은 하인츠 빈클러(Heinz Winkler)에서 요리 경험을 쌓았다. 베크는 현지에 있는 대학교에서 영양학을 강의하고 있음에도 불구하고, 그의 요리 스타일에서는 무언가 가벼움이 배어난다.

요리는 금으로 도금한 접시에 담겨 나오며, 실내에 산재해 있는 그림과 꽃병, 그 밖의 여러 예술 작품들이 독특한 분위기를 연출한다. 식사는 훈연한 사과, 아몬드, 기막힌 향의 아마레티(amaretti)를 곁들인 오리 간 테린으로 시작할 수 있는데 사과가 딱 알맞은 산도를 더한다. 파고텔리 '라 페르골라'는 이곳의 대표적인 메뉴로 매우 가벼운 느낌의 파스타이다. 파고텔리 파스타와 전통적인 로마식 카르보나라의 요소들을 결합한 것으로, 베이컨과

달걀을 파스타 속에 채워 넣어 전통요리에 모던함을 더했다. 생선요리를 선호한다면 올리브 오일에 마리네이드한 채소를 곁들인 얇게 저민 농어살 요리를 추천한다. 완벽하게 익힌 생선살을 탁월한 맛의 채소와 함께 내는 것이 특징이다.

셰프의 솜씨를 엿볼 수 있는 또 다른 요리로는 안초비 비네그레트와 매콤달콤한 고추에 마리네이드한 흑대구 요리가 있다. 고추는 대구의 맛을 돋우며 지나침이 없이 훌륭하게 어울린다. 와인 셀러는 3,000 종이나 되는 방대한 규모이며 총 60,000병이 저장되어 있다.

식사의 마무리로 입안을 개운하게 해주는 디저트로는 주사위 모양으로 썬 배를 곁들인 리코타 치즈 퍼프를 선택해도 좋다. 페르골라는 아름답게 장식된 다이닝룸과 수준 높은 요리에 어울리는 탁월한 서비스를 제공한다. **AH**

⬆ 라 페르골라의 예쁜 호박꽃 튀김 요리.

에노테카 페라라Enoteca Ferrara | 트라스테베레에서 즐기는 멋진 와인과 영감을 자극하는 요리

위치 로마 **대표음식** 시나몬과 잣을 곁들인 갈치 요리Swordfish with cinnamon and pine nuts | 🅢🅢

로마의 패셔너블한 트라스테베레 구역의 좁다란 길 사이에 자리한 자갈 깔린 광장에 서면 조그마한 고대 건물을 발견하게 된다. 내부에는 영국의 TV 드라마 〈닥터 후〉에 나오는 타디스(Tardis)처럼 서로 연결된 다이닝룸들이 연속해서 열려 있다. 서로 다른 층에 자리한 미로같은 룸들 사이에는 바, 델리카트슨, 레스토랑, 와인 바, 트라토리아가 있으며, 이것으로도 성에 차지 않는다면 야외 광장에 놓인 나무 의자에 앉을 수도 있다.

실내에는 진한 빛깔의 서까래를 받친 목재 천장 아래 웅장한 벽돌로 만든 아치 사이사이로 회반죽벽을 따라 15세기에 만들어진 테이블들이 놓여 있다. 셰프인 마리아 파올릴로(Maria Paolillo)는 이탈리아 전통 레시피의 권위자이며, 그녀의 여동생인 리나는 소믈리에다. 리나는 세계 제2차 대전 때에 유래된 와인 리스트를 편집하기도 했다. 또한 이곳은 한때 이탈리아에서 가장 훌륭한 와인 가게로 평가되었다. 방대한 와인 셀러는 레스토랑 바닥에 설치된 금속제의 그릴 망을 통해 볼 수 있다. 붐비지 않

는 시간에는 지하 셀러를 구경해 볼 수도 있는데, 지금은 지하층이지만 고대 로마시대에는 지상층이었다고 한다. 두툼하게 2권으로 묶인 책을 보고 와인을 고르는데-한 권은 레드, 한 권은 화이트- 이 책에 실린 1,600종의 와인 각각에 대한 역사와 특성이 자세히 기술되어 있다.

에노테카 페라라에서는 쿠치나 포베라(cucina povera)로 알려진 전통적인 이탈리아의 농부 요리를 맛볼 수 있는데, 풍미가 좋은 콩 수프, 생면 파스타, 스튜 등이 이에 속한다. 레스토랑의 메뉴는 모던한데, 돼지고기, 버섯, 채소를 곁들인 섬세한 맛의 '파스타 타워(pasta tower)', 시나몬과 잣을 곁들인 갈치 순살 요리, 호박꽃 튀김 등을 선보인다. 특선 디저트인 추파 인글레세(zuppa Inglese)는 핫 초콜릿 소스에 흠뻑 적신 차가운 트리플(trifle)로 거부할 수 없는 맛이다. **SH**

⬆ '파스타 타워'에 빼어난 맛의 와인을 곁들일 수 있다.

다 펠리체 아 테스타초 Da Felice a Testaccio | 시크한 레스토랑에서 즐기는 전통 로마 요리

위치 로마 **대표음식** 그리차(소금에 절인 돼지 볼살) 라비올리Gricia (cured pig's cheeks) ravioli | 🍴🍴🍴🍴

불평이 많기로 악명 높았던 펠리체 트리벨로니(Felice Triv-elloni)는 1936년 관광객들로부터 벗어난 로마의 테스타초 구역의 한 거리 모퉁이에 다 펠리체를 개점했다. 펠리체는 맘에 들지 않는 고객들을 돌려 보내기 위해 테이블에 가짜로 예약석 푯말을 놓는 것으로 유명했다. 당시에는 노동자 계층을 위한 평범한 트라토리아(trattoria)였지만, 서서히 가정식 요리로 명성을 쌓게 되었다. 다행스럽게도 오늘날 레스토랑을 운영하는 펠리체의 아들 프란코는 고객을 따뜻하게 맞이해준다. 하지만 오늘날에는 종종 만석으로 고객들이 발길을 돌려야 할 때도 있다.

셰프인 살바토레 티치오네(Salvatore Tiscione)는 매주 매요일마다 특선 요리를 준비한다. 예를 들어 월요일은 아티초크를 곁들인 페투치네와 양 머리 구이를, 금요일은 감자를 곁들인 문어나 홍합과 페코리노 치즈를 곁들인 페투첼레를 맛보는 날이다. 토요일에는 레스토랑의 대표 메뉴인 그리차 라비올리가 나오는데, 이는 소금에 절인 돼지 볼살과 토마토, 리코타 치즈, 바질로 속을 채운 맛

좋은 파스타 요리다.

이 고장의 전통 요리인 파스타 카초 에 페페(cacio e pepe), 알라마트리치아나(all'amatriciana)와 카르보나라는 항상 메뉴에 오른다. 육식을 좋아한다면 토마토를 곁들인 오븐에 구운 양고기를 반드시 맛보길 권한다. 길쭉하고 예쁜 유리잔에 담겨 나오는 유명한 티라미수를 위해 약간의 여유를 남겨놓는 것도 잊지 말자.

오늘날의 펠리체는 블랙 앤 화이트의 타일 바닥, 바(bar), 천장에서 늘어뜨린 심플한 철재 전등으로 꾸민 모던하고 도시적인 식당이다. 요리를 담는 그릇은 사냥 장면을 모티브로 담고 있으며 하얀 식탁보는 빳빳하게 다려져 있고 짙은 색의 목재 의자는 심플하다. 종업원들은 검은색 유니폼을 입고 있으며 북적거리지만 편안한 분위기다. 와인 리스트는 놀랄 만큼 방대하므로 여유를 갖고 식사에 곁들일 와인을 고르길 권한다. **SH**

⬆ 오랜 역사를 지닌 레스토랑에서 즐기는 로마의 맛.

체칠리아 메텔라^{Cecilia Metella} | 활기찬 분위기의 현지 유명 레스토랑

위치 로마　**대표음식** 스크리뇨 알라 체칠리아^{Scrigno alla Cecilia}　| 🅢🅢🅢

메텔라는 고대 로마 영사의 딸로, 젊은 나이에 유명을 달리한 그녀를 기리는 멋진 기념비가 세워졌다. 체칠리아 메텔라 레스토랑과 바는 로마 초기의 기독교 지하 공동묘지인 카타콤 인근의 아피아 가도에 있다. 이곳을 운영하는 그라치아니 일가가 1966년에 세운 이 레스토랑은 현지인들이 결혼식이나 연회 등의 행사를 위해 즐겨 이용하는 커다란 룸이 2개나 있으며 자상하고 친절한 종업원들이 늘 가까이 있다.

북적거리는 이탈리아의 수도에 자리한 체칠리아 메텔라를 굳이 찾아오게 만드는 것은 바로 이 레스토랑을 둘러싼 주변 환경이다. 이곳을 방문하는 사람들은 물거품이 이는 분수, 그늘이 드리운 보도, 포도나무 덩굴, 잔디 그리고 커다란 테라코타 항아리와 꽃 화분들로 완벽하게 꾸며진 커다란 정원에서 천국을 발견하게 될 것이다. 이 아름다운 장소는 야외에서 식사를 즐기며 몇 시간 느긋하게 쉬어가기에 안성맞춤이다. 고객들은 그릴에 구운 채소, 살라미, 브루스케타로 구성된 안티파스티(애피타이저) 뷔페를 포함해 다양한 요리를 선택할 수 있다. 메뉴에는 멜란차네 알라 파르미자나(melanzane alla parmigiana, 가지, 토마토, 파르메산 치즈)와 티라미수 등의 이탈리아 전통요리뿐 아니라 살팀보카 알라 로마나(saltimbocca alla romana, 마살라와 버터에 요리한 송아지 고기와 세이지)와 같은 로마의 특선요리들도 있다.

대표적인 메뉴인 스크리뇨 알라 체칠리아는 가문의 묘 탑에서 영감을 받은 것으로 알려져 있으며, 몇몇 요리책에 최고의 파스타 레시피로 실리기도 했다. 이탈리아어로 스크리뇨는 보석함과 같이 소중한 물건들을 담아두는 것을 뜻한다. 스크리뇨 알라 체칠리아에서 의미하는 '보석(jewel)'은 테라코타로 빚은 옴폭한 그릇에 담아 내는데, 이는 초록색의 카펠리니 파스타, 크림, 모차렐라 치즈를 넣고 그 위에 토마토 소스와 얇게 썬 프로슈토를 가득 얹은 후 오븐에 구운 리치한 요리다. **CK**

⬆ 전통요리 살팀보카 알라 로마나.

알 리스토로 델리 안젤리 Al Ristoro degli Angeli | 현대적인 작은 변화들을 다양하게 시도한 전통 로마 요리

위치 로마 **대표음식** 카초 에 페페 Cacio e pepe | 💲💲

"분위기와 실내장식은 예스러운
프렌치 비스트로 같지만 음식은 전형적인
이탈리아 풍이다."

Time Out

⬆ 로마의 전통요리 카초 에 페페 파스타.

가르바텔라 신흥 구역의 모퉁이에 위치한 이곳은 세계대전 이전에는 식료품 가게로 운영되었으나, 전통 트라토리아와 현대적인 비스트로를 겸비한 곳으로 재단장하면서 많은 찬사를 받아 왔다. 가르바텔라는 1920년대에 조성된 서민 구역이었으나 최근 들어 고급스럽게 변모하면서 많은 레스토랑과 클럽들이 생겨났다.

팔라디움 극장 바로 맞은 편에 위치한 알 리스토로 델리 안젤리는 이곳에 최초로 생긴 신흥 레스토랑들 중 하나이자 최고의 수준에 속하는 곳으로 알려져 있다. 이러한 명성에도 불구하고 따뜻하며 친절한 분위기를 가진 곳인데, 시대를 보여주는 목재 가구, 그림, 가르바텔라 구역의 역사를 담은 책 등의 장식으로 인해 더욱 그렇게 느껴진다. 심지어 레스토랑에서는 일요일 아침마다 이 지역의 도보 여행을 꾸려 안내하기도 한다.

셰프인 페데리코 스파라코(Federico Sparaco)의 메뉴는 현대적인 아이디어와 로마의 전통 레시피를 결합한 것으로 유기농 식재료를 매우 강조한다. 따라서 이곳에서는 병아리콩 퓌레(passatina di ceci)를 곁들인 칼라마리 튀김이나 타임, 레몬, 볶은 아몬드 등으로 풍미를 돋운 돼지고기 볶음(stracccetti di maiale)과 같은 요리를 맛볼 수 있다. 또한 전통적인 감자 구이인 파타테 델라 가르바텔라(patate della garbatella)나 세미프레도 디저트와 같이 가정식에 가까운 소박한 요리와 균형을 이루는 화려한 요리도 준비되어 있다. 그 예로 방어(ricciola)로 속을 채운 호박꽃 혹은 쿠스쿠스를 곁들인 생선 스튜 등이 있다.

이곳의 특선요리는 전통적인 로마의 카초 에 페페 파스타로 후추와 페코리노 치즈만으로 심플하게 풍미를 돋우지만 스파라코의 손을 거치면서 바삭한 크러스트 층이 입혀진다. 종류는 그리 많지 않지만 흥미로운 와인 리스트와 벽에 그린 트렌디한 디자인 감각의 인용구들이 어우러져 대중적인 식사 경험을 선사한다. **SH**

일 템피오 디 이시데 Il Tempio di Iside | 맵시 있는 분위기에서 즐기는 최고의 해산물 요리

위치 로마 **대표음식** 스파게티 알 리초 Spaghetti al riccio | 💲💲💲

콜로세움 근처에 위치한 이 레스토랑은 로마 사람들이 양질의 신선한 해산물을 먹기 위해 찾는 곳이다. 특히 날 생선으로 구성된 애피타이저와 굴요리로 유명하다. 주인인 프란체스코 트리포디(Francesco Tripodi)는 매일 가장 신선한 생선을 구하기 위해 생선 시장 두 곳으로 직접 장을 보러 간다. 일 템피오 디 이시데는 옛 것과 새 것을 혼합해 실내를 꾸몄는데, 석벽으로 이루어진 실내 분위기를 보완할 수 있도록 중성적인 색채와 모던한 가구들을 배치했으며 둥근 반원형의 천장과 아치형의 문들을 늘어서 있다. 따뜻한 날씨에는 야외에서도 식사를 즐길 수 있다.

안티파스티(애피타이저)는 그날 잡은 생선에 따라 다르며, 참치 타르타르(tartare di tonno), 새우 카르파초(carpaccio di gamberi), 전복(recchie di Venere) 등을 포함해 날 것으로 내거나 따뜻한 요리 또는 차가운 요리로 낸다. 파스타 요리로는 성게를 곁들인 스파게티(spaghetti al riccio), 달고기 알과 새우를 곁들인 길고 납작한 스파게티(scialatielli con uova di Sanpietro e scampi), 체리 토마토를 넣은 나폴리 풍의 푸질리(fusilli napoletani con pomodori ciliegini) 등이 있다. 메인 요리도 꾸준히 변화한다. 디저트로는 리코타 치즈를 넣어 만든 카사타(cassata)와 리코타 치즈로 속을 채운 카놀리(cannoli)가 있다. 음식은 맛도 좋고 양도 넉넉해서 안티파스터만으로도 거든한 한끼 식사가 된다.

활기찬 분위기로 이탈리아인들이 단체로 식사를 할 때에는 그야말로 왁자지껄하다. 하루종일 붐비며 점심에는 직장인들이 찾는다. 어느 때이건 예약을 하는 편이 좋다. 관광객보다는 현지인이 즐겨 찾는 곳으로 이곳에 가기 전에 레스토랑에서 사용되는 이탈리아어, 특히 다양한 생선과 조개류들의 이름을 찾아보고 간다면 이곳에서의 경험이 배가 될 것이다. **CK**

레나토 에 루이사 Renato e Luisa | 트라토리아에서 발견하는 마법 같은 요리

위치 로마 **대표음식** 카초 에 페페; 피오리 디 추카 Cacio e pepe; fiori di zucca | 💲💲

레나토 아스트롤로고의 소박한 레스토랑인 이곳을 찾기란 좀처럼 쉽지 않다. 꾸밈없는 소박한 입구는 로마의 중심지인 판테온 인근의 라르고 아르젠티나에서 조금 벗어난 작은 길목에 자리한다. 짙은 색의 목재 천장이나 와인 병들로 채워진 높은 찬장, 구리 냄비를 걸어 놓은 것까지 이곳의 내부는 여느 로마의 트라토리아와 다를 바가 없어 보인다. 분위기는 떠들석하고 친근하다.

음식은 자리에 앉자마자 바로 나오는데 모든 선입견을 흔들어 놓는다. 레나토의 애피타이저는 오징어 먹물로 색을 입힌 작은 감자를 탑처럼 쌓아 놓은 것인데, 밝은 초록 빛의 페스토를 접시바닥에 흩뿌리고 빨간 체리 토마토를 잘라 놓아 색의 대비를 연출했다. 또한 감자 위에는 문어발을 루프처럼 감아 올렸다. 참치와 정어리로 완자

> "로마 사람들 중 알 만한 사람들이 가장 사랑하는 이 뒷골목의 트라토리아는 항상 만원이다."
>
> Lonely Planet

를 빚고 빵가루를 입혀 튀긴 것을 셀러리악 퓌레와 여린 시금치 잎 위에 올려 낸 요리도 있다. 이곳이 단순한 트라토리아가 아니라는 사실이 금세 명백해 진다. 실제로 많은 비평가들이 레나토의 요리를 로마에서 맛보는 최고의 요리로 평한다. 매우 저렴한 하우스 와인을 내는 이 자그마한 레스토랑에 대한 찬사도 들린다.

매일 다르게 변하는 메뉴는 여전히 전통요리들을 아름답게 재해석한 요리를 선보이지만 독창적인 요리도 많다. 그 예로 파스타와 치커리, 부드럽게 녹인 프로볼로네 치즈를 곁들인 연어 요리가 있다. 훈제한 참치 샐러드에는 멜론과 링귀네가 따라 나오며, 카르보나라에는 트러플이 곁들여진다. **SH**

오스테리아 라 카르보나라 Osteria La Carbonara | 로마의 오스테리아에서 맛보는 전통 가정식

위치 로마 **대표음식** 스파게티 카르보나라 Spaghetti carbonara | 🌝🌝

"넉넉한 양의 전통적인 홈메이드 파스타…
이곳에서의 경험은 결코 단조롭지 않다."

cntraveler.com

⤴ 가장 유명한 요리인 스파게티 카르보나라.

활기찬 분위기의 오랜 레스토랑에서 맛보는 스파게티 카르보나라는 로마를 방문하는 이들의 희망사항 중 하나가 되었다. 레스토랑이 문을 열기도 전에 관광객들이 문 앞에 길게 줄을 늘어서곤 하는 광경을 종종 목격할 수 있다. 하지만 이곳에는 카르보나라 이외의 요리도 많다. 이 전형적인 오스테리아는 1906년에 문을 열었고 옛 형태 그대로인 주방에서는 여전히 치즈와 후추를 넣은 카초 에 페페 파스타, 홈메이드 감자 뇨키, 절인 대구요리 바칼라, 피스타치오와 토마토를 넣은 파스타 등 로마의 전통적인 요리들을 다양하게 선보인다.

테레사 로시(Teresa Rossi)가 주방을 맡고 그녀의 남편과 아들, 딸이 홀에서 일하는 패밀리 레스토랑이다. 그림처럼 아름다운 캄포 데 피오리(Campo de' Fiori)에 자리한 이곳은 외관만으로는 흔히 볼 수 있는 소박한 바처럼 보이는데, 야외에서 식사할 수 있는 너른 그늘도 있다. 일단 안으로 들어서면 이곳이 얼마나 인기 있는 곳인지 알 수 있다. 벽에는 이 레스토랑에 대한 찬사를 담은 만화와 낙서들이 가득하다. 심플한 목재 테이블에는 종이로 된 식탁보가 씌어 있고 아치형의 벽돌 천장에는 커다란 햄 덩어리가 대롱대롱 매달려 있다. 위층은 거의 다른 세계로 미니멀한 장식으로 꾸민 멋진 다이닝룸이 있으며 눈 아래로 광장이 펼쳐지는 아름다운 풍광을 자랑한다. 하지만 진정한 이곳의 분위기를 즐기려면 북적대는 아래층에 앉는 편이 좋다.

호박, 가지, 아티초크와 같은 채소에 반죽을 입혀 튀기거나 속을 채운 호박꽃을 곁들인 아티초크 튀김 등의 프리투라(frittura)를 포함해 신선한 식재료로 전문가답게 요리한 전통음식을 맛볼 수 있다. 로마에서 유래된 전통 카르보나라를 선택한다면 결코 실망스럽지 않을 것이다. 파스타는 전형적인 알덴테로 삶고 크리미한 달걀, 치즈, 베이컨 소스에 파르메산 치즈가루를 토핑으로 넉넉하게 뿌린다. **SH**

리스토키코 Ristochicco | 바티칸의 성직자들이 점심을 즐기는 곳

위치 로마 **대표음식** 리가토니 노르치나 Rigatoni norcina | 💲💲

"관광객들을 위한 레스토랑들이 세계 최고 요리의 명예를 실추시키고 품질을 훼손하고 있으며 이는 곧 국가의 이미지를 저해하는 것이다." 이 말은 리스토키코 주인의 아들인 알렉산데르 바치니가 자신의 블로그에 쓴 글이다. 바티칸 인근의 인적이 많은 자갈길에 자리한 이 패밀리 레스토랑 문 밖에는 단호한 어조로 "피자, 라자냐, 샌드위치, 하우스 와인 일절 없음(no pizza, no lasagne, no sandwich, no house wine)"이라고 써놓은 푯말이 놓여 있다. 이러한 문구에도 불구하고 이곳을 방문한다면 이곳 레스토랑의 메뉴로부터 이탈리아식 식사에 어울리는 에티켓에 대한 가르침을 얻게 된다. 리스토키코에서는 파스타와 함께 카푸치노를 제공하는 일이 없고 영수증도 따로 분리해 발행해 주지 않는다.

이렇게 다소 엄격한 분위기는 수준 높은 음식과 서비스로 보상받게 되는데, 이는 왜 리스토키코가 현지인들에게 사랑을 받는지, 심지어는 바티칸의 성직자들 조차도 파스타 한 접시를 먹기 위해 이곳을 찾는지에 대한 설명이 되기도 한다. 이곳은 로마에서도 가장 현지 레스토랑답다는 인정을 받는다. 여름철 야외 식사를 위한 테이블들이 몇몇 차양 아래에 놓여 있고 꽃바구니들이 걸려 있으며 실내의 심플한 다이닝룸은 고전적이며 안락하다. 크기가 작은 테이블들이 다닥다닥 놓여 있으며 빨간색과 하얀색의 개성 있는 체크 무늬 식탁보가 씌어져 있다. 높은 천장에는 보가 받쳐 있으며, 벽돌로 쌓은 벽에는 와인으로 가득 찬 짙은 색의 선반들이 줄줄이 걸려 있고, 바닥에는 붉은 색의 타일이 깔려 있다.

주인이자 셰프인 로베르토 바치니(Roberto Vaccini)가 선사하는 합리적인 가격대의 메뉴는 알덴테로 익힌 스파게티 카르보나라와 카초 에 페페, 다양한 종류로 구성된 브루스케타, 특선요리인 리가토니 노르치나(크리미한 버섯 소스와 호두를 곁들인 파스타)를 포함해 클래식한 로마풍의 요리들이다. **SH**

"우리의 철학은 교황과 로마의 전통을 잇는 요리들을 재현하는 것이다."

Ristochicco website

⬆ 리스토키코는 진정한 요리를 맛보기 위해 가볼 만한 곳이다.

일 코르모라노 Il Cormorano | 현지에서 잡은 최상의 해산물로 만든 요리

위치 카스텔사르도 **대표음식** 바닷가재를 넣은 스파게티 '알라 카스텔라네세' Spaghetti with lobster "alla atellanese" | 🍴🍴🍴🍴

"식사중에는 현지인들이 고대 카탈로니아의 방언으로 이야기하는 것을 들을 수도 있다."

Il Cormorano website

⬆ 바닷가재를 넣은 스파게티는 일 코르모라노의 인기 메뉴다.

탁월한 요리의 수준을 고려할 때, 일 코르모라노는 지나치게 만큼 소박한 레스토랑이다. 뾰족하게 솟은 검은 절벽들과 바위산 꼭대기에 성이 보이는 아름다운 해안가를 생각하면, 한적한 뒷골목에 자리한 이 레스토랑으로 향하기 전 주저하는 마음이 생길지도 모른다. 하지만 주위의 고객들이 먹고 있는 요리들을 흘끔 보고나면 이내 모든 의심이 눈 녹듯 사라진다.

레스토랑의 셰프 디아나 세라(Diana Serra)는 생선의 신선함을 중시해 매일 아침 인근의 항구에 가서 장을 보며, 계절에 따라 신중하게 메뉴를 조정한다. 해산물 크루디테(Seafood crudité)는 선풍적인 인기를 끈 요리이다. 성게, 오징어, 호박꽃, 홍합, 새우를 곁들여 내는 투박한 모양의 현지 파스타나 디아나의 대표 요리인 바닷가재를 넣은 파스타 '알라 카스텔라네세'도 이에 못지 않게 매력적이다. 이러한 별미 요리 다음에는 밤과 야생 포르치니를 곁들인 적도미, 호박과 버섯을 곁들인 그릴에 구운 오징어 혹은 심플하게 그릴에 굽거나 튀긴 그날 잡은 생선 필레 등 흥미로운 메인 요리가 이어진다.

실내 장식은 해산물 메뉴에 수줍은 듯 찬사를 더하는데, 바닷가재를 담는 항아리로 만든 전등 갓, 밝은 색으로 칠한 벽, 늘어뜨린 그물망들이 맛깔스러운 조화를 이룬다. 분위기는 차분하고 편안하며, 식기들은 스타일리시하고 현대적이며 의자는 편안하다. 여름철에는 베란다에서도 식사를 할 수 있다. 레스토랑의 주인인 레나토 핀나(Renato Pinna)는 유쾌하면서도 배려가 있는데, 다만 스스로 지나치게 즐거운 나머지 사르디니아의 특선요리들과 인상적인 와인 리스트를 설명할 새를 놓칠 뿐이다. 이곳의 와인 리스트에는 350 종류가 넘는 와인이 실려 있으며, 현지의 틈새시장을 공략하는 포도원에서 생산된 와인들이 많다. 현지산 꿀을 곁들여 내는 사르디니아의 치즈로 속을 채운 매력적인 페이스트리 디저트인 세바다스(sebadas)를 아직 맛보기 전이라면, 이곳을 제대로 찾아 온 것이다. **DJS**

페페 출로 Peppe Zullo | 풀리아의 시골에서 재배한 신선한 재료로 만든 요리

위치 오르사라디풀리아 **대표음식** 보리지 파르미자나; 리가토니 노르치나Borage Parmigiana; rigatoni norcina | 💲💲

페페 출로의 레스토랑에서 식사를 하기란 불가능하지만 그 사람에 대해서 알아보는 것은 가능하다. 페페가 자신의 이름을 레스토랑에 내걸었을 때에는 모든 요리의 디테일까지 스스로 책임져야 한다고 믿었기 때문이다. 실제로도 이 레스토랑은 페페의 열정적이고 영웅적인 인간성의 연장선상에 있다. 페페는 스토브에서 멀리 떨어져 본 적이 없으며 그의 멋진 요리에 사용되는 대부분의 식재료를 재배하는 작은 텃밭도 소홀히 한 적이 없다. 그의 요리는 마법과도 같은 변신의 과정을 거치지만, 동시에 솔직하고 담백하다. 레스토랑에 가면 오픈 키친에서 직접 요리를 하는 페페의 모습도 볼 수 있다.

페페 출로는 복잡하지 않은 심플한 요리를 위해서라면 꼭 한번 가볼 만한 곳이다. 그도 그럴 것이 식재료의 신선함이란 맛과 향이 순수하게 살아 있다는 것을 의미하기 때문이다. 페페는 채소에 더하여 야생 식물이 자라도록 정원의 많은 공간을 할애하는데, 크기는 아주 작지만 맛과 향이 풍부한 야생 완두콩이 그 예이다. 또한 방대한 양의 허브도 재배하는데 아마도 대부분이 들어 본 적도 없는 종류일 것이다.

과일과 채소를 재배하고 가축을 기르는 것은 모두 열정을 필요로 하는 일들이며, 탁월한 품질의 올리브 오일과 와인의 생산 역시도 마찬가지다. 그 해의 절기에 따라서 페페만의 올리브 오일을 곁들인 야생 아스파라거스, 콩과 푸른 잎채소들을 곁들인 파스타, 카르돈첼리(cardoncelli) 버섯, 호박잼과 꿀을 곁들인 카초카발로(caciocavallo) 치즈 혹은 구운 감자를 곁들인 현지 양고기와 같은 요리들을 맛볼 수 있다.

이곳에는 페페가 직접 생산하지 않은 것이 거의 없다. 하지만 더 많은 양의 식재료가 필요할 때면 현지에서 구한다. 실제로 매년 이웃의 도움을 받아 토마토로 파사타(passata)를 만드는데, 이렇게 함으로써 일년 내내 레스토랑에 공급할 충분한 양을 확보하게 된다. **CS**

"페페는 그의 정원에서 모든 식재료를 얻는다…
식사는 새로운 발견의 여행이 된다."
Peppe Zullo website

⬆ 대표 메뉴인 보리지 요리에서도 엿볼 수 있는 것처럼 가장 신선한 식재료를 사용한다는 것이 특징이다.

안티키 사포리 Antichi Sapori | 풀리아의 작은 시골마을에서 뜻밖에 마주한 요리

위치 몬테그로소 **대표음식** 파바빈, 블랙 올리브, 리코타 치즈를 넣은 '탄밀'로 만든 오레키에테 "Burnt wheat" orecchiette with fava beans, black olives, and ricotta | ❺❻

"오레키에테와 같은 지역 별미를 선보이는 시골풍의 오리지널 트라토리아."

Michelin Guide

⬆ 이곳에서는 반드시 오레키에테를 맛보아야 한다.

피에트로 치토(Pietro Zito)의 레스토랑, 안티키 사포리에 자리를 얻기 위해서는 예약이 필수다. 가장 가까운 도시에서도 꽤 떨어진 작은 마을에 자리한 것을 고려할 때 예약이 필수라는 사실은 레스토랑 요리의 명성을 잘 입증해 준다. 심플한 제철의 전통 요리를 내는 편안한 공간으로 가격만큼의 가치가 충분하다. 이는 주방에서 사용되는 식재료의 대부분이 불과 몇 피트 떨어진 피에트로의 정원에서 거둬들인 것이기 때문인데, 접시에 오르는 대부분의 채소들도 몇 시간 전에 딴 것들이다.

음식은 현지의 문화와 농사 전통을 따르는데, 테이블에는 거의 모든 요리를 위한 필수 양념으로 짙은 녹색 빛깔의 엑스트라 버진 올리브 오일이 항상 오른다. 안티파스티가 매우 중요하게 여겨지는 지역이므로 전채메뉴의 선정은 요리 거장의 몫이다. 한 해의 절기에 따라 민트를 곁들인 호박 튀김, 갈색으로 볶은 셀러리를 곁들인 리코타 치즈 혹은 장인이 생산한 카포콜로(capocollo) 등을 선택해 맛볼 수 있다. 하지만 풀리아 지방의 채소 또는 말린 파바빈과 같은 두류를 곁들인 '작은 귀(little ears)'라는 뜻의 파스타 오레키에테를 위한 여유도 남겨 두어야 한다. 파바빈은 이 지방의 또 다른 인기 요리인 퓌레 디 파베(purè di fave)에도 넣는다. 이어지는 메인 요리로는 탁월한 맛의 송아지, 돼지고기, 회향 소시지 등이 나온다. 디저트도 다양하게 준비되어 있으며 커피에는 캐러멜을 입힌 아몬드가 따라 나온다.

피에트로와 그의 레스토랑은 마을의 다양한 식품 관련한 시책에 활력을 불어 넣는 힘이다. 예를 들어 매년 8월에는 대규모의 파티가 열리는데 모든 이들이 모여 그 해에 수확한 토마토로 이듬해에 쓸 파스타를 만든다. 안티키 사포리의 음식 품질이 탁월하고 매우 따뜻한 환대 분위기가 느껴지는 것은 바로 현지의 치즈 장인, 살루미 생산업자들과 더불어 이러한 이웃의 든든한 지원 덕분이다. **CS**

리스토란테 부피 Ristorante Bufi | 한적하고 평화로운 분위기에서 맛보는 훌륭한 요리

위치 몰페타 **대표음식** 참보토(생선 수프)Ciambotto (fish soup) | ❸❸❸

해안가 마을 몰페타의 중심가에 자리한 리스토란테 부피의 외관은 그리 매력적으로 보이지 않을 수 있다. 하지만 모험심을 가지고 레스토랑의 문턱을 넘어선다면 이 마을 최고의 요리를 발견하게 될 것이다. 살바토레 부피(Salvatore Bufi)는 이곳에서 태어나 자랐는데, 특히나 현지에서 생산되는 생선과 채소를 사용하는 요리에 뛰어나다. 하지만 그 외의 것으로도 큰 즐거움을 선사하는데 홈메이드 그리시니가 담긴 탁월한 맛의 빵 바구니가 그 예이다. 최상급의 식재료들을 심플한 스타일로 요리해 꾸밈 없이 담아낸다.

메뉴 자체에도 아기자기한 부연 설명이 없이 '양파, 셀러리, 올리브를 곁들인 문어 샐러드', '소금에 절인 대구와 토마토를 곁들인 껍질콩', '잣, 판체타, 페코리노 치즈를 곁들인 가지 파르미자나', '호박과 민트를 곁들인 오징어구이 샐러드', '성게를 넣은 탈리올리니' 등에서 엿볼 수 있는 것처럼 무엇으로 만든 요리인지에 대한 직설적인 설명이 붙을 뿐이다. 살바토레의 대표 메뉴인 참보토에는 현지 식재료와 예로부터 전해 내려오는 레시피에 대한 열정이 고스란히 담겨 있다. 침보트는 멋지게 변신을 한 몰페타의 전통적인 생선 수프다. 본래 크기가 작고 가격이 저렴한 생선을 육수, 올리브 오일, 마늘, 파슬리, 토마토에 넣고 끓이는 소박한 요리였으나, 시간이 흐름에 따라 진화해 최근에는 새우나 쏨뱅이 같이 가격이 좀 더 비싼 생선을 넣어 만든다. 또한 스파게티를 잘게 잘라 넣어 포만감을 높이기도 한다.

여름철에는 그늘이 드리운 한적한 뜰에서 마을의 혼잡으로부터 벗어나 멋진 야외 식사를 할 수도 있다. 날씨가 너무 쌀쌀할 때에는 아치형의 천장으로 꾸민 하얗고 단정한 실내가 식사를 하는 동안만이라도 세상으로부터 벗어날 수 있는 평화로운 안식처를 제공해 준다. 식사의 마무리로는 신중하게 엄선된 치즈를 선택할 수도 있고 고급 디저트(아마도 맛있는 홈메이드 아이스크림 몇 스쿱 정도)를 맛볼 수도 있다. **CS**

"부피의 성공에는 3가지 주요한 요소가 있는데, 신선한 생선, 제철 채소, 탁월한 품질의 올리브 오일이 바로 그것이다."

amioparere.com

⬆ 레스토랑의 대표 요리인 참보토.

돈 알폰소 1890 Don Alfonso 1890 | 이탈리아 남부의 황홀한 맛

위치 산타가타 수이 두에 골피 **대표음식** 베수비오 디 리가토니 "Vesuvio di rigatoni" | 💲💲💲💲

"산타가타의 중심지에 자리한 호화로운 레스토랑.
탁월한 식재료로 요리를 만든다."

Michelin Guide

⬆ 돈 알폰소 1890의 우아한 파사드.

⬇ '베수비오 디 리가토니'는 눈으로 보기에도 즐거운 요리다.

레스토랑은 나폴리만과 살레르노만 사이의 그림같이 아름다운 절벽 위의 조용한 마을, 산타가타 수이 두에 골피에 자리한다. 주방은 창립자의 손자인 알폰소 이아카리노(Alfonso Iaccarino, 그의 조부의 이름을 그대로 따랐다)가 이끌며, 그의 아내와 아들이 손님을 맞이한다. 본래 가족이 운영하는 심플한 패밀리 호텔이었으며, 오늘날의 형태인 레스토랑은 1982년부터 시작되었고 현재 미슐랭 스타 2개를 보유하고 있다.

돈 알폰소 1890은 현지의 요리와 식재료를 강조한다. 대부분의 식재료들이 1986년에 일군 가족 농장인 '레 페라촐레(Le Peracciole)'에서 직접 배송되는데, 인근의 포시타노 해안가로부터 불과 몇 마일 떨어진 곳으로 카프리 섬을 마주하고 있다. 현지에서 생산되는 식재료들의 탁월한 품질은 심플한 토마토 포카치아에서도 그대로 증명이 되는데, 이 포카치아의 식감은 공기처럼 가볍고 소금 간이 딱 알맞게 배어 있으며 빼어난 맛의 토마토 소스가 넉넉히 뿌려져 있다. 이 토마토는 농장에서 재배된 것으로 완벽한 신선함을 위해 매일 따서 레스토랑으로 배송이 된다. 바닷가재 덴푸라는 반죽을 입혀 바삭하게 완벽하게 튀겨 낸 바닷가재 요리로 레몬, 오렌지, 꿀 소스를 곁들여 내는데 진한 빛깔의 새콤달콤한 소스가 조화롭다. 또한 베수비오 디 리가토니는 매우 인기 있는 요리로 맛이 좋은 만큼 보기에도 예쁘다.

지하에 있는 와인 셀러도 볼 만한데, 이는 25,000병에 이르는 방대한 와인 컬렉션 때문만은 아니다. 셀러는 15세기에 지어진 방들로 구성되어 있다. 이 방들은 돌계단을 따라 층층이 연결되어 있으며 와인 병들도 매 층마다 보관되어 있다. 돌계단을 따라 내려가면 오늘날 치즈를 숙성하는 데 사용되는 오래된 우물과 맞닿는다. 서비스의 수준은 매우 높으며 종업원들도 이곳의 음식에 진심 어린 열정을 보인다. 돈 알폰소 1890은 이탈리아 최고의 식재료와 배려를 경험할 수 있는 기분좋은 장소이다. **AH**

란티카 피체리아 다 미켈레 L'Antica Pizzeria da Michele | 나폴리 중심가에서 먹는 피자

위치 나폴리 **대표음식** 피자 마르게리타Pizza Margherita | **$**

1870년 살바토레 콘두로(Salvatore Condurro)는 나폴리에 피체리아를 열고 이탈리아에서 가장 인기 있는 요리인 피자를 만들었다. 그로부터 36년 후 그의 아들인 미켈레(Michele)는 가족이 운영하던 피체리아의 위치를 옮기고 상호도 바꿨다. 상면에 대리석을 덧댄 테이블과 길다란 목재 의자들이 놓여있고 공기 중에는 늘 이스트 층이 얇게 끼어 있는 옛 나폴리의 중심가에 자리한 이 자그마한 식당은 그 이후로 현지인들과 타지에서 온 미식가들의 감탄을 자아내어 왔다.

100년 이상 지속되는 성공(그리고 작은 혁신)은 하나의 일에 집중하고 그 일을 잘 해내는 것의 의미를 잘 보여준다. 손님들은 단 2가지 메뉴, 마르게리타(Margherita, 토마토, 바질, 모차렐라가 들어간 피자)와 마리나라(Marinara, 토마토, 오레가노, 마늘이 들어간 피자) 중에서 선택이 가능하다. 나폴리의 경험을 만끽하고 싶다면 클래식한 마르게리타를 주문하는 것이 좋은데—이때 '도피아(doppia)'를 요청하면 모차렐라 치즈를 2배로 얹어 준다— 따뜻한 소스가 살살 녹아 내리는 신선한 치즈와 잘 어우러진다. 12인치 접시에 딱 들어맞는 살짝 그을린 가장자리의 크러스트를 맛보게 되면 감탄이 절로 나온다. 이는 궁극적인 맛의 마르게리타이다. '타입 00' 밀가루로 만든 도우, 베수비우스 산비탈에서 재배한 산 마르차노(San Marzano) 토마토로 만든 소스와 인근 아제롤라(Agerola) 농장에서 생산한 우유로 만든 모차렐라 토핑, 종자유, 물, 이스트, 해염을 넣어 만드는 이 피자는 심플함에 대한 하나의 연구라 할 만하다.

하지만 완벽한 피자란 의심할 여지 없이 만드는 셰프의 솜씨와 몇 안 되는 필수 재료들을 어떻게 다루느냐에 달려있다. 즉, 반죽을 밀고 부풀리고 화덕의 불씨를 가두어 알맞은 온도를 맞추고 오븐 내 피자 반죽을 놓을 위치를 선정하고 굽는 시간을 정확히 아는 것을 말하는데, 그 결과는 단연컨대 지구상 최고의 피자라 할 수 있다. **CO**

⤒ 란티카 피체리아 다 미켈레에서 선보이는 완벽한 피자.

토레 델 사라치노Torre del Saracino | 아말피 해변에서 즐기는 독창적인 요리

위치 비코 에쿠엔세 **대표음식** 럼 바바Rum baba | 💰💰💰💰

토레 델 사라치노는 나폴리만의 황홀한 풍경이 바라다 보이는 소렌토에서 불과 몇 마일 떨어진 작은 마을인 비코 에쿠엔세에 있다. 레스토랑은 고대의 망루(torre) 내부와 주변에 지어졌고 메인 다이닝룸 맞은 편에 놓인 방대한 규모의 와인 셀러를 자랑한다. 이곳은 아말피 해변의 주요한 미식의 종착지가 되어 왔는데 솜씨 좋은 요리기술로 품질 좋은 현지 해산물을 최대한 활용해 낸다. 1992년에 문을 연 이 레스토랑은 미슐랭 스타 2개를 보유해 왔다. 셰프인 젠나로 에스포시토(Gennaro Esposito)의 요리는 현지에 나는 해산물을 강조하며 현대적인 감각을 살짝 덧입힌다.

현지에서 잡은 방어를 토마토 크림과 가벼운 바질 소스 위에 얹어 내는 한 입 크기의 애피타이저로 식사를 시작할 수 있다. 심플하지만 황홀한 풍미를 지닌 요리다. 또한 에스포시토의 솜씨는 갈색으로 볶은 양파를 곁들이는 토끼 고기 라비올리에서도 확연히 드러난다. 토끼 고기를 감싼 파스타 외피는 멋진 식감을 자랑하며 속에 넣은 양파는 조화로운 단맛을 더한다. 노랑촉수(red mullet)요리는 또 다른 멋진 메뉴로 시금치, 피망, 호박과 곱게 다지고 벽돌모양으로 단정하게 모양을 만든 후 다양한 이파리로 토핑을 올려 내는 플레이팅이 아름답다.

디저트는 이 레스토랑이 가진 강점이기도 하다. 과일로 마무리하기를 원한다면 섬세한 빛깔과 깊은 풍미를 지닌 감귤 셔벗을 선택해도 좋다. 하지만 결코 놓칠 수 없는 이곳의 특선 디저트는 예쁜 럼 바바로 야생 딸기와 생크림 보다는 커스터드 크림을 곁들여 낸다. 바바는 믿기지 않을 만큼 가볍고 촉촉하며 럼의 양도 딱 적당하다.

촉촉한 아몬드 케이크, 크림으로 속을 채운 바삭한 식감의 페이스트리 롤, 붉은 색 과일과 커스터드 크림을 얹은 미니 타르트, 혹은 탁월한 맛의 헤이즐넛 마카롱 등으로 구성되는 프티푸르(petit fours)도 고급스럽다. **AH**

⬆ 야생 딸기를 곁들인 매력적인 디저트 럼 바바.

다 아돌포 Da Adolfo | 보트를 타고 해변에서 즐기는 심플한 요리

위치 포시타노 **대표음식** 레몬 잎에 올린 그릴에 구운 모차렐라 Grilled mozzarella on a lemon leaf | **$$**

이곳에 가려면 포시타노에서 셔틀 보트를 타고 가, 해변가의 부두에 정박해 놓은 배의 돛대 위에 '다 아돌포'라고 적힌 빨간 생선 모양의 푯말을 찾으면 된다. 유유히 보트를 타고 20분을 가면 관광객들로 북적거리는 도시를 벗어나 단 2개의 레스토랑이 있는 작은 해변가에 닿는다.

일광욕을 위한 의자를 빌리는 데 드는 고정 요금이 있으니, 책을 읽거나 수영을 하면서 쉴 수 있는 충분한 휴식 시간을 염두에 두고 가는 편이 좋다. 식욕을 돋우는데 이보다 더 좋은 방법이 있겠는가? 식사 전에 말쑥하게 단장을 하고 싶다면 샤워장과 탈의실 시설을 이용하면 된다. 어느 경우이든 해변가의 편안한 분위기 속에서 식사를 즐길 수 있다.

몇몇 돌계단들이 온전히 바라다 보이는 상쾌한 테라스와 자그마한 주방으로 꾸며진 다 아돌포는 그야말로 환상적인 곳이다. 바다의 짠 내음을 맡고 부서지는 파도 소리를 들으며 수영을 하는 행복한 표정의 사람들을 바라다보며 싱싱한 생선을 먹는 기쁨에 견줄 만할 것은 없다. 음식 자체도 환상적이다.

요리는 심플함이 가장 주요한 요소다. 전혀 복잡할 것이 없는 생선과 채소의 조합으로 파스타를 만들고, 그릴에 구운 생선에 신선한 샐러드를 곁들여 '오늘의 메뉴'를 꾸민다. 오늘의 메뉴는 칠판에 분필로 직접 쓰는데 마리네이드한 안초비, 그릴에 구운 후 레몬 잎에 올린 모차렐라, 조개와 호박을 넣은 파스타 혹은 올리브 오일과 아말피산 레몬으로 양념을 한 심플하면서 완벽한 그날의 생선 요리 등이 오른다. 이 아름다운 환경에서 이렇게 환상적인 식재료를 가지고 그 누가 복잡한 요리를 원하겠는가?

점심식사후에는 커피와 리몬첼로(limoncello)를 마시거나 셔틀을 타고 포시타노로 되돌아가기 전 모래사장에 누워 잠깐 눈을 붙일 수도 있다. 보트 시간 사이에 즐기는 멋진 요리와 황홀한 휴식 시간, 그것만으로도 완벽하다. **CS**

⬆ 레몬 잎에 올린 그릴에 구운 모차렐라는 이 집의 별미다.

다 투치노 Da Tuccino | 아드리아 해변가에서 즐기는 요리의 황홀경

위치 폴리냐노 아 마레　**대표음식** 참치 프로슈토를 곁들인 쏨뱅이 카르파초 Carpaccio of scorpion fish with tuna prosciutto　| ❸❸❸

아름다운 해변가 마을인 폴리냐노 아 마레에 자리한 레스토랑의 테라스에 앉아서 생선 요리 한 접시를 즐기며 온통 푸르른 아드리아해를 바라보는 것만으로도 충분히 행복을 느낄 수 있을 것이다. 하지만 다 투치노에는 또다른 비장의 무기가 있는데, 바로 '페셰 크루도(pesce crudo)'라 불리는 회 요리다. 음식 애호가들은 멀리서도 찾아와 이 별미를 즐긴다.

사시미나 현지인들이 말하는 이른바 '초보자를 위한 날 생선(raw fish for beginners)'에 대한 사전지식을 모두 잊고 최근 인기가 치솟고 있는 미식의 전통에 빠져 보자. 첸트로네(Centrone) 가족이 운영하는 이곳은 알 만한 사람들이 찾아 오는 레스토랑으로, 마을 외곽에 자리 잡고 있다. 이곳에서의 식사 경험을 최대한 살리기 위해서는 메뉴판을 보고 음식을 고르기 보다는, 싱싱한 생선 진열대로 가서 갓 잡은 생선에 대해 이야기를 하는 종업원들의 말에 귀를 기울이거나 조예가 깊고 열정 어린 단골들이 나누는 메뉴 이야기에 주의를 기울여야 한다. 회가 나오는 안티파스티 하나만으로도 제대로 된 한 끼 식사가 된다.

날 생선을 먹는 것에 신경이 쓰여도, 두려워할 필요는 없다. 이곳에서는 아무도 강요하지 않는다. 날로 나오는 것은 무엇이든지 익혀 나올 수도 있는데, 요청만 한다면 성심껏 요리를 해줄 것이다. 사실 회에 열광하는 팬들조차도 날로 먹는 것에 싫증이 나면 홍합, 새우, 문어 등의 해산물을 주방으로 돌려 보내 익혀 줄 것을 주문하기도 한다.

익힌 요리 중에서는 조개와 호박꽃이 곁들여 나오곤 하는 오레키에테, 프루티 디 마레(frutti di mare)를 곁들인 기다란 파스타가 추천할 만하다. 혹은 마음에 드는 생선을 고르면 생선살만을 발라내어 그릴에 굽고 샐러드나 신선한 현지산 올리브 오일을 살짝 곁들여 주는 요리도 탁월하다. 스그로피노(sgroppino) 칵테일 역시 반드시 맛보길 권한다. **CS**

⬆ 생선 요리들이 꽃과 함께 아름답게 담겨 나온다.

쿰파 코시모 Cumpà Cosimo | 이탈리아 전통요리의 골드 스탠더드

위치 라벨로 **대표음식** 아사조 디 프리미 Assaggio di primi | 💲💲

네타 보토네(Netta Bottone)는 아말피 해변의 위편에 자리한 아름다운 마을 라벨로에서 1960년대말부터 가족과 함께 트라토리아 쿰파 코시모를 이끌어 오고 있다. 네타(아무도 그녀를 시뇨라 보토네라고 부르지 않는다)는 전형적인 이탈리아 요리로 불릴 수 있는 것들을 만들지만, 요리에 대한 그녀의 해석만큼은 골드 스탠더드(gold standard)다.

네타의 주방에서 만들어내는 요리는 맛도 좋지만 섬세하다. 네타는 손님들과 어울리며 이런저런 추천을 해주곤 한다. 처음 온 사람들은 네타가 손님들에게 주문할 메뉴가 무엇인지 의례적으로 묻는 것처럼 보일지도 모른다. 하지만 그녀의 진정한 의도는 그날 맛볼 수 있는 최고의 요리를 손님들에게 추천하려는 것이다.

이곳의 비결은 네타가 가능한 최고의 식재료를 사용한다는 것이다. 운 좋게도 이 레스토랑은 가장 훌륭한 품질의 토마토, 레몬, 채소를 거의 1년 내내 구할 수 있는 곳에 위치해 있다. 바다에서는 날마다 신선한 생선과 해산물이 잡히며 인접한 내륙지방에서는 탁월한 품질의 소고기와 모차렐라가 생산된다. 모든 파스타 요리들은 매우 맛이 좋아서 단 하나만 시키다 보면 다른 것들이 아쉬워지는데 이때는 아사조 디 프리미, 즉 7가지의 다양한 파스타를 맛볼 수 있는 요리를 선택하면 된다.

메인 요리로는 현지산 토마토와 푸른 잎 채소, 인근의 아벨리노산 감자를 곁들인 육즙이 풍부한 스테이크를 맛보고 싶을 지도 모른다. 명성이 자자한 아말피산 레몬은 케이크, 젤라토, 직접 담근 리몬첼로를 포함해 식사를 완벽하게 마무리 해주는 다양한 디저트에 쓰인다.

레드 와인과 화이트 와인들은 네타의 요리들과 잘 어울리며, 알리아니코(Aglianico), 코다 디 볼페(Coda di Volpe), 피아노(Fiano), 그레코(Greco), 타우라시(Taurasi) 포도 품종으로 빚는 탁월한 수준의 현지 와인들도 맛볼 수 있다. **FP**

⬆ 쿰파 코시모는 라벨로에 위치한 레스토랑이다.

치부스Cibus | 이탈리아 최고의 치즈 보드를 선보이는 곳

위치 첼리에 메사피카 **대표음식** 파바빈과 페코리노를 곁들인 멘넬레 올리브 페투체Fettucce of Mennelle olives with fava beans and pecorino | 💲💲

현지인들이 아니면 치부스를 찾아 가는 것이 일종의 도전이던 때가 있었다. 그러나 치부스가 미식 레스토랑이 된 후부터는 첼리에 메사피카의 중심부 플레비시토 광장에 확실히 눈에 띄는 안내판이 생겨 구시가의 비좁은 골목길을 찾아가기가 훨씬 수월해졌다. 덕분에 릴리노 실리벨로(Lillino Sillibello)의 치부스는 맛있는 풀리아의 요리에 관심이 있는 사람이라면 누구나 한 번쯤 꼭 들러야 할 곳이 되었으며, 치즈를 사랑하는 사람들에게는 진정 성지와도 같다.

릴리노는 수없이 다양한 치즈를 직접 만드는데, 일부는 최고의 치즈 장인들에게서 구입하기도 한다. 또한 누가 어떻게 만들며 어떤 와인을 곁들이는 것이 가장 좋은지, 치즈에 대해 궁금해 하는 모든 시시콜콜한 사항까지도 잘 설명해 준다. 치즈 코스에 이르기 전에 풀리아의 안티파스티를 고려해 볼 필요가 있는데, 치부스의 안티파스티 플래터는 정평이 나 있다. 호박, 당근, 피망, 얇게 썬 카초리코타(cacioricotta) 치즈를 곁들인 작은 양의 곡물 샐러드도 있다. 이는 코라티나 올리브 오일과 인근의 마르티나 프란카산 카포콜로(capocollo)를 넣은 셀러리 크림으로 만든 드레싱을 곁들인 모둠 채소 요리다. 운좋게 때를 맞추어 방문한다면, 무르자(Murgia)산 트러플을 갈아 넣은 스트라차텔라(stracciatella) 치즈도 맛볼 수 있다.

그 다음으로는 제철 채소를 곁들인 파바빈 퓌레, 야생 아스파라거스를 곁들인 스파게티니, 혹은 유기농으로 재배한 아욱과 치케르키아콩(cicerchia bean)을 넣은 링귀네로 옮겨 가보자. 이후에는 토마토와 올리브를 곁들인 토끼 고기, 람파시오니(lampascioni)의 구근을 곁들여 오븐에 구운 돼지고기, 또는 여러가지 다양한 고기를 구워 접시에 담아 내는 플래터 등으로 식사를 이어갈 수 있다. 나무 도마 위에 담겨나오는 이탈리아 최고의 치즈와 탁월한 맛의 무화과 아이스크림을 맛볼 여유를 남겨 두는 것도 잊지 말자. **CS**

⬆ 첼리에 메사피카의 한적한 곳에 숨어 있는 풀리아의 맛.

안티카 포카체리아 산 프란체스코 Antica Focacceria San Francesco | 팔레르모의 전통요리

위치 팔레르모 **대표음식** 사르데 아 베카피코 Sarde a beccafico | 💲💲

13세기에 지어진 산 프라체스코 디 아시시(San Francesco di Assisi) 교회의 맞은편 광장에 맞닿아 있는 이곳은 성직자 이웃과 매우 밀접한 관련이 있다. 1834년 교회는 이 건물을 몬수(monsù) 즉 왕자들의 셰프였던 안토니노 알라이모(Antonino Alaimo)에게 하사했는데, 안토니노는 이곳에 레스토랑을 열고 팔레르모의 전통 농부들의 요리를 만들어 팔았다. 이곳은 귀족과 엘리트 계층 사이에서 큰 인기를 얻었다. 그 때 이후로 루이지 피란델로, 소피아 로렌, 힐러리 클린턴 등의 유명인사들이 이곳을 다녀갔다. 아마도 가장 악명 높은 고객은 주세페 가리발디였을 것인데, 그는 1860년 이탈리아 통일을 위해 본토로 향하던 길에 이곳에 들렀다. 알라이모의 후손인 콘티첼로 일가는 1902년에 레스토랑을 새롭게 보수했고, 오늘날에는 파비오와 빈첸초 형제가 운영을 맡고 있다.

실내는 모던한 리버티 스타일(Liberty style)이며 위층과 아래층 두 공간으로 나뉘어 있다. 위층에는 호화로운 레스토랑인 살라 플로리오(Sala Florio)가 있으며, 아래층에는 셀프 서비스 공간이 있다. 보통 현지인들로 만원을 이루며, 여름철 고객들은 광장으로 나와 야외에서 식사를 할 수도 있다.

파스타, 샐러드부터 고기와 생선에 이르기까지 다양한 메뉴가 있으며, 포카치아 브레드, 삶은 송아지의 지라(spleen), 카초카발로 치즈 가루를 넣어 만든 파니 카 메우사(pani cà meusa)와 같은 팔레르모만의 특선요리도 있다. 그 밖에도 현지 별미는 감자 크로켓, 병아리콩 반죽을 튀긴 파넬레(panelle), 부드러운 염소치즈 샐러드 등이 있다. 빵가루, 잣, 건포도, 설탕, 레몬 주스로 속을 채운 정어리 요리인 사르데 아 베카피코(sarde a beccafico)는 현대적인 맛과 향, 식감의 승리이다. 디저트로는 카놀리(cannoli), 카사타(cassata), 피스타치오 무스 등이 있다. 뇌물 공여를 거부함으로써 마피아에 맞선 용감한 빈첸초를 지지해야 하는 명목으로도 이곳을 꼭 가봐야 할 것이다. **CK**

⬆ 현지의 단골을 보유한 팔레르모의 유서 깊은 식당.

리스토란테 일 사라체노Ristorante Il Saraceno | 바위 위에서의 식사

위치 체팔루 **대표음식** 그릴에 구운 신선한 참치 요리 Fresh grilled tuna | 💰💰

아름다운 항구도시 체팔루는 시칠리아의 북쪽 해안가의 험준한 바위산 라 로카(La Rocca) 자락에 자리잡고 있다. 이곳의 모래사장은 최근 몇 년 사이 메인 광장의 노르만 양식 성당만큼이나 관광객들이 즐겨 찾는 곳이 되었다. 몰려드는 관광객들에도 불구하고 현지 레스토랑에서는 여전히 훌륭한 식사를 즐길 수 있는데, 그 중 최고의 레스토랑이 바로 리스토란테 일 사라체노다. 외관은 비록 소박하지만 레스토랑의 베란다와 테라스에서는 티레니아 해안의 장관이 바라다 보인다.

서비스는 신속하며 여름 최고 기온이 43℃가 넘는 날씨에도 불구하고 종업원들은 상냥함을 잃지 않는다. 메뉴는 다양해서 파스타와 피자뿐만 아니라 여러 종류의 고기와 생선 요리들도 맛볼 수 있다. 오늘의 메뉴에는 전통적인 시칠리아 요리가 오르는데, 브루스케타, 카포나타(caponata, 가지와 올리브 요리), 조개나 성게를 넣은 스파게티, 그릴에 구운 갈치와 농어 요리 등이 있다. 그릴에 구운 참치 요리는 제철일 때에만 주문이 가능한데 특히 추천할 만하다.

체팔루 해변을 따라 수많은 레스토랑들이 산재해 있지만, 그중 이곳이 진정 특별하게 느껴지는 것은 바로 레스토랑의 독창적인 건물 구조 때문이다. 바닷가에서의 식사라면 보통 보트를 타고 즐기는 것을 의미하지만, 육지에 발을 딛고 식사를 하기를 원하는 사람들을 위해 이곳에서는 최고의 차선책을 내놓았다. 이는 바로 테라스석으로, 바위 위에 설치된 바다와 육지를 잇는 목재 트랩을 따라 40개의 테이블들을 늘어 놓았다.

식전주를 음미하고 여유로운 식사를 즐기며 일몰을 바라다보거나 아름다운 밤 하늘 아래 파도 소리를 들으며 시간을 보낼 수 있는 로맨틱한 곳이다. 이처럼 아름답고 특별한 분위기를 고려할 때, 사람들이 몰리는 여름철에 걸쳐 9월까지는 미리 예약을 하는 것이 좋다. **CK**

⬆ 바다와 육지를 잇는 트랩 위에 놓인 테이블에 앉아 일몰을 즐겨 보자.

카살레 빌라 라이노_{Casale Villa Rainò} | 시칠리아의 농장에서 즐기는 장인의 요리

위치 간지　**대표음식** 스틸리올레Stigliole | 💲💲

"치즈와 소시지를 만들고 올리브 오일을 짜는 모습을 구경해보자. 이 외에도 다양한 장인의 전통을 직접 체험해 볼 수 있다."

Condé Nast Traveller

카살레 빌라 라이노는 시칠리아의 중심 마론 산(Mount Maron) 계곡에 자리한다. 이곳은 숲이 우거진 시골과 마도니에 도립 자연공원(Parco Naturale Regionale delle Madonie)의 산맥들로 둘러싸여 있으며, 중세 풍의 아름다운 산꼭대기 마을 간지에서 몇 마일 떨어진 거리이다. 이곳의 주인인 알도(Aldo)와 니나 콘테(Nina Conte) 부부는 유명했던 19세기의 농장을 완벽하게 재건했으며, 올리브 동산을 포함한 넓은 대지로 꾸몄다. 이 건물은 한때 귀족인 리 데 스트리(Li Destri)의 가택이었으며, 베니토 무솔리니와 러시아의 황제 등 유명인사들이 다녀갔다. 오늘날에는 농가에서 숙박을 할 수 있는 아그리투리스모(agriturismo)이자 레스토랑으로서 일반 고객들에게 개방된다.

돌벽과 세라믹 타일 바닥으로 꾸민 레스토랑은 시골 집과 같은 분위기다. 식사는 보통 몇 가지의 애피타이저로 시작해 2가지의 파스타 요리와 그릴 혹은 오븐에 구운 2가지의 고기와 소시지 요리로 구성된다. 모든 요리들을 현지에서 생산되는 식재료를 활용해서 만들기 때문에 메뉴는 계절에 따라 변하며, 인볼티니 디 멜란차네(involtini di melanzane, 속을 채운 가지 롤)부터 카포나타(caponata, 가지 스튜)와 크리미한 리소토 알라 추카(risotto alla zucca, 호박을 넣은 리소토)에 이르기까지 다양하다. 또한 바삭한 파넬레(panelle, 병아리콩 반죽을 튀긴 요리)와 부드러운 스틸리올레(양 내장으로 만든 그릴에 구운 케밥)에는 레몬과 소금이 곁들여 나온다.

식사의 마무리를 위한 디저트가 다양한 코스로 준비되어 있는데 가벼운 카놀리를 먹고 싶을 수도 있고 배 모양을 한 카초카발로 치즈나 달콤한 것들을 맛보고 싶을지도 모른다. 또는 어마어마한 양의 신선한 과일로 구성된 환상적인 과일 접시를 주문해 볼 수도 있다. 작은 잔에 담겨 나오는 진한 에스프레소를 마시며 진정한 이탈리아 스타일로 식사를 마무리 해 보자. 시칠리아의 시골을 온전히 경험할 수 있는 곳이다. **CK**

⬆ 건물은 사랑이 담긴 정성으로 재건되었다.

트라토리아 라 그로타 Trattoria La Grotta | 화산이 만들어 낸 해변의 동굴에서 즐기는 신선한 해산물

위치 산타 마리아 라 스칼라 **대표음식** 스파게티 알 네로 델레 세피에Spaghetti al nero delle seppie | $$

화산의 용암이 굳어 만들어진 검은 바위 동굴 안에 자리한 트라토리아 라 그로타는 현지인들에게는 '돈 카르멜로'로 더 알려진 카르멜로 스트라노(Carmelo Strano)와 그의 아들 로사리오(Rosario)가 운영 중이다. 카르멜로는 카타니아 북쪽의 작은 어촌 마을에서 3대째 내려오는 이 레스토랑의 책임을 맡고 있다. 이곳에 가기 위해서는 카타니아 북쪽의 해안선 '사이클로프스의 리비에라(Riviera of the Cyclops)' 위의 작은 마을인 아치레알레(Acireale)에서 15분 정도 천천히 걸으면 된다. 천연보호구역을 거쳐 해변으로 걸어 내려오는 길은 이오니아 해의 멋진 풍경을 바라다 보며 식욕을 돋우기에 제격이다.

이 레스토랑은 훌륭한 해산물과 생선 요리로 유명하다. 이곳의 별미는 인살라타 디 마레(insalata di mare, 레몬과 올리브 오일을 곁들인 해산물 샐러드), 다양한 생선 튀김, 생선 수프, 조개를 넣은 파스타, 그릴에 구운 생선, 스파게티 알 네로 델레 세피에(오징어 먹물로 만든 스파게티)가 있다. 메뉴에서 골라 주문하거나 하얀 동굴 벽으로 둘러싸인 오픈 키친 옆의 꽁꽁 언 쟁반에 진열된 바닷가재나 새우 등 그날 잡은 해산물을 둘러 볼 수도 있다. 참고로, 이탈리아에서 활어는 무게를 달아 가격을 매기는 것이 일반적이다. 오징어 먹물로 만든 스파게티는 그릴에 구운 생선만큼이나 일품이다. 또한 작은 동굴 안의 울퉁불퉁한 검은 돌벽으로 둘러싸인 다이닝룸에서 식사를 하는 것도 재미있다. 여름철에는 야외에서의 식사도 가능하다. 레스토랑은 늦은 점심을 먹거나 가족 혹은 친구들과 특별한 날을 기념하는 식사를 즐기려는 시칠리아인들로 항상 분주하다.

산타 마리아 라 스칼라는 관광지라기 보다는 어촌이기 때문에, 이곳은 사실 현지인들이 주로 오는 곳이다. 이곳에서는 어부들이 인근의 작은 동굴에서 어망을 손질하는 모습도 볼 수 있다. 아름다운 곳에 자리한 매력적인 작은 레스토랑이며, 시칠리아인의 삶과 맛 좋은 음식 맛을 느끼기 위해 한번쯤 가 볼만한 곳이다. **CK**

"작은 동굴 안의 다이닝룸이 분위기 있으며 음식은 일품이다."

Lonely Planet

⬆ 산타 마리아 라 스칼라는 어촌마을이다.

알 마차리 Al Mazari | 시칠리아의 생선 요리와 달콤한 별미들

위치 시라쿠사 **대표음식** 스파게티 쿠라 사이사 에 리 밀린차니 프리티 Spaghetti cu la sàissa e li milinciani fritti | 🅢🅢

이곳은 시칠리아 시라쿠사 마을의 작은 섬 오르티자(Ortigia)의 메인 광장에서 벗어난 샛길에 위치해 있어서 그냥 지나치기가 쉽다. 2006년에 문을 연 이곳은 시칠리아의 남서부 트라파니 지방의 마차라 델 발로에서 이주해 온 로카피오리타(Roccafiorita) 가족이 운영한다. 메뉴는 현지의 전통요리들과 쿠스쿠스처럼 아랍의 영향을 받은 트라파니의 별미 요리들로 구성되어 있다.

로비와 연결된 작은 다이닝룸에 들어서면 샹들리에, 유화, 아기자기한 장식품들로 꾸며져 있어 완벽하게 꾸민 우아한 집에 있는 듯한 기분이 든다. 휴식 같은 분위기로, 배경으로 흐르는 부드러운 재즈 음악도 거슬리지 않는다. 가족을 이끄는 수장인 루도비코(Ludovico)가 아들이자 지배인인 엔초와 함께 손님을 맞이하며, 아내인 실바나는 주방에서 또 다른 아들이자 소믈리에인 페페의 도움을 받아 음식을 준비한다.

생선류의 애피타이저에는 마리네이드한 갈치, 빵을 입힌 홍합 또는 풍부한 즙이 흐르는 그릴에 구운 새우가 있다. 메인 요리는 탁월한 맛의 사이디 아 베카피쿠(sàiddi a beccaficu, 뼈를 발라낸 정어리에 빵가루를 묻히고 포도, 잣, 체리 토마토를 곁들인 요리)와 풍미로 가득 찬 스파게티 쿠 라 사이사 에 리 밀린차니 프리티(달콤한 체리 토마토와 튀긴 가지를 넣고 만든 홈메이드 스파게티) 중에서 선택할 수 있다. 디저트는 매일 다르게 구성되며 그 맛이 훌륭하다. 전통적인 카사타, 새콤한 레몬 타르트 혹은 놀랄 만큼 가벼운 티라미수를 추천한다.

엔초는 식전주, 와인, 리큐어를 제안해 준다. 네로 다볼라(Nero d'Avola) 레드 와인이건 아니면 달콤한 말바시아 디저트 와인이건 고객이 선택한 음식과 가장 잘 어울리는 와인에 정통한 그의 조언을 따르는 것이 좋다. 에스프레소가 담긴 잔 가장자리에 약간의 그라파를 발라주는데, 이 맛을 느끼며 식사를 마무리해보자. **CK**

오스테리아 다 마리아노 Osteria da Mariano | 활기찬 분위기에서 즐기는 지역의 전통 요리

위치 시라쿠사 **대표음식** 파스타 알레 만도를레 Pasta alle mandorle | 🅢🅢

오스테리아 다 마리아노는 진정한 발견이라 할 수 있다. 시라쿠사의 작은 섬 오르티자(Ortigia)의 한 샛길에 자리한 이곳은 현지인들이 기념일을 위한 저녁 식사나 늦은 점심을 즐기기 위해 찾는 곳이다. 메뉴는 꿀, 올리브, 시트러스 과일, 치즈, 아몬드로 유명한 인근의 몬티 이블레이(Monti Iblei) 지역에서 생산된 현지 식재료를 기본으로 하며, 계절에 따라 변한다.

돌벽으로 둘러싸인 2개의 큰 다이닝룸은 시골풍으로 꾸며져 있으며 친근한 분위기를 자아낸다. 하지만 꼬마 전구로 불을 밝힌 야외의 좁은 골목길에서 식사를 하는 것도 거의 1년 내내 가능한데, 끊임없이 대화를 주고받는 시칠리아인들과 손님들에게 농담을 건네는 사려 깊은 주인 덕에 분위기는 활기차다.

애피타이저로는 신선한 리코타 치즈, 그릴에 구운 채소들, 브루스케타, 라구사산 카초카발로, 살라미, 임파나타(impanata)와 카포나타 등이 있다. 메인 요리는 문어, 홍합, 갈치, 오징어, 새우 등의 해산물 요리부터 양고기, 송아지고기, 토끼고기, 돼지고기 등의 그릴에 구운 고기요리까지 다양하다.

대표 메뉴인 파스타 알레 만도를레(아몬드 소스를 곁들인 파스타)는 반드시 맛보길 권하는데, 미묘한 달콤함과 고소한 소스의 크리미한 식감이 코르크 마개 모양의 파스타와 어우러져 잊을 수 없는 요리를 만든다.

식사의 마무리로는 투박하게 자른 토로네(torrone)가 나오곤 하는데, 이는 구운 아몬드와 꿀로 만든 달콤하고 쫄깃한 누가(nougat)나 꿀과 참깨로 만든 기우기울레나(ghiugghiulena) 누가를 말한다. 플라스틱 컵에 담겨 나오는 현지산 리큐어를 곁들이면 이 토로네의 맛이 개운하게 가신다. **CK**

테랄리바 Terraliva | 아그리투리스모 레스토랑에서 즐기는 시칠리아 시골의 매혹적인 맛

위치 부케리　**대표음식** 호박꽃과 양젖으로 만든 리코타 치즈를 넣은 라비올리 Ravioli with zucchini flowers and sheep ricotta | 💲💲

작은 산꼭대기 마을인 부케리 인근의 시칠리아 시골에 자리한 테랄리바는 농가에서 묵는 숙박시설인 아그리투리스모와 레스토랑을 겸하고 있다. 본래 농장이었던 이곳은 2008년 티노 카바라와 주세피나 프론티노가 오늘날의 형태로 문을 열었다. 포도밭과 올리브 동산 사이의 조용한 장소에 자리한 이 18세기 농장은 수작업으로 자른 응회암, 석회암, 화산암으로 지어졌다. 레스토랑은 농장에 머무르는 손님들과 일반인들에게 개방된다. 돌로 된 아치형의 공간은 시골스러운 매력을 풍기며 테라스는 여유로운 식사를 즐기기에 기분 좋은 곳이다.

고정 메뉴는 없고, 카바라가 농장에서 나는 신선한 식재료에 따라 시칠리아의 전통요리 중에서 매일 다르게 선정해 낸다. 테랄리바의 와인, 젤리, 과일, 허브, 채소, 그리고 수상 경험이 있는 올리브 오일은 모두 멋진 결과를 만들어 내곤 한다. 작은 플럼 토마토를 곁들인 브루스케타, 올리브 오일을 곁들인 페코리노 치즈, 모차렐라 치즈로 속을 채운 감자 크로켓, 호박 쌈, 스파이시한 올리브와 같이 맛있는 애피타이저들은 다음에 이어질 음식에 대한 유혹적인 힌트를 제공한다. 호박꽃을 곁들인 라비올리, 올리브 오일, 볶은 빵가루 아몬드를 곁들인 양젖의 리코타치즈, 빵을 입힌 소고기 룰라드, 아삭한 채소들로 속을 채운 요리, 잣, 판텔레리아 섬에서 난 건포도, 붉은 양파를 넣은 오렌지 샐러드를 곁들인 스카모르차(scamorza) 치즈 등에서 볼 수 있는 것처럼 이곳의 대표적인 식재료들이 환상적인 요리로 탄생한다. 디저트로는 덩어리가 지는 리코타 치즈에 초콜릿 소스를 살짝 뿌린 것이나 홈메이드 딸기 아이스크림이 있다.

종업원들은 친절하고 분위기는 집처럼 편안하며 음식은 시칠리아 최고의 수준이다. 훈훈한 여름철 저녁에 매미의 노래 소리를 들으며 식사를 하다 보면, 테랄리바가 진정 목가적인 곳임을 느끼게 된다. **CK**

"예스러운 농장은 평화로운 시골 언덕 마을에 둘러싸여 있다."

Terraliva website

⬆ 테랄리바의 포도밭에서 생산된 와인에 맛있는 요리를 곁들인다.

일 두오모 Il Duomo | 매력적인 시칠리아 마을의 보석 같은 레스토랑

위치 라구사　**대표음식** 성계를 넣은 파스타 Pasta with sea urchins | 🅢🅢🅢

시칠리아가 아름답다는 것은 부인할 수 없는 사실이다. 하지만 시칠리아의 남동부에 자리한 바로크 풍 마을들은 그 느낌이 다른데, 모두 화려하다. 라구사가 그 빼어난 한 예로, 모든 건물이 허니 톤의 돌로 지어져 있으며 호화롭게 장식되어 있다. 두오모 성당 뒤편으로 마을의 가장 매력적인 광장 중 한 곳에 두오모라는 동명의 식당이 있는데 셰프이자 현지의 영웅인 치초 술타노(Ciccio Sultano)가 이곳의 주인이다.

많은 사람들이 이탈리아 요리는 너무 많은 치장이나 가식 없이 식재료 그 자체를 즐길 때 최고라는 사실에 동의를 표한다. 보석상자와도 같은 레스토랑에서 술타노는 시칠리아의 식재료(피스타치오, 토마토, 아몬드, 레몬, 무화과, 리코타와 그 밖의 치즈, 해산물, 네브로디산 육류와 마르차메미산 참치 등)가 그대로 드러나게 요리하는 반면, 정교한 기술을 필요로 하는 복잡한 요리를 만들어 내기도 하는 등 이 둘 사이에서 팽팽한 줄타기를 한다. 그는 오랫동안 잊혀져 온 이 섬의 요리 역사를 발굴해내는데, 종종 스페인이나 이슬람의 영향을 받은 요리들을 되살려 맛있게 창조해 낸다. 집안의 가보로 내려오는 밀을 빻아 만든 밀가루로 구운 빵부터 시칠리아산 토마토의 농축된 맛이 나기도 하는 현지의 엑스트라 버진 올리브오일, 비상한 맛에 탄수화물의 포만감까지 갖춘 파스타 요리에 이르기까지(성계가 제철이라면 반드시 성게 파스타를 맛보아야 한다), 우표 크기만한 작은 주방에서 만들어 내는 그의 요리에 눈이 휘둥그래질 것이다. 또한 디저트인 카놀리는 바삭하고 크리미한 꿈의 맛이다.

일 두오모의 서로 연결된 자그마한 방들은 엔티크 가구들과 진한 영국 스타일의 벽지로 꾸며져 이탈리아에서 가장 독창적인 요리에 어울리는 매력적인 분위기를 연출한다. 미슐랭 스타와는 별개로 술타노는 그의 뿌리와 자신만의 요리 스타일을 고수한다. 요리는 탁월한 와인과 함께 궁합을 맞추어 먹을 수 있다. **MOL**

⬆ 참치 알과 레몬 버베나를 곁들인 파스타.

페데리코 2세 Federico II | 중세풍 분위기에서 즐기는 전통 시칠리아 요리

위치 라구사　**대표음식** 파스타 알레 사르데 Pasta alle sarde　| 💲💲

페데리코 2세는 바로크 풍 마을 라구사 중심가의 인적이 드문 곳에 자리한다. 인기 TV 시리즈 〈인스펙터 몬탈바노(Inspector Montalbano)〉의 촬영지인 자르디노 이블레오(Giardino Ibleo) 정원과 인접한 평화로운 곳이다. 여름철에는 포도나무 덩굴이 우거지고 돌벽으로 둘러싸인 멋진 정원의 풍경이 바라다보이는 테라스에서 식사를 하는 것도 가능하다.

　왕의 이름으로 불리는 이 레스토랑은 오래되고 웅장한 궁전 내에 자리하는데 돌벽에는 흰색을 칠하고 바닥에는 타일을 깔았다. 레스토랑 이름은 시칠리아의 왕이자 신성 로마제국의 황제인 호엔슈타우펜 왕가의 프레데리크 2세(Frederick II)의 이름을 딴 것이다. 세심한 주의를 기울여 실내를 꾸몄는데, 갑옷과 무기, 태피스트리 등으로 중세 풍의 분위기를 자아냈다.

　부부가 운영하는 이곳에서 주문한 음식이 나오기까지 시간이 좀 걸린다면, 이는 모든 요리가 신선한 로컬 식재료를 이용해 갓 만들기 때문이라는 사실을 염두에 두면 좋다. 기다리는 동안에는 대개 브루스케타와 다양한 작은 먹거리들이 제공된다. 메뉴는 계절에 따라 변하는데 포르치니 버섯을 넣은 파파르델레와 채소를 넣은 토끼고기인 코닐리오 알라 스팀피라타(coniglio alla stimpirata) 등 시칠리아와 라구사의 전통요리들을 중심으로 구성된다. 즙이 풍부한 시칠리아의 블러드 오렌지와 톡 쏘는 맛의 올리브 오일, 올리브를 넣어 만든 샐러드는 입에서 살살 녹는 카놀레 만큼이나 훌륭한 맛이다.

　레스토랑의 대표 메뉴인 정어리를 넣어 만드는 파스타 알레 사르데는 이곳을 다시 찾게 만드는 맛이다. 요리에는 부카티니 파스타, 정어리, 사프란, 잣, 야생 회향, 설타나(sultana), 볶은 빵가루 등이 사용되고 전통적인 레시피를 따라 준비된다. 이곳의 요리는 뜻밖의 경이로운 발견으로 새콤달콤한 놀라운 풍미가 미각을 자극한다. **CK**

⬆ 대표적인 메뉴인 파스타 알레 사르데를 반드시 맛보도록 하자.

리스토란테 오스테리아 델레 그라치에 Ristorante Hosteria delle Grazie | 최고 품질을 자랑하는 파스타와 와인

위치 비토리아 **대표음식** 트라필라티 알 브론초 파스타 Trafilati al bronzo pasta | ❻❼

꾸밈없이 소박한 외관으로 인해 이 레스토랑이 주는 즐거움을 그냥 지나칠 우려가 있다. 하지만 소박한 입구와 달리, 차양 아래로 난 심플한 통로를 지나면 1층에 마련된 레스토랑에 닿는데, 우아한 실내는 울긋불긋한 꽃 문양의 타일이 깔린 바닥, 프레스코화가 그려진 천장, 그리고 복잡한 문양의 세라믹과 유리 전등으로 꾸민 인상적인 아르누보 스타일(이탈리아에서는 리버티(Liberty) 스타일로 알려져 있다)의 한 예를 보여 준다.

음식은 이 지방의 전형적인 요리를 기본으로 하며 제철의 식재료와 지중해의 해안가에 자리한 인근의 스콜리티(Scoglitti) 수산 시장에서 구입한 신선한 생선을 강조한다. 하지만 이곳의 진정한 백미는 오래된 트라필라티 알 브론초 방식으로 만드는 파스타 요리다. 이 방식은 테프론(Teflon)을 입히지 않은 청동으로 만든 틀에 반죽을 넣어 면을 뽑는다. 그 결과 파스타의 식감은 부드럽지 않고 알갱이가 씹히듯 거칠지만 소스가 면의 표면에 잘 밀착되어 풍미가 한결 살아난다.

메뉴에 올라있는 파스타 요리 중 체리 토마토, 페스토, 피스타치오를 넣어 만든 펜네테는 고소하고 바삭한 식감과 달콤한 맛이 완벽하게 어우러지는 궁합을 선보인다. 고려해 볼만한 또 다른 소스로는 네로 디 세피아(nero di seppia, 오징어 잉크)와 신선한 리코타 치즈를 넣은 것, 햇볕에 말린 토마토를 두껍게 썰어 엑스트라 버진 올리브 오일에 재운 카풀리아토(capuliato)와 사프란, 바질을 넣은 것, 갈치, 민트, 체리 토마토와 가지를 넣은 것 등이 있다. 파스타 외에 피자와 생선 소스를 곁들인 쿠스쿠스와 같은 요리들도 있다.

비토리아는 와인으로도 유명한데, 이 레스토랑의 레드 와인인 체라수올로 디 비토리아(Cerasuolo di Vittoria)는 목 넘김이 부드럽고 맛이 탁월하다. 이곳은 사람의 발길이 닿지 않는 곳에 위치해 있지만, 근사한 식사만큼은 보증되는 품격 높은 곳이다. **CK**

⬆ 트라필라티 알 브론초 파스타가 이 집의 별미다.

라 모레스카, 렐레 토레 마라비노 La Moresca, Relais Torre Marabino | 탑 안에서 즐기는 세련된 식사

위치 이스피카 라구사 **대표음식** 카르파초 디 바칼라 Carpaccio di baccalà | 💲💲

유서 깊은 렐레 토레 마라비노는 바다가 보이는 시칠리아의 시골 이블레이에 자리한 하얀 석조 건물이다. 16세기에 북아프리카의 바르바리 해적선(Barbary Corsairs)의 출몰뿐만 아니라 곡물을 운송하는 선박의 도착을 지켜보기 위해 사용되었던 망대탑이었다. 후에 이곳은 수도원으로 쓰였고, 이후에는 남작의 가택으로 사용되다가 1988년에 유기농 농장이 되었다. 망대탑은 2007년에 오늘날의 모습으로 복구되어 농가에서의 숙박을 즐길 수 있는 아그리투리스모로 변신을 도모하였다.

이 레스토랑은 렐레 토레 마라비노 아그리투리스모(Relais Torre Marabino agriturismo)의 일부로 예약이 필수이다. 실내장식은 모던하나 다양한 앤티크 농기구, 목재로 된 제빵 기구, 도자기 접시 등으로 꾸며 시골스러운 분위기를 연출했다. 아그리투리스모에서 식사를 하는 즐거움은 농장에서 거둔 제철 식재료로 만든 요리를 먹을 수 있다는 데 있다.

이곳의 요리는 토마토, 아티초크, 당근, 회향에서부터 멜론, 오렌지, 레몬을 포함한 신선한 과일에 이르기까지 농장에서 재배한 식재료들을 이용해 준비된다. 농장에서는 꿀, 젤리, 올리브 오일뿐만 아니라 네로 다볼라와 샤르도네 품종, 그리고 수상 경력이 있는 무스카트(Muscat) 품종으로 빚은 와인들도 생산된다. 간단히 말해 시칠리아 요리의 보고이다.

정원에서 재배한 레몬이 곁들여 나오는 굴 요리와 홈메이드 빵에 회향, 오레가노, 토마토, 엑스트라 버진 올리브 오일을 살짝 뿌린 스카모르차 치즈를 얹은 브루스케타로 식사를 시작할 수 있다. 메인 요리로는 소금에 절인 대구를 얇게 썰어 내는 카르파초 디 바칼라를 샐러드에 얹어 낸 요리, 아티초크와 절인 생선알을 곁들인 홈메이드 파스타, 체리 토마토, 회향과 함께 증기로 찐 문어구이 등이 있다. 아몬드 소스를 곁들인 캐러브(carob) 판나코타로 식사를 마무리 해보자. **CK**

⬆ 라 모레스카의 소금에 절인 대구 '카르파초' 요리.

파토리아 델레 토리 Fattoria delle Torri | 시칠리아의 탁월한 요리

위치 모디카 **대표음식** 파레 우 레브루 느추쿨라타투 Fare u lebbru 'nciucculattatu | ❸❸❸

막다른 골목 끝자락에 숨어 있는 이곳은 전문가들이 즐겨 찾는 곳이다. 작은 문과 꾸밈없이 소박한 입구를 지나 소용돌이 모양의 계단을 오르면 모든 미식가들을 만족시킬 만한 요리와 분위기 있는 장소가 드러난다.

19세기의 궁전에 자리한 이 레스토랑은 아치형으로 꾸민 하얀색의 널따란 실내를 자랑하며, 담으로 둘러싸인 야외 식사를 할 수 있는 뜰의 작은 레몬 나무 수풀이 바라다 보인다. 주인인 페페 바로네(Peppe Barone)는 1987년에 레스토랑을 개업했다. 그는 맛과 향, 식감을 맞있고 독창적인 방법으로 결합하는 누벨 퀴진 풍의 변화를 더해 전통 요리를 재해석하는 시칠리아의 선구적인 셰프에 속한다. 그의 명성은 뉴욕 타임스의 특집기사에 실리기도 했으며, 현지의 많은 일류 셰프들의 멘토가 되어 주기도

"모디카의 가장 훌륭한 레스토랑 중 한 곳으로 해산물이 특히 환상적이다."

Lonely Planet

했다. 바로네는 주의를 기울여 손님을 맞이하며 항상 가까이에서 음식과 와인을 추천해 준다.

이곳에서는 파레 우 레브루 느추쿨라타투(모디카산 초콜릿으로 만든 소스에 요리한 토끼고기), 가벼운 파바빈과 리코타 토르텔로니, 네브로디산 부드러운 흑돼지고기 등 전통요리에 현대적인 변화를 더한 요리들을 주문해보고 싶을 지도 모른다. 또한 디저트로는 입에서 살살 녹는 따뜻한 초콜릿 케이크 혹은 톡 쏘는 맛의 아몬드 무스 등을 맛보고 싶을 것이다. 6가지나 되는 코스 요리로 구성된 생선과 고기의 테이스팅 메뉴도 준비되어 있다. 이곳 요리의 품격은 세계 각국의 수도에 위치한 최고 레스토랑과 과히 견줄만하다. **CK**

리스토란테 토레 도리엔테 Ristorante Torre d'Oriente | 변화를 가미한 시칠리아의 전통 요리

위치 모디카 **대표음식** 감베로 인 크로스타 디 카펠리 단젤로 Gambero in crosta di capelli d'angelo | ❸❸

이곳은 마을의 좁고 가파른 한 골목길에 자리한 자그마한 성 발치에 놓여 있다. 이러한 레스토랑의 입지는 종탑과 곡선미가 돋보이는 건축물로 유명한 시칠리아 바로크풍 마을이 바라라 보이는 기막힌 장관을 선사한다. 이곳의 건물, 테라스, 종려나무, 선인장, 정원들은 조화로운 색감의 빨랫줄이 널린 발코니와 꽃병들로 꾸며진 인형의 집들을 늘어 놓은 듯 하다. 크리스마스 즈음 교회에서 볼 수 있는 예수 탄생의 장면을 연출한 작은 구조물과 다르지 않다라는 비유가 어떻게 비롯된 것인지 짐작이 간다. 레스토랑의 실내는 절제된 모던한 스타일로 꾸며져 있다.

2004년 조르조(Giorgio)와 메노 이아비키노(Meno Iabichino) 형제가 문을 연 이곳은 후에 셰프 마우리치오 우르소(Maurizio Urso)에게 매각되었지만, 여전히 이전의 형제가 주방에서 일손을 돕는다. 우르소는 현지에서 생산되는 제철의 식재료를 이용하고 컨템퍼러리한 변화를 불어 넣은 시칠리아의 전통 요리를 꾸준히 선보이고 있다. 그의 독창적인 메뉴로는 피스타치오의 맛이 미묘하게 느껴지는 둥근 모양의 쌀로 빚은 아란치니(arancini), 입에서 살살 녹는 뇨키, 크리미한 리코타 치즈와 파바빈을 넣은 스파게티, 바삭한 참깨 크러스트를 입힌 참치 구이, 유제품을 넣지 않은 모디카만의 특별한 초콜릿으로 만든 진한 초콜릿 퐁당 등이 있다.

대표 메뉴는 바삭한 엔젤 헤어 파스타(angel hair pasta)로 만든 크러스트 안에 새우를 넣은 캄베로 인 크로스타 디 카펠리 단젤로다. 환상적인 요리로, 나무 모양으로 만든 엔젤 헤어 파스타를 꿀과 네로 다볼라 품종의 와인을 졸인 액에 익혀 크러스트를 만들고, 접시 바닥에 으깬 감자를 깔아 크러스트가 쓰러지지 않도록 고정시켜 만든다. 크러스트 안에는 통통한 새우가 들어 있다. **CK**

➡ 모디카는 시칠리아의 그림처럼 아름다운 마을 중 한 곳이다.

타베르나 라 찰로마 Taverna La Cialoma | 매력적인 자그마한 광장에서 즐기는 전통적인 생선 요리

위치 마르차메미 　**대표음식** 그릴에 구운 참치 Grilled tuna | 🌑🌑

시칠리아의 남동부에 자리한 마르차메미의 거주민은 불과 몇백명에 불과하다. 하지만 여름철에 이 수는 엄청나게 불어나는데, 이는 형형색색의 보트로 붐비는 작은 항구와 그림처럼 아름다운 피아차 레지나 마르게리타(Piazza Regina Margherita) 광장으로 몰려드는 관광객들 때문이다. 레스토랑에서는 광장이 바라다 보여, 지나가는 사람들을 구경하기에 제격이다.

'라 찰로마'라는 이름은 마르차메미가 시칠리아 섬의 중요한 참치 어항이었던 시절, 어부들이 그물로 참치를 유인하면서 불렀던 노래다. 최근 들어 참치의 어획량은 감소했지만 여전히 참치는 이 레스토랑 메뉴의 중심이다. 손님들은 계절에 따라 날마다 변하는 손글씨로 적은 메뉴판을 보면서 음식을 고를 수 있다. 마을에 마지막 남은 참치잡이 어선의 선장 손녀가 음식을 준비한다. 애피타이저로는 크리미하고 노릇노릇한 빛깔의 달콤새콤한 가지 요리인 메란차네 인 아그로돌체(melanzane in agro-dolce)나 접시 위로 미끄러지듯 담기는 자그마한 흰색의

빙어 요리가 있다.

그릴에 구운 참치는 갓 잡은 것으로 입안에서 살살 녹고, 올리브와 토마토 소스를 곁들여 내기도 한다. 모든 식재료는 현지에서 생산된 것으로 이 중에는 파키노(Pachino) 마을의 해안선을 따라 재배되는 작고 단맛이 풍부한 체리 토마토도 있다. 이 토마토는 매우 귀중한 식재료로 IGP 인증을 받기도 했다. 와인 또한 현지에서 생산되는데, 레드 와인인 네로 다볼라는 가볍지만 자두의 맛과 향이 풍부하다. 여름철에는 테이블을 예약하는 것이 좋은데, 합리적인 가격에 멋진 광장에서 탁월한 식사를 즐길 수 있다는 사실을 잘 아는 안목 있는 현지인들이 종종 주말에 방문하기 때문이다. **CK**

⬆ 평화로운 어촌에서 즐기는 야외 식사.

레스토랑 드 몬디온, 사라 팰리스 Restaurant de Mondion, Xara Palace | 유명 인사들과 함께 하는 식사

위치 음디나 **대표음식** 아스파라거스, 감초, 머스터드 에센스를 곁들인 몰타산 달팽이 | Braised Maltese snails with asparagus, liquorice, and mustard essence | 🆂🆂🆂🆂

좁은 다리를 지나 해자를 건너고, 요새 같은 문루를 지나서 음디나의 중세 성채에 들어선다. 성벽 안쪽에는 수녀원과 수도원들 사이로 차가 다니지 않는 골목들이 있다. 이 골목길에 탑과 성벽으로 된 작은 성이 있는데, 십자군 기사단이 지배하던 중세시대에 지어진 성이다.

고급 호텔로 탈바꿈한 이 사라 팰리스 안에 레스토랑 드 몬디온이 자리하고 있다. 이곳은 몰타 최고의 음식점으로 인정받는 곳이다. 고객들은 옥상 위나 성벽 위 테라스에 앉아서 섬을 내려다본다. 저 멀리 발레타(Valetta)의 반짝이는 야경도 눈에 들어온다.

형제인 두 셰프, 케빈(Kevin)과 아드리안 보넬로(Adrian Bonello)는 사라 팰리스의 다국적 고객들과 섬 건너에서 온 부유한 손님들에게 모던한 지중해 요리를 제공한다. 이곳은 저녁에만 여는 특권층을 위한 장소이고, 아동은 출입이 안 된다. 이러한 점이 드 몬디온이 낭만적인 저녁식사를 위한 곳이라는 평판을 유지하는데 도움이 된다. 이 레스토랑은 로저 무어, 샤론 스톤, 브루스 윌리스 같은 유명인들이 선호하는 장소이기도 하다. 한편 브래드 피트는 제니퍼 애니스톤과 안젤리나 졸리 두 사람과 각기 다른 날 이곳에서 식사를 했는데, 이 사실을 언론에서 알고는 매우 즐거워했다.

메뉴는 화려하고 가격이 높지만, 요리 종류는 많지 않다. 양고기구이에 구운 우엉, 루콜라, 마늘, 레몬 퓌레를 곁들인 요리, 라임으로 향을 낸 사슴고기, 레몬그라스 벨루테(velouté)를 곁들인 싱싱한 현지산 생선 요리 등을 보면 주방의 뛰어난 기술이 잘 드러난다. 팬에 지진 푸아그라는 하얀 색의 포트 브륄레에 올려져 나오고, 야채는 리본 모양의 피클이나 공 모양으로 나오기도 한다. 저녁식사 후에는 인근 '침묵의 도시(The Silent City)'의 훼손되지 않은 미로에서 낭만적인 산책을 하는 것이 좋겠다. **SH**

⬆ 레스토랑 드 몬디안에서는 프레젠테이션이 핵심이다.

위치 산 세바스티안 **대표음식** 크롬렉, 메니악, 위틀라코체^{Cromlech, manioc, and huitlacoche} | ❸❸❸❸

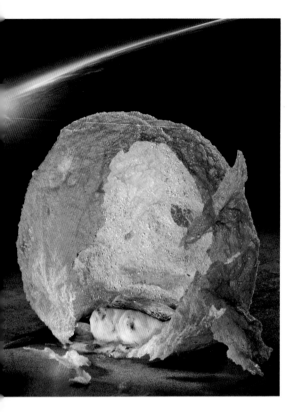

> "예술은 둘째치고, 요리는 재미있고 즐거움을
> 전해줘야 한다."

Juan Mari Arzak, chef and owner of Arzak

아르삭은 색깔, 질감, 기술, 소리와 맛의 엉뚱한 모험과 같은 다이닝이다. 셰프 후안 마리 아르삭(Juan Mari Arzak)은 세계적으로 바스크 퀴진의 지도자로 인정받았다. 마리는 2012년 세계 최고의 여자 셰프로 뽑힌, 그의 딸 엘레나 아르삭과 함께 주방에서 실질적인 역할을 담당하고 있다. 주안점은 로컬 바스크 전통과 재료들에서 최고를 풀어내는데 있으나, 후안 마리는 흔치 않은 허브, 스파이스와 양념을 결합시킨다.

레스토랑은 유행에 뒤떨어진 산 세바스티안의 교외에 있으며, 외양은 예상외로 겸손하다. 이곳은 후안 마리의 증조부가 가정집을 개조하여 타베르나(taverna)를 개업한 것으로 시작되었다. 그러나 어둡고 초현대적이며 벽에는 식기류의 화석 같은 자국이 있다.

고객들은 초현대적인 금속 조각에 서빙되는 화려한 스낵에 안달한다. 라즈베리 퓌레를 유리병에 담고 멜론과 하몬을 코르크 모양으로 만들어 향을 우러나게 한 요리는 이상한 나라의 앨리스 같은 호기심을 담고 있다. '크롬렉, 메니악, 그리고 위틀라코체'는 지극히 영리하고, 창의적이며 맛있는 음식이다. 바스크 해안의 선사시대 돌을 양파, 녹차와 푸아그라의 순한 배합으로 속을 채운, 바삭한 메니악(브라질의 뿌리 채소)의 껍질로 묘사했다. 맛과 프레젠테이션이 매우 훌륭한 생선 코스도 추천할 만하다. 그중에는 여러 색깔로 보기 좋게 구워 말린 마늘 조각을 곁들인 하얀 참치가 있고 농축한 생선 스톡과 파슬리로 만든 '풍선'—테이블에서 풍선을 터트린다—을 곁들인 아귀 요리가 있다.

디저트도 마찬가지로 장난스럽다. 아마란스 꽃과 오레가노가 곁들여 나오는 초콜릿 자갈; 캐러브가 들어있는 거대한 초콜릿 볼; 말린 토마토, 수막(sumac), 라임과 바삭한 치아(chia, 민트와 연관 있는 식물)를 곁들인 멜론 등이 있다. 소믈리에는 테이스팅 메뉴에 잘 어울리는 와인을 추천해준다. 이 모든 것이 더해져 틀에 박히지 않은 다이닝을 경험하게 된다. **SP**

⬆ 갈 곳 잃은 헤이크는 양상추로 덮인 구에 나온다.

➡ 수천 병의 와인이 저장되어 있는 아이삭의 와인 셀러.

간바라Ganbara | 항상 맛으로 전달하는 핀초 바

위치 산 세바스티안 **대표음식** 데블드 스파이더-크랩 타르트Deviled spider-crab tart | 💲💲

드나드는 군중들은 간바라가 산 세바스티안의 매력적인 올드 타운에서 무엇을 고를지 모르게 만드는 유혹적인 무수한 핀초(pintxo, 바 스낵)보다 한 수 위라는 좋은 지표다. 이곳의 스페셜인 힐다(gilda, 올리브, 염장한 안초비와 긴디야 고추 꼬치로 전형적인 바스크 핀초)를 몇 개 먹어보라. 셰프 엘레나 아르삭(그녀의 아버지 후안 마리 아르삭은 아래층에서 레스토랑을 운영하고 있다)가 바에서 그물버섯, 꾀꼬리버섯과 반숙한 계란 한 접시를 먹고 있는 것을 보면, 아버지, 어머니, 아들 팀으로 이루어진 간바라가 뭔가 특별한 것을 판다는 확증이 든다.

핀초는 제철 요리이며, 흠잡을 데 없고 조심스럽게 구한 재료로 만들어진다. 대리석 바 너머로 펼쳐놓은 것들은 거의 모든 사람이 주문하는 이베리안 햄 미니 크루아상을 포함해서 매우 유혹적이지만, 항상 뜨거운 채로 주방에서 내는 매운 맛의 데블드 스파이더-크랩 타르트와 같은 스페셜 요리의 맛은 잊을 수가 없다. 바스크 감식사들이 찾는 생선 별미는 이보다 더 인상적이다. 여기에는 마법에 걸린 것처럼 가벼운 계란 반죽(후안 마리 아르삭이 가장 좋아하는 요리 중 하나로 알려져 있다)에 넣은 헤이크(hake, 남방대구)의 목, 필필 갈릭(pil-pil garlic)과 파슬리 소스가 곁들여 나오는 코코차스(kokotxas, 그릴에서 훈제해 쫀득하고 즙이 흐르며 짠맛이 나는 헤이크의 목덜미), 간단하게 볶아 달고 살이 무르며 진한 맛이 나는 빨간 새우, 레몬과 올리브 오일로 양념한 참치 뱃살이 있다. 부드러운 거품과 산미를 보여주기 위해 높이 따라주는 차콜리(txakoli, 헤타리아 지방의 로컬 와인)를 마셔라.

요리의 품격에 맞게 실내는 오리지널 예술 작품으로 활기를 띤 연한 나무색으로 우아하다. 바에는 자리가 별로 없지만, 주민들은 먹는 동안 종이 냅킨을 버리고 바에서 있기를 더 좋아한다. 조용히 앉아서 식사를 하기 원하면, 아래층에 있는 아르삭 부녀의 음식을 맛볼 수 있다. **SP**

⬆ 주민들이 간바라에서 먹기 위해 바에 서 있다.

무가리츠Mugaritz | 감각에 도전하는 매우 혁신적인 음식

위치 에레르테리아 **대표음식** 로스티드 앤 퍼퓸드 빌Roasted and perfumed veal | $$$$

광대한 채소 정원을 완비한, 바스크 지방에 있는 이 아름다운 레스토랑에서 셰프 안도니 아두리스(Andoni Aduriz)는 자연, 시간과 감정을 가지고 놀기를 좋아한다. 테이스팅 메뉴는 최고급 미식 중 하나이지만, 처음부터 끝까지 기지가 넘치게 이행되었다. 아름답지만 기괴한 접시 조각이 테이블마다 놓여있고, 웨이터들은 첫 번째 먹을거리를 알려준다. 레몬과 마늘을 곁들인 바삭한 진짜 생선 뼈부터 허브와 호스래디시 재를 곁들인 진한 골수 토스트까지 다양한 것들이 있는데, 손으로 집어 먹어야 가장 강렬하게 체험할 수 있다.

가장 기억에서 잊혀지지 않는 것은 '어떻게 각 재료들의 본질을 담아내는가' 이다. 진홍빛의 새우 퍼품을 담은 얼음 조각은 새우 머리에서 나온 즙을 빨아먹는 느낌을 완벽하게 담고 있다. 기대하지 않았던 맛의 조합과 시각적인 착각도 많이 있다. 그 예로 마카다미아와 핑크 페퍼콘을 곁들인 게, 기름골(tiger nut)과 농축된 조개 주스를 곁들인 촉촉한 헤이크 뱃살과 크렘 캐러멜처럼 보이지만

사실은 터무니없게도, 흔들거리는 두부를 곁들인 맛있는 오리 육즙과 같은 것들이 있다. 정원에서 막 따온 신선한 재료들을 이용해 지나친 장식을 곁들여 제철 바스크 지방의 식재료들을 시적으로 표현해낸 요리들도 있다. 하이라이트에는 노랑촉수를 자체의 간에 있는 지방으로 익히고 아몬드와 빵가루와 곁들여 나오는 요리, 아름다운 소고기 한 조각에 초록색의 허브 소스를 걸친 '암소와 풀'이 있다. 고객들은 넓은 주방으로 초대되어, 다음 코스에서 먹을 것들을 어떻게 만드는지 볼 수 있다.

디저트 또한 훌륭한데, 얼린 아몬드 투론(turrón)과 바닐라 꼬투리로 위장한 바삭한 결정의 고사리를 곁들인 '바닐라 펀(vanilla fern)' 등이 있다. 트럼프 카드는 7대 원죄처럼 쌓아 올린 나무 용기에 담긴 프티 푸르의 드라마틱한 프레젠테이션이다. **SP**

⬆ 튀긴 소고기 안심 조각들을 가시가 달린 가지에 얹어 서빙한다.

마르틴 베라사테기 Martín Berasategui | 맛을 내기 위한 수준 높은 요리 마법

위치 산 세바스티안 **대표음식** 장어, 푸아그라, 실파와 풋사과로 만든 밀푀유Millefeuille of eel, foie gras, green onion, and green apple | 💲💲💲💲

미슐랭 스타 셰프인 마르틴 베라사테기의 이름을 딴 레스토랑은 주거지역에 있는 현대적인 건물에 자리하고 있다. 산 세바스티안에서 태어난 베라사테기는 프랑스에서 교육받았으며, 보르도에서 미셸 게라르와 일했고, 모나코에서 알랭 뒤카스와 일하기도 했다. 스페인 아방가르드 퀴진의 리더인 그는 맛의 균형을 중요하게 여기면서, 최상의 로컬 재료로 만드는 요리에 기술적인 탁월함을 적용한다.

식사는 레스토랑의 대표적인 메뉴 중 하나로 시작한다. 훈제한 장어, 푸아그라, 실파와 풋사과의 깔끔한 네모 조각은 맛과 텍스처의 기분 좋은 조합으로, 사과의 적당한 신맛은 푸아그라의 느끼한 맛에 균형을 잡아준다. 주

> **"전통은 한 집의 토대와 같은 것이므로, 당신의 전통을 잘 아는 것이 중요하다."**
>
> Martín Berasategui, chef and owner

방의 기술적 기교는 양파와 오징어 먹물을 액체로 만들어 속을 채운 라비올리에 잘 보여진다. 구슬 모양의 라비올리 주변에 부은 오징어 콩소메와 한쪽에 하나의 오징어 먹물 칩을 얹어 낸다.

더욱 뛰어난 요리 마법은 훈제한 생선 주둥이와 약간의 마일드 그린 칠리 방울과 함께 나오는 뼈를 발라낸 가자미 요리에서 볼 수 있다. 야생 버섯과 트러플을 감싼 우아하고 섬세한 질감의 파스타 주머니를 곁들인 맛있는 비둘기와 같은 전통요리 역시 감동을 안겨준다. 버섯들은 비둘기의 느끼한 맛에 흙내음을 더한다. 스페인의 마스터가 만들어낸 오트 퀴진의 인상적인 맛이다. **AH**

이바이 Ibai | 숨어있는 보석 같은 레스토랑의 훌륭한 해산물

위치 산 세바스티안 **대표음식** 코코차스 알 필필(어유, 마늘 소스에 넣은 헤이크 목살) Kokotxas al pil-pil (hake throats in a fish-oil, garlic sauce) | 💲

이바이는 숨겨진 미식의 보석들 중 하나다. 산 세바스티안 중앙의 수수한 타파스 바의 지하실에 처박혀있는 이바이는 '친밀감'이라는 측면에선 최고다. 이 레스토랑에는 테이블이 8개 밖에 없다. 이런 호기심을 끄는 평판에 더해, 평일 점심 시간에만 문을 열며, 메뉴도 없고, 영어로 말할 줄 모르며, 예약을 잡기 어렵기로 악명이 높다. 더군다나 와인 리스트도 없다. 대신 나무로 된 바닥과 골조가 드러난 수수한 다이닝룸의 한쪽 편에 선택할 수 있는 와인병들이 늘어서 있다.

이바이는 셰프 알리시오 가로(Alicio Garro)가 꾸준하게 구할 수 있는 최상의 로컬 재료를 이용해, 1983년부터 아는 사람들에게만 케이터링을 해오던 가족이 운영하는 곳이다. 그곳에서 파는 핀토스(pintxos)를 하나를 먹어보면, 왜 이 레스토랑에 열광하는지 분명해진다. 예를 들어 간단하면서도 황홀한 바닷가재 요리를 먹어보라. 레몬 드레싱을 곁들여 상온으로 가져다 주는 바닷가재는 맛이 환상적이며, 살은 아주 부드럽고, 레몬은 갑각류의 달큰한 맛에 균형을 맞추기에 딱 적당한 정도의 신맛을 준다. 해산물은 몹시 간단해서 먹기 좋다. 완벽하게 부드럽게 튀긴 오징어 요리를 봐라. 레스토랑은 생선으로도 유명하다. 그 예로, 솔(sole)은 통으로 조리하여 약간의 버터를 얹어 내며, 테이블에서 살을 발라준다. 생선 역시 황홀할 정도의 품질이며 완벽하게 요리된다.

조리는 간단하지만, 그 누가 이런 훌륭한 재료를 산만하게 조리해 망치고 싶겠는가? 셰프가 할 일은 그저 재료가 알아서 맛을 내게 내버려 두는 것일 것이다. 분위기와 조리는 간단할지 몰라도, 그런 품질의 음식을 먹는 것은 즐겁다. **AH**

아켈라레 Akelare | 스페인에서 가장 독창적인 셰프들이 선보이는 황홀한 음식

위치 산 세바스티안 **대표음식** 레드 와인 스피릿으로 플람베한 새우와 강낭콩 퓌레 Shrimp flambéed in a red-wine spirit and served with a French bean puree | 🍴🍴🍴🍴🍴

이 레스토랑의 이름은 '마녀의 모임'을 의미하며, 미슐랭 스타 3개가 증명하듯 이곳의 요리는 확실히 매혹적이다. 산 세바스티안에서 태어난 셰프 페드로 수비하나(Pedro Subijana)의 요리 재능을 확인할 수 있다. 수비하나는 본래에 의대를 진학할 예정이었으나, 마드리드에서 호스피탈리티 코스로 전향했다. 그는 뉴 바스크 퀴진이 잘나가던 1975년 아켈라레의 주방을 맡기 전까지 바스크 지역과 마드리드에 있는 몇몇 레스토랑에서 일했다. 그는 이후 계속해서 인상적인 평판을 받아왔다.

아켈라레의 요리는 레스토랑 자체의 채소 농원에서 기른 허브와 신선한 농산물 같은 최고의 로컬 재료를 이용해, 전통적인 것과 가장 현대적인 것들을 흥미롭게 녹여냈다. 빨간 피망으로 만든 '파스타' 요리에 사용되는 고품질의 다양한 야생 버섯을 보면 재료를 선별하는데 주의를 기울이는 것이 확실하다. 이 파스타 요리는 버섯과 파르메산 치즈 조각을 얹어 나온다. 또한 '소금과 후추(부풀린 쌀과 설탕 조각)'를 뿌린 소테한 푸아그라 요리에 사용하는 푸아그라의 순수한 퀄리티가 인상적이다. 수비하나의 고전적인 접근법은 테이블에서 주물 냄비에 넣고 레드 와인 스피릿에 플람베한 양질의 새우와 곁들여진 강낭콩 퓌레에서 볼 수 있을 것이다. 주방의 가장 모던한 측면은 쌀가루로 만든 망에 '가둔' 조개류와 갑각류, 또는 초콜릿과 사과로 먹을 수 있게 만든 종이로 감싼 사과 타르트에 잘 드러난다.

산 세바스티안 인근의 언덕에 자리잡은 아켈라레의 위치는 탄성이 나오게 만드는 주요한 요소다. 레스토랑에서 바다의 장관을 볼 수 있으므로, 예약을 할 때는 창문가의 테이블을 예약할 것을 권한다. 수비하나의 음식과 유혹적인 바다 전경의 조합은 거부할 수가 없다. **AH**

"당신이 최고이며 모든 것을 알고 있다고, 당신에게 뭔가를 가르쳐 줄 수 있는 사람이 없다고 믿지 마라."

Pedro Subijana, chef at Akelare

⬆ 아켈라레의 인상적인 "증류한 바닷가재" 요리는 커피 진공 사이폰을 이용해 테이블에서 만든다.

보데곤 알레한드로 Bodegón Alejandro | 타베르나에서 컨템퍼러리를 다루는 방법

위치 산 세바스티안 **대표음식** 감자와 베이컨 테린을 곁들인 글레이징한 송아지 볼살Glazed veal cheek with potato and bacon terrine | 💲💲

보데곤 알레한드로는 산 세바스티안의 올드 타운 중심에 있는 전형적인 타베르나다. 이곳은 안락하고 편안한 곳이지만, 약간의 혁신과 섬세한 요리 기술이 가미된 전통적인 음식을 내놓는다. 그 뒤에는 미슐랭 스타 3개를 받은 레스토랑 무가리츠의 셰프 안도니 루이스 아두리스가 감독 역할을 맡고 있으며, 세련된 요리에서 그의 존재가 느껴진다.

직원들은 생선에 중점을 둔 메뉴와 함께 앞으로 펼쳐질 생선 요리의 맛보기인 양념을 한 안초비를 가져다 준다. 특히 맛있는 요리에는 조개, 새우, 홍합, 마늘 향이 나는 헤이크를 가득 넣은 생선 수프가 있고, 오징어로 속을 채운 방울 토마토를 자체의 즙으로 로스팅해서 크리미한 밥 위에 얹고, 오징어 먹물과 이디아사발(Idiazabal) 치즈 소스를 곁들여 토마토의 산미와 신선함이 소스에 뿜어져 나오는 특이한 조합의 요리도 있다. 신선한 오징어를 오징어 먹물에 넣어 만든 스튜는 깊은 맛이 느껴진다. 감자에 얹은 그릴드 헤이크에 버진 올리브 오일과 시트러스 비네그레트를 뿌린 요리는 우아하면서도 멋지게 균형이 잡혀있다. 디저트로는 테이블에서 신선한 로컬 우유와 레넷(rennet)으로 만들어먹는 정켓(junket)을 빼먹지 마라. 바스크 꿀단지, 호두 까는 기구와 신선한 호두 한 그릇과 함께 본인이 직접 만들어 먹도록 재료를 가져다 준다. 신선한 크림과 계란 노른자에 담가 만든 캐러멜라이즌 프렌치 토스트는 레몬 타임(thyme) 아이스크림이 곁들여 나오는데, 이 역시 거부할 수 없다.

타일로 만든 그림으로 장식되어 있고, 큼직한 나무 가구들이 갖춰진 연한 노란색의 방은 알맞은 가격의 와인 리스트를 오랫동안 탐색하고 싶게 한다. 계산서와 함께 가져다 주는 맥아를 탄 우유(malted milk)와 쿠키 같은 친절한 배려가 이곳의 가치를 더 높여준다. 정말 매력 있고 겉치레를 하지 않는 보석 같은 곳이다. **SP**

수베로아 Zuberoa | 바스크 지방의 중심에 있는 럭셔리한 다이닝

위치 오이아르춘 **대표음식** 캐러멜라이즌한 엔다이브가 곁들여진 오븐에 구운 가리비와 양파 크림 Roast scallop on onion cream with caramelized endive | 💲💲💲💲

외진 바스크 지방의 중심에 있는, 이 600년된 돌로 지어진 시골집의 벽 사이에 자리 잡은 레스토랑보다 더 특별한 기분을 느끼게 만드는 것은 별로 없다. 다이닝룸은 모두 진한 나무, 두꺼운 돌벽과 질 좋은 리넨으로 꾸며져 있다. 테라스에서 식사를 하는 사람들은 오래된 참나무들에 둘러싸여 있는 자신을 발견하게 된다.

셰프 힐라리오 아르벨라츠(Hilario Arbelaitz)는 구식 바스크 요리의 장인이다. 그는 훈제한 이디아사발 치즈 샐러드를 곁들인 토마토 타르트에 얹은 칸타브리아산 청어, 바닐라 라비올리를 곁들인 비시스와즈(vichyssoise)에 얹은 구운 가재(crayfish)와 같이 최고로 질 좋은 재료들을 이용해 이 지방의 전통적인 요리를 낸다. 그는 손에 닿는

> "그저 몇 명의 친구들이 앉아서 간단히
> 식사 하는 것처럼 꾸밈 없는 분위기이다.
> 그러나 아주 아주 훌륭하다."
>
> fodors.com

모든 것으로부터 훌륭한 맛을 유도해낸다. 그 결과가 넉넉한 양의 풍성해 보이는 음식들로 이루어진 퇴폐적인 메뉴다. 그러나 그보다 더 현명한 것은 화려한 기법과 균형을 맞춘 신선한 제철 재료를 이용할 줄 아는 것이다. 성게를 넣은 크리미한 벨루테, 훈제한 호박을 곁들인 이베리안 판체타, 푸아그라 크림에 얹은 수란, 새조개 비네그레트를 곁들여 구운 가자미, 무화과 빵에 얹은 비둘기구이와 쓴맛이 나는 아몬드 거품과 코코넛 아이스크림을 얹은 드렁큰 케이크(반죽에 술이 들어가는 케이크)가 그 예이다.

와인 리스트 역시 사치스럽다. 와인 셀러에는 약 3,000가지의 다른 병들이 쌓여있다. 이런 진수성찬은 매일 맛볼수 있는 게 아니어서, 더 끌린다. **TS**

엘카노 Elkano | 숯불 위에서 공들여 요리한 훌륭한 해산물

위치 헤타리아 **대표음식** 뼈째 그릴에 구운 넙치와 곁들여 나오는 바다 소금, 올리브 오일과 사과주 식초 Turbot grilled on the bone and served with sea salt, olive oil, and cider vinegar | ❸❸❸

좋은 해산물 레스토랑에서 먹는 것은 항상 즐겁다. 그리고 매력적인 해안 마을인 헤타리아에 가면, 여행객들은 엘카노를 찾는다. 스톤 타일로 된 바닥과 망사 커튼이 있는 이 레스토랑은 심플하고 구식인 외양을 가지고 있지만, 그것에 속지 마라. 엘카노는 몇몇 고급 생선 요리를 즐길 수 있는 기회를 제공한다.

대부분의 스페인 사람들이 공유하고 있는 해산물에 대한 사랑은 가장 싱싱한 생선과 해산물을 가져오기 위해 애쓰는 노력을 보면 잘 알 수 있다. 애피타이저에는 특별히 훌륭한 맛을 가진 양념에 잰 참치와 공들여 준비한 전형적인 생선뼈 스톡을 베이스로 한 진하고, 어두운 색의 생선 수프가 있다.

엘카노 메뉴의 하이라이트는 야외에서 숯불 그릴에 구운 식품들이다. 그 중에서도 가장 눈길을 끄는 것은 그릴에 구운 넙치다. 생선을 통째로 숯불 그릴에 조리하며 뼈째로 낸다. 이것은 상상할 수 있는 가장 간단한 요리로, 소스나 고명도 없고 곁들임도 없지만, 그럼에도 불구하고 아주 놀랍다. 생선의 품질은 확실하며, 훈제 향이 살짝 느껴지고 살이 단단하면서 훌륭하게 익었을 때 바로 숯을 빼는 조리의 완벽한 타이밍도 마찬가지로 정확하다. 엘카노는 헤이크와 노랑촉수부터 가시가 있는 바닷가재와 조개삿갓(goose barnacle)에 이르는 모든 생선과 해산물의 품질에 대해 자부심을 가지고 있다. 이용 가능한 생선은 계절에 따라 달라지기 때문에, 가을엔 솔(sole), 봄에는 살짝 찐 갈리시아 조개가 눈에 띄는 메뉴다.

주방에서 기울이는 주의를 그대로 보여주는 서비스는 예의 바르고 수완이 좋다. 이 레스토랑의 또다른 만족스러운 면은 적절하게 가격이 매겨진 와인 리스트다. 특히 최상의 스페인 와인들은 가격이 합리적인 편이다. 엘카노는 보기 좋은 음식보다는 주요 재료와 세심한 조리에 초점을 맞춘 레스토랑이다. **AH**

"넙치는 불을 대지 않고 참숯 재 위에서 아주 서서히 익힌다."

Ceylan Milor, gastromondiale.com

⬆ 엘카노의 편안한 다이닝룸에서 훌륭하게 조리된 생선을 음미하라.

에체바리Etxebarri | 높은 수준으로 끌어올린 그릴드 푸드

위치 비스카야 **대표음식** 훈제한 새끼장어Smoked baby eels | 🐟🐟🐟🐟🐟

바스크 지방의 언덕에 숨겨진, 단단하고 꾸밈없는 스타일로 멋지게 자리한 아사도르 에체바리는 하나의 조리법, 즉 그릴링으로 만든 음식으로 국제적인 명성을 얻어왔다. 이것은 독학한 오너 셰프인 빅토르 아르긴소니스(Victor Arguinzoniz)의 집착과 연관되어 있다. 그는 2개의 장작 오븐과 맞춤 그릴을 사용하는데, 각 재료에 맞춰 특별한 향을 주려고 다양한 나무를 이용한다. 아르긴소니스는 재료의 맛을 살리기 위해 그릴링을 할 재료를 신중하게 선택한다.

요리 철학의 단순성은 짙은 색의 나무 들보, 나무 바닥, 하얀 리넨 식탁보, 간격을 띄워놓은 테이블로 구성된 위층의 고상한 다이닝룸에서도 드러난다. 바깥에는 험준한 산의 웅장한 전경이 몇 가지의 인상적인 요리에 환상적인 배경을 선사한다.

매일 바뀌는 메뉴는 가장 훌륭한 상태의 제철 재료를 이용한다. 식사는 토스트에 올린 초리조(매운 소시지)로 시작하여 황홀할 정도로 신선한 팔라모스(Palamós) 새우를 그릴에 구워 달콤하고 맛있는 살을 통으로 내거나 새끼 문어, 완벽하게 조리한 감칠맛나는 진한 소고기 필레로 즐거움을 이어간다. 요리 접근 방식의 믿을 수 없는 단순함, 재료의 질과 요리에 대한 주의는 고객들이 각 재료의 맛을 있는 그대로 음미할 수 있게 한다는 것을 의미한다. 디저트도 역시 그릴링해서 훈제향을 내는 방식을 쓴다. 훈제한 아이스크림을 곁들인 사과 타르트를 먹어보라.

식사하는 내내 세심하게 서비스하며, 빼어난 와인 리스트는 또 다른 기쁨을 준다. 에체바리는 아르긴소니스가 그릴링한 음식을 높은 수준으로 끌어올려 놓은, 그런 부류의 레스토랑이다. **AH**

⬆ 식사를 더욱 즐겁게 만들어 주는 경치.

아수르멘디 Azurmendi | 직접 기른 농산물로 만든 파인 다이닝

위치 빌바오 **대표음식** 트러플 콩소메를 주입해 그 열로 안쪽부터 익힌 계란 노른자 Egg cooked from within by a truffle consommé | ⑤⑤⑤⑤

아수르멘디는 드라마틱한 언덕 꼭대기에 위치한 스타일리시한 레스토랑이다. 레스토랑 옆에는 컴퓨터로 조절되는 온실에 채소와 허브 가든이 있다. 레스토랑에서 사용하는 많은 채소들을 이 온실에서 기른다.

2005년 문을 연 이래로, 아수르멘디는 급속하게 미슐랭 스타를 단계별로 받아 올라갔다. 2008년에 첫 별을, 2011년에 두 번째 별을, 2013년에 세 번째 별을 받았다. 아수르멘디의 셰프인 에네코 아차(Eneko Atxa)는 바스크에서 태어나, 에체바리(Etxebarri)와 마르틴 베라사테기(Martin Berasategui)와 같은 최고의 레스토랑에서 일해왔다.

즉흥적으로 생각해낸, 그리고 기술적으로 숙련된 요리들을 통해 아차의 주목할 만한 요리 실력을 보여준다. 디너에는 첫 코스로 '피크닉'이라는 아뮤즈 부셰가 깔끔한 바구니에 담겨 나온다. 주방의 기교는 숟가락에 담아내는 트러플 에그(노른자에 트러플 콩소메를 주사해서 안쪽부터 익힌 계란 노른자)와 같은 요리를 통해 보여준다.

목가적인 시골 배경에 어울리게 채소에 중점을 둔다. '더 가든'이라고 불리는 요리는 이곳에서 기른 채소들로 석판 위에 작은 정원을 꾸민다. 건조시킨 비트로 만든 '흙'에 주키니, 콜리플라워, 당근, 브로콜리, 완두콩, 방울 토마토를 올리고, 작은 감자는 흙 속에 묻혀 있다. 식사는 캐러멜라이즈한 견과류가 곁들여 나오는 화이트 초콜릿에 그인 '에그 플랑(egg flan)' 디저트나 럼 아이스크림을 곁들인 진한 맛의 커피 푸딩으로 끝맺을 것을 권한다.

서비스는 흠잡을 데가 없으며, 웨이터들은 친절하고 해박하다. 와인 리스트는 인상적이고, 좋은 스페인 와인을 소개해 준다. 아수르멘디의 음식은 확실히 보장할 수 있으며, 농산물은 각별하고, 조리법은 큰 기쁨을 안겨준다. 아수르멘디는 세계적인 수준의 레스토랑이다. **AH**

⬆ 아수르멘디에서는 재료들을 폼나게 보여준다.

카사 마르시알 Casa Marcial | 외딴 마을에서 선보이는 미슐랭 스타를 받은 아스투리아스 산악지대 퀴진

위치 아리온디스 **대표음식** 얌파레스(감자, 차이브와 사과주 소스를 곁들인 삿갓 조개)Llámpares (limpets with potato, chives, and cider sauce) | ❺❺❺❺

"스페인 북부 해안을 따라 있는 훌륭한
레스토랑들 중의 하나로 뜻밖의 발견이다."

Frommer's

아스투리아스의 카사 마르시알 레스토랑은 예전에 나초 만사노의 할아버지가 운영하던 가게로 오래된 농가의 일부분이다. 그의 부모님은 그곳에서 간단한 향토 음식을 팔기 시작했고, 뒤를 이어 나초가 남매간인 올가와 산드라의 도움을 받아 미슐랭 스타 2개를 받고, 호평 받는 아스투리아스 퀴진의 전당으로 바꾸어 놓았다.

나초는 다른 여자형제인 에스테르와 함께 히혼(Gijón)의 지역 박물관 안에서 운영하는 분점 덕분에 그의 이름으로 미슐랭 스타 3개를 가지고 있다. 런던에 있는 이베리카(Ibérica) 레스토랑 운영에도 관여하고 있지만 이 외딴 산속 레스토랑이 그가 하는 요리의 본질에 가장 가깝다. 이곳에는 그가 고안해낸 첫 번째 레시피인 13년된 양파 스튜와 카브랄레스 치즈를 곁들인, 올리브 오일에 튀긴 전분 케이크가 있다. 수년이 지났어도 그 요리는 카사 마르시알의 메뉴에 있다. 그런 요리들은 나초의 접근법을 잘 보여준다. 전통적인 아스투리아스 재료와 테크닉에 대한 애정이 현대의 전문 기법과 혼합하여 산간 지역 클래식 요리의 섬세하고 말쑥한 버전을 만든다. 예를 들어 나초는 전통적인 파바다(fabada, 덩굴강낭콩, 매콤한 소시지인 초리소, 블러드 소시지, 양배추와 햄을 넣은 스튜)에 바삭한 베이컨과 비네그레이트에 버무린 익히지 않은 채소를 넣고 만들어, 질감을 더하고 대조를 이루게 한다.

그는 피투 데 칼레야(pitu de caleya, 방목하는 닭을 진한 밤색이 날 때까지 브레이징 한다)같은 이 지방의 고전 요리에 새로운 차원을 가져다 주었다. 나초의 창작품 중의 일부는 로컬 레파토리를 넘어선다. 그의 차가운 오이 수프는 청피망 셔벗 주위에 붓고, 비둘기는 해초, 칼라마타 올리브와 청어에 양념해 나온다. **SH**

⬆ 복잡한 퀴진을 위한 단순한 세팅.

라 누에바 아얀데사 La Nueva Allandesa | 산속에 있는 맛깔스러운 음식

위치 폴라 데 아얀데 **대표음식** 레포요 레예뇨(소시지로 속을 채운 양배추)Repollo relleno(cabbage stuffed with sausage) | 🆂🆂🆂

작은 시골 마을에 있는 1950년대 호텔에서의 식사는 특별히 맛있을 거라는 생각이 들지 않는다. 그러나 이 시골 동네에 있는 평범한 호텔에는 음식을 사랑하는 사람들이 단지 먹기 위해서 찾는 것으로 알려진, 칭찬 받는 레스토랑이 있다. 라 누에바 아얀데사는(갖가지 요리 상뿐만 아니라) 고품질의 로컬 재료로 만든 최고의 아스투리아스 스페셜 요리를 낸다는 명성을 가지고 있다.

호텔은 칸타브리아 산맥에 있는 그림 같은 곳, 폴라 데 아얀데의 역사적인 강변 마을의 좁은 길에 서있다. 레스토랑은 1층에 있으며, 기둥으로 나뉜 높은 천장의 큰 방에 반짝이는 바닥 타일과 높은 등받이 나무 의자가 있다.

라 누에바 아얀데사의 레스토랑은 매콤한 소시지와 양배추를 주로 사용하는 이 지역의 맛깔스런 산악지대 음식을 보여주는 아스투리아스 테이스팅 메뉴 세트를 낸다.

적당한 가격의 맛보기 메뉴 세트는 큼직한 로컬 모르시야 돼지고기 소시지 파테로 시작한다. 다음으로는 걸쭉한 흰 콩, 감자, 양배추 스튜인 포테 아스투리아노(pote Asturiano)가 나온다. 뒤이어 파바다가 나온다. 파바다는 덩굴강낭콩과 초리조(매운 소시지) 캐서롤에 햄과 토마토를 더하고, 마늘과 파프리카로 맛을 낸다. 이 집의 스페셜 메뉴인 로포요 레예뇨는 매운 맛의 소시지, 양파, 마늘, 버섯을 양배추 잎으로 싸서 찐 볼이다. 그 다음에는 프리수에요스(frisuellos, 얇은 팬케이크) 한 접시로 단맛을 준다. 식사는 달고 쫄깃쫄깃한 헤이즐넛 타르트 한 조각으로 끝난다. 마지막으로, 이 든든한 음식을 소화시키기 위해서는 커피와 브랜디가 필수다. 적어두었다가 꼭 배가 고픈 상태에서 도착하도록 하라. **SH**

베르데 갈리시아 풀페리아 Verde Galicia Pulperia | 현실적인 갈리시아의 명물

위치 오르데스 **대표음식** 풀포 아 페이라(문어 스튜)Pulpo a feira (octopus stew) | 🆂🆂

스페인의 북서지역인 갈리시아는 잘 알려지진 않은 별미인 페르세베스(percebes, 거위목 따개비), 나바하스(navajas, 맛 조개)와 베르베레초스(berberechos, 하트 조개)와 같은 해산물과 적당한 가격으로 유명히다. 무엇보다도 가르시아는 문어가 유명해서 격식을 차리지 않은 장소에서 기본적인 문어 요리를 파는 전문식당인 풀페이아가 많다.

오르데스에 있는 베르데 갈리시아 풀페리아는 이 지역 최고의 문어 요리를 맛볼 수 있는 곳이다. 전형적이고 소박한 바 겸 레스토랑이다. 여성복 가게 아래에 있는 입구로 들어가면 목재 가구와 종이 식탁보로 가득한 어두운 지하실이 나온다.

메뉴에는 치피로네스(chipirones, 꼴뚜기), 락소(raxo, 돼

> "문어로부터 도망가지 마라. 다리가 달린 음식일 뿐이다. 그냥 받아들여라."
>
> Spanish Food World

지고기, 감자와 피망 요리)와 핀초스 모루노스(pinchos morunos, 양념한 돼지고기 꼬치구이) 같은 대표적인 갈리시아 요리도 있다. 그러나 손님들은 흔히 레스토랑에 있는 모든 사람들이 다양한 형태의 문어 요리를 먹어 치우고 있는 것을 발견한다. 골수 문어 팬들을 위한, 빨판이 그대로 있는 큼직한 문어 덩어리가 있다. 까다로운 사람들을 위해선 풀포 이 감바스(pulpo y gambas, 새우를 곁들인 문어)와 양념한 바비큐 문어가 있다.

그러나, 대부분의 이 지역 사람들은 풀포 아 페이라(문어를 두드려 부드럽게 만든 다음 삶고 심플하게 올리브 오일, 파프리카와 소금을 뿌리는 전통요리)를 선택한다. **SH**

티라 도 코르델Tira do Cordel | 해변에서 맛보는 갈리시아의 해산물 별미

위치 피니스테레 **대표음식** 페르세베스(거위목 따개비)Percebes (goose barnacles) | ❸❸❸

죽음의 해안에서 온 거위목 따개비? 스페인의 바위투성이 대서양 자락의 신록이 우거진 갈리시아에서 온 이 별미는 굶주리거나 표류했을 때나 먹을 만한 것처럼 들린다. 그러나 스페인어로 '페르세베스 데 라 코스타 다 모르테(percebes de la Costa da Morte)'라고 말하면, 왠지 입안에 군침이 돌기 시작한다. 해산물을 좋아하는 사람들은 누구나 페르세베스를 갈망한다. 맛있는 만큼이나 향이 풍부한 페르세베스는 살짝 삶아 거의 간을 하지 않아도 바닷가에 휴가를 온듯한 기분이 들게 한다. 페르세베스는 극단적인 대식가의 핑거푸드다. 굴을 들이키고 바닷가재 껍질을 깨먹는 것을 즐기는 사람들은 거위목 따개비를 비틀어 뽑아 먹는 재미를 발견할 것이다.

계절이 따로 있는 음식은 아니지만, 수확하는 것이 위

> **"의심할 여지도 없이, 스페인에서 가장 훌륭한 생선과 해산물을 파는 레스토랑 중 하나다."**
>
> Adrian McManus, Spanish Food and Travel File

험하기 때문에(그래서 '죽음의 해변'이라고 부른다) 페르세베스는 제한된 특별 요리다. 또 빨리 조리해 먹어야 한다. 갈리시아 마켓과 식당이 아닌 다른 곳에서는 싱싱한 페르세베스를 구하기 어렵다. 그래서 티라 도 코르델이 진가를 발휘한다.

이곳은 케이프 피니스테레(Cape Finisterre)에서 1.5km 떨어져 있는 레스토랑이다. 가족이 운영하는 시설로, 갈리시아 특유의 맛을 테이블에 가져가 주며, 진심 어린 감사의 마음을 담은 서비스를 한다. 오픈 주방에는 긴 그릴이 눈에 띄게 자리하고 있으며, 그 위에서 그날 잡은 싱싱한 해산물을 요리한다. 메뉴에 있는 아이템과 완벽하게 어울리는 로컬 와인 목록 역시 인상적이다. **CO**

콤파르티르Compartir | 뉴웨이브 취향을 지닌 캐주얼 다이닝

위치 카다케스 **대표음식** 직접 절여 만든 청어에 오르차타를 부은 요리 House-marinated sardines in horchata (tigernut milk) | ❸❸❸

콤파르티르는 구식 지중해풍 태번의 느낌이 있지만, 근처 로세스에 있던 엘 불리(El Bulli)가 2012년에 마지막으로 문을 닫았을 때 나온 3명의 셰프인 마테우 카사냐스(Mateu Casañas), 에두아르드 사트룩(Eduard Xatruch), 오리올 카스트로(Oriol Castro)가 재미로 시작한 특별한 기원을 가지고 있다. 아니나 다를까 콤파르티르의 음식은 태번의 평범한 음식과는 격이 다르다.

이곳은 카탈루냐(암벽, 목가적인 작은 만, 해안선의 일부분을 차지하는 코스타 브라바의 환상적인 해산물이 있는 곳)의 엠포르다 지역 전통요리들을 엘 불리의 화려한 컨템포러리 카탈루냐 요리와 결합시켰다. 이곳은 매우 흥미롭지만 느긋한 분위기를 가진 레스토랑이다. 미풍이 부는, 슬레이트 바닥의 테라스, 리넨 쿠션과 이비사(Ibiza)를 연상시키는 바구니 모양의 유리 등이 있어 세련된 바닷가의 레스토랑 같고 코스타 브라바의 활기찬 마을 중 하나의 황금기를 떠올리게 한다. 카다케스는 살바도르 달리, 페데리코 가르시아 로르카, 파블로 피카소와 만 레이가 이곳에서 긴 소브레메사스(sobremesas, 스페인식 식후 휴식)를 가지며 함께 어울리던 20세기 초반에는 핫한 곳이었다.

현대의 손님들 또한 막 잡아온 청어를 직접 양념해서 캐비아처럼 터지는 오렌지 알맹이를 약간 얹어 낸 요리, 딸기, 아몬드, 주변의 시골에서 뽑아와 오븐에 구운 마늘을 곁들인 맛있는 향이 나는 비트 샐러드, 또는 아주 작은 토끼 갈비살을 빵가루를 입혀 튀기고 매력적인 사과 아이올리를 곁들여 내는 요리를 맛보기 위해 오래 머무를 것이다.

이 레스토랑은 맛, 테크닉, 경험, 좋은 시간을 쉽게 접근할 수 있게 포장해 함께 나누는 것을 가장 중요하게 여긴다. **TS**

➡ 콤파르티르는 매력적인 카다케스에서 오래 머물고 싶은 장소다.

마스 파우 Mas Pau | 16세기 농가에서 전통이 현대를 만나다

위치 피게레스 **대표음식** 가재로 속을 채운 돼지족발 Pork trotter stuffed with crayfish | ❺❺❺❺

카탈루냐의 퀴진이 스페인 최고 중의 하나로 여겨지는 데는 그만한 이유가 있다. 이 지역은 뛰어난 생선과 해산물, 풍부한 올리브 숲, 포도밭과 과수원이 있고, 특히 엠포르다에는 고기와 유제품을 위한 훌륭한 목초지가 있다. 따라서 셰프가 그들의 작업장으로 선택할 만한 곳이다. 이 지역의 요리가운데 유명한 마르 이 문타니아(mar I muntanya, 해산물과 땅에서 난 재료를 조합한 요리)라는 돼지족발을 갈라 가재로 속을 채운 요리가 가장 주목 받는 메뉴다.

1960년 열렬한 대식가들이었던 레이그(Reig) 가문이 히로나(Girona) 인근의 시골, 16세기 돌로 지은 농가에 이 레스토랑을 만들었다. 나중에 그들은 토니 헤레즈(Toni Gerez)를 지배인으로 사비에르 사그리스타(Xavier Sagristà)를 셰프로 지정했는데, 이 둘은 유명한 엘 불리 레스토랑

> "마스 파우는 훌륭한 음식과
> 고혹적인 주위 환경의 조합이 특별하다."

Michael Jacobs, The Daily Telegraph

에서 일했었다. 예상할 수 있듯이, 마스 파우의 요리 스타일은 컨템포러리한 과장이 많지만 맛은 확고하게 엠포르다의 특색을 가지고 있다.

대표적인 요리와는 별도로, 메인 코스의 하이라이트는 꿀과 곁들인 소금에 절인 대구 튀김과 부순 헤이즐넛, 니요라 페퍼(nyora pepper, 말린 빨간 피망의 일종), 마늘로 만든 감미로운 소스로 활기를 불어넣은 그릴에 구운 생선 로메스카다(romescada, 해산물 스튜)다. 디너의 식전 스낵인 사과를 넣어 향을 낸 돼지고기 소시지(이 지역의 특산품으로 종종 손님이 떠나기 전에 준다)도 잊지 마라. **TS**

라파스 Rafa's | 코스타 브라바에 있는 뜨거운 철판 구이 해산물 천국

위치 로세스 **대표음식** 올리브 오일을 뿌린 구운 달고기 Grilled John Dory in olive oil | ❺❺

라파스는 도전적이며 매우 독창적인 오트 퀴진을 가지고 있는 엘 불리 레스토랑과 가까이 있었다. 엘 불리는 세계적으로 유명해졌지만, 많은 사람들은 라파스의 뜨거운 철판 위에서 구운(a la plancha) 해산물을 더 좋아한다.

라파스에서는 요리 기술보다는 먹고 마시는 단순한 즐거움에 집중하게 된다. 레스토랑은 꾸밈이 없어서 간판조차 크게 신경 쓰지 않았다. 그러나 일단 뒷골목을 찾은 고객들은 평생 먹어본 중에 가장 싱싱한 생선으로 충분한 보상을 받을 것이다. 엘 불리의 헤드 셰프였던 페란 아드리다(Ferran Adrià)가 라파스의 단골이었다. 이보다 더 솔깃한 추천이 있을까?

작은 다이닝룸에는 무거운 나무 벤치가 있으며, 장식이 거의 없다. 떠도는 연기와 한 사람뿐인 아줌마 서버의 무뚝뚝하지만 따뜻한 환영이 있다. 메뉴를 달라고 하지 마라. 그날 아침에 바다에서 잡은 가장 팔팔 뛰고 맛있는 최상의 것, 부드러운 작은 테이나스(tellinas, 대합), 달콤한 조개, 오징어, 랑구스틴과 카라비네로스(carabineros, 새우)가 있을 뿐이다. 배스, 감성돔, 대문짝넙치, 달고기, 청어와 멸치 같은 생선은 장식으로 윤기나는 올리브 오일을 발라 주는 정도다.

훈제향이 나는 오징어는 황홀하다. 빨관은 검게 타있고, 속살은 매우 부드럽다. 라파스는 박대 같은 생선조차도 환상적인 맛을 낼 수 있도록, 생선을 이글거리는 불에서 내려야 하는 정확한 순간을 알고 있다. 오직 상큼한 화이트 와인과 진한 과일향의 레드 와인만이 곁들여진다. (아구에 가르나차(Garnacha)를 원한다고 해서 어느 누구도 눈 하나 깜짝 하지 않는다.) 아니면 약간의 빵과 토마토 샐러드가 있을 것이다. 이베리안 햄을 조금 주문하는 것도 좋다. 단순할 수 있지만, 라파스의 음식은 정말 모든 감각을 위한 향연이다. **MOL**

엘스 카살스 Els Casals | 최고급으로 끌어올린 스타일리시한 팜투테이블 다이닝

위치 베르게다 **대표음식** 코코트로 구운 농장에서 키운 닭Farm-reared chicken roasted en cocotte | ❸❸❸

엘스 카살스처럼 팜투테이블 다이닝을 심각하게 취급하는 곳은 거의 없다. 농부이자 셰프인 오리올 로비라(Oriol Rovira)와 그의 형제들은 패밀리 비즈니스(그들의 어머니는 게스트 하우스를 돌보고 있다)를 다시 생각해볼 기회가 있었을 때, 식품 생산과 접시에 오른 음식 사이의 틈을 최소화할 무언가를 하고 싶었다. 그들은 지속가능하며 윤리적인 농장이 사람과 환경에도 좋을 뿐 아니라 맛도 좋다는 사실을 보여주기 위해 충분한 가축을 공급할 수 있는 넓은 유기농 농장을 세웠다.

그들은 처음에는 바르셀로나의 바와 레스토랑에 팔기 시작했던 품질 좋은 유기농 샤퀴트리의 생산자로서 유명해졌다. 그러나 바르셀로나는 농장으로부터 너무 멀리 떨어져 있어서, 그들은 프랑스 국경 바로 남쪽의 사가스(Sagàs)라는 작은 마을 바깥에 있는 농가를 호텔과 레스토랑으로 전환하기로 결정했다.

엘스 카살스는 2007년 이래로 미슐랭 스타를 가지고 있음에도 불구하고 카탈루냐 외곽에서 잠수를 타고 있다. 어떤 장소들은 그 지역 사람들에게만 알려질 운명이지만, 몹시 외진 구석까지 기꺼이 찾아오는 사람들은 충분히 보상받을 것이다. 이 건물이 있는 구역의 경계를 지나고 초록의 곡물들이 자라는 밭을 지나서 거대한 피레네 산맥이 둘러싸고 있는 오래된 농가가 나오면, 그곳이 그 땅과 깊게 연결되어 있는 레스토랑이다.

로비라의 요리는 주로 그가 애정을 기울여 기르고 농사지은 것의 산물을 보여주는 것이다. 돋보이는 심플한 요리에는 다음과 같은 것들이 있다. 신선한 그린 아몬드를 흩뿌린 아루굴라 샐러드(rocket salad), 직접 기른 돼지로 만든 하몬, 홈메이드 돼지고기 소시지를 넣은 부드러운 흰 콩 요리, 뿔닭 고기로 만든 카넬로니 등이다. 엘스 카살스는 팜투테이블이 표명하는 바의 본질이다. **TS**

"엘스 카살스에서 주요 초점은 퀴진과 시골 사이의 강한 결속에 중점을 두는 것이다."

The International Poor Chef School Project

⬆ 엘스 카살스에서 맛보는 카탈루냐의 특산요리인 코트네스(Cotnes, 돼지 껍데기).

엘 세예르 데 칸 로카 El Celler de Can Roca | 삼형제가 선보이는 훌륭한 다이닝

위치 히로나 **대표음식** 이베리아 새끼돼지 Iberian suckling pig | 🍷🍷🍷🍷

"요리 기술의 걸작, 그리고 뛰어난 음식과 와인의 매칭."

Nicholas Lander, Financial Times

⬆ 엘 세예르 데 칸 로카의 끓는 사과 디저트.

이 전설적인 레스토랑은 로카 삼형제—헤드 셰프 호안(Joan), 소믈리에 호셉(Josep)와 파티시에 호르디(Jordi)—의 작품이다. 1986년에 문을 열었으며, 2007년에는 목적에 맞춰 지은 건물로 자리를 옮겼다. 그들은 30명의 셰프들과 지능적이고 창의적인 퀴진을 만들어 국제적인 호평을 받고 있다.

날렵하고 현대적인 다이닝룸은 나무로 가득한 정원을 둘러싼 삼각형 모양이다. 음식은 배경만큼이나 스타일리시하고 잘 디자인되어 있다. 예를 들어 송아지 스테이크 타르타르 같은 요리를 먹어보라. 엘 세예르 데 칸 로카에서는, 고기를 네모난 조각으로 만들어, 겨자 맛의 구슬 아이스크림, 겨자잎, 매운 토마토 케첩, 케이퍼 콩포트, 사천 고추, 신맛을 주기 위한 약간의 레몬, 프랄린 크림과 올로로소 셰리(oloroso sherry)를 얹고, 작은 감자튀김과 훈제한 파프리카로 장식해 낸다. 고기와 베어네이즈 소스는 느끼함, 신맛, 적당한 향신료, 튀긴 감자가 주는 바삭한 맛의 대조, 훌륭한 품질의 고기 그 자체의 배합이 이루는 완벽한 맛의 조합을 완성시킨다. 이곳의 모든 음식에는 기지 넘치는 활기와 창의력이 있다. 로카 형제들은 손님들이 식사를 즐겁게 해야 한다는 것을 항상 기억한다.

이 레스토랑은 와인과 음식을 훌륭하게 매칭하는 것으로도 유명하다. 넓은 와인 셀러에 저장되어 있는 6만 병 가량의 와인들은 아주 훌륭하며, 소믈리에 호셉이 총명하게 사용해 좋은 효과를 거둔다. 간단히 말해서, 이 카탈루냐 레스토랑은 환상적인 재료, 수준 높은 요리 기술, 적절한 맛의 배합과 우아한 음식의 프레젠테이션으로 최고급이다. 클래식한 서비스와 눈부신 와인 리스트는 이곳에서의 다이닝 경험을 완성시키며, 고급 요리를 찾아 이곳에 모이는 헌신적인 추종자들은 이 점을 정확히 알고 있다. **AH**

레스토랑 가이그Restaurant Gaig | 카탈루냐의 고전 요리를 서빙하는 우아한 다이닝룸

위치 바르셀로나 **대표음식** 그물버섯을 곁들인 비둘기 밥Squab rice with porcini mushrooms | ❸❸❸

1869년부터 그의 가문이 운영하던 타베르나 덴 가이그(Taberna d'en Gaig)를 맡은 카를레스 가이그(Carles Gaig)는 1970년대 초에 스타덤에 오르기 시작했다. 1993년에 그는 미슐랭 스타를 받았다.

1989년 내대석으로 개조한 후 이름을 레스토랑 가이그로 바꿨다. 2004년에는 바르셀로나 시내의 카레르 아리바우에 있는 호텔 크람(Cram)으로 자리를 옮겼다. 그곳에서 세계적인 불황으로 비즈니스가 축소될 때까지 레스토랑은 번성했고, 약 1.5km 떨어진 카레르 데 코르세가(Carrer de Córsega)에 있는 새로운 점포로 옮기게 되었다.

그리고 가이그는 이 지역의 재료들을 가지고, 전통적인 방식에 단순한 테크닉을 적용한 퀴진의 가능성을 탐색하기 시작했다. 그는 고객들이 엘 불리, 엘 세예르 데 칸 로사, 산트 파우와 같은 곳에서 도입한 아방가르드한 분자 요리학에 싫증을 내기 시작했으며, 예전의 인기있던 것들로의 회귀를 환영할 거라는 믿음이 있었다.

다이닝룸은 매일밤 새롭게 부활한 예전의 기본 요리를 맛보고 싶어하는 손님들로 채워졌으며, 그가 옳았다는 것이 입증되었다. 부활한 고전 요리에는 보티파라 암브 몽헤테스 데 간세트(botifarra amb mongetes de ganxet, 흰 콩을 곁들인 소시지), 페르디우 암브 비나그레타 칼렌타(perdiu amb vinagreta calenta, 따뜻한 비네그레트를 곁들인 자고새)와 타르타르 데 요바로 이 감바(tartar de llobarro I gamba, 농어와 새우 타르타르)가 있다. 인근에서 잡은 멧돼요를 전통적인 방식대로 머리를 제거하지 않고(애호가들은 골을 파먹는 것을 좋아한다) 로스트한 것과 검은 순무가 곁들여 나오는 돼지 족발과 같은 요리들은 바르셀로나의 어디에서도 맛볼 수 없다. **TS**

바 무트Bar Mut | 훌륭한 타파스 바의 소문이 자자한 음식

위치 바르셀로나 **대표음식** 카르파초 데 우에보스 프리토스Carpaccio de huevos fritos (potatoes topped with broken eggs) | ❸❸❸

바 무트는 스타 퀄리티를 자랑하는 곳이다. 그을린 유리, 엔티크 나무 선반과 대리석 테이블 탑 등으로 꾸며진 공간은 다른 전통적인 타파스 바보다 더 매혹적인 분위기를 풍긴다. 이곳은 배우 로버트 드니로가 바르셀로나에서 가장 좋아하는 바이기도 하다. 음식은 소문이 자자할 정도로 놀라우며, 종업원들은 접대가 어떤 것이어야 하는지에 대한 객관적인 교훈을 준다. 그러나, 이곳에는 그 이상의 것이 있다. 2006년, 주인이 킴 디아스(Kim Díaz)가 바 무트를 열었을 때, 그는 다만 잠깐이라도 일상의 탈출을 제공하는 휴식처를 만들고자 했다. 그는 손님들이 자신의 지붕 밑에 있는 매순간 특별한 것을 느껴야 한다고 믿는다.

디아스는 뛰어난 호스트로, 테이블 사이를 지나 다니

> "이 우아한 복고풍의 공간은 훌륭한
> 타파스 바나 레스토랑이 갖춰야할 모든 요소를
> 갖추고 있다."
> fodors.com

며 남들이 묻든 말든 오늘의 스페셜 요리를 제안한다. 경건한 마음으로 산뜻하게 다룬 최상의 재료들을 기대하라. 약간 매운 긴디야(guindilla) 고추와 마늘 맛이 살짝 밴 셰리(sherry)에 잠긴 부드러운 조개; 육즙이 흐르는 새끼 돼지고기 한 조각; 카르파초 데 우에보스 프리토스(얇게 채 썬 감자 위에 계란을 깨뜨린 것과 트러플 오일을 뿌린 요리); 또는 모하마(mojama, 염장한 참치 아랫배)를 얇게 썰어 덮은 부드러운 흰 콩이 있다. 운 좋은 고객들은 위층의 무티스(Mutis)에 초대되기도 한다. 무티스는 벨 에포크 아파트에 있는 비밀스런 칵테일 바로, 술 전문가들에게 칭찬받는 곳이다. **TS**

칼 펩 Cal Pep | 바르셀로나의 명물에서 파는 전형적인 타파스

위치 바르셀로나 **대표음식** 오리 푸아그라와 흰 콩을 곁들인 보티파라
Botifarra (pork sausage) with duck foie gras and white beans | **❸❸**

칼 펩은 해안길 근처, 바르셀로나의 바리 고딕(Barri Gòtic) 지역에 있는 조용한 길에 숨어있다. 호셉 '펩' 마누벤(Josep Pep Manuben)이 1977년에 이곳을 차렸으며 지중해 음식을 타파스 형태로 소개한다. 원래 '타파스'는 술을 더 마시게 하기 위해 특별히 짠 햄을 제공한다는 차원에서 바 주인이 셰리와 함께 주는 빵이나 고기를 이르는 용어였다. 현대에 타파스 바는 아주 다양한 요리들을 제공하며, 칼 펩은 바르셀로나에서 최고로 인정받고 있다.

칼 펩은 뒤편에 다이닝 테이블이 있는 방이 있지만, 활기찬 분위기는 카운터 자리에서 가장 잘 즐길 수 있다. 메뉴가 없고, 시장에서 그날 배달된 싱싱한 해산물에 중점을 둔다.

> "이곳에 발을 들이려는 것 자체가 문제다. 줄이 동네 한 바퀴가 될 정도로 길게 늘어섰을 수 있다."
>
> Lonely Planet

웨이터들은 그날 무슨 요리가 가능한지 알려준다. 고객들은 새우, 아티초크와 넓적한 콩을 넣은 완두콩 같은 심플한 요리를 추천받을 수도 있다. 닭이나 햄 크로켓 같은 고전적인 요리도 있으며, 이런 요리에는 스페인의 훌륭한 레드 와인이나 셰리를 곁들여 먹으면 이상적이다. 얇게 썬 소고기는 단순하게 익혀서 튀긴 감자를 곁들여 내고, 대구는 시금치와 아이올리 소스(마늘을 넣은 마요네즈)와 함께 준다. 대표적인 요리인 보티파라(돼지고기 소시지)는 오리 푸아그라와 흰 콩을 요리해 포트 와인 리덕션(port reduction)을 뿌려 준다.

타파스 바는 전 세계에서 찾을 수 있다. 칼 펩은 타파스로 세계적인 명성이 높은 레스토랑 중 하나다. **AH**

카사 레오폴도 Casa Leopoldo | 바르셀로나의 황금기를 떠올리는 역사적인 장소

위치 바르셀로나 **대표음식** 수케트와 카사 레오폴도 스타일의 소꼬리 요리 Suquet of fish and bull-tail Casa Leopoldo-style | **❸❸❸**

레오폴도 길(Leopoldo Gil)은 1929년에 환경이 좋지는 않지만 가장 자유분방한 동네에 자신의 상징적인 레스토랑을 열었다. 전통적인 가정식을 추구하던 그의 공약은 첫날 손님이 두명만 오면서 위기를 맞이했지만 결국엔 성과를 거두었다. 이곳은 예술가와 작가들, 근처 리세우(Liceu) 오페라 하우스에서 공연하는 배우와 가수들, 투우사들이 자주 출몰하는 장소가 되었다. 그들 중 많은 이들의 초상화가 다이닝룸의 파란색과 노란색 타일벽에 걸려있다.

현재 이곳은 길의 손녀인 로사가 운영하고 있다. 대중들에게 잘 알려져 있는 것은 아니지만, 여전히 카탈루냐와 세계의 충성스런 대식가들을 끌어들인다.

보케리아(Boqueria) 식품 시장에서 매일 가져오는 재료들은 계절의 변화를 보여주며, 초콜릿 소스에 요리한 산토끼, 캅이포타(cap-i-pota, 돼지 머리와 발굽 스튜), 아로스 브루트(arroz brut, 꼴뚜기와 아티초크를 넣어 독특한 색을 띠는 '더티' 라이스)와 같은 요리는 카탈루냐의 요리 역사를 반영한다.

건강에 좋고 합리적인 가격의 런치 메뉴인 레부엘토스(revueltos, 야생 버섯을 넣은 크리미한 스크램블드에그), 소고기 볼살 스튜와 같은 고전 요리는 양이 엄청 많다. 카사 레오폴도는 낮에도 활기차지만, 밤이면 진짜 본색을 드러낸다. 손님들은 큰 접시에 나오는 작은 생선 튀김, 식초에 잠긴 안초비와 파 암브 토마케트(pa amb tomaquet, 토스트한 빵에 토마토와 마늘을 문지르고 올리브 오일을 뿌린 것)를 나누어 먹는다. 깊은 맛의 소꼬리 스튜도 인기있다. 광범위한 와인 중에는 로사가 좋아하는 리오하, 알바리뇨, 프리오라트가 특히 많이 있다.

단호하게 트렌드를 거부하는 레스토랑인 카사 레오폴도는 한물간 축에 속하지만, 많은 손님들이 아직도 그 과거를 존경한다. **TS**

카이쿠 Kaiku | 어부들의 구역에서 만나는 창의적인 해산물 요리

위치 바르셀로나 **대표음식** 야생 버섯과 아티초크를 곁들인 훈제 쌀 파에야 Smoked rice paella with wild mushrooms and artichokes | 🍷🍷

유리창엔 암녹색의 셔터가 둘러쳐져 있고, 하얀 종이 식탁보가 산들바람에 펄럭이며, 바다가 보이는 카이쿠에는 전통적인 스페인의 판타지가 있다. 모든 지중해 해변의 레스토랑은 유행을 뒤쫓는 것보다는 해변이 보이는 테라스 테이블에 앉아서 식사를 즐기게끔 하는 것이 제일 좋을 것이다.

바스크 출신의 셰프 우고 플라(Hugo Pla)의 요리는 탁월하다. 주로 라 바르셀로네타에서 가져오는 지속가능한 방법으로 기른 생선은 독특한 스타일의 현대 해산물 요리로 탄생된다. 그는 전 세계의, 특히 신선하고 활기 넘치는 아시아 요리의 영향을 받아 요리한다.

그는 삼부리냐(zamburiña, 새끼 손톱만큼 작은 크기의 가리비)를 그릴에 구워 유자 비네그레트를 위에 뿌리고, 홍합은 레몬과 생강을 넣고 찌고, 말미잘은 튀김옷을 입혀 튀겨서 망고 아이올리 소스를 찍어 먹게 하고, 감성돔 회는 양귀비씨와 말린 토마토를 뿌려주며, 이 지역의 훈제한 쌀은 아귀와 바위홍합(rock mussel)과 넣어 요리하거나, 아티초크와 야생 버섯을 넣고 새로운 요리를 만들어낸다. 모든 요리는 적당한 가격의 와인 리스트에서 고른 와인으로 부족한 부분을 채울 수 있다.

플라의 창의적이며 활력이 넘치는 음식은 흠잡을 데 없는데도 비교적 잘 알려지지 않았다. 이것 역시 크게 끌리는 이유가 된다. 카이쿠는 인근 주민들과 해산물에 까다로운 카탈루냐 사람들을 끌어들인다. 예약이 반드시 필요하다.

관광객이 넘쳐나는 도시에서, 카이쿠와 같은 장소들은 21세기의 화려함과 창의성을 곁들여 친근한 서비스의 진가와 격식을 갖추지 않은 분위기를 결합시킨 선물이다. **TS**

"이곳을 찾아내는 것은 당신의 시간을 쓸만한 가치가 있는 일이다. 이곳의 해산물은 훌륭하고 그 가치는 견고하다."

Fodor's Travel

⬆ 계란프라이 2개를 얹은 창케테스(Chanquetes).

시에테 포르테스 7 Portes | 놀랄 만한 쌀 요리가 안겨주는 바르셀로나 벨 에포크 시대의 맛

위치 바르셀로나 **대표음식** 파에야 파레야다Paella Parellada | ⑤⑤⑤

파리, 런던이나 뉴욕처럼 바르셀로나에도 그곳을 스쳐간 사람들의 적지 않은 힘으로 세계적인 명성을 얻은 레스토랑들이 있다. 시에테 포르테스는 누가 와서 먹었느냐보다 누가 와서 먹지 않았느냐를 목록으로 작성하는 것이 더 쉬울 것이다. 방명록에는 가수 루 리드, 배우 보 데릭, 작고한 스페인의 왕 후안 데 보르본이 써놓은 칭찬으로 점철되어 있다. 시에테 포르테스는 바르셀로나의 가장 상징적인 레스토랑들 중 하나로 남아있다.

아케이드로 된 블록에 자리하고 있는 시에테 포르테스는 19세기 중반, 호셉 시프레 이 카세스(Josep Xifré I Cases)라는 카탈루냐 사업가의 판타지였다. 그는 자신의 집, 사무실, 파리에서 봤던 카페에서 영감을 받아 대중들을 유혹할 수 있는 7개의 문을 가진 럭셔리한 카페를 만들었다. 세월이 흐르는 동안 몇 번 주인이 바뀌었으나, 항상 VIP가 거쳐간 목록의 탑에 있었다. 특히 대식가 파코 파레야다의 손에 넘어간 1940년대 초반에는 에스코피에(Escoffier)에 대한 바르셀로나의 응답으로 남았다. 세간의

이목을 끄는 손님들이 팔로우하고, 진정한 21세기의 스타일로 방문객들이 레스토랑 웹사이트의 디지털 방명록의 여러 페이지를 채울 수도 있지만, 종이 방명록을 이길 자가 없다.

흑백의 타일 바닥, 프릴 장식, 귤 색의 전등갓, 그리고 활기찬 웨이터들은 다른 시대에 속하는 것 같다. 이 모든 것이 이곳에서 식사하는 흥분을 가져다 준다. 시에테 포르테스는 바르셀로나의 황금기, 벨 에포크의 맛을 제공하며 진정한 카탈루냐의 맛을 제공한다. 가장 유명한 요리는 쌀요리이다. 바르셀로나의 아주 많은 메뉴에서 볼 수 있는 파에야 파레야다는 시에테 포르테스에서 처음 만든 것으로 파에야의 고급스런 버전이다. 모든 뼈와 껍질은 제거해서 손님들이 자신의 지위와 복장에 어울리는 깔끔하고 우아한 쌀 요리를 먹을 수 있도록 했다. 이곳은 바르셀로나에서 파에야를 맛볼 수 있는 최상의 장소이다. **TS**

⤒ 바르셀로나의 시에테 포르테스는 많은 사랑을 받는 명소다.

바라카 Barraca | 현대화된 고전적인 생선과 쌀 요리

위치 바르셀로나　**대표음식** 생선과 해산물 파에야 Fish and seafood paella | ❸❸❸

스페인의 치링기토(chiringuito, 해변 바)는 극적인 변화를 겪어왔다. 모래투성이인 정어리 가게를 지나면, 세련된 다이닝룸에서 훌륭한 쌀과 해산물 요리를 판매하는 이곳이 나온다. 바라카는 이 건물을 소유하고 있는 우키 유기농 마켓(Woki Organic Market)과 미슐랭 스타 1개를 받은 ABaC와 2개를 받은 칸 파베스(Can Fabes)에서 헤드 셰프였던 셰프 사비에르 페이세르(Xavier Pellicer)의 합작품이다. 페이세르는 셰프 라파 데 발리코우르트(Rafa de Valicourt)와 함께 바라카의 요리를 감독하고 있다. 두 사람 모두 유기농 재료, 지속가능한 어업과 바이오다이나믹 와인에 열정적이다. 이곳은 가장 흥미로운 와인 리스트 중의 하나를 가지고 있다. 레스토랑이 모던 클래식 요리로 음식을 사랑하는 주민들을 빠르게 수용해 온 것은 놀라운 일이 아니다.

품격있는 1층 다이닝 룸은 탁 트인 지중해 전경을 가지고 있으며, 자연목과 돌로 된 식기, 화려한 남청색 유리잔들과 시원한 바닷바람이 들어오는 기다란 창문을 갖추고 있다. 런치 타임은 몇 시간 동안 지속하는 연회로, 깃털처럼 가벼운 부뉴엘로스 데 바칼라오(buñuelos de bacalao, 소금에 절인 대구 튀김), 마늘과 긴디야 고추를 넣어 생기를 준 조가비, 홍합과 조갯살, 짭짤한 칸타브리아 안초비를 얹은 믿기 어려울 정도로 바삭한 판 콘 토마테(pan con tomate, 토마토를 바른 빵)와 같이 나누어 먹을 수 있는 스낵으로 시작한다. 그 후 여럿이 나누어 먹을 수 있는 크기의 팬에, 알덴테로 완벽하게 익힌 쌀과 아티초크, 소시지, 오징어, 오징어 먹물을 넣고 약간의 아이올리로 풍부한 맛을 더해준 아로스 네그레(arròs negre, 오징어 먹물을 넣어 요리한 해산물과 쌀)와 현지산 해산물을 넉넉하게 넣은 고전적인 파에야가 나온다. 분자 요리 유행이 지난 후, 바르셀로나는 기본적인 요리로 회귀하는 분위기며 바라카는 그것을 세련되게 실현하고 있다. **TS**

⬆ 바르셀로나의 바닷가에 위치한 바라카에서 만나는 클래식한 파에야.

카 리시드레 Ca L'Isidre | 현대적이면서 클래식한 레스토랑

위치 바르셀로나 **대표음식** 감자와 조개를 넣은 아귀 수케트(생선 스튜)Monkfish suquet (fish stew) with potatoes and clams | ❸❸❸

이 도시의 상징적인 레스토랑에서 친구들과 모여 테이블에 둘러앉는 것만큼 바르셀로나의 삶의 정수를 잘 보여주는 것은 없다. 이곳은 나무 패널의 다이닝룸, 바닥에 깔린 페르시안 카페트와 싱싱한 꽃이 있는 친근하고 우아한 동네의 오래된 레스토랑이다. 보수적인 가족의 가치를 바탕으로 세워졌으며, 꼼꼼하게 만들어진 요리들은 손님들로 하여금 바로 집에 온 듯한 느낌이 들게 한다. 1970년 3월에 문을 연 이래로, 이곳은 번창해왔으며, 누벨 퀴진, 분자적 기교, 또는 높아 쌓아 올리는 프레젠테이션을 실행한 적은 없지만 매년 더 현대적으로 운영해왔다.

로커보어 운동이 유행이 되기 훨씬 전에, 이시드레 히로네스(Isidre Gironés)와 그의 아내 몬크세라트 살보(Montserrat Salvó)는 자신들의 요리가 지역산 재료를 소개하는 더 가벼운 음식의 맛을 반영하도록 진화시켜 왔다. 로컬 재료를 사랑하는 카탈루냐 사람들은 3가지 코스로 나오는 점심 메뉴를 찾고, 멀리서 온 미식가들은 원조의 맛을 찾아 온다. 물론 비평가들은 흠을 잡지 못한다.

바닷가에서 자랐으며 '마레스메(Maresme) 캐비아'라는 귀여운 별칭이 있는 한그릇의 달고 부드러운 완두콩은 가로차(Garrotxa)의 화산 지구에서 뽑아온 트러플을 길쭉하게 썰어서 뿌린다. 그리고 밝은 색의 토마토 가스파초는 큼직한 바닷가재 살과 바삭한 채소 토스트로 장식한다. 다이버들이 따온 가리비 그릴구이는 짠 오이스터 잎과 훌륭한 조화를 이룬다. 이것들은 모든 부위를 먹는 조리법으로 접근한 요리인 블랙 버터를 곁들인 양의 뇌, 부드럽고 기름기 있는 그물버섯을 채운 돼지족발 등의 메뉴와는 대조적이다. 전통적인 뿌리를 가지고 사람들을 만족시키고 있는 이 레스토랑은 더 오래 지속될 것인데, 주인의 관심이 미래에 꽂혀있기 때문이다. **TS**

⬆ 카 리시드레는 스타일리시하고 우아한 다이닝의 좋은 예가 된다.

엘 킴 데 라 보케리아 El Quim de la Boquería │ 시장에 있는 흔치 않은 레스토랑

위치 바르셀로나 **대표음식** 꼴뚜기를 곁들인 계란 Eggs with baby squid │ 😔😔

1987년, 킴 마르케스 두란(Quim Márquez Durán)은 스페인에서 가장 오래되고 가장 큰 식품 시장인 라 보케리아의 작은 매점을 임대했다. 당시 그에겐 버너 2개, 싱크대 하나, 금전등록기 하나, 작은 쇼케이스 하나와 한 번에 5명이 앉을 수 있는 좁은 카운터가 전부였다. 그러나 시작부터 요리에 사용되는 재료의 특별한 성질과 문제점을 이해하는 드문 재능을 보여주었다.

훌륭한 식품 시장에 마르케스를 데려다 놓은 것은 천재 화가에게 무수한 색이 있는 팔레트를 주는 것과 같았다. 물론 마르케스에게는 팔레트보다는 팰럿(palate, 미각)을 이용했다. 공간과 기구들이 제한되어 있었지만, 그는 기대치 않았던 맛과 텍스처를 혼합하여 놀라운 요리들을 만들어 나갔다. 양고기 조각들을 흑맥주가 든 팬에서 재빨리 익혀, 아주 부드럽고 약간 맥아의 맛이 나도록 만든다. 작고 싱싱한 조개를 구할 수 있을 때는, 카탈루냐 지방의 스파클링 와인인 카바(cava)를 이용해 조개를 찐다. 조개는 레몬향의 달콤함과 버베나의 향을 갖게 된다.

바르셀로나 사람들은 그날 무엇이 마르케스에게 영감을 주었는지를 알아보기 위해 기다린다. 그가 시장을 배회하다가 새로운 재료를 마주친다는 사실에 근거해서 말이다. 스페인에서 이보다 신선한 음식을 접하기는 힘들 것이다. 2000년, 이 레스토랑은 18석을 갖춘 좀 더 큰 매장을 구할 수 있게 되었다. 마르케스는 요리의 가짓수를 늘려갔다. 그와 4명의 젊은이(그의 두 아들을 포함)는 자리를 바꿔가며, 다양한 종류의 훌륭한 생선, 해산물, 고기와 채소를 완벽하게 요리해서 손님에게 낸다.

마르케스의 가게는 아침과 점심에만 열기 때문에, 대부분의 고객들은 적어도 한 코스는 계란프라이를 먹는다. 스페인 햄, 캐러멜라이즈한 푸아그라, 야생 버섯, 튀긴 뱅어, 또는 부드러운 꼴뚜기 중에서 원하는 것을 골라 계란프라이 위에 올리고, 노른자를 터뜨린다. **FP**

⬆ 이곳의 신선한 음식은 기다릴 만한 가치가 있다.

코이 슌카 Koy Shunka | 지중해 풍을 가미한 기교 있는 카이세키 요리

위치 바르셀로나 **대표음식** 해삼을 넣은 일본식 국수Japanese noodles with espardeñas (sea cucumbers) | 🟤🟤🟤🟤

셰프 히데키 마츠히사(Hideki Matsuhisa)는 2013년 스페인 최고의 일본식 레스토랑으로 입지를 다진 코이 슌카에서 첫 번째 미슐랭 스타를 받았다. 도쿄의 레스토랑 사업가 집안에서 태어난 마츠히사는 1997년 바르셀로나로 건너와서, 제대로 된 첫 번째 스시 레스토랑의 공동주인이 되었다. 슌카는 바르셀로나의 셰프들 사이에서 인기를 끌게 되었다. 그 중에는 페란 아드리아와 작고한 산티 산타마리아가 있다. 마츠히사가 2008년 코이 슌카의 문을 열었을 때, 자신을 받아준 나라의 요리들이 준 영향을 통합한 파인 다이닝의 경험에 구현하는 데 자신의 재능을 걸었다. 그 결과인 카이세키(신중하게 설계된 여러 코스의 퀴진으로, 꼼꼼하게 준비되어 담겨나온다)는 교묘한 퓨전으로 일본 요리 기법의 섬세함을 파타 네그라 햄, 즙이 많은 팔라모

"초밥을 가지고 그들이 이곳에서 만드는 모든 훌륭한 것들에 대한 아이디어를 얻으려면 적어도 8가지는 주문하라."

Time Out

스(Palamós) 새우, 안달루시아의 리오 프리오(Rio Frio)에서 유기농으로 농장에서 기른 캐비아 같은 풍부한 이베리아의 맛과 결합시켰다.

쥐색의 다이닝룸은 각 요리를 본래대로 정확하게 준비하는 셰프들이 잘 보이는 아일랜드 바 주위를 감싸고 있다. 코이 슌카는 2가지 테이스팅 메뉴 중에서 고르도록 한다. 에스파르데냐스(espadeñas, 해삼)를 곁들인 소면, 막 잡은 싱싱한 회, 야생 지중해 대문짝넙치의 눈처럼 하얀 살, 버터같이 부드러운 와규 소고기와 같은 제철 재료를 맛, 텍스처와 온도의 균형을 맞추도록 구성한 요리들이 연이어 나온다. **TS**

카네테 Cañete | 남부 스타일의 환대를 하는 번잡한 타파스 바

위치 바르셀로나 **대표음식** 스위트브레드, 새우와 아티초크Sweetbreads, shrimp, and artichokes | 🟤🟤🟤

안달루시아 스타일의 작은 파티오가 있는 이 안락한 타파스 바는 2010년 문을 열었을 때 바르셀로나를 사로잡았다. 안달루시아에서 온 이 바는 남부의 삶의 기쁨(joie de vivre)이 배어 나온다. 초기부터 어딜 가나 있는 파타타스 브라바스(patatas bravas, 토마토 소스에 매콤하게 요리한 주사위 모양의 감자), 피미엔토스 데 파드론(pimientos de padrón, 작은 청피망), 튀긴 오징어링 같은 요리에서 한발 더 나아가 출처를 아는 타파스를 찾는 사람들로 가득 찼다.

이곳은 원조 카탈루냐 해산물 요리를 전하기 위해 바 뒤편의 오픈 주방에서 셰프들이 전속력으로 일하는 있는, 애호가들의 소굴이 되었다. 원조 카탈루냐 해산물 요리에는 안초비 튀김과 같은 안달루시아 고전, 카디스 근처 해안 마을의 레이스 모양의 새우 튀김(토르타스, tortas), 레드 와인에 찐 소꼬리 같은 든든한 고기 요리뿐만 아니라 바르셀로네타산 바닷물에 요리한 새우와 마레스메의 흰 콩을 넣은 로컬 오징어 요리가 있다.

특별한 경우에는, 정향과 마늘을 넣어 세심하게 향을 낸 아주 바삭한 껍질과는 대조적인 부드러운 살을 가진 통째로 구운 코치니요(cochinillo, 새끼 돼지)가 바에 등장한다. 몇 가지 천연 와인들과 빌카르 살몽 샴페인을 포함해 잔으로 하는 다양한 와인들이 있는 흥미로운 유럽산 와인 리스트도 있다. 메뉴의 출처를 밝힌 셰리가 리스트에 없는 것은 유감이다.

요즘도 스페인에서 먹는 일은 단순히 무언가를 입에 넣는 행위를 넘어선다. 그것은 우정, 대화, 잘 드러난 감정에 관한 것이다. 그래서 카네테는 사람들이 점심을 후딱 먹기 위해, 또는 바에서 저녁을 먹으려고 가는 오리지널 카네테 바라(Barra)와 친구들과 가족들이 테이블 주위에 모여 몇 시간이고 앉아 있는 카네테 만텔(Mantel, '식탁보'를 의미)을 법인 조직으로 만들며 사업을 확장해갔다. **TS**

호프만Hofmann | 요리 학교 레스토랑에서 제공하는 완성된 음식과 최적의 서비스

위치 바르셀로나 **대표음식** 홈메이드 브레드Homemade bread | ❸❸❸

마이 호프만(Mey Hofmann)은 독일에서 태어났으나 전문적인 케이터링 업자로서 바르셀로나로 이주해, 1982년 요리 학교와 레스토랑을 겸하는 호프만을 설립했다. 주방은 숙련된 셰프들과 학교에서 온 다수의 훈련생들이 섞여 있다. 다이닝룸은 타일 바닥, 낮은 천장과 나무 패널로 된 벽이 있으며, 의자들은 검은색으로 덮여 있다.

주방의 많은 일손 덕분에 손이 많이 가는 프레젠테이션이 가능하다. 또한 빵은 모두 직접 만들며, 매우 훌륭하다. 포카치아, 양젖 치즈 롤, 베이컨을 넣은 브리오슈, 올리브 브레드와 참깨 롤이 구색을 갖추고 있다.

정어리, 양파와 토마토를 넣은 따뜻한 타르트 피네(tarte fine, 얇은 타르트)는 가벼운 페이스트리다. 고품질의 정어리는 훌륭한 맛을 품고 있어서 소박하지만 좋은 재료들이 무엇으로 기교있게 보여질 수 있는지를 알려준다. 뒤이어 푸아그라를 넣고 스튜로 만든 모렐 버섯이 나올 수 있는데, 크림소스에 간과 버섯이 들어 있고 몇 가닥의 차이브 장식으로 얹혀 있다.

메인 코스는 매콤한 양파 처트니와 캐러맬라이즈한 양파가 같이 나오는 고품격의 비둘기 요리로, 바삭한 비둘기 다리와 곁들여지는 양파 요리가 대조적인 식감을 준다. 식사는 코코넛으로 속을 채운 바삭한 초콜릿, 액체 상태의 토피, 스펀 슈가 백(spun sugar bag)과 토스트한 헤이즐넛을 곁들인 프랄린 헤이즐넛 아이스크림으로 마무리 지을 것이다.

가능한 셰프 군단은 식사가 끝날 무렵에 손이 많이 가는 프티 푸르 모둠을 가지고 앞쪽으로 나온다. 여기에는 최고의 패션프루트 젤리, 정교한 비스킷, 프랄린 웨이퍼가 든 초콜릿 트러플, 비스킷 위에 레몬 커드를 얹고 초콜릿으로 장식한 것이 포함될 것이다. 호프만의 서비스는 효율적이며 친절하다. 호프만은 특별하고 재미있는 환경에서 멋진 음식을 제공하는 기분 좋은 곳이다. **AH**

"믿기 어려울 만큼 놀라운 메뉴와 열심히 일하는 종업원이 있다.
왜냐면 그들은 점수가 매겨지니까!"

Orange Coast Magazine

⬆ 미슐랭 스타를 받은 호프만은 치즈 케이크를 포함하여 아름답게 접시에 담긴 음식으로 잘 알려져 있다.

싱크 센티트스 Cinc Sentits | 클래식한 파인 다이닝이 현대적인 카탈루냐 요리와 만나다

위치 바르셀로나 **대표음식** 양파와 이베리안 햄을 곁들이고, 예루살렘 아티초크 퓌레에 얹은 가리비 요리Diver scallop on Jerusalem artichoke puree with onion and Iberian ham | ❸❸❸

"그저 훌륭하다. 당신은 환희와 기쁨으로 가는 롤러코스터를 탈 수 있을 것이다."

Zagat

바르셀로나의 파인 다이닝이 몰린 지역에서 호르디 아르탈(Jordi Artal)처럼 넉넉한양의 테이스팅 메뉴를 제공하는 셰프는 드물다. 카탈루냐캐나다인인 그는 독학한 사람으로, 자신의 카탈루냐 뿌리에 대한 열정이 있다. 어머니 로사, 누이 아멜리아와 함께 샌프란시스코에서 레스토랑을 열었다가 2004년 바르셀로나로 이전했다. 지속가능한 방식으로 생산된 현지산 재료들을 바탕으로 가장 혁신적인 컨템포러리 카탈루냐 요리를 한다.

잘 꾸며져 있는 다이닝룸은 우아하다. 다소 어두운 조명은 손님들이 음식에 집중할 수 있게 한다. 단순한 공간은 금색의 사슬이 드리워진 조명으로 인해 럭셔리하고 매력적인 느낌을 더해진다. 테이블은 충분히 벌어져 있고, 두꺼운 흰색 리넨과 리델 유리잔들이 놓여 있으며, 음악은 없다. 여러 면에서 고전적인 미슐랭 다이닝이지만, 흥분으로 떨리게 만드는 기대감이 있는 곳이다.

아르탈의 대표적인 스낵은 플로르 데 살(flor de sal, 바다소금), 캐나다산 메이플 시럽, 거품이 나는 카바 와인 크림(cava syllabub)을 층층이 담은 잔으로, 특별한 테이스팅 메뉴 전에 먹는 기발한 식욕 촉진제다. 그의 테이스팅 메뉴는 계절따라, 산과 바다를 가로지르는 여정으로, 발 다란(Val d'Aran)으로부터 온 지속가능한 방법으로 양식한 캐비아를 얻은 훈제 감자와 비단처럼 부드러운 계란 커스터드, 오이 피클과 신선한 염소 치즈가 곁들여진 마레스메 소나무로 훈제한 송어와 수비드로 조리한 새끼 돼지 같이 고급 기술을 이용한 요리에 잘 드러나있다. 예루살렘 아티초크, 야생 양파, 히로나 사과와 단맛나는 토마토 같은 채소들은 갈리시아에서 다이버들이 채취한 가리비와 푸아그라, 새끼 양과 아라이스(Araiz) 비둘기, 장인의 치즈(Artisan Cheese)와 보석 같은 과일들처럼 좀 더 사치스런 것들과 나란히 비싸게 받는다. 예술적인 와인 페어링이 이루어지는 싱크 센티트스는 잊기 어려운 경험으로, 바로셀로나에서 가격대비 최고다. **TS**

⬆ 싱크 센티트스의 테이스팅 메뉴는 육지와 바다를 가로지르는 즐거운 여정을 안겨준다.

➡ 실내장식은 매끈하고 스타일리시하다.

키메트 앤 키메트 Quimet & Quimet | 작은 보데가에서 판매하는 최고의 타파스

위치 바르셀로나 **대표음식** 슈림프 몬타디토(치즈, 새우, 꿀, 캐비아를 넣은 브레드 롤)Shrimp montadito (bread rolls with cheese, shrimp, honey, and caviar) | 💰💰

몇 해 전, 명망 있는 두 명의 미국 요리 비평가가 누가 먼저 이곳을 발견했는지를 놓고 싸움을 벌인 적이 있다. 그게 누구였는지는 중요하지 않다. 이 말은 빠르게 퍼져 나갔고, 지금 이곳이 바르셀로나에서 가장 인기 있는 타파스바(tapas bar) 중에 하나라는 말은 과언이 아닐 것이다. 이곳의 주인인 킴(Quim)의 전문이 콘세르바스(conservas, 통조림 안에 든 해산물, 스페인 전역에서 많은 숭배를 받고 있는 미식(gourmet) 제품이지만, 아무 것도 모르는 외국인들에게는 관심을 끌지 못할 수 있다)라는 사실이 아니었으면, 이것은 놀라운 일도 아니었을 것이다. 킴의 손에 들어가면, 따로 조리 과정을 거치지 않는 이 소박해 보이는 타파스가 숭고함의 경지에 올라서게 된다. 콩피 토마토, 캔에 담은 달콤한 토마토, 여기에 다진 케이퍼를 위에 올린 작은 빵 조각으로 만든 몬타디토(montadito) 같은 것 말이다. 다른 뛰어난 식재료 몇 가지(고메 아티초크 하트; 발사믹 어니언; 아마도 트러플 꿀을 뿌려준 듯한 통통한 삶은 새우; 설탕에 조린 밤이 들어간 굵게 다진 돼지고기로 만든 파테)까지 더해져 진정으로 스페인에서 가장 훌륭한 타파스 중 일부가 된다.

이곳은 처음에 주민들이 와인을 사러 가는 작은 보데가(bodega)로 1960년대에 문을 열었다. 여러 해를 지나면서, 와인 배럴에서 텀블러 잔에 따른 와인이나 꼭지를 틀어 나오는 베르무트(vermut) 한잔과 같이 먹기에 좋은 스낵류를 판매하게 되었는데, 이것이 너무나 훌륭해서 이곳의 메인 자리를 차지하기 시작했다. 사람들은 와인 병이 바닥에서 천장까지 줄지어 있는 이 작은 바에 모여서, 점심 시간의 아페리티프 또는 디너 전의 스낵을 먹기 위해 몇 개 안 되는 스탠딩 테이블 주위에 서 있다. 그리고 이 간단한 와인과 스낵을 어느새 메인 메뉴로서 즐기게 된다. **TS**

팍타 Pakta | 느긋한 소울을 지닌 뉴웨이브 니케이

위치 바르셀로나 **대표음식** 우아카타이 소금을 사용한 오징어 니기리(스시)와 이베리안 돼지고기 덤플링Squid nigiri (sushi) with huacatay salt and Iberian pork dumplings | 💰💰💰💰

알베르트 아드리아(Albert Adrià)는 원래 그의 형이 운영하는 레스토랑 엘 불리에서 일하며, 엘 불리가 3번이나 세계 최고의 레스토랑으로 뽑히며 유명해지는데 중요한 역할을 했다. 노마의 셰프인 르네 레드제피가 "내가 알고 있는 가장 뛰어난 재능을 가진 셰프"라고 설명하는 아드리아는 마침내 사람들의 주목을 받으며 그만의 요리 제국을 만들고 있다.

팍타는 페루에 이주해온 일본계 이민자들의 첫 번째 물결이 몰려들던 시기까지 거슬러 올라간 니케이(일본계) 퀴진에 근간을 두고 있다. 이 일본계 이민자들은 두 문화를 결합해 자기 나름의 퓨전 요리를 만들어 냈다. 그는 파인 다이닝의 분위기에 신선한 접근을 시도했다.

이 레스토랑은 일본의 이자카야나 안데스 지역의 바에서 느낄 수 있는 편안함과 캐주얼함을 지니고 있다. 바르셀로나의 엘 에키포 크레아티보(El Equipo Creativo)가 디자인했으며, 32개뿐인 좌석이 작은 다이닝룸에 빼곡하게 들어차 있다. 그리고 많은 요리들이 만들어지는 바는 이 레스토랑의 심장과도 같은 곳이다. 아드리아와 함께 키친을 이끄는 페루와 일본 출신의 호르헤 무뇨스(Jorge Muñoz)와 쿄코 리(Kyoko Ii)는 모두 아드리아 형의 타파스 바인 티켓츠에서 일한 적이 있다. 이들은 다른 파인 다이닝에서는 거의 찾아 볼 수 없는 신나는 분위기를 만들어내고 있다. 우아카타이 소금과 라임을 사용한 오징어 사시미, 톡 쏘는 금귤 레체 데 티그레(leche de tigre)를 넣은 농어 세비체, 그리고 새끼돼지 만두와 같은 요리들은 여러 레벨에서 감각을 공격한다. 이 작은 레스토랑을 유럽에서 식사하기에 가장 신나는 장소들 중 하나로 만든 것은 맛, 식감, 온도, 독특한 식재료, 그리고 여러 감각을 매혹시키기 위해 힘을 합친 어울리지 않을 것 같은 요소들의 조합이다. **TS**

산트 파우Sant Pau | 스페인의 위대한 셰프가 운영하는 레스토랑에서 경험하는 다이닝

위치 바르셀로나 **대표음식** 케이퍼, 올리브, 베르무트를 곁들인 황돔Dentex with capers, olives, and vermouth | 💲💲💲💲💲

파인 다이닝의 세계는 상대적으로 여성 셰프가 적다는 점에서 특이하다 할 수 있는데, 이 상황이 다소 느리기는 하지만 반갑게도 변화하고 있다. 산트 폴 데 마르(Sant Pol de Mar)라는 작은 바닷가 마을에서는 오래 전부터 카르메 루스카예다(Carme Ruscalleda)가 스페인 최고의 셰프 중 하나로 인정을 받아 왔다. 그녀의 아들인 라울 발람(Raül Balam)이 이끌고 있는 마드리드의 자매 레스토랑, 도쿄의 분점과 함께, 이곳은 진정한 대식가가 순례할 만한 원형 그대로의 모습을 지니고 있다.

해안가에 위치한 고전적인 19세기 지중해 빌라에 자리잡은 이 레스토랑은 메인 다이닝룸에서 조금 떨어진 곳에 정원을 가지고 있다. 도시를 벗어나 신선한 공기가 반겨주는 곳이지만 점심을 먹으러 다녀올 만큼 가까운 곳이기도 하다. 빛으로 가득한 이 공간은 로컬 재료(특히 마레스메 해안의 마켓 가든에서 자란 과일과 채소)에 대한 숭배와 계절에 대한 예민한 인식을 바탕으로 만들어진 코스 메뉴에 즐거운 배경이 되어 준다. 많은 스페인의 다른 탑 셰프들과 비교해 볼 때, 루스카예다가 지닌 훌륭한 기량은 터치의 가벼움과 심플한 듯 보이는 식재료들에서 깊은 풍미를 이끌어낸다는 점이다. 이 카탈루냐의 레스토랑은 일본에서 익힌 섬세한 테크닉을 잘 보여주고 있으며, 도쿄 분점은 지중해의 풍미를 마음껏 발산하고 있다. 이 두 곳은 서로를 보완해 주며, 바르셀로나와 도쿄의 레스토랑계에 카탈루냐–일본 퓨전 요리 트렌드를 자리 잡게 했다.

해초류와 야생 꾀꼬리버섯을 넣은 로메스코 다시(Romesco dashi), 또는 시큼짭짤한 쇠비름(purslane)과 유자, 세이지, 레몬 마시멜로의 화사한 신맛으로 업데이트 한 카탈루냐의 클래식 요리인 배를 넣어 천천히 로스트한 오리, 그리고 감초와 셔벗 스틱은 이 레스토랑을 가장 잘 보여준다. 이 레스토랑은 21세기 카탈루냐 퀴진의 아이콘으로 그 특징을 잘 나타내고 있다. **TS**

"저는 제 요리가 다소 장난기 있고,
고객들을 미소 짓게 만들 수 있기를 바랍니다."

Carme Ruscalleda, chef and founder of Sant Pau

⬆ 칭송 받는 셰프가 만든 위트 있고 독창적인 요리.

티켓츠Tickets | 스페인의 마스터 셰프가 만드는 타파스

위치 바르셀로나 **대표음식** 스페리코 올리브, 바닷가재 에스카베슈와 항정살 스팀드 번Spherico olives, lobster escabeche, and pork jowl steamed buns | ❸❸❸

세계적인 레스토랑인 엘 불리가 2012년 여름 끝자락에 완전히 문을 닫았을 때, 그곳에서 한 번도 식사를 못 해 본 이들은 매우 안타까워했다. 다행히도 그곳을 운영하던 아드리아 가문의 형제들은 자신들의 성공에 안주하는 있는 사람들이 아니었다. 바르셀로나에 자신들의 타파스 바인 티켓츠를 오픈한 것이 이를 증명한다.

스페인 사람들이 가장 좋아하는 취미인 '타페아르'(tapear, 여러 개의 바를 돌아 다니며 술과 안주를 먹는 것)에 대한 경의의 표시로, 이곳의 작은 바들은 각기 다른 특성을 가지고 있다. 한 곳에서는 생선과 해산물, 다른 곳에서는 바삭한 크로켓과 부드러운 햄이 있으며, 그 밖에 햄같이 보이는 섬세하고 얇은 참치 조각, 패션프루트 카이피리냐(caip-irinha)를 뿌린 굴, 초록빛 그라니타에서 싹처럼 나온 섬세한 작은 버섯, 그리고 캐비아를 얹은 황금빛 메추리 알의 형태로, 칭찬받던 엘 불리를 모방한 것들이 있다. 핑거푸드와 굴 이외에, 레몬그라스 셔벗을 곁들인 치즈 케이크를 포함한 디저트 역시 제공되고 있다.

티켓츠에서의 다이닝은 사탕 색깔의 의자, 플래시 전구의 눈부신 불빛, 그리고 솜사탕 기계가 있는 완벽한 먹거리 축제로의 여행이다. 한편 이곳은 프레젠테이션만큼이나 우아한 서비스를 갖춘 곳이기도 하다. 이곳에서는 프로젝트의 핵심 책임자인 셰프 알베르트 아드리아(Albert Adrià)가 스토브 앞에서 일하고 있는 것을 종종 볼 수 있고, 그의 형인 전설적인 엘 불리의 셰프 페란(Ferran)은 그의 셰프 친구 몇몇과 함께 좋은 빈티지의 카바를 들이키며 바에 앉아 있기도 하다.

티켓츠는 스스로를 지나치게 심각한 곳으로 여기지 않는다. 이곳은 즐기기 위한 곳이다. 문을 연 그 순간부터, 아드리아 형제들의 창조물을 맛볼 기회를 얻고자 아우성치는 이 지역의 식도락가나 새로운 것을 찾아 다니는 국제적인 미식가에게 이곳이 바르셀로나에서 가장 인기 있는 레스토랑 중 하나가 된 것은 전혀 놀라운 일이 아니다. **TS**

⬆ 티켓츠의 컬러풀한 인테리어는 축제 같은 분위기를 지니고 있다.

리아스 데 갈리시아Rías de Galicia | 스페인을 둘러싼 바다에서 온 최상의 재료들로 꾸민 전시장

위치 바르셀로나 **대표음식** 거미게 카네요네와 벨벳 크랩을 넣은 쌀 수프 Spider-crab canellones and soupy rice with velvet crabs | ❸❸❸

1986년에 오픈한 이래, 리아스 데 갈리시아는 바르셀로나 최고의 해산물 레스토랑으로 여겨져 왔다. 이곳의 소유주인 이글레시아스(Iglesias) 가문은 엘 불리의 아드리아 형제들과 친구로, 이 두 가문은 협력하여 포블레 섹에 위치한 작은 레스토랑 지구에 카뇨타 타파스 바(Cañota tapas bar)와 에스파이 크루 로푸드 바(Espai Kru raw-food bar)를 오픈했다. 그러나 주력 레스토랑은 여전히 이곳이며, 매우 훌륭한 품질의 이베리아 반도산 해산물을 공급 받아 제공한다.

옅은 갈색과 보라색의 우아한 다이닝룸은 마치 일본 료칸(Ryokan)의 미니멀한 우아함을 떠올리게 하는 세련된 칸막이가 측면에 세워져 있다. 하지만 스페인을 둘러싼 3개의 바다 칸타브리아 해, 대서양, 지중해를 그린 커다란 유화들은 이 레스토랑의 기원이 어디인지를 보여주고 있다. 제품에 대한 이들의 숭배는 모던한 변화를 준 거대한 유리장 내부에 높게 쌓아 올려진 해산물을 통해 보여지고 있다. 갈리시아의 암초 해안에서 따온 신비로운 페르세베(percebes, 거위목 따개비)는 더할 나위 없이 신나는 것이며, 소금판 위에 올려 익힌 핫핑크 색의 팔라모스 슈림프도 마찬가지다. 그러나 페란 아드리아가 대중화시켜서 스페인 전역에서 사랑 받고 있는 부드러운 에스파르데냐(espardeña, 해삼)는 고수 향이 들어간 올리브 오일로 천천히 오랜 시간 조리한 감자와 잘 어울리고, 바스크 지방에서 온 자그마한 앙굴라(angula, 새끼 뱀장어)는 전통적인 파트너인 마늘과 고추와 잘 어울린다.

익히지 않은 가리비는 코스타 브라바에서 온 성게의 거칠고 톡 쏘는 바다 내음으로 인해 생기가 넘치고, 칸타브리아 해에서 온 통통한 안초비는 레몬을 꽂은 셰이브 아이스에 얹어 등장한다. 달콤한 나바하(navaja, 맛조개)는 약간의 훈제 천일염으로 인해 맛이 더 강화되고, 야생 도라다(dorada, 귀족 도미) 회는 할라피뇨 칠리 페퍼 드레싱을 추가하여 악센트를 주고 있다. **TS**

⬆ 리아스 데 갈리시아는 해산물의 품질이 좋기로 유명하다.

빅토르 구티에레스 Víctor Gutiérrez | 살라망카의 독창적인 페루 요리

위치 살라망카 **대표음식** 가리비 세비체 Scallop ceviche | 💲💲

보데가 데 라 아르도사 Bodega de la Ardosa | 말라사냐 지역의 전통적인 타파스 식품

위치 마드리드 **대표음식** 토르티야 에스파뇰라(스페인식 오믈렛)Tortilla española (Spanish omelet) | 💲

이 작은 레스토랑은 살라망카의 중세시대 심장부였던 그림같이 아름다운 거리 속에 숨어 있다. 심플한 다이닝룸은 단 20석뿐인데, 상당히 매력적인 요리를 제공한다.

페루인 셰프 빅토르 구티에레스는 자신의 이름을 딴 이 미슐랭 스타 레스토랑 안에서 자신의 재능을 마음껏 보여주고 있다. 그는 잉카를 비롯하여 일본, 지중해, 스페인까지 이르는 영향을 받고, 페루의 다양한 퀴진에서 영감을 받고 있다. 그는 놀랄 만한 풍미의 조합과 창의적인 프레젠테이션 모두를 실험해 보는 것을 즐긴다. 대구와 성게 아이스크림을 조합하거나 오레오 쿠키와 과카몰레를 조합할 수 있고, 심플한 가리비 세비체(ceviche, 페루의 해산물 샐러드)를 단독으로 코스 요리로 내기도 한다. 확실히 그의 프레젠테이션은 심플하지 않다. 가리비가 유리

"컬러풀한 드리즐을 넉넉히 뿌린 획기적인 요리에 촛점을 둔 고급스러운 분위기."

Lonely Planet

볼을 덮고 있는 접시에 올려져 서빙되는데, 이 볼 안에는 살아 있는 금붕어가 헤엄쳐 다닌다.

손님들은 다양한 세트로 된 코스 메뉴에서 선택할 수 있는데, 구티에레스의 창의성을 엿볼 수 있는 기회이다. 식사를 하면서 마주하게 될지 모르는 식재료로는 풍미 있는 이베리안 햄에서부터 섬세한 그루퍼 회, 그리고 아시안 스타일의 토치노(tocino, 베이컨) 롤에서 맛 좋은 송아지 고기 스테이크에 이르기까지 다양하다. 코스 요리는 차가운 녹차와 미각을 새롭게 만들어 주는 바닐라를 흩뿌린 크랩 라비올리와 새끼 돼지 요리, 코코넛에 요리한 생선, 옐로우 칠리 회, 감자구이, 포트 망고 아이스크림을 곁들인 푸아그라, 그리고 작은 금속 상자 안에 숨어 있는 푸티푸르 등의 메뉴가 포함되고는 한다. **SH**

말라사냐 지역은 계속 변화하고 있는 마드리드의 떠오르는 지역이다. 하지만 중고품 부티크와 이름만 그럴싸한 멕시코 케사디야 음식점, 프랑스와 일본의 퓨전 식당을 지나면, 이러한 일시적인 유행을 따르기를 거부하는 장소가 하나 있다. 바로 보데가 데 라 아르도사다.

이 바의 역사는 흠잡을 데가 없으며, 프란시스코 고야도 이곳을 자주 찾았다고 알려져 있다. 고객들은 지난 200여 년간 변화해 왔지만, 그 이외에는 달라진 것이 거의 없다. 그 점이 바로 마드리드에서 유행의 첨단을 걷는 이들이 진정한 스페인 음식을 즐기는 저녁 시간을 위해 자신들의 허세를 내려놓은 채 이곳을 찾는 이유이다. 인테리어는 이 레스토랑의 역사를 보여주는 장식품들의 보고와 같다. 이제는 더 이상 하지 않는 펍게임의 점수표들이 있고 뒤쪽 벽에는 이 바에서 한 번이라도 마신 적이 있는 모든 상표의 맥주가 줄지어 있다. 맥주에 대한 변함 없는 사랑은 스코틀랜드의 수제맥주인 브루독(Brew Dog)을 맥주 탭—이 바의 몇 안 되는 모던한 요소—에 추가한 것을 보면 명백하게 알 수 있다.

많은 레스토랑들이 스페인식 오믈렛을 재창조하기 위해 노력해 왔지만, 완벽한 토르티야 에스파뇰라는 이미 존재하고 있으며, 라 아르도사에서는 이 스페인의 영원한 클래식을 완벽하게 지켜왔다. 안쪽은 부드럽고 바깥쪽은 알맞게 익힌 이곳의 토르티야는, 다른 모든 토르티야들을 평가하는 기준과 같은 존재다. 살모레호(salmorejo)(가스파초와 비슷한 종류로, 토마토, 빵, 약간의 마늘과 식초로 만들어진 것)는 환상적이다. 갓 만든 크로케타(croquetas, 크로켓)를 먹어보는 것을 잊지 말라. 크리미한 베샤멜 소스를 안에 채우고 카브랄레스 아스투리아스의 블루 치즈, 이베리안 햄, 새우, 또는 세시나(cecina, 절인 소고기) 중 하나를 선택해 곁에 꽂은 바삭한 크로켓 말이다. **DC**

엘 아로살티 Arrozal | 주문을 받고 바로 만들어 주는 파에야를 먹기 위한 마드리드 최고의 레스토랑

위치 마드리드 **대표음식** 파에야 발렌시아나(아티초크, 껍질콩, 홍피망, 청피망, 흰 콩, 치킨을 넣은 봄바쌀 요리)Paella valenciana (artichokes, green beans, red and green bell peppers, white beans, and chicken with bomba rice) | 💲💲

파에야만큼 스페인과 밀접한 느낌을 주는 요리는 없을 것이다. 그리고 이 파에야를 먹을 수 있는 최고의 장소들 중 하나가 마드리드의 라 라티나(La Latina) 구역에 있는 레스토랑 엘 아로살이다. 이곳의 주인인 후안 안토니오 파스토르(Juan Antonio Pastor)는 온갖 스페인의 쌀 요리를 제공한다. 전통주의자들은 발렌시아 주변의 알부페라 벼농사 지역에서 처음 만들어진 오리지널 파에야인 클래식한 고기 파에야 발렌시아나를 선택할 수 있다. 해산물을 좋아하는 사람들은 파에야 데 마리스코를 먹어 보면 된다. 그리고 선택을 잘 못 하는 사람들은 이 둘을 잘 타협한 파에야 믹스타를 고르기를 권한다. 파에야 데 베르두라스는 채식주의자들을 위한 것이다. 모든 메뉴들은 글루텐이 없어서 소화 장애가 있는 이들도 편하게 식사할 수 있다.

엘 아로살은 파에야 이외의 많은 쌀요리를 제공하고 있다. 생선 육수로 조리한 쌀로 만들고 새우를 곁들인 알리칸테 지역의 요리인 아로스 알 라 반다(arroz a la banda), 또는 쌀 요리 중에 가장 으뜸인 아로스 콘 보가반테(arroz con bogavante, 바닷가재를 넣은 쌀 요리)도 주문할 수 있다. 엘 아로살의 장점 중의 하나는 완벽한 개인용 파에야를 제공함으로써 이 모든 것들을 주문 할 수 있도록 한다는 것이다. 스페인에 있는 대부분의 좋은 레스토랑들은 2명 미만을 위한 파에야는 제공하지 않는다. 그러나 엘 아로살에서는 모든 이들이 각자 파에야를 주문하거나, 또는 몇 개를 주문해서 같이 먹는 것이 가능하다. 모든 파에야는 주문을 받고 바로 만들어 준다. 매번 바로 준비한 신선한 식재료들을 이용해서 말이다. 파에야 발렌시아나는 아티초크, 껍질콩, 홍피망, 청피망, 흰 콩, 그리고 치킨을 봄바쌀을 넣어 살짝 볶아 준다. 그런 다음에 토마토와 사프란 육수를 더해서 익도록 두는 것이다. 전통적인 방식 그대로, 이 파에야는 조리되는 동안 뒤섞어주지 않는데, 이렇게 함으로써 파에야의 핵심이라 할 수 있는 바삭한 바닥 부분이 생기게 되는 것이다. **DC**

"파에야, 샐러드, 타파스가 모두 나오는 가격대비 훌륭한 세트 메뉴를 시켜라."

gospain.about.com

⬆ 여름 동안 고객들은 레스토랑 바깥에 있는 테라스에서 식사할 수 있다.

카사 시리아코 Casa Ciriaco | 전통적인 타베르나에서 즐기는 카스티야의 클래식

위치 마드리드 **대표음식** 코치니요(새끼 돼지)Cochinillo (suckling pig) | 💲💲

카사 시리아코는 왕궁과 그리 멀지 않은, 마드리드 시의 중심부 카예 마요르(Calle Mayor) 지역의 오래된 블록 1층에 위치하고 있다. 이 건물은 1906년 알폰소 13세 국왕의 결혼 행렬이 지나갈 때 그를 암살하려는 시도가 있었던 곳으로 유명하다. 한 무정부주의자가 위층에 있는 창문에서 그에게 폭탄을 던졌는데, 국왕은 하나도 다치지 않고 피할 수 있었으며, 레스토랑 건물 역시 무사했다. 이 지역 셰프인 시리아코 무뇨스(Ciriaco Muñoz)는 1917년에 기존에 있던 바를 인수했다. 그의 후손들은 마드리드에서 가장 전통적인 레스토랑 중의 하나로 여전히 운영중이다.

무뇨스 가족은 옛날식 카스티야 요리와 같은 범주의

> "이곳에서 누벨 퀴진이란 어떤 것이든 1900년에 서빙되던 것을 의미한다."
>
> frommers.com

요리들을 제공하고 있다. 새끼 돼지, 자고새와 흰 강낭콩, 흰 콩을 곁들인 토끼 요리, 아몬드 소스에 담은 치킨, 그리고 화요일에만 준비되는 병아리콩 스튜와 같은 넉넉한 양의 클래식 요리들을 기대하라. 이곳에는 클래식 스페인 와인을 갖춘 유명한 와인 셀러도 있다.

이 레스토랑은 옛날식 구조를 유지하고 있다. 손님들은 인도 위로 펼쳐진 빨간 차양 아래로 들어와 바 옆의 좁은 구역을 통과한다. 그곳을 지나면 더 넓은 다이닝룸에 이르게 된다. 벽에는 스페인의 왕족과 작가를 포함해 이곳을 방문했던 유명인들의 사진들과 투우 기념품이 장식되어 있다. 이제는 점심식사를 하는 직장인들과 전통적인 마드리드의 맛을 찾아 온 관광객들이 고객이다. **SH**

타베르나 데 라 다니엘라 고야 Taberna de la Daniela Goya | 1년 내내 즐기는 전통 스튜

위치 마드리드 **대표음식** 코시도 마드릴레뇨(병아리콩 스튜)Cocido madrileño (chickpea stew) | 💲💲

오리지널 타베르나 데 라 다니엘라 고야는 마드리드의 부유하고 명망 있는 살라망카 지역에서 찾을 수 있다. 외부의 낡은 표지판과 짙은 색 나무문이 이곳을 전통적인 바처럼 보이게 한다. 내부의 아래를 향한 환한 조명과 상관이 금속으로 덮인 바, 모던한 타일로 된 벽이 이곳을 부담 없는 카페로 보이게 한다. 사실은 그 중간 어디쯤이다. 이 곳은 주민들에게 가벼운 식사와 스낵으로 인기 있는 레스토랑이다.

이곳은 문 위에 큰 글자로 적혀 있는 1가지 특별 메뉴로 알려지게 되었다. 그것은 이 지역 요리인 '코시도'다. 일반적으로 이 요리는 병아리콩을 바탕으로 하고 다양한 고기 덩어리를 넣은 전통적인 스튜로, 겨울에 먹는 것이다. 그러나 이곳에서는 코시도가 하나의 풀 사이즈 메뉴이고 1년 내내 서빙된다. 이 요리를 주문하고, 커다란 수프용 그릇에 담긴 치킨 베르미첼리 수프, 접시에 담긴 병아리콩과 채소들(감자, 당근, 토마토, 양배추 등이 들어간다), 그리고 그릇에 담긴 닭고기, 소고기, 햄, 초리조, 블랙 푸딩, 모르시야 소시지 등의 고기들을 받아 보라. 이 트리오를 따로따로 먹기도 하고, 마치 스튜처럼 이 재료들을 섞어서 동시에 먹기도 한다. 어린이용 메뉴에는 심지어 유아용의 코시도도 있다.

이 공식은 크게 성공했고, 마드리드에 '다니엘라(Daniela)'라는 이름의 3개의 레스토랑이 생겼다. 그러나 이 체인에 병아리콩만 있는 것은 아니다. 스낵으로 70여 개에 이르는 다양한 타파스, 카나페, 라시오네(racione, 양이 큰 타파스)가 있으며, 식사를 위해서는 가스파초, 누들 수프, 트리프(tripe, 소나 양의 위 안쪽 부분), 필필(pil-pil, 마늘과 칠리) 소스를 얹은 바스크 대구, 그리고 타르타 데 만사나(tarta de manzana, 사과 파이)와 아로스 콘 레체(arroz con leche, 쌀 푸딩) 같은 다양한 종류의 홈메이드 디저트가 있다. **SH**

엘 클럽 아야르드 El Club Allard | 마드리드 최고의 미식 성전에서 추구하는 재치 있는 분자 요리

위치 마드리드　**대표음식** 감자 크림 소스 위에 얹은 빵과 판체타를 곁들인 달걀 Eggs with bread and pancetta served over potato cream sauce | ❺❺❺❺

마드리드의 에스파냐 광장(Plaza de España)이 내려다 보이는, 엘 클럽 아야르드는 1908년 모더니스트 스타일로 지은, 웅장한 역사적인 건물인 카사 가야르도(Casa Gallardo)의 2층에 멋지게 자리잡고 있다. 이곳은 원래 1998년에 세워진 프라이빗 클럽에 뿌리를 두고 있다. 2003년 엘 클럽 아야르드는 일반 대중에게 문을 개방했고, 바스크인 헤드 셰프 디에고 게레로(Diego Guerrero)의 지휘 아래 미슐랭 스타를 모으기 시작했다.

레스토랑까지 계단으로 올라가면 화려하면서도 격식 있게 꾸며진 높은 천장의 다이닝룸이 맞아준다. 전통적인 세팅에도 불구하고, 음식은 아주 현대적이며, 다양한 테이스팅 메뉴 형태로 제공된다. 고객들은 푸아그라와 잘게 찢은 사슴 고기를 곁들인 스페인산 트러플로 식사를 시작할 것이다. 이 요리는 토마티요(tomatillo) 연기가 서빙하는 동안 새어 나오도록 토마티요 연기 위에 나오며, 푸아그라는 너무 맛이 강하거나 스모키하지 않고 적당한 맛이 난다. 정성들여 만들어진 재미있는 요리다.

게레로는 자신의 요리에 재미있는 요소를 준다. 이는 '베이비벨(Babybel)'이라는 요리에 담긴, 작은 장난에서 볼 수 있다. 빨간 왁스로 감싼 유명한 타원체 치즈처럼 생긴 이 요리는 비트 뿌리로 만든 코팅의 안에 고품질의 진한 맛을 가진 카망베르 치즈 거품과 트러플향의 무스가 들어있으며, 맛있는 튀일(tuile)이 곁들여 나온다. 강력한 조리 기술을 보여주는 다른 예인 브레스산 비둘기 요리는 정확하게 구워서, 홍합 육수에 조리한 트러플 라이스 위에 얹은 여러 버섯을 곁들인다.

'어항'이라고 부르는 디저트에서도 기교는 이어진다. 어항 속 홍합은 다크 초콜릿, 밝은 붉은 색의 산호는 조각한 화이트 초콜릿이고, 해초는 맛있는 쿠키다. **AH**

"주방은 살아 있다. 그리고 주방에 전념하는 사람들은 주방이 하는 말을 알아듣는 방법을 배워야만 한다."

Diego Guerrero, head chef of El Club Allard

⬆ 자주색 양초가 3개의 콜라플라워, 트러플과 날치알을 곁들인 은대구 회를 밑에서 받치고 있다.

카사 라브라Casa Labra | 마드리드 중앙에 있는 오래된 쇼핑객들의 안식처

위치 마드리드　**대표음식** 튀김옷을 입힌 대구 튀김과 달콤한 스페인 베르무트Battered cod bites and sweet Spanish vermouth　| **⑤**

마드리드의 중심이며 스페인 곳곳으로 거리가 측정된 지점인 푸에르타 델 솔(Puerta del Sol)과 가까운 카사 라브라는 숨은 안식처다. 엘 코르테 잉글레스(El Corte Inglés) 백화점 분점의 건너편에 있는 위치는 이곳이 지친 쇼핑객들이 가장 좋아하는 장소이기도 하다는 것을 의미한다.

그렇지만 카사 라브라는 100년이 넘게 마드리드 시민과 관광객들에게 참고하기 편리한 장소였다. 19세기에 세워진, 진한 색의 나무, 타일벽과 대리석으로 덮인 벽이 아주 오래된 모습으로, 전통적인 타베르나의 경험과 적당한 가격의 타파스를 제공한다.

바에 가서 꼭지에서 골무만한 잔에 따라주는 베르무트(단맛이 나는 포도주에 향료를 가해 우려 만든 술)를 주문하라. 그리고 약간의 타파스를 주문하게 옆의 카운터로 비집고 들어가라. 베테랑인 직원들은 손님들이 바쁜 하루 중에 잠깐 들러간다는 것을 잘 알고 있어서, 신속하고 효율적으로 서비스한다. 무엇을 주문할 지 모를 때, 답은 간단하다. 이 마드리드의 명물은 처음 문을 열었을 때부터 팔아왔던 대구 요리로 명성을 얻었다. 트레이드 마크인 타하다 데 바칼라오(tajada de bacalao, 바삭하고 황금색이 나는 튀김 옷을 입힌 맛있는 대구 튀김)나 맛있는 부드러운 속살의 크로케타 데 바칼라오(croqueta de bacalao, 홈메이드 대구 크로켓)를 선택하라.

카사 라브라는 스페인 타파스의 '가면서 먹는' 특징을 잘 보여준다. 1인분의 양이 작고, 가격이 적당히 낮아서, 방문객이 하루종일 이어진다.

만약 바에 잠깐 들러(또는 날씨가 좋을 때는 길에 놓인 야외석에서) 먹는 걸로는 충분치 않으면, 앉아서 먹는 레스토랑으로 가라. 보다 공들여 요리한, 대구를 더 맛볼 수 있다. 바칼라오 콘 세타스 이 알카파라스(Bacalao con setas y alcaparras, 올리브 오일, 리크, 야생 버섯, 케이퍼, 토마토 퓌레와 오렌지 주스로 만든 소스에 나오는 큼직한 대구 한 조각)이 이곳에서 가장 인기 있다. **DC**

⬆ 마드리드 사람들은 고전적인 대구 요리를 먹으러 카사 라브라에 모인다.

엘 브리얀테 El Brillante | 마드리드 최고의 오징어 튀김

위치 마드리드 **대표음식** 보카디요 데 칼라마레스(오징어 바게트)Bocadillo de calamares (calamari baguette) | **$**

엘 브리얀테는 멸종해가는 유형에 속한다. 실내 장식이나 배격보다는 음식(특히 한 가지)의 품질에 자부심을 가지고 있는 현실적인 곳이며, 바닥에 냅킨이 나뒹구는 편안한 분위기의 스페인식 식사 공간이다. 금속으로 덮인바, 담배 빛깔의 노르스름한 조명, 접시가 부딪치는 일정한 소음, 고함치는 바텐더와 소음 너머로 서로 알아들을수 있게 큰 소리로 대화를 나누는 손님들이 있는 고전적이고 기능적인 곳이다.

메뉴에 있는 모든 아이템이 클래식한 보케로네스(boquerones, 안초비), 보니토(bonito, 참치), 로모 콘 피미엔토스(lomo con pimientos, 청피망을 넣은 돼지 등심) 같은 것으로 모두 매우 빠르게 준비해서 서빙한다. 그러나 그곳을 찾는대부분의 사람들은 한 가지를 찾는다. 바로 오징어 바게트다. 질긴 오징어 튀김은 잊어라. 가벼운 노란색 튀김옷을 입혀 신선하게 튀겨 레몬을 살짝 뿌려 주면, 즙이 흐르되 질기지 않고 미묘한 맛으로 조화롭게 어우러진다. 고객들은 한편에서 음식을 주문하고 음식은 건너편에서

만들어진다. 그 사이의 틈은 전지전능한 고함치는 이가다리를 놓아준다. 셰프와 바텐더는 다투는 것처럼 보이기도 하며, 누구는 웃고 있고 누구는 웃지 않는다. 둘 다장난하나? 모두 엘 브리얀테같이 주문이 밀려드는 바를이삼십 년이 넘게 지켜온 산전수전을 겪은 스태프들인지구분이 안 간다. 때로는 다른 손님들을 서빙하느라 손님들이 부르는 소리를 듣고도 알아차리지 못하기도 한다.

맥주 한 잔으로 식사를 밀어내리거나 카페 아시아티코(café asiático)를 마셔보라. 남부 스페인의 카르타헤나(Cartagena)에서 만든 것으로 마드리드에서는 찾아보기 힘든 아시아티코는 커피, 브랜디, 연유, 리코르(Licor) 43, 계피, 커피콩, 레몬 껍질과 우유 거품을 섞은 단맛이 나는 혼합음료다. 즐겨볼 만한 또 다른 클래식이다. **DC**

⬆ 엘 브리얀테에서 경험하는 마드리드의 몹시 현실적인 맛.

> "현대적인 외양과 퀴진으로
> 예상을 뛰어넘는 멕시칸 레스토랑."

Michelin Guide

멕시코인 셰프 로베르토 루이스(Roberto Ruiz)는 임무 수행중인 사람이다. 그는 유럽에게 고국의 요리를 가르쳐 주고 싶어한다. 이를 위해 멕시코시티 북부에서 레스토랑을 운영했던 루이스는 멕시코에서 벗어나 마드리드에 푼토MX를 열었다.

마드리드 주택가에 자리한 흰 벽과 단순한 실내장식을 한 지하 다이닝룸은 현대적인 스타일이다. 고객들은 높은 수준과 새로운 것을 추구하겠다는 약속을 지켜 만든 셰프의 멕시칸 퀴진을 즐길 수 있다. 예를 들어 수제 토르티야, 치포틀레(chipotle, 훈제해 말린 할라피뇨 고추) 소스를 곁들인 새우와 같이 그곳에서 맛볼 수 있는 음식들은 소페스(sopes, 두꺼운 토르티야를 살짝 집어준 것)라고 부르는 옥수수 토르티야와 함께 나온다. 새우는 부드럽고, 치포틀레 소스는 섬세하며, 토르티야는 그 자체로 훌륭하다. 유럽의 멕시칸 레스토랑에서 흔히 볼 수 있는 공장에서 만든 토르티야와는 전혀 다르다.

잘 균형잡혀 있는 훌륭한 참치 타코는 또 다른 특별한 요리다. 타코의 베이스 위에 양파, 아보카도와 세라노 고추(멕시코의 푸에블라와 이달고 지역에서 유래된 고추)를 얹어 낸다.

재료의 품질에 특히 신경 쓴 것은 와규 비프 타코에서 볼 수 있다. 스페인에서 사육해 부드럽고 풍미가 좋은 소고기는 훌륭하며, 구운 양파, 아보카도, 고수, 할라피뇨와 함께 구운 그린 토마토, 잘게 썬 빨간 피망과 함께 서빙된다. 캐러멜라이즈한 양파는 음식에 약간의 단맛을 더해 고추의 매운 맛과 균형을 이룬다.

푼토 MX로 입증했듯이, 루이스는 멕시코 퀴진의 위대한 홍보대사다. 사용되는 재료들은 고품질이고, 주문 받아 만든 토르티야는 경이로우며 음식들의 조화가 뛰어나다. **AH**

⬆ 푼토 MX는 스페인의 수도에서 진짜 멕시코의 퀴진을 제공한다.

데 라 리바 De La Riva | 호평 받는 레스토랑에서 느긋한 점심을 즐겨라

위치 마드리드 **대표음식** 칼라마레스 엔 틴타(오징어 먹물에 요리한 오징어)Calamares en tinta (squid in ink) | **$$**

엘 티그레 El Tigre | 초대형 타파스가 공짜!

위치 마드리드 **대표음식** 파타타스 브라바스(매콤한 토마토 소스를 뿌린 큼직하게 썬 감자)Patatas bravas (cubes of potato in a spicy, tomato sauce) | **$**

작고 네모난 테이블이 빼곡하게 채워져 있는 데 라 리바는 생기 넘치는 대화로 북적거린다. 이곳에서는 능숙하게 준비된 전형적인 요리들을 떠올리기 전에 흔히 볼 수 있었던, 클래식한 스페인 외식 요리를 제공한다.

스페인은 가장 컬러풀한 아방가르드 퀴진으로 현대적인 명성을 가지고 있지만, 고전적인 스타일의 다이닝 경험에 대한 대중적인 목마름 또한 가지고 있다.

데 라 리바는 마드리드에서 고전적인 레스토랑들 가운데 가장 높게 평가되는 곳 중에 하나다. 예전에 수상 안토니오 마우라의 개인 요리사였던 옵둘리아 데 라 리바(Obdulia de la Riva)에 의해 세워진 1932년 이래로 최상급의 이베리아 요리를 판매해 왔다. 레스토랑은 '미식 에코 시스템 보존'을 표방하며, 손님들은 주인이 매일 시장을 돌며 신선한 재료들을 사온다는 것과 같은 뒷이야기를 듣기 좋아한다. 진정한 클래식 타베르나 스타일로, 종이에 적힌 메뉴는 없다. 대신에 웨이터들이 그날 어떤 음식이 가능한지를 이야기해준다. 보통 그날의 메뉴에는 새끼 돼지, 수수한 제철 스튜, 스테이크, 송아지와 그릴에 구운 생선과 같은 이베리아 고전 요리가 포함된다. 개소겡(green eel) 소스, 안초비 오일에 튀긴 오징어, 구운 모과, 햄을 곁들인 아티초크와 창의적인 내장 요리와 같은 수준 높은 음식들도 많다.

레스토랑은 마드리드의 북쪽, 레알 마드리드의 산티아고 베르나베우 스타디움 근처에 있으며, 경기가 있는 날에는 축구 팬들이 많이 온다.

전통적으로, 스페인 사람들은 점심에 메인 식사를 하고 긴 휴식을 가졌다. 관례대로 데 라 리바는 디너가 아닌 런치를 판매하지만, 가끔은 술 마시고 카드나 체스를 하며 저녁까지 이어진다. **SH**

'타파(tapa)'라는 단어는 '덮개'를 의미하는 스페인 말에서 유래된 것으로, 본래는 파리가 날아들어가지 않도록 와인잔을 덮는 햄이나 치즈 조각을 일컬었다. 오랜 시간을 거치면서 타파스는 작은 접시에 나오는 좀 더 공들인 음식으로 진화했다. 스페인의 대부분 지역에서 술과 함께 무료로 주던 먹을 거리에서 손님들이 주문하고 값을 치르는 요리가 되었다.

그러나 엘 티그레는 파타스가 무료 음식이라는 생각으로 되돌아갔다. 칭찬할 만한 너그러움으로, 타파스 접시는 펀치볼(punch bowl)을 덮을 만큼 크다. 술을 한 잔씩 마시면서 서너 가지의 고전적인 타파스를 먹을 수 있다. 토르티야 에스파뇰라(tortilla española, 스페인식 오믈렛), 라

> "맥주를 한잔씩 사고, 함께 먹을 맛있는 스낵을 한 접시 가득 얻어라."
>
> gadling.com

콘 가예가(lacón gallega, 갈리시아의 말린 햄), 파파타스 브라바스(매콤한 토마토 소스를 뿌린 큼직하게 썬 감자), 햄 크로켓, 치즈, 세라노 햄, 또는 아로스 칼도소(arroz caldoso, 수프 같은 쌀 요리). 엘 티그레의 타파스는 속임수가 아니다. 이런 류의 바들중에, 엘 티그레가 최고다.

엘 티그레가 질보다 양일거라는 추측은 하지마라. 라콘 가예가는 항상 기름기가 적고, 육즙이 흐르며, 부드럽다. 파파타스 브라바스는 흠잡을 데 없이 조리된다. 그리고 햄 크로켓은 크림처럼 부드러우며, 홈메이드로 막 튀겨서 낸다.

음료도 아주 합리적인 가격이다. 엘 티그레가 어떻게 사업을 유지하는지가 궁금하지만, 감사하게도 잘 해나가고 있다. 활기찬 분위기, 훌륭한 와인과 공짜 음식을 즐기게 그곳에 가라. 엘 티그레에 들러 초대형의 타파스를 먹어보는 것은 마드리드의 통과의례다. **DC**

사차 Sacha | 뛰어나고 창의적인 음식이 있는 숨은 보석

위치 마드리드 **대표음식** 골수를 곁들인 소고기 Beef with bone marrow | ⑤⑤

1972년, 마드리드 북쪽 외진 곳에 세워진 사차는 이 지역의 숨어 있는 보석 중 하나이다. 매력적인 주위환경과 환영해주는 종업원들은 남들이 잘 가지 않는 곳까지 찾아간 보람을 느끼게 만들 것이다.

주방의 스태프와 웨이터들이 40년 이상을 이 레스토랑에서 일해왔다. 그들은 주인의 아들인 사차 호르마에체아(Sacha Hormaechea)가 이곳에서 자라는 것을 지켜봤다. 카탈루냐에서 훈련 받은 셰프 사차는 레스토랑의 소유권을 넘겨받았으며, 그가 부모님이 그의 이름을 따라 이름 지은 레스토랑을 돌아다니는 것이 종종 눈에 띈다.

사차에는 2가지 메뉴가 있다. 사차의 부모님이 레스토랑을 소유했던 때부터 변하지 않았던 전통적인 메뉴와 제철 재료에 중점을 둔 종류가 많은 '오늘의 스페셜' 메뉴

"따뜻한 밤에 사차의 잎이 우거진 테라스보다 더 앉아 있기 좋은 곳은 마드리드에 없을 것이다."

The New York Times

가 있다. 가을에는 얇게 썬 익히지 않은 버섯에 타라곤, 레몬과 잣을 넣은 '시저의 버섯(Caesar's mushrooms)'이나 능숙하게 요리한 '게으른 버섯 오믈렛(lazy mushroom omelet)'을 먹어보라. 이것은 한쪽만 익히고 뒤집지 않고 조리하며, 부드러운 쪽에는 식초와 차이브 드레싱을 뿌려준다.

해산물 역시 추천할 만하다. 사하라 데 로스 아투네스(Zahara de los Atunes)의 카디스 마을에서 신선하게 가져온 양질의 참치는 토시노(tocino, 스페인식 베이컨)와 일본 향신료를 넣고 요리한다. **DC**

엘 페스카도르 El Pescador | 마드리드 최고의 생선 레스토랑

위치 마드리드 **대표음식** 메를루사 아 라 플란차(헤이크 구이) 또는 바에서 먹는 굴 Merluza a la plancha (grilled hake) or oysters from the bar | ⑤⑤⑤

이곳에서 파는 모든 해산물은 2가지 프랑스산 굴을 제외하고, 엘 페스카도르를 소유하고 있는 수산회사인 페스카다리아스 코루녜사스(Pescadarias Coruñesas)가 스페인 바다에서 잡은 것이다. 바닷가재와 헤이크는 칸타브리아 해에서, 가재는 안달루시아의 산 루카르에서, 새우는 안달루시아의 우엘바(Huelva)와 알리칸테의 데니아에서, 앙굴라(angula, 실뱀장어)는 바스크 지방에서 잡는다.

잡은 것들은 하루에 2번 얼음에 포장해서 마드리드의 바라하스 공항으로 항공 운송한 다음, 분류해서 시장과 엘 페스카도르 레스토랑으로 가져간다.

엘 페스카도르는 생선 전문 레스토랑이다. 생선은 바다에서 그날 잡은 그대로 꾸밈없이 나온다. 사이드 디시도 찾지 마라. 찾을 수 있는 채소는 토마토와 벤트레스카 데 보니토(ventresca de bonito, 흰 참치 뱃살) 샐러드뿐이다. 그러나 생선은 선택의 폭이 넓어서, 대문짝넙치, 가자미, 그루퍼, 농어, 새우, 조개, 블루 크랩, 바닷가재, 굴, 거위목 따개비와 가재 등이 있다.

곁들여 나오는 음식 대신에, 고객들은 생선 조리법을 선택할 수 있다. 아 라 로마나(A la romana, 튀김옷을 얇게 입힌), 아 라 바스카(a la vasca, 조개와 화이트 와인 소스에 요리한), 아 라 빌바이나(a la bilbaína, 마늘, 레몬과 긴디야 고추를 넣고 얕은 팬에서 볶은), 또는 알 오르노(al horno, 올리브 오일, 식초와 마늘을 넣고 오븐에 구운) 등의 조리법이 있다. 전통적으로 각 생선은 특정한 한두 가지의 방법으로 나온다. 엘 페스카도르의 웨이터들은 항상 손님들에게 가장 간단한 옵션을 택하라고 주장할 것이다. 아 라 플란차는 최소한의 올리브 오일을 바르고 소금을 뿌려 프라이팬에 굽는 조리방법으로 생선과 해산물의 싱싱함이 빛을 발하게 한다. **DC**

→ 엘 페스카도르의 해산물은 스페인의 바다에서 난 것으로 매우 신선하다.

카사 루시오 Casa Lucio | 스페인 고전요리의 고급스런 변형으로 칭찬받는 가정적인 레스토랑

위치 마드리드　**대표음식** 루시오의 계란 프라이 "Lucio's fried eggs"　💲💲

루시오 블라스케스(Lucio Blazquez)는 12살부터 마드리드의 오래된 레스토랑에서 일하기 시작했다. 거의 30년을 그곳에서 일한 후에, 주인에게 레스토랑을 샀으며 즉시 레스토랑을 개조하고 '카사 루시오'로 이름을 바꾼 다음 1974년에 재개업했다.

카사 루시오는 세련되거나 허세를 부리는 것이 없다. 양쪽으로 열리는 나무문은 라틴 쿼터(Latin Quarter)의 작은 길에서 어두운 조명을 켠 번잡한 실내로 인도한다. 바닥은 테라코타 타일로 되어 있고 몇 개의 액자가 단순한 벽에 점점이 걸려있다. 나무는 모두 진한 색이며, 레스토랑의 섹션을 구분하는 벽돌로 만든 아치도 역시 진한 색이다. 바 뒤편의 오랜 장식 타일 벽은 걸려 있는 햄들로 가려져있다. 옛날식 유니폼을 입은 웨이터들은 레스토랑의 이름이 쓰여진 도자기에 음식을 담아 낸다. 집처럼 편안한 분위기는 헤드 셰프 아우렐리오 칼데론(Aurelio Calderon)의 이베리아 클래식 메뉴와 완벽하게 어울린다. 이베리아 클래식에는 트리프(tripe), 송아지, 새끼 돼지, 맛있는 제철 스튜, 쌀 푸딩, 달걀 커스터드와 같은 전통적인 디저트들이 있다.

음식들은 익숙할지 몰라도 품질은 특별하다. 블라스케스의 주방은 가장 좋은 재료들을 구해, 가게 밖까지 줄을 서게 만드는 기술과 경험을 가지고 음식을 만든다. 스페인 고전 요리의 팬들은 적당한 양의 오일, 마늘과 고추를 곁들인 새끼 뱀장어 요리; 커민, 마늘과 올리브 오일을 뿌린 엔다이브와 토마토 샐러드; 최상급의 소고기, 초리조와 블랙 푸딩을 넣은 로컬 코시도(cocido); 그리고 마일드한 베샤멜 소스를 넣고 그 자리에서 만들어 주는 크로켓 등의 요리의 진가를 안다. 모든 요리를 규칙대로 만드는 건 아니며, 블라스케스는 자신의 대표적인 요리인 감자튀김 위에 살짝 익힌, 방목한 닭의 계란 프라이를 터트려 섞은 것을 자랑스러워한다. **SH**

⬆ 카사 루시오의 요리들은 애정을 기울여 만들어진다.

카사 리카르도 Casa Ricardo | 가장 신선한 재료들을 제공하는, 과거에 머물러 있는 레스토랑

위치 마드리드 **대표음식** 가이나 엔 페피토리아(아몬드 소스에 요리한 암탉)Gallina en pepitoria (hen in an almond sauce) | 🅢🅢

카사 리카르도는 마드리드에서 투우가 끝나면, 소의 사체에서 등심부터 꼬리에 이르기까지 여러 부위들을 구매한다. 그것은 이 작은 레스토랑의 소고기 요리 중 하나로 판매된다. 카사 리카르도의 장점은 재료라고 할 수 있는데, 특별히 선택한 채소 정원(huertas)에서 난 신선한 채소와 스페인 최고의 고급업자들에게서 가져오는 고기를 이용한다.

20명이 앉을 수 있는 공간을 가진 동네 레스토랑인 카사 리카르도는 안목이 있는 주민들로 쉽게 채워진다. 분위기는 적당히 편안하다. 이곳에서는 모두가 서로의 이름을 안다. 그날 무슨 요리를 하는지 알고 싶다면, 문이 없는 주방에 머리를 들이밀고 요리사가 뭘 하고 있는지 보면 된다.

이곳은 카스케리아(casquería, 양과 내장) 요리가 특기다. 좋은 품질의 내장이 잘 조리되어 나올 것을 아는 단골들은 세소스(sesos, 돼지의 뇌)와 같은 음식을 주문한다. 비위가 약한 사람들을 위해 다양한 클래식 스튜도 있다. 카리예라 데 테르네라(carrillera de ternera, 소 볼살)와 같은 부위를 이용해 천천히 조리해 맛있고 부드러운 완벽한 스튜를 만든다. 현대적인 레스토랑에서 흔히 볼 수 없는 것 중에 암탉이 있다. 암탉은 좀 더 강한 맛이 느껴지는 수탉에 비해 풍부한 맛이다. 카사 리카르도는 전통 요리인 가이나 엔 페피토리아를 아몬드, 달걀, 화이트 와인 소스에 암탉을 요리해서 낸다. 다른 레스토랑들은 오래 전에 수탉으로 대체했다.

카사 리카르도는 1932년(초기에는 면허 없이 영업했기 때문에 문 위에는 1935년이라고 적혀있다)에 문을 열었다. 그리고 레스토랑이 문을 연 이래로 인테리어가 바뀌지 않았다. 투우 그림은 모두 오리지널이고, 전통적인 스페인식 타일도 진짜다. 카사 리카르도는 과거로 돌아가려고 애쓰지 않는다. 왜냐하면 한번도 과거를 벗어나 본 적이 없기 때문이다. **DC**

⬆ 실내장식은 지난 날을 들려주는 듯하다.

디베르소 Diverxo | 실험적이고 특별한 현대 퀴진

위치 마드리드 **대표음식** 검은깨 브리오슈, 연어알과 체리 소스를 곁들인 돼지 껍질 Pork skin with black sesame brioche, salmon roe, and cherry sauce | 🖚🖚🖚🖚

후아나 라 로카 Juana La Loca | 라티나 지역에 있는 미식 타파스

위치 마드리드 **대표음식** 캐러멜라이즈드 어니언 토르티야 Caramelized onion tortilla | 🖚🖚

디베르소의 다비드 무뇨스(David Muñoz)는 호평 받아온 가장 현대적이고 독창적인 퓨전 요리의 극단적인 예를 보여준다. 레스토랑은 마드리드의 교외 골목길에 있다. 작고 현대적인 레스토랑의 내부는 회색의 사각형과 유리가 벽에 줄지어 있고, 광택이 나는 검은색 바닥으로 되어 있다.

음식은 캔버스와 비슷한 접시에 담겨 나온다. 소스들은 중대한 예술적 의도를 가지고 접시에 칠해진다. 재료들은 마치 벽에 매달린 듯이 보여지며, 신중한 색채 계획에 의해 그래픽 디자이너가 정확하게 배열해 놓아 감탄을 자아낸다.

'퓨전'이라는 단어는 합당하지 않다. 작고 공들인 요

> **"디베르소의 차분한 분위기는 한달 넘게 기다려야 하는 웨이팅 리스트가 있다고 알려진 것과 모순이 된다."**
>
> theworlds50best.com

리들은 아시아와 이베리아의 맛을 섞은 것, 그 이상이다. 그 요리들은 무뇨스의 상상에서 만들어진 별난 혼합물이다. 메뉴를 훑어보면 셰리 비네거를 곁들인 베이컨 아이스크림, 샐러리, 코코넛 머랭과 해초를 곁들인 화이트 초콜릿, 오리 혀와 아보카도, 엘크를 곁들인 청어와 망고 칩을 곁들인 생선 같은 일련의 영감을 받은 페어링을 보여준다.

미슐랭 스타를 받은 식당에서 기대되는 흔한 정적이 흐르는 분위기는 아니다. 검은 복장을 한 셰프들은 바쁘게 돌아다니며 고객들이 먹는 접시에 재료를 더 덜어준다. 요리의 안무적 구성에는 젓가락부터 플라스틱 스패튤라까지 각 요리를 먹는 전용 도구들이 포함된다. **SH**

마드리드 타파스 업계에 비교적 새로 등장한, 유행을 앞서가는 라티나(La Latina) 구역에 있는 후아나 라 로카는 이 도시에서 대담하고 창의적인 타파스를 먹는 장소이다. 클래식하고 전통적인 마드리드의 음식을 제공하는 이곳은 스페인 요리법뿐 아니라 일본, 중국, 멕시코 요리법에서 영감을 받았다. 요리에 대한 탐험과 혁신 정신은 바스크 지방 산세바스티안(San Sebastian)의 실험적인 요리법을 반영한다.

후아나 라 로카는 레스토랑이면서 주민들의 나이트 클럽이기도 하다. 최고의 스페인 타파스 바 전통은 술을 마시러 갈지, 저녁을 먹으러 갈지 고민할 필요가 없게 두 가지를 모두 충족시켜 준다. 멋지고 부족할 거 없는 30대들이 금요일 밤이면 이곳에서 만난다. 그들은 테이블이 부족한 것을 신경 쓰지 않고 그냥 서서 먹는다. 종업원들과 단골들 사이에는 기분 좋은 동지애같은 일반적인 분위기가 형성되어 있다. 웨이터가 새끼 장어를 곁들인 시금치 크라이프를 서빙하기 전에 손님과 한 잔 하는 것을 보더라도 놀라지 마라.

실내 장식은 불필요한 요소를 모두 제거해서, 모든 눈이 메뉴와 바 위에 놓은 타파스에만 쏠리게 한다. 후아나 라 로카의 대표적인 스페니시 토르티야는 다른 곳에서 볼 수 있는 어떤 토르티야와도 다르다. 캐러멜라이즈한 양파를 이용해 이 클래식한 타파스 요리에 풍부한 단맛을 준다. 다른 인기 있는 음식에는 대구로 속을 채운 주키니 롤과 바삭한 오리 팬케이크가 있다. 오리 팬케이크는 바삭한 오리 가슴살(magret), 플럼 소스(plum sauce), 아삭아삭 씹히는 신선한 채소를 결합시킨 전통적인 중국 레스토랑 애피타이저를 새롭게 변형시킨 것이다.

주말에 화이트 와인과 커리 소스가 같이 나오는 싱싱한 홍합을 맛보러 후아나 라 로카에 가라. 하지만 레스토랑의 인기 때문에 서 있을 각오는 해야 할 것이다. **DC**

세르히 아롤라 가스트로 Sergi Arola Gastro | 카탈루냐 출신의 재능있는 모더니스트 셰프가 선보이는 파인 다이닝

위치 마드리드 **대표음식** 곰보버섯 라구를 곁들인 훈제 송아지 '알 로메로'Smoked veal "al romero" with morel ragout | ⑤⑤⑤

카리스마 있는 카탈루냐 출신의 셰프, 세르히 아롤라는 그의 새로운 경향을 정착시키는 요리에 열광하는 팬층을 가지게 되었다. 그의 경력에는 페란 아드리아와 피에르 가르니에와 같은 전설적인 셰프에게 받은 훈련이 포함되어 있으며, 그는 스페인의 모더니스트 셰프 그룹의 한 사람으로 인정받고 있다. 미슐랭 스타를 받은 세련된 레스토랑인 세르기 아롤라 가스트로는 고객들에게 그의 창의적인 요리를 맛볼 수 있는 기회를 제공한다.

지중해 요리법에 영감을 받았지만, 그의 요리는 그가 가장 좋아하는 소금에 절인 대구와 정어리 같은 재료들로 만드는 전통에서 출발한다. 그의 요리 경험을 볼 때, 클래식 샐러드의 다양한 요소들이 가진 맛을 담은 시저 샐러드 거품을 한입 먹으면 그의 소매 속에 주방 요술을 감추고 있다 해도 놀랍지 않다고 여겨진다. 아롤라의 대표적인 요리 중의 하나는 친숙한 타바스 바 메뉴인 파타타스 브라바스를 장난스럽게 현대적으로 다룬 것이다. 토마토, 마늘, 고추로 살사 브라바를 담은 작은 원통형의 감자에 아이올리를 얹어 스타일리시하고 맛있는 요리를 새로 생각해냈다.

식사를 하는 동안 고객들은 튀겨서 바삭바삭한 계란(아직 속은 반숙)과 함께 요리한 정어리에 살구버섯 샐러드와 약간의 레드 와인 소스를 곁들인 것이나 올리브 오일, 파슬리, 마늘 가루로 만든 '바위'를 살구버섯으로 만든 진한 무스에 얹고, 두 가닥의 팽이버섯으로 장식한 것을 즐길 수 있을 것이다. 메뉴는 계절마다 바뀌어, 아롤라가 자신의 창의적인 재능을 맘껏 발휘할 수 있도록 한다.

마찬가지로 디저트도 몇 가지 요소를 혼합하여 늘 좋은 효과를 보이는 한 가지요리를 만들어내어 주방의 능력을 보여준다. 식사에 어울리는 와인을 선택해서 즐기는 것 또한 인상적이다. **AH**

"600여 종의 와인 리스트는 대부분 소규모 생산업자들이 만든 것이며, 모두 잔으로도 마실 수 있다."

fodors.com

⬆ 셰프 세르히 아롤라의 요리 기술은 흥미를 자아내며, 창의적인 음식에 명백하게 드러난다.

카시노 데 마드리드 Casino de Madrid | 페란 아드리아의 제자가 만드는 모던 퀴진

위치 마드리드　**대표음식** '가짜' 리소토 "False" risotto | 🅢🅢🅢🅢🅢

화려한 세팅, 극적인 실내 장식과 완성된 요리를 갖춘 카시노 데 마드리드는 현대적인 스페인 퀴진이 다다를 수 있는 최고 수준의 예를 보여준다. 엘 불리의 전설적인 셰프인 페란 아드리아의 가장 재능 있는 제자 중의 하나로 평가받는 마드리드 태생의 파코 론세로(Paco Roncero)가 헤드 셰프를 맡고 있다. 론세로는 모던 퀴진에서 인기 있는 아뮤즈 부셰를 이용하지만, 애피타이저의 범주에만 국한시킨다. 이곳에는 49가지 코스 식사가 없다. (엘 불리의 폐업하기 전 마지막 디너가 49가지 코스로 구성되었다.) 테스터 메뉴에는 블랙 올리브 오레오와 염소 치즈 모시(moshi)를 포함한 단편적인 요리 모둠이 있고 뒤이어 보수주의자들이 식사로 취급하는 양이 많은 3가지 코스가 이어진다. 이 요리들은 포만감을 줄 만큼 넉넉한 양일뿐만 아니라 한입만 먹어도 미식의 충격을 안겨준다.

요리들은 익숙한 무언가를 해체시킨 것 같다. 예를 들어 블러디 메리는 토마토의 가운데 부분에서 얻은 맑은 주스와 칵테일에 넣는 다른 재료를 모두 넣어 만든 거품을 이용하고, 동결건조시킨 토마토 가루를 위에 뿌려준다. 블러디 메리와 맛만 아주 조금 비슷하지만 그렇게 부른다. 다른 예로 접시에 담은 음식이 고전 요리 같지만, 완전히 다른 무언가인 것도 있다. 리소토 팔소(risotto falso, 가짜 리소토)를 보자. 모든 면에서 리소토처럼 보인다. 하지만 한 가지 빠진 게 있는데, 바로 쌀이다. 론세로는 다진 오징어로 리소토의 특징적인 모습을 흉내 냈다. 이런 기지 넘치는 요리들을 이용해 카시노 데 마드리드는 고객들의 눈과 혀와 요리가 어떤 것일 수 있는가 하는 개념을 가지고 논다.

모든 요리가 그렇게 장난스러운 것은 아니다. 때로는 그의 흠잡을 데 없는 헤이크와 해초 요리에서처럼, 론세로는 녹색 채소를 간단한 사이드 메뉴에서 한입 한입이 완벽하게 조화를 이루는 요리의 필수적인 요소로 격상시켰다. **DC**

⬆ 카시노 데 마드리드의 우아한 세련미.

보틴 Botín | 세계에서 가장 오래된 식당 중 한 곳으로, 헤밍웨이가 가장 좋아하던 곳

위치 마드리드 　**대표음식** 코치니요 아사도(구운 새끼 돼지)Cochinillo asado (roast suckling pig) | 💲💲💲

"우리는 보틴의 위층에서 점심을 먹었다. 그곳은 세계 최고의 레스토랑 중의 하나다." 이 말은 헤밍웨이가 그의 유명한 소설, 『태양은 다시 떠오른다』의 마지막에서 제이크 반즈와 브레트 애슐리가 식사를 한 보틴 레스토랑을 묘사한 것이다. 누군가는 이것만으로도 이곳을 방문할 충분한 이유가 된다고 생각할 것이다. 대부분의 레스토랑들이 명성을 얻을 자격 한 가지에 만족하겠지만, 보틴은 최고의 자격 두 가지를 가지고 있다. 이곳은 헤밍웨이가 가장 좋아했던 레스토랑이었을 뿐만 아니라 기네스 세계 기록에 가장 오래된 레스토랑 중에 하나로 등재되어 있다.

그러나 보틴은 형식적인 명성만 가지고 있는 것은 아니다. 제이크와 브레트가 그곳에 새끼 돼지를 먹으러 갔듯, 거의 300년 가까이 운영하는 동안 관광객, 정치인, 예술가들도 같은 요리를 먹으러 이곳에 왔다. 보틴은 1725년이래로 계속해서 영업을 했고, 레스토랑의 대표 음식은 처음 문을 연 이래로 계속 메뉴에 있었다. 보틴은 마드리드 최고 레스토랑 중의 하나라기 보다는 시골 술집 같은 인상을 주며, 좁은 3개의 층에 걸쳐 있다. 목재 골조와 타일로 된 클래식한 스타일링은 수수하며 수백 년 동안 변한 게 거의 없다.

테이블에 앉기 위해, 대부분의 손님들은 레스토랑의 중앙 장식품이자 계단 옆에 자랑스럽게 자리하고 있는 오리지널 1725년 장작 오븐을 지나쳐 걸어간다. 다양한 단계로 준비된 새끼 돼지들이 선반에 놓여 있고, 요리사는 쉬지 않고 양과 닭을 포함한 다양한 고기들을 손질하고 있다. 새끼 돼지는 미리 몇 시간 동안 로스팅한 다음, 육질이 부드러워지도록 하기 위해 휴식시킨다. 완벽한 순간에 이 음식을 내는 것이 가장 중요하므로, 이 음식을 많이 파는 레스토랑에서 먹는 것이 좋다.

보틴은 3대에 걸쳐 이곳을 운영해온 곤살레스 가문이 소유하고 있으며, 이들은 찬사에도 불구하고 작은 가족 소유의 레스토랑 느낌을 유지하고 있다. **DC**

⬆ 새끼 돼지는 수백 년 된 오븐에서 조리된다.

비리디아나 Viridiana | 독특한 음식과 카리스마 넘치는 셰프

위치 마드리드　**대표음식** 계란 프라이와 신선하게 강판에 간 블랙 트러플을 곁들인 포르치니 퓌레 Porcini puree with a fried egg and freshly grated black truffle | ❹❹❹❹

"모든 요리가 멋지고,
초대하는 분위기는 당신을 편안하게 만든다."

frommers.com

⬆ 비리디아나는 특이한 스페인 요리를 제공하는 친근하고 독특한
레스토랑이다.

⮕ 산딸기 가스파초를 곁들인 이 정어리 요리와 같은 독창적인 메뉴들이
눈길을 끈다.

비리이아나의 주인이자, 영화 역사가이며 컬럼니스트인 아브라함 가르시아(Abraham García)는 주방에 괜찮은 팀을 가지고 있어 다행이다. 왜냐하면 그는 주방에서 전혀 시간을 보내는 것 같지 않고, 대신 손님들 사이를 돌아다니며 접대하고, 웨이터들이 바쁠 때에 주문을 받기 때문이다. 저녁 시간에 가르시아는 단순한 인사가 아니라 페란 아드리아의 엘 불리에서 나오는 작은 양에 대한 농담을 건네며 손님을 맞을 것이다.

가르시아는 손님들 주위를 조심스레 돌아다니기 보다는 자신이 방금 기억해낸 일화를 들려주려 고객들에게 돌진하는 부류다. 그는 저명한 스페인의 초현실주의 감독 루이스 부뉴엘의 영화의 무신론적 메시지를 향유해서, 그 영화의 제목을 따서 자신의 레스토랑의 이름을 붙인 사람이다.

비리디아나의 퀴진은 허세를 부리지 않으면서 혁신적이다. 대표적인 메뉴인 계란 프라이와 포르치니 버섯 퓌레, 신선하게 강판에 간 블랙 트러플을 먹어보라. 간단한 세팅이 달걀을 가장 먹음직스럽게 보이도록 하는 무거운 프라이팬에 담겨 있다.

또 다른 맛있는 사이드 요리에는 망고 과카몰레와 아스파라거스를 곁들인 살사 데 우앙카이나(salsa de huancaina)와 황새치, 또는 아주 대조적인 쌉쌀한 맛의 오렌지 처트니와 페어링된 보르도 지방의 소테른 와인이 곁들여져 좋은 효과를 내는, 광장히 단단하지만 육즙이 흐르는 푸아그라가 있다.

식사를 잘 마무리하기 위해서 디저트 외에도 균질화하지 않은 양 젖으로 만든 이디아사발을 포함한 괜찮은 치즈 모둠을 제공한다.

비리디아나의 실내 장식은 전체적으로 격식을 따르기보다는 유행에 맞췄다. 스페인에서 이 정도 가치가 있는 건물 벽을 따라 흑백 영화의 장면을 볼 수 있는 일은 흔치 않다. 그 쇼의 스타는 결국 기억에 남을 만한 창의적인 음식으로 레스토랑의 주인처럼 개성 있다. **DC**

말라카틴 Malacatín | 마드리드의 가장 유명한 요리를 맛볼 수 있는 장소

위치 마드리드 **대표음식** 코시도 마드릴레뇨(마드리드 스튜)Cocido madrileño (Madrid stew) | 💲💲

마드리드를 방문하면 눈에 띄는 음식이 하나 있다. 코시도 마드릴레뇨 또는 마드리드 스튜라고 불리는 이 유서 깊은 요리는 슬로우 쿡(slow-cook)한 것으로, 유대인 안식일에 먹는 아다피나(adafina)에서 유래된 것으로 세파르디 (Sephardi, 스페인 • 북아프리카계의 유대인)의 뿌리를 가지고 있는 음식이라고 여겨진다. 마드리드에서 이것을 먹어보기에 가장 좋은 장소는 말라카틴이다.

코시도 마드릴레뇨는 병아리콩, 양배추, 피데오(fideo, 얇은 국수와 같은 파스타의 일종)뿐 아니라 여러 부위의 돼지고기, 소고기, 닭고기로 만든다. 전통적으로 하나의 큰 솥에 요리해, 국물과 파스타를 주로 첫번째 코스로, 나머지 것들은 두번째 코스로 낸다. 이곳의 주인인 호세 알베르토 로드리게스(José Alberto Rodríguez)의 가족은 1895년 그의 증조부가 이 레스토랑을 열었을 때부터 사용했던 조리법을 그대로 사용해, 이 요리를 세 가지 코스로 서빙한다. 그렇게 하지 않으면 테이블에 모두 올려 놓을 자리가 없기 때문이다. 이 요리는 4개의 스튜 냄비에 나누어 요리해

서, 식사의 각 부분이 독특한 향이 유지된다.

코시도 마드릴레뇨는 클래식 요리가 받을만한 애정을 기울여 준비된다. 식사는 맛있는 국물을 만들기 위해 각각 다른 냄비에서 만든 국물과 국수를 혼합하여 시작한다. 다음에는 병아리콩, 양배추와 토시노(tocino, 스페인 베이컨)다. 이곳에서 식사를 즐기는 비결은 속도를 유지하는 거다. 웨이터는 "우리는 정말 양이 넉넉하니, 수프나 두 번째 코스로 배를 채워, 고기맛을 음미하지 못하는 일이 없기 바란다"라고 말해준다."

이런 생각을 가지고, 식사의 주요한 부분을 차지하는 넉넉한 양의 모르시요(morcillo, 소의 정강이 살), 마니타스 데 세르도(manitas de cerdo, 돼지 족발), 초리조, 모르시야(피를 넣어 만든 검은 소시지), 닭고기와 코디요(codillo, 돼지의 관절)를 먹을 준비를 하라. **DC**

⬆ 말라카틴은 코시도 마드릴레뇨로 유명하다.

산트렐로니 Santceloni | 마드리드에서 발견한 미식의 보물

위치 마드리드　**대표음식** 통카콩 크림을 곁들인 바나나, 커피와 위스키 Banana, coffee, and whisky with tonka bean cream | ❸❸❸❸

묘하게 우아한 이 레스토랑은 인상적인 요리 혈통을 가지고 있다. 미슐랭 스타 3개를 받은 작고한 셰프 산티 산타마리아의 감독하에 2001년 세워졌다. 이곳의 주방을 맡고 있는 오스카 벨라스코는 수년간 칸 파베스(Can Fabes)에서 일했었고, 산트렐로니에서 일하면서 2005년 미슐랭 스타 2개를 받았다.

빵은 주방에서 처음부터 직접 만든다. 손님이 식사를 시작할 때 썰지 않은 큼직한 덩어리의 빵 몇 가지를 가져다 준다. 메뉴는 카디스에서 잡은 조개와 이베리안 돼지고기를 사용하는 것에서 볼 수 있듯이, 좋은 품질의 스페인 재료에 초점을 두고 있다. 식사는 작은 페이스트리 케이스에 담은 파프리카를 곁들인 메추리알로 시작할 수 있다. 주방에서는 소꼬리를 넣은 병아리콩 샐러드와 같은, 흔치 않지만 지역의 맛을 조화시켜 나가는 작업을 즐긴다.

현대 요리 기법을 전통적인 요리와 잘 혼합했다. 가지 캐비아를 곁들인 리크(leek)와 감자 스프는 수비드(sous vide, 진공상태)로 조리한 부드러운 돼지 목살 조각을 넣어, 정확하게 간이 맞고 깊은 풍미를 갖고 있다. 페트로시안 캐비아를 곁들인 훈제한 리코타 치즈를 넣은 라비올리에서 볼 수 있듯이 값비싼 재료들도 자주 이용한다.

또 다른 특별하지만 잘된 맛의 조합으로 포도순을 넣은 훈제 갑오징어가 있다. 구운 토마토와 고추 기름과 같이 나오는 이 요리의 오징어는 부드럽고, 맛있으며, 훈제 향이 지배적이지 않다. 엔다이브 콩피를 곁들인 노루 등심 요리도 추천할 만하다. 맛있는 노루 고기는 아주 살짝 익히고, 엔다이브의 쌉쌀한 맛은 고기의 느끼함을 잡아 준다. 산트렐로니는 기술적으로 보증된 요리를 하는 세련된 레스토랑이다. 디저트 역시 모과와 고추냉이, 배와 럼(rum)과 같이 호기심을 자극하는 맛의 조합을 가지고 멋지게 구성한 셰프의 창작물이며, 다른 요리들처럼 노련하다. **AH**

⬆ 현대적이고 세련된 실내장식은 음식과 잘 어울린다.

라몬 프레시아 Ramón Freixa | 요리 전통과 결합시킨 멋진 예술적 기교를 음미할 수 있는 기회

위치 마드리드 **대표음식** 리에브레 아 라 로얄(아이스크림, 뇨키와 타피오카를 섞어 담은 음식)Liebre a la Royal (mixed plate of ice creams, gnocchi, and tapioca) | ❸❸❸

"사소한 것조차 탁월한 것은
내 존재의 이유이며, 내 존재의 핵심이다."

Ramón Freixa, chef and owner

셰프 라몬 프레시아의 재능은 호텔 우니코에 위치한 이 우아한 셰프의 이름을 딴 레스토랑에서 확인할 수 있다. 할아버지가 제빵사였고 아버지가 셰프였던 그에게 음식은 항상 인생의 중요한 부분을 차지해왔다. 몇몇 유럽의 레스토랑에서 일한 프레시아의 경력에는 칭찬받는 브뤼셀의 콤 셰 수아(Comme chez Soi)와 프랑스의 셰프 미셸 브라와 일한 것도 포함되어 있다. 그는 이곳에서 보증된 요리를 선보여 인정을 받고, 2009년 오픈한 지 몇 달 만에 첫 미슐랭 스타를, 2010년에는 두번째 별을 받았다. 현대적이고 친근한 다이닝룸은 유행을 따랐으며, 안락한 의자와 널찍이 떨어뜨려 놓은 테이블에서 식사를 편안하게 즐길 수 있다. 정원이 내려다보이는 테라스도 매력을 더한다.

메뉴에는 전통적인 스페인 요리와 현대적인 스페인 요리가 섞여 있어서, 손님들은 자신의 입맛과 기분에 따라 좋아하는 것을 선택할 수 있다. 전통적인 조리는 세 가지 고기로 만든 카넬로니에서 볼 수 있다. 닭고기, 송아지 고기와 돼지고기를 갈아서 섞은 다음 양념하여 카넬로니 파스타를 채운 다음, 약간의 치즈 소스를 곁들여 낸다.

주방의 가장 현대적인 면은 볼에 담은 피스타치오와 게로 만든 큐브에 맑은 참치 수프를 부은 것과 같은 요리에서 보여진다. 수프는 몇 초 안에 젤리로 굳는다. 또한 샐러리 잎과 식초를 넣은 딸기 샐러드, 시리비아(xirivia, 파스닙)와 긴 고추를 넣은 루바브 수플레, 푸아그라와 버섯을 곁들인 족발 등의 몇몇 요소들과 함께 나오는 바삭바삭한 돼지 껍질을 얹은 새끼 돼지의 형태 역시 현대적인 면모를 띠고 있다.

친절하고 박식한 종업원들의 서비스는 세련되고, 적당한 가격의 와인 리스트에는 훌륭한 스페인 와인들이 많이 있다. **AH**

⬆ 아름답게 담긴 음식은 라몬 프레시아에서의 식사가 가진 매력의 일부다.

스톱 마드리드 Stop Madrid | 클래식한 만체고 치즈와 이베리안 햄을 먹을 수 있는 곳

위치 마드리드 **대표음식** 만체고 치즈와 이베리안 햄Manchego cheese and Iberian ham | **$**

스톱 마드리드는 스페인의 수도에서 가장 오래된 타베르나 중 한 곳으로, 1929년에 처음으로 문을 열었다. 카예 데 오르탈레사(Calle de Hortaleza)에 있는 스톱 마드리드는 마드리드에서 가장 바쁜 두 구역, 최근에 뜨는 말라사냐(Malasaña)와 유행을 선도하는 추에카(chueca)의 경계에 있다. 밖에선 삶이 쉬지 않고 움직이지만 마드리드는 스톱 마드리드 안에 선 마드리드가 멈춰 있다. 그늘지고 선풍기로 냉방을 하는 바(bar)는 소음과 열기는 밖에, 맛은 안에 가두어 놓아 몇 시간씩 보내기에 훌륭한 장소이다.

점심의 바쁜 시간이 지난 오후 3시에 와서, 햄과 치즈 몇 접시와 와인 한잔을 곁들여 보라. 또는 거위 파테, 캐비아와 게 또는 갈리시아의 라콘(lacón, 건조시킨 햄)과 브리(brie)를 시켜놓고 다른 고객들과 붙임성 있게 어울려보라.

스톱 마드리드는 각별한 도토리를 먹인 돼지로 만든, 이베리안 햄과 소금에 절인 만체고 치즈를 당연히 자랑스러워 한다. 클래식 햄과 치즈 조합은 수백 년 동안 요리를 찾아 스페인을 방문하게 만들었다. 이베리안 햄과 만체고는 오직 한 가지 종류만 판매한다.

와인 종류는 광범위하고 인상적이다. 50가지 이상의 와인을 제공하는데, 모두 잔으로 주문할 수 있으며 대부분 적당한 가격이다. 와인은 뛰어난 안목을 가진 리베라 델 두에로(Ribera del Duero)와 리오하 지역에서부터 덜 알려진 마드리드 인근의 보데가(bodega, 와이너리)까지 스페인 전역에서 선택했다.

심플하지만 맛있는 음식은 훌륭한 와인과 잘 어울리고, 편안한 서비스는 스톱 마드리드를 바쁜 도시의 중심에서 앉아서 즐길 수 있는 전통적이면서 친절한 타베르나로 만든다. 이곳은 진짜 오래된 스타일의 바를 찾는 관광객뿐만 아니라 인근 지역에 사는 사람들도 자주 찾는 곳이다. **DC**

엘 피곤 데 에우스타키오 El Figón de Eustaquio | 전통적인 에스트레마두라 대표요리

위치 카세레스 **대표음식** 살테아도 에스페시알 데 베르두라스(볶은 채소) Salteado especial de verduras (sautéed vegetables) | **$$**

엘 피곤 데 에우스타키오는 오랫동안 카세레스에서 가장 인기 있는 곳이었다. 오래된 이 도시의 중세 성벽 바로 바깥쪽, 산 후안 광장(Plaza de San Juan)에 있다. 1947년부터 블랑코 가문이 3대째 이곳에서 이 지역 요리를 특화시켜 왔으며, 지금은 블랑코 사형제에 의해 운영되고 있다.

미가스(Migas) 같은 에스트레마두라 지역의 대표 요리를 찾아보라. 미가스는 주방에서 남은 음식으로 매력적인 요리를 만들어낸 훌륭한 예다. 오래된 빵을 물로 부드럽게 한 다음, 마늘, 파프리카, 시금치, 볶은 소시지와 베이컨을 넣고 섞어 맛을 낸 것이다. 대표적인 요리인 살테아도 에스페시알 데 베르두라스 콘 토르타 델 카사르(salteado especial de verduras con torta del casar)는 볶은 채소, 트러플과 포르치니 버섯을 섞고, 녹인 크리미한 양 젖을 얹

> "에스트레마두라에서 환상적인 재료를 사용하는 최고의 레스토랑으로 널리 인정 받는다."
>
> José Pizarro, chef

은 것이다. 이런 요리들은 종종 큼직한 빵과 함께 단체 가족이 나누어 먹을 수 있는 애피타이저로 서빙된다. 내부는 노출된 골조, 타일 바닥, 높은 등받이의 나무 의자가 놓여 있고, 장식용 접시가 벽에 걸려 있는, 음식만큼이나 전형적인 모습이다. 날씨가 좋을 때는, 광장에 있는 파라솔이 있는 테이블을 선택하라.

메뉴는 이 지역의 재료로 채워져 있으며, 양과 돼지가 자주 등장하고, 사슴, 자고새와 송어도 있다. 보통 아스파라거스, 고추, 감자와 마늘 등 갖가지 채소를 많이 곁들인다. 먹어볼 만한 스페셜 메뉴에는 꿀 수프, 구운 새끼 염소, 크림에 넣은 트러플과 햄에 말은 이 지역 송어가 있다. **SH**

라 리우아 La Riuà | 본고장에서 클래식한 파에야를 파는 패밀리 레스토랑

위치 발렌시아 | **대표음식** 파에야 발렌시아나(채소, 토끼와 닭고기를 넣은 쌀 요리)Paella valenciana (vegetables, rabbit, and chicken with rice) | 💲💲

스페인의 상징적인 맛있는 쌀 요리인 파에야는 스페인 동부, 특히 알부페라(Albufera) 석호 주변 논에서 일하던 노동자들이 요리해 나누어 먹던 것에서 기원을 찾을 수 있다. 스페인을 대표하는 요리로 여겨지기는 하지만, 고전적인 파에야 발렌시아나는 요리 역사에서 중요한 역할을 하고 있다.

여기 파에야의 본고장에서 가족이 운영하는 라 리우아는 30년 이상을 발렌시아 최고의 파에야 레스토랑 중의 하나로 명성을 유지해왔다. 발렌시아 시의 중심에 있는 2층짜리 건물은 밖에서 보기엔 특별할 것이 없지만, 내부는 중간 2층 좌석이 있는 크고 활기 넘치는 다이닝룸이다. 서비스는 활발하고 분위기는 편안하며, 실내 장식은

> "벽은 여러 해를 거쳐 레스토랑이 수상한 음식 관련 상으로 덮여 있다."

fodors.com

벽에 매달린 화려한 색채의 접시들이 있는 전통적인 스타일이다.

라 리우아의 메뉴에는 마늘을 넣은 토끼 요리, 쭈꾸미 스튜, 농어 소금 구이와 같은 이 지역 특별 요리가 많지만, 상을 받은 파에야가 레스토랑의 지속적인 인기 비결이다. 이 지역 사람들에게 있어, 완벽한 파에야는 쌀이 결정한다. 알덴테로 살짝 씹히는 질감이 있어야 하며, 지나치게 물러서는 안되고 팬의 바닥은 소카라트(socarrat)라고 불리는 누룽지 형태의 살짝 눌은 정도로 요리되어야 한다. 라 리우아 같은 전통적인 레스토랑의 파에야는 중요한 소카라트가 그대로 있는 상태로, 요리한 냄비채 낸다. 웅장한 바닷가재 파에야와 특별한 오징어와 콜리플라워 파에야를 포함해, 생선과 해산물을 넣은 다른 파에야들도 있다. **SH**

카사 몬타냐 Casa Montaña | 배럴 사이에서 서빙되는 미식 타파스

위치 발렌시아 | **대표음식** 티타이나(참치, 토마토, 청피망)Titaina (tuna, tomatoes, and green bell pepper) | 💲

카사 몬타냐는 1836년에 문을 연 이래로 많은 것이 변하지 않은 것처럼 보인다. 오래된 아치형의 문은 와인 병이 놓인 선반, 가격을 분필로 적은 칠판과 벽에 걸린 투우 포스터로 가득 찬 바로 이끈다.

주인인 에밀리아노 가르시아(Emiliano García)는 주로 발렌시아의 빈티지 와인에 중점을 둔, 1,000개 가량의 상표를 가진 약 20,000개의 병들이 있는 특별한 와인 셀러를 유지하는 바의 오랜 전통을 만들었다. 와인은 잔으로 맛볼 수도 있다.

이 오래된 보데가는 잘 먹고자 하는 이들에게 실망스럽지 않을 것이다. 타파스는 아주 유명해서, 멀리서부터 먹어보려고 사람들이 찾아온다. 스페인 전역에서 비슷한 요리를 발견할 수 있겠지만, 이곳에서는 가장 작은 타파스조차도 정성을 기울인다는 사실은 확실하다. 예를 들어, 안초비는 칸타브리아의 산토냐에서 신선하게 사들인다. 주방의 전담 직원이 조심스럽게 생선의 뼈를 제거하고 살을 발라 오일에 담그거나 튀겨서 낸다.

감자와 같은 간단한 재료도 발렌시아의 내륙 산악지대인 건조한 과달라비아르(Guadalaviar)에서 10월에 한꺼번에 수확한 것을 구입한다. 이 감자들의 특별한 맛과 식감은 파타타스 브라바스(네모나게 자른 감자에 매운 토마토 소스를 뿌린 것)와 대구 크로켓 같은 클래식 타파스들을 더 맛있게 해준다. 그릴에 구운 싱싱한 정어리와 오징어는 인근의 카스테욘(Castellon)의 배에서 직접 온다. 샤퀴트리는 질이 높으며, 최고의 생산업자로부터 사들인다. 발렌시아의 오래된 어촌인 엘 카바냘(El Cabanyal)에서 유래된 티타이나의 레시피는 로컬 재료만을 쓴다. 대구 크로켓 역시 잣을 이용해 엘 카바냘 스타일로 만들어진다. **SH**

➡ 카사 몬타냐는 이곳의 와인셀러로 유명하다.

노우 마놀린 Nou Manolín | 세계적으로 칭송 받는 이 타파스 바에 자리를 잡고 앉아라

위치 알리칸테 **대표음식** 농어 세비체Sea bass ceviche | 💲💲

알리칸테의 코스타 블랑카(Costa Blanca)에 있는 다수의 타파스 바 가운데, 노우 마놀린은 가장 높게 평가된다. 스페인 내전 이전에 간단한 로컬 바로 시작해서 카스테요(Castello) 가문에 의해 운영되고 있다. 유명한 작가 가브리엘 미로의 어린 시절 집이기도 했다. 1972년 설립자의 손자가 노우 마놀린이라는 바로 새롭게 시작했고, 그 이후부터 서서히 명성을 쌓아갔다. 종종 문을 열기 전부터 밖에 줄이 늘어서고 빨리 자리가 찬다. 대부분의 고객들은 1층 바에 있는 등나무로 덮인 스툴을 차지하려고 애쓴다. 이곳은 타파스를 보면서 먹기에 가장 좋은 자리다. 자리를 못 구한 사람들은 인쇄된 메뉴와 유니폼을 입은 웨이터가 있는 위층의 격식을 갖춘 레스토랑으로 자리를 옮긴다. 다이닝룸은 챔피언 타파스에 가려져 있지만, 그 자체

> "고전적인 타파스인 마늘 소스에 요리한 새우부터 튀김옷을 입혀 튀긴 신선한 안초비까지 타파스의 모든 것."

frommers.com

만으로도 해산물과 파에야에 힘을 준, 지역에 근거를 둔 고급 메뉴를 서빙하는 칭송받는 레스토랑이다.

건물은 웅장해 보이지만, 노우 마놀린은 나무와 타일로 된 바, 타일 바닥과 벽돌 아치의 키높은 창문을 가진 클래식한 타파스를 파는 장소다. 나머지 사람들은 테이블이나 엎어놓은 배럴 주위에 둘러앉는다. 마늘 새우에서부터 돼지 간, 생선과 햄 크로켓에서 훈제 연어와 과카몰레까지 50가지의 타파스가 가능하다. 세라노 햄과 같은 클래식과 블러드 오렌지 셔벗을 곁들인 농어 세비체나 참치 버거와 같은 혁신적인 요리들이 있다. 노우 마놀린의 타파를 좋아하는 팬 중에 조엘 로부숑(Joël Robouchon) 같은 세계적인 셰프가 포함되어 있는 것은 전혀 놀랍지 않다. **SH**

엘 파로 El Faro | 카디스 만에 있는 한 쌍의 격식을 갖춘 해산물 레스토랑

위치 카디스 **대표음식** 오징어와 새우, 마늘을 넣은 파스타Pasta with squid, shrimp, and garlic | 💲💲

엘 파로는 카디스 만의 양쪽에 2개의 레스토랑으로 이루어져 있다. 하나는 엘 푸에르토 데 산타 마리아(El Puerto de Santa Maria)의 신흥 지역에, 다른 하나는 카디스의 오래된 동네에 있다. 엘 푸에르토는 콜럼버스의 아메리카로의 두번째 항해 출발지로, 스페인 전역에서 유명하다. 1980년대 이후에 인기를 끌기 시작했으며, 이 지역에서 가장 큰 동네 중의 하나다. 오리지널 엘 파로는 1987년 로컬 셰프 페르난도 코르도바(Fernándo Córdoba)에 의해 세워졌다. 격식에 맞춘 스타일로 나오는 그의 고품격 해산물 요리는 엘 파로를 이 지역 명물로 만들었다.

비트 가스파초부터 홈메이드 크림치즈 수플레에 이르기까지, 모던한 맛의 스페인 고전 요리로 구성된 메뉴를 기대하라. 그릴에 구운 참치는 파인애플과 망고 처트니, 도다리는 마늘과 아스파라거스, 노랑촉수는 구운 가지와 토마토를 곁들인다. 레스토랑은 주방에서 사용하는 채소와 허브의 절반 정도를 공급하는 자체 정원이 옆에 있다.

만 건너편, 오래된 성벽에 둘러싸인 카디스에 있는 엘 파로는 약간 다르다. 그곳은 코르도바의 딸인 마이테(Mayte)가 운영하고 있다. 한쪽 문으로 들어가면 활기찬 타파스 바가 있고, 다른 문으로 들어가면 더욱 전통적인 자리에 앉는 레스토랑이 있다. 둘 다 해산물 전문으로 같은 주방에서 음식을 만든다.

자리에 앉아서 식사를 하게 되는 이 레스토랑은 관광객에게 인기 있는 장소이면서도 스페인의 엄격한 격식을 유지한다. 흰색 재킷을 입은 웨이터가 전형적인 지배인의 감독 하에 고전적인 해산물 요리를 서빙한다. 대조적으로 인기 있는 타파스 구역은 서서 마시고, 먹으며, 수다 떠는 고객들로 연중 끊임없이 바쁘다. 비록 생선을 바에서 주문받아 요리해주기도 하지만, 대부분의 손님들은 토르티아타스 데 카마로네스(tortillitas de camarones, 새우 튀김)나 어묵 같은 일련의 작은 요리들을 선택한다. **SH**

엘 링콘시요 El Rinconcillo | 예전 수녀원에 자리한 세비야의 가장 오래되고 가장 사랑받는 바에서 타파스를 맛보라

위치 세비야 **대표음식** 카리예라스 데 세르도 이베리코 엔 살사(돼지 볼살 스튜)Carrilleras de cerdo ibérico en salsa (pork cheek stew) | **⑤**

원래 수녀원의 휴게실이었던 엘 링콘시요는 1670년 대중 레스토랑과 바가 되었다. 이는 유서 깊은 타파스 전통으로 유명한 도시, 세비야의 4,000개 가량의 타파스 바 중에서 가장 오래된 곳이다.

이 모든 것은 스페인의 바에서 와인에 파리가 들어가지 않도록 햄 조각이나 치즈를 잔의 뚜껑 또는 '타파스'로 사용하던 것에서 시작했다. 무료 스낵은 술과 함께 조금씩 뜯어 먹기에 좋아서 인기가 있었다. 수백 년을 넘는 동안 전통은 진화했다. 오늘날 타파스는 보통 무료가 아니지만, 치즈 조각보다는 더 흥미롭다.

타파스가 유산이라는 느낌은 엘 링콘시요에도 스며들어 있다. 스페인에서 4번째로 큰 도시에서 찾을 수 있는 진짜 타파스를 파는 장소다. 산타 카롤리나 구역의 좁은 골목에 숨어 있는 엘 링콘시요는 안팎이 모두 그림같이 아름답다.

토르티야, 시금치와 병아리콩, 튀긴 안초비, 정어리, 러시안 샐러드와 마늘 새우 같이 흔한 다수의 타파스를 기대하라. 하지만 오르티기아스 프리타스(ortiguillas fritas, 튀긴 말미잘), 튀긴 염장 대구 크로켓, 토마토 소스에 넣은 대구와 대표적인 타파스인 카리예라스 데 세르도 이베리코 엔 살사와 같은 특별한 음식도 있다.

바에서 사람들 사이에 섞여 서서 먹거나 몇 개 안 되는 테이블에서 먹어라. 위층도 마찬가지로 매력 있는 레스토랑으로 알라카르트를 앉아서 주문하는 메뉴가 있지만, 어쩐지 아래층에서와 같은 진짜 재미가 빠진듯한 느낌이다. **SH**

"시간은 이곳이 인상적인 다양한 작은 먹을거리를 쌓아가도록 허락했다."

Lonely Planet

⬆ 엘 링콘시요는 수백 년 동안 타파스를 제공해왔다.

엘 카브라 ^{El Cabra} | 바다가 보이는 레스토랑에서 싱싱한 생선을 맛보자

위치 말라가 **대표음식** 식초에 재웠다가 반죽을 입혀 튀긴 마라호(청상아리)Marrajo (shortfin mako shark) marinated in vinegar and fried in batter | 💲💲

"가볼 만한 가치가 있는 장소 중의 하나는 마누엘 카브라의 레스토랑 엘 카브라다."

Pauline Frommer's Spain

⬆ 해변에서 갓 잡은 싱싱한 생선을 먹어라.

엘 카브라는 말라가에 있는 페드레갈레호(Pedregalejo) 해변의 오래된 어업 구역에 위치한 해변 바 겸 레스토랑이다. 플라스틱 의자와 종이 식탁보가 갖추어진 곳으로 수수하면서 활기가 넘치지만 친절한 서비스를 하는 곳이다. 바다가 보이는 전망과 생선의 싱싱함이라는 두 가지 매력을 가지고 있는 편안한 분위기다. 1962년에 개업한 엘 카브라의 철학은 간단하다. 인근에서 잡은 신선한 생선을 가져다가 판다.

매일 아침 일찍, 승합차 한 대가 마을 끝자락에 있는 도매 시장으로 출발해서 어부가 잡아온 것들로 가득 채워서 돌아온다. 아침이 밝아오고, 오래 전에 바다에서 수명을 다해 이제는 자갈과 모래로 채워진 작은 보트에 바다에서 떠내려온 유목을 넣고 하루 종일 불을 피우면, 공기 중에 떠도는 장작 타는 연기의 향과 함께 해안가에 움직이는 것이 있다. 그것은 불 옆에서 매일, 엘 카브라를 유명하게 만든 정어리를 굽는 사람이다. 이 지역 사람들에게 그가 누구인지 물으면 진지하게 그는 평생 그 일을 해왔고, 아마 그 이전에 그의 아버지도 그 일을 평생 했었을 거라고 말할 것이다.

비록 말라가의 역사적인 중심지는 남쪽으로 몇 마일 더 떨어져 있지만, 엘 카브라는 이 지역 사람들이 자주 들르는 곳으로 남아있다. 촉촉하고, 연기 냄새가 살짝 밴 은빛의 정어리들뿐만 아니라 화이트 와인 소스에 요리한 조개, 껍질에 든 진한 오렌지 색의 홍합, 튀긴 보케로네스(안초비)와 아도보(adobo)는 감탄이 절로 나온다. 스페인어로 아도보는 '마라호'라고 불리는 작은 상어를 식초에 재웠다가 반죽을 입혀 튀겨 만든 것을 가리킨다. 이 요리는 부드러운 짠맛과 함께 식초의 맛과 톡쏘는 짜릿한 맛이 나며 입에서 부드럽게 녹는다. 한편 음식을 먹는 동안, 바다의 부드러운 속삭임, 갈매기의 울음소리와 만족스런 고객들의 음미하는 낮은 웅얼거림이 배경 음악처럼 들린다. **ATJ**

손 아모익사 벨 Son Amoixa Vell | 지중해 음식의 멋진 맛

위치 마나코르 **대표음식** 감바스 손 아모익사(마늘과 허브를 넣은 매운 올리브 오일에 요리한 새우) Gambas son amoixa (shrimp in spicy olive oil with garlic and herbs) | 💲💲

이 웅장하고 오래된 16세기 마요르카의 농장은 럭셔리한 작은 시골집 호텔로 탈바꿈했다. 손 아목익사 벨은 마요르카 섬 동쪽, 마나코르 인근에 있다.

로맨틱하고 스타일리시한 이곳은 샴페인이 곁들여지는 아침 식사부터 풀에서 받는 마사지까지 모든 것을 제공한다. 그러나 최고의 장점은 음식이다.

고객들은 전형적인 농촌 풍경에 둘러싸인, 완벽하게 편안한 분위기에서 최상의 마요르카 시골의 농산물을 이용해 만든, 고급 지중해식 요리에 영감을 받은 요리를 즐길 수 있다. 손님들은 엄청나게 큰 화분이 에워싼 돌로 만든 테라스에 놓인 거대한 크림색 파라솔 아래 야외에서 또는 노출된 돌벽과 진한색 나무 골조가 사이에 있는 안락한 아치가 있는 다이닝룸에서 식사할 수 있다. 많은 재료들이 주변 농장과 마을 시장에서 구입한 것으로, 일부는 호텔의 허브 정원과 사유지에서 따온다.

프랑크푸르트 출신인 셰프 부르노 슐체(Bruno Schulze)는 로컬 제철 재료를 이용해서 컨템포러리한 고급 다이닝을 결합시킨, 매일 바뀌는 메뉴를 감독하며, 10년 이상을 이 호텔에서 근무했다.

허브를 부셔 넣고 구운 양과 리오하 소스는 마요르카의 파타타스 파나데라스(patatas panaderas, 마늘을 넣은 감자)를 곁들이고, 왕새우는 망고, 파파야, 멜론으로 만든 발레아릭(Balearic)식 샐러드의 위에 얹는다.

왕새우를 곁들인 송아지 등심과 후추와 브랜디 소스, 또는 사탕수수로 캐러멜라이즈한 레몬 튜린(tureen)과 딸기 같은 요리들은 이런 영향들이 혼재한다는 것을 보여준다. 디저트는 정원에서 따온 민트에 딸기를 어떻게 재워놓는지, 인근 지역에서 생산된 견과류와 딸기류가 얼마나 자주 그리고 다양한 모습으로 등장하는지에 주목하라. **SH**

산티 타우라 Santi Taura | 창의적인 마요르카 요리의 보석 같은 곳

위치 요세타 **대표음식** 오징어 리소토 Cuttlefish risotto | 💲💲💲

산티 타우라는 섬의 중심 근처에 있는 잘 알려지지 않은 마요르카 마을에 있는 작은 레스토랑이다. 이 먼지나는 뒷길은 관광객들이 찾는 해변과 멀리 떨어져있다. 오픈 키친이 들여다 보이는 작은 다이닝룸에는 36명의 사람이 겨우 들어갈 수 있다. 그러나 이곳은 마요르카 섬에서 가장 칭찬 받는 레스토랑 중의 하나로, 보통 몇 달씩 이미 예약이 끝나 있다.

오너 셰프의 이름을 딴 산티 타우라는 열정을 가지고 요리하는 셰프의 접근방식을 잘 보여준다. 개념은 간단하다. 고객들에게 3가지 애피타이저, 생선, 고기, 디저트와 선택사항인 발레아릭 농장에서 생산된 치즈 보드로 구성된 1가지의 테이스팅 메뉴가 제공된다. 메뉴는 마요르

> "타우라의 스타일은 창의적이고 영리한, 현대 시장 요리라고 표현될 수 있는 것 중에 최고일 것이다."
>
> GQ Magazine

카의 요리법과 재료를 바탕으로 한 것이지만, 모던하고 고급스런 요리 스타일로 음식을 담아낸다.

테이스팅 메뉴는 계절과 셰프가 최상이라고 느끼는 재료에서 영감을 얻어 계속 변화시킨다. 한 주는 테이스팅 메뉴로 소금에 절인 대구 무스, 다진 돼지고기로 속을 채운 홍피망과 그린 토마토 소스, 얼큰한 소브레사다(sobresada) 소시지, 과일맛 소스에 요리한 간과 견과류를 곁들인 토끼 고기, 무화과를 넣은 퍼프 페이스트리 타르트와 팔각 아이스크림을 제공할 것이다. 또 다른 주에는 마요르카 셰프가 그릴에 구운 홍피망, 프렌치 브레드에 올린 훈제한 대구와 블랙 올리브 비네그레트, 고기로 속을 채운 주키니 팀벨(timbale), 도미를 넣은 오징어 리소토와 아이올리, 감자와 양파에 올린 구운 소고기를 낸다. **SH**

엘 붕갈로 El Bungalow | 토박이들이 아끼는 변변찮은 해변 간이 음식점에서 그들처럼 먹어라

위치 마요르카 **대표음식** 채소와 쌀로 만든 바닷가재 파에야Lobster paella with vegetables and rice | 💲💲

"물가에 가까운 널찍한 테라스에 앉아
그날 잡은 것을 주문하라."

Lonely Planet Mallorca

⬆ 해안을 낀 위치는 기분 좋은 경치를 제공한다.

팔마(Palma) 만의 해변가에 있는 작고 착해 보이는 단층 카페? 저렴하고 생기 넘치는 관광으로 유명한 해변을 떠올리며 햄버거, 감자튀김과 아이스크림이나 팔 거라고 기대할 지도 모른다. 그러나 성급하게 판단하지 마라. 왜냐하면 이곳은 마요르카 섬에서 가장 칭찬받는 해산물 레스토랑 중의 하나다.

이 볼품없는 레스토랑은 시우다드 하르딘(Ciudad Jardin) 해변 구역에 있는 팔마와 아레날(Arenal) 사이의 긴 산책로 중간에 위치하고 있다. 펄럭이는 캐노피로 그늘이 드리워진 외부 테라스를 가지고 있으며, 고객들은 레스토랑에서 모래사장으로 바로 들어갈 수 있다. 낮이나 밤이나 테이블에서 저 멀리 팔마의 대성당이 있는, 만의 건너편이 보인다.

이곳은 항상 이 지역의 주민들로 붐빈다. 그들 중에는 다른 레스토랑의 셰프들이 섞여 있기도 하다. 이 변변찮은 간이 음식점은 싱싱한 생선과 조개류, 파에야로 유명해져서 마요르카의 명물이 되었다. 훌륭한 전망과 남향이라는 점, 그리고 시원한 바닷바람도 도움이 된다. 아마 꾸미지 않은 이미지가 단골들로 하여금 이곳을 더 칭송하도록 독려할 것이다. 이곳은 1985년까지 일가족의 해변 별장이었으나, 카페로 개조되었다. 아직 그 가족이 운영하고 있지만, 이후 호평 받는 레스토랑으로 점차 진화되었다.

메뉴는 그날 잡은 것에 따라 달라진다. 배스와 대구 같은 지중해 생선과 조개, 오징어, 홍합 같은 해산물을 기대하라. 보통 생선은 소금을 뿌려 그릴이나 오븐에 굽는다. 해산물은 찌거나 파에야에 이용한다. 쌀 요리는 본토의 에브로 강 삼각주(Ebro Delta)에서 온 아로스 데 칼라스파라(arroz de Calasparra)라는 종의 쌀을 사용한다. 주특기인 바닷가재 파에야와 '콜리플라워와 대구를 넣은 쌀' 요리를 찾아보라. **SH**

카 나 토네타 Ca Na Toneta | 마요르카의 오랜 레시피를 보존하고 있는 시골 레스토랑

위치 마요르카 **대표음식** 툼베트(가지와 토마토에 얹은 메추리알 프라이) ❸❸
Tumbet (fried quail's egg on eggplant and tomato) | ❸❸

두 솔리베야스(Solivellas) 자매가 마요르카의 세라 데 트라문타나(Serra de Tramuntana) 산맥에 깊이 위치한 이 소박한 작은 레스토랑을 운영한다. 마리아가 셰프고, 테레사는 영업을 책임지고 있다. 집은 카이마리(Caimari) 마을의 뒷골목에서나 겨우 찾을 수 있을 것처럼 생겼다. 이곳은 백색 도료가 칠해져 있는 돌로된 시골 집이다. 내부는 시골의 미니멀리즘 방식으로 스타일리시하다. 2개의 다이닝룸과 오리지널 나무 천장 골조, 오래된 바닥 타일, 거칠게 백색 도료가 칠해진 벽, 나무 셔터와 등나무 의자가 있는 작은 테라스가 있다.

마리아는 마요르카에 슬로푸드 운동의 기초를 세웠다. 그녀의 재료들 중에 많은 것들이 가족 소유의 작은 소작지에서 온다. 토마토와 같은 식물의 희귀한 고대 고유 종자를 섬의 식물원에서 얻어온 씨를 이용해 조심스럽게 재배한다. 다른 재료들은 작고 독립적이며 생태학적으로 건전한 농장과 이 섬의 어부들로부터 가져온다. 많은 요리들이 오래된 패밀리 레시피북에서 발견한 고전을 부활시킨 것이다. 그 결과가 '우리 조상들의 현명한 식습관으로부터 영감을 받은' 적당한 가격의 호평 받는 마요르카식 테이스팅 메뉴다. 테이스팅 메뉴는 항상 수프, 애피타이저, 생선, 고기와 디저트로 구성되는데, 무엇이 신선하고 구할 수 있느냐에 따라 달라진다.

전형적인 메뉴는 몇 개의 고리 모양으로 썬 오징어가 중앙에 떠 있는, 토기 냄비에 담은 완두콩 수프를 포함할 것이다. 그에 이어 가지, 피망과 토마토의 화려한 타워에 올리브 오일에 프라이한 메추리알을 얹은 것이 전용의 작은 프라이팬에 담겨 나올 것이다. 다른 코스에는 민트, 당근, 단맛나는 양파와 쿠스쿠스, 또는 생강 케이크를 곁들인 홈메이드 아이스크림이 포함될 수 있다.

흥미로운 전통 빵도 역시 찾아보라. 일부는 캐러멜라이즈한 양파와 로즈메리를 넣고, 다른 것들은 주키니, 염소 치즈와 타프나드를 얹어 나온다. **SH**

MB | 현대적인 카나리 섬의 성에서 맛볼 수 있는 휘황찬란한 오트 퀴진

위치 테네리페 **대표음식** 야생 버섯 골수를 곁들인 비둘기구이/Roast
pigeon with wild mushroom marrowbone | ❸❸❸❸

테네리페에 있는 얽히고 설킨 아바마(Abama) 골프 앤 스파 리조트는 미식 거장의 본거지처럼 보이지 않는다. 하지만 이곳에는 2개의 주요 레스토랑인 MB와 카부키(Kabuki)가 있으며, 둘 다 미슐랭 스타를 하나씩 가지고 있다. MB는 총괄 셰프 마르틴 베라사테기(Martin Berasategui)의 이름에서 따온 것으로, 그는 스페인 전역에 흩어져있는 레스토랑들로 도합 7개의 미슐랭 스타를 받았다. 주방은 셰프 에를란츠 고로스티자(Erlantz Gorostiza)가 이끌고 있으며, 자신의 고유 창작물 일부와 함께 바스크 지방에서 온 인기 있는 요리를 슬기롭게 만들어내고 있다.

MB는 폭포 뒤쪽으로 들어서는 순간부터, 과보호를 하고 편안하게 해주도록 디자인되었다. 달빛 아래 테라스에서 커피를 마시려고 할 때는 해안에 부딪치며 들리

> "500종 이상의 세계 최고의 와인이 있는 셀러가 있으며, 고객들은 베라사테기의 다재다능함을 맛보게 된다."
>
> Daily Mail

는 부드러운 파도 소리가 들린다. 테이스팅 메뉴는 카나리 섬에서 만든 멋진 와인과 잘 어우러진다.

대부분의 농산물은 호텔의 유기농 농장에서 길러지며, 17가지 코스로 구성된 테이스팅 메뉴는 계절을 따르며 식욕을 깨울 만한 것으로 시작한다. 패션프루트 위스키 사워 거품이나 카이피리냐(caipirinha)에 흠뻑 적신 큼직한 멜론 등이 입맛을 돋운다. 에스펠레트 고추를 곁들인 부드러운 대서양 레드 슈림프 카르파초, 트러플을 넣은 푸아 젤리 또는 미소에 구운 가지를 곁들인 가볍게 피클링한 가다랑어 같이 의도적으로 놀래키려는 음식들이 뒤따른다. 테이스팅 메뉴는 달고 신선한 디저트로 마무리된다. 이곳은 영리한 맛의 조합과 보증된 기술 등 베라사테기의 최선을 보여준다. **TS**

라르구 두 파수 Largo do Paço | 역사적인 장소에서 만나는 모던한 요리

위치 아마란테　**대표음식** 비자루Bísaro | ❺❺❺

타메가 강 유역에 위치한 아마란테는 아름다운 다리 덕에 포르투갈 북부에서 가장 아름다운 도시 중 하나로 알려져 있다. 아마란테를 방문할 여행자들에게 희소식이 있다. 이 도시는 푸짐하고 영양가 높은 향토요리를 전문으로 하는 인기 좋은 레스토랑들의 보금자리로 언제나 높은 명성을 누려왔다. 그러나 아마란테에서 진정으로 눈에 띄는 레스토랑은 한 곳인데, 바로 미슐랭 스타를 받은 라르구 두 파수다.

이 레스토랑은 인상적인 배경을 자랑한다. 라르구 두 파수는 타메가 강이 보이는 아름다운 호텔로 거듭난, 긴 역사가 깃든 16세기의 궁전(파수는 포르투갈어로 '궁전'을 의미)인 카자 다 칼사다(Casa da Calçada)에 자리 잡았다. 셰프 비토르 마투스(Vítor Matos)는 스위스에서 태어나고 수학했으나 대부분의 경력을 포르투갈에서 쌓았다. 그는 지역적 전통을 고수하는 가운데 현대적인 유럽 요리 기법을 차용하여 포르투갈 요리에 뿌리를 두고 창의적인 특색을 더한 알라카르트 메뉴를 만든다. 그 결과 비자루 새

끼 돼지고기와 바이하다 와인 소스, 염장한 대구와 병아리콩 거품, 구운 파프리카, 마늘, 고수와 같은 흥미로운 요리가 탄생했다. 또한 미슐랭 스타를 받은 레스토랑에 걸맞게 테이스팅 메뉴를 운영하여 셰프의 창의력과 재능을 한껏 경험할 기회를 제공한다.

이 모든 요리의 중심에는 포르투갈산 식재료와 포르투갈의 전통에 대한 마투스의 열렬한 애정이 있다. 그는 밤을 먹인 트라스우스몬트스(Trás-os-Montes) 지역산 비자루 돼지나 마로네자(Maronesa) 소 등 포르투갈 고유 품종의 가축에서 얻은 고기를 활용한다. 와인 리스트에서도 최고의 포르투갈 와인을 선보이려는 시도를 확인할 수 있다. 마투스는 포르투갈에서 가장 뛰어난 젊은 셰프 중 하나라는 찬사를 받아왔다. 그가 만든 황홀한 호로호로새와 피스타치오, 트러플을 채운 블루 바닷가재와 셀러리 크림을 먹어보면 그 이유를 알게 될 것이다. **CP**

⤒ 염장한 대구와 병아리콩 거품 요리.

파스테이스 드 벨렝Pastéis de Belém | 리스본의 달콤한 명소

위치 리스본　**대표음식** 파스텔 드 나타Pastel de nata | $

파스테이스 드 벨렝으로 더 잘 알려진 카페 안티가 콘페이타리아 드 벨렝(Antiga Confeitaria de Belém)은 언제나 문밖까지 줄이 이어지는, 리스본에서 가장 상징적인 과자점이다. 이곳의 명성은 자그마한 페이스트리에서 비롯되었다. 포르투갈인들의 애정을 듬뿍 받는 그 유명한 파스텔 드 나타(둥근 커스터드 타르트)가 그 주인공이다. 이 유서 깊은 카페에서 하루에 18,000개에서 20,000개 사이의 파스텔 드 나타가 판매된다.

현지인들은 이곳을 찾는 것을 일종의 관습으로 여긴다. 이 카페는 인근의 제로니무스 수도원에서 파스텔 드 나타의 레시피를 어렵게 얻은 뒤로 1837년부터 구운 커스터드 타르트로 인기를 누려왔다. 이 카페는 제로니무스 수도원에 설탕을 독점적으로 공급하던 설탕 정제소(당시에는 오늘날처럼 정제소가 많지 않았다)가 있던 자리에 들어섰다.

포르투갈 내 대부분의 베이커리에 파스텔이 있지만

극히 일부만 알고 있는 비밀 레시피로 만든 원조 파스텔은 바로 이곳에 있다. 원조 파스텔을 한 입만 베어 물어도 즉각 차이를 느낄 수 있다. 바삭바삭한 퍼프 페이스트리와 담백한 커스터드 필링은 모두 다른 파스텔과 확연히 다르다. 오븐에서 갓 나온 것이 가장 맛있으며 갓 나온 제품은 중독성이 강해서 하나만 먹고 멈출 수 없다.

푸른색과 흰색의 매우 오래된 전통적인 아줄레주 타일로 벽에 기하학적 문양, 풍경을 그려 넣은 방을 비롯한 널찍한 공간에서 커스터드 타르트를 즐길 수 있다. 또한 유리창을 통해 이 타르트가 만들어지는 과정을 볼 수 있다. 다른 종류의 케이크와 매콤한 사모사(samosa), 파스테이스 드 마사 텐하(pastéis de massa tenra, 부드러운 반죽으로 만든 페이스티) 등 맛 좋은 짭조름한 간식도 있다. 카페는 언제나 사람들로 붐빈다. **CP**

↑ 파스테이스 드 벨렝은 파스텔 드 나타의 고향이다.

라미로Ramiro | 수수한 레스토랑의 신선한 해산물

위치 리스본 **대표음식** 마늘 새우, 프레구 샌드위치Garlic prawns; prego sandwich | 💰💰

내부는 시끄럽고 세르베자리아(cervejaria, 맥주와 해산물을 취급하는 레스토랑)라면 으레 그러하듯 분주한 웨이터들이 카운터와 테이블을 재빨리 오간다. 라미로는 해산물 애호가들의 안식처이다. 그러나 이곳은 조개와 바닷가재 뿐만 아니라 리스본에서 최고 중 하나로 인정받는 프레구(스테이크 샌드위치)로도 유명하다. 프레구에서 오로지 마늘과 천일염으로 양념한 스테이크는 부드럽고 신선한 롤빵 사이에 끼워져 나온다. 라미로를 좀 안다 하는 사람이라면 프레구를 디저트로 즐긴다.

바닷가재나 대하는 다소 비싼 감이 있으나 감바스 알라 아길루(gambas à la aguillo, 마늘 소스를 곁들인 살짝 매콤한 새우) 또는 아메이조아스 아 불량 파투(amêijoas à Bulhão Pato, 마늘, 고수를 곁들인 조개)나 도토리를 먹인 돼지고기

> "안목이 있는 리스본 사람들은 라미로를 높이 평가한다. 이 레스토랑은 바닷가재를 비롯한 갑각류, 조개류를 전문으로 한다."
>
> Condé Nast Traveller

로 만들어 고객의 눈 앞에서 조심스럽게 슬라이스하는 환상적인 이베리아의 파타 네그라 햄과 같은 다른 요리의 가격은 합리적이다. 배고픈 손님을 위해 버터를 바른 토스트가 테이블 위에 준비되어 있다.

라미로 알바레스 알방(Ramiro Alvarez Alban)이 1956년에 세운 이 레스토랑의 시작은 소박했다. 시간이 흐르며 명성이 높아졌음에도 이 레스토랑은 특유의 수수한 매력에 기여하는 1970, 80년대의 장식을 간직하고 있다. 각종 해산물을 표현한 비우바 라메구(Viúva Lamego, 고급 도자기 공장)의 타일 관과 지하의 수족관에서도 해산물이라는 일관된 테마를 느낄 수 있다. 진정한 리스본의 명소인 이 활기찬 레스토랑은 수년 간 이곳을 찾아온 단골 손님을 비롯하여 모든 연령대의 고객을 끌어들인다. **CP**

칸티뉴 두 아빌레스Cantinho do Avillez | 창의적인 컨템포러리 포르투갈 요리

위치 리스본 **대표음식** 페티스쿠스 셀렉션Selection of petiscos | 💰💰

벨칸투(Belcanto)에 미슐랭 스타가 있다면 이곳에는 재미가 있다. 셰프 조세 아빌레스(José Avillez)는 리스본에서 유행에 민감한 사람들이 모이는 시아두 구역에서 성공적으로 두 레스토랑을 열었다. 두 곳은 스타일과 가격이 판이하게 다르다. 포르투갈산 재료가 존중 받고 새로운 모습으로 거듭나는 이곳의 매력에 빠지지 않기란 쉽지 않다. 아담하고(예약이 늘 권장된다) 메뉴의 종류도 많지 않지만 친밀한 분위기의 이 레스토랑은 재능 있는 아빌레스의 창의적인 요리를 즐기기에 매우 적합하다.

포르투갈 사람들이 사랑하고 즐겨 먹는 바칼라우(bacalhau, 염장한 대구)를 영리하게 재창조했다. 낮은 온도에서 익히고 '폭발적인 맛의' 올리브와 혼합한 바칼랴우는 아빌레스 식의 미가스(migas, 빵으로 만드는 전통 요리)와 짝을 이루고, 전통적인 페이시뉴스 다 오르타(peixinhos da horta, 껍질콩 튀김)는 타르타르 소스와 훌륭한 조합을 이룬다. 임파디냐스 드 페르지스 콩 바콩(empadinhas de perdiz com bacon, 작은 자고새와 베이컨 파이)를 꼭 맛보아야 한다. 도저히 거부할 수 없는 맛에 파이를 더 주문하고 싶어질 것이다. 옥수수 빵가루로 감싼 파리녜이라(Farinheira, 밀가루 소시지)와 전통적인 프레구 샌드위치도 인기 있는 메뉴이다.

빼어난 페티스쿠스(포르투갈식 타파스) 셀렉션은 애피타이저로 식사하기에 좋은 기회를 선물한다. 점심시간에는 할인 혜택이 있는 '오늘의 요리'가 운영되므로 리스본 최고의 요리 중 일부를 매우 합리적인 가격에 경험할 수 있다. 요리에 밴 유머와 스타일은 오래된 주방 도구로 만든 조아나 아스톨시의 예술 작품 등의 장식에서도 모습을 드러낸다. 혁신적인 요리에 힘입어 칸티뉴 두 아빌레스는 리스본에서 놓쳐서는 안될 명소로 부상하고 있다. **CP**

➡ 이곳은 인기 있는 레스토랑이다.

빌라 조야 Vila Joya | 알가르베 해안의 매혹적이고 고급스러운 다이닝

위치 프라이아 다 갈레, 알부페이라 **대표음식** 카타플라나Cataplana | ⑤⑤⑤⑤⑤

"빌라 조야의 위치는 환상적이다.
그리고 스타 셰프 디터 코스치나는 최고의 요리를
만든다."

classictravel.com

아름다운 알가르베 바닷가가 보이는 위치만으로도 마음이 흡족해진다. 5성급 호텔과 스파가 있는 빌라 조야는 미슐랭 스타를 포함하여 다수의 수상 경력이 있는 포르투갈 레스토랑의 보금자리이기도 하다. 오스트리아 출신 셰프 디터 코스치나(Dieter Koschina)는 이 레스토랑의 매력을 책임지고 있으며 북유럽 요리의 기법을 가장 신선한 제철 로컬 식재료와 접목한다.

빌라 조야는 호텔과 레스토랑의 설립자인 고 클라우디아 융(Claudia Jung)에게 경의를 표하고자 '클라우디아에게 바치는 헌사'라고도 알려진 세계 미식 축제(International Gourmet Festival)에 정상급 셰프들을 2007년부터 매년 초청해왔다. 이 축제 기간에 이곳을 방문하면 미슐랭 스타가 빛나는 전 세계 셰프들의 요리를 경험할 수 있다. 그러나 개인에게 맞춰진 경험을 원하면 셰프의 테이블을 예약하는 편이 좋다. 오직 4인만 차지할 수 있는 이 테이블에 앉으면 코스치나와 그가 이끄는 팀이 작업하는 모습을 감상하는 특별한 경험을 할 수 있다.

셰프의 메뉴는 대담하고 현대적인 요리로 구성되며 제철 트러플 등 특별히 수입한 고급품도 활용되지만 주로 포르투갈의 로컬 재료가 활용된다. 뜻밖의 맛을 결합하는 그의 능력은 연어알과 베이컨 텐푸라, 삼겹살과 쇼리수(chouriço, 소시지) 소스와 문어, 둥근 카이피리냐 또는 비트 마카롱과 장어 크림 같은 요리에서 드러난다. 맛 좋은 소스를 더한 돼지고기, 조개, 바닷가재가 들어가는 코스치나식 카타플라나(알가르베 지역에서 조개를 요리할 때 쓰는 뚜껑이 있는 구리 팬에서 이름이 비롯되었다)에서 나타나듯이 그는 전통적인 포르투갈 요리에서도 영감을 얻는다. 여섯 코스로 이루어진 맛 좋은 테이스팅 메뉴, 전문적인 서비스, 낭만적인 위치 모두 높은 가격이 아깝지 않은 환상적인 경험을 선사한다. **CP**

⬆ 정교한 애피타이저는 이곳의 탁월한 메뉴 중 일부다.

➡ 아름다운 배경이 있는 야외 식사.

보테킹 다 모라리아 Botequim da Mouraria | 애정을 담아 만든 알렌테주 전통 요리

위치 에보라　**대표음식** 케이주 누 포르노 Queijo no forno | 💲💲

"로컬 미식가들은 이곳을 에보라 요리의 성지로 여긴다. 최고의 요리를 내는 아늑한 곳이다."

Lonely Planet

흰색의 심심한 파사드만 보면 유네스코 세계유산으로 지정된 에보라에 있는 이 작은 레스토랑의 요리가 얼마나 대단한지 전혀 짐작할 수 없다. 이 레스토랑은 몹시 작아서 자리를 발견하면 영광스러운 기분이 들 정도이다. 예약을 받지 않으므로 정오 또는 저녁 6시에 레스토랑이 문을 열 때 그 근처에 있어야 한다. 카운터와 창가에 있는 몇 석이 이 좁은 공간에 있는 자리의 전부이다.

주인 도밍구스(Domingos)에게 와인과 애피타이저로 어울리는 특제 요리를 추천 받자. 애피타이저로는 케이주 누 포르노(오레가노로 맛을 낸 근사한 세르파산 양젖 치즈를 저민 래디시와 내는 요리), 이베리아 햄과 무화과, 포르투갈 소시지인 쇼리수 또는 파리네이라 구이 등이 있다.

페티스쿠스(조금씩 나오는 요리)는 도밍구스의 아내인 플로르벨라(Florbela)의 솜씨를 보여준다. 가장 뛰어난 메인 요리로는 이베리아산 돼지고기 허릿살, 인소파두 드 보헤구(ensopado de Borrego, 빵을 곁들인 양고기 수프) 등이 있다. 모든 요리는 '보상을 생각하지 않고 그저 좋아서' 만든 것들이다. 이 부부는 서로를 사랑하는 만큼 알렌테주산 먹을 거리를 사랑하는 듯하다. 알렌테주는 코르크나무와 올리브나무가 있는 경치가 아름다운 포르투갈 남부의 넓은 지역이다. 이 지역에는 포도밭이 많은데, 보테킹 다 모라리아는 이 지역에서 온 와인을 150종 넘게 보유하고 있다. 도밍구스는 손님들과의 대화를 즐기므로 카운터석에 앉으면 그의 이야기와 요리에 대한 설명을 들을 수 있다.

뛰어난 레스토랑의 고장으로 유명하고 관광객과 현지인 모두가 즐겨 찾는 에보라의 까다로운 기준을 적용하더라도 모든 측면을 고려할 때 이곳은 진정한 미식 경험을 선사한다고 할 수 있다. 특수 효과 같은 것은 없다. 단지 소박하고 진실된 요리, 진정으로 따뜻한 환대가 있을 뿐이다. 이곳에 발을 들이면 이곳을 영원히 떠나고 싶지 않게 될 것이다. **CP**

⬆ 슬라이스한 이베리아 햄과 무화과는 보테킹 다 모라리아의 맛 좋은 애피타이저 중 하나다.

페테르스 카페 스포르트 Peter's Café Sport | 선원들이 사랑하는 아늑한 식당의 해산물 요리

위치 오르타, 파이알 **대표음식** 투어바리 카타플라나 Wreckfish cataplana | 💲💲

본토에서 1,600km 가량 떨어져 있는 아조레스(Azores)는 대서양을 지나는 선원들에게 전통적으로 안전한 피난처 역할을 했다. 파이알 섬에 있는 오르타 항구는 특히 잘 알려진 피난처다. 이곳을 떠난 선원들이 행운을 빌며 그린 수백 개의 그림이 석조 방파제 일부를 덮고 있다.

항구에서 멀지 않은 곳에 85년이 넘는 세월을 간직한, 선원들이 종종 찾는 아늑한 페테르스 카페 스포르트가 있다. 가족이 운영하며 환전부터 사교의 장까지 다양한 역할을 하는 이곳은 대서양의 명소가 되었다. 위층에는 아조레스에 거주하며 고래잡이를 하던 사람들이 고래수염으로 만든 무척 정교한 조각 세공품 박물관이 있다. 아래 층에서는 관광객, 선원, 현지인이 삼각기, 액자에 끼운 배의 사진, 잘 알려지지 않은 포경 관련 유물로 장식된 북적거리는 비스트로 바에 드나든다.

신선한 해산물 요리에는 포크비어드(forkbeard), 블루마우스 록피시(bluemouth rockfish), 대서양 투어바리, 알마코 잭(almaco jack) 등 잘 알려지지 않은 심해어와 참치, 문어, 대구 등 친숙한 어종이 모두 동원된다. 새우, 조개, 홍합을 넣은 카타플라나 해산물 스튜는 종종 사이드 디시로 등장한다. 신선한 고등어구이에는 클래식한 녹색 소스와 고구마가 곁들여지고, 정어리에는 소박한 샐러드와 옥수수빵이 함께 나온다.

고기를 좋아하는 이들이 반길 메뉴도 있다. 럼과 향신료로 만든 '해적 소스'에 재우고 밤 소스를 곁들인 등심 스테이크 또는 이 지역의 별미인 아조레스에서 난 얌과 오렌지를 곁들인 블랙 푸딩과 향신료를 넣은 소시지가 이에 속한다. 파이알이나 상 조르즈(San Jorge)에서 생산된 치즈는 칠리 페이스트, '불량 파투(시인의 이름을 딴 명칭)' 스타일 조개와 함께 제공되고 대구는 병아리콩 스튜에 담겨 나온다. 뛰어난 로컬 와인 중 대다수는 포도 재배에 필요한 검은 화산토로 구성된 작은 터가 용암이 벽처럼 쌓여 600년 전에 형성된 미로의 보호를 받는 인근의 피쿠 섬에서 온다. **SH**

"이 이상적인 카페는 선원들과 전 세계에서 온 여행자들에게 만남의 장 역할을 한다."

Peter's Café Sport website

⬆ 페테르스 카페 스포르트는 아조레스에서 인기 있는 곳으로, 고래수염 조각 박물관이 완벽성을 더한다.

우 푸키에라 U Fukiera | 보헤미아적인 분위기에서 먹는 고급 전통 동유럽 요리

위치 바르샤바 **대표음식** 포르치니 버섯과 크림을 곁들인 잉어구이 Baked carp with porcini mushrooms and cream | ❺❺❺❺

셀러브리티 셰프 마그다 게슬러(Magda Gessler)는 고향 폴란드에서 최소한 12개의 고급 레스토랑에 관여하고 있지만 그녀의 마음속 제일 중요한 곳은 바로 여기다.

이곳은 바르샤바 구시가지 중심부에 자리잡고 있는데, 최고급 폴란드 전통요리로 구성된 화려한 메뉴를 갖추고 있다. 16세기 건물이 있던 자리에 복구된 이곳이 특별한 이유는 실내 장식 때문이다. 이곳은 보헤미아적인 고급스러움과 로코코적 사치스러움이 믹스된 분위기이다. 실내에 일단 들어서면 고객들은 어마어마한 꽃 장식, 독특한 골동품들, 늘어뜨린 리본, 빵, 과일, 반짝이는 양초들이 만들어내는 고대 정물화 같은 광경을 지나가게 된다. 미니멀리스트적 실내 장식은 절대 아니다.

화려한 커튼, 미스매치된 쿠션들, 특이한 장식품들이 미로 같은 공간의 어두운 구석에 숨어있다. 벽돌로 만든 낭만적인 와인 셀러, 아치모양의 천장에 꽃을 그려 놓은 방, 정겨운 실내 정원도 갖추고 있다. 자갈이 깔린 야외 광장에는 다채로운 색상의 화분들로 둘러싸인 여름용 테라스까지 있다.

금테를 두른 초상화, 독특한 유리식기로 가득 찬 찬장, 꽃으로 감싼 크리스털 샹들리에가 이곳 음식들의 배경이 되어준다. 그 요리 중 몇몇은 이 수도에서 먹을 수 있는 전통 동유럽 요리 중 최고라는 평가를 받는다. 우크라이나의 붉은 보르스치, 고추가 들어 간 헝가리의 굴라시, 폴란드의 딜과 오이에 재운 송어, 러시아의 토마토와 코냑 소스를 곁들인 게 요리, 덤플링을 곁들이고 송아지 정강이 위에 얹어 나오는 바르샤바 스타일의 소 위 요리, 호두와 초콜릿을 넣은 헝가리 크레이프, 주파 니츠(베리류와 머랭, 아마레토 크림으로 만든 폴란드 농가 디저트) 등이다.

우 푸키에라에는 귀족들(스페인의 소피아 여왕, 영국의 앤 공주, 덴마크의 마그레테 여왕)과 정치인들(전 미국 국무장관 헨리 키신저, 전 프랑스 대통령 자크 시라크), 그리고 오노 요코를 포함한 많은 유명인사들이 다녀갔다. **SH**

⬆ 화분들이 레스토랑의 입구를 장식하고 있다.

프란초우스카 레스토랑 Francouzská Restaurant | 체코의 아르누보 걸작

위치 프라하　**대표음식** 블랙 트러플 소스를 곁들인 비둘기 요리 | Pigeon with black truffle sauce　🟤🟤🟤

이 레스토랑의 널찍한 다이닝룸에는 마치 누군가가 와서 아르누보 풍의 황금 가루를 뿌려놓은 것처럼 느껴진다. 벽과 천장의 몰딩은 고급스럽고, 퇴폐적인 톤의 벌꿀색, 짙은 자색과 캐러멜 색으로 회반죽 칠이 되어있다. 칸막이로 된 좌석은 독립적인 식사를 할 수 있게 해준다. 반짝이는 황금색 샹들리에가 천장에 달려있고, 높은 유리창을 통해 햇볕이 잘 들어와서 고객들은 리퍼블릭 광장(Republic Square)에서 오가는 사람들을 볼 수 있다. 한편, 하얀 장갑을 낀 웨이터들은 식탁에 깔린 식탁보 위의 은제 식기구가 반짝거리고 있는지 확인하느라 분주하다.

셰프 얀 호르키(Jan Horky)가 이끄는 주방에서는 레스토랑의 이름이 암시하듯 프랑스 요리의 영향을 받은 음식을 만들어 낸다. 메뉴는 프랑스의 전통에 신세계의 창의성과 체코의 토속적인 건강함이 보태져 신선한 조합을 이룬다. 애피타이저로는 생강 젤리에 넣은 킹크랩과 팜하트(palm hearts) 안에 코코넛 거품과 코리앤더 무스를 채운 것을 함께 내는 요리나 볶은 토끼 콩팥에 훈제 베이컨,

샬롯과 송아지 절임을 곁들인 요리가 있다. 메인 메뉴로는 비둘기에 블랙 트러플 소스를 곁들인 요리와 오리 다리와 가슴살에 흰양배추와 적양배추를 곁들이고 가벼운 느낌의 덤플링을 함께 내는 요리가 있다. 디저트로 크렘 브륄레를 맛보는 것도 좋겠다.

이 우아한 레스토랑은 구시가지 중심에 있는 시민회관 건물의 한 부분이고 중세풍의 화약탑(Powder Tower) 바로 옆에 있다. 레스토랑은 시민회관과 함께 1912년에 오픈했다. 당시는 오스트리아 헝가리 제국(Austro-Hungarian Empire) 말기로 체코의 국가 정체성이 생기기 시작하던 시기였다. 따라서 희망의 시대였고 벽에 그려진 거대한 애국주의적 그림에 그러한 분위기가 반영되어 있다. 이런 역사를 소화하고 나서 광장을 거닐다 보면 프라하 중심가의 심장 뛰는 소리가 느껴지는 것 같다. 자, 이제 먹을 시간이다. **ATJ**

⬆ 레스토랑의 고급스럽고 화려한 다이닝룸.

무제움 카페 Múzeum Café | 벨 에포크 시절의 타임캡슐 안에서 맛보는 정성스럽고 창의적인 요리

위치 부다페스트 **대표음식** 통째로 구운 거위 간Whole roasted goose liver | ⚫⚫⚫

"부드러운 피아노 소리가 배경으로 들리는 곳에서 옛날식으로 식사하기."

Time Out

⬆ 푸짐한 헝가리식 요리가 스타일을 갖추어 나온다.

➡ 이른 시간, 직원들이 레스토랑의 시작을 준비한다.

이곳을 리뷰하면서 '시간을 되돌린 듯한' 이라는 표현을 쓴 사람들은 자명한 사실을 다소 약하게 언급한 것이라고 보인다. 벨 에포크 스타일의 이 오래된 부다페스트 레스토랑에는 프란츠 페르디난트 대공 시절 이래로 쭉 변하지 않은 분위기가 있다.

사실 이곳은 오스트리아 헝가리 제국이 쇠락하기 전부터 영업을 하고 있었다. 무제움은 페스트(Pest) 지역의 중심가에서 1885년부터 고급 요리를 제공해왔고 실내 장식의 일부는 변하지 않고 남아있다.

움푹 들어간 높은 천장 아래 반짝이는 플로어 위로 구두 소리가 딸각인다. 식탁보는 블랑망제 핑크색이고 넓은 타일 벽 위에는 오래된 시계가 높이 도도하게 걸려있다. 거대한 아치형 창문이 실내를 밝고 쾌적하게 만들어준다. 종종 유명한 피아니스트가 고객을 위해 코너에 놓인 그랜드피아노를 연주하기도 한다.

이곳은 시크하지는 않지만 중부 유럽의 고전적인 음식을 맛보기에는 잘 어울리는 장소이다. 농어구이, 거위 다리, 오리 가슴살과 송아지고기가 100년 동안 이곳의 메뉴를 지키고 있다. 굴라시, 감자, 치즈 등의 요리에는 최신식의 이국적인 느낌은 거의 없다. 그러나 현대적이고 독창적인 방식으로 재료를 조합한 요리도 찾을 수 있다.

송아지 스테이크에는 이 레스토랑의 특미인 거위 간과 양송이 요리가 곁들여지고 딜파프리카 소스로 맛을 살린다. 다른 메인 요리로는 채소 덤플링을 곁들인 양고기 다리 요리, 매시드 포테이토와 배를 곁들인 닭고기 요리, 오렌지 향이 나는 오리 가슴살에 아몬드 코티지 치즈 덤플링을 곁들인 요리도 있다.

이곳은 1차 세계대전 이전부터 정치인, 작가, 예술가들이 많이 모여들던 곳이다. 그런데 시간이 지나도 변치 않는 외관은 방치나 자원 부족 탓은 아니다. 졸너이(Zsolnay) 자기로 만든 벽 타일, 깎아 만든 벽 패널과 손으로 그린 천장의 벽화들은 헝가리의 역사유물로 공식 지정되어 보호하고 있는 것이다. **SH**

아르키펠라고스Archipelagos | 그리스의 섬에서 맛보는 잊지 못할 파노라마

위치 산토리니　**대표음식** 홍합, 새우, 문어, 게, 생선 알이 들어간 해물 샐러드Seafood salad with mussels, shrimp, octopus, salmon, crab, and fish roe | ❸❸

에게 해에 노을이 물들 무렵, 아르키펠라고스의 고객들은 고대 화산 칼데라의 가장자리에 자리잡은 오픈 테라스에서 꿈꾸듯이 석양을 바라본다. 테이블에 앉으면 해수 석호 건너 화산섬들이 보이고, 원형의 해안선 항구에 정박해 있는 유람선들을 내려다 볼 수 있다.

로맨틱한 분위기의 이 레스토랑은 선장의 집이던 곳을 개조한 것으로 1860년대에 지어졌다. 미술품과 골동품으로 격조 있게 장식된 실내도 외부만큼이나 멋지다. 그래도 이곳의 전망을 이길 수 있는 것은 없다. 특히 촛불을 밝힌 테이블에서 바라보는 석양은 환상적이다.

이곳의 음식은 이렇게 대단한 풍광과 힘들게 경쟁해야 한다. 이곳에서는 신선하고 풍성한 지역산 식재료로 현대적인 지중해식 그리스 음식을 만들어 산토리니 와인과 함께 소개한다. 화산 토양은 작지만 풍미 좋은 채소를 생산하는 것으로 알려져 있다. 독특하고 조그마한 산토리니 방울토마토, 파바빈, 섬의 산울타리에서 자라는 케이퍼가 많은 요리들에 곁들여 진다. 경탄이 절로 나오는

이곳의 샐러드에서 이런 재료들을 찾아보라. 예를 들어 루콜라, 클로로(chloro, 크림 같은 염소 치즈), 햇볕에 말린 토마토가 들어가 있거나, 안토히로(Anthohiro, 쌉쌀하고 부드러운 염소 치즈)와 비트, 사과, 호박이 들어가기도 하고, 호두와 꿀 비네그레트를 곁들인 샐러드도 있다.

메인 코스로는 전통 그리스식 레시피에 현대적인 변화를 준 요리들이 나온다. 예를 들어 포도나무 잎으로 싼 양고기에 아티초크를 곁들인 것, 우조(ouzo)에 담근 새우와 크림 소스 같은 요리가 있다. 다른 지역산 별미로는 와인 소스를 넣은 토끼고기, 가지 튀김을 곁들인 염소 치즈, 요거트와 민트를 곁들인 주키니 호박, 요거트, 양파, 매운 토마토 소스로 조리한 고기 패티를 피타 브레드에 넣은 요리인 야우틀루(yiaourtlou)가 있다. 그러나 무엇을 선택하든 대부분의 고객들이 가장 생생하게 기억할 것은 이곳의 숨막힐 듯한 경관일 것이다. **SH**

⬆ 고객들은 진정 스펙타클한 바다 경관을 즐길 수 있다.

스트로피 Strofi | 파르테논이 보이는 고전적인 그리스식 선술집

위치 아테네　**대표음식** 그뤼에르 치즈와 토마토를 넣어 유산지에 싸서 익힌 어린 염소고기 Kid goat cooked in parchment with gruyère and tomato |

언뜻 보면 스트로피는 그리스식 선술집에서 나올만한 요리들을 서빙하는 수천 개의 흔한 레스토랑 중 하나로 보인다. 그렇지만 테이블에 음식이 나오면 비로소 이곳의 식재료 품질과 주방에서 신경 쓰는 디테일의 정도가 보통을 훨씬 넘어선다는 것을 알게 된다.

스트로피가 자리잡은 깔끔하고 소박한 1930년대식 빌딩은 아크로폴리스 바로 아래 구역의 한 코너에 있다. 아래에서 보면 모르지만 루프 테라스와 발코니 테이블은 아테네에서 가장 인기 있는 자리 중 하나다. 왜냐하면 파르테논이 잘 보이는 전망 때문이다.

많은 사람들이 근처의 극장에서 쇼를 보고 난 뒤 스트로피에 가곤 하는데, 이곳을 방문했던 연기자들이 사인한 사진들로 벽이 덮여있다. 루돌프 누레예프와 마고트 폰테인도 공연 뒤에 이곳에서 식사를 한 적이 있다. 어디에 자리를 잡고 앉든지 미식의 경지에 오른 그리스 전통 식사를 기대해도 좋다. 애피타이저로는 차지키(tzatziki), 타라마살라타(taramasalata), 후무스, 튀긴 가지와 페타 치즈, 속을 채운 토마토와 포도잎 쌈, 구운 할루미 치즈와 무사카(moussaka)가 있다. 이어지는 요리로 그릭 샐러드, 로즈메리를 넣은 양고기구이, 돼지고기 꼬치 등이 인기가 있다. 자세히 보면 남다른 손길이 더해진 것을 알 수 있는데, 페타 치즈는 꿀과 참깨를 보태 살짝 튀겼고, 할루미 치즈는 신선한 토마토와 잣을 넣어 구웠으며, 주키니 호박은 치즈와 민트를 넣어 오븐에 구웠다. 간단한 문어 애피타이저도 있는데, 문어를 부드럽게 구운 다음 올리브 오일을 뿌리고 싱싱한 허브를 다진 것과 비프스테이크 토마토(beefsteak tomato)를 곁들여서 낸다.

부드러운 양고기 스테이크와 치즈를 포도잎으로 감싼 요리, 또는 아기 염소고기에 그뤼에르 치즈와 토마토를 보태 꾸러미처럼 싸서 천천히 익힌 요리를 일단 먹어보라. 그러면 이 레스토랑이 그리스의 유명인사들과 정치인들에게 왜 그렇게 인기가 많은지 이해될 것이다. **SH**

⬆ 파르테논이 인상적인 배경이 되어준다.

바룰코 Varoulko | 멋과 독창성, 예리한 디테일에서 한 단계 앞서는 전통 그리스식 해물 요리

위치 아테네 **대표음식** 랑구스틴을 넣은 그리스식 보리 리소토 Greek barley risotto with langoustine | 💲💲

"내 어린 시절의 모든 기억은 바다와 연결되어 있다. 이 기억이 늘 내 요리에 영향을 준다."

Lefteris Lazarou, chef and owner of Varoulko

⬆ 바룰코는 우아한 다이닝 경험을 제공한다.

바룰코의 오너 셰프 레프테리스 라자루(Lefteris Lazarou)는 전 세계를 항해하는 유람선 주방에서 일하며 훈련을 받았다. 그는 1987년 자신의 해산물 레스토랑을 처음 연 이래로 전통 그리스 요리의 진보적인 버전을 만들면서 그 시절 바다의 풍미를 담으려고 노력해왔다.

라자루는 2002년부터 계속 미슐랭 스타를 유지하고 있고, 바룰코는 아테네에서 가장 훌륭한 레스토랑이라는 평가를 받고 있다. 라자루는 수산시장을 매일 아침 방문하여 그날의 메뉴를 선정한다고 한다. 그의 창의성은 소박한 그리스식 기본 요리를 상 받을 만한 요리로 변신시켜왔다. 예를 들어, 정어리에 얇은 사워 도우를 덮어서 살짝 튀기고 훈연한 가지 퓌레를 곁들이거나, 문어를 디저트 와인으로 익혀서 그리스식 트라하니스(trahanas) 파스타를 곁들여 내는 식이다.

이 레스토랑은 호화로운 지역에 있지는 않지만 빌딩 자체는 깔끔하고 모던하다. 세련된 다이닝룸을 갖춘 2개 층을 사용하고 있는데 진짜 주인공인 자리는 위층에 있다. 루프 테라스에 놓인 고리버들 의자에 앉으면 눈 아래 집들의 지붕 너머 아크로폴리스까지 한눈에 보이는 잊지 못할 경관을 즐길 수 있다.

라자루는 전통 그리스 해산물을 독창적으로 프레젠테이션하는데 매우 인상적이다. 뼈를 발라낸 꽁치살 필레를 따아서 레드 와인 소스와 서빙하고, 가재는 수영잎으로 싸서 내기도 한다. 오징어에 바질 페이스트를 곁들여 내기도 하고, 붉은 도미 요리에는 블랙 트러플과 가지 무스가 곁들여 지기도 한다. 기발한 조합은 메뉴 전체에 녹아 들어 있다. 크레타산 염소고기향 라이스를 초콜릿과 결합시키기도 하고, 연어에 카롭나무 빵을 곁들이거나, 훈제 장어와 그라니스미스 사과를 같이 내기도 한다. 디저트로는 라자루의 초콜릿 시가(cigar)가 유명한데, 오징어와 설탕으로 담뱃재를 만들어서 설탕과 오징어 먹물로 만든 재떨이에 담아 서빙된다. **SH**

암포라 Amfora | 생동감 있는 자그레브 한복판에서 맛보는 싱싱한 생선요리

위치 자그레브 **대표음식** 오징어구이 Grilled squid | **⑤**

오징어구이는 말랑말랑하고 촉촉하다. 올리브 오일에 튀긴 은빛 정어리는 살이 잘 발라져 있고, 짭짤한 아드리아의 맛을 선사한다. 이 외에도 고등어, 대구, 새우, 문어 등이 있다. 암포라에 오면 바다에서 어부들이 낚는 모든 것을 마음껏 맛볼 수 있다. 이 레스토랑은 '자그레브의 중심'으로 알려진 돌라츠(Dolac) 시장의 바로 건너편에 자리하고 있어서 이곳에서 제공되는 생선들은 바로 전날 뭍으로 나와 아침에 바로 마켓으로 배달된 것이다. 그러니 주변에서 구할 수 있는 가장 신선한 해물인 것이다. 암포라는 형제들이 운영하고 있는데 그중 한 사람이 생선장수이니 최고의 생선들만 테이블에 오르리라는 것은 확실하다. 물론 파그 섬에서 장인이 만든 치즈와 달마티안(Dalmatian) 햄으로 만든 맛있는 애피타이저 같은 다른 지역산 별미들도 제공된다.

레스토랑 자체는 멋없어 보인다. 채소와 과일이 진열되어 있는 돌라츠 시장(생선 홀은 아래층이다)의 빽빽한 광장 맞은편에 있는 아케이드 안에 숨어있다. 따뜻한 날에는 테이블을 시원한 그늘 아래 펼쳐놓아 손님들은 느긋하게 사람 구경을 할 수도 있다. 안쪽에는 작은 바가 있어 카페 같은 분위기가 느껴지고, 메인 다이닝룸은 위층에 있다. 암포라는 간단한 테이블과 의자를 갖춘 허세 없는 레스토랑이고, 최소한의 장식만을 갖추고 있다. 이곳의 높은 인기 탓에 모르는 사람과 같은 테이블을 써야 할 때도 있는데 이 또한 재미를 더하는 일이다.

암포라와 돌라츠 시장의 유기적인 관계로 인해 둘 다 오전 5시부터 오후 3시까지라는 동일한 영업시간을 가지고 있으니 유의하길 바란다. 분주한 자그레브의 중심가에서 식사를 하는데도 싱싱한 생선과 이 소박한 레스토랑의 이름 덕에 마치 달마티안 해안에 있는 듯한 매력을 느낄 수 있다. 잠깐 동안이나마, 당신은 오존으로 가득 찬 해풍 내음을 맡으며 바다의 속삭임을 들을 수 있다. **ATJ**

포드 그리킴 토폼 Pod Gričkim Topom | 열정으로 만들어진 크로아티아 요리

위치 자그레브 **대표음식** 비프 파스티카다 Beef pasticada | **⑤⑤**

이 레스토랑의 단골들은 이곳이 시내 최고의 스트루클리(štrukli)를 만든다고 주장한다. 크로아티아 음식의 상징과도 같은 이 요리를 대부분의 자그레브 레스토랑에서 맛볼 수 있다는 사실을 감안하면 실로 굉장한 칭송이다. 스드루글리는 난순한 요리로 코터지 치즈를 채워 넣은 빵 반죽을 사워 크림에 넣어 익히는 것이다. 가족들이 운영하는 이 소박한 레스토랑에는 스트루클리 외에 다른 요리들도 있다.

근처의 돌라츠 시장에서 그날 바로 사온 달고기를 맛보는 건 어떨까. 단단하지만 촉촉한 이 생선에는 시금치와 감자가 곁들여진다. 같이 나오는 진한 마늘 버터 소스의 달콤함이 감자와 시금치의 투박함을 노련하게 상쇄해준다. 육식애호가에게는 비프 파스티카다라는 달마티안 요리를 추천할 만하다. 이 요리는 준비하는데 이틀이나 걸리는데 소고기를 레드 와인에 재운 뒤 천천히 익힌다. 달마티아에서 태어난 이곳의 주인 안티 필락(Ante Piljac)은 음식과 와인에 관해 이야기할 때 매우 열정적이다. 그는 베리류 과일의 에센스가 코와 미각을 자극하는 크로아티아산 메를로(merlot) 와인 한 잔이 파스티카다와 아주 잘 어울린다고 이야기한다. 디저트 종류는 적지만, 열성적인 단골들은 초콜릿 케이크, 바닐라 아이스크림과 뜨거운 체리를 매우 좋아한다.

이곳은 어퍼 타운(Upper Town)으로 가는 언덕 중간에 위치한 작고 친근감 있는 식당으로 자그레브의 붉은 지붕들이 내려다 보이는 광활한 전망을 갖추고 있다. 이름은 대략 '올드 타운의 대포 아래에서'라고 번역이 된다. 이는 바로 위에 있는 13세기의 로트르슈차크 타워(Lotrščak Tower)를 가리키는 것으로 매일 정오에 이곳에서 쏘는 대포 소리가 시내 전체를 울려 퍼진다. **ATJ**

프로토Proto | 두브로브니크의 명소에서 먹는 최고의 달마티안 해산물

위치 두브로브니크 **대표음식** 폴렌타를 곁들인 브로데토 생선 스튜Brodetto fish stew with polenta | 💲💲

벽으로 둘러싸인 오래된 도시 두브로브니크의 중심가에는 고풍스럽고 미로 같은 골목길들이 있다. 이곳에 있는 프로토는 훌륭한 해산물 요리로 오랫동안 명성을 얻어온 레스토랑이다. 고객들은 3가지 식사 공간 중 하나를 선택할 수 있다. 레스토랑 밖 활기찬 보도의 차양 아래 놓인 테이블에서 식사하거나, 1층의 여름용 테라스에서 식물들에 둘러싸여 식사하거나, 1930년대 스타일의 다이닝룸에서 식사할 수 있다.

이곳에 오면 혹시 모르니 다른 손님들을 슬쩍 둘러보라. 최근의 방문객 중에는 U2의 보노, 리처드 기어, 영화감독 코폴라와 테니스 선수인 노박 조코비치가 포함되어 있다. 그리고 오래 전에는 에드워드 8세가 심슨 부인을 대동하고 이곳에 온 적도 있다. 프로토는 국가적인 명소로 여겨지는데, 크로아티아의 전 대통령 이보 요시포비치도 최근에 방문했다.

이곳의 분위기는 우아하고 전통적이다. 가격대는 상당히 높다. 1886년 이래로 이 레스토랑은 두브로브니크의 어부들이 그날 잡은 것 중 최상의 재료를 사들여 전통적인 달마티안 요리로 만들어내고 있다. 요즈음 보스코 라낙(Bosko Lanac) 셰프가 만드는 메뉴의 하이라이트는 인근 스톤(Ston) 마을에서 나오는 신선한 굴이나 지역산 홍합을 마늘, 화이트 와인, 파슬리로 조리한 간단한 요리일 것이다. 레스토랑의 대표 메뉴는 근처의 로푸드(Lopud) 섬에서 나는 전통적인 브로데토 생선 스튜이다. 화이트 피시, 홍합, 새우, 오징어를 섞은 것에 화이트 와인, 올리브오일, 레몬, 마늘, 토마토, 파슬리를 넣어 익힌 후 갓 만든 폴렌타를 곁들여 내는 풍성한 요리다.

이곳의 여러 요리들은 계절에 따라, 그리고 그날 잡히는 것이 무엇이냐에 따라 바뀐다. 하지만 사프란 라이스에 올린 농어 요리나 와일드 라이스와 트러플, 양송이를 곁들인 바닷가재 리소토, 사프란 소스에 조리한 싱싱한 지역산 새우 요리는 자주 맛볼 수 있다. **SH**

⬆ 두브로브니크 구시가지에 있는 프로토에서 즐기는 야외 식사.

레우로페 L'Europe | 고급스러운 아르누보 분위기에서 맛보는 퓨전과 전통 요리

위치 상트페테르부르크 **대표음식** 타이 스타일 바라문디Thai-style barramundi | ⑤⑤⑤

한번은 엘튼 존이 이곳에서 식사를 했는데, 매우 마음에 든 나머지 무대에 올라서 즉석 콘서트를 열었다고 한다. 그것이 1979년이었고 이제 고객들은 엘튼 존의 'Rocket Man' 대신 클래식 듀오의 음악을 들으며 편안한 시간을 보내고, 하얀 셔츠와 검은 연미복으로 단장한 웨이터들은 테이블 사이를 그림자처럼 재빠르게 돌아다닌다. 메뉴 선택에는 심사숙고가 필요하다. 불 같은 보드카가 곁들여지는 벨루가(Beluga)와 오시에트라(Oscietra) 캐비아를 맛볼 것인가? 아니면 3개의 달걀에 트러플 스크램블드에 그를 채우고 캐비아를 올린 요리 '달걀 속의 달걀(egg in egg)'을 선택할까? 이곳은 문화와 미식이 긴밀하게 연결되어 있는 곳이다. 이곳이 상트페테르부르크의 유서깊은 5성급 호텔인 그랜드 호텔 유럽(Grand Hotel Europe)의 메인 레스토랑임을 감안하면 그리 놀라운 일도 아니다.

네브스키 대로(Nevsky Prospekt) 바로 옆에 자리한 이 호텔은 1875년에 지어졌는데, 레스토랑은 1905년에 문을 열었다. 레스토랑의 인테리어는 아르누보의 뛰어난 사례를 보여준다. 높은 다이닝룸의 위쪽으로 정교하게 조각된 목재 발코니 테두리를 둘렀고, 5개의 독립된 벽감이 있다. 소문에 의하면 이 중 하나에서 라스푸틴(Rasputin)이 여자 친구들과 즐거운 시간을 보냈다고 한다.

2013년 호주인 글렌 쿠퍼(Glen Cooper)가 이 호텔의 이그제큐티브 셰프가 되었다. 그의 강점 중 하나는 전통적인 요리들 중에서 새롭고 흥미로운 메뉴 아이템을 창작해내는 것이다. 초콜릿 퐁당과 타이 커리 아이스크림을 기발하게 페어링한 것이 그 예다. 고객들은 진하고 토속적인 보르스치(borscht) 같은 고전적인 요리와 더불어 쿠퍼의 초기 창작품도 발견할 수도 있다. 간장, 생강, 레몬그라스와 고수가 들어간 타이 스타일 바라문디 같은 요리가 그 예이다. 한 세기 이상 이어진 정치적 격변과 혁명, 그리고 전쟁을 겪은 뒤에도 레스토랑은 계속 번성하고 있다. **ATJ**

⬆ 우아한 아르누보 양식의 다이닝룸.

팔킨 Palkin | 황실 같은 분위기에서 맛보는 스펙타클한 러시아 요리

위치 상트페테르부르크　**대표음식** 모피 코트를 입은 청어 "Herring in fur coat" | ⑤⑤⑤⑤

"상트페테르부르크에서 딱 한 번 사치스러운
소비를 하고 싶다면 이곳에 오라. 셰프들이
지난 수세기의 메뉴를 연구하는 곳이다."

frommers.com

⬆ 팔킨에서의 저녁식사는 우아한 테이블웨어와 함께 완성되는
사치스러운 이벤트다.

소비에트 시절의 지루한 음식은 잊어라. 공산주의가 무너진 이래로, 상트페테르부르크는 진정한 레스토랑 붐을 만끽해왔다. 번잡한 네브스키 대로에는 무수한 맛집들과 수십개의 최신식 디자이너 레스토랑들이 있다. 그런데, 팔킨은 다른 방향을 택한 레스토랑이다. 시간을 거꾸로 거슬러 올라간 것이다.

이 레스토랑은 체호프와 도스토예프스키가 있던 시절에도 있었던 전통적인 레스토랑 자리에서 2002년에 문을 열었다. 작곡가 차이콥스키도 원조 팔킨의 단골이었다고 한다. 25개나 되는 다이닝 홀, 당구실, 칸막이 부스들을 갖추었고, 이국적인 식물들과 분수로 장식된 환상적인 계단이 있었다고 하니 원조 팔킨은 대단한 업장이었음에 틀림없다. 이후 소비에트 시절에는 이 빌딩이 극장으로 바뀌었었다.

새로운 팔킨은 오래 전의 황실 스타일에 비해 작아지고 조금은 소박해진 모습이다. 조리법은 러시아와 프랑스의 전통을 훌륭하게 믹스한 것이고, 가격은 상당히 높은 편이다(특히 와인). 그러나 네브스키 대로가 보이는 전망과 에르미타주 박물관의 감독하에 제작된 귀족적인 실내 장식을 보고 있노라면 그 값어치가 충분하다.

푸아그라, 트러플, 캐비아, 야생동물 같이 고급스러운 재료를 특징으로 하는 이곳의 메뉴는 매우 유혹적이다. 이곳의 요리들은 카트린느 대제 시절까지 거슬러 올라간 오래된 메뉴를 연구해서 화려하게 재창조한 것들이다. 메인코스에는 모렐 소스로 조리한 닭고기 요리, 잣 마멀레이드를 곁들인 사슴고기, 피스타치오와 커리 소스를 곁들인 넙치살, 굴과 벨루가 캐비아가 들어간 훈제연어 샐러드가 포함된다.

서비스 또한 이에 걸맞게 화려하다. 어떤 요리는 바로 앞에서 토치를 이용해서 완성하고, 액체 질소로 만든 요란한 구름과 함께 등장하는 요리들도 많다. 전통적인 러시아 수프는 파이 껍질로 뚜껑이 덮여서 나오고 보드카 한잔도 곁들여진다. **SH**

카페 푸시킨 Café Pushkin | 바로크풍 저택에서 혁명 이전 시절의 귀족처럼 식사해 보기

위치 모스크바 **대표음식** 구운 감자와 양송이 소스를 곁들인 송아지 고기 리솔 Veal rissoles with roast potatoes and mushroom sauce | ❸❸❸

카페 푸시킨은 웅장한 18세기 바로크식 저택인데, 러시아의 수도 한복판에 있는 푸시킨 광장에서 멀지 않은 곳에 있다. 한때는 도서관이었고, 약국이기도 했던 이곳을 러시아 사업가 안드레이 델로스(Andrei Dellos)가 고급 레스토랑으로 변신시켰다. 이곳은 유명 시인 알렉산더 푸시킨이 가로수가 늘어선 멋진 거리를 산책하던 혁명 이전 모스크바의 모습을 재현해보고자 하는 델로스의 시도이다. 그는 공산주의 이전 시대의 탁월한 서비스 역시 부활시켰는데, 현재의 러시아에서 좀처럼 찾아보기 힘든 수준의 서비스다. 직원들은 제국시절의 부유한 가문이 거느린 시종처럼 입고 말한다. 이곳의 메뉴는 현대의 키릴 알파벳에서는 사용하지 않는 구식 언어로 쓰여져 마치 오래된 신문처럼 보인다.

이 매력적인 제정 러시아 시대 타임캡슐의 마지막 재료는 음식이다. 여기서는 역사적인 전통 레시피에 기초해서 만든 정통 고급 러시아 요리를 제공한다. 소비에트 이전 시절의 고전적 요리인 철갑상어, 블린치키(blinchiki, 작은 팬케이크), 캐비아, 보르스치, 펠메니(pelmeni, 고기 만두) 같은 것을 찾아보라. 러시아 이외의 곳에서는 낯설 법한 요리인 소 골수구이에 게르킨(gherkin)과 토스트한 꿀빵을 곁들인 것, 또는 젤리 형태로 굳힌 농어에 호스래디시를 곁들인 요리도 시도해볼 만 하다. 와인 리스트에는 고급 빈티지들이 포함되어 있지만, 러시아식 경험을 하려면 보드카 콜렉션을 시음해 봐야 한다.

요란하게 장식된 높은 천장, 정교하게 만든 나무 벽, 반짝이는 샹들리에가 인테리어의 특징이다. 이곳은 각기 다른 목적으로 사용되는 3개의 층으로 나뉘어 있다. 조명이 밝고 분주한 체리목 카페 바는 점심 장소로 훌륭하고, 더 조용한 2층은 격식을 갖춘 저녁 식사에 제격이며, 3층의 아늑한 공간은 늦은 저녁 한 잔 하기에 좋은 곳이다. 여름에는 옥상 테라스에 앉아 현악 4중주단의 연주를 즐길 수도 있다. **SH**

"이곳에서는 고객을 지주계급 귀족처럼 대한다. 이들은 서비스가 무엇인지 제대로 이해하고 있다."

Time

⬆ 카페 푸시킨의 고풍스러운 인테리어는 러시아 음식을 즐기기에 좋은 분위기를 만들어 준다.

호텔 메트로폴Hotel Metropol | 고급스러운 분위기에서 맛보는 고전적 러시아 요리

위치 모스크바 **대표음식** 스톨리치니 샐러드Stolychny salad | ⑤⑤⑤⑤

"데이비드 린과 촬영 팀이
영화 〈닥터 지바고〉의 장면들을 찍기 위해
메트로폴 레스토랑에 왔었다."

The Moscow Times

붉은 광장과 크렘린에서 몇 분 떨어진 거리에 있는 호텔 메트로폴은 볼쇼이 극장을 마주보는 자리에 있다. 이 귀족적인 호텔이 1901년 오픈했을 때 모스크바 사람들이 떼로 몰려와 화려한 외관과 현대적인 집기들을 구경하곤 했다고 한다. 러시아 중앙 집행 위원회(Russian Central Executive Committee)가 1917년 이곳을 점령하기까지는 그러했다. 그 이후에는 소비에트의 세컨드하우스라고 불리다가 1930년대에 다시 호텔로 전환되었다. 오늘날 메트로폴은 세계에서 가장 유명한 호텔 중 하나다.

메트로폴 호텔은 러시아 미술과 건축에 있어서 모더니스트 시대의 뛰어난 기념물이다. 2,500개의 판으로 만들어진 화려한 유리 돔 아래에서 샬리아핀이 노래를 했고 레닌은 연설을 했다. 버나드 쇼는 채식 요리를 주문했고 마이클 잭슨은 피아노를 연주했다. 왕과 소비에트의 지도자부터 현세의 대통령과 팝스타에 이르기까지 모두 이곳에서 식사를 한 적이 있다.

오늘날 이곳의 고객들은 여전히 황제처럼 식사할 수 있다. 여러 세대에 걸쳐 메트로폴의 셰프들에게 전수되어 온 정통 고전 러시아 요리를 즐길 수 있다는 점에서 그러하다. 캐비아를 올린 블리니(blini, 이스트를 사용한 팬케이크)에 얼음처럼 차가운 보드카 한잔을 곁들인 것, 시치(shchi, 전통적인 양배추 수프), 솔랸카(solyanka, 고기나 생선과 절인 오이로 만든 수프), 러시아의 언제 어디서나 등장하는 비트 수프인 보르스치 등이 있다. 다른 러시아 전통 요리인 스톨리치니 샐러드는 송아지 혀, 마요네즈, 메추리알, 오이, 연어알을 넣어 만드는 메트로폴의 대표 메뉴 중 하나이다.

메트로폴에 투숙하는 행운을 누릴 수 있다면 아침식사를 놓치지 말아야 한다. 상상할 수 있는 모든 요리가 포함되는 유명한 뷔페가 식당을 가득 채운다. 아침으로 보드카와 캐비아를 즐기는 행운을 누려보라. **EL**

⬆ 아름답게 복원된 화려한 유리 천장을 가진 메트로폴 레스토랑은 멋진 구경거리이다.

바르바리 Varvary | 창의적이고 위트있는 러시아 스타일 분자요리

위치 모스크바 **대표음식** 푸아그라를 곁들인 보르스치 Borscht with foie gras | 🍲🍲🍲🍲🍲

바르바리는 모스크바에서 가장 고급스러운 레스토랑 중 하나이지만, 소박한 장소에서 발견된다. 좁은 복도를 지나 엘리베이터를 타고 가면 비로소 화려한 인테리어를 갖춘 1층과 도시를 가로지르는 전경을 가진 멋진 루프 테라스가 나타난다. 테이블은 조각이 새겨진 고급 은제 식기구, 유리잔, 도기들의 무게를 힘겹게 버티며 서있고 가구와 집기들은 사치스럽고 화려하다.

오너 셰프 아나톨리 콤(Anatoly Komm)은 무엇이든 대충 하는 법이 없다. 그는 러시아 분자요리의 선구자인데, 러시아 내외에서 많은 칭송을 받는 업적을 이뤄냈다. 그의 요리는 분명히 러시아식이지만 새로운 모습으로 재탄생된 것이다. 15 코스의 테이스팅 메뉴는 너무 복잡다단해서 18명의 셰프가 하루 종일 준비해도 단 25명의 고객만을 대접할 수 있다.

바르바리의 대표 요리인 푸아그라를 곁들인 보르스치는 눈이 부실 정도이다. 전통적인 러시아 비트 수프에 대해서 당신이 알고 있다고 생각하는 모든 것을 잊으시라. 우선, 한입 크기로 조각낸 푸아그라가 잘게 채 썬 오리고기에 덮여 나오고, 얼린 채 가운데가 비워진 공 모양의 사워 크림에 차이브가 박혀서 같이 나온다. 그리고 나면 사악하게 뜨거운 수프가 무거운 은 주전자에 담겨 나오는데, 이 수프를 부으면 공이 녹으면서 비로소 강렬한 풍미를 가진 수프가 되는 것이다.

메뉴 곳곳에서 경탄, 도전과 함께 풍부한 유머를 발견할 수 있다. '모피 코트를 입은 청어(herring under a fur coat)'라는 이름의 요리가 있는데, 실제로 동물 가죽이 들간 건 아니고 청어 절인 것을 조각내서 마요네즈와 섞은 뒤 비트와 당근을 그 위에 올린 요리이다.

러시아 말로 바르바리는 '야만인(barbarian)'을 의미하는데, 이 이름은 러시아인들이 요리에 관한 세련미가 결여되어 있다는 평판을 풍자한 것이다. 콤이 이런 평판을 바꾸기 위해 얼마나 많은 일을 했는지 생각하면 이 이름은 실로 아이러니하다. **EL**

"바르바리에서의 식사는 친숙한 맛을 새로운 방식으로 보여주는 우아한 행사이다."

Lonely Planet

⬆ 아나톨리 콤의 손에서 나오는 창조적 요리의 전형으로, 시각적 멋과 인상적 풍미가 결합된 것.

음식은 아프리카 문화를 경험하는 굉장히 훌륭한 방법이다. 모로코의 멋진 정원에서 로맨틱한 식사를 즐기건, 남아프리카의 크루거 국립공원에서 코끼리와 사자를 보면서 고급 요리를 맛보건, 또는 카이로 중심가에서 현지 별미를 시식하건, 아프리카 대륙은 풍요롭고 다양한 다이닝 경험을 제공한다.

Africa 아프리카

← 라 타블 당투안에서 바라본 경관, 마라케시, 모로코.

다르 로우마나 Dar Roumana | 앞마당 같은 분위기에서 맛보는 프렌치-모로코식 퓨전요리

위치 페스 **대표음식** 머스터드 소스에 뭉근하게 익힌 토끼고기와 버터 매시Braised rabbit in seeded mustard sauce with butter mash | 💲💲

"오래된 도시를 파노라마처럼 볼 수 있는
전통적인 모로코식 전통 주택에서의
특별한 식사."

Dar Roumana website

⬆ 보닌 부부는 아름다운 환경에서 북아프리카와 프랑스 요리의 우아한 퓨전을 제공한다.

➡ 다르 로우마나의 모자이크 타일을 붙인 차분한 인테리어.

다르 로우마나는 페스 지구에서 처음 문을 연 고급 게스트하우스 중 하나였다. 몇 년 전 이곳의 운영을 맡았을 때, 프랑스 셰프인 빈센트 보닌(Vincent Bonnin)과 그의 아내 바네사(Vanessa)는 요리로도 뚜렷한 족적을 남기고자 결심했다. 그들은 정통 프랑스 요리기법에 북아프리카 맛을 퓨전하기로 했는데, 그 결과는 대단한 것이었다. 우아한 정원에서 완벽한 서비스를 받으며, 정성껏 선별된 모로코 와인 리스트와 함께—여기에는 목넘김이 탁월한 에사우이라산 페를 드 수드(Perle de Sud) 와인도 포함된다—흠잡을 데 없이 완벽하게 만들어진 프렌치모로코 퓨전요리를 즐기는 것을 상상해 보라.

이곳의 메뉴는 자주 바뀐다. 페스 근처 북아프리카지역에서 나는 재료들을 주로 쓰지만 새롭고 특이한 식재료를 구하기 위해서는 모로코 전지역을 뒤진다. 예를 들면 아르간 오일(아르간 나무의 열매에서 압착한), 모로코 남쪽에서 나는 대추야자 시럽, 북아프리카와 남부 이베리아산 토종 토끼 등이 이에 해당된다. 이곳의 요리들은 기발한 착상이 보태져서 토속미의 잔향을 풍기고 있다. 예를 들어 석류당밀을 넣어 숯불에 구운 닭고기는 단호박 퓌레 위에 얹고 장미 꽃잎과 함께 나오는데, 향신료 시장의 강렬한 향기에서 영감을 받은 요리이다. 석류 당밀의 시큼한 단맛은 모로코인들이 고기 요리에 단맛과 자극적인 향 섞는 것을 좋아하는 취향이 반영된 것이고, 석류 씨를 뿌리는 것은 이 레스토랑의 기원(다르 로우마나는 '석류의 집'이라는 뜻이다)를 기념하는 것이다. 그리고 장미 꽃잎은 로맨스를 불러일으키기 위한 것이다. 생강 시럽, 설탕에 절인 고수, 민트 그라니타(granita)를 곁들인 파인애플 카르파초는 이 나라가 애호하는 허브들에 대한 헌사인데, 얼린 민트차 한 대접에 톡쏘는 고수 잎과 매운 생강 시럽, 달콤한 파인애플을 넣은 듯한 맛이 난다.

전통에 대한 존중은 모든 음식 문화의 기반이 되지만, 보닌은 2가지 요리 문화에서 최상의 것을 잘 드러내는 한편 이들을 멋지게 변신시킨다. **TS**

더 루인드 가든The Ruined Garden | 현대적인 거리 음식을 맛볼 수 있는 비밀의 정원

위치 페스 **대표음식** 라스엘 하누트를 곁들인 천천히 구운 양목살Slow-roast shoulder of lamb with ras-el-hanout | 💲💲

페스 지구는 처음 온 사람에게는 미로처럼 느껴질 것이다. 비밀스러운 오아시스로 가득 찬 이곳에서 가이드 없이는 길을 잃기 쉽다. 목가적인 정경의 루인드 가든 레스토랑은 이미 오래전 허물어져 없어진 18세기 리아드(riad, 전통적인 모로코식 가옥이나 궁전)의 잔해 위에서 피어 오른 것처럼 보인다. 남아 있는 것이라곤 퇴락한 정원뿐이다. 정원 바닥에는 유약을 바른 기하학적 테라코타 타일이 깔려 있고, 단단한 외벽이 정원을 웅장하게 둘러싸고 있다. 이 정원에는 바나나 야자수, 파피루스, 무궁화를 포함해 매우 다양한 식물들이 풍성하게 자라고 있다.

방문객들은 이곳에서 시장통의 분주함과 시끄러움에서 벗어나 그늘진 구석을 찾을 수 있다. 뿐만 아니라 식사도 할 수 있는데, 라피스 라줄리 블루 같은 모로코의 파란 하늘이 있어 더 없이 매혹적인 야외 정찬 장소가 되어 준다. 최근에는 높은 천장을 가진 라운지도 지어졌다. 여기에는 장작불이 활활 타고 있어 으슬으슬한 날이면 루인드

가든을 더욱 아늑한 은닉처로 만들어 준다.

2012년에 문을 연 이곳은 페스에 오면 꼭 가봐야 하는 곳으로 자리잡았다. 이곳에서 직접 훈제한 연어와 달걀 스벤지(svenge, 튀긴 도넛)를 하리사 버진 메리(Virgin Mary)와 함께 맛보면서 방문객들은 외국인들과 어울려 느긋한 주말 브런치를 즐기곤 한다. 이 레스토랑은 두 사람이 함께 만들었다. 런던에도 펍을 운영하고 있는 존 투미와 디자이너, 정원사, 요리사인 로버트 존스톤이 그들인데, 존스톤은 근처에 유기농 텃밭을 만들 계획까지 품고 있다. 두 사람은 이 지역의 음식 역사를 열심히 연구했고, 거리 음식에서 영감을 얻어 이들만의 독특한 메뉴를 만들어 냈다. 예를 들면 팝콘 마쿠다(makouda, 토마토 칠리 디핑 소스를 곁들인 감자 부침), 존스톤 식의 가룸(garum) 소스를 넣어 천천히 구운 볼루빌리스(Volubilis) 치킨, 전통적인 메슈이아(mechouia) 스타일의 바비큐 같은 요리들이다. **TS**

⬆ 아름다운 정원에서 맛있는 음식이 제공된다.

알 파시아 Al Fassia | 호화로운 전통 모로코식 파인 다이닝

위치 마라케시 **대표음식** 캐러멜라이즈한 양파와 토마토를 곁들인 양고기 타진 Lamb tagine with caramelized onions and tomatoes | 💲💲💲

할리마(Halima)와 사이다 차보프(Saïda Chabof)가 창업한 알 파시아 레스토랑은 모로코 여성들이 협동조합식으로 운영하는 곳이다. 이들은 두 곳에서 모로코식 요리의 전통을 이어가고 있는데, 한 곳은 마라케시의 세련된 빌 누벨(Ville Nouvelle) 지역에 있고 다른 하나는 전원의 부티크 호텔에 있다. 겔리즈(Guéliz)에 있는 원조 알 파시아 레스토랑이 분위기는 더 그럴 듯 하다. 이곳은 호화로운 엔티크 직물들, 낮은 테이블 주위로 쿠션을 높이 쌓아 놓은 기다란 좌석, 싱싱한 꽃장식, 반짝이는 촛불들을 갖추고 있는 곳이다. 그러나 음식은 두 곳 모두 똑같이 훌륭하다.

모로코에서는 어느 집에서나 최대의 경의를 갖추어 손님을 대접한다. 축하파티나 정찬인 디파(diffa)에서 손님들은 상상을 초월할 정도로 극진한 접대를 받는데 알 파시아에서도 마찬가지이다. 15종의 샐러드에는 설탕에 절인 토마토 샐러드, 훈연한 가지, 커민과 파프리카로 풍미를 더해 부드럽게 찐 당근, 소금을 살짝 흩뿌린 통통하고 작은 파바빈 등이 포함된다. 겹겹이 결이 살아있는 맛

깔스런 페이스트리와 스튜, 테진, 고기구이 등이 나오고, 이어서 치명적으로 달콤한 디저트와 신선한 과일, 민트 티가 나온다. 웨하스 같이 얇으면서도 속을 채운 페이스트리인 비둘기 바스티아(pigeon b'stilla)에는 설탕과 시나몬이 뿌려져 나오는데 그 맛이 기막히다. 향신료를 발라 천천히 구운 양목살구이(2인용)는 녹을 듯 부드럽다. 올리브와 레몬잼을 곁들인 치킨 테진은 모로코의 고전적 요리인데, 이곳에서는 그 레시피로 만들어 낼 수 있는 최고의 사례를 보여준다.

모로코 요리에 관한 파울라 울퍼트(Paula Wolfert)의 멋진 책들을 뒤적일 때마다 이 레스토랑의 레시피를 종종 발견하게 되는 건 별로 놀라운 일이 아니다. 알 파시아는 최고의 전통 모로코 음식 레스토랑으로 이 나라에서뿐 아니라 전 세계적으로 인정받는 곳이기 때문이다. **TS**

⬆ 레몬과 올리브를 넣은 전통적인 닭고기 타진.

라 타블 당투안 La Table d'Antoine | 모로코 미식의 미래를 보여주는 맛

위치 마라케시 **대표음식** 레몬에 재운 참치 카르파초; 파인애플 가스파초 Lemon-marinated tuna carpaccio; pineapple gazpacho | ❸❸

8개의 색다른 식사 공간을 제공하는 팔레 나마스카 호텔(Palais Namaskar Hotel)은 마라케시에서 손꼽히는 미식 장소 중 하나이다. 그중에서도 가장 최근에 문을 연 라 타블 당투안은 모로코 식당가의 판세를 바꾸고 있는 레스토랑으로 부각되고 있다.

헤드 셰프인 앙투안 페라이(Antoine Perray)는 전통적인 풍미와 재료들을 새롭게 재해석한다. 그는 아주 정성을 들여 섬세하게 식재료를 조달한다. 인근 에사우이라의 작은 농장에서 받아오는 염소 치즈로 예를 들자면, 톡 쏘는 강한 맛의 잘 부서지는 종류에서부터 강렬한 냄새를 풍기는 잘 숙성되고 쫄깃쫄깃한 종류에 이르기까지 다양하고 품질 좋은 것을 사용한다. 그가 쓰는 과일과 채소 중 많은 것은 호텔의 유기농 텃밭에서 직접 기른 것이다. 그의 메뉴는 세련된 프랑스식 기법에 동남아시아 요리의 가벼운 터치를 보태서 만든다. 이들 요리는 가볍고, 밝고, 건강하면서도 대담하고 뚜렷한 풍미가 특징이며 뉴웨이브 모로코 요리(또는 'new Morrocan')라고 칭한다.

이곳의 식사는 진정으로 융숭한 대접이다. 하늘로 치솟은 석고 아치가 옥색의 수영장 위를 두르고 있는 팔레 나마스카는 '궁전'이라는 이름에 제대로 걸맞는 곳이다. 이곳의 넓은 테라스와 우아하면서도 안락한 다이닝룸(전통적인 좌석대신 소파와 편한 의자들이 있는)은 진정으로 궁궐 같은 느낌을 준다. 색상기조는 밝은 회색과 강렬한 불(firy)색 톤을 특징으로 하고 있다.

실속을 따지면 점심 메뉴가 좋다. 그렇지만 구운 푸아그라를 곁들인 부드러운 아티초크 타르트나 향긋한 민트에 재운 붉은 피망, 바삭한 밤가루 튀김을 곁들인 차물라(charmoula)에 재운 농어, 누가 아이스크림을 곁들인 달콤한 대서양 무화과같은 고급 요리를 탐닉해보는 것도 충분한 가치가 있다. 이 레스토랑은 제3세계 여행을 즐기는 관광객들에게 점점 더 많이 알려져 오늘날에는 다국적의 식객들이 모여 모로코 요리에 빠져들고 있다. **TS**

⬆ 테라스에서는 멋진 장관을 볼 수 있다.

르 자르댕 Le Jardin | 멋진 뉴웨이브 모로코식 비스트로

위치 마라케시 **대표음식** 사프란과 꿀, 세파 세몰리나로 조리한 벨디 치킨 Beldi (country) chicken in saffron and honey, and Seffa semolina | 💲💲

캐주얼 다이닝이라는 개념은 모로코 요리에 관한 한 아직 새로운 컨셉이다. 큰 도시들에는 많은 프렌치 비스트로와 카페, 이탈리안 레스토랑, 심지어 스시 레스토랑도 있다. 하지만 최근까지 강한 모로코 정체성을 가진 곳은 거의 없었다. 그러다가 2006년, 저명한 카말 라프티미(Kamal Laftimi)가 마라케시 구역에 카페 데 에피스(Café des Épices)라는 업소를 열면서 그러한 상황이 바뀌었다. 그는 곧바로 테라스 데 에피스(Terrasse des Épices)라는 멋진 옥상 레스토랑도 열었다. 그가 가장 최근에 만든 곳이 이 레스토랑인데 아주 패셔너블한 모로코식 카페로 라프티미와 색상전문가 앤 파비에(Anne Favier)가 청록색의 오아시스로 디자인한 곳이다. 1층 테라스에는 팝업 부티크도 있어 최신 현지 패션을 선보이고 있다.

르 자르댕은 1960년대의 모로코에서 영감을 받아 만들어진 곳으로, 빈티지 가구와 완구를 갖추고 있고, 많은 거북이도 살고 있다. 이곳은 현지인과 외국인 모두에게 인기 있고, 하루 종일 이어지는 만남의 장소가 되었다. 아침에는 매운 향의 에스프레소, 딸기 주스, 오렌지 꽃 주스, 그리고 꿀을 듬뿍 뿌린 모로코식 팬케이크 엠세멘(m'semen)을 먹으러 온다. 이 느긋한 시간은 금세 점심을 위한 장으로 변신하여 대화가 점점 더 활발해지고 더 많은 사람들이 오면서 저녁으로 이어진다.

라프티미는 이 지역의 생산물을 잘 활용하며 지역의 유기농 농부들로부터 식재료를 받아쓴다. 신선한 재료를 집으로 사갈 수 있는 작은 식품점까지 갖추고 있어 이곳이 모로코 요리의 심장부를 차지하는 곳이라는 점을 상기시킨다. 비트와 감귤류 샐러드, 마라케시 스타일로 재워 레몬과 적양파 향이 나는 정어리를 토스트에 얹은 것, 양상추, 토마토, 오이를 잔뜩 넣은 할랄(Halal) 버거, 캐러멜라이즈한 배에 오렌지 꽃을 곁들인 요리 등은 수많은 요리들 중 단지 일부일 뿐이다. 만약 진정한 모로코식 비스트로라는게 있다면 이곳이 바로 이곳이다. **TS**

⬆ 르 자르댕은 하루 종일 식사할 수 있는 기분 좋은 분위기를 제공한다.

아부 샤크라 Abou Shakra | 가족이 운영하는 이집트식 국제 요리

위치 카이로 **대표음식** 로열 아부 샤크라 비둘기 요리, 코프타, 송아지 갈비|Royal Abou Shakra pigeon, kofta, and veal ribs | 💲

이집트 박물관 근처의 엘 카이어 엘 아니(El Kair El-ani) 구역에 위치한 이 레스토랑은 원조 아부 샤크라 레스토랑으로, 1947년 케이터링 사업가인 아흐메드 아부 샤크라(Ahmed Abou Shakra)가 문을 연 곳이다. 개업 이후 크게 성장하여 카이로와 알렉산드리아에서 8개의 레스토랑을 운영하고 있지만, 이곳이 원조 레스토랑이며 입맛 까다로운 고객들로 문전성시를 이루고 있다.

이곳의 전반적인 음식 컨셉은 단순하며, 모든 육류는 풍미를 보태기 위해 조리 전에 재우는 과정을 거친다. 각 레스토랑은 각자의 주방을 운영하지만, 사업적 성장을 하면서 아부 샤크라 본점이 중심 허브가 되어 샤크라 가족이 체인점들의 품질과 위생 기준을 모니터할 수 있도록 만들었다. 이 조직의 본부에 있는 팀이 신선한 재료를 조달해서 개별 레스토랑으로 분배한다. 가장 중요한 점은 도축된 육류들을 양념에 재우는 과정이 모두 이 본부에서 진행된다는 것이다. 이를 통해 샤크라 제국 전체의 품질 기준이 확실하게 유지되는 것이다.

애피타이저로 후무스와 같은 찍어먹는 음식부터 삼부섹(sambousek, 치즈를 채워 넣은 페이스트리)까지 준비되는데, 앞으로 나올 음식들을 생각해서 적당히 먹어야 한다. 이곳의 특선 요리는 로스팅 후 숯불에 구운 육류와 가금류가 매우 넉넉하게 나오는 요리로 육식애호가들이 특히 좋아할 만하다. 풍성한 케밥과 코프타도 늘 인기 있는 메뉴다. 양고기구이나 송아지구이는 플랫브레드를 부수어 만든 파타(fatta) 위에 얹혀져 나오고, 코프타 미트볼은 바비큐한 뒤, 마늘, 견과류, 향신료로 요리한 맛있는 칼타(khalta) 라이스를 곁들여 낸다. 다른 특선요리는 프리카(freekeh, 구운 초록색 밀)를 채워 넣은 비둘기요리와 오리구이가 있다. 더 먹을 배가 남아 있다면 전통 이집트 디저트인 옴 알리(om ali)로 마감해도 좋겠다. 이것은 견과류를 넣은 필로(filo) 페이스트리로, 우유와 생크림을 넣어서 구운 진한 맛의 디저트다. **SH**

⬆ 인기 메뉴인 코프타는 라이스 위에 올려서 서빙된다.

아부 타렉Abou Tarek | 길거리 음식으로 명소의 자리에 오른 소박한 음식점

위치 카이로 **대표음식** 코샤리Koshary | $

카이로 시내 중심가의 유명 랜드마크로 자리 잡은 아부 타렉은 코샤리로 유명하다. 코샤리는 전통 이집트 음식으로, 쌀, 렌즈콩, 콩, 마카로니, 국수와 병아리콩으로 만드는데 바삭한 양파튀김과 향신료로 풍미를 더하고 덩어리가 씹히는 토마토 소스를 곁들여 낸다. 현지인들은 아부 타렉의 코샤리가 이 나라에서 최고라고 말한다.

이 집은 많은 이집트의 식당들처럼 길거리 손수레에서 장사를 시작했다. 나중에 아부 타렉은 작은 코너 가게를 열 수 있게 되었고, 점점 확장해서 현재의 3층짜리 현대식 건물로 이전했다. 중요한 것은 타렉이 소박한 길거리 음식가게에서 전국적으로 알아주는 이름이 되었다는 것이다. 외부에 걸린 커다란 간판은 "우리는 다른 지점이 없습니다"라고 조금은 특이한 자랑을 한다. 위층의 현대적 다이닝룸은 분주한 거리를 내려다 보고 있는데, 냉방이 잘되는 실내 역시 떠들썩한 분위기를 자랑한다. 아부 타렉은 겉치레나 거품없이 인기 있는 음식점으로 바쁜 현지인들을 위해 만들어진 곳이다. 식탁과 의자는 꾸밈없는 금속제이고 조명은 밝다. 벽을 따라 수조가 있고 가짜 식물들이 천장에 드리워져 있다.

웨이터들은 선불을 원한다. 고객들은 미리 조리된 코샤리를 5파운드, 7파운드, 10파운드 중 어느 무게만큼 살 건지 선택하기만 하면 된다. 매운 칠리, 라임, 식초 또는 마늘소금이 담긴 단지가 테이블로 배달되고 고객들은 이것을 입맛에 맞게 뿌려 먹으면 된다. 서비스가 신속해서 주문에서 음식을 받기까지 5분이상 걸리지 않는다.

아주 저렴하고 전통적인 이곳의 음식은 단순하지만 만족스럽다. 이 음식은 열심히 일한 날 열량을 보충해 주도록 만들어진 것이다. 어떤 장식이나 멋진 터치는 없다. 코샤리 자체가 쇼의 주인공이다. 현장에서 먹을 경우 단순히 그릇에 담겨 서빙되고, 박스에 넣어서 가져갈 수도 있다. **SH**

⏶ 양파튀김을 얹은 코샤리.

싱기타 레봄보 로지 Singita Lebombo Lodge | 파노라마 같은 경관, 야생동물, 훌륭한 음식을 갖춘 궁극의 부시벨트 경험

위치 크루거 국립공원 **대표음식** 바삭한 껍질의 연어를 곁들인 고추냉이와 포도 리소토 Horseradish and grape risotto with crispy-skin salmon | 🍴🍴🍴🍴🍴

"독수리 둥지 같은 아름다운 풍광을 가진 유리벽 로프트에서 즐기는 현대적인 사파리 생활."

Singita Lebombo Lodge website

레봄보 산의 오래된 암벽들 가운데 2개의 강이 만나는 자리가 내려다 보이는 곳이 매혹적인 싱기타 레봄보 로지가 자리한 곳이다. 15개의 다락방 스타일 객실을 가진 이 로지는 싱키타에서 제일 훌륭하고 가장 아름다운 곳 중 하나인데 음식에 관한 한 더욱 그러하다.

싱기타 레봄보 로지는 크루거 국립공원의 싱기타 야생동물 보존지구 내에 영업허가를 받아서 자리하고 있다. 이곳은 인상적인 구조를 가지고 있는데, 나무와 철, 기막힌 강의 풍광을 잘 살려주는 유리창으로 둘러싸인 유기적인 인테리어를 조합했다. 동물들을 보는 것도 비교할 수 없는 경험이다. 흑백 코뿔소, 버팔로, 코끼리, 하마, 치타, 표범과 사자 무리 구경을 기대해보길.

음식 컨셉은 현장에서 키운(되도록이면 유기농으로) 식재료를 활용해서 만드는 상상력이 풍부하면서도 건강에 좋은 요리다. 셰프인 아치 매클린(Archie Maclean)과 그의 팀은 주변환경에서 영감을 얻어 현대적인 스타일의 요리를 만들어낸다. 매클린은 소박한 음식을 만들지만 현대적인 플레이팅 기법을 사용한다. 그는 한가지 음식에 너무 많은 맛을 내는 것은 감각을 혼란시킬 수 있다고 믿어서, 대신 재미있는 결합을 시도한다. 그리하여 고추냉이와 포도 리소토에 바삭한 껍질의 연어나 짭짤한 캐러멜, 레몬 치즈, 커피 아이스크림을 곁들인 요리 같은 것을 만들어 낸다. 아침은 파노라마 전경과 함께 풍성하게 즐길 수 있고, 점심은 가볍고 건강하게(호화로운 디저트를 사이드로 해서) 먹을 수 있다. 저녁은 객실의 베란다나 로지 안, 숲속의 특별하게 고른 장소에서 멋진 이벤트로 즐길 수 있다.

이곳에는 부속시설로 싱기타 요리학교가 설립되어 지역 청소년들이 조리 기술을 배우거나 취업 기회를 갖도록 하고 있다. **AG**

⬆ 싱기타 레봄보 로지에서 제공되는 현대적인 남아프리카공화국 요리.

루츠Roots | 세계문화유산인 인류의 요람에서 즐기는 파인 다이닝

위치 크루거스도르프 **대표음식** 스프링복 요리Springbok | 💲💲

요하네스버그에서 북서쪽으로 50km정도 떨어진 곳에는 매우 중요한 세계문화유산 중 하나인 '인류의 요람(Cradle of Humankind)'이다. 이곳은 세계에서 인류 조상의 유적이 가장 많은 곳이고, 인류의 화석으로 알려진 것 중 40%가 발견된 곳이다.

이곳에는 포럼 호미니(Forum Homini)라는 이름의 아름답고 고급스러운 부티크 호텔이 사유지 사냥 구역 안에 자리잡고 있다. 이 호텔 최고의 자랑거리는 화려한 수상 경력에 빛나는 레스토랑인 루츠다. 루츠의 디자인과 장식 역시 인류 역사를 엮어 넣어 만들었다.

셰프 아드리안 마리(Adriaan Maree)가 이끄는 루츠에서는 아프리카와 동아시아가 가미된 파인 다이닝을 제공한다. 테이스팅 메뉴는 양이 적은 요리들을 여러가지 제공하므로 선택의 부담을 줄여준다. 고객들은 멋진 경관과 야생동물, 잘 만들어진 세련된 음식들을 즐기기만 하면 된다. 아침과 브런치는 느긋한 5가지 코스 요리이고, 점심은 4가지 코스, 저녁과 일요일 점심은 6가지 코스이다. 이러한 방식은 지나가는 동물과 새들, 그리고 셰프의 재능을 감상하기에 충분한 시간을 제공한다.

이곳의 창의적인 메뉴는 매달 바뀌는데 코코아빈 라구와 가지 조각을 곁들인 스프링복 요리, 머리부터 발까지 먹는 오리(가슴살, 콩피한 다리, 토르텔리니와 푸아그라 거품, 아몬드 크러스트를 두르고 순무와 라임으로 장식한 킹클립(kingklip, 장어류)) 등이 있다. 다양한 종류의 거품, 공기, 젤리, 머랭들이 눈에 띄고, 흥미로운 소스가 최소 1가지 이상 준비된다. 최근의 인기 디저트는 생강 가루와 구운 회향 아이스크림을 곁들인 초콜릿 토르테인데 눈부시게 영민한 조합으로 큰 성공을 거두었다.

예상하다시피 이곳의 와인 셀러 역시 기억에 남을 만한데, 남아프리카공화국의 풍요로운 와인 세계를 잘 보여준다. 와인을 맛보며 이곳의 컬렉션을 즐기는 가장 좋은 방법은 코스마다 페어링된 것을 택하는 것이다. **AG**

완디스 플레이스Wandie's Place | 방문할 만한 가치가 충분한 관광객들의 명소

위치 소웨토 **대표음식** 밍쿠쇼mngqusho | 💲💲

소웨토는 아마 남아프리카공화국에서 가장 유명한 동네일 것이다. 요하네스버그 남쪽 광산 벨트의 경계를 이루는 곳으로 단순한 도시 교외 이상으로 크게 성장했다. 소웨토는 인종분리정책에 저항하는 투쟁의 역사가 스며있는 곳이기도 한데 '금의 노시(city of gold)'로 빠르게 활성화되고 있다. 어떤 이는 소웨토가 진정한 남아프리카공화국을 보여주는 곳이라고 말하기도 한다.

소웨토의 교외인 듀브(Dube)에는 완디스 플레이스라는 아늑한 동네 레스토랑이 있는데 방 4개짜리의 전형적인 소웨토 주택이었던 곳에서 영업하고 있다. 1980년대 무허가 술집으로 소박하게 영업을 시작했으나 이제는 현지인이나 관광객 모두가 좋아하는 유명 레스토랑으로 발전했다. 주인인 완디 은달라(Wandile Ndala)는 이곳을 많은 여행사들의 일정에 꼭 가봐야 할 곳으로 만들었고 에반더 홀리필드, 제시 잭슨, 리처드 브랜슨, 윌 스미스, 톰 크루즈 같은 유명인들이 방문하기도 했다.

뷔페식으로 정찬이 차려지는데 덤플링, 팅(ting, 신맛의 죽), 밍쿠쇼(찧은 옥수수와 콩 스튜), 모로고(morogo, 야생 시금치)와 모구두(mogodu, 소의 위) 등이 소고기, 소시지, 닭고기 요리와 같이 나온다. 샐러드 종류는 감자, 코울슬로, 비트 등이 있다. 모든 음식에 전능한 차카라카(chakalaka)가 뿌려지는데, 이것은 양파, 토마토 그리고 콩 종류로 만든 단순하고 향이 강한 야채 양념이다. 수다스런 웨이터들은 당신이 생각할 수 있는 어떤 종류의 음료라도 다 가져다 준다. 이곳은 매력있고 수수한 공간으로 미리암 마케바 같은 가수들의 노래가 스피커에서 크게 울려 퍼지고 단골들은 새 손님들에게 열심히 말을 거는 그런 곳이다. **AG**

파이브 헌드레드 Five Hundred | 반짝이는 요하네스버그에서의 최고의 정찬

위치 요하네스버그　**대표음식** 예루살렘 아티초크와 배, 꿀 처트니를 곁들인 돼지고기 요리 Pork with Jerusalem artichokes and pear and honey chutney |
🍴🍴🍴🍴🍴

이곳이 2012년에 문을 열었을 때, 요하네스버그 요식 업계에는 꽤 큰 파장이 일었다. 이 레스토랑은 고급스러운 부티크 호텔인 색슨 호텔(Saxon Hotel)에 자리잡고 있다. 이곳의 이름인 '500'은 주인이 머물던 스위트룸의 번호였고, 그곳이 바로 지금의 레스토랑이 있는 자리이다. 수상 경력이 있는 셰프 데이비드 힉스(David Higgs)가 주방을 지휘하고 있다.

색슨에서 힉스는 최신 현대 요리의 경계를 넘어 음식, 와인, 그리고 예술간의 복잡하고 감각적인 관계를 탐색할 자유를 부여받았다. 결과적으로는 그는 남아프리카공화국의 다른 어디에서도 맛볼 수 없는 다중감각적인(multi-sensory) 경험을 창조해냈다. 그의 팀은 신선한 제철 재료를 색슨 소유의 채소 농장에서 조달해서 이것을 손수 고른 장인들의 생산품, 현지나 해외의 가장 좋은 와인들과 짝을 지운다. 그 결과, 미묘하면서 맛이 훌륭한 음식들이 탄생한다. '9가지 생명의 수프(soup with nine lives)'는 그야말로 미각의 센세이션인데, 오이와 호스래디시, 버섯 세비체와 유자, 당근과 라벤더, 초콜릿과 비트, 감귤과 타라곤, 테킬라와 라임, 블루치즈와 호두, 이 모든 것들이 젤리처럼 굳힌 캐모마일 수프에 들어가 있고 회향 무스를 둘러싼 형태로 나온다. 놀라운 맛의 돼지고기는 예루살렘 아티초크, 배, 태운 꿀 처트니를 곁들이고, 소나무 바닥재가 주는 향을 보태 테이블에서 서빙된다.

우아하면서도 친근한 분위기를 제공하기 위해 매우 세심하게 준비되며, 서비스 역시 비범하다. 셰프들은 요리의 마지막 마무리를 위해 테이블에 나와 각각의 요리에 담긴 생각들을 이야기하는 것을 즐긴다. 이 레스토랑의 모든 것은 오로지 하나의 목표를 향하는 것처럼 보인다. 요하네스버그는 남아프리카의 맛과 식재료를 잘 조합한 세계적 수준의 레스토랑을 가지고 있다고 말이다. 그리고 그 목표는 충분히 달성된 것으로 보인다. **AG**

⬆ 세련된 프레젠테이션은 파이브 헌드레드에서 중요한 요소이다.

DW 일레븐-13 DW Eleven-13 | 현대적인 미식 탐험

위치 요하네스버그　**대표음식** 익힌 양상추를 곁들인 로스트 치킨 Roasted chicken with braised lettuce | 💲💲

몇 년 전 요하네스버그가 케이프타운이 가지고 있던 남아프리카공화국 미식의 수도라는 타이틀에 도전장을 던지기 시작했을 때, 마르티누스 페레이라(Marthinus Ferreira)와 그의 DW 일레븐-13 레스토랑이 선두에 섰다. 이 활기 넘치는 젊은 셰프는 요하네스버그 요식 업계가 절실하게 필요로 했던 것을 가지고 왔는데, 그것은 소박한 제철 재료에 집중하는 혁신적이고 현대적인 파인 다이닝이다.

간결한 메뉴는 자주 바뀌지만 페레이라의 특선 요리인 익힌 양상추를 곁들인 닭구이는 늘 포함된다. 이 메뉴는 너무 과하게 요리하지 않는다는 그의 신념을 잘 보여준다. 그의 요리가 깊이가 없다는 말은 아니다. 테이스팅 메뉴나 단품 메뉴의 모든 요리들은 세심하게 선정된 다양한 종류의 음식들로 구성되어 있고 아름답게 접시에 올려진다. 예를 들어, 손수 만든 오리 프로슈토, 와인에 익힌 배, 하얀 배 퓌레, 배 피클 조각, 글뤼바인(Glühwein) 시럽, 피스타치오 가루와 녹인 초콜릿을 곁들인 루지에 푸아그라(Rougié foie gras)구이를 보면 아무도 이것이 단순한 요리라고 할 수 없을 것이다.

페레이라의 메인 코스 역시 인상적이다. 베이컨 렌즈콩 라구를 곁들인 콩피한 오리 다리, 팬에 지진 마르게(marguet) 오리 가슴살, 비트와 오렌지 퓌레가 다른 풍미 넘치는 요리들과 함께 메뉴를 장식하는데, 풀 먹여 키운 소고기 필레에 구운 골수, 순무 퓌레, 로즈메리 도피누아즈(dauphinoise) 감자를 곁들인 요리도 있다. 디저트는 재미있고 맛도 있는데 코코넛 셔벗을 곁들인 발로나 가나슈, 바나나 아이스크림, 초콜릿바나나 소일(soil), 밀크 타르트 마카롱, 짭짤한 땅콩 캐러멜 소스, 민트 아이스크림 곁들인 다크 초콜릿 퐁당, 딸기 판나코타, 우유 필로(pillow), 터키시 딜라이트 드롭스와 초콜릿 소일 등이 있다. **AG**

⬆ 요리는 훌륭한 재료로 세심하게 준비된다.

카페 블룸_{Café Bloom} | 세련된 전원 풍의 다이닝

위치 나탈 미들랜즈 **대표음식** 텃밭에서 바로 나온 싱싱한 음식Fresh foods straight from the garden | 💲

"짝이 안 맞는 의자들과 헛간 스타일의 붉은
문짝은 이 카페를 더욱 매력적으로 만들어준다."

houseandleisure.co.za

📷 카페 블룸에서는 스크램블드에그 같은 아주 간단한 요리조차 풍미가
넘친다.

광활한 드라켄스버그와 경치좋은 나탈 사우스 코스트 (Natal South Coast) 사이에 신비로운 미들랜즈(Midlands)가 자리잡고 있다. 도로는 좁고 구불구불하며 우거진 삼림과 강이 보이고 계곡도 많다. 남아프리카공화국의 이런 멋진 지역에서 맛보는 요리들은 아주 특별하다.

노팅엄 로드에 있는 카페 블룸은 이곳의 하이라이트 중 하나이다. 도예가이며 '믹(Mick)'이라 불리는 마이클 헤이(Michael Haigh)와 그의 아내 샐리(Sally)가 운영하고 있는 이 레스토랑은 헛간을 개조해서 만들어 낡은 듯 하지만 세련된 만남의 장소이다. 아름다운 정원이 보이는 베란다에 안락한 소파와 목재 가구들이 놓여 있고, 믹이 손수 만든 탐나는 도예작품들이 독특한 미술품 컬렉션들과 함께 전시되어 있다.

카페 블룸은 미식가들에게는 축제 같은 곳이다. 헤이 부부는 오랫동안 채식주의자여서 주로 그런 요리가 중심이 되지만 육식 애호가들도 걱정할 필요는 없다. 믹은 이곳의 요리가 케이크를 제외하고는 모두 이름도 없고 정식 레시피를 따르는 경우도 드물다고 말한다. 음식에 대한 그들의 영감은 항상 정원에서부터 시작된다.

점심시간, 고객들을 기다리는 것은 온전한 감동이다. 헤이 부부의 아름다운 접시는 신선하게 준비된 음식들로 풍성하게 채워진다. 리크, 순무, 파슬리를 넣은 풍성한 수프일 수도 있고 크리미한 애호박 탈리아텔레, 또는 코리앤더, 커민, 회향을 넣어 튀긴 병아리콩과 캐러멜라이즈한 체리토마토를 올린 루콜라 샐러드, 부드러운 덴마크 페타 치즈를 곁들인 고소한 버섯구이, 아니면 단순히 버섯피클, 집에서 만든 처트니와 빵이 함께 나오는 치즈 모둠일 수도 있겠다. 무엇을 선택하든 굉장히 맛있을 것이다. 그들은 레시피에 따라 케이크를 만들 때도 걸작품을 창조해낸다. 치즈 케이크, 당근 케이크, 폴렌타 케이크, 스콘과 레몬 브리오슈가 그 증거이다. 이곳은 느긋한 일요일을 보내기에 완벽한 곳이다. **AG**

클레오파트라 마운틴 팜하우스 Cleopatra Mountain Farmhouse | 낭만적인 미식의 탈출구

위치 드라켄스버그 **대표음식** 생강 초콜릿 수플레 Ginger chocolate soufflé | 🍴🍴🍴🍴🍴

남아프리카공화국의 도시 드라켄스버그의 쿠아줄루 나탈(KwaZulu-Natal)은 이 나라에서 특별히 아름다운 곳이다. 클레오파트라 마운틴 팜하우스는 아주 맛있는 음식이 보태져서 그 느낌이 배가된다.

5성급 로지(lodge)는 11개의 룸만을 가지고 있는데 자이언트캐슬 농물보호구역(Giant's Castle Game Reserve) 가까이의 아름다운 캠버그 밸리(Kamberg Valley)에 자리하고 있다. 이곳은 리처드와 마우스 포인턴(Mouse Poynton)이 주인으로 운영하고 있는데 이 가족은 1940년대부터 이 농장에 출입했었다. 그들은 따뜻하고 친절한 사람들인데 이 호텔을 자신들이 꿈꾸던 매력과 우아함이 넘치며 낭만적인 미식을 위한 휴식 장소로 만들어냈다.

모든 현실에서 벗어난 듯한 이 매혹적 분위기 속에서, 고객들은 그때그때 수급 가능한 지역산 식재료와 마우스의 텃밭에서 철마다 나오는 재료에 따라 매일 다르게 나오는 7개 코스의 디너를 기다리기만 하면 된다. 리처드는 좋은 음식에 대한 집착이 강해서 이탈리아산 치즈와 육가공품 같은 고품질의 수입재료를 쓰기도 한다. 음식은 맛이 풍부하고 퇴폐적이며, 정열적인 리처드가 노련하게 프레젠테이션한다. 정통 조리법에 대한 그의 열정 또한 훌륭한 메뉴를 만드는데 한몫한다. 메뉴에는 톡 쏘는 소스를 곁들인 새우와 아보카도, 메추라기 구이, 송어 팀벨(timbale) 같은 요리가 들어가기도 한다. 디저트도 놓쳐서는 안되는데, 페이스트리 안에 넣어 버터스카치 소스로 구운 배나 전설적인 초콜릿 생강 수플레를 먹어보기를 권한다. 정말 맛있는 음식들이다.

다이닝 룸과 라운지에는 사진, 그림, 특이한 수집품들이 여기저기 진열되어 있어 가족적인 분위기를 자아낸다. 점심이나 저녁을 먹기 전에, 옆에 있는 하이무어(Highmoor) 자연보호구역에서 산책을 꼭 해봐야 한다. 북쪽에 있는 자이언트캐슬과 마찬가지로 이곳도 세계문화유산인 우카흘람바(Ukhahlamba) 드라켄스버그 공원의 일부이고 숨막힐 듯한 경관을 자랑한다. **AG**

"클레오파트라가 있는 이곳을 가로질러 흐르는 리틀 무이 강에는 갈색 송어로 가득 차 있다."
uyaphi.com

⬆ 팜하우스는 하이무어 자연보호구역 가까이 목가적인 강변 경관을 가지고 있다.

캡시컴Capsicum | 남아프리카공화국이 바치는 인도 커리에 대한 헌사

위치 더반 **대표음식** 매운 라마빈 커리|Hot sugar bean curry | $

양의 다리살, 샘프(samp), 콩, 보보티(bobotie), 멜크테르트(melktert), 애매한 발음이 나는 몇몇 요리들과 더불어 더반의 커리는 남아프리카공화국에서 가장 독특하고 인기 있는 요리 중 하나다. 이미 다양한 변형을 가지고 있는 인도 커리의 또 다른 버전인 더반 커리는 아시아의 원조 커리만큼이나 여러가지 형태와 풍미를 가지고 있다. 남아프리카공화국 사람들은 완벽한 커리를 먹기 위해 몇 마일씩 운전하는 것을 마다하지 않는다.

커리 매니아들에게 남아프리카공화국의 모든 길은 더반 중심가 브리타니아 호텔(Britannia Hotel)에 자리한 이 레스토랑으로 통한다. 1879년에 지어진 식민지풍의 호텔은 처음 한 세기 동안은 별 존재감이 없었고 관심을 끌지 못하다가 1983년 무들리(Moodley) 가족이 인수하면서 모든 게 바뀌었다.

그때 이래로 캡시컴은 상당히 충성스런 추종자들을 끌어 모았다. 궁극의 더반 커리를 제공할 뿐 아니라 버니 차우(bunny chow)도 먹을 수 있는데, 이 음식은 더반의 인도인 커뮤니티에서 생겨나 많은 사랑과 인기가 있는 현지식 패스트푸드로 빵 덩어리의 속을 파내고 커리로 채운 음식이다. 이곳의 메뉴는 맛있는 새우구이를 비롯한 일련의 서구식 음식과 동아시아 별미들도 포함하고 있지만 지구반대편에서 고객들이 다시 찾아오도록 만드는 것은 바로 커리이다. 양고기 버니 차우—부드럽고 육즙이 많은 고기가 아주 신선한 흰 빵과 당근 샐러드와 함께 나오는 요리—는 절정의 맛이고 매운 라마빈 커리, 입에 침이 고이는 게 커리, 뼈째 나오는 양고기도 그러하다. 육류 부산물을 좋아하는 사람들은 부드럽고 풍미가 가득한 소의 위도 즐기는데, 평소에 꺼리던 사람들도 일단 한번 먹어보면 좋아하게 된다.

아침, 정오, 밤 할 것 없이 캡시컴은 주로 대가족 단위 손님들로 만원을 이루는데 그들은 단지 음식이 좋아서 그곳에 오는 것이다. **AG**

⬆ 헤이크, 새우, 칼라마리 모둠요리.

옵 베 코엡Oep ve Koep | 소박하게 즐기는 지역산 재료 요리

위치 파테르노스터 **대표음식** 서양전갱이 보콤, 배, 그리고 해안에서 나는 허브Maasbanker bokkom, pear, and shoreline herbs | 💲💲

남아프리카공화국의 서해안에서 가장 나른한 어촌인 이 마을에서 유명한 음식백화점인 디 윈켈 옵 파테르노스터(Die Winkel op Paternoster) 옆에 위치한 이 작고 소박한 비스트로는 믿기 힘들 정도로 훌륭한 수준의 요리를 낸다. 오너 셰프인 코버스 반 데르 메르버는 흑판에 적는 메뉴를 계속 바꿔가며 지역산 식재료를 잘 활용한다. 참고로 그의 부모는 옆에 위치한 음식백화점의 주인이다. 여기서 지역산이라는 건 진짜 그 동네를 의미한다. 코버스는 먹거리 채취의 달인으로 자신이 조리할 식재료를 파테르노스터의 모래언덕과 해안에서 찾아내곤 한다.

메뉴를 보면, 남아프리카공화국 사람들이 선호하는 요리에 재기발랄한 발상을 섞어서 흥미로운 변화를 가한 요리들로 구성된다. 재료는 모래언덕에서 나는 시금치, 파래, 벨트쿨(veldkool, 아스파라거스 순처럼 생긴 꽃봉오리), 뷔지(vygie, 아이스 플랜트 또는 미드데이 플라워), 바터블로메키(waterblommetjie, 희망봉 수초 또는 아스파라거스) 그리고 지역산 검정통삼치(snoek), 인근 설다나 만(Saldanha Bay) 에서 나는 홍합과 굴, 숭어 대신 서양전갱이를 재료로 셰프 자신이 만든 보콤(소금에 절여 자연풍에 말린 생선) 같은 수많은 해산물을 포함한다. 겨울에는 아마도 메뉴에 달링(Darling)의 농장에서 기른 스프링복 같은 붉은 육류도 들어있을 것이다.

재료는 토속적이고 투박하지만 플레이팅은 순수하고 다면적인 예술이다. 설다나산 굴에 구스베리, 청사과, 오렌지 뵈르 블랑을 곁들이거나, 같은 굴에 짭잘하고 사각사각한 지역산 야생허브인 샘파이어를 곁들여 내기도 한다. 검정깨를 묻혀 팬에 지진 에인젤피시에는 금련화 매시드 포테이토, 바터블로메키와 모래사막에서 나는 시금치가 곁들여진다. 운이 좋으면 디저트로 감귤 절임과 야생 세이지를 곁들인 허니 판나코타를 맛볼 수도 있다. 와인 리스트는 흥미로운 스워틀랜드(Swartland) 와인들의 소규모 셀렉션이다. **AG**

⬆ 정원이 있는 보트에 야채를 키운다.

디 스트란트로퍼 Die Strandloper | 소박한 웨스트 코스트 해산물 잔치

위치 랑게반 **대표음식** 감자와 고구마를 곁들인 검정통삼치 직화구이 Flame-grilled snoek with potatoes and sweet potatoes | **$$**

므졸리스 플레이스 Mzoli's Place | 궁극의 동네 음식 경험

위치 케이프타운 **대표음식** 양념에 재워 직화로 구운 소시지Flame-grilled marinated sausage | **$**

몇 년 전 남아프리카공화국 서해안의 작은 어촌들에서는 팝업스토어 같은 스타일의 소박한 해변 레스토랑들이 해산물 뷔페를 제공하여 반나절 동안 앉아서 줄곧 먹도록 하는 것이 유행이었다. 이 유행이 이 지역 요식 업계를 폭풍처럼 휩쓸었고 많은 주민들이 그런 식당 중 하나에 가기 위해 몇 주 전부터 미리 계획을 세우곤 했다. 요즘은 이런 유행이 다소 가라앉았지만 한 레스토랑이 굳건히 세월의 시험을 통과했으니 그곳이 바로 랑게반에 있는 디 스트란트로퍼(해변 산책자)이다.

이곳에 가는 건 완벽한 가족 나들이가 된다. 서해안의 인기 요리들을 다 갖추고 있다. 보쿰, 와인과 양파를 넣은 홍합, 마늘버터를 넣은 홍합, 서해안 숭어와 생선 커리 등, 이 모든 것은 단지 애피타이저일 뿐이다. 메인 코스는

> "뷔페의 음식은 말할 것도 없고, 이 해변 레스토랑의 경치 또한 기억할 만하다."

eatout.co.za

감자와 고구마를 곁들인 풍미 넘치는 검정통삼치 직화구이, 바터블로메키브레디(waterblommetjiebredie, 희망봉 수초와 양고기로 만든 스튜), 훈제 에인절피시, 청돔(stumpnose)과 가재가 포함된다. 남아프리카공화국 서해안에서 먹는 모든 좋은 음식이 그러하듯이 달콤한 것들 역시 빠지지 않는다. 갓 구운 팜브레드, 작은 버터 덩어리, 커다란 단지에 담긴 잼 등이 있다. 식사의 마지막에는 커다란 머그잔에 담긴 무르코피(moerkoffie, 불 위에서 올려진 양철 포트에 내린 커피)와 쿡시스터(koeksister, 시럽에 담근 도넛 같은 달콤한 페이스트리)가 나온다. 셰프가 다음 코스가 나온다고 알려주면 종이 접시를 들고 줄을 서면 된다. **AG**

줄루어로 '불에 탄 고기'라는 뜻의 '시사 니아마(shisa nyama)'는 친구들끼리 모여 불에 고기를 구워먹는 브라이(braai), 즉 바비큐를 표현하는 단어다. 이 이벤트는 주로 정육점 주인이 주도를 하는데 그 정육점에서 산 고기만 그의 브라이에서 구워먹을 수 있다(산 사람이 굽든 정육점 주인이 굽든 간에).

현지인에게는 쿠아-므졸리(Kwa-Mzoli)라고도 알려진 이곳은 케이프타운의 한 타운인 구굴레투(Gugulethu)에 자리하고 있는데 시사 니아마를 미식가들에게 소개한 곳이다. 므졸리 잉카위젤레(Mzoli Ngcawuzele)가 2000년대 초반부터 운영하고 있는데 주민, 학생들, 미니버스 택시를 가득 채워서 오는 관광객 등 다양한 전 세계 대중에게 인기 있는 곳이다. 시끄럽고 부산스러우며 아주 기본만 갖추고 있지만(식탁과 의자는 플라스틱이고 나이프와 포크류가 없을 때도 있다) 종종 라이브로 음악이 연주되고 유명 DJ들이 나와 춤추는 현지인들과 어울린다. 딥 하우스 음악과 케이프타운 재즈부터 콰이토(kwaito)와 마림바(marimba)에 이르기까지 음악도 다양하게 흐른다. 이곳은 느긋하게 사람 구경하기에 안성맞춤인 곳이다. 처음엔 그냥 현지인들을 구경만 하려다가 곧 함께 몸을 흔들거리게 될 것이다.

고객들은 자기가 먹을 고기를 골라서 브라이 판(거대한 숯불)을 다루는 사람들이 바비큐해주는 곳으로 가져간다. 하나의 대표 요리가 있는 것이 아니라, 닭 날개부터 스테이크, 양 갈비, 특제 소스에 재운 소시지에 이르기까지 석탄불 위에서 구워지는 것은 뭐든지 다 맛있게 마련이다. 이것들을 옥수수죽, 찐빵, 샐러드 그리고 맛좋은 하우스 차카라카 양념과 함께 즐겨보라. 므졸리도 항상 그곳에 있으면서 음식 추천을 해준다. **AG**

라 콜롬베 La Colombe | 전통적인 기법을 기반으로 한 현대적 프랑스 요리와 아시아 파인 다이닝의 퓨전

위치 케이프타운 **대표음식** 바다 안개를 곁들인 우마미 수프 Umami broth with sea fog | ❺❺

라 콜롬베는 남아프리카공화국의 파인 다이닝 무대에서 굳건한 위치를 차지하고 있는 곳이다. 이곳은 와인 농장에 딸린 레스토랑으로 유명 셰프들이 20년이 넘도록 지속적으로 높은 수준을 유지해왔다. 최근의 셰프는 스콧 커튼(Scot Kirton)으로 재능 있지만 겸손한 젊은 셰프인데 그의 요리 철학은 전통적인 기법, 신선한 제철 재료, 복잡하지 않은 풍미의 조합이다. 그 결과, 이곳의 메뉴는 남아프리카공화국 최상급 현지 재료를 이용한 현대적인 프랑스 요리와 아시아 파인 다이닝의 만남이 되었다. 가장 인상적인 요리는 테이스팅 메뉴로 주방팀의 예술적인 플레이팅과 음식 연출은 감탄할만하다.

커튼은 해산물을 특히 잘 다루며 이를 다른 육류 재료들과 능숙하게 믹스한다. 그는 아주 기억에 남는 가리비 요리와 랑구스틴 육수에 담긴 삼겹살 콩피를 만들어 내며, 또 다른 인기 메뉴로는 리소토 보르들레즈(bordelaise), 비프 수비드(beef sous vide), 광어 미소 야키(miso yaki), 비트 카넬로니, 찐 랑구스틴과 미소 가리비를 곁들인 우마미 수프가 있다. 이 요리로 말하자면 맛은 말할 것도 없고, 샘파이어, 해초, 가리비, 랑구스틴으로 만들어져 바다의 안개가 테이블 위로 스며들어 오는 듯한 느낌을 주는 창의적인 요리다.

이곳의 음식은 훌륭한 서비스와 놀라운 와인 리스트로 인해 더욱 돋보인다. 콘스탄티아 위트시그(Constantia Uitsig)의 와인들이 제공되고 다른 케이프산 와인과 수입 와인도 광범위하게 갖추어 놓았다. 여기서 추천하는 와인과 음식의 페어링을 꼭 시도해 볼 것을 권한다.

인테리어는 최근에 새로 단장하였지만 여전히 소박하고 밝고 고전적인 분위기를 자아내어 친근감 있고 안락하다. 겨울에는 벽난로 옆자리에 앉아보고 여름에는 정원과 연못이 보이는 베란다에 앉아보기를 권한다. **AG**

"요리는 이해하기 쉬우면서도 대담한 풍미를 가져야 한다. 나는 끊임없이 고치고 다듬는다."

Scot Kirton, La Colombe

⊞ 라 콜롬베에서 볼 수 있는 예술적인 플레이팅.

카르네 SA Carne SA | 이탈리아에서 영감을 얻은 육류 애호가의 성지

위치 케이프타운 **대표음식** 라 피오렌티나 비프 La Fiorentina beef | 💲💲

"우리는 디자인과 품질 모두 무언가 예외적인 특별한 것을 창조하길 원한다."

Giorgio Nava, Carne SA restaurateur

⬆ 조르조 나바는 자신의 농장에서 나온 최고의 육류를 서빙하고 산지 추적도 가능하도록 한다.

➡ 다이닝 구역은 전통적인 이탈리아식 도축장을 본떠 독특하고 투박한 모습을 지녔다.

카르네 SA라는 정통 이탈리아식 이름은 이 케이프타운 명소에 관해 2가지 중요한 점을 말해준다. 이곳은 육류를 중점적으로 다루며, 훌륭한 이탈리아식 조리법에 기반한 다는 것이다. 오너 셰프인 조르조 나바(Giorgio Nava)는 밀라노 출신으로 이탈리아 요리가 줄 수 있는 최고의 것을 제공하려는 집념이 있다. 그는 길 건너에서 '95 케롬(95 Keerom)'이라는 이탈리안 레스토랑을 운영하고 있기도 하다. 나바는 남아프리카공화국 최고의 양고기 산지라고 일컫는 카루(Karoo)에 농장을 가지고 있기도 한데, 최상의 육류를 서빙하려는 사명감이 강한 셰프다.

웨이터들이 쟁반에 생고기를 담아와 고객들이 고르게 하고 그날의 특선 요리, 고기의 숙성기간, 풀을 먹인 것인지 곡물을 먹인 것인지까지도 알려준다.

이곳의 이탈리아식 메뉴—안티파스티(antipasti), 프리미(primi), 달라 그릴리아(dalla griglia), 세콘디 피아티(secondi piatti), 콘토르니(contorni), 살세(salse), 돌치(dolci)—는 분명히 육류애호가에게 맞춰져 있지만 풍성한 채식 요리도 있다. 육류 요리의 하이라이트는 풀 먹여 키운 24개월짜리 소고기로 만든 핸드 슬라이스 카르파초로 루콜라, 파르메산, 엑스트라 버진 올리브 오일이 곁들여진다. 송아지 혀로 만든 카르파초도 있는데 데친 소 혀와 샐러드, 살사 베르데가 같이 나온다. 프리미는 세이지 버터와 파르메산 치즈를 넣어 천천히 구운 양목살로 만든 홈메이드 라비올리, 그리고 고르곤졸라 소스로 만든 폴렌타 뇨키가 있다.

메인 코스로는 라 피오렌티나가 단연 최고인데, 이것은 풀 먹여 키운 24개월짜리 소의 1.2kg짜리 티본 스테이크 요리로 둘이서 나누어 먹기에 충분한 양이다. 다른 옵션은 행거 스테이크, 프라임 립, 야생고기 모듬 꼬치부터 검은 영양고기까지 아주 다양하다.

또한 이곳은 수많은 수상 경력을 가지고 있다. 잇 아웃 레스토랑 어워드(Eat Out Restaurant Award)에서 수여한 최고의 스테이크하우스 상도 그중 하나다. **AG**

파나마 잭스 Panama Jacks | 항구의 안식처에서 맛보는 화려한 해산물

위치 케이프타운　**대표음식** 해산물 모둠Seafood platter | 💲

조업중인 항구에 어느 소박한 레스토랑이 있는데 장식과 메뉴, 서비스하는 직원들까지 다 갈아엎어야만 하는 곳으로 보인다고 하자. 이런 곳이라면 보통은 꼭 가봐야 할 레스토랑으로 선정되지 않을 것이다. 그런데 파나마 잭스는 바로 그런 곳이지만, 절대 놓쳐서는 안되는 곳이다.

해산물 전문 선술집인 이곳은 기껏해야 통나무집 정도로 표현할 수 있는데 오래전부터 테이블 만(Table Bay) 항구의 시끌벅적한 구역에 숨어 있었다. 수많은 단골들과 몇몇 운좋은 새 고객들이 같은 것을 찾아 이곳에 들어오는데 그것은 바로 엄청나게 맛있는 해산물이다.

약간 조잡한 가구들, 낮게 드리워진 깃발들, 어망, 부표 같은 장식물들이 있는 이곳은 투박한 느낌을 주지만 그런 것들은 그냥 지나치면 된다. 엄청 맛있으면서도 굉장히 저렴한 해산물, 훌륭한 서비스, 그리고 친근한 분위기를 곧 발견하게 될 테니까 말이다. 메뉴는 단순하면서도 방대하다. 한마디로 거의 모든 해산물을 다 취급한다. 애피타이저로 새우, 가재 칵테일(달콤한 칠리 마요네즈, 참깨, 파 다진 것을 뿌린다), 전통의 나미비아산 굴(얼음 위에 올려져 레몬 조각과 타바스코 소스와 함께 나오는), 여러 방식으로 조리한 홍합(포르투갈 스타일, 타이 스타일 또는 크리미한 화이트 와인 소스와 함께), 칼라마리, 그리고 심지어 고둥과 달팽이도 맛볼 수 있다.

메인 코스는 더 다양하다. 엄청난 종류의 갑각류(서해안 록 랍스터, 야생 전복, 큰 새우, 모잠비크 랑구스틴 등), 낚시로 잡은 다양한 생선류, 해산물 모둠 쟁반 등이 있고 호이산(Hoi San) 참깨 오리 같은 의외의 옵션도 있다. 수조 안에는 살아 있는 바닷가재와 전복이 들어있어 어른들이 식전에 마늘빵을 즐기는 동안 아이들을 즐겁게 해준다. 작은 스시 주방도 보인다. 이에 더해, 와인 리스트는 해산물과 잘 어울리는 종류들을 선정해 상당히 좋은 가격으로 제공한다. **AG**

⬆ 생선초밥을 포함한 신선한 해산물이 파나마 잭스의 강점이다.

더 테스트 키친 The Test Kitchen | 재능, 기술, 창의성과 재미가 만나는 곳

위치 케이프타운 **대표음식** 곰보버섯으로 글레이즈한 스위트브레드를 곁들인 야생 버섯과 오리 간 Wild mushroom and duck liver with morel-glazed sweetbreads | $\textbf{\textit{⑤⑥}}$

만일 현지 레스토랑들이 모두 이곳처럼 흥미롭고 혁신적이라면 남아프리카공화국의 요식 업계는 전 세계에서 가장 흥할 것이다. 셰프 류크 데일-로버츠(Luke Dale-Roberts)의 레스토랑을 표현할 때, 핫(hot), 꼭 가봐야 할(must-visit), 최고(best) 같은 용어들이 흔히 쓰이지만 '세계 수준(world-class)'이라는 말이 가장 잘 어울린다.

영국에 뿌리를 두고 있고 광범위한 해외 경력을 갖고 있는 데일-로버츠는 글로벌하게 생각하고 요리하는 셰프다. 그의 음식은 5가지 종류의 테이스팅 메뉴로 나오는데 3 코스, 5 코스, 디스커버리 코스, 미식가 코스, 그리고 채식주의자 코스이다. 이 메뉴는 계속해서 진화 중인데 신선한 현지 재료에 재미 있는 해석과 상상력 넘치는 조합을 가해 자연스러운 풍미와 제철 미식을 강화하려는 그의 목표를 반영한다. 이곳에서 무엇보다 좋은 점은 셰프와 그의 군단이 개방형 주방에서 일하는 것을 볼 수 있다는 것이다.

핵심 재료는 푸아그라, 설탕 절임(sweetmeat), 가리비,

칼마(Chalmar) 비프 필레, 송아지 혀, 그리고 돼지 머리에 이른다. 소스와 사이드는 초절임되거나, 데치거나, 퓌레로 만들어지며, 나무로 훈제되거나, 흙 냄새부터 톡 쏘는 맛까지 다양한 향과 맛이 나며, 생강, 미소, 미림 같은 아시아 재료까지 아울러 사용된다.

데일-로버츠의 재능과 기술은 그의 대표 메뉴 곰보버섯으로 글레이즈한 스위트브레드를 곁들인 야생 버섯과 오리 간 자완무시(chawanmushi, 달걀찜)에서 잘 드러난다. 이 셰프는 송아지 췌장을 완벽에 가깝게 조리하면서 버섯이 가진 '숲속 바닥(forest floor)' 같은 성질을 끌어내는데 이는 결코 쉽지 않은 도전이다. 모든 요리는 잘 선별한 남아프리카공화국산 최고급 와인이 페어링되고, 와인은 잔이나 병으로 제공된다. **AG**

⬆ 류크 데일-로버츠가 주방에서 일하는 모습.

하버 하우스Harbour House | 숨막힐 듯한 바다 풍광과 입맛이 도는 해산물

위치 케이프타운　**대표음식** 해산물 세비체Seafood ceviche　| 💲💲

케이프타운에서 하버 하우스보다 더 인상적인 주변 환경을 자랑할 만한 레스토랑은 별로 없을 것이다. 화려한 칼크 만(Kalk Bay) 항구의 방파제 위에 세워져 있고 바닥부터 천장까지 이어진 유리창도 갖춘 이 세련되고 밝고 하얀 레스토랑은 폴스 만과 산이 보이는 대단한 경관을 가지고 있다. 이곳은 석양을 감상하거나 고래들이 노는 모습을 구경하기에 완벽한 장소다. 7월 말부터 흑등고래와 참고래가 새끼를 낳으러 만으로 들어온다.

그러나 하버 하우스를 가볼 만한 이유는 단지 경관이나 야생동물만이 아니다. 케이프타운에서 가장 맛있고 신선한 해산물 요리 몇 가지를 이곳에서 맛볼 수 있다. 흑판에는 그날의 특선 요리가 발표되는데 주로 낚시로 잡은 생선과 추천 요리에 오르며, 기본 메뉴에는 다른 해산물과 고기 요리도 제공된다.

양념에 재운 해물 세비체—신선한 생선, 새우, 칼라마리, 홍합에 라임과 고수 드레싱을 넣어 만든 가벼운 샐러드—나 샴페인 굴 요리 같은 우아한 스타일로 식사를 시작하기를 권한다. 메인 요리는 낚시로 잡은 신선한 생선류로 주로 채워지지만, 파프리카 칼라마리 볶음, 모잠비크 스타일의 타이거 새우 같은 요리도 있다. 해물 모둠은 가재 통구이, 타이거 새우, 생선, 서해안산 홍합, 그리고 아이올리와 신선한 레몬을 곁들인 맛있는 쌀밥 위에 올린 부드러운 칼라마리 등이 포함된다. 이것은 웨이터들이 늘상 추천하는 요리인데 충분히 값어치를 하는 훌륭한 선택이 될 것이다.

디저트는 클래식한 것들로 준비된다. 뉴욕스타일 치즈케이크, 크렘 브륄레, 레몬 타르트와 셔벗이 그 예이다. 와인 리스트 역시 잘 알려진 고품질 와인들을 충분히 갖추고 있어서 모든 사람의 취향과 요리에 맞는 와인이 제공될 수 있다. 해가 지고 저녁 식사를 마쳤다면, 아래층의 폴라나 바(Polana bar)로 내려가 음료와 라이브 음악을 즐기며 느긋한 휴식을 더 이어갈 수도 있다. **AG**

⬆ 환상적인 바다 경관이 곁들여진 훌륭한 음식.

조던 레스토랑 Jordan Restaurant | 와인랜드를 즐기기에 완벽한 장소

위치 스텔렌보스 **대표음식** 파피요트 홍합Mussels en papilotte | 💲💲

산과 포도밭, 그리고 초원으로 둘러싸인 댐이 보이는 숨막히는 경관 탓에 이곳의 셰프는 자신의 요리에 전적으로 집중하기 어렵지 않을까 싶다. 그러나 조지 자딘(George Jardine)은 그렇지 않다. 그의 주방에서 나오는 굉장한 요리를 보면, 그가 요리에서 거의 눈을 떼지 않았음을 알게된다. 이 사실은 이곳이 개방형 주방을 운영하고 있고, 바닥에서 천장까지 유리로 되어 있어서 와인랜드의 멋진 파노라마 전망을 무시하기가 거의 불가능해 보인다는 점을 감안하면 더욱 인상적이다.

자딘은 최상의 지역산 재료에다 과한 멋부림 없이 장인의 기술을 결합시켜 진정으로 맛있는 음식을 만들어내는 재능을 가진 셰프다. 메뉴는 매일 바뀌는데 소수의 애피타이저, 메인, 사이드, 그리고 디저트가 준비되고 오늘의 요리도 있다. 애피타이저 중 최고는 레몬그라스, 생강, 고추, 코코넛밀크 같은 아시아 향미를 보태서 쪄낸 파피요트(papillote, 양피지에 싸인) 홍합요리와 예루살렘 아티초크 벨루테, 구운 예루살렘 아티초크, 숲에서 난 엽채류

를 곁들인 옴 루이스 겜스복(Oom Louis's Gemsbok) 라비올리가 있다. 메인 요리 중 골수와 곰보버섯을 곁들인 칼마(Chalmar) 비프는 그 맛이 놀라울 뿐이고 브랑다드, 크림시금치, 감자 뇨키와 아삭한 세이지를 곁들인 동해안산 대구 구이도 그에 못지 않다. 디저트 옵션들도 모두 유혹을 느낄 만하지만 수플레를 먹을 수 있다면 그것을 선택하길 권한다. 꿀과 양귀비씨가 들어간 것이든 크렘 앙글레즈를 곁들인 배로 만든 것이든 꼭 주문해보라.

와인농장에 자리한 만큼 조던 와인은 언제나 제공되고 있고, 이 지역과 다른 지역에서 나온 와인들이 계속 바뀌면서 선별되어 보충된다. 한편, 이곳 방문의 하이라이트는 치즈 룸을 돌아보는 것이다. 숙성한 체더, 비트젠버거(Witzenberger), 고르곤졸라, 염소 치즈 등이 있는 이곳은 치즈의 천국이고 고객들은 식후에 먹거나 와인과 같이 즐길 치즈를 손수 고를 수 있다. **AG**

⬆ 멋진 음식을 맛볼 수 있는 목가적인 장소.

마카론Makaron | 그림 같은 곳에서 먹고 마시기

위치 스텔렌보스　**대표음식** 45분 굴 요리|Forty-five-minute oysters | ⑧⑧⑧

소박한 스텔렌보스 지역의 멋진 부티크 호텔 마제카 하우스(Majeka House)에 있는 마카론은 오감을 자극하는 곳이다. 장식과 디자인이 일단 눈길을 끈다. 이 지역의 디자인 신동 에티엔 하네콤(Etienne Hanekom)의 주도하에 최근에 개조되어 고전적인 소품, 모던한 가구, 초현대적인 마감의 퓨전을 보여준다. 거대한 검은 돼지형상을 사이드 테이블로 사용하고 동으로 만든 커다란 펜던트 조명이 있어 마치 연극무대같이 환상적이다.

　또 다른 신동이 있으니 바로 셰프 탄야 크루거(Tanja Kruger)다. 젊고 재능 있는 셰프인 그녀는 해마다 한 달씩 최고의 해외 레스토랑에서 일하면서 새로운 영향과 기술을 들여온다. 그래서 그녀의 메뉴는 정통 프렌치 요리를 기반으로 혁신의 터치가 가해진 것이다. 식재료는 현지산—호텔의 채소 텃밭에서 난 것을 이용하기도 한다—이고 그녀가 시도하는 조합은 상상력이 넘쳐난다. 최고의 메뉴는 6가지 코스 세트 메뉴이고 인기 요리는 겨울 채소, 루콜라, 그래놀라, 라브네(labneh) 같은 애피타이저를

포함하여 허브, 꽃, 회향, 수비스 소스를 곁들인 45분 굴 요리도 있고, 스위트브레드, 콜리플라워, 타임과 차이브를 곁들인 풀 먹여 키운 송아지 요리나 콩, 피스타치오, 파를 곁들인 삼겹살과 돼지 볼살 요리도 있다. 디저트에는 특히 하이비스커스와 플랜테이션 고추를 곁들인 치즈 케이크와 사과 타르트 타탱이 훌륭하다.

　소믈리에인 조세핀 구텐토프트(Josephine Gutentoft)는 크루거의 요리와 조화를 이룰 탁월한 와인 리스트를 구성했는데 이 두 여성은 창의성에 있어서 좋은 동반자임이 분명하다. 멋진 엠라운지(MLounge)에서 한잔하는 것도 좋겠지만, 만일 이곳에서 하룻밤 머물거라면 다음날 아침에 굉장한 아침 식사를 꼭 먹어야 하니 너무 밤 늦게까지 마셔서는 안된다. 아침에는 프랑스식 카늘레(canelé)와 페이스트리가 아침용 과일, 치즈, 고기, 달걀과 함께 제공되는데 저녁 식사보다 더 멋질 수도 있다. **AG**

⬆ 허브와 꽃이 들어간 45분 굴 요리.

오버추어Overture | 멋진 와인랜드 경관과 창의적인 요리

위치 스텔렌보스 **대표음식** 유기농 당근과 콩피한 마늘을 곁들인 돼지고기|Pork fillet served with organic carrots and confit garlic | 💲💲

오버추어 레스토랑은 아름다운 스텔렌보스 산맥을 마주보고 들어 앉은 히든 밸리 와인 농장(Hidden Valley Wine Estate)안에 있다. 이곳은 매우 훌륭한 음식을 갖추고 있으면서도 자칫 그곳에서의 경험을 망칠 수도 있는 위압적인 분위기는 하나도 없는 레스토랑이다.

위압적인 분위기가 없는 것은 아마도 주방을 지휘하는 사람과 관련 있을 것이다. 오너 셰프 베르투스 바손(Bertus Basson)은 남아프리카공화국 요식 업계의 록스타 같은 사람인데, 특히 모호크족 머리를 하고 다니던 왕년의 그는 아주 눈에 띄는 사람이었다. 요리에 관한 한 그는 젊고 활기 넘치고 직설적이고 용감한 사람이다. 그리고 이러한 그의 접근 방식은 제대로 먹혔다. 오버추어는 2007년에 오픈한 이래로 남아프리카공화국의 Top 10 레스토랑 명단에서 빠지지 않았다.

이곳의 음식은 셰프의 성격을 반영한다. 유난스럽지 않고 느긋하지만 맛에 관한 한 결코 소심하지 않다. 바손은 새로운 부위를 먹는 것이든, 훈제 요리든, 직화 요리든 새로운 테크닉과 트렌드를 실험하는 것을 좋아한다. 메뉴는 제철에 찾을 수 있는 재료에 따라 계속 변화한다.

토끼고기 테린, 싱싱한 홍합을 넣은 사프란 링귀네, 사프란과 바삭한 오징어를 곁들인 훈제 대구, 유기농 당근과 콩피한 마늘을 곁들인 스위트웰(Sweetwell) 돼지고기 요리가 인기 있다. 수플레는 언제나 최상의 디저트 메뉴로 꼽히며, 아이스크림과 소스가 곁들여진다.

이곳의 파인 다이닝 서비스는 편안하면서 위압적이지 않다. 와인 역시 같은 수준이다. 히든 밸리 와인 외에도 세심하게 선별된 소수의 와인들이 제공된다. 소믈리에는 가능한 최상의 매치를 위해 도움을 준다. 바손은 남아프리카공화국 최초의 푸드 트럭 중 하나인 디 우스롤(Die Worsrol)도 운영하는데 여기서는 고전적이며 현지식인 브라이(braai, 바비큐)의 미식 버전인 부르보스(boerewors, 일종의 핫도그)를 판매하고 있다. **AG**

⬆ 아름답게 프레젠테이션 되는 오버추어의 요리.

핀드라이 Fyndraai | 문화유산과 원예를 같이 감상할 수 있는 곳

위치 프란스후크 **대표음식** 야생 로즈메리로 감싼 카루 양갈비|Wild rosemary-crusted rack of Karoo lamb | **$$**

"토종 허브가 보통 허브보다 훨씬 강한 맛을 낸다. 그래서 적은 양만 사용해도 된다."

Shaun Schoeman, chef at Fyndraai

솔릅스−델타(Solms-Delta)는 프란스후크(Franschhoek)에서 15km 떨어진 곳에 있다. 케이프 와인랜드 안의 이 구역이 미식 여행가들의 목적지가 되기까지는 이 와인 농장이 기여한 바가 크다.

이곳의 최고 보석은 1740년대 와인 셀러의 잔재 위에 지어진 핀드라이 레스토랑이다. 이곳은 딕 델타 핀보스 요리 정원(Dik Delta Fynbos Culinary Gardens)이라고 불리는, 광범위한 농장 보존 운동의 일부다. 핀드라이는 전통적인 케이프타운 요리에 현대적인 해석을 가한 음식을 제공하는데, 지역산 재료를 활용하되 아프리카, 아시아 그리고 유럽의 다양한 조리 전통 유산들을 탐색한다.

그 결과는 환상적이다. 전통과 창의성을 퓨전하여 놀랄만큼 흥미있으면서 맛있는 음식을 만들어 낸다. 훌륭한 애피타이저로는 케이프 말레이(Cape Malay) 토마토 스튜에 넣은 서해안 홍합 요리, 절인 소 혀를 팬에 지져 딜오이 크림을 곁들인 것, 그리고 콜리플라워 퓌레를 곁들인 매운 가리비구이가 있다. 메인 코스로는 다른 무엇보다도 감칠맛 나는 카루 양갈비 구이가 좋은데 야생 로즈메리를 껍질처럼 두르고 슬라파스켄티(slaphakskeentjies, 작은 양파 피클로 만든 샐러드), 볶은 스펙봄(spekboom, 맛있는 지역산 식물)와 당근 커스터드가 곁들여진다. 야생 허브를 넣은 사슴고기찜은 또 다른 훌륭한 메인 메뉴인데, 옥수수, 호박 스튜, 버터에 볶은 양배추 같은 전형적인 야채류가 곁들여 진다. 그리고 낚시로 잡은 생선에 레몬 펠라르고늄을 덮고 으깬 감자, 게살 샐러드, 천천히 익힌 토마토가 곁들여지는 요리도 있다.

디저트로는 쿡시스터(전통적인 아프리카 음식으로 시럽을 묻혀 튀긴 도넛)를 곁들인 차가운 타르트, 멜론 아이스크림, 또는 차가운 과일을 곁들인 오렌지 꽃 크렘 브륄레 등이 있다. **AG**

⬆ 핀드라이의 실내 플로어는 300년 된 토대를 보여준다.

피어니프 알 라 모트 Pierneef à La Motte | 남아프리카공화국의 요리와 미술사를 엮은 곳

위치 프란스후크 **대표음식** 마늘 비네그레트로 만든 케이프 보콤 샐러드 Cape bokkom salad with wild garlic vinaigrette | ❸❸

이곳은 프란스후크 와인랜드 타운 외곽에 있는 그림 같은 정경의 라 모트 와인 농장에 자리하고 있다. 사실 이 이름은 남아프리카공화국에서 가장 훌륭한 아티스트 중 한 사람인 야코부스 헨드릭 피어니프(Jacobus Hendrik Pierneef)를 기리는 것이다. 이 사실은 이곳이 디자인과 음식, 두 가지의 측면에서 이 나라의 풍요로운 문화유산을 탐구하는 곳이라는 것을 알려준다.

특별한 음식 뒤의 추진력은 셰프인 크리스 에라스무스(Chris Erasmus)와 요리 매니저이며 음식역사가인 헤타 반 디벤터-테르블란시(Hetta van Deventer-Terblanche)이다. 이 두 사람이 협력하여 케이프 와인랜드에서 300년 이상 사용되고 변형되어 온 레시피에 기반한 요리를 만든다. 결과적으로, 전통적인 허브, 견과류, 말린 과일, 장인의 육류와 주방 텃밭에서 나오는 유기농 제철 재료로 만든 요리들이 탄생한다. 이것은 케이프 네덜란드식, 플랑드르식, 프랑스 위그노식 요리의 조합이라고 할 수 있다.

에라스무스가 만드는 애피타이저 중에는 이곳의 대표 메뉴인 케이프 보콤 샐러드가 항상 포함된다. 그밖에는 절인 소 혀와 방목해 키운 닭고기 테린(훈제 멧돼지와 버섯, 요거트 블랑망제, 멧돼지 베이컨 크런치, 양파와 타임 마멀레이드가 곁들여진다)이 나오기도 한다. 메인으로는 천천히 쪄낸 훈제 돼지고기에 버섯 크루아상 토스트, 양송이 크림, 사과, 그뤼에르 향의 우유를 곁들인 요리, 콩과 보리로 만든 크림을 곁들인 양갈비 구이, 또는 레몬으로 조리한 소갈비에 회향 스튜와 로즈메리 폼므 도핀(pomme dauphine)을 곁들인 요리가 있다. 디저트는 마치 향수를 불러일으키는 잔치 같다. 재해석된 옛날식 롤리폴리(roly-poly)와 다양한 초콜릿 후식(카카오 커스터드, 머드파이, 브라우니 아이스크림)이 포함된다.

와인 역시 아주 훌륭한데 남아프리카공화국, 프랑스와 그 외 지역의 주요 레이블들을 두루 잘 갖추고 있고 이 농장산의 귀한 빈티지 와인도 제공한다. **AG**

"주방 카운터 위에 걸려있는 조명 갓에는 피어니프의 작품이 프린트 되어 있다."

Chris von Ulmenstein, hotelier

⬆ 예술적으로 보이는 국물에 담긴 신선한 채소.

더 테이스팅 룸The Tasting Room | 남아프리카공화국산 식재료를 재미있게 즐기는 곳

위치 프란스후크 **대표음식** 아프리카 제철 음식 깜짝 맛보기Surprise tastings of African seasonal foods | ❺❺❺

"늘 진화하는 탁월한 아프리카산 재료들이 나의
창작품을 풍요롭게 만들어 준다."

Margot Janse, chef at The Tasting Room

프란스후크가 남아프리카공화국의 음식 지도에서 인기 지역 중 하나로 명성을 쌓는데는 테이스팅 룸이 많은 부분 기여했다. 이 레스토랑은 와인랜드의 주요 호텔 중 하나인 르 카르티에 프랑세즈(Le Quartier Française) 안에 있다. 현지인 셰프나 지역 레스토랑에 이토록 많은 국내외의 찬사가 쏟아진 적이 이전까지는 한번도 없었다.

마르고 얀스(Margot Janse), 그 자체가 센세이션이다. 네덜란드에서 태어나 남아프리카공화국에서 유명 셰프인 그녀는 1995년에 테이스팅 룸에 합류했는데 곧 바로 주방을 총괄하는 자리에 올랐다. 그녀의 주도하에 이 레스토랑은 10년 동안 S. 펠리그리노의 세계 최고의 레스토랑 50개(S. Pellegrino's list of the World's Fifty Best Restaurants) 안에 꼽혔다. 그러나 이러한 수상 경력 외에도 이곳에서 식사를 해야 하는 이유는 수없이 많다.

이곳에서 고객들은 많은 옵션 대신에 단순한 선택지가 주어진다. 우선 5코스 또는 8코스 중에 고르고, 다음에는 와인을 고를 수 있다. 그리고 나서 고객들은 남부 아프리카의 미식 모험을 통과하는 롤러코스터에 오르기만 하면 된다.

하이라이트는 무엇일까? 이 질문에는 답하기 어려운 것이, 이곳의 서프라이즈 메뉴는 매일 바뀐다. 손님들이 예상할 수 있는 것은 부추(buchu), 시계풀(granadilla), 바터블로메키, 사슴고기 같은 지역산 재료들이 장인의 솜씨로 조리되고 아름답게 플레이팅 된다는 것 정도이다.

이곳에서의 식사는 이 나라와 이 지역을 축복하고 기리는 일인데, 그 경험은 접시에 올려진 음식과 서비스 직원들이 손님들과 나누는 스토리의 조합으로 이루어 진다. 고객들은 이 지역 와인 생산자와 그의 애견에 관해 전해 듣고, 동네 할머니들이 부추로 무엇을 만들었는지, 왜 바오밥나무가 위 아래가 바뀐(upside-down) 나무라고 불려지는 지를 알게 될 것이다. **AG**

⬆ 창의적인 계절 음식이 더 테이스팅 룸의 얼굴이다.

바벨Babel | 디자이너 레스토랑에서 즐기는 세련된 농장 직송 식사

위치 프란스후크 **대표음식** 하리사와 버터밀크에 재운 양다리 요리Lamb shank marinated in harissa and buttermilk | 💲💲

남아프리카공화국에서 가장 오래된 더치(Dutch) 농장 중 하나인 바빌론스토렌(Babylonstoren)은 웅장하고 거대한 식재료 정원이면서, 수상 경력이 많은 디자이너 레스토랑이기도 하다. 주인이자 이 지역의 디자인 대가이기도 한 카렌 루스(Karen Roos)는 농장의 소박한 외양간을 밝고 아름다운 백색 공간으로 바꾸어 팜투테이블 요리에 완벽하게 어울리는 환경으로 만들어놓았다.

이곳의 음식은 정원에서 나오는 고급스러운 재료들을 즐기기 위한 것이다. 방금 딴 과일, 야채, 허브들과 일부 귀한 토종 종자들도 포함한다. 요리는 "따고, 씻고, 제공한다(pick, clean, serve)"는 방식에 걸맞게 단순하게 프레젠테이션 된다. 간소한 단품 메뉴는 계절에 따라 바뀌는데 매일 그날의 특선을 타일 벽에 적어 놓는다.

샐러드는 야채의 색상에 따라 초록, 노랑, 빨강을 기준으로 제철에 나오는 것으로 만들어진다. 예를 들어, 겨울철의 노란색 샐러드는 꿀과 타임을 넣어 구운 호박, 당근, 고구마, 파인애플, 신선한 시계풀을 꼬치에 끼워 구아바와 감귤 카르파초 위에 얹은 후 상큼한 드레싱, 구운 코코넛, 민트, 칠리를 뿌려 나오는 것이 될 것이다. 여름에는 즙 많은 망고, 살구, 흰 배가 나올 것이다.

메인코스에는 이 지역에서 나는 육류가 보태져서 뼈가 붙어있는 스테이크, 양고기 커틀렛, 프란스후크 송어 등이 나온다. 이곳의 농장에서 만든 와인드레싱, 꿀, 차갑게 압착한 올리브 오일을 이용해서 요리를 우아하게 장식한다.

식사는 입맛에 맞는 멋진 디저트를 고르는 것으로 완성되는데, 달콤쌉쌀한 맛(굳힌 크림 조각과 시라즈 와인을 살짝 뿌린 다크 초콜릿 퐁당), 달면서 신맛(과일을 곁들인 오렌지 꿀과 라임 크렘 브륄레), 신맛(감귤류 마멀레이드를 곁들인 구운 레몬 커스터드와 사고 푸딩) 또는 향기로운 맛(크리미한 고르곤졸라를 곁들인 설탕과 소금 구아바 멤브리오) 중에서 고르면 된다. **AG**

"이것이 우리의 심장이 뛰게 만드는 것이다.
우리는 역사가 있고 스토리를 가진 식물을
사랑한다."

Karen Roos, co-owner of Babel

⬆ 타일로 된 벽에는 황소 디자인이 있고, 그날의 특선이 그 옆에 적혀 있다.

마리아나스 Marianas | 잘 알려지지 않은 곳에서 맛보는 정직하고 영감 넘치는 음식

위치 스탠퍼드 **대표음식** 치킨 파이|Chicken pie | 💲💲

"내가 음식에 대해 일찍 깨치게 된 것은
3명의 여성 덕분인데, 바로 나의 두 할머니와
어머니이다."

Mariana Esterhuizen, chef at Marianas

케이프타운에서 2시간 가량 경치 좋은 드라이브를 하면 스탠퍼드의 오버버그(Overberg) 마을이 나온다. 이곳은 대단한 미식을 경험할 만한 장소로 보이지는 않는다. 솔직히 말하면 이곳의 주인인 피터(Peter)와 마리아나 에스테르하위전(Mariana Esterhuizen)은 외관상 미식가로 보이지도 않는다. 그러나 외형과 실제가 이렇게 다를 수가 없다.

음식은 실로 영감이 가득한데, 단지 맛있고 수려하게 간결하기 때문만이 아니라 제철 수확물에 대한 제대로 된 찬가라는 점에서 그러하다. 매일 아침 마리아나가 처음으로 하는 일은 커다란 주방 텃밭으로 가는 일이다. 그녀는 텃밭 여기저기를 돌아보며 식재료를 점검하고, 그날의 특선을 계획하면서 필요한 것을 수확한다.

조리법은 가정식이면서 간간히 지중해풍이 느껴지기도 하지만, 그 이상의 깊은 풍미가 배어 있다. 그날의 요리는 모바일 흑판에 쓰여지고 피터가 재미있는 디테일을 더해서 프레젠테이션 한다. 운이 좋으면 옛날식 치킨 파이(매우 자유롭게 놓아 기른 닭으로 만든)나 양목살(지난 겨울에 담근 피클들과 그날 아침의 수확물을 곁들인)을 맛볼 수 있다. 더 가벼운 식사로는 폭신한 그뤼에르 수플레나 신선한 메제(mezze) 모둠 쟁반이 있다.

달콤한 쪽의 음식들도 제대로 가정식이고 크리미한데 중독성까지 있다. 예를 들어 베리 케이크, 크렘 브륄레, 치즈 셀렉션 등이 있다.

마리아나스는 진정 마법처럼 환상적인 곳이다. 피터가 능숙하게 와인 리스트를 안내하는 모습은 마치 삼촌이 자신이 손수 고른 와인을 마셔보도록 권하는 느낌이다. 그리고 마리아나는? 이 쇼의 진짜 주인공인 그녀는 가끔씩 테이블 주변에 모습을 나타나 레시피를 알려주거나 고객의 칭송에 대해 겸손하게 답례 인사를 한다. **AG**

⬆ 스탠퍼드의 평화로운 마을이 마리아나스 레스토랑의 고향이다.

일 드 팡 Île de Païn | 천상의 베이커리

위치 나이스나 **대표음식** 특선 빵과 페이스트리 Speciality breads and pastries | $

마르쿠스 페르빙거(Markus Färbinger)와 리지 뮐더르(Liezie Mulder) 부부가 운영하는 이 인기 카페는 남아프리카공화국 최초로 장인이 장작 오븐에 빵을 굽는 베이커리였다. 훌륭한 장인정신, 진실성, 간결함에 대한 이 부부의 철학은 그들 작업의 모든 측면에서 뚜렷하게 드러난다. 또한 이들을 이것을 오랜 친구와 새로운 고객들 모두에게 열정적으로 공유한다. 갓 구운 빵을 사러 들른 사람이건, 급히 차 한잔 하러 들렀건, 긴 점심을 먹으러 왔건, 모든 고객들은 이 부부의 에너지, 좋은 음식에 대한 강한 사랑, 훌륭한 베이킹과 그들이 아는 것을 같이 나누려는 기꺼운 태도에 매료된다.

헌신적인 제빵사이며 초콜릿 장인이기도 한 페르빙거는 천연재료를 최대한 활용하여 최고의 빵을 만들어 내려고 끈기 있게 노력한다. 치아바타, 사워도우, 폴콘(Vollkorn), 콤파니오(Companio), 바삭하고 고소한 바게트, 결이 살아 숨쉬는 크루아상, 정교한 코코넛 다쿠아즈, 끝내주게 맛있는 초콜릿칩 쿠키, 그리고 다른 여러 가지 크리미하거나, 과일 맛이 나거나, 초콜릿 맛이 나는 제과들이 있다. '무엇을 골라야 할지 모른다(Spoiled for choice)'라는 표현으로는 부족할 정도이다.

뮐더르는 나머지 음식들을 책임진다. 손수 고른 소수의 지역 공급자와 생산 농가의 도움을 받아 버거나 맥스 디럭스(Max Deluxe, 수란, 방울토마토, 양송이 소스를 곁들인 구운 햄과 치즈) 같은 기본적인 카페 메뉴를 내는 한편, 인도 카레나 이스라엘의 팔라펠(falafel), 덴마크식 오픈 샌드위치, 멕시칸 타코 등 전 세계에서 영감을 얻은 거리 음식들도 다양하게 만들어내고 있다.

이와는 별도로 페르빙거는 지난 몇 년간 이 나라 최고의 제빵사들을 훈련시켰다. 그들도 물론 훌륭하지만, 이들중 아직 아무도 짐을 싸가지고 옮겨가고 싶은 만큼의 베이커리를 만들어 내지는 못했다. **AG**

"나는 단순한 음식을 만드는 것을 좋아한다. 간단한 요리라도 애정과 진정성을 담아서 만드는 것을 좋아한다는 뜻이다."

Liezie Mulder, restaurant owner

⬆ 최고의 지역산 식재료로 아침과 점심 식사를 만든다.

Asia 아시아

아시아 음식 문화의 풍부한 다양성은 놀라울 정도이다. 싱가포르, 인도 등에서 경험하는 길거리 음식 문화는 즐기기 아주 좋은 요소이다. 한편, 고급스럽고 세련된 다이닝 경험 또한 찾을 수 있다. 한국에서 사찰 음식을 맛보거나, 유서 깊은 베이징의 정원에서 분위기 있는 식사를 즐기거나, 웅장한 라자스탄 요새에서 정찬을 맛보거나, 저명한 일본 요리 대가가 만드는 초밥을 음미해 보라.

← 존커 워크의 음식 매대들, 말라카, 말레이시아.

셰 사미 Chez Sami | 주니에 만에서 즐기는 최고의 생선 요리

위치 마멜타인 **대표음식** 파투시(루콜라, 타임, 쇠비름, 토마토와 토스트로 만든 샐러드)Fattoush (salad of arugula, thyme, purslane, tomatoes, and toast) |
⑤⑤⑤

셰 사미는 그날 잡힌 생선으로 뛰어난 요리를 내는 것으로 명성이 자자한 고급 레스토랑이다. 이에 걸맞게 동부 지중해가 보이는 곳에 위치하고 있다. 레스토랑은 밝고 안락한 다이닝 공간을 갖추고 있고, 오래되고 전통적인 장소와 현대적인 건축물이 합쳐져서 매력적인 조화를 이룬다. 바와 라운지를 갖춘 데크가 비교적 최근에 추가되었는데, 여기는 수영과 점심을 한곳에서 즐기고 싶어하는 사람들에게 완벽한 곳이다. 날씨가 좋으면 바닷가에 있는 테이블을 차지해 보자. 파도가 부서지는 소리를 바로 앞에서 즐기면서 이 레스토랑의 장점을 한껏 누리는 것도 좋겠다. 그러나 실내든 바깥이든 모든 테이블이 멋진 경관을 즐길 수 있게 잘 배치되어 있다.

일단 자리를 잡고 나면 싱싱한 생선이 진열된 카운터에서 원하는 것을 직접 고를 수 있다. 가격은 생선 위에 적혀있다. 해산물은 셰 사미의 강점이니 문어나 한치를 찾아보길 바란다. 술탄 이브라힘(sultan ibrahim, 튀긴 빨간 숭어)에는 튀긴 빵과 레바논 사람들이 좋아하는 타히니 소스(레몬을 넣은 참깨 페이스트)가 곁들여져 나온다.

고객이 굳이 요구하지 않는 한, 글로 쓰여진 메뉴는 제공되지 않고 웨이터가 말로 알려준다. 먼저 두어 개의 메제(mezze)를 맛보며 느긋하게 식사를 시작해 보라. 놓치지 말아야 할 메제로 키벗 사막(kibbet samak, 생선살에 호두, 양파를 채워 넣고 사프란을 살짝 넣은 요리)이 있다. 이곳의 대표 메뉴는 파투시인데, 루콜라, 싱싱한 타임, 토마토와 토스트한 빵을 넣어 만든 고전적인 샐러드다.

친절하게도 무료로 제공되는 매혹적인 디저트가 나오며 식사가 마무리된다. 이 디저트는 타히니를 묻힌 뎁스 카룹(debs kharoub, 당밀), 세빌 오렌지 잼, 피스타치오 할바(halva)와 계절 과일로 구성되어 있다. 이 디저트는 빵으로 떠서 먹기도 한다. 전체적으로 이곳에서의 시간은 진정으로 즐거운 바닷가 체험이 될 것이다. **NS**

⬆ 셰 사미의 테이블은 바닷물이 닿을 듯한 곳에 자리하고 있다.

파델 Fadel | 소나무 숲에서 맛보는 정통 레바논식 메제

위치 비크파야　**대표음식** 키베(굵게 빻은밀을 넣은 고기)Kibbeh (meat with cracked wheat) | 💲💲💲

가족들이 운영하는 레스토랑인 파델은 1976년에 개업했으며 마운트 레바논의 마튼(Matn) 구역 내 비크파야 타운의 아름다운 동네인 나스(Naas)에 자리하고 있다. 나스는 치료 효과가 있다고 알려진 온천의 이름을 딴 지역명인데, 빽빽하게 들어선 소나무 숲으로 유명하다.

1958년에 에밀 카라비에(Emile Charabieh)가 지금보다 훨씬 더 작은 장소에서 이 레스토랑을 시작했다. 겨우 10명이 앉을 정도의 크기였다. 그는 아니스 향이 나는 아락주(arak)인 티플(tipple)을 좋아해서, 이 술에 곁들여 먹을 만한 4개의 요리만 제공했다. 요즘에도 이곳에서는 이 4가지의 원조 요리를 제공한다. 파델을 이끄는 원동력은 카라비에의 여섯 자녀들과 그의 형제들인데, 이들은 각자 다양한 역할을 맡아 지칠 줄 모르고 일하고 있다.

아치형 입구를 통해서 파델에 들어가면, 먼저 초록색 식물들과 하얀 수국이 풍성하게 들어찬 넓은 테라스 정원이 나온다. 장식용 식물들로 둘러싼 레스토랑은 실외와 실내로 나뉘어져 있어, 1년 내내 소나무 숲을 볼 수 있는 전망을 자랑한다. 고객들은 외식을 즐기러 나온 레바논인 가족들부터 정치인, 기업인들까지 다양하고, 지미 카터와 모나코의 알베르 왕자도 이곳에서 식사를 한 적이 있다.

요리는 순수한 레바논식이고 유행에 영향을 받지 않는다. 파슬리가 많이 들어간 타불레(tabbouleh)나 샨클리시(shankleesh, 말린 타임과 칠리로 향을 낸 레바논 치즈) 같은 메제부터 천천히 맛보는 것이 좋다. 파델의 대표 메뉴인 올리브 모양의 키베(굵게 빻은 밀을 넣은 고기), 풍미가 좋은 소시지인 마카네크(makanek)와 수주크(soujouk), 파테트 알-후무스(fattet al-hummus, 병아리콩, 요거트와 빵)도 꼭 먹어 보아야 한다. 지역에서 조달하는 재료들도 일부 사용하지만, 대부분의 채소는 파델의 뒷마당에서 나온다. 특히 8월부터 10월 사이에 수확물이 풍성하다. **NS**

⬆ 파델에서 바로 만든 싱싱한 타불레를 맛보라.

마사야Massaya | 레바논의 비카 계곡에서 먹는 목가적인 식사

위치 자흘레 **대표음식** 견과류를 곁들인 채소 요리|Vegetable salad with nuts | 💲💲

전원에서의 멋진 식사를 경험하고 싶다면, 마사야 빈야 드 앤 레스토랑(Massaya Vineyard and Restaurant)을 놓치지 말 아야 한다. 이곳은 비옥한 비카(Bekka) 안의 고대도시 바알 베크(Baalbeck)의 잔해에서 38km 떨어진 곳에 자리하고 있 다. 주인 형제 사미(Sami)와 람지 곤(Ramzi Ghosn)은 자연 과 조국에 대해 열정이 가득한 사람들이다. 그들은 레바 논 내전이 끝난 후, 1994년에 이곳에 돌아와서 전통 아락 주를 되살리기 시작했다. 이제는 그들이 만든 아락이 최 고 중 하나로 손꼽힌다. 몇 년 뒤에는 고급 와인을 생산하 기 시작했고, 그 다음에는 깔끔하게 정렬된 포도밭이 내 려다 보이는 곳에 레스토랑을 열었다.

진정한 레바논의 맛을 선보이는 이곳의 음식은 인근 에 사는 여인들이 현장에서 바로 만들어 낸다. 11시반부 터 고객들은 정통 브런치를 즐길 수 있다. 여기에는 자 타르(za'atar, 말린 타임, 옻나무 가루, 참깨와 올리브유)나 키 시크(kishk, 굵게 빻은 밀과 햇볕에 말린 요거트)를 만우치 (man'ouchi, 플랫브레드) 위에 얹은 것이 나온다. 사이(saj, 쇠

로 만든 돔 형태의 전통적인 번철로 아래에서 가열한다) 위에 서 여인들이 능숙하게 빵을 구워내는 모습을 보는 것은 시각의 호사이고, 그 빵을 먹는 것은 미각의 호사이다. 와 이너리 투어를 마치고 돌아오면, 풍성한 뷔페가 기다리 고 있다. 전통적인 레바논 요리가 담긴 커다란 도기 그릇 들이 목재 테이블 위를 장식한다.

견과류를 곁들인 모둠 채소 샐러드는 곤 형제의 창작 품이다. 감자 키베(빻은 밀을 넣은 감자)와 석류 시럽을 넣 은 가지, 그리고 다양한 지역 음식도 나온다. 벽난로 옆에 는 따뜻한 음식들이 진열되어 있는데, 지역산 프리카, 샤 와르마(shawarma, 향을 더한 고기), 굵게 빻은 밀을 곁들인 고기구이가 포함된다. 겨울에는 메뉴가 바뀌어, 와인에 재운 메추라기와 옻나무 요리, 타임을 넣은 치즈 퐁뒤가 나온다. 와인 농장은 일상의 스트레스에서 벗어나 즐거 운 하루를 보내기에 완벽한 곳이다. **NS**

⬆ 손님들은 쾌적한 나무 그늘에 앉을 수 있다.

알 바부르 베 하얌AI-Babour ve Hayam | 전통적이고 창의적인 팔레스타인 별미 요리

위치 아크레   **대표음식** 케밥 알 바부르Kebab Al-Babour | 💲💲

형제인 후삼(Hussam)과 나시아트 아바스(Nash'at Abbas)는 알 바부르 레스토랑 그룹의 창업자이다. 이들은 정통 팔레스타인 요리에는 후무스와 시시 케밥(shish kebab) 이외에도 훨씬 많은 것이 있다는 것을 이스라엘 대중에게 처음으로 알려준 사람들 중 하나이다. 이들은 2000년에 아라 밸리(Arra Valley)의 움 알 파헴(Umm al-Fahem) 입구에 첫 레스토랑을 열었다. 이곳에서 야생 식용 식물을 익혀서 만든 샐러드 같은 별미를 선보였다. 그 외에도 입에서 살살 녹는 만사프(mansaf, 양 어깨살을 요거트에 넣어 뭉근하게 익힌 요리), 맛있는 쌀밥을 채운 양목살, 잣 필라프, 케밥 알 바부르(불에 구운 양고기 패티를 피타 도우에 넣어 테라코타 그릇에 담아 구운 것) 같은 요리도 있었다.

가깝고 먼 곳에서 손님들이 몰려들었다. 그리고 10년이 채 지나지 않아 북부 이스라엘에 3개의 알 바부르 레스토랑이 더 생겨났고, 이들은 거의 동일한 메뉴, 품질, 서비스를 제공한다. 그중 알 바부르 베 하얌(알 바부르와 바다)은 유서깊은 아크레 구시가지에 위치하고 있어서, 하이

과 만과 고색창연한 부두가 보이는 숨막히는 절경을 감상할 수 있다. 그리고 알 바부르를 유명하게 만든 요리들 이외에도, 바다가 가깝다는 특징을 살려 매우 다양한 생선과 해산물의 종류를 제공하고 있다.

식사는 언제나 눈부신 메제의 향연으로 시작한다. 10개가 넘는 작은 접시에 크리미한 후무스, 계절 채소, 생채소 샐러드나 익힌 채소 샐러드 등이 담겨 나온다. 이런 애피타이저들도 눈길을 끌지만 메인 코스의 수많은 요리들도 무척 맛있어 보인다. 메인 요리로는 무하라(muhara, 생선과 해물을 섞어 테라코다 그릇에 넣어 구운 것), 사이디야(saidiya, 생선, 쌀, 채소를 넣은 캐서롤)와 양갈비부터 케밥에 이르기까지 다양한 고기구이도 제공된다. 디저트로는 크나페(knafe)를 추천한다. 가늘게 썬 필로 페이스트리 속에 달콤한 염소 치즈를 넣고, 향기로운 시럽을 흠뻑 뿌린 뒤, 바삭한 피스타치오로 장식한 디저트다. **JGu**

⬆ 만사프는 쌀밥과 여러 사이드 디시가 곁들여져 나온다.

오르나 앤 엘라 Orna and Ella | 훌륭한 베이킹 경력을 갖춘 텔아비브의 안식처

위치 텔아비브 **대표음식** 차이브와 사워 크림을 곁들인 얌 팬케이크 Yam pancakes with chives and sour cream | 💲💲

오르나 아그몬(Orna Agmon)과 엘라 샤인(Ella Shine)은 학생 시절에 처음 만나 함께 밤을 지새며 케이크를 구워 텔아비브의 카페와 레스토랑에 공급했었다. 1992년에 그들은 쉔킨(Shenkin) 거리에 자신들의 동네 카페를 오픈했다. 이 거리는 당시에 첨단의 갤러리와 패션 부티크가 즐비한 활기 넘치는 동네였다. 카페는 굉장한 성공을 거두었고, 몇 년 지나지 않아 풀 메뉴를 갖춘 레스토랑으로 변신했다. 이후로 이곳은 텔아비브에서 가장 사랑 받는 미식 명소 중 하나가 되었다.

실내 장식은 차분한 미니멀리스트적인 분위기이다. 노출된 벽이 있고 테이블에는 하얀 식탁보가 깔려있다. 배경 음악이 깔리지 않은 대신 분위기가 생동감있고 고객들이 굉장히 다양해서 신선한 느낌을 준다. 여러 세대에 걸친 가족 손님들도 있고, 커플들, 여럿이 몰려온 친구들과 예술가 분위기를 풍기는 타입들도 많다. 이곳의 음식은 우아함이 가미된 컴포트 푸드라는 표현이 맞을 듯하다. 입맛 돋구는 채식 요리, 비건이 먹을 수 있는 요리와

몸에 좋은 아이템을 많이 갖추고 있다. 당신이 매일 먹고 싶어 할 만한 음식들이다.

음식 종류는 계절별로 바뀌지만, 주인들이 메뉴에서 빼버릴 수 없는 몇몇의 붙박이 요리도 있다. 가장 유명한 것은 중독성 있는 얌 팬케이크인데 사워크림과 차이브를 곁들여서 낸다. 그리고 '에브리씽 샐러드(everything salad)'는 웨이터가 샐러드에 들어간 것들을 일일이 나열하다 지쳐서 그냥 모든 게 들어있다고 말한 데서 이름이 붙여졌다고 한다. '채소를 곁들인 밥(rice with vegetables)'은 하얀와일드 라이스 위에 라타투이를 올린 것 같은 요리로 바삭한 호박씨도 뿌려진다. 다른 뛰어난 요리로는 요거트와 민트 소스로 요리한 치킨 커리와 로크포르 치즈를 곁들인 무화과 브리오슈가 있다.

크리미한 치즈 케이크, 레몬 타르트, 라즈베리 타르트 같은 디저트 역시 이들의 경력이 녹아 들어가 있다. **JGu**

⬆ 오르나 앤 엘라에서는 맛있는 컴포트 푸드를 서빙한다.

만타 레이 Manta Ray | 완벽한 바닷가 아침 식사를 위한 장소

위치 텔아비브 **대표음식** 할루미 치즈를 곁들인 샥슈카(진한 토마토 소스에 넣은 달걀)Shakshouka (eggs in a rich tomato sauce) with halloumi cheese |

이스라엘에서의 미식여행은 이스라엘식 아침식사를 먹어보기 전에는 완성되지 않는다. 이스라엘 아침식사는 풍요롭고, 유제품이 많고, 촙드(chopped) 샐러드가 반드시 들어있는 게 특징이다. 통상적으로 아침을 제공하는 호텔이나 카페가 아니더라도, 이스라엘에서는 꽤 많은 레스토랑들에서 아침을 먹을 수 있다.

이미 인기 있는 바닷가 해산물 레스토랑이었던 만타 레이는 아침식사를 제공하는 첫 레스토랑 중 하나가 되었다. 이제는 오전 9시부터 손님을 맞아 다양하고 맛있는 아침 메뉴를 제공한다. 아침을 즐기기에 이보다 더 좋은 곳이 있을까? 레스토랑은 쾌적하고, 미니멀리스트적 디자인을 갖추고 있다. 커다란 유리문을 통해서는 말 그대로 돌을 던지면 닿을 듯한 거리에서 지중해를 바라볼 수 있다.

날씨가 좋다면(사실 이 따뜻한 나라에서는 햇볕이 풍부한 편이다), 테라스에 있는 테이블을 예약하고, 방금 짜낸 오렌지 주스—또는 블러디 메리—를 주문해보라. 그리고 천천히 메뉴를 보면서 느긋하게 파도 소리에 마음을 맡겨보자. 이곳의 고전 메뉴인 '모든 스타일의 달걀요리(eggs-any-style)'에 이스라엘식 샐러드를 곁들인 요리를 주문하는 것이 좋겠다. 혹시 좀 더 대담해지고 싶으면 샥슈카를 시도해보길. 이것은 매운 맛이 도는 북아프리카식 달걀과 토마토 요리인데, 작은 무쇠 프라이팬에 담고 녹아 내리는 할루미 치즈를 얹어서 낸다. 다른 맛있는 옵션으로는 '아침 거리 시장(street morning market)'이라 불리는 요리가 있다. 치즈와 올리브를 채운 불룩한 페이스트리인 보우레카(boureka)에 수란과 싱싱한 토마토 샐러드를 곁들인 요리이다.

아침을 특히 잘 먹고 싶다면 웨이터가 들고 다니는 커다란 쟁반에 담긴 메제를 몇 개 주문하는 것도 좋겠다. 절인 마체스(matjes, 청어 살코기)나 구운 가지에 염소 치즈를 곁들인 것이 아주 훌륭하다. **JGu**

↑ 팬케이크로 매혹적인 아침 식사를 마감하자.

라파엘Raphaël | 북아프리카 풍의 창의적이고 우아한 식사

위치 텔아비브 **대표음식** 병아리콩, 채소와 마그레브 향신료를 곁들인 양고기 쿠스쿠스Lamb couscous with chickpeas, vegetables, and Maghreb spices |
⑤⑤⑤

"모험심 강한 셰프만이 시도할 수 있는
독창적인 프랑스식 꾸밈."

cntraveller.com

⬆ 라파엘에서 만든 맛있는 쿠스쿠스 한 그릇.

라파엘은 이스라엘 최고의 레스토랑 후보에 여러 번 오른 곳이다. 메뉴에 항상 쿠스쿠스가 있다는 것에서 이곳 요리의 정체성을 파악할 수 있다. 이 정체성을 더 확실하게 하는 것은 쿠스쿠스를 처음부터 직접 만들고, 버터를 듬뿍 넣고, 향신료 풍미가 가득하며 육즙이 풍부한 고기를 보탠다는 것이다.

셰프이며 주인인 라피 코헨(Raphi Cohen)은 자신의 음식 문화에 대한 자부심이 대단하다. 이곳의 음식 중 특히 쿠스쿠스는 그의 첫 요리 스승이자 멘토였던 모로코 태생의 할머니 아지자(Aziza)에 대한 대한 존경의 표시가 담겨있다. 그런데 이게 이야기의 전부가 아니다. 이 아름다운 레스토랑의 메뉴에 있는 다른 요리들은 예루살렘 출신 셰프의 프랑스 요리에 대한 깊은 사랑을 보여준다. 브라운 버터와 골수가 든 뼈를 곁들인 2인용 앙트르코트(entrecôte)나 그루퍼 알, 토로 참치 콩피와 보타르가(bottarga, 참치나 숭어의 알에 소금을 쳐서 압착하고 햇볕에 말린 것)를 곁들인 니수아즈 샐러드가 그 증거이다. 이에 더하여 코헨은 중동 요리와도 강한 연결고리를 가지고 있는데, 애호박에 쌀과 양고기를 채워 넣고 유기농 염소 요거트에 넣어 익힌 요리가 맛있는 사례이다.

라파엘에서 굽는 포카치아는 오븐에서 막 꺼내 올리브 오일과 소금 결정이 반짝거리는데, 이스라엘의 수많은 레스토랑이 이를 모방했다. 전설에 의하면 이 빵은 우연히 탄생했다. 코헨이 스핀지(sfinge, 모로코식 튀긴 도넛) 반죽을 만들다가 갑자기 생각이 나서 이를 빵 모양으로 만들어 오븐에 구워보기로 했던 것이다.

낮에는 따뜻하고, 친절하고, 환한 빛으로 가득 찬 분위기이고, 음식의 가격도 매우 적절한 수준이다. 저녁에는 가격이 올라가고, 불빛은 낮아지고, 음악은 더 커진다. 그리고 분위기는 뜨거워진다. 언제 방문하든 디저트를 먹을 배를 따로 남겨두기를 바란다. 최소한 코헨이 만든 보석같이 멋진 프티 푸르 한 접시를 맛보며 식사를 마무리하길. 커피와 완벽하게 잘 어울린다. **JGu**

토토 Toto | 이스라엘 최고 셰프 중 한 사람이 만드는 매혹적인 요리

위치 텔아비브 **대표음식** 소꼬리 토르텔리니 Oxtail tortellini **🅢🅢**

토토는 원래 다른 셰프가 이끄는 이탈리아 레스토랑이었고, 대부분의 여행 안내서가 아직도 그렇게 설명한다. 이곳의 대표 메뉴 중에 베이컨과 양송이가 들어간 얇은 도우의 매력적인 피자 비앙카와 몇몇 아주 맛있는 파스타 요리들이 있는 것은 사실이다. 그렇지만 이곳의 요리는 단순한 정의를 거부한다. 이스라엘에서 가장 재능이 있고 독창적인 셰프 중의 하나인 야론 샬레브(Yaron Shalev)의 독특한 비전을 함부로 정의할 수 없듯이.

샬레브는 12살에 처음 레스토랑 주방에서 일을 시작했다. 그 후 이스라엘 최고의 레스토랑 몇 군데와 미슐랭 스타를 받은 파리의 몇몇 레스토랑에서도 일을 했지만, 그는 분자 요리의 마술이나 지나치게 화려한 플레이팅으로 사람들을 현혹하려 하지 않는다. 그의 프레젠테이션은 멋지지만 과한 노력이 필요치 않고, 색상이 생생하게 살아있고, 풍미는 대담하면서 감각적이다. 이런 단순함 뒤에는 뛰어난 테크닉과 질 좋은 재료에 대한 타협하지 않는 노력이 숨어있다.

방어 타불레는 샬레브가 만드는 요리의 좋은 예다. 적당한 크기로 조각 낸 싱싱한 날 생선과 아몬드로 장식한 허브 샐러드가 잘 어우러지는 요리다. 여기에 크리미하고 진한 요거트를 넣어 맛의 깊이를 더한다. 사프란으로 향을 낸 해산물 육수에 붉은 도미를 통째로 넣어 익힌 요리, 소꼬리 토르텔리니, 그리고 밤 뇨키도 똑같이 매혹적이다. 디저트도 다른 요리와 완벽하게 조화를 이루는데, 멋지고 풍성하지만 복잡해 보이지는 않는다.

토토는 진정으로 광범위하고 흥미 있는 와인 리스트를 제공하는 몇 안 되는 이스라엘 레스토랑 중 하나다(희귀한 버건디 종류를 한번 찾아보라). 1잔 단위나 반 병 단위로 제공하는 와인들도 많이 준비되어 있다. 낮에는 기업가나 변호사들에게 인기가 있고, 저녁에는 유명인사들이 눈에 띄기도 한다. 정식 식사는 가격대가 높지만, 바에서 피자나 파스타를 와인 1잔과 즐길 수 있는 옵션도 있다. **JGu**

"여기는 딱히 이탈리아도 아니고, 딱히 이스라엘도 아니다. 그렇지만 한 가지, 캔자스가 아니라는 것은 확실하다."

unlike.net

⬆ 토토에서는 바에서 캐주얼하게 식사하는 것이 인기 있다.

투르키즈 Turkiz | 멋진 공간에서 맛보는 흠잡을 데 없는 생선과 해물요리

위치 텔아비브 **대표음식** 맛부차(토마토와 피망 소스)를 곁들인 그루퍼 케밥 Grouper kebabs with matboucha (tomato and bell-pepper sauce) | $
$$

이 레스토랑은 상징적인 의미의 '리틀 블랙 드레스(little black dress)' 같은 곳이다. 굉장히 단순하지만 모든 상황에 잘 맞고, 덧없이 오가는 유행을 꿋꿋하게 넘긴다는 의미에서 그러하다. 텔아비브의 북쪽 끝에 있는 멋진 거주용 빌딩에 자리한 투르키즈는 인근의 직장인과 여행객들 모두에게 인기가 많다. 실내 장식은 따뜻하고 우아하면서 유난스럽지 않다. 오버사이즈의 와인 캐비닛이 한쪽 벽을 가득 채우고 있고, 커다란 유리창은 바다를 마주하고 있다. 쿠션이 좋은 가죽 의자와 생기 넘치는 기다란 바도 갖추고 있다. 지배인과 웨이터들은 마치 옛 친구를 다시 만난 것처럼 친근하게 손님들을 맞이해 준다.

모든 사람이 좋아할 메뉴를 골고루 갖추고 있다. 첫 코스에서 눈에 띄는 것은 이스라엘 샐러드로 주문과 동시에 만들어 진다. 이 샐러드에는 아스파라거스와 포르치니 아이올리, 페코리노 치즈가 들어간다. 그리고 쌉쌀한 치즈와 시금치를 채워 넣은 토르텔리니가 노란 체리토마토와 버터 가운데서 노니는 요리도 있다.

메인 코스를 선택할 때는 웨이터에게 그날의 해산물이 무엇인지 물어보는 게 최선이다. 투르키즈의 주인은 지역의 어선들과 오랜 관계를 맺고 있어서 가장 좋고 가장 신선한 생선과 해물을 받아올 수 있다. 안전한 선택을 하고 싶으면 지중해 생선의 왕인 그루퍼를 선택하라. 이 생선은 팬에 지진 것, 오븐에 구운 것, 북아프리카의 크라이미(chrayme) 소스에 넣어 익힌 것, 갈아서 케밥 모양으로 구운 것 중에 선택할 수 있다.

와인 리스트는 광범위하고 잘 선정되어 있다. 서비스는 노련하면서도 따뜻하다. 그런데 이 모든 탁월함은 이에 걸맞는 비용을 요구한다. 투르키즈는 이 도시에서 꽤 비싼 편이지만 런치 메뉴는 적당한 가격이다. 주말에는 브런치가 제공되는데, 예외없이 늘 만원을 이룬다. **JGu**

⬅ 웅장한 바다 경관이 식사 체험의 일부가 된다.

아부 하산 Abu Hassan | 후무스 애호가들은 꼭 가 보아야 할 식당

위치 야파 **대표음식** 메사바하(따뜻한 후무스)Messabaha (warm hummus) | $
$$

"이스라엘에서 단 1시간만 주어진다면 아부 하산으로 가라. 2시간이 있으면 그곳에 두 번 가라." 이 격언은 방문객들에게 특이한 조언으로 들릴지 모르나 후무스를 좋아하는 사람들에게는 말이 되는 이야기다. 병아리콩과 타히니를 혼합해서 만드는 후무스는 마음이 편안해지는 음식인데, 전 이스라엘인들을 사로잡고 있다. 이것은 전문 후무시야(humusiya, 후무스 레스토랑)에서 먹는 것이 가장 맛있는데, 그 자리에서 바로 만들어서 따뜻하게 나오기 때문이다.

아부 하산은 자신만의 세계를 가진 곳이다. 야파 포트(Jaffa Port) 위에 자리 잡은 이 작은 식당의 메뉴에는 후무스 외에 다른 것은 없다. 타히니와 병아리콩이 올려진 정

"점심을 먹으려면 일찍 도착해야 한다. 후무스가 떨어지면 문을 닫기 때문이다."

telavivguide.net

통 후무스와 풀(ful, 파바빈으로 만든 레몬 맛의 스튜)을 뿌린 후무스, 둘 중에 하나를 골라서 폭신한 피타빵과 먹으면 된다. 그러나 아부 하산을 전설로 만든 것은 메사바하다. 이 변형한 후무스는 병아리콩을 삶아서 살짝 으깬 것에 따뜻한 타히니 소스를 섞어서 만든다. 매운 레몬 향의 드레싱인 티블라(t'billa)로 맛을 돋운 이 음식은 완전히 중독성이 있다.

이곳은 이른 아침부터 후무스 종류가 다 떨어질 때까지만 문을 연다. 보통 오후 2시경에 후무스가 동이 나는데, 정오 무렵이면 이미 사람들로 가득하다. 일찍 가야 몇 개 안되는 테이블에 앉을 수 있다. 나머지 사람들은 음료수와 피타 두어 개를 받아들고 기꺼이 거리를 건너, 야파 구시가의 아름다운 풍경이 보이는 난간에서 병아리콩의 마술을 즐긴다. **JGu**

모르도크 Mordoch | 회전이 빠른 가게에서 맛보는 예루살렘 소울 푸드

위치 예루살렘 **대표음식** 시스케(지방으로 절인 고기)를 곁들인 쿠베 수프 덤플링 Kubbeh soup dumplings with siske (meat cured in fat) | $

이스라엘식 요리라는 것이 있는지는 모르겠지만, 예루살렘식 요리라는 게 있다는 것에는 대부분의 사람들이 동의할 것이다. 예루살렘 요리는 격동의 역사를 거치며 이 독특한 도시를 공유하고 있는 다양한 커뮤니티가 만들어 왔다. 전형적인 예루살렘 음식을 맛보려면 마하네 에후다 (Mahane Yehuda) 마켓에 가서 사람들이 길게 줄 서있는 작은 레스토랑들을 찾으면 된다. 모르도크는 그중 가장 오래되고 맛있는 곳 중의 하나이다.

소박한 가족 운영 레스토랑인 이곳에서는 소를 넣은 채소 요리와 고기 꼬치구이 같은 기본적인 중동 요리도 제공하지만, 단골들은 대표요리인 쿠베를 먹으러 이곳에 온다. 이 요리는 늦은 아침이나 점심에 먹는 단품 요리이

> "거대한 솥들이 줄줄이 있는데,
> 그 안에 중동의 별미가 부글부글 끓고 있다."

gojerusalem.com

다. 이런 전통에 맞게 모르토크는 오후 5시 정각에 문을 닫는다. 쿠베 덤플링은 티베트의 모모(momo)나 중국식 완탕의 먼 친척쯤 된다. 이것은 불에 그슬린 밀가루(때론 세몰리나를 보태서)로 만드는데, 간 고기나 지방에 절인 작은 고기인 시스케로 속을 채운다. 채소로 깊은 풍미가 낸 국물에 덤플링을 넣어 익히고, 국물과 함께 서빙된다. 모르도크에는 3가지 버전의 쿠베가 있다. 토마토와 비트 수프에 담겨 나오는 애호박과 레몬이 들어가 살짝 신맛이 나는 노랑, 시스케로 채운 밝은 노랑이 있다. 셋 다 먹어보면 좋겠지만, 한 번만 먹을 수 있다면 시스케를 택할 것을 권한다.

여기는 느긋하게 천천히 식사하는 곳은 아니다. 금요일에 간다면 자리를 기다리는 사람이 줄을 섰을 것이다. 20분이면 다 먹고 문을 나서게 된다. 만족스럽게 배가 부른 상태로, 옛날 예루살렘 할머니들에 관한 몽상을 하면서. **JGu**

마크네후다 Machneyuda | 최신 예루살렘 식당에서 먹는 펑키하고 기발한 요리

위치 예루살렘 **대표음식** 함슈카 Hamshuka (hummus with ground meat) | $$

레스토랑의 이름은 마하네 예후다(Mahane Yehuda)라는 유명한 노천시장 이름의 구어식 발음에서 따온 것이다. 이곳은 자신들이 '진정한 시장 식당'이라고 홍보한다. 그런데 사실 시장 식당과는 다른 분위기로 현대적이고 세련되며, 비교적 비싼 곳이다. 이곳은 디자인을 안 한 것처럼 보이게 디자인한 곳이다. 삐걱거리는 테이블과 채소 박스, 짝이 안 맞지만 그게 더 매력인 접시들이 보인다. 그래서 보헤미안 분위기를 풍긴다.

공동 주인인 3명의 셰프가 자그마한 개방형 주방에서 같이 일한다. 한 번에 한 사람이 주방을 통솔하고, 나머지 둘은 팀원들과 보조로 일한다. 한창 분주한 저녁 시간에 손님들로 가득 차서 시끄러운 가운데, 주방 직원 전체가 갑자기 '즉흥적으로' 냄비 바닥을 두드리며 리듬에 맞춰 노래한다. 그리곤 깜짝 놀란 손님들에게 같이 동참하라고 부추긴다. 그러나 오해는 말라. 이 모든 장난스러움 속에서도 굉장히 진지한 요리가 만들어지고 있다.

아사프 그라니트(Assaf Granit), 유리 네이본(Uri Navon), 요시 엘라드(Yossi Elad)는 경험 많고 재능 있는 셰프들이다. 그들은 인근 시장의 신선한 농산물로 맛있고 창조적인 요리를 만든다. 메뉴는 빈티지한 타자기로 작성하고 자기들끼리만 알아듣는 농담도 적어 놓는다. 거의 매일 메뉴가 바뀌기 때문에 특정한 요리를 추천하기가 어렵다. 자주 등장하는 뛰어난 요리는 함슈카(크리미하고 맛있는 후무스와 간 고기의 혼합물), 부드러운 폴렌타에 양송이 스튜를 얹고 파르메산 치즈를 잔뜩 뿌린 요리, 송아지 스위트브레드를 피타 위에 얹어서 내는 요리가 있다.

오픈 키친 바로 앞에 있는 바의 자리를 예약하는 것을 권한다. 아마 눈앞에서 조리되고 있는 음식을 맛볼 수도 있을 것이다. **JGu**

→ 보헤미안 스타일의 아름다운 다이닝룸.

파흐르 알 딘Fakhr-El Din | 요르단의 상류층이 즐기는 레바논 음식

위치 암만　**대표음식** 향신료를 곁들인 양고기 회 모둠Platter of raw lamb cuts with spices | 💲💲

중동 요리 중에서는 레바논 요리가 최고라고 손꼽힌다. 그러니 요르단 수도의 최고급 레스토랑이 레바논 음식을 전문으로 하는 것은 이상한 일이 아니다. 이곳은 온갖 종류의 정통 메제를 제공하는 레스토랑이다. 보통 작은 요리들부터 먹기 시작하는데, 몇몇은 세계 어디서나 친숙한 것들이다. 후무스, 무하마라(mouhamara, 매콤한 견과류 믹스), 삼부섹(sambousek, 고기소를 넣은 페이스트리), 자와네(jawaneh, 갈릭 소스로 만든 닭날개 구이) 같은 음식이다. 다른 것들은 좀 더 하드코어하다. 누카아트(noukha'at, 데친 양의 뇌를 넣은 샐러드)와 탈라트(thalat, 양의 지라에 파슬리, 코리앤더와 고추를 채워 넣은 요리)가 그 예이다.

이 레스토랑에는 빳빳한 식탁보와 대리석 바닥이 있어 격식을 차리는 듯한 차가운 분위기가 느껴진다. 그렇지만 일단 자리에 앉으면 자연스럽고 캐주얼한 메제 스타일로 식사하면 된다. 식사를 압도하는 것은 여러가지 신선하고 자연스런 풍미들이 서로 어우러지는 맛이다. 파흐르 알 딘에서는 한 테이블에서 치커리, 커민, 호두, 민트, 레몬, 고추의 맛을 동시에 느낄 수 있다. 이 레스토랑은 메제라는 형식 안에서 창의성을 발휘하는 것으로 유명하다. 이곳에서는 덜 알려진 풍미들도 맛볼 수 있다. 예를 들어, 보랏빛 옻나무 가루 같은 향신료와 팔메토(palmetto), 양의 생 간, 아카위(akkawi, 소금물에 절인 하얀 치즈) 같은 재료가 있다.

일부 요리에서는 전통적인 메제 양식을 새로운 영역으로 이끌기 위해서 실험적인 조합도 시도한다. 석류로 만든 시럽을 곁들인 가지튀김, 생 양고기 간 것에 땅콩을 곁들인 요리, 피스타치오를 곁들인 치킨 볼이 그 예이다. 다른 요리들은 단순히 레반트식 고전 요리를 완벽하게 재현한다. 곱게 다진 파슬리, 토마토, 레몬, 민트와 양파 향이 나는 빵은 밀을 넣은 샐러드인 타불레, 또는 옻나무 가루로 톡 쏘는 신 맛을 더한 피타 토스트 샐러드인 파투시가 있다. **SH**

⬆ 파투시 같은 클래식 메제 요리를 즐겨보라.

피어시크 Pierchic | 로맨틱한 나무 부두 끝에서 먹는 호화로운 해산물 요리

위치 두바이　**대표음식** 2인용 해물 모둠Seafood platter for two | 🦐🦐🦐🦐

250m 길이의 부두 끝, 바다에 박힌 나무기둥 위에 피어시크 레스토랑이 떠있다. 여기는 반지를 샴페인 잔에 넣어 프러포즈를 하기에 딱 어울리는 곳이다. 이런 동화 속 같은 세팅 덕에 비용을 의식하는 냉소적인 사람들조차 지나치게 과한 메뉴를 받아들이게 된다. 물론 가격대가 높아 특별한 날에만 올 수 있는 곳이지만.

레스토랑의 구조물은 대부분 목재로 되어있고, 야외 테라스에서 부드러운 바닷바람을 맞으며 식사하거나 냉방이 잘된 실내 공간에서 식사하는 것 중에 선택할 수 있다. 야외 데크에 앉으면, 두바이의 스카이라인이 만드는 잊지 못할 경관을 즐길 수 있다.

껍질 깐 생굴부터 데친 송어에 이르기까지, 해산물이 이곳의 중심이다. 대표 요리인 차가운 해물 모둠은 이곳의 요리 스타일을 잘 보여준다. 이 요리는 세계 곳곳에서 공수된 고품질 재료의 호화로운 컬렉션이다. 두 사람이 같이 먹는 로맨틱한 요리로 프레젠테이션 되는데, 눈물이 찔끔날 만한 가격표가 같이 오는 게 문제다. 이 가격

표로 보건대 와인 가격도 만만치 않음을 짐작하게 된다. 와인 리스트는 광범위하지만 역시 두바이 기준으로도 고가이다.

이곳은 분명 정어리구이나 생선 수프에 딱딱한 빵을 곁들여 먹는 곳은 아니다. 가장 장식을 안 한 요리인 팬에 지진 생선조차도, 슈가 스냅피(sugar snap pea, 꼬투리 채로 먹는 완두콩) 퓌레, 애호박 크로켓 감자와 아스파라거스 거품이나 양송이 무슬린, 포토벨로 버섯 카르파초, 또는 타라곤 샬롯 샐러드가 곁들여져 나온다. 메뉴에는 캐비아 세 종류와 이국적인 사이드 디시들이 들어 있다. 사이드 디시로는 화이트 트러플 포테이토 매시에 야생 루콜라와 파르메산 치즈를 저며 넣은 요리, 또는 흰 아스파라거스와 초록 아스파라거스를 카스틸로 데 카네나(Castillo de Canena) 올리브 오일에 담근 요리 등이 있다. **SH**

⬆ 밝고 쾌적한 피어시크의 다이닝룸.

시파이어 스테이크하우스 Seafire Steakhouse | 호주에 소 목장을 가진 자의 뛰어넘을 수 없는 위엄

위치 두바이 **대표음식** 아틀란티스 350g 필레 스테이크 Atlantis 12-oz (350-g) fillet steak | $$$$

"음식은 간결하지만 노련하게 조리되어 나온다. 주위 환경에 걸맞게 '세련된' 요리이다."

Karen Pasquali Jones, Friday Magazine

거대한 여행자 호텔 단지 안, 디자이너 매장들이 늘어선 대리석 복도 한쪽에 있는 레스토랑이 좋은 인상을 주는 것은 쉽지 않은 일이다. 그러니 두바이의 아틀란티스 워터 파크와 미슐랭 스타를 받은 유명 레스토랑들 사이에 자리잡은 시파이어도 그저 그런 이 도시의 주류 레스토랑 중 하나로 무시될 법하다. 하지만 이곳의 스테이크는 세계 최고 중 하나라는 찬사를 받는다.

소를 방목할 초원 한 평 없는 나라에서 어떻게 이런 일이 가능할까? 그 해답은 지나칠 만큼 사치스런 아틀란티스식 스타일에 있다. 시파이어 스테이크하우스는 수천 마일 떨어진 호주에서 이 레스토랑만을 위해 고급 소고기를 기르고 있는 것이다. 퀸즐랜드에 소목장이 있는데, 소들의 족보를 세심하게 모니터하고 있고, 건초, 보리, 옥수수와 씨앗 종류를 과학적으로 조합한 사료를 먹인다. 이렇게 해서 소의 조직에 지방이 고르게 퍼지도록 만든다. 그 결과, 부드럽고 풍미가 좋은 소고기가 생산되는 것이다.

스테이크 애호가들은 이 호주산 소고기 외에도, 미국산 블랙 앵거스나 일본산 와규 중에 선택할 수 있다. 모든 스테이크를 단순히 석탄 그릴에 구워서 내고, 고전적인 소스 중 하나를 선택할 수 있다. 베어네즈, 고르곤졸라, 퐁뒤, 야생 버섯, 바비큐, 블랙 페퍼, 허브와 샬롯 버터, 보르들레즈 소스가 준비되어 있다. 사이드 디시로는 전통적으로 인기 있는 것들을 모두 갖추고 있다. 어니언 링, 버터 바른 옥수수, 그리고 프렌치프라이도 들어있는데, 여기서는 '스모크드 스테이크 프라이(smoked steak fry)'라는 형태로 나온다.

시파이어는 아틀란티스 리조트에 있는 17개의 레스토랑 중 가장 큰 와인 셀러도 갖추고 있다. **SH**

⬆ 소고기 애호가를 위한 천국으로 들어가는 문.

오시아노 Ossiano | 수족관 한가운데서 먹는 잊지 못할 해산물 요리

위치 두바이 **대표음식** 낚시로 잡은 농어구이와 조개Grilled line-caught sea bass with clams | 🍴🍴🍴🍴🍴

두바이의 떠들썩하고 밝은 아틀란티스 리조트의 화려함 아래로 나선형 계단이 길게 이어진다. 이곳을 내려가면 차갑고 어둑어둑한 세계가 나타난다. 희미한 파란색 불빛 속에서 거대한 수족관을 갖춘 놀라운 레스토랑이 드러나고, 고객들의 눈이 서서히 적응한다.

오시아노는 미슐랭 스타를 3개 받은 셰프인 산티 산타마리아가 고향인 스페인 밖에서 처음으로 문을 연 업장이다. 산타마리아는 이 레스토랑을 개업한 지 3년만인 2011년에 사망했다. 그의 가족은 레스토랑의 운영에 더 이상 관여하지 않지만, 메뉴는 여전히 최고급 현대식 지중해 음식을 제공하고 있다. 그렇지만 마치 양념이 과하게 된 소스처럼, 수족관이라는 환경이 메뉴에 있는 그 어떤 요리도 압도한다.

테이블 옆에서 불쑥 나타나는 상어에 눈을 빼앗겨서 스페인에서 공수된 신선한 채소로 만든 가스파초가 눈길 한번 못 받고 가버릴 수도 있다. 다이버들이 옆 테이블을 위해 로맨틱한 메시지가 적힌 판을 들고 있는 것을 구경하느라 바삭한 가리비에 채소볶음과 바닷가재 육수를 곁들인 요리는 잊혀질 수도 있다.

아틀란티스 라군(Atlantis Lagoon) 수족관은 이 리조트의 주인공이다. 이곳은 65,000종 이상의 해양동물들을 보유하고 있다. 그렇지만 이 레스토랑에서는 고급스럽고 비싼 요리를 심각하게 방해하는 요소이기도 하다. 장소에 걸맞게, 또는 아이러니하게도, 이곳은 주로 해산물 요리를 제공한다. 사과와 화이트 피시 민스(mince)나 샬롯 비네그레트에 담근 지야르도 굴 같은 우아한 애피타이저부터, 사프란과 마늘 유액에 담근 바삭한 아귀 요리와 사워도우 크루통을 곁들인 부야베스 같은 다양한 메인 요리들까지 고루 갖추고 있다.

오시아노의 요리 재료는 지역 생산물도 있지만, 전 세계 최고의 수산시장에서도 조달된다. 고객들은 북대서양의 광어, 브르타뉴산 농어, 캐나다산 바닷가재, 로크 파인(Loch Fyne) 연어를 맛볼 수 있다. **SH**

"이곳의 음식은 의심할 바 없이 두바이에서 먹을 수 있는 다른 어떤 요리보다 한 급 위이다."

Daisy Carrington, Time Out Dubai

⬆ 생선은 먹기 위한 것이 아니라 쇼를 위한 것이다.

케밥치 이스켄데르 Kebabçi İskender | 되네르 케밥이 처음 등장한 곳

위치 부르사 **대표음식** 오리지널 이스켄데르 케밥 The original İskender kebab | **$**

오스만 제국 시절의 만찬은 주로 구덩이에 수직으로 넣은 오븐에서 통째로 구운 양 또는 꼬챙이에 찔러 공기 중에 노출된 불로 구운 양고기를 의미했다. 1867년에 이스켄데르 에펜디(İskender Efendi)가 수직 방향의 꼬챙이와 숯으로 고기를 익히는 새로운 방식을 고안했다고 알려져 있다. 그는 고기를 익히는 새롭고 인상적인 방식을 만들어냈고, 이로 인하여 오늘날 세계적으로 유명한 '되네르(회전하는)' 케밥이 탄생했다.

부드러운 부위에서 얻은 얇은 고기 조각을 켜켜이 쌓아 거대한 원뿔을 만들고 이를 약한 불 앞에서 천천히 회전시키면서 익히면 되네르 케밥이 완성된다. 19세기 이래로 '이스켄데르 케밥'이라는 이름의 되네르 케밥이 특

> "이스켄데르라는 이름을 가진 모든 사람들은 주의하라. 이곳은 당신의 이름에 대한 상표권을 갖고 있다."
>
> culinarybackstreets.com

히 유명해졌다. 이스켄데르 케밥은 완벽히 익은 고기를 잘라서 부드러운 피데(pide) 위에 얹은 후 그 위에 지글지글 끓는 버터를 넉넉히 뿌리고 요구르트와 특별한 토마토 소스를 듬뿍 얹어서 만든다. 오늘날에는 빵 덩어리 사이에 끼워 먹는 법, 빵 위에 얹어 먹는 법, 쌀밥에 곁들여 먹는 법 등 되네르 케밥을 먹는 다양한 방식이 있다.

부르사를 방문하면 이 유명한 요리를 필수적으로 맛보아야 하며, 특히 이 요리를 잘 만드는 몇몇 곳이 있지만 이곳은 유일한 원조를 자처하는 곳이다. 이스켄데르 에펜디의 후손이 운영하는 이곳의 메인메뉴는 그 유명한 이스켄데르 케밥밖에 없지만 렌즈콩 수프, 샐러드, 피클, 디저트도 있다. 건포도를 뽕나무 통에서 살짝 발효시킨 음료인 시라(şira)도 꼭 맛보아야 한다. **AT**

하야트 로칸타시 Hayat Lokantasi | 완벽을 기하는 터키 요리

위치 부르사 **대표음식** 테르비옐리 쾨프테(달걀과 레몬 소스에 미트볼을 넣은 스튜) Terbiyeli köfte (meatball stew in an egg and lemon sauce) | **$**

오스만 제국의 제2의 수도였으며 역사적인 비단길로 향하는 길목에 위치한 부르사는 요리계의 숨은 보석이기도 하다. '삶'을 의미하는 하야트 레스토랑은 1947년에 이 도시의 메인 버스 터미널 근처에서 소박하게 문을 열었다. 옛 메리노모직 공장지대가 공원단지로 변경된 2008년에 이 레스토랑의 3대 소유주인 셀레크(Selek)가는 새 지역에서 재건 프로젝트를 시작했다. 개조된 옛 창고 건물에는 생기 넘치고 널찍한 레스토랑이 들어섰으며 내외부에 모두 정원이 생겨 공원에서 식사를 하는 듯한 기분을 느낄 수 있다. 이 레스토랑은 한 번에 600명을 수용할 수 있을 정도로 크지만 편안하고 다정한 분위기이며, 자녀를 동반한 가족 고객도 종종 보인다.

요리는 맛도 좋고 푸짐하지만 알코올은 제공되지 않는다. 카운터 옆에 '터키 스타일'이라는 이름으로 진열된 최고 수준의 전통적인 터키 가정식 요리를 맛볼 수 있다. 훌륭한 맛의 달걀과 레몬 소스에 넣은 둥근 미트볼인 테르비옐리 쾨프테를 먹으면 이 요리가 제대로 만든 요리임을 알 수 있다. 구덩이에 넣고 구운 양 탄디르(tandir)는 섬세하며 필라프는 오스만 제국의 제대로 된 주방에서 만든 것처럼 완벽하다. 손님들은 그날의 특별 요리를 조금씩 모아 구성한 셰프의 요리(chef's plate)를 주문하여 가능한 한 최대한 많은 요리를 맛보는 경우가 많다.

까다로운 기준은 디저트에도 계속하여 적용된다. 대표적인 터키식 과자가 다양하게 준비되어 있다. 그 예로 우유 푸딩, 밝은 오렌지색 호박 디저트, 산호색 퀸스 구이가 있으며 이들 위에는 모두 간 호두나 클로티드 크림(clotted cream)이 듬뿍 올라가 있다. 우유로 만든 섬세한 디저트인 쉬트 타틀르시(süt tatlisi)는 하야트에서 정말 특별한 메뉴다. **AT**

보르사-Borsa | 지점을 여러 개 거느린 터키 전통요리의 대사

위치 이스탄불 **대표음식** 파차 초르바시(양 발 수프) Paça çorbasi (sheep's trotter soup) | 💲💲

터키어로 '증권 거래'를 의미하는 보르사는 상인들을 위한 식당에서 파인 다이닝 레스토랑으로 변모하였다. 1927년 이스탄불에 세워진 이 레스토랑은 본래 증권거래소 사람들을 대상으로 점심만 제공하는 곳이었으나 오늘날에는 각기 다른 매력이 있는 3개의 지점과 몇몇의 셀프서비스식 업장을 거느린 레스토랑이 되었다.

뤼트피 키르다르 국제 컨벤션 & 전시 센터(Lütfi Kirdar International Convention and Exhibition Center) 근처의 조용한 환경에 위치해 있으며 맵시 좋게 꾸민 실내와 경치가 아름다운 테라스를 보유한 보가지치 보르사(Bogaziçi Borsa)는 상징적인 플래그십 레스토랑이다. 이곳의 메뉴에는 터키의 다양한 고전뿐만 아니라 쌀과 허브를 채운 아티초크로 대표되는 올리브 오일을 활용한 에게해식 채소 요리, 터키 동남부의 아다나 또는 우르파 케밥, 부르사의 그 유명하고 상징적인 이스켄데르 케밥, 흑해의 카볼로 네로 쌈이나 퐁듀와 비슷한 치즈맛 딥인 쿠이마크(kuymak) 등 지역적인 별미도 있다. 이 레스토랑은 터키 각지의 요리를 모두 솜씨 좋게 만들고 모든 식재료를 로컬 재료로 충당하며 모든 요리를 본연의 성격에 맞게 만든다. 또한 요리 본연의 성격을 살리는 일을 매우 중시한다. 매일 보르사의 주방에 들러 버터 맛이 나는 겹겹의 파스타 베이크인 수 뵈레기(su böregi)를 만드는 '가정 주부'가 있을 정도다.

전통적인 식사를 하려면 부드럽고 만족스러운 양 발 수프를 시작으로 맛 좋은 메인 요리 중 하나를 먹고 부드러운 클로티드 크림을 듬뿍 곁들인 리치하고 달콤한 빵 푸딩으로 마무리하면 된다. 보르사에서 즐기는 터키식 만찬은 진정으로 기억에 남을 만하다. 보르사의 모든 파인 다이닝 레스토랑(셀프서비스식 업장은 제외)은 알코올을 제공하며 최고급 로컬 와인을 다양하게 갖추고 있다. **AT**

"런던에서 이스탄불까지 찾아가 이곳을 방문하는 수고를 전혀 아깝지 않게 하는 음식."

Financial Times

⬆ 보르사는 터키 여러 지역의 클래식한 요리를 다양하게 낸다.

베이티Beyti | 베이티 케밥을 최초로 만든 주인공의 고기 요리

위치 이스탄불 **대표음식** 베이티 케밥Beyti kebab | ❸❸❸

> "고기를 정말 좋아하는 사람들은 이곳을 찾을
> 가치가 충분함을 안다.
> 고기 요리가 기막히게 맛있다."
>
> Lonely Planet

⬆ 손님들은 호화로운 인테리어를 감상하며 베이티의 유명한 케밥을
즐길 수 있다.

고기를 좋아하는 사람들에게 베이티는 1945년에 테이블이 4개에 불과한 자그마한 식당으로 문을 연 이래로 매우 소중한 안식처가 되어 왔다. 이스탄불에서 가장 육즙이 풍부한 고기를 내는 곳은 바키르쾨이(Bakırköy)의 플로리아 교외에 위치한 베이티일 것이다. 이 지역은 꾸준히 확장되는 이스탄불에 통합되기 전까지 여름 휴양지로 인기 있는 장소였으며, 여전히 평온하고 초목이 푸릇푸릇한 곳이다.

소유주의 이름인 베이티 귈레르(Beyti Güler)는 그가 최초로 만들었고 이제는 대부분의 레스토랑에서 만드는 그의 이름을 딴 요리 때문에 터키 전역에 알려져 있다. 본래의 베이티 케밥은 양 안심 살코기를 기름으로 얇게 둘러싸고 둥글게 말아 꼬치를 끼운 후 구워 만드는 요리였다. 그러나 다른 레스토랑에서는 간 고기로 만든 케밥을 얇은 플랫브레드로 감싸 본래의 베이티 케밥과 비슷한 모양으로 둥글게 써는 경우가 많아졌다.

상상 가능한 모든 종류의 고기구이뿐만 아니라 채식주의자에게 적합한 요리도 있다. 수 뵈레기(겉면에 황금빛이 도는 버터맛의 치즈 페이스트리), 제이티니아글리 사르마(zeytinyagli sarma, 쌀을 채운 포도잎), 올리브 오일과 함께 조리한 아티초크와 기타 채소 등이 채식 메뉴의 꽃 중 일부이며 클래식한 터키 디저트도 있다. 베이티는 워낙 큰 성공을 거두어 몹시 쾌적하고 세련되며 450명을 수용할 수 있는 널찍한 3층 건물을 차지하고 있다. 전국적인 아이콘에 걸맞게 베이티는 리처드 닉슨, 지미 카터, 아서 밀러, 레너드 번스타인 같은 미국의 셀러브리티와 정치인들을 맞이했다. 그럼에도 이 레스토랑은 베이티의 두 아들이 운영하는 가족 사업으로 이어지고 있다. 베이티 그 자신도 여전히 매일 레스토랑에 나와 따뜻한 함박웃음으로 손님들을 맞이한다. **AT**

판델리 Pandeli | 터키 요리의 하이라이트로 구성된 한결 같은 메뉴

위치 이스탄불 **대표음식** 되넬리 파틀르잔 뵈레크 Dönerli patlican börek (pastry with aubergine puree and döner slices) | ❺❺❺

이스탄불 향신료 시장의 위층에 위치한 판델리는 여러가지의 좋은 음식뿐 아니라 향수를 자극하는 경험까지 선사한다. 1901년에 니데의 중부 아나톨리아 지역 출신 그리스인 흐리스토 판델리(Hristo Pandeli)가 세운 이 레스토랑은 1950년대 후반에 오늘날의 청록색 타일을 두른 상징적인 장소로 이전했다. 수많은 사람들이 오고가는 에미뇌뉘 스퀘어(Eminönü Square)와 갈라타 다리가 내려다 보이는 이곳은 평온한 안식처다.

메뉴에 있는 그 어떤 음식을 선택해도 후회가 없으며 이스탄불의 옛 요리, 오스만 제국 후기의 요리, 모던한 요리의 변화무쌍한 조합을 보여준다. 이 고전적인 메뉴 중에는 수십년 전에 생긴 것도 있다. 이곳의 대표 요리인 되넬리 파틀르잔 뵈레크(가지 퓌레와 되네르 케밥 조각을 넣은 페이스트리)를 따뜻한 앙트레로, 카기타 레브레크(kagitta levrek, 종이로 싸서 익힌 농어)를 메인 코스로 꼭 먹어보아야 한다. 이 레스토랑은 부드럽고 훈연 향이 나는 파틀르잔 살라타스(patlican salatasi, 가지 샐러드)와 부드러운 파술리에 필라키(fasulye pilaki, 올리브 오일로 맛을 낸 흰 강낭콩)로도 유명하다. 애피타이저는 다소 비싸지만 '옛 이스탄불'의 호화로운 별미인 캐비아, 라케르다(lakerda, 염장한 가다랑어), 발리크 유무르타시(balik yumurtasi, 어란) 등을 포함한다.

맛보면 좋을 다른 전통적인 메뉴로는 쿠주 탄드르(kuzu tandir, 양 구이), 휭카르 베겐디(hünkar begendi, 가지 퓌레를 곁들인 고기 스튜)가 있다. 판델리는 비스넬리 티리트(visneli tirit, 사워 체리를 넣은 브레드 푸딩)로 유명하며 인근에서 손꼽히는 카잔디비(kazandibi, 크리미한 디저트 푸딩)를 내는 곳 중 하나이다. 카바크 타틀르시(Kabak tatlisi, 호박 디저트)는 부드럽고 지나치게 달지 않으며 귈라지(güllac, 우유, 석류, 페이스트리로 만드는 전통적인 디저트로 이곳에서는 클로티드 크림과 사워 체리를 곁들여 낸다)도 이 레스토랑의 탁월한 솜씨를 보여주는 메뉴다. **AT**

하지 압둘라 Haci Abdullah | 오스만 제국 시절의 레스토랑에서 느끼는 터키의 참맛

위치 이스탄불 **대표음식** 파틀르잔리 인지크(양 사태와 가지)Patlicanli incik (lamb shank with eggplant) | ❺❺

하지 압둘라는 시작이 오스만 제국 시절로 거슬러 올라가는 유서 깊은 곳이며 이스탄불에서 최초로 허가를 받은 레스토랑이다. 이곳은 술탄 아브뒬하미트(Sultan Abdül-hamit)가 발급한 사업 면허를 보유하고 1888년에 '압둘라 에펜디'라는 이름으로 문을 열었으며 명인이 도제에게 소유권을 넘기는 '아히(Ahi)'의 전통을 따랐다. 19세기 후반과 20세기 초반에 이스탄불을 방문한 공식 사절들은 이곳에 초청받아 오스만 제국의 요리를 경험하고는 했다.

본래 카라쾨이(Karakoy) 부두에 있었던 하지 압둘라는 1915년 유행에 민감한 사람들이 모이는 베요글루(Beyoglu) 지역으로 이전했다. 그 이후로도 위치와 이름이 몇 번 변경되어 1958년 마침내 이스티클랄(Istiklal) 거리의 북적거리는 사람들 사이에서 침착함을 유지하고 있는 현재의

> "레시피는 최고의 터키 전통 요리를 보여주며 든든한 스튜와 양고기를 낸다."
>
> frommers.com

위치에 정착했다.

인테리어는 톱카프 궁전에서 영감을 받아 재설계되었으나 온갖 프리저브를 모아놓은 특유의 컬렉션은 변하지 않았다. 완성된 요리와 마리네이드에 재운 고기도 진열되어 있는데 이는 바로 먹을 수 있는 가정식 요리를 판매하는 전통적인 터키 식당에서 흔히 발견되는 특징이다.

가지와 천천히 익힌 양고기 요리가 특히 훌륭하다. 중간을 갈라 간 고기와 토마토를 채운 가지를 의미 하는 카르니야르크(karniyariik)는 이에 상응하는 차가운 채소 요리인 이맘 바일디(imam bayildi) 만큼 맛있다. 알코올은 없으나 셔벗을 주문하거나 오스만 제국 시절의 방식대로 음료로도 제공되는 다양한 과일 콩포트 중 원하는 것을 고를 수 있다. **AT**

미클라 Mikla | 환상적인 경치와 '새로운 아나톨리아 요리'를 선사하는 하늘을 나는 양탄자

위치 이스탄불 **대표음식** 바삭바삭한 함시|Crispy hamsi | 💲💲💲

미클라는 새롭고 대담하지만 클래식하고 고상하다. 2005년에 문을 연 이곳은 본래 다국적 요리를 내는 모던 퓨전 레스토랑이었으나 현대적인 아나톨리아 요리와 전통적인 아나톨리아 요리를 독창적으로 접목한 요리를 선보이기 시작했다. 메뉴, 환경, 분위기는 스칸디나비아식의 단순한 기품과 터키 특유의 생동감 있는 다양성을 모두 보여준다. 미클라는 저녁 시간에만 문을 연다. 이스탄불의 마르마라 페라 호텔(Marmara Pera hotel)에 위치한 이 레스토랑에서는 옛 이스탄불 중심지의 아찔한 전경과 톱카프 궁전, 하기아 소피아의 조감을 즐길 수 있다.

셰프겸 소유주인 메흐메트 귀르스(Mehmet Gürs)는 터키, 핀란드, 스웨덴 혈통을 지녔으며 1996년에 터키로 이주했다. 이 레스토랑의 이름은 그의 이러한 배경을 반영한다. '미클라가르드(Miklagard)'는 옛 북유럽어로 '위대한 도시'라는 뜻이며 줄임말이 미클라이다. 그러나 서로 다른 특성 사이에서 절묘한 균형을 찾은 것은 이름뿐만이 아니다. 2012년에 귀르스는 전통적인 아나톨리아 요리 기법, 식재료, 음식, 농산물을 연구하는 독특한 모험을 시작했다. 그의 팀은 터키 전역을 돌아다니며 여러 가지의 옛 기법과 최고의 생산자들을 재발견했다.

이 뜻깊고 사색적인 아나톨리아 요리 연구 덕에 미클라의 메뉴는 진정으로 특별하다. 게다가 요리에 도시와 시골의 느낌을 모두 있다. 바삭바삭한 함시(멸치)는 인기 있는 로컬 길거리 음식인 생선 샌드위치를 재치 있게 해석한 메뉴이다. 샘파이어에 올리고 건무화과 식초를 뿌린 에게해산 그루퍼는 바다의 짭조름한 바람을 떠올리게 한다. 훈연 향이 나는 가지와 요구르트를 곁들인 양 정강이살은 뿌리깊고 흙의 느낌이 나는 메소포타미아의 맛을 전달한다. 탁월하고 효율적인 서비스와 엄선된 와인 리스트가 황홀하고 세련된 분위기를 한층 더 좋게 만든다. **AT**

⬆ 세련된 다이닝 공간은 아름다운 경치까지 갖추었다.

치야Ciya | 오랫동안 잊혀졌던 지역별 가정식 레시피의 르네상스

위치 이스탄불　**대표음식** 사워 체리 케밥, 속을 채운 양 창자Sour cherry kebab; stuffed lamb intestines | 🍴🍴🍴

오늘날 이스탄불에서는 아나톨리아 지역의 요리를 내는 레스토랑이 증가하고 있지만 치야는 터키 각지의 요리를 선보이는 진정한 선구자로서의 자리를 지키고 있다. 치야는 20년이 넘는 세월 동안 소박한 식당에서 터키 요리의 일급 비밀을 많은 이들에게 펼쳐놓았다.

　과일가게, 생선가게, 델리카트슨, 베이커리가 여럿 있는, 이스탄불 아시아 사이드 소재의 카드쾨이(Kadiköy) 시장을 걸어가다 보면 이 레스토랑은 마음을 끄는 김이 모락모락 나는 요리로 당신을 유혹한다. 지역의 숨은 맛을 소개하고 잊혀진 레시피를 되살리는 치야의 열의가 큰 관심을 끌어 이곳은 거리 위에서 서로를 마주보는 3개의 레스토랑으로 확장되었다. 그중 두 곳은 케밥을 전문으로 하고 나머지 한 곳은 '가정식 요리'를 전문으로 한다.

　주인인 무사 다그데비렌(Musa Dagdeviren)은 친척의 라흐마준(lahmacun, 플랫브레드) 베이커리에서 불과 5살의 나이에 음식의 세계로 발을 디뎠다. 그는 꾸준히 길을 따라가 전통적인 맛을 찾는 여정을 시작하여 아나톨리아 요리를 독학한 인류학자가 되었다. 그는 독자적인 농산물 공급망을 갖춰 갓 수확한 녹색 채소를 이스탄불에서 매일 받는다. 케밥과 고기 요리 중 과일이 들어간 메뉴는 다른 곳에서 좀처럼 찾아볼 수 없는 옛 터키 요리의 생생한 맛을 전달함으로써 특히 눈에 띈다.

　대표 요리로는 사워 체리 케밥이나 퀸스 스튜 또는 간 고기와 쌀을 채운 양 창자 등 야생 녹색 채소, 제철 과일, 다양한 육류를 활용한 메뉴 등이 있다. 디저트에는 당절임한 호두와 보다 이색적인 메뉴인 작은 가지와 올리브 등의 별미가 있다. 치야에서는 오랜 역사가 깃든 새로운 레시피들이 재료의 공급 상태에 따라 매일 달리 구현된다. **AT**

⬆ 치야의 애피타이저에는 팔라펠, 요거트와 불거 등이 있다.

뮈제데지항가 Müzedechanga | 전통과 현대의 근사하고 창의적인 만남

위치 이스탄불　**대표음식** 포도 잎에 싸서 천천히 익힌 양고기Slow-cooked lamb wrapped in vine leaves | 💲💲💲

"아름답고 호화로운 환경이
보스포루스 해협에서 손 내밀면 닿을 곳에 있다.
세련된 분위기도 갖췄다."

fodors.com

⬆ 향신료로 양념한 배와 사탕 실로 만든 디저트.

뮈제데지항가와 자매 레스토랑인 찬가(Changa)는 선두에 서서 터키에 현대적인 퓨전 요리를 소개해왔다. 찬가는 스와힐리어로 '섞는다'는 뜻이며, 이곳의 메뉴는 터키 요리에 아시아 태평양 요리를 접목하는 식으로 상이한 요소를 대담하게 혼합한다. 결연하고 집요하며 주의 깊은 다국적 사람들 간의 팀워크가 두 레스토랑을 만들어냈다. 호평을 받고 있는, 런던에 근거지를 둔 뉴질랜드인 셰프이자 퓨전 요리의 선두주자인 피터 고든은 1999년에 찬가가 문을 열 때부터 컨설턴트로 활약했다. 그리고 터키인 소유주인 타릭 바야즈트(Tarik Bayazit)와 사바스 에르툰지(Savas Ertunc)는 디테일을 보는 안목이 대단할뿐 아니라 대담한 열정도 갖고 있다. 뮈제데지항가에서는 맛과 기교가 완벽하게 융화되고, 영감이 전 세계, 보다 정확히 이야기하자면 예술계에서 온다.

　보스포루스 해협이 내려다보이고 환상적인 경치가 펼쳐지는 매력적이고 널찍한 실외 테라스가 있는 뮈제데지항가는 사키프 사반치 박물관의 푸릇푸릇한 정원에 위치해있다. 요리에는 로컬 농산물과 아티잔 식재료가 최대한 활용되며 심지어 박물관에서 진행중인 전시를 포함하여 모든 곳에서 얻은 영감이 녹아든다. 흥미로운 메뉴로는 생 커드 치즈와 바질을 채운 호박꽃 구이와 새콤달콤한 소스, 겉면을 잘 바스라지게 구운 우설, 버섯을 채운 덤플링, 정향으로 맛을 낸 미트볼 등이 있다. 이 레스토랑에서의 식사를 특별하게 만드는 맛과 질감의 흥미진진한 조합을 보여주는, 포도잎에 싸서 천천히 굽고 요구르트와 달콤한 칠리 소스를 곁들여 제공하는 경이로운 양고기를 놓치지 않도록 하라.

　독창적인 요리, 흠 잡을 데 없는 조직과 관리, 완벽한 서비스를 제공하고자 최선을 다하는 상냥한 직원까지. 뮈제데지항가에 세계적인 수상 경력이 다수 있는 것이 당연해 보인다. **AT**

코니알리 카니온 Konyali-Kanyon | 소박한 식당에서 오스만 제국의 왕실 요리를 내는 플래그십 레스토랑으로

위치 이스탄불 **대표음식** 쿠주 탄디르(천천히 구운 양), 포르타칼리 바클라바(오렌지를 넣은 바클라바)Kuzu tandir (slow roasted lamb); Portakalli baklava (baklava with oranges) | ❸❸❸

시작은 소박했던 코니알리 카니온은 원대한 레스토랑이 되었다. 이곳은 자그마한 식당에서 시작하여 톱카프 궁전으로 이전했다. 처음에 코니알리는 시르케지 상업 지구에 있는, 테이블이 4개에 불과한 협소하고 소박한 곳이었다. 중앙 아나톨리아 코니야 출신의 소작농이 1897년에 이곳을 세웠다. 그러나 1940년대에 이 레스토랑은 현지인과 외국에서 온 셀러브리티들이 모두 찾는, 이스탄불에서 가장 명성 있는 레스토랑 중 하나가 되었다.

설립자의 4대 후손이 운영 중인 코니알리는 새로운 지점을 냈고, 그 유명한 톱카프 궁전에 있는 지점은 1967년에 문을 열었다. 톱카프 지점은 전통적이며 왕에 걸맞는 웅장함을 갖췄고, 카니온 지점은 세련되고 도회적인 멋을 갖췄으며 파인 다이닝 환경에서 오스만 제국의 왕실 요리를 내는 극히 일부의 레스토랑 중 하나다. 코니알리 카니온은 적극적으로 모던함을 가꾸어나가는 한편 지금은 없는 시르케지 지점에서 1940년대에 사용한 것과 동일한 형식의 타자를 친 메뉴를 사용함으로써 과거에 오마주를 표한다.

메뉴에서는 고전적인 오스만 제국 요리를 부활시키고자 하는 시도가 보인다. 과일과 고기 스튜, 오스만 제국식 셔벗 등 오랫동안 잊혀진 레시피가 재발견된다. 꿀 식초 셔베트인 시르켄쥐빈(sirkencübin, 고대에는 옥시멜이라 불렸다)은 로마, 페르시아, 비잔틴, 오스만 제국에 걸쳐 쭉 존재했으나 묻혀 있던 레시피를 대담하게 부활시킨다. 천천히 익힌 탄두리 양고기는 조각낸 구운 간, 잣, 커런트를 듬뿍 넣은 왕실의 볶음밥과 함께 제공되며 향신료의 좋은 향을 입었다. 디저트에는 쉬틀라지(sütlac, 쌀푸딩)로 대표되는 우유 푸딩, 페이스트리의 버터에서 온 바삭바삭함과 시럽에서 온 달콤함, 그리고 상큼한 시트러스의 향이 어우러진 오렌지를 넣은 바클라바 등 오스만 제국의 고전이 다양하게 있다. **AT**

"쇼핑하는 사람들, 일하는 사람들, 통근하는 사람들은 이곳에 들러 다양한 종류의 케밥 중 먹을 것을 고른다."

Lonely Planet

⬆ 경치와 함께 식사를 즐길 수 있다.

아두스 Ahdoo's | 주문에 맞추어 만드는 카슈미르 연회 음식

위치 스리나가르　**대표음식** 구스타바(그레이비에 담근 매우 부드러운 미트볼)Gushtaba (velvet-textured meatballs in gravy)　| 🅢

아두스라는 이름의 이 레스토랑은 잠무카슈미르(Jammu and Kashmir)의 여름 주도인 스리나가르 내 옛 영국 지구의 중심을 흐르는 젤룸강의 강둑에 있는 현 위치로 1940년에 이전하기 전, 1920년에 베이커리로 문을 열었다. 카슈미르 연회음식을 하는 서양식 레스토랑을 세운다는 생각은 당시에 천재적인 발상처럼 여겨졌다. 오늘날 아두스는 이러한 컨셉을 도입한 레스토랑 중 가장 오래된 곳일 뿐만 아니라 가장 성공적이며 일관되게 뛰어난 품질을 유지하는 곳이기도 하다.

카슈미르 지역의 연회 요리─와즈완(wazwan)이라고 한다─는 세습에 의해 정통성을 인정받은 특정한 부족의 요리사가 만든다. 이 요리사들은 귀빈에게 걸맞은 만찬에 필요한 양을 재빨리 도축하고 연회 주최자의 정원, 야외, 장작불 가에서 요리를 한다. 전형적인 연회에는 우유, 커드, 구운 양파에 심지어 살구까지 넣어 다양하게 양념한 양고기 요리가 최소한 12가지로 등장한다. 양고기 커리와 코르마는 레스토랑의 주방에서도 쉽게 만드는 메뉴이지만 와즈완에 등장하는 것에 비할 바가 아니다.

이는 아두스가 높은 명성을 얻은 이유를 설명한다. 현지인들과 스리나가르 방문자들은 모두 요리의 질에 매료되어 몇 번이고 다시 이곳을 찾는다. 아두스에서는 원하는 양만큼만 주문할 수 있다(결혼식 음식을 결혼식에 온 것처럼 잔뜩 먹을 필요는 없다). 닳은 카펫에서 드러나듯 오래된 모습이 매력적인 이곳을 이 레스토랑에 처음부터 있었을 것 같은 웨이터들이 지휘한다. 지난 수십 년 동안 메뉴도 변하지 않았다. 아두스는 결혼식, 가족 행사에 참석해야만 접할 수 있는 요리를 맛볼 수 있는 얼마 되지 않는 곳 중 하나이다. 또한 이곳에서는 관광객들에게 드러나지 않은 '진정한' 카슈미르를 살짝 엿볼 수 있다. **MR**

⬆ 카슈미르의 와즈완을 맛볼 수 있는 기회.

더 치나르 The Chinar | 아름다운 경치를 보며 즐기는 고급 요리

위치 스리나가르 **대표음식** 와자 시크 케밥 Waza seekh kebab | ❸❺

인도 전체를 통틀어 이보다 더 그림 같은 위치는 없을 것이다. 날씨가 좋으면 랄리트 그랜드 팰리스 호텔 내 레스토랑인 치나르는 야외 테이블을 개방하여 환상적인 다이닝을 경험할 기회를 제공한다. 저녁이 오면 해가 저물며 발하는 따스한 빛, 소나무로 덮인 산허리, 드넓은 풀밭, 저멀리 15m 아래의 높이에서 반짝이는 달 호수가 어우러지는 그림이 더없이 아름답다. 간디가 카슈미르를 방문하면 그중 한 그루 아래에 앉아 식사를 했기 때문에 정원을 둘러싼 '치나르'나무(버즘나무)에도 역사가 서려있다고 한다. 이곳에서는 북인도의 단순한 요리, 특히 잠무와 펀자브 지방의 요리를 접할 수 있다. 숯으로 살짝 훈연한 렌즈콩 요리나 강렬한 양고기 커리의 복잡하지 않고 흙을 닮은 맛을 기대해도 좋다.

이외에도 여러 코스로 구성된 카슈미르의 전설적인 연회 요리인 와즈완(원하는 가짓수를 지정할 수 있다)이 있다. 와즈완에서는 다양한 방식으로 조리한 양고기가 눈에 띈다. 갈빗살은 섬세한 향신료와 함께 볶았고, 기름기가 많은 가슴살은 톡 쏘는 살구를 곁들여 익혔으며, 뒷다리는 두드려서 부드러운 미트볼인 구스타바로 재탄생시켰다.

더 치나르는 연회 요리사들인 와자스로 구성된 팀을 보유하고 있다. 이들은 주문이 들어온 날에 요리를 즉시 시작한다. 와즈완 요리에서는 양 전체를 최대한 다양하게 활용하는 것이 미덕이므로 요리를 한 가지만 주문하는 행동을 비경제적이라고 여긴다(그러나 꼭 필요하다면 그렇게 주문할 수도 있다). 호들갑스럽지 않은 서비스, 훌륭한 요리, 꿈결 같은 위치의 짜릿한 조합은 더 치나르를 인도에서 지나쳐서는 안될 레스토랑 중 하나로 만든다. **MR**

⬆ 더 치나르의 클래식한 양고기 요리.

카림스 Karim's | 델리의 유서 깊은 식당의 무굴 제국 궁정 요리

위치 올드델리 **대표음식** 나기시 코프타Nargisi kofta (lamb and egg kofta curry) | $

아마 델리에서 가장 오래된 식당일 카림스는 자마 마스지드 모스크의 남문 근처 거리에 위치한 자그마한 간이 식당이다. 이곳이 카트이던 시절에는 메뉴가 오직 2가지였다. 달(렌즈콩 요리), 양고기와 감자를 넣은 그레이비. 사업이 잘되자 카리무딘(Karimuddin)은 2년 후에 근처의 건물 안에 식당을 열었다. 이 식당은 서민도 부담 없이 찾을 수 있는 최초의 로컬 식당이 되었으며 수백 년이 지난 지금도 건재하다. 보다 최근에 뉴델리에 들어선 지점들은 배낭여행자들이 부르카를 입은 여인들과 같은 테이블에서 식사를 하는 본점 특유의 북적북적하고 정서적인 분위기가 부족하다.

오늘날 카리무딘의 증손자가 운영하는 카림스의 메뉴는 인도를 통치했던 무굴 제국의 궁정요리인 무굴라이

> "현 세대에게 속임수는 통하지 않는다.
> 그들은 돈의 가치를 제대로 알고 있다."
>
> Zaeemuddin Ahmed, director of Karim's

요리가 주를 이룬다. 탄두리 요리에는 하루 전에 주문해야 하는 양 통구이와 향신료로 양념한 다진 양고기로 만들며 말 그대로 입안에서 녹는 시크 케밥이 있다. 카림스의 무굴라이 요리는 중앙아시아부터 페르시아까지 광범위한 지역에 기원을 두고 있으며, 손님들은 여러 요리의 기원을 분별할 수 있다. 시크 케밥은 향신료로 섬세하게 양념되지만 양 부라는 양을 도축하여 최대한 간소하게 구워먹었던 옛 중앙아시아 기마민족의 요리이다. 카림스에서는 긴 시간을 들여 천천히 끓여야 해서 대부분의 경쟁자들이 따라할 엄두를 내지 못하는, 이 도시의 다른 곳에서 보기 어려운 커리를 만날 수 있다. **MR**

인디안 악센트 Indian Accent | 인도와 서양의 조합에서 받은 영감

위치 뉴델리 **대표음식** 갈라와트 양 케밥과 푸아그라Galawat lamb kebab with foie gras | $$

뉴델리의 고급스러운 지역에서 가로수가 늘어선 거리에 매우 뜻밖의 레스토랑이 있다. 뉴델리의 화려한 레스토랑은 거대한 고급 호텔이나 북적북적한 시장에 있는데 비해 이 레스토랑은 한적한 곳에 위치해 있다. 인디안 악센트에 도착하면(택시 기사에게 가장 가까이에 있는 랜드마크인 프렌즈 클럽으로 가달라고 하면 된다) 작은 규모와 아늑함에 놀라게 될 것이다. 객실이 6개 있는 부티크 호텔 내에 있는 이 레스토랑은 미식 여정의 비밀스러운 목적지이다. 작은 다이닝룸, 프라이빗 다이닝룸, 정원이 보이는 베란다 중 어디를 차지하든지 최고의 와인 리스트와 짝을 이루고 많은 이들이 인도에서 가장 훌륭한 모던 요리라고 평하는 요리를 대접받게 된다.

수석 셰프 마니쉬 메로트라(Manish Mehrotra)는 아시아 여러 국가의 요리를 다루는 런던 등지의 레스토랑에서 경력을 쌓았다. 그는 이 경험을 통해 다양한 식재료를 접했다고 말한다. 인디안 악센트에서 그는 푸아그라를 다진 고기로 만든 러크나우식 케밥과 자연스럽게 짝짓고 여기에 녹색 고추의 맛을 살짝 가미한 딸기 쿨리를 곁들인다. 고추와 케밥은 두말할 것 없이 인도를 대표하는 재료인데, 나머지 두 재료는 흥미롭고 예상을 벗어난다. 메로트라의 요리 중 일부의 특징은 매력적인 프레젠테이션이며, 다른 일부의 특징은 여러 국가에서 사랑받는 요리의 충실한 재현이다. 타이르 사담(thayir sadam, 요구르트와 섞은 밥)을 곁들인 연어 구이는 요리에 대한 그의 유쾌한 시각을 보여준다.

이 셰프는 유행과 무관한 채소와 곡식을 의도적으로 활용함으로써 귀빈들의 얼굴에 불신을 서리게 하는 일을 가장 즐거워한다. 대부분의 셰프들이 기피하는 손가락조(finger millet), 아마란스, 수세미, 얌은 모두 그가 유용하게 사용하는 재료이다. **MR**

➡ 마니쉬 메로트라가 만든 맛있는 요리.

부하라Bukhara | 델리의 판도를 바꾸는 레스토랑의 추종자들을 거느린 케밥

위치 뉴델리　**대표음식** 무르크 말라이 케밥(크림에 재운 닭고기)Murgh malai kebab (chicken marinated with cream)　**❸❸❸**

부하라는 델리에 있는 레스토랑 중 유일하게 저녁 8시 이후로 예약을 받지 않으며 이는 이곳의 인기를 증명한다. 1977년에 문을 연 이래로 부하라는 늘 인도 레스토랑계에서 별종이었다. 이 레스토랑은 책에 나오는 모든 규칙을 거의 다 거스르며 승승장구했다. 이곳은 인도에서 오픈 키친과 낮은 좌석(다수의 의자에 등받이가 없다)을 도입하고 커틀러리를 제공하지 않은 최초의 식당이다. 또한 인도의 파인 다이닝 역사상 메뉴의 종류가 이렇게 적은 레스토랑은 없었다. 메뉴는 10개의 비채식 메뉴, 6개의 채식 메뉴, 달, 빵 몇 가지가 전부이다. 커리를 완전히 배제했고 매우 중요한 채식주의자 손님들의 사정은 조금 감안했다. 이 컨셉을 비방했던 사람들은 조기 실패를 예상하고 흡족하게 미소지었다.

30년이 넘게 경과한 오늘날, 부하라가 선견지명이 있으며 판도를 바꾸는 레스토랑이라는 사실이 분명해졌다. 케밥만으로 구성한 메뉴는 절묘한 선택이었으며 주방 인력들은 탄두르에 완벽하게 통달했다. 각각의 케밥은 맛,

풍부한 육즙, 진흙 오븐인 탄두르 특유의 그을린 듯한 향을 모두 갖추었으며 마치 질감과 여러 향신료가 어우러진 교향곡 같다.

빌 클린턴 대통령을 비롯한 몇몇 국가 원수들이 부하라를 찾았을 때 여느 손님과 다를 바 없이 사람들의 시선에 노출된 곳에 앉아야 했다. 평등주의 정신을 고수하는 부하라에 프라이빗 룸은 없다.

부하라는 점심시간에도 문을 열지만 저녁시간에 보다 매력적이다. 저녁이 아니면 조명이 발하는 황금빛이 따뜻한 색의 인테리어에 드리우는 신비로운 그림자를 볼 수 없다. 이러한 분위기는 이곳의 요리에 영감을 준 장소인 바위투성이의 서북변경주에서 즐긴 캠핑을 연상하게 한다. **MR**

⬆ 손님들은 테이블에 앉아 셰프들이 요리하는 모습을 볼 수 있다.

덤 푸크트 Dum Pukht | 기억에 남는 러크나우 전통 요리

위치 뉴델리 **대표음식** 카코리 케밥Kakori kebabs | 🅢🅢🅢

17세기 러크나우에 극심한 굶주림에 시달리는 백성을 구제할 효과적인 방안을 찾던 나와브(이슬람 관리)가 있었다고 한다. 일과를 마치고 수만 명의 사람들에게 음식을 나눠줄 때 운좋게 새로운 조리법이 발견되었다. 쌀, 양고기, 향신료가 담겨 있고 반죽이 뚜껑처럼 덮인 용기가 수 시간 가열되었다. 식사 시간이 되어 반죽 뚜껑이 열리자 환상적인 향이 공기 중에 퍼졌고 모든 재료는 완벽하게 익어있었다. 밀봉한 용기를 오랫동안 가열하는 방식의 특성상 이 조리법은 '덤 푸크트(압력을 가하여 조리함)'라는 이름을 얻었다. 이 레스토랑은 '덤(압력)'을 활용한다.

덤 푸크트는 러크나우식 전통을 철저히 따르며 러크나우 출신 셰프가 지휘하는 레스토랑이었다. 2011년에 이 레스토랑은 재단장을 거쳤다. 이전부터 완연했던 러크나우의 색채가 거울이 부착된 아치형 벽감, 도드라지는 감색, 은색, 흰색의 조합, 평범한 물도 훌륭하게 둔갑시키는 코발트색 잔에 힘입어 한층 더 강해졌다. 서비스는 정중하고 서양식이며, 와인 리스트는 신중하게 구성

되었다.

요리는 언제나 탁월하지만 특히 놓쳐서는 안 될 요리가 몇 가지 있다. 첫 번째는 일정한 비율의 쌀과 고기에 향기로운 향신료를 더하여 익힌 요리인 비리야니(biryani)다. 당신의 테이블에서 용기를 덮은 반죽 뚜껑이 열리면 비리야니에서 뭉게뭉게 피어나는 향기로운 증기에 근처에 앉은 사람들의 시선이 쏟아질 것이다.

힘줄만 활용하는 카코리 케밥 역시 러크나우에서 유래한 요리로, 다른 곳에서는 이처럼 입에서 살살 녹는 카코리 케밥을 찾을 수 없을 것이다. 코르마(korma)와 스튜는 수백 년 전에 활용되었던 밀봉된 조리용 단지에서 기원을 찾을 수 있다. **MR**

⬆ 아치와 거울은 호화로운 인테리어에 특징을 부여한다.

스파이스 루트 Spice Route | 다양한 볼거리 사이에서 즐기는 케랄라의 별미

위치 뉴델리 **대표음식** 아팜과 스튜Appam with stew | 💲💲

세계에서 가장 아름다운 레스토랑 열 곳 중 한 곳으로 유명한 스파이스 루트의 인테리어는 공예 전문가의 솜씨로, 인간의 생애주기를 보여준다. 이 레스토랑은 뉴델리의 잔파트(Janpath) 중심부에 위치한, 아르데코 양식의 임페리얼 호텔 안에 있는데, 이 호텔의 공공장소와 정원에는 인도제국 시기의 흔적이 남아 있다.

스파이스 루트는 케랄라와 스리랑카 등 인도 반도의 요리를 낸다. 이 레스토랑은 서로의 시야 내에 있는 9개의 구역으로 구성된다. 벽, 천장, 기둥은 케랄라의 구루바유르 사원 출신인 공예가가 그림과 조각으로 풍성하게 장식했다. 디테일은 상상 그 이상이며, 이 레스토랑의 장관은 그 무엇과도 견줄 수 없다. 공간은 레스토랑보다 사원이나 박물관에 가까운 듯한 인상을 주지만 놀랍게도 레스토랑으로서의 역할을 훌륭히 수행한다. 날씨가 좋은 날에는 야외 정원이 예약 1순위로 떠오른다. 물 흐르는 소리를 들으며 별빛 아래에서 식사를 하면 마음이 평온해진다. 그 다음으로 인기 있는 곳은 아담하고 아늑한 '관계'

구역으로, 이곳의 모든 테이블은 2인용에 맞추어져 있다.

태국 요리부터 베트남, 말레이시아 요리까지 다양한 요리를 하지만 갓 만들어 따끈따끈하게 먹는 레이스를 닮은 쌀빵인 아팜을 흠뻑 적셔 먹는 코코넛밀크 베이스의 스튜 등 케랄라 요리가 특히 훌륭하다. 아찔하게 새콤한 해산물 커리, 화끈하게 매운 소고기 볶음, 코코넛 채와 케랄라 해안의 유명한 향신료를 더하여 조리한 잭푸르트 등의 이국적인 청과도 있다. 레스토랑이 워낙 사진을 잘 받는데다 실제 크기의 배와 티크 목재가 눈길을 끌어 사진을 찍지 않고 이곳을 떠나는 사람은 거의 없다. **MR**

⬆ 인테리어는 정교한 조각과 그림을 자랑한다.

노시 Nosh | 사막 한가운데서 즐기는 분위기 좋은 식사

위치 자이살메르 **대표음식** 자이살메르 치킨과 마타니아 고추Jaisalmeri chicken with Mathania chili | 💲💲

주위에 어떠한 소리, 인적도 없고 모래 언덕이 유일한 벗인 사막에서 덧베개를 놓은 양탄자에 누워 편안히 휴식을 취하는 자신을 상상해보자. 당신이 최고급 케밥에 집중하는 동안 민속 음악을 연주하는 이들이 당신을 즐겁게 해주기 원한다면 공연단을 통째로 섭외할 수 있다. 그들은 당신의 눈 앞에서 모국어로 민요를 연주할 것이다. 캐스터네츠와 유사한 카르탈(khartal)의 스타카토 소리와 사막을 순회하는 음악가들의 힘 있는 목소리는 환상적이다. 당신이 시원한 모래에 발을 담그고 있는 사이 테이블 근처의 숯 화덕에서 조리된 메추라기, 토끼 같은 야생동물 고기가 미각을 황홀하게 한다.

이 모든 것은 18세기의 요새를 재현한 수르야가르 리조트 호텔에서 가능하다. 이 호텔 내 레스토랑인 노시(우르두어로 '가벼운 식사'를 의미한다)에서는 중앙 정원이 내려다보이지만 이 레스토랑의 영역은 유동적이다. 고객들은 한적한 테라스에서 감정이 풍부한 민요 가수들의 노래를 들으며 둘만의 저녁을 먹거나 성벽 바로 너머의 바

위투성이 노두에서 이 동화 같은 리조트 호텔의 윤곽을 뚜렷하게 드러내는 조명 아래에서 많은 이들과 함께 식사할 수 있다. 또한 수 킬로미터 떨어진 곳에 위치한 인적이 드문 호수 근처에서 직원이 따라주는 샴페인과 함께 소풍을 즐길 수도 있고 공무원들이 곡물을 먹여 키우는 200마리의 공작새가 있는 폐허가 된 요새에서 아침 식사를 할 수도 있다.

수르야가르에 묵으면 좋지만 투숙객이 아니더라도 사전에 연락하면 이 모든 경험을 할 수 있다. 노시의 음식은 그야말로 다양하다. 기호에 따라 혀나 내장을 포함하거나 제외한 양고기 만찬, 라자스탄주의 유명한 채식 요리─녹색 채소는 거의 사용하지 않고 콩, 병아리콩 가루 덤플링, 조, 수수를 창의적인 방식으로 풍부하게 활용한다─를 택할 수 있다. 이 요새의 거대한 문을 차로 통과하면 왕족이 된 듯한 기분을 느끼게 될 것이다. **MR**

⬆ 노시에서는 다양한 요리를 선택할 수 있다.

그랜드 차나크야 Grand Chanakya | 창의적인 라자스탄식 채식 요리

위치 자이푸르 **대표음식** 달 바티 추르마(렌즈콩, 달콤한 쌀밥과 함께 제공되는 빵) Dal baati choorma (breads served with lentils and sweet rice) | $

자이푸르가 여행자들의 천국에 가깝고, 라자스탄의 요리가 무척 흥미롭고 독특하며 채식 요리가 주를 이룬다는 점을 떠올리면 이 지역에 뛰어난 레스토랑이 많을 것이라고 생각하기 쉽다. 그러나 이는 잘못된 생각이다. 도심의 랜드마크 같은 그랜드 차나크야가 유일하게 이 예상에 들어맞는 곳이다. 사람들은 잘 꾸며진 이 채식 레스토랑에 대를 이어 찾아왔다. 이 레스토랑이 몇 년 동안 문을 닫았을 때 경쟁자들이 그 아성을 무너뜨릴 것이라 예견되었으나 그러한 일은 일어나지 않았다. 그랜드 차나크야는 멋지게 돌아왔으며, 오랜 손님들은 아무리 먹어도 모자란다는 듯이 집이 아니면 맛보기 어려운 요리를 마음껏 즐기고 있다.

> "우리는 상징적이고 유서 깊은
> 레스토랑 그랜드 차나크야의 재개장을 맞이하여
> 몹시 향수를 느낀다."
>
> Ashok Odhrani, director of Chanakya Hospitality

라자스탄은 인도의 사막 주이다. 물이 귀하고 대부분의 채소가 자라지 않는 이곳의 요리는 유제품과 다양한 형태의 렌즈콩에 기반을 두고 있다. 재료의 다양성이 부족한 대신 상상력과 풍성함이 그 빈자리를 채운다. 대표적인 채식 메뉴에 들어 있는 채소라고는 저민 양파나 콩 꼬투리 절임이 전부일 수 있다. 이 레스토랑에는 그레이비나 볶음밥에 곁들여 제공하는 병아리콩 가루 덤플링(gatta, 가타), 파파드(papad, 후추를 넣고 햇볕에 말린 몹시 얇은 렌즈콩 반죽), 만고디(mangodi)라는 이름의 햇볕에 말린 렌즈콩 볼을 넣은 커리, 환상적인 고추 처트니가 있다.

그랜드 차나크야는 문명화된 미식의 신전이며 자연조건의 제약을 뛰어넘은 상상력 풍부한 라자스탄의 승리를 증언한다. **MR**

AD 1135 | 라자스탄의 역사적인 요새에서 왕족처럼 즐기는 만찬

위치 자이푸르 **대표음식** 정글리 마스(양고기, 고추를 넣은 화끈한 레드 커리) Junglee maas (fiery red lamb curry cooked with chilis) | $$

이 레스토랑을 특징짓는 요소는 여러 가지가 있다. 첫 번째로 위치를 들 수 있다. 암베르 요새(Amer Fort)는 라자스탄에서 방문자가 가장 많은 곳으로, 그 안에 별꿀 색의 높이 솟은 성루가 보호하는 환상적인 성과 사원이 있다. 이 요새의 한적한 구석에 먼 옛날부터 이곳에 있었던 것 같지만, 비교적 최근에 지어진 AD 1135가 있다.

또 다른 요소는 이 레스토랑을 발견하는 데 들여야 할 수고이다. 이곳을 찾기란 꽤 어렵다. 그러나 테라스, 정원, 웅장한 다이닝룸으로 가득한 AD 1135는 단둘이 찾아온 이들, 20명씩 몰려온 이들을 가리지 않고 모두에게 자이푸르 여행에서 가장 황홀한 경험을 선사한다. 단둘이 이곳에 왔다면 마치 왕족이 된 듯한 기분을 느낄 수 있을 것이다. 무리지어 왔다면 인도 여행에서 가장 낭만적인 저녁 시간을 보낼 수 있을 것이다.

응접실이 있고 거울 모자이크로 장식된 '쉬시 마할' 다이닝룸이나 '자이가르 뷰' 테라스에 앉으면 두 사람을 위한 낭만적인 식사를 즐길 수 있다. '암베르 뷰' 역시 2인 고객에게 적합한 테라스이며 '수와르나 마할'에는 야외 정원이 딸려 있다. AD 1135는 1135년에 세워진 요새 안의, 왕족에 걸맞는 특별한 공간이다. 레스토랑의 이름은 요새의 설립년도에서 따온 것이다.

알라카르트 메뉴도 있지만 큰 접시에 고객이 선택한 음식이 여러가지 담겨 나오는 탈리가 이곳에서 가장 유명하다. AD 1135는 라자스탄의 모든 왕족에게서 레시피를 사들이기 위해 수고를 아끼지 않았다. 메추라기는 많은 사람들이 찾는 메뉴 중 하나에 불과하다. 미리 전화하여 원하는 요리를 요청하는 편이 좋다. **MR**

➡ 호화로운 '쉬시 마할' 프라이빗 다이닝룸.

하누완트 마할 Hanuwant Mahal | 라자스탄의 마하라자에게 걸맞은 식사

위치 조드푸르　**대표음식** 정글리 마스 Junglee maas (fiery red lamb curry cooked with chilis)　| 🌶🌶

"발리는 한때 바카네르의 마하라자가 소유했던 2개의 호랑이 발톱을 단 목걸이를 과시한다."

Mail Today

하누완트 마할에 대한 글을 쓰면서 미사여구를 자제하기는 어렵다. 이 레스토랑은 조드푸르에서 가장 높은 곳인 치타르 언덕 위에 세워져 치타르 팰리스라고도 불리는 우마이드 바반 팰리스(Umaid Bhawan Palace)의 바로 아래에 위치해 있다. 하누완트 마할은 조드푸르의 마하라자의 거처가 될 운명이었으나 우메이드 바반 팰리스가 호텔로 뒤바뀌었다. 궁 전체가 호텔이 된 것은 아니어서 마하라자는 궁의 한쪽에서 기거하였다. 또한 경관을 떠올려 보라. 황혼 무렵에 이 레스토랑의 테라스에 앉아 있으면 신비로운 궁전이 도시의 꼭대기에 솟은 광경을 볼 수 있다. 그리고 하누완트 마할의 인테리어는 궁의 인테리어를 본보기로 삼았다. 인테리어를 지휘한 셰프 산지브 발리(Sanjiv Bali)는 그의 친구인 마하라자의 도움을 받아 인테리어를 구상했다. 사진을 끼운 액자와 유화 초상화는 회녹색 벽을 돋보이게 하고, 궁은 판유리 창문 너머에서 고요히 자리를 지킨다.

이 레스토랑은 서둘러 음식을 해치우고 빠져나올 만한 곳이 아니다. 그러한 행동은 이곳에서 신성모독이다. 인상적인 '꼬리'가 달린 알록달록한 터번을 쓴 직원은 테라스에서 샴페인을 제공하고 근처에 케밥 스테이션을 차린다. 손님들은 테라스에서 풀 서비스를 받으며 별빛 아래에서 식사를 즐길 수도 있고 아래층으로 내려가 아늑한 바, 실내 레스토랑, 프라이빗 다이닝룸을 택할 수도 있다. 그중 빛나는 크리스털과 은의 향연으로 왕족의 테이블을 재현한 프라이빗 다이닝룸은 가장 인상적인 장소이다.

라자스탄은 전체가 사막이고 조드푸르는 그중에서도 가장 메마른 곳이지만 역설적으로 이 지역의 요리는 인도에서 최고라는 평을 듣는다. 맛 좋은 마타니아 고추도 이 지역에서 자라며 음식에 듬뿍 들어간다. 정글리 마스는 불씨가 거의 사라진 불로 양고기 조각, 고추, 정제 버터를 익혀 만드는 소박한 요리다. **MR**

⬆ 크리스털과 골동품 장식으로 꾸며진 이 레스토랑에는 마하라자의 사교 공간 같은 분위기가 있다.

비샬라 Vishalla | 인도 시골마을의 단순하지만 아름다운 맛

위치 아마다바드 **대표음식** 고타(특별한 밀가루 반죽으로 만든 구자라트식 튀긴 덤플링)Gotas (Gujarati fried dumplings made with a special flour mix) | $

한때는 구자라트 아마다바드의 경계에서 훌쩍 벗어나 도시에서 떨어져 있었으나 아마다바드의 무정형 확장으로 도시의 일부가 되었으며 35년이 넘은 이 상징적인 장소를 어떻게 묘사하면 좋을까? 이곳은 콘크리트나 모르타르를 찾을 수 없는 전원풍의 레스토랑이며, 손님들이 별빛 아래에서 식사를 하고 공예품 상점, 자그마한 사원, 도구 박물관을 느긋하게 구경한 후에는 야외의 오두막집에서 별빛 아래에 누워도 괜찮은—실은 몸을 누이라고 권유 받는— 레스토랑이다. 한 사람의 꿈이 담긴 이 레스토랑의 이름은 비샬라이다.

처음부터 비샬라는 시골 마을과 흡사하게 구상되었다. 주인인 수렌드라바이 파텔(Surendrabhai Patel)이 어린시절을 시골에서 보냈기 때문에 디테일이 훌륭하게 살아있다. 결정적으로 이 레스토랑은 전기를 사용하지 않는다. 한 직원이 하루 종일 수천 개에 달하는 등유 램프의 등피를 닦고 불을 붙여 해 질 녘에 레스토랑 곳곳에 설치한다.

손님들은 이곳에 입장할 때 커버 차지(cover charge)를 낸 후 돌아다니며 구경을 하거나 특별한 일을 하지 않고 시간을 보낸다. 저녁 식사는 긴 테이블 위에 차려진다. 바닥에 쿠션을 깔고 앉아야하므로 길고 헐렁헐렁한 옷을 입는 편이 좋다. 음식은 손으로 먹어야 한다. 모든 요리는 채식 메뉴이며, 이 레스토랑은 구자라트 전역에서 생산된 유기농 재료를 구하기 위하여 최고의 정성을 다한다. 탄소발자국이 거의 없는 비샬라에 인도 최초의 "그린" 레스토랑이라는 칭호를 붙일 수 있겠지만 이는 서구 중심적인 사고이다. 비샬라는 그럴싸한 수식을 탐낸 적이 단연코 없으며 그렇기에 더더욱 신선하다.

민속음악 공연(확성장치는 없다), 전통적인 도구를 전시하는 인근의 박물관, 따뜻하고 친절한 서비스, 시골 특유의 느긋한 분위기, 순수하고 맛있는 음식 중 무엇 하나에서도 겉치레가 느껴지지 않는다. **MR**

"기가 넉넉히 곁들여 나오는 달, 카드히, 키츠디는 모두 죽도록 탐나는 요리이다."

michaelswamy.wordpress.com

⬆ 금속 그릇에 담긴 다양한 채식 요리가 연회 형식으로 긴 상에 오른다.

보헤미안Bohemian | 창의적인 서프라이즈가 있는 벵골 요리의 독창적인 맛

위치 콜카타 **대표음식** 부나 소스를 곁들인 양 구이|Roast mutton with Bhuna sauce | $

"이러한 맛을 보며 자란 벵골 사람들은 한 입씩 먹을 때마다 새로운 무언가를 발견한다."

kolkatarestaurants.net

인도는 전반적으로 꽤 보수적인 국가다. 인도 내 다양한 지역의 요리에도 보수적인 입맛이 영향을 미쳤다. 보통의 손님들은 레스토랑에서 접하는 요리를 어머니의 요리와 비교하므로 혁신적인 시도를 하려 하면 회의적인 시선을 받기 마련이다. 벵골 요리 또한 실험적인 시도가 이뤄진 적이 거의 없다. 그러나 보헤미안은 샛노란 인테리어만으로도 조금은 다른 무언가가 있으리라는 예상을 하게끔 한다.

이곳의 메뉴는 영국 요리의 요소를 차용했으나 허세에 불과하지 않다. 16세기 콜카타에 잡 차노크(Job Charnock)가 도착한 이후로 영국 요리는 이 도시의 전문가들 사이에서 '기본 요리'로 간주되었다. 이 레스토랑의 셰프인 조이 바네르지(Joy Banerjee)는 영국 요리와 벵골 요리를 연속선의 양 끝으로 보고 이 구조 속에서 흥미로운 변화를 시도한다. 브로콜리, 파, 치즈의 조합은 전형적인 벵골 음식과 거리가 먼 듯 보인다. 그러나 짜릿한 맛의 그린 망고가 들어가면 순식간에 맛이 달라진다. 이와 비슷하게 레몬, 고추, 코코넛 크림에 넣은 콜리플라워, 완두도 아름다운 조화를 자랑한다.

콜카타 요리는 벵골 요리 외의 요리까지 아우른다. 콜카타 요리는 아르메니아 요리, 유대 요리, 심지어 무굴 요리의 요소(기록이 남아 있는 러크나우의 마지막 나와브는 콜카타에서 생을 마감했다)까지 차용했으며, 보헤미안에서도 다양한 요리의 영향을 찾을 수 있다. 예를 들어 이곳의 모든 양고기 요리는 고대 이슬람 요리에 기원을 두고 있다.

놀랄 만한 요리에는 카순디(kashundi, 매운 겨자 소스), 보리(bori, 빻은 렌즈콩으로 만들어 햇볕 아래에서 말린 덤플링) 등 벵골 요리의 전형적인 재료, 시금치 류의 몇몇 채소, 모든 요리에 빠지지 않는 특별한 5가지 향신료가 들어간다. **MF**

⬆ 셰프 조이 바네르지는 예상을 비껴가는 별미를 만든다.

아헬리 Aaheli | 섬세한 최고의 벵골 요리

위치 콜카타 **대표음식** 치톨 마체르 무이타(특별한 소스를 곁들인 클라운 나이프피시)Chitol macher muitha (clown knifefish in a special sauce) | ❸❺

벵골 요리는 세련되고 정교하다. 벵골 요리의 양념은 목소리를 높이는 대신 속삭인다. 생선과 새우는 이 구역의 주인공이다. 생선은 요구르트나 불타는 듯한 겨자 소스와 함께 바나나 잎에 싸서 찐다. 새우는 코코넛이나 코코넛 밀크와 빨간 고추로 만든 그레이비 속에 넣어 부드럽게 익힌다. 이 요리는 칭그리 말라이 커리라고 불리는데 '말라이'는 이 요리가 유래된 말레이시아를 의미한다. 최고의 생선 요리에는 정성을 아낌 없이 다한다. 치톨 마체르 무이타는 몇 단계에 걸쳐 완성된다. 먼저 치톨(클라운 나이프피시)을 익히고 뼈를 제거하고 완자 모양으로 만든다. 이 완자를 찌고 살짝 볶고 별도로 만든 소스에 넣어 끓인다. 수고로운 준비 과정 때문에 집에서 자주 만드는 요리는 아니다.

이곳은 현대적인 편리함—발레파킹, 쾌적하고 냉방 시설을 갖춘 환경, 그리고 무엇보다 콜카타를 통틀어 가장 친절한 서비스—과 전통적인 멋을 모두 갖췄다. 종청동 식기(관리가 어렵다고 악명이 높아 인기가 시들한 식기), 손으로 짠 전통 의상을 입은 직원들, 흥미로운 고급 벵골 요리로 가득한 메뉴를 만날 수 있다.

대부분의 인도 요리는 채식 요리가 탁월하거나 고기, 생선을 다루는 법이 탁월한 경향이 있다. 그러나 벵골 요리는 모두 능하여 이러한 경향에서 벗어난다. 아헬리에서는 요리에 들어간 렌즈콩조차 활기를 띠고 바삭바삭한 코코넛 조각과 질감에서 대조를 이루며, 바나나 플라워와 같은 잘 알려지지 않은 채소가 다져져 알덴테의 감촉이 인상적인 훌륭한 커틀릿이 된다. 아헬리에서 가장 좋은 부분은 요리에 대하여 유익한 추천을 해줄 것으로 신뢰할 수 있는 환상적인 직원들이다. **MR**

트리쉬나 Trishna | 기억에 남는 맛좋은 해산물 요리

위치 뭄바이 **대표음식** 버터 페퍼 갈릭 크랩Butter-pepper-garlic crab | ❸❺

흥미로운 상점, 박물관, 미술관이 있는 뭄바이 남쪽의 칼라 고다(Kala Ghoda) 지역에 이 도시에서 가장 유명한 해산물 레스토랑이 있다. 트리쉬나가 최근 10년간 누린 명성만큼 높은 명성을 쭉 누려온 것은 아니다. 이 레스토랑은 시작이 소박했고 미식가들의 레이더에 좀처럼 포착되지 않을 수도 있었다. 그러나 대표 메뉴인 버터 페퍼 갈릭 크랩의 비할 데 없이 탁월한 맛과 하이데라바디 피시(Hyderabadi fish) 덕분에 성공 궤도에 안착할 수 있었다.

트리쉬나는 전통적인 망갈로르 요리를 기본으로 하며 이에 살짝 변칙을 가한다. 버터 페퍼 갈릭이 어디에서 나온 아이디어인지 아무도 모르지만 이 요리는 트리쉬나의 이름을 널리 알렸으며 인도 전역에서 모방되고 있다.

> "각계각층의 사람들 모두 버터 페퍼 갈릭 크랩을 찾아 이곳에 몰려든다."
>
> Trishna website

이 요리 외의 메뉴들도 한층 더 야심만만해졌다. 비현실적인 메뉴명만 못본 척하면(하이데라바디 피시는 하이데라바드 지역의 요리와 유사성이 거의 없다) 환상적인 시간을 보낼 수 있다.

단골손님들은 가구가 불편하고 직원들이 적정 수보다 3배는 많다고 투덜거린다. 그러나 해산물은 흠 잡을 데 없이 신선하고 향신료는 솜씨 좋게 활용된다. 라와스 하이데라바디(rawas Hyderabadi, 민물고기의 살코기를 후추, 소금으로 간하고 탄두르에서 익힌 요리)를 주문하든 버터 페퍼 갈릭 요리 중 하나—게, 오징어, 홍합, 굴—를 주문하든 천국의 요리를 맛볼 수 있을 것이다. **MR**

스와티 스낵스 Swati Snacks | 식당에서 먹는 군침 도는 길거리 음식

위치 뭄바이 **대표음식** 벨푸리 Bhelpuri | 💲💲

호화로움과 사치스러움과는 거리가 먼 스와티 스낵스는 고정관념에 도전적으로 맞선다. 이곳의 요리는 가벼운 식사와 묵직한 간식 사이에 있고, 기름을 듬뿍 넣은 리치하고 꽤 기름진 구자라트 요리와, 비슷하지만 더 소박한 마하라슈트라 요리의 조합을 보여준다. 크고 쾌적한 이 식당은 부산한 주요 도로에서 병원 맞은 편에 위치해 있으며 언제나 참을성 있게 대기하는 손님들이 많다. 인테리어는 딱 필요한 요소만 갖추었으며 장식은 거의 없고 깔끔하며 실용적이다. 서비스는 신속하다. 서비스의 목표는 최대한 많은 이들에게 최대한 빨리 음식을 제공하는 것이다.

채식 요리로만 구성된 메뉴가 훌륭하다. 보리, 조, 옥수수, 쌀, 렌즈콩, 사고, 밀가루, 병아리콩 가루 같은 다양한 탄수화물 식품이 채식 메뉴에 활용된다. 이러한 재료는 여러 방식으로 조리되어 단순하고 소박하며 식재료 본연의 질감을 간직한 다양한 요리가 된다. 소수의 재료, 최소한의 양념과 향신료에서 탄생하는 요리의 가짓수는 대단하다. 예를 들어 베산(besan)이라 불리는 병아리콩 가루로 만든 반죽에 산커드(sour curd)를 약간 더하여 반죽을 발효시킨 다음 찐다. 건조하고 짭조름한 케이크 같은 맛이 날 법한 결과물은 그 위를 살짝 적셔 촉촉함을 더하는 짠맛, 단맛이 나는 액체 덕분에 맛이 달라진다. 이와 같은 방식으로 옥수수가루도 굵게 빻아 살짝 양념하고 딜을 뿌린 후 바나나 잎 사이에 넣어 찐다. 그 결과, 처트니를 곁들여 먹는 팬케이크가 탄생한다.

스와티 스낵스는 뭄바이와 아마다바드의 길거리 음식을 깨끗한 환경에서 제공한다. 불안한 사람들에게 이곳은 뭄바이의 찬란한 맛을 경험하기에 이상적인 장소다. 대부분의 손님들은 가정에서도 이러한 요리를 만들지만 집보다 더 활기찬 분위기를 찾아 이곳에 온다. **MR**

⬆ 스와티 스낵스의 간소화된 인테리어.

스리 타케르 보자나라야 Shri Thakker Bhojanalaya | 환상적인 구자라트식 채식 요리

위치 뭄바이 **대표음식** 채식 탈리 | Vegetarian thali | **⑤**

종이 시장의 한가운데는 기막힌 탈리를 내는 레스토랑이 있을 법한 곳은 아니다. 그러나 뭄바이는 비장의 카드를 쥐고 있다. 스리 타케르 보자나라야는 칼바데비(Kalbadevi)의 오래된 구역에 위치한 건물의 1층에 있는 레스토랑이며, 찾아가는 길이 무척 아름답지만 찾기 쉽지 않다. 무질서한 교통, 좁은 차선, 끝없이 종이를 내리는 트럭들, 색색의 과일로 좁은 인도를 막은 과일 상인들 등 칼바데비는 '진정한 뭄바이'를 보여준다.

칼바데비의 분주한 종이 도매상 중 대부분은 주로 채식을 하는 구자라트 사람이므로 이곳은 역시 채식 요리를 낸다. 한끼 식사로 다양한 식품군을 모두 섭취하는 전통적인 식사법을 따라 이곳의 요리는 탈리 형식으로 제공된다. 또한 종이 상인들은 돈을 후하게 쓰지 않기로 유명하므로 음식 가격이 일정선을 넘어가지 않는다. 따라서 이곳에서는 멋지고 진정으로 전통적인 요리를 최저 가격으로 즐길 수 있다. 일주일에 몇 번씩 이곳을 방문하는 손님들이 기름지고 향신료를 과하게 넣은 음식을 거부하기 때문에 가정식 요리를 낸다.

메뉴는 따로 없으나 선택한 음식은 얼마든지 더 요청할 수 있다. 녹색 채소, 병아리콩 가루로 걸쭉하게 만든 요구르트 베이스의 그레이비 등이 나온다. 렌즈콩, 콩, 피클, 처트니, 일부는 당신이 모를 법한 채소로 만든 렐리시, 다양한 종류의 로티 등도 제공된다. 맛 좋고 다양한 채식 요리를 찾기란 어려운 일인데, 이곳은 채식주의자들을 행복하게 만든다. 구자라트식 탈리의 이름을 높이는 것이 이 레스토랑의 모토이다. 신선하고 지역성과 계절성을 살린 구자라트식 탈리 말이다. **MR**

⬆ 여러 가지의 작은 요리로 구성된 전통적인 탈리.

카사 사리타_{Casa Sarita} | 호화로운 분위기에서 경험하는 고아 요리

위치 고아   **대표음식** 삼겹살과 양파식초 잼Pork belly with onion-vinegar jam | 🟢🟢

인도에서 가장 작은 주인 고아는 포르투갈이 1961년에 지배권을 포기하기 전까지 450년간 통치를 받았다. 이 지역의 요리는 고급스럽기보다 소박하다. 대표 요리가 한두 가지 있지만 고아식 생선 커리와 마른 새우를 사용한 채소 요리는 탄소발자국이 '0km'라는 점이 가장 유명하다. 이처럼 요리계에서 명성이 낮기 때문에 고아에는 로컬 요리를 전문으로 하는 화려한 레스토랑이 거의 없다. 고아 요리를 내는 식당은 지극히 기능 본위의 식당일 뿐이다.

칸사울림(Cansaulim) 소재의 파크 하얏트 고아(Park Hyatt Goa)의 호화로운 야외에 위치한 이곳은 예외다. 고급 리조트에 속해 있기에 호화로운 것은 당연하고, 그 이상의 무언가도 갖고 있다. 경영진은 언제나 최고의 고아 셰프들을 고용하여 주방에 배치하고 그들의 창의적인 시도를 장려한다. 장식도 서비스만큼 격식을 갖췄다. 내부에는 오픈 키친, 옛 조리도구와 피클 병이 전시되어 있다. 창유리는 고아의 유서 깊은 전통을 따라 진주층이 있는 조

가비로 제작되었다.

그러나 이곳의 주인공은 요리다. 코코넛밀크, 코쿰(cocum, 망고스틴의 일종), 붉은 고추 향이 가득하며 약 20년 전까지 고아에서 널리 생산되었던 전통적인 붉은 쌀과 함께 먹는 생선 커리가 있다. 또한 고아식 초리조 소시지도 있다. 이 요리는 동명의 스페인식 소시지와 유사점이 거의 없다. 고아의 시골마을에 사는 모든 가족은 돼지를 키웠고 1년에 1번 주지육림의 시기가 돌아오면 다량의 짜릿한 로컬 식초, 천일염, 고아 고추를 활용하여 소시지를 만들었다. 테이스팅 메뉴는 다소 시골 분위기가 나는 메뉴를 색다르게 재해석하여 지중해 요리를 흡족하게 할 정도로 위풍당당한 모습으로 제공한다. 시골 음식 분위기가 날 수 있었던 테이스팅 메뉴는 색다르게 재해석되어 제공된다. **MR**

⬆ 세련된 식사 공간에 오픈 키친이 있다.

자프란 Zaffran | 고아 바닷가에서 먹는 완벽한 해산물 케밥

위치 고아 **대표음식** 탄두리 바닷가재 Tandoori lobster | ⑤⑤

육즙 가득한 케밥을 베어먹는 인도 여행자는 보통 인도 북부에서 볼 수 있다. 케밥에는 주로 양고기나 닭고기가 들어있다. 케밥을 구울 때 사용하는 진흙 오븐은 아프가니스탄과 중앙아시아를 거쳐 북인도에 왔으며, 해산물 구이는 과거에 존재하지 않았다. 그러므로 해산물로 만든 케밥은 육지로 둘러싸인 북부 지역에서 언제나 관심 밖에 있었다.

바로 이 점에서 자프란이 눈에 띈다. 이곳에서는 최고의 신선도를 자랑하는 해산물을 재료의 맛이 살아 있는 절묘한 마리네이드에 재운다. 또한 이곳에서는 절제의 미덕을 살려 펀자브 요리를 만들므로 결과물의 맛은 강하지만 기름기나 양은 많지 않다. 자프란은 작은 시골집처럼 내부에 벽이 없어 낮은 높이에서 바다에 이는 물결을 볼 수 있다. 편안한 인테리어, 흠 잡을 데 없는 서비스, 환상적인 요리가 거의 완벽한 조합을 보여준다. 바가토르(Vagator) 해변이 펼쳐진 배경과 더불어 고아 특유의 격식을 차리지 않은 나른한 분위기와 똑 부러지는 서비스, 격식을 갖췄다고 볼 수 있는 프레젠테이션의 대조가 매력을 더한다.

인도에서는 어디를 가든지 로컬 음식으로 훌륭한 식사를 할 수 있지만 각 지역 특유의 요리는 지역을 벗어나지 않는 경향이 있다. 이는 아마 적절한 식재료나 숙련된 셰프를 구하기 어렵기 때문일 것이다. 그러나 자프란은 예외다. 이 레스토랑은 365일 열려있다. 매년 고아에서 휴가를 보내는 사람들이 단골이 되어 이곳을 가득 채운다. 인도인들과 서양에서 온 여행자들 모두 이곳을 찾는다. 모든 테이블에 크리미한 달 마크니(dal makhni)가 등장한다. 와인 한 잔, 자프란식 치킨 말라이 티카를 앞에 두고 아래에서 퍼지는 파도 소리를 들으며 일몰을 구경하는 시간은 인생에서 가장 행복한 순간 중 하나일 것이다. **MR**

⬆ 바다가 바로 보이는 곳에서 탁월한 해산물을 즐길 수 있다.

닥신Dakshin | 남인도의 찬란한 요리 여행

위치 첸나이 **대표음식** 바자이 슝티(플랜틴 바나나 튀김)Vazhai shunti (plaintain fritters) | $ $

25년 전에 젊은 셰프 프라빈 아난드(Praveen Anand)는 그의 고향이 있는 안드라프라데시(Andhra Pradesh)주의 요리를 연구하기 시작했다. 그는 하이데라바드 요리뿐만 아니라 지리와 지형에 따라 미세하게 달라지는 수많은 향토 요리가 있음을 발견했다. 첸나이로 이주한 그는 타밀나두(Tamil Nadu)주의 요리까지 연구하게 되었다. 학문적 기질과 도서관에서 두꺼운 책을 꼼꼼하게 읽는 취미 덕분에 그는 자신도 모르는 사이에 케랄라(Kerala)와 카르나타카(Karnataka)를 포함한 남인도 요리의 권위자라는 명성을 얻게 되었다.

그의 고용주인 쉐라톤 파크 호텔(Sheraton Park Hotel)은 하나의 레스토랑에서 다양한 요리를 선보이고자 했으나 대중은 이 생각을 경멸했다. 채식 이들리(idli)와 팔라트의 아이어식 라삼(rasam)을 쿠르그의 코다바식 돼지고기 판디(pandhi) 커리와 같은 공간에서 내는 컨셉은 지나치게 급진적이었다. 그러나 이 컨셉은 호텔 내에 있는 닥신에 도입되었을 뿐 아니라 이 레스토랑의 기본 스타일이 되었

다. 어느 한 요리가 독점적 지위를 누린 역사가 없는 남인도의 유명한 지역 요리와 잘 알려지지 않은 지역 요리를 나란히 선보이는 것이 이곳의 모토이다.

이곳 특유의 회녹색 벽, 황동으로 만든 장식, 각종 회화, 놀라울 만큼 맛있는 요리가 이 고급 레스토랑을 구성한다. 이것이 전부는 아니다. 타밀나두의 해안에서 유래한 생선 커리를 만들 때면 어부의 향신료 믹스를 재빨리 볶은 후 완성된 커리에 더한다. 고급 레스토랑 가운데 카리 바다감(kari vadagam)을 찾을 수 있는 곳은 고사하고 이 양념의 존재를 아는 곳도 거의 없지만 셰프 아난드는 바로 이러한 것에 정통하다. 시골에 있는 어부의 오두막부터 고급 레스토랑까지 자연스럽게 오가는 것이 닥신의 성공 비결이다. **MR**

⬆ 닥신 레스토랑으로 들어가는 장려한 입구.

카누아Kanua | 레스토랑에서 내는 망갈로르 가정식 요리

위치 벵갈루루　**대표음식** 닭고기 기 구이Chicken ghee roast | ⓢ

전통 보존에 정통한 건축가가 세운 레스토랑에서 시선이 가는 곳이 음식 하나만은 아닐 것이다. 카누아는 이제 멸종되었으나 라제시 파이(Rajesh Pai)의 성장기에는 존재했던 쌀 품종의 이름이다. 카누아 레스토랑은 특별하다. 내부에 벽이 없고 카르나타카 해안에서 볼 수 있는 타일을 붙인 지붕이 있다. 건축가가 교묘하게 솜씨를 부려 선풍기 없이도 1년 내내 시원하다.

카누아는 소유주와 요리사들의 고향인 카르나타카 해안 지역의 요리, 그중에서도 특히 망갈로르 요리를 선보인다. 그러나 이 예사롭지 않은 레스토랑의 음식은 특정 지역의 요리에만 영광을 돌리지 않는다. 대신에 가정식에도 찬사를 보낸다. 이 레스토랑의 여러 요리, 특히 대표 메뉴인 닭고기 기 구이는 '할머니'의 레시피를 따라 조리된다. 이 메뉴는 여러 레스토랑에서 볼 수 있으나 카누아에서 만든 것이 가장 훌륭하다. 이곳에서 사용하는 기(정제 버터)는 전통적인 방식으로 크림을 소금물에서 몇 차례 세정하여 만드는 장인의 작품이다. 사소한 과정까지 세심하게 챙기는 이러한 고집이 벵갈루루의 요리계에서 카누아를 완벽의 대명사로 만들었다.

레스토랑에 두어 시간만 앉아 있어도 찬란한 기억을 만들 수 있다. 모든 장식품은 이 지역의 오래된 건물에서 수집한 것들이다. 돌출된 처마에는 올빼미가 둥지를 틀 수 있는 공간이 있어 주위의 생태계에 영향을 미친다. 이 지역의 가정에서 전통적으로 수 세기 동안 그래왔듯 서까래에 양파와 마늘을 줄줄이 매달아 둔다. 소박한 재료들은 놀라운 상상력과 함께 프레젠테이션된다. 여주와 사탕수수 대가 커리의 맛을 어떻게 변화시키는지 경험해 보라. **MR**

⬆ 정성스레 만든 고상한 인테리어.

카라발리 Karavalli | 아름다운 정원에서 인도 서해안 요리의 풍요로움에 보내는 찬사

위치 벵갈루루 **대표음식** 쿠르그 프라이드 치킨(쿠르그식 가람 마살라에 재운 후 튀긴 닭)Coorg fried chicken (chicken marinated with Coorgi garam masala spice mix and then fried) | 💲💲

"환상적인 식사를 기막히게 마무리하는 주인공은 바로 타마린드 아이스크림이다."

Michael Swamy, thehindubusinessline.com

1990년 벵갈루루에 세워진 카라발리는 게이트웨이 호텔(Gateway Hotel) 소유의 레스토랑이다. 이곳의 명성에는 이 레스토랑이 야외에 세워져 일종의 별채 역할을 했다는 점이 크게 기여했다. 이러한 배치가 과거의 고급 호텔에서 드문 시도였다는 점은 사실이지만 카라발리를 결정적으로 화제의 중심에 올려 놓은 주인공은 요리였다. 바로 붉은 쌀과 민 폴리차투(meen pollichathu, 바나나 잎으로 감싼 병어 구이) 말이다. 호텔 안 같기도, 밖 같기도 한 특이한 위치 때문에 사람들은 '5성급은 아닌 듯한' 메뉴가 있는 이 곳을 특이하다고 여긴다.

그러나 최근에 카라발리는 모습을 단장했다. 이를 주류에 편입하고자 하는 시도로 속단하면 곤란하다. 특이함에 찬사를 보내는 것이 목적이다. 정원은 개방되었으며 실내는 집채의 모양새를 갖췄다. 접시는 검은색 도자기나 구리 소재의 탈리이며 음악은 좋은 분위기를 조성한다. 벵갈루루의 기후는 온화하기로 유명하므로 비가 세차게 내리지만 않으면 야외에 앉는 편이 좋다. 정원은 카라발리에서 가장 아름다운 장소이다.

인도 서남부에 있는 3개의 주—고아, 카르나타카(벵갈루루가 주도이다), 케랄라—에 위치한 몇몇 공동체의 가정식 요리를 낸다. 또한 특정한 공동체의 요리를 찬미한다. 쿠르그의 코다바(Kodava), 트래방코르의 시리안 크리스챤, 망갈로르의 브라만, 말라바르 향신료 해안의 모플라(Moplah)의 요리가 찬미의 대상이다. 롤케이크처럼 켜켜이 쌓은 향신료 페이스트와 타로 잎 구이, 테라코타 자기에 넣고 장작불로 익힌 생선 커리, 살짝 말린 카라발리 양고기와 아팜 한두 장을 흠뻑 적실 정도의 그레이비 같은 요리가 있다. **MR**

⬆ 게이트 호텔 정원의 한적한 곳에 위치한 카라발리는 인도 향토 요리의 훌륭한 맛을 선보인다.

파라곤 Paragon | 아침식사도 가능한 전통적인 케랄라 요리를 내는 곳

위치 코지코드 **대표음식** 모플라 비리야니(닭고기 밥)Moplah biryani (chicken with rice) | **$**

방갈라 Bangala | 체티아의 가정식 환대

위치 카라이쿠디 **대표음식** 치킨 체티나드(나무이끼로 맛을 낸 닭고기) Chicken Chettinad (chicken flavored with dagarful, a tree lichen) | **$**

케랄라 북부의 요리는 인도에서 가장 훌륭한 요리 중 하나이며 그 이유는 명백하다. 말라바르 해안은 아랍 상인들과 향신료 상인들이 멀리 유럽에 팔 후추와 카다멈을 1,000년 동안 사들였던 곳이다. 이미 요리가 발달했던 케랄라 해안가 지역은 아랍인의 영향으로 요리가 한층 더 발전했다. 나무에서 얻는 향신료(후추, 카다멈, 정향, 계피, 육두구)가 많이 자라나는 곳은 케랄라 중부이지만 가장 활발히 활용되는 곳은 케랄라 북부이다.

평온하고 작은 도시인 코지코드는 보다 남쪽에 위치한 도시와 겨룰 정도의 매력은 부족할지라도 환상적인 식사를 할 수 있는 곳이다. 고가 횡단도로를 지나 교통체증이 심각한 좁은 도로를 건너면 파라곤에 당도하게 된다. 먼지 한 톨 없을 정도로 깨끗하고, 음식은 무엇을 주문하든 완벽하다. 아침 6시 반에 아침을 먹으러 가면 양파 베이스의 소스를 듬뿍 곁들인 삶은 계란, 강렬하게 매운 고추와 부드럽고 겹겹이 잘 벗겨지는 말라바르 파로타(Malabar parotta, 플랫브레드)로 구성된 든든한 요리를 고를 수 있다. 그 이른 시각에도 많은 손님들이 새우나 생선 또는 홍합, 혹은 심지어 닭고기나 양고기로 만든 매콤한 요리를 서슴 없이 주문한다. 이 외에도 검은 병아리콩 커리와 굵게 빻은 붉은 쌀로 만든, 코코넛 채를 올린 원통형 롤 같은 평범한 축에 속하는 아침 메뉴도 있다.

신선한 해산물로 유명한 지역에서 파라곤은 선두를 달린다. 이 레스토랑은 해안가의 배에서 당일에 잡은 해산물을 단 하루치만 사들인다. 부드럽고 섬세한 피시 모일리(moilee, 고아식 커리), 톡 쏘는 피시 망고 커리, 대표 메뉴인 닭고기로 만든 모플라 비리야니(모플라는 옛 아랍 상인들의 무슬림 후손이다)를 먹어보아야 한다. 예약은 할 수 없지만, 기다릴 가치가 충분한 곳이다. **MR**

타밀나두의 체티나드 지역에는 비가 거의 오지 않는다. 거의 없다시피 한 마을은 요리가 아니었다면 세상 사람들에게 잊혀졌을 것이다. 채식이 주를 이루는 타밀나두에서 이곳의 요리는 깜짝 놀랄 민힌 존재이다. 체티나드 요리에는 고기가 듬뿍 들어간다.

이 지역의 마을에는 오락거리라고 할만한 것이 없으며 상인과 은행가로 구성된 부유한 공동체인 나투코타이 체티아(Nattukottai Chettiars)가 18세기에 지은 것으로 유명한 고요하고 배를 닮은 저택들이 있을 뿐이다. 방갈라 같은 곳이 없었다면 체티아의 영예로운 유산은 우리에게 고스란히 전달되지 않았을 것이다.

이 지역의 몇 안 되는 호텔 중 하나인 방갈라는 수 세

> "요리는 접시 대신 바나나 잎에 담겨 나와서 더욱 탐스럽다."
>
> anothertravelguide.com

기 전에 서양인들을 위한 게스트하우스로 지어진 식민지 시대의 방갈로다. 이곳에서 손님들은 테이블을 공유하며 식사한다. 체티아 미망인이 이끄는 이곳은 가정식 식사를 가장 실제에 가깝게 재현하는 곳이다. 미리 예약하면 점심이나 저녁 때 자리를 확보할 수 있다.

모든 메뉴는 미리 정해져 있으며 식사는 7코스 정도로 구성된다. 비트 커틀릿, 베라이 파니야람(velai paniyaram, 이들리와 비슷하나 참기름을 넣고 익힌 짭조름한 쌀빵), 치킨 체티나드 등 가정식 같은 요리가 포함된다. 음식이 완성되는 과정을 볼 수 있을 뿐 아니라 만드는 법을 배울 수도 있다. **MR**

무루간 이들리 Murugan Idli | 현지인들과 함께하는 맛있는 아침식사

위치 첸나이 **대표음식** 이들리와 처트니 Idli with chutney | ⑤

"하루에 거의 3천 명의 손님이 찾아와 반죽을 만들 때 쌀 400kg을 사용한다."

S. Manorahan, owner of Murugan Idli

무루간 이들리는 작은 판잣집에서 시작했다. 오늘날 이곳은 전국에 12개가 넘는 지점이 있고 싱가포르에도 지점이 있는 거대한 기업이 되었다. 성공의 비결은 최저가에 최고의 품질을 제공한다는 끈기 있는 고집에 있다. 향긋한 커리 잎—무루간 이들리의 대표 처트니에 필요한 핵심 재료—이 다량 자라나는 지역에 위치해 있다는 점도 성공에 기여했다. 향이 환상적인 커리 잎은 처트니가 담긴 바나나 잎 전체를 향기롭게 물들인다.

이들리와 처트니는 인기가 높은 아침 메뉴이므로 서둘러 이곳을 방문해야 한다. 웨이터들이 의자를 빼주거나 테이블로 안내해줄 것이라는 기대는 접는 편이 좋다. 무루간에서 서비스란 공동 테이블에 앉은 손님에게 즉시 바나나 잎(이곳에서는 접시를 사용하지 않는다)을 제공하는 것을 의미한다. 손님이 관습에 따라 유리컵 속 물을 바나나 잎에 뿌려 잎을 세정했을 즈음 음식이 나온다.

먼저 맛 좋은 처트니 4가지가 모습을 드러낸다. 코코넛, 커리 잎, 토마토, 타마린드 처트니가 한 방울도 낭비되는 법 없이 능숙하게 바나나 잎에 올라온다. 이어서 이들리가 등장한다. 이들리는 처트니(그리고 때로는 다른 사이드 디시)의 바탕 역할을 한다. 바로 이 이들리가 이 레스토랑을 유명하게 만든 장본인이다. 쌀가루와 렌즈콩 가루로 만든 반죽을 적당한 양의 탄산가스가 발생할 때까지 발효시켜 성형하고 쪄서 만든 이들리를 뜨겁고 부드러우며 보송보송한 상태로 제공한다. 그 자체로는 별 맛이 없는 이들리는 다양한 처트니에 담긴 짜릿한 맛의 향연을 돋보이게 한다.

이들리의 '시골판'인 도사(dosa)를 시도해도 좋다. 이들리만큼 처트니와 잘 어울리는 도사는 이들리와 마찬가지로 쌀가루, 렌즈콩 가루로 만든다. 이에 갓 간 신선한 커피까지 곁들이면 이상적인 아침 식사가 완성된다. 현지인들이 이 레스토랑을 그토록 좋아하는 것도 당연하다. **MR**

⬆ 무루간 이들리에서 즐길 수 있는 크리미한 코코넛 처트니.

라이스 보트 Rice Boat | 항구의 전경과 함께하는 코치에서의 파인 다이닝

위치 코치 **대표음식** 민 폴리차투(향신료로 양념하고 바나나 잎으로 감싼 생선)Meen pollichathu (fish coated in spices and wrapped in a banana leaf) | 💲💲

인도반도의 남쪽 끝에 조용한 외딴 도시이자 자연 항구이며, 상상력을 자극하는 시간 여행에 적합한 코치가 있다. 이곳에는 케랄라를 유명하게 만든 후추, 차, 카다멈을 구하기 위해 배를 정박했던 바스코 다 가마와 무명의 선원 수천 명의 망령이 떠다닌다. 오늘날 이곳에 정박한 갈레온은 없지만 현대적인 선박들이 수천 년 동안 이곳에서 실려 나간 무역품들을 찾아 드나든다.

비반타 바이 타지 말라바르 호텔(Vivanta by Taj Malabar Hotel)에서 세운 라이스 보트 레스토랑은 이름 그대로 과거에 쌀을 나르던 배 2척을 묶어 만들어졌다. 움직이지 않는 배에 타면 이 도시의 해상 역사나 다름 없는 풍경을 볼 수 있다. 눈앞에 네덜란드의 무역 기지, 포르투갈식 교회, 사방으로 뻗어나가는 레인 트리, 만에서 반짝이는 바닷물이 펼쳐진다. 전문적인 서비스, 훌륭한 와인 리스트, 몹시 신선한 해산물을 모두 대접받을 수 있고 바다 바로 옆에서 식사할 수 있다는 점이 이곳의 매력이다.

케랄라에는 고인 강, 호수, 바다가 있는데 이 모든 곳에서 해산물이 난다. 라이스 보트에는 오롯이 케랄라 요리로 구성된 메뉴와 외국 요리에 현지의 색을 입힌 말라바르 해안산 물고기 브로스, 바닷가재 비스크 커리 등의 메뉴가 있다. 케랄라식 메뉴는 먼저 해산물 종류별로 정렬된다. 즉, 생선, 갑각류, 연체동물, 기타 식으로 배열된다. 그리고 조리법에 따라 정렬되어 물기 없는 요리와 커리가 상세히 나열된다. 케랄라의 가정에서는 식사에 2가지 유형을 고루 등장시킨다. 커리만 3종류를 먹거나 물기 없는 요리만 4종류를 먹는 경우는 없다.

인도의 사이드 디시가 그러하듯 이곳의 사이드 디시도 이색적이다. 타피오카 찜, 붉은 쌀, 쇼트크러스트 페이스트리처럼 겹겹이 바스러지는 말라바르 파로타(parotta)가 있다. **MR**

> "바닥부터 천장까지 이어지는 유리벽과 줄기로 만든 둥근 천장은 수면 바로 위의 위치가 지닌 매력을 최대한 활용한다."
>
> frommers.com

⬆ 손님들은 자리에 앉아 만의 바다를 감상할 수 있다.

그린 티 하우스 리빙 Green T. House Living | 네오클래식한 중국식 차의 경험

위치 베이징　**대표음식** 필드 드림즈 "Field Dreams" | ❺❺❺

"내가 어떤 것을 진정으로 즐긴다면,
틀림없이 다른 누군가도 그걸 진정으로 즐길
거라고 생각했다."

JinR, founder of the Green T. House Living concept

욕실과 고급 레스토랑을 합친다면? 성공시키기엔 너무나 특이한 컨셉으로 보일 것이다. 그러나 그린 티 하우스 리빙은 별 어려움 없이 성공을 이뤄냈다. 디자이너이자 이 레스토랑의 주인인 진알(JinR)에 의해 고안된 이 욕실 컨셉의 레스토랑은 월페이퍼 건축 디자인 어워드(Wallpaper Architectural Design Award)를 수상한 바 있다. 호화로운 베이징 빌라촌에 위치한 이곳은 1만 5천 ㎡의 웅장한 규모를 자랑한다. 숨이 멎을 듯 기막힌 절경의 정원, 흰 자갈이 깔린 뜰, 럭셔리한 현대식 욕실이 딸린 숙소와 900평에 이르는 유리로 둘러싸인 다이닝룸을 갖추고 있다. 특히 다이닝룸은 이렇게 넉넉한 공간에 겨우 25석의 자리만 마련해 놓았다.

진알은 이 레스토랑을 떠받치고 있는 창의적인 힘의 원천이다. 동시에 그녀는 예술가이자 뮤지션이며, 차 감정가, 유행을 선도하는 트렌드세터의 역할까지 모두 하고 있다. 베이징에서 태어난 그녀는 중앙음악원(Central Conservatory of Music)에서 양금이라는 중국 고전악기를 전공했으며 국제적으로 명성을 떨치는 연주자가 되어 전 세계 투어 공연을 다녔다. 여행을 다니면서 이른바 '네오클래식한(Neoclassical) 중국 경험'이라고 그녀가 명명한 그 무언가를 창조하려고 생각하기 시작했다. 이것은 그녀의 풍부한 현대적 세계 경험과 중국 차의 고대 정신을 보존하고자 하는 헌신을 잘 섞어 놓은 것이다.

진알은 메뉴 중 많은 것에 중국 차를 재료로 넣고 있다. 그녀의 대표요리 '필드 드림즈'는 얇게 저민 신선한 배에 홈메이드 그린티 허니 머스터드, 구운 호두, 피칸을 곁들이고 염소 치즈를 얹어낸다. 또 다른 대표요리는 '컬리 치킨(Curly Chicken)'인데, 튀겨낸 우롱 찻잎 위에 닭튀김을 얹고 사천식 후추와 참깨 그리고 파르메산 치즈로 풍미를 더했다. 또한 잘게 부순 얼음으로 채워진 보울 안에 서빙되는 그린T.표 다크초콜릿과 밀크초콜릿으로 감싼 초콜릿 바크(bark)를 맛보는 것도 놓치지 말기를. **JG**

⬆ 그린 티 하우스의 요리는 눈을 즐겁게 해준다.

➡ 티 하우스의 공간은 고요하고 평온함이 흐른다.

바오 유안 지아오지 우 Bao Yuan Jiaozi Wu | 만두 애호가들을 위한 천상의 맛

위치 베이징　**대표음식** 돼지고기와 회향을 넣은 전통식 만두 Traditional pork and fennel dumplings | 💲

"일반적인 돼지고기와 채소소를 훨씬 뛰어넘는 그 무엇이 있다."

fodors.com

중국의 만두 역사는 2,000년 전으로 거슬러 올라간다. 밀이 풍부했던 남쪽지방에서 만두는 식탁의 단골 메뉴였고, 설날에 온 가족이 모여서 먹는 정찬인 투안 유안 팬(tuan yuan fan)에도 빠지지 않는 전통 메뉴였다. 가족이 다 같이 모여 함께 반죽을 밀고, 소를 섞고 만두를 빚는 일은 축제 같은 행사였다.

만두소에는 일반적으로 갈은 돼지고기와 배추, 차이브를 넣지만 새우, 양고기, 토마토, 달걀, 셀러리, 회향 등 여러 가지 재료들을 다채롭게 섞어 쓸 수 있다. 극심한 겨울 추위가 닥칠 수 있는 베이징에서 만드는 인기 있는 가정식이며 이 따끈하고 맛난 작은 포켓을 전문으로 하는 레스토랑들도 흔하다.

이곳은 가족 경영의 만두 전문식당인데 베이징에서 가장 신선하고 맛있는 만두를 제공하는 음식점 중 하나로 전설적인 명성을 얻고 있다. 이 레스토랑은 차오양(Chaoyang)의 외국공관 구역 부근에 위치해 있어서, 현지 주민들과 외국공관 직원들이 즐겨 찾고 심지어 최고지도자들의 방문을 받기도 한다. 다이닝룸은 절제된 분위기지만 목조 천정을 장식한 붉은 랜턴들의 행렬 덕에 축제 분위기를 풍기기도 한다. 친절한 웨이터들이 고객을 접대하고, 만두는 미리 만들어 놓는 게 아니라 주문 즉시 빚어진다.

훈제두부, 연뿌리, 양배추, 바삭한 누룽지, 돼지고기, 고수 등 수십 종류의 다양한 만두소 때문에 긴 메뉴를 보면서 압도될 수도 있다. 만두는 은괴(silver ingot) 모양으로 빚어져 있어서, 반달 모양의 보통 만두에 비해 더 많은 소가 담겨 있다. 재미는 여기서 끝나지 않는다. 당근, 시금치, 자색양배추, 토마토 등의 채소즙을 이용한 만두피의 색상을 선택할 수 있어서, 맛뿐만 아니라 보기에도 좋은 무지개 빛깔 만두들을 경험할 수 있다. **JG**

⬆ 옛 중국의 은괴 형태를 닮은 만두.

덕 드 치네Duck de Chine | 산리툰에 숨어 있는 세련된 오리구이

위치 베이징 **대표음식** 베이징 덕Beijing roast duck | $$$

베이징에서 제일 맛있는 오리구이를 어디서 먹을 수 있는지에 대해서는 언제나 맹렬한 토론이 벌어진다. 전통주의자들은 쿠안주드(Quanjude) 레스토랑을 선호한다. 이곳은 자신들만의 전통적인 방식이 있고, 100년의 역사를 가지고 있다. 어떤 이들은 최신식 다이닝룸과 현대적인 조리기술을 갖춘 다동(Da Dong)에 찬사를 보낸다. 그렇지만 이 도시에서 가장 변함없고 고급스러운 맛의 오리구이를 찾으려면 산리툰의 유흥가를 벗어날 필요가 없다.

스타일리시한 아이콘 같은 오리구이 레스토랑인 덕 드 치네는 번화한 거리의 한 구석에 숨어 있다. 이곳은 1949년에 지어져 공장과 연구시설로 쓰이다가, 2008년에 음식점 단지로 바뀌어, '히든시티(Hidden City) 1949'라 이름 지었다. 레스토랑은 예전 공장이던 자리 안에 있는데, 아름다운 정원이 주변에 있고 인기 있는 수타 국수 바, 와인 바, 부티크 갤러리가 같은 단지 안에 있다.

레스토랑의 전통적 스타일 지붕에는 하늘을 볼 수 있는 천창이 뚫려 있다. 내부에는 짙은 나무색 바닥이 있고, 따뜻한 벽돌 벽이 악센트가 된다. 2개의 다이닝룸은 오픈 키친으로 연결되어 있어서 고객들은 주문 제작된 벽돌 화덕 안에서 오리가 구워지는 것을 볼 수 있다.

오리고기는 촉촉하고 풍미가 넘친다. 향기로운 과일나무들로 구워내 껍질은 완벽할 정도로 바삭해진다. 고기는 종잇장처럼 얇은 전병과 발효한 콩과 밀가루로 만든 가볍고 향기로운 소스인 춘장이 곁들여져 나온다. 오리 수프는 구기자와 허브로 향을 낸 진한 국물이다. 서구의 영향을 받은 요리로는 오리 콩피와 퓨전 오리 타코가 있는데, 타코는 오리구이와 물밤, 파프리카를 바삭한 타코 껍질에 싸서 낸다. 레스토랑 입구에 있는 중국 최초의 볼랑저 샴페인 바에서 거품 가득한 샴페인 한잔으로 모든 것을 씻어 내려 보는 것도 좋을 듯하다. **JG**

메이 맨션Mei Mansion | 위대한 경극 가수에게 헌정된 로맨틱한 다이닝 공간

위치 베이징 **대표음식** 만다린 덕 닭고기 죽Mandarin duck chicken congee | $$$$

베이징 유명한 경극인 매란방(Mei Lanfang)은 베이징 경극이 전 세계적으로 유명해지는데 기여한 사람이다. 그는 미식가이기도 했는데, 단순한 맛을 좋아했고 질 좋은 제철 재료의 진가를 즐길 줄 아는 사람이었다.

메이 맨션은 이 가수의 미식가 페르소나에 대한 정성 어린 헌사로, 베이징의 고풍스러운 후통(hutong) 골목에 자리한 200년 된 정원 안에 위치하고 있다. 청나라 시대 어떤 애첩의 집이었던 곳을 2003년에 매란방의 아들이 그의 아버지를 위한 기념관으로 개조했다. 이곳에는 매란방에 관한 다양한 기념품을 전시하고 있는데, 1920년대의 아름다움이 현대적인 분위기와 잘 결합한 곳이다. 매란방은 무대에서 여성 역할을 했는데, 이상적인 여성상을 표현하는 것으로 유명했다. 그는 창백한 안색, 여성

"고객들은 접는 종이 부채 위에 손으로 쓴 중국 서예체의 메뉴를 받게 된다."

Asia Tatler

적인 몸매와 섬세한 목소리를 유지하기 위해 엄격한 다이어트를 했다. 당분, 콜레스테롤과 염분이 낮은 식사법을 엄격하게 지켰지만 풍미만은 타협하지 않았다. 메이 맨션은 그가 좋아하던 요리를 다양하게 제공한다. 그의 개인 요리사의 조수 왕슈샨이 요리를 맡는다. 요리에 고추는 전혀 사용하지 않는데, 이것은 매란방이 매운 재료는 자신의 하얀 치아, 도자기 같은 피부와 맑은 목소리에 해가 될 것이라고 생각했기 때문이다.

이 레스토랑의 대표 요리이며 매란방이 매 공연 전에 늘 먹었던 것은 만다린 오리 닭고기 죽이다. 닭고기 같은 것을 48시간 동안 끓여서 쌀죽인 콘지(congee)의 농도로 만든다. 여기에 채소 즙을 넣어 섞어주면 완성된다. **JG**

나이야 시아구안 Najia Xiaoguan | 전통적인 만주식 요리 맛보기

위치 베이징 **대표음식** 바삭하게 튀긴 대하 Crispy fried giant shrimp | ❺❺❺

중국 고대 왕국의 사회경제적 활동의 중심지였던 베이징에는 많은 사람들이 모여들었다. 그들은 다양하고 풍부한 요리들도 같이 가져왔다. 거리의 간단한 간식 노점부터 만주족이 자금성을 통치하던 청나라 시대의 성대하고 성스러운 제례의식에 이르기까지 다양한 요리 문화도 사람들과 함께 이주한 것이다.

만주족 연회의 엄청난 사치스러움은 사라졌지만, 만주식 요리는 나이야 시아구안 같은 전문 음식점에서 여전히 찾을 수 있다. 청나라 황제의 주치의였던 사람의 후손이 문을 연 이곳은 황제를 위한 요리 모음집인 골든 수프 바이블(Golden Soup Bible)을 통해 전해 내려오는 레시피를 사용한다. 만주족은 유목민이었고, 사냥은 귀족들의 취미생활이었다. 그래서 야생동물이 요리의 주인공이

> "이 탁월한 레스토랑에는 전통적인 중국식 찻집의 느낌이 있다."
>
> Lonely Planet Discover China

다. 사슴고기 찜이 이곳의 대표 메뉴이고, 잘게 썬 사슴고기를 넣은 팬케이크와 사슴고기 볶음밥도 주요리이다.

또 다른 이국적인 음식으로는 거북이와 해마를 같이 넣고 푹 고은 황소 요리, 상어 지느러미와 전복 요리, 그리고 토기로 만든 솥에 18시간 이상 끓이는 후앙 탄지(huang tanzi)라는 고기 수프가 있다. 이 진하고 풍미 강한 국물은 닭고기, 오리고기, 돼지고기와 햄으로 만든다. 미지 수피 시아(mizi supi xia)라는 인기 있는 하우스 요리가 있는데, 바삭하게 튀긴 새우에 달콤한 황금색 소스를 뿌린 요리로 모든 테이블에서 다 주문한다.

장소도 무척 아름답다. 전통적인 2층 목조가옥에는 자연광이 가득 차 있고, 2층 테이블에서는 정원이 내려다 보인다. **JG**

후구오시 스낵 하우스 Huguosi Snack House | 베이징에서 회족의 할랄 간식을 맛보다

위치 베이징 **대표음식** 소고기 샤오빙 Beef shaobing | ❺

중국의 56개 민족 중 하나인 회족은 대부분 무슬림이다. 이 민족은 7세기에 실크로드를 거쳐서 나라 전체로 퍼져 나갔다. 21세기에는 약 1,050만 명의 정도의 회족들이 란저우, 시안, 창사, 베이징 같은 대도시의 무슬림 커뮤니티에 퍼져 살고 있다. 이들의 종교적 신념과 관련 있는 할랄 음식은 회족 문화에서 매우 중요한 부분이다. 이슬람 식사법에는 돼지고기가 금지되어 있어서 소고기와 양고기가 지배적이다. 중국어로 할랄을 의미하는 칭전(qing zhen)이라는 문자는 '순수함'과 '진실함'을 의미한다. 이것은 베이징의 회족 업소에서 제공되는 음식이 깨끗하고 정직하다는 것을 말해준다.

회족 업소들은 간식 매대부터 양 1마리를 통으로 구워내는 거창한 연회용 레스토랑까지 그 규모가 다양하다. 다양한 회족 전통 음식을 제공하는 곳 중 유명한 하나는 후구오시 스낵 하우스다. 관에서 운영하며 회족 고객들이 선호하는 곳이다. 여기서는 간식류를 파는데, 구운 수수빻은 것, 물, 설탕을 넣어 만든 옅은 갈색의 페이스트인 차탕(chatang, 茶湯)도 있다. 아몬드, 연뿌리나 녹두로 향을 낸 이 수프는 마음이 편안해지는 음식으로 특히 추운 날씨에 인기가 많다.

후구오시 스낵하우스는 이 도시에서 최고라는 샤오빙을 포함하여, 굽거나 튀긴 페이스트리 종류도 다양하게 갖추고 있다. 샤오빙은 여러 겹으로 된 반죽을 소금과 사천 후추로 가볍게 양념하고 참깨를 위에 뿌려서 굽는다. 샤오빙 빵은 그냥 먹기도 하고 향미 나는 소고기 볶음을 넣어 샌드위치로 먹기도 한다. 샤오빙은 튀긴 두부볼 수프와 같이 먹기도 하는데, 이 수프는 풍미 좋은 양고기 국물을 펄펄 끓여 뜨겁게 나오는 것으로, 고수를 뿌려서 먹는다. 후구오시 스낵 하우스는 언제나 만원이니, 아침 일찍 가거나 오후 늦게 가야 줄 서는 것을 피할 수 있다. **JG**

한창 Han Cang | 치안하이 호수를 바라보며 하카 요리를 맛볼 수 있는 기회

위치 베이징　**대표음식** 포일에 싸서 구운 생선Foil-wrapped fish | 💲💲

하카(Hakk, 客家)족은 한족의 일파로 지금부터 2,000년도 더 이전에 황하 지역에서 중국 남부 전체에 퍼져 정착한 부족이다. 더 멀리는 서쪽으로 쓰촨성까지 가기도 했고, 타이완과 동남아시아까지도 이동했다. 결과적으로 하카족은 자신들만의 영토를 가지지는 못했다. 그러나 이러한 광범위한 인구 이동에도 불구하고 하카족은 전통과 공동체 의식을 강하게 유지해왔다. 여기에는 수천 년간 유목민 생활을 거치며 진화해온 맛있고 소박한 음식문화도 포함되어 있다.

오늘날 베이징에서 하카 요리는 단지 몇 개의 레스토랑에서만 맛볼 수 있다. 가장 유명한 곳 중 하나가 바로 이곳이다. 치안하이 호수의 그림 같은 동쪽 제방 위에 자리한 한창은 1990년대에 문을 열었는데, 요즘도 여전히 토속적인 하카 요리를 가장 잘하는 곳으로 손꼽힌다. 2층에서 보는 경관이 특히 좋은데, 손님들은 이곳에서 잔잔하고 평화로운 호수를 보며 명상에 잠긴다. 여기에 있으면, 단순하면서도 맛있는 하카 요리가 실은 하카족이 극도로 척박한 환경에서 살아남기 위해 투쟁하던 삶의 산물이라는 것을 잊기 쉽다. 하카족 여자들은 남자들과 같이 들판에 나가서 고된 밭일을 했다. 이러한 생활 탓에 영양분이 풍부하고 포만감 있으면서 짭짤한 음식이 필요했던 것이다. 동물의 모든 부위를 다 이용하고 아무것도 버리지 않았다. 음식은 오랫동안 먹을 수 있도록 염장하거나 말려서 저장식품으로 만들었다.

한창의 대표 요리는 지바오유(zhibaoyu)다. 바삭하게 튀긴 생선을 포일에 싸서 굽는 요리인데 하카의 요리 정신을 잘 보여준다. 다른 인기 요리로는 카일란(kailan, 중국 브로콜리) 찐 것에 짭짤한 올리브 잎 절임을 올린 요리와 산베이야(sanbei ya)가 있다. 산베이야는 육즙이 풍부한 오리 살코기를 간장, 청주와 라드(lard)로 볶은 요리이다. **JG**

"화강암 바닥 위에 놓인 두꺼운 나무 식탁이 이곳의 목가적이면서도 예술적인 모습을 잘 나타낸다."

Time Out Beijing

⬆ 한창에서는 멋진 치안하이 호수 경관을 즐기면서 식사할 수 있다.

추안 반 Chuan Ban | 정부 운영 레스토랑에서 제공하는 매운 사천요리

위치 베이징 **대표음식** 샤오치|Xiaochi | 💲💲

"로맨틱하기보다는 시끌벅적하다.
시끄러운 대화 소리, 축배의 말들, 잔 부딪히는
소리가 들릴 것이다."

Time Out Beijing

⬆ 추안 반에서는 라이스볼을 꼭 먹어보아야 한다.

베이징에 있는 정부 운영 레스토랑 중에서 가장 인기 있는 곳은 추안 반이다. 이곳은 지엔궈멘(Jianguomen, 建國門) 안 쓰촨성 대표부 내에 있는 활기 넘치는 식당으로, 대단한 풍미와 더 대단한 줄서기로 유명한 곳이다. 전국의 관리들은 공무 차 베이징에 오면 고향의 맛을 그리워하게 된다. 그래서 고향의 정통요리를 요리하도록 각 주에서 요리사들이 파견된다. 떠들썩한 고객들이 눈에 띌 뿐, 이 레스토랑이 특별히 분위기가 있거나 하지는 않다. 실내에는 하얀 형광등과 단순한 목재 가구들이 있을 뿐이다. 그렇지만 음식은 분명 기대에 부응한다.

메뉴는 고전적인 요리들을 잘 갖추고 있고 청두(Chengdu)에서 먹는 샤오치(길거리 간식) 종류도 완벽하게 갖췄다. 고우 슈이 지(kou shui ji)라는 삶은 닭고기를 붉은 고추 소스에 무친 차가운 애피타이저로 식사를 시작해보자. 뛰어난 요리 중 하나로 슈이 쥬 유(shui zhu yu)가 있다. 이것은 부드러운 잉어 살을 고추기름에 익히고, 그 위에 붉은 고추와 푸른 쓰촨 통후추를 잔뜩 뿌린 생선 냄비 요리다. 맛있는 후이구오 시앙시앙주이(huiguo xiangxiangzui)는 두 번 익힌 돼지 귀 요리다. 바삭한 식감과 훈제 향이 나는 사천요리로 방금 다진 파와 피망을 더해 맛의 밸런스를 맞춘다.

마파두부는 실크 같은 두부를 반짝이는 붉은 소스에 볶은 것인데, 이 소스는 잠두콩 페이스트, 고추, 발효한 검은 콩으로 만든다. 여기에 돼지고기 간 것을 올리고 딱 적당한 양의 쓰촨 후추를 바로 갈아서 뿌린다. 이곳의 마파두부는 풍미의 밸런스가 훌륭하고 완벽에 가깝게 만들어진다. 흰 쌀밥을 더 주문해서 남은 소스도 싹 걸어 먹어야 한다. 다른 기억할 만한 요리로는 홍 유 차오 쇼우(hong you chao shou, 붉은 고추 완탕), 쫄깃한 탄탄면, 그리고 열기를 식혀줄 만한 라오 자오 탕 유안(lao zao tang yuan, 발효한 청주를 넣은 끈적한 라이스볼)이 있다. **JG**

쳉푸 코트야드 Chengfu Courtyard | 스펙타클한 특권층의 식사

위치 베이징 **대표음식** 샤오싱 술에 재운 닭고기 Shaoxing wine-marinated chicken | 💲💲💲💲💲

천안문 광장과 중난하이(Zhongnanhai, 중국 고위 당료들의 집이 있는, 벽으로 분리된 단지)에서 멀지 않은 조용하고 가로수가 늘어선 난창(Nanchang)로가 있다. 이 도로를 죽 내려가다 보면, 38번지의 입구를 놓치기 십상이다. 38번지가 바로 베이징 최고 특권층만 이용하는 레스토랑 중 하나인 쳉푸 코트야드가 들어선 작은 정원이다.

이곳의 상호는 창업자인 쳉 루밍(Cheng Ruming)의 이름을 딴 것이다. 그는 중난하이의 공식 요리사이며, 중국의 16인 '비전의 요리 재능보유자(treasured culinary talents)' 중 한 사람이다. 1954년 그는 중국의 지도자 마오 쩌둥의 개인 요리사가 되었고, 국빈을 위한 성대한 연회뿐 아니라 마오 가족의 식사도 책임졌다. 요즘에는 쳉의 손자인 리우 지안(Liu Jian)이 쳉푸 코트야드를 운영하는데 4개의 별실을 갖추고, 총 30명을 수용하는 작은 음식점이다.

셰프 리우는 중난하이에 배달되는 것과 똑같은 유기농 재료를 사용한다. 역사상의 정확성을 중요하게 생각하는 그는 역사적인 공산당 연회를 장식했던 요리들을 재현하는 것을 좋아한다. 마오가 리처드 닉슨 대통령을 대접했던 연회가 그 예이다. 리우는 서구문화 교류의 영향을 받은 요리도 제공하지만, 전통적인 중국요리를 만드는데 마오가 좋아했던 붉은 돼지고기 볶음도 그 중 하나다. 중국의 가정식 식사방식에서 벗어나, 개인별로 테이블 세팅이 되어 있고 요리도 1인분씩 따로 제공된다.

쳉푸 코트야드에는 메뉴가 따로 없고, 싱싱한 제철 재료를 기반으로 연회 스타일의 식사를 제공한다. 대표요리는 샤오싱 술에 재운 닭고기이다. 이것은 15일 된 닭의 껍질은 그대로 둔 채 뼈를 제거한 후, 훈제 소시지, 버섯, 양파, 밤과 찹쌀을 채워서 샤오싱 술에 담가 쪄내는 요리이다. **JG**

쟝라오얼리앙펜 Zhanglaoerliangfen | 스낵하우스에서 먹는 최고의 국수

위치 청두 **대표음식** 티안 슈이 미안 Tian shui mian noodles (sweet and spicy noodles) | 💲

쟝라오얼리앙펜은 청두에 있는 유명한 사찰 원슈(Wenshu)의 맞은편에 있다. 이곳은 세월의 시험을 견뎌내고 전통적인 분위기를 유지하고 있는, 그 지역에 몇 안 되는 오래된 레스토랑 중 하나이다. 옹색하지만 보석 같은 이곳은 이 지역에서 수십 년 동안 최고의 국수와 간식을 제공해 왔다. 현지인들과 관광객 모두에게 엄청난 인기가 있는 이곳은 빠른 서비스와 차갑고 매운 국수로 유명하다.

이 식당에는 좁은 간격으로 들어찬 테이블이 몇 개 있는데, 의자가 비는 적이 없다. 직원들은 벽에 걸린 커다란 중국어 메뉴에서 주문을 받는다. 고전 메뉴인 고추기름 만두, 완탕과 다른 간단한 음식들이 있다. 그러나 주위를 둘러보면 티안 슈이 미안(달콤하고 매운 국수)과 루도우 펜(lu dou fen, 칠리 소스를 넣은 당면)은 꼭 먹어봐야 한다는 것

> "수타 국수는 사천요리의 기본 음식이지만, 이것을 만들려면 특별한 기술이 필요하다."
>
> businessdestinations.com

을 금방 눈치채게 된다.

고객이 주방 카운터로 티켓을 갖다 주면 주방에서는 바로 국수를 준비한다. 먼저 식감이 좋은 국수를 그릇에 담고, 셰프는 능숙한 솜씨로 죽 늘어선 소스와 양념을 하나씩 적당량 국수 그릇에 넣는다. 두껍고 쫄깃한 수타 국수는 고추기름, 참깨, 쓰촨 후추, 간장, 식초, 설탕을 절묘하게 조합한 소스를 위한 완벽한 캔버스이다. 차갑게 내는 이 국수는 청두의 습기 많은 여름 날씨에 어울리는 상쾌한 오후 간식이다. **JG**

유 패밀리 키친 Yu's Family Kitchen | 마스터 셰프 유보의 요리 실험실

위치 청두 **대표음식** 잉크를 찍은 페인트 브러시 "Paint brushes with ink" | ⑤⑤⑤⑤

"나는 과거의 경험을 새것과 바꾸지 않는다.
나는 전통을 토대로 새로운 경험을 창조해낸다."

Yu Bo, chef and founder of Yu's Family Kitchen

청두의 좁은 골목길을 따라 들어가면 아무 표시도 없는 나무 문이 나온다. 이 문이 바로 중국에서 가장 추앙 받는 레스토랑 중 하나로 들어가는 문이다. 유 패밀리 키친은 6개의 별실이 있고 하루 저녁에 한 차례씩만 손님을 받는다. 해가 갈수록 엄청난 성공을 이뤘지만, 이들은 식당을 확장하지 않았다.

셰프 유보(Yu Bo)와 그의 부인은 2006년부터 이 레스토랑을 운영하고 있다. 문을 열 당시에는 쿠안자이(Kuan-zhai) 길에 처음 생긴 레스토랑이었다. 이곳은 정성어린 노동으로 만들어진 곳이다. 앞마당에는 미니어처 정원이 있고, 유보가 직접 디자인한 도자기 접시까지 모두 노동의 산물이다. 셰프의 조리기술과 풍미의 깊이는 사천 요리의 근본을 알리려 노력한다. 진정으로 뛰어난 점은 사용하는 식재료의 품질이다. 한 달에 한 번 이들 부부는 청두 밖으로 몇 시간을 달려가 후아지아오(huajiao, 쓰촨 후추), 버섯류, 유기농 돼지고기, 죽순과 장인이 만든 간장과 식초 같은 재료를 직접 골라온다.

유는 자주 해외여행을 해서 자신의 신선한 시각을 유지하고 영감을 얻으려 노력한다. 또한 최신의 요리 기술과 유행을 계속 주시하고, 때론 자신의 주방에서 실험하기도 한다. 그는 소박한 중국 두부도 엘 불리의 주방에서 나오는 분자요리만큼 뛰어난 기술의 산물이라고 생각한다. 테이스팅 메뉴에는 토마토 주스를 걸러서 만든 눈부시게 하얀 젤리(gelée)가 들어 있을 수도 있다. 다른 대표 요리로는 먹을 수 있는 '페인트 브러시' 세트가 있다. 이것은 황금색의 바삭하고 잘 부서지는 페이스트리를 붓 모양으로 만들어 참깨 페이스트로 만든 '잉크'에 담가 먹는 요리로, 인상적이고 재치가 넘친다.

유 패밀리 키친은 서구 미디어의 많은 관심을 받았고 국제적인 미슐랭 스타 셰프들 역시 주목했다. 이곳은 사천 요리에 대한 외국의 인식을 진일보시켜, 단지 맵고 기름지고 진한 음식이라는 오해를 불식시켰다. **JG**

⬆ 먹을 수 있는 붓과 참깨 잉크가 나오는 특이한 요리.

밍 팅Ming Ting | 청두 주민들이 모여드는 최고의 시장 음식점

위치 청두 **대표음식** 돼지 골 두부Pig's brain tofu | 💲

창잉구안(Cangyingguan, 파리 식당)들은 청두 음식의 정수이다. 몇백 년 전, 노점상들이 만두와 간식거리를 팔다가 조금 발전해서 작은 매대를 갖추고 삐걱거리는 의자와 테이블을 놓아 사람들이 오후 간식을 먹거나 아침 차를 마실 수 있게 되었다. 이런 소박한 음식 매대들은 어느 동네에나 있다. 주민들은 맛있고 간단한 음식 한 그릇을 먹으러 자주 들르다가 단골이 되는 자기만의 파리식당이 있게 마련이다. 밍 팅은 그런 곳 중 하나다.

보통 생각하는 바와 달리, '창잉(파리)'이라는 이름이 식당의 위생상태나 규모를 말해주지는 않는다. 그보다는 청두 주민들에 대한 찬사이다. 아무리 숨어있어도, 또 안 알려져 있어도 맛있는 음식점을 찾아내는 데는 그들이 항상 귀신 같다는 것을 나타내는 것이다. 맛을 제일로 치는 도시이다.

청두에서 가장 유명한 파리식당 중의 하나인 밍 팅은 도심 부근 카오지아(Cao Jia) 골목의 옥외시장 안에 있다. 4개의 테이블로 시작해서 확장을 거듭했고, 이제는 매일 수많은 점심, 저녁 손님들을 감당하기 위해 골목 밖으로까지 퍼져 나왔다. 기발한 인기 요리들의 맛도 맛이거니와, 사람들은 활기찬 분위기도 즐기러 이곳에 온다.

꼭 먹어봐야 하는 대표 요리는 돼지 골 두부이다. 이것은 두부에 매운 빨간 소스와 돼지고기를 곁들여 내는 그 유명한 마파두부에 반전을 가한 것이다. 갈은 돼지고기 대신에 무른 돼지 골을 조각 내어 두부 위에 얹어 내는 요리로, 식감은 놀랄 만큼 부드럽고 살짝 내장 냄새가 난다. 놓치지 말아야 할 또 다른 요리로는 연잎으로 싸서 찐 삼겹살이 있다. 완벽하게 익혀서 반질거리며 나오는데, 연잎에서 나는 연한 향기가 훌륭하다.

떠나기 전에 공장 같은 규모의 주방을 한번 들여다 보라. 젊은 사천 요리사 군단이 마치 조립 라인에서 일하듯, 빠르고 정확하게 요리하는 광경이 인상적이다. **JG**

"골목 안에 숨어 있는 이곳은 언제나 만원이다. 지역주민들이 돼지 골 두부 같은 별미를 맛보러 몰려 오기 때문이다."

Time Out Beijing

⬆ 맵고 빨간 소스가 들어간 마파두부.

프랑크 Franck | 상하이 중심부의 프렌치 비스트로

위치 상하이 **대표음식** 코트 드 뵈프 Côte de boeuf | ❸❸❸

올드 제시 Old Jesse | 전설적인 상하이 레스토랑

위치 상하이 **대표음식** 구운 파를 곁들인 대구머리 Codfish head with roasted scallions | ❸❸❸

프랑크 페콜(Franck Pécol)의 이름을 딴 이 레스토랑은 2007년 문을 연 이래로, 상하이 최고 수준의 프렌치 레스토랑이라는 지위를 유지하고 있다. 아마도 아시아 전체에서 최고 수준이라고 할 수도 있을 것이다. 이 레스토랑은 퍼거슨 레인(Ferguson Lane) 한쪽에 숨어 있다. 이 지역은 카페와 아트 갤러리들로 가득 찬 고급 취향의 동네이지만, 이 친근한 분위기의 비스트로는 캐주얼하고 격식 없는 곳이다. 이곳의 대단한 평판을 생각해볼 때, 매우 반가운 반전이다.

프랑크의 메뉴는 간단하고 제철에 충실하다. 이젤 위의 흑판에 매일 분필로 메뉴를 적어놓았는데, 이 흑판을 친절하고 노련한 웨이터들이 테이블로 가져다준다. 그날 그날 셰프가 시장에서 발견하는 재료를 토대로 메뉴가 구성되며 거의 매일 바뀐다. 그렇지만 늘 나오는 클래식 요리도 있다. 소박하면서도 고급스러운 비프 타르타르, 홍합요리, 또는 진한 베어네이즈 소스와 황금빛 감자튀김을 곁들인 코트 드 뵈프를 시도해보라. 푸아그라, 훈제 햄, 소시송(saucisson)을 우아하게 프레젠테이션하는 모둠 요리인 그랑드 샤퀴트리(grande charcuterie)도 훌륭하다. 이에 잘 어울리는 동반자를 인상적인 와인 셀러에서 찾을 수도 있을 것이다. 셀러에는 300개 이상의 와인이 있는데, 대부분 프랑스 와인 농장에서 장인이 만든 바이오 다이나믹 와인들이고, 그중 일부는 오직 프랑스에서만 시음할 수 있다.

페콜은 프랑스 전통 조리법에서 살짝 일탈하여 중국의 '가정식' 요리를 차용한 것으로 유명하다. 중국 가정에서는 요리란 서로 나누어 먹는 것이다. 그러니 요리의 양도 이에 맞추어 푸짐하게 나온다. 말하자면 프랑크에서의 식사는 음식, 좋은 동반자, 그리고 웃음을 완벽하게 결합한 최고의 비스트로 체험이다. **JG**

'올드' 제시라고 불리는 원조 제시 레스토랑은 상하이에서 전설적 지위에 도달한 몇 안 되는 곳 중 하나이다. 이곳에서의 식사는 단지 한끼를 먹는 것이 아니다. 이것은 이 도시의 통과의례이고, 이 도시를 진정으로 체험하는 일이다. 장소는 다소 비좁고 종업원들은 때론 무뚝뚝하다. 기다리는 줄은 문 밖으로 끝없이 이어져 있다. 그러나 이런 점들에도 불구하고, 충직한 단골들, 유명인사들, 카메라를 안고 있는 관광객들로 매일 넘쳐난다.

높은 인기에도 불구하고 제시는 느긋한 분위기를 유지하고 있다. 프랑스 조계구역의 서쪽 끝, 조용하고 나무가 많은 티안핑 로드(Tianping Road)에 위치한 낡은 주택은 오래되어 삐걱거린다. 좁은 계단을 돌아 올라가면 다락방 같은 2층이 나온다. 룸은 테이블로 가득 차 있고, 식사는 동네 잔치 같은 분위기이다. 그러니 고객들이 서로 친해져서 낯선 사람들과 이야기를 나누며 서로의 요리를 열심히 비교해보는 일이 드물지 않게 일어난다.

테이블들을 슬쩍 둘러보면 대표 메뉴의 인기를 확인할 수 있다. 유명한 홍 샤오 루(hong shao rou, 붉은 돼지고기 볶음)는 토기 안에서 반짝이고, '술 취한(drunken)' 민물새우는 접시 위에 여전히 살아있고, 연두부 위에는 크림같이 부드러운 게 알이 올라가 있다.

최고의 대표요리 중 하나는 구운 파를 곁들인 대구머리 요리인데, 하루 전에 미리 전화로 주문해야만 맛볼 수 있다. 먼저 얇게 썬 파 채를 강한 풍미가 스며 나오도록 기름 속에서 구운 뒤, 생선이 덮이도록 파를 가득 얹어서 커다란 접시에 담겨 나오는 요리로 생선이 믿을 수 없을 만큼 부드럽다. 다른 요리들도 계절에 따라 제공되는데, 먼저 전화해서 어떤 요리가 있는지 물어보는 것도 좋다. **JG**

⬆ 상하이식 디저트로 식사를 마무리하고 싶다면, 찹쌀을 채워 넣어서 달콤하고 찐득한 대추를 선택하면 된다.

미스터 앤 미세스 분드 Mr. & Mrs. Bund | 모더니스트한 프랑스 요리

위치 상하이 **대표음식** 트러플 프렌치 토스트 Truffle French toast | ❸❸❸

분드(Bund)에 있는 폴 페이레(Paul Pairet)의 모더니스트 프렌치 레스토랑은 상하이를 세계 미식 지도 위에 올려놓는데 많은 기여를 한 곳이다. 이곳은 아시아에서 10대, 전 세계에서는 100대 레스토랑 중 하나로 인정받는 곳이기도 하다. 페이레는 프랑스 출신인데, 젊은 시절에 홍콩, 시드니, 자카르타에 살면서 요리를 했고, 이후 파리의 알랭 뒤카스 밑에서 기술을 연마해 뉴 프렌치 스타일을 개발했다.

상하이에 있는 그의 다른 레스토랑인 울트라바이올렛(Ultraviolet)은 정확하게 짜여진 몰입형 다이닝 경험을 제공한다. 그러나 미스터 앤 미시즈 분드는 '공감형(consensual) 요리'를 표방한다. 고객들이 원하는 것에 맞추고, 기분까지도 수용하는 방식의 다이닝이다. 기조는 프랑스 음식인데, 가정식 스타일로 제공된다. 고객은 테마 하나를 선택해서 그것을 확장해 나가는 식으로 식사한다. 예를 들어, 넙치 종류가 먹고 싶다면 넙치를 필수 아이템으로 하여, 넙치 베어네즈나 넙치 트러플 뫼니에르 같은 것이 제공된다.

메뉴 아이템이나 사이드 디시, 양념들을 제안서 형태로 소개하여 손님들이 메뉴 선택을 주도해 나가도록 한다. 대표 요리인 트러플 프렌치 토스트는 빵을 트러플 믹스에 담갔다 토스트한 뒤, 콩피한 트러플 슬라이스와 너트버터 거품을 빵 위에 올려서 내는 요리다. 이곳에는 혁신적인 에노마틱(Enomatic) 와인 디스펜서도 갖추고 있다. 32가지 와인 병에서 한 잔씩 따라주는 기계인데, 이 덕분에 음식과 페어링을 정확하게 할 수 있다.

캐주얼한 가족 스타일 방식으로 데님을 입은 서버들이 다양한 고객 그룹들과 친숙하게 어울린다. 고객들 중에는 상하이의 사교계 인사, 부유층, 미식가와 와인 애호가들이 포함되어 있어, 분드에서는 찾기 어려운 화려하면서도 캐주얼한 분위기를 만들어 준다. **JG**

"당황스러울 만큼 긴 메뉴에 창의적인 프랑스 요리가 올라 있고, 사람구경하기에 최고인 곳이다."

Time Out Shanghai

⬆ 짙은 향이 나는 페이레의 트러플 프렌치 토스트.

메르카토 Mercato | 장조지 봉게리히텐이 만드는 농장 풍 북이탈리아 음식

위치 상하이 **대표음식** 바닷가재 라비올리|Lobster ravioli | 🍴🍴🍴🍴

> "우리는 되도록 장인정신을 가지려 하고,
> 되도록 지속가능하게 운영하려고 노력한다."
>
> Jean-Georges Vongerichten, chef and founder

⬆ 메르카토의 디자인은 인더스터리얼 자재를 활용한 것이다.

프랑스에서 태어난 뉴요커인 장조지 봉게리히텐은 세계적인 셰프다. 그는 21개 도시에 36개의 레스토랑을 거느리고 있는 요식업 제국을 건설했다. 미슐랭 스타 3개를 획득했고, 그의 이름을 딴 맨해튼 레스토랑은 뉴욕타임스가 4개의 별을 부여한 몇 안 되는 레스토랑 중 하나다. 그는 2004년 유명한 스리 온 더 분드(Three On The Bund)에 장조지 레스토랑을 열며 상하이에 진출했다. 이어서 더 캐주얼한 자매점으로 누가틴(Nougatine)을 오픈했다. 그리고 나서 메르카토를 열어 이 해안도시의 이탈리아 요식업계에 첫 침공을 시작했다.

스리 온 더 분드의 6층 전체를 차지하는 레스토랑은 널찍하면서도 친근감 있는 곳이다. 이 공간은 상하이 기반의 건축회사이며 수상경력에 빛나는 네리앤후(Neri&Hu)에서 디자인했다. 그들은 고급스러우면서도 소박한 분위기를 창조하려는 셰프의 비전을 실현하는 한편, 예전에 공업의 중심지였던 시절부터 분드의 풍요로운 역사를 그려보기로 했다. 빌딩의 구조를 이루는 요소들을 벗겨내 쇠기둥을 노출시켰다. 여기에 재활용 목재와 따뜻한 가죽 색조를 보태서 자연주의적이면서 모던한 분위기를 만들어냈다.

메뉴는 장조지의 스타일을 잘 반영하여 계절에 맞춰 준비되는데, 다이나믹한 식감과 풍미를 잘 조화시킨 것들이다. 그는 최고의 생산자들이 조달하는 가장 신선한 재료만 사용한다. 이곳의 바닷가재 라비올리는 단순하지만 우아하다. 싱싱한 바닷가재를 가볍게 데친 뒤, 허브에 재우고 올리브 오일을 뿌려서 낸다. 대표적인 피자도 꼭 먹어봐야 한다. 반죽을 70%까지 수화시키고 2번 부풀린 뒤 완벽하게 구워서 가볍고 기포가 많은 피자를 만든다. 야생 버섯, 신선한 리코타, 폰티나 치즈와 달걀을 올린 피자(노른자가 흐르고 있는 동안 서빙된다)가 이곳의 하이라이트다. **JG**

푸 1088 Fu 1088 | 웅장한 저택에서 먹는 세련된 상하이 음식

위치 상하이 **대표음식** 털게를 곁들인 달걀 흰자 커스터드Egg-white custard with hairy crab | ⑤⑤⑤

웅장한 고급스러움과 여유로운 느긋함을 함께 갖춘 상하이의 업소를 경험하고 싶다면 푸 1088에 꼭 가봐야 한다. 이곳의 메뉴는 시간을 뛰어넘는다. 전통 상하이 요리를 완벽하게 만들어서 고객들이 갖고 있는 글로벌한 감수성과 잘 엮어내는 곳이다. 식사는 품격 있는 가구들로 장식된 1930년대식 별실에서 하게 된다. 푸 1088에는 여러 손님이 한 공간에 앉아서 먹는 공용 공간은 없다.

푸 1088은 분드의 시끌벅적한 분위기에서 벗어난 프랑스 조계 구역의 조용한 코너에 있다. 다른 상하이 요리 명소들이 과시하는 분위기에 가깝다면, 푸 1088은 옛날 상하이가 번창하던 시절의 모습을 정확하게 재현했다. 스페인 스타일 저택에 자리 잡은 이 레스토랑은 그랜드 피아노에서 흘러나오는 부드러운 음악, 따뜻한 목재 인테리어, 옛 시절을 떠올리게 하는 장식을 갖추고 손님을 맞는다.

고전적인 레스토랑은 고전적인 요리의 정석에 비추어 평가되어야 한다. 이런 관점에서 보자면, 푸 1088은 그중 가장 고전적인 레스토랑일 것이다. 헤드 셰프 토니 루(Tony Lu)가 원본에 충실하게 만드는 홍 샤오 루는 반드시 맛봐야 한다. 토기 냄비에 담겨 죽순과 함께 나오는 루의 삼겹살은 그 어떤 상상력으로도 짐작할 수 없을 만큼 만족스럽다. 전 세계에서 받은 영감이 깃든 이곳의 요리들은 새롭지만 차분하다. 청주에 넣어 익힌 거위간이나 코코아 돼지갈비를 한번 시도해보라. 9월이나 10월에는 푸 1088만의 제철요리인 털게를 곁들인 에그 커스터드를 꼭 먹어보길.

'푸'는 '부(fortune)'를 의미하는 단어로, 이곳의 소유주가 가진 시내의 몇 개 업소 이름 앞에 공히 붙여졌다. 예를 들어 푸 1039도 있다. 그러나 푸 1088의 세팅과 요리는 비교할 데가 없다. 일인당 지불해야 하는 기본 비용이 있지만, 친근한 다이닝 체험과 푸 1088의 상징적 명성을 고려하면 적절한 가격으로 보인다. **JG**

린 롱 팡 Lin Long Fang | 상하이 최고의 만두를 시식하라

위치 상하이 **대표음식** 게살과 게알이 들어간 샤오룽바오Crabmeat and roe xiaolongbao soup dumplings | ⑤

훙 샤오 루를 뺀다면, 상하이에서 가장 유명한 요리는 만두 요리인 샤오룽바오일 것이다. 만두에는 여러 종류의 소가 들어가는데, 가장 인기 있는 것은 육즙이 많은 돼지고기와 혀를 델 정도로 뜨거운 국물이 얇다 못해 거의 투명해 보이는 만두껍질에 싸여 있는 종류이다. 다진 게살과 알을 넣은 것, 달걀과 새우가 들어간 종류도 있다. 흑초에 찍어 가늘게 채 썬 생강 몇 점을 얹어서 먹으면 입안에 풍미가 터지는데, 쉽게 잊지 못할 맛이다.

가장 오래 되었지만 가장 덜 알려진 샤오룽바오 레스토랑 중 하나인 린 롱 팡은 신티안디(Xintiandi) 구역의 남쪽, 지앙구오(Jianguo)길 구석에 있다. 찾기 어려운 위치 때문에 관광객들은 거의 이리로 오지 않고 자매 식당인 유명한 지아 지아 탕 바오(Jia Jia Tang Bao)로 몰려간다. 그렇

> "1920년대식 어두운 목재 데코 덕에 우리는 잠시 동안 '올드 상하이'에 와 있는 척할 수 있다."
>
> shanghaiist.com

지만 이름과 테마 색상을 제외하고는 린 롱 팡도 이곳과 동일하다. 어떤 이들은 이곳이 오히려 더 낫다고 말한다.

모든 샤오룽바오는 주문과 동시에 만들고 찐다. 고객들은 조리사들이 조립라인에서 만두를 만드는 것을 볼 수 있다. 다이닝룸은 기본만 갖추고 있어, 작은 테이블 몇 개와 등받이 없는 의자들이 나열되어 있다. 이곳에서는 30분 이내에 식사를 마칠 수 있다. 그렇지만 어쩐 일인지 평이한 장식에도 불구하고 매력이 없지는 않은 분위기다. 아마도 친절한 종업원들 덕분이거나, 아니면 언제라도 늘 맛있는 샤오룽바오 덕이 아닐까. **JG**

울트라바이올렛 Ultraviolet | 세계 최초의 다중 감각 다이닝 체험

위치 상하이   **대표음식** 트러플 수프 브레드 "Truffle burned soup bread" | 🐍🐍🐍🐍🐍

창업자 폴 페이레가 '내 인생의 프로젝트'라고 부르는 울트라바이올렛은 세계 최초로 음식과 다중 감각 기술을 결합시켜 '전체 몰입형(fully immersive)' 경험을 제공하는 레스토랑이다. 이 프로젝트는 철판 30톤, 젠하이저(Sennheiser) 스피커 56개, 프로젝터 7대, 스크린10개, 테이블 집기 4,500개가 필요했다. 업계 최고의 시설을 갖춘 주방에는 주문 제작한 튼튼한 스테인리스 몰테니(Molteni) 스토브를 갖추었다. 이 모든 것의 준비에 250만 달러가 소요되었다.

자외선 조명을 갖춘 폴 페이레의 제단에 발을 들여놓으면 기대감이 마구 상승한다. 단 10개뿐인, 누구나 탐내는 울트라바이올렛의 자리에 이름을 올리려면 최소한 3개월을 기다려야 한다. 비용이 어마어마한 이곳을 방문하는 일은 아마도 특별한 축하 자리일 것이다.

고객들은 먼저 이메일로 안내를 받는데, 그 내용은 분드에 있는 페이레의 프렌치 레스토랑인 미스터 앤 미세스 분드에서 오후 6시 반에 만나자는 것이다. 이곳에서 셔틀로 '비밀 장소'에 옮겨진다. 일단 셔틀에 오르면 배 사이다 한 잔을 맛보면서 그날 저녁을 함께 할 동반자들을 만나게 된다. 동반자는 깔끔하게 차려입은 낯선 이들일 게다. 주차장에 내려서면 문이 열리고 빛이 번쩍거린다. 이어 '차라투스트라는 이렇게 말했다'의 드라마틱한 서곡이 실내를 채우면, 고객들은 비로소 어떤 밤이 기다리고 있는지 감이 오기 시작한다.

굴 코스에서는, 고객들이 해변으로 옮겨져 파도가 부딪치는 소리를 듣고 바다 내음을 맡기도 한다. 페이레의 대표 요리인 '트러플로 구운 수프 브레드(truffle burned soup bread)'는 신비로운 숲에서 눅눅한 이끼 냄새에 둘러싸여 먹게 되는데, 초월적인 느낌을 안겨준다.

고객들은 요리가 더 이상 좋아질 수 없는 최상의 상태라는 느낌을 종종 갖게 된다. "하나의 요리는 아무것도 보태거나 뺄 것이 없어질 때 비로소 완성된다"라는 페이레의 정신이 확인되는 것이다. **JG**

> "폴 페이레는 프루스트식 경험을 역설계(reverse-engineer)하여 실시간으로 경험하게 해준다."

blackinkmagazine.com

⬆ 최고의 집기를 갖춘 울트라바이올렛의 주방은 음식에 대한 이들의 헌신을 잘 보여준다.

➡ 단 10개 좌석을 갖춘 다이닝룸은 스크린으로 둘러싸여 있다.

왐포아 클럽 Whampoa Club | 전통요리의 흥미로운 재해석

위치 상하이 **대표음식** 옛날 상하이식 훈제 병어요리 Smoked old-fashioned Shanghainese pomfret | ⑤⑤⑤⑤

"이 신개념 상하이 요리 업소는 금박을 입힌 의자와 샹들리에가 가득한, 탄성이 절로 나오는 인테리어를 갖추고 있다."

Lonely Planet

⬆ 호화로운 인테리어는 붉은 칠기와 금박 입힌 벽장식이 특징이다.

왐포아 클럽은 상하이의 구도시와 신도시를 나누는 강에서 이름을 딴 레스토랑이다. 이곳은 분드(Bund)의 30년대식 데카당스와 푸둥(Pudong)의 모던한 화려함, 그 중간 어디쯤에 속하는 음식과 분위기를 제공한다. 유서 깊은 금융가 근처의 전통 정원 안에 자리 잡고 있고, 실내는 아르데코 가구와 붉은 칠기류, 화려한 색유리로 장식되어 있다. 그런 의미에서, 왐포아 클럽은 상하이를 구성하고 있는 온갖 상충하는 요소들을 모아 놓은 브리콜라주(bricolage) 같은 곳이다.

2004년 오픈한 이래, 이 도시의 명소로 자리 잡은 왐포아 클럽은 셀러브리티 셰프인 제레미 룽(Jereme Leung)이 만든 곳이다. 디자인에서 보이는 다양한 문화의 영향은 음식에서도 역시 발견된다. 메뉴는 올곧게 전통적인 상하이식 요리만 고집하지만, 중국 전체의 영향이 보이고, 특히 홍콩의 영향이 두드러진다.

왐포아 클럽을 방문하면 상하이식 훈제 병어를 꼭 먹어봐야 한다. 이 생선요리는 바삭한 한 입 크기 조각들로 서빙된다. 이 방식은 다른 동부권 중국 요리와 마찬가지이지만, 이곳에선 자극적이기보다는 달콤하게 만들어진다. 가격이 괜찮다면 맛있는 털게 만두와 계화꽃을 곁들인 찹쌀떡도 반드시 맛볼 것을 권한다.

중국에서는 여럿이 나누어 먹을 수 있게 많은 양이 제공되는 가족 스타일 다이닝이 기본 방식이다. 왐포아 클럽도 예외가 아니니 많은 인원이 함께 와서 즐기는 게 좋겠다(주말에는 단품 '올드 상하이' 딤섬 브런치가 있다).

왐포아 클럽이 다른 경쟁자들과 가장 크게 차별화되는 부분은 지식이 풍부한 차 소믈리에가 있다는 점이다. 소믈리에는 50개 이상의 최상급 중국차 중에서 고객들이 선택하는 것을 도와준다. 왐포아 클럽에서의 식사를 더욱 완벽한 경험으로 만들기 위해서 웨이터들이 음식과 음료의 성질을 고려해서 선택하도록 도와준다. 뜨거운 것, 찬 것, 마른 것, 젖은 것 등의 요소를 기준으로 최상의 밸런스를 만들도록 조언해준다. **JG**

28 후빈 로드 28 HuBin Road | 항저우의 서호 위에서 먹는, 좋은 재료로 만든 요리

위치 항저우　**대표음식** 동파육Dongpo pork | ❸❸❸

항저우는 양쯔강 하류지역의 중간쯤에 위치한 도시로 상하이에서 200km 남서쪽에 있다. 서호(West Lake), 티 가든 (tea garden), 교양 있는 중국식 삶의 본원지라는 역사를 가진 곳으로 유명한 항저우는 오늘날 중국에서 가장 크고 번창하는 도시 중 하나이다. 이 지역 주변은 '생선과 쌀의 땅'으로 알려져 있고, 중국의 다른 지역과 달리 기름, 설탕, 양념, 전분 같은 재료를 안 쓰는 스파르타식 요리를 발전시켜왔다. 항저우 요리는 사천요리나 광둥요리 같은 국제적 명성을 누리지는 못하지만, 중국 내에서는 건강한 별미요리로 유명하다.

뛰어난 항저우 요리의 좋은 예는 이 레스토랑에서 발견할 수 있다. 이 레스토랑은 하얏트 리젠시 호텔(Hyatt Regency hotel)의 지하층에 위치하고 있는데, 호텔 주소로 이름을 지었다. 이곳의 데코는 중국의 전통주의에다 현대식 글로벌한 화려함을 믹스한 것이다.

손님들은 다례로 식사를 시작한다. 항저우의 유명한 룽징차가 애피타이저 모둠에 곁들여 나오는데, 이 요리의 하이라이트는 푸아그라를 채운 메추리알에 계절 채소와 팽이버섯이 같이 나오는 요리이다. 셰프 셴 리에싱 (Shen Liexing)은 장기 요리가 여럿 있는데, 그중에서도 동파육은 꼭 주문해야 한다.

28 후빈 로드에서는 이 고전적인 삼겹살찜을 믿기 어려울 만큼 얇게 썰어서 완벽한 피라미드 모양으로 싼다. 이 요리는 푸짐하며, 기름진 맛과 미묘하게 달콤한 맛이 섬세하고 절묘한 조화를 이루고 있다. '거지의 닭요리 (Beggar's chicken)'도 뛰어난 요리 중 하나인데, 닭 한 마리를 연잎으로 감싸고 토기에 넣어 익히는 요리이다. 셴은 장쑤성 전통요리인 이 요리를 매우 부드럽게 만들고, 청주, 팔각, 참깨로 적당한 풍미를 더해 장인의 솜씨를 보여준다. 항저우의 아름다운 서호 주변을 천천히 산책하는 것으로 식사를 마무리 지으면 더할 나위 없겠다. **JG**

"서호에서는 많은 재료가 나오는데, 비니거 피시(vinegar fish)나 연근 가루 같은 매우 건강한 천연재료들이다."

hangzhoutravel.org

⤒　28 후빈 로드에서 내는 섬세한 맛의 만두는 항저우 요리의 훌륭한 예다.

드래곤 웰 매너 Dragon Well Manor | 초록으로 덮힌 차농원에서 즐기는 유기농 요리

위치 항저우 **대표음식** 밤을 곁들인 영계 Young chicken with chestnuts | 💲💲💲

중국에서는 음식의 출처를 따질 때 확실한 근거보다는 신념의 문제로 보는 경우가 많다. 이곳의 주인이자 경영인인 다이 지안준(Dai Jianjun)은 요리의 성역 같은 것을 만들어 냈는데, 세심하게 선별한 지역산 재료를 기반으로, 현대 중국인의 삶에 수반되는 산업적 위험요소를 모두 배제한 음식들을 제공하는 곳이다.

항저우는 마르코 폴로가 지구상에서 가장 아름다운 도시라고 묘사했던 곳이다. 중국의 다른 지역들과 마찬가지로 항저우 역시 특유의 요리 문화를 자랑한다. 다이 지안준은 이미 성공한 요식업자이던 2000년대 초반, 항저우의 부유층이 최고의 지역 요리를 즐길 수 있는 공간을 만들기로 결심했다. 이 레스토랑은 '미식 다원(gastro tea garden)'이라고 표현하는 게 알맞을 것이다. 8개의 별실이

> "우리 할머니가 나에게 요리는
> '벤웨이(ben wei)', 재료의 근본적인 맛을 다루는
> 것이라는 개념을 심어주셨다."
>
> Dai Jianjun, founder of Dragon Well Manor

있고 이 방들은 돌로 만든 통로로 이어져 있다. 항저우 최고의 셰프인 동진무(Dong Jinmu)의 지휘 아래, 100명 이상의 서비스 팀이 일하고 있다.

식사는 제철의 세트메뉴로 제공된다. 메뉴 내용은 식사하는 사람들의 1인당 지불비용에 맞추어서 그때그때 정해진다. 제일 낮은 가격의 메뉴로도 지역의 농장과 재료 수집상이 조달하는 재료만 사용한 10개 코스 요리를 맛볼 수 있다. 어느 계절이건 손으로 갈아 만든 두유나 지역산 청주는 꼭 맛보아야 한다. 계절별 하이라이트로는 늙은 오리 수프, 밤을 곁들인 영계 요리와 어린 콩 새싹요리 같은 소박한 별미들이 있다. **JG**

린 훙 티하우스 Lin Heung Teahouse | 낡았지만 향수를 불러일으키는 딤섬 식당

위치 홍콩 **대표음식** 중국식 소시지빵 Chinese sausage rolls | 💲

1928년에 문을 연 이 딤섬 하우스에는 2개 층의 식사공간이 있는데, 온갖 계층의 홍콩 사람들이 둥근 식탁에 둘러앉아 있는 것을 볼 수 있다. 은발의 신사가 오랜 단골 생활로 얻어낸 특권 덕에 자기가 좋아하는 코너에서 앉아 신문을 바스락거리고 있고, 젊은 미식 탐험가들도 기대에 차서 식당으로 밀려온다. 정해진 순서와 관습이 지배하는 곳이라서 신참들은 무더기 손님 떼 속에서 어리둥절하기 쉽다. 그러니 빨리 파악해서 이 체험을 즐겨야 한다. 웨이터들한테는 급한 손가락질 이상의 어떤 것도 기대하면 안 된다.

노련한 고객들은 가장 좋은 자리를 찾아내는데, 김이 가득 찬 주방에서 방금 만든 딤섬이 철제 카트에 실려 나오는 게 잘 보이는 자리이다. 카트 안의 대나무 바구니에는 섬세하고 맛깔스러운 음식이 담겨 있다. 여기서 차는 불가결한 연료이고, 기름진 음식을 먹는 사이 사이에 입안을 씻어주는 역할도 한다. 차는 전통적인 뚜껑 있는 잔에 담겨 나오기도 하지만 보통은 찻주전자에 나온다. 이것은 이 레스토랑이 변화하는 시대에 어떻게 대응하는지를 보여주는 사례이다. 레스토랑에는 딤섬 수레를 끄는 종업원들의 사이렌과 가족들의 재잘거림이 섞여서 불협화음이 가득하다. 탱글탱글하고 고기가 많이 든 슈마이(siu mai) 만두 위에는 삼각형 모양의 돼지 간이 올려져서 나온다. 이 돼지 간은 옛 것을 그리워하는 딤섬 사냥꾼들에게는 보물 같은 것이다. 중국식 소시지를 넣은 폭신폭신한 찐빵도 놓치지 말아야 한다. 이 소시지는 로제 와인에 절여서 만드는데, 이 또한 이제는 거의 멸종하다시피한 1950년대식 전통이다.

린 훙의 매력은 홍콩의 일부를 수박 겉핥기 식이 아니라 제대로 보존하고 있다는 점에 있다. 그래서 과거의 풍미를 경험하고 싶거나 다시 맛보고 싶어하는 사람들에게는 이곳이 홍콩의 도시 생활에서 없어서는 안 되는 부분이 되었다. **CM**

어버브 앤 비욘드 Above & Beyond | 전통에 뿌리를 둔 채, 혁신으로 한 계단 올라선 세련된 광둥요리

위치 홍콩 **대표음식** 파인애플을 곁들인 탕수육 Sweet and sour pork with pineapple | 🟡🟡🟡

파도와 콘크리트 위에 높이 떠있는 다이닝룸이 이 레스토랑의 이름을 만든 이유이다. 한편, 전통을 초월하는 비범한 요리 또한 이에 못지않게 이곳의 이름과 어울린다. 완벽하게 캐러멜라이즈된 파인애플 조각을 젠가 블록 모양으로 만들고, 이베리안 돼지고기의 부드러운 바삭함으로 이것을 감싼다. 이런 요리는 이 레스토랑의 셰프인 조셉 쯔(Joseph Tse)가 창조해낸 요리로, 잘 디자인 된 고급 중국요리의 결정판이다.

이곳에서는 흠잡을 데 없는 전통 광둥요리를 애피타이저로 맛보면서, 멋진 빅토리아 항구의 경관을 즐길 수 있다. 할머니가 만들어 주시던 맛 그대로인 짭짤한 맛의 아몬드와 돼지허파 수프, 또는 싱싱한 게의 향미가 가득찬 찹쌀떡이 대나무 통에 담겨 김을 모락모락 뿜으며 나오기도 한다. 잠시 멈추고, 호텔 아이콘(Hotel Icon)안에 자리한 이 식당의 주변을 둘러보자. 이 호텔은 일군의 국제적 디자이너와 건축가들이 만든 청사진을 기초로 꽃을 피운 곳이다. 이 공간 자체가 음식만큼 중요한 체험의 일부이다. 어버브 앤 비욘드의 외관은 영국 디자이너인 테렌스 콘랜(Terence Conran)이 착상한 것이다. 매끄러운 선, 멋진 조명, 간간히 튀어나오는 밝은 색조가 외관상의 특징이다.

전통적인 훈련을 받은 광둥요리 셰프인 쯔는 요리철학이 뚜렷한 사람이다. 그는 고급스러움, 기발함, 경험으로서의 음식뿐 아니라, 자양분으로서의 음식도 매우 중요하게 생각하는 사람이다. 드라마틱한 퓨전요리나 과하게 호화로운 볼거리가 넘쳐나는 이 도시에서, 그가 내는 풍미는 가장 깔끔한 편에 속한다. 블랙 트러플이나 곰보버섯처럼 최고급 재료도 쓰기는 하되, 마구잡이로 요리에 집어넣어 계산서에 동그라미가 몇 개 더 붙게 만드는 것이 아니라 다른 재료들과 매끄럽게 어우러지는 방식으로 사용한다. **CM**

"경관만 보러 이곳에 오는 것은 안타까운 일이다. 왜냐하면 음식도 섬세하고 창의적이며 맛있기 때문이다."

Guardian

⬆ 테렌스 콘랜이 어버브 앤 비욘드의 세련되고 현대적인 분위기를 만드는 데 도움을 주었다.

더 체어맨The Chairman | 풍미 가득한 친환경 고급 광둥요리 정찬

위치 홍콩 대표음식 사오싱 술과 닭 기름으로 만든 꽃게찜Steamed flower crab with Shaoxing wine and chicken oil | ❸❸❸

"이 레스토랑은 정통 광둥요리로의 복귀를 찬양하는 곳이다. 최고 품질의 재료만을 사용한다."

fodors.com

홍콩의 서쪽 끝에는 빠르게 개발되고 있는 셩 완(Sheung Wan) 지역이 있다. 이 동네의 조용하고 막다른 골목에 있는 수수한 2층 건물 주방에서 소박한 음식 혁명이 벌어지고 있다. 더 체어맨이라는 이름 자체는 상충하는 감정들을 불러일으키는 도전적인 이름인데, 사실 이곳은 땅과 바다에서 나는 천연 수확물들과 사랑에 빠진 사람들이 만들어낸 작품이다. 이런 것들은 고급스러운 수입 명품이나 국제적인 셀리브리티 셰프들에게 빠져 있는 이 도시에서는 자주 잊혀지는 것들이다. 이들의 주장은 실내환경만큼이나 간소하다. 미색의 식탁보가 깔려 있고, 모던 아트 작품과 파란색 유리창, 복고풍의 의자를 간결하게 갖추고 있어 거의 금욕주의적인 분위기이다.

이곳에서 쓰이는 가금류와 돼지는 홍콩 교외에서 키우는데, 도심으로 배달되기 직전에 도살된다. 현지 어부들은 팔딱거리는 해산물을 공급한다. 간장이나 닭기름 같은 중요한 양념들은 믿을 만한 오래된 생산가에서 받아오거나 직접 만든다. 이 팀은 홍콩 신계 지구의 북쪽에 있는 셩 슈이(Sheung Shui)에 자기들의 농장을 만들기까지 했다. 이곳에서 유기농 채소를 기르고, 피클을 만들고, 고기를 절여서 저장한다.

주방에서 사용되는 재료들을 제대로 통제하는 것은 결코 쉬운 일이 아니다. 더 체어맨이 보여주는 지역산 먹거리 사용에 관한 강한 철학은 칭찬받을 만하다. 이 철학은 단순한 포장 이상의 의미가 있으며, 이로 인해 음식도 훨씬 맛이 있다. 이것은 오래 숙성한 샤오싱 술과 향미 넘치는 닭기름을 끓인 국물에 꽃게를 가볍게 쪄낸 이곳의 대표적인 요리에서 가장 잘 드러난다. 강렬한 재료들의 메들리인데, 각각 뚜렷한 존재감을 풍미로 드러내면서 한편으로는 서로 조화롭게 공존하는 최고의 걸작요리이다. 단순하면서, 우아하고, 말도 안 되게 맛있다. **CM**

⬆ 게는 여기서 제공하는 수많은 해산물 중 하나다.

콴 키 Kwan Kee | 완벽한 밥으로 유명한 현지인들의 인기 아지트

위치 홍콩 **대표음식** 뚝배기 솥밥 Clay pot rice | $

쿵 우 소이빈 팩토리 Kung Wo Soybean Factory | 두부의 토템

위치 홍콩 **대표음식** 부드러운 두부 디저트 Silky bean curd dessert | $

홍콩 요식업계에서 가장 전통적이고, 오랜 시간에 걸쳐, 많은 사랑을 받는 명소에서는 공손한 예의범절 같은 것이 거의 지켜지지 않는다. 이곳에서는 긴 줄서기로 시작해서 꾸물거리지 말고 서둘러 메뉴를 고르고 계산을 치러야 하는 것까지 모두 각오해야 한다.

이곳에서의 식사는 분명 특별한 경험이니, 최고 인기 메뉴에 대한 컨닝지를 준비하고 가는 게 좋겠다. 아마도 그건 뚝배기 솥밥이나 웍(wok)에 볶은 해물요리일 것이다. 왜냐하면 뚝배기 솥밥은 모두 주문과 동시에 준비되기 때문이다. 이곳의 직원들은 겨울날을 따뜻하게 해주는 이 고전요리를 만들 때 결코 대충대충 지름길을 택하지 않는다. 먼저 석탄 불 위에서 솥에 천천히 부채질을 한다. 종종 솥 12개를 동시에 만들기도 한다. 이런 과정이 필요하니, 손님들이 의자에 미처 엉덩이를 붙이기도 전에 종업원들이 불난 듯 질문을 퍼붓는 것은 놀라운 일이 아니다. 솥밥이 완벽하게 조리되기까지는 최소한 20분이 걸린다. 쌀알을 적절하게 불리고 더없이 중요한 황갈색의 누룽지가 바닥에 만들어지도록 하는 것은 불과 물의 요소들을 잘 조합해야 하는 까다로운 기술이다. 이 누룽지는 뚝배기 솥밥 연금술의 거룩한 성배라 할 만하다.

주방에서는 불로 기적 같은 일을 만들어낸다. 스모키한 에메랄드 빛 가일란(gai-lan, 중국 브로콜리) 볶음이나, 어부들이 좋아하는 요리인 바다의 짠내가 나는 조개를 벨벳 같은 블랙빈 소스로 볶은 요리가 그 사례다. 젓가락이 서로 부딪히는 소리와 쇠 수저가 낡은 진흙그릇을 긁는 소리가 시끌벅적한 대화와 섞여 식당을 가득 채운다. 이것은 콴 키에서만 할 수 있는 독특한 경험이다. 이곳에 자주 가고, 배고플 때 가라. 단, 미리 예약을 해야만 줄 서서 기다리는 것을 피할 수 있다. **CM**

이곳은 번쩍이는 모자이크 타일, 요란한 붉은 글씨, 그리고 느슨하게 돌아가는 천장의 선풍기가 유행하던 옛 시절의 한 장면 같은 곳이다. 홍콩의 샴 슈이 포(Sham Shui Po) 지구에서 최고의 두부제품을 만들어내는 타임캡슐이라고 할 수 있다. 1893년에 문을 연 쿵우는 지역 요식업계의 한 부분이자 이 동네가 공유하고 있는 추억의 일부이기도 하다. 행상들과 장신구 가게로 유명한 주룽(Kowloon)의 떠들썩한 거리 한 켠에는 분주한 페이 호(Pei Ho) 거리가 있다. 이 거리의 시장 매대 뒤에 숨어 있는 쿵우는 소박한 가게이지만 고품질과 동의어로 여겨지는 곳이다.

가게 앞쪽에서는 점원들이 물건을 사 가는 수많은 고객들을 바쁘게 대응하고 있고, 고객들은 서로 목을 빼고 좋은 물건을 찾으려고 애쓴다. 방금 짜내 출렁거리는 두

> **"콩으로 만든 음식을 좋아한다면 분명 가볼 만한 곳이다!"**
>
> jaznotabi.wordpress.com

부모는 켜켜이 쌓여 젖은 나무 판 위에 놓인 채, 주부들의 장바구니에 들어가길 기다리고 있다. 숙주나물 뭉치도 눈처럼 쌓여 엉겨 있다. 벽 한쪽 선반에는 발효 두부가 든 단지들과 바로 짜낸 두유 병이 가득 차 있다. 이곳은 분명 허름한 곳이다. 그렇지만 낮은 나무의자에 쪼그리고 앉아서 주문과 동시에 부지런히 어묵을 튀겨 공기같이 가벼운 두부 빵 속에 채운 것을 맛보자. 또는 매끈하고 부드러운 실크 같은 두부 한 그릇에 연한 설탕 시럽을 넣어 먹어보라. 아니면 캐러멜 맛을 더하기 위해 염장 오리알 노른자 설탕을 뿌릴 수도 있다. 이것은 직접 먹어보지 않고는 달리 표현할 길이 없는 신선하고 상쾌한 음식이다. **CM**

카우 키 Kau Kee | 소고기 양지와 국수의 최고봉

위치 홍콩 **대표음식** 소고기 양지 국수Beef brisket noodles | 💲

션 키 타이푼 쉘터 Shun Kee Typhoon Shelter | 작은 나무 보트 위에서 먹는 해산물

위치 홍콩 **대표음식** 게 볶음Stir-friedcrab | 💲💲

카우 키라는 이름에서 '카우'는 소고기를 가리킨다. 이곳에서는 천천히 익힌 양지머리와 탱탱한 국수를 국물에 넣어 먹는 한 그릇의 요리를 제공하는데, 이 국물은 영혼을 편안하게 달래주는 맛이다.

카우 키의 세팅은 다른 홍콩 식당들과 비슷하다. 둥근 테이블과 둥근 의자, 입구에는 계산기와 성질 급한 매니저가 있고, 살짝 지저분한 하얀 셔츠를 입은 웨이터들은 주문을 받아 적는 낡은 공책을 들고 서 있다. 재미있는 건, 모든 계층의 사람들이 이곳에 먹으러 온다는 점이다. 이 레스토랑은 가장 중심가인 고우(Gough) 거리에 자리하고 있어서, 단정한 스커트를 입은 여직원들이 지저분한 십 대들과 나란히 서 있고, 깔끔하게 정장을 갖춰 입은 신사들이 노동자 무리에 섞여 서 있는 것이 전혀 이상하지 않

> **"고기는 국물에 담겨 국수와 함께 나오는데, 정말 비할 데 없는 맛이다."**
>
> Lonely Planet

다. 뒤쪽 복도의 주방에서는 거대한 통 안에 육수가 부글부글 끓고 있고, 삶은 양지머리와 안심 덩어리들이 들어 있는 양철 냄비들이 늘어서 있다.

느긋한 속도로 먹겠다는 생각은 버려라. 이곳은 순환이 굉장히 빠른 곳이다. 마찬가지로 포트 로스트(pot roast)나 솔트 비프(salt beef) 비슷한 것도 기대하지 말아라. 광둥식에서는 허브를 넣은 국물에 고기를 넣고 젓가락이 들어갈 정도로 부드러워질 때까지 여러 시간 동안 천천히 뭉근하게 삶는다. 허브를 넣은 육수가 순수주의자들이 좋아하는 고전적 옵션이지만, 진한 커리 맛이 나는 양지머리도 똑같이 훌륭하다. 약간 매운 소스가 녹을 듯 부드러운 양지머리 조각들을 감싸고 있어 굉장히 맛있다. **CM**

홍콩의 많은 태풍 피난처 중 하나인 방파제 뒤 비교적 안전한 곳에, 독특한 레스토랑이 부활한 증거가 있다. 바로 20세기 중반의 유물인 나무 보트 식당이다. 이 도시의 역사와 유산은 많은 부분이 바다와 관련 있지만, 그중에서도 태풍 피난처 레스토랑 문화는 그 스타일이 정말 독특했다. 그런데 유행과 실용주의의 파도 속에서 보트식당들은 침몰했고, 1990년대에 이르자 이런 식당들은 항구에서 거의 사라졌다. 그러나 2012년, 선상 생활 공동체의 한 후손이 잊혀진 업종을 되살리기로 결심했다.

이곳은 셰프 룡 호이(Leung Hoi)가 자신의 뿌리에 대한 헌사로 시작한 곳인데, 입소문을 타고 꽤 많은 추종자들을 얻게 되었다. 커다란 '모선(mothership)'인 주방용 보트 안에는 몇 개의 작업대가 자리하고 있어 일군의 셰프들이 손목을 빠르게 움직여가며 싱싱하고 달콤한 조개를 검은 콩, 고추, 마늘, 청주를 섞은 잉크 같은 소스에 넣어 뜨거운 불로 볶아내고 있다. 그들은 고객들이 껍질을 벗겨 간장, 고추, 참기름을 섞은 기본 양념장에 찍어 먹을 수 있도록 바다 새우를 분홍빛으로 살짝 삶아낸다. 고객들은 작은 개인 나무 보트에 있는 테이블에 앉아서 노를 저어 주방이 있는 보트에 다가간다. 그러면 노련한 종업원이 보트들 사이를 익숙하게 넘어다니면서 뜨겁게 김이 나는 해산물 접시를 나른다.

홍콩 최고의 해산물 요리들을 맛볼 수 있고, 돼지 내장이나 구운 오리 누들 수프 같이 어부들이 즐겨 먹는 요리들도 있다. 그러나 언제나 쇼의 주인공은 커다란 쟁반에 나오는 게 볶음 요리이다. 게에 마늘과 고추를 넣어 드라마틱한 불 맛이 나게 볶은 뒤 싱싱한 파를 덮은 요리이다. 발밑에서는 바닷물이 가볍게 흔들리고, 짠내 나는 바람이 웍에서 요리되는 해물의 매혹적인 냄새와 어우러진다. 이곳만큼 흥미진진한 곳은 찾기 힘들 것이다. **CM**

킴벌리 차이니즈 레스토랑 Kimberley Chinese Restaurant | 주룽의 호텔에서 무대 같은 이벤트와 즐기는 클래식한 광둥요리

위치 홍콩 **대표음식** 속을 채운 새끼 돼지 통구이|Roasted stuffed suckling pig | 🌢🌢

꼬챙이에 꿰어진 통 돼지를 찢어서 먹는 원초적인 즐거움. 주룽의 킴벌리 호텔에 있는 레스토랑에서는 이 즐거움을 한 단계 업그레이드시켰다. 이곳은 대체로 조용하지만, 직원들은 크림색 식탁보를 덮은 테이블, 목재 패널, 타일을 입힌 기둥들 사이로 경탄의 목소리가 울려 퍼지는 순간을 익숙하게 준비하고 있다. 이 코러스는 레스토랑의 대표 요리가 은제 손수레 위, 길이 잘 든 나무 도마에 올려져 나오면 으레 흘러나오기 마련이다.

도마 위에 있는 것은 새끼 돼지 요리인데, 배 속에 캐러멜라이즈한 파를 섞은 맛있는 찹쌀 덩어리를 가득 채워 넣고 탄탄하게 묶어서 조리한다. 주문 하면 석탄 불 위에서 돼지 껍질이 바삭바삭해질 때까지 굽는다. 비닐 장갑을 낀 웨이터들이 노련한 칼질로 껍질을 탁탁 부수며 입맛을 돋운다. 그리고는 날카롭고 무거운 도끼 칼로 이 새끼 돼지를 무심하게 썰어낸다. 이것은 화려하고 현대적인 주변 업소들 가운데서 별로 눈에 띄지 않는 소박한 이 업소에 쇼맨십적 요소를 보태준다. 프랑스 요리에서 많이 쓰는 은으로 된 둥근 덮개를 기리는 의미로 웨이터들은 커다란 진흙 그릇을 덮은 무거운 뚜껑을 테이블에서 열어 지글거리고 맛있는 냄새를 풍기는 요리를 서빙한다. 안에는 황금빛의 바삭한 껍질을 가진 소금구이 치킨이나, 천천히 고은 부드러운 소꼬리에 달콤한 하얀 무를 넣어 만든 우유 같이 뽀얗고 뜨거운 국물요리가 들어 있다.

킴벌리에서 내는 음식에는 우아함과 순수함이 있다. 이것은 광둥요리의 비법을 마스터하되, 현대식이라는 방향으로 너무 급격히 틀지 않고 프레젠테이션하려 애쓰는 주방의 노력 덕분이다. 마찬가지로, 서비스 방식도 더 단순하고 더 친절하던 시절로 거슬러 올라간 듯하다. 홍콩 요리에 관한 한 킴벌리 만큼 생생하게 전통이 지켜지고 있는 곳은 찾아보기 어렵다. **CM**

"찹쌀을 원통형으로 말아서 채워 넣은 구리빛 새끼돼지를 누가 거부할 수 있겠는가?"

e-tingfood.com

⬆ 새끼돼지 통구이는 킴벌리의 역작이다.

요석궁 Yosokkoong | 고풍스러운 곳에서 귀족이 된 것처럼 먹기

위치 경주 **대표음식** 고급스러운 정식 요리 A course of noble cuisine | ⑤⑤⑤

경주는 고대 무덤과 고풍스러운 절들이 도시 안에 자리 잡고 있어 벽 없는 박물관으로 불린다. 7세기 신라 왕조의 궁궐이 있던 곳에 자리 잡은 요석궁은 그 자체로 이 도시의 자랑거리이다.

식당의 이름은 예전에 그곳에 살았던 요석 공주의 이름에서 유래되었다. 하지만 근래에는 400여 년 전에 이곳에 정착한 최씨 양반 집안과 더 관련 있다고 알려져 있다. 최씨 집안은 부유했지만, 노블리스 오블리제의 봉사하는 정신을 가지고 있었다. 일제강점기 때, 최씨 집안은 자신들의 집을 독립군들의 피난처로 제공했다. 오늘날 요석궁은 이 오래된 가문 옆에 자리 잡고 있으며 최씨 집안의 요리가 사람들에게 제공되고 있다. 음식은 그들의 조상들이 즐겼던 한정식 스타일의 여러 전통적인 요리를 기본으로 하고 있으며, 세대에서 세대로 이어져 온 레시피를 사용하고 있다.

식당은 200년 이상 되었으며, 육중한 나무, 망을 친 미닫이 문, 마당의 많은 소나무들이 그 전통적인 매력을 한껏 자랑한다. 손님들은 중앙 뜰을 가로질러 조용한 방으로 안내된다. 종업원들은 화려한 한복을 입고 있으며, 식사 자리는 낮은 좌상과 마루 방석의 전통적인 스타일로 제공된다. 요리는 김치로부터 파전, 잡채, 갈비찜, 된장 등 끊임 없이 제공되며, 엄청난 양의 요리는 배가 터지도록 먹어도 아직 남아 있을 정도다. 경주의 역사적인 유산을 즐기려면 요석궁의 멋진 요리를 즐기는 것보다 더 좋은 방법은 없을 것이다. **CP**

⬆ 식당은 중앙 뜰을 바라보도록 마주하고 있다.

토담 순두부 Todam Sundubu | 재래식 기와집에서 제공되는 전통적인 수제 두부

위치 강릉 **대표음식** 순두부 전골Sundubu jeongol (spicy soft tofu stew) | **⑤**

강릉 초당동은 순두부 마을로 알려져 있다. 그 마을에 있는 토담 순두부는 이 겸손하고 장인 정신이 깃든 음식의 모든 장점을 대표하고 있다. 주요 두부 거리에서 좀 떨어진 이곳에는 매력적인 실내장식이나 정교한 메뉴는 없으나, 요리사 곽수동 씨가 만드는 다른 데와는 비교하기 어려운 두부가 있다.

그는 매일 아침 5시 반에 순두부를 만드는 고된 과정을 시작한다. 콩을 갈고 요리하고 압력을 주어 물을 짠 후 근처 동해에서 가져온 바닷물을 이용해 정화된 간수를 만들어 섞는다. 그 결과 아직 단단하지 않으면서 매우 부드럽고 가볍고 크림 같은 두부가 만들어진다. 인기 있는 순두부 전골은 넓은 도자기 그릇에 넘치도록 부글부글 끓는 순두부를 가득 넣고, 곽씨의 독특한 빨간 고추장 소스와 더불어 제공된다. 그의 매우 맛 좋은 김치—식당 입구에 있는 커다란 항아리에서 발효되고 있다—는 넉넉하게 제공된다. 찌개 한 그릇은 2명이 먹기에 충분할 것이다. 찰진 쌀밥, 간을 한 감자, 해초, 조리된 소고기 그리고 식초에 절인 채소들이 제공된다. 모 두부 한 접시는 아주 즐길 만한 요리로 단순히 간장과 소스에 절인 양파하고만 제공된다. 좀 더 정교한 세트 메뉴(백반)도 가능하다.

재래식 기와집 안에 있는 소박한 식당 자체는 매우 겸손하다. 전에 동물 우리가 있던 곳에는 지금은 나무로 만든 탁자가 있다. 방의 한쪽은 전통적인 마루 바닥으로 장식되어 있고 다른 쪽에는 탁자가 있다. 토담 순두부의 소박한 단순함에는 두부 제조와 손님 환대에 대한 장인 정신이 깃들여 있다. **CP**

⬆ 토담 순두부는 매우 섬세한 순두부 맛으로 유명하다.

정식당 Jung Sik Dang | 서울 요리계 선두 요리사의 음식을 즐길 수 있는 레스토랑

위치 서울 **대표음식** 성게알 덮밥 Bibimbap (sea-urchin spicy mixed rice) | 🍲🍲🍲🍲

"레스토랑은 전형적인 한국식 요리를
탈피한 새로운 요리를 제공한다."

visitkorea.or.kr

임정식 요리사는 2009년에 정식당의 문을 열어 서울에
퓨전 한국 음식의 유행을 이끌었다. 분자 기술을 포함한
서양의 쿠킹 테크닉에 전통적인 동양의 맛을 융합한 그
의 요리는 매우 새롭다. 임씨의 요리는 인상적인 조각작
품 같다. 모든 부분이 심미적이면서 미각적인 재료의 가
치를 모두 끌어내도록 꼼꼼히 설계되었다. 그는 손님이
취향에 맞춰 요리를 선택할 수 있는 맞춤형 5가지 코스
요리인 '디자인 메뉴'를 만들어냈다. 요리 선택에 어려움
을 느끼는 손님을 위해 미리 선정한 6가지 대표 요리를
먹는 코스도 있다. 메뉴는 정기적으로 바뀌는데 그중에
서 바뀌지 않는 요리가 성게알 덮밥이다. 해초 퓌레, 구
운 수수, 잘게 잘라 발효시킨 채소 위에 성게알이 올려진
이 현대적으로 재조립된 전통적인 요리는 놀라운 감칠맛
을 만들어낸다.

다른 대표 음식은 샐러드인데, 이는 꼭 숲을 축소해놓
은 것 같다. 꽃과 줄기와 허브 잎이 먹을 수 있는 나뭇잎
처럼 메추리알과 참치회 조각들을 둘러싸고 있다. 또한
대표 디저트인 '장독'은 한국의 항아리 모양의 초콜릿 또
는 밤 퓌레—전통적인 이미지를 사용한 영리한 아이디어
라고 생각된다—로 초콜릿으로 만든 흙더미 위에 올려져
있다. 식사는 재미있는 작은 케이크(담배 꽁초 모양의 머랭)
와 다양한 허브 티로 끝난다. 서비스는 음식만큼 만족스
럽고 친절하고, 효율적이며, 나무랄 데 없이 손님을 배려
한다. 임씨는 아메리카 컬리너리 대학에서 교육 받았으
며 뉴욕에서 일했다. 그리고 2년 후에 정식당을 열었다.
임씨는 트라이베카 지역에 그의 2번째 레스토랑, '정식'
을 열어 뉴욕에 안착했으며, 2013년에 미슐랭 2스타를 얻
었다. 이것은 모두 서울의 정식당에서 시작했으며, 이 창
의적인 한국 키친의 새로운 물결을 체험하기 위해서는 이
보다 더 좋은 식당은 없다. **CP**

⬆ 정식당에서 제공하는 심미적이면서 창의적인 최신 한국 요리.

벽제갈비 Byeokje Galbi | 대한민국에서 먹어본 가장 맛있는 소고기 바비큐

위치 서울 **대표음식** 생갈비 | Saeng galbi | **❸❸❸**

대한민국에 숯불구이를 파는 곳은 무수히 많지만, 벽제갈비보다 더 맛있는 곳을 찾기는 쉽지 않다. 이곳의 특별한 맛은 수년 동안 같이 일한 요리사 팀의 기술과 노하우, 또한 요리에 들어가는 좋은 품질의 재료들로 만들어진다. 결국 맛을 결정짓는 가장 중요한 것은 고기이며, 벽제갈비의 이야기는 우수한 혈통의 한우에서 시작한다.

1980년대로 거슬러 올라가, 식당의 창업자인 김영환 씨는 한국의 한우가 일본의 고베나 다른 어떤 프리미엄 품종에 비해서 모든 면에서 우수하다고 생각했다. 그는 1986년 상을 받은 이 식당을 창업하여 이를 증명하였다.

식당은 최초 농장에서 한우 소를 길러 우수 품종에 선정되는 과정에서 그 고기가 숯불 석쇠에 올려지기까지 모든 과정을 꼼꼼히 체크한다. 서울의 북쪽에 위치한 포천의 한 목장에서 최대 30개월까지 사육되며, 기술적으로 도축된다. 적당히 숙성된 소고기가 레스토랑에 도착하면, 요리사는 오랜 기간의 경험을 통하여 바비큐를 하기 가장 적당한 시기의 고기가 언제인지 정확히 판단한다.

그 결과 지방의 마블링과 그 특별한 풍미는 완벽해지며, 등심은 입안에서 녹을 듯이 부드럽기 그지없다. 생갈비는 딱 씹기 적당한 정도의 질감일 때 제공되며, 고기에 고르게 배인 숯불 향기와 석쇠에서 구워 생긴 격자 무늬가 그 맛을 더한다. 대통령도 벽제갈비에서 사용하는 소고기를 주문한다.

대표 김영환씨는 이러한 엄격한 기준을 다른 요리에도 동일하게 적용하는데, 특히 메밀로 만들어진 차가운 평양냉면을 놓칠 수 없다. 김영환 씨는 벽제갈비에 강한 자부심을 가지고 있다. 이곳의 음식을 맛보는 것은 경이로운 경험으로 기억될 것이다. **CP**

발우공양 Balwoo Gongyang | 전통 사찰 음식을 경험할 수 있는 귀한 곳

위치 서울 **대표음식** 연잎밥 Yeonip-bap | **❷❷**

인사동에 있는 조계사에서 길을 가로질러 위치한 발우공양은 불교 스님들이 행하는 명상적이고 제의적인 식사 의례와 그때 사용되는 우아한 4개의 나무 그릇 세트를 지칭하는 이름에서 따왔다. 레스토랑은 대안스님이 운영하고 있는데, 스님은 사찰음식을 널리 알려온 것으로 유명하다. 이곳에서 음식을 준비하는 과정은 명상적이며, 음식 재료를 버리는 일은 없고, 음식은 푸짐하게 제공된다.

국화와 검은콩이 가미되어 예쁜 핑크색과 회색 빛을 띠는 정방형으로 잘린 두부 위에 소금에 절인 허브가 장식되어 제공된다. 소박한 그릇 안에는 쫄깃하면서 반죽이 입혀진 매운 버섯이 담겨 있고, 고추 조각이 영양가 높은 호박과 해바라기 씨에 뿌려져 있다. 갖가지의 아름다우면서도 소박한 접시들이 줄지어서 나온다. 코스 요리

> "산이 우리에게 준 채소를 가져와, 진심을 담아서 음식을 준비합니다."
>
> 발우공양 대표, 대안스님

에 연잎밥이 포함되어 있는데, 은행, 대추, 검은 깨를 포함한 찰밥을 연잎으로 싼 것이다. 같이 제공되는 국은 북동쪽에 위치한 금수사 절에서 만들어진 수제 된장을 넣어 만든다. 최상의 천연 재료만을 사용하기 위해 많은 노력을 기울인다. 이는 맛있는 산채 나물, 마늘이나 양파가 들어가지 않고 만든 사원 김치의 맛으로 충분히 알 수 있다.

레스토랑은 명상하는 품격을 지니고 있어, 이곳의 단골 손님들은 현대적이고 깔끔하게 디자인된 공간에 자리 잡고 앉아, 낮은 목소리 톤으로 이야기를 나눈다. 운 좋게 전통적인 내실 식사방을 예약하여 들어온 사람들은 조계사의 전경을 바라보며, 섬세하고 맛있는 식사로 몸과 마음을 풍요롭게 만드는 축복을 받을 수 있다. **CP**

오장동 함흥냉면 Ojang-dong Hamheung Naengmyeon | 서울에서 운영하는 북한 지역의 요리

위치 서울 **대표음식** 회냉면(양념된 가오리 회가 가미된 차가운 냉면)Hoe naengmyeon (chilled sweet-potato noodles with marinated stingray) | **⑤**

"사람들은 과거에는 면발을 잘라 먹지 않았다.
왜냐하면 긴 면발이 장수를 의미하기 때문이다."

english.seoul.go.kr

다른 수많은 북한 사람들과 마찬가지로 문성훈 씨 가족은 6·25전쟁 때 남한으로 피난 왔다. 그때 그들은 고향의 음식까지 같이 가지고 왔다. 평양의 북동쪽에 위치한 함흥 지방 출신의 문씨 어머님과 다른 분들의 개척 정신 덕분에 서울의 오장동 지역은 함흥 스타일의 차가운 냉면을 먹으러 오는 곳이 되었다. 오늘날 식당이 위치한 이 거리는 매우 유명해져서 '냉면 거리'라는 별명이 붙었다.

오장동 함흥냉면은 1955년에 몇 안 되는 의자로 시작했다. 그러나 지금은 108명을 수용할 수 있는 2층 식당으로 확대되었다. 식당 안의 2개의 기다란 방은 모두 낡은 금색의 테이블 줄로 기능적으로 비치되어 있다. 식당은 빨간색 마루 쿠션에 앉아 음식에 감탄하는 손님들과 행복하게 냉면을 후루룩거리며 먹는 손님들로 가득 찬다.

커다란 금속 대접에 탄력 있고 차가운 냉면이 3가지 방식으로 제공된다. 양념이 강하게 밴 가자미 회가 위에 나오는 회냉면, 맛있는 매운 소스가 섞여서 나오는 비빔냉면, 산뜻한 소고기 육수에 담겨 나오는 물냉면들이 그것들이다. 비빔냉면과 물냉면에는 소고기 조각과 채 썬 오이, 그리고 반숙 달걀 반쪽이 더해진다. 모든 요리에는 육수가 담겨 있는 주전자가 제공되는데, 그것은 약효가 있는 안젤리카 뿌리와 소고기를 넣어 끓인 것으로 냉면을 즐길 때마다 한 모금씩 먹는다.

한국에는 좋은 손을 가진 사람이 좋은 요리를 한다는 말이 있다. 그리고 식당을 시작한 문씨의 어머님은 매우 훌륭한 손을 가졌다고 한다. 그녀는 이제 더 이상 부엌에 서 있진 않지만, 그녀는 이곳에서 지금까지 약 40여 년간 일하고 있는 현재의 요리사를 가르쳤고, 그는 그녀의 유산을 이어가고 있다. 이곳의 냉면은 놓치지 말아야 하는 음식 중 하나이다. **CP**

⬆ 고구마를 재료로 만든 차가운 냉면을 커다란 금속 그릇에 담아 제공하는 것으로 유명하다.

명동 교자 Myeongdong Kyoja | 경쟁자들보다 한 수 위인 맛 좋은 수제 국수

위치 서울 **대표음식** 칼국수 Kalguksu (wheat noodles in broth with dumplings) | **⑤**

서울의 부유한 명동 지역에 위치한 이 누들 음식점의 좌우명은 "좋은 음식을 만들 때 과학보다는 정성이 중요하다"이다. 단출한 메뉴와 간단한 실내장식은 그 좌우명을 소리 높여 분명하게 말하고 있다. 1966년 이래 명동 교자의 흠잡을 데 없는 칼국수(닭고기 육수에 손으로 자른 밀면)는 많은 모방을 낳았다. 식당의 평판은 서울 외의 지방에서도 유명해졌고, 음식을 기대하는 손님들의 줄이 이 2층 레스토랑 문 밖으로 구불구불 이어졌다. 그러나 그 맛은 기다릴 만하다.

사람들은 그 깊고 감칠맛 나고 두툼한 닭고기 칼국수 국물에 대해 열정적으로 칭송하고, 부드럽고 두꺼운 면발 안으로 그 고기 맛의 풍부함이 스며드는 것을 말한다. 변씨 만두(살짝 훈제된 돼지고기로 만든 삼각 만두), 버섯 조각, 간 소고기 볶음, 마늘 쪽파로 요리는 완성된다. 각각의 재료는 최고의 맛을 만들기 위해 한국산 재료를 주의하여 사용한다. 국물과 면 추가, 쌀밥 공기 또한 무료다.

또 하나의 매우 매력적인 음식은 삶은 만두이다. 간 돼지고기와 마늘쪽파와 참기름을 반죽하여 얇고 반투명한 만두피로 예쁘게 둥근 모양으로 주름을 잡는다. 매운 김치와 같이 먹는 것을 잊지 않아야 한다. 아마 예상은 했겠지만 실내장식은 단순하며 기능적이다. 낡은 갈색 탁자와 의자들, 그리고 흰 베이지 색으로 단출하게 꾸며져 있다. 서비스는 빠르고 믿음직스럽다. 종업원들은 배고픈 사람들을 빈 좌석으로 재빠르게 모시며, 잘못된 장소로 갈 경우 바로 알려준다. 명동 교자의 가격은 싸지만 절대로 오래된 국수 식당은 아니다. 칼국수 요리의 새로운 기준을 세웠다. **CP**

"매우 작은 병풍이 서로 가로질러 앉아 있는 혼자 먹으러 온 사람들 사이에 놓여져 있다."

travel.cnn.com

⬆ 명동 교자는 칼국수로 유명해졌다.

삼청각 Samcheonggak | 스토리가 있는 산비탈의 오아시스

위치 서울 **대표음식** 신선로 Sinseollo | ⑤⑤⑤

그림에나 나올 것 같은 소나무들이 가득 찬 북악산에 자리 잡은 삼청각(3개의 맑은 궁전이라는 뜻)은 1972년 박정희 대통령에 의해 세워졌으며, 청와대에서 멀지 않은 곳에 있다. 이곳은 수년간 고위 정치인들이 자주 찾던 장소였으나, 지금은 전통 공연, 공예를 소개하거나 고급 한정식을 즐길 수 있는 대중 예술 공간으로 변화되었다.

대형 전시 공간 같은 본관은 식사를 하러 온 손님들이 제대로 준비된 정식 요리와 함께 전통 음악과 무용을 즐길 수 있는 대중 공연홀로 바뀌었다. 또한 거기에는 유리와 금속이 병치된 나무와 종이로 만든 스크린이 있는 깔끔한 전통 한정식당이 있다. 이곳의 요리는 고전과 동시대의 현대적 식기류와 플레이팅 스타일이 신구의 공존을 보여주고 있다. 정식 요리는 색깔이 화려한 호박죽, 톡 쏘

> "한 때 고위 관리들이나 즐길 수 있었던 이곳은 이제 모든 사람들이 즐길 수 있게 되었다."

english.seoul.go.kr

는 물김치, 육즙이 많은 양념된 소고기 조각, 해물이 들어있는 신선로, 일종의 번트 팬에 제공되는 고전적인 궁중 요리, 식사 도중 음식을 계속 데워주는 금속으로 된 뜨거운 냄비 등 여러 가지 것들이 제공된다.

식사 후 삼청각의 카페로 이동하다 보면 청와대 주위 성곽 길의 빼어난 경치를 구경할 수 있다. 진정한 한국 문화유산의 멋을 즐기기 위해서는 아름답게 손질된 정원을 산책하면서 남한과 북한 정치인들이 이곳에서 협상을 하는 모습을 상상해보라. **CP**

광장 시장 Gwangjang Market | 퇴근 후 즐기는 거리 음식

위치 서울 **대표음식** 국수, 빈대떡 Nokdu bindaetteok | ⑤

서울에 위치한 이 생기 넘치는 시장은 레스토랑이 아니다. 하지만 음식을 즐기기 위해 꼭 가봐야 할 장소다. 낮에는 현지인들이 천, 중고 의류, 요리 재료 등을 사러 시장에 오지만 밤에는 시장의 한쪽 끝에 200여 개의 포장마차와 상설 가판대가 열리며 서울의 가장 큰 먹자 골목으로 변한다. 거리에서 간단히 음식을 즐기는 것은 한국 문화의 핵심이다. 다양한 연령의 굶주린 서울 주민들이 매일 저녁 여기에 모인다. 사람들은 별미로 가득 찬 카운터 주위를 둘러싸고, 다 부서진 등받이가 없는 의자 위에 앉는다. 이곳은 친구들과 떠들썩한 분위기에 싸여 즐겁게 먹으면서 세상을 논하기에 가장 적합한 장소다. 반드시 먹어봐야 하는 음식 중의 첫 번째는 큰 접시에 나오는 녹두 빈대떡이다.

빈대떡을 파는 가판대는 많지만, 사람들이 줄을 선 길이를 보고 어디가 가장 맛있는지 쉽게 알 수 있다. 사람들은 가장 맛있는 것을 먹기 위해 30분 이상을 기다린다. 줄을 기다리면서 빨간 앞치마를 두르고 일하는 포장마차 주인을 관찰할 시간은 충분하다. 콩을 갈고, 반죽하고 커다란 냄비 안의 기름에서 유영하는 둥근 전은 가장자리가 바삭하게 튀겨진다. 자리를 잡고 양파가 들어간 간장 소스를 묻혀 전리품을 즐겨 보자. 모든 종류의 빈대떡에 어울리는 막걸리나 소주를 곁들여 먹을 수 있다.

김치와 다른 채소가 곁들인 김밥과 보리 비빔밥도 유명하고, 족발과 순대도 즐길 만하다. 서울의 가장 오래된 재래시장의 저녁을 잠깐 들르지 않고 서울 관광을 끝마쳤다고 할 수 없다. **CP**

시화담 Si Hwa Dam | 시와 그림과 대화, 3가지 예술이 혼합되어 있는 고급 레스토랑

위치 서울 **대표음식** '고구마 농장'(바삭한 쌀가루에 묻힌 고구마 쌀 케이크) "The Sweet Potato Farm" (sweet potato rice cakes buried in crispy rice "soil") |
₩₩₩₩

한국 역사의 지나간 과거에 귀족들은 시, 그림, 대화를 함께 즐기며 시간을 보냈다. 그들의 생활방식은 시화담 고급 레스토랑에 영감을 주었고, 그 3가지 고급 취향(시, 그림, 대화)을 가져와 레스토랑의 이름을 지었다.

단지 음식을 먹는 장소라기보다는 시화담은 예술 작업을 하는 곳이다. 박물관 같은 1층에는 놀랍게도 신라의 고대 도자기들이 현대 도자기들과 나란히 놓여 있는 것을 볼 수 있다. 위층으로 올라가면 골동품 약 상자, 요리사의 창조물을 알리는 중국에서 가져온 것(요리사들이 만든 것), 깨끗하게 오픈된 부엌이 있다.

시화담에는 누구도 무리 지어 먹지 않도록 개별 그룹들은 자신들만의 조용한 식사 방으로 안내된다. 각 방은 피카소, 마티스 등의 유명한 현대 화가의 이름을 따서 지었거나, 구체적인 아이디어가 적힌 한 줄의 시가 새겨져 있다. 시화담의 음식은 색깔, 향취 그리고 이야기가 있는 여행이다. 손님들이 요리의 철학과 기원을 이해할 수 있도록 11가지 이상 되는 각각의 요리의 디테일에 대해 벽에 영상을 쏘아 설명한다.

다음으로 소량의 과일과 새우가 마티스의 팔레트를 연상시키도록 디자인된 잣과 머스터드 소스와 함께 제공된다. 그리고 쌀 케이크와 함께 뜨거운 돌 위에 소고기, 돼지고기 미트볼이 이어지고, 맛있는 송선주(향이 좋은 소나무 주)가 함께 제공된다. 맛 좋은 음식은 밥, 된장(발효된 콩 수프)과 12개의 반찬으로 마무리된다. 고급스러움으로 타고난 예술 요리를 먹고 싶다면 서울에서 이곳 만한 곳은 없다. **CP**

"여러분들은 가야금으로 연주되는 한국의 아름다운 소나타 음률에 도취될 것이다."

magazine.seoulselection.com

⬆ 시화담은 귀족적인 미학으로 유명하다.

산당 Sandang | 요리의 창조성과 평온함은 음식을 사랑하는 사람의 전원에서 온다

위치 양평 **대표음식** '달맞이 게' "Crabs courting under a citron moon" | ❸❸❸

"손님을 보면, 나는 그들이 음식 중에서
어떤 것을 좋아하는지 알 것 같다."

산당의 요리사, 임지호.

요리사 임지호는 자연 재료를 찾아 요리하고 멋스러운 요리 모양의 독특함으로 많이 알려졌다. 한국 TV 시리즈 방송과 수많은 국제적인 요리 행사에 참여함에도 불구하고, 그는 명성에 연연해하지 않는다. 대신 '의학, 과학, 예술'이 되는 요리에 관심이 있다. 40년 이상 '신체와 영혼' 모두를 보양해주는 음식을 만들어야 한다는 원칙으로 작업을 해왔다고 한다.

산당(산마을이란 뜻)은 도시 안에서 잠시의 휴식을 원하는 서울 사람들에게 완벽한 피난처가 된다. 발효 양념이 담긴 항아리를 예찬하며 산책을 시작하여 천장이 높은 식당으로 향해 커다란 창문이 있는 마루 쿠션에 앉아 그림 같은 전경을 본다. 각각의 테이블은 친밀한 환경을 제공하기 위해 신중하게 파티션이 나뉘어져 있다. 제공되는 메뉴는 구불구불한 여행을 하듯 현대와 고전적인 한국 요리가 섞여 있다. 구절판의 장엄한 접시에는 9가지 섬세한 재료로 구성된 생기 넘치는 초록색 팬케이크 오렌지 호박 조각, 우엉 껍질, 어두운 구름 귀 버섯 조각 등 그림 같이 예쁘게 보인다.

다른 현란한 요리로는 시트론으로 만든 달을 향해 기어가는 튀긴 게 모양의, '달맞이 게'와 가시가 덮인 껍질째 그 자리에서 구워서 주는 밤 요리(식당 입구에 있는 나무에서 직접 따온 것)가 있다. 마지막으로 임 요리사는 된장찌개, 은행 밥, 8개 이상의 반찬, 유명한 간장 게장을 제공한다. 식사 후 시원한 위층으로 올라가면 미술작품과 주위 고급스런 풍경을 구경하면서 커피와 신선한 과일을 먹으며 시간을 즐길 수 있다. 산당에서의 식사는 정말로 모든 감각을 즐겁게 해줄 것이다. **CP**

↑ 옅은 초록색의 구절판 밀전병에 재료를 다양하게 선택하여 싸서 먹을 수 있다.

서일 농장 Seoil Farm | 한국 최고의 농작물을 보여 주는 목가적인 장소

위치 안성 **대표음식** 된장찌개 Doenjang-jjigae (soybean paste stew) | $

발효 소스 및 채소는 한국 음식의 가장 주요한 핵심이며, 서일 농장의 주인인 서분례 씨는 이 핵심 재료 분야의 진정한 마스터이다. 서울의 남쪽에 위치한 안성에서 30여 년 전에 정착한 서일 농장은 단지 레스토랑 이상을 의미한다. 여러분이 와볼 만한 한국의 최고의 양념 생산의 장인이며, 유기농 목장이다. 이 레스토랑에서 제공되는 모든 것은 농장에서 자라고 요리되고 준비된 것이다. 간장의 물조차 현지 우물에서 가져온다.

서씨에게 발효는 하나의 취미로 시작했으나 지금은 열정과 집착의 산물이다. 그녀는 지금도 매우 전문적임에도 불구하고 아직도 전통 양념을 만드는 예술에 대해 배워야 할 것이 많다고 느끼고 있다. 서씨는 지난 15년 동안 그녀 옆에서 일하는 딸에게 기술을 전수하고 있는 중이다. 조용한 레스토랑의 메뉴는 농장에서 채취한 농산물과 그것으로 만든 4가지 종류만 제공하고 있다.

된장찌개에는 향이 강하지 않고 단순한 채소만을 사용하는데 이는 이는 10년간 땅에서 묵힌 미묘한 향취를 그대로 유지하고 싶어서이다. 청국장 찌개는 단단한 두부와 시골풍의 콩 덩어리로 가득하다. 된장찌개와 청국장찌개 모두 유기농 채소, 허브, 견과류와 과일로 만든 매우 섬세한 반찬과 함께 제공된다. 향이 풍부한 서 요리사의 김치 또한 특별하다.

조각된 잔디, 웅장한 소나무들과 더불어 서 요리사의 소중한 양념과 소스가 담겨 있는 장독대 마당을 구경하지 않는다면 서일 농장을 다 봤다고 할 수 없다. 한국의 풍부한 발효 요리의 전통을 탐험하기에 이보다 더 좋은 장소는 없다. **CP**

고궁 Gogung | 조선왕조가 탄생한 지역의 우수 음식

위치 전주 **대표음식** 비빔밥 Bibimbap (Jeonju spicy mixed rice) | $

고궁은 1996년에 개점하였으며, 주인 박병학 씨는 전통 음식 경진대회에서 우승을 차지한 요리사로 대한민국의 상징적인 음식 중의 하나인 비빔밥 요리에 대해 50년 이상의 경력을 가지고 있다. 그는 이 매콤한 비빔밥의 맛의 비밀은 집에서 발효시킨 고추장에 있다고 말한다. 이 고추장은 매우면서, 달고, 신 향취가 나서 다양한 맛을 만들어낸다.

비빔밥은 조선 왕실의 궁중에서 시작된 음식이라고 알려져 있다. 왕실 스타일을 그대로 유지하여 전주비빔밥은 따뜻한 유기 그릇에 담겨 나온다. 비빔밥 위에 색색의 다양한 고명이 올라가는데, 짙은 갈색의 고사리 줄기, 아삭한 오이 반찬, 쌉쌀하면서 노란 은행나무 열매, 고춧가루로 버무린 무채, 시원한 청포묵, 달콤한 대추, 쌉쌀한

> "레스토랑은 전주 지역에서 유명한 전통적인 수제 한지를 이용하여 꾸며졌다."
>
> visitkorea.or.kr

호두, 맛 좋은 소고기 무침, 생노른자로 장식된다.

전통적인 전주비빔밥 외에도 뜨거운 돌로 만들어진 그릇에 음식이 담겨 바닥에 바삭한 누룽지가 생기는 돌솥비빔밥과 육회비빔밥도 있다. 비빔밥에는 전주에서 유명한 콩나물국을 포함하여 약 8개의 반찬이 제공된다. 파인애플 땅콩 소스로 묻힌 감자채, 삶은 가지, 작은 파전, 늘 따라오는 김치 등이 있으며, 물론 이 모든 것은 무료로 제공된다. 의심할 여지 없이, 고궁은 대한민국의 가장 대중적인 비빔밥 정식을 즐기기 위해 꼭 가봐야 할 장소다. **CP**

동래할매파전 Dongnae Halmae Pajeon | 대표적인 해물파전집

위치 부산 **대표음식** 파전Dongnae pajeon (scallion and seafood pancake) | $

한때 부산 동래구에 있던 시장은 수많은 파전 장사로 붐볐다. 모든 동래 파전 장사치들은 자기만의 독특한 레시피를 가지고 있다. 예를 들면 파, 해물, 소고기를 담그는 반죽의 쌀과 밀가루의 비율을 다르게 한다든지 한다.

동래할매파전의 레시피는 4대째 이어져 내려오고 있다. 다른 지역의 파전들이 가장자리를 바삭하게 기름에 튀기는 반면, 이곳의 파전은 뚜껑을 덮어 익히기 때문에 훨씬 부드럽고 촉촉하다. 직접 맛보고, 어느 것이 더 취향에 맞는지 판단해보라고 권하고 싶다. 무쇠 그릇 위에 다양한 재료가 포함된 두꺼운 전을 올린 후, 그 위에 향긋한 그 지역의 파를 나란히 줄지어 올린다. 한입 먹을 때마다 근처 해안 지역에서 잡아 올린 신선한 해산물(조개, 홍합,

> "예전에 동래 시장에 오는 사람들은 오로지 동래 파전을 먹기 위해서였다."
> dynamic.busan.go.kr

굴, 새우)들의 통통한 살과 채 썬 소고기 조각이 입안에 가득하다. 또한 같이 먹기에는 그 지역의 맛있는 동동주 만한 것이 없다.

현재 장소에서 40년 이상 머물며 장사를 해온 동래할매파전 식당에는 신구가 공존한다. 미색의 벽면은 어두운 빛줄기로 둘러싸여 있고 탁자들은 두툼한 나무로 만들어져 있다. 한쪽 면에 있는 큰 창문은 무성한 녹색 화초를 향해 있고, 다른 쪽으로는 파전 만드는 사람들이 노출된 식당 안에서 일하는 것이 보인다. 주인은 우아하게 한복을 입고 식당으로 들어간 반면, 식당 종업원들은 분주하게 요리를 나르고 있다. **CP**

석다원 Seok Da Won | 제주 해녀가 채취한 해산물

위치 제주 구좌읍 **대표음식** 전복죽Jeonbok juk (abalone rice porridge) | $

최경저 씨는 그녀 이전의 다른 여성 세대들처럼, 제주도 해녀의 전통을 이어간다. 이 용감한 여성들은 공기 탱크의 도움 없이 전복, 소라, 문어 등을 따기 위해 해저에 들어가 한 번에 1분에서 1분 30초 정도 잠수를 한다. 최씨는 초등학교 때부터 잠수를 시작하여 이 힘든 직업을 지금까지 50년 이상 해왔다. 길거리 좌판에서, 방수지로만 덮은 해변의 오두막에서, 또한 잘 갖춰진 레스토랑에서 많은 해녀들이 따서 가져온 해산물을 섬의 해안지대를 따라 온 손님들에게 제공해오고 있다.

최씨는 허름한 좌판대에서 시작했는데, 11년 전에 그녀가 잠수하는 검은 화산지역의 하도해수욕장에 포장 도로가 깔렸을 때 석다원을 열었다. 허름한 1층 빌딩 밖에 있는 물탱크에는 그날 잡은 해산물로 채워졌다. 식당 안에 있는 나무 널빤지로 된 벽에는 예전 고객들이 쓴 감사의 말과 최씨의 자랑스런 포스터들이 점점이 흩어져 있다. 한쪽 끝에 짚으로 짠 무속 부적 원단이 최씨 직업의 위험을 암시한다(매년 여성들은 안전과 풍성한 수확을 위한 의식을 행한다). 다른 한쪽 끝에는 최씨와 그녀의 팀이 허름한 부엌에서 요리를 준비한다.

해녀들이 제공하는 가장 유명한 요리는 전복이 많이 들어간 풍미가 있는 쌀죽이다. 최씨가 만든 것은 최상품의 조개류의 부드러운 풍미가 덧붙여져 특별하다. 집에서 채소로 만든, 6개월 이상 된 김치가 곁들여진다. 또한 바닥이 깊은 사발에 담은 칼국수(하얀 누들과 홍합 수프)와 사시미도 있다. 양을 풍부하게 제공한다. **CP**

→ 전복과 달걀이 들어간 해녀가 제공하는 죽.

오카세이Okasei | 다정한 바닷가 마을에서 경험하는 색색의 날 생선 요리

위치 오나가와 **대표음식** 오나가와돈Onagawa-don | 💲💲

2011년 3월에 도호쿠 대지진이 일어난 후로 사람들은 오나가와의 바닷가 마을에 있는 오카세이 같은 식당들을 희망의 상징으로 여겼다. 참사의 여파가 여전히 느껴지는 가운데 이 작은 식당의 주인들은 영업을 최대한 빨리 재개하기 위해 고군분투했다. 쓰나미의 피해를 입은 많은 이들에게 오카세이 방문은 참사 이전의 일상을 기억할 기회를 준다. 이들은 오카세이의 북적이는 실내를 구경하고 해산물 요리를 먹으며 기쁨을 찾는다. 도호쿠 사람들과의 연대의식을 보여주고자 하는 사람들이 일본 전역에서 찾아온다. 즉, 해산물이 가득한 이 친절한 식당에 방문하는 것은 도호쿠 사람들에게 성원을 보내는 하나의 방식이다.

이 지역은 언제나 해산물로 유명했으며 지금도 요리

> **"우리는 우리의 배가 보이지 않는 곳에서 살고 싶지 않다. 바다는 변하지 않는다."**
>
> Chikako Kimura, Boston Review

로 가장 주목받는 곳 중 하나이다. 지진과 쓰나미로 원자력 발전소 사고가 일어난 후로 모든 식재료의 방사능 오염 여부를 철저히 점검하고 있다.

오카세이의 메뉴는 오직 이 지역의 고기잡이가 잡은 해산물을 특징으로 내세우며 오나가와돈을 비롯한 별미를 다양하게 갖추고 있다. 10가지 이상의 제철 날 생선을 밥에 얹어 만든 푸짐한 오나가와돈은 바다의 풍요로움을 상징한다. 미각을 황홀하게 하는 게 수프는 또 다른 별미이다. 이처럼 훌륭한 해산물 요리를 내는 식당답게 살이 탄탄한 최고급 생선으로 색색의 스시도 만들어낸다. **AI**

세키자와Sekizawa | 평화로운 시골 마을의 소박한 국수

위치 나가노 **대표음식** 소바Soba noodle | 💲💲

일본에는 소바로 미슐랭 스타를 받은 식당이 여럿 있다. 그러나 소박한 소바도 시도할 가치가 충분하며, 나가노의 자그마한 오부세(Obuse) 마을에 있는 세키자와는 소박한 소바를 맛보기에 좋은 곳이다.

오부세에 관광객의 눈길을 끄는 명소는 없다. 오부세는 소박한 매력과 인심 후한 사람들이 있는 일본의 평화로운 시골 마을일 뿐이다. '평화롭다', '후하다'는 세키자와와 이곳의 소바를 완벽히 설명하는 표현이기도 하다. 식당과 국수는 모두 겉치레와 거리가 한참 멀다. 몇몇 소바 전문가는 약간 거만하고 손님들에게 소바 먹는 법을 강압적으로 가르치려 들기도 하지만, 세키자와는 이와 무관하다. 세키자와의 직원들은 고객을 가르치려 들지 않는다. 전통적으로 후루룩 소리를 알맞게 내며 소바를 먹는 것이 옳다고 하나 세키자와에서는 이 방식을 따르지 않더라도 누구 하나 언짢은 기색을 보이지 않을 것이다.

나가노에서는 이 섬세하고 시원한 소바를 메밀로 만들고 간장, 식초를 넣은 소스와 함께 먹는다. 지나치게 열성적인 소바 식당에서는 유의할 에티켓이 있다. 소바를 소스에 너무 오랫동안 담그면 안 된다는 것이다. 그러나 세키자와의 국수는 맛이 강한 편이고 소스는 연한 편이므로 이 에티켓을 잊어도 좋다.

오부세는 유기농 채소로 유명한데 세키자와에서는 이 채소를 손님상에 풍성하게 올린다. 채소를 투박한 접시에 내지 않고 근사한 레스토랑들과 필적할 정도로 세련되고 매력적인 모양새로 연이어 제공한다. 술 한두 잔을 곁들이기에 좋은 세트 메뉴를 할인된 가격에 제공하므로 사케 애호가들은 특별한 이점을 누릴 수 있다.

메밀, 승도 복숭아, 사케로 만든 '나카조 복숭아' 푸딩을 주문해야 식사를 완벽하게 마무리할 수 있다. **AI**

츠루코Turukou | 전통적인 레스토랑에서 고급스럽게 요리한 섬세한 해산물

위치 가나자와 **대표음식** 해산물 가이세키 요리|Seafood kaiseki-style | 💲💲💲💲💲

이시카와현 가나자와시는 '작은 교토'라는 별명을 갖고 있다. 가나자와의 경치는 전통적인 일본의 모습을 담고 있으며 언뜻 보면 교토와 비슷해 보인다. 두 도시는 문화적 유사성을 다수 공유한다. 요리도 그중 하나다. 츠루코의 가이세키 요리는 교토의 전통적인 파인 다이닝을 표방하는 료테이(ryotei), 갓포(kappo) 레스토랑에서 뛰어난 셰프들이 만드는 요리에 필적한다. 그러나 생선 요리에 있어서는 가나자와가 교토보다 지리적 위치 측면에서 우위에 있다. 교토와 마찬가지로 가나자와는 산으로 둘러싸여 있으나 세계에서 가장 생선이 풍부한 곳 중 하나인 동해에 접해 있다. 가나자와의 어항은 수산물 시장과 마찬가지로 주목받아 마땅하다.

츠루코는 여러 코스로 구성된 교토식 가이세키 요리의 우아함을 살린 해산물 요리를 낸다. 그러나 교토에서는 8~10가지의 생선을 한 접시에 담은 츠루코식 회를 찾을 수 없다. 이 요리의 생선은 무척 싱싱하여 왕관의 보석처럼 반짝인다. 또한 가나자와는 새우 애호가들의 천국이다. 아마 에비(ama ebi, 단새우)부터 보탄 에비(botan ebi, 큰 새우) 또는 시마 에비(shima ebi, 줄새우)까지 수많은 종류의 새우가 등장한다. 이중 상당수는 일본 쪽의 동해 연안에서만 잡히는 종이다. 츠루코에서 맛본 제철 새우는 좀처럼 잊기 어렵다. 직원들은 이 섬세한 해산물을 누구보다도 맛있게 조리할 줄 안다.

츠루코의 요리는 가나자와의 옛 이름을 딴 명칭인 카가(kaga)의 전통적인 요리에 속한다. 에도(도쿄의 옛 이름) 양식과 교토 양식이 혼합된 카가 요리는 귀하고 고급스러운 재료를 엮어 만든 메들리이다. 또한 과거에 중국 교역의 관문이었던 가나자와의 요리에서 중국 요리의 흔적이 드러난다. 두 요리의 교차점에 있어 츠루코의 요리는 더 특별하고 흥미진진하다. **AI**

"반드시 카가 지역의 식재료를 사용해야 한다. 국물, 반찬에 들어가는 재료 모두에."

Yasuo Kawada, chef

⬆ 츠루코의 오마카세 저녁은 셰프가 보유한 가장 신선한 생선을 맛볼 기회를 준다.

창코 카와사키 Chanko Kawasaki | 스모 선수처럼 먹는 든든한 창코 나베

위치 도쿄 **대표음식** 솝푸(큼지막한 닭고기와 간장을 넣은 스튜)Soppe (chunky chicken and soy sauce stew) | ❸❸❸

"애호가들이 진지하게 생각하는 곳은
단 한군데이다. 바로 카와사키다."

The Japan Times

⬆ 창코 나베에는 다양한 재료가 들어간다.

사무라이들은 더 이상 일본의 거리를 활보하지 않는다. 그들은 공룡처럼 이 세상에 없는 존재가 되었다. 그러나 스모 선수들은 여전히 찾아볼 수 있다. 이들을 보려면 사람들이 스모의 중심지라 여기는 도쿄의 료고쿠(Ryogoku)에 가면 된다. 스모 경기가 열리는 료고쿠 코쿠기칸 경기장이 완공된 1909년 이후로 료고쿠에 스모 훈련장이 몇 군데 들어섰다.

창코 나베가 스모 선수를 상징하는 요리이므로 료고쿠에는 창코 나베 전문점이 즐비하다. 창코 나베는 다양한 재료를 넣은 나베 요리를 뜻한다. 대부분의 나베 요리는 스튜나 수프의 형태로 추운 계절에 제공되고 도기 냄비에 담긴 채 손님상에서 가열되는 경우가 많다. 손님들은 익은 재료 중 먹고 싶은 것을 냄비에서 건져 소스에 찍어 먹는다.

스모 선수들은 체중을 늘릴 목적으로 창코 나베를 먹으며, 몸집을 키우는 가운데 건강을 유지해야 한다. 이는 어마어마한 난제 같지만 선수들이 잔뜩 먹는 창코 나베가 과제 해결에 도움을 준다. 단백질이 풍부하고 닭고기, 두부, 생선, 국수, 채소가 고루 들어 있는 창코 나베는 체중 증량에 관심이 없는 사람들도 료고쿠 방문길에 큼지막한 닭고기가 들어 있는 이 스튜를 즐기게 한다.

창코 나베 전문점 중 일부는 전직 스모 선수들의 가게이다. 이 지역의 창코 나베 전문점 중 가장 잘 알려진 곳은 창코 카와사키다. 가장 오랜 역사가 깃든 이곳은 1937년에 전직 스모 선수가 세운 곳이다. 전통적인 시타마치 건축을 대표적으로 보여주는 이곳은 고풍스러운 일본풍 장식, 다다미 바닥, 미닫이문이 있는 사무라이의 가옥 같은 인상을 준다. 레스토랑의 내부로 들어가면 시간 여행을 하는 듯한 기분이 든다. 카와사키에서 가장 유명한 창코 나베는 간장 베이스의 국물에 큼지막한 닭고기를 넣은 솝푸이다. 맛이 부드럽고 깔끔한 솝푸(soppe)는 워낙 맛있어서 과식하기 쉽다. 스모 선수들이 이를 그토록 좋아하는 것도 무리는 아니다. **AI**

케이카 라멘 Keika Ramen | 김이 모락모락 나는 일본의 컴포트 푸드

위치 도쿄 **대표음식** 타로멘(구마모토 스타일의 라멘)Taro-men (Kumamoto-style ramen soup noodles) | **⑤**

일본에는 고급스러운 요리를 내는 레스토랑이 많지만 때로는 가장 단순한 것이 가장 훌륭한 법이다. 고기가 가득하며 김이 모락모락 나는 국물, 탱탱한 면, 넉넉한 고명이 어우러진 라멘이 이의 좋은 예를 보여준다. 이 따뜻한 일본의 컴포트 푸드는 일본인들에게 스시, 소바보다 인기 있는 외식 메뉴이다. 국수는 중국에서 일본으로 건너왔지만 일본의 라멘과 중국의 라미엔은 매우 다르다. 마치 통조림 스파게티와 갓 만든 스파게티처럼 말이다. 둘에 대한 선호가 개인마다 다르다는 점에서도 통조림 스파게티, 갓 만든 스파게티와 비슷하다.

라멘 애호가들의 열정은 진지하다. 일본 서점의 책장에는 라멘 전문점 안내서가 100가지 넘게 꽂혀 있으며 전문가들은 어디의 라멘이 가장 맛있는지 열띤 토론을 벌인다. 라멘에 미쳐 있는 사람이라면 케이카 라멘을 최고로 여기지 않을 수 있으나 이곳의 라멘에는 소박한 매력과 풍부한 맛이 있다. 이 라멘은 중독성이 굉장하다.

이 체인은 1955년 도쿄에 처음 등장했다. 방문하기에 가장 좋은 지점은 신주쿠 철도역의 동쪽 출구 쪽에 있다. 영화 〈블레이드 러너〉를 봤다면 여기에서 후루룩 소리를 내며 라멘을 먹는 동안 해리슨 포드가 혼잡한 시내의 음식점에서 국수를 먹는 장면을 떠올리게 될 것이다.

추천 메뉴는 타로멘이다. 뽀얀 국물에 쫄깃쫄깃한 면과 녹색빛이 도는 생 양배추가 들어 있다. 마무리로 올라간 녹을 듯이 부드럽게 삶은 삼겹살은 이곳을 다시 찾게 만든다. 미국과 영국에서 큰 인기를 끌고 있는 뽀얀 돈코츠 육수와 유사한 이 규슈 쿠마모토현 식의 국물에서는 더 진한 맛이 난다. 국물의 마지막 한 방울까지 입으로 털어넣어야 아쉬움이 남지 않을 것이다. **AI**

"수년 간 케이카는 돼지고기 국수를 찾는 수많은 이들을 만족시켜왔다."
The Wall Street Journal

⬆ 케이카의 중독성 강한 맛 좋은 라멘.

콘도Kondo | 평범한 오피스 빌딩과 지극히 아름다운 덴푸라

위치 도쿄　**대표음식** 채소 덴푸라Vegetable tempura | 💰💰💰💰

"콘도의 덴푸라는 최상급 재료의 순수한 맛을 전한다."

chow.com

📷 콘도는 도쿄에서 가장 유명한 덴푸라 레스토랑 중 하나이며 2개의 미슐랭 스타를 받았다.

해산물과 채소에 담백한 튀김옷을 입히고 바삭바삭하게 튀긴 덴푸라는 가장 유명한 일본 요리 중 하나다. 덴푸라는 명성이 워낙 대단하여 후지산, 게이샤와 함께 일본의 상징이 되었다. 덴푸라는 에도 시대에 포르투갈에서 들어온 것이다. 그 전에는 일본 요리에 튀김옷을 입힌 해산물 튀김이라는 것이 없었다.

도쿄에는 명성 높은 덴푸라 전문점이 여럿 있는데 그중 콘도가 가장 유명하며 일본 최고의 덴푸라 전문점 중 하나로 손꼽힌다. 2개의 미슐랭 스타를 받은 이 레스토랑이 정말 대단하다는 데 동의하려면 이곳을 단 한 번만 방문하면 된다. 특색 없는 오피스 빌딩에 위치해 있음에도 누구 하나 망설이지 않고 이곳을 찾으며, 빌딩의 9층에 도착하면 새로운 세상을 만날 수 있다. 기본적인 것만 남긴 인테리어는 단순하지만 고상하고 덴푸라를 더욱 돋보이게 한다. 고객들은 긴 바에 걸터앉아 눈 앞에서 솜씨 좋게 손질되고 튀겨진 후 접시에 담기는 덴푸라를 기대에 찬 눈으로 구경한다.

전통적인 덴푸라 레스토랑의 대표 메뉴는 주로 새우, 오징어, 붕장어 등 해산물 튀김이다. 콘도에도 훌륭한 해산물 덴푸라가 있다. 그러나 콘도에서 반드시 맛보아야 할 요리는 제철 채소 덴푸라다. 이 요리는 매력적이고 독창적인 방식으로 각색되었으며 환상적이다. 그중 고구마 덴푸라와 당근 덴푸라가 특히 유명하다. 콘도의 당근 덴푸라를 맛보기 전에는 당근에 숨어 있는 깊은 맛을 알 수 없다. 튀김임을 감안해도 콘도의 덴푸라는 믿기 어려울 정도로 바삭바삭하고 지극히 섬세하다. 맛과 존재감이 가득하지만 신기하게도 담백하다. 주인 겸 셰프인 콘도 후미오의 말처럼 "덴푸라는 날것에서 맛을 끌어내는 최고의 방법이다."

콘도는 뛰어난 기술로 요리를 만드는, 미식가들의 성지이며 진정한 덴푸라를 찾는다면 방문해야 할 곳이다. **AI**

미도리 즈시 Midori Zushi | 합리적 가격에 즐기는 탁월한 스시

위치 도쿄 **대표음식** 스시 모둠Various sushi | 💰💰

일본에서 고급 스시 전문점을 방문하려면 부담스러울 수 있지만 저가 스시만 찾아다니면 못내 아쉬움이 남을 것이다. 좋은 스시를 맛보려면 우메가오카(Umegaoka Honkan)에 본점이자 플래그십 스토어를 둔 체인 레스토랑인 미도리 즈시를 방문하라. 이곳은 일주일에 한 번, 월요일 오전 11시부터 밤 9시까지 스시 뷔페를 운영하여 최상급의 스시를 합리적인 가격에 제공한다. 뷔페는 음식을 무제한으로 제공하는 전통적인 방식으로 운영된다. 유일한 조건은 90분 이내에 식사를 마쳐야 한다는 것인데 이는 만찬을 즐기기에 충분한 시간이다. 뷔페의 서비스 수준은 평소와 다를 바 없으며 손님들은 먹고 싶은 품목을, 심지어 가장 비싼 스시까지 마음껏 주문할 수 있다.

스시는 크게 생선과 밥으로 구성된다. 저가의 스시 전문점에서는 생선을 매우 얇게 썰고 원가가 저렴한 밥을 두툼하게 뭉치는 꼼수를 쓴다. 그러나 미도리 즈시의 생선은 이보다 크고 심지어 밥보다 두툼하다. 스시는 마땅히 이래야 한다. 즉, 즐거움을 주는 호화로운 요리여야 한다. 이곳에는 어떠한 속임수도 없다. 더할 나위 없이 만족스러운 가격의 스시 뷔페는 이 레스토랑이 일상적으로 준수하는 높은 기준을 고스란히 따른다. 붕장어, 참치, 연어, 가리비, 전복, 새우, 정어리, 오징어, 성게 등 선택 가능한 스시의 종류가 다양하다. 밥은 익은 정도와 양념이 완벽하리라 기대해도 좋다.

미도리 즈시는 뷔페 예약을 받지 않으며, 음식의 질과 합리적인 가격을 고려할 때 줄을 서서 기다릴 가치가 충분하다. 1시간 정도의 대기 시간에도 불구하고 미도리 즈시를 다녀간 현지인들과 관광객들은 모두 기다림을 감수할 가치가 있다고 말한다. 그러나 긴 줄과 시간 제한이 마음에 걸리면 북적거리는 뷔페를 피하여 미도리 즈시를 방문하면 된다. 이곳의 자랑거리는 스시 하나에 그치지 않는다. 일본식으로 조리한 다른 생선 요리들도 있다. **AI**

"미도리 즈시는 붕장어 스시 하나에
장어 한 마리를 통째로 사용한다.
배가 덜 부른 채로 미도리 즈시의 문을 나서는
일은 결코 없을 것이다."

tokyofoodcast.com

⬆ 푸짐한 스시는 미도리 즈시의 상징이다.

키즈시 Kizushi | 명인이 만드는 화제의 스시

위치 도쿄　**대표음식** 스시 Sushi | ⑤⑤⑤⑤

일본 요리 중 가장 유명한 요리는 단연코 스시이다. 스시는 세계 각국의 테이크아웃 전문점, 슈퍼마켓, 레스토랑에서 찾아볼 수 있게 되었다. 스시는 언뜻 보면 단순해 보이지만 단순함과 거리가 멀다. 위대한 스시 명인들은 마법의 손을 지닌 장인이나 다름 없으며 일본 사회에서 매우 존경받는다.

키즈시의 유이 류이치(Ryuichi Yui)는 이처럼 명성이 높은 명인 중 한 명이다. 키즈시의 3대 소유주이자 헤드 셰프인 유이는 고급 스시 애호가들의 존경을 받는다. 스시를 만드는 그의 솜씨는 워낙 굉장하여 그를 배우에 비유하자면 로열 셰익스피어 극단이 제작하는 리어왕에서 주인공을 연기하며 격찬을 받는 배우밖에 떠오르지 않을 정도다.

키즈시에서 명당은 앞문 근처에 3개의 소박한 의자가 놓인 자리다. 이곳에서는 근사하고 호리호리한 고령의 유이가 스시 만드는 모습을 감상할 수 있다. 날카로운 칼을 능숙하게 다루는 기술, 니기리즈시(nigirizushi, 생선을 얹은 밥)의 모양을 잡고 완성하는 유려한 손놀림, 극적인 움직임이 관객들의 마음을 사로잡는다. 앞으로 나올 요리에 대한 기분 좋은 기대감이 부풀어 오른다. 이어서 유이가 만든 스시를 입에 넣고 몇 번 씹으면 감탄사가 터져 나온다. 유이의 스시를 먹어보면 스시가 단순한 음식이라는 편견이 깨진다.

친절하고 현실적인 유이는 손님들의 기분과 기호를 완벽하게 이해한다. 그는 손님들이 원하는 것을 정확하게 제공한다. 그에게 요리를 전적으로 맡기는 '오마카세'를 청하는 것이 최고다. 그의 안내에 따라 인상적인 식사를 경험하게 될 것이다. 스시 오마카세를 먹기 전에 애피타이저를 맛보는 것도 좋다. 졸인 붕장어와 죽합이 특히 맛있다. 이 요리들을 맛보고 나면 스시나 다른 해산물 요리를 이전과 같은 관점에서 볼 수 없게 될 것이다. **AI**

⬆ 키즈시에서 탁월한 회와 스시를 맛보아야 한다.

코무로Komuro | 가이세키 요리의 명인이 부리는 묘기

위치 도쿄　**대표음식** 가이세키Kaiseki　| 💲💲💲💲💲

2개의 미슐랭 스타를 받은 레스토랑 코무로는 작지만 쾌적하다. 코무로에는 8명이 앉을 수 있는 카운터 석과 4명을 수용하는 작은 룸이 있다. 이런 형식의 레스토랑을 갓포(kappo)라고 부른다. 대부분의 갓포는 저렴한 편이지만 코무로의 요리는 전형적인 갓포 요리와는 다르다. 그보다 가이세키 형식의 일본식 오트 퀴진에 가깝다. 코무로에는 도쿄에서 가장 명성이 높은 가이세키 셰프 중 하나인 코무로 미츠히로(Mitsuhiro Komuro)가 있다.

아름답고 섬세한 가이세키 요리는 일식의 정수이다. 코무로는 서양의 테이스팅 메뉴와 비슷한 이 메뉴의 구성을 미리 정해놓지 않고 셰프가 시장에서 구한 최고의 재료로 요리를 구성한다. 일본의 수도인 도쿄에는 다양하고 풍부한 먹거리가 있다. 도쿄 사람들은 뉴요커나 파리지앵보다 외식에 많은 돈을 지출하며, 도쿄에는 고급 레스토랑이 즐비하다. 그러나 가이세키 요리는 전통적으로 교토와 밀접하며, 많은 일본인들이 단지 가이세키 요리를 먹으러 교토를 찾곤 한다. 그러므로 코무로는 뜻밖의 선물인 셈이다. 이곳은 규모가 매우 작아 예약이 어려운 편이지만 어려움을 감수할 가치가 충분하다.

가이세키 요리는 개인의 특성을 매우 잘 반영하는 요리다. 이 요리에 가장 중요한 요소는 셰프의 재능과 감각일 것이다. 셰프 코무로는 성격이 강한 기인이고, 그가 만든 음식은 좀처럼 잊기 어렵다. 언뜻 보면 몇몇 요리는 이상하리만치 단순해 보인다. 단지 굽거나 끓이기만 한 것처럼 말이다. 그러나 한 입만 먹어보면 요리가 얼마나 훌륭한지 알 수 있다. 모든 요리는 상당한 노력 끝에 나왔지만 수월하게 완성된 것처럼 보인다. 뛰어난 일본 요리는 지나치지 않되 인상적인 경우가 많다. 겸손한 셰프 코무로 덕분에 이 레스토랑은 단순하면서도 황홀하다. **AI**

⬆ 코무로의 잊기 어려울 정도로 맛있는 요리.

이세탄 Isetan | 벤토 박스를 찾아 백화점 식품관으로

위치 도쿄 **대표음식** 벤토 박스Bento box | 💲💲

지하의 식품관 없이 완전한 백화점은 일본에 없다. 데파치카(depachika, 데파는 백화점에서 온 표현이며 치카는 지하를 의미한다)로 불리는 이곳에는 선택의 중요성을 아는 각 백화점의 최고 구매 담당자가 엄선한 전 세계의 식품과 레스토랑이 입점해 있다. 백화점으로 사람들을 끌어들이는 곳이 바로 데파치카이다. 데파치카는 런던이나 뉴욕 소재 백화점의 식품관과 다르며 일본인들의 사랑을 듬뿍 받는다.

이세탄은 규모와 질 측면에서 모두 일본 최고의 데파치카를 갖춘 백화점으로 유명하다. 신주쿠에 있는 플래그십 스토어의 지하층이 그중에서도 으뜸이다. 이곳은 일식을 좋아하는 이들에게 천국이며 일식 외에 프랑스, 중국, 인도 요리 등 다양한 요리를 판매하는 매장이 150개 넘게 입점해 있다. 이세탄은 식품관 내 한 뼘의 공간도 낭비하지 않는다. 일본의 주식을 경험하려면 여러 요리를 조금씩 맛볼 수 있는 일본식 벤토 박스가 좋다. 박스에는 여러 개의 칸이 있고, 각 칸마다 다른 음식이 조금씩 들어 있다. 카메도 마스모토(Kamedo Masumoto)의 벤토는 매력적인 식재료로 가득 채우고 보석으로 장식한 작은 함 같고, 지유가오카 아엔(Jiyugaoka Aen)의 벤토 역시 환상적이다. 보다 가정식에 가까운 맛을 원하면 칸다 시노다 즈시(Kanda Shinoda Zushi) 매장에서 날 생선이 들어가지 않은 옛 스시 벤토를 택하면 된다.

디저트로는 세계 최고의 쇼콜라티에이자 다수의 수상 경력을 자랑하는 프랑스의 초콜릿 명인 장 폴 에뱅(Jean-Paul Hévin)의 매장에서 케이크를 구매할 수 있다. 일본의 색채가 강한 디저트를 원하면 잇스이(Issui)의 푸딩이 있다. 신주쿠는 도쿄에서도 유난히 혼잡한 지역이지만 이세탄에서 불과 10분 거리에 신주쿠 교엔 공원이 있다. 그래서 화창한 날이면 쇼핑을 마친 사람들이 고층 빌딩에서 벗어나 평온한 휴식을 취할 수 있는 공원에서 벤토 박스를 즐기기도 한다. **AI**

⬆ 이세탄의 인기 좋은 점심 메뉴, 벤토 박스.

오바나Obana | 육즙이 가득한 최고의 장어 구이

위치 도쿄 **대표음식** 우나주Unaju | ❺❺❺❺

1950년대에 장어는 서민들이 단백질 섭취를 위해 부담 없이 구매하던 흔한 민물고기였다. 영국의 장어 젤리처럼 장어 요리는 소박했다. 21세기에 들어 장어는 고급 재료로 대접받고 있다. '카바야키'는 일본에서 민물 장어를 조리하는 가장 일반적인 방식이 되었다. 일본인들은 굴, 초콜릿과 마찬가지로 장어에 최음 효과가 있다고 믿는다.

카바야키가 흔해졌다고 해도 이를 만드는 과정은 복잡하다. 장어의 가운데를 가르고 내장과 뼈를 제거한 후 접힌 살을 펴서 꼬치에 꽂고 달콤한 간장 양념을 발라서 구워야 완성된다. 정교한 조리 과정에서 강물의 탁한 흔적이 사라진다.

장어 요리에 정통하려면 이와 같은 기술을 갖추어야 하므로 일본에서 장어를 다루는 셰프는 전문가 자격을 갖추기 위해 다른 셰프보다 2배 더 긴 견습 기간이 필요하다고 한다. 긴 견습의 결과, 맛이 좋을 뿐 아니라 숯불에서 구워 향기도 일품인 요리가 탄생한다. 도쿄 도심에 있는

오바나는 장어 전문점으로, 카바야키가 유명하다. 다다미 바닥, 목재 벽판이 있는 이 레스토랑에서는 전통적인 기운이 물씬 풍긴다. 오바나의 장어는 탁월하다. 허세가 섞이지 않았고 달콤하며 맛이 풍부하고 또 짭조름하다.

오바나에서 가장 인기가 좋은 메뉴는 우나주이다. 카바야키 살코기를 쌀밥에 올려 만든 이 요리는 옻칠한 사각 용기에 담겨 나온다. 장어는 고급 테린처럼 입 안에서 녹고, 섬세하게 구운 장어의 감촉은 다른 어느 생선의 질감과도 다르다. 우나주는 하나로 만족하기 어려우며 먹으면 먹을수록 더 먹고 싶어진다. 다른 요리로는 우자쿠(uzaku, 식초 양념을 한 장어구이)와 우마키(umaki, 장어구이를 넣은 계란말이)가 있다. **AI**

⬆ 우나주는 윤이 나는 옻칠한 용기에 담겨 나온다.

오미야 요가시텐 Omiya Yogashiten | 도쿄 케이크점의 행복 한 조각

위치 도쿄 **대표음식** 딸기 쇼트 케이크 Strawberry shortcake | $

"일본식 케이크는 케이크의 상징인
딸기 쇼트케이크 등 종류가 다양하다."

misojournal.blogspot.jp

도쿄에 있는 오미야 요가시텐은 100년이 넘는 역사를 갖고 있다. 이곳에 깃든 역사는 일본 역사뿐만이 아니다. 이 케이크점을 방문한 사람들은 일본에서 서양 케이크의 역사와 케이크가 어떻게 현지화되어 독특한 일본식 케이크로 거듭났는지 볼 수 있다.

딸기 쇼트케이크를 예로 들어보자. 본래 영국식 쇼트케이크는 리치하고 버터 맛이 농후한 비스킷으로 만든다. 그러나 일본에서는 부드럽고 가벼우며 계란 맛이 약간 도드라지는 스펀지케이크를 활용하여 이를 만든다. 쉬폰케이크에 가까운 질감을 지닌 스펀지케이크 사이에 생크림과 딸기를 채우고 추가적인 생크림과 딸기로 장식을 하면 딸기 쇼트케이크가 완성된다. 많은 일본인들이 맛과 아름다운 모양 때문에 이 케이크를 몹시 좋아한다. 생일이나 결혼식에도, 크리스마스 이브에도 일본인들은 이를 즐겨 찾는다. 연령대를 불문하고 모든 이들에게 이 케이크는 행복을 상징한다. 딸기 쇼트케이크는 행복을 황홀경으로 끌어올리는 오미야 요가시텐 등 프랑스식 케이크점에서 판매된다.

오미야 요가시텐은 케이크를 사랑하는 이들의 성지다. 진열창에 늘어선 다양한 색, 크기의 케이크가 손님들을 상점으로 끌어들인다. 이 케이크점을 4대째 운영하고 있는 소유주인 요시나 타로(Taro Yoshina)는 케이크에 사용할 최상급의 과일을 엄선한다. 그는 매일 아침마다 중앙 도매 시장에 들러 케이크에 특별한 맛을 불어넣을 가장 잘 익은 제철 과일을 찾는다.

오미야 요가시텐에는 차, 커피, 예쁜 옛날식 샌드위치, 짭조름한 빵, 러시아 수프, 다양한 종류의 환상적인 과일 주스를 판매하는 작은 카페도 있다. 케이크와 음료는 소박하게 종이 접시, 종이컵에 담겨 나온다. 그러나 이러한 소박함이 '행복' 케이크를 한 조각 맛보는 즐거움을 떨어뜨리지 않는다. **AI**

⬆ 딸기 쇼트케이크는 일본에서 인기가 높다.

스시잔마이 본점 Sushizanmai Honten | 일본에서 저렴한 가격에 먹는 푸짐한 생선

위치 도쿄 **대표음식** 마구로 잔마이(모둠 참치회)Maguro zanmai (a selection of tuna sushi) | 💲💲

회전초밥은 전 세계로 퍼졌으며 확실히 재미있는 경험을 선사한다. 그러나 일본에 갔다면 예산이 빠듯하더라도 정통 스시 전문점을 꼭 들러봐야 한다. 저렴하면서도 질 좋은 스시를 먹고 싶다면 스시잔마이의 51개 지점 중 하나를 방문하라고 권하고 싶다. 모든 점포는 24시간 운영되어 한밤중의 식욕까지 충족해준다. 레이디 가가도 이 체인의 팬이다. 직접 방문하면 그 이유를 쉽게 이해하게 될 것이다.

본점은 도쿄에 있다. 생선은 신선하고 직원들은 친절하며 긴 메뉴에는 선택지가 매우 많다. 이곳의 스시가 일본 최고의 스시는 아니다. 그러나 가격을 감안하면 회전초밥 레스토랑 그 어느 곳에서 나오는 스시보다도 훌륭함을 알 수 있다.

스시잔마이의 명성은 서비스, 품질, 가격에서만 비롯된 것이 아니다. 2013년 1월에 이 레스토랑 체인은 큰 규모를 자랑하는 도쿄의 츠키지 어시장에서 열린 한 해의 첫 참치 경매에서 참치 1마리를 1억 5,540만엔(176만 달러)에 낙찰받아 참다랑어 가격 세계 신기록을 경신했다. 이 참치는 무게가 222kg에 달했고 일본의 북동쪽에서 잡힌 것이었다. 스시잔마이는 이 거래로 언론의 주목을 받았으며 매년 최고의 제철 참치를 확보하기 위하여 더 높은 가격을 입찰할 준비를 한다.

스시잔마이는 1년 내내 질 좋은 참치를 구매한다. 모든 부위가 포함된 질 좋은 모둠 참치 스시를 원하면 마구로 잔마이를 주문하면 된다. 토쿠센 혼마구로동(회를 얹은 밥이 넉넉히 담긴 요리)도 좋은 선택지이다. 통장 잔고를 위협하지 않을 질 좋은 스시를 찾는다면 스시잔마이가 답이다. 단 시간대에 따라 줄이 길 수 있다. 점심 시간은 대체로 붐비며 자리에 앉기까지 1시간 가량 기다려야 할 수도 있으므로, 피크 시간대를 피해서 방문하는 편이 좋다. **AI**

> "스시잔마이는 이 지역에 3개의 매장을 운영하는데 그 가운데 본점의 분위기가 가장 좋다."

metropolis.co.jp

⬆ 마음을 사로잡는 모둠 스시.

타이메이켄Taimeiken | 요쇼쿠 레스토랑에서 즐기는 일본식 영국 요리

위치 도쿄 **대표음식** 오므라이스Omuraisu (omelet rice) | 💲💲

"1931년에 설립된 이곳은 선구적인 양식당이다."

Time Out Tokyo

일본 요리에는 '요쇼쿠'라는 독특한 분류가 있다. 이는 일본이 서구의 문물을 활발히 받아들이던 19세기에 처음 등장한 서양 요리를 의미한다. 서양 요리를 수용함에 있어 일본 정부는 프랑스나 이탈리아가 아닌 영국의 요리가 요쇼쿠의 중심에 있어야 한다고 판단했다. 인도가 아니라 영국에서 받아들여 응용한 커리가 이의 대표적인 예시다. 오늘날 일본식 커리는 스시와 견줄 만한 인기를 누리며 많은 일본인과 일부의 영국 출신 이방인들을 감동시키고 있다.

요쇼쿠를 대표하는 레스토랑을 찾는다면 역사가 오래되고 열렬한 팬들을 보유한 타이메이켄에 가면 된다. 이곳의 흰색 식탁보, 어두운 색의 목재 장식, 분위기, 서비스는 빅토리아 시대 중산층의 다이닝룸에서 식사를 하는 듯한 기분을 느끼게 한다. 비프 커리를 꼭 먹어보아야 한다. 사이드 디시로는 인기가 좋은 통조림 아스파라거스 샐러드 등 다양한 복고풍 메뉴가 있다. 산뜻하고 마요네즈를 사용하지 않은 코올슬로도 훌륭하다.

다른 요리 중 유명한 것으로는 모든 요쇼쿠 레스토랑에서 가장 인기 있는 요리 중 하나인 오므라이스가 있다. 오므라이스라는 이름은 오므(오믈렛의 줄임말)와 라이스의 합성어다. 이 요리는 대개 토마토 맛을 낸 치킨 또는 햄 볶음밥을 달걀 부침으로 감싸고 그 위에 케첩을 뿌려 만든다.

그러나 타이메이켄의 오므라이스는 다르다. 이곳에서는 볶음밥 위에 반숙 오믈렛을 올려 오므라이스를 만든다. 오믈렛을 갈랐을 때 보드레한 속살이 쏟아져 나오는 광경은 무척 큰 만족감을 주며 놓쳐서는 안 될 구경거리이다. 이타미 주조 감독이 만든 영화 〈탐포포〉에서 부랑자가 탐포포의 아들에게 오므라이스를 만들어주는 장면이 삽입되어 이 요리는 세계적인 명성을 얻었다. **AI**

⬆ 오므라이스는 인기 있는 일본 요리다.

아제 Aje | 상상 가능한 모든 종류의 환상적인 소고기구이

위치 교토 **대표음식** 호소시오(소 곱창 구이)Hososhio(grilled beef small intestine) | ❸❸❸

일본에서 합리적인 가격으로 소고기를 즐기려면 고객이 직접 테이블 위 불판에서 고기를 익혀 먹는 고기구이 전문점이 최선의 선택일 수 있다. 야키니쿠(yakiniku)라고 불리는 이 요리는 한국 요리에서 유래하였으나 일본인, 특히 젊은 사람들 사이에서 가장 인기 있는 외식 메뉴 중 하나로 자리매김했다. 영국의 인도 커리, 프랑스의 베트남 음식처럼 야키니쿠는 현지인의 입맛에 맞게 각색되었다.

야키니쿠의 메카는 일본 최대의 한인 타운이 있는 오사카의 츠루하시(Tsuruhashi)다. 츠루하시에는 야키니쿠 전문점이 수백 군데에 달하여 어디로 가야 할지 결정하기 어렵다. 실망하고 싶지 않다면 인근의 교토에 있는 아제를 방문하는 편이 좋다. 이곳은 고기 애호가들에게 진정한 천국이다. 아제에서는 야키니쿠 삼총사인 로스(rosu, 등심), 가루비(karubi, 갈비), 탄시오(tanshio, 소금에 절인 혀를 종잇장처럼 얇게 저민 것)가 모두 훌륭하다.

아제에는 호소시오도 있다. 소장으로 만든 이 요리는 끈적거리는 흰 액체 방울처럼 생겨 볼품없어 보일지 몰라도 입에 들어가면 내장고기에 대한 생각을 바꿔놓는다. 흰 곱창 조각을 뜨거운 격자 모양 불판에 올리면 유혹적인 기름이 녹아 석쇠에 뚝뚝 떨어진다. 불길이 타올라 곱창을 감싸고 곱창에 먹음직스러운 탄내와 훈연 향을 가득 입힌다. 질감은 살짝 쫄깃쫄깃하며 맛은 풍부하고 부드럽다. 이 요리는 특별하고 중독성이 강하다.

반드시 먹어보아야 할 다른 내장 고기, 또는 일본식 표현대로 호루몬(horumon)으로는 아카센마이(akasenmai, 주름위), 조미노(jomino, 반추위), 텟찬(tetchan, 대장)이 있다. 저녁 시간이면 늘 긴 줄이 늘어서지만 이 정도로 맛있는 야키니쿠라면 기다려서 먹을 가치가 충분하다. **AI**

"고른 고기를 석쇠에 올려라.
익은 고기를 양념에 찍고 즐기면 된다."

Saveur

⬆ 석쇠 위에서 익어 가는 소고기 야키니쿠.

다이치 Daiichi | 자라로 만든 일본의 별미

위치 교토 **대표음식** 마루나베(자라 전골)Marunabe (soft-shelled turtle hot pot) | 🐢🐢🐢🐢🐢

"자라는 닭고기와 맛이 약간 비슷하다.
이곳에 모험을 하러 왔다면 사케에 자라 피를
곁들여 먹어 보아라."

Time Out Kyoto

일본 요리를 떠올리면 즉각 스시가 생각난다. 이어서 보글보글 끓는 맛 좋은 스키야키와 다양한 고기와 채소를 육수에 담가 먹는 샤브샤브가 떠오른다. 맛 좋은 재료가 들어가고 진정한 일본 요리라고 할 수 있는 자라 요리를 떠올리는 사람들이 거의 없다는 것이 안타깝다.

자라는 일상적으로 먹거나 가정에서 쓰는 재료는 아니다. 요리에 사용하는 자라는 고가일뿐더러 '무는 거북'으로 불릴 정도로 세게 무는 습성이 있으며 난폭하다. 그러므로 손가락을 잃고 싶지 않다면 전문가에게 자라 조리를 맡기는 편이 좋다.

최고의 자라 요리 전문점들은 교토에 있으며 그중에서도 으뜸은 이곳이다. 이 장려한 레스토랑은 봉건 시대의 핵심 계층이었던 사무라이부터 총리를 비롯한 현대의 정치인까지 고객들에게 보글보글 끓는 자라 전골을 330년 동안 대접해왔다.

현재의 소유주는 17번째 주인이며 이 레스토랑의 위치는 한 번도 변하지 않았다. 고전적인 목조 건물은 그동안 수백 번 수리되었을 터이지만 여전히 건재하며 멋이 가득하다. 개별적인 다이닝룸에서 빛 바랜 다다미 바닥에 앉아 기모노 차림의 종업원이 서빙하는 자라 요리 만찬을 즐길 수 있다. 잊지 말고 요리에 사케를 곁들이자.

고풍스러운 도자기 냄비에 담겨 나오는 마루나베는 의심할 여지 없이 식사의 주인공이다. 콩소메 같은 풍부하고 깊으면서도 순수한 맛의 국물은 그 무엇과도 비교를 거부한다. 세월을 돌리는 효과가 뛰어나다고 알려진 자라 요리에는 최음 효과도 있다고 한다. **AI**

⬆ 사무라이가 출입문에 낸 칼자국.

이즈주 Izuju | 교토의 유명한 게이샤 구역에서 맛보는 예스러운 스시

위치 교토 **대표음식** 사바즈시(고등어 스시)Sabazushi (mackerel sushi) | 💰💰

스시에 언제나 날 생선이 필수적이었던 것은 아니다. 과거에는 끓이거나 찌거나 양념에 재우거나 스튜처럼 만든 생선을 스시에 활용하기도 했다. 이러한 '옛날식' 스시는 아직 일본, 특히 서부의 간사이 지역에서 꽤 인기가 있다. 오사카가 이러한 스시로 유명하지만 교토도 살짝 소금에 절인 고등어 살을 하룻밤 초에 섬세하게 재웠다가 모양을 만들어 밥 위에 얹고 한 입 크기로 썬 예스러운 고등어 스시(사바즈시)로 잘 알려져 있다. 교토의 많은 사람들은 축제 기간에 감사의 표시로 이웃이나 친지와 나누어 먹을 사바즈시를 직접 만든다.

사바즈시 만드는 법은 단순해 보이지만 사실 상당히 복잡하다. 따라서 교토의 여러 장소에서 사바즈시를 볼 수 있다. 생선가게, 스시 전문점, 국수 전문점, 백화점과 심지어 편의점에서도 사바즈시를 판매한다. 그러나 사바즈시를 즐기기에 가장 좋은 곳은 이즈주이다.

1912년에 문을 연 이즈주는 100년 넘게 기온(Gion) 사람들의 사랑을 받아왔다. 웅장한 기온 거리에 있는 야사카 신사 건너 편의 위치는 이곳의 매력 중 하나이다. 역사적인 장식품이 가득한 아름다운 목조 인테리어와 신사가 빚는 색색의 경관의 대조 앞에서 누구나 감탄하게 된다. 분위기도 매력적이다. 테이블이 얼마 없는 공간은 협소하지만 활기차다. 이 자그마한 레스토랑은 요리의 맛도 훌륭하다.

클래식한 사바즈시 이상의 것을 찾는다면 틀에 넣고 눌러 사각형으로 만든 스시를 여럿 담은 하코즈시(hakosushi), 유부에 초로 양념한 밥을 채운 이나리즈시(inarizushi)를 주문하면 된다. 이즈주에서 스시를 맛보지 않고서는 일본의 고도를 완전하게 경험했다고 할 수 없다. **AI**

"한 세기의 역사가 깃든 이 매력적인 스시 전문점은 교토식 누름 스시를 전문으로 한다."

Frommer's Japan Day by Day

⬆ 이즈주는 전통적인 요리들의 연출로 유명하다.

> "1873년부터 5대에 걸쳐 셰프들이 이 레스토랑의 맛있는 스키야키 조리법을 지켜왔다."

fodors.com

1963년에 스키야키에 대한 노래가 일본 가요 차트에서 정상을 차지했다. 이는 당대의 분위기를 잘 보여준다. 간장 베이스의 소스를 곁들인 김이 모락모락 나는 소고기 전골은 당시 일본에서 가장 잘 알려진 요리였다. 일본인들에게 이 요리는 일본의 문호를 세계에 다시 개방한 메이지 유신 이후의 '문명과 교화'를 상징했다. 채식주의를 따르는 불교도들이었던 이들은 1868년 이전까지 소고기를 즐겨 먹지 않았다. 그러나 오늘날, 일본산 소고기는 유명한 상품이 되었다. 풍미가 진하고 감미로우며 녹을 듯 부드러운 이 마블링이 뛰어난 고기는 세계적인 명성을 얻었다. 일본산 소고기는 프랑스산 샤롤레나 스코틀랜드산 애버딘앵거스에서 얻은 고기와 사뭇 다르다.

일본산 소를 전골로 맛보기에 가장 좋은 곳 중 하나는 교토에 있는 미시마테이이다. 이 레스토랑을 세운 미시마 카네키치(Kanekichi Mishima)는 사무라이였으며 당대의 스키야키 조리법에 통달했다. 1873년에 교토로 돌아온 그는 이 레스토랑을 열었다. 분위기 좋은 목조 건물의 1층에는 곧 상에 올라올 것들이 인상적으로 전시되어 있다. 고기를 도축하지는 않으나 가정에서 스키야키를 만들 때 활용할 수 있는 다양한 부위를 판매한다. 부위마다 여러 등급의 고기가 준비되어 있어 고객이 원하는 가격에 맞춰 선택할 수 있다.

위층에는 점심, 저녁에 스키야키를 먹을 수 있는 넓은 홀과 아늑한 방이 몇몇 있다. 손님들은 전골에 넣을 고기의 양과 질을 고른다. 1인당 160g 정도면 기분 좋게 식사를 시작할 수 있다. 육즙이 가득한 일본산 소고기와 채소를 테이블 위에서 살짝 데치고 원하는 재료를 건져서 휘휘 저은 달걀에 찍어 먹으면 된다. 지난 세월을 환기시키는 이 레스토랑 특유의 분위기는 과거 일본 특권층의 삶을 상상할 수 있게 한다. **AI**

⬆ 미시마테이는 최고급 소고기로 이름이 높다.

타와라야Tawaraya | 교토 최고의 환대

위치 교토 **대표음식** 덴푸라, 여러 코스의 테이스팅 메뉴Tempura; multi-course tasting menu | **⑤⑤⑤**

나카무라켄Nakamura-ken | 모든 계절에 어울리는 달콤한 일본식 과자

위치 교토 **대표음식** 화과자Wagashi (Japanese confectionery) | **⑤**

모테나시(Motenashi)는 일본 환대산업에서 가장 중요한 용어이지만 다른 언어로 번역하기 어렵다. 모테나시에는 현실을 잊고 진정한 휴식을 취하며 기운을 회복하도록 돕는다는 의미가 있다. 일본에서는 고객의 편안함이 음식의 질이나 게스트하우스의 시설보다 중요하다.

타와라야는 교토의 중심에 있는 유명한 료칸(ryokan, 일본의 전통적인 숙박시설)으로, 모테나시 정신을 완벽하게 이해할 수 있는 곳이다. 행복을 돈으로 살 수 없다고 하나 이곳에서 하룻밤을 묵으면 이를 반박하고 싶어진다. 방은 흠잡을 데 없이 장식되어 있으며, 정원은 고요한 명상에 제격이고, 직원들은 손님에게 필요한 것을 손님보다 먼저 알아차리는 재주가 있다. 저녁 식사 전에 상쾌하게 몸을 담글 수 있는 목재 욕조와 포근한 요 위에 누운 손님들을 따뜻하게 지켜줄 30cm 두께의 이불도 있다. 이 훌륭한 료칸의 숙박비가 무척 높음에도 유명인사들과 정치인들이 이곳을 그토록 좋아하는 것이 당연하다.

교토 중심부에는 근사한 저녁 식사를 할 곳이 많지만 타와라야특유의 서비스와 분위기를 다른 곳에서 찾기란 거의 불가능하다. 모테나시 정신으로 가득한 여러 코스의 가이세키 요리를 즐기는 경험은 심지어 교토에서도 희귀한 경험이다.

이곳을 책임지는 사토 토시(Toshi Sato)는 훌륭한 방문 경험을 선사하기 위해 모든 것이 은밀하고 고요하게 진행되도록 지휘한다. 그녀의 권위와 미의식이 없었다면 타와라야는 사뭇 다른 모습이었을 것이다. 료칸에서 하루 묵는 비용이 너무 비싸다고 느끼면 이 료칸이 운영하는 덴푸라 레스토랑인 텐유(Tenyu)에서 찬란하게 빛나는 환대 정신을 경험하는 방법도 있다. **AI**

다양한 일본 요리가 전 세계로 퍼져나갔지만 일본 밖에서 찾기 어려운 요리가 하나 있다. 바로 화과자이다. 일본에서 이 단 과자를 맛보기에 가장 좋은 곳은 교토로, 교토 출신 사람들은 과자에 대하여 엄격한 기준을 갖고 있다. 다도에 필요한 말차의 씁싸름한 맛을 달래기 위해 탄생한 화과자는 교토에서 중요한 대접을 받는다. 교토가 일본에서 다도의 중심지이자 품질 좋은 차로 유명한 곳이므로 이는 당연한 이야기이다.

교토의 중심부에는 질 좋은 일본 과자를 판매하는 곳이 많은데, 그중 가쓰라에 위치한 나카무라켄을 방문하면 도시의 소란스러움에서 사뿐하게 벗어날 수 있다.

1913년에 세워진 나카무라켄의 목조 건물은 일본에

> "다도의 탄생지인 교토만큼 차와 화과자의 조합이 자주 눈에 띄는 곳은 없다."
> The Japan Times

서 가장 중요한 대규모 문화유산 중 하나인 가쓰라리큐의 바로 뒤에 위치해 있다. 이곳은 언제나 붐비고 모든 계절과 특별한 때에 각기 다른 모양, 맛의 화과자를 만든다.

화과자의 주재료는 끓이고 으깬 팥이다. 대부분의 일본인은 팥을 별미로 여긴다. 팥은 또한 신도, 계절과 연관된 전통과 성스러운 관계가 있다고 한다. 예를 들어 매해 6월 30일에 벌어지는 여름 액막이 행사에서 사람들은 행운을 빌며 미나즈키(minazuki, 팥을 올린 삼각형 떡)를 먹는다. **AI**

오키나 Okina | 가족이 운영하는 레스토랑에서 내는 색색의 생선회

위치 교토　**대표음식** 바삭바삭하게 구운 빨간퉁돔 껍질과 회Snapper sashimi with crisp-roasted skin | 💰💰💰💰

깃초 아라시야마 Kitcho Arashiyama | 일본 오트 퀴진계의 트렌드세터

위치 교토　**대표음식** 제철 가이세키 테이스팅 메뉴Seasonal kaiseki tasting menus | 💰💰💰💰💰

오키나의 다양한 매력 중 하나는 두부 요리이다. 교토는 두부 요리로 유명하며, 두부 제조자 중 모리카(Morika)가 최고로 꼽힌다. 오키나도 물론 옆집의 모리카에서 받은 두부를 사용한다.

　그러나 오키나에 방문해야 할 이유는 이뿐만이 아니다. 이 레스토랑을 함께 운영하는 아버지와 아들은 '자유형' 가이세키 요리에 놀라운 재능이 있는 셰프들이기도 하다. 제철 재료로 정교하게 만드는 가이세키 요리의 전통을 따르는 아버지의 요리는 진정한 별미이다. 이 요리는 교토식 미식의 정수를 보여준다. 부자 중 보다 특이한 쪽은 아들로, 그의 요리는 모든 손님을 놀라게 한다. 고전을 대담하게 해석하듯이 그는 전통과 거리가 먼 재료를 클래식한 가이세키 요리에 접목하는데, 이 조합이 무

"아들은 때때로 산에 올라 야생 채소를 채집한다."

Michelin Guide

척 효과적이다.

　아들의 요리와 달리 오래된 도자기 그릇은 정통 가이세키 양식에 속한다. 바삭바삭하게 구운 빨간퉁돔 껍질과 회의 조합은 고리 모양을 수놓은 초창기의 이마리 도자기에 담겨 나온다. 방어 뼈와 무를 오랜 시간 끓여 만든 스튜는 복원된 헤이안 시대의 스에키(sueki) 토기에 들어있다. 초록 양념한 반디오징어는 오래된 바카라 유리 그릇에 담겨 나온다. 요리도 마찬가지로 매력적이다. 건해삼 난소 튀김은 마치 꽃처럼 연출된다. **AI**

일본인 누구에게든 일본 최고의 레스토랑이 어디인지 물어보아라. 한결 같이 깃초 아라시야마라는 답이 돌아올 것이다. 음식에 무관심한 사람들도 이 레스토랑의 이름은 들어본 적이 있을 것이다. 3개의 미슐랭 스타와 무수한 찬사를 받은 이 레스토랑은 세계에서 가장 훌륭한 레스토랑 중 하나이다.

　이곳의 3대 셰프 겸 오너는 토쿠오카 쿠니오(Kunio Tokuoka)로, 그가 모든 요리를 직접 만드는 것은 아니지만 다른 셰프들이 그의 완벽한 기준을 준수하도록 매의 눈으로 주시한다. 따라서 고객들은 최고급 제철 재료만 활용하여 만든 요리의 질이 탁월할 것이라고 확신한다. 여러 코스의 식사에 나오는 모든 음식은 오래된 도자기 위에 구현된 예술 같다.

　토쿠오카의 조부 유키 테이치(Teiichi Yuki)가 세운 이곳은 언제나 품질을 가장 중요시해왔다. 오귀스트 에스코피에 또는 페르낭 푸앙의 일본판처럼 유키는 이 압도적인 레스토랑의 설립자일 뿐 아니라 제2차 세계대전 이후 일본 외식계의 요리를 정립한 인물 중 한 명으로 인정받는다. 이 레스토랑은 가이세키 요리를 낸다. 현대적인 테이스팅 메뉴와 약간 비슷한, 여러 코스로 구성된 복잡하고 전통적인 요리 말이다.

　유키는 깃초 아라시야마를 열고 일본식 오트 퀴진을 일본의 다도와 접목하는 혁명적인 시도를 했다. 본질적으로 둘의 스타일은 크게 다르지 않으나 이 둘의 접목은 가이세키 요리의 새 시대를 열었다. 이 레스토랑은 료테이 양식으로 분류된다. 과거의 료테이는 게이샤가 흥을 돋우는 곳이자, 사업이나 정치 모임이 열리는 고급스러운 장소로, 오직 소개를 통해서만 드나들 수 있는 곳이었다. 이곳에 입장하기 위해 초대는 필요 없지만 가격을 보면 여전히 아무나 드나들기 어려운 곳이라는 점을 알게 된다. **AI**

효테이 Hyotei | 오랜 역사가 깃든 레스토랑에서의 우아한 아침 식사

위치 교토 **대표음식** 아사가유Asagayu breakfast | ⑤⑤⑤

료테이는 호화롭고 전통적인 레스토랑이다. 또한 일본인들이 피로연, 중요한 생일 잔치 등의 특별한 행사를 위해 찾는 곳이기도 하다. 교토는 료테이 특유의 섬세한 요리를 즐기기에 가장 좋은 도시일 것이다.

효테이는 긴 세월 동안 찬사를 받아온 몹시 우아한 료테이이다. 이 레스토랑은 3개의 미슐랭 스타를 받았을 뿐 아니라, 15대 소유주 겸 셰프인 다카하시 에이치(Eiichi Takahashi)는 일본의 무형문화재로 지정되었다. 그는 혁신의 대가이며 철저한 완벽주의자다. 또한 진보적이고 현대적인 창의성과 전통에 대한 최고의 존경을 접목한다. 바로 이 점에서 그는 교토 사람의 전형이며, 긴 역사를 간직한 도시에서 현대적인 삶을 사는 사람이다. 다카하시는 과거의 맛을 연구함으로써 새로운 맛을 발굴하고자 노력한다.

그의 접근법은 효테이의 유명한 아침 식사에서 잘 드러난다. 과거 료테이의 방문객들은 도시에서 밤을 보낸 후 이른 아침에 나타나 '배가 고프다'고 말하고 간단한 아침 식사를 대접받았다. 그러나 효테이는 아침에 환상적인 세트 요리를 제공했다. 아침 식사의 맛에 대한 소문이 삽시간에 퍼져 밤새 외출하지 않은 사람들도 아침을 청하기 시작했다. 친절하게도 효테이는 1968년에 아침 식사를 메뉴에 올렸고 이 요리는 여전히 건재하다.

아침 죽은 다카하시가 아침 식사에 서린 본래의 정신을 잃지 않으면서 현대적인 입맛에 맞춰 맛을 개선하고자 노력한 요리이다. 단백질이 풍부하고 열량이 낮은 이 요리는 눈과 입을 즐겁게 하고, 순하며, 소화가 잘 되고, 기운을 불어넣는다. 누구나 한 번쯤 먹어보아야 할 아침 식사 메뉴이다. **AI**

"300년 된 이 레스토랑은 순례자들을 위한 찻집으로 시작했다."

frommers.com

⬆ 삶은 달걀은 수백 년간 효테이의 별미로 인정받아 왔다.

우오츠야 Uozuya | 개성 강한 셰프의 미니멀한 요리

위치 교토 **대표음식** 계절마다 달라지는 여러 코스의 가이세키 테이스팅
메뉴Seasonally changing, multi-course kaiseki tasting menus | 🍴🍴🍴
🍴🍴

원타나 Wontana | 합리적인 가격에 경험하는 전통적인 교토 상류사회의 요리

위치 교토 **대표음식** 가이세키식 제철 생선 요리Seasonal fish dishes
kaiseki-style | 🍴🍴

미슐랭 스타를 하나 받은 이 레스토랑의 소유주는 헤스톤 블루멘탈이나 페란 아드리아처럼 개성이 강한 사람이며 장인이다. 이는 소유주인 코모리 카즈오(Kazuo Komori)의 요리가 분자요리라는 뜻은 아니다. 그러나 그의 창의적인 요리들은 앞서 언급된 위대한 셰프들의 요리와 어깨를 나란히 한다.

우오츠야는 자리가 20석에 불과하지만 예약이 그리 어렵지는 않다. 코모리와 그의 아내가 운영하는 이곳은 개성 있는 레스토랑이다. 요리는 미니멀한 프레젠테이션의 아름다움을 보여준다. 화려한 장식이나 불필요한 꾸밈이 없는 이곳의 요리를 맛보는 것은 일종의 특권이다. 사적인 음악회를 준비한 위대한 음악가의 집에 초청받은

> "이곳의 오너 셰프는 재료의 숨겨진 맛을
> 발굴하는 작업을 즐긴다."

Michelin Guide

것처럼 이 레스토랑에서의 식사는 영예롭게 느껴진다. 모든 요리는 최고급 일본 식기에 담겨 나온다. 값진 골동품부터 공방에서 만든 도자기까지 망라하는 식기에는 유명한 도공인 카모다 쇼지와 츠지무라 시로의 작품이 포함되어 있다. 코모리의 요리와 도자기의 조합은 눈을 한껏 즐겁게 한다. 일본 최고의 명품 젓가락 제조자인 이치하라가 만든 젓가락 또한 특별하다.

처음에는 코모리의 요리에서 미니멀한 맛이 난다고 생각하겠지만 시간이 지날수록 이것이 잘못된 생각임을 알게 된다. 요리의 맛과 감촉이 오랫동안 혀와 머리에 남을 것이다. 손님들은 우오츠야에서 경험한 아름다운 식사를 기억하기 위하여 젓가락을 기념품으로 가져갈 수 있다. **AI**

일본은 풍부한 문화유산으로 미식가들에게 인기를 누리는 목적지다. 그러나 엄두도 못 낼 정도로 가격이 높은 경우가 많다. 물론 고급 레스토랑의 가격은 저렴하지 않지만 일본 내 미슐랭 스타를 받은 레스토랑에서 식사를 하는 데 드는 비용은 파리의 미슐랭 스타 3개를 받은 레스토랑에서 같은 경험을 하는 데 드는 비용보다 적다.

미식의 긴 역사가 깃든 교토에서 훌륭한 요리는 일상생활에서 매우 중요한 요소다. 교토는 훌륭한 요리를 찾아 떠나기에 세계에서 가장 좋은 곳 중 하나다. 제한적인 예산으로 교토를 여행하는 사람도 좋은 음식을 놓칠 필요는 없다. 점심 때 원타나를 방문하면 제대로 된 고급 일본 요리를 보다 합리적인 가격에 맛볼 수 있다. 5코스의 요리는 손님들을 황홀경으로 이끌고 교토에서 최고의 가격 대비 가치를 제공함으로써 원타나를 다시 찾고 싶은 곳으로 만든다.

원타나의 뛰어난 요리를 더 맛보려면 5코스의 점심 메뉴에 약간의 추가 금액만으로 아름다운 모둠 회를 더하면 된다. 교토의 중심부에 있는 레스토랑에서 이처럼 낮은 가격을 유지할 수 있는 것이 신기하다.

원타나에 재방문하면 생선이 특징적인 단품 메뉴를 시도해야 한다. 소유주인 야마모토 준(Jun Yamamoto)의 가족은 교토중앙시장에서 생선 가게를 운영하므로 그가 그토록 좋은 생선을 구하는 것이 놀랄 일은 아니다. 또한 원타나는 환상적인 사케 컬렉션을 보유하고 있으며, 생선과 사케는 천상의 한 쌍이다.

서비스는 친절하고, 분위기도 흠잡을 데 없다. 이 아름답고 모던한 레스토랑에서 야마모토는 조명부터 온도까지, 수저부터 이쑤시개까지 모든 디테일에 섬세하게 주의를 기울인다. **AI**

➡ 교토는 존경받을 만한 미식의 역사를 지니고 있다.

소지키 나카히가시 Sojiki Nakahigashi | 일본 요리에 대한 놀라운 통찰

위치 교토 **대표음식** 가이세키|Kaiseki | ⑤⑤⑤⑤

> "12개의 카운터석이 가스레인지와
> 숯불 그릴을 둘러싸고 있다."

Michelin Guide

소지키 나카히가시의 요리에는 일본 요리의 뛰어난 질과 정신에 대한 통찰이 담겨 있다. 교토의 이 자그마한 레스토랑은 이 같은 명성을 누리고 있으며 예약이 몹시 어렵다. 그러나 이곳의 음식은 좀처럼 잊기 어려워서 기다릴 가치가 충분하다.

매일 이른 아침에 오너 셰프인 나카히가시 히사오(Hisao Nakahigashi)가 재료를 찾으러 문을 나선다. 그가 쓰는 모든 재료는 제철을 맞은 유기농 식품이다. 보통 교토의 셰프들은 중앙시장이나 환상적인 니시키 시장—식도락가라면 누구나 방문해야 하는 곳—에 간다. 그러나 그는 예외다. 이 열성적인 셰프는 농부들에게서 채소를 사들인다. 그리고 칼과 낫을 들고 산에 올라 허브, 버섯, 아스파라거스 등의 야생 채소와 심지어 레스토랑을 장식할 꽃까지 채집한다.

그다음, 자연이 내린 축복을 샘물에 넣어 끓이거나 굽거나 튀긴다. 각각의 재료는 극도로 세심하게 조리된다. 이 레스토랑의 음식에서는 일본의 흙, 물, 공기, 불의 맛이 한데 어우러진 맛이 난다.

셰프 나카히가시는 호화로운 재료에 무관심하다. 그가 만든 회 접시에 화려한 생선은 없다. 대신에 종잇장처럼 얇은 잉어나 다른 소박한 어종이 12에서 15가지의 식용꽃으로 장식되어 나온다. 그의 요리는 워낙 정교하게 프레젠테이션되어 오딜롱 르동의 알록달록한 그림과 비슷할 정도이다.

한 달에 한 번, 매달 첫날 오전 8시부터 다음 달치 예약을 전화로 받는다. 1시간 이내에 모든 예약이 마감되고, 5달치의 예약 명단이 있다고 한다. 운 좋게 예약에 성공한 사람들은 이 기회를 최대한 즐기기 위해 하루 휴가를 내기도 한다. **AI**

⬆ 소지키 나카히가시에서는 디테일이 중심이 되며 모든 요리가 아름답게 프레젠테이션된다.

세토 Seto | 시골 마을에서 즐기는 절묘한 타이밍의 닭고기 만찬

위치 교토　**대표음식** 닭 구이와 스키야키(닭고기 전골)Chargrilled chicken and sukiyaki (chicken hot pot) | 💲💲💲💲

세토는 교토의 중심부에서 벗어나 있지만 전차로 찾아갈 수 있다. 북동쪽의 산을 향해 달리는 전차를 30분간 타고 이치하라 역에서 내린 후 교외에서 15분 동안 평온한 산책을 즐기면 레스토랑에 도착하게 된다. 수고와 기다림으로 밥맛이 한층 더 좋아진다.

세토에 들어선 손님들은 아늑하고 개별적인 다이닝룸 중 하나로 안내받는다. 각 다이닝룸에서 시선을 끄는 것은 전통적인 개방형 화로, 즉 이로리(irori)이다. 타오르는 숯불이 가득하고 마음을 따뜻하게 만드는 화로는 음식이 나올 때까지 좋은 구경거리가 된다. 닭은 손님들의 도착 시간에 요구 사항에 맞추어 도축되므로 예약 시간을 지키는 편이 현명하다.

세토는 방목하여 기른 최상급의 닭고기만 제공하며, 안주인 오카미상(okami-san)에 따르면 최고의 닭을 얻기 위해 많은 요소를 고려해야 한다. 닭이 식탁에 오르는 시기는 새의 크기부터 날씨나 기온까지 많은 요인에 따라 달라진다. 세토의 오카미상이 말하듯이 "맛에서 가장 중요한 것은 타이밍이다."

레스토랑의 안주인과 여직원들은 고객 앞에서 각 부위를 언제 먹어야 하는지 설명하며 요리를 만든다. 메뉴가 따로 없으므로 손님들은 편히 앉아서 직원들이 훌륭한 닭고기 만찬을 알아서 준비하도록 놔두면 된다.

닭의 반은 구이, 나머지 반은 쇠 솥에서 끓이는 전골인 스키야키로 조리된다. 스키야키에 들어가는 채소도 로컬 재료이다. 이 채소는 자급자족하며 살아가는 안주인이 소유한 레스토랑 뒤편의 텃밭에서 온 것이다.

손님이 스키야키에 파를 추가 주문하면 오카미상은 잠시 기다려달라 말한다. 그리고는 텃밭에서 신선한 파를 뽑아온다. 이 파를 레스토랑 옆에 흐르는 강물에서 세척한 후 손님상에 올린다. 그러므로 닭고기와 마찬가지로 채소도 완벽한 타이밍을 자랑한다. **AI**

"각 무리가 먹을 요리에 닭 1마리가 사용되므로 2~3인이 함께 방문하는 것이 가장 좋다."

Michelin Guide

⬆ 세토는 방목하여 기른 닭으로 만든 전골과 구이를 전문으로 한다.

니시키 시장^{Nishiki Market} | 교토의 '주방'에서 종류별로 즐기는 별미

위치 교토 **대표음식** 다시마키(계란말이)Dashimaki (rolled omelet) | ⑤

> "교토 요리에 들어가는 그 모든 이상하고 아름다운 재료를 보고 싶다면 이곳에 가야 한다."

Lonely Planet

언제나 음식이 가득한 보물상자 같은 니시키 시장에는 130개가 넘는 음식 상점이 500m 가량 늘어서 있다. 교토 사람들은 이 시장을 무척 사랑하여 이곳을 그들의 주방이라고 부른다. 전문적인 셰프부터 가정주부, 관광객까지 다양한 고객은 이 시장에서 가장 인상적인 특징 중 하나다. 가격은 다른 시장의 평균값보다 조금 높지만 품질은 어느 레스토랑에 내놓아도 뒤떨어지지 않을 정도로 우수하다.

이곳은 아마 교토에서 가장 붐비는 장소일 것이다. 이에는 정당한 이유가 있다. 이 시장에서는 간식을 먹고 돌아다니다가 또 간식을 먹는 과정을 배가 든든해질 때까지 되풀이할 수 있다. 음식의 질과 다양성, 활기찬 분위기 덕분에 이곳은 관광 명소가 되었다.

동쪽 입구로 들어가 아리츠구(Aritsugu)를 방문해보라. 아리츠구는 한때 일본의 황실에 검을 공급했던 유서 깊은 상점으로 전문가용 부엌칼을 특히 잘 만든다. 그 다음에는 탁월한 사케를 맛볼 수 있는 츠노키(Tsunoki)가 있다. 이 상점의 소유주인 후지 테루오(Teruo Fujii)는 손님이 좋아할 만한 상품을 반드시 찾아낸다.

미키 케란(Miki Keiran)으로 이동하여 입 안에서 녹는 교토식 계란말이인 다시마키를 꼭 먹어보아야 한다. 3대째 내려온 레시피로 장어 숯불구이를 만드는 오쿠니야(Okuniya)도 눈여겨볼 만하다. 그 근처의 우오리키(Uoriki)는 생선구이 꼬치와 갯장어 튀김을 대표로 내세우며 실내에서 음식을 먹고 갈 수 있으므로 피곤할 때 잠시 쉬어가기에 좋다. 계속해서 마루가메(Marukame)는 훌륭한 간식거리인 수제 어묵을 50종 넘게 판매한다. 버섯 한 바구니가 수십만 원을 호가하는 고급 청과물 가게인 카네마츠(Kanematsu)도 꼭 둘러봐야 한다. 이곳의 2층에서는 점심시간에 맛 좋은 채소 요리를 다양하게 먹을 수 있다. 마지막으로 풀라우 데코(Pulau Deco)에서 엄선된 일본 도자기를 구경하고 가게의 뒤편으로 이동하여 스스로에게 차 한 잔을 선물하면 된다. **AI**

↑ 현지인, 레스토랑 주인, 관광객 모두 니시키 시장에서 장을 본다.

요시다야 료리텐 Yoshidaya Ryoriten | 교토의 맛과 최고의 세계 요리의 만남

위치 교토　**대표음식** 생선 튀김을 넣은 월남쌈Summer rolls stuffed with fish tempura | ⑤⑤⑤

요시다야 료리텐은 은밀한 곳에 위치하여 극도로 찾기 어렵다. 한적한 골목 끝에 위치한 건물의 파사드에는 눈에 띄는 표식이나 메뉴판이 없다. 교토 고쇼(Gosho, 황궁) 근처에 있는 이 레스토랑을 찾아가는 것은 프란츠 카프카의 『성』에 나오는 성에 들어가는 것과 비슷하다. 그러므로 요시다야 료리텐은 우연히 지나가던 행인이 예약 없이 들어갈 만한 곳은 아니다. 바로 이 은신처 같은 성격이 유명한 화가들과 음악가들을 요시다야 료리텐으로 이끈다.

오너 셰프인 요시나 호로코(Horoko Yoshia)는 여행을 즐기며, 그녀의 음식이 내는 맛에는 그녀의 열정이 배어 있다. 그녀는 이국적인 식재료와 교토 정통 요리를 접목하기도 하고, 교토 정통 식재료를 이국적인 요리에 접목하기도 한다. 요시나의 요리는 기본적으로 퓨전 요리이지만 이 표현만으로는 그녀의 요리를 충분히 설명할 수 없다.

그녀의 창작품으로는 고전적인 일본 붕장어 튀김 또는 고등어 튀김을 채운 베트남 월남쌈 등이 있다. 물론 이것이 전부는 아니다. 매콤한 토스타다(tostada)에서는 한국과 멕시코 요리가 만나고, 오믈렛에는 교토의 토착 과가 들어간다. 그리고 핑크 페퍼콘으로 맛을 낸 마 피클도 있다. 요시다야 료리텐은 세계 요리의 만화경 같은 곳이다.

이 요시나의 레스토랑이 잘 드러나지 않는 곳에 있다 하여 그녀가 이목을 부담스러워하는 것은 아니다. 그녀는 요리책을 두어 개 냈을 뿐 아니라 텔레비전에 출연한 셰프이며 오래된 아름다운 일본식 게스트하우스도 운영한다. 그럼에도 불구하고 그녀는 매일 요시다야 료리텐의 주방에서 운 좋은 손님들에게 대접할 요리를 만든다. 손님들과 마시고 대화하기 좋아하는 그녀는 어느 모로 보나 레스토랑 그 자체만큼 매력적이다. 외딴 곳에서 대담한 음식을 즐기고 싶다면 요시다야 료리텐이 답이다. **AI**

"이 레스토랑을 찾으려면 가이드가 필요할지도 모른다. 이곳에는 위치 설명에 필요한 표식도 하나 없기 때문이다."

billy-kyoto.seesaa.net

⬆ 은밀한 곳에 숨어 있는 요시다야 료리텐은 교토에서 가장 비밀스러운 레스토랑 중 하나이다.

하마토Hamatou | 오사카에 위치한 모험가의 천국

위치 오사카　**대표음식** 후구 뎃치리나베(복어 전골)Fugu tetchirinabe
(blowfish hot pot) | ⓢⓢⓢⓢ

키사Y Kissa Y | 인심 가득한 오사카의 카페

위치 오사카　**대표음식** 자이언트 클럽하우스 샌드위치Giant clubhouse
sandwiches | ⓢ

일부의 일본인들은 왜 그토록 복어에 집착하는 것일까? 복어는 독이 있는 생선으로 유명하다. 무사히 식사를 끝낼 수 있을지 궁금해하며 먹는 복어가 짜릿하기 때문일 것이다. 복어를 먹을 때는 믿을 수 있는 레스토랑을 방문하는 것이 어느 때보다 더 중요하다.

일본에는 복어 전문점이 많지만 그중 60%는 오사카에 몰려 있다. 수천 개의 레스토랑 중에서 악명 높은 복어를 먹으러 반드시 가야 할 곳은 하마토이다. 한 세기 가량 영업해온 이곳의 안전성에 대한 명성에는 한 치 의심이 없다. 문제가 있었다면 그 긴 세월 동안 영업을 지속할 수 없었을 것이다. 또한 이곳의 가격은 합리적이다. 자격을 갖춘 셰프만이 복어를 요리할 수 있으므로 복어 요리

> "복어에는 시안화물보다 1,200배 치명적인
> 테트로도톡신이라는 독소가 들어 있다."
>
> Time

가 결코 저렴하지 않지만 말이다. 그래서 사람들은 일반적으로 특별한 때에 복어를 먹는다. 한편 하마토의 위치도 매우 매력적이다. 쿠로몬 시장 내의 활기찬 거리는 19세기 초반부터 식도락가들을 끌어당겼다.

하마토의 별미는 두부, 채소를 넣은 복어 전골과 몹시 얇게 저며 접시의 문양이 비치는 복어회다. 복어회는 본연의 성질상 단단하지만 질기지 않으며 맛과 달콤함이 가득하다. 하마토의 복어 요리는 인상적인 맛과 질감이 가득하여 든든한 한 끼 식사가 된다. 식사를 마치면 마치 묵직한 소고기찜을 먹은 듯한 기분이 들 것이다. **AI**

오사카는 '구이다오레'라는 별명이 있다. 이는 '먹다가 망하는' 도시라는 뜻이다. 키사Y 카페는 오사카에 이런 별명이 붙은 이유를 명료하게 설명하는 곳이다. 밖에서 보면 키사Y는 특별한 점이 없고 일본 어디에서나 볼 수 있는 보통의 작은 카페처럼 보인다. 그러나 자리에 앉으면 이내 이 카페가 다른 곳과 어떻게 다른지 알게 된다.

손님들이 자리에 앉자마자 따뜻한 미소로 맞이하는 멋진 여주인이 키사Y를 운영한다. 그녀는 손님들이 가득할 때에도 신속하게 메뉴를 가져다 준다. 햄과 계란이 담긴 접시와 함께. 구운 햄과 스크램블드에그 더미를 보고 고개를 갸웃하면 그녀는 웃으며 다음과 같이 말한다. "이건 애피타이저에 불과해요. 맛있게 드세요!"

이곳에서 먹게 될 음식은 메뉴에 있는 것 뿐만이 아니다. 메뉴에는 일반적인 일본식 커리, 버거, 샌드위치, 점심 특선 메뉴가 있다. 그러나 주인은 모든 고객에게 당일에 상태가 가장 뛰어난 요리를 선물한다. 고객들이 요청하든 말든 말이다. 예를 들어 누군가 커리를 주문한 경우, 테이블에 올라오는 음식은 큰 접시에 담긴 커리와 밥에 국한되지 않는다. 생강으로 맛을 낸 돼지고기나 소고기 감자 스튜부터 채소 볶음, 어니언 링, 거대한 샌드위치까지 다양한 음식 가운데 무엇이 될지 모르는 서너 가지의 요리도 여주인이 추가 요금 없이 가져다준다.

이곳에서 가장 인기 있는 요리는 하우스 스페셜 메뉴인 클럽하우스 샌드위치이다. 이 샌드위치는 빵 한 덩어리, 계란 12개, 베이컨 약 500g으로 만들어진다. 손님들이 거대한 클럽하우스 샌드위치를 겨우 다 먹으면 그녀는 샌드위치를 무료로 더 먹고 싶은지 물어본다. 이러한 친절함 덕분에 키사Y는 이곳의 분위기와 음식을 사랑하는 많은 팬을 끌어 모았다. **AI**

타이요시 햐쿠반 Taiyoshi Hyakuban | 키치적인 전 유곽에서 즐기는 컴포트 푸드

위치 오사카 **대표음식** 커리 전골과 우동 사리 Curry hot pot with udon noodles | 💲💲

키치가 저속한 대중예술을 가리킨다면 오사카 니시나리구에 위치한 타이요시 햐쿠반은 요리계의 키치를 보여준다고 할 수 있다. 이곳은 많은 이들의 입맛을 사로잡지만 고상하지 않은 양산형 음식을 낸다. 일본인들은 'B급 미식'이라 불리는 요리를 내는 이러한 유형의 레스토랑을 각별히 아낀다.

타이요시 햐쿠반에는 독일의 프랑크푸르트 소시지부터 중국의 샤오마이(shaomai)까지 간단히 먹을 수 있는 요리가 무수히 많다. 그러나 이곳에서 가장 주목할 메뉴는 정향의 향이 환상적인 커리 맛 육수에 닭고기, 돼지고기, 생선, 조개, 채소를 넣어 만든 전골이다. 거의 다 먹었을 때 즈음 남은 국물에 우동 사리를 넣으면 굉장한 별미가 탄생한다. 국수는 익는 과정에서 팬에 남아 있는 맛을 남김 없이 흡수한다. 후루룩 소리를 내며 국수를 먹는 것은 만족스럽고 B급 미식 레스토랑을 상징하는 경험이다.

메뉴에는 일본식 컴포트 푸드도 다수 있다. 다른 여러 일본식 펍과 마찬가지로 이곳에서 손님들은 감자칩부터 에다마메(삶은 풋콩), 회, 마카로니 앤 치즈, 니스풍 샐러드 등 다양한 요리를 고를 수 있다.

그러나 타이요시 햐쿠반은 일반적인 펍이나 이자카야가 아니어서 더욱 흥미를 끈다. 이곳은 전 유곽에 자리를 잡았으며 1970년에 레스토랑으로 문을 열었다. 키치적인 인테리어는 1918년에 유곽으로 지어졌을 때와 거의 달라진 바 없다. 이 레스토랑의 파사드는 여전히 홍등가의 집 특유의 양식을 간직하고 있어 터무니 없이 화려하다. 내부에는 소묘, 그림, 부조 작품, 마욜리카 도자기가 건물의 목조를 덮고 있다. 이 모든 현란한 형형색색의 장식 때문에 이곳은 애니메이션 〈센과 치히로의 행방불명〉에 나오는 배경처럼 기이하게 아름답다. **AI**

"21개의 방 중에서 다수는 유곽 시절에 비해 달라진 것이 거의 없다."

The Japan Times

⬆ 타이요시 햐쿠반은 옛 유곽의 전형적인 장식으로 유명하다.

타코우메Takoume | 오사카 레스토랑의 완벽한 겨울 간식

위치 오사카 **대표음식** 오뎅Oden | 💲💲

일본에 추운 계절이 오면 모든 편의점에 김이 모락모락 나는 국물 특유의 향이 퍼져 나온다. 이 요리는 어묵이다. 이 요리에는 간장 베이스의 국물에 삶은 달걀, 무, 곤약, 다양한 어묵이 담겨 있다. 끓는 국물에서 익은 각 재료는 몸을 더할 나위 없이 따뜻하게 녹이는 간식이며 겨자에 살짝 찍어 먹으면 더욱 맛있다.

　오뎅을 식당에서 먹는다면 오뎅 전문점 중 가장 유명한 타코우메를 권하고 싶다. 타코우메의 부드러운 국물은 일본 내 모든 오뎅 전문점들이 따라야 할 기준점을 제시한다. 그러나 이곳의 국물은 1844년 이래로 쭉 그대로였으므로 모방하기 어렵다. 메이지 유신과 2번의 세계대전을 거치는 동안에도 성실한 직원이 꾸준히 국물을 보충했다. 복합적이면서도 깔끔한 맛이 나고 다른 무엇과도 다른 이곳의 육수와 비슷한 육수를 만들기란 불가능하다.

　사케는 오뎅에 곁들이기에 완벽한 술이며 이곳의 사케는 특히 부드럽다. 타코우메에는 사케와 훌륭하게 어울리는 타코 칸로니(tako kanroni)도 있다. 타코 칸로니를 글자 그대로 해석하면 문어와 달콤한 이슬 스튜이다. 이 요리는 부드럽게 익힌 문어 촉수에 달콤한 소스를 입혀 만든다. 나무 꼬치에 꽂혀 나오는 타코우메의 문어는 곁들이는 사케의 맛을 모두 끌어내는 데 기여한다. 볼품없어 보이더라도 별미가 확실하다. 점심시간에도 오뎅과 문어를 깔끔하게 씻어 내릴 사케의 유혹을 떨치기 어렵다.

　겨울날에 든든한 점심 식사를 하고 싶다면 비록 사케는 없지만 오뎅 5조각, 타코 칸로니, 밥 1공기, 미소 수프로 구성된 세트 메뉴가 좋은 선택이 될 것이다. 물론 이 식당에서 얻는 기쁨의 일부는 대를 이어 현지인들에게 사랑 받아온 진정한 식당에서 무언가를 먹고 있다는 행복이다. **AI**

⬆ 오뎅에는 어묵과 삶은 달걀이 들어간다.

잔잔 골목 Jan-Jan Alley | 오사카의 음식 아케이드에서 먹는 든든한 일본식 케밥

위치 오사카   **대표음식** 구시카쓰(튀김옷을 입힌 고기 튀김 꼬치)Kushi-katsu (breaded, deep-fried meat skewers) | **$**

오사카에는 미슐랭 스타를 받은 레스토랑 등 온갖 고급 요리를 내는 곳들이 있다. 그러나 오사카는 대안적인 요리를 내는 곳들의 고향이기도 하다. 이의 예로는 츠루하시 코리아 타운, 쿠로몬 시장 거리, 우메다 지하상가 내 509개의 레스토랑과 카페 등이 있다. 이중에서 가장 개성 있는 곳 중 하나는 잔잔 요코초, 즉 잔잔 골목이다. 1912년에 세워진 이 아케이드는 유흥의 중심지였다. 오늘날 이곳은 쇼핑 거리에 보다 가깝지만 180m에 이르는 거리에 늘어선 전통 음식점들은 방문할 가치가 충분하다.

잔잔 골목의 메인 요리는 '구시카쓰'다. 케밥과 비슷한 구시카쓰는 다진 돼지고기, 새우, 소시지, 채소, 기타 다양한 재료로 만든다. 재료에 꼬치를 끼우고 일본식 빵가루를 입힌 후 식물성 기름에서 튀기면 구시카쓰가 완성된다. 대부분의 구시카쓰 전문점에는 오픈 키친, 몇몇에 불과한 자리가 있다. 손님들은 자리에 앉아 꼬치를 주문하거나 원하는 수량만을 이야기하고 종류는 셰프의 선택에 맡기기도 한다. 꼬치를 먹기 전에 통에 담겨 나온 검

은색 구시카쓰 소스에 찍어 먹어야 한다. 더 진득하고 달콤한 우스터 소스 같은 이 소스는 구시카쓰의 맛을 한층 돋보이게 한다.

잔잔 골목에는 구시카쓰를 먹을 수 있는 곳이 여럿 있지만 그중 최고로 손꼽히는 곳들은 야에카츠(Yaekatsu), 다루마(Daruma), 텐구(Tengu)이다. 3곳의 가격은 대동소이하다. 이 상점들에는 약 30~40가지의 꼬치가 있다. 꼬치의 가격이 부담 없고 크기가 작아서 선택한 종류가 마음에 들지 않더라도 다른 것을 시도하면 되므로 낯선 재료를 택하는 모험을 할 만하다. 잔잔 골목에 까다로운 규칙이라는 것은 없다. 다만 가게에서 쫓겨나고 싶지 않다면 소스에 꼬치를 2번 이상 담그지 않도록 한다. **AI**

⬆ 튀긴 '케밥'이 구시카쓰 소스와 함께 제공된다.

아라가와Aragawa | 최고급 산다규로 만든 호화로운 스테이크

위치 고베 **대표음식** 스테이크Chargrilled steak | 🍷🍷🍷🍷🍷

보통 스테이크하우스가 미슐랭 스타를 2개 이상 받는 경우는 드물다. 물론 아라가와는 보통의 스테이크 레스토랑이 아니다. 프랑스인들이 와인 생산에 온갖 정성을 쏟듯이 일본에서는 최고 품종의 소를 세심한 기준에 따라 사육한다. 등급제를 시행하고 엄격하게 관리함으로써 최고 품질의 육우를 얻는다.

이러한 고급 품종으로는 미에현의 마츠자카규, 시가현의 오우미규, 야마가타의 요네자와규 등이 있다. 이 품종들도 모두 맛이 뛰어나지만, 아라가와에서는 효고현에서 온 산다규만을 사용한다. 매년 1,000마리의 산다규만이 시중에 공급되며, 그중에서도 최고의 산다규가 아라가와에 당도한다. 레스토랑의 겉모습은 평범하지만 내부는 특징이 살아 있다. 이 멋진 레스토랑의 서비스는 매끄럽고 효율적이며, 분위기는 차분하지만 지나치게 딱딱하지는 않다.

이곳에서는 허리살, 갈비살, 우둔살, 등심을 모두 고온에서 재빨리 구워 스테이크를 만든다. 산다규는 저렴하지 않지만 한 입씩 먹을 때마다 황홀경에 빠지게 된다. 스테이크는 절묘하게 부드럽고 달콤한 향을 내며 고기 맛으로 가득하고 너무 빠르게 녹지 않는 질감을 자랑한다. 스테이크를 씹을 때마다 모든 조각의 맛을 음미해야 한다.

단순한 축우를 넘어선 산다규는 각별히 뛰어난 육우를 생산하는 솜씨 좋은 장인의 손에서 길러진다. 아라가와에 들어온 산다규는 마스터 셰프인 야마다 지로(Jiro Yamada)가 최고의 정성을 다하여 다룬다. 소금, 후추로 간을 한 소고기는 꼬챙이에 끼워져 빈초탄으로 불을 피운 오븐에서 구워진다. 아라가와에서는 모든 식재료를 존중하는 마음으로 다루며 이것이 바로 야마다의 성공 비법이다. 가장 작은 샐러드조차 쉽게 다뤄지지 않는다. 야마다는 셰프를 넘어선 진정한 명인이다. **AI**

⬆ 스테이크만큼 정성스럽게 만들어지는 샐러드.

히나세 마을Hinase Village | 일본에서 짭조름한 굴 팬케이크가 가장 훌륭한 곳

위치 오카야마 **대표음식** 카키오코(굴 오코노미야키)Kaki-oko (okonomiyaki oyster pancakes) | 💲

오코노미야키는 일본 전역에서 즐겨 먹는 음식이다. '좋아함', '굽다'의 의미를 가지고 있는 오코노미야키는 밀가루, 물 또는 육수, 계란, 양배추 채로 만든 반죽에 돼지고기나 새우나 오징어 또는 이들을 모두 넣어 만든 두껍고 짭짤한 팬케이크다. 반죽은 종종 손님상의 철판 위에서 구워지는데, 구운 반죽에 우스터 소스 같은 걸쭉하고 톡 쏘는 맛의 소스를 바르고 가쓰오부시와 파래 가루를 뿌리면 완성된다.

토핑과 반죽은 지역에 따라 다르다. 클래식한 종류를 원한다면 오사카, 국수가 들어간 종류를 찾는다면 히로시마에 가야 한다. 그러나 놓쳐서는 안 될 또 다른 종류가 있는데 이는 바로 오카야마현의 굴 오코노미야키, 즉 카키오코이다. 오사카에서 기차로 3시간 정도 가면 나오는 작은 어촌 마을인 히나세는 굴이 특산품이며 카키오코 1장에 최소한 24개의 작은 굴을 얹어 준다. 물론 굴은 몹시 싱싱하고 맛을 가득 품고 있다. 다른 현에도 카키오코가 있지만 맛, 가격 측면에서 모두 히나세의 카키오코와

는 견줄 수 없다.

굴이 제철인 10월부터 3월까지 많은 사람들이 오직 이 별미를 맛보기 위해 히나세를 찾는다. 카키오코를 한 입 먹으면 탱탱한 굴이 입안에서 터져 풍부하고 짜릿한 바다의 맛을 느낄 수 있다. 굴의 대담한 맛은 톡 쏘는 갈색 소스와 어우러져 잊을 수 없는 순간을 선사한다.

이 마을에는 11개의 카키오코 전문점이 있다. 대부분의 사람들은 역에 있는 관광 정보 센터에서 목록을 집어 들고 서너 군데의 전문점에 들러 오코노미야키를 맛본다. 그러므로 적절한 시기에 이곳을 방문한다면 카키오코 감상자들의 무리를 따라 히나세 마을을 일주하면 된다. 2월에는 히나세에서 매년 열리는 굴 축제 때문에 특히 많은 사람들이 몰린다. **AI**

⬆ 오코노미야키는 일본 전역에서 인기 있는 요리다.

히노데 세멘죠 Hinode Seimenjo | 우동 제면소에서의 자리다툼

위치 사카이데 **대표음식** 사누키 우동 Sanuki udon noodles | **⑤**

가가와현은 일본에서 '우동현'으로 통한다. 가가와현에는 657개 가량의 우동 전문점이 있는데 이는 전국 평균의 3배에 달하는 수치이다. 가가와현 사람들은 물론 이 별명을 자랑스러워한다. 사누키 우동으로 알려진 가가와식 우동의 질감은 일본 다른 지역의 우동과는 완전히 다르다. 가가와식 우동은 탱탱하지만 덜 익은 것이 아니며 탄탄하지만 너무 단단하지 않고 쫄깃쫄깃하지만 끈적끈적하지 않다. 많은 이들은 질감이 완벽하다고 묘사한다. 사람들은 우동 관광차 가가와로 떠나 '순례' 기간 동안 우동을 하루에 4, 5그릇씩 먹는다.

우동 애호가들의 목록에서 가장 위에 있는 제면소는 히노데 세멘죠이다. 이곳의 주방은 오전 11시 30분부터

> "이 군도에 있는 사람 누구에게든지 가가와를 언급하면 그들은 입맛을 다실 것이다."
> gojapan.com

단 1시간 동안 운영되며, 자리는 12석에 불과하므로 자리다툼이 치열하다. 운 좋게 자리를 차지한 사람은 원하는 상태(뜨겁게, 차갑게, 따뜻하게)를 결정하여 카운터에 있는 직원에게 말한다. 손님들은 테이블에 앉아 뜨거운 국물, 차가운 국물, 진한 국물(붓카케) 또는 간장 중에 원하는 국물을 고른다. 어묵이나 삶은 달걀 같은 고명을 올릴 수도 있다.

많은 이들이 사누키 우동을 먹는 방식 중 하나는 갓 건진 뜨거운 면을 생 달걀에 비벼먹는 것이다. 가마타마라는 이름의 이 우동은 카르보나라와 맛이 비슷하다. 이 요리는 2006년에 나온 영화, 〈우동〉을 통해 많은 사람들에게 알려졌다. **AI**

토쿠게츠로 혼텐 Tokugetsuro Honten | 전 게이샤 요정의 호화로운 요리

위치 고치 **대표음식** 가다랑어 타다끼(채소, 폰즈를 곁들인 표면만 익힌 가다랑어)Bonito tataki (seared bonito with herbs and citrus-soy sauce) | **⑤** **⑤⑤⑤**

1983년에 나온 〈게이샤〉는 일본을 상징하는 영화다. 이 컬트적인 고전 영화는 한때 고치에서 가장 큰 게이샤 요정이었던 이 레스토랑의 성격을 짐작하게 한다. 이 영화는 1930년을 배경으로, 당대 일본에서 가장 유명한 게이샤 요정 중 하나였던 '요키로'에 있었던 게이샤 모모와카의 파란만장한 이야기를 보여준다. 정치인, 유력인사부터 야쿠자까지 모두 요키로에 모여 파워게임을 벌였다. 이곳은 음모와 극적인 사건이 벌어지는 장소였다.

그 이후로 요키로는 이름을 토쿠게츠로로 변경하고 일본식 오트 퀴진을 전문으로 하는 가이세키 레스토랑으로 거듭났다. 그러나 건물은 거의 변하지 않아 고전적인 다다미 바닥과 미닫이문이 있는 게이샤 요정의 아름다움에 휩싸인 가운데 환상적인 로컬 만찬을 즐길 수 있다.

이곳의 음식과 건축 양식은 모두 극적이며, 요리는 숨을 멎게 한다. 가장 극적인 요리는 모든 코스 요리가 큰 그릇에 한데 담겨 나오는 이 지역 특유의 사하치(sawachi)다. 사하치에는 회부터 어묵, 샐러드와 과일까지 모든 음식이 아름답게 장식되어 나온다. 주문 가능한 사하치 중 최고는 쿠미모노(kumimono)다. 쿠미모노는 모든 사하치 중에서 가장 전통적이며 아름다운 조합을 보여준다. 예약할 때 쿠미모노를 미리 주문할 가치가 충분하다.

또한 타다끼를 꼭 요청해야 한다. 반드시 먹어봐야 하는 별미인 타다끼는 겉만 익힌 가다랑어를 두툼하게 썰어 양념과 다량의 채소를 올리고 폰즈를 곁들인 요리다. 이는 고치현에서 가장 유명한 요리 중 하나이며, 고치현 토사만의 가다랑어 어장은 명성이 높다. **AI**

하카타 야타이 Hakata Yatai | 하카다의 유명한 노점에서 즐기는 간식

위치 후쿠오카 **대표음식** 돈코츠 라멘Tonkotsu ramen soup noodles | ⑤

모든 아시아 국가에는 길거리 음식 문화가 있으며 일본역시 예외가 아니다. 몇몇 국가에는 활기찬 시장에 밤마다 이동식 가판이 들어선다. 다른 국가에는 뒷골목이나상업지구에 많은 이들을 끌어모으는 고정 가판이 있다.일본에서 먹거리를 파는 카트, 가판이 가장 유명한 지역은 일본 북서쪽 후쿠오카의 하카타이다.

밤이 되면 하카타에는 일본어로 '야타이'라 부르는 이동식 가판이 200개 넘게 출몰하여 현대적인 빌딩 사이에자리를 잡는다. 해가 지면 나카스, 텐진, 나가하마 같은 혼잡한 도심의 뒷길과 골목은 분위기가 180도 달라진다. 알록달록한 간판, 반짝이는 불빛, 북적북적한 공기가 기다란 의자에 앉아 무언가 간단히 먹으라고 유혹한다.

선택지가 워낙 많아 최고를 지목하기 어렵지만 긴 줄이 단서가 되기도 한다. 좋지 않은 선택지를 피하는 것이최선일지도 모른다. 경험을 바탕으로 이야기하자면 날것은 피하는 편이 좋다. 그러므로 스시는 이곳에서 먹지말자.

이 지역의 명물인 돈코츠 라멘은 완벽한 선택이다. 오래 끓인 돼지뼈 육수로 만든 맛 좋고 뽀얀 국물은 진하고강렬하며 맛이 풍부하고 부드럽지만 지나치게 기름지지않다.

전문가들이 선호하는 곳은 정해져 있다. 이들이 좋아하는 야마찬(Yama-chan), 이치류(Ichiryu), 넘버원(Number One)은 방문할 가치가 충분하다. 각 가게마다 돈코츠 라멘의 맛이 다르므로 모두 맛보기를 권한다. 다른 메뉴에도전해보는 것도 좋다. 야마찬의 야키도리, 이치류의 오뎅, 넘버원의 교자는 돈코츠 라멘만큼 인기 있다. **AI**

"야타이, 즉 길가의 음식 가판은 후쿠오카식으로
야식을 즐길 수 있는 곳이다."

Frommer's Japan Day by Day

⬆ 미식가들은 하카타의 노점에서 꼭 음식을 맛보아야 한다.

산소 무라타 Sansou Murata | 온천과 고급 일본 요리가 있는 료칸

위치 오이타 **대표음식** 스테이크와 구운 채소즙 Steak with roast vegetable juices | 💲💲💲💲💲

"소나무가 가득한 산중의 산소 무라타 료칸은 숨은 보석이다."

South China Morning Post

온천을 즐기는 전통은 일본에서 지속적으로 인기를 누리고 있다. 큐슈섬 내 오이타현 유후인(Yufuin)은 온천으로 유명하며, 진정한 일본 문화를 체험할 수 있는 료칸(일본식 숙박업소)이 많다. 이러한 료칸 중 가장 명성이 높은 곳 중 하나는 세련된 료칸인 산소 무라타이다. 유후산 기슭에 위치한 이곳은 온천뿐만 아니라 요리의 품질로도 이름이 높다.

이곳에는 매력적인 평온함이 깃들어 있다. 장식은 두말할 것 없이 아름답다. 이곳은 고전적인 '일본다움'을 앞세우기보다 인테리어와 상품을 통하여 포스트모던한 디자인을 자랑한다.

이와 유사한 철학이 요리에도 적용된다. 재료는 고전적인 방식으로 정확하게 조리된다. 주방은 손님들에게 도전의식을 요구하지 않는다. 그 대신에 최고의 로컬 재료를 구하고 날것에서 맛을 끌어내는 데 집중한다. 그 결과 더할 나위 없이 맛있는 요리가 탄생한다.

산소 무라타는 계절성을 반영하는 여러 코스로 구성된 정교한 일본식 오트 퀴진인 가이세키 요리를 낸다. 이곳에서 제공하는 요리 중 최고는 코스의 중간에 등장하는 섬세한 소고기 스테이크다.

화려한 양념 없이 소금, 후추로만 스테이크를 간하고 익힌 후 구운 채소즙을 렐리시로 곁들여 완성한다. 이 요리 다음으로는 고상하고 절제되었으며 클래식한 교토 가이세키 양식으로 만든 곤들매기 등의 민물고기 요리가 등장한다.

산소 무라타는 일본 요리법을 완벽하게 구현한 음식을 제공한다. 이러한 일본식 컴포트 푸드를 가장 세련되고 맛있게 즐기는 방법은 이 고요한 온천 빌라에서 식사하는 것이다. **AI**

⬆ 이곳을 찾은 손님들은 료칸을 완전하게 즐길 수 있다.

➡ 요리는 제철을 맞은 재료에 따라 달라진다.

뿌옹 통Puong Thong | 핑강 기슭의 숨은 보석

위치 치앙마이 | **대표음식** 무 똠 켐(살짝 볶은 후 향신료로 맛을 낸 간장 소스에 넣고 뭉근히 끓인 돼지고기)Moo tom khem (slow-braised pork in soy sauce with spices) | **⑤**

"맛집 탐험가들은 차고 넘치는 맛집 목록을 갖고 있다. 뿌옹 통은 모든 맛집 탐험가들의 목록에 올라 있다."

Roland Ings, food writer

치앙마이에 위치한 오래된 건물의 소박한 주방에서 모녀 말리(Mali)와 안찰리 띠 아리(Anchalee Ti Aree)는 경이로운 요리를 만들어낸다. '북방의 장미'라는 애칭으로 불리는 이 도시에서는 향토요리보다 클래식하고 완벽하게 구현된 태국 중부 요리를 기대하는 것이 좋다.

안찰리가 함박웃음을 지으며 핑강 기슭을 따라 놓인 테이블 사이로 요리를 연이어 나르는 뿌옹 통은 여유를 즐기기에 안성맞춤인 곳이다. 가족이 운영하는 소규모 식당이므로 재촉은 삼가는 것이 좋다.

길고 긴 메뉴 목록에서 주목할 만한 메뉴는 염 끄라 띠얌(yum kratiem, 현지에서 생산되는 알 작은 마늘, 바삭바삭하게 말린 고추, 캐슈너트, 오징어튀김, 새우볶음, 라임 드레싱으로 만든 따뜻한 샐러드), 쁠라 능 마나우(pla neung manow, 짜릿하고 강렬한 고수, 라임, 칠리 소스를 곁들인 가물치찜), 까이 여우 마 팟 끄라파우(kai yeow maa pad krapow, 고추와 홀리 바질을 넣고 볶은 피단), 꿍 올 뿌 옵 운센(goong or bpu op woonsen, 큰 새우나 게, 미나리, 쌀국수, 향신료를 도기에 넣고 구운 요리), 무 똠 켐(살짝 볶고 향신료로 맛을 낸 간장 소스에서 수 시간 뭉근히 끓인 부드러운 돼지고기) 등이 있다. 이 중 마지막 요리는 가장 인상적이며, 먼 곳에 사는 사람들까지 끌어들이는 요리이므로 전날 예약하거나 테이블에 앉자마자 주문해야 맛을 볼 수 있다.

말리는 요리에 사용하는 모든 커리 페이스트를 즉석에서 만든다. 메인 요리와 소스를 만들 때 동일한 용기를 사용하는 조리법은 미슐랭 스타를 받은 레스토랑에서 흔히 사용하는 방식이다. 뿌옹 통은 미슐랭 스타와는 인연이 없지만 미슐랭 스타를 받은 레스토랑의 요리와 견줄 만한 요리와 약 1/10에 불과한 가격을 자랑한다.

맥주와 탄산음료를 판매하지만 위스키 반입도 가능하다. 위스키를 가져온 고객에게는 얼음과 탄산수가 제공된다. 현금 결제만 가능하다는 점을 기억하자. **KPH & FH**

⤒ 생생한 맛의 향연을 보여주는 고추를 곁들인 생선요리.

사모에 짜이 Samoe Jai | 치앙마이의 탁월한 커리 국수

위치 치앙마이 **대표음식** 까우 소이 Kow soi | 💲

나콘 핑 다리(핑강을 가로지르는 치앙마이 외곽 순환 도로의 북행 교차로를 지탱하는 다리) 바로 아래에 뻗은 타논 파함(Thanon Faham) 길에 위치한 사모에 짜이는 치앙마이의 명물 까우 소이를 맛보기에 가장 적합한 곳으로 유명하다.

까우 소이는 리치한 닭고기 커리를 끼얹은 국수로 지역마다 형태가 조금씩 다르다. 사모에 짜이의 까우소이에는 바삭바삭하게 튀긴 국수가 고명으로 올라간다. 함께 나오는 양배추 피클, 생 샬롯, 라임 조각은 기호에 따라 커리에 넣어 먹어도 좋고 그냥 먹어도 좋다.

까우 소이가 사모에 짜이의 특별한 자랑거리이지만 라프 쿠아 무(laarp khua moo, 태국 북부식 다진 돼지고기 샐러드), 염 까눈(yum kanoon, 어린 잭프루트 샐러드), 싸이 우아(sai oua, 강황, 고량강, 고추로 양념한 치앙마이식 소시지), 다양한 사테(satay) 그릴 구이 등 지역적 특색이 물씬 배어나는 다른 요리도 다양하게 준비되어 있다.

사모에 짜이는 관광객이 일반적으로 다니는 경로에서 살짝 벗어나 있지만 일부러 발걸음을 할 가치가 충분하다. 화려함에 대한 기대는 접는 것이 좋다. 벽면이 트여 있으며 모래, 석탄재, 시멘트를 혼합한 블록으로 지은 건물은 볼품이 없을뿐더러 모든 비품과 식기는 플라스틱으로 만든 것이다. 그러나 다른 많은 태국 레스토랑과 마찬가지로 외관이 수수하다 하여 음식까지 볼품없는 것은 아니다. 실내장식이 호화로울수록 요리가 훌륭한 경우만 접한 초보 여행자는 이를 믿기 어렵겠지만 능숙한 여행자와 현지인은 이 식당에 매일 몰려드는 수천 명의 손님 행렬에 기꺼이 합류한다.

외국인이 태국에서 누릴 수 있는 즐거움 중 하나는 다양한 까우 소이를 경험하고 자신의 입맛에 가장 잘 맞는 까우 소이를 찾는 것이다. 이 즐거움을 찾아 떠나려면 사모에 짜이에서 여정을 시작하라. **KPH**

"사모에 짜이는 치앙마이의 까우 소이 밀집지에 있다. 까우 소이 애호가들은 이곳에서 하루를 꼬박 보낸다."

Lonely Planet

⬆ 사모에 짜이의 까우 소이.

란 출라 Laan Chula | 익숙함에 안주하지 않는 태국 중부 요리

위치 수코타이 **대표음식** 갱 뺏 호이 꼼(쌉싸름한 달팽이 커리)Gaeng ped hoi kom (bitter snail curry) | 💲

대다수의 사람들은 1238년에 건립되었으며 유네스코 세계유산에 등재된 아름다운 고대 도시를 보기 위해 수코타이를 찾는다. 그러나 현대 도심지에서 불과 12km 떨어진 곳에 위치한, 태국 중부 평원 지역의 요리에 능한 이 훌륭한 식당의 존재를 아는 외국인은 거의 없다.

텔레비전에 가끔씩 등장하여 지역의 유명인사가 된 셰프, 쿤 띠(Khun Tee)와 쿤 방꼼(Khun Bangkom)은 다양한 메뉴를 만든다. 이들이 만드는 메뉴는 그 유명한 갱 뺏 호이 꼼 , 팟 끄라빠우 곱(pad krapow gop, 홀리 바질을 곁들인 개구리 다리), 쁠라 툽팀 눙 마나오(pla tubtim nung manao, 레몬, 마늘, 고추와 함께 찐 루비피시), 이 지역 특유의 남 쁘릭(nam prik, 매운 소스) 등으로 다양하다. 새콤한 로컬 타마린드에서 비롯되는 신맛과 단맛의 중독성 강한 조합이 인상적인 남 쁘릭 마깜(nam prik makarm)은 반드시 먹어볼 가치가 있다. 모든 요리에는 야생 사슴고기 등 로컬 식재료가 들어간다.

란 출라에 첫눈에 반하기란 어렵다. 우선 소음이 상당하다. 이곳에서 조용한 휴식은 기대하기 어렵다. 천장에 달린 덜컹거리는 선풍기가 휑뎅그렁하게 길가에 자리잡은 건물의 열기를 식힌다. 텔레비전에서는 드라마가 큰 소리로 흘러나온다. 음식물을 노리는 고양이들이 통로를 돌아다닌다. 그러나 이 모든 것은 재미를 선사한다.

진정한 태국 요리이자 향토 요리이면서, 외국인이 기대하는 전형적인 태국 요리와 거리가 멀지만 훌륭한 요리를 찾는다면 란 출라가 답이 될 것이다. 또한 셰프의 대조적인 성격에서 오는 즐거움을 찾을 수도 있다. 활기찬 쿤 방꼼이 흥을 주체하지 못하면 말수가 없는 쿤 띠가 제동을 걸며, 둘이 영어로, 또 태국어로(사실상 대부분 태국어로) 당신이 먹게 될 것이라 생각하지 못했지만 한번 맛보면 잊을 수 없는 메뉴의 벅찬 향연으로 안내할 것이다. **KPH & FH**

⬆ 쌉싸름한 달팽이 커리는 인기 있는 태국 요리다.

소이 뽈로 치킨 Soi Polo Chicken | 완벽한 닭 튀김

위치 방콕 **대표음식** 마늘 튀김을 얹은 닭 튀김 Deep-fried chicken with crispy garlic | **$**

한적하고 협소한 소이 뽈로(Soi Sanam Khli, 소이 사남 클리)—길 끝의 폴로 클럽의 이름을 따서 명명한, 혼잡한 와이어리스(Wireless) 길에서 벗어난 골목길—에 위치한 이곳은 많은 이들의 사랑을 받는 명소이다. 전면이 개방된 다이닝룸과 냉방 시설을 갖춘 다이닝룸을 보유한 이 식당은 태국 동북부 또는 이산(Issan) 지역의 별미를 다양하게 선보인다. 그러나 먼 곳에서 사람들을 찾아오게 만드는 가장 특별한 메뉴는 가이 또드(gai tod, 닭 튀김)다.

마늘 튀김(추가 주문도 가능하다)을 듬뿍 얹은 황금빛의 바삭바삭한 치킨은 촉촉하고 완벽하게 익었으며 맛이 환상적이다. 이 요리는 전통적으로 쌀밥, 솜 땀(som tam, 그린 파파야 샐러드), 맵싸한 소스와 함께 나온다. 이 요리는 단순하지만 더할 나위 없이 만족스러운 감촉과 맛을 선사한다. 1980년대부터 쿤 짜이 키(Khun Jai Khee)가 가업 형태로 이곳을 운영해왔다. 포마이카 테이블과 금속성 의자가 놓인 실내는 단순하게 장식되어 있다. 종업원들은 친절하고 다정하며, 서비스는 빠르고, 가격까지 합리적이

다. 이러한 이유로 이곳을 추종하는 사람들이 워낙 많아 점심시간이면 와이어리스 길에 위치한 여러 대사관의 직원들이 실내를 가득 채우곤 한다. 인근 호텔로 배달도 한다. 이곳의 인기는 좀처럼 사그라들지 않는다.

치킨이 최고의 자리를 지키는 가운데 숩 노 마이(soop nor mai, 죽순 절임 샐러드), 라프 쁠라 둑(laarp pla dook, 따뜻한 메기 샐러드), 라프 운 센(laarp woon sen, 따뜻한 오리고기와 당면 샐러드), 똠 삽(tom sap, 매콤한 이산식 샤브샤브) 등도 훌륭하다. 이 식당에는 조금의 허세도 없다. 다년의 경험에서 오는 한결같음이 이곳의 강점이다. 소이 뽈로 치킨은 요리가 반드시 호화로울 필요는 없다는 진리를 상기시킨다. 요리에서 중요한 것은 맛이다. **KPH & FH**

⬆ 솜 땀은 닭 튀김과 완벽한 조합을 이룬다.

오 꼬 또 마켓Or Kor Tor Market | 시장에서 맛보는 태국의 길거리 음식

위치 방콕 **대표음식** 팟 뻿사따우Pad ped sataw | $

오 꼬 또는 일반적인 기준을 따르면 식당이라기보다 식재료와 음식을 모두 판매하는 시장에 가깝다. 이 시장은 물 좋은 과일(특히 두리안), 해산물, 다양한 색의 쌀로 유명하다.

당장 먹을 것을 찾아 여기를 방문했다면 건물 뒤편으로 가서 철제 의자가 늘어선, 간이 식당 느낌마저 드는 소박한 푸드코트를 찾으면 된다. 판매대에는 셀 수 없이 다양한 커리, 소스, 요리, 쌀밥, 국수가 담긴 색색의 금속 용기가 있다. 사람들이 만드는 소음을 뚫고 조각낸 오리 고기가 뜨거운 철판 위에서 지글지글 익는 소리가 난다. 공기 중에는 요리에 곧 들어갈 소스와 페이스트의 알싸한 향이 가득하다.

"오 꼬 또는 방콕에서 최상급의 과일과 농작물을 구할 수 있는 시장이다. 요리에 관심이 많다면 방문해야 할 곳."

Lonely Planet

선택지는 매우 다양하다. 인기 메뉴 중 하나로 밥을 곁들인 돼지고기 레드 커리를 들 수 있다. 화끈하게 매운 칠리소스가 함께 나오는 새우 튀김과 오징어 그릴구이도 인상적이다. 그러나 이 시장을 잘 아는 사람이라면 보통 팟 뻿 사따우(매콤한 프타이콩 볶음)를 택한다. 이 요리는 매운맛이 강렬하고 건새우를 넣어 짭조름하다(돼지고기도 간신히 모습을 찾을 수 있을 정도로 조금 들어간다).

오 꼬 또는 시장이지만 이곳에서 만나는 훌륭한 태국 요리를 떠올리면 이곳을 다소 특이한 식당으로 인정하게 될 것이다. **ATJ**

이사야 시아미즈 클럽Issaya Siamese Club | 아름다운 환경에서 즐기는 현대적인 태국 요리

위치 방콕 **대표음식** 칠리소스를 바른 어린 돼지 등갈비와 바나나 꽃 샐러드Chili-glazed baby back ribs and banana blossom salad | $$$

추아 쁠렁(Chua Pleong) 길에서 떨어진 한적한 골목에 위치한 이사야 시아미즈 클럽은 이안 키티차이(Ian Kittichai)의 플래그십 태국 요리 전문점이다. 한스 보게토프 크리스텐슨이 우아하게 디자인한 인테리어와 알록달록한 장식품이 곳곳에 있는 아늑한 정원을 자랑하는 이사야는 시크하고 현대적이다. 그러나 이곳에서 가장 큰 찬사를 받는 것은 요리다. 사람들은 이사야의 요리를 잊지 못해 이곳을 다시 찾는다.

어머니의 노점에서 일을 시작한 키티차이는 어느덧 태국 요리를 이끄는 셰프 중 한 명이 되었다. 그는 전통적인 태국식 레시피를 흥미롭고 대담한 요리로 재탄생시키기 위하여 이사야 소유의 유기농 정원에서 수확한 작물 등 최상급의 식재료를 사용한다.

합리적인 가격의 세트 메뉴에는 이 레스토랑의 대표 요리가 포함된다. 대표 요리에는 향신료로 맛을 낸, 육즙 가득한 어린 돼지 등갈비를 뜻하는 끄라둑 무 아옵(kra-dook moo aob), 땅콩과 샬롯을 얹은 근사하고 짜릿한 바나나 꽃 샐러드를 뜻하는 염 후아 쁠리(yum hua plee) 등이 제공된다.

다른 주목할 만한 메뉴로는 까놈 끄로끄(kanom krok, 짭짤하게 재해석한 전통적인 코코넛 간식), 무싸만 개(mussaman gae, 양 정강이살을 넣은 마사만 커리), 까우 염 방콕(kow yum Bangkok, 포멜로와 타마린드를 넣은 새콤달콤한 쌀 샐러드), 호 목 꿍 멍꼰(hor mok goong mongkorn, 바닷가재 커리 크림을 얹은 메인산 바닷가재찜) 등이 있다. 이 메뉴들 중 무엇을 먹어도 좋지만 이어서 자스민 꽃 판나코타, 그린 커리 마카롱, 카놈 코 쁘라육(khanom kho prayuk, 검은 코코넛 아이스크림으로 속을 채운 찰떡) 등 이사야의 근사한 디저트를 주문해야 후회가 없을 것이다. **KPH & FH**

→ 바나나 꽃으로 만든 섬세한 샐러드인 염 후아 쁠리.

보란 Bo.Lan | 전통과 모던함이 공존하는 태국식 슬로 푸드의 정수

위치 방콕 **대표음식** 보란 밸런스 테이스팅 메뉴The Bo.Lan Balance tasting menu | ❸❸❸

"방콕 최고의 레스토랑 열 곳 가운데 하나라는
명성이 전혀 아깝지 않다."

bangkok.com

수상 경력이 있으며 남(Nahm)에서 경력을 쌓은 부부, 두 앙폰 '보' 송비사바(Duangporn 'Bo' Songvisava)와 딜런 존스(Dylan Jones)가 진두지휘하는 보란은 태국 전통 요리를 슬로 푸드 운동의 중심에 올려놓는다. 가장 신선한 제철 식재료를 고집하고 태국의 농업 및 조리에 해박한 보와 딜런은 남의 데이비디 톰슨(David Thompson)의 요리에 기초하되 태국 전통 요리를 토대로 모던한 요리를 구현하는 데 성공했다.

보란 밸런스 테이스팅 메뉴만큼 이러한 특징을 잘 보여주는 것도 없다. 전통적이고 균형이 빼어난 태국식 식사를 의도한 이 요리는 다섯 부분으로 구성된다. 태국식 샐러드, 렐리시, 볶음요리, 커리, 수프이다. 때로는 이 기본 조합에 다른 요리가 추가되기도 한다. 그리고 태국식 프티 푸르 역시 탁월하다. 태국 전역에서 최고급 유기농 식재료와 아티잔 식재료를 공수하고자 노력하여 요리가 종종 달라진다는 것을 알아둘 필요가 있다.

보란은 페르넷 브란카(Fernet Branca)와 맛이 비슷하며 약효가 있다고 알려진 술인 야 동(yaa dong)을 제조하여 제공하는 몇 안 되는 태국 레스토랑 중 하나다.

알라카르트로는 손수 빻은 페이스트로 만든 탁월한 커리를 추천한다. 커리 중에서도 그릴에 구운 돼지고기와 그린 바나나가 들어간 커리, 그릴에 구운 닭고기가 들어간 레드 커리를 바나나 잎으로 감싼 것이 특히 인기 있다.

이곳은 소이 수쿰빗(Soi Sukhumvit)의 고요한 주거 지역에 위치해 있으며, 아름답게 장식되고 재건축된 태국식 공간이다. 보와 딜런의 디테일에 대한 집념 덕분에 고객은 특별한 경험을 하게 된다. 보와 딜런이 좋아하는 말을 전하자면 보란에서의 식사는 "순수한, 근원적인, 진정한 태국다움"의 경험이다. **KPH & FH**

⬆ 보란의 세련된 테이스팅 메뉴.

남 Nahm | 흥미진진하고 세련된 태국의 맛

위치 방콕 **대표음식** 스네이크헤드 피시 커리(Pla chorn (snakehead fish curry) | **$$$**

이곳은 태국 요리의 세계적 권위자이자 베스트셀러인 『태국 요리(Thai Food)』와 『태국의 길거리 음식(Thai Street Food)』의 저자인 데이비드 톰슨(David Thompson) 셰프의 공작소이다.

톰슨은 첫 레스토랑 2개를 그의 모국인 시드니에 열었다. 그리고 영국으로 이주한 그는 런던 메이페어 지역의 홀킨 호텔에 최초의 남을 열었다. 남은 2001년 문을 열고 6개월이 채 지나지 않아 태국 레스토랑으로서는 처음으로 미슐랭 스타를 받았다.

2010년 톰슨은 방콕으로 이주하여 메트로폴리탄 호텔에 새로이 남을 오픈했다. 이곳에서 최상급의 태국 식재료를 수월히 구할 수 있게 되자 그의 요리는 한 차원 더 성장했다.

남의 실내는 아름답고 화려하지만 앞으로 나올 요리가 딱딱하고 고루할 것이라는 선입견을 줄 수 있다. 그러나 톰슨의 요리는 처음 한 입부터 마지막 한 입까지 세련되며 흥미진진하다. 대표 요리인 스네이크헤드 피시 커리 외에 스모키한 토마토 소스를 곁들인 가브리살과 생강, 녹색 통후추, 태국 바질, 소금에 절인 소고기를 넣은 정글 커리도 훌륭하다.

톰슨은 언젠가 태국인 직원이 자신의 요리가 할머니의 요리 같다고 하는 태국인 직원의 발언을 우연히 듣고 톰슨은 흡족해했다. 옵저버와의 인터뷰에서 그는 "이전 세대의 요리는 우월하고 또 강력하다"고 말했다. "현대 요리의 피상적인 맛이 아니라 마음 깊은 곳을 울리는 맛을 찾는 작업은 흥미진진하다. 이 작업을 할 때면 나는 요리 고고학자가 된 기분이 든다."

"태국 요리는 단순하지 않다. 이질적 요소를 교묘하게 조합하여 조화를 이루는 것이 이 요리의 특징이다. 복잡한 화음도 그러하듯 중요한 것은 조화로운 결과물이지 얽혀 있는 개개의 재료가 아니다. 태국 요리에서 단순성은 미덕이 아니다." **NS**

"일부의 서양인들은 일부는 태국 요리를 마구 뒤섞인 맛이라고 혹평하기도 하지만 이는 실상 태국 요리가 지향하는 바이다."

David Thompson, food writer

⬆ 캐러멜화한 다진 돼지고기, 고추, 고수로 만드는 마 호(Ma hor).

차오 레이 Chao Lay | 바닷가에서 맛보는 호화로운 태국 해산물

위치 후아힌 **대표음식** 뿌 빳 뽕 카리(게 커리) Phu pad pong kari (curried crab) | 💲💲

바다와 나란히 뻗은 나렛담리(Naretdamri) 길에 위치한 차오 레이는 후아힌 부두와 가까운 지리적 이점을 살려 무척 다양한 해산물 요리를 갖추고 있다. 현지인뿐만 아니라 도시에서 놀러 온 여행자, 외국인 관광객에게도 인기가 매우 좋은 이곳은 쿤 팁(Khun Tip)과 쿤 다오(Khun Dao)가 완벽을 기하여 운영하는 곳으로, 편안하고 여유로운 분위기에서 식사할 수 있다. 시끌시끌한 직장동료 무리에게 능수능란하게 요리를 제공하는 한편 사랑을 속삭이는 연인들에게 별빛 아래에서 낭만적인 식사를 즐길 기회를 선물한다.

점심 때는 비교적 조용하지만 태국만에서 온 선선한 저녁 바람이 불고 파도 위에 달빛이 빛나는 때가 오면 본격적으로 분주해진다. 손님들은 길가에 설치된 수조 속의 신선한 생선, 게, 록랍스터를 구경하고 저녁 메뉴를 선택하거나 바로 테이블에 앉아 메뉴를 정한다. 식탁에 올라온 음식의 살아생전 모습을 알고 싶지 않은 경우, 보통 후자의 방식을 따른다.

뿌 빳 뽕 카리(게 커리), 쁠라 먹 터드 끄라티얌(pla muk tod kratiem, 마늘 오징어 튀김), 호이 첸 팟 차(hoi chen pad chaa, 달콤한 가리비 볶음), 다양한 소스를 곁들인 록 랍스터 그릴 구이, 마늘맛 플라 카퐁(pla kapong, 농어) 튀김 등이 특히 훌륭하다. 해산물 똠얌은 매콤한 수프 가운데 가장 맛있는 종류 중 하나로 손꼽는다. 요리는 친절하고 질서가 잘 잡힌 웨이터들이 요리를 신속하게 테이블로 가져다준다.

차오 레이는 대규모 레스토랑으로서는 드물게 친밀한 분위기를 선사한다. 훌륭한 서비스와 요리를 경험하면 분명히 재방문 의사가 생길 것이다. 방콕에서 차로 3시간 거리에 있는 후아힌은 태국에서 최고의 해변 리조트를 자랑하는 곳 중 하나이며 왕족의 여름 휴양지이기도 하다. 대부분의 사람들은 후아힌의 부둣가에 있는 레스토랑 중에서 차오 레이가 최고 중 하나라고 입을 모아 말한다. **KPH & FH**

⬆ 게 커리는 반드시 먹어봐야 한다.

라야Raya | 전국에서 찬사를 보내는 전통 요리가 있는 복고풍 식당

위치 푸껫 **대표음식** 게살, 코코넛 밀크를 넣은 커리와 쌀국수Crabmeat and coconut milk curry with rice noodles | 💲💲

식민지 시대의 역사를 간직한 푸껫의 올드 타운 내 이층 집을 재건축한 건물에 자리 잡은 라야는 현지인과 관광객 모두에게 명소가 되었다. 라야는 가장 높은 평가를 받는 푸껫 내 태국 레스토랑 중 하나이다. 주인 쿤 꿀랍(Khun Kulab)은 태국 왕족, 수상, 연예인이 이곳을 다녀갔다는 사실에 자긍심을 느낀다. 부유한 고객들은 라야의 요리를 항공편으로 공수하여 방콕에서 즐기기도 한다. 푸껫의 여러 셰프가 라야의 주방에서 요리를 배웠으며, 생동감 있는 태국 요리를 배우고자 하는 고객들도 라야의 쿠킹 클래스를 수강한다.

화려한 발코니, 색유리로 장식한 프랑스식 목재 문을 자랑하는 라야의 고풍스러운 건물은 매력적이다. 실내에 들어서는 순간, 옛 태국의 멋스러운 분위기에 마음을 사로잡힐 것이다. 전통 가요, 천장 선풍기, 모자이크 타일로 심플하게 장식한 바닥, 레스토랑 가운데의 계단, 구조가 노출된 목재 천장 등이 고전적 분위기를 조성한다. 흰색 벽에는 태국 국왕의 초상화가 걸려 있다. 흑백 유니폼을 입고 바삐 움직이는 웨이트리스들은 밥, 샐러드, 생 채소, 딥, 소스가 이미 놓여 있는 테이블에 요리를 분주히 나른다.

이 레스토랑은 가느다란 쌀국수가 함께 나오는, 크리미하며 큼직한 게살이 들어간 게 커리로 유명하다. 이 요리는 맛과 질감의 리치하고 환상적인 조화를 보여준다. 이외에도 칠리 소스로 양념한 바삭바삭한 건새우, 매콤한 오리 볶음, 타마린드와 레몬그라스 소스로 맛을 낸 농어 등 다양한 메뉴가 있다. 이상적인 태국 요리가 그러하듯 요리는 고추의 매운맛, 단맛, 짠맛, 신맛의 섬세한 균형을 갖추고 있다. 조리 과정 하나하나에 꿀랍의 엄격한 기준이 적용되므로 이곳의 요리는 꼼꼼한 준비를 거쳐 완성되었으리라 믿어도 좋다. **SH**

⬆ 라야의 매력적이며 예스러운 인테리어.

쿠진 와트 담낙 Cuisine Wat Damnak | 프렌치 풍이 가미된 캄보디아 음식

위치 시엠레아프 **대표음식** 메추라기를 곁들인 죽Sticky rice porridge with quail | 💲💲

FCC Foreign Correspondents' Club Restaurant | 과감한 믹스

위치 프놈펜 **대표음식** 솔트 앤 페퍼 칼라마리Salt and pepper calamari | 💲

전통 크메르 요리는 전 세계에서 가장 오래되고 가장 영향력이 큰 요리 문화다. 크메르 요리는 단순하고 신선한 지역산 제철 재료, 섬세한 향신료들, 식감, 풍미, 온도의 대비를 강조한다. 그리고, 허브와 꽃이나 디핑 소스를 이용한 이국적인 프레젠테이션도 중요하다. 이런 요소들이 최고의 서구 요리 문화인 프랑스 요리와 만났으니, 고도로 세련된 음식을 만들 잠재력은 풍부하다. 이것이 쿠진 와트 담낙이 성공한 비결이다. 이 나라에서 가장 높은 평가를 받는 레스토랑 중 하나인 이곳은 조아네스 리비에르(Joannès Rivière)의 작품인데, 그는 이전에 캄보디아 어린이들에게 요리를 가르치던 프랑스인 셰프이다.

레스토랑은 2층으로 된 소박한 전통 목재 가옥이다. 2종류의 6 코스 테이스팅 메뉴가 있고, 메뉴 내용은 2주마다 바뀐다. 이 메뉴는 고객들이 흔히 주문하지 않는 지역산 별미들을 선보이기 위해서 만든 것이다. 그래서 와트 담낙의 고객들은 암바렐라(ambarella), 자바 페로닐라(Java feronilla), 쿠이(kuy) 같은 친숙하지 않은 과일들을 먹어보게 된다. 메콩 강이나 톤레사프 호수에서만 나는 생선이나 조개류를 먹어보게 되고, 신선한 연꽃 씨나 야생 백합 줄기도 맛보게 된다. 이곳에서 사용하는 재료의 대부분은 지역 시장에서 매일 구입하거나 야생에서 채취한다. 버섯이나 야생 망고스틴, 트로몽(tromong) 잎 같은 것이 야생에서 채취한 재료이다.

이런 모든 것의 결과로 인도 차이나 고전요리에 프랑스의 멋을 가미한 현대적인 요리가 탄생했다. 메추라기 고기가 미모사 샐러드와 같이 테이블에 등장하고, 완벽한 머랭에 보랏빛 용과를 채워 넣기도 한다.

리비에르의 음식은 현지 기준으로 결코 저렴하지는 않다. 그의 아내가 업장을 관리하는데, 2개 층의 식사공간과 촛불 밝힌 로맨틱한 테이블들이 놓인 야외 열대 정원이 있다. **SH**

이곳은 한때 캄보디아 전체에서 몇 안 되는 외교관과 기자들의 안식처였다. 악명 높은 독재자 폴 포트의 몰락도 이 오래된 프랑스 식민지 시대 저택에서 보도되었다. 요즘은 이 도시에 많은 여행객들이 찾아오지만, 클럽은 예전 분위기를 유지하고 있다. 보통은 간단하게 'FCC' 또는 'F'라고 불리는 이곳은, 이제는 인기 있는 레스토랑을 갖춘 부티크 호텔이 되었다.

이곳이 처음 문을 열었을 당시에는 멤버들에게만 개방되는 아지트였다. 도시의 긴장감 넘치는 거리를 벗어나 여기에 들어서면 불편한 평화가 겨우 유지되던, 그런 곳이었다. 어둠 속에서는 기자들이 정보원들과 기밀을 사고 팔곤 했다. 오늘날에는 누구나 들어갈 수 있는 곳인

> "메뉴는 서양과 동양의 퓨전이다. 캄보디아식 커리가 파스타 바로 옆에 자리 잡고 있다."
> travel.yahoo.com

데, 강매를 권하는 장사꾼들과 시끄러운 거리에서 도피하는 장소가 되었다. 베란다에서는 메콩 강 건너의 경관을 볼 수 있다.

메뉴에는 다국적 요리가 섞여 있다. 오래 전 기자들에게 인기 있던 요리 몇 개는 아직도 남아 있는데, 맥주 반죽으로 튀긴 피시 앤 칩스와 피자가 그것이다. 과감한 서구식 요리들에 아시아풍 재료가 들어가기도 한다. 예를 들어, 농어 구이에는 정향, 육두구, 소두구, 구운 땅콩과 으깬 감자를 넣은 코코넛 커리가 곁들여진다. 그리고 끈적한 바비큐 돼지갈비에는 어린 배추와 쌀밥이 함께 나온다. 메뉴에 있는 아시아풍 요리를 시도해보라. 그러면 흑초와 마늘 차이브 소스에 찍어먹는 돼지고기 덤플링 같은 창의적이면서 지역성이 가미된 요리들을 맛볼 수 있다. **SH**

위치 하노이 **대표음식** 퍼Pho | 💲

퍼 10의 앞에는 모터사이클과 스쿠터가 가득 주차하고 있어서 입구가 보이지 않을 때도 종종 있다. 그래도 문 위에 걸린 커다란 오렌지색 조명 간판 덕에 이곳을 놓치지는 않을 것이다. 이 레스토랑에 겉치레 같은 것은 아무것도 없다. 하노이에서 가장 유명한 거리 음식을 맛볼 수 있는 단순하고, 효율적이고, 바쁜 공간이다.

퍼는 베트남의 명물로, 풍미가 가득한 소고기 누들 수프이다. 사람들은 보통 거리 장사꾼에게 사서 간식으로 먹는다. 베트남 수도의 오래된 동네 한쪽, 분주한 코너에 있는 퍼 10에서는 비교적 안락한 환경에서 이 거리 음식을 먹을 수 있다. 여기서 만드는 퍼는 굉장한 갈채를 받았고, 이곳은 이 도시의 명소가 되었다. 카운터는 항상 분주하다. 그러니 줄 서서 기다리다 공용테이블에 남들과 같이 앉을 각오를 하고 오는 게 좋겠다. 여기는 느긋하게 머물 만한 곳은 아니다. 퍼는 빨리 먹는 음식이니까.

주방의 커다란 통에서 하루 종일 육수가 끓고 있다. 손님들은 의자를 잡아서 테이블에 앉는다. 식탁 밑에는 쓰고 난 휴지를 버리는 통이 놓여 있다. 라미네이트된 메뉴는 영어와 베트남어로 적혀 있는데, 10가지 종류의 퍼가 제공된다. 퍼에 들어가는 소고기 부위와 익히는 정도의 조합으로 이 종류가 결정된다. 깊은 하얀 그릇에 담긴 소고기 '국물'에 이 소고기 조각들을 넣어서 서빙하는데, 부드러운 흰색 국수와 싱싱한 허브도 같이 나온다.

손님들은 다양한 양념과 곁들이 음식으로 국물에 맛을 보탠다. 무섭게 매운 고추 조각, 아삭한 숙주, 향이 강한 허브 잎들, 라임 조각, 그리고 섬세한 홈메이드 마늘 식초가 있다. 많은 이들이 과이(guai) 한 접시를 같이 주문한다. 과이는 바삭하게 튀긴 브레드 스틱인데, 국물에 담갔다 먹는다. 퍼10은 단순하면서 만족스러운 곳으로 꼭 들러 볼 만한 곳이다. **SH**

"이 유명한 퍼를 먹어보지 않으면 하노이 방문은 완성되지 않는다."

Rosie Birkett, Guardian

⬆ 향미가 좋은 소고기 퍼에는 국수와 허브가 들어 있다.

꾹 각 꾸악 Cuc Gach Quán | 옛날 베트남 시골음식을 먹을 수 있는 도시 레스토랑

위치 호찌민 **대표음식** 레몬그라스를 곁들인 홈메이드 두부 튀김 Fried homemade tofu with lemongrass | $

> "이곳의 주인이 건축가라는 것은
> 별로 놀랍지 않다. 데코가 소박하면서도
> 우아하기 때문이다."

Lonely Planet

⬆ 이 집의 특별한 요리는 레몬그라스를 넣은 두부이다.

이 레스토랑은 헤드라인을 장식한 적이 있다. 영화배우 브래드 피트와 안젤리나 졸리가 2010년에 이곳에 방문했을 때의 일이다. 사실 현지인들은 이미 이곳을 잘 알고 있었다. 꾹 각 꽌은 베트남 전통 요리에 집중하는 곳이라고 주장하지만, 단골들은 그 이상을 제공한다는 것을 알고 있다. 건축가인 주인은 프랑스 식민지 시대 스타일의 주택을 개조해서, 전쟁 이전의 베트남 분위기가 나는 특이한 장소로 변신시켰다. 낡은 녹음기에서 오래된 포크 뮤직이 흘러나오고, 벽에 붙은 지도에는 식민지 시절의 도시가 그려져 있다. 와인 리스트에는 프랑스산 와인만 나열되어 있다.

이 집은 재활용 재료들을 많이 사용해서 개조했다. 오래된 목재가구, 핸드메이드 조명등, 짝이 맞지 않고 이가 빠진 도기 그릇들이 있다. 결과적으로, 이 나라 최대의 도시 안에 전통적인 베트남 시골 생활의 한 단면을 제대로 재현해낸 것이다.

오픈 키친에서 만드는 요리는 이런 분위기와 완벽하게 어울린다. 싱싱한 지역산 채소에 베트남산 고기와 생선을 보태서 독창적인 방식으로 요리된다. 엄청난 메뉴에는 35가지의 다른 채소들이 들어 있는데, 죽순, 고구마잎, 나팔꽃도 있다. 고객들은 삶는 것, 볶는 것, 또는 신선한 샐러드로 먹는 것 중에 원하는 조리방식을 고르면 된다. 꽃으로 구성된 비슷한 메뉴도 있는데, 이 역시 '당신이 원하는 방식으로 조리'된다.

이곳에서는 가장 화려한 요리조차 가격이 저렴하다. 그렇지만 레몬그라스와 타마린드 같은 토속적인 풍미를 충분히 사용해서 요리한다. 메인 코스에는 입맛 도는 콤비네이션이 들어 있다. 농어에 패션프루트를 곁들이거나, 소고기와 호박꽃을 함께 내고, 바삭하게 구운 돼지고기에는 채소 피클이 따라 나온다. 곁들이 양념으로 홈메이드 꿀과 요거트가 담긴 잼 단지도 나온다. **SH**

마이 May | 거대한 식민지 시대 저택에서 맛보는 정통 베트남 가족 요리

위치 호찌민 **대표음식** 오리알을 넣은 돼지고기 스튜Pork stewed in a clay pot with duck eggS | **S**

프랑스계 베트남인인 사업가 뚜 토(Tu Tho)는 자신이 자랄 때 먹었던 전통적인 가족 레시피를 즐기고 알리기 위해 이 레스토랑을 만들었다. 음식은 그녀의 할머니와 할아버지의 레시피에 기초해서 만들지만, 레스토랑 건물은 그보다는 더 거창한 인상을 준다. 식민 시대의 저택인 이 건물의 하얀색 외관은 밤이 되면 야자수에 둘러싸여 투광 조명 아래서 빛을 발한다. 안에는 화려한 회반죽 장식, 멋진 샹들리에, 반짝거리는 나무 바닥, 그리고 밝은 프렌치 스타일 바를 갖추고 있다. 고전적인 베트남 음식을 즐기기에 알맞은 격조 높은 분위기이다.

이런 주변 환경에 걸맞게, 메뉴는 전통적인 현지 음식을 우아하게 변형시킨 것들로 준비된다. 가벼운 애피타이저(신선한 스프링 롤을 강력 추천한다)를 맛본 후, 새콤 달콤한 수프에 담긴 새우나 타마린드 소스에 넣은 소프트셸 크랩 같은 메인 요리로 넘어가자. 구이요리로는 고전적인 보 라 롯(bo la lot, 향기나는 베텔 잎에 싼 소고기)이나 삼겹살 구이가 먹을 만하다. 나팔꽃, 바나나 꽃, 연꽃 같은 재료는 식감 좋은 샐러드로 변신한다. 그릇은 우아한 청백자기를 사용하고, 서비스는 흠잡을 데 없이 매끄럽고 친절하다.

마이는 가장 신선한 재료만 사용한다는 신념을 가지고 있고, 어떤 요리에도 MSG를 안 쓴다는 원칙을 자랑스럽게 표방하는 곳이다. 두부는 모두 현장에서 만들고, 겉은 바삭하고 속은 부드럽게 튀겨서 레몬그라스와 톡 쏘는 고추를 넣어 요리해서 낸다. 이곳의 대표 메뉴는 뗏 응우엔 잔(Tet Nguyen Dán)이라 불리는 요리이다. 삼겹살을 진흙냄비에 넣어 몇 시간 동안 고아서 만드는 스튜인데, 마늘, 피시 소스, 설탕, 향신료와 삶은 오리알을 같이 넣어 만든다. 이 요리는 설날에 먹는 전통 요리이다. 토는 베트남 가족은 모두 이 음식 만드는 법을 알고 있다고 말한다. 그렇지만, 마이 레스토랑 같은 웅장한 분위기에서 먹기는 쉽지 않을 것이다. **SH**

꼼 니에우 Com Nieu | 화려한 베트남 요리와 현란한 항아리 깨기

위치 호찌민 **대표음식** 꼼 답Com dap | **S**

레스토랑의 입구 위에는 '베트남 미식(Vietnamese Gastronomy)' 이라고만 쓰여 있다. 꼼 니에우는 기발함이 넘쳐나고, 토속 거리음식의 색깔이 나는 음식을 내는 곳으로 유명하지만, 사실 시장의 시끌벅적함과는 거리가 멀다. 스타일리시하고, 넓은 최신식의 레스토랑이다.

이곳의 창업자는 이제는 고인이 된 응옥(Ngoc)이다. 전투적인 여성이던 그녀는 독특한 음식제공 방식을 생각해냈고, 이 방식 덕에 꼼 니에우는 오늘날에도 여전히 베트남 최대의 도시에서 최고로 추천하는 레스토랑 순위에 오르고 있다. 미국의 셀리브리티 셰프인 안소니 부르댕의 추천도 소문이 나는 데 큰 도움이 되었다. 이 레스토랑의 독특한 판매전략은 특이한 방식으로 밥을 짓는 것

> "꼼 답을 주문해보라. 이것은 '부서진 쌀밥' 요리인데, 그릇을 깨고 밥을 던지는 구경거리로 즐거움을 준다."
>
> travel.yahoo.com

에 있다. 여기서는 쌀을 토기 냄비에 넣어 석탄 그릴에서 굽는 방식으로 조리한다. 웨이터는 이 토기를 고객 앞에서 깨뜨리고, 뜨겁고 바삭한 밥 덩어리를 꺼내 손님의 머리 위로 다른 웨이터한테 던진다. 이 웨이터는 여기에 솜씨 있게 양념을 하고 소스와 파를 보탠다. 매일 저녁시간이 끝날 때가 되면, 바닥에는 깨진 진흙 냄비가 여기저기 흩어져 있다.

메뉴에는 300개나 되는 요리가 있다. 디핑 소스를 곁들이고, 새우를 넣은 정통 월남쌈, 그린파파야 샐러드, 달콤한 파프리카 소스와 나오는 풍미 좋은 바닷가재 같은 요리부터 바질을 넣어 볶은 게, 두부를 넣은 생선 수프와 차에 재웠다가 단단하게 삶은 달걀을 곁들인 돼지고기에 이르기까지 다양한 요리를 갖추고 있다. **SH**

328 카통 락사 328 Katong Laksa | 싱가포르 국민 요리의 진정한 맛

위치 싱가포르 **대표음식** 락사Laksa | 💲

"사람들은 마음에 들지 않는 곳에
발걸음을 하지 않는다.
물론 이곳은 늘 문전성시를 이룬다."

Gordon Ramsay, celebrity chef

락사는 싱가포르의 국민 요리라는 호칭이 무색하지 않은 요리 중에 하나로, 섬 전역의 호커 센터와 푸드코트에서 쉽게 찾아볼 수 있다. 이 국수 요리는 칠리 페이스트, 코코넛 밀크로 걸쭉하게 만든 커리에 굵은 쌀국수를 넣고 새조개, 새우, 어묵을 고명으로 올려 만든다.

락사는 수 세기 전 싱가포르가 영국에 점령당했을 때 중국에서 건너온 화교인 프라나칸(Peranakan)에 의해 싱가포르에 알려졌다. 지역별로 다양한 종류의 락사가 있는데, 그중에서도 단맛보다 크림 같은 맛을 내기 위해 리치하고 점도 높은 코코넛 밀크를 담뿍 넣은 락사 르막(lemak)이 싱가포르의 색채를 강하게 머금고 있다.

프라나칸이 대대로 살아온 카통 지역에는 수십 년에 걸쳐 맛있는 락사를 만들어 온 가게가 몇 군데 있다. 특히 이스트코스트길(East Coast Road)은 노점 간 경쟁이 워낙 치열하여 '카통락사 전쟁'의 전장이 되었다. 이스트코스트길 51에 위치한 328 카통 락사는 그중에서 가장 찬사받는 가게 중 하나다. 공간이 협소하여 테이블이 거리로 삐죽 튀어나와 있는 이 노점의 벽에는 락사를 맛본 유명 인사들의 사진이 벽에 빼곡하게 붙어 있다.

락사 국물은 단맛이 지나치지 않고 리치하며 크리미하면서 동시에 향신료의 짜릿한 맛도 난다. 국수는 짤막하게 절단되어 있으므로 숟가락으로 떠먹으면 된다. 이곳의 소유주인 낸시 림(Nancy Lim)은 최상급의 신선도를 자랑하는 해산물과 국수를 포함한 최고의 식재료가 맛의 비결이라고 설명한다. 좀처럼 잊을 수 없는 크리미한 국물은 육수에 비밀 재료가 들어가는데, 그것은 바로 '연유'이다. **JG**

⬆ 맛이 놀랍도록 풍부하며 매콤한 국물과 해산물을 곁들인 락사는
반드시 먹어볼 만한 가치가 있다.

티옹 바루 호커센터 Tiong Bahru Hawker Center | 활기찬 시장 속 노점

위치 싱가포르 **대표음식** 츠위 쿠이|Chwee kueh | **$**

싱가포르의 상인들은 식민지 시대부터 거리에서 장사를 했으나, 제2차 세계대전 이후로 정부가 수많은 복합단지를 만들면서 노점을 실내로 끌어들였다. 이러한 단지는 오랫동안 싱가포르인들의 식사를 책임져 왔다. 오늘날에는 싱가포르 전역에 수백 개에 달하는 호커 센터가 생겼는데, 냉방 시설이 없어 실내 공기가 무덥다는 점만 제외하면 싱가포르 특유의 다문화 요리를 체험하는 데 이만한 곳도 없을 것이다. 모든 요리는 저렴하며 고객이 앉은 테이블로 서빙된다.

호커 센터의 대표적인 곳 중에 하나는 티옹 바루 식료품 시장 & 호커센터(Tiong Bahru Food Market & Hawker Center)다. 이곳은 급속히 현대화된 다른 곳들과 달리 고풍스러운 분위기를 간직하고 있으며 활기찬 동네의 시장 겸 식당으로 이용되는 복합단지 내에 있다. 이곳은 싱가포르 최초의 근린 시장이었는데, 2004년에 2층짜리 식료품 시장 겸 호커 센터로 재정비되었다. 싱가포르 최대 규모의 시장 중 하나로 요리를 판매하는 노점만 80개 넘게 있으며, 이 중 1/4 이상은 1950년대부터 영업해온 곳이다.

티옹 바루를 방문하면 긴 역사를 자랑하는 지안 보 슈이 쿠이(Jian Bo Shui Kueh)에서 끓이고 발효시킨 매콤한 무와 윤기가 흐르는 고추 양념을 찐 쌀떡에 소복이 올린 츠위 쿠이를 먹어봐야 한다. 이 특색 있는 싱가포르 요리는 부드러운 질감이 일품이며 섬세하게 쪄서 마늘, 간장, 깨로 완벽하게 양념되는데, 한입 크기의 간식을 의미하는 '쿠이'로 손색이 없다. 이외에도 차슈와 돼지고기 로스트를 판매하는 홍 헹 오징어 새우 볶음 국수(Hong Heng Fried Sotong Prawn Mee)와 리 홍 키 광둥식 로스트(Lee Hong Kee Cantonese Roasted), 수제 어묵을 자랑하는 차오저우 어묵 국수(Teochew Fish Ball Noodle)가 추천할 만하다. **JG**

응 아 시오 Ng Ah Sio | 수십 년의 역사를 자랑하는 바쿠테의 명소

위치 싱가포르 **대표음식** 바쿠테|Bak kut teh | **$**

바쿠테는 복건어로 '육골(肉骨)차'를 뜻하며, 이를 보양식으로 여긴 중국인 막노동자들이 19세기에 싱가포르와 말레이시아에 들여왔다. 바쿠테는 살점이 넉넉히 붙어 있는 갈비와 다른 뼈를 넣고 수 시간 동안 끓여서 만든 탕으로, 진한 고기 맛과 약재 맛이 난다. 바쿠테에서 차를 의미하는 '테'는 이 요리와 종종 함께 나오는 우롱차에서 비롯되었다. 바쿠테는 세월을 거치며 각각 백후추, 마늘로 맛을 낸 담백한 종류와 진한 간장을 넣은 종류로 발전했다.

싱가포르에는 바쿠테를 판매하는 노점이 많으나 그 중에서도 가장 유명하며 오래된 곳 중 하나는 랑군 로드(Rangoon Road)에 위치한 응 아 시오 돼지 갈비탕집(Ng Ah Sio Pork Ribs Soup Eating House)이다. 남다른 인기를 누리는 이곳은 언제나 사람들이 줄을 서 있다. 2006년 홍콩

> "싱가포르에서 바쿠테를 찾아다니다 이내 깨달았다. 바쿠테를 먹을 수 있는 곳은 많으나 바쿠테를 먹어야 할 곳은 바로 이곳이다."
>
> Marguerite Zuiderduin, food writer

의 행정장관 도널드 창이 방문했을 때에도 당일에 준비한 돼지갈비가 소진되어 대접하지 못했다는 일화는 유명하다. 주인 응 아 시오는 노점상이었던 아버지를 도와 1950년대에 일을 시작한 이래 이곳이 폭발적인 유명세를 얻는 과정을 경험했다. 그는 1988년, 현재 위치에 노점을 열었다.

밤이 되면 비밀스럽게 배합한 향신료와 허브, 최상급의 돼지 갈비를 넣고 온종일 소량씩 끓인 이 중독성 강한 갈비탕을 찾아오는 사람들로 인해 테이블이 인도까지 쏟아져 나온다. 다양하게 준비된 차 중 하나를 고르고 갓 튀긴 도넛과 스튜를 곁들이면 바쿠테를 제대로 즐길 수 있다. **JG**

신 후앗 이팅 하우스 Sin Huat Eating House | 특이한 서비스, 특별한 크랩 비훈

위치 싱가포르 **대표음식** 크랩 비훈 Crab bee hoon | 🌑🌑

신 후앗 이팅 하우스는 게 요리 전문점이 많기로 유명한 싱가포르에서 가장 뛰어난 곳이라고 평가받는다. 조명이 번쩍거리고 약간 때가 탄 듯한 이 식당을 찾은 손님들은 실내 공간이 부족하여 홍등가의 인도까지 나와 요리를 즐긴다.

이곳의 존재 이유라고 할 정도로 대표적인 요리는 살과 알이 가득 찬 스리랑카산 큰 게를 올린 쌀국수 더미와 파, 생강, 고추를 넣은 비밀 육수가 어우러진 크랩 비훈이다. 게살의 달짝지근한 맛과 향신료의 화끈한 맛은 웍 헤이(wok-hei)로 인해 더욱 강렬해지고 마늘 맛이 밴 국수에 착 감긴다.

여기까지는 좋다. 그러나 테이블에 직접 찾아와서 주문을 받는 대신 미리 정한 메뉴를 얼마만큼 제공하겠다

> "싱가포르 최고의 해산물 요리가 제공된다. 당신은 이곳을 비난하고 싶은 만큼 이곳의 요리를 칭송하고 싶을 것이다."
>
> Lonely Planet

고 통보하는 셰프 데니 리(Danny Lee)의 특이한 태도가 반발심을 부추기기도 한다. 게다가 이곳에는 메뉴판이 없다. 셰프가 강압적인 것은 사실이나 말이 통할 여지는 있다. 당신이 심지가 매우 굳다면 원하는 것을 먹을 수도 있을 것이다.

이 외에 주목할 요리로 고온의 기름에서 단시간에 튀기고 마늘과 XO소스로 맛을 낸 카이란(kai-lan, 중국 케일), 블랙빈 소스를 담뿍 올린 조가비째 나오는 가리비, 마늘과 함께 데친 큰 새우찜 등이 있다. 상냥하지만은 않은 셰프의 태도에도 불구하고 사람들은 이곳으로 향하는 발길을 끊지 못한다. **JG**

앙드레 Andre | 꿈결같이 완벽한 미식 경험

위치 싱가포르 **대표음식** 8차원 철학 Octa-philosophy | 🌑🌑🌑🌑

앙드레 치앙(André Chiang)은 요리를 시작한지 얼마 되지 않았을 때부터 세계의 음식을 찾아다녔다. 그는 15세에 어머니의 동의를 받아 고국인 대만을 떠났고, 파리에 있는 피에르 가니에르와 라스트랑스, 몽펠리에에 있는 르 자르댕 데 상스에서 요리를 배웠다.

테크닉이 탁월하고 식재료를 중시하는 유럽 거장들의 주방에서 쌓은 경험과 아시아 요리에 대한 존경심을 바탕으로 그는 2010년 싱가포르 내 차이나타운의 중심지에 자신의 이름을 딴(이름의 악센트까지 살리지는 못하였으나) 레스토랑을 열었다.

이 레스토랑의 저녁 메뉴는 앙드레 창이 완벽한 미식 경험에 필수적이라 여기는 8차원의 '보편적 특질'로 구성된다. 그는 이 8차원 철학의 구성요소를 질감(texture), 기억(memory), 순수성(pure), 테루아(terroir), 독특성(unique), 소금(salt), 남부(south), 장인(artisan)으로 명명했다. 이들이 연결되어 프랑스 남부의 맛을 구현하고, 어린 시절의 컴포트 푸드를 연상시키며, 상상을 뛰어넘는 맛의 조합을 만드는 기술을 이지적으로 활용한 코스가 완성된다.

이와 같은 8가지의 기본 요소는 불변하나 각 요소를 실체화하는 메뉴는 시즌별로 다르다. 그러나 앙드레 소유의 대만에 있는 밭에서 정성스럽게 기른 식재료를 활용한 요리, 파스티스(pastis)로 남부 프랑스 요리의 맛을 낸 해산물 스튜, 재해석한 스니커즈 초콜릿 바로 대표되는 분자요리 디저트 등 몇몇 압도적인 메뉴는 바뀌지 않는다.

30석으로 제한된 좌석, 단 7명으로 운영되는 주방 덕분에 앙드레는 친밀한 분위기 속에서 개인에게 최적화된 미식 경험을 제공한다. 이 곳은 이지스와 함께 싱가포르 최고의 레스토랑이라는 찬사를 받고 있다. **JG**

➡ 앙드레의 요리는 우아한 미식 경험을 선사한다.

이지스 Iggy's | 오차드 로드에서 즐기는 현대적 요리와 기품 있는 와인

위치 싱가포르 **대표음식** 지야르도 특산 굴Gillardeau oyster | 🥄🥄🥄🥄

2004년 설립자 이그네셔스 찬(Ignatius Chan)의 이름을 따서 만들어진 이 레스토랑은 세계적으로 최고의 레스토랑 중 하나로 손꼽힌다. 힐튼 호텔 내에 자리 잡은 이 레스토랑의 목재문이 열리면 절제된 조명이 드리우는 우아한 공간이 드러난다. 이곳은 2010년에 이전한 곳으로, 원래 레스토랑은 리젠트 호텔 내에 있었다. 이전의 공간은 유럽, 아시아, 오스트레일리아에서 최상급 제철 식재료를 공수하여 아담하고 친밀한 분위기에서 훌륭한 요리를 선보이겠다는 이지스의 꿈이 실현된 28석 규모를 가지고 있었다.

지금 이지스는 초기에 비해 전체 면적과 주방 면적은 2배 가량 넓어졌으나 좌석 수는 고스란히 유지 중이다. 주인 이지는 새 공간에서 해외 여행 경험에 기반하여 셰프 아크말 아누아르(Akmal Anuar)가 이끄는 요리팀과 함께 창의적인 요리를 만들어낸다. 이지는 1989년 싱가포르 만다린 오리엔탈 호텔 내 프렌치 레스토랑인 푸흐셰트(Fourchettes)에서 경력을 쌓기 시작했다. 이어서 그는 싱

가포르에 돌아오기 전까지 유럽 곳곳을 탐방하는 한편 보졸레, 부르고뉴, 보르도에 위치한 프렌치 레스토랑과 와이너리에서 경력을 쌓았다.

그의 요리는 정통적인 훈련과 일본에 대한 애정에 근간을 두고 있다. 흰콩, 성게, 오크라를 곁들인 눈볼대(aka-mutsu)라든지 적채와 카베르네 소비뇽 식초를 곁들인 지야르도 특선굴 등의 요리에서 나타나듯 그가 구현하는 맛은 산뜻하고 완벽하게 조화를 이룬다.

이곳에 방문하면 이지 또는 다른 직원에게 각 요리와 어울리는 와인을 추천받는 것이 좋다. 이지가 가장 애호하는 포도 품종 중 하나가 피노 누아이므로 와인 리스트는 버건디는 물론, 스파클링 사케 등 덜 알려진 주류에도 강세를 보인다. 이지스에 세계 최고라는 수식어가 붙는 것에 누구도 이견을 표하지 않을 것이다. **JG**

⬆ 캐비아와 차가운 소면으로 구성한 세련된 요리.

위 남 키 Wee Nam Kee | 품질에 대한 고집이 묻어나는 치킨 라이스 외길

위치 싱가포르   **대표음식** 하이난식 치킨 라이스 Hainanese chicken rice | $

싱가포르의 '국민 요리'라는 타이틀을 놓고 경쟁하는 요리 중 하이난식 치킨 라이스가 있다. 이 음식은 이름에 중국 남부의 섬 하이난이 들어가지만 분명히 싱가포르 특유의 음식이다.

싱가포르에 와서 치킨 라이스를 맛보지 않는 경우는 거의 없다. 치킨 라이스는 노점, 푸드코트부터 고급 레스토랑, 비행기까지 거의 모든 곳에서 제공된다. 채터박스(Chatterbox), 옛 콘(Yet Con), 분 통 키(Boon Tong Kee) 등은 오랜 세월 동안 치킨 라이스를 만들며 명성을 얻었으며 싱가포르 전역에 지점을 설립해왔다. 한편 유명세를 얻어 해외에서 싱가포르 요리를 대표한다고 알려진 치킨 라이스 간이식당도 있다. 1987년 설립된 위 남 키가 그중 하나로, 싱가포르 내에 지점이 몇 개 있을 뿐 아니라 필리핀의 마닐라에도 지점이 있다. 위 남 키는 유럽, 오스트레일리아 등 해외에서 열리는 미식 축제에서 치킨 라이스를 선보이기도 한다.

진열창을 통해 윤기와 육즙이 가득한 삶은 닭, 구운 닭이 줄줄이 늘어선 모습을 볼 수 있다. 식당 앞을 지나가면 닭 기름을 넣고 지은 밥의 거부할 수 없는 향기와 다진 마늘, 갓 다진 고추 양념의 아찔한 향에 사로잡힌다. 위 남 키에서는 전통적으로 닭고기를 끓기 직전의 돼지 및 닭 육수에 담가 익히고 이 육수는 중국의 마스터 스톡(master stock) 전통에 따라 재사용한다. 그리고 쌀밥은 별도의 닭 육수로 지어 쌀알에 반드르한 윤기와 풍부한 맛을 입힌다.

대부분의 치킨 라이스 전문 간이 식당에서는 시판 믹스와 유지(油脂)를 활용하지만 위 남 키는 원재료를 활용하여 손수 만든다. 여느 식당에서 사용하는 닭 기름 대신에 판단잎(Pandan Leaf)과 허브로 맛을 낸 유지를 첨가한 닭 육수로 밥을 짓는다. 이렇게 만든 치킨 라이스에 수제 칠리 소스와 다진 생강 소스를 듬뿍 곁들여 먹는 치킨 라이스는 보다 환상적이다. **JG**

⬆ 싱가포르 정통 요리인 하이난식 치킨 라이스.

라인 클리어 나시 칸다르 Line Clear Nasi Kandar | 페낭 리틀 인디아의 유서 깊은 식당

위치 페낭 **대표음식** 아얌 고렝 Ayam goreng | ⑤

> "현존하는 나시 칸디르 음식점 가운데 가장 오래된 곳 중 하나. 이곳을 놓치면 식도락 여행이 완벽해질 수 없다."
>
> Time Out

⬆ 아얌 고렝은 놓쳐서는 안 될 사이드 디시다.

페낭 요리에 가장 중요한 영향을 끼친 외국 요리는 19세기 후반에 남인도와 스리랑카에서 말레이 반도로 이주해 온 타밀족의 요리이다. 타밀족은 당시 말레이시아에 없었던 큐민, 회향, 고수 등 각양각색의 허브와 향신료를 들여왔다. 머지 않아 이 식재료는 말레이시아 요리에 스며들었고 피시 헤드(fish head) 머리 커리, 미고렝(mee goring, 볶음 국수), 로티 차나이(roti canai, 납작한 빵), 나시 칸다르(커리와 밥) 등 퓨전 요리의 탄생에 기여하였다. 이 가운데 나시 칸다르는 탄생 초기부터 항구 노동자들에게 저렴하고 든든한 영양 공급원으로 많은 사랑을 받았다.

말레이어로 나시(nasi)는 호커를, 칸다르(kandar)는 호커 상인이 어깨에 짊어지고 다닌 나무 막대를 의미한다. 칸다르의 양쪽에는 나무 바구니가 달려 있었으며 바구니 하나에는 쌀밥, 다른 하나에는 커리와 다양한 사이드디시가 담겨 있는 것이 일반적이었다. 행상이었던 호커 상인들은 시간이 지나며 고정된 장소에서 영업하게 되었다. 오늘날 수천 개에 달하는 나시 칸다르 식당 가운데 라인 클리어는 츌리아(Chulia) 거리 인근의 아케이드 내에 문을 연 1947년부터 오늘날까지 이어지는 가장 오래된 역사를 자랑하는 곳 중 하나이다. 24시간 영업하는 이 가게에는 언제나 손님이 가득하며 점심시간과 주말에는 더 많은 손님이 몰려 든다.

사람들은 줄을 서서 쌀밥 또는 나시 브리야니(nasi biryani)에 수많은 사이드 디시 중 무엇을 곁들여 먹을지 선택한다. 가장 인기 있는 선택지로는 아얌 고렝(황금빛으로 튀긴 닭), 새우 커리, 생선머리 튀김, 오징어 커리, 오크라 등과 그날그날 준비되는 특별 메뉴를 들 수 있다. 밥 위에 커리를 넘치도록 끼얹으면 먹을 준비가 끝나는데 커리를 끼얹는 과정을 '넘치다', '범람하다'는 의미의 반지르(banjir)라고 표현한다. 대부분의 음식은 낮 공기만큼 뜨겁고 매콤하다. 식사 후에 화끈화끈한 혀를 진정시키려면 갓 짜낸 라임 주스나 반둥(bandung, 장미 시럽을 넣은 음료)을 마시면 된다. **JG**

헹 후앗 코피티암 차 퀘이 테오 노점 Heng Huat Kopitiam Char Koay Teow Stall | 요리만큼이나 유명한 접객 태도

위치 페낭 **대표음식** 차 퀘이 테오Char koay teow | 💲

페낭의 노점상을 모두 통틀어 헹 후앗 코피티암에서 퉁명스러운 태도로 음식을 제공하는 순 수안 추(Soon Suan Choo)처럼 찬양과 두려움의 대상이 되는 사람도 없을 것이다. 사람들은 그녀가 자랑하는 볶음 쌀국수인 차 퀘이 테오(Char Koay Teow)의 앞 글자를 따 그녀에게 CKT 여사(Sister CKT)라는 별명을 붙였다.

그녀의 유명세는 무뚝뚝한 태도와 강압적인 주문 규칙에 기인한다. 주문은 복건어로만 가능하다고 봐도 무방하며 다른 언어로는 그녀와 소통이 불가하다. 또한 음식이 나오기까지 최소 45분을 기다려야 한다. 하물며 가격까지 페낭 내 다른 노점에 비해 2배 가량 높은 이 노점이 문을 닫지 않고 이 책에 이름을 올렸다는 사실이 신기할지도 모른다. 그러나 손님들은 거듭하여 이곳을 찾아오고 요리에 마음을 뺏겨 여러 단점을 잊어버린다.

차 퀘이 테오는 페낭이 영국 치하에서 전 세계 상인들이 몰려드는 상업 중심지였던 시절, 차오저우와 호키엔 요리의 영향을 받아 탄생한 별미다. 말레이시아의 다른 지역과 싱가포르도 저마다의 차 퀘이 테오가 있으나 싱싱한 새우, 새조개, 라드, 중국 부추, 중국 소시지를 넣고 만드는 페낭식 차 퀘이 테오가 으뜸이라고들 한다.

이 유명한 차 퀘이 테오의 비밀은 몹시 뜨겁게 달군 프라이팬과 가스레인지의 편리함을 포기하고 CKT 여사가 하루 종일 피우는 숯에 있다. 최적의 온도를 유지하기 위하여 국수는 1인분씩 볶는다. 그 결과로 달콤하고 짭조름한 맛의 조화, 가장자리가 섬세하리만치 살짝 그을린 국수, 흔히 '불맛'이라고 일컫는 '웍(wok)의 숨결'이 깃든 향이 탄생한다. **JG**

"맛이 탁월하다. 간은 딱 맞다. 깜짝 놀랄 만한 무언가가 있는 곳이다."

Chen Jinhwen, The Straits Times

⬆ 차 퀘이 테오, 신선한 해산물과 쌀국수.

호 키 치킨 라이스 볼 Hoe Kee Chicken Rice Ball | 말라카에서 가장 오래된 치킨 라이스 볼 식당

위치 말라카 **대표음식** 치킨 라이스 볼 Chicken rice ball | **⑤**

> "닭고기는 놀랍도록 촉촉하고 육즙과 맛이 풍부하다. 간장 소스는 먹다 죽어도 모를 정도이다."
>
> The Hungry Bunny

말라카 해협의 주요 항구도시인 말라카는 세계 각지의 선원과 상인을 맞이한다. 말라카에 깃든 세계 각지의 영향은 페라나칸, 말레이시아, 포르투갈, 인도 요리의 흔적이 혼재하는 말라카 요리에서 찾아볼 수 있게 되었다.

말라카에서 가장 칭송받는 별미 중 하나는 하이난식 치킨 라이스를 변형한 치킨 라이스 볼이다. 이 요리는 말라카와 배후지 전역에서 찾을 수 있으나 가장 오래되고 뛰어난 치킨 라이스 볼을 찾는다면 이 식당을 방문해야 한다.

역사적 의미가 깊은 존커 워크(Jonker Walk)에 위치한 이 가게는 문 밖으로 길게 늘어선 줄 덕분에 쉽게 찾을 수 있다. 주인인 츄 킴 포(Chew Kim Por)는 장남과 함께 1960년대부터 치킨 라이스를 판매해왔다. 초기 손님들은 대부분 조선소의 막노동자였다. 츄 여사는 야외에서 점심을 해결하는 이들을 위하여 수저가 필요 없도록, 그리고 밥이 보다 오랫동안 온기를 머금도록 치킨 라이스를 공 모양으로 뭉쳤다. 오늘날 치킨 라이스 볼은 말라카 요리의 상징으로 등극하였다.

중국 고택 분위기를 연출하고자 우아하게 장식한 건물은 전통적인 목조 기둥과 자연광이 고스란히 쏟아지는 중앙 공간을 자랑한다. 주문하기 무섭게 김이 모락모락 나는 따뜻한 요리가 제공된다. 대표 요리인 치킨 라이스 볼은 삶은 닭고기와 공 모양 쌀밥이 전부여서 만들기 쉬워 보일 수 있으나 특유의 밀도감과 모양을 만들어내기가 꽤 어렵다. 밥에 온기가 남아 있을 때 만들어야 전분의 도움으로 밥을 뭉칠 수 있기 때문이다. 오늘날에는 숙련자가 부족하여 많은 양을 주문하는 손님에게는 둥글게 뭉친 밥뿐 아니라 그냥 퍼 담은 밥도 제공된다. 닭고기의 살결은 언제나 풍미가 훌륭하며 부드럽고, 부들부들하고 매끈한 껍질은 변함 없이 칠리 소스와 다진 생강을 찍어 먹기에 안성맞춤이다. 이 외에 아삼 생선(asam fish), 볶은 배추, 뭉근히 끓인 검은콩 수프, 연근 수프도 꼭 먹어봐야 할 요리다. **JG**

⬆ 찐 닭고기를 곁들인 쌀밥 볼.

➡ 말라카 차이나타운 내 존커 워크(Jalan Hang Jebat)에 위치한 노점들.

사딘 Sardine | 태양의 요리를 선보이는 감각적인 발리식 레스토랑

위치 발리 **대표음식** 바나나 잎으로 감싼 바라문디 찜Steamed barramundi wrapped in banana leaves | ⑤⑤

"발리에서 가장 매력적인 레스토랑 중 하나인 사딘은 대나무와 경이로운 풍경을 토대로 만든 공간이다."

frommers.com

⬆ 다양한 색의 식재료로 완성한 스타일리시한 요리.

캘리포니아 출신 셰프 마이클 샤힌(Michael Shaheen)은 사딘에서 그가 선보이는 작업물을 더운 기후에서 즐기기에 적합한 건강하고 라이트한 요리라는 의미에서 '태양의 요리'라고 칭한다. 이 요리의 기본 구조는 짐바란(Jimbaran) 마을에서 어부들이 당일 잡은 해산물과 레스토랑 소유의 농장에서 수확한 유기농 작물의 조합이다.

사딘을 방문하면 감자와 채소 샐러드를 곁들인 킹피시 구이, 그린파파야, 조개, 새우를 곁들인 쥐치(triggerfish) 그릴 구이, 아삭아삭한 채소와 아시아 풍 허브 샐러드를 곁들인 오파카파카(opakapaka) 구이 등의 메뉴를 접할 수 있다. 이들 메뉴와 함께 루콜라 레몬 쿨리, 라임과 버진 올리브 오일, 오이 요거트 소스, 베트남식 녹색 소스와 칠리 소스 등의 산뜻한 소스가 제공된다. 또한 호박꽃, 톳과 같은 신선한 로컬 재료와 소바, 폰즈 소스, 삼발 같이 비교적 친숙한 아시아 식재료도 눈길을 끈다. 디저트는 판나코타, 크렘 브륄레, 셔벗 등 유럽의 고전에 생강, 코코넛, 카피르 라임 잎 등 현지 특유의 식재료로 개성을 더한 메뉴가 주를 이룬다.

이처럼 현대적이고 섬세하며 산지가 다양한 재료의 활용으로 사딘은 발리에서 높은 명성을 얻었다. 명성은 프랑스 출신의 전 셰프와 그의 아내인 슬로베니아 출신의 예술가가 공고히 다져 놓은 맛과 멋에서 비롯된 것이기도 하다.

이곳에서 사람들은 화병, 화려한 미술품, 길게 늘어진 조명으로 장식한 대나무 초가 정자에서 논이 보이는 전망을 즐기며 식사를 한다. 논 바로 옆에 있는 야외 라운지의 소파 겸 침대에서 여유롭게 칵테일이나 커피를 즐길 수도 있다.

캘리포니아 요리에도 강한 샤힌은 이곳에서 여러 식문화의 참신한 조합을 만들어냈다. 그의 대표 메뉴로 바나나 잎으로 감싼 바라문디 찜, 홍차로 맛을 낸 훈제 연어와 배, 라즈베리 라임 그라니타와 발리산 파인애플 그릴 구이 등이 있다. 세련되고 현대적인 감각을 불어넣은 열대지방의 요리를 찾는다면 사딘이 정답이다. **SH**

베벡 뱅일 Bebek Bengil | 마지막 한 점까지 맛있는 오리 요리가 있는 발리의 명소

위치 발리 **대표음식** 바삭바삭한 오리 튀김 Crispy duck | **⑤**

외지인들에게 어감이 이질적일 수 있는 베벡 뱅일은 인도네시아 토착어로 '지저분한 오리'를 의미한다. 이 이름은 레스토랑을 세울 당시 실내에 뒤뚱뒤뚱 들어온 오리 떼에서 착안한 것이다.

놀랍게도 이 레스토랑의 초기 메뉴는 오리 요리가 없었다. 개점 후 얼마 뒤에야 오리 요리를 내놓았는데 이 시도는 매우 성공적이었다. 지금은 오리가 간판을 뒤덮다시피 하고, 오리 모양의 냅킨 꽂이가 테이블에 비치되어 있으며, 대표 요리인 중국식 바삭바삭한 오리 요리를 맛보기 위해 수많은 이들이 이 레스토랑을 찾아온다.

아시아의 전통 요리인 바삭바삭한 오리 튀김은 인도네시아 향신료에 재운 오리를 찌고 튀겨서 만든다. 이 과정에서 오리 기름이 상당량 빠져나온다. 완성된 오리 반 마리가 볶은 감자, 샐러드 또는 쌀밥, 발리식 채소 요리와 함께 손님상에 오른다.

베벡 뱅일은 발리 중부의 우붓(Ubud)을 찾는 여행자들이 어김 없이 방문하는 명소가 되었다. 연꽃과 야자수가 가득한 열대 정원, 그림 같은 논을 배경으로 곳곳에 세워진 초가 정자에 테이블이 줄지어 있다. 좌식 테이블에 앉아 손으로 식사하는 사람들도 있으나 대부분은 서양식 테이블에 자리를 잡는다. 이 '지저분한 오리 레스토랑'은 성업을 이루어 2개의 분점을 냈다. 하나는 발리의 누사두아(Nusa Dua)에, 다른 하나는 인도네시아의 수도 자카르타에 있다.

오리 튀김 외에 마늘로 맛을 낸 달팽이, 그리스식 샐러드, 과카몰레, 후무스, 피시 앤 칩스 등 서양식 메뉴도 다양하다. 개방적인 미식가를 위한 정통 발리 요리도 준비되어 있다. 로컬 메뉴로는 우랍(urap, 코코넛을 곁들인 찐 채소 샐러드)을 곁들인 바비 굴링(babi guling, 새끼돼지 구이), 레이스타펄(rijstafel, 치킨 커리, 계란 커리, 사테, 생강 치킨 등 다양한 사이드 디시를 쌀밥에 곁들인 요리) 등이 있다. **SH**

"발리의 가장 유명한 요리를 맛보는 데 이보다 아름답고 평온한 곳은 상상하기 어렵다."

John Brunton, Guardian

⬆ 베벡 뱅일의 열대 정원.

Oceania 오세아니아

호주와 뉴질랜드의 외식 무대에는 신선함과 흥미진진함이 넘쳐난다. 이들은 뛰어난 현지산 재료와 그것으로 만드는 창의적인 요리에 대한 자부심이 대단하다. 당신은 뉴질랜드의 와인 농장에서 신선한 농산물을 즐길 수 있고, 시드니의 본다이 비치를 바라보며 맛있는 해산물로 이루어진 정찬을 대접받을 수도 있다. 오세아니아에서의 외식은 매우 특별한 이벤트이다.

← 콰이 레스토랑에서 바라본 경관, 시드니, 호주.

노틸러스_{Nautilus} | 열대낙원에서 즐기는 범상치 않은 음식

위치 포트 더글러스 **대표음식** 그린파파야 샐러드를 곁들인 무늬바리 Whole coral trout with green paw paw salad | ⑤⑤⑤⑤

어떤 이들은 실내에서 식사하는 것을 좋아하고 어떤 이들은 야외에서 먹는 걸 더 선호한다. 퀸즐랜드 북쪽의 작은 마을, 포트 더글러스에 있는 노틸러스는 후자들을 위한 곳이다. 이곳의 천장에는 물결치는 열대 야자수들이 캐노피처럼 드리워져 있다. 탁 트인 공간인 다이닝룸에는 울창한 식물들 사이로 섬세하게 자리 잡은 테이블들이 있고, 각 자리마다 정성스레 밝힌 조명을 갖추고 있다. 노틸러스는 열대 식재료들을 잘 조합하여 명인의 기술로 훌륭한 요리를 창조해낸다.

껍데기를 바삭하게 한 삼겹살을 가시여지(soursop, 커스터드애플과 유사한 즙이 많은 과일) 수플레와 함께 내는 애피타이저는 새콤달콤한 라임 글레이즈와 사천식 후추소금이 곁들여 지는데, 맛의 대비가 조화롭다. 다른 요리로는 기름지고 풍미가 좋은 레몬 머틀 닭게(spanner-crab)로 만든 군만두가 있다. 두 요리 모두 토종 재료를 전통적인 조리방식으로 요리한 것이다.

메인 요리는 바삭한 감자, 새우버터 베어네이즈, 양송

이 소스와 곁들인 소고기 안심과 같은 육류 요리가 있다. 그러나 이 대보초(Great Barrier Reef) 지역에선 자연스레 지역산 어류를 맛보고 싶은 욕구가 들 것이니 동네 마켓에 무늬바리가 있는 지를 알아보기 바란다. 무늬바리는 말랑말랑한 결과 부드러운 풍미를 가진 독특한 사초 생선이다. 이 생선에 가벼운 아시아풍 양념을 뿌려 튀긴 후 그린파파야 샐러드와 같이 내는데, 감미롭고 짭짤한 캐러멜 드레싱과 인상 깊은 칠리 잼을 곁들인다.

아니면, 인접한 노던테리토리(Northern Territory)주에서 나오는 진흙게(mud crab) 같은 특산품을 맛볼 수도 있다. 이 게는 양념 없이 그냥 먹어도 단맛이 살짝 도는 진한 버터 향을 가지고 있는데, 노틸러스는 옐로우 코코넛과 카피르 라임, 칠리, 레몬그라스 또는 감귤향 버터를 이용하여 이 게의 풍미를 한껏 끌어올린다. **HM**

⬆ 가시여지 수플레를 곁들인 삼겹살로 식사를 시작하라.

베라르도즈 Berardo's | 가장 세련된 모습의 오스트레일리아식 해변 다이닝

위치 누사 **대표음식** 성게 버터, 사과, 잎을 곁들인 허비베이의 가리비 요리 Hervey Bay scallops, spiced sea-urchin butter, apple, and leaves | ❸❸❸

베라르도즈라는 이름은 퀸즐랜드 남동부의 세련된 해안 마을인 누사의 진수를 표현하기 위해서 만들어졌다. 이 곳은 두 개의 분점이 있다. 베라르도즈 레스토랑과 캐주얼한 비스트로인 베라르도즈 온 더 비치(Berardo's on the Beach)가 그것이다. 두 가게의 주인인 짐 베라르도(Jim Berardo)와 그렉 오브라이언(Greg O'Brien)은 누사에서 상당한 영향력을 가진다. 지역사회에 환원하기 위한 한 방법으로 그들은 유명한 '누사 음식과 와인 축제(Noosa Food and Wine Festival)'을 주관하고 있다.

화이트 온 화이트로 단장한 베라르도즈 레스토랑의 다이닝룸은 우아한 분위기를 자아낸다. 이 세련된 분위기에서 셰프들은 근처에 있는 휴양지인 선샤인코스트에서 나는 농산물과 풍부한 해산물을 비롯하여 부데림(Buderim)과 멜레니(Maleny) 같은 내륙지역에서 나는 재료들로 요리를 선보인다. 이 레스토랑의 대표적인 요리로는 닭게의 살로 파스타 안을 채운 매혹적인 라비올로 요

리와 허비베이에서 나오는 가리비를 강렬한 성게 버터로 마감한 요리가 있다. 또 다른 요리로 물루라바에서 가지고 온 새우도 추천할 만하다. 이 새우는 살이 많고 달콤하며 같이 곁들여지는 회향, 핑크 그레이프프루트와 멋진 조화를 이룬다.

메인요리에는 그린망고, 칠리, 사탕수수 주스로 조리된 인상적인 생선요리가 있다. 뿐만 아니라, 오스트레일리아산 과일들로 향을 내고 천천히 익힌 버크셔(Berkshire) 돼지고기 삼겹살, 퀴노아와 블러드 오렌지를 곁들인 오리가슴살 구이 같은 육식가용 별미도 주문할 수 있다. 파인애플 타르트나 라즈베리 판나코타 같은 전통적인 디저트는 적당히 가벼워서 더운 날씨와 잘 어울린다. **HM**

⬆ 베라르도즈의 세련된 화이트 인테리어.

더 스피릿 하우스The Spirit House | 아시아적 영감이 깃든 우아한 요리

위치 안디나　**대표음식** 새콤한 캐러멜 소스에 조리한 바삭한 삼겹살Crisp pork belly with citrus caramel sauce | 💲💲💲

"밤에는 수백 개의 꼬마 전등과 랜턴들이
주변을 무언가 특별한 분위기로 만들어 준다."

Courier-Mail Goodlife Restaurant Guide

⬆ 이 신비한 레스토랑의 장식은 전통적인 태국 사당에서 영감을 얻은
것이다.

'니르바나(nirvana)'라는 단어는 완벽한 행복의 상태와 이상적이고 멋진 장소를 모두 포함하는 말이다. 퀸즐랜드 남동부의 해안도시, 누사 근처의 작은 마을인 안디나에 있는 이 레스토랑은 매우 평화로워서 니르바나라고 불린다. 좋은 분위기 속에서 나오는 요리 또한 환상적이기 때문에 이런 인상은 더 강해진다.

그림 같은 배경은 현실의 도피처로 느껴지며, 오스트레일리아가 아닌 아시아에 와 있는 것 같은 착각이 들게 한다. 이 레스토랑은 열대성 정원과 자잘한 폭포들 가운데 있는 연못 주변에 자리 잡고 있다. 해 질 녘에 호수를 바라보며 자리에 앉으면 귀뚜라미들의 조용한 노랫소리가 들리고, 복합적이면서도 섬세한 아시아풍 요리들이 눈 앞에 펼쳐진다.

메뉴는 아시아의 영향이 강하게 드러난다. 대표 메뉴는 새콤한 캐러멜 소스로 만든 바삭한 삼겹살인데, 쫄깃하고 달콤한 고기가 소스의 부드러운 신맛과 대비된다. 생강, 샬롯, 그린 칠리, 참기름과 함께 찐 연어는 풍부한 육즙이 주는 우아함이 느껴지는 동시에 생강이 맛을 끌어올리고 칠리가 살짝 들어가 있어서 찡한 맛도 느껴진다. 강한 맛의 파파야 피클과 사각사각한 라임 잎이 풍미를 살려주는 옐로커리 오리는 신선한 코코넛과 수박 샐러드가 곁들여져 절묘한 조화를 이룬다. 디저트로는 코코넛 셔벗, 달콤한 향미의 시럽과 함께 내는 캐러멜라이즈한 파인애플 케이크가 식사를 멋있게 마감하는 훌륭한 선택이 될 것이다.

이 레스토랑만큼 유명한 것이 더 스피릿 하우스 요리학교(the Spirit House Cooking School)다. 이곳에서는 레스토랑의 메뉴에 있는 요리들을 만드는 법을 배울 수도 있고, 태국이나 베트남 요리를 탐구하는 수업을 들을 수도 있다. 지하에는 더 스피릿 하우스의 기념품 책들과 처트니를 비롯한 다양한 소스를 파는 상점도 있다. 이곳을 떠나기 전에 꼭 한번 마지막으로 둘러볼 것을 권한다. 여기는 자기만의 니르바나를 가진 곳이니까. **HM**

에스콰이어 Esquire | 오스트레일리아의 동부해안에서 만나는 창의적인 음식예술

위치 브리즈번 **대표음식** 김치를 곁들인 자연건조 소고기 Air-dried beef with kimchee (fermented vegetables) | ❺❺❺❺

에스콰이어의 셰프인 라이언 스콰이어스(Ryan Squires)는 도발적이고 영감을 주는 메뉴로 고객들의 도전정신을 자극한다. 브리즈번은 오랫동안 훌륭한 셰프가 없고 고급 다이닝을 제공하지 못하는 도시로 간주되어 왔는데, 스콰이어스는 그런 고정관념을 깨뜨렸다. 그는 브리즈번 사람들의 음식에 대한 기준과 기대를 높여주었고, 그로 인해 열렬한 지지를 받게 되었다.

레스토랑에 들어서면 브리즈번 강이 내려다 보이는 이에스큐(Esq.)라는 공간부터 만나게 되는데, 이곳은 좀 더 캐주얼한 느낌이다. 주로 비즈니스 고객들이 매운 생선과 피클 등이 들어간 샌드위치류나 돼지고기 물만두 같은 간단한 음식을 즐긴다. 메인 요리는 카볼로 네로(cavolo nero), 안초비, 예루살렘 아티초크와 함께 내는 양고기, 그리고 무지개송어, 한치, 마블링 좋은 소고기와 같은 재료들을 숯불에 구운 요리 등 다양하게 준비되어 있다.

에스콰이어 본관에 들어서면 비범한 음식예술의 또 다른 세계를 만나게 된다. 스콰이어스와 헤드 셰프인 벤 데블린(Ben Devlin)은 음식에 대한 미사여구적 표현을 피하고 '정어리, 고구마, 그리고 아몬드 밀크', 또는 '오이를 곁들인 오리고기' 같은 식으로 메뉴를 단순하게 표현한다. 막상 이 음식들을 먹어보면 스콰이어스와 데블린의 섬세한 터치로 각각 재료들의 맛이 살아나서, 깔끔한 풍미와 재미있는 식감으로 먹는 즐거움이 극대화된다.

스콰이어스는 코펜하겐의 유명 식당인 노마에서 르네 레드제피와 함께 일하기도 했었는데, 그 때문인지 이 레스토랑은 북유럽풍의 숨막히는 절제미를 지니고 있다. 그리고 서비스는 총명하고 기민하다. 스콰이어스는 고객들의 도전정신을 자극하는 동시에, 안락하고 세련된 환경에서 식재료의 잠재적 매력을 알아가는 기쁨을 준다.

HM

"델빈은 논리를 통해서 음식을 만드는 반면에 스콰이어스는 화가가 붓으로 페인트 하듯이 음식을 창조해낸다."

foodservicenews.com.au

⬆ 오렌지, 유장 아이스크림, 캄파리 크리스털, 만다린을 곁들인 캄파리 커드로 만든 디저트 커넬.

빌즈 Bills | 많은 사랑을 받는 오스트레일리아 카페의 상징

위치 시드니 **대표음식** 바나나와 벌집버터를 곁들인 리코타 팬케이크Ricotta hotcakes with banana and honeycomb butter | 💲💲

"니콜 키드만도 빌즈가 시드니에서
특히 좋아하는 조식 레스토랑이라고 말했다."

Bill Granger, chef and founder of Bills

⬆ 많은 고객들이 최고의 스크램블드에그를 찾아서 빌즈로 계속해서
돌아온다는 것을 상기시키는 디스플레이.

시드니를 방문할 계획이 있다면, 에메랄드 시티(Emerald City)를 떠나기 전에 빌즈를 꼭 한번 들르길 권한다. 그곳에 가는 것은 영감을 느낄 수 있는, 흔치 않는 행로 중의 하나이기 때문이다. 빌 그레인저(Bill Granger)는 20년 전에 이곳에 1번째 카페를 오픈했는데, 신선한 지역산 재료로 만든 맛있는 요리를 넉넉하게 제공하는 소박하나 아름다운 곳이었다.

요즈음에는 많이 유명해진, 그레인저가 만든 스크램블드에그를 먹기 위해 많은 고객들이 줄을 선다. 이 요리는 잘 구워진 사워도우 브레드 위에 달걀, 생크림, 버터와 소금을 섞은 것을 올려 내는 것이다. 단지 각각의 재료를 적절한 양으로 사용한 것으로 그렇게 인기 있는 요리를 만들어냈다. 이건 앞으로도 메뉴에서 없어지지 않을 것이다. 신선한 리코타가 촉촉하게 박혀 있고 달콤하고 퇴폐적인 벌꿀버터와 바나나로 마무리한 가볍고 폭신한 팬케이크 역시 비슷하게 주문이 많다. 또 다른 인기 메뉴인 옥수수 프리터는 양파와 신선한 고수가 든 반죽 속에 옥수수 알갱이 뭉치들이 들어 있고, 거칠게 으깬 아보카도 살사가 곁들여진 음식이다.

그러나 20년은 요식업계에서 긴 시간이며, 미각은 진화한다. 위에서 소개한 전통적인 요리들과 더불어 코코넛 요거트와 레드파파야가 곁들여진 현미 흰 미소죽, 게, 초리조, 그리고 집에서 담근 김치를 곁들인 현미볶음밥 등이 메뉴에 보태졌다. 점심시간에는 시드니 시내의 군중들이 모여드는데, 현미와 오이반찬을 곁들여 생선 커리를 먹거나 오스트레일리아의 전통음식인 흑설탕으로 만든 파블로바(pavlova)를 재미있게 한 조각 먹기도 한다. 빌즈는 작은 다이닝룸의 중앙에 여럿이 같이 앉아서 먹는 공동식탁을 시드니에서 처음으로 설치한 식당 중에 하나였다. 당시에는 그것이 예외적인 모습이었으나, 이제는 이 나라 곳곳의 식당에서 흔하게 보는 풍경이 되었다. 많은 단골들의 휴식공간이 되어 준 빌즈는 선구적이며 트렌드를 만든 곳이다. **HM**

빌리 쾽 Billy Kwong | 오스트레일리아 토속 재료의 반전 있는 조리

위치 시드니 **대표음식** 칠리, 귀뚜라미와 흰 간장을 곁들인 욜라새 Yolla bird with chili, crickets, and shiro-shoyu (white soy sauce) | $$

유명한 중국계 오스트레일리아인 요리사인 카일리 쾽 (Kylie Kwong)은 빌즈의 주인인 빌 그레인저와 합심하여 빌리 쾽을 열었다. 2000년에 시작한 빌리 쾽은 개업 첫 주부터 좁은 입구에 사람들이 줄을 서기 시작했는데, 그 런 추세는 지금도 계속되고 있다. 그레인저는 이제 동업 자가 아니지만, 쾽은 남아서 이 레스토랑의 재능 있는 셰 프로서 명성을 쌓아왔고 토속적이면서 지속가능한 오스 트레일리아 원산지의 식재료를 알리는데 중요한 역할을 하고 있다.

　칠리소스로 만든 통통한 새우만두 또는 바로 간 생굴 에 참기름을 흠뻑 뿌린 요리로 시작해보자. 달콤한 양파 와 레몬으로 캐러멜라이즈한 닭 간은 음양의 매력적인 조 화를 보여준다. 메인 요리로 넘어가면 쾽이 경계를 허물 고 관점을 바꾸어주는 실험적인 주방을 이끌고 있다는 것 을 알게 될 것이다. 욜라새(머튼새라고도 불리는 오스트레일 리아 토종 해양 조류) 요리는 칠리와 귀뚜라미 소스에 시로 쇼유(shiro-shoyu, 하얀 간장)의 부드럽고 향기로우며 달콤 한 양념으로 조리된다. 쾽에서는 왈라비 꼬리 요리도 먹 을 수 있는데 이 요리는 칠리를 넣어 붉게 볶고, 캐러멜화 해서 맛을 한껏 끌어올리고, 블랙빈으로 깊이를 더한다. 유기농 밀크티슬(milk thistle), 아마란스(amaranth), 민들레, 워리갈(warrigal), 물냉이, 실버비트(silver beet) 같은 쌉쌀한 엽채류들에 생강과 시로 쇼유로 만든 가벼운 소스를 가미 해서 만든 풍미 좋은 야채요리도 있다. 오늘의 디저트도 언제나 준비되어 있다. 성찬을 기대하는 사람이라면, 늘 발전하는 메뉴에서 선별된 요리들이 줄줄이 나오는 연회 용 메뉴도 선택할 수 있다.

　빌리 쾽은 특별한 레스토랑이다. 중국식 프라이팬들 이 부딪치는 소리가 들리고, 향료의 강렬한 냄새가 풍기 며 매력적인 실내장식들이 눈길을 끄는 이곳에서 고객들 은 언제나 격조 있고 훌륭한 음식을 대접받을 것이라는 사실을 느끼게 된다. **HM**

"음식은 사람들을 이어주며 행복하게 만들어준다. 그러니 내가 음식에 빠져 있는 건 그리 놀랄 만한 일이 아니다."

Kylie Kwong, chef and co-founder of Billy Kwong

⬆ 블러드 자두 소스를 곁들인 바삭한 껍질의 오리 같은 요리는 쾽의 중국과 오스트레일리아 혈통에서 영감을 받은 것이다.

미스터 웡 Mr. Wong | 기발한 인상을 주는 광둥요리 식당

위치 시드니　**대표음식** 새콤달콤하고 바삭한 돼지족발 Sweet and sour crispy pork hock | 💲💲

> "무엇보다도 음식은 재미있어야 하고,
> 사람들이 매일 먹을 수 있어야 한다."

Dan Hong, chef at Mr. Wong

2개 층에 걸쳐 자리한 미스터 웡은 후기 산업사회적인 개성이 복고풍 중국식 장식과 결합하여 도회적인 멋과 소탈한 안락함이 재미있게 섞인 분위기를 자아낸다. 이 레스토랑은 시드니의 중심 비즈니스 구역에 있는 유서 깊은 이스테블리쉬먼트 호텔(Establishment Hotel) 건물에서 성공적으로 오픈했다. 그 후로도 빈틈없는 서비스, 최상의 와인 리스트, 그리고 한발은 굳건하게 광둥요리에 두고 다른 발은 현대 오스트레일리아식 요리에 두고 만들어내는 완성도 높은 현대식 중국요리를 제공하며 그 기세를 계속 유지하고 있다.

이곳의 요리는 단순한 동서양의 결합이 아니라, 오래된 방식과 새로운 방식이 만나서 전통적인 요리를 재현한 것이라고 할 수 있다. 신동요리사인 댄 홍(Dan Hong)은 흑초와 칠리를 뿌린 통통한 만두, 식당의 수조에서 나온 해물 요리, 완벽하게 구워진 오리와 돼지고기 등을 배고픈 고객들에게 기민하게 제공한다. 직원들은 가리비 요리와 새우 슈마이(찐 돼지고기만두)를 나르느라 분주하다. 다른 인기 요리로는 새우알을 곁들여 나오는 신선한 찐 대구만두와 강렬한 풍미를 가진 양고기 슈마이가 있다.

홍(Hong)이 조달하는 식재료는 흠잡을 데가 없다. 참깨새우토스트는 인기가 떨어진 적이 없는 오래된 메뉴인데, 새우를 가득 채워 넣었다. 사천식 돼지고기 완탕은 아스파라거스를 곁들여 생동감이 더해지고, 감칠맛나는 시금치만두는 곰보버섯을 넣어 깊이가 보태진다. 새콤달콤한 돼지족발을 먹으면 서구화된 중국요리의 재미에 절로 고개가 끄덕여진다. 마파두부는 갈은 돼지고기, 칠리, 사천고추를 멋지게 뒤범벅하여 두부 위에 올려서 나온다. 청펀(cheung fun)은 새우나 바비큐한 돼지고기를 넣은 찐 라이스롤인데, 잘 양념된 속재료들을 매끈한 피로 감싸준 훌륭한 딤섬 요리다. **HM**

⬆ 식당의 수조에서 고른 머드크랩은 싱가폴 스타일로 후추를 곁들여 조리된다.

➡ 실내장식은 1930년대 상하이의 분위기를 풍긴다.

록풀 Rockpool | 세계의 요리를 섭렵한 거장이 만드는 지적인 파인 다이닝

위치 시드니 **대표요리** 돼지고기 목살로 만든 보쌈과 밀로 담근 된장Bossäm pork shoulder and wheat-infused soy beans | 🆂🆂🆂🆂🆂

외식의 즐거움과 예술성을 음미할 줄 안다면, 성공한 셰 프이자 사업가인 닐 페리(Niel Perry)가 시드니, 멜버른, 퍼 스에서 운영하는 레스토랑들 중 한 곳을 반드시 들러봐 야 한다. 페리가 지역산 재료를 간결하고, 효과적이면서 도 매우 맛있는 방식으로 활용한다는 것은 두루 잘 알려 져 있다.

시드니에 있는 그의 플래그십 레스토랑인 록풀은 기 다란 기둥과 높은 천장을 갖춘 아름다운 공간이다. 실내 는 회색과 검은색을 많이 사용하고 따뜻한 목재로 마감해 서 어둡지만 아늑한 분위기를 자아낸다.

페리는 재료의 풍미와 조리기술을 세련된 방식으로 결합함에 있어 단순한 퓨전을 훨씬 능가한다. 그의 진지 하고 숙련된 레퍼토리는 참치, 도미, 전복을 넣은 지라시

> "나는 정통한 맛을 내는 식당에서 음식을 먹으며, 그 지역의 음식이 어떤 맛이 나는지를 알아 보는 것을 좋아한다."
>
> Neil Perry, chef and founder of Rockpool

스시(chirashi sushi, 식초로 만든 스시 라이스)와 '천개의 겹을 가진 돼지고기 타르트'를 곁들인 치킨 파르페가 나란히 등장한다. 너무도 대조적인 근원을 가진 이런 요리들이 페리가 만든 메뉴에서는 전혀 이상하게 느껴지지 않는 다. 메인 코스도 팽팽한 줄타기를 하는 듯한 콤비네이션 을 잘 보여주는데, 옥수수, 가리비, 가지와 구운 비둘기 요 리, 동과(winter melon)와 삶은 상추(gem lettuce)를 곁들인 소 고기 갈비와 안심 요리 등이 있다.

페리는 명장이다. 그러니 당신이 페리만큼 요리와 와 인을 사랑한다면 그의 록풀 레스토랑들 중 하나를 꼭 방 문하기를 권한다. **HM**

숀스 파노라마 Sean's Panorama | 본다이 해변이 바라보이는 오래된 명소

위치 시드니 **대표요리** 파스닙 퓌레와 파바빈을 곁들인 바로사 치킨 Barossa chicken with parsnip puree and fava beans | 🆂🆂🆂

소금기 있는 달콤한 바다냄새가 밀려들고, 거대한 시드 니의 하늘이 올려다 보이는 숀스 파노라마에서 길고 나른 한 일요일을 보내는 것은 어떨까. 어떤 이들은 이를 구태 의연한 호주식이라고 말할지도 모르나, 이곳 자체는 구 태의연한 것과는 거리가 멀다. 서퍼들의 낙원이라 불리 는 본다이 해변의 길 건너에 위치한 오래된 장소에 있기 는 하지만 말이다. 이 레스토랑에 들어설 때는 마치 친구 집의 주방에 들어가는 것 같은 친근감을 느낀다. 서비스 는 햇살만큼 친절하고 가식이 없으면서도 노련하며, 음 식에 대한 지식도 잘 갖추고 있어서 고객들을 편안하게 만들어 준다.

레스토랑의 공동 주인이자 셰프인 숀 모란(Sean Mo- ran)은 지중해풍이 강한 현대적 요리에 전통적인 유럽식 기술을 가미해서 요리를 만든다. 방금 만든 버터를 넣은 홈메이드 빵은 꼭 먹어보길 바란다. 이 빵은 모란이 먹는 즐거움의 진정한 의미를 보여주기 위해서 준비하는 식사 경험의 중요한 일부이다. 블랙 보드에 적어 놓는 메뉴는 정기적으로 바뀌는데, 인기 있는 요리들은 다시 등장하 는 한편 새로운 요리도 늘 시도하는 식이다.

애피타이저로는 산양 치즈와 호두가 들어간 주키니 샐러드나 절인 킹피시(kingfish, 오스트레일리아산 흰살 생선) 에 래디시와 무를 곁들여서 라임조각과 내는 요리도 있 다. 메인 코스로는 오스트레일리아 남쪽의 바로사 밸리 에서 나는 로스트 치킨이 주류인데 오레가노를 넣어 로스 팅해서 파스닙 퓌레와 파바빈을 곁들여 낸다.

복고풍의 장식과 음식과 와인을 마구 휘갈겨 써놓은 메뉴 보드판 때문에 이곳이 즉석에서 마련된 듯한 느낌 을 줄 수도 있으나, 일단 들어서면 경험에서 오는 내공의 힘과 기술에서 오는 차분함을 바로 느낄 수 있다. **HM**

테츠야 Tetsuya's | 우아한 분위기에서 진정한 고수가 만들어내는 명성 있는 일본 요리

위치 시드니 **대표요리** 카이세키 Kaiseki | 🍴🍴🍴🍴🍴

테츠야 와쿠다(Tetsuya Wakuda)는 세계에서 가장 유명한 일본요리사라 불러도 손색없는 사람일 것이다. 그의 이름을 딴 테츠야는 시드니의 인기 있는 외식 장소 중에 하나다. 오스트레일리아가 거대한 아시아계 인구를 보유한 있는 나라인 만큼 그 정도의 재능이 발견되어 유명해지는 것은 자연스러운 일일지도 모르나, 테츠야는 일본에서 태어나 스물 두 살에 처음으로 시드니로 왔다. 테츠야의 첫 식당은 작고 소박한 곳이었다. 그의 명성은 금방 퍼져나갔고, 이제는 분재와 폭포를 갖춘 일본식 정원이 있는 넓고 우아한 식당으로 발전했다.

테츠야의 전설적인 명성은 충분히 납득할 만하다. 워낙 인기가 많아서 예약을 할 때에도 참을성이 필요한데, 분명 그럴 만한 가치가 있다. 평온한 식당의 분위기는 완벽에 가까운 테츠야의 조리 기술을 제대로 보여주기에 손색이 없다. 특선 코스 메뉴는 10가지의 요리로 구성된 하나뿐인데, 단순히 아무 요리나 선정한 것이라고 생각했다면 오산이다. 이곳의 별미를 하나씩 맛보게 되면, 각 요리가 다음 요리와 연결이 되어 있음을 깨닫게 될 것이다. 1번째 요리는 2번째 요리를 더 맛있게 만들어주고 돋보이게 하는 밑바탕이 된다. 종종 훌륭한 프랑스 요리는 오케스트라 합주곡을 연상하게 하는데, 테츠야의 코스 구성은 고전음악에서 가장 영향력 있는 곡 중의 하나인 바흐의 '평균율 클라비어'와 닮았다.

이 레스토랑의 특선요리 중 하나인 후온 대서양 연어(Huon Atlantic Salmon)는 실로 인상적인 음식이다. 천천히 익히는 방식으로 생선의 풍미를 끌어올리고, 독특한 질감을 만들어 준다. 자연산 연어, 캐비아, 양념소금에서 오는 3가지 다른 종류의 짭짤한 맛은 절묘한 조화를 이루며 연어의 달콤함을 잘 드러나게 한다. **AI**

"서양과 일본의 풍미의 독특한 혼합을 맛보기 위해서 대기 명단에 이름을 올릴 만한 가치가 있는 곳."

fodors.com

⬆ 테츠야는 생선요리로 유명하다.

치즈윅 Chiswick | 심미안을 즐겁게 하는 미식가의 놀이터

위치 시드니 **대표음식** 병아리콩, 자타르 허브, 민트가 곁들여 나오는 장작에 구운 양고기 Wood-roasted lamb, chickpeas, za'atar herb mix, and mint |
🍴🍴🍴🍴

치즈윅은 시각적으로 예쁘장함과 도회적인 느낌을 매력적으로 믹스한 곳이다. 다이닝룸은 부드러운 화이트톤과 따뜻한 목재 마감으로 되어 있으며, 커다란 창으로는 텃밭과 아름다운 꽃들이 보인다. 마치 친구 집에 놀러온 듯한 느낌을 줄 정도로 친근감을 준다.

점심과 저녁 식사를 제공하는 치즈윅의 핵심이 되는 곳은 바로 텃밭이다. 약 150㎡ 정도의 공간에 과일, 채소, 허브들을 계절별로 돌아가면서 재배한다. 이 재료들은 모두 레스토랑의 공동주인이자 셰프인 맷 모란(Matt Moran)이 만드는 요리에 쓰이는데, 그는 식재료의 출처를 중요하게 여기는 것으로 잘 알려져 있다. 치즈윅에는 전담 정원사가 있어서 모란과 함께 텃밭을 가꾸고 메뉴를 개발한다. 각각의 요리들의 구성은 놀랄 만큼 간결하다.

메뉴는 매달 바뀌며, 소박함과 편안함이 매우 강조된다. 오레가노와 마늘을 넣어 장작으로 구운 빵과 텃밭에서 재배한 채소에 듀카(dukkah, 허브와 견과류, 향신료를 섞은 이집트식 양념)를 넣어 만든 피클 요리는 애피타이저

로 적절하다. 아니면, 일본산 큐피 마요네즈와 오이 피클(gherkin)을 이용하여 기막히게 맛을 낸 대게 요리로 식사를 시작하는 것도 좋다. 이외에도 모란이 만든 해산물 요리 중에는 추천할 만한 것이 많다. 직접 딴 조개를 넣고 스노피와 칠리 향으로 생동감을 보탠 링귀네가 있고, 양태(flathead, 부드러운 맛과 질감이 좋은 오스트레일리아산 생선)살을 튀겨 감자튀김과 홈메이드 타르타르 소스를 곁들인 전통적인 요리도 있다.

집에 온 것 같은 친근한 분위기에 걸맞게 여럿이 나누어 먹을 만한 해산물 모둠 요리도 있다. 홍합과 그레몰라타를 곁들인 구운 도미살 요리, 쿠스쿠스와 함께 내는 새우요리 등이 있다. 감자와 민트를 곁들여서 구운 치킨이나 모란의 가족농장에서 기른 양고기 장작구이도 나누어 먹기에 좋다. 이곳의 안락한 분위기는 노련한 서비스로 한결 더 돋보인다. **HM**

⬆ 천천히 구운 양 어깨살 요리.

에스트 Est. | 숨막힐 듯한 분위기에서 보는 요리 쇼

위치 시드니 **대표음식** 얇게 썬 전복과 스노피, 검은 버섯을 곁들인 머레이대구 살코기 Murray cod fillet, shaved abalone, snow peas, and black fungi |
$$$$$

시드니 중앙 상업 지구에는 아름답고 유서 깊은 빌딩인 이스태블리시먼트 호텔(Establishment Hotel)이 있다. 그곳에 문을 연 에스트는 그 위치만으로도 고객을 끌어들일 수 있었다. 그러나 이곳의 진정한 매력은 오스트레일리아 최고의 셰프 중 한 사람인 그레그 도일(Greg Doyle)의 요리를 맛볼 수 있다는 점이다. 그는 현대적인 방식으로 재료를 다루고 요리를 하지만, 기본적으로는 견고한 프랑스식 조리 기술에 기초를 둔다. 또한 국제적으로 명성 있는 와인 권위자이자 섬세한 감별력을 가진 프랭크 모로(Frank Moreau)가 수석 소믈리에로 있다는 사실은 레스토랑에 대한 기대감을 높여준다.

에스트의 음식은 케이트 모스의 옷장만큼 스타일리시하며 항상 진보한다. 결코 다른 누구를 따라하지 않고, 이 레스토랑만의 기준을 가지고 있다. 식별력이 있는 고객들은 늘 변화하는 메뉴들을 맛보고, 또 다시 이 레스토랑의 문을 두드린다.

도일의 대표요리는 얇게 저민 전복, 스노피, 검은 버섯을 곁들인 머레이대구(훌륭한 지방성분을 가진 오스트레일리아 원산지의 생선)에 생강과 함께 섞어 톡 쏘는 맛이 나는 그린 샬롯 드레싱을 버무린 것이다. 그는 추운 날씨와 어울리는 컴포트 푸드도 잘 만든다. 그 중 하나가 블랙푸딩, 밤, 셀러리악, 사과로 풍미를 깊게 만든 사슴요리에 세몰리나 뇨키를 곁들여 낸 요리이다.

디저트 역시 높은 수준을 유지한다. 훌륭한 맛의 조화를 만들어내는 디저트로는 바삭한 와일드라이스 프랄린, 캐러멜라이즈한 배, 구운 쌀 아이스크림과 함께 내는 발로나(Valrhona) 초콜릿 델리스가 있는데, 심하게 달지 않은 이 디저트는 음식을 좀 아는 손님한데 적절한 후식이다. 에스트에서의 여정은 모든 단계와 코스가 충분히 가치 있으니 꼭 가볼 것을 권한다. **HM**

⬆ 다이닝룸은 밝고 생기가 넘친다.

피시 마켓 카페 Fish Market Café | 오스트레일리아의 풍요로운 해산물을 가장 신선하게 먹을 수 있는 곳

위치 시드니 **대표음식** 그날 최상의 해산물로 만든 모둠 요리Platter comprising the best of the day's seafood catch | **⑤**

시드니 피시 마켓은 세계에서 3번째로 큰 어시장이다. 이곳은 오스트레일리아에서 맛볼 수 있는 가장 신선한 해산물을 제공한다. 시드니 시내의 파이어몬트 다리에 해가 미처 뜨기도 전에 싱싱한 해산물을 골라서 간단하지만 맛있고 매력적인 방식으로 조리해서 음식을 제공한다. 화려한 식탁보나 정장을 갖춘 웨이터는 기대하지 말라. 이곳은 음식 그 자체에만 신경을 쓰는 곳이다.

그날 가장 품질이 좋은 것으로만 구성된 해산물 모둠 요리는 아주 훌륭하다. 모르네(Mornay) 굴과 킬패트릭(Kilpatrick) 굴 같은 자연산 굴은 바로 까서 나오고, 바비큐한 새끼문어는 매우 부드러워서 갓 잡은 듯한 느낌을 준다. 오징어 튀김은 무척 부드럽고 가볍게 양념되어있고, 살집이 좋고 결이 뚜렷하며 육즙이 풍부한 생선구이는 타르타르 소스와 좋은 궁합을 이룬다. 씹으면 단단한 감촉

"도시의 분주함 가운데 이 멋진 작은 식당에 앉아 분위기를 음미할 만하다."

truelocal.com.au

을 주는 탱글탱글한 새우튀김은 이 모둠 요리를 풍성하게 만들어준다.

이 외에도 추천해줄 만한 요리가 많다. 반쪽 껍질이 붙어서 나오는 태즈메이니아 가리비 요리와 한입 크기 뱅어에 밀가루를 묻혀 기름에 지진 뒤 레몬조각과 함께 내는 요리가 있다. 남방대구, 도미, 양태 같은 오스트레일리아 북쪽과 남쪽의 여러 해안에서 나오는 다양한 생선들도 방금 잡은 듯한 싱싱한 상태로 맛볼 수 있다.

어떤 이는 이곳이 너무 기능적이라고 생각할 수도 있으나 직원들은 유능하고 친절하며, 이곳의 해산물 자체만으로 충분히 방문할 만한 가치가 있다. **HM**

마르크 Marque | 자신의 꿈을 추구하는 셰프가 전해주는 요리 이야기

위치 시드니 **대표음식** 가지, 감초, 마카다미아를 곁들인 달걀노른자 콩피Confit egg yolk with eggplant, licorice, and macadamia | **⑤⑤⑤⑤**

셰프 마크 베스트(Mark Best)는 시드니 교외의 서리 힐스(Surry Hills)에 있는 자신의 레스토랑에서 꾸준히 이야기를 들려주고 있다. 전직 엔지니어인 그는 요리에 대한 관심을 버리지 못해서 전선절단기를 손에서 놓고 조리용 칼 세트를 집어 들었다. 그 결과, 그는 오스트레일리아 요식업계의 모양새를 바꾸어 놓았다.

베스트는 자신만의 조리 기술로 식재료 고유의 성질을 이끌어내며 식감과 풍미를 조화롭게 살린다. 그의 요리는 매일 저녁 다양한 조합의 소규모 테이스팅 메뉴를 통해 제공된다. 예를 들어, 아몬드 가스파초, 아몬드 젤리, 옥수수, 아브루가(avruga) 캐비아를 곁들인 청색꽃게는 게살의 달콤함과 다양한 질감이 살아 있으며, 조리한 아몬드가 주는 소박함이 잘 조화되어 나온다. 당신은 이 마법에 걸린 듯한 첫 장이 영원히 끝나지 않기를 바라는 한편, 다음 요리가 빨리 나오기를 기다리게 될 것이다. 달걀 노른자 콩피와 가지, 감초, 마카다미아의 조합은 굉장히 독특하게 들리지 않는가? 이 별미는 녹아내리는 듯한 노른자의 화려함이 강렬한 풍미를 가진 사이드 디시들과 어우러져 완벽하게 조화로우며 실로 특별하다.

베스트의 노련하고 박식한 스탭들이 준비하는 요리 하나하나를 통해 그가 전하는 스토리의 우아함이 전달된다. 블루아이 트레발라(blue eye trevalla)에 그린토마토, 신포도즙, 종이장 두께로 슬라이스한 감자, 생선즙, 생선알을 곁들여 내는 요리는 이 레스토랑의 하이라이트라고 할 수 있다. 이 복잡한 시내에 위치한 간결한 장식의 레스토랑에서 스토리의 마지막 단계에 이르면, 베스트가 전하는 이야기의 핵심은 그의 요리가 유행 따위와는 아무 상관이 없다는 것이라는 걸 알게 될 것이다. 그의 이야기는 예술성을 가진 개인이 경험을 통해 발전하는 모습을 보여준다. **HM**

↱ 마르크의 사과 젤리, 카피르 라임, 셔벗으로 이루어진 디저트.

아이스버그스 Icebergs | 숨 막힐 듯한 경관은 시작에 불과하다

위치 시드니 **대표음식** 파촐레티 콘 페세 아추로Fazzoletti con pesce azzurro | 🅢🅢🅢

본다이 아이스버그스 수영클럽 단지의 일부인 레스토랑에 들어서면 멋진 광경이 펼쳐지는데, 오션뷰(ocean view)라는 진부한 말로는 설명이 불가능하다. 본다이 해변의 멋진 곡선이 보이는 건물은 '드라마틱한 바다의 광활한 전개(dramatic expanse of ocean)'라는 표현이 더 정확할 것이다. 실제로 이 건물은 집어삼킬 듯한 파도가 내려다보이는 절벽 꼭대기에 서 있다.

아이스버그스는 고향 멜버른에서 요식업을 시작하여 2000년에 시드니로 옮겨온 명망 있는 레스토랑 사업가 모리스 테르지니(Maurice Terzini)의 작품이다. 그는 아이스버그스로 요식업계에서 이름을 날리기 전에, 오토 리스토란테(Otto Ristorante)라는 레스토랑을 먼저 열었었다. 탁월한 이탈리아 요리가 그의 강점이다. 이곳에서는 재능 있는 셰프인 폴 윌슨(Paul Wilson)이 요리하는 아말피 해안의 영향을 받은 이탈리아 음식을 맛볼 수 있다.

수평선을 보며 달콤한 명상에 잠기다 돌아오면, 싱싱한 조개 또는 메림불라 호수산 굴 같은 해물로 만든 애피타이저에 사로잡히게 될 것이다. 재료의 품질을 중시하는 이탈리아 요리의 가치는 이 식당에서도 아주 중요하게 여겨진다. 가볍게 튀긴 현지산 새우는 정통으로 만든 아이올리와 짝을 이뤄 나온다. 심플한 파스타 요리는 아주 훌륭하다. 호박과 상큼한 레몬소스를 넣은 링귀네 요리와 파촐레티 콘 페셰 아추로(정어리, 올리브, 케이퍼, 빵가루를 넣은 파스타)가 대표적이다.

육류 요리의 대가인 윌슨이 주방을 책임지고 있으니 고기 요리를 주문하지 않을 수 없다. 소금을 두른 거대한 1kg짜리 립아이 스테이크는 2인용이다. 양념을 잘해서 완벽하게 구운 뒤 제대로 레스팅한, 육즙이 풍부하고 풍미 좋은 고기 요리는 육식애호가에게 즐거움을 선사한다. 빈틈없는 서비스도 음식의 질 못지 않게 잘 갖추어져 있다. 간단히 말해서, 이곳은 놀랄 만큼 멋진 광경이 주는 기대에 제대로 걸맞는 레스토랑이다. **HM**

⬆ 아이스버그스의 위치와 경관은 타의 추종을 불허한다.

롱레인Longrain | 태국의 생생한 미각을 전하는 기분 좋은 레스토랑

위치 시드니 **대표음식** 에그넷, 돼지고기, 새우, 땅콩과 오이 렐리시Eggnet, pork, prawns, peanuts, and cucumber relish | 💲💲

시드니 교외의 서리 힐스에 있는 롱레인은 원래 창고로 쓰여졌던 건물에 문을 열었다. 그리고 2000년에 오픈하자마자 이 자그마한 동네를 완전히 사로잡았다. 이곳에는 멋진 스탭들이 카이피리냐(Caipirinhas)나 카이피로스카(Caipiroska)와 같은 샴페인을 따라주는 바 섹션이 따로 분리되어 있어서, 고객들이 테이블을 기다리는 동안 가볍게 즐기기에 좋다. 원래부터 높았던 이곳의 에너지는 늘 생생하게 유지된다. 또한 이 레스토랑에 대한 반종교적인 충성 세력이 형성되어서, 이곳이 하나의 청사진이 되었고 오스트레일리아 곳곳에 유사한 복제품이 생겨나게 되었다.

어떤 요리들은 '아주 롱레인스러운 것(very Longrain)'이라고 알려지게 되어 메뉴판의 고정요리가 되었다. 베틀 잎(Betel leaf)을 올린 퀸즐랜드 닭게에 커리가루, 생강, 칠리가 곁들여진 요리는 완벽한 한입 크기의 에피타이저다. 이 향기로운 속재료들을 잎에 싸서 먹으면 생생함이

입안에 가득찬다. 돼지고기, 새우, 땅콩, 오이를 채워 넣은 에그넷 또한 이곳의 대표 메뉴다. 보기에도 경이로운 이 요리는 익힌 달걀을 십자무늬로 잘라서, 부드러운 돼지고기, 살집 많은 새우, 식초와 향신료를 넣어 톡 쏘는 렐리시를 맛있게 섞어 넣은 요리이다.

주 요리로는 부드럽게 천천히 익힌 양고기 목살을 키플러(kipfler) 감자 위에 얹어 생강피클을 곁들인 마사만 커리와 칠리, 라임, 타마린드가 들어간 톡 쏘는 드레싱이 곁들여진 통도미 튀김이 있다.

롱레인은 음식의 향기, 개성있는 음료들, 활기찬 실내, 그리고 들떠보일 만큼 에너지 넘치는 스탭들의 열정이 느껴지는 곳이다. 이것은 틈새 시장을 찾아내서 잘 유지하고 있는 레스토랑이다. 롱레인이여 영원하라. **HM**

⬆ 훌륭하게 준비된 그린파파야 샐러드.

모모후쿠 세이오보 Momofuku Seiobo | 국제적인 셰프가 자신의 작품을 시드니로 가져오다

위치 시드니　**대표음식** 장어 다시 Eel dashi | 🍴🍴🍴🍴🍴

> "당신은 지식에 대해, 그리고 음식에 대해 호기심과 만족할 줄 모르는 욕구를 가지고 있으면 된다."
>
> David Chang, chef and founder of Momufuku Seiobo

북미에서 오스트레일리아까지는 먼 길이다. 그러나 뉴욕과 토론토에 레스토랑을 가지고 있으며, 국제적으로 인정받는 셰프인 데이비드 장(David Chang)은 시드니 시내의 상권에서 가능성을 보았다. 곧 그는 파이어몬트의 스타(Star) 카지노 단지 내에 레스토랑을 개업했는데, 그게 바로 모모후쿠 세이오보다.

장은 그의 모든 레스토랑에 동일한 예약시스템을 유지한다. 예약은 20일 전까지 온라인으로만 가능하다. 이 규칙을 싫어하는 사람들도 있지만, 그들은 결국 하루에 30석만 제공하는 자리 중 하나를 차지하기 위해서 규정대로 웹사이트에 들어간다.

메뉴는 지속적으로 변한다. 테이스팅 메뉴는 원산지를 중시한 제철 재료를 토대로 구성한다. 극도로 현대적인 접근방식은 장이 한국계 미국인이라는 혈통에 기반하면서, 일식요리 기법의 우아함과 조화로움까지 수용한 것이다.

장은 세련되고 단순한 실내 장식을 갖춰 고객이 음식에 집중할 수 있도록 한다. 그는 숙련된 정확성을 가지고 주방을 운영하며, 노련한 주방팀은 진지함에 즐거움과 재미를 잘 섞을 줄 안다. 비스티 보이즈, AC/DC, 레드 제플린 등 정성스럽게 선별한 음악이 이 레스토랑에서 누릴 수 있는 경험의 중요한 일부이다. 바의 좌석에서는 주방이 들여다 보여 셰프들이 일하는 것을 보면서 모모후쿠의 마술에 빠질 수 있어 인기가 많은 자리이다.

이곳은 현대적이고 거부감없는 방식으로 여러 층의 풍미를 철저하게 해부하여 재미있는 식감을 만들어 낸다. 장어 다시의 미묘한 맛의 조화를 느끼거나 삼겹살 구이가 들어간 찐빵을 먹으며 탐험을 시작하면 좋을 것이다. 그 다음에는 무와 검은콩을 넣은 소고기 요리, 해초를 넣은 가재요리, 또는 훈연한 알과 양상추를 곁들인 물로웨이(mulloway, 살이 많은 오스트레일리아산 생선)가 적당하다. 와인 리스트는 무궁무진한 맛을 가진 소규모 생산자들 중에서 선정한 것이다. **HM**

⤴ 데이비드 장은 향과 식감을 흥미진진하게 조합해서 솜씨 있게 음식을 만든다.

포르테뇨Porteño | 제대로 스타일을 갖춘 아르헨티나 기법의 식사

위치 시드니 **대표음식** 8시간 동안 장작에 구운 돼지고기Chanchito a la Cruz (pork wood-fired for eight hours) | 💲💲💲

시드니의 셰프이자 레스토랑 주인인 벤 밀게이트(Ben Milgate)와 엘비스 아브라하모비츠(Elvis Abrahanowicz)는 오늘날 오스트레일리아의 요식업계에서 가장 흥미로운 혁신가들이라는 평판을 얻었다. 그들은 전통적인 아르헨티나의 조리기법을 사용하며 비타협적인 태도로 정통성 있는 결과물을 만들어낸다. 두 셰프는 보데가(Bodega)의 식당을 시작으로 지금은 포르테뇨에서 더 크고, 더 성숙한 요리를 한다. 음식이 별로 혁신적으로 보이지 않을 수도 있지만, 그들이 요식업계에서 한 자리를 차지하게 된 것은 요리의 독창성 덕이었다.

두 셰프는 그들만의 독특한 스타일을 가지고 있다. 둘 다 몸에 문신을 했고, 그들의 DNA의 핵심임에 틀림없는 로커빌리(rockabilly) 감수성을 가지고 있다. 그들의 이러한 미학적 성향에 익숙하지 않은 보수적인 고객들도 일단 음식을 맛보고 그들이 창조한 비범한 환경을 경험하게 되면, 무언가 굉장히 특별하다는 것을 깨닫게 된다.

밀게이트와 아브라하모비츠는 전통적인 아르헨티나식 바베큐인 파릴라(parilla) 또는 아사도(asador) 방식으로 고기를 요리한다. 이는 사람들이 둘러앉는 캠프파이어와 유사하다. 이곳에서는 돼지고기나 양고기를 천천히 타는 유칼리 나무에다 8시간 동안 구워 손님상에 제공한다. 부에노스아이레스에서 자란 아브라하모비츠의 아버지인 아단(Adan)이 불을 관리하며 조리법의 지속성을 유지시킨다. 포르테뇨는 육류 외에도 해산물 요리를 제공한다. 그 중 3가지 스타일의 오이를 곁들인 남오스트레일리아산 오징어 구이가 추천할 만하다. 이외에 홈메이드 페타 치즈나 프로볼로네 치즈로 채워진 주키니 꽃이나 브로콜리와 리코타 파이 같은 채식 메뉴도 있다.

포르테뇨는 아브라하모비츠의 아내인 사라 도일(Sarah Doyle)이 운영한다. 서비스는 훌륭하며, 고객들의 요구가 잘 충족되도록 노력한다. 이들은 스타일을 갖춘 레스토랑을 똑똑하게 운영하면서 경탄할 만한 음식을 창조해 낸다. **HM**

"직화로 요리하는 것은 전혀 다르다. 고기의 겉껍데기가 더 맛있어지며, 더 나은 풍미가 나온다."

Ben Milgate, chef and cofounder of Porteño

⬆ 벽과 가죽을 씌운 가구의 버건디 레드 색은 아르헨티나풍 인테리어에 로커빌리 느낌을 더한다.

콰이Quay | 비교할 수 없는 경관을 보며 즐기는 식사

위치 시드니 **대표음식** 표고버섯과 가리비 살을 곁들인 훈연한 돼지 목살 콩피Smoked and confit pig jowl, shiitake, and shaved scallops | 🍴🍴🍴🍴🍴

"셰프로서 한순간도 가만히 있을 수 없다. 고객들을 감동시키기 위해서 지속적으로 재창조를 해야 한다."

Peter Gilmore, chef at Quay

⬆ 헤드 셰프 피터 길모어는 텃밭에서 나온 신선한 재료를 그의 아름다운 요리에 활용한다.

➡ 콰이에서는 오페라하우스가 정면으로 보인다.

시드니의 상징인 오페라하우스와 시드니 항구가 보이는 콰이는 화려한 관광엽서 같은 경관을 가졌다. 멋진 지역산의 제철 재료에 훌륭한 기술을 더한 요리로 국제적으로 인정받는 레스토랑이다. 이그제큐티브 셰프인 피터 길모어(Peter Gilmore)는 오스트레일리아에서 가장 존경받고 추앙받는 셰프 중 한 명이다. 이 레스토랑은 산 펠레그리노가 선정한 세계 50대 식당에 5년 연속 이름을 올렸다.

길모어는 콰이에서 10년 넘게 일했는데 텃밭을 상업적인 맥락에서 성공시켰다는 점에서 선구자이다. 열정적인 정원사이기도 한 길모어는 오스트레일리아 전체의 소규모 영농인들과도 오랫동안 깊은 관계를 맺어 왔으며, 레스토랑을 위해 이미 잊혀진 식물종들을 재배하기도 했다. 그런 관계를 바탕으로 길모어는 기술과 장인정신이 강하게 배인 요리를 발전시켜 왔다.

콰이에서는 기대를 한껏 높여도 실망하지 않을 것이다. 레스토랑의 직원들이 자신들에게 갖는 기대수준이 이미 높다. 빳빳하고 팽팽한 식탁보, 천장부터 바닥까지 이어진 바다가 내다보이는 유리창에 티끌 한 점 없는 것, 음식에 대한 정교한 설명, 그리고 매혹적인 음식 장식 등에서 그 기대수준이 드러난다.

여기서는 완두콩과 마늘 커스터드를 밤버섯 국물에 재운 요리, 표고버섯과 가리비 살을 곁들이고 향기로운 예루살렘 아티초크 잎, 월계수 잎, 향나무 잎으로 조리한 훈연 콩피 돼지 목살을 맛볼 수 있다. 길모어는 윌러비 꼬리에 가염 버터, 골든 오리츠(golden orach), 채송화, 갈대, 아그레티(agretti)를 넣어 천천히 익힌 요리 같은 토속재료를 이용한 메뉴도 선보인다.

콰이는 프레젠테이션 뿐만 아니라 재료 조달에 있어서도 디테일에 신경을 쓰는 점이 또한 돋보인다. 칭찬받기에 마땅한 편안한 서비스와 전국에서 시샘하는 와인 리스트까지 보태면 이곳은 시드니뿐만 아니라 전 세계적인 기준으로도 특별한 경험을 준다고 하겠다. **HM**

프로비넌스 Provenance | 일본풍 요소를 보탠 오스트레일리아 요리

위치 비치워스 **대표음식** 두부, 양념에 재운 해물, 콩, 절인 생강, 연어알
Tofu, marinated seafood, soy, pickled ginger, and salmon roe | 🆂🆂🆂

오스트레일리아 셰프인 마이클 라이언(Michael Ryan)은 빅토리아주 북동부의 비치워스에 위치한 이곳에서 일본풍 영감이 깃든 요리를 만들어낸다. 그는 재료의 원산지를 가장 중요하게 생각하며, 지역사회와 지역 생산자들을 열정적으로 지원한다. 이 레스토랑은 은행이었던 건물에 자리 잡고 있다. 우아한 다이닝룸은 나무와 꽃을 표현한 예술작품들로 꾸며져 있는데, 이 그림들은 라이언의 요리와 연계해서 해석할 수 있다. 이곳의 음식이 지역성을 강조하는 한편 일본에 대한 그의 사랑 역시 스며들어 있는 것과 같은 맥락이다.

라이언은 연두부를 직접 만들어 양념에 재운 해물, 메주콩, 절인 생강, 그리고 연어알과 함께 내는데, 부드럽고 살이 많은 생선과 알이 탁 터지는 맛이 대비를 이룬다. 메인 코스는 고상하면서 복합적인데, 그중엔 사케에 재운 킹피시를 구운 옥수수, 옥수수 커스터드, 나무통에서 숙성한 간장 드레싱으로 조리한 요리도 있다. 지역산 도미를 가지, 슈가스냅 콩(sugar snap peas), 토마토 육수, 깻잎과 함께 조리한 요리 등에서 볼 수 있듯이, 라이언은 문화적인 조화를 팽팽하게 유지하는 음식을 낸다. 한편, 양갈비구이에는 절인 비트, 훈연한 감자, 근처의 머틀포드(Myrtleford)에 있는 버터공장에서 나오는 버터밀크를 보태서 복합적인 달콤함을 끌어낸다.

라이언은 디저트에서도 재료들을 조합하는 재주를 보여준다. 사케 지게미로 만든 아이스크림을 절인 딸기 샐러드와 깻잎설탕을 곁들여서 내기도 하고, 자신만의 흰 치즈를 만들어 생강과자 가루와 레몬커드를 뿌려서 내기도 한다. 그의 레스토랑은 다양한 기원(provenance)의 힘이 모여 경이로운 음식을 만들어 낼 수 있다는 있다는 증거를 멋지게, 그리고 맛있게 보여준다. **HM**

세인트 크리스핀 Saint Crispin | 세련되고 현대적인 오스트레일리아 요리

위치 멜버른 **대표음식** 수제 마카로니와 미소가지를 곁들인 송아지 볼살 요리 | Veal cheek with hand-rolled macaroni and miso eggplant | 🆂🆂🆂

멜버른의 콜링우드(Collingwood) 북쪽 교외에 있는 세인트 크리스핀은 노출벽돌과 하얀 벽이 있는 다소 거친 장식이 있고, 방 전체 길이만큼 긴 가죽의자와 커다란 개방형 주방을 가지고 있다. 이 주방에서 셰프이자 공동 주인인 스콧 피켓(Scott Pickett)과 조 그르박(Joe Grbac)이 그들만의 걸출한 요리를 만들어 낸다. 이 두 동업자는 런던의 더 스퀘어(The Square) 레스토랑에서 필립 하워드(Phillip Howard)와 일할 때 만나 친구가 되었는데 그곳에서의 경험이 이 레스토랑에서도 뚜렷이 드러난다.

메뉴는 장어 크로켓, 염장 대구, 그리고 위험할 정도로 중독성 있고 퇴폐적인 돼지껍질 튀김 같은 사랑스런 스낵 리스트부터 시작한다. 이 메뉴는 '스낵, 크랙클, 팝(Snack, Crackle, Pop)'이라고 불리는데, 이들은 앞으로 맛볼

> "접시가 테이블에 도착하면 항상 반갑도록 놀라운 요소가 음식에 들어 있다."
> melbourne.concreteplayground.com.au

더 훌륭한 음식들을 기대하며 입맛을 한껏 돋구게 한다.

이곳의 음식은 사려 깊게 준비되고, 질감이 좋고, 제철에 맞으며, 아름답게 프레젠테이션 된다. 버섯, 파르메레산 치즈, 산양 치즈, 흑미를 곁들인 달걀 요리는 벨벳 같은 질감과 향기로운 풍미로 완성된다. 수제 마카로니, 미소 가지, 그리고 아몬드와 함께 내는 송아지 볼살 요리는 곧바로 이곳의 대표 메뉴가 되었다. 삶은 루바브, 그을린 커스터드, 블러드 오렌지로 만든 디저트는 달콤함, 신맛 그리고 살짝 쓴맛을 시즌에 맞게 믹스한 것이다. 멜버른이 세인트 크리스핀에 깊은 애정을 주는 것은 너무도 당연하다. **HM**

◧ 라이언이 만든 블러드 푸딩과 비트를 곁들인 사슴요리.

로제타 Rosetta | 이탈리아 요리가 가진 모든 매력을 보여주는 곳

위치 멜버른 **대표음식** 구운 토마토를 곁들인 홈메이드 리코타
Homemade ricotta with roasted tomato | ❺❺❺❺

2012년에 오픈한 닐 페리(Neil Perry)의 이탈리안 레스토랑인 로제타는 멜버른의 야라강이 내려다 보이는 크라운 카지노(Crown Casino) 단지에 자리하고 있다. 소피아 로렌의 아름다움과 마르첼로 마스트로야니의 매력을 훌륭한 파스타의 편안한 맛과 영리하게 조화시킨 곳이다.

메뉴는 광범위한데, 페리가 이탈리아인이 아니며 다양한 지역을 넘나드는 표현의 자유로움을 가지고 싶어하기 때문이다. 크루디(crudi)와 카르파치(carpacci)로는 케이퍼, 토마토오일에 칠리를 살짝 넣은 감미로운 부시리(Hiramasa kingfish)가 있고, 홈메이드 리코타에 구운 토마토를 곁들인 요리는 크림 같은 부드러움과 달콤새콤함의 놀라운 조합을 보여준다.

메인 코스는 전통적인 요리인 살팀보카(saltimbocca)가

> "페리는 고객들이 가족 식탁에서 다같이 먹고 싶어할 만한 요리를 만들어내고자 한다."
>
> AgendaCity, Melbourne

있는데, 팬에 지진 송아지 에스칼로프(escalopes)로 만들며 프로슈토, 세이지(sage), 폴렌타가 곁들여진다. 케이프 그림(Cape Grim)에서 풀 먹여 키운 스테이크 숯불구이에 파슬리, 마늘, 흰콩을 곁들인 요리도 인기가 있다.

폭신한 붉은 벨벳으로 만든 긴 의자와 커다란 창에 드리운 하얀 커튼이 이곳을 세련되면서도 편안한 장소로 만들어준다. 이런 조화는 쉽게 이루어지는 것이 아닌데, 페리의 팀은 이것을 해냈다. 정통 이탈리아 음식의 아름다운 분위기를 가진 견실한 레스토랑을 만들어 낸 것이다. **HM**

카페 디 스타시오 Café Di Stasio | 음식만큼이나 분위기로도 유명한 명소

위치 멜버른 **대표음식** 오징어와 라디치오를 곁들인 브레드 말탈리아티
Bread maltagliati with calamari and radicchio | ❸❸❸

이 이탈리아 레스토랑은 정의하기 어렵고 특정화하기 힘든 무언가를 가지고 있다. 멜버른의 명소가 된 카페 디 스타시오는 세인트 킬다(St. Kilda) 해변의 길 건너편에 위치해 있는데, 그 해변만큼 상쾌한 느낌을 준다. 무드 있는 조명을 갖춘 다이닝룸에는 빌 헨슨의 사진 작품이 벽에 걸려 있다. 빳빳이 풀먹인 하얀 코트를 입은 웨이터들은 유연하고 프로페셔널한 태도를 가지고 있으며, 이곳을 자주 방문하는 단골들을 기억한다. 주인인 리날도 디 스타시오(Rinaldo di Stasio)는 전통적이지만 친근감 있는 메뉴를 구성하는 마술을 부리며, 고객을 멋지고도 만족스러운 경험으로 이끈다.

레스토랑과 접해 있는 바(bar)에서 네그로니(Negroni) 맥주를 마시며 식사를 시작해보자. 캐주얼한 식사를 원한다면 파스타 한 그릇을 먹어도 좋고, 소아브(Soave) 한 병을 단숨에 들이켜도 좋다. 접근성이 좋은 이곳은 누군가를 만나기에도 적절한 장소다. 멋진 다이닝룸으로 들어가면 카페 디 스타시오가 왜 그렇게 오랫동안 성공적이었는지, 멜버른 사람들이, 아니 오스트레일리아 사람 모두가 여기를 왜 그렇게 사랑하는지 알게 될 것이다.

독특한 식사는 숯에 구운 메추리에 양송이버섯을 곁들인 요리나 빵가루, 파르메산 치즈, 파슬리를 묻혀 오븐에 구운 가리비, 육질 좋은 클래식한 소고기 카르파초를 얇게 저며 레몬 드레싱과 내는 요리와 같은 앙트레로 시작된다. 파스타는 직접 수제로 만들며 오징어와 라디치오를 넣은 브레드 말탈리아티 파스타 요리나 싱싱하고 튼실한 새우를 넣은 실크리본 같은 링귀네도 있다.

카페 디 스타시오가 장수하면서 아이코닉한 위치까지 오를 수 있었던 이유는 이곳에서의 경험 전체에 기인한다. 이 맛있는 레스토랑이 25년 동안이나 멜버른 사람들의 마음에 특별한 자리를 차지하고 있는 건 당연한 일일 것이다. **HM**

아티카Attica | 음식을 진정한 예술로 끌어 올린 셰프가 만드는 눈과 혀로 즐기는 성찬

위치 멜버른 **대표음식** 페이퍼바크 나무껍질에 싸서 요리한 킹조지 민대구King George whiting in paperbark | 🍴🍴🍴🍴🍴

이 국제적인 명성을 가진 레스토랑은 다이닝룸이 주는 소박한 느낌 속에 벤 슈리(Ben Shewry)라는 수상경력이 풍부한 셰프가 만들어내는 음식의 아름다움과 복합성을 감추고 있다. 다이닝룸의 검은 벽면과 세심한 조명은 당신이 극장에 앉아 있고 곧 쇼를 보게 될 것 같은 느낌을 갖게 한다.

아티카는 분명 독특한 경험을 제공한다. 슈리는 매우 숙련된 요리사이지만, 동시에 몽상가이며 예술가이기도 하다. 그는 질 좋은 재료의 단순함을 살리면서 각 재료가 갖는 미묘한 특성을 극대화한다. 페이퍼바크에 싸서 조리한 킹조지 민대구 요리는 섬세한 생선살에 버터를 바르고 해초와 레몬머틀을 넣어 두꺼운 오스트레일리아산 페이퍼바크 나무껍질에 싸서 조리하는 것인데, 말리 뿌리(mallee root) 숯에 천천히 구우면 상큼한 레몬머틀과 짭짤한 해초 향이 완벽하게 조화를 이루며 잘 배어들어 버터처럼 녹는 식감을 만들어준다.

일주일 중 하루는 슈리가 실험하는 새로운 요리를 선보이는데, 그것을 선택하면 비용을 약간 적게 낼 수 있다. 그가 만드는 풍미의 교향악은 지역산 재료들의 비범함을 잘 보여준다. 슈리는 채소 요리를 중요하게 생각하지만, 지역 생산자들이 윤리적으로 기른 돼지고기나 소고기, 왈라비 같은 토종 육류도 자주 요리한다. 주방 팀은 식당에서 2분 거리에 있는 텃밭을 이용한다. 슈리는 그곳에다 탄지, 양파꽃, 수영 같은 마켓에서 찾기 힘든 허브와 엽채들을 기른다.

압도적인 두께의 책처럼 보이는 와인 리스트도 있는데, 경험이 많은 직원에게 골라달라고 하는 것이 현명하다. 그들은 음식과 전 세계의 와인이 어떻게 매치되어야 하는지에 대한 당신의 선입견을 바꾸어줄 것이다. 직원들은 멜버른은 물론이고 전 세계적인 윤리 정신을 모두 수용하여, 비범한 경험의 세계로 당신을 자신 있게 안내할 것이다. **HM**

"어떤 것을 만들기 위해 말도 안 되는 시간을 들이기도 하는데, 막상 그것이 잘 완성되면 굉장한 기분이 든다."

Ben Shewry, chef at Attica

⬆ 나무조각들 위에 올려진 호두 껍질 속에는 백설콩, 호두기름을 넣은 호두 퓌레가 들어간다.

큐물러스^{Cumulus Inc.} | 격조 있는 중심가에서의 느긋한 식사

위치 멜버른　**대표음식** 함께 먹는 양 어깨살 요리Shoulder of lamb (to share)　| 💲💲💲

큐물러스는 2008년에 멜버른의 주요 상업지구의 한가운데에 문을 열었다. 레스토랑은 개업하자마자 외식이란 무엇인지, 그리고 한 식당이 도시에 무엇을 줄 수 있는지에 대한 선입견에 도전장을 던졌다. 예약을 받지 않는 규정은 고객들이 언제 식당에 도착해야 할지를 생각하게 만들었다. 유연한 메뉴 구성은 끼니의 중간시간에도 고객을 불러모으는 요인이 되었다. 스툴(stool)에 앉으면 탁 트인 개방형 주방에서 셰프들이 일하는 모습을 볼 수 있기 때문에, 그 자리는 가장 인기 많은 자리다.

큐물러스의 공간은 오프 화이트와 짙거나 옅은 색의 목재, 검은색 금속을 멋지게 섞어서 만든 곳이다. 어마어마하게 큰 창문들을 통해 쏟아져 들어오는 자연광이 하루종일 레스토랑 전체를 감싼다. 메뉴는 계절에 따라 달라진다. 팔팔하고 탱탱한 굴 종류는 주문하면 즉석에서 까서 나온다. 구운 문어 샐러드는 소박한 맛이 나는데, 벨벳 같은 느낌의 훈제 파프리카와 아이올리를 살짝 보태서 진한 맛을 낸다. 양 어깨살 요리는 메뉴에서 한번도 빠진 적이 없다. 부드럽게 씹히고, 풍미 가득한 식감을 주는 데다가 단체 손님이나 배가 많이 고픈 몇몇이 나누어 먹을 만한 푸짐한 양으로 나온다.

이곳의 특선 요리로는 와규 파스트라미, 팔레티야 이베리카 데 베요타 호셀리토(paletilla Ibérica de bellota Joselito, 도토리 먹여 키운 스페인 토종 돼지의 앞다리 햄), 또는 에일스버리(Aylesbury) 오리찜이나 훈제 햄 등이 있다. 이런 음식들은 일상적으로 먹기에도 무난한 요리이지만 잘 대접받았다고 느낄 정도로 특별한 음식이기도 하다. 와인 리스트는 요리의 다양성에 어울릴 만큼 잘 준비되어 있으며, 전 세계의 주류도 제공한다. 특히 빅토리아 주의 와인 중에는 일부 보석들이 숨어 있으니 잘 살펴 보기를 바란다. **HM**

⬆ 넉넉한 식사 공간에서 주방을 볼 수 있게 되어 있다.

플라워 드럼 Flower Drum | 최고 수준에 도달한 광둥 요리

위치 멜버른　**대표음식** 페킹 덕 Peking duck | 🌢🌢🌢🌢

멜버른의 중심에 있는 플라워 드럼은 이 도시에서 하나의 상징과도 같은데, 전 세계적인 존경과 추앙 또한 받고 있다. 오스트레일리아에서 가장 유명한 레스토랑 중 한 곳이며, 외국 관광객들이 멜버른에 오면 반드시 가봐야 하는 곳으로 꼽힌다.

동양적인 세련된 분위기를 가진 긴 장방형의 다이닝 룸은 진한 빨간색과 어두운 나무색으로 단순하게 치장되어 있다. 이런 인테리어는 길게 늘어진 하얀색 식탁보, 우아하게 차려입고 당신의 모든 요구에 빠르게 대응하는 웨이터들과 멋진 대비를 이룬다.

메뉴는 광둥요리의 독특함을 잘 담고 있다. 맛있는 소스들, 능숙하게 손질된 해물, 그리고 아주 훌륭한 오리 요리를 제공한다. 웨이터가 추천하는 6가지 코스의 연회 메뉴도 시도할 만한데, 여기에는 오스트레일리아 남부에서 나오는 훌륭한 생선인 킹조지 민대구를 튀겨 표고버섯 소스로 조리한 것이 있다. 그리고 메추라기 고기와 중국 소

시지에 죽순, 파 등의 채소를 볶아서 섞고 양상추 잎에 깔끔하게 올려서 내는 요리인 상 초이 바오(sang choi bao) 또한 제공한다.

다양한 선택이 가능한 알라카르트 역시 매력적이다. 북경오리는 아주 유명한데, 자두 소스, 오이, 파를 얹은 부드럽고 달콤한 살코기를 깃털같이 가벼운 전병에 싸서 먹는다. '취한 새끼비둘기(drunken squab)'도 눈길을 끄는 메뉴인데, 옥수수를 먹인 비둘기를 사오싱주(酒)에 재워서 찐 후 통째로 서빙한다.

고급스러운 전복 요리도 추천할 만하다. 전복을 최상의 닭고기 육수에다 12시간 이상 고아서 만든다. 이 귀한 요리에 감칠맛 나는 굴소스와 전복을 졸인 소스를 넣어 풍미를 한껏 끌어올린다. 스텝들은 다양하게 잘 갖추어진 와인 리스트에 대해 즐겁게 설명해준다. 플라워 드럼은 꼭 한 번 가볼 만한 곳이다. **HM**

⬆ 아이콘 같은 플라워 드럼에는 우아한 요리들이 기다리고 있다.

그로시 플로렌티노 Grossi Florentino | 멜버른의 상징적인 건물에서 맛보는 이탈리아 요리

위치 멜버른 **대표음식** 블랙 샐서피를 곁들인 새끼돼지 요리 Suckling pig with black salsify | ❸❸❸

"위층에서는 고품질의 재료로 무언가를
더 멋지게 만들어보려고 하고 있다."

Guy Grossi, chef and owner of Grossi Florentino

그로시 플로렌티노가 있는 건물은 1879년 작은 와인 바로 지어진 이후 여러 변신을 거쳐 오늘날에 이르렀다. 여러 해 동안 플로렌티노라 불리며 점점 늘어나는 이 도시의 고객들에게 음식을 제공해 왔는데, 특히 20세기 중반에 이탈리아 이민이 많아지면서 번성하게 되었다. 그로시 가족은 이미 멜버른에서 요식업으로 자리 잡고 있다가 이 사업장을 1999년에 매입하여 이름을 바꾸었다. 그들은 종잇장처럼 얇은 최상급의 프로슈토(prosciutto)를 만들어내는 장인답게 이 식당을 21세기로 잘 이끌었다.

2층짜리 건물은 세 개의 구역으로 나누어져 있다. 셀러바(The Cellar Bar)는 커피 한 잔 마시며 맛있는 소고기 라자냐나 봉골레 스파게티를 먹기에 좋은 캐주얼한 장소이다. 그 옆에 있는 더 그릴(The Grill)은 멋지게 구워진 이탈리아식 스테이크(bistecchina a Fiorentina)를 기대할 수 있는 곳이다. 그리고 계단 위로 올라가면 마술처럼 더 매력적이고 놀랄 만큼 멋진 다이닝룸이 눈에 들어온다. 이곳은 뛰어난 정교함 속에 전통의 맥이 느껴진다. 이 레스토랑은 여러 세대에 걸쳐 고객들이 축하모임을 위해서 또는 고급스런 이탈리아 음식을 먹기 위해서 거듭 찾아오는 명소이다.

세프인 가이 그로시(Guy Grossi)와 그의 오른팔인 크리스 로드리게즈(Chris Rodriguez)는 이탈리아 음식의 소박함을 살리기 위해 자신들의 테크닉을 잘 사용할 줄 안다. 레스토랑은 수상 경력을 갖춘 소믈리에인 마트 프로테로(Mark Protheroe)가 능숙하게 관리하고 있다. 이 유서 깊은 레스토랑이 이렇게 오래도록 유지되는 것은 최초 설립자들 덕일 것이다. 이 레스토랑의 미래 또한 그로시 가족이 오늘날의 복잡하고 경쟁적인 세상 속에서 엄격한 기준을 지켜왔기 때문에 탄탄할 것이다. **HM**

⬆ 그로시 플로렌티노의 이탈리아풍의 분위기는 보도(步道)에 나와있는 카페스타일 테이블에서도 보인다.

문 언더 워터 Moon Under Water | 상징적인 호텔 자리에 위치한 세련된 레스토랑

위치 멜버른 **대표음식** 당근과 파스닙을 곁들인 오리구이|Roast duck, carrot, and parsnip | ❻❺❺❺

1946년에 영국의 유명 작가인 조지 오웰은 자기가 좋아하는 가상의 술집을 '문 언더 워터(Moon Under Water)'라고 부르며, 그 술집이 실제로 존재한다면 어떤 곳일지에 관해서 설명한 기사를 쓴 적이 있다. 멜버른에 위치한 이 레스토랑의 이름은 거기서 따온 것이다.

멜버른의 북부 교외 지역인 피츠로이(Fitzroy)에는 유서 깊은 건물인 빌더스 암스 호텔(Builder's Arms Hotel)이 있는데, 문 언더 워터는 2012년에 호텔 뒤쪽에 문을 열었다. 세심하게 디자인된 레스토랑의 내부는 흐린 연청색과 흰색의 조합이 눈에 띄는데, 마치 천상에 온 듯한 분위기로 고객들은 구름 위를 떠다니는 듯한 느낌을 받는다. 하지만 한쪽 벽을 장식한 빈티지한 식기장과 유행의 첨단을 걷는 차림의 직원들의 재빠른 움직임은 도회적인 느낌을 주며, 다시 현실로 돌아오게 만든다.

레스토랑의 공동주인이자 셰프인 앤드루 맥코넬(Andrew McConnell)과 조쉬 머피(Josh Murphy)는 매주 바뀌는 5가지 코스의 세트 메뉴를 제공한다. 매주 월요일마다 채식 메뉴를 포함한 새로운 요리가 웹사이트에 공지된다. 머피는 능숙한 솜씨와 노련한 감각으로 주방을 이끌어 간다. 짭짤하고 달콤한 치즈 비스킷으로 식사를 시작하여, 얇게 썬 가다랑어에 샐러리의 풍미와 신 포도즙의 생생함을 더한 요리를 그 뒤에 맛보는 것도 좋겠다. 장작에 구운 양배추와 모과를 곁들인 사슴고기와 같은 만족스러운 조합의 요리 들은 메뉴에 깊이와 따뜻함을 더해준다.

차분하고 우아한 이곳에서의 식사 경험에서 중요한 것은 어느 하나가 아니라 전체를 망라하는 경험이다. 이 레스토랑의 각각의 요소들은 다른 요소들과 서로 필수불가결한 역할을 하는 한편 각각의 요소가 갖는 개별적 특장점이 뚜렷하다는 점에서 그러하다. 조지 오웰도 이 레스토랑에 만족스러워 하지 않을까. **HM**

"이곳은 따뜻한 환대의 느낌이 있는 한편 초현실적이고 특이한 느낌 또한 가지고 있다."

Arabella Forge, The Melbourne Review

⬆ 빛이 널리 퍼지게 하는 커튼이 문 언더 워터의 다이닝룸에 천상의 분위기를 만들어 준다.

더 코머너 The Commoner | 색다른 오스트레일리아 식 요리

위치 멜버른   **대표요리** 장작에 구운 당근에 부드러운 달걀과 하리사를 곁들인 요리 Wood-roasted heirloom carrots with a soft egg and harissa | 💲💲

멜버른의 자그마한 레스토랑인 이곳은 전직 셰프였고 지금은 매니저인 조 코리건(Joe Corrigan)이 주인이다. 그녀는 고객들이 피츠로이의 존스턴 거리에서 이 조그만 식당을 향해 계단을 올라오는 순간부터 바로 즐거운 기분을 느낄 수 있게 만들어 준다.

소박한 다이닝룸은 현대적인 미술품, 나무를 구부려 만든 의자, 여러 곳에 잘 배치한 아름다운 꽃들로 우아하게 꾸며져 있다. 위층에는 또 다른 다이닝룸이 있는데, 현대적인 미술 작품과 무드있는 조명으로 가득 찬 독특한 공간이다.

메뉴는 테이스츠(Tastes), 스몰(Small)과 모어(More)라는 총 3가지 섹션으로 나뉜다. '테이스츠'는 여러 명이 함께 먹을만한 메뉴로 야생버섯 크로켓, 토끼고기 콩피, 모과절임을 곁들인 베이컨 토스트를 제공한다. '스몰'에는

> "우리는 하나의 훌륭한 제철 재료를 가지고 단순히 다양한 변화를 주는 식으로 계절 메뉴를 만든다."
>
> Jo Corrigan, founder of The Commoner

장작에 구운 당근을 부드러운 달걀과 하리사와 함께 내는 인기 있는 요리가 포함되는데, 하리사의 강렬한 향이 절제되어 촉촉하고 풍미 있는 달걀에 잘 배어 있다. '모어'에는 메인 요리가 포함된다. 숯불에 구운 성대(gurnard, 독특한 향을 가진 생선)에 홍합, 고둥, 파슬리, 마늘을 곁들인 요리가 있으며, 블랙 푸딩, 루타바가(rutabaga), 곡물을 곁들인 삼겹살 말이도 있다. 숯불에 구운 홉킨스 리버(Hopkins River) 비프는 탁월한 재료를 제대로 조리한 훌륭한 예이다. **HM**

뷔 드 몽드 Vue de Monde | 비범한 경관을 보면서 즐기는 흠잡을 데 없는 식사

위치 멜버른   **대표요리** 바라문디, 서양쐐기풀, 어린 마늘과 양상추 요리 Barramundi, nettle, young garlic, and lettuce | 💲💲💲💲💲

오스트레일리아 최고의 레스토랑 중 하나인 뷔 드 몽드는 멜버른 중심가의 리알토 타워 55층에 자리 잡고 있다. 이곳에서는 포트필립만(Port Phillip Bay)과 멜버른 크리켓 구장, 플레밍턴 경마장 같은 곳들이 시원하게 내려다 보인다.

셰프 섀넌 베넷(Shannon Bennett)은 식당 운영에 관한 모든 단계에서 지속가능성의 정신과 무결점의 품질을 기조로 움직인다. 예를 들어, 그는 식탁보를 세탁하는데 드는 에너지를 생각해서 대안으로 캥거루 가죽으로 테이블을 덮는다. 실내는 가라앉은 초콜릿 톤으로 중화되어 어슴프레한 느낌을 주며, 특수제작한 조명이 흑빛깔의 벽을 밝히고 있다. 이 레스토랑은 윤리적인 방식을 고려하여 디자인되었지만, 여전히 전통을 중시하는 서비스 환경을 제공하고 있어서 아무것도 더 이상 바랄 것이 없다.

메뉴는 지속적으로 발전하는데 항상 최고의 품질을 지향하는 것을 놓치지 않는다. 베넷은 계절별로 다른 이야기를 전하는데, 고객의 호기심을 자극하는 한편 즐거움을 주는 것도 잊지 않는다. 강한 풍미와 염장으로 부드러워진 식감을 가진 염장 왈라비 요리로 식사를 시작하는 것도 좋겠다. 9개의 코스를 거치며 오스트레일리아산 식재료는 최상의 상태로 만들어져 한껏 뽐을 낸다. 블랙 모어 와규는 이곳의 대표 아이템인데, 베넷은 노련한 터치로 이를 끊임없이 변신시키고 있다. 이 요리를 훈연한 골수, 솔트부시(salt bush)의 강렬한 한방과 함께 내기도 한다.

뷔 드 몽드의 요리는 깊이가 있고, 결코 밋밋하지 않으며, 도전적이면서도 그럴 만하다고 수긍이 간다. 이 레스토랑은 비범한 식사경험을 제공하는 곳이다. 시각적인 측면은 물론이고 다른 모든 차원에서도 다 그러하다. **HM**

⤵ 새우, 서양쐐기풀, 어린 마늘과 훈제 바라문디.

더 타운 마우스 The Town Mouse | 편안하고 이웃 같은 분위기에서의 독창적인 식사

위치 멜버른　**대표음식** 말린 자두, 파르메산, 사과를 곁들인 천천히 구운 적양배추 Slow-roasted red cabbage with prune, Parmesan, and red apple | ⑤ ⑤⑤

멜버른 교외의 칼턴에 있는 이 특이하고 작은 레스토랑 자리에는 여러 해에 걸쳐 많은 식당이 있었는데 지금의 주인이 더 타운 마우스를 열어 완전히 새로운 수준으로 끌어올렸다. 이솝이야기에 나오는 이름을 따온 이 식당은 뉴질랜드 출신의 레스토랑 사업가인 크리스티안 맥케이브(Christian McCabe)와 그의 누이 부부인 타라(Tara)와 제이 코메스키(Jay Comeskey)가 소유하고 있다. 이곳에는 벤치로 된 긴 좌석이 있고, 검은 타일도 많이 보이고, 멋진 어두운 나무와 구리로 만든 바를 갖추고 있어 매우 편안한 분위기에서 하루 종일 식사가 가능하다. 메뉴는 뉴질랜드 출신의 셰프인 데이브 베르휼(Dave Verheul)이 만드는데 그는 웰링턴의 유명 레스토랑인 매터호른(Matterhorn)에서 크리스티안과 일했었다.

식사를 시작하는 요리로 적당한 대표적인 '스낵' 메뉴로는 회향, 타임, 꿀을 넣어 다양한 질감이 달콤하고 향기롭게 입안에서 터지는 염소 치즈 프로피트롤(profiterole)을 권할 만하다. 식재료들에 멋과 상상력을 넣어 버무리는 것이 이곳 요리의 특징이다. 조개피클, 래디시, 버베나(verbena)와 야생 양파를 곁들인 훈제 송어나, 오리가슴살에 캐러멜라이즈한 요거트, 밀싹, 중국 겨자잎을 같이 내는 요리도 있다. 만일 소박한 채소 요리가 컬트의 경지에 오를 수 있다면 천천히 구운 적양배추에 말린 자두, 파르메산, 사과를 함께 내는 요리가 제격일 것이다. 디저트 역시 창의적인데 그중에는 사워크림, 딸기 피클, 화이트 초콜릿을 라벤더와 제비꽃 아이스크림과 섞은 것도 있다.

더 타운 마우스는 늘 동네의 편한 레스토랑 겸 바(bar)가 되고자 하는 곳이다. 주민들은 일상적인 느낌을 주는 환경에서 최고의 요리를 낸다는 컨셉에 굉장히 만족해한다. 그러나 각각의 요리에서 보여지는 비범한 조리법과 고객들을 대하는 스탭들이 보여주는 세세한 지식은 이곳을 흔한 동네 식당을 훨씬 뛰어넘는 장소로 만들었다. **HM**

⬆ 이곳의 바는 안락한 식사 공간의 한 부분이다.

서던 오션 로지 Southern Ocean Lodge | 황무지 같은 분위기에서 먹는 지역산 음식

위치 캥거루섬 **대표음식** 해산물 모둠요리 Seafood platter | 🅢🅢🅢🅢

캥거루섬은 애들레이드의 남서쪽으로 110km 떨어진 곳에 있다. 이 도시의 4,500km² 중 3분의 1은 국립공원으로 지정되어 있고, 이 공원은 오스트레일리아에서 3번째로 큰 국립공원이다. 캥거루섬은 전형적인 오스트레일리아식 이름인데 이 섬의 서던 오션 로지에 있는 이 레스토랑은 뚜렷한 지역 정신을 지키고자 하는 곳이기도 하다. 이 섬은 토종 동식물의 천국이며 이 섬에는 이런 환경을 존중하고 지키면서 일하는 많은 장인들이 있다.

로지안에 있는 이 레스토랑은 투숙객들만 이용할 수 있는데 이런 엄격한 기준으로 유명할 뿐 아니라, 셰프인 팀 버크(Tim Bourke)가 이 섬과 사우스오스트레일리아주의 작물생산가들과 협력하여 지역산의 제철재료를 지속가능한 방식으로 다루는 문화를 조성하려는 노력으로도 유명하다.

이 섬에서 키운 브로콜리는 맛있는 수프의 재료로 쓰여 염소 치즈를 올리고 지역산 올리브유로 마무리한다.

유기농 비트뿌리, 사과, 토종 양유로 만든 페타 치즈와 야생 회향 커스터드를 넣은 샐러드는 달콤하고 흙내음도 나기도 하는 다양한 질감의 혼합물이 된다. 쿠롱산 블랙 앵거스 소고기 타르타르는 래디시와 물냉이 조각을 얹고 방목한 닭이 낳은 달걀의 노른자를 넣은 뒤 한련화를 뿌려 마무리한다. 서던 오션 로지의 요리들은 세심하게 준비되어 오이스터 코브(Oyster Cove)의 갑각류, 아일랜드 퓨어(Island Pure)의 양에서 나온 유제품, 사우스록(Southrock)의 양고기 같은 재료들을 잘 살려준다.

웅장한 서던 오션이 바라다 보이는 위치 덕에 이 레스토랑은 별다른 치장이 필요하지 않다. 내부에는 유리로 된 벽이 바다 풍광을 안으로 들여오고 서비스는 이 장소의 충만함이 만들어내는 고요한 분위기를 잘 유지시킨다. **HM**

⬆ 서던 오션 로지의 전망과 함께 즐기는 행복한 식사.

시다트 Sidart | 진정으로 혁신적인 메뉴를 가진 숨은 보석

위치 폰손비 **대표음식** 와인에 절인 배, 아몬드 가루와 레드 와인 시럽을 곁들인 로크포르 아이스크림Roquefort ice cream, red wine poached pear, almond crumble, and red wine syrup | ❺❺❺

"시다트는 접시 위의 예술이라고 할 수 있는 파인 다이닝의 최고의 진수를 선사한다. 진정으로 특별한 경험이다."

The New Zealand Herald

이 보석 같은 레스토랑에서 주인이자 셰프인 시드 사라와트(Sid Sahrawat)는 혁신적이고, 때로는 도전적이며 눈과 입에 모두 호사가 되는 향와 질감을 가진 완벽하게 조화로운 요리를 만들어낸다. 매주 화요일에 있는 테스트 키친(Tuesday Test Kitchen)의 밤에는 정규 메뉴의 후보인 실험적인 요리들로 8가지 코스 정찬을 만들어 내놓는다. 이 요리는 아마도 오클랜드에서 할 수 있는 고급 식사 경험 중 가장 실속 있는 코스 중 하나일 것이다. 와인을 매치하는 옵션을 보태면 추가비용이 발생한다. 그 외의 요일에는 5가지에서 10가지 코스의 메뉴 중 선택할 수 있다.

이 레스토랑에 가려면 고객들은 이상하게 생긴 쇼핑몰 입구를 통과하여 회전형 계단을 몇 개 지나는 수고를 거쳐야 한다. 그러나 일단 레스토랑에 들어서면 폰손비가의 분주한 식당가에서는 다소 의외인 편안한 휴식처를 발견하게 된다. 어둡지만 친근한 이 레스토랑은 오클랜드 다운타운의 스카이라인과 시티센터가 보이는 근사한 전망을 가지고 있다. 주방에 붙어 있는 셰프의 테이블이나 안락한 긴 의자 자리 중의 하나에 앉으면 환상적인 요리를 줄줄이 맛보기에 완벽한 세팅이 된다.

요리는 도미, 여지(lychee), 님잼(nim jam)이 흔히 포함되는데, 작은 단지에 담긴 코코넛 퓌레와 님잼에 절인 싱싱한 도미튀김에 숙주와 파를 곁들이고 밝은 빛깔의 고수와 칠리 셔벗을 올린 요리도 있다. 누가 대구를 단지에 넣을 생각을 했겠는가? 그리고 다른 요리로는 로크포르 치즈 케이크도 있는데 여러 해 동안 메뉴에 올라있을 정도로 맛이 좋다. 이것은 치즈 케이크의 모든 요소를 갖추고 있지만 우리가 알고 있는 기존의 치즈 케이크와는 또 다르다. ∪

⬆ 레스토랑의 주인이자 셰프인 시드 사하와트가 주방에서 일하는 모습.

➡ 세련된 요리들이 예술적으로 준비된다.

소울 바 앤 비스트로 Soul Bar & Bistro | 음식, 와인, 칵테일, 그리고 즐거움을 위한 최고의 장소

위치 비아덕트 하버 **대표음식** 레몬 버터소스를 곁들인 치어 튀김 Whitebait fritters with lemon butter sauce | ❸❸❸

> "소울은 느긋하게 즐기는 점심을 위해 만들어진 장소이다. 매우 다양한 메뉴는 많은 사람들이 좋아할 만하다."
>
> Cuisine magazine

오클랜드는 아름다운 항구를 가지고 있지만 몇몇의 레스토랑만이 해안이나 부둣가에 바로 접해 있다. 이곳은 넓게 펼쳐진 꽃 모양의 테라스가 있어 바다에 정박해 있는 요트들을 볼 수 있는 멋진 전망을 가지고 있고, 광장이나 부둣가에서 쉽게 걸어갈 수 있어 분주한 비아덕트 하버의 다운타운에서 최고의 위치를 자랑한다. 테라스에는 점심을 먹는 여인들, 까다로운 식도락가들, 양복을 차려 입은 비즈니스맨, 그리고 즐거움을 찾아 들어서는 호기심 많은 관광객들로 항상 가득 차 있다. 소울의 세련된 주인인 주디스 태브론(Judith Tabron)이 이곳을 관리한다.

이 식당의 메뉴는 광범위하지만 해산물이 강점이다. 대부분의 레스토랑들이 '오늘의 생선'이라는 이름으로 한 가지 생선만을 제공하는데 반해, 소울에서는 다양한 종류의 싱싱한 생선을 제공하고 각각의 생선은 다른 스타일로 조리된다. 신선한 것을 구할 수 있는 한 도미, 달고기, 참치, 하푸쿠 등을 늘 준비하고 있다. 생선요리에 곁들이는 음식은 계절에 따라 바뀌는데, 겨울에는 콜리플라워 크림과 블러드 오렌지 그르노블르아(grenobloise)나 사프란 감자와 훈제 파프리카 오일을 곁들인 초리조가 준비된다. 봄에는 아스파라거스와 뱅어(whitebait) 또는 망고 드레싱과 볶은 잣을 곁들인 그린 파파야, 고수, 민트로 만든 샐러드가 준비된다. 파스타, 채식 요리, 그리고 푸짐한 소고기, 돼지고기, 오리 요리도 모두 준비되고 셰프의 신선하고 상상력 넘치는 조리를 거쳐 제공된다.

소울은 이국적인 칵테일을 홀짝거리기, 커다란 바에서 한잔하며 느긋한 시간을 보내기, 그리고 주디스 태브론이 끊임없이 제공하는 스페셜 이벤트나 프로모션을 즐기기에 모두 좋은 장소이다. 성실한 직원들이 레스토랑을 빈틈없이 운영하면서 누구나 가고 싶어하는 즐겁고 활기 넘치는 장소로 만들어 준다. ⊔

⬆ 요리는 신선한 제철 재료로 만들어진다.

디포 이터리 앤 오이스터 바 Depot Eatery & Oyster Bar | 즐거움과 멋이 있는 캐주얼한 뉴질랜드식 식사

위치 오클랜드 　**대표음식** 레몬피클 마요네즈와 물냉이를 곁들인 하푸쿠 슬라이더 Hapuku sliders, pickled lemon mayo, watercress | 💲💲

셰프 알 브라운(Al Brown)이 디포의 문을 열던 첫날부터 기대에 가득찬 고객들이 도로에 줄을 서기 시작했다. 충분히 가치가 있는 이 기다림은 종종 복잡한 식당 내부에 있는 것만큼 재미있는 경험이기도 하다. 일단 당신의 이름을 웨이팅 리스트에 올리면 친절한 직원이 당신에게 와인이나 맥주를 권한다. 디포는 하루 종일 문을 여는데 간단한 아침식사와 커피는 줄서서 기다릴 필요 없이 즐길 수 있다.

브라운은 사냥하고, 사격하고, 낚시도 하는 전형적인 뉴질랜드인 같은 사람으로 디포의 메뉴도 땅과 바다에 대한 그의 사랑을 반영하여 만들어졌다. 예술적으로 꾸며진 음식은 없지만 지역에서 조달된 특산물로 만든 요리를 주문하면 주문과 동시에 까서 그 어느 곳보다 더 신선한 굴과 조개의 성찬을 제공한다. 한편 뉴질랜드산 육류 저장고는 이 나라 최고의 장인들이 제공하는 육가공품으로 가득 차 있어 바다 냄새가 나는 해물들과의 조화를 위해 꼭 맛보아야 한다.

브라운은 미국 동부해안에서 셰프생활을 한 경험이 있어 뉴잉글랜드와 뉴욕의 영향이 그의 요리에 스며들어 있다. 가장 인기 있는 요리는 생선요리인데, 농어과의 생선인 하푸쿠와 산뜻한 레몬마요네즈로 채운 맛있는 슬라이더와 커민 넣은 튀김 옷을 입힌 생선 토르티야에 코울슬로와 토마티요 소스를 곁들인 요리가 있다.

서빙하는 직원들은 무거운 목재 테이블과 스툴이 빼곡이 들어찬 좁은 공간을 바삐 오간다. 셰프들이 일하는 모습을 다 볼 수 있는데, 몇몇 운종은 고객들은 주방가까이에 앉아서 불빛을 내는 프라이팬들, 주문이 완성되는 모습을 구경할 수 있다. 와인 리스트는 단순한 쇼비뇽 블랑을 넘어서는 것으로 다양한 종류의 와인을 글라스로 맛볼 수 있다. LJ

"당신이 바로 들러도 완벽하게 조리된 요리들을 즐길 수 있는, 빠르게 움직이는 생생한 곳."

The New Zealand Herald

⬆ 굴은 주문과 동시에 바에서 깐다.

First Course
French Country Terrine, pickled cherries 23
Sri Lanken Prawn Salad, coconut curry leaves 24
Duck Salad, pomegranate, tahini, beets, pistachio 23
Twice-baked Goats cheese Soufflé. 23
Soup: Tomato, fennel, cannellini bean. 16
Risotto: Asparagus, peas, parsley, parmesan 21

Main Course
Veal schnitzel, potato rösti, coleslaw, caper butter 32
Steak frites, Hereford Scotch, maître D' hotel butter 35
Lamb rump, burghal pilav, baba ghanoush, harissa 34
Salmon filet, lentils, buttered beetroot, dill crème 32
Chiang Mai Chook, coconut rice, tamarind, som tum 32
Hapuku, celeriac purée, fennel + pea broth, tapenade 34
Sides: Fries, mayo 6 green salad 7 Asparagus, hollandaise. 10

Cheese: bleu d'Auvergne
Aged Gouda
'Ramara' washed rind
50g /3/15
All $15
Dessert: Churros con Chocolate...
Summer berry Tart, mascarpone, praline
Rose pannacotta, rhubarb, pistachio
Profiteroles, icecream, Chocolate sauce
Nougat glacé, saffron, turkish delight
Handmade Valrhona Truffle. 3.50 each

더 엔진룸 The Engine Room | 최고 수준의 음식을 내는 캐주얼한 레스토랑

위치 오클랜드 **대표음식** 추로스 콘 초콜릿 Churros con chocolate | ❸❸❸

이곳의 메뉴는 감자, 아스파라거스, 신 포도즙 소스를 곁들인 넙치, 또는 브레드 소스, 라디치오, 호두를 곁들인 닭다리처럼 단순함을 지향한다. 메뉴를 죽 읽다 보면 고객들은 오래 전의 집밥요리들을 떠올릴 수도 있다. 그러나 일단 요리가 나오면 어떤 가정 요리사도 이곳의 요리와 같은 멋진 풍미와 고급스러움을 만들어 낼 수 없다는 것을 분명히 알게 된다.

나탈리아 샴로스(Natalia Schamroth)와 칼 코펜하겐(Carl Koppenhagen)은 레스토랑 자리를 찾기 위해서 이 도시를 몇 달 동안 훑고 다녔다. 그들은 오클랜드 다운타운에서 멀지 않은 노스쇼어(North Shore)에 있는 오래된 우체국 건물에 자리 잡았는데, 2006년 식당을 연 이래로 충성스런 고객들이 줄을 이었다. 이곳은 격식이 없고 분주하지만 요란스럽지 않은 레스토랑이어서 고객들이 진정한 편안함을 느낄 수 있다. 나탈리아가 말했듯이 이곳은 '마음과 정신을 다해서 만드는 진짜 건강하고 정직한 음식'을 지

향한다. 잘 훈련받은 셰프인 두 사람은 여러 해 동안 같이 일하고 자주 여행하면서 유럽과 아시아에서 영감을 받아 그들의 메뉴를 창조해왔다. 매끄러운 식사경험을 제공하기 위해서 칼은 주방을 이끌고 나탈리아는 매장을 운영하면서 고객들에게 따뜻하게 환대한다.

블랙보드에 쓰여진 메뉴는 주기적으로 바뀌는데, 전통적인 맛은 아니지만 엄청 맛있는 추로스 콘 초콜릿이나 두 번 구워 크리미한 염소치스 수플레, 그리고 로스티(rösti), 코울슬로, 케이퍼 버터를 곁들인 송아지 슈니첼 같은 요리는 아주 인기가 많아서 메뉴에 계속 남아있기도 한다.

엔진룸은 잘 선별된 소수의 와인과 칵테일 그리고 식전주를 제공한다. 특정 와인이 유행하기 훨씬 전에 이곳에 먼저 등장하기도 한다. 오클랜드의 대부분의 레스토랑보다 훨씬 먼저 탁월한 경험을 제공하는 곳이다. **LJ**

⬆ 블랙보드에 쓰여 있는 메뉴.

더 프렌치 카페 The French Café | 일관되게 훌륭한 음식을 내는 우아한 레스토랑

위치 오클랜드　**대표음식** 아시아 엽채, 귤, 고구마를 곁들인 양념 오리 Spiced duckling with Asian greens, mandarine, and kumara | 🍴🍴🍴🍴

이 카페에 수여된 상들을 보면 이곳이 특별한 날의 완벽한 식사를 위한 장소로 가장 먼저 선택될 만한 평판을 지닌 곳임이 확인된다. 셰프인 사이먼 라이트(Simon Wright)와 그의 아내 크레그한 몰로이 라이트(Creghan Molloy Wright)가 이곳을 운영하는데, 이들은 음식, 와인, 서비스 그리고 격조 있는 분위기의 조성을 위해 끊임없이 노력하며 한순간도 쉬지 않는다.

이 두 사람은 15년도 더 전에 이 독특한 카페를 인수하여 해마다 혁신적인 디테일을 보태면서 이곳이 파인다이닝의 메카가 되도록 만들어 왔다. 흠잡을 데 없는 스타일로 제공되는 직원들의 모범적인 서비스, 지속적으로 재작업되는 인테리어와 외부 장식, 허브와 채소를 심어놓은 쾌적한 야외정원, 놀라운 와인 리스트를 갖춘 이곳은 세련되고 고급스러운 경험을 제공한다.

이곳의 현대적인 메뉴는 라이트의 전통 영국식 조리 교육에 잇닿아 있는 한편, 아시아, 태평양과 유럽을 여행하면서 얻은 경험에서 오는 다양하고 흥미 있는 영향도 엿보인다. 식재료는 매일 조달되어 '바다의 과일(Fruits of the Sea)' 같은 재미있는 요리로 만들어지는데 이 요리는 토종 해조류, 굴크림, 샘파이어, 레몬 오일을 섞은 것으로 맛있는 작은 해산물들을 젤리처럼 굳힌 국물에 담가 서 낸다.

테이스팅 메뉴도 강력 추천할 만한데 강렬한 풍미를 가진 10가지의 코스는 짭짤한 킹피시 세비체에 사과젤리, 신 포도즙 오이, 크렘 프레슈와 캐비아를 곁들인 요리로 시작하여 두 가지 디저트로 마무리된다. 채식주의자들도 별도의 테이스팅 메뉴를 제공받을 수 있는데, 보리쌀 위에 달걀노른자를 얹고 훈연한 감자, 버섯, 호밀과 신선한 트러플을 곁들인 요리 등이 나온다. 뉴질랜드에서의 외식은 프렌치 카페에서의 식사보다 더 좋은 경을 찾을 수 없을 것이다. **U**

⬆ 벌꿀빛의 색조가 프렌치 카페의 장식을 지배하는 색깔이다.

더 슈가 클럽 The Sugar Club | 호화로운 전망을 가진 곳에서 맛보는 세계적으로 인정받은 퓨전요리

위치 오클랜드 **대표음식** 오리, 호박, '골든 에그'를 곁들인 락사 Laksa with duck, pumpkin, and "golden egg" | ❸❸❸

"퓨전요리는 당신이 이제까지 맛본 중
가장 자극적인 음식을 창조할 수 있다.
이것은 재미있고 놀이 같다."

Peter Gordon, restauranteur

스카이 타워의 53층으로 빠르게 올려다 주는 무서운 엘리베이터에서 나오면 오클랜드 항구 전체의 광경이 아래로 펼쳐진다. 그러나 몇 초 지나지 않아 편안하고 안락한 입구와 멋지고 세련되면서 손님을 반기는 느낌을 주는 바(bar)에 주의를 빼앗기게 된다. 분위기 있는 푸른색 실내장식과 환상적인 실크 질감의 벽을 보면 이곳이 아주 세심하게 디자인된 곳임을 알게 된다. 이곳은 현대 퓨전요리의 아버지를 위해 세계 수준의 세팅을 갖춘 곳이다.

셰프 피터 고든(Peter Gordon)은 뉴질랜드에서는 누구나 아는 이름인데 다른 지역에서도 아시아-유럽의 문화를 넘나드는 독특한 요리를 자문하며 역시 유명해졌다. 그는 웰링턴에서 원조 슈가 클럽을 시작했다. 이후 런던으로 그 레스토랑을 옮겼는데, 지금도 런던의 인기 있는 레스토랑인 프로비도어(Providores)와 타파스 바(tapas bar)를 소유하고 있다. 스카이 시티의 주인이 그를 고향으로 불러들여 구름 위에 상징적인 레스토랑을 만들기 위해 자문역할을 하게 한 것은 아주 잘한 선택이었다.

이곳의 락사는 아주 유명한데 당연히 그럴 만하다. 양념이 된 훈제버전으로 오리, 호박과 '골든 에그'를 가득 채워서 낸다. 아시아풍의 디저트인 바탈라팜(vattalapam)은 꼭 먹어볼 만하다.

슈가 클럽은 주말 브런치와 급행 런치메뉴도 제공하지만, 해가 지고 도시의 불빛이 켜지는 무렵에 시작하는 정식 저녁식사가 최고다. 경관이 너무 멋있어서 뉴질랜드와 아시아의 모든 인기 있는 식재료를 조합하여 만든 신선하게 색다르면서 상당히 독창적인 요리들보다 경치에 더 관심이 갈 수도 있겠다. 직원들은 아주 전문성이 있고 소규모 와인 리스트는 음식에 맞게 훌륭하게 선정된 와인들을 제공한다. ⊔

⬆ 스카이 타워는 숨막히는 도시 전망을 보여준다.

블랙반 비스트로 Black Barn Bistro | 프롯보울 지역의 맛있는 특산요리

위치 호크스베이 **대표음식** 도피누와즈 감자와 민트 넣은 콩 퓌레를 곁들인 자타르 껍질의 양고기 Za'atar crusted lamb with dauphinoise potatoes and minted pea puree | **$$**

뉴질랜드의 프롯보울 지역이 내다보이고, 포도나무로 둘러싸인 파노라마같은 전망을 가진 블랙반은 포도농장에서 갖는 정찬의 전형을 경험할 수 있는 곳이다. 주민들은 맛있는 주말 점심이나 캐주얼한 축하모임을 위해 상당히 미리 예약을 해야 한다. 여름에는 잘 장식된 정원으로 둘러싸인 안마당의 포도나무 넝쿨 아래까지 테이블을 내다 놓는다.

원래는 각각 농부였고 광고업계에서 일했던 앤디 콜하트(Andy Colthart)와 킴 도르프(Kim Thorp)는 블랙반의 유능한 두 주인으로 블랙반과 와이너리, 여름철의 파머스 마켓, 격조있는 아트 갤러리, 바닷가 멋진 장소에 위치한 몇몇의 고급 숙소들과 재즈공연을 위한 야외극장까지 포함한 작은 왕국을 운영하고 있다. 두 사람은 남다른 솜씨와 스타일로 이 모든 것을 만들어 냈다.

셰프인 테리 로우(Terry Lowe)가 만든 인기 좋은 이 비스트로의 메뉴는 누구에게나 맞을 만한 음식들을 고루 갖추고 있다. 유명한 호크스베이산 양고기를 시라(Syrah) 와인, 맛있는 제철 과일 및 채소와 같이 조리하는 식으로 지역특산물을 잘 활용한다. 메뉴 내용은 계속 변화를 주는데, 4, 5개의 애피타이저를 갖추고 있고, 6개의 메인요리가 있다. 짙은 맛의 디저트도 있다. 아동용 메뉴도 있는데, 샐러드와 감자뷔김이 포함된 미니 스테이크를 주문할 수도 있다. 어른용 요리는 유럽과 아시아의 영향이 엿보인다. 어린 닭 통구이에 자스민라이스, 생강 라임 폰즈, 브로컬리를 곁들인 요리나 방목한 돼지 삼겹살에 파인애플 살사, 배추, 고구마와 생강 으깬 것을 곁들여 아시아풍의 국물에 담아 내는 요리가 그 예이다.

이 비스트로의 인테리어는 목가적인 편안함을 지향하는데 광을 낸 목재 바닥과 커다란 창에서 들어오는 밝은 빛이 잘 강조되도록 옅은 회색의 차양을 가진 벽이 있어 정성들여 선택된 예술작품들도 잘 보여지도록 되어있다. 푸른색 꽃으로 장식된 두 개의 멋진 반투명 패널이 다이닝룸의 넓은 공간을 나누고 있다. ⊔

"포도밭과 그 너머가 보이는 환상적인 전망을 가진 언덕 위의 다이닝룸은 진정으로 장관이다."

foodlovers.co.nz

⬆ 호크스베이산 양고기가 블랙반 비스트로의 특선요리다.

오르테가 피시 쉑Ortega Fish Shack | 신선한 생선과 재미있는 경험

위치 웰링턴 **대표음식** 신선한 생굴, 바삭하게 튀긴 굴, 블러디 메리에 넣은 굴 Oysters served natural, crisply battered, or in a shot of Bloody Mary | 🦪🦪

파스텔 색조의 타일로 덮인 바닥, 바다를 표현한 독특한 장식물, 목재 테이블과 나무를 구부려 만든 의자, 하얗게 칠한 나무로 된 벽, 그리고 해산물이 주를 이루는 메뉴를 접한다면 이곳이 웰링턴의 중심부에 있는 작은 레스토랑이 아니라 미국 메인(Maine)주의 해안가에 있는 낚시용 오두막집처럼 보일 수도 있다.

이곳의 주인인 마크 리마셔(Mark Limacher)는 이 나라에서 가장 존경받는 셰프 중 한 사람인데, 젊고 똑똑한 많은 인재들에게 멘토가 되어주었다. 여러 해에 걸쳐서 그는 이곳을 여러 모습으로 변화시켰다. 그는 가족들과 협동하여 캐주얼하고 재미있으며 늘 인기가 많은 식사 공간을 창조할 수 있었다.

이곳의 독창적인 메뉴는 매일 공급되는 신선한 생선 위주이지만 프랑스 프로방스풍의 요리 같은 전통적인 요리도 포함한다. 최고의 옥수수를 먹인 오리 간 파테, 카페 드 파리 버터로 요리한 스테이크, 오렌지 캐러멜 소스와 바닐라 아이스크림을 곁들인 카탈리아식 크레페는 항상 인기가 많다. 해산물 요리에는 의외의 것이 있다. 이곳에 온 스코틀랜드인은 전통요리인 훈제 청어를 메뉴에서 발견하겠지만, 막상 나온 음식에는 비전통적인 에담스타일 염소 치즈, 비트 뿌리, 물냉이와 같이 나오는 것을 보고 의아해할 수도 있다. 지역산 생선인 테라키히(terakihi)는 잘 구운 다음, 말레이 스타일의 코코넛 그레이비를 발라서 내며 새우, 라임, 고수를 넣은 신선한 샐러드가 곁들여 나온다. 한편 연어 사시미는 일본식 양념인 토가라시(togarashi), 타마리(tamari)와 라임 드레싱에 버무려서 제공된다. 모든 요리는 정성껏 준비가 되고 다양한 유래의 영향력을 합하여 최상의 것을 만들어내서 이곳에서의 식사는 흥미진진한 요리 탐험이 된다. ⊔

⬆ 인테리어는 바다를 주제로 한 물건들로 장식되어 있다.

로건 브라운 Logan Brown | 현대적인 요리와 훌륭한 와인을 갖춘 클래식한 장소

위치 웰링턴　**대표음식** 파우아 라비올리 Paua ravioli | 💲💲💲

은행이었던 건물에 자리한 이 레스토랑은 우아한 분위기가 흐른다. 거의 20년 전에 오픈한 이곳에는 늘 미식가, 정치인, 스포츠팬들이 모여들며 한번도 가장 인기 있는 레스토랑의 위치를 놓친 적이 없다. 원래는 두 사람이 주인이었는데, 지금은 그중 한 사람인 스티브 로건(Steve Logan)이 남아 이곳을 운영한다. 그는 접대의 장인이며 이 레스토랑을 지휘하지 않는 시간에는 야외활동을 즐긴다.

고딕 풍의 기둥과 돔(dome)들이 있는 이곳은 코너마다 편안한 자리를 마련해 두어서 조심스런 대화가 남들에게 들리지 않는다. 이 나라의 권력중개자들이 선호하는 레스토랑인게 놀랍지 않은 이유다. 직원들은 지식이 풍부하며, 진정한 뉴질랜드식 환대를 보여준다.

몇몇의 명성 있는 클래식 요리들, 야생 동물 요리와 셰프 션 클라우스톤(Shaun Clouston)이 만들어내는 예상외의 반전을 품은 요리들이 이곳의 주역이다. 그의 조리법은 뛰어난 기술에 뉴질랜드 최상의 식재료들을 멋지게 조합한 것이다. 양의 볼살, 지역산 렌즈콩, 신선한 치즈 생산가인 제이니 제우스(Zany Zeus)가 만든 맛있는 훈제 요거트를 곁들인 랑기티케이(Rangitikei) 양고기, 낚시로 잡은 민어에 그리스 콩, 훈제 비트 스코르달리아(skordalia)를 곁들인 요리, 유명한쿡 해협(Cook Strait)산 가재로 만든 크로켓 같은 것이 그 예이다.

몇몇의 요리는 메뉴에 영원히 남아 있을 것 같다. 가벼운 레몬 버터 블랑 소스를 넣은 지역산 파우아(paua, 전복) 라비올리와 계절마다 다른 조리법을 쓰는 미묘한 맛의 붉은 사슴요리가 그것이다. 로건 브라운은 뛰어난 와인을 준비하는 것으로도 잘 알려져 있는데 최고급 프랑스 샴페인부터 뉴질랜드의 다양한 좋은 와인들까지 갖추고 있다. 쇼비뇽 블랑(Sauvignon blanc), 샤도네이 (chardonnay)와 피노 노어가 인기가 많으며 수준 높은 고객들을 위해서 전 세계에서 수집한 와인들이 준비되어 있다. 🔟

⬆ 우아한 다이닝룸은 높은 천장을 자랑한다.

헤르조그 레스토랑 Herzog Restaurant | 뛰어난 와인을 갖춘 특별히 찾아가 볼 만한 레스토랑

위치 말버러 **대표음식** 퀸스와 파슬리를 곁들인 야생 토끼요리 Wild hare with quince and parsley | 🍴🍴🍴🍴

"뉴질랜드에서 최고의 레스토랑이라고
널리 인정되는 헤르조그는 옛 시절의 우아함을
보여준다."

concierge.com

↑ 포도밭을 내다보며 스파클링 와인을 한잔 마시는 것은 세련된 저녁
식사를 시작하는 완벽한 방식이다.

이곳은 특별한 일이 있을 때 찾아갈 만한 최고의 레스토랑이다. 이곳에 도착하면 먼저 잘 가꾼 장미정원을 걸어서 지나고, 이어 헤르조그의 포도밭이 바라다 보이는 안락의자에 앉아서 편안하게 음료 한잔할 수 있다. 다이닝룸의 가구들은 고급스럽고 테이블 사이의 공간은 넉넉하다. 당신은 흥분과 기대에 찬 분위기 속에서 즐거운 저녁 식사를 기다리게 될 것이다.

테레즈 헤르조그(Therese Herzog)는 유럽에서의 잘나가던 기업가 생활을 포기하고 와인메이커인 남편 한스(Hans)를 따라 뉴질랜드로 왔다. 그들은 이 나라에서 가장 수확이 좋은 와인 지역인 말버러에 땅을 샀고 한스는 가장 훌륭한 와인메이커 중 한 사람이 되었다. 그리고나서 테레즈는 놀랍도록 향이 좋은 한스의 와인에 걸맞는 파인다이닝 레스토랑을 만들었다. 멋진 접대에 필요한 유럽적인 멋과 감성을 갖춘 그녀는 분위기, 서비스, 음식, 와인 이 모든 것이 아주 특별한 경험이 되도록 모든 디테일에 신경을 쓴다.

주방에서는 유럽에서 훈련받은 셰프들이 최상의 식재료를 세련되고 멋있게 요리해 시식 메뉴를 만들어낸다. 메뉴는 지역산 별미들을 실험하는데 사우스 아일랜드(South Island)산 연어, 야생조류, 지역산 록 로이스터 외에도 유명한 지역산 소고기와 양고기 등이 포함된다. 각각의 코스는 맛보기 양보다 약간만 더 내는 수준인데 같이 나오는 한스 헤르조그 와인의 향과 어울리도록 정교하게 만들어진다. 헤르조그의 치즈 수레는 아마도 뉴질랜드에서 최상일 것인데 지역산 유기농 견과류와 홈메이드 과일 처트니가 곁들여진다.

이에 더하여, 헤르조그에는 유럽의 귀한 와인들을 갖춘 훌륭한 와인 셀러, 식후의 휴식을 위한 시가룸이 있다. 좀 더 캐주얼한 경험을 원하는 사람들을 위한 헤르조그 비스트로가 바로 옆에 있다. 이 비스트로에서는 주방 텃밭이 내다 보이고 일년 내내 보다 소박하고 격식 없는 음식들을 맛볼 수 있다. ⅃

페가수스 베이 레스토랑 Pegasus Bay Restaurant | 시골 정원 같은 분위기에서 소박한 식사

위치 와이파라 **대표음식** 체리, 호스래디시, 파르메산을 곁들인 사슴고기 카르파초 Venison carpaccio with cherries, horseradish, and Parmesan | $$$

당신은 바쁘게 작업하는 와이너리에 고요한 식사 장소가 있다고 기대하지는 않을 것이다. 하지만 이반 도날드슨(Ivan Donaldson)과 그의 아내 크리스(Chris)는 와인 제조 시설이 있는 분주하고 소란한 곳에서 적당히 떨어진 곳을 신중하게 골라 레스토랑을 개업했다. 테이블들은 멋진 전원 경관이 보이는 잘 가꾸어진 정원 안에 자리하고 있어 시골에서의 야외 점심식사에 적합하다. 들리는 소리라고는 잘 익어가는 포도를 따먹으려는 성가신 새들을 쫓아내기 위해 가끔 쏘는 공기총 소리뿐이다. 날씨가 추워지면 실내에 있는 소박한 다이닝룸에 들어가서 편안함과 따뜻함을 즐길 수 있다.

이곳이 뉴질랜드 최고의 와이너리 레스토랑으로 몇 번이나 뽑힌 것은 놀라운 일이 아니다. 와인과 잘 어울리는 훌륭한 음식을 즐기고자 하는 와인 애호가들에게는 식재료부터 진지하게 골라서 향이 풍부한 피노 노아, 리슬링, 감미로운 디저트 와인과 다른 다양한 와인에 어울리는 음식을 세심하게 만들어내는 이 레스토랑에 오기 위해 크라이스트처치(Christchurch)에서 북쪽으로 50분 운전하는 것은 충분히 그럴 만한 가치가 있는 일이다.

이제 도날드슨의 세 아들이 비즈니스에 참여해서 각각 와인메이커, 마케팅 매니저, 총괄 매니저로 일하고 있다. 크리스는 종종 정원에서 일하는 모습을 보이곤 하는데 그녀가 가꾼 장미로 된 잔디밭 둘레길은 이 지역에서 가장 아름다운 것 중 하나이다. 여기서 나는 허브, 견과류, 과일 그리고 채소는 모두 레스토랑 주방에서 쓰이게 되는데, 원래 좋은 품질의 식재료가 나기로 유명한 이 지역인 만큼 제철 견과류, 올리브 오일, 여름 과일, 트러플과 채소들이 접시에 오르게 될 것이다.

이 외에도 무화과즙으로 요리한 무스코비 오리에 지역산 채소와 과일을 곁들인 요리와 풀먹어 키운 최상의 와규 소고기 꽃등심에 오리기름으로 볶은 감자, 샐러드, 호스래디시 크림과 머스터드를 곁들인 요리가 있다. **LJ**

"메뉴는 우수한 지역산 재료를 잘 활용하고 있고 적절한 와인을 추천해 준다."

Lonely Planet

⬆ 많은 찬사를 받은 장미길이 야외에서의 점심을 위한 아름다운 세팅을 만들어 준다.

플레르스 플레이스Fleur's Place | 보트에서 바로 나온 생선을 먹을 수 있는 곳

위치 모어라키, 오타고 **대표음식** 신선한 머튼버드Fresh muttonbird | 💰💰

작은 손가락 모양으로 생긴 땅끝에 자리하여 동네의 낚시배들이 거친 남태양에서 쉬어갈 수 있는 휴식처를 제공하는 플레르스 플레이스에서는 소박한 아름다움이 풍겨나온다. 플레르 설리번(Fleur Sullivan)은 그녀의 작은 목재주택에서 주방과 식당을 지휘하고 있다. 그녀는 뉴질랜드의 요식업계에서 숭배받는 사람이다. 이 레스토랑은 세계적으로 유명한 셰프이며 해산물의 거장인 릭 슈타인(Rick Stein)이 최고의 해산물 식당으로 선택한 곳이기도 하다.

플레르가 이곳을 열었을 당시 이 지역의 법률에 따르면, 그녀가 지역 어부들로부터 직접 생선을 구매할 수 있는 방법이 없었다. 그러나 그녀는 빌딩감독관과 협상하고 특별한 어업허가증을 얻어내고 여러 어종의 어류들의 쿼터를 살 수 있게 만들어 그녀만의 독특한 스타일로 비즈니스를 시작했다. 모든 음식이 단순하게 조리되고 소박하게 찐 채소만 곁들여 진다. 하지만, 분명히 고객들은 여태껏 맛본 것 중에 가장 신선도가 좋은 음식이라고 느낄 것이다.

훈제 생선은 옆에 붙어 있는 훈연실에서 곧바로 나오는데, 맛볼 수 있다면 놓치지 말아야 한다. 훈제 도미나 대구는 맛있는 맵고 짭잘한 소스에 재워서 만드는데 무척 맛있어서 손가락까지 빨게 된다. 이 집의 특선요리는 남대양의 어부들로부터 조달되는 머튼버드 요리인데 이는 뉴질랜드에서도 보기 힘든 메뉴이다. 상당히 비린 맛이 나고 안초비 같은 풍미를 가진 이 바다새는 맛을 배워야만 비로소 즐길 수 있는 요리이다.

이 레스토랑에 가는 것은 쉽지 않은 일이다. 그러나 고속도로에서 나와 구불구불하고 좁은 해안가 도로를 거쳐 이곳에 일단 도착하면, 싱싱하고, 놀랍도록 소박하면서, 아주 재미있는 생선요리가 당신을 기다리고 있다. **LJ**

◀ 플레르스 플레이스의 카이모아나(Kaimoana) 생선모둠.

피시본 바 앤 그릴Fishbone Bar & Grill | 타운 최고의 피시 앤 칩스

위치 퀸스타운 **대표음식** 감자튀김과 양파 피클 아이올리를 곁들인 청대구Crumbed blue cod with chips and pickled onion aioli | 💰💰

이곳의 생선은 항상 싱싱하고 조리법은 단순해서 매일 저녁을 피시본에서 먹어도 결코 질리지 않을 것이다. 경쾌한 이곳은 퀸스타운의 분주한 쇼핑거리의 작은 가게인데, 신선한 음식에 대한 주인의 열정이 그대로 배어 있는 곳이다.

기자였다가 셰프가 된 대런 로벨(Darren Lovell)은 주방을 관리하고 허브, 채소, 과일을 키우면서 그가 소망하던 대로 살고 있다. 그는 자기 집 마당에 다양한 경작을 하고 닭장까지 만들어 놓았다. 달걀은 '행복한 암탉 파블로바(Happy Hen Pavlova)'라는 레몬커드, 키위, 생크림으로 만든 요리의 재료로 쓰이는데 이 음식은 단골들이나 여행객들이 모두 좋아한다.

퀸스타운은 거대한 산맥에 둘러싸여 있어 '세계 탐험의 수도'라 불리기 때문에, 이곳이 생선요리에 집중하는

> "익살스럽고 다채롭고, 장식이 많고, 생선으로 채워진 실내장식은 즐거움을 준다. 싱싱한 생선은 매일 들어온다."
>
> *frommers.com*

것이 다소 놀라울 수도 있다. 그러나 로벨은 매일 아침 일찍 남태양의 수산시장에 가서 그날 잡힌 최고의 생선을 잽싸게 가지고 온다.

이곳의 메뉴는 홍합 튀김, 문어, 가리비나 클램차우더 같은 애피타이저로 시작해서 아시아와 미국의 영향을 받은 방식으로 조리되는 신선한 생선 요리들로 이어진다. 피시 앤 칩스는 뉴질랜드인들에게 인기 있는 음식인데, 피시본의 버전은 진짜배기이다. 해산물과 어울리는 와인도 세심하게 구해와서 제공된다. **LJ**

레스토랑별 색인

Ray Avilez (RA) 레이 아빌레즈
베네수엘라 출신 저널리스트로 TV 저널리즘과
라디오 진행에 20년 이상 경험이 있으며, 라이프
스타일 잡지의 기고자이다. 그는 식도락과
향락을 굉장히 즐긴다. 10년 동안, 미국 티비 쇼
〈Despierta América〉의 특파원이었다.

Pascale Beale (PB) 파스칼 빌
캘리포니아 출신의 푸드 라이터, 요리책 저자,
요리 강사이자 지중해 스타일 요리 학교인
Pascale's Kitchen의 대표이다. 그녀가 최근 쓴
책으로는 2014년 출간된 『Salade』가 있다.

Cat Black (CB) 캣 블랙
Guild of Food Writers의 회원이자 International
Chocolate Awards의 심사위원이다. 초콜릿과
제빵 전문가로 chocolatecouverture.com과
『Cakes & Sugarcraft』 잡지에 글을 기고하고
있다.

**André Blomberg-Nygård (ABN) 안드레
블롬버그-나이가드**
노르웨이 출신으로 독학을 통해 요리를 배운
셰프, 레스토랑 경영인, 그리고 모든 음식에
관한 전문가이다. 안드레는 노르웨이에서 가장
유명한 신문에 글을 쓰는 레스토랑 비평가로
널리 알려져 있다. 그는 매주 라디오 쇼를
진행하고 음식을 음미하는 공간인 heltchef.no
를 운영하고 있다.

Amy Cavanaugh (AC) 에이미 카바
『Time Out Chicago』의 Restaurants and Bars
편집자이다. 『The Boston Globe』, 『Chicago
Tribune』, 그리고 『Saveur』에 음식, 술과 여행
관련 글을 쓰고 있다.

Damian Corrigan (DC) 데미안 코리건
스페인을 전문으로 다룬 여행에 대한 글을 쓰는
작가이다. about.com의 스페인 전문가로
수년간 거주하며 일해왔다. 또한 스페인의 여행
회사들에 자문을 해주는 여행 상담 에이전시를
운영하고 있다.

Trish Deseine (TD) 트리쉬 드센
요리책 저자, 레스토랑 비평가 겸 TV 방송인인
트리쉬는 1980년대 이후로 줄곧 파리 근방에서
거주하고 있다. 『JeVeux du Chocolat』와 『The
Paris Gourmet』을 포함한 다수의 책을 쓴

저자이다.

Mike Dundas (MD) 마이크 던다스
로스앤젤레스 출신의 푸드 라이터이자
『Spenser』잡지의 공동 설립자 겸 편집장을 맡고
있다. 활기를 불어넣는 과거 요리 문화 부활과
요리법에 관한 정보를 독자들에게 소개한다.

Richard Ehrlich (RE) 리차드 에이리히
20년 이상을 음식과 술에 대한 글을 쓰고 있다.
『Time Out』과 『The Time Out Eating and
Drinking Guide』에서 여러 레스토랑을
평가했고, 일곱 권의 요리책을 쓴 저자이다.
런던에 거주하고 있다.

Karin Engelbrecht (KE) 카린 엥겔브레히트
암스테르담 출신으로, 카린은 about.com의
네델란드 음식 편집자이다. 공식 영문판
암스테르담 잡지인 A-Mag에 레스토랑 비평과
기사를 쓰고 있다. 『Time Out Amsterdam』의
음식 분야 편집자와 레스토랑 평론가로 수년간
활동했다.

Michèle Fajtmann (MF) 미셸 팟만
브뤼셀, 뉴욕, 바르샤바 그리고 런던에서
거주했다. 독특한 공간에서 열리는 예술 이벤트,
투어, 그리고 네트워킹 관련 행사들을 맞춤으로
진행하는 부티크 컨설팅과 이벤트 관리 회사인
From My City를 시작하기 전에 15년간 기업
변호사로 일했다.

Cyndi Flores (CF) 신디 플로레스
텍사스 출신으로 경제학 학위를 받기 위해
워싱턴 D.C로 옮겼다. 그곳에서 여행, 음식과
문화에 관련한 흥미로운 글을 쓸 수 있는 정보
기술 관리 업체에서 일했다.

Nathan Fong (NF) 네이던 퐁
벤쿠버 최고의 토크 쇼인 〈The Rush〉에
일반적인 음식과 여행에 관한 글을 쓰고,
『Vancouver Sun』과 『Taste Magazine』에도
글을 연재하는 기고자이다. 『Bon Appétit』,
『Fine Cooking』, 그리고 『Men's Health』에 글을
써왔고, 『Taste & Travel Magazine』과
『Vancouver Boulevard』(중국 라이프스타일
잡지)에 음식과 여행에 관한 글을 쓰는
편집자이다.

Carole French (CFr) 캐롤 프렌치
BBC의 숙련된 저널리스트, 저자이자 British
Guild of Travel Writers의 회원인 캐롤 프렌치는
영감을 주는 이야기와 놀라운 레스토랑들을
소개하고자 프랑스를 포함한 세계를 여행한다.

Jenny Gao (JG) 제니 가오
유네스코가 선정한 미식의 도시인 청두 출생인
제니는 음식 애호가이다. 그녀는 BBC
다큐멘터리 〈Exploring China: A Culinary
Journey〉 그리고 푸드 쇼 〈Fresh Off the Boat
Jing Theory〉에 출연했고, 중국 음식 문화에
기여한 그녀의 블로그 Jing Theory에 글을
연재하고 있다.

**Rozanne Gold & Michael Whiteman (RG &
MW) 로잔 골드 & 마이클 화이트먼**
수상 경력이 있는 셰프, 저널리스트이자 국제
푸드 컨설턴트이다. 명성 있는 제임스 비어드
어워드(James Beard Award)에 네 차례나
입상한 그녀는 12권의 요리책을 썼고, 음식에
대한 500개 이상의 기사를 쓴 저자이다. 그녀는
뉴욕 시장이었던 에드 카치(Ed Koch)의 첫
셰프이고, 세계의 Rainbow Room과 Windows
에서 자문 셰프로 활동 했다. 그녀의 음식은
『The New York Times』, 『The Wall Street
Journal』, 그리고 『Bon Appétit』에도
소개되었다. 마이클 화이트먼은 저널리스트,
강사, 그리고 이 분야의 가장 중요한 레스토랑과
호텔 컨설턴트 중 한 명이다. 그는 『Nation's
Restaurant News』의 창립 편집자이고, Baum +
Whiteman 자문 회사의 대표이다.

Matthew Gray (MG) 매튜 그레이
전직 요리사이자 로스앤젤레스의 라디오
토크쇼 진행자이다. 그는 현재 호놀룰루에서
Hawaii Food Tours를 운영하고 있고, 스스로를
음식을 사랑하고 즐기는 사람들을 위한 하와이
대사와 같은 존재라고 생각한다.

Anelde Greeff (AG) 아넬드 그리프
남아프리카의 레스토랑, 푸드 마켓, 그리고
농장의 완벽한 명단을 만드는 음식 가이드로,
호평 받는 레스토랑과 수상을 발표하는 『Eat
Out』의 편집장이다. 물론 그녀는 대부분의
시간을 좋은 음식을 먹는 것에 소비한다.

Roopa Gulati (RGu) 루파 굴라티
세프, 푸드 라이터이자 방송인이다. 그녀는
UKTV에서 음식 관련 편집자로 일을 해왔고,
BBC에서 방영한 릭 스테인(Rick Stein)의 인도
시리즈에 참여했다. 그녀는 「Time Out」 잡지와
가이드 저자이자 레스토랑 평론가로 활동하고
있다.

Janna Gur (JGu) 저나 걸
푸드 라이터, 편집자이자 요리책 저자, 그리고
이스라엘과 유대인 요리 전문가이다. 그녀는
매달 이스라엘의 손꼽히는 맛집을 소개하는 Al
Hashulchan의 설립자이자 편집장으로 「The
Book of New Israeli Food」의 저자이다.

Ellen Hardy (EH) 엘렌 하디
fireandknives.com에서 「New York Magazine」
에 이르기까지 각종 웹사이트와 출판물을 통해
런던, 파리와 베이루트의 레스토랑을 다루었다.
그녀는 베이루트에 거주하는 동안 「Time Out」
에서 일하며 레스토랑 가이드와 시티 가이드를
교정했다. 현재 런던에 기반을 두고 파리를 오고
가며 「Time Out Paris」의 편집장을 역임하고
있다.

Andy Hayler (AH) 앤디 헤일러
저자, 방송인이자 「Elite Traveler」의 레스토랑
비평가이다. 그는 별 세 개를 받은 전 세계의
미슐랭 레스토랑의 음식을 맛보고 글을
기고하고 있다.

Simon Heptinstall (SH) 사이먼 헵틴스탈
전문 작가가 되기 전에 사과주를 제조했었고,
베이커리와 홀 푸드 카페에서 일했다. 글을 쓰기
시작하면서 농장 일부터 여행에 이르는 모든
주제를 다루었고, 20년 이상 레스토랑 비평 글을
써왔다. 2010년 출간된 「Taste Britain」의 주요
기고자였다.

Athico Ilye (AI) 아치코 이에
일본 교토 출생으로 현재 런던에 거주하고 있다.
30년 넘게 일본, 한국과 대만에서 출판을 했다.
그는 대단한 식도락가이다.

Lauraine Jacobs (LJ) 로레인 제이콥
「New Zealand Listener」의 음식 칼럼니스트로
레스토랑, 와인과 뉴질랜드 음식의 현장에 대한
글을 25년 넘게 쓰고 있다. 그녀는 맛있는

음식을 조사하고 다수의 요리책을 출간했다.
멋지게 조리된 간단한 음식의 옹호론자이기도
하다.

Dino Joannides (DJ) 디노 조나이드스
런던에 근거지를 둔 사업가로 음식에 열광하고
인생을 즐기며 지내고 있다. 진정한
향락주의자로, 전 세계를 여행하고 레스토랑을
찾는다. 이탈리아 음식 재료를 소개한 첫 번째 책
「Semplice」는 2014년에 출간되었다.

Sybil Kapoor (SK) 시빌 카푸어
음식과 여행 전문 작가로 「Financial Times」와
「Guardian」 뿐만 아니라 다양한 분야의 잡지를
다루는 정기적인 기고가이다. 그녀는 「Simply
British」, 「Taste」 그리고 「The Great British
Vegetable Cookbook」을 포함한 일곱 가지
요리책의 저자이다.

Sam Kilgour (SKi) 샘 킬고어
10년이 넘게 음식에 대한 이야기들을 글로 쓰고
있다. Guild of Food Writers의 회원으로
위원회를 위해 일했고 Guild의 연례 상을 위해
참가자들을 평가했다. 그녀의 요리는 옥스포드
심포지엄(Oxford Symposium)의 Food and
Cookery의 「Proceedings」 발행지에
소개되었다.

Carol King (CK) 캐롤 킹
예술과 대중문화에 관심을 갖고 있는
저널리스트이자 저자이다. 이탈리아에 애착을
갖고 시칠리아의 날씨와 음식을 즐기면서
시칠리아 사람들과 음식에 대한 이야기를
나누며 수년간 지내고 있다.

Anne Krebiehl (AK) 앤 크레벨
독일과 런던에 근거지를 둔 앤은 프리랜서 와인
작가로 「Harpers Wine & Spirit」, 「The World
of Fine Wine」, 「The Drinks Business」, 「Imbibe」
을 포함한 다수의 무역과 소비 관련 잡지에 글을
기고하고 있다. 그녀는 Circle of Wine Writers와
Association of Wine Educators의 공인된
회원이다. 뉴질랜드와 독일, 그리고
이탈리아에서 와인 생산을 위해 수확하고
도움을 주고 있다.

Christiane Lauterbach (CL) 크리스틴 라우터바흐
파리에서 태어나고 자란 크리스틴은 1983년부터

아틀란타에서 레스토랑 비평하고 있다. 「Knife
& Fork」의 발행인으로 아틀란타의 레스토랑을
안내하고, 유명 연설가와 방송인으로 활약하며,
음식에 애정을 갖고 있다.

Elaine Lemm (EL) 일레인 렘
전 세프이자 레스토랑 운영가에서 푸드
라이터와 저자로 변신했다. 그녀는 여러 주요
잡지, 신문과 영국에서 방문자 수를 기록하고
있는 사이트 중 하나로 평가받는 그녀의
웹사이트 britishfood.about.com에 글을
기고하고 있다.

Jenny Linford (JL) 제니 린포드
런던에 기반을 둔 음식 전문 작가이다. 런던의
음식 현장을 소개한 세계적인 가이드북 「Food
Lovers' London」과 「Great British Cheeses」,
「The London Cookbook」, 그리고 「The
Creamery Kitchen」을 출간했다. 그녀는 멋진
음식의 존재에 대해 매우 기쁘게 생각한다.

Erica Marcus (EM) 에리카 마커스
음식 리포터, 블로거이자 롱아일랜드 데일리
신문 「Newsday」의 비평가이다. Swarthmore
대학교를 졸업하고, 1998년 「Newsday」에
입사하기 전에 요리와 다른 여러 주제의 책들을
편집했다. 현재 뉴욕 브루클린에 거주하고 있다.

Ben McCormack (BMcC) 벤 코맥
런던과 영국 전체 레스토랑과 바리뷰를 모은
유명한 웹사이트인 Square Meal의 에디터이다.
15년간 외식을 즐겼고, 영국 음식에 관한 지식이
그의 허리 사이즈도 늘어났을 것이라 믿는다.
「Marie Claire」, 「Men's Health」, 그리고
「Telegraph」의 Luxury 파트의 정기 기고자이다.

Barbara-Jo McIntosh (BM) 바바라-조 맥킨토시
음식과 호텔 산업에 20년 이상의 경험을 가진
수상 경력 있는 음식 전문가이다. 전 벤쿠버
레스토랑 Barbara-Jo's Elegant Home Cooking
의 오너로 1997년 서점 Barbara-Jo's Books to
Cooks을 오픈했다.

Lauren England McKee (LM) 로렌 잉글랜드 맥키
뉴욕대학교에서 푸드 스터디를 전공하고 있는
대학원생이다. 제임스 비어드 재단(James Beard
Foundation)의 「Saveur」잡지와 여러 예술 관련
다수 출판물과 관련하여 리서치 하고, 글을

기고했다. 미식과 예술에 대한 학문적 관심과 함께, 동료 로잔 골드(Rozanne Gold)를 도와 큐레이터와 문서 담당 일을 맡고 있다. 그녀는 현재 남편과 뉴욕에 거주 중이다.

Hilary McNevin (HM) 힐러리 맥네빈
음식 전문 작가가 되기 전, 15년간 호주와 영국의 레스토랑의 홀에서 근무했고, 레스토랑을 관리하며 와인을 공부했다. 그녀는 Epicure, The Age, 그리고 goodfood.com.au의 레스토랑 뉴스 칼럼니스트로 「Delicious」, 「Winestate」와 「The Weekly Review」에 정기적으로 글을 기고하고 있다. 현재 두 아이들과 멜버른에 살고 있다.

Josimar Melo (JM) 조시마 멜로
「Folha de S. Paulo」 신문의 음식 평론가이자 Brazilian National Geographic Channel의 〈O Guia〉 프로그램의 진행자로 활동하고 있는 브라질의 저널리스트이다. 또한 연례 미식 가이드 「Guia Josimar」을 출간하고 그의 블로그에 소개된 레스토랑에 대해 글을 기고한다. The World's 50 Best Restaurants의 국제 이사회 회원이기도 하다.

Charmaine Mok (CM) 샤르메인 목
작가, 편집자이자 모험가이다. 그녀는 홍콩 출신으로 「Hong Kong Tatler」와 「Hong Kong Tatler Best Restaurants Guide」의 온라인 편집자이다. 대식가로 홍콩의 "진정한 도시"를 찾기 위한 산책을 주제로 Little Adventures의 파트타임 진행자로 활동하고 있다.

Martin Morales (MM) 마틴 모랄레스
런던의 소호에 위치한 상을 받은 Ceviche 레스토랑의 셰프이자 운영자이다. 도시에 페루 음식의 열풍을 몰고 온 레스토랑으로 가장 최근에는 이스트 런던의 Andina 레스토랑이 오픈했다. 음식에 대한 열정이 깊고, 11살 때부터 요리를 시작했다. 그는 2013년에 발행된 「Ceviche: Peruvian Kitchen」의 저자이기도 하다.

Marina O'Loughlin (MOL) 마리나 오로린
널리 여행하면서 「Sunday Times」와 「London Evening Standard」의 레스토랑 비평가로 일하는 영국에서 가장 영향력 있는 사람 중 한 명으로 알려져 있지만, 그녀는 여전히 레스토랑이 누구나 즐길 수 있는 가장 즐거운 공간이라 생각한다.

Chris Osburn (CO) 크리스 오스번
프리랜서 작가, 사진가, 열정적인 블로거 (tikichris.com)이자 열렬한 식도락가이다. 미국 남동부 지역 출신으로, 세계를 돌면서 활동 했고, 2001년부터는 런던을 자신의 집처럼 여기며 지낸다.

Tanya Ott (TO) 타냐 오트
보스턴 출생으로 외곽 지역에서 자랐다. 독어와 커뮤니케이션을 배웠고 1994년에 베를린으로 이주하여 감독, 작가, 번역가, 교열 담당자, 그리고 교정자로 다양하게 TV와 인쇄 매체 분야에 종사하고 있다.

Simon Parkes (SFP) 사이먼 파크스
30년 이상 푸드 라이팅을 전문으로 저널리즘을 공부하고 있다. 영국 미슐랭 가이드 심사 위원, 영국 「Vogue」의 레스토랑 비평가로 〈BBC Radio 4 Food Programme〉을 진행하고 있다.

Célia Pedroso (CP) 셀리아 페드로주
포르투갈 저널리스트로 「Metro International」, 「Guardian」, 「EasyJet Traveller」와 다른 출판물에도 글이 소개되었다. 그녀는 「Eat Portugal: The Essential Guide of Portuguese Food」의 공동 저자이고 리스본 Eat Drink Walk 투어의 공동 창립자이다.

Sudi Pigott (SP) 수디 피고트
열광적이고 통찰력 있는 식도락가이자 경험 있는 여행과 음식 전문 작가, 레스토랑 비평가, 그리고 음식 트렌드 컨설턴트이다. 그녀는 영국과 세계의 광범위한 출판물에 글을 기고하는 「How to be a Better Foodie」의 저자이다.

Celia Plender (CPI) 셀리아 플렌더
숙달된 셰프 겸 작가이자 런던의 「Time Out」 잡지에서 일하는 음식 인류학자이다. 일본의 전통적인 레스토랑에서 일을 했고, 한국을 돌며 음식을 먹고 주기적으로 이 나라들의 음식에 대한 글을 쓰고 있다.

Fred Plotkin (FP) 프레드 플롯킨
미식, 오페라와 이탈리아에 관한 모든 것에 박식하다. 「The New York Times」, 「Time」, 그리고 「Financial Times」에 글을 기고해왔다. 이탈리아의 유일무이한 음식과 전통적인 와인에 관심 있는 방문객을 위해 완벽하게 자료들을 담은 「Italy for the Gourmet Traveler」의 저자이다.

Kay Plunkett Hogge & Fred Hogge (KPH & FH) 케이 플렁킷 호지 & 프레드 호지
케이 플렁킷 호지는 푸드 라이터이자 요리사이다. 그녀는 「Leon: Family and Friends」, 「Make Mine a Martini」, 그리고 「Heat: Cooking with Chillies」의 저자이다. 브린 윌리엄스(Bryn Williams) 셰프와 함께 「Bryn's Kitchen」과 「For The Love of Veg」를 공동으로 썼다. 뿐만 아니라 크리스 비안코(Chris Bianco) 와 스탠리 투치(Stanley Tucci)와도 글을 썼다. 프레드 호지는 런던 출신의 멋진 레스토랑을 즐기는 시나리오 작가이자 사진작가이다.

Fran Quinn (FQ) 프란 퀸
버섯 재배에서 초콜릿 만들기까지 모든 주제로 글을 쓰고 상을 받은 저널리스트이자 카피라이터이다. 그녀는 특별히 스웨덴과 스웨덴 요리에 관심이 있고, 언어를 유창하게 말하며 매해 여러 번 그곳을 방문한다.

Hanna Raskin (HR) 한나 라스킨
찰스턴에서 「The Post」와 「Courier」에 글을 쓰는 푸드 라이터이자 비평가이다. 「Seattle Weekly」 와 「Dallas Observer」에서 비평가로 근무했다.

Marryam H. Reshii (MR) 메리엄 에이치 레시
델리에 근거지를 둔 유명한 레스토랑 비평가이자 푸드 라이터이다. 직업상 인도와 해외를 자주 다니고, 음식과 관련한 지혜와 재료들을 모으는 것이 그녀의 완벽한 취미 생활이다.

Lari Robling (LR) 라리 로블링
명망 있는 제임스 비어드 어워드(James Beard Award)의 베스트 푸드 라디오(Best Food Radio) 부문에 세 번을 후보에 오른 사람이다. 「Philadelphia Daily News」에 글을 기고한다. 그녀는 세계적으로 주목받은 요리책인 「Endangered Recipes」의 저자로 그녀의 웹사이트인 endangeredrecipes.com에도 글을 쓴다.

Camille Rocca (CR) 카미유 로카
신록의 태평양 연안 북서부의 독특한 요리를 즐기는 오레곤, 포틀랜드에 근거지를 둔 작가이다. 나파 밸리 와인 제조자의 딸로 홀로 자주 여행을 한다. 맛있게 만든 어떠한 음식에 대해서도 그녀는 감사하게 여긴다.

Kirsten Rødsgaard-Mathiesen (KRM) 커스틴 로즈걸드 매트슨
덴마크 출생의 프리랜서 저널리스트로 네덜란드에 근거지를 두고 전 세계를 돌면서 일하고 있다. 덴마크의 베스트셀러이면서 뉴질랜드 가이드 북인 『Passion, Pinot & Savvy』 저자로 뉴질랜드 여성이자 와인 메이커들에 관한 이야기를 다루었다.

Raquel Rosemberg (RR) 라쿠엘 로젬버그
부에노스아이레스에 살고 있는 진정한 "포르테냐"이다. 커뮤니케이션으로 학위를 받았고 『Clarín』 신문과 다른 매체의 미식 저널리스트로 활동했다. 음식과 맛에 열정을 갖고 그녀의 첫 번째 책의 제목이자 블로그인 saboresquematan.com에 글을 쓰고 있다. The World's 50 Best Restaurants의 의장을 역임하고 있다.

Tyler Rudick (TR) 타일러 루딕
미국 전반의 음식을 맛보고 난 뒤, 문화 전문 작가 Tyler는 멕시코 연안 음식에 특별한 관심을 갖고 글을 쓰기 시작했다. 휴스턴에서 7년간 일을 했고, 현재 부인, 아들과 셰퍼드 개와 함께 시카고 외곽 지역에서 살고 있다.

Nada Saleh (NS) 나다 살리
영양학자, 푸드 라이터이자 프리랜서 레스토랑 컨설턴트이다. Andre Simon Memorial Fund Awards에서 『Fragrance of the Earth』와 『Seductive Flavours of the Levant』 도서로 최종 후보자 명단에 올랐다. 그리고 『Fresh Moroccan』와 『New Flavours of the Lebanese Table』의 저자이다.

Michela Scibilia (MS) 미켈라 시빌라
30년 이상 베니스에서 거주하고 있다. 그래픽 아티스트이자 네 권의 가이드 북을 쓴 저자로, 그녀는 도시의 문화, 음식, 와인과 숙련된 장인들의 요리를 홍보하는 일을 하고 있다. 자신의 웹사이트인 teodolinda.it에 글을 기고하고 있다.

David James Sheen (DJS) 데이비드 제임스 신
영국에서 태어나 교육받고, 현재 이탈리아 볼로냐에서 거주하면서 번역가, 카피라이터이자 저널리스트로 활약 중이다. 그는 다수의 잡지 기사, 패션 트렌드 바이블, BBC 인터뷰를 비롯 20권 이상의 어린이 책을 출간했다.

Niamh Shields (NS) 니아브 쉴즈
런던에 기반을 둔 음식 블로거이자 작가이다. 여행을 하면서 지역 음식을 맛보고 레시피를 모으며, 파인 다이닝 레스토랑에서 길거리 음식까지 다양하게 접한다. eatlikeagirl.com에 그녀의 모험을 쓰고 있다.

Christine Smallwood (CS) 크리스틴 스몰우드
음식과 여행을 전문으로 다루는 작가이다. 『An Appetite for Umbria』, 『An Appetite for Puglia』, 그리고 『An Appetite for Lombardia』의 저자로, 그녀는 각각 이탈리아 지역의 미식과 식품 생산 뒤의 흥미로운 사람들에 관한 이야기를 소개한다.

Silvana de Soissons (SdS) 실바나 드 소와송
영국에 거주하는 이탈리아 요리사이자 푸드 라이터이다. 그녀는 온라인과 인쇄물을 통해 음식과 Foodie Bugle Shop의 제품을 소개하는 The Foodie Bugle 설립자이다.

Tara Stevens (TS) 타라 스티븐스
바르셀로나와 페즈에서 시간을 보내는 푸드 라이터이자 요리사이다. 『Condé Nast Traveler』, 『Guardian』, 그리고 『Fool』에 글을 기고한다. 새롭고 맛있는 요리를 발견하는 시간을 무엇보다 기쁘게 생각한다.

Sue Style (SS) 수 스타일
프랑스 알사스에 기반을 두고 자유롭게 음식, 와인과 여행에 관한 글을 쓰는 작가이다. 그녀는 다수의 음식과 와인 관련 잡지에 글을 쓰고, zesterdaily.com과 winetravelguides.com의 정기적인 온라인 기고자이자 9권의 책을 쓴 저자이다.

Aylin Öney Tan (AT) 아일린 외네이 탄
건축학자, 보존 전문가, 큐레이터이자 국립 터키 신문의 칼럼을 쓰는 푸드 라이터로 활동했다. 2008년 옥스포드 심포지엄(Oxford Symposium)의 Food & Cookery 회담에서 음식의 역사 부문 발표자로 참석하여 Sophie Coe Prize를 수상했다.

Daisy Thompson (DT) 데이지 톰슨
음식, 요리와 먹는 것에 열정을 갖고 있다. 그녀의 블로그 daisysworld.net을 통해 신선한 재료로 쉽게 고급스러운 음식을 만드는 과정을 소개하는데 부엌에서 요리하지 않는 한가한 때에는 새로운 레스토랑 찾는 일을 즐겨 한다.

Adrian Tierney-Jones (ATJ) 아드리안 티어니존스
맥주, 음식과 여행을 전문적으로 다루는 영국 저널리스트이자 작가이다. 『1001 Beers You Must Try Before You Die』의 에디터로, 영국과 미국의 다양한 잡지와 신문에 글을 기고하고 있다.

Susan Wilk (SW) 수잔 윌크
열정 있는 요리사, 작가, 음식애호가이자

블로거이다. 그녀의 블로그 susaneatslondon.com는 세계의 독창적인 요리법과 레스토링 리뷰를 소개한다. 현재 시애틀에 거주 중이며 가능한 런던으로 돌아갈 계획이다.